개·고양이
자연주의
육아백과

(개정판)

닥터 피케른의 홀리스틱 수의학 교본

개·고양이 자연주의 육아백과

(개정판)

저자 서문
'자연주의'와 '홀리스틱'에 대한 고찰

이 책의 원서 초판은 1981년에 출간되어 이제는 고전이 되어 버렸다. 이 책 덕분에 초기의 홀리스틱 수의학과 자연주의적 동물치료 접근법, 협회나 학회, 학술지, 웹사이트, 서적, 잡지, 다양한 제품의 발전에 충분히 기여할 수 있었던 것은 큰 축복이었다.

되돌아보면, 이 큰 변화 속에서 가장 큰 행운은 자신의 반려동물에게 최상의 돌봄을 실천하고자 노력하는 헌신적이고 훌륭한 반려인들을 만날 수 있었다는 점이다.

다가오는 시대에는 자연주의와 홀리스틱 접근법에 대한 비전이 더욱 확대되어 멸종 위기를 맞고 있는 수많은 야생동물, 공장식 축산으로 고통받고 있는 농장동물을 포함한 모든 동물에게 자연주의와 홀리스틱 접근법이 적용되는 변화가 있기를 바란다. 모든 동물에게는 인간의 사랑과 관심이 절실히 필요하다. 시야를 조금 더 넓히면 지금 병원 대기실에는 아주 거대한 환자가 도움을 요청하고 있고, 그 환자는 바로 지구이다.

자연주의와 홀리스틱 접근법에 가치를 두는 사람보다 병든 지구를 치유하는 데 더 큰 도움을 줄 수 있는 사람은 없다. 그래서 이 시점에서 홀리스틱과 자연주의 개념에 대한 정의를 재검토하기로 했다. 이 과정은 책에서 추천하는 개와 고양이 식이요법의 변화를 완전히 이해하기 위해 꼭 거쳐야 하는 과정이다.

홀리스틱은 전체wole라는 단어에서 유래했다. 의학에서는 홀리스틱 접근법을 개개인의 건강에 영향을 미치는 식이, 운동, 스트레스, 독소, 병원체, 내분비계의 기능, 심지어 눈에는 보이지 않지만 내재된 에너지장과 같은 다양한 요소를 능숙하게 다루는 광범위하고 포괄적인 접근법으로 이해하는 경향이 있다.

개별 요소는 그 자체로도 중요하지만 홀리스틱 접근법에서는 전체로써 더 심오한 의미를 가진다. 여기서 부분의 합보다 더 큰, 즉 삶 전체를 초월하고 통제하는 보이지 않는 힘이 있다는 진리를 마주하게 된다. 양자물리학자 데이비드 봄David Bohm은 이 힘을 《전체와 접힌 질서》에서 '접힌 질서implicate order'라고 표현했다. 이 힘은 소우주와 대우주의 응집뿐 아니라 엄청나게 복잡한 패턴의 진화와 우리가 생명이라 부르는 생태계의 응집을 가져온다. 전체 속에서 접힌 질서가 펼쳐질 때, 균형과 질서를 찾아 모든 생명체에 최적의 해법과 적응이 일어난다.

이렇듯 전체론에 대한 관점을 잊지 말아야 한다. 그래야 또 다른 견해인 '자연주의'에 국한해서 이해하지 않게 된다.

반려동물에게 가장 자연적인 식단이나 생활방식, 주거공간을 제공하고 반려동물과 자연적인 관계를 맺으려고 노력할 때 우리는 이에 대한 힌트를 자연에서 찾으려고 한다. 그렇지만 자연에 대한, 자연 그대로의 것이 무엇인지에 대한 고민이 부족한 것이 현실이다.

우리는 수백만 년에 걸친 급격한 진화의 시기에 모든 생명체가 변화하는 환경에 적응하도록 도와준 엄청나게 창조적인 자연의 홀리스틱 정보를 쉽게 간과하고 있다. 유전자는 변화할 수 있고 변화하고 있다. 유전자는 완전히 다른 방식으로 변화를 표현할 수 있는 힘이 있으며, 단지 DNA가 아닌 다른 무언가가 변화를 통제하고 있을 뿐이다. 명확하게 보지 못하는 한, 무엇이 '자연적'인가에 대한 논쟁의 한 부분을 자연과 동물과 인간의 한계에 대한 논쟁이 차지해 버린다.

이것이 바로 이 책에서 공개적으로 제안하는 핵심인 "우리 모두를 위해 먹이사슬의 가장 하위 단계에 있는 식품을 반려동물과 인간에게 먹게 하자."는 내용이다. '자연주의'의 구호 아래, 많은 독자들은 채식 위주의 식단이 영장류인 인간에게 적합하다고 인식하고 있다. 반면 육식동물로 진화한 동물에게는 종 적합성 생식(SARF, Species Appropriate Raw Food, 근육고기뿐 아니라 뼈와 다양한 내장과 장기를 포함한다)이 권장되기 때문에 고기가 유일하게 적합한 음식이라고 주장하며, 동물에게도 채식 위주의 음식을 먹이자는 주장에 이의를 제기한다.

이것이 우려되는 점이다. 자연 안에 존재하는 홀리스틱 정보만으로 모든 생명체에게 적합한 해결책을 찾을 수 있다는 생각 없이, 다른 동물과 지구의 건강에 해로울 뿐 아니라 개와 고양이에게도 해로운 고기 위주의 식단에 자신과 반려동물을 쉽게 가두어서는 안 된다. 육식 위주의 식단은 막대한 환경독소가 잔류 항생제, 호르몬, 제초제 성분과 함께 동물성 식품의 지방세포를 통해 몸속으로 들어오게 된다.

또한 자연에 대한 지나치게 제한된 시각은 많은 반려동물이 수십 년 동안 채식 위주의 음식을 먹고 잘 살았다는 보고(5장 참조)를 부인하게 하고, 개가 문명화 초기에 곡물을 먹는 데 익숙했다는 사실을 보여 주는 유전자 연구를 무시하게 한다. 개와 고양이가 실제로 곡물을 소화시킬 수 있고 엄청나게 많은 반려동물의 알레르기 원인이 고기에 있다는 연구논문이 있는데도 개와 고양이는 곡물을 소화시킬 수 없다는 잘못된 믿음을 되풀이하게끔 만든다.

그렇다면 깊은 바다에 사는 참치를 고양이에게 먹이는 것은 '자연적'인가? 치와와에게 소고기를 먹이는 것은 어떤가? 플라스틱 장난감을 주는 것은 어떤가? 감금하고 사육한 다른 종의 고기를 먹이는 것은 어떤가? 이 문제에 대해서 우리 스스로에게 자문해 봐야 한다.

좁은 시각으로 보면 현대의 삶은 거의 모든 것이 비자연적이지만 넓은 시각에서 보면 모든 것이 자연적이다. 어쨌든 모든 것은 자연에서 왔기 때문이다.

이러한 문제에 대해 논쟁을 벌일 수는 있지만 문제의 핵심은 아니다. 중요한 사실은 다양한 생명체가 위기에 빠진 지구의 토양과 물, 대기, 기후, 삼림, 바다의 건강과 보존에 전적으로 의존하고 있다는 것이다. 그런데 우리는 지난 60년간 지구 삼림의 절반을 파괴했고, 대수층aquifer의 ⅓을 고갈시켰으며, 심각한 기후변화를 야기했고, 막대한 양의 화석연료와 광물, 어류 자원의 대부분을 고갈시켰다. 의심의 여지없이 다음 세대는 앞으로 수십 년 동안 이에 대한 비싼 대가를 치러야 한다.

비록 이 모든 일이 통제할 수 없는 것처럼 보일지라도 미래는 우리의 손에 달려 있다. 산업이나 정치적 결정 때문이 아니다. 반려동물에게 먹일 음식을 포함하여 일상생활을 위해서 매일 구입하는 고기, 달걀, 유제품, 해산물 등의 선택이 장기적으로 지구에 영향을 미치기 때문이다. 특히 축산업은 논쟁의 여지없이 가장 파괴적인 산업이다.

자연은 간단히 말해서 삶의 총체wholeness이다. 지금 삶은 살아 있는 모든 생명체에게 전체의 이로움을 구하는 홀리스틱 의식에 귀를 기울여서 자연에 대한 파괴를 중지할 것을 요구하고 있다. 반려동물을 사랑하는 사람들의 관심과 사랑이 모든 동물과 생명으로 넓혀지기를 바라고 있다.

자연에 대한 깊은 이해는 자연주의 치료와 홀리스틱 치료의 기반이 될 뿐 아니라 우리 자신의 진정한 본질을 깨달을 수 있는 여정이 될 것이다.

이 책을 읽는 독자는 동물에 대한 국경 없는 사랑과 관심을 갖고 있을 거라고 생각한다. 이 책을 읽는 과정이 우리의 마음가짐과 비전이 반려동물뿐 아니라 세상 모든 동물에 대한 사랑으로 확장되는 여정이기를 바란다.

리처드 H. 피케른

수전 허블 피케른

 **차례**

저자 서문
'자연주의'와 '홀리스틱'에 대한 고찰 4

1부 개·고양이를 위한 자연주의 육아법

1장 작은 개가 만든 큰 변화
수의과대학의 무의미한 영양학 수업 _ 19 | 건강한 음식과 줄어드는 대기자 명단 _ 23

2장 상업용 사료에는 도대체 무엇이 들어 있을까?
상업용 사료를 버려라 _ 26

3장 인간과 반려동물이 먹는 식품에 무슨 일이 일어나고 있는 것일까?
늘어나는 걱정 _ 36 | 사라지는 영양분 _ 36 | 질병을 치료하는 영양가가 풍부한 음식 _ 40 | 독소의 비밀 _ 41
반려동물 사료 속의 중금속 _ 48 | 유전자 변형 식품(GMOs) : 오늘날 가장 큰 문제 _ 50 | 무엇을 할 것인가? _ 55
식품 공급의 압력과 큰 그림 _ 56

4장 지구와 모든 동물 사랑하기
위기의 지구 _ 59 | 모든 동물 사랑하기 _ 65

5장 건강하고 인도적이며 지속 가능한 식단
돌파구가 필요한 급박한 상황 _ 72 | 개와 고양이에게 채식을 먹인 선구자 _ 73 | 비건 수의사 _ 75 | 건강하고
인도적이며 지속 가능한 추천 식단 _ 78 | 궁금증과 우려 _ 80 | 얼마나 먹여야 할까? _ 93
* 한국 독자에게 익숙하지 않은 식재료 정리 _ 96

6장 다양한 자연식 레시피
이번 책에서 새로워진 내용 _ 99 | 중요한 팁 _ 100 | 개와 고양이를 위한 레시피 _ 101
개를 위한 레시피 _ 104 | 고양이를 위한 레시피 _ 122 | 양념, 간식, 특별한 음식 _ 135

7장 식단 바꾸기
콩과 곡물 조리법 _ 146 | 새롭게 생기는 문제 _ 147 | 입맛이 까다로운 반려동물을 먹게 만드는 요리법 _ 148

8장 새끼, 어미, 만성질환이 있는 반려동물을 위한 식단
어미와 새끼의 식단 _ 158 | 어미를 잃은 새끼 _ 158 | 새끼 고양이 유동식 _ 159 | 새끼 강아지 유동식 _ 160
격렬한 신체운동 _ 161 | 특정 질환에 대한 영양학적 조언 _ 161

9장 건강한 반려동물 입양하기
품종개량, 교배의 윤리성 _ 168 | 잘못된 교배로 인한 선천성 질병 _ 171

10장 건강한 환경 만들기
중금속 등 생활 속 위험요소 _ 179 | 전자파가 건강에 미치는 영향 _ 186 | 가정 내 다른 위험요소 _ 189 | 생활
방식의 변화 _ 190

11장 운동, 휴식, 털 손질과 놀이
먹는 것만큼 중요한 생활습관 _ 192 | 벼룩 구제 : 독성 화학약품을 뛰어넘어 _ 203

12장 함께하는 삶 : 책임 있는 반려동물 관리
개, 고양이는 죄가 없다 _ 210 | 인간 사회에서 문제없이 살도록 반려동물을 관리해야 하는 책임 _ 212 | 문제
행동을 하는 개 교육법 _ 217 | 고양이는 어떻게 관리해야 해? _ 222 | 위생은 매우 중요하다 _ 229 | 반려동
물의 개체수 문제 _ 235

13장 감정적인 교감과 반려동물의 건강
상실감이나 박탈감으로 인해 발생하는 문제 _ 240 | 반려인이 명심해야 할 일 _ 241 | 사람의 감정과 동물의
심리 _ 242 | 몸이 가진 치유력을 믿어라 _ 246

14장 여행과 이사, 반려동물을 잃어버렸을 때
휴가와 여행 _ 249

15장 이별 : 반려동물의 죽음에 대처하는 자세
죽음에 임하는 자세 _ 260

16장 백신 : 친구인가 적인가?
내가 처음 만난 백신 _ 269 | 아름다운 면역체계 _ 273 | 왜 백신은 일반적인 감염과 다른가? _ 277

17장 홀리스틱 요법과 대체요법
내재질환 _ 288 | 의학을 바라보는 서로 다른 관점 _ 290 | 실전에 적용하는 방법 _ 298 | 홀리스틱적 대안 _ 314

18장 아픈 반려동물을 간호하는 방법
해독 _ 316 | 절식 _ 318 | 특별관리 _ 321 | 허브와 동종요법의 약물 제조와 투여 방법 _ 325

2부 질환별 관리법

'질환별 관리법'을 활용하는 방법 _ 332
개, 고양이에게 흔히 발생하는 질병과 치료제 _ 339

각막궤양	339	방광염	385
간염	339	방광질환	385
간질	339	방사선중독	392
간질환	341	백내장	393
갑상선질환	343	백선(링웜)	394
갑상선기능저하증 / 갑상선기능항진증		벼룩	394
개 홍역과 무도병	346	변비	394
결석	349	부비동염	396
고관절이형성증	350	부신피질기능저하증	397
고양이면역부전 바이러스	352	부신피질기능항진증(쿠싱)	398
고양이백혈병	353	분만	399
고양이범백혈구감소증	355	비만	399
고양이비뇨기계 증후군	357	빈혈	399
고양이전염성 복막염	357	사고	400
공격성	360	사마귀	401
관절염	360	상부 호흡기계 감염(감기)	401
광견병	362	켄넬코프 / 고양이의 바이러스성 비기관염 /	
구토	363	고양이의 칼리시바이러스	
귀진드기	364	상해	406
귀질환	364	생식기계 질환	406
기관지염	369	자궁축농증 / 자궁염 / 유선염	
내부기생충	369	설사와 이질	408
회충 / 촌충 / 편충 / 십이지장충(구충)		습진	412
농양	373	식욕부진	412
뇌염	375	신부전	413
당뇨병	376	신부전과 요독증	
뚝새풀	379	심장사상충	418
라임병	380	심장질환	421
마비	383	안과질환	423
모낭충	385	백내장 / 각막궤양 / 염증 / 안검내번증 / 상해	
무도병	385	알레르기	426

암	428
예방접종	432
옴	432
외부기생충	432
진드기 / 벼룩 / 이 / 옴 / 모낭충 / 개선충 / 백선, 링웜	
요독증	439
웨스트 나일 바이러스	439
위질환	440
급성위염 / 만성위염 / 위확장(고창증)	
유선종양	446
응급상황	448
이질	448
임신, 분만, 새끼의 관리	448
자간증 / 난산	
자간증	452
전염성 복막염	452
중독	452
중성화수술	452
진드기(mite)	454
진드기(tick)	454
체중문제	454
비만 / 저체중	
추간판질환	456
췌장염	457
치과질환	459
사고 / 선천성 또는 발육상의 질환 / 치주질환 / 충치	
치아	463
켄넬코프	463
코질환	463
탈모, 털빠짐	463
톡소플라스마증	463
피부염	464

피부질환	465
항문낭질환	470
행동문제	472
황달	475

응급처치 _ 477

갑작스러운 의식상실	478
경련	479
골절	479
교통사고	480
벌레에 물렸을 때	480
쇼크	481
심박동이 멈췄을 때	481
심폐소생술	482
열사병	482
열상	482
중독	482
천공	483
총상	483
출혈	483
호흡과 심박동이 둘 다 멈췄을 때	485
호흡이 멈췄을 때	485
화상	486

허브요법 스케줄 _ 487
동종요법 스케줄 _ 490
찾아보기 _ 493
참고문헌 _ 499
옮긴이의 글 _ 505

책속의 책
초판에 실린 자연식·생식 레시피 37 _ 508

표와 박스 찾아보기

유전자 변형의 진실 _ 54

영양분은 많게, 독소는 적게 하는 식생활 가이드 _ 56

동물성 식품의 소비에 따른 대가 _ 60

개와 고양이를 위한 건강하고 인도적이며 지속 가능한 식단 주요 내용 _ 78

보충제 _ 80

식품별 단백질과 지방 함량 _ 86

개와 고양이에게 권장되는 식품 _ 90

개, 고양이에게 먹이는 것을 금지하거나 최소한으로 먹여야 하는 식품 _ 94

한국 독자에게 익숙하지 않은 식재료 정리 _ 96

개의 크기를 구분하는 기준 _ 103, 514

개의 건강 유지용 레시피 1,000칼로리당 대략적인 영양성분 _ 118

고양이의 건강 유지용 레시피 1,000칼로리당 대략적인 영양성분 _ 136

통곡물 조리하기 _ 147

몸을 정화시키기 위한 허브 투여량 _ 154

외부 오염으로부터 반려동물을 완벽하게 보호하는 방법 : 해야 할 일과 하지 말아야 할 일 _ 187

반려동물과 인간 : 건강과 장수하는 삶을 위한 블루존의 가르침 _ 193

일러두기

* 이 책에 소개된 레시피의 재료는 최대한 유기농 재료, 친환경적 재료를 사용하기를 권한다. 유기농 재료는 제품의 품질도 좋지만 생명을 소중하게 생각하는 재료이기 때문이다.
* 책에 소개된 식재료는 여러 국내 인터넷 사이트에서 구매 가능하며 수입 식재료를 판매하는 상점에서도 구매할 수 있다.
* 레시피에 나오는 재료를 다양하게 사용하고 싶다면 '개와 고양이에게 권장되는 식품'(90~93쪽)에서 소개하는 대용품 가이드라인을 참조한다.
* 보충제 베지도그, 베지캣 구입 사이트
  compassioncircle.com
  책에 수록된 레시피에 필수적인 보충제를 구입할 수 있는 해외 사이트.
  https://noblepet.kr
  베지도그, 베지캣 등을 구입할 수 있는 국내 사이트로 비건 채식 전문 쇼핑몰이다.
  비건 소화효소제 제품인 프로자임 플러스 등 베지펫을 위한 보충제는 이외 다양한 온라인 사이트에서도 구입 가능하다.

 **추천사**

지구와 동물을 사랑하는 모든 이들에게 진정한 보석 같은 책.
- 알렌 M. 쇼엔(Allen M. Schoen, DVM) 《닮은꼴 영혼(*Kindred Spirits*)》 저자

최첨단 연구와 혁신적인 사고로 가득하다. 동물 관련 직종에 종사하는 실무자뿐만 아니라 동물을 돌보는 사람들의 필독서. 우리는 닥터 피케른 부부의 리더십과 용기에 감사해야 한다.
- 얀 알레그레티(Jan Allegretti, DVetHom) 《개를 위한 완전한 홀리스틱 책: 우리의 동반자인 반려견을 위한 가정에서의 건강관리(*The Complete Holistic Dog Book: Home Health Care for Our Canine Companions*)》 저자

닥터 피케른 부부는 동물 친구들을 치유하기 위해 친절한 방법을 찾는 이 시대의 모든 수의사와 반려인에게 길을 닦아준 진정으로 혁신적인 선구자이다. 나는 거의 매일 이 책을 참고하고 동료 수의사와 보호자들에게도 추천한다.
- 토드 쿠니(Todd Cooney, DVM) 수의 동종요법 아카데미(Academy of Veterinary Homeopathy) 회장

닥터 피케른 부부가 쓴 책은 수십 년 동안 나의 많은 고객에게 종합 안내서가 되어 주었다. 이 책은 더 나아가 지구와 모든 동물을 돌보는 향상된 관점과 방법을 알려주고 있다.
- 메리베스 민터(Marybeth Minter, DVM)

기후변화와 육식 위주의 식단으로 고통받는 동물에 대한 우려가 날로 커지는 상황에서 이 책은 개와 고양이에게 윤리적이고 지속 가능한 식재료에서 온 영양학적으로 건강한 음식을 먹기 위한 대안을 제시해 주는 값진 안내서이다.
- 아르마이디 메이(Armaiti May, DVM) 동물보호를 위한 수의사협회(vapavet.org) 설립자

이 책을 우리의 친구이자 동료, 스승이 되어 준 지구상의 모든 동물에게 바친다.

인간과 동물은 인생이라는 긴 여정을 함께한다.

이 책이 반려동물인 개, 고양이뿐 아니라

지구에서 함께 살고 있는 아름답고 소중한 모든 동물에게도 도움이 되길 바란다.

1부

개·고양이를 위한

자연주의 육아법

작은 개가 만든
큰 변화

1976년, 내가 홀리스틱 수의학이라는 분야를 개척하기 한참 전에, 나는 오리건에 있는 교외의 동물병원에 상주하면서 근무하고 있었다. 그때 이미 일반적인 치료에 어느 정도 환멸을 느끼고 있었다.

"이 녀석은 왜 치료를 해 주지 않는 거야?"

한 동료가 진료 테이블에 외롭게 앉아 있는 나이 든 치와와 타이니를 가리키며 물었다. 타이니도 예전에는 건강하고 윤기 있는 털을 가진 개였을 것이다. 그런데 지금은 털은 빠진 지 꽤 오래되어 보였고, 피부에는 지독한 악취를 풍기는 지루성 큰 반점이 나 있었다. 총기도 없어 보였다.

불행하게도 나는 타이니와 같은 케이스를 수도 없이 봐 왔다. 타이니 옆에는 '모든 방법을 다 시도해 본' 실의에 빠진 노부부가 앉아 있었다. 하지만 타이니를 아끼는 윌슨 부부는 새로운 시도를 해보고 싶어 했다. 이전 병원 기록을 살펴보니 오랫동안 치료를 받아 왔음을 알 수 있었다. 코르티손 주사, 약물목욕, 연고도포, 추가 주사, 추가 연고도포 등의 치료를 꾸준히 받았는데도 뚜렷하게 호전되지 않았다.

"선생님, 타이니가 너무 불쌍해요. 도움이 되는 치료라면 뭐든지 하겠어요."

윌슨 부인은 절망과 좌절, 슬픔, 걱정을 담아 입을 열었다.

타이니의 갈색 눈을 유심히 들여다보자 고통 속에서 살고 있음을 느낄 수 있었다. 나는 마침내 기존의 익숙했던 진료방식에서 벗어나야 할 때가 되었다고 생각했다. 수년 동안 원했던 새로운 접근법을 테스트해 보고 싶었다. 타이니는 의학적으로는 가망이 없는 상태였으므로 잃을 것이 없었다. 나는 새로운 접근법이 효과를 낼 수 있을 거라고 믿었다.

모든 것은 그렇게 시작되었다. 나는 타이니를 자세히 진찰한 후 윌슨 부부에게 타이니에게 가장 필요한 것은 좋은 약이 아니라 좋은 식단이라고 설명했다.

"타이니와 같은 피부병은 매우 흔하지만 치료하기는 어렵습니다. 피부는 부적절한 식단으로 인해 유발되는 질병의 징후가 몸으로 처음 나타나는 곳이에요. 피부는 매우 빠르게 재생되어, 대략 3주 간격으로 전체가 완전히 새로운 세포 무리로 바뀌는 곳이죠. 이 과정에 영양분이 많이 필요한데 타이니가 먹는 식단에 필수적으로 필요한 영양소가 부족하면 피부질환이 올 수 있습니다. 부적절한 식단 때문에 맨 먼저 파괴되는 몸의 조직 중 하나가 피부고 타이니에게서 보이는 비정상적인 피부가 그런 종류입니다."

나는 조심스럽게 말을 꺼냈다.

"일반 상업용 사료의 성분이 무엇인지 알면 아마 믿지 못하실 정도로 놀라실 거예요."

나는 영양의 중요성과 함께 부산물로 만든 고도로 가공된 사료와 캔 사료의 독성 문제에 대해 이야기했다. 곧바로 새로운 식단을 시도해 보기로 한 부부는 사료에 대한 설명을 들은 후 수의대에서 학생들에게 이런 내용을 가르치지 않는다는 사실에 놀라워했다.

나는 천연식품을 토대로 하여 타이니에게 적합한 식단을 짜기 시작했다. 흔히 반려동물에게 '사람 음식'을 먹이지 말라고 말한다. 하지만 질 좋은 고기, 통곡물, 신선한 야채를 기본으로 한 사람 음식(얇은 감자튀김인 칩스를 포함한 튀김, 흰 빵, 쿠키, 탄산음료, 아이스크림은 제외하고)과 같은 식이 프로그램을 만들었다. 양조용 효모(brewer's yeast), 식물성 오일, 대구간유, 켈프(kelp, 갈조류), 골분(뼛가루), 비타민 E, 아연 등 피부건강에 중요한 영양소가 풍부하게 들어 있는 보충제도 추가로 처방했다. 마지막으로 목욕방법도 알려주었다.

"그리고 약품처리가 안 된 천연 샴푸로 목욕시켜 주시는 것이 좋습니다. 이렇게 해 주면 타이니의 피부를 자극하던 독성물질을 없애는 데 도움이 됩니다."

그 후 타이니가 새로운 방식의 치료에 잘 적응하고 있는지 내내 궁금했다. 한 달 후 윌슨 부부는 타이니와 함께 자랑스러운 표정으로 병원을 방문했다. 타이니는 생기가 넘쳤고 진료 테이블로 힘차게 뛰어 올랐으며 전혀 다른 개가 되어 있었다. 타이니의 털은 훨씬 건강해 보였고 털이 빠졌던 곳은 빠른 속도로 메워지고 있었다. 윌슨 부인은 흥분한 목소리로 말했다.

"선생님 못 믿으시겠죠? 타이니가 이제는 저렇게 껑충껑충 뛰면서 놀아요. 다시 강아지 때로 돌아간 것처럼 말이에요. 정말 감사해요, 선생님."

타이니의 변화는 우리 모두에게 큰 보상이었다. 윌슨 부부는 개의 건강이 반려인의 관리 여하에 달려 있으며, 매달 맞았던 코르티손 주사나 각종 약물이 때로는 부작용을 일으키고 반려동물의 건강을 지키는 일이 아님을 알게 되었다. 타이니는 1970년대 면역학 박사과정 중에 수년간 연구하며 알게 된 '건강에서의 영양의 핵심 역할'에 대한 긴 연구결과를 적용해 본 첫 임상사례였다.

이후 《개·고양이 자연주의 육아백과》가 출간되고 이 책을 읽은 독자와 내게 교육을 받은 수의사로부터 많은 감사 편지를 받았다. 기적 같은 성공 사례가 줄줄이 이어졌다. 확실히 모든 존재는 자신이 먹은 음식물의 결과물이다.

21세기가 되었고, 임상에서 성공한 지 수십 년이 지났다. 건강을 회복하는 데 있어서 영양의 중요성은 더욱 커졌다. 오늘날 우리의 식탁을 보면 음식재료가 얼마나 위태로운 상황인지 알 수 있다.

하지만 아직 희망은 있다.

1981년에 초판을 낸 것을 시작으로 이번에 《개·고양이 자연주의 육아백과》 개정판을 내게 되었다. 이번 개정판을 통해 나와 공동 저자인 아내 수전은 반려인이 사랑하는 반려동물뿐 아니라 반려인의 가족, 친구, 미래 세대, 강과 바다에 사는 생물, 야생동물 등 지구상에 있는 모든 생명체의 건강과 음식의 상관관계에 대해 심도 있게 살펴보려고 한다.

오늘날 우리가 먹는 음식이 어떤 문제가 있는지와 먹는 것의 중요성에 대해 간결하지만 심오하게 통찰해 볼 것이다. 그런데 현대와 과거를 불문하고 수많은 의료계 관계자와 수많은 사람들은 늘 다음과 같은 비슷한 결론에 도달한다.

오늘날 우리의 식탁을 보면 음식재료가 얼마나 위태로운 상황인지 알 수 있다.

수의과대학의 무의미한 영양학 수업

1965년에 나는 유명 수의과대학인 UC 데이비스 수의과대학(University of California, Davis)을 졸업했다. 그런데 내가 대학에서 배운 영양학은 일종의 훈계에 지나지 않았다. "앞으로 여러분의 고객에게 반려동물에게 좋은 사료를 주고, 사람이 먹는 음식을 절대로 주지 말라고 하세요." 이 정도가 전부였다. 그 이상의 영양학은 교육과정에서 중요하지 않았다.

영양의 중요성에 대한 인식이 커진 오늘날의 관점에서 보면 학생들이 이를 액면 그대로 받아들였다는 것이 참으로 이상하게 보일 것이다. 아마 교수님들이 어련히 알아서 가르치겠냐는 생각이었을 것이다. 졸업 후 수년 동안 나는 대학에서 배운 대로 최신식 수술 테크닉과 약물로 무장하고 질병을 정복하려고 했다.

그러나 곧 현실을 깨달았다. 개, 고양이, 소, 돼지, 말과 야생동물을 모두 다루는 남부 캘리포니아의 바쁜 임상 속에서 동물의 많은 질병이 학교에서 배운 것처럼 단순하지도 않고, 치료한 그대로 반응이 나타나지도 않는다는 사실을 알게 되었다.

아무리 애를 써도, 실제로 아픈 동물을 위해 내가 내린 처방이 거의 도움이 되지 않는 일이 잦았다. 물론 아픈 동물을 낫게 하는 경우도 많았지만 때때로 어떠한 처방도 듣지 않는 동물을 만나면 무능한 방관자 같았다.

나는 항상 책을 끼고 다니는 호기심 많고 고집스런 사람이어서 내가 임상에서 본 것을 이해하려고 노력했다. 질병과 치료가 무엇인지 진심으로 이해하고 싶었고 오늘날까지도 이해하려고 노력하고 있다.

그러던 중에 몇 가지 기본적인 의문이 생겼다.

• 약물의 사용 여부와 관계없이 어떤 동물은 쉽게 호전되는데, 어떤 동물은 왜 전혀 호전되지 않을까?
• 한 그룹 내에서도 어떤 동물은 병이 여기저기로 번지는데, 어떤 동물은 왜 전혀 영향을 받지 않을까?
• 왜 동물(사람도 포함)에게 만성질환이 점점 더 늘어날까?

나는 방어와 치유 능력 등 동물의 신체 능력에 대해 내가 이해하지 못하는 기본적인 무언가가 있다는 사실을 알게 되었다.

면역체계는 특정 영양성분에 달려 있다

어떤 문제에 대해 오랫동안 절실하게 고민하면 삶은 해답을 찾을 기회를 주는 것 같다. 그 무렵 친구가 느닷없이 내게 연락해서는 워싱턴 주립대학교의 수의과대학에서 전임강사를 해볼 의향이 있는지 물어 왔다. 배움에 대한 열망으로 나는 바로 지원했고 채용되었다. 학부 시절 성적이 우수한 편이었으나 아직 부족한 부분이 있었고, 다시 학교로 돌아가서 연구하는 것이 그것을 해결하는 해결책이라고 생각했다.

다음해에 조교수가 되어 수의역학과 공중보건학을 가르치고, 농장으로 왕진을 다니며 대동물을 진료했다. 바이러스에 대한 강의도 들었는데 정말 흥미로웠다. 바이러스학에 관심이 많았던 나는 어느 날 교수에게 몇몇 강의를 더 수강해도 되는지 물었다.

"어디 확인해 봅시다."

내가 생각하기에는 좀 이상한 대답이었다. 며칠 후 학과장이 불러서 대신 대답해 주었다.

"자네도 끼워 주지!"

도박판에 끼워 준다는 건지 단과대 모임에 끼워 준다는 건지 몰라서 되묻자 웃으며 당연히 대학원에 끼워 준다는 것이라며 축하해 주었다. 당시는 정식으로 입학지원을 하고 추천장을 받지 않아도 되던 때였다. 과학 분야는 학비지원도 훌륭했다. 나는 이곳에서 장학금을 받고 수의미생물학 정규 박사과정을 마쳤다. 드디어 다음 학기부터 과학의 전당에서 새로운 공부를 시작하게 된 것이다. 몸의 방어기전에 대한 진정한 비밀을 배울 수 있게 된다는 생각에 기뻤다.

나는 몸의 면역반응과 면역반응이 어떻게 활성화되는지, 몸이 어떻게 이물질과 역효과를 내는 존재(암세포와 같은)를 아는지에 대한 다양한 공부와 연구를 했다. 이것이 진정한 질병의 치료를 배우는 이상적인 방법 같았다. 하지만 5년이 지나고 박사학위를 딴 후에도 내 질문에 대한 해답은 여전히 나를 교묘하게 비켜 가고 있음을 깨달았다. 면역학과 물질대사에 대한 정보를 엄청나게 많이 습득했지만 여전히 '어떻게 하면 건강을 더욱 향상시킬 수 있을까?' 하는 문제에 대한 진정한 통찰력은 생기지 않았음을 인정해야 했다.

그러다가 대학원 과정의 막바지에 진정으로 놀라운 연구를 접하게 되었다. 그것은 바로 기근과 기아에 허덕이는 아프리카의 아이들을 치료하는 의사들이 "면역체계는 특정 영양성분의 존재에 달려 있다."라는 결론을 내린 연구였다. 부족한 특정 성분의 보충만으로도 아이들의 질병에 대한 저항력은 놀랍게 향상되었다.

지금은 당연하게 여겨지지만 그때만 해도 말로 설명하기 어려울 정도로 흥분되는 내용이었다. 면역체계를 수년간 공부하면서 면역체계를 어떻게 더 잘 작용하게 만들 수 있는지에 대한 연구결과를 그토록 찾았으나 당시에는 전혀 접할 수 없었기 때문이다.

개인적인 실험

내가 찾는 내용에 대한 단서가 있었으므로 나는 내게 직접 테스트해 보기로 했다. 나를 시작으로 아내와 가족의 식단을 SAD(Standard American Diet, 가공식품, 설탕, 동물성 식품, 정제된 빵, 튀김, 조리하지

않아도 되는 음식으로 이루어진 미국의 표준식단)에서 통밀빵, 현미, 콩과 신선한 야채, 약간의 고기로 바꿨고, 영양효모(nutritional yeast, 각종 영양소가 풍부하게 들어 있으며 요리에 풍미를 더해 주는 천연 조미료), 밀배아와 다양한 비타민 등 슈퍼푸드 보충제를 매일 먹었다. 정기적으로 조깅을 시작했고, 허브를 사용하기 시작했으며, 명상과 마음읽기를 통해 내적 삶도 탐구하기 시작했다.

얼마 지나지 않아 몸이 몇 년 전보다 훨씬 좋아졌음이 느껴졌다. 특별히 아픈 곳이 있는 것은 아니었지만 이러한 과정이 내게 필요 없는 것을 제거하는 역할을 한 것 같았다. 예를 들어, 뱃살이라든가, 대장염, 귀의 염증, 과도한 긴장, 감기나 독감에 쉽게 걸리던 경향, 몇몇 부정적인 심리적 습관 등이 그렇다.

비록 이 실험이 통계학적으로 유의미하거나 이중맹검법(환자와 의료진 모두 시험약과 가짜약 여부를 모르고 진행하는 시험법)을 사용하지는 않았지만 내게는 엄청난 가치가 있는 것이었다. 단지 기분이 좋아지는 것 이상이었다. 사실 우리는 자신의 몸과 마음의 긍정적인 변화에 대해 권위자에게 견해와 해석을 구하지 않아도 된다. 우리가 무엇을 하는지에 대한 확신이 있더라도 다양한 변수가 있기 때문에 우리는 변화를 가져오는 정확한 양상이 무엇인지 잘 모른다. 그러니 긍정적인 시각을 폄하하지 않아도 된다. 난 내가 드디어 정확한 궤도에 올랐다고 느꼈다.

길고양이 스패로

내원하는 동물에게 영양학적 실험을 해볼 수 없

는 박사과정 무렵에 숲속에서 길을 잃고 굶주림에 지쳐서 탈진해 있는 새끼 고양이를 데리고 와서 돌보게 되었다. 솜털로 뒤덮여 있는 모습이 작은 새 같아 참새라는 뜻의 스패로라는 이름을 지어 주었다. 처음에는 고양이에게 사료를 먹였는데 괜찮아 보였다. 1~2년쯤 후 스패로가 임신을 하자 체력을 보강해 주기로 했다. 소의 신선한 생간, 날달걀, 골분, 신선한 닭고기, 양조용 효모를 기본으로 하여 영양분이 많은 음식들을 매일 첨가해 주었다.

그러자 지금껏 병원에서 내가 봐 왔던 많은 고양이와 달리 스패로는 임신 중에 체중이 감소하지도 털이 빠지지도 않았고 매우 빠르고 쉽고 평온하게 분만을 했다. 또한 새끼 세 마리가 충분히 먹고 자랄 수 있을 만큼 모유도 많이 나왔다.

우리는 새끼 중에 지니를 스패로와 함께 키우며 같은 식단과 영양제를 먹였는데, 이 녀석들이 건강한 것을 보며 항상 감탄했다. 스패로와 지니는 벼룩 구제도 한 번 하지 않은 건강한 고양이로 살았다. 면역력이 높아서 싸우거나 놀다가 할퀴거나 물려도 상처가 빠르게 치유되었고, 감염되거나 농양이 생기지도 않았다. 몇 년 후 슬프게도 지니는 차에 치여 죽었지만 스패로는 고양이에게 흔한 질병으로 수의사를 찾는 일 한 번 없이 18년을 살았다.

식이요법·동종요법으로 무장하고 다시 임상으로

이러한 성공은 나로 하여금 영양학과 동물의 건강에 대한 연구를 하고 싶게 만들었으나 연구비 지원은 턱없이 부족했다. 그래서 다시 임상으로 돌아

가 이론을 임상에서 테스트해 보기로 했다.

영양학적 적용은 처음에는 시험적이고 제한적이었다. 동료 수의사들은 영양학에 대한 내 설명을 귀기울여 들었지만 영양 보충제를 동물병원에 구비하지는 않았다. 나는 내원한 반려인에게 효모, 켈프, 요거트, 달걀과 같은 가공하지 않은 음식 형태의 비타민과 미네랄을 먹일 것을 권했다.

당시 나는 수년 동안 격주로 중성화 센터에서 일하면서 동종요법과 영양학을 충분히 공부할 수 있는 시간을 얻었다. 그러다가 캘리포니아 산타크루즈에서 왕진 위주로 진료를 하는 작은 동물병원을 운영하기 시작했고, 주로 영양학과 동종요법을 강조했다. 1985년 오리건으로 이주하여 시내에 자연주의 동물건강센터(The Animal Natural Health Center)를 열었을 때에는 영양학, 동종요법, 허브만으로 진료하게 되었다. 이곳에서 나와 내 동료들은 20년간 믿기 어려운 결과를 얻었고, 나는 이 분야에서 앞서 나가는 사람이 되었다.

돌이켜 보면 영양학을 이해하고 적용한 것은 점진적인 과정이었다. 처음에는 특정 영양분이 건강한 면역체계의 필수적인 요소라는 사실을 배웠지만 식단의 가치 그 이상에 대해서는 몰랐다. 동물 환자들이 보여 준 수많은 결과는 식단을 건강하게 바꾸면 질병으로 고통받던 반려동물이 얼마나 건강해질 수 있는지를 보여 준 것이었다.

건강한 음식과
줄어드는 대기자 명단

자연주의 동물건강센터의 시스템은 이렇다. 만성질환을 앓는 반려동물의 보호자는 센터에 전화를 걸어 예약을 하는데 예약이 꽉 차 있는 경우 대기자 명단에 올라간다. 그런 다음 반려인에게《개·고양이 자연주의 육아백과》에 수록된 레시피를 전달한다. 그리고 진료를 기다리는 동안 집에서 레시피대로 음식을 만들어 먹이면 동종요법 진료 시 반려동물이 더 활력 있고 치료에도 잘 반응한다고 설명한다.

그런데 여기서 뜻밖의 반전이 생긴다. 직원이 한 달 정도 후에 전화를 걸면, 반려동물이 다 나아서 더 이상 진료를 받을 필요가 없다고 말하는 것이다. 그러면 그 동물 환자의 이름을 대기자 명단에서 뺀다. 물론 더 많은 신규 전화가 오기 때문에 병원에 아픈 동물은 항상 넘쳐난다.

"어쩜 이럴 수가 있지?"

처음에 나는 골똘히 생각했다. 수년간 치료해도 호전되지 않던 질병이 어떻게 신선한 식품을 먹이는 간단한 방법으로 나을 수 있는 거지? 이것이 내가 영양학을 공부해야만 하는 이유인가?

신선한 식품으로 만든 식단으로 건강이 좋아진 것이라면 왜 일반 상업용 사료는 이런 결과를 만들어 내지 못하지? 물론 상업용 사료는 우리 병원의 보호자들이 집에서 직접 만들어 주는 것만큼 신선하고 영양이 풍부한 재료를 쓰지 않겠지만 그렇다고 하더라도 풀리지 않는 궁금증이었다. 상업용 사료에 무엇이 들어 있는지 궁금해졌다.

상업용 사료에 무엇이 들어 있는지에 대해서는 2장에서 살펴보겠지만, 오늘날 사료에는 내가 수십 년 전에는 전혀 예상하지 못했던 엄청난 문제가 있다. 이는 가축에게 먹이는 것이나 사람이 먹는 것 모두에 해당된다. 농업 방식과 인간의 먹을거리, 독성의 전파로 인해 인간의 먹을거리 공급원은 쇠퇴하고 있다. 이 내용은 3장에서 다룰 것이다.

그래도 인간이 지금까지 해온 방식을 계속 고수한다면 머지않은 미래에, 독자들이 살아 있는 동안에, 물과 식량 부족에 직면하게 될 것이라고 전문가들은 경고한다. 4장에서는 우리 모두의 건강 문제이기도 한 지구와 지구 생명체의 '큰 그림'에 대해 다룰 것이다.

우리가 지구 전체의 시스템을 바꿀 수는 없지만 일상에서의 작은 선택이 이 시스템에 영향을 미칠 수 있다. 이는 가족을 넘어 여러 생명에 영향을 미친다. 인간의 선택은 우리 삶의 원천인 토양과 대수층, 대양과 삼림을 파괴한다. 인간만이 지구를 보호하고 지구가 다시 회복하는 것을 도울 수 있다. 인간은 화석연료를 고갈시키고, 온실가스를 배출하여 수많은 동물과 인간을 고통스럽게 하며, 수천 종의 생물을 멸종시키기도 한다. 그리고 사회와 미래 세대, 반려동물과 야생동물의 건강도 서서히 쇠퇴시키고 있다. 하지만 자연에게 스스로 회복할 수 있는 기회를 줘서 우리 모두 조화롭게 살아갈 수 있는 환경을 만들 수도 있다.

많은 사람들이 우리가 추구하는 것이 무엇인지 이해한다면 변화를 만드는 바른 선택을 하고 모두가 행복한 세상을 만들 수 있을 것이다.

이 분야의 선구적인 책이 될 최종판인 이 책을

지금 읽고 있는 독자들을 환영한다. 이 책에서는 반려동물과 인간과 지구와 관련된 21세기 식품의 쟁점에 대해서 과감하게 살펴볼 것이다. 이는 별개의 문제가 아니기 때문이다.

이 책에는 우리가 우리와 다음 세대를 위해서 파괴된 지구의 회복을 돕고 나은 환경을 만드는 방법이 소개되어 있다. 열린 마음으로 새로운 세상을 꿈꾸는 독자들에게 감사의 마음을 전하며 우리가 하는 일이 좋은 내일을 위해 보탬이 될 수 있다고 말하고 싶다.

2장 상업용 사료에는 도대체 무엇이 들어 있을까?

1장에서 밝혔듯이 반려동물에게 상업용 사료가 아닌 시장에서 직접 구입한 재료로 만든 음식을 먹였을 때 반려동물에게 일어나는 변화를 보고 놀라고 감동받았다. 종종 이러한 변화는 드라마틱하기까지 하다. 그러나 좋은 재료로 만들어 먹이는 것이 건강을 되찾는 변화를 가져왔다면 일반 상업용 사료는 왜 그렇지 못한 걸까?

상업용 사료 안에 들어 있는 불미스러운 재료의 진실을 알게 된다면 반려인들은 좌절하고 우울해질 수도 있다. 하지만 반려인은 상업용 사료의 성분과 사료업계의 품질관리 부족 문제를 자세히 알아야 한다. 물론 상업용 사료에 대한 설득력 있는 광고를 자주 접하니 아무리 "일반 상업용 사료를 먹이지 마세요."라고 말해도 별 효과가 없을지도 모른다.

반려동물에게 무엇을 먹였는지 알게 된다면 반려인들은 놀라움과 충격을 받을 것이다. 3장에 소개할 오늘날 '인간이 소비하는 식품'의 문제점을 봐도 마찬가지이다.

그러나 절망하지 않기를 바란다. 그다음에 이 모든 문제를 손쉽게 해결할 수 있는 영양학적 해결책을 제시할 것이다. 기존의 식단보다 훨씬 훌륭하고 간단한 레시피로 음식을 손수 준비할 수 있는 방법을 알려줄 것이다.

기쁜 소식은 지난 30년 동안 독자들과 환자들이 《개·고양이 자연주의 육아백과》에 소개된 레시피를 이용하여 큰 성공을 거뒀다는 점이다. 이런 방식으로 보살핌을 받은 반려동물들은 건강하게 최고로 오래 살았다. 5장에는 깜짝 놀랄 성공 사례가 소개되어 있다. 너무 바쁘거나 여행 중이어서 직접 만들어 먹이지 못하는 독자들을 위해서는 어떤 사료가 가장 건강한 상업용 사료인지 식별할 수 있는 방법도 알려줄 것이다.

나뿐 아니라 다른 많은 수의사들은 동물이 영양이 풍부한 식단에 빠르고 긍정적으로 반응하는 모습을 확인했다. 영양이 풍부한 식단은 반려동물이 오랫동안 겪어 왔을 수많은 만성질환을 치료하는 중요한 방법이다. 만약 이 책에 있는 지침을 따른다면 반려동물은 확실히 더 건강해질 것이다. 사료를 오랫동안 급여했더라도 그에 따른 나쁜 영향도 극복 가능하다고 확신한다.

생명은 회복력이 있다. 식단의 변화라는 작은 노력 덕분에 건강이 얼마나 빠르게 향상되는지를 옆에서 지켜보면 정말 놀랍다. 그러니 용기를 내어 사료의 세계로 탐험을 떠나 보자. 되도록 간략하게 설명할 것이다.

상업용 사료를 버려라

일부 고급 브랜드를 제외한 대부분의 일반 상업용 사료에 들어 있는 재료는 인간이 소비할 수 없는 동식물의 부산물이다.

《개·고양이 사료의 진실(*Foods Pets Die For*)》,《반려동물을 보호하라(*Protect Your Pet*)》의 저자 앤 마틴(Ann Martin)은 반려동물에게 먹이는 상업용 사료의 성분에 관한 진실을 조사하기 위해 사료회사와 감독관을 열성적으로 접촉했다. 그리고 "사료산업에 대해 수년간 조사한 결과 내가 발견한 사실은 일반 상업용 사료의 재료가 모두 쓰레기라는 것이다."라고 결론 내렸다.[1]

어떻게 이런 일이 가능할까 싶으면서도 한편으로는 완벽하게 이해가 간다. 상업용 사료에 들어가는 육류와 육류 부산물의 정체부터 알아보자.

도축 검사관 : 도대체 무엇을 사냥하고 있는가?

인간에게 육류를 공급하기 위한 농장동물의 도축과 가공과정은 사람에게 질병을 발생시키거나 유해물질이 섞이는 것을 막기 위해서 정부기관이 정한 위생기준을 따라야 한다. 이 시스템이 잘 운영되고 있는가? 꼭 그렇지는 않다.

도축 검사관이 도살된 가축에 불량한 부분이 있다고 평가하면 어떠한 경우에도 그 고기는 사용할 수 없다. 그때 '이걸 왜 버려?'라는 생각이 들게 마련이다. 불량판정을 받은 고기는 어디로 갈까? 이런 고기는 반려동물의 사료로 가공되거나 소(초식동물임에도 불구하고) 등의 사료로 가공되는 것이 일반적인 관행이다. 이러한 관행은 합법적이며, 사용하지 않으면 폐기될 재료를 효율적으로 사용하는 것처럼 보인다.

'뭐가 문제라는 거지?'라고 묻고 싶은 사람도 있을 것이다. 야생에서 개를 비롯한 동물들은 며칠 전에 죽어 부패한 동물의 사체를 먹기도 하니까. 하지만 고양이는 야생에서 방금 잡은 신선한 고기만 먹는다.

육가공업체에서 나온 불량한 고기는 자연에서 나오는 고기와 다르다. 늑대가 잡은 야생동물은 병들거나 오염되지 않았다. 먹지 못해서 약해졌거나, 싸움을 하다 다쳤거나, 너무 어리거나 너무 늙어서 빨리 뛰지 못하는 동물이다. 자연 속에서 신선한 자연식을 먹고 자란 일반적으로 건강한 개체들이다. 물론 잡힌 동물이 병든 경우도 있지만 이는 예외이다. 유투브나 TV에서 사냥을 하는 포식자의 영상을 보면 건강한 영양, 사슴, 말코손바닥사슴 등이 미친 듯이 달려 빠져나갈 때 길을 잘못 든 동물만이 포식자에게 잡아먹힌다.

야생이 아닌 곳에서 개와 고양이를 위해 사냥을 나갈 포식자는 바로 도축 검사관이다. 도축 검사관은 어쩐 일인지 농양, 종양, 암 등 질병이 있거나 장기가 비정상적이고, 감염되고, 간흡충이나 촌충 같은 기생충이 있는 고기만 사냥한다. 도축 검사관이 도축된 가축 한 마리를 조사하는 데 단 몇 초만 주어지기 때문에 빨리 결정을 내려야 한다.

반려인은 암이나 감염이 있는 가축은 모든 소비에서 배제되어야 한다고 생각하겠지만 그렇지 않다. 농양이나 종양 등 병든 부분은 잘라내고 나머지 부분은 인간의 밥상으로 간다.

제거된 농양이나 종양은 어디로 갈까? 바로 반려동물의 사료로 들어간다.

월간지 《프리벤션(Prevention)》은 사료공장 내부의 단면을 알 수 있는 독자의 편지를 게재한 적이 있다.

나는 메인 주에 있는 도계장에서 일한 적이 있어요. 매일 10만 마리의 닭을 도축하는데… 제가 일하는 컨베이어 벨트 바로 앞에 미국 농무부(USDA)에서 나온 도축 검사관과 닭을 손질하는 사람들이 있었어요. 이 사람들은 닭의 병들고 손상된 부위를 잘라내 쓰레기통에 버렸고, 이 쓰레기통은 반려동물 사료회사에서 정기적으로 수거해 갔어요. 그러니까 사료회사들이 엄선된 좋은 재료로 만든 사료라고 광고해도 믿지 마세요.

정말 최악이다. 더 나쁜 것은 병든 조직뿐 아니라 '4-D' 동물도 반려동물과 가축의 사료에 들어간다는 것이다. 4-D 동물은 이미 죽었거나(dead), 죽어 가거나(dying), 장애가 있거나(disable), 병든 채(diseased) 도축장에 도착한, 인간의 식탁에 오르지 못하는 소, 돼지, 닭이다. 게다가 임신한 동물의 자궁이나 태아도 이 쓰레기통으로 들어간다.

이 재료에는 위험한 박테리아가 득시글거린다. 익히긴 하겠지만 반려동물에게 좋지 않은 내독소(endotoxin)는 여전히 남아 있다. 내독소는 냉장하지 않은(1~2일 정도) 상태로 가공을 기다릴 때 박테리아가 생성하는 물질이다. 이 물질은 사료로 옮겨질 수 있다. 사료를 연구한 한 보고에 따르면

사료에 포함된 내독소의 양은 상당하다.[2]

렌더링 공장으로

도축장에서 모아진 병들고 건강하지 않은 불량 재료들은 렌더링(rendering, 각종 동물 부산물과 폐유 등을 고온·고압으로 처리해서 사료, 비료, 화장품 등의 원료로 이용하는 방법) 공장으로 보내진다. 이때 각종 육류 폐기물이 뒤섞이는데 앤 마틴은 "이때 식품점의 쓰레기나 레스토랑의 상한 음식, 묻기에는 너무 큰 로드킬 당한 동물의 사체, 도축 이외의 이유로 죽은 농장동물, 인간이 소비하기에는 위험한 음식물, 보호소 및 동물병원에서 안락사 된 개와 고양이 등 매우 다양한 재료가 섞인다. 그리고 이 모든 재료는 렌더링 공장의 큰 컨테이너에 들어가 104.4~132.2℃의 온도에서 20분에서 한 시간 정도 조리된다. 조리된 재료는 원심분리기를 이용하여 고형기름(grease)과 동물성 기름(tallow)으로 분리된다. 그다음 곱게 갈아서 최종 단계인 육분(meat meal)으로 완성된다."라고 했다.[3]

이와 같은 재료에 유통기한이 지난 고기 포장재, 안락사 당한 동물의 목걸이, 안락사 약물이 섞여 들어갈 수 있다는 보고가 많다.

육류 부산물

사료 라벨에서 '육분(meat meal)' 혹은 '육류 부산물(meat by-products)'이라는 문구를 종종 본다. 사람들은 라벨에 쓰인 '육류 부산물'이나 '가금류 부산물(poultry by-products)'의 뜻이 닭, 오리 등 '가금류의 날개로 만든 가루(poultry feather meal)'

나 결합조직(연골), 가죽 가루(leather meal, 벨트나 구두를 만드는 데 사용하는 것과 같은 가죽), 가금류나 다른 동물의 배설물, 말이나 소의 털을 의미할 수 있음을 모른다. 로버트 아바디 도그 푸드 컴퍼니(Robert Abady Dog Food Company)의 설립자인 로버트 아바디(Robert Abady)는 "육분이나 골분은 대개 잘 간 뼈, 연골, 힘줄로 구성되며, 가장 값싸고 최소한의 영양소가 들어 있는 부산물 가루"라고 설명한다. 이것은 라벨에 적힌 어린양분(lamb meal), 가금류분(poultry meal), 닭분(chicken meal), 어분(fish meal) 항목에도 동일하게 적용된다.

육분, 골분, 부산물은 동물 사료에 널리 사용된다. 이런 성분이 조단백의 함량을 증가시킬 수 있지만 상대적으로 적은 양의 영양분만 공급한다. 이것이 동물에게 좋은 음식이 될 수 없음은 분명하다.

여기에 질긴 섬유질 성분이 첨가되기 때문에 일반적으로 육분의 75% 정도에 해당하는 단백질만 이용할 수 있다. 그리고 모든 육분은 높은 조리온도로 멸균하기 때문에 소화율이 떨어진다. 또 다른 값싼 성분인 혈분(dried blood meal) 또한 효용성이 떨어지는 단백질을 함유하고 있다.

어떤 성분이 더 들어 있을까?

반려동물의 사료에 무엇이 더 들어 있는지를 알게 되면 실망할 것이다. 하지만 실망감이 반려동물의 식단을 변화시키는 원동력이 되기도 한다. 보다 자세한 내용은 앤 마틴의 책을 참고하기 바라며, 도축장의 쓰레기와 합성첨가물을 제외한 나머지 재료에 대해 알아보자.

- **사람이 먹을 용도로 가공처리하고 남은 음식의 찌꺼기** 감자나 고구마의 껍질, 비트의 섬유질, 옥수수 글루텐 가루(corn gluten meal, 옥수수에서 전분이나 배아, 껍질을 제거한 후에 남은 부분을 건조시킨 찌꺼기) 등 사람이 먹을 용도로 가공처리하고 남은 음식의 찌꺼기가 들어 있다.

- **악취가 나고 곰팡이가 핀 곡물** 사람에게 식용으로 금지된 악취가 나고 곰팡이가 핀 곡물이 들어 있다.

- **미분(rice flour)** 분쇄의 마지막 단계로, 영양가가 매우 낮은 곱게 간 미분이 들어 있다.

- **양조용 쌀** 맥주 제조과정에서 버려진 영양가가 거의 없고 마른 가루로 된 다 쓴 홉이 함유된 양조용 쌀이 들어 있다.

- **섬유질(fiber)** 통곡물(좋은 것)이나 채소(좋은 것) 또는 땅콩 껍데기나 깃털, 신문지에서 나올 수 있는 섬유질이 들어 있다.

- **가수분해한 털, 건조시킨 쓰레기, 비료** 돼지, 반추동물, 가금류에서 나온 가수분해한 털, 건조시킨 쓰레기, 비료 등이 들어 있다. 미국사료관리협회(AAFCO, the Association of American Feed Control Officials)의 '재료 정의'에 따르면 이 내용은 현실이다.[4] 미국사료관리협회(AAFCO)는 반려동물에 따라 권장 단백질 양을 규정해 놓은 표준 급여 가이드라인을 가지고 있지만 그 내용을 지키도록 사료 회사를 규제하고 있지는 않다.

- **안락사 된 동물의 사체** 사료업계에서는 동물병원이나 여러 이유로 안락사 당한 개와 고양이의 사체 사용을 인정하지 않지만 일부에서는 사용하고 있다는 보고가 있다. 예를 들어, 《수의학

저널》에 실린 미네소타 대학교의 연구에 따르면, 안락사 약물인 펜토바비탈(pentobarbital)이 렌더링 공장의 공정을 거쳤는데도 여전히 활성화된 채 사료에서 발견되었다.[5]

- **항생제** 항생제는 공장식 축산으로 관리되는 농장동물(미국에서 생산되는 육류의 99%)에게 지속적으로 사용되어 왔다. 오늘날 농장에서 기르는 닭, 칠면조, 돼지, 소, 물고기 등 여러 동물은 스트레스를 많이 받고 건강하지 못해서 항생제를 계속 사용하지 않으면 이윤을 남길 수 있는 도축 시기까지 살아남을 수 없다. 많은 항생제는 육류 중심의 음식에 남아 약성을 띠고 박테리아의 내성을 키운다.

- **성장촉진제와 호르몬** 공장식 축산으로 길러진 농장동물은 일상적으로 항생제와 같은 약물과 호르몬을 먹여 성장을 촉진하고 생존을 위해 질병을 예방한다. "오늘날 미국과 캐나다의 육우 비육장(beef feedlot)에 들어오는 거의 모든 동물에게는 다양한 조합으로 여섯 가지의 단백동화 스테로이드(anabolic steroid, 아나볼릭 효과가 있는 합성 스테로이드 그룹으로 단백질 생합성과 신체의 질소 보유력을 높이고 근육을 증가시킨다)를 먹인다. 거기에는 에스트라디올(estradiol), 테스토스테론(testosterone), 프로게스테론(progesterone)과 같은 세 가지의 천연 스테로이드와 에스트로겐 합성물인 제라놀(zeranol), 안드로겐 트렌볼론 아세테이트(androgen trenbolone acetate), 프로게스틴 멜렌게스트롤 아세테이트(progestin melengestrol acetate)와 같은 세 가지의 합성 호르몬이 들어 있다. 단백동화 스테로이드는 전형적으로 혼합해서 사용하

다. 위와 같은 성장촉진제는 도축된 동물의 근육, 지방, 간, 신장, 기타 여러 장기에서 검출이 가능한 수준이다. 미국식품의약국(FDA, The Food and Drug Administration)은 이러한 동물약품에 대해 '일일허용한계(ADIs)'를 정했다."[6] 이 약들은 개와 고양이뿐 아니라 인간에게도 영향을 끼칠 수 있다.

• **살충제** 파리와 해충을 제거하기 위해 가축에게 살포하는 살충제는 수개월 동안 잔류한다.

• **방사능** 인류 역사상 가장 끔찍한 생태학적 재앙은 2011년 일본의 후쿠시마 원전사고이다. 바다가 고농도의 방사능 물질에 오염되어 물고기와 해양식물에 축적되고 있다. 체중 대비 인간의 30배나 많은 해산물을 먹는 고양이들이 걱정되는 이유이다.[7]

• **독성이 있는 중금속** 사료 생산공정뿐 아니라 아이들이 동물의 사료통에 무심코 던져 넣은 개목걸이, 식별을 위해 조류 등 작은 동물의 다리에 묶는 레그밴드 등에서 나오는 납, 수은, 카드뮴, 비소 등과 같은 독성이 있는 중금속은 먹이사슬이 올라갈 때마다 체내에 축적된다. 우리는 고급 고양이 사료에서 식별이 가능한 금속조각을 발견한 적이 있다. 사료의 재료로 사용되고 있는 가축의 상태를 생각해 보면 독소의 양은 엄청날 것이다. 그래서 사료를 분석해 보면 수은과 위험한 중금속의 함량이 인간의 안전 허용치의 120배가 넘는다. 건식사료는 습식사료보다 더 나쁘고, 중국산 간식은 납 성분이 높게 검출되고 있다. FDA는 사료 안의 중금속 때문에 수많은 반려동물이 아프거나 죽었다는 보고를 받고 있다.[8]

첨가제

불행하게도 상업용 사료 문제는 불량스러운 재료에서 끝나지 않는다. 사료의 다른 성분도 반려동물의 건강을 심각하게 위협할 수 있는데 특히 첨가제가 걱정스럽다.

사료회사는 더 먹음직스럽게 보이도록 사료에 인공색소를 넣는다. 강아지와 고양이들이 색을 볼까? 아니다. 회색 사료보다 고기 같아 보이는 붉은색이나 따뜻한 브라운 색깔을 넣어야 사료를 구매하는 반려인의 마음이 편하기 때문이다.

또한 오랜 기간 진열대나 찬장 속에서 상하지 말라고 넣는 보존제도 필수적이고 기본적인 관행이 되었다. 이런 화학물질이 건강 문제를 야기한다는 보고는 넘친다. 부틸레이티드 하이드록시아니솔(BHA, Butylated Hydroxyanisole), 부틸레이티드 하이드록시톨루엔(BHT, Butylated Hydroxytoluene), 에톡시퀸(Ethoxyquin), 이 세 가지가 그 예이다. BHA와 BHT는 반려동물의 간식에 들어가는 기름 성분에 보존제로 넣는다. 캘리포니아 환경건강위험국(California's Office of Environmental Health Hazard Assessment)의 평가에 따르면, BHA는 이미 유명한 발암물질로 생식기계에 독성이 있으며, BHT도 발암물질로 쥐에서 신장과 간의 손상을 유발한다.[9]

에톡시퀸은 1950년대 몬산토가 만든 화학물질로 처음에는 살충제로 사용되다가 점차 동물사료에 첨가되기 시작했고, 미국 식품의약국 수의학센터(Center for Veterinary Medicine)에서는 에톡시퀸이 들어간 제품을 사용한 사람들로부터 부작용을 보고받기 시작했다. 이 기관에서 배포한 소비자 안내책자에는 "부작용으로 알레르기 반응, 피부 문제, 주요 장기부전, 행동장애, 암이 보고되었다."고 적혀 있다.[10] 그러나 이 보고서에서는 이어서 "하지만 이 주장을 뒷받침할 만한 과학적 근거는 없다. 따라서 이 제품을 계속 사용해도 된다."라고 적혀 있다. 1996년에 몬산토가 후원하여 비글에게 3년간 먹인 실험결과가 발표되었다. 이 보고서에 따르면 간의 색과 효소수치가 변했지만 전반적으로는 건강상의 문제가 없는 것으로 나타났다.

식품에 들어가는 물질을 평가하는 방법은 어렵다. 어떤 물질은 위해성이 없을 수도 있지만, 한편으로는 견종이나 연령 발달 단계에 따라 다를 수 있다. 혹은 에톡시퀸은 건강상의 문제가 있는 동물에게만 문제가 될지도 모른다. 에톡시퀸의 소화나 배설에 문제가 생겨 체내에 비정상적으로 축적될지도 모른다. 모든 시나리오를 철저하게 실험하는 것은 거의 불가능하다. 다시 말해, 이 비글 실험은 다른 견종이나 더 어리거나 더 늙은 동물 혹은 고양이에게 실험했을 때에는 다른 결과를 가져올 수 있다는 의미이다.

다른 예로 15년 동안 반습식사료(semi-moist pet food)의 습윤제로 사용되었던 프로필렌 글라이콜(Propylene glycol)이 있다. 프로필렌 글라이콜은 부동액의 사촌쯤 되는데 고양이 심장질환의 주요 원인이라는 연구가 있었고, 이를 미국 식품의약국에서 인정했다. 미국 식품의약국에서 발간한 〈동물 사료 라벨 이해하기(Understanding Pet Food Labels)〉에 따르면 "프로필렌 글라이콜은 빈혈과 다른 임상적 문제를 일으키는 물질로 알려져 있

다. 그러나 최근 과학적 연구에 따르면, 적혈구의 생존기간을 줄이고, 적혈구를 산화손상에 더욱 민감하게 만들며, 반습식 사료에서 검출된 정도의 양으로 고양이에게 부작용이 나타났다."고 한다.[11] 2001년 1월, 미국 식품의약국 수의학센터는 반습식 고양이 사료(semi-moist cat food)에서 프로필렌 글라이콜의 사용을 금지했다. 그러나 아직 반습식 개 사료(semi-moist dog food)에는 사용되고 있다.[12]

우리는 이 상황에 대해 좀 더 이해해야 한다. 유해한 물질은 규명되고 사용이 금지되어야 하는 것이 맞다. 다양한 종류의 첨가제들이 어떻게 개와 고양이에 대한 안정성 검사도 없이 사료에 처음 사용되었는지에 대해 의문을 가져야 한다. 사람이 먹는 식품첨가물의 안정성 검사 역시 그다지 신뢰할 만하지 않다. 1958년 1월 1일 미국 식품의약국은 더 이상의 어떠한 평가도 없고 이후에 어떠한 의문도 없이 사용될 수 있는 700여 가지의 식품첨가물 목록이 수록된 1958년판 《식품첨가물 개정안(Food Additives Amendment)》을 발표했다. 이 특별한 그룹을 지칭하기 위해 사용되는 용어가 바로 '일반적으로 안정성이 입증되는(Generally Recognized As Safe)'을 의미하는 GRAS(미국 식품의약품 합격증)이다.

최악은 오늘날 대기와 물과 토양에 산업이나 인간이 만든 약 8만 가지의 화학물질이 존재한다는 사실이다. 이를 동물과 식물이 섭취하고, 특히 산업 동물인 가축의 조직에 축적되며, 가축을 먹는 먹이사슬의 상위 단계로 갈수록 점점 더 많이 축적된다. 여기에 육류 소비자인 인간과 반려동

물이 포함된다. 우리는 3장에서 우리가 먹는 식품에 일어나는 문제에 대해서 다룰 것이다. 오늘날 인간과 동물의 만성질환의 주원인이 바로 이것 때문이라고 생각하기 때문이다.

식품폐기물 사용의 윤리적인 문제

사료에 들어가는 모든 재료가 하나같이 우려스러워서 이전 책에서는 반려동물에게 식품산업의 쓰레기를 먹이지 말고 인간이 먹는 등급의 신선한 재료를 먹여야 한다고 강조했다.

그러나 혹자는 인간에 의해 지구가 점점 무거운 부담을 안고 있으니 경제적, 환경적, 심지어 인간을 위해서도 반려동물에게 동물 사료를 먹이는 것이 맞다고 주장한다. 비용을 들여 폐기하거나 화장품이나 비료 등을 만들 때 사용해야 하는 식품폐기물을 동물 사료에 넣으면 재료를 낭비하지 않을 수 있기 때문이다. 하지만 이 문제는 좀 더 인도주의적인 측면에서 고려해야 한다. 열악한 상황에서 사육되다가 도축되는 가축의 수를 줄여야 하기 때문이다.

또한 반려동물의 건강과 복지를 생각하는 사람이 병들고, 부패하고, 오염된 재료로 만든 사료를 반려동물에게 먹이는 것은 괜찮은지 의문이 든다. 인간이 먹으면 좋지 않은 식재료인데 과연 개나 고양이에게는 좋을까? 개와 고양이가 회복력이 더 좋은 것일까? 더 튼튼한 것일까? 부패하거나, 병들거나, 과도하게 가공된 음식을 먹어도 병에 덜 걸릴까? 물론 그렇지 않다.

그렇다면 왜 우리는 동물에게 이러한 방식으로 음식을 먹이는 것일까? 내가 판단한 답은 이렇다.

우리는 다른 동물이(이 문제에서는 개와 고양이가) 인간만큼 중요하지 않다고 믿기 때문이다. 인간은 유해식품으로부터 보호해야 하지만 개나 고양이는 그만큼은 아닌 것이다.

물론 이 책의 독자는 다를 것이다. 반려동물에게 최상의 관심과 배려를 아끼지 않을 테니까. 하지만 일반적으로 동물의 가치는 인간보다 낮다고 생각하는 문화가 지배적이다. 이것은 윤리적인 문제이며, 쓰레기 같은 식품폐기물을 먹는 수많은 농장동물에게도 같은 개념이 적용되어야 한다. 많은 농장동물이 반려동물처럼 어쩔 수 없이 자기와 같은 종의 동물을 먹도록 강요받고 있다. 사료 안에 육분, 육류 부산물, 가금류 부산물, 골분 등 동물성 부산물이 많이 들어 있기 때문이다. 심지어 초식동물도 마찬가지이다.

급속도로 증가하는 반려동물의 만성질환

2015년에 개 240만 마리, 고양이 48만 마리를 대상으로 한 밴필드 동물병원(Banfield Veterinary Hospitals)의 연구에 따르면 만성질환으로 고통받는 반려동물의 원인이 대부분 형편없는 사료에 있었다.[13]

실제 영양불량의 징후(3장 참조)가 될 수 있는 과체중과 비만은 개에서는 네 마리 중 한 마리, 고양이에서는 세 마리 중 한 마리로 폭증했다. 과체중은 관절염이나 당뇨병, 심장병, 이외에 다른 많은 질병과 연관이 있다.

식이 알레르기 역시 많은 개와 고양이에게 큰 문제가 되고 있다. 지금까지 우리가 살펴본 바에 따르면, 반려동물의 식이 알레르기가 동물성 사료 때문이라는 것은 놀랄 만한 일이 아니다. 개의 10대 알레르기 유발물질은 소고기, 유제품, 밀, 달걀, 닭고기, 양고기, 콩, 돼지고기, 토끼고기, 생선이다.[14] 이는 알레르기 유발물질에 곡물류가 더 많을 것이라 예상하고 최근 경향인 '곡물이 없는(grain-free)' 사료에만 집착했던 사람들에게는 놀라운 결과일 것이다.

생고기와 곡물에 대한 논란에 대해서는 3장에서 집중적으로 알아보고, 여기에서는 개에 알레르기를 유발하는 두 가지 주요 식물성 식품인 콩과 밀에 대해 알아보자. 사료에 사용되는 콩은 거의 모든 경우 유전자가 변형된 식품인 GMO(genetically modified organism) 콩을 가공공정을 많이 거친 후 사용한다. 밀은 곰팡이, 악취, 세균 등이 섞여 영양분이 거의 없는 식품산업의 폐기물에서 오는 것 같다. 이런 유전자가 변형된 콩이나 밀은 신선한 통곡물이나 유기농 콩과는 비교가 불가능하다.

반려동물을 위해 야생동물을 죽이기

흔히 접하는 육류(육류 부산물로 오랫동안 키워진)에 대한 알레르기 반응 때문에, 일부 고급 사료 회사들은 물소, 캥거루, 타조, 말코손바닥사슴, 연어, 사슴과 같은 보다 자연적이고 야생적인 '대체' 육류를 공급하기 시작했다. 소고기, 돼지고기, 닭고기에 알레르기가 있는 동물의 대체식으로 한때 추천되던 양고기와 토끼고기 역시 지금은 알레르기 문제를 일으키고 있다. 만약 물소, 캥거루, 타조, 말코손바닥사슴, 연어, 사슴 등도 알레르기 문제가 생기게 되면 점차 흔하지 않은 새로운 종류의 육류에 대한 알레르기도 증가하게 될 것으로 보인다.

이 새로운 '야생' 대체 육류는 농장주나 목장주의 거대한 땅에서 도살된 야생동물이거나 로드킬 당한 동물일 수 있다. 고속도로에서 발견된 죽은 동물이 사료 렌더링 공장으로 간다는 기사는 내가 살고 있는 지역신문에도 실렸었다. 실제로 신문기자가 도로관리국을 취재하기 시작하자 관리 업무를 동물관리국으로 넘겼고, 결국 사체가 렌더링 공장으로 옮겨져 반려동물과 가축이 먹는 사료의 원재료를 만드는 데 사용되었으며, 이는 다시 사료회사에 판매되는 것으로 밝혀졌다. 이러한 기사는 도처에 많으며, 이것이 오직 한 지방에서 일어나는 일만도 아니다.

사료회사에서 원료로 사용하는 '야생'의 재료가 다 어디에서 오는지 알기는 어렵지만 여전히 이 재료를 사용하고 있다. 따라서 우리는 환경적이고 인도적이며 건강적인 측면에서 이 문제에 대한 경계를 늦춰서는 안 된다. 사료회사가 원료를 어떻게 가공하는지 우리가 모두 알기는 어렵지만 우리는 스스로에게 수백만의 반려동물을 위해 많은 야생동물이 지속적으로 공급되는 현실을 그대로 둘지 물어야 한다.

어느 때보다 중요해진 식이

이 책 덕분에 사료 성분에 대해 처음 알게 되었든 이미 아는 내용이든 반려동물에게 덜 가공되고 신선한 양질의 식품을 먹였을 때 건강이 좋아지는 모습을 쉽게 볼 수 있다. 놀랍게도 동물도 사람처럼 무엇을 먹을지 고민한다고 한다.

지금은 어느 때보다 건강에 있어 식품의 역할이 중요해진 시기이다. 인간의 건강을 연구하는 연구원과 전문가들은 만성질환의 80%가 곡식, 채소, 과일 등은 부족하게 섭취하는 반면, 육류와 가공식품을 지나치게 섭취하고 정제된 '식품유사물질'을 섭취하는 등 열악한 식단에 원인이 있다고 보고 있다.[15]

이것은 반려동물에게도 의심의 여지가 없는 사실이다. 나는 일찍이 개와 고양이에게 무엇을 먹여야 좋은지에 관한 문제가 중요함을 알았다. 1981년에 이 책의 초판을 낸 것을 시작으로 이 문제를 꾸준히 제기해 왔다. 그러나 식이 문제가 시간이 지날수록 심각한 문제가 될지는 전혀 예상하지 못했다.

동물의 질병을 다룬 지난 40년간의 경험은 감염은 항생제로 치료해야 한다는 수의대 시절의 가르침부터 내가 이해해 온 내용까지 내 생각을 꾸준히 변화시켰다. 나는 개와 고양이에게서 발견되는 수많은 만성질환이 몸에 축적된 독성물질의 영향이며, 3장에서 살펴볼 영양가 있는 식품의 감소에 따른 것이라고 믿는다. 게다가 현재 우리는 모든 생명체의 건강을 위협하는 심각한 환경적 제약에도 직면해 있다.

여기까지는 나쁜 소식이었다. 좋은 소식은 반려동물과 우리 자신을 위해서 건강하고 지속 가능하며 인도적인 식사에 도달할 수 있는 해결책이 있다는 것이다. 그 내용은 5장에서 자세히 다룰 것이다.

3장

인간과 반려동물이 먹는 식품에 무슨 일이 일어나고 있는 것일까?

오늘 햇살 가득한 테라스에서 다양한 색의 아름다운 점심식사를 즐겼다. 싱싱한 붉은 양배추 위에 창틀 아래에서 갓 딴 신선한 딜(dill, 허브의 일종)과 해바라기 씨앗의 새싹을 뿌리고, 토마토 슬라이스를 올린 맛있는 감자 샐러드를 먹었다.

마찬가지로 반려동물에게도 양질의 건강한 식단이 중요하다는 사실을 알고 있었기 때문에 영양학적으로 권고되는 일반적인 사항을 벗어나는 것에 어려움이 없었다. 고도로 가공된 사료 말고 질 좋고 신선한 음식을 먹이는 것이 동물의 건강에 문제를 일으키지 않음을 일찍 알았다. 우리가 직접 만든 식단을 통해 반려동물의 건강 문제가 자주 해결되었고, 털은 빛났으며 새로운 삶도 살 수 있었다.

오늘날 많은 사람은 영양분의 가치를 충분히 이해하고 있으며, 자신뿐 아니라 반려동물에게도 양질의 음식을 먹이는 데 최선을 다하고 있다. 덕분에 상업용 사료도 유기농 재료를 사용하는 휴먼 그레이드 사료부터 양질의 신선한 냉장식품이나 냉동식품을 판매하는 작은 회사의 사료까지 다양하게 존재한다.

늘어나는 걱정

그러나 최근 몇 년 사이에 인간을 위한 모든 식품, 심지어 양질의 건강식품이라고 생각했던 식품에서조차 무슨 일이 일어나고 있을지 모른다는 걱정이 늘고 있다. 알다시피, 만성질환의 증가는 대부분 우리가 먹는 식이의 변화와 우리가 선택한 식품에 기인한다.

반려동물의 사료사업은 인간의 식품을 생산하는 농업 시스템에 편승하고 있다. 이는 인간이 먹는 것과 동일한 식품을 개나 고양이도 먹는다는 것이다. 하지만 개와 고양이는 부산물의 형태로 더 많이 먹는데 부산물은 사람들에게 비싼 값을 내고 사먹으라고 할 수 없는 품질의 식품이다. 이러한 관점에서 보면 개, 고양이의 음식이나 인간의 음식은 질적으로 크게 다르지 않다. 물론 반려동물의 사료에 들어가는 일부 재료는 변질되었거나 도축장으로 끌려가던 길에 죽은 동물의 사체라는 점에서 질적으로 떨어진다. 그러나 여기에만 초점을 맞추면 우리는 큰 그림을 놓치게 된다. 인간과 동물을 위한 식품은 지난 수십 년 동안 매우 의미 있는 변화가 있었다. 반려동물에게 좋은 음식을 제공하려면 이런 문제를 이해해야 한다.

식품의 품질 변화는 다음의 두 가지가 문제가 된다. 첫 번째는 식품의 영양이 심각하게 저하되었다는 것이고, 두 번째는 우리도 모르는 사이에 식품의 독성이 서서히 증가했다는 것이다. 오염물질은 대부분 해산물, 육류와 유제품, 특히 반려동물에게 먹이는 육류 제품과 육류 부산물에 축적되고 있다.

물론 사람들이 아무리 반대하고 우려해도 이 거대하고 튼튼한 구조를 가진 식품의 세계는 변화시킬 수 없을 것 같다. 하지만 한 사람 한 사람이 오늘부터 주방에서 사소한 변화를 시도한다면 작은 시도가 모여 큰 변화를 만들어 낼 수 있을 것이다. 이는 자신뿐 아니라 모든 생명체에게 좋은 일이다. 또한 개와 고양이도 이 희망의 여정에 함께할 수 있다는 것이 중요하다.

심호흡을 하고 이제부터 우리가 먹는 식품에 무슨 일이 일어나고 있는지 차근차근 하나씩 살펴보자.

사라지는 영양분

종종 음식 맛이 예전 같지 않다고 느끼는 것은 소수의 생각만이 아니다. 많은 식품에서 점차 중요한 영양소가 사라지고 있다. 텍사스 대학교의 생화학자 도널드 데이비스(Donald Davis)에 따르면 20세기 중반 이후 상업적으로 대량 재배된 과일, 야채, 고기, 달걀, 유제품, 현재의 옥수수 품종에서 단백질, 칼슘, 인, 철분, 비타민 C, 리보플라빈이 급격하게 감소했다. 데이비스는 현대의 농업이 비료를 이용하여 성장을 촉진시키고 품종을 끊임없이 개량하고 있기 때문이라고 했다.[1]

식물과 동물이 필요한 영양분을 얻지 못하면 성장에 문제가 생긴다. 또 다른 저명한 생화학자인 브루스 에임스(Bruce Ames) 박사는 암의 증가와 노화의 가속화 등의 건강 문제가 사람들이 일반적으로 우려하듯이 식품에 들어 있는 잔류 농약보다 영양결핍에 의한 것이 훨씬 더 위험하다고 경고한다.[2]

잔류 농약을 피하기 위해 유기농 식품을 선택하면 영양분 측면에서 두 가지 이득을 얻을 수 있다. 2004년 여러 연구를 메타 분석한 결과 유기농 식품은 중금속과 질산염이 적은 데 반해, 비타민 C, 철분, 마그네슘, 인과 같은 영양분은 특히 더 많았다.[3]

《응용영양 학회지(Journal of Applied nutrition)》에 게재된 논문 중 하나는, 일반적으로 재배한 식품보다 유기농 작물에 셀레늄(주로 암과 싸우는 핵심 성분임) 390%, 마그네슘 138%, 칼륨 125%, 크롬 78%, 요오드 73%, 칼슘 63%, 아연 60%, 철분 59%가 더 들어 있다고 밝혔다.[4]

왜 일반적으로 재배한 식품에 영양분이 더 적은 것일까? 이유는 다음과 같다.

• 합성비료는 식물영양소를 떨어뜨린다

석유 화합물로 제조하는 합성비료는 식물을 매우 빠르게 성장시켜서 인간에게 풍족한 음식을 제공해 주지만 빠른 성장은 식물이 질병과 해충으로부터 자신을 보호하기 위해서 저항하고 건강을 유지하는 데 중요한 필수 미네랄 등의 중요한 영양분을 흡수할 시간을 부족하게 만든다. 이 때문에 식물 영양소인 파이토뉴트리언트(phytonutrient)의 함량, 색, 향, 맛이 떨어진다.

• 살균된 토양 vs 살아 있는 토양

자연적이고 유기적인 토양은 동물의 배설물과 식물의 부산물을 서서히 분해하면서 질소를 공급하고 콩과 식물의 뿌리에 질소를 제공한다. 건강한 토양은 살아 있는 초유기체(superorganism, 무리를 이루는 개체가 하나의 생명체처럼 유기적으로 움직이는 집합체)이다. 토양은 수백만 종류의 박테리아, 균, 지렁이, 수없이 많은 미생물이 팀을 이루어 식물이 이용할 수 있도록 미네랄을 만든다. 불행하게도 많은 미생물이 합성비료에 의해 죽고, 식물은 밀집되고 과도한 산업적 농업방식에 의해 미네랄을 흡수하기가 더 어려워진다. 이러한 이유로 일부 농민은 밭갈이를 하지 않고 작물을 재배하는 무경운 농법이나 모판을 이용하기도 한다.

• 유전자 변형 작물

최근 식품의 영양분 감소의 원인은 GM이라고 부르는 '유전자 변형(genetically modification)'에 있다. 과학자들은 유전자를 변형할 때 '유전자 총(gene gun)'으로 새로운 DNA 조각을 주입한다. 이 과정에서 주변의 유전자에 이차적으로 손상을 입힐 수 있다. DNA 서열에 지시를 내리는 이 과정을 글의 문장이라고 생각하면 이해하기가 쉽다. 글 안에 '새로운 문장'을 넣는데, 이 문장이 아무데서나 끝나게 되면 더 이상 이해할 수 없는 단락이 만들어진다. 새로운 지시사항을 추가하면 그에 대한 대가로 또 다른 중요한 지시사항을 잃는다는 증거가 있는데, 이것이 유전자 변형 작물에 영양분이 더 적다는 보고를 뒷받침해 준다. 2012년 영양분석을 보면 유전자 변형 곡물의 경우 일반 곡물에 비해 칼슘은 437배, 마그네슘은 56배, 망간은 7배나 적다는 충격적인 결과가 있었다.[5] 유전자 변형 식품에 관한 가장 흥미로운 관찰 중 하나는 동물에게 선택권을 주었더니 유전자 변형 식품을 먹지 않았다는 점이다. 동물이 맛과 냄새로 유전자 변형 식품의 차이점을 알았다는 것을 의미한다. 한 수의사의 보고에 따르면 방목한 닭은 유전자 변형 곡물을 실은 트럭에서 곡물이 쏟아져도 먹지 않고 유전자 변형 곡물이 썩을 때까지 내버려두었다고 한다.

- **글리포세이트의 사용**

토양의 미네랄은 킬레이트제(미네랄과 결합하여 미네랄을 이용할 수 없게 만드는 분자)에 의해 간히기도 한다. 제초제인 라운드업(roundup)의 주성분인 글리포세이트는 실제로 처음에는 킬레이트제로 사용되었고, 1990년대 중반, 라운드업 저항성 유전자 변형 작물이 소개된 이래 글리포세이트의 사용이 엄청나게 증가했다.[6] (글리포세이트에도 저항성이 있는 초강력 잡초가 생겨나면서 지금은 더 강력한 제초제가 사용되고 있다.)

- **성장호르몬**

더 빠르게 성장하거나 달걀을 더 많이 생산하도록 가축에게는 통상적으로 성장호르몬이 사용된다(유기농 인증 제품에서는 허용되지 않는다). 성장호르몬은 운동선수가 근육과 체중을 늘리기 위해 사용하는 호르몬과 같은 것으로 동물을 크고 빨리 자라게 한다. 현재 가축에 사용하는 호르몬은 여섯 종류가 있다. 성장호르몬을 사용하면 비료를 준 식물과 마찬가지로 성장이 빨리 영양분

을 받아들일 시간이 부족하고, 대부분 지방의 형태로 체중이 늘어난다. 지방은 다른 영양분을 고갈시키고 독성을 축적하기에 좋은 장소이다. 잔류 성장호르몬은 동물성 식품에 남아 있다. 이 호르몬은 사람의 성장호르몬과 생물학적으로 유사하기 때문에 일부 사람들이 걱정하는 콩의 식물성 에스트로겐보다 우리 몸에 미치는 영향이 더 크다. 동물성 식품을 전혀 먹지 않는 엄격한 채식을 하는 여성이 가리지 않고 다 먹는 여성에 비해 쌍둥이를 가질 확률이 20% 정도 낮은 것은 이런 원치 않는 호르몬의 섭취가 없기 때문이 아닐까 한다.[7]

영양분이 사라지는 다른 이유

유기농법을 사용해도 다른 여러 이유로 영양분은 사라진다.

- **빠른 성장을 위한 사육**

수천 년간 농부는 동물이든 식물이든 상관없이 빨리 자라고 크게 자라며 가장 맛이 좋은 종을 선택해 왔다. 그동안 우리는 이 결과물을 즐겼으나 이에 대한 대가로 현재 식품에는 초기 인류가 먹어 온 야생의 선조 동식물에 비해 식이섬유, 미네랄, 단백질이 놀라울 정도로 부족해졌고, 당도와 지방이 높아졌다.[8]

현대의 동물 사육법과 농업법은 이 과정을 더 가속화시켰고, 대부분의 농부는 인도적인 선을 넘어 동물에게 건강함보다 빠른 성장을 강요하고 있다. 소와 닭은 1950년대보다 우유와 달걀을 훨씬 더 많이 생산하고 있다. 현대의 가축 사육법인

1부 개·고양이를 위한 자연주의 육아법

공장식 축산으로 산란계는 연간 300개의 달걀을 낳지만 동남아시아의 정글에 사는 그들의 조상인 야생 닭은 연간 10~15개만 낳는다. 달걀의 과도한 생산은 칼슘 부족과 고통스러운 생식기계 질병을 유발한다. 또한 고기를 위해 사육되는 육계는 너무 커진 몸에 비해 다리가 체중을 지탱하지 못해서 먹이통까지 걸어가지도 못한다.

• 사육장이나 헛간에서 곡물을 먹는 동물

과거에는 방목을 했기 때문에 동물이 목초지에서 오메가-3 지방산을 풍부하게 얻었지만 요즘은 헛간에서 곡물을 먹기 때문에 건강한 오메가-3가 줄어들어 우리가 먹는 고기, 우유, 달걀에 오메가-3 함량이 줄어들고 있다. 일부 의사는 오메가-3 부족이 사람에게 과도한 염증을 일으켜서 암과 같은 만성질환을 유발한다고 믿고 있다. 이는 반려동물에게도 해당된다.

• 조기 수확

수확량을 늘리거나 말라죽는 걸 줄이기 위해, 기상악화 등의 문제로 조기 수확을 하는데, 이 역시 영양분을 줄어들게 한다. 잘 익고 맛이 풍부한 토마토와 딱딱하고 시퍼런 토마토의 맛을 비교하면 단순히 맛과 향이 떨어지는 것뿐 아니라 비타민, 미네랄, 식물성 식품의 영양의 보고인 파이토뉴트리언트(phytonutrients)가 없어진다는 점이 문제이다.

• 장기간의 운송시간과 저장시간

오늘날 식재료는 대부분 1년 내내 공급되기 때문에 그러기 위해서는 장거리로 운송되거나 장기간 저장된다. 이러한 빙식은 운송과 저장에 드는 환경적 비용을 늘릴 뿐 아니라 영양가와 맛도 떨어뜨린다. 작물을 개발할 때 장기간의 운송이나 저장 시 상하지 않거나 상해 보이지 않는 농작물을 생산하는 데 중점을 두다 보니 영양가와 맛은 두 번째가 되었다.

상당한 대가를 치르고 얻게 된 편의

바쁜 현대사회에서 사람과 반려동물은 주로 패스트푸드나 거의 조리된 간편식품을 이용한다. 이런 식품은 편하고 맛있고 중독성까지 있지만 사람과 반려동물의 건강을 위협하고 '과체중이나 영양불량'[9] 상태로 만든다. 오늘날 미국인의 약 70%는 질병을 동반한 과체중 상태이다.[10] 광범위하게 진행된 2015년 수의학 연구에 따르면, 개의 25%와 고양이의 33%가 과체중이거나 비만인 것으로 나타났다.[11] 내가 수의사를 시작하던 1965년에는 매우 드문 일이었다.

사료회사는 특정 비타민과 미네랄을 첨가하여 사료를 만드는데 이것이 과연 부족한 부분을 채울 수 있을까? 자연식품에는 아직 밝혀지지 않은 무수히 많은 영양분이 있다. 특히 식물의 경우에는 더욱 그렇다. 인간과 동물이 '정크푸드(junk food, 열량은 높고 영양가는 낮은 패스트푸드나 인스턴트 식품)'를 지나치게 많이 먹을 경우, 몸은 필요한 식품을 먹으라고 우리에게 계속 신호를 보낸다. 그런데도 불구하고 우리는 소금, 설탕, 지방, 향신료를 잔뜩 친, 야생에는 거의 없는 가공식품을 계속 먹어대고 있다.

반려동물 사료회사는 자사의 사료를 개와 고양이가 좋아하는 것은 물론 중독시키려고 한다. 재료를 공급하는 렌더링 공장은 병원균을 죽이기 위해 동물 부산물을 고온에서 끓이는데 고온에 장시간 노출되면 단백질이 변성되고 고양이에게 필수적인 타우린을 포함하여 각종 필수 아미노산과 비타민이 파괴된다. 타우린(대개 합성 타우린) 등 부족한 각종 영양분은 마지막에 사료 표면에 첨가해서 보완한다.

질병을 치료하는 영양가가 풍부한 음식

인간과 동물 모두 영양부족에 대한 대가를 치르고 있다.《살기 위해 먹어라 : 빠르고 지속 가능한 체중조절을 위한 놀랍도록 영양이 풍부한 프로그램(*Eat to Live: The Amazing Nutrient Rich Program for Fast and Sustained Weight Loss*)》의 저자, 조엘 푸어먼(Joel Fuhrman) 박사와《단백질 중독 : 우리가 집착하는 육류가 우리를 죽이고 있다. 우리는 무엇을 할 수 있는가?(*Proteinaholic: How Our Obsession with Meat Is Killing Us and What We Can Do About It*)》의 저자 가스 데이비스(Garth Davis) 박사는 미국 표준형 식사를 하고 있는 수많은 건강하지 못한 비만 환자를 대상으로 실험을 했다. 많은 사람이 자기는 건강하게 먹고 있으며, 단백질이 높고 탄수화물이 적은 식사를 하고 있다고 생각했지만, 대부분 중요한 비타민과 미네랄이 매우 부족한 식사를 하고 있다는 결과가 나왔다.

미국인은 개를 포함해 많은 반려동물에게도 영양이 풍부하고, 색깔이 다양한 야채와 과일을 거의 먹이지 않는다. 특히 푸른잎채소에는 이제

막 발견되고 있는 수없이 많은 영양분이 함유되어 있다. 푸어먼 박사는 칼로리당 영양학적 가치의 순위로 식품의 등급을 매긴 '영양밀도 총액표(ANDI, Aggregate Nutrient Density Index)'를 만들었다. 놀랍게도 이 리스트의 하위에 있는 양상추(iceburg lettuce)의 칼로리당 영양이 거의 모든 사료에 비해 더 높은 것으로 나타났다.

좋은 소식이라면 환자들에게 가공식품과 동물성 식품(특히 고지방)을 영양이 풍부한 식물성 식품으로 바꿔서 공급한 뒤 환자들의 체중이 줄고 다양한 만성질환으로부터 벗어날 수 있게 되었다는 점이다.[12], [13]

또한 흥미롭게도 포식자의 후예인 개들도 매일 신선한 유기농 채소를 먹으면 건강하게 더 오래 살 수 있다고 보고하고 있다(5장 참조).

비타민 보충제는 어떨까?

종종 비타민 보충제가 영양부족에 대한 답인 것처럼 보인다. '만일의 경우에 대비하여' 비타민 보충제를 먹는 것이 현명한 일인 것 같다. 그러나 일부 연구에 따르면 특정 비타민 보충제는 오히려 영양 불균형을 초래하고 득보다 실이 더 많을 수 있다고 지적한다. 이는 음식 전체에 들어 있는 복잡한 영양망에서 일부 영양분만 떼어낸 것처럼 보인다. 이러한 이유 때문에 요즘에는 합성품 대신 식품 기반의 비타민이나 슈퍼푸드를 찾고 있다.

식물 중심의 식단을 처방하는 영양학 전문의들은 보충제로 추천할 수 있는 유일한 비타민은 비타민 B_{12}뿐이라고 한다. 개와 고양이를 위한 식물

성 레시피(6장 참조)에도 반려동물에게 특별히 필요한 다양한 필수 영양소와 비타민 B_{12}가 들어 있는 특별한 보충제를 첨가하고 있다. 이 점을 잊지 않기를 바란다.

하지만 어떤 보충제로도 정크푸드 위주의 식단을 보완할 수 없으며, '자연 그대로 자란 식품'이 가장 영양이 풍부하고 최적의 건강을 위한 열쇠라는 점은 변함이 없다.

독소의 비밀

사람의 건강을 위협하는 두 번째 문제에 대해 살펴보자. 지난 수십 년간 인간이 만든 8만 5,000여 가지의 화학물질이 식재료와 함께 우리 몸에 침투하여 독이 되고 있다.

일반인뿐 아니라 심지어 건강 전문가조차 이 문제를 간과하고 있는데 관심 있는 사람이라면 가정과 산업체에서 흘러나오는 독소가 건강 문제의 중요한 원인이고 때문에 세대를 거듭할수록 건강이 악화된다는 사실을 알 수 있다. 수의사로서 50년간의 경험에 비춰 볼 때 환경독소는 개와 고양이에게도 영향을 미친다.

오늘날의 식품은 화학물질에 의해 매우 심각하게 오염되어 있고, 그중 일부는 의도적으로 오염시키기도 한다. 미국의 식품에는 보존료, 색소, 향, 기타 여러 물질을 비롯하여 3,000여 가지 이상의 화학첨가물이 들어간다.

이렇게 수많은 산업용 화학물질은 대기, 물, 토양을 통하여 인간과 동물이 먹는 음식으로 들어온다. 이는 음식과는 전혀 상관이 없는 물질이며, 식품이나 인간의 몸속에서는 발견되어서는 안 되는 물질인데도 이러한 일이 벌어진다.

생명체에 독성이 있는 수없이 많은 제품이 집, 잔디밭, 마당, 들판, 목초지에 사용되도록 생산허가가 난다. 이 독성은 사라지지 않고 다른 지역이나 하천, 호수 등 우리가 살고 있는 환경에 침투한다. 그런 것을 알면서도 우리는 이러한 제품을 사용한다.

이웃이 뿌린 위험한 물질이 바람을 타고 정원으로 오거나 열린 창문으로 들어와 떠다니다가 천식발작을 일으킨다고 생각해 보자. 모든 종류의 화학물질, 화학제품, 살충제, 제초제, 항생제, 호르몬제를 사용하는 수많은 이웃과 농부, 농장주는 이런 것을 알고 있을까?

의사이자 식품 독성의 권위자인 파울라 베일리-해밀턴(Paula Baillie-Hamilton)은 "화학물질로 인한 오염의 영향으로 우리는 지구상에 존재하는 종 중에서 가장 오염된 종이 되었다."라고 통탄한다.[14] 아마도 사람이 서로 잡아먹을 수 있는 세상이라고 가정한다면 사람고기는 독성이 강하여 식용이 금지될 것이다.

인간을 대상으로 한 연구 중 가장 방대한 연구인 미국질병통제 및 예방센터의 2005년 연구에 따르면 미국인은 대부분 신체 조직에 100종 이상의 살충제와 독성 화합물이 있고, 특히 소비재에 사용되는 화합물은 잠재적인 건강위협 요소이다.[15] 불행하게도 어린이의 수치가 가장 높은데, 이것은 세대를 거지면서 수치가 감소하지 않고 증가하고 있음을 보여 준다.

현대에는 3만여 종 이상의 약이 처방되고 있고, 적어도 20만 종 이상의 의약외품(약국이 아닌 편의점 등에서 판매가 가능한 약품)이 판매되고 있다. 그중 대다수는 변기를 통해 강물로 흘러들어가서 결국 식품으로 들어간다. 이런 화학물질은 물에서 잘 제거되지 않으며 심지어 최상의 하수 종말처리장에서도 잘 정화되지 않는다. 결국 이 물질은 하수도 찌꺼기 안에 계속 남아 작물 재배에 사용된다.

유죄라고 판명되기 전까지는 무죄

"우리 몸은 이런 독성물질을 없애지 못하나요?"라고 물을 수 있다. 가장 간단한 답은 "없애지 못합니다."이다. 이런 독성물질은 새로운 합성물질이어서 우리 몸은 이것을 어떻게 다뤄야 하는지 잘 모른다. 일반적인 해독의 의미는 간이 원치 않는 물질을 인식한 다음에 신장이 인식할 수 있는 생화학 표지를 덧붙여서 신장이 혈액에서 이 물질을 걸러내 소변으로 빨리 배출시키는 것이다. 여기에서 중요한 단어는 바로 '인식(recognize)'이다. 이것이 독성 문제에서 핵심이다. 본 적 없는 독소는 우리 몸이 인식하지 못하는 이방인이라서 이들을 그냥 체내에 저장해 둔 채 잊고 지낸다.

DDT, 다이옥신, 잔류성 유기 오염물질(POPs, persistent organic pollutants)과 같은 화학물질은 수용성 물질이 아니어서 어떠한 경우에도 신장에서 제거할 수 없다. 대신 지방에 녹기 때문에 우리의 지방세포에 축적되고, 생선, 고기, 우유, 달걀의 지방에도 축적된다. 많은 생선, 고기, 우유, 달걀을 '단백질'이라고 생각하지만 여기에는 다량의 지방이 함유되어 있다. 따라서 지방은 우리에게 독이 된다.

"음, 알겠어요. 그런데 그게 그렇게 나쁜 건가요? 우리는 아직 살아 있고 건강하잖아요. 아마도 우리 몸에 축적된 양이 극미량이라 무해한 것 같아요."라고 말할지도 모르겠다. 하지만 이 말은 이 물질이 우리 몸에 얼마나 많이 축적되고 있는지 몰라서 하는 말이다. 이 장의 뒷부분에서는 먹이사슬을 올라갈수록 이 물질이 얼마나 증가하는지에 대해 이야기할 것이다. 나중에는 엄청난 양이 되며, 특히 개와 고양이에게 어떠한 영향을 미칠지 모르는 이 순간에도 이미 그들에게 많은 양이 축적되어 있을 것이다.

1998년, 환경보호국(EPA, Environmental Protection Agency)은 대량 생산되고 있는 화학물질 중 약 7%만 기본 독성검사를 받았다고 밝혔다. 대부분의 화학물질은 EPA가 설립되기 전부터 아주 오랫동안 사용되어 오던 화학물질이다. 죄가 입증되기 전까지는 무죄인 것처럼 이 물질은 현재에도 통제하기가 매우 어려운 상황이다.

그러나 DDT, 다이옥신, 폴리염화바이페닐(PCBs, polychlorinated biphenyls), 다양한 호르몬제, 제초제, 건강에 어떤 문제(암, 생식기계 질환, 기형아 출산, 신경계의 이상 등)를 일으키는 것으로 알려지거나 우려되는 중금속은 실험을 거쳤다. 일부는 사용이 제한되거나 금지되었으나 아직도 천천히 분해되고 있으며, 앞으로도 수십 년 동안 우리 몸과 환경, 식품에 남아 있을 것이다.

이러한 의심스러운 물질에 대해 알아보자.

• 중금속

중금속은 널리 퍼져 있으며 동물의 조직에 지속적으로 축적되고 있다. 납은 뼈나 골분, 토양, 먼지, 배관, 장난감, 화장품, 도자기, 1978년 이전의 페인트, 납을 첨가한 가솔린 등에 들어 있으며, 수은은 해산물, 금광, 백신[자폐증과 연관이 있다. 〈트레이스 어먼츠(Trace Amounts)〉라는 다큐멘터리에 자세히 나온다]에 들어 있고, 화력발전소, 쓰레기 소각, 기름의 정제, 시멘트 생산과정에서도 나온다. 비소는 닭고기 제품, 거름, 백미에 들어 있고, 첨가제나 광산채굴, 제련과정, 과거 농장에서 사용한 것으로부터 나온다. 카드뮴은 정제된 곡물에 들어 있으며, 인 성분의 비료나 광산 채굴, 제련과정, 하수구의 슬러지, 건전지, 페인트와 플라스틱에서도 나온다. 따라서 중금속에 최소한으로 노출된 식품을 이용해야 한다(10장 참조).

• 살충제 및 농업용 화학물질과 약품

제초제, 살충제, 항진균제와 진드기, 벼룩, 심장사상충 제품이 여기에 해당된다. DDT와 같은 일부 살충제는 1977년에 이미 사용이 금지되었지만 전 세계의 지방조직에서 여전히 검출되고 있다. 이 카테고리에는 질산염이나 비소뿐 아니라 농장동물에게 흔히 사용되는 호르몬제, 항생제, 기타 여러 약물도 포함된다. 유기농이나 비거닉(veganic, 독성의 집약체인 거름을 주지 않는) 제품을 선택해야 한다. 기업의 식품생산의 영향을 살펴보려면 다큐멘터리 〈푸드 주식회사(Food, Inc)〉를 시청하기를 바란다.

• 수돗물과 생수 안의 화학물질

수돗물에는 염소, 트리할로메탄, 여러 가지 소독 부산물(물속에 잔류 염소가 남아 있는 상태에서 유기물질에 의해 생산된 부산물), 불소, 공장이나 농업, 프래킹(fracking, 수압파쇄, 물이나 화학제품, 모래 등을 혼합하여 고압으로 분사해 바위를 파쇄해서 석유와 가스를 분리해 내는 공법)에서 나오는 각종 오염물질이 가득하다. 또한 생수에도 오염물질이 가득할 수 있다. 따라서 역삼투압 필터나 카본 필터를 사용하고, 물은 유리병이나 스테인리스 스틸병에 보관해야 한다. 다큐멘터리 〈물, 물, 물(Tapped)〉에 자세히 나온다.

• 유전자 변형 식품

유전자 변형 식품에는 제초제가 함유되어 있다(유전자 변형 콩에는 살충 유전자가 포함되어 있다). 유기농이나 유전자 변형을 하지 않은 콩, 옥수수, 카놀라, 설탕을 선택하도록 한다. 다큐멘터리 〈유전자 룰렛(Genetic Roulette)〉에 자세히 나온다.

• 플라스틱과 식품 포장재

BPA(비스페놀 A)는 미국인의 60%에서 내분비계에 장애를 일으켜 불임, 비만, 당뇨, 생식기계 질환을 유발하는 물질이다. 대용품도 특별히 나은 것이 없다. 플라스틱은 도처에 널려 있다. 장난감, 그릇, 비닐봉지, 용기 외에도 셀 수 없이 많은 가정용품(프탈레이트, BPA, 리스트에 없는 특허 성분의 형태로 만들어진) 등이 여기에 해당된다. 다큐멘터리 〈플라스틱 행성(Plastic Planet)〉에 자세히 나온다. 통조림 구입을 최소화하고 음식을 보관할 때나 사료를 급여할 때 플라스틱 통이나 그릇을 사용하지 않도록 한다.

• 원전사고로 인한 방사능 독성

후쿠시마 원전사고나 이전의 핵무기 실험 등으

로 인한 방사능 독성은 종양, 암, 다양한 퇴행성 질환을 일으킨다. 해산물, 특히 참치와 같은 큰 생선이나 어분이 함유된 제품은 피한다.

- **자연독소**

곰팡이나 아플라톡신은 음식이 오래되거나 장기간 보관할 때 생길 수 있다. 신선한 제품을 구입하여 사용하고 음식을 보관할 때에는 주의를 기울여야 한다. 산패를 방지하기 위해 진공포장된 제품을 구입하면 식품을 장기간 안전하게 보관할 수 있다.

- **가정용 세제 외 다수**

가정용 세제, 방향제, 방연제(가구나 침구류에 쓰임), 얼룩 제거제, 솔벤트, 페인트, 화장품, 향수, 잔디 관리 제품과 담배연기 역시 독성물질이다. 다큐멘터리 〈화학제품은 필요 없어(Chemerical)〉에 자세히 나온다. 무독성 제품이나 천연제품을 사용한다.

- **산업용 화학물질**

대부분 안전성이 입증되지 않은 수많은 산업용 화학물질은 대기, 물, 토양으로 흩어져 먹이사슬에서 상위로 올라갈수록 더 많이 축적된다. 그중 관심을 받고 있는 물질이 바로 펄프 공장이나 화재, 쓰레기 소각 중에 나오는 다이옥신과 잔류성 유기 오염물질(POPs)이다. 다큐멘터리 〈휴먼 익스페리먼트(The Human Experiment)〉를 보면 자세한 내용을 알 수 있다.

인간보다 반려동물에게 독성이 더 많이 축적되나?

오늘날 수의사와 의료 종사사 모두 환자 몸속에 축적된 과도한 화학물질과 중금속에 의한 부담에서 오는 수많은 만성질환과 직면하고 있다. 이 질병은 원인이 될 만한 독소나 요인이 하나가 아니고 복합적이어서 진단이 어렵다. 또한 서로 영향을 미치고 결합되어 복합적으로 작용해 퇴행성 질환이 만들어져서 치료가 더 어려워지고 있다.

수년 동안 독성 문제가 제기되고 있는 가운데 내게 인간과 동물 중 누가 더 영향을 받는지 묻는다면 당연히 반려동물이다. 이렇게 생각하는 이유로는 세 가지가 있다.

- **동물성 식품을 통해 생체 내에 유해물질이 축적되는 문제**

존 맥두걸(John McDougall) 박사의 보고에 따르면 "우리 몸에 축적되는 화학물질의 89~99%는 식품을 통하여 유입되며, 그중 대부분은 육류, 가금류, 달걀, 생선, 유제품과 같은 먹이사슬의 상위 단계에 있는 식품이다."[16] 이러한 식품은 '단백질은 더 많이 먹고, 탄수화물은 더 적게 먹는' 식생활(5장 참조)을 하는 사람뿐만 아니라 개와 고양이도 많이 소비하고 있다. 왜 이런 식품에 오염물질이 다량으로 들어 있는 것일까에 대한 논의는 잠시 후에 다룬다(40쪽의 '먹이사슬에 대한 이해' 참조).

- **저급한 고깃덩어리에 대한 노출**

도축장과 렌더링 공장의 부산물 중에서 인간이 먹기에는 적합하지 않아서 제외된 가장 저급한 재료를 반려동물이 먹는다는 것은 슬픈 진실이다. 사료로 많이 사용되는 다량의 장기와 뼈의 부산물, 지방 덩어리는 사람이 선호하는 근육고기보다 독성물질이 더 많이 저장되어 있다.

• 먼지 속의 독성물질

강아지와 고양이는 인간보다 땅과 더 가까운 생활을 하기 때문에 그들의 발바닥과 털에는 납에서부터 섬유 방연제에 이르기까지 먼지와 결합한 다양한 독성물질이 달라붙는다. 그런데 고양이는 독성물질이 달라붙은 털을 열심히 핥아서 그루밍(grooming, 동물의 털을 다듬는 등 손질하는 일)을 하고(10장 참조), 개는 쓰레기를 먹거나 물웅덩이에서 더러운 물을 먹기도 한다.

이 문제에 대한 연구가 진행되었다. 2008년 비영리 환경운동단체인 EWG(Environmental Working Group)는 워싱턴 근교에 사는 개 35마리와 고양이 37마리의 혈액과 소변을 채취하여 검사를 진행했다. 검사결과 가구, 섬유, 전자제품을 만들 때 사용되는 다수의 화학물질이 높은 수준으로 검출되었다. 수은도 높게 나왔는데, 이것은 생선을 원료로 만든 사료 때문인 것으로 보인다.[17] 또 다른 실험에서는 개와 고양이가 인간보다 0.45kg당 5배나 더 많은 수은을 갖고 있었다. 납, 카드뮴, 수은, 비소, 우라늄과 같은 다양한 중금속이 반려동물의 사료와 간식에서 안전치 이상 검출되었다. FDA는 사료에 중금속 함량의 제한을 두지 않았다. 심지어 미국 농무부(USDA)도 유기농 인증된 사료와 간식에 중금속 함량의 제한을 두지 않았다.[18] 이 책에서는 중금속의 문제를 심도 있지만 간략하게 짚고 넘어갈 것이다.

한걸음 더 나아가 나는 반려동물에서 만성질환이 증가하는 첫 번째 원인이 독성물질에 의한 과도한 부담 때문이라고 깊게 의심하고 있으며, 이 문제는 최근 경고 수준에 이르렀다.

"우리 몸에 축적되는 화학물질의 89~99%는 식품을 통하여 유입되며, 그중 대부분은 육류, 가금류, 달걀, 생선, 유제품과 같이 먹이사슬의 상위 단계에 있는 식품이다."

– 존 맥두걸 박사

더 많은 동물성 식품, 더 많은 독성

1990년대 중반부터 홀리스틱 동물 애호가와 수의사 사이에 생고기, 뼈, 장기와 약간의 채소, 베리류로 구성된 '종 적합성(species appropriate)' 식이를 반려동물에게 먹이는 방법이 널리 퍼졌다. 하지만 먹이사슬의 상위 단계로 올라갈수록 증가하는 독성 문제 때문에 나는 의문이 생겼다. 심지어 반려동물의 먹잇감으로 살아 있는 동물을 주는 사람도 몇몇 있었다.

종 적합성 식이에는 대부분의 개가 먹는 양보다 많은 양의 육류가 들어 있다. 이것은 빵, 보리, 유장(whey, 우유로 치즈를 만들고 남은 액체), 우유, 고기 부스러기, 지방이 주식이던 지난 세기에 개가 먹던 육류 양보다도 많은 양이다(5장 참조). 개는 콩 국물에 적신 빵을 먹고도 건강한 자손을 낳아서 현재 세대까지 이어지고 있다. 고양이는 주로 사냥을 해서 살아갔으며, 죽, 우유, 고기 부스러기 등은 부수적인 것이었다.

인간뿐 아니라 개와 고양이도 의심의 여지없이 고기를 더 좋아한다. 하지만 장기적으로 보았을 때 어떨까? 우리는 프리미엄 유기농 식품, 풀을 먹인 가축, 야생에서 채취하거나 잡은 식재료도 독성물질이 광범위하게 축적된 매우 오염된 세상에 살고 있다.

예를 들어, 야생동물의 조직은 주변 환경에 있는 잔류성 유기 오염물질(POPs)의 양의 7만 배 되는 양을 저장할 수 있다. 여기에는 다이옥신, DDT, 알드린(aldrin, 유기염소계의 토양 해충 살충제), 디엘드린(dieldrin, 크롤데인계의 유기염소 살충제), 엔드린(endrin, 유기염소계의 살충제로 무색의 결정성 고체), 클로르데인(chlordane, 살충제), 헵타클로르(heptachlor, 살충제), 폴리염화바이페닐(PCBs) 등 수많은 중금속이 포함된다.[19] 어류도 독성물질을 축적할 수 있는데 물에 있는 양보다 수백만 배 더 많은 양을 축적할 수 있다.

나는 반려동물에서 만성질환이 증가하는 첫 번째 원인이 독성물질에 의한 과도한 부담 때문이라고 의심하고 있다.

사료를 먹는 동물에 비해 풍부한 육식을 하는 반려동물은 대부분 잘 지내는 것 같지만, 이러한 식이가 장기적으로 암이나 환경에서 유래한 여러 질병의 발생에 얼마만큼의 영향을 미칠지 궁금하다. 나 역시 해답은 없으며, 현재까지 이에 대해 진행된 연구도 없음을 잘 알고 있다. 그러나 이것만은 확실하다. 내가 수의사를 시작하던 1960년대에는 매우 드문 일이었지만 암은 계속 증가하고 있으며, 개들의 절반이 암으로 고통받고 있다는 사실 말이다. 갑상선이상, 알레르기, 신장질환, 피부질환은 개와 고양이에 만연해 있으며, 모두 독성과 연관이 있을 수 있다. 확실히 뭔가 문제가 있다.

이것은 반려동물이 육식동물로서의 식이를 유지해야 한다고 생각하는 반려인에게는 심각한 문제이다. 더 심도 있게 접근하기 전에 왜 먹이사슬의 상위 단계로 올라갈수록 독성이 쌓이는지를 알아야 한다.

먹이사슬에 대한 이해

• 토양 미생물, 조류, 플랑크톤

먹이사슬의 하위 단계에 있는 생물체로 농장, 산업체, 가정, 하수도, 쓰레기 등에서 흘러나와 대기, 토양, 물에 떠다니는 영양분과 독성을 흡수한다.

• 식물

식물은 미생물이 이 복잡하게 얽힌 생활에서 흡수한 영양분과 함께 더 높은 수준의 독성물질을 끌어 모은다.

• 초식동물(과 대부분의 야생동물)

곤충, 토끼, 소떼가 식물을 먹으면 독성물질이 천천히 축적되고, 특히 지용성 독성물질의 경우에는 초식동물의 지방조직에 축적된다. 다른 독성물질은 간에 저장되는 반면에 납은 칼슘을 빼내고 뼈에 축적된다. 가축을 더 빨리 키우기 위해 어분이나 동물의 부산물을 급여하면 조직의 독성 축적이 가속화된다.

• 포식자

토끼를 잡아먹는 코요테, 벌레를 잡아먹는 새 등의 포식자는 먹잇감을 잡아먹을 때마다 독성이 빠르게 증가한다.

• 최상위 포식자

작은 포식자를 잡아먹는 포식자, 플랑크톤이나

작은 물고기를 잡아먹은 물고기를 다시 잡아먹는 참치나 상어와 같은 큰 바닷물고기를 최상위 포식자라고 한다. 독성은 단계를 올라갈수록 농축되며, 이에 따라 큰 생선이 가진 독성은 물속의 독성에 비해 수천 배에서 수백만 배 높게 나올 수 있다. 생선이나 가축의 고기를 먹는 인간이나 반려동물도 최상위 포식자이다.

- **어린 동물**

젖을 먹는 어린 동물은 그들의 부모보다 더 많은 독성물질을 축적하게 된다. 놀랍게도 모유를 먹는 아기는 가장 중요한 발달 시기에 어른에 비해 체중 0.45kg당 242배나 더 많은 다이옥신을 섭취하게 된다.[20] 임산부나 수유 중인 엄마가 참치를 먹지 말아야 하는 이유이다. 참치의 섭취는 가장 취약한 아기를 위험한 수준의 수은에 노출시키고, 생선 위주의 식이를 하는 개와 고양이의 새끼를 먹이사슬의 최상위 단계에 올려놓는 것이다.

따라서 해산물, 육류, 우유, 달걀을 많이 섭취하면 할수록 체내에 독성물질이 많이 쌓인다는 것을 기억해야 한다. 식물 역시 자유롭지 않지만 독성 화학물질은 동물성 식품을 통하여 훨씬 더 많이 축적된다.

제품에 포함된 독성 수치

수십 년 전, 존 로빈스(John Robbins)는 《새로운 미국을 위한 식단(Diet for a New America)》이라는 베스트셀러에서 육류에는 일반적으로 재배한 농작물에 비해 살충제가 14배 더 포함되어 있다고 경고했다. 유제품의 경우에는 5.5배 더 많았다. 존 로빈스는 모유에서 검출되는 살충제 함량이 채식하는 여성은 평균 미국 여성에 비해서 1~2%에 불과하다는 《뉴잉글랜드 의학 저널(New England Journal of Medicine)》의 연구를 인용했다.[21] 최근에 개정판으로 출간된 《음식혁명(The Food Revolution)》에서는 다이옥신이 가장 독성이 강한 물질이라고 밝혔다. 다이옥신은 암의 원인 중 12%를 차지하고 유전적 결함과 생식기계의 결함, 학습장애를 일으키는 주범이라고 지목되고 있다. 다이옥신은 의도적으로 만들어진 것이 아니라 산업체나 지자체의 쓰레기와 의료 폐기물을 소각하는 과정에서 발생하는 부산물로 지방조직에 쌓인다.

미국 환경보호국(EPA, Environmental Protection Agency)은 인간에게 노출되는 다이옥신의 95%가 붉은 살코기, 어류, 유제품을 통해서라고 추정한다. 육류나 유제품을 더 적게 혹은 전혀 먹지 않는 것이 화학물질로부터의 노출을 줄인다는 것은 명백한 사실이다. 1999년에 평화로운 농촌에 위치한 버몬트 농장(Vermont Farms)에서 제조된 벤 앤드 제리스 리치 아이스크림(Ben & Jerry's rich ice cream)을 가지고 실시한 실험결과는 매우 충격적이었다. 다이옥신 검출량이 EPA의 안전기준치보다 200배나 더 많았기 때문이다. 다음 해에는 동일한 아이스크림의 또 다른 샘플에서 샌프란시스코의 가솔린 정제공장에서 나온 폐수보다 2,200배나 더 많은 다이옥신이 검출되었다.[22]

마이클 그레거(Michael Greger) 박사가 2009년 미국 농무부(USDA)의 연구결과를 인용한 내용에 따르면, 다이옥신은 생선에 가장 많고 그다음으로 달걀, 치즈 순으로 높으며, 인간의 체조직에 축적된 다이옥신의 양은 모든 연령대에서 EPA의 위험 수준을 초과했다. 그는 1970년대에 대부분의 국가에서 사용이 금지된 유기염소계 살충제와 잔류 살충제에 대한 연구도 진행했는데 이 독성물질이 모유, 생선, 고기, 유제품 순으로 높게 나타났다. 금지된 유기염소계 살충제와 광범위한 다른 산업의 독소에 대한 연구에서, 국제조사단은 비건(완전 채식주의자)이 일반인에 비해 상당 수준으로 덜 오염되었다는 것도 밝혀냈다. 하지만 비건도 오염물질이 체내에 놀라울 정도로 축적되어 있는 것으로 나왔는데, 과학자들은 어린 시절에 다양한 식품을 섭취한 데에 원인이 있다고 보았다.[23]

반려동물 사료 속의 중금속

중금속이 개와 고양이에게 미치는 영향은 어떨까? 중금속은 먹이사슬을 통해 축적되는 유해물질로, 특히 사료 안의 중금속 함량은 수용하기 힘든 수준에 이르렀다. 《스펙트로스코피(*Spectroscopy*)》 2011년 1월호에는 58개의 사료(건식사료 31개와 습식사료 27개로 개와 고양이 사료를 반반씩 했다)를 대상으로 한 연구결과가 실렸다. 연구원들은 반려동물이 인간의 안전치보다 체중 대비 훨씬 더 많은 양의 중금속을 섭취하고 있다고 밝혔다.

• **4.5kg의 고양이**가 건식사료를 하루에 1컵 또는 작은 습식 캔 하나를 먹으면 인간의 안전기준치보다 수은 30배, 비소 20배, 카드뮴 2배, 우라늄 3배를 더 섭취하는 것으로 나타났다.

• **23kg의 개**가 건식사료를 하루에 5컵 또는 큰 습식 캔 하나를 먹으면 인간의 안전기준치보다 수은 120배, 비소 20배, 카드뮴 2배, 우라늄 5배를 더 섭취하는 것으로 조사되었다.[24]

놀라운 결과이다. 특히 수은과 비소 수치가 높다. 수의사인 데바 칼사(Deva Khalsa)는 개와 고양이가 인간보다 0.45kg당 5배나 더 많은 수은을 조직 내에 가지고 있다고 밝혔다.[25]

중금속 피해에 대한 인식

각종 연구결과를 통해 중금속이 동물의 건강에 미치는 영향을 짐작할 수 있다. 개와 고양이가 병적 증상을 보일 때 이를 중금속에 의한 영향이라고 생각하는 수의사는 거의 없으며, 대부분 억압된 염증이나 감염에 의한 질환으로 간주하고 항생제나 스테로이드를 사용할 것이다. 하지만 근본 원인을 찾고 원인물질을 줄이거나 제거하는 시도를 하는 것이 동물에게 훨씬 더 좋은 방법이다.

비소, 수은 등 중금속의 독성에 의한 증상은 어떻게 나타날까? 어떤 경우에 중금속 테스트를 실시하고, 어떤 치료를 하고, 어떻게 식단을 바꾸고, 어떤 해독 프로그램을 이용해야 할까?

수은은 화산이나 산불 등을 통하여 대기 중에 유입되지만 대부분 금을 캐는 작업이나 화력발전소에서 나오는데 비에 섞여 내리거나 물에 휩쓸려 바다로 흘러들어 간다. 불행하게도 수은은 수

중 미생물에 의해 독성이 훨씬 강한 메틸수은 형태로 변하고 그 상태로 물고기의 체내에 축적된다. 물고기의 크기가 클수록 더 많이 축적되며, 이 때문에 임산부는 한 달에 1회 이상 참치를 먹지 말라고 권고한다. 수은은 특히 어린 동물에게 더 큰 영향을 미치는데, 독성이 매우 강하여 급성 및 만성 질환을 일으킨다.

사료의 경우 어분이나 저인망어선의 쓰레기로 채워지는데 앞서 알아본 대로 고양이의 경우 연간 평균 14kg 정도의 해산물을 먹는 것으로 추정된다. 이는 미국인의 평균 해산물 섭취량의 두 배에 달한다. 따라서 고양이의 몸무게가 4.5kg이고 인간의 몸무게가 평균 68kg이라고 가정하면, 고양이가 0.45kg당 30배나 많은 해산물을 먹는 것과 같다. 또한 어업은 바다를 고갈시키므로 반려인도 반려동물도 해산물을 먹지 말라고 말하고 싶다. 수은은 다른 음식에도 존재하지만 생선만큼 농축되어 있지는 않다.

수은중독의 양상

해산물을 많이 먹어 수은에 중독된 고양이의 모습은 어떨까? 독성학과 동종요법 문헌에 따르면 다음과 같다.

구강 문제 : 구강이 특히 영향을 많이 받는데 치은염, 발적, 악취, 치아 흔들림, 충치, 과도한 타액이 분비되는 유연증이 나타난다. 나는 고양이 체내의 수은 축적이 고양이의 구강 문제인 치은염, 농양, 흔들리는 치아, 충치의 주요 원인이라고 생각한다. 내가 수의사를 시작하던 1965년에는 고양이에게 이런 구강 문제는 없었다. 이는 지난

수십 년 동안 발달한 문제며 분명히 환경과 관련이 있다.

갑상선비대 : 문헌에 보면 갑상선비대나 갑상선종도 언급되어 있다. 임상에서 보는 수많은 갑상선 질환의 원인을 수은 때문이라고 할 수 있을까?

또 다른 수은중독 증상 : 기력저하, 경련, 인지능력 저하, 궤양, 눈의 염증(특히, 각막과 홍채), 걸쭉하고 노랗고 피가 섞인 악취가 심한 귀지, 악취가 심한 초록색 분비물이 나오는 코, 코뼈의 만성염증, 장운동이 잦지만 변을 본 후에도 변이 남아 있는 것처럼 지속적으로 힘을 주는 특징이 있는 설사, 소화가 잘 안 되지만 늘 배가 고픈 상태의 위장장애가 있다.

비소 : 또 다른 범인

식용 닭의 88%에 기생충 구제를 위해 유기비소를 먹이는데, 이 비소는 조리된 식품에서도 검출된다는 보고가 있다.[26] 온라인상에서 찾을 수 있는 일반적인 증상이나 아르세니쿰 알붐(Arsenicum album)의 효과를 수세기 동안 연구한 동종요법의 상세내용을 보면 비소중독에서 오는 증상은 다음과 같다.

• 개든 고양이든 낯선 사람에게 유난히 겁을 많이 내고, 서서히 몸이 약해지며, 약간의 활동에도 쉽게 지치고, 항시 추위를 타며, 소화불량과 체중감소가 나타나고, 암이 발생하기도 한다.

• 개가 혼자 있는 것을 겁내며, 콧구멍과 입 가장자리가 발적되고 벗겨져 있으며, 간질이나 식도의 마비가 있는 경우 비소의 수치가 높다고

의심할 수 있다. 비소는 피부가 거칠고 지저분해 보이며 원형탈모가 동반된 옴이나 알레르기와 같은 심각한 만성 피부질환의 원인이 될 수 있다.

• 고양이가 잇몸출혈과 궤양이 있으며, 걸쭉하고 실처럼 늘어지는 다량의 유연 증상을 동반한 만성 구내염이 있을 때 비소의 수치가 높다고 생각할 수 있다. 침이 걸쭉하고 실처럼 늘어지는 유연 증상은 수은중독과 다소 비슷하다고 생각하겠지만 비소의 증상은 오히려 궤양에 더 가깝다. 또한 만성 천식, 소변 침전물(결석)이 동반된 만성 방광염, 신장질환, 요독증도 볼 수 있다. 홍수가 차거나 뒷다리로 가는 혈관에 혈전이 생길 수 있다.

반려동물의 중금속 문제에 대해 알아볼 수 있는 인터넷 사이트가 몇 개 있는데, 그중 하나가 www.arsenic-dog-food.com이다.

유전자 변형 식품(GMOs) : 오늘날 가장 큰 문제

현대의 농업은 이전과 다르다.

자동차가 발명되기 전 할아버지 세대의 농업은 대부분 유기농업이었다. 2세대 후, 큰 변화에 직면했다. 사람들은 대부분 도시에 살고, 차를 몰고, 인터넷을 사용하며, 패스트푸드를 먹고, 전 세계를 여행한다. 여전히 가족경영을 하는 농부도 있지만 대부분 농업용 화학물질을 엄청나게 사용하는 큰 회사가 도맡아서 하고 있다.

독성이 있는 화학물질은 특히 발달 단계에 있는 신생아나 유아기의 어린이에게 위험하다. 전후 세대의 베이비부머는 최초로 DDT나 디엘드린과 같은 잔류성 살충제가 넘쳐나는 환경에서 자랐다. 이것이 사람과 동물에게 어떤 영향을 미쳤는지 누가 알겠는가? 디엘드린은 파킨슨병이나 유방암을 일으키고, 면역계, 생식기계, 신경계, 내분비계의 손상을 유발한다.

1970년대로 접어들면서 어릴 적 DDT를 뿌리는 트럭 뒤에서 뛰는 것이 좋지 않은 행동이었음을 알게 되었고, 살충제의 사용을 금지시키자는 환경운동이 여기저기에서 시작되었다. 조직분석 결과 잔류 DDT 수치는 서서히 내려가고 있지만, 대부분의 미국인 체조직에 남아 있다.[27]

그때 이후, 해결책을 고심했고 대안으로 만든 다른 농업용 화학물질이 나타났다가 사라지기를 반복하고 있다. 오늘날 가장 우려되는 화학물질 중 하나는 카놀라와 사탕무뿐 아니라 가축 사료용으로 재배된 콩, 옥수수 등 1990년대부터 미국의 농업을 지배하기 시작한 유전자 변형 작물에 대량으로 사용되어 온 글리포세이트(glyphosate)이다.

글리포세이트 : 가장 문제적인 물질

제초제 글리포세이트(몬산토 기업의 라운드업 제초제에 사용)에 내성이 생긴 박테리아의 존재를 알게 된 생명공학자들은 주요 작물에 박테리아의 DNA를 심는 훌륭한 생각을 해냈다. 이것이 '라운드업 레디(Roundup Ready)'의 옥수수, 콩, 카놀라, 사탕무를 만들어 냈다. 몬산토 기업의 제초제를 뿌리면 작물에는 해가 없고 다른 잡초는 완벽하게 제거할 수 있었다.

당시에는 좋은 아이디어 같았다. 이 책의 초판을 출간하던 1981년에 글리포세이트에 대해 조사했는데, 이때는 잡초를 제거하기 위해 집 주변에서 흔히 사용하던 시기였다. 동물 테스트 결과 글리포세이트는 독성이 적어서 안전해 보였다. 유전자 변형 작물이 도입되었을 때 정부는 이 작물이 안전하며, 이 작물을 재배하면 제초제의 사용을 줄일 수 있다고 했다.

정부는 FDA 소속 과학자들이 예측한 유전자 변형 작물에 대한 부정적인 면을 무시한 채 서둘러 허가를 내 주어 1996년에 상품으로 출시될 수 있도록 했다. 그러나 유전자 변형 작물은 안전하지도 않았고 제초제 사용도 줄이지 못했다.[28]

유전학 학자들은 결국 잡초가 유전자 변형 작물과 동일한 DNA를 갖게 되어 제초제를 더 많이 사용해야 할 것이라고 예측했다. [또한 에이전트 오렌지(Agent Orange, 베트남전에서 밀림이나 곡물을 시들게 하기 위해 미군이 사용한 고엽제)에 들어 있던 글리포세이트와 2-4-d가 혼합된 더 강력한 제초제가 등장할 예정이다. 역시 좋은 소식은 아니다.] 이 와중에 밀 경작 농부들은 대부분 수확 전에 밀과 보리를 빨리 말리기 위해 수십 년 동안 글리포세이트를 사용해 왔다.

글리포세이트의 사용은 1990년대 중반 이후 엄청나게 증가했다. 2014년 스완슨, 리우, 에이브럼슨, 월렛(Swanson, Leu, Abrahamson and Wallet)은 글리포세이트 사용의 증가가 2009년부터 2014년까지 미국의 중증질환의 증가 및 기대수명의 감

소와 어떤 연관이 있는지 비교하는 연구를 했다. 정부의 자료와 통계적 분석을 통하여 이들은 글리포세이트의 사용과 간암, 신장암, 방광암, 갑상선암, 염증성 장질환, 소아자폐증, 고혈압으로 인한 사망, 당뇨병, 비만, 신장질환, 파킨슨병, 알츠하이머, 노인성 치매 사이의 강한 상관관계를 밝혀냈다. 상관관계가 반드시 인과관계를 의미하지는 않지만, 이 연구결과는 매우 중요하다. 독일의 과학자들은 글리포세이트가 동물과 인간의 조직에 축적되어 있으며, 만성적으로 아픈 사람에게는 글리포세이트가 상당히 높은 수준으로 검출되었다고 했다. 글리포세이트가 대사기능과 내분비기능을 방해하고, 식품 안에 있는 또 다른 독성물질의 치명적인 영향을 증가시키며, DNA를 파괴하고, 장내 유익균을 죽이며, 특히 농장동물의 장질환을 증가시킨다는 연구를 인용했다.[29] 어느 때보다 유기농 식품을 선택하는 것이 현명한 시기라 할 수 있다.

Bt 옥수수

유전자 변형 작물의 또 다른 문제는 유전자가 조작된 Bt 옥수수이다. 바실루스 투린기엔시스(Bacillus thuringiensis)라는 작은 토양 박테리아는 자연독소를 만들어 위장에 손상을 입혀 곤충을 죽이는 법을 터득했다. 이 박테리아는 곤충에게는 좋지 않지만 인간에게는 해로운 것이 아니어서 유기농업에 사용하도록 허가되었다.

생명공학자들이 살충제를 만드는 유전자를 밝혀냈을 때 이 유전자를 옥수수에 넣어 보기로 했다. 'Bt 옥수수'는 생각대로 곤충을 죽였는데 옥

수수의 독성이 유기농 Bt 스프레이의 잔류량보다 수천 배 농축되어 있었다. 이 유전자는 옥수수의 모든 세포 안에 심어져 있어서 씻어낼 수도 없다.

과학자들의 경고에도 불구하고 Bt 옥수수는 허가를 받았고 들불처럼 번져 나갔다. 이는 많은 사람들에게 사랑받는 옥수수에서 파생된 모든 가공식품뿐 아니라 칩스, 토르티야(tortilla, 멕시코 전통음식으로 야채나 고기를 넣고 싸 먹는 밀가루나 옥수숫가루로 만든 음식), 콘 시럽, 옥수숫가루(수많은 반려동물의 사료에도) 등 현재 미국의 거의 모든 옥수수 제품에 들어간다.

유전자 변형 옥수수를 먹으면 Bt 유전자가 장 내 박테리아로 옮겨가서 자가 면역성 질환이나 식이 알레르기를 포함한 소화기계 질환과 어린이의 학습장애를 유발할 우려가 있다. 정부의 지원을 받은 이탈리아의 과학자들은 Bt 옥수수를 먹인 쥐들이 사이토카인(cytokine)뿐 아니라 IgE와 IgG 항체가 증가하는 등 광범위한 면역반응이 나타난다는 사실을 밝혀냈다. 이 물질은 특히 알레르기, 감염, 관절염, 염증성 장질환, 다발성 경화증과 암의 표지자이다. 과학자들은 또한 BT 옥수수가 T 세포(T-cell)를 증가시킨다는 사실도 밝혀냈는데, T 세포는 천식을 앓는 사람들이나 식이 알레르기, 소아 관절염, 결합조직병을 앓는 아이에게서 높게 나타났다. T 세포는 또한 간독성과 신장독성의 지표이기도 하다.[30]

이제 우리는 멕시코 음식점에서 식사를 기다리면서 콘칩을 우적우적 씹어 먹어도 되는지 다시한 번 생각해 봐야 한다. 요즘은 유전자 변형 식품을 일찍부터 거부한 유럽인들이 부럽다.

새는 장과 쇠락하는 건강

글리포세이트와 유전자 변형 작물이 우리에게 미치는 영향은 무엇일까? 예를 들어, 글리포세이트를 뿌린 유전자 변형 옥수수의 경우는 두 가지 요소가 모두 존재하기 때문에 무엇이 영향을 미쳤는지 구분하기가 어렵다. 이 옥수수를 동물에게 먹여 건강에 문제가 생겼을 때도 마찬가지이다. 유전자 변형 작물의 허가과정에서 정부가 건강영향평가 실험을 요구하지 않았기 때문에 정보가 부족하다. 일부 동물실험 보고에 따르면 유전자 변형 작물을 먹인 돼지와 일반 돼지를 비교했을 때 유전자 변형 작물을 먹인 돼지에서 장의 염증이 증가했다. 오늘날 대부분의 미국 돼지는 유전자 변형 작물을 먹기 때문에 내장이 너무 얇아져 소시지를 만들 때 내장을 쓸 수 없다고 한다.[31] 유전자 변형 식품을 먹은 쥐에서 종양과 암이 증가했다는 매우 걱정스런 연구결과도 있다. 하지만 기업의 영향력 때문에 이러한 보고서를 접하기가 매우 어렵다고 연구원들은 말한다.

글리포세이트는 최근 '새는장증후군(leaky gut syndrome)'에 의한 자가면역질환이나 염증성 질환의 주된 원인으로 주목받고 있다. 새는장증후군이란 무엇일까?

사람, 개, 고양이 등 동물의 장은 매우 많은 그룹의 세균과 다양한 유기체의 서식처이다. 이는 정상이며 실제로 건강을 위해 필수적이다. 장내의 박테리아와 유기체는 음식의 소화과정에 관여하고, 병소를 없애며, 흡수할 수 있는 영양분을 생산하기도 한다. 이들의 수는 우리 몸 전체를 구성하는 세포 수보다 많다.

새는장증후군은 아직 완전히 파악되지 않았다. 하지만 매사추세츠 공과대학의 과학자에 따르면 박테리아(와 균류와 같은 다른 필수 유기체)는 사실상 공장이며, 식품의 글리포세이트가 이 공장을 파괴하고, 장내 환경을 변화시켜 다른 이상한 박테리아가 장을 장악하도록 만들기도 한다. 이것이 장의 내벽에 영향을 끼쳐 안의 내용물이 새는 상태가 되는 것이다. 일부에서는 새는장증후군이 소아지방변증, 글루텐 불내성, 식이 알레르기, 자가면역질환, 자폐증과 1990년대에 증가한 모든 병의 중요한 요인이라고 주장한다.[32] 이 문제에 대해서는 2013년 4월 23일자 《로데일스 오가닉 라이프(Rodales's Organic Life)》의 온라인판[33]과 길리아 앤더스(Giulia Enders)의 베스트셀러 《장 : 우리 몸의 장기 중에서 가장 저평가된 장기의 내막(Gut: The Inside Story of Our Body's Most Underrated Organ)》을 읽어보면 좋다.

우리가 먹는 농작물이 우리 몸에 이런 변화를 만들기 전에 먼저 생각해 봤어야 했다. 그렇다면 영양학적 가치도 낮고, 동물도 먹으려 하지 않으며, 사람을 병들게 하는 유전자 변형 식품을 왜 만들었을까?

유전자 변형 식품의 위해성 연구가 어려운 이유

정부와 과학단체는 유전자 변형 작물이나 다른 잠재적 위해성이 있는 신기술을 철저히 조사해야 한다. 그런데 미국 농무부와 식품의약국을 이끄는 사람들은 이들이 규제해야 하는 기업에 한 발을 항상 담그고 있기 때문에 미국에서는 이런 연구를 진행하기가 어렵다. 이러한 이유로 의심스러운 신기술이 유죄라고 입증되기 전까지는 무죄로 간주되는 것이다. 담배산업의 역사를 생각해 보면 쉽게 이해할 수 있다.

미국을 제외한 나라들은 다르다. 다수의 국가는 '유전자 변형 작물의 금지'를 선언했다. 이들은 유전자 변형 작물을 재배하지도 않고, 유전자 변형 식품의 수입도 허용하지 않는다.

유전자 변형 옥수수와 콩을 먹여 기른 농장동물의 부산물뿐 아니라 몇 대에 걸쳐 유전자가 변형된 옥수수와 콩으로 만든 사료를 먹고 자라고 있는 미국의 개와 고양이를 생각해 봐야 한다.

대부분의 미국의 스낵, 콘칩, 옥수수 전분, 콘시럽, 식물성 기름(콩, 옥수수, 카놀라)에 튀긴 음식, 두부, 두유 등 이 모든 식재료가 어디에서 왔는지 생각해 보자. 유기농이 아닌 한, 유전자 변형 작물과 농장에서 살포한 글리포세이트가 덮인 작물이다. 북아메리카에서는 80% 이상의 식품에 유전자 변형 작물이 포함되어 있다.[34] 사람들은 제품 라벨에 유전자 변형 작물이 들어갔는지 표시해 주기를 원한다. 과거에는 기업이 이를 반대했다. 하지만 최근에는 기업이 자발적으로 자사의 제품이 '비유전자 변형 확인(verified non-GM)'이나 '유기농 인증(certified organic)'을 추구한다는 라벨을 붙이고 있다. 좋은 현상이다.

그럼에도 불구하고 유전자 변형 작물에 대한 다수의 연구는 제지당하고 있다. 기업체가 통제하는 학회지에서는 이런 주제의 논문 게재가 금

유전자 변형의 진실

- **주요 유전자 변형 작물은 옥수수, 콩, 카놀라, 사탕무이다.** 이 작물을 사용한 기름과 식품은 대부분의 가공식품에 들어가고, 미국 마트에 입점한 식품의 약 80%를 차지한다.

- **대부분의 옥수수와 콩은 유전자 변형 작물이며, 이를 가축에게 먹인다.** '유기농(organic)'이나 '비유전자 변형 작물(non-GM)'이라는 라벨이 붙어 있지 않은 고기, 유제품, 달걀은 유전자 변형 작물을 먹은 동물에게서 온 것이라고 봐야 한다.

- **옥수수, 콩과 이를 사용한 식품은 마트에서 판매하는 반려동물 사료의 주재료이다.** '유기농'이나 '비유전자 변형 작물'이라는 라벨이 붙어 있지 않다면 유전자 변형 식품이라고 봐야 한다.

- **유전자 변형 알팔파, 감자, 주키니 호박(zucchini), 파파야** 역시 생산 단계에 있으며, 다수의 유전자 변형 작물이 공급허가를 기다리고 있다. 유전자 변형 알팔파가 풀린다면 목초를 먹는 소고기 역시 위험하다.

- **유전자 변형 작물 배제 식단**이 수많은 만성질환을 회복시켰다는 의사와 환자의 보고가 있다.

지되고 있으며, 유기체에 대한 유전자 변형은 감소하기보다는 증가하는 방향으로 가속이 붙고 있다. 이런 상황 속에서 앞으로 다가올 일은 충격적이다. 특정 불빛 아래에서 초록으로 변하는 해파리의 DNA를 이용해서 어둠 속에서 빛을 발하는 고양이가 이미 만들어졌다. 또 유전자를 변형시켜 '알레르기가 없는' 유전자 변형 고양이를 만들었다고 하는 회사도 있다. 이 고양이의 최초 판매가는 4,000달러였다. 그때부터 6,000달러까지 치솟았다가 샴 종류로 가면서 1만 900달러, 이국적인 '야생 고양이' 버전은 3만 5,000달러까지 올라갔다. 정말 실현되었는지는 모르겠지만 어디선가 이러한 일이 일어나고 있다. 미친 짓이다.

유전자 변형 식품 배제 식단 : 놀라운 회복력

주변에 특정 음식을 못 먹는 사람이 많아지고 있다. 그래서 친구들과 함께 외식할 곳을 찾기란 하늘의 별따기가 되어 가고 있다. 어떤 이들은 유전자 변형 식품을 불허한 유럽을 여행할 때에는 괜찮다고 한다.

유기농 식품을 먹거나 유전자 변형이 되지 않은 콩·옥수수·카놀라·사탕무 혹은 그 파생물이나 식물성 기름, 고과당 옥수수 시럽, 콩단백 분리제가 들어 있는 식품을 먹으면 유전자 변형 식품을 피할 수 있다. 포장된 가공처리 식품도 대부분 유전자 변형 작물을 포함하고 있기 때문에 이러한 식품을 피하는 것이 가장 간단하고 건강한 방법이다.

유전자 변형 식품 배제 활동가 제프리 스미스(Jeffrey Smith)는 최근 강의에서 미국 환경의학 아카데미(AAEM, American Academy of Environmental Medicine)가 의사들에게 모든 환자에게 비유전자 변형 식품이 든 식단을 처방할 것을 권고했다고 밝혔다. 3,600개의 주제에 관한 연구는 유전자 변형 식품 배제 식단이 환자에게 전반적으로 도움이 되었음을 입증했다. 첫째, 위장관의 향상이 보고되었고, 에너지가 증가했으며, 기억력이 향상되었고, 기분이 좋아졌으며, 명석한 사고를 하게 되었고, 점액이나 염증, 효모균 감염, 습진, 수면에 대한 욕구, 두통이 줄어들었다. 체중도 감소했다. 이러한 결과는 꽤 단기간에 일어났다.

유전자 변형 식품 배제 식단을 시도한 후 강의에 참석한 사람들에게 물어본 결과도 비슷했다.[35] 진심으로 자신과 가족, 반려동물을 위해 유전자 변형 식품을 끊기를 권한다. 그리고 시도했다면 최소한 2개월은 유전자 변형 식품을 배제한 식단을 지속한다. 콩, 옥수수, 밀을 소화하기 어려웠던 사람과 동물도 유기농으로 재배한 콩, 옥수수, 밀은 소화하기 쉬울 것이다.

무엇을 할 것인가?

우리는 무엇을 할 수 있을까? 어떻게 사라진 영양소를 되찾고 우리가 원치 않는 독소를 몰아낼 수 있을까? 이를 위해 가이드라인을 제안할 것이다. 이 가이드라인은 나와 나의 반려동물에게 적용해 본 것이고, 많은 음식이 사람과 반려동물이 같이 먹을 수 있는 것이다(6장 '개, 고양이와 사람이 함께 먹을 수 있는 레시피' 참조).

실천할 수 있는 생활 가이드

식단을 넘어 다음의 실천사항은 사람과 반려동물이 오랫동안 체내에 축적해 온 독소를 안전하게 배출하고 비식이적인 새로운 독성물질을 줄이는 데 도움이 된다.

- 정수가 되고 염소가 없는 순수한 물을 많이 마신다.
- 충분한 휴식을 취하고 매일 운동과 털을 손질한다(11장 참조).
- 민들레 뿌리 등을 블렌딩한 순한 디톡스 차를 마신다(18장 참조).
- 가끔 절식을 한다.
- 플라스틱 대신 유리, 철, 파이렉스 보관 용기나 식기를 사용한다.
- 벼룩 구제나 바디 케어, 기타 여러 가정용품을 구입할 때에는 무독성 제품을 사용한다(10장과 11장 참조).
- 주기적으로 화학제품 없이 진공 청소기로 청소, 바닥 쓸기, 걸레질 등을 한다.
- 스트레스를 줄이고 긍정적인 감정을 극대화시키는 놀이를 즐긴다(12장과 13장 참조).

기업을 비난할 수도 있지만 결국 독성이 가득한 제품의 구매를 멈추고 다른 새로운 대안을 찾아야 하는 것은 소비자의 몫이다. 쓰지 않아도 되는 물건도 많고, 기업이 새로운 물건 생산을 줄이도록 할 수 있으며, 기존에 있던 물건 중에서 재사용할 수 있는 것도 많다. 코코넛 오일이나 올리브 오일로 훌륭한 화장품을 만들 수 있고, 식초나

영양분은 많게, 독소는 적게 하는 식생활 가이드

- 동물성 식품, 특히 지방이 많은 동물성 식품을 줄이거나 없앤다. 해산물류도 줄이거나 없앤다. (특히 사람이나 반려견이 먹는 것에 적용한다.)*
- 모든 유전자 변형 식품을 버린다('비유전자 변형 식품'이나 '유기농'이라는 라벨이 붙어 있지 않은 모든 콩, 옥수수, 카놀라는 유전자 변형 식품이다).
- 가능한 한 유기농을 선택한다.
- 영양이 고농축된 채소를 식단에 포함한다.** (특히 사람이나 반려견이 먹는 것에 적용한다.)
- 제철의 신선한 국내산 재료가 좋다.
- 군살이 없는 몸매를 유지한다(체중감량을 위해서는 8장 참조).

* 6장의 충분한 단백질과 적은 고기를 위주로 한 요리법이나 고기가 전혀 들어가지 않는 요리법을 참고한다.
** 조엘 푸어먼은 이해를 돕기 위해 GBOMBS[Greens (녹색채소), Beans(콩), Onions(양파), Mushrooms(버섯), Berries(베리류), Seeds(씨앗)]라는 문자어를 만들었다. 반려동물을 위해서는 다량 섭취 시 중독의 위험이 있는 양파는 제외한다. 주로 녹색채소, 콩류, 다양한 색의 채소, 당근·겨울호박·토마토·옥수수·완두콩 등으로 만든 채소 소스를 먹도록 한다. 반려견도 베리를 좋아한다.

물로는 집 안의 거의 모든 물건을 닦을 수 있다. 바 형태의 비누는 훌륭한 샴푸가 되어 플라스틱의 수요를 줄일 수 있고, 유기농 면으로 옷, 수건, 침구류를 만들 수 있으며, 대나무 시트로도 침구류를 만들 수 있다. 베이킹소다는 훌륭한 냄새제거제이자 치약이다. 여러 시민단체, 법안, 정치인을 지지하면 이러한 문제를 더 효과적으로 다룰수 있다. (10장과 11장에서는 집과 반려동물의 털을 손질하기 위해 가정에서 사용할 수 있는 천연제품에 대해 다룬다.)

식품 공급의 압력과 큰 그림

변화하는 세상에 발맞춰 식이 권장 사항을 새롭게 개정하는 일은 우리에게도 큰 여정이었다. 우리는 오래전에 저급한 재료를 가지고 과도하게 가공 처리한 현대의 반려동물 사료가 건강을 해칠 수 있음을 알았다. 그런데 수년이 지나면서 집에서 신선한 재료로 만든 음식도 독성이 점점 더 늘어나고 영양소는 점점 더 낮아지고 있다는 사실을 알게 되었다. 우리가 앞으로 유기농 식품과 비유전자 변형 식품을 구매해서 먹고 반려동물에게 급여하면 이러한 문제를 점차 해결할 수 있을 것이다. 그런데 여기에도 우리가 이해해야 하는 더 큰 그림이 있다.

현대의 농업방식은 단일 농작물을 어떻게 하면 더 집중적으로 생산할 수 있는가에 대한 관심에서 나왔다. 인구가 늘어나면서 더 많은 식재료가 필요해졌다. 이러한 수요가 식물의 성장을 촉진시키고 해충과 잡초를 전멸시키기 위한 새로운 화학약품, 기술, 품종개량을 낳은 것이다. 이것이 가족 단위의 소규모 농업방식에서 더욱 대형화되고 더 효율적이며 기계화된 경작을 하는 농업방식으로의 변화를 이끌었다. 이것이 동물을 작은 우리 안에 가둬서 과밀하게 사육하고 비자연적인 먹이를 급여하며 항생제와 호르몬제를 지속적으로 주입하게 만들었다.

이런 식품 시스템의 변화로 반려동물 사료는 대부분 식품산업의 부산물을 이용하여 만들어졌다. 또한 '반려견을 위한 목초를 먹인 고급 소고기'와 같은 유기농 식품의 가격을 올려 많은 사람이 쉽게 사 먹일 엄두를 내지 못하도록 만들었다.

게다가 식품생산의 문제를 깊이 있게 살펴보면 볼수록 식품의 질보다는 양을 우선시하는 충격적인 현실 속에서 살고 있음을 알 수 있다. 전 세계의 식량 수요 중 특히 동물성 식품에 대한 수요는 세계의 자원과 생태계에 위험수준의 압박을 가하고 있다.

먹이사슬의 하위 단계에 있는 식품을 먹는 것이 이 장에서 살펴본 것과 같이 독성을 줄이고 많은 영양분을 얻을 수 있는 가장 좋은 방법이다. 이것이 바로 세계와 식품 공급원을 살리는 우리가 할 수 있는 중요한 일 중 하나이며, 궁극적으로는 건강의 문제이기도 하다.

인류와 오랜 시간 함께해 온 반려견과 반려묘를 지속적으로 먹이고 이들의 밝은 눈빛을 보려면 반려견과 반려묘도 채식 위주의 식단으로 이끌어야 한다.

그렇게 하려면 많은 도전이 필요하지만 우리에게는 기회이기도 하다. 반려동물과 함께 이러한 큰 변화를 만들려면 지구의 숲, 바다, 초지, 사막, 농장의 모든 생명체에 관대해져야 하며, 그들을 사랑하고 존경하는 동반자적인 마음을 가져야 한다.

아직 우리에게는 하나의 종(種)으로서 실수를 깨닫고 변화를 만들어 낼 수 있는 기회가 있다.

지구와 모든 동물 사랑하기

4장

저자이자 강연가인 콜린 패트릭 구드로(Colleen Patrick Goudreau)는 수많은 개와 고양이를 기르며 일생 동안 동물을 사랑해 왔다. 구드로의 인생 목표 중 하나는 접시 위에서(사람은 물론 반려동물의 밥그릇에서) 생을 마감하는 수많은 농장동물과 해양동물을 포함해 모든 동물에게 사람들이 동정심을 갖도록 돕는 일이다. 일생 동안 동물과 함께해 온 삶을 통해 그녀는 모든 동물이 사랑스럽다는 사실을 알게 되었고, 요즘은 개, 고양이뿐 아니라 소까지 쓰다듬는 것을 좋아하게 되었다.

구드로처럼, 우리도 개를 사랑하고 고양이를 사랑하며 자연을 사랑하고, 진정한 사랑에는 국경이 없다는 사실을 안다. 그리고 마음 한 구석에서 이런 질문이 떠오른다. '우리가 이 세상의 모든 동물과 모든 생명체를 돌봐야 하지 않을까?' 가슴에 '예.'라는 대답이 울려 퍼진다.

열린 가슴과 열린 마음으로 식품으로의 여정을 떠나 보자. 이 여정에서 어떤 해결책을 만나면 기쁨이 샘솟을 것이다. 함께 있는 개와 고양이도 마찬가지일 것이다. 이 세상이 그들의 세상이기도 하니까.

인간이 사는 세상은 급격하게 변화하고 있으며, 그에 따라 많은 변화가 요구되고 있다. 3장에서 살펴보았듯이 먹이사슬의 하위 단계에 있는 식품을 먹는 것은 독성물질이 몸속에 축적되는 것을 줄이는 가장 좋은 방법이다. 사람에게는 어렵지 않은 일이다. 무엇보다 채식이 사람의 신체에 적합하며 이롭다는 증거가 많기 때문이다.

그러나 개와 고양이는? 우리는 언제나 자연적인 방식을 따라왔고, 그래서 육식을 하도록 진화해서 생리기능이 그렇게 디자인된 반려동물에게 고기를 급여해 왔다. 오늘날 모든 육류에 축적된 환경 독성물질이 개와 고양이의 건강에 심각한 영향을 미치고 있음을 알았을 때까지만 해도 나 역시 반려동물이 육식을 하는 것이 정답인 줄 알았다. 그러다가 새로운 사실을 알게 된 후 엄청난 혼란에 빠졌다. 하지만 더 멀리 내다보자 사람과 반려동물이 무엇을 먹고 살았는지를 다시 한 번 생각해 보게 되었다.

식량을 얻기 위해 수십억만 마리의 동물을 사육하고 죽이는 것은 지구의 생태계를 파괴하는 가장 심각한 일이다. 우리는 지구가 생산할 수 있는 자연적인 한계치까지 몰아붙이고 있으며, 이것은 미래이자 건강과 행복을 위협하는 일이다. 육류, 유제품, 달걀의 소비는 농장동물에게 직접적으로 엄청나게 끔찍한 영향을 미친다. 사람과 반려동물이 무엇을 먹는지의 문제는 개, 고양이와 마찬가지로 의식이 있고 예민하며 감정이 있는 소, 돼지, 닭 등의 동물에게 심각한 고통을 안겨 주는 직접적인 원인이다.

지금은 새로운 세기이자 변화하는 세상이다. 우리가 살고 싶은 세상을 만들려면 현재의 식습관으로는 어림도 없다. 5장에서 살펴보겠지만 다행히 인간과 반려동물에게는 건강하고 인도적이며 고갈되지 않는 지속 가능한 대용식이 있다.

사람이 동물성 식품을 지속적으로 먹을 경우 어떻게 지구와 지구에 살고 있는 동물을 황폐화시키게 되는지 수치를 통해 알아보자.

위기의 지구

나는 매달 집에서 지인들과 음식을 나눠 먹으며 함께 영화를 본다. 2014년 말의 어느 날 저녁은 우리의 삶을 한순간에 바꿔 놓았다. 다큐멘터리 〈카우스피라시 : 지속 가능한 비밀(Cowspiracy: The Sustainability Secret)〉은 보기 드물게 강력한 메시지를 담고 있었다. 그날 이후 이 엄청난 다큐멘터리를 많은 이들과 공유했고, 나와 많은 이들의 삶을 변화시켰다. 이 다큐멘터리는 현재 넷플릭스(Netflix)에서도 볼 수 있다.

이 영화를 통해 무엇보다 아름다운 푸른 지구가 내가 아는 것보다 훨씬 끔찍한 상황에 처해 있음을 알게 되었다. 이는 익히 들어 왔던 지구온난화 문제만이 아니다. 각 분야의 전문가들은 지금처럼 계속 살아간다면 생각지 못한 엄청난 결과를 불러올 것이라고 경고했다.

보통 물이나 어족자원, 산림자원의 위협뿐 아니라 자연파괴에 대해서 많이 들었을 것이다. 하지만 환경 문제의 가장 핵심 원인인 육류, 유제품, 달걀, 해산물의 엄청난 소비에 대해 들어본 사람은 거의 없을 것이다.

한 지속 가능성 전문가는 "축산업은 환경재앙이다."라고 한마디로 요약했다. 우리가 그날 밤 배운 내용은 다음과 같다.

동물성 식품의 소비에 따른 대가[1]

지금처럼 생활한다면 벌어질 일	동물성 식품의 여파
삼림과 동식물의 멸종 : 2025년에는 '지구의 허파'인 아마존을 잃을 것이다. 열대우림은 지구에서 가장 다양한 생물이 서식하는 공간이다. 우리는 매일 137종의 야생 동식물을 잃고 있다. 이러한 추세라면 2050년에는 지구에 있는 동식물의 절반이 멸종할 것이다.	소떼를 방목하거나 목초를 기르는 과정에서 아마존의 91%가 파괴되며, 그중 대부분이 미국, 유럽, 중국으로 수출하기 위한 것으로 토양은 수년 이내에 척박해질 것이다.
물의 고갈 : 2030년쯤에는 미국의 최대 농작물 생산지인 그레이트 플레인스 아래에 있는 오갈라라 대수층이 마를 가능성이 있다. 지속 가능하려면 물을 지금 퍼 올리는 수준의 20%로 줄여야 하며, 가축을 먹이는 작물의 양도 줄여야 한다. 캘리포니아 역시 같은 문제로 25%의 대수층이 고갈되고 있다. 인도의 우물은 말라가고 있으며, 히말라야 빙하의 유실은 아시아 대부분의 주요 강에 위협이 되고 있다. 그리고 기후변화는 더 많은 가뭄을 불러오고 있다. 에너지를 찾기 위해서 엄청난 양의 깨끗한 물을 땅속 구멍으로 주입하여 석유와 가스를 분리하는 '프래킹(fracking)' 공법을 이용한다. 여기에 미국에서만 연간 3,785억 L의 깨끗한 물이 소비된다.	미국산 옥수수, 콩, 귀리는 대부분 가축의 먹이로 사용한다. 동일한 양의 식물성 단백질을 만들 때보다 동물로 만들 때 100배나 더 많은 양의 물이 필요하다. 소고기 0.45kg을 얻으려면 9,500~30,000L의 물이 필요하다. 그런데 감자 0.45kg을 얻으려면 단지 129L의 물이 필요할 뿐이다. 사람들은 프래킹을 반대하지만 오히려 축산업에서 129조 L 이상의 양질의 물을 사용하고 있다. 이는 프래킹에 비해 340배나 많은 양이다.
물고기 없는 바다 : 2050년쯤에는 바다의 모든 물고기가 사라질 것이다. 저인망어선은 바다 밑바닥을 긁어 올리는 그물로 물고기는 물론 다른 해양생물도 잡아들여 생태계를 파괴한다. 지구촌의 75%에 해당하는 어족자원은 이미 고갈되었거나 감소하고 있다. 전문가들은 고갈되지 않는 지속 가능한 어업이란 존재하지 않는다고 한다.	잡은 물고기의 절반은 가축, 양식장, 반려동물의 사료가 된다. 돌고래와 상어처럼 포획량의 80%인 상업적 가치가 없는 혼획물은 '죽은 채' 버려진다.
죽음의 바다 : 사람들이 거주하는 해안가 근처에 산소가 고갈된 데드존(dead zone)이 400군데 넘게 있어 많은 해양생물을 죽이고 있다. 데드존의 크기와 수가 늘고 있다.	데드존이 생기는 주원인은 공장형 농장과 작물 재배지에서 흘러나오는 막대한 양의 비료와 거름이다.

60

기후변화 : 기후학자의 97%는 기후변화는 현실이며 인간이 만들어 낸 것으로 점차 증가하고 있다고 지적한다. 수십 년 후에는 더욱 심해져서 해변가의 수많은 도시가 침수되고, 극단적인 기후가 생기며, 폭풍과 대가뭄이 발생하여 이주민이 대량 발생하는 일이 증가하여 위협이 될 것으로 예측한다.	온실가스의 51%는 가축을 생산하는 과정에서 발생하며, 대중교통에 의한 것보다 많다. 소는 이산화탄소보다 훨씬 강력한 다량의 메탄 가스를 트림과 방귀를 통해 내뿜는다.
토양의 유실 : 현재 추세라면 2070년에는 토양의 표면에 위치하는 표토가 모두 고갈될 것으로 보인다. 지구촌의 모든 농장에 있는 토양의 40%는 이미 침식작용으로 '깎이고' 있거나 '심각하게 깎인' 상태이다(이미 표토의 70%는 침식되어 유실된 상태이다). 토양은 자연적으로 보충되는 것보다 10~40배 더 빠르게 소실되고 있으며, 심지어 이상적인 농업 형태를 취하고 있다고 여겨지는 유럽에서도 그렇다.	무엇이든 다 먹는 미국 표준식단은 채식 위주의 식단에 비해 토지가 18배나 더 필요하다.
막대한 기근 : 현재 10억 명의 인구는 심각한 기아와 영양불량 상태에 빠져 있으며, 부유한 사람을 위한 가축의 먹이로 사용되는 곡물조차 먹을 여력이 안 된다. 어린이를 포함한 수많은 사람이 죽어 가고 있다. 또 다른 10억 명의 인구는 동물성 식품을 지나치게 많이 먹어 영양불균형 상태이며, 이들의 동물성 식품에 대한 수요는 계속 늘어나고 있다. 2050년이면 세계 인구는 두 배로 늘어날 것이다.	현재의 농장지대만으로도 채식주의자 12억~15억 명이 먹을 수 있으며, 이는 지구를 다시 야생으로 만들어 자연이 스스로를 치유하게 만들어 줄 수 있다.
화석연료의 고갈 : 교통수단, 냉난방, 전기, 비료, 물과 하수 퍼 올리기, 약물, 플라스틱 등 거의 모든 분야가 화석연료에 의존하고 있으며, 한정된 화석연료를 다 써 버리고 있다.	채식을 한다면 1인당 연간 26,000km를 가는 데 필요한 연료를 절약할 수 있다.

자신이 고기를 적게 먹거나 전혀 먹지 않는다 해도 개와 고양이에게 고기를 먹이는 일이 어떠한 영향을 미치는지에 대해 생각해 보자.

• 개 한 마리에게 113g의 소고기(버거 하나 분량)를 먹이려면 약 2,271L의 물을 사용하게 해야 한다. 이는 사는 지역의 전체 가구가 6일 동안 사용할 수 있는 양이다.

• 고양이 한 마리가 하루에 먹는 고기는 얼마 되지 않아 보인다. 그러나 미국의 9400만 마리의 고양이에게 먹이는 양은 하루에 544만 kg에 달하며, 이는 수개월간 사료와 물을 주고 기른 닭이 매일 300만 마리씩 필요하다는 것이다.[2]

• 오늘날 전 세계가 먹는 양은 우리가 지구 1.6개의 자원을 사용하는 것과 같다. 만약 대부분의 미국인처럼 전 세계인이 동물성 식품을 소비한다면 지구가 3개 필요할 것이다. 만약 전 세계인이 팔레오 다이어트라고 불리는 저탄수화물, 고단백실 식단을 먹는다면 지구가 10개 필요할 것이다. 반려견, 특히 대형견에게 '생식'을 시키는

일은 팔레오 다이어트를 하는 것과 같다.

식이의 변화

동물성 식품을 끊지 않는 한 식량과 물의 부족은 우리가 살아 있는 동안 광범위하게 퍼질 것이고, 간단히 말해서 재앙이다. 누구도 미래를 확실히 모른다. 일부에서는 이러한 끔찍한 예측이 너무 앞서 나가는 것이 아닌가 우려하기도 한다.

그러나 그 절반이라도 들어맞는다면 어떻게 될까? 살아남은 우리와 자녀와 그다음 세대에 어떠한 의미로 다가올까? 지구의 다른 모든 생명체에게는 어떤 의미일까? 이런데도 고기를 먹고 반려동물에게 고기를 먹이는 일이 선택의 문제이자 기호의 문제라고 할 수 있을까?

더 중요한 것은 또 다른 미래가 가능할까 하는 문제이다. 만약 우리가 이 '타이타닉'의 항로를 바꿀 수 있다면? 〈카우스피라시〉 이후 많은 책, 영화, 강연, 블로그 등은 우리에게 많은 영감을 주었다. 더 밝은 미래를 만들기 위해 채식으로 바꾸는 것만이 간결한 해답이다.

식이의 변화로 인한 영향은 다음처럼 즉각적이고 상당하다.

> **한 사람이 채식을 하면 매일 다음과 같이 절약할 수 있다.**
> - 물 4,200L
> - 곡물 20kg
> - 산림 0.84평
> - 대기로 퍼지는 이산화탄소량 9kg
> - 74km를 운전하여 갈 수 있는 화석연료
> - 한 동물의 생명

우리 부부에게는 쉬운 결정이어서 하룻밤 만에 채식으로 전환했고, 몇몇 친구도 채식을 따라하게 되었다. 신선한 채소, 과일, 콩, 통곡물을 많이 먹었고, 체중이 몇 킬로그램 줄었으며, 갑상선, 신장, 관절 질환이 나아지는 것을 경험했다. 콜레스테롤 수치는 내려갔고, 심장은 좋은 모양을 갖게 되었다.

단지 신체적인 부분만이 아니었다. 채식을 하면서 내면이 진정으로 좋아지는 것을 느꼈다. 채식은 모든 동물을 아끼고 사랑하는 가치 속에서 살게 하고, 더 깊고 명확한 목적의식을 갖게 했다.

수의사를 포함하여 주변의 많은 사람들은 반려동물의 식단도 채식으로 바꾸었다. 개에게는 식은 죽 먹기였다. 5장에서 살펴보겠지만, 개는 이미 오래전부터 인간의 채식 위주의 식사에 적응해 왔으며, 생각보다 채식을 훨씬 잘한다.

반려인과 반려견이 지구를 함께 구한다

반려견이 채식을 한다면 환경적으로 어떤 이득이 있을까? 체중이 32kg인 골든리트리버가 고기를 먹는다고 가정하고 온라인 사료 계산기(www.merrickpetcare.com/how-to-switch/food-calculator)에서 일일 칼로리를 계산하면 여성의 일일 평균 권장열량인 1,500칼로리에 근접한 1,472칼로리가 나온다. 만약 미국인의 일일 권장열량(일부는 더 먹지만)과 같은 퍼센트로 고기를 먹는다면 이 개가 반려인만큼 지구를 구할 수 있음을 의미한다. 단 하루 만에 반려인과 반려견이 한 팀이 되어 물 8,400L를 절약하고, 곡물 40kg을 아끼며, 산림 1.68평을 구하고, 두 마리의 동물을 살릴 수 있는 것이다. 하루에 이룰 수 있는 업적으로는 나쁘지 않다.

앞으로 5년간 반려동물과 함께 채식을 한다면 다음과 같이 지구를 구했다고 자축할 수 있다. 또한 많은 식사를 반려견과 나눌 수 있어서 좋고, 건강도 좋아진다.

- 물 1500만 L 이상
- 기아에 허덕이는 사람을 먹일 수 있는 곡물 82톤
- 열대우림 3,066평과 거기에 서식하는 수많은 동식물
- 이산화탄소량 3만 2,850kg
- 27만 km를 운전하여 갈 수 있는 가스(지구를 7번 이상 도는 양)
- 동물 3,650마리의 생명

반려동물과 먹는 것에 대해 이야기를 나눌 수 있다면 반려견은 채식과 스테이크 중에서 스테이크를 선택할 것이다. 하지만 비교해 보았을 때 개는 채식을 완전하게 받아들일 수 있다.

몇몇 대형견에게 생식을 먹일 때의 고기의 양이 일반적인 사람의 양보다 더 많을 수 있다. 이들이 채식으로 바꾼다면 엄청나게 환경적이고 인도적이며 모두를 위한 일이 될 것이다.

미국에 사는 개 7,790만 마리가 채식을 하면 어떨까? 고양이 수백만 마리 중에서 절반만이라도 채식을 한다면 어떨까? 만약 모든 사람이 조상의 식단이었던 채식으로 돌아간다면 어떨까? 얼마나 아름답고 다른 세상이 될까?

'중간 동물'을 먹지 말자

단지 식품 선택을 바꾸는 것만으로 변화를 만들 수 있다는 건 흥분되는 일이다. 야생동물, 소, 돼지, 닭, 양, 토끼, 칠면조 등과 같은 모든 동물의 삶에 엄청난 변화를 가져다줄 수 있기 때문이다.

몇 가지 통계를 살펴보면 채식이 왜 더 나은 미래를 약속하는지 이해할 수 있다.

식물을 섭취하는 것이 훨씬 효율적이며 영양의 원천으로 가는 지름길이다. 가축을 기르기 위해 작물을 재배하고, 그들에게 물을 주고, 축사를 만들어 기르고, 이동시키고, 도축하고, 가축을 이용해서 만든 제품을 냉장 보관하는 대신에 '중간 동물'을 건너뛰고 동물이 하는 것처럼 동일한 방식으로 사람들이 직접 식물에서 영양을 얻는 것이다.

대중적인 오해에도 불구하고, 가공하지 않은 완벽한 천연 식물성 식품은 인간과 반려동물에게 필요한 단백질을 모두 가지고 있으며, 5장에서 자세히 살펴보겠지만 비타민과 미네랄도 풍부하다.

이 개념을 더 현실화하기 위해 약간의 땅이 있다고 가정해 보자. 소를 기른다면 목초지에 방목하여 기르거나 소의 먹이인 옥수수와 콩을 재배할 수도 있고, 먹을 작물을 직접 기를 수도 있다. 그렇다면 얼마나 많은 양의 농작물을 생산할 수 있을까?

직접 계산해 보니[3] 가상의 농장에서 일하는 반려견과 반려묘(쥐를 잡는 일을 하는 고양이), 인간 가족이 먹을 각 1,224평(1에이커)당 생산 가능한 농작물의 최대치는 다음의 표와 같다.

땅 1,224평(1에이커)당	생산량(kg당)	칼로리 산출량	풀을 먹는 소와 칼로리 산출량 비교
풀을 먹는 소	10	19,140	–
곡물을 먹는 소	113	376,500	20배
콩	5,524	3,595,878	188배
밀	1,186	3,889,632	189배
옥수수	3,556	12,984,696	678배
감자	17,690	14,191,120	741배

놀랍지 않은가? 감자, 옥수수, 콩, 핀토빈(pinto bean, 멕시토 원산의 넝쿨강낭콩의 일종) 등이 왜 과거에 핵심 작물이었는지를, 이것이 왜 미래의 열쇠인지를 확실히 알 수 있다.

사람들은 단백질에 대해 세뇌당하다시피 했지만 감자조차 단백질을 인간에게 필요한 양(세계보건기구에서 제정한 기준치에 따르면 칼로리의 5~7%) 이상으로 함유하고 있으며, 콩 역시 개와 고양이에게 필요한 양만큼의 단백질을 함유하고 있다. 이 점은 왜 유엔이 2008년 '국제 감자의 해(International Year of the Potato)'를 선언했는지 알 수 있게 한다. 소박한 감자는 중요한 식품 안정성을 확보하고 기아 종말의 역할을 하고 있다.[4] 게다가 감자는 화분에서도 잘 자란다.

지속 가능한 육류?

소고기 문제를 보자. 소의 97%가 냄새 나고 파리가 득실거리는 대단위 사육장에서 길러지고 있다. 목초지에서 평화로이 풀을 뜯는 것이 이상적이겠지만, 그런 방법으로는 아주 소량의 쇠고기만 생산할 수 있다. 목초를 먹는 소는 곡물을 먹는 소보다 땅이 20배 이상 더 필요하며, 주요 작물을 재배할 때보다 땅이 9~37배 더 필요하다. 그래서 〈카우스피라시〉의 도표에 따르면 만약 미국의 모든 동물과 사람, 반려동물이 풀만 먹는다고 가정하면 미국 대륙 전체와 캐나다와 남아메리카의 토지도 상당 부분 필요하다![5] 게다가 목초지의 동물은 출하 목표체중에 도달할 때까지 시간이 오래 걸리기 때문에 물을 더 많이 마시고, 사육장의 소보다 메탄 가스를 더 많이 방출한다.

그럼에도 불구하고 땅은 농사를 짓기보다는 방목을 하기에 훨씬 더 적합하다. 방목지는 (가축을 보호하기 위해 수백만 마리의 포식자 동물이 사살되기는 하지만) 그래도 동물이 훨씬 더 나은 삶을 살 수 있고 작물을 재배하는 것보다 생태계에 훨씬 더 적은 영향을 미친다. 순환식 방목을 하는 소규모 전통 농장은 목초가 항상 풍부한 지역에서만 가능하다. 집에서 키우는 닭이나 염소 역시 채소를 얼마나 구할 수 있느냐에 따라 지속 여부가 결정될 것이다.

고갈되지 않고 지속 가능한 농업이 존재하는지는 모르겠지만 고양이에게 조금이라도 고기를 먹여야 한다고 느낀다면 목초를 먹인 고기를 준다. 그렇다면 얼마만큼의 고기를 먹어야 고갈되지 않고 지속 가능할까? 이 질문에 대해 음식 관련한 책을 많이 쓴 논픽션 작가 마이클 폴란(Michael Pollan)은 확실하지는 않지만 '일주일에 57g 정도'는 가능할 것으로 추측한다고 했다(그는 고기를 먹는 사람이다).[6]

반려인과 반려동물이 일주일에 한 번 쿼터파운더(맥도날드 메뉴로 고기를 110g 사용하여 만든 햄버거)를 반으로 나눠 먹을 수 있다는 이야기이다. 현재 미국인은 그에 비해 32배나 많은 고기를 소비하고 있는데(주당 1,758g), 세계 대부분의 사람이 먹는 양보다 5배나 많은 양이다. 우리와 반려동물도 이보다 더 먹고 있다.

무언가 바뀌어야 한다. 다행히 2016년 전 세계 육류 소비량의 28%를 차지하는 중국에서 육류 소비를 절반으로 줄여 지구온난화 및 증가하는 당뇨병과 전쟁하겠다는 성명을 발표했다.[7]

이러한 선택이 동물에게 어떤 영향을 미칠까? 반려인과 반려동물이 채식을 하면 지구를 위해서도, 수많은 동물을 위해서도 의미 있는 행동임과 동시에 스스로 뿌듯함을 느낄 수 있을 것이다.

모든 동물 사랑하기

"살다가 보면 입장을 정해야 할 때가 있는데 그 선택의 기준은 안위도, 정치도, 인기도 아닌 정의여야 한다."
– 마틴 루터 킹 주니어(Martin Luther King Jr.)

1963년의 어느 따뜻한 봄날의 주말이었다. 대학교 학비를 벌기 위해 달걀을 생산하는 양계장에서 일하던 나는 창문도 없는 긴 양철 계사의 문을 열자 늘 그렇듯 미친 듯이 소리를 지르는 성난 닭 수백 마리의 비명 소리를 들었다.

그곳에서 나는 두 가지 일을 했다. 카트를 타고 복도를 내려가 철장 앞에 긴 줄로 있는 깔때기 모양의 먹이통에 먹이를 나눠 담는 것과 철장 밑으로 굴러 내려와 있는 달걀을 수거하는 것. 그때까지 나는 아버지가 뒷마당에서 기르던 닭을 본 게 전부였다. 양계장은 새로운 세상이었고 그곳에서 저가로 생산되는 기업형 사육시설에 대해 처음으로 알게 되었다.

먹이통에 먹이를 부으려 다가가면 닭들은 억눌린 좌절에 대한 분노를 나를 공격하는 것으로 표현했다. 내가 이전에 보아 왔던 닭과는 달랐다. 닭들은 하루 종일 햇빛을 보지 못했고, 평생 땅을 밟지도 못했으며, 풀을 쪼아 보지도 못했다. 닭장 아래에는 오물이 몇 십 센티미터씩 쌓여 있었다. 닭장 하나에 서너 마리가 갇혀 있는데 닭장이 작아서 날개를 펼 수 없었다. 죽은 닭이 다른 닭의 발밑에 밟혀 구겨져 있는 것을 보는 것은 흔한 일이었고, 도축업자가 닭장을 비울 때까지 죽은 닭은 우리 안에 방치된 채 말라비틀어져 썩고 있었다. 양계장의 닭들은 생산력이 떨어지는 1~2년 안에 죽었다.

몇 년 후, 아내가 내게 이 이야기에 대해 물었

다. "정말 끔찍하네요. 당신이 무엇을 먹고 살아왔는지에 대해 다시 한 번 생각해 보게 되었겠네요?"

사실 나는 그렇지 못했다. 당시 아는 사람 중에 채식주의자가 없었고, 비건(완전 채식주의자)이라는 단어조차 들어본 적이 없었으며, 통용되는 사실에 대해 의문을 제기하지도 않았다. 1970년대 중반, 아내 수전을 만났고 우리는 채식주의자가 되었다. 당시는 많은 사람이 채식주의자가 되던 때였다. 하지만 고기는 먹지 않았어도 달걀과 유제품은 먹었고, 외식할 때 불편하다는 이유로 생선을 먹는 경우가 많았다. 나 역시 일반적인 트렌드를 따랐다.

수년 동안 책과 다큐멘터리를 보면서 완전채식을 받아들여야 한다고 생각했지만 몇 번의 시도에도 불구하고 맛과 편리성 때문에 타협점을 찾았다. 2014년, 환경 문제 때문에 채식을 해야 함을 이해한 후에야 좋아하던 연어, 달걀, 치즈를 끊었다. 살코기, 달걀, 우유는 다 동물에게서 나온다.

〈카우스피라시〉는 우리를 비건이 되도록 만들었고, 이후로도 우리를 계속 비건으로 지내도록 한 것은 매일 저녁 비거니즘에 대한 유튜브 강의와 책, 블로그 등이었다.

그러고 나서야 우리의 악의 없는 식사를 위해 그동안 얼마나 많은 동물이 고통을 감내해 왔는지, 그 대가의 진실을 알게 되었다. 고기만 먹지 않으면 된다고 생각했고, 유제품과 달걀 생산의 진실을 몰랐었다. 아무 생각 없이 고기 대신 먹었던 오믈렛, 치즈 샌드위치, 요거트 역시 고기를

먹는 것과 다름없는 일이었다.

모든 젖소와 산란계는 스트레스, 질병, 부상으로 죽거나 그렇지 않다면 결국 도축되기 때문이다. 상품에 '유기농'이나 '방목한'이라고 적힌 경우에도 극심한 고통과 스트레스에 시달린다.

달걀 : 달걀을 낳는 산란계 이야기

달걀은 닭에서 나오며, 닭은 수정란이 부화되는 부화장에서 나온다. 병아리는 부화하자마자 어미도 못 보고 커다란 컨베이어 벨트에 던져진 후 암수로 분류된다. 수평아리들은 달걀을 생산하는 산란계나 고기로 먹는 육계 어느 쪽으로도 효용가치가 없어서(전통적인 농장에서는 육계로 기르기도 했다) 사료로 만들기 위해서 알에서 깨어나자마자 산 채로 바로 갈아 버리거나 쓰레기통 안에서 천천히 질식해서 죽는다(수평아리는 성장이 느리고 경제성이 떨어진다는 이유이다). 때로는 산 채로 땅에 묻어 버리기도 한다. 부화장에서는 산업체, 소규모 유기농 농부, 취미로 닭을 기르는 사람에게 병아리를 공급한다.

암평아리들은 더 끔찍하다. 내가 일했던 양계장에서는 스트레스로 인해 서로 쪼아서 생기는 부상을 최소화하려고 어릴 때 부리를 고통스럽게 잘랐다. 암탉들은 빛, 먹이 외에 온갖 기술을 동원하여 사육되고, 조상보다 더 많은 알을 낳도록 강요당하다가(취미로 닭장에서 닭을 키우는 경우에도 이런 스트레스로 인해 생식기계에 문제가 생겨 몇 년 못 살고 죽는다) 도축할 때쯤이면 거죽만 남는다. 일부는 너무 비쩍 말라 당황스러울 정도이다. '구이용'으로 쓰이는 살찐 육계들은 수백 개의 케

이지가 쌓인 트럭에 실려 도축장으로 운반되는데 며칠간 물도 먹이도 주지 않는다.

운반과정에서 많은 닭이 죽는데 살아남은 닭도 종종 날개가 부러져 있다. 닭은 갈고리에 거꾸로 매달린 채 컨베이어 벨트를 따라 움직이는데 전기가 흐르는 물탱크를 지나 기절하게 된다. 털을 뽑기 전에 끓는 물탱크 속에 던져지는데, 의식을 잃지 않은 채로 끓는 물에 던져지는 닭도 있다.

우유 : 송아지에게 뺏은 것

우유는 어떻게 인간에게 오게 되는 걸까? 누구보다 이 과정을 잘 아는 수의사로서 설명을 해보겠다. 우유를 얻으려면 송아지를 낳아야 하기 때문에 먼저 매년 불쾌한 과정인 인공수정을 한다. 수의대에서 소를 어떻게 수정시키는지 배웠지만 농장에서 어떤 일이 일어나는지 그 현실에 대해서는 잘 몰랐다.

송아지가 태어나면 송아지는 불편한 존재가 된다. 우유를 너무 많이 먹어 치우기 때문이다. 그래서 송아지를 낳으면 슬프게도 바로 어미로부터 떼어 버린다. 이때 며칠 동안 어미 소와 송아지가 우는데 이 소리가 도축장에서 죽음을 앞두고 우는 소리보다 더 비통하다고 한다. 최근에 이런 식으로 다수의 송아지를 잃고 구조된 어미 소에 관한 비디오를 보았는데 어미 소는 몇 년 후 보호소에서 송아지를 낳고 뺏기지 않자 눈물을 흘렸다.[8] 태어난 송아지가 수컷이면 바로 죽이거나 송아지고기용으로 쓰기 위해서 체인으로 묶어 좁은 상자에 넣는다. 육질이 부드럽고 연한

고기를 얻기 위해서 혼자 갇혀 움직이지 못하는 상태로 철분이 빠진 우유 대용품을 먹으면서 빈혈 상태로 도축 전까지 길러진다. 암송아지 역시 젖소 개체수가 많을 때면 절반 정도는 도살된다. 오늘날의 소는 대부분 실내 혹은 펜스 안에서 산다. 방목은 비효율적이기 때문이다. 닭과 마찬가지로 젖소도 더 많은 우유 생산량을 위해서 고통스러운 유선염, 자궁질환, 칼슘결핍 등으로 고통받는다.

또한 몸도 뒤척일 수 없는 작은 금속 우리에 쑤셔 넣어지는 돼지, 동물에게 일상적으로 행해지는 신체절단과 학대(마취 없이 뿔 뽑기, 꼬리 자르기, 살에 표식하기, 코뚜레, 귀 표식, 중성화, 이빨 뽑기 등), 오물과 파리, 암모니아가 가득한 환경, 돼지를 끓는 물에 던져 넣는 상황 등 받아들이기 힘든 잔악한 행위는 동물에게 일상적으로 일어난다.[9] 도축장 근무자의 진술에 따르면 대기업은 소를 기절시키는 과정을 너무 빨리 진행해서 25%의 소가 가죽을 벗길 때도 살아 있거나 의식이 있다.

이러한 정보는 어디에나 있고 온라인에서도 쉽게 찾을 수 있다. 문제는 이것을 기꺼이 보느냐 마느냐이다. 마음이 움직이는 대로 행동하느냐 마느냐이다. 나는 많은 사람들이 이처럼 보이지 않는 곳에서 동물에게 일어나는 일을 용납하지 않을 거라고 확신한다. 우리는 아주 잠시라도 동물에게 이런 일이 일어나는 것을 용납해서는 안 된다.

그래서 사람들이 개와 고양이에게서 그들의 자연적인 양식인 육식을 빼앗는 것이 잔인한 행동이라고 말하면 나는 '고기를 생산하기 위해 이보

다 훨씬 더 끔찍한 일이 벌어지고 있다.'라고 대답한다. 만약 고양이가 쥐를 잡고 늑대가 말코손바닥사슴을 잡는다면? 그렇다. 그건 자연적인 것이다. 사냥감이 감각과 감정이 있지만 고기, 우유, 달걀을 생산하는 기계로 취급당하는 수많은 동물의 울음소리와는 다르다.

식습관의 변화

나는 인생의 대부분을 농장에서 식용으로 길러지는 동물에 대해 생각해야 하는 분야에서 일해 왔다. 70대 중반이 된 요즘에야 채식을 선택함으로써 진심을 담은 행동과 가치관의 일치를 이뤘다. 공장식 축산은 동물에게 믿을 수 없을 만큼의 고통을 준다. 햇빛도 보지 못하고 땅도 밟아 보지 못한 채 지속적인 약물투여로 연명하며, 고통스러운 신체 일부의 절단과 밀집사육, 어린 나이에 도축되는 등의 문제와 연결되어 있다.

이런 문제가 모든 사람의 관심사는 아니지만, 수의사로서 나는 이 문제에 신경을 쓰고, 공부하고, 도움을 주기 위해 노력하고, 왜 어떤 동물은 돌보지 않는지 자문한다. 반려동물과 달리 식용이나 다른 용도로 길러지는 동물에게 하는 행동들을 용납할 수 없다. 맛있을 것 같다는 이유로 반려견을 잡아먹지 않으면서 왜 소, 돼지, 양, 닭에게는 그렇게 할까?

동물을 사랑하고 치료하는 데 인생을 바친 사람으로서 채식은 나와 잘 맞는다. 이 문제에 대해서 나와 같은 사람을 알아갈수록 기쁘다. 사람들이 동물을 대하는 태도는 그간 엄청나게 변화했고, 앞으로는 더 나은 방향으로 나아갈 것이라고 믿는다.

만난 적 없는 동물을 포함해 모든 종류의 동물을 사랑하고 돌보는 것은 자연스러운 일이다. 직접 보지 못했더라도 소, 돼지, 닭, 양, 염소 등의 동물은 개와 고양이와 마찬가지로 사랑스러운 동물임이 확실하다. 똑똑하고, 예민하며, 호기심 많고, 재치 있고, 새끼를 양육하고, 인간이 저지르는 일에 대하여 놀랍도록 참아 준다.

언젠가는 모든 동물이 늘어나는 동물보호구역에서 사랑과 관심을 듬뿍 받으며 평화롭게 살게 될 것이다. 이들이 그저 우리와 조금 다른 생명이라는 중요한 사실을 잊지 말아야 한다.

새로운 삶의 방식을 선택한 하워드 라이먼(Howard Lyman)을 보자. 그는 전직 목장주로 몬타나 농장을 큰 기업으로 탈바꿈하기 위해 현대적인 생산방식을 적용한 인물이다. 그러던 어느 날, 치명적인 병에 걸려 요양하던 그는 사업을 그만둔다. 그리고 비건(완전 채식주의자)이 되고, 왜 자신이 비건이 되었는지를 사람들에게 설명하면서 여러 곳을 다닌다.

다큐멘터리 〈성난 카우보이(Mad Cowboy)〉에서 라이먼은 소를 도축할 때 고통스럽지 않게 일격을 가해서 보내줘야 한다고 말한다. 또한 그의 말을 통해 "소는 악의가 없는 녀석들이죠."라는 사실을 전한다. 그는 소에게 천국에 가면 다른 소에게 그가 소를 위해 최선을 다했다고 전해 달라고 속삭인다. 감동적인 모습이다.

요즘은 가족경영 농장이 대부분 기업경영으로 넘어가서 99%의 축산업이 기업화되었다. 이런 상황 속에서 더 이상 농부들은 끔찍한 공장식 축산의 방법으로 돼지를 기르고 싶어하지 않는다. 존 로빈스(John Robbins)는 칼럼 〈돼지를 기르는 농부들(Pig Farmer)〉을 통해 공장식 농장에서 일했던 사람뿐 아니라 동물을 더 나은 방법으로 다루던 소규모의 '인도적인 농부들'도 더 이상 농장을 운영하고 싶어 하지 않는다는 사실을 알린다. 여전히 뿔 뽑기, 꼬리 자르기, 살에 표식 새기기, 코뚜레, 귀 표식, 중성화, 이빨 뽑기 등과 같은 신체 일부의 절제가 마취도 없이 공공연하게 행해지고 있다.

보다 인도적인 제품에 관심을 가지고 선택하는 것이 좋기는 하지만 제품에 붙어 있는 라벨을 보면 오해의 소지가 있다. 방목한다고 'free range', 'cage-free'라고 라벨이 붙었지만 수천 마리의 닭이 지저분한 막사에서 과밀 사육되거나, 목초를 먹는다고 'pastured'라고 라벨이 붙었지만 먼지 가득한 울타리 안에 동물이 갇혀 있기도 하기 때문이다.

반려동물을 입양하고 싶은 사람이 영화 〈마지막 돼지(The Last Pig)〉(2016), 〈평화로운 왕국(Peaceable Kingdom)〉(2009)을 본다면 돼지, 닭, 염소, 양을 입양하고 싶을지도 모른다.

4장을 읽으면서 이런 내용을 전혀 몰랐어서 놀라는 사람도 있을 것이다. 일상적인 음식의 선택이 다른 동물과 우리의 미래, 우리 자신에게 미치는 영향에 대해서 처음 알았을지도 모른다. 왜 이런 이야기가 아직까지 신문의 1면에 나오지 않았는지 궁금할 것이다.

아마도 우리는 음식이 어디서 오는가에 대한 현실로부터 너무 많이 배제되었던 것 같다. 다수의 회사는 이러한 진실을 많은 사람이 아는 것을 원치 않는다. 그래서 법안을 만들어 축산업의 진실을 고발한 활동가들을 처벌하기도 한다.

이런 진실을 아는 일반인 역시 대중 앞에 나서는 것은 무섭다. 습관을 바꾸는 것은 불편하기도 하고, 현대 생활이 바빠 그런 일에 신경 쓸 시간이 없기 때문이다.

여전히 사람들은 식습관을 바꾸고 싶어 하지 않는다. 타이타닉호의 1등석 손님처럼 앞으로 닥칠 일을 모른 채 럭셔리한 식사를 하며 지내는 것이 꽤 괜찮아 보이기 때문이다. 우리가 방향을 바꾸지 않는 한 계속 그럴 것이다.

반려동물을 자연에서처럼 돌보려는 사람들에게는 감사한 마음이다. 반려동물과 사는 일은 사라져 가는 자연세계와의 연결점을 유지하는 중요한 방법이기 때문이다. 또한 사랑과 존재함에 대해 가르쳐 줄 수 있다. 동물과 아기는 나와 타인 사이에 있는 어떤 것에도 구애받지 않고, 과거나 미래에 대한 생각으로부터 자유로운, 단순한 존재에 대한 즐거움을 가르쳐 준다.

동물에 대한 사랑과 기쁨을 확장시키기를 바란다. 이 사랑과 기쁨을 모든 동물과 모든 사람, 생명이 살아 숨 쉬고 있는 모든 장소로 확장시켜야 한다. 넓은 사랑은 그 자체로 아름다울 뿐 아니라 우리가 만들 아름다운 세상을 위해 가슴과 마음을 여는 데 필수적이다.

동물에게 바치는 기도

털과 깃털, 부리와 발굽을 가진 형제자매여,
우리는 하나의 생명을 나눠 갖고 마음속에서 하나 되었기에 나는 너희와 함께이다.
우리에 갇힌 모든 동물이여,
곧 해방되기를.
햇빛 한 번 본 적 없는 동물이여,
빛이 그대를 채워 주기를.
땅 한 번 밟아 보지 못한 동물이여,
그대의 엄마가 곧 안아줄 것이다.
새끼 잃은 엄마여,
어떤 위로도 충분치 않구나.
엄마로부터 떨어진 새끼여,
사랑을 느낄 수가 없구나.
서로를 먹도록 강요받는 동물이여,
사랑만이 오직 위로가 되는구나.
집을 잃고 이 땅을 떠난 우리의 야생 형제여,
너희가 꿈꾸던 삶을 찾기를.
동물실험이라는 이름으로 인간의 병에 걸린 동물이여,
용서를 구한다.
인간의 병은 인간에게만 남기를.
인간의 먹는 기쁨을 위해 먹힌 동물이여,
기쁨이란 사랑뿐임을 인간이 깨달을 수 있기를.
형제자매의
손에 발을,
어깨에 날개를,
팔에 꼬리를 얹고
평화와 조화로움 속에서 모두 하나 되는 에덴의 동산으로 함께 여행하기를.

리처드 피케른

건강하고 인도적이며
지속 가능한 식단

21세기에 개와 고양이에게 무엇을 먹일지를 선택하는 일은 특별한 도전이 되어버렸다. 사료가 과도하게 가공되고 형편없는 재료로 만들어지는 현실을 감안하면 이는 더 이상 간단한 문제가 아니다. 오늘날의 모든 식품은 영양은 감소하고 독성은 증가하고 있다. 특히 동물성 식품과 해산물에서 독성 유해물질이 세포 내에 축적되는 문제와 관련하여 개와 고양이의 건강이 악화되는 것을 자주 목격하고 있다. 게다가 먹이사슬의 상위 단계에 있는 식품을 먹이는 것은 비용이 매우 많이 드는 일이다. 지구와 어린 아이, 공장식 축산의 농장동물과 사라져 가는 야생동물이 매일 대가를 치르고 있다. 모든 동물은 살고 싶어 하고, 반려동물처럼 윤택한 삶을 누리고 싶어 한다.

따라서 《개·고양이 자연주의 육아백과》 초판에 실렸던 식단에는 고기를 포함시켰지만 이번 개정판에서는 음식을 새롭게 살펴봐야 한다는 사실을 깨달았다. 고갈되어 가는 자원에 축산업이 파괴적인 영향을 미치므로 개와 고양이를 포함한 사람들의 식단에 변화가 불가피함을 알게 되었다. 살기 좋은 세상이 지속되기를 원한다면 최근 수십 년간 먹어 왔던 양만큼의 고기와 동물성 식품을 더 이상 먹을 수 없다. 솔직히 말하면, 머지않아 선택권이 거의 사라질 것이다.

의문이 생겼다. 개, 고양이와 함께 계속 살려면 개와 고양이도 이 변화과정에 동참해야 하는 것이 아닐까? 그렇다면 어느 정도까지, 적어도 무엇이 가능한지 알아봐야 하지 않을까?

반려동물에게 날고기를 중심으로 한 '생식'이나 '종 적합성' 식이가 개와 고양이의 음식으로 유일하게 건강한 방법이라는 최근 홀리스틱 수의학의 일반적인 관점을 넘어야 한다.

결론은 개, 고양이의 조상은 포식자이고, 생리적으로 고기가 필요하다는 이야기로 갈 것이다. 일부는 개와 고양이가 잘 짜인 고기 없는 식단을 통해서 충분히 건강하게 잘 지낼 수 있다는 수많은 연구 보고에도 불구하고 말도 안 되는 잔인한 일이라고 말할 것이다.

사료 가게의 진열대를 둘러보거나 자연주의 개와 고양이 저널이나 웹사이트를 검색해 보자. 야생동물이나 대체 육류로 만들어진 사료가 엄청나게 유행하고 있다. 한술 더 떠 요즘에는 인간과 개를 수천 년 동안 유지하게 해 준 곡물을 적군으로 만들고 있다. 나는 우리 병원의 보호자 중에 우리가 짜준 식단을 성공적으로 먹이다가 이러한 트렌드와 다른 수의사의 추천으로 생식, 특히 육식으로 전환한 경우를 많이 보았다. 어제는 우리 병원의 오랜 고객이 식단을 이렇게 바꿨다가 개 이빨이 흔들리기 시작했다는 소식을 전해 들었다. 육식 식단이 칼슘을 충분하게 공급하지 못한 것이다. 반려동물에게 고기 위주의 식이 공급을 하는 경우 흔히 발생하는 일이다.

여하튼 포식자인 반려동물에게 고기가 필요하다고 생각하는 사람들에게 팔레오 다이어트나 저탄수화물 다이어트는 유명세를 타고 있다. 다시 말하면 사람과 반려동물은 그 어느 때보다 고기를 많이 먹고 있으며, 이는 지구를 위하고, 건강을 생각하는 것과는 반대방향으로 가는 행위이다.

돌파구가 필요한 급박한 상황

개와 고양이에게 고기를 더 먹이기보다는 덜 먹여서 건강할 수 있는지 알아보자고 결심했을 때 곡물에 대해 현재 유행하는 사고방식을 거스르기가 쉽지 않다는 사실을 깨달았다. 특히 그들이 '곡물을 반대'하고 '육식을 지지'하는 경우에는 더욱 그랬다. 돌파구가 필요했다.

재밌는 사실은 이 복잡하고 역설적이며 급박한 문제에 대한 답을 사려 깊게 찾으려고 하면 할수록 어떠한 답을 찾을지 절대 알 수 없다는 것이다. 이 문제를 풀 수 없는 딜레마로 여길지도 모르겠다. 오히려 빠르고 쉽게 찾은 답이 더 우아했다. 육식 트렌드가 확장되어 가는 때도 한편에서는 많은 사람이 조용하고 끈기 있게 동물에게 무엇을 먹일지에 대해 다른 방법을 찾고 있었다. 그들이 수십 년간의 경험으로 발견한 사실은 놀랍도록 간단하다.

• **개** : 개는 먹이사슬의 하위 단계에 있는 식품을 먹는 것이 가능할 뿐 아니라 좋다. 개가 균형 잡히고 영양학적으로 완벽한 채식 식단을 먹고 잘 지내는 사례는 많다. 많은 개가 신선한 유기농 채소가 풍부한 음식을 먹고 아주 오랫동안 장수하고 번성했다. 개의 영양학에 관한 확증적인 연구와 우리가 알아낸 바에 기초하여 6장에 다양한 레시피를 실었다. 시도해 보기에 좋은 권장 레시피이다.

• **고양이** : 놀랍게도 '절대적인 육식동물'인 고양이도 영양학적으로 채식 식단을 통하여 건강해질 수 있다. 식단은 신중하게 짜야 하며, 합성 타우린, 비타민 A 전구체, 아라키돈산, 다른 동물성 식품에 포함된 영양소를 보충해 줘야 한다. 용도에 맞는 시판용 비건 식품이나 영양 보충제가 있으며, 둘 다 수십 년간 이용되었다. 고양이에게 채식 식단을 시도해 본 사람들 중 고양이의 60~85%가 채식을 먹고 잘 지낸다고 했다. 육식을 하는 동배 고양이보다 더 오래 사는 비건 고양이의 사례도 많이 들었다. 하지만 여전히 사람들은 고양이에게 고기를 약간이라도 주는 것이 안전하다고 믿는다. 특히 수고양이와 만성 비뇨기계 문제가 있는 고양이의 경우에 더욱 그렇다.

종합해 보면, 우리에게 선택권이 있다는 데 의미가 있다. 반려동물에게 최선을 다하는 동시에 지구와 모든 동물을 돌볼 수 있도록 해 주는 선택권이 있다니 기쁜 소식이다. 육류를 기본으로 한 레시피와 채식을 기본으로 한 레시피를 6장에서 소개할 것이다. 육류를 기본으로 한 레시피는 간단하고 쉽고, 채식을 기본으로 한 레시피는 영양학적으로 완벽한 레시피로 반려인과 반려동물 모두에게 적합하다.

개와 고양이에게 채식을 먹인 선구자

물론 선택은 각자가 하는 것이다. 하지만 먼저 반려동물에게 고기를 먹이지 않은 사례를 살펴보면서 우려되는 단백질, 곡물, 콩 알레르기 등의 문제를 논의한다면 문제에 봉착했을 때 해결이 쉬울 것이다.

비건 개의 선구자 중 하나인 영국의 앤 헤리티지(Anne Heritage)가 키웠던 웰시 보더콜리인 브램블(Bramble)은 세계에서 가장 장수한 개 중 하나이다. 브램블은 현미, 렌틸콩, 콩고기(콩 단백질로 만든 채식용 고기), 영양효모와 함께 가끔 민트나 강황 등이 첨가된 간단한 식단으로 25살까지 살았다.[1]

'렌틸콩 스튜(106쪽)'는 브램블의 식단에서 영감을 얻은 것이다. 건강하고 경제적이며 준비하기 쉬운 식단이다. 그러나 헤리티지는 사람들이 이것만으로 장수왕국으로 가는 열쇠를 이미 손에 쥐었다는 생각을 하는 것이 우려되었는지 《브램블 : 영원히 살고 싶은 개(*Bramble: The Dog Who Wanted to Live Forever*)》에서 몸을 건강하게 만드는 요인은 단지 식단에만 있는 것이 아니라고 강조했다. 브램블과 함께 사는 개들 모두 장수했는데 그들은 매일 운동을 많이 했고, 사람들은 항상 그들을 존경과 친절함으로 대했으며, 쓸데없는 장난을 치지 않았고, 동물이나 자연, 인간과 충분한 교감을 나누도록 해 주었다. 댄 버트너(Dan Buettner)는 이 방식이 소박한 음식, 다양한 신선한 채소, 적은 양의 육류 섭취, 매일 산책하기, 지역사회의 강한 공동체의식, 삶의 목적 갖기, 매일 장미꽃 향기를 맡는 데 시간 할애하기 등을 중요하게 여기는 세계에서 평균 수명이 가장 긴 지역인 '블루존(Blue Zone)'의 사람들에게서 확인한 내용과 정확히 같은 방식이라고 했다.[2]

반려동물의 독특한 영양학적 요구량을 매우 완벽하게 연구한 제임스 페덴(James Peden)은 1980년대에 1년 넘게 연구하여 집에서 만든 채식을 먹이는 고양이들을 위한 보충제인 베지캣(vegecat)을 세계 최초로 만들었고, 나중에 개를 위한 보충제 베지도그(vegedog)도 개발했다.

제임스 페덴은 제품을 출시할 때 우리를 찾아와 감수를 의뢰했다. 당시 그의 고양이들은 야외에서 사냥을 했기 때문에 이 제품이 효과가 있을지는 확실하지 않아 보였다. 그러나 이후 수천 개의 제품을 이용해 본 결과 성공적이었다. 우리가 우리만의 레시피를 고안해 낸 것처럼 베지펫(Vegepet, 개와 고양이를 위한 채식 사료와 보충제를 생산, 판매하는 브랜드)도 포뮬라를 계속 향상시키고 있으며, 우리도 베지펫 제품의 리뉴얼 때 함께 상의하는 등 협업을 했다.

베지펫의 오랜 고객 중 한 사람은 1989년 고양이 채식에 관한 워크숍에 참석해서 자신의 고양이도 채식을 해왔다고 했다. 그녀의 첫 번째 비건 고양이는 '베지펫의 병아리콩(chickpea, 병아리 얼굴을 닮은 이집트콩) 레시피(Vegepet's chickpea recipe)'와 '로마 린다의 워싱턴 밀 글루텐 베지버거(캔 사료)(Loma Linda's Worthington wheat gluten based Veggie Burgurs – canned)'에 베지캣, 베지효모(VegeYeast), 호박, 겨울호박, 콩, 아기 이유식을 포함한 퓌레(puree, 채소류를 갈아서 걸쭉하게 만든 음식으로 주로 요리의 재료로 사용한다) 채소를 올려 먹는 것을 좋아했다. 이 고양이들은 옥수수, 아스파라거스, 주키니 호박, 양상추도 좋아했다. 한배에서 태어나 육식 위주의 식단을 먹었던 자매 고양이는 10살에 떠났지만, 채식을 했던 두 고양이는 17살까지 살았다.

동물 컨설턴트이자 동물권리 옹호자이며 《완벽한 홀리스틱 반려견 관리(*The Complete Holistic Dog Care Book*)》의 저자인 얀 알레그레티(Jan Allegretti)는 그레이트데인 두 마리를 구조하여 완전 채식 식단과 신선식품으로 길렀는데, 첫째 13살, 둘째 11살까지 건강하게 살았다. 얀 알레그레티는 식단의 새로운 접근법에 대한 자신의 경험과 전문성을 공유하여 '신선하고 다양하게 활용 가능한 레시피(101쪽)' 프로그램(6장 참조) 개발에 기여했다. 그녀는 수많은 동물이 동물성 식품을 끊고 새로운 프로그램으로 바꾼 후 넘치는 에너지와 윤기 나는 털, 더 나은 소화력과 더 오래 살 수 있는 기회를 얻었다고 했다.

얀 알레그레티는 신선한 음식이 가장 최상의 것이라고 믿고 있으며 우리도 그 철학에 공감한다. 많은 아마존 구매평을 보면 개와 고양이가 모두 브이도그(V-dog), 반려견용 내추럴 밸런스 베지테리언 포뮬라(Natural Balance Vegetarian Formula), 반려견/반려묘용 에볼루션(Evolution), 반려묘용 아미 앤드 베네보(Ami and Benevo)와 같은 채식사료를 즐기고 있었다.

온라인에서 쉽게 구입이 가능한 회사도 있고, 지역의 작은 사료회사들이 채식 위주의 사료를 제공하는 경우도 있다. 캐나다 브리티시컬럼비아주 밴쿠버의 사료 회사인 DOGG는 지역의 개들에게 모든 제품을 비건 신선식품으로만 제공하고 있으며, 이 채식사료는 기호성 테스트에서 훌륭한 점수를 받았다.

뉴욕에 있는 말리부 도그 키친(Malibu Dog Kitchen)의 시나 드구치(Shina DeGucci)는 '피케른의 말리부 스페셜(114쪽)' 레시피를 함께 작업했는데 개들이 새로운 레시피를 잘 먹는 모습을 보면 엄청나게 흥분된다고 한다. 또한 《뉴욕 매거진》에서 선정한 올해의 최고 수의사상을 받은 닥터 앤드루 캐플란(Andrew Kaplan) 역시 그의 두 반려견에게 새로운 채식 식단을 먹일 수 있어서 기쁘다고 했다. 채식으로의 변화에는 관대한 사람이 가득하다.

비건 수의사

동물을 돕는 데 헌신하는 전문가 역시 채식이 자신들의 가치와 얼마나 부합되는지 알고 있다. 우리의 채식이 궤도에 올랐을 무렵 다른 수의사들 역시 비건 음식과 레시피로 그들의 동물 환자들에게 좋은 결과가 나타나는 것을 보고 채식 대열에 합류했다. 수의사인 타냐 홀론코(Tanya Holonko)는 반려묘가 두부와 효모를 너무 좋아한다고 했다. 두부와 효모의 조합은 야생 고양이의 섭취 수준과 비교했을 때 단백질과 지방이 완벽하게 균형을 이룬다. 이 조합으로 '두부로 만든 야생 고양이의 식단(124쪽)' 레시피를 만들었다.

수의사 메리베스 민터(Marybeth Minter)는 반려견에게 비건 사료와 자신의 비건 메뉴, 비건 도그 보충제를 섞어 먹이며 고객들에게도 추천한다.

수년간 우리와 함께하는 젊은 수의사도 있다.

동물보호를 위한 수의사협회(vapavet.org)의 창시자인 수의사 아르마이티 메이(Armaiti May)는 동물에게 채식을 시키는 일에 대한 강연을 유튜브에 여러 편 올렸다. 그녀는 개의 피부, 모질, 위장관 문제, 알레르기 문제에 채식이 특히 도움이 된다고 했다. 아르마이티 메이는 자신의 반려묘도 채식을 하는데 육류 제한 식이(7장 참조)를 할 경우 호주의 의사 앤드루 나이트(Andrew Knight)가 권장하는 내용과 비슷하게 고양이의 소변 pH(수소 이온 농도)를 모니터하는 프로토콜을 제안했다. 또한 소화효소와 프로바이오틱스가 매우 도움이 된다는 사실을 발견했다. 수의학 박사 로렐라이 웨이크필드(Lorelei Wakefield, wakefieldvet.com)는 비건이나 채식 식단으로 전환하고 싶어 하는 경우 스카이프나 전화로 상담을 해 준다. 수의사들은 대부분 채식에 대해 열려 있지 않기 때문이다. 그녀는 "나는 채식에 대해 열려 있을 뿐 아니라, 개들이 채식을 하는 경우 이를 지지합니다. 혈액검사나 소변검사를 하고 나서 후속 관리로 무엇을 추천해야 하는지 알고 있어요. 개들은 비건 식단을 엄청 좋아합니다. 개들은 털이 빛나고, 컨디션이 좋아지며, 알레르기가 줄어들고, 질병에서 빠르게 회복합니다. 가능하다면 베지펫 보충제를 첨가해서 적절하게 구성된 홈메이드 레시피를 먹여 주세요."

그녀는 수년간 비건 고양이와 일반식 고양이에 대해 비교하는 조사연구 결과를 전문적으로 발행한 공동 집필자이다. 두 그룹의 반려인은 자신의 반려묘가 '건강하다(97%)'거나 '대체로 건강하다(96%)'라고 응답했다. 비건 고양이의 경우 '최적의 몸 상태'라고 대답한 확률이 82%로 일반식 고양이 65%보다 높았다.

웨이크필드 박사는 "윤리적으로, 고양이가 채식을 함으로써 농장동물을 구할 수 있다면 멋진 일입니다. 많은 비건 고양이가 일반식을 하는 고양이처럼 건강합니다." 고양이의 채식이 미심쩍은 사람들에게는 소고기 위주의 육식 메뉴 절반과 채식 메뉴 절반을 추천한다. 줄이는 것만으로도 소의 환경을 바꿀 수 있기 때문이다. 윤리적으로 길러진 닭이 낳은 달걀을 채식 메뉴에 더하는 것도 방법이다. 채식을 시도해 보고 싶으나 요리할 시간이 없는 사람은 고양이를 위한 채식사료 아미캣(Amicat), 개를 위한 사료 브이도그를 먹일 수 있다.

채식을 하는 고양이의 경우, 타우린과 비타민 B$_{12}$를 확인하기 위해 매달 혈액검사와 소변검사를 실시하라고 권한다. "고양이는 대부분 비건 식이를 잘 먹고 건강하게 잘 지내지만 검사는 수의사가 식단을 조절할 필요가 있는지 결정하는 데 도움이 됩니다."

조이 : 채식하는 21살 반려견

일부 수의사는 반려동물에게 채식을 시키고 싶어 하는 보호자를 열린 마음으로 응원하지만 다수의 수의사는 그렇지 않다. 유명한 임상 수의사이자 연설가이고 홀리스틱 수의학 케어 저술가인 내 친구 앨런 M. 쇼엔(Allen M. Schoen)은 아주 고무적인 사례를 공유했다.

몇 년 전, 보호자가 반려견과 함께 진찰실에 들어왔어요. 반려견 조이는 갈색 털이 반짝이는 젊어 보이는 중형견 잡종 개로 주인을 활기차게 따라왔어요. 둘 다 얼마나 건강한지 알 수 있었죠. 인사를 나눈 뒤 "무엇을 도와드릴까요?"라고 했더니 조이가 이제 21살인데 지금까지 동물병원에 간 적이 한 번도 없대요. 그런데 내가 홀리스틱 접근법으로 동물에게 편안한 진료를 한다는 말을 듣고 검진을 한 번 받아보려고 찾아왔대요. 입이 떡 벌어졌죠. 내가 만나 본 개 중에서 가장 나이 많은 개여서가 아니라 너무 건강하고 행복해 보여서요!

진료를 시작하고 병력을 청취하면서 조이가 어떤 음식을 먹는지를 물었어요. 그녀와 조이는 21년간 비건이라고 했어요. 나는 또 한 번 엄청 놀랐죠. 그녀는 가능한 한 지역에서 100% 유기농으로 재배한 식재료만 구해서 먹고 있다며, 음식을 어떻게 만들어 먹는지를 알려 주었어요. 그 식단은 필수지방산이 풍부하고, 단백질과 탄수화물이 적절히 균형을 이루며 모든 면에서 건강하고 매우 다채로웠어요.

꼬리를 탕탕 치는 21살짜리 조이를 진찰하는데 모든 수치가 정상 범위 내에 있을 뿐 아니라 컨디션도 최상이었죠. 조이의 심장과 폐는 깨끗했고 털은 햇살처럼 빛났으며 그야말로 무결점 그 자체였어요. 촉진해 본 장기도 모두 정상이었으며 예민하거나 아파 보이는 곳도 없었어요. 개 냄새라고 불리는 냄새도 없었고 건조하거나 각질이 있는 피부도 없었어요. 사실, 조이의 피부는 눈부시게 빛났어요. 잇몸과 치아도 강아지처럼 건강했죠.

기본검사를 마치고 조이가 얼마나 건강한지 설명해 주었어요. 그리고 궁금한 점이 있거나 조이의 건강상태를 알려줄 다른 진단검사를 해볼 의향이 있는지 물어보았죠. 그녀는 기본적인 혈액검사를 해달라고 했어요.

그녀가 혈액검사 결과를 듣기 위해 다시 병원을 찾았을 때 모든 수치가 정상 범위 내에 있고 조이가 조이 나이의 개뿐 아니라 그 어느 연령대의 개보다 건강하다는 말에 기뻐서 어쩔 줄 몰라 했습니다. 조이는 내가 만난 가장 건강하고 행복한 개 중 하나였어요. 우리는 비건이 건강에 미치는 좋은 영향과 그녀가 조이와 함께한 유기농 식단에 대해 이야기를 나눴어요. 그녀는 내가 채식에 대해 열려 있을 뿐 아니라 채식을 지지해 주어서 매우 기뻐했어요. 그녀는 수의사들이 그녀의 건강관리 방식에 대해 지지해 주지 않으면 어쩌나 하는 마음에 동물병원 가는 걸 주저했다고 털어놓았어요. 그녀와 조이, 나 모두 우리의 만남에 감사했죠.

둘 다 비건과 유기농식단의 장점에 대해 가르쳐 준 훌륭한 선생님이었어요.

수의사 앨런 M. 쇼엔의 《닮은 꼴 영혼(Kindred Spirits)》, 《사랑, 기적 그리고 동물치유(Love, Miracles and Animal Healing)》, 《인정 많은 승마인(The compassionate Equestrian)》, 《대체수의학(Complementary and Alternative Veterinary Medicine)》과

홈페이지(www.drschoen.com)를 참고하면 더 많은 정보를 얻을 수 있다.

관련 도서 및 채식 지지 그룹

개와 고양이에게 채식을 시키는 원동력은 반려동물을 사랑하지만 이들을 위해 다른 동물이 고통받는 것을 원치 않는 반려인의 의식 변화 덕분이다.

이들은 서로 배운 내용을 페이스북의 비건-도그-트라이빙(Vegan-Dogs-Thriving), 비건-캣(Vegan-Cats), 수의 비건 네트워크(Veterinary Vegan Network), 비건-수의사(Vegan-Vets) 등에서 공유한다. 비건 반려동물 음식을 준비하는 영상을 유튜브에 올리고, 어떻게 먹이면 되는지에 대한 지침은 웹사이트 gentleworld.org/good-nutrition-for-healthy-vegan-dog, vegantruth.blogspot.com의 '채식을 하는 100마리의 개 : 비건 도그 영양백과사전(100 Vegan-Eating Dogs: An Encyclopedia of Vegan Dog Nutrition)'(2013년 1월 22일) 등을 찾아본다.

책도 많다. 특히 비건 개를 위한 건강한 식단에 관한 책으로는 《건강하고 행복한 개 : 당신의 반려견에게 건강하고 행복한 삶을 선사할 지혜와 가정에서 직접 만든 레시피(Healthy Happy Pooch: Wisdom and Homemade Recipes to Give Your Dog a Healthy, Happy life)》(Sanae Suzuki, 2015), 《간단한 비건 도그를 위한 책 : 반려견을 위한 고통이 없는 레시피(The Simple Little Vegan Dog Book: Cruelty Free Recipes for Canines)》(Michelle A. Rivera, Summertown, TN: Book Publishing Co., 2009), 《반려견을 위한 채

식 : 건강과 장수를 위한 식사(*Plant Based Recipes for Dogs: Feed Your Dog for Health and Longevity*)》(Heather Coster, 2015)가 있다. 또한 이전에 출간된 《채식하는 개 : 착취 없는 세상을 향하여(*Vegetarian Dogs: Toward a World Without Exploitation*)》(Verona ReBow & Jonathan Dune, Live Art: 1998-2007), 《채식주의 반려묘와 반려견(*Vegetarian Cats and Dogs*)》(James A. Peden, Harbingers of a New Age, 1995)을 참고한다.

건강하고 인도적이며 지속 가능한 추천 식단

앞에서 살펴보았던 현재의 문제점과 여러 성공 사례에 기초하여 업데이트한 개와 고양이를 위한 최신 식단을 어떻게 종합할까가 중요한데 이 책이 그 역할을 할 것이다. 소개되는 식단은 새로운 세기의 새로운 식단으로 건강하고 인도적이며 지

개와 고양이를 위한 건강하고 인도적이며 지속 가능한 식단 주요 내용
수의학 박사 리처드 H. 피케른, 수전 H. 피케른

	건강을 위한 최상의 식단 : 신선한 가정식 식단
개 · 고양이 공통	• 식물을 가공하지 않고 자란 그대로 통째로 사용한다. • 가급적이면 채소 위주로 급여한다(독성물질도 적고, 지속 가능하며, 인도적이다). • 가능한 한 유기농을 먹인다. • 유전자 변형을 하지 않은 콩이나 옥수수 등을 사용한다. 알레르기가 없다면 곡물 사용은 괜찮다. • 고기와 달걀의 사용을 최소화한다. 방목한 소나 들소(한 공간에 적은 수가 사육되고, 나은 환경에서 산다), 멸종위기에 처하지 않은 동물의 고기 또는 방목한 닭, 오리 등 조류를 사용한다. • 어미 잃은 새끼를 돌보기 위한 우유를 제외하고는 다른 유제품이나 해산물(독성물질, 고갈 문제)은 사용하지 않는다. • 식품, 특히 식물성 식품의 소화흡수를 향상시키기 위해 소화효소와 프로바이오틱스를 사용한다.
개	• 급여량의 절반은 잘 익혀서 으깬 콩이나 두부, 템페(tempeh, 인도네시아식 발효 콩), 달걀, 지방이 없는 살코기를 급여한다. 나머지 절반은 주로 곡물 또는 찐 십자화과 식물이나 녹색채소와 같은 전분이 많은 채소, 양상추, 과일, 건강한 지방, 땅콩, 씨로 만든 시드버터(seed butter)를 급여한다. 균형 잡힌 완전한 레시피를 다양하게 이용한다(6장 참조). • 보충제 베지도그*
고양이	• 고양이를 위해 세심하게 짜여진 레시피나 프로그램만 이용한다. 채식 식단과 육식식단을 반반씩 시도하거나 채식을 잘 받아들이고 건강하다면 완전채식을 한다. 고기가 적은 가정식 식단은 언제나 보충제 베지캣*을 같이 급여해야 한다. 그렇지 않으면 심각한 건강상의 문제가 발생한다. 일반 상업용 사료 중 고양이를 위한 신선한 '생식'이나 냉동 '생식'을 급여한다. • 고양이가 원한다면 신선한 멜론이나 오이, 옥수수, 아스파라거스, 완두콩을 급여한다.

*베지도그와 베지캣은 noblepet.kr, compassioncircle.com 등에서 구입할 수 있다.

속 가능한 식단이다.

신선한 식단 : 신선한 유기농 식품을 먹이되 동물성 식품은 필요에 따라 최소한만 급여하고 추천하는 레시피에 미국사료관리협회(AAFCO, American Association of Feed Control Officials)의 최신 표준치를 충족하거나 초과하는 보충제를 첨가한다. 가정에서 직접 요리하는 것이 가능하다면

6장의 다양한 레시피를 이용한다. 세심하게 계산된 레시피를 사용할 수도 있고 대강의 가이드라인을 이용할 수도 있다. 모든 채소류를 이용할 수 있으며, 고기나 달걀도 이용할 수 있다(현 시점에서 모든 해산물은 추천하지 않는다).

레시피는 대부분 사람에게 친화적인 음식이어서 반려인과 반려동물이 함께 먹을 수 있다. 요리 시간을 줄일 수 있는 방법이다. 이런 변화가 즐겁

	여행이나 비상시에 도움이 되는 예비식단 : 일반 상업용 건식사료 및 습식사료
개·고양이 공통	• '균형 잡힌, 영양학적으로 완전한(balanced, nutritionally complete)'이라는 라벨이 붙은 사료를 선택한다. • 온라인의 구매 후기를 비교한다. • 가능한 한 유기농 재료를 사용한 사료를 구입한다. • 유전자 변형을 하지 않은 콩, 옥수수 등을 사용한 사료를 고른다. 알레르기가 없다면 곡물의 사용은 괜찮다. • 해산물(독성물질, 고갈 문제)이나 육분, 모호한 부산물, 곡물 찌꺼기가 들어 있지 않은 사료를 선택한다. • 고기나 달걀이 들어 있는 사료는 최소화한다. • 신선한 야채와 과일을 급여한다. 사료에 건강한 지방[갈아서 가루로 만든 아마씨 또는 다른 씨, 대마씨(hemp hearts), 레시틴]을 첨가한다. • 사료에 곰팡이가 피거나 부패되는 것을 막는다. 습기가 없는 곳에 완전하게 밀봉하여 보관한다. • 식품, 특히 식물성 식품의 소화흡수를 향상시키기 위해 소화효소와 프로바이오틱스를 사용한다.
개	• 비건이나 100% 채식 기반의 건사료, 캔, 신선식품, 냉동식품이 모든 개를 위해 이상적이다(독성물질과 알레르기 유발물질이 적다). • 위의 제안을 다 따르지 못한다면 독성 문제, 환경 문제, 인도적인 문제를 줄이기 위해 고기 중심의 음식 급여를 최소화한다. 덜 농업화된 지역에서 번식된 품종은 적응력이 떨어질 수 있다. • L-카르니틴, 타우린을 보충하는 것이 도움이 될 수 있다.
고양이	• 신선한 건사료나 캔사료, 냉동제품 중 '고양이를 위한 완전하고 균형 잡힌(balanced and complete for cats)'이라는 라벨이 붙은 사료를 선택한다. 개 사료는 단백질이나 다른 영양소가 지나치게 낮다. • 채식과 육식이 반반씩 섞인 사료의 급여를 고려해 본다. 고양이가 잘 받아먹고 건강하다면 소변의 pH를 모니터하고(7장 참조), 100% 채식을 시도해 본다. 칼슘 공급원을 첨가하지 않은 채 생식을 급여해서는 안 된다. • 요도폐색을 막는 데 도움을 주기 위해 사료에 소스나 육수(또는 채수)를 첨가하여 건식사료를 촉촉하게 만들어 준다. • 영양효모와 다른 양념을 추가하여 기호성을 높인다(117쪽). • 고양이가 원한다면 신선한 멜론이나 오이, 옥수수, 아스파라거스, 완두콩을 급여한다.

지 않은가!

만약 요리할 시간이 없다면 질 좋은 재료로 만든 식품을 먹인다(78쪽).

유전자 변형 식품 배제 : 유전자 변형이 되었거나 아무런 표시도 없는 콩, 옥수수, 카놀라와 그 부산물은 피한다. 다수의 위장관질환이나 기타 여러 증상을 없애거나 완화시킬 수 있다.

보충제

현대의 영양학 계산기는 과거에 비해 다양한 영양소를 분석할 수 있다. 우리는 초기에 만들었던 건강 파우더(영양효모, 레시틴, 켈프와 칼슘 공급원) 대신 신선한 채식 식단을 위해 설계된 베지펫 라인의 보충제를 사용할 것을 권장한다. 더 간단하고, 더 완전하며, 우리의 새로운 메뉴와 협업하여 회사에서 업데이트하고 있기 때문이다(재정적으로 연결된 것은 없다). 새로운 레시피는 이 보충제 사용을 전제로 계산되었다. 만약 베지펫 라인의 보충제를 사용하는 것이 불가능하다면, 92~93쪽 '중요한 반려동물 보충제와 대용품'을 참고하기 바란다.

레시피와 요리방법에 대해서는 6~7장에서 소개할 것이다.

그러나 동물성 식품을 줄이거나 뺐을 경우에 생길 수 있는 일반적인 우려사항에 대해 먼저 언급할 것이다. 수많은 성공 사례를 읽었음에도 아직도 의문점을 해소하지 못한 독자들이 있을 테니까.

야생 포식자 이야기는 많은 사람을 공감하게 만든다. 나는 가끔 그냥 오래전의 자연으로 돌아가 보자고 말한다. 야생동물이 아닌 오늘날의 개

와 고양이는 절대로 야생의 소나 참치를 사냥할 수 없다. 새끼 소나 새끼 참치라면 모를까.

우려하는 문제를 살피고, 반려동물과 사료에 대해 일반적으로 통용되는 잘못된 정보를 분명하게 밝혀 보자.

궁금증과 우려

개와 고양이는 포식자! 곡물은 반려동물에게 안 좋다는데?

개와 고양이가 영장류보다 고기를 더 많이 먹는 동물이라는 것은 사실이다. 그들의 이빨, 발톱, 강한 위산, 짧은 내장은 사냥감을 사냥하고 소화하는 데 완벽하게 적응한 것이다. 반면 인간의 마주 볼 수 있는 손가락, 색깔을 볼 수 있는 시각, 긴 내장, 저작을 위한 어금니는 도구가 발명되기 이전에 우리 선조들이 그랬던 것처럼 잎, 과일, 새싹을 따먹거나 때로는 알, 유충 혹은 작은 동물을 잡아먹기에 이상적이다.

그러나 자연은 놀랍도록 적응을 잘한다. 영장류적 본성에도 불구하고, 인간은 일찍부터 식단에 고기를 넣기 위해 사냥하는 법을 배웠고, 이는 빙하기에 유용한 기술이었다. 이와 마찬가지로 한참 후에는 개와 고양이도 탄수화물이 들어간 음식을 먹는 법을 배웠으며, 이는 초기 농부와 함께 살아가기 위한 유용한 방법이었다.

그렇다면 고대 사람은 개, 고양이에게 고기를 줬을까? 당시의 인류는 지금처럼 고기를 풍족하게 먹은 적이 없다. 지난 1만 년 동안, 인류가 처

음으로 작물을 심어 농사를 짓고 동물을 가축화하는 방법을 배운 이래로 대부분의 인간에게 고기는 사치품이었다. 양념으로 사용되거나 축제용으로 보관하거나 사흘에 한 번 먹는 음식이었지 반려동물에게 자유롭게 줄 수 있는 음식이 아니었다. 위키피디아의 '개 음식(Dog Food)'와 '고양이 음식(Cat Food)'라는 글을 읽어 보자. 최근까지 개는 주로 빵이나 보리, 다른 곡물, 유장, 스튜 냄비에 남은 음식을 먹고 살았음을 알 수 있다. 일부 역사가들은 집에서 기르는 개들에게 고기와 동물성 지방을 주는 것은 나쁘다고까지 말한다. 또한 "개는 곡물을 소화시키지 못한다."라는 일부의 주장(일부 수의사들조차)에도 불구하고, 개는 오래전부터 곡물, 감자, 고구마 등을 잘 받아들였다. 포식자로서의 능력이 있는 개와 늑대, 곰과 다른 잡식성 동물도 상황에 따라 곡물이나 전분성 식물을 먹고 살았다. 늑대와 비교하면 오늘날의 개는 풍부한 에너지의 원천인 곡물이나 감자, 고구마, 다른 식물성 식품의 전분성 탄수화물의 소화를 돕는 아밀라제를 몇 배나 더 분비하도록 진화했다.

이와 마찬가지로 인간도 더 많은 아밀라제 유전자를 발전시켰다. 오랜 친구인 인간과 개는 새롭고 풍부한 음식이자 모든 문명의 발전을 가능하게 한 곡물과 전분에 아름답게 적응했다.[3]

따라서 개의 '곡물의 소화 한계'에 대해 논쟁하지 말기 바란다. 사실 유전자에 대해 공부하면 할수록 유전자는 환경과 필요에 따라 변화하는, 아직 덜 밝혀진 미스터리한 가능성의 패턴이라는 점을 알 수 있다.

고양이는 절대적인 육식동물이다?

개와 달리 고양이는 '절대적인 육식동물'로 인식되는 것이 사실이다. 고양이는 개만큼 인간과 오랫동안 같이 살지 않았고, 역사를 통해서도 농작물이나 곡물 저장소를 습격하는 쥐와 뱀을 잡아먹으면서 살았다. 그래서 고양이는 환경에 적응할 필요가 없었다. 초심자를 위해 설명하자면, 고양이는 개보다 단백질과 지방 요구량이 더 높다. 1970년대와 1980년대에 출간된 연구결과를 보면 개와 달리 고양이는 단백질 수치가 낮고 탄수화물을 이용할 수 있는데도 혈당을 유지하기 위해 단백질을 사용해야 하는 절대적인 육식동물이라고 했다.[4]

그러나 후속 연구에서 고양이는 최소 단백질 요구량만 충족되면 다른 단백질과 탄수화물 섭취에 적응할 수 있다는 사실이 밝혀졌다.[5] 예를 들어, "적절하게 가공된 전분류와 통곡물에서 온 탄수화물이 균형 잡힌 식단의 주된 구성요소일 때, 고양이는 이를 소화하여 사용 가능하며 평균 소화율이 90% 이상이다. 따라서 고양이는 탄수화물을 개나 다른 종과는 다른 방식으로 대사하지만, 건강한 고양이는 식이 탄수화물을 쉽게 소화하고 대사할 수 있다."라고 밝혀졌다.[6]

게다가 고양이는 식물을 통해 비타민 A(전구체인 베타-카로틴이 장과 간에서 레티놀로 전환됨)나 타우린, 아라키돈산, 비타민 B_{12}를 충분히 얻을 수 없다. 따라서 이 영양소와 콜린, 메티오닌(methionine, 유황을 함유한 필수아미노산), 칼슘, 기타 여러 영양소는 일반 상업용 사료가 일반적으로 첨가하는 영양소인데 이 영양소의 일부가 고온의 가공처리 과정에서 파괴될 수 있으며, 종종 곡물이나 다른 식물성 전분류와 혼합된다. 마찬가지로 고기를 넣지 않거나 아주 소량 넣는 가정에서 만드는 식단의 경우, 이러한 영양소에 세심한 주의를 기울여야 한다. 베지캣은 앞서 말한 바와 같이 이러한 영양분의 공식적인 요구량을 충족할 수 있도록 설계되었다.

요약해 보면 다양한 영양소 요구량이 충족되었을 때 고양이는 대부분 고기가 없거나 매우 소량이어도 사는 데에는 지장이 없다.

결국, 백문이 불여일견이다. 만약 고양이가 곡물이나 다른 탄수화물을 에너지 요구량으로 사용할 수 없다면, 슈퍼마켓에서 파는 사료를 먹고도 살아남을 수 없을 것이다. 만약 고양이가 특정 비타민, 아미노산, 미네랄의 요구량을 충족시키기 위해 보충제를 첨가한 고단백, 고지방, 채식 식단으로 건강할 수 없다면 수천 마리의 건강한 비건 고양이는 존재할 수 없을 것이다. 건강하지 않은 비건 고양이가 있는 것도 사실이다. 그래서 바르게 채식하는 것이 중요하다. 이 문제는 육식식단에도 적용된다. 육류 식이를 하는 개와 고양이도 칼슘 요구량이 간과되었을 때는 위험할 수 있다.

옥수수, 밀, 콩 알레르기는?

반려동물이 먹이사슬의 하위 단계에 있는 음식을 먹는다는 것은 일부 동물이 민감하게 반응할 수 있는 옥수수, 밀, 콩 또는 그 부산물을 더 많이 먹게 됨을 의미한다. 이것이 정말 문제라면 핀토빈, 렌틸콩, 덩굴강낭콩(kidney bean)과 같은 콩을 제외한 이외의 다른 콩과 식물이나 고구마, 겨울

호박 등을 먹일 수 있다.

하지만 이러한 민감함이 정말로 큰 문제일까?

많은 사람이 반려동물의 알레르기가 대부분 육류 때문이라고 생각한다. 수의사 로리 휴스턴 (Lorie Huston)은 사료에서 곡물을 제외하는 트렌드에 얽혀 버려 소고기, 유제품, 생선이 옥수수보다 더 일반적인 알레르기 유발물질이 되었으며, 이러한 일시적 유행은 과학에 기반을 두기보다는 소비자의 요구에 의해 만들어진 현상이라고 지적했다.《곡물이 없는 사료의 실체는 무엇인가?(*What Is Grain-Free Pet Food, Really?*)》를 보면 상세히 알 수 있다.[7] 시카고 동물의료센터의 도나 솔로몬(Donna Solomon) 박사는 블로그에 〈곡물이 없는 사료 트렌드는 짓궂은 장난인가?(Grain-Free Pet Food Trend a Hoax?)〉를 게재하고, 개들은 특히 곡물에 들어 있는 섬유질의 수혜자이며 소화를 잘 시킨다고 말한다.[8]

이 패턴을 살펴보기 위해 '개와 고양이의 주요 알레르기 유발식품'을 찾아봤다. 최근 개의 알레르기 유발식품 리스트에는 소고기, 유제품, 달걀, 닭고기, 양고기, 돼지고기, 토끼고기, 생선, 콩, 밀 등이 있다. 고양이의 경우에는 소고기, 양고기, 해산물, 옥수수, 콩, 밀 글루텐 등이다.

나는 이를 개인적인 경험으로 입증할 수 있다. 1990년대 초반, 수많은 고객의 반려동물이 사료에 가장 흔하게 들어 있는 소고기 또는 닭고기를 먹었을 때 지속적으로 구토하거나 설사하거나 심한 가려움증이나 피부 문제를 호소했다. 그래서 양고기, 토끼고기로 바꿔 주었고 이내 이러한 증상이 많이 좋아졌지만 잠시뿐이었다.

시간이 지남에 따라 다수의 개와 고양이는 양고기, 토끼고기에도 알레르기 반응을 보이기 시작했고, 사람들은 물소, 캥거루 등 다른 고기로 바꾸기 시작했다. 비록 식물성 식품에 알레르기가 있다 하더라도(특히, 유전자 변형을 한 옥수수, 콩, 밀에 알레르기가 있는 경우가 흔하다) 브이도그나 내추럴 밸런스 베지테리언 사료, 아마존의 다른 사료 후기를 살펴보면, 개들은 특히 채식에 매우 안정적이다.

나는 박사과정에서 수의면역학을 연구했기 때문에 면역계가 어떻게 작동하는지와 어떻게 망가지는지에 대해 많이 생각했다. 식품 알레르기와 지나친 과민반응은 면역계가 교란되었다는 좋은 예로 여기에 몇 가지 복합적인 이유가 있는 것 같다.

- **소장벽과 장내 생물군계의 손상 :** 최근 수년간 사람들은 건강한 장에 사는 미생물이 놀랍게도 엄청나게 많으며 매우 중요하다는 사실을 알게 되었다. 많은 건강 전문가들은 현대에 많이 사용하는 다양한 항생제, 수돗물의 염소, 글리포세이트와 같은 제초제 등이 다양한 장내 유익균을 죽이고, 음식을 통해 당분을 섭취해 급격하게 증식하는 칸디다 같은 해로운 균을 만들게 된다고 믿고 있다. 이 '악당'은 소장벽에 손상을 입히고, 소화되지 않은 커다란 이물 단백질 분자가 소장의 주변 조직으로 곧장 들어가도록 한다. 다양한 화학물질에 의한 직접적인 손상도 한몫 한다. 둘 중 무엇이든 면역계는 일반 음식에서 온 소화되지 않은 이물 단백질에 과도하게 반응하여 침입자가 발생했다고 인식한다. 흔히 '새는장증후군'이라고 불리는 이 질환은 알레르기에서 관절염, 갑상선 질환, 당뇨와 같은 자가면역질환을 유발하거나 악화시킨다고 생각된다.

- **독성물질이 함유된 음식을 자주 먹는 것과 독성 사이의 상관관계 :** 또 다른 알레르기 전문가들은 체내에 축적되는 독성이 있는 일반적인 음식물과 몸이 연결되어 있다고 생각한다. 몸은 이러한 음식물이 독성이 없을 때에도 독소 자체로 인식하고 처리하기 시작한다. 이는 앞에서 열거한 흔한 알레르기 유발물질뿐 아니라 독성이 있는 현대의 비유기농 식품에 관한 문제를 설명할 수 있다.

- **과도한 백신접종으로 인한 반응 :** 간단히 말하면, 백신은 병원체에서 추출한 이물 단백질을 혈액 내로 비정상적으로 직접 주입하는 것이다. 이는 신체의 정상적인 방어층을 건너뛰는 것으로 염증과잉반응이 유발되면 만성화된다. 나는 어린 동물들이 다수의 백신접종 후 얼마 지나지 않아 만성 염증성 질환이 생기는 경우를 종종 봤다. 물론 이러한 문제가 항상 일어나는 것은 아니며, 스트레스 요인이나 독성물질에의 노출, 면역체계가 비정상적으로 자극을 받았을 때 일어나는 것 같다. 강아지와 고양이가 실제로 얼마나 쉽게 스트레스에 노출될 수 있는지 생각해 보자. 여기에는 어미나 형제에게서 떨어져 새로운 가정이나 새로운 사료, 훈련 등에 적응해야 하는 일도 포함된다. 만약 동물이 만성 염증성 질환이나 알레르기가 있는 경우 첫 백신을 맞았을 당시의 환경을 되짚어 보면 도움이 될 것이다. 동종요법은 이러한 백신의 영향을 중화시키는 작용으로, 유명한 레

미디를 사용하면 면역계가 이러한 불균형을 초기화하는 데 도움이 될 것이다.

• **유전 :** 일부 식품 알레르기는 가족력이 원인이다. 최근에는 특정 알레르기가 유전된다기보다는 식품 알레르기가 유전되는 경향이 있다고 한다. 인간의 많은 식품 알레르기는 종종 어릴 때 발생해서 성인까지 간다.

치료와 더 많은 정보는, 16장의 백신에 대한 논의와 '알레르기(426쪽)'와 '설사와 이질(408쪽)'을 참조한다.

알레르기의 진짜 문제는 무엇일까?

식품 알레르기와 과민반응에 대한 주제를 마치기 전에 나는 우리가 종종 명확한 증거 없이 동물과 인간의 만성 증상과 음식 사이에 잘못된 연관성을 만드는 실수를 범하고 있는 것이 아닌가 생각한다. 보호자가 자신의 반려동물이 이런 저런 식품과 맞지 않는다고 할 때 나는 항상 구체적으로 말해 보라고 하고, 왜 그렇게 생각하는지, 정확하게 어떤 문제를 보았는지에 대해 물어본다.

일부는 방귀를 뀌는 것이 식이과민증의 신호라고 믿는데, 이는 특정 음식에 높은 수준으로 들어 있는 발효 가능한 식이섬유의 정상적인 소화과정이다.

식품의 선택은 강력한 구속력이 있으며 변화를 주기가 어렵다. 나는 콩이 들어 있는 모든 식품이 갑상선에 아주 좋지 않다는 이야기를 들었는데, 식이 전문가의 연구 중 다수가 이를 부인하고 있기 때문에 불확실한 이야기로 남겨 두었다. 이와 마찬가지로 많은 사람은 반려동물의 음식에 콩을 사용하는 것을 반대하지만 동물은 대부분 콩에 대한 알레르기가 없다. 확실한 것은 내가 임상에서 콩에 대한 알레르기를 한 번도 본 적이 없다는 사실이다.

• **콩 : 그냥 콩이다.** 콩 논란의 기원과 편견에 대한 좋은 논의를 위해 브렌다 데이비스(Brenda Davis)가 홈페이지에 쓴 〈콩은 안전한가?(Is Soy Safe?)〉와 2010년 7월 1일자 《가디언》에 실린 저스틴 버틀러(Justine Butler)가 쓴 〈콩을 반대하는 유언비어를 퍼뜨리는 사람들을 무시하라(Ignore the Anti-Soya Scaremongers)〉를 검색해 보기 바란다. 이들은 수백 년 동안 소비되어 온 콩에 대한 다수의 객관적인 증거를 통하여 콩이 이롭다는 확실한 결론을 내렸다. 그러나 동물성 식품을 장려하는 일부 단체는 검사를 통과하지 못한 견본을 사용한 연구결과를 인용하며 콩의 사용을 반대하는 캠페인을 벌이고 있다. 예를 들어, 콩이 갑상선에 좋지 않다는 우려는 식이에 요오드가 부족한 경우에만 유효하다. 또 다른 연구는 과도한 양을 먹인 경우이다. 콩의 식물성 에스트로겐은 강력한 포유류의 에스트로겐이 높게 들어 있는 동물성 식품, 유제품과 비교했을 때 전혀 문제가 되지 않는 수준이다. 데이비스는 이러한 신화가 비건과 채식주의자의 접시에서 건강하고 훌륭한 아미노산이 함유된 고단백 식품을 제거하게 만든다고 우려한다. 콩은 개뿐 아니라 고양이에게도 가장 훌륭한 식물성 단백질 중 하나이다. 콩은 두부, 템페, 두유 형태 모두 소화가 잘 된다. 따

라서 불필요한 우려 때문에 콩 제품의 사용을 중지하지 않아야 한다.

오늘날 소박한 콩의 문제가 이렇게 확대된 데에는 제초제가 살포되고 유전자가 조작된 콩을 먹은 동물로 만든 동물성 식품, 유전자 변형 콩 제품을 과도하게 사용한 데에서 기인한 것 같다. 많은 사람과 동물이 유전자 변형 식품을 배제한 식이로 바꾼 후 위장관 증상이 개선되었다. 만약 반려동물이 콩 알레르기가 없다면 유전자 변형이 되지 않거나 유기농으로 재배한 두부, 템페, 콩고기 등과 같은 콩 제품이나 옥수수를 시도한다.

- **글루텐 : 그냥 단백질이다.** 글루텐은 수세기 동안 전 세계적으로 가장 흔하게 소비되고 있는 단백질이다. 그런데 유행처럼 '글루텐 악마로 만들기' 현상이 나타나고 있다. 일부 레스토랑은 선택 메뉴로 빵, 곡물을 제공하지 않기도 한다. 하지만 글루텐 알레르기 보유자는 극소수이다. 앞에서 논의한 바와 같이 '곡물 없는' 사료 트렌드는 점점 입지가 좁아지고 있다.

안티 글루텐 트렌드의 뿌리는 반려동물을 사람처럼 일반화시킨 데 문제가 있다. 마이클 스펙터(Michael Specter)는 2014년 11월 3일, 《뉴요커》에 "미국에서의 다이어트 유행은 새로울 것이 없다. 단지 사람들이 균형 잡히고 영양이 풍부하며 건강에 좋은 식사를 하지 않을 뿐이다."라고 했다. 더불어 "수백만의 사람들이 글루텐(또는 다른 밀 단백질)에 대해 알레르기나 과민증이 생겼다는 과학적 데이터는 없다. 식이 문제에서 자가진단은 거의 틀리며, 특히 진단이 사회로 확대되는 경우 더욱 그러하다는 확실한 증거가 있다."라는 기사를 실었다. 이 기사는 글루텐에 대해 이미 이루어진 연구를 계속해서 조사하고 있다.

셀리악병(celiac disease, 소장에서 발생하는 유전성 알레르기 질환)에 걸린 내 친구는 수년 동안 글루텐 없는 식단과 저탄수화물, 고단백질인 팔레오 식단을 철저히 지켰다. 그러다가 비건이 되었고 좀 나아지면서 그때부터 빵을 다시 먹기 시작했다. 기쁘게도 빵을 먹어도 괜찮다는 사실을 알게 된 친구는 더 이상 제한식이를 하지 않는다.

특정 식품을 먹은 후 한두 시간 내에 명백하고 심한 반응이 일어나는 경우를 제외하고는 식이 알레르기를 정확하게 진단하는 것은 매우 어려운 일이다. 혈액검사를 통해 진단을 하기는 하지만 사람들은 대부분 확실하게 검사하려면 엄격한 제한식이를 하다가 알레르기가 있을 것으로 의심되는 식품을 천천히 한 번에 한 가지씩 먹어 봐야 한다고 믿고 있다.

특정 식품을 '먹을 수 없는'의 개념은 제한적이다. 물론 일부 사람과 동물이 진정으로 명백한 알레르기가 있다는 점을 부인하지는 않지만, 종종 이 문제는 동종요법이나 침 또는 조심스러운 디톡스 프로그램 등과 같은 홀리스틱 방식으로 다뤄져야 할 쇠약함이나 불균형의 문제이지 특정 식품의 문제만은 아니라고 본다. 혹은 알레르기가 있는 것 같은 음식을 한동안 제한했다가 유기농으로 서서히 다시 급여해 보는 것도 간단한 방법이다.

확실히 특정 식품에 대한 불필요한 걱정은 불안감을 조성하여 건강을 약화시키고 반려동물에게도 영향을 미친다(12장 참조).

식품에 들어 있는 독성물질과 형편없는 재료에

관한 문제를 들춰내는 것은 반려인에게 식품에 대한 두려움을 갖게 하려는 의도가 아니다. 단지 심각한 문제를 간과해서는 안 되며, 오히려 가능한 한 모든 요소를 고려해서 반려동물을 위한 가장 현명한 방향을 제시하고 싶기 때문이다. 그럼에도 불구하고, 신체는 매우 회복력이 강해서 많은 반려동물과 사람은 운동, 사랑, 의미 있는 활동과 함께 가능한 한 먹이사슬의 하위 단계에 있는 자연 그대로의 건강한 유기농 식품을 먹고 건강하게 잘 지낸다.

충분한 양의 단백질을 어디서 얻나?

세상에서 가장 강하고 큰 동물도 식물만 먹고 산다. 그럼에도 식물에는 충분한 양의 단백질이 없다거나 충분한 양의 단백질을 얻으려면 식사 때마다 균형 잡힌 식사를 해야 한다는 것이 일반적인 믿음이다(이 역시 오랫동안 증명되지 않았다).

단백질은 영양의 제왕으로 과도하게 평가되었을 뿐 아니라 단백질 신화는 부모가 자녀에게 닭고기를 주며 "단백질 먹어라."라고 말함으로써 육류와 단백질을 동일하게 인식하게 하는 상황을 만들었다. 부모만의 잘못은 아니다. 사람들은 이 문제의 본질을 알기에는 너무 바빠서 육류나 유제품 광고회사, 유행하는 다이어트를 창조하는 사람의 말에 쉽게 현혹된다.

그러나 식물을 과소평가하면 안 된다. 다수의 식물이 가지고 있는 단백질의 양은 개와 고양이의 단백질 요구량을 충족시키며, 사람에게 필요한 양을 훌쩍 뛰어넘는다. 다음 표에 단백질과 지방에 대한 개·고양이의 영양 요구량과 다양한 식

품의 총 칼로리를 퍼센트로 비교해 놓았다. (지방은 탄수화물이나 단백질보다 무게 단위당 칼로리가 2배가 넘기 때문에 과거에는 많은 영양학자들이 건조중량으로 비교했는데 지금은 총 칼로리의 퍼센트로 식품을 비교한다.) 또한 7장의 '단백질과 지방의 비율이 반반인 고양이가 좋아하는 식단'을 보면 고양이가 무엇을 좋아하는지, 왜 좋아하는지 알 수 있다.

식품별 단백질과 지방 함량

식품	단백질 (%)	지방 (%)
완두콩 단백질	86%	14%
밀고기(활성 글루텐)	81%	4%
토끼고기 조각	63%	37%
콩고기	60%	0%
사슴 생고기 간 것	59%	41%
영양효모	53%	12%
칠면조 생고기 간 것	50%	50%
평균적인 야생 고양이 식이*	46%	33%
두부	41%	49%
3mm 정도의 지방층이 포함된 소고기 조각	39%	61%
양송이버섯	37%	3%
들소 생고기 간 것	36%	64%
날달걀	35%	63%
시금치	30%	14%
어미 고양이와 새끼 고양이의 최소 요구량*	30%	20%
렌틸콩	27%	3%

식품	단백질 (%)	지방 (%)
아스파라거스	27%	3%
체다치즈	26%	72%
성묘의 최소 요구량*	26%	20%
요거트(소젖)	24%	47%
덩굴강낭콩	24%	3%
완두콩(냉동)	24%	4%
살코기가 75%인 소고기를 갈거나 잘게 다진 것	23%	77%
검정콩	23%	3%
어미 개와 새끼 강아지의 최소 요구량*	22.5%	19%
핀토빈	22%	4%
대마씨	22%	73%
브로콜리	20%	9%
껍질 벗긴 오이	20%	12%
생닭의 등뼈, 고기, 껍질	19%	81%
병아리콩	19%	13%
로메인상추	18%	15%
성견의 최소 요구량*	18%	12.4%
케일	17%	12%
퀴노아(quinoa, 고단백 곡류)	15%	15%
통밀 파스타	15%	3%
땅콩버터	15%	72%
절단 귀리(oats, steel cut)	14%	14%
메밀	13%	8%
통조림 토마토 소스	13%	6%

식품	단백질 (%)	지방 (%)
아마씨 간 것	12%	66%
기장	11%	9%
캐슈	11%	66%
참깨 버터(Tahini, 중동식 참깨 버터)	11%	10%
생 옥수수 또는 냉동 옥수수	8%	7%
고구마	8%	1%
땅콩호박(butternut squash, 땅콩 모양의 미국산 호박)	8%	2%
아몬드	8%	78%
멜론, 캔털루프(cantaloupe, 과육이 오렌지색인 멜론)	8%	5%
현미	7%	6%
수박	7%	4%
구운 감자	7%	1%
엄마와 아기의 최소 요구량(사람, 세계보건기구 WHO)	7%	
당근	6%	4%
파파야	5%	3%
성인 최소 요구량	5%	
가장 건강하게 장수하는 '블루존'** 사람들의 섭취 수준	5%	
바나나	4%	3%
블루베리	4%	5%
사과	2%	3%

* AAFCO 가이드라인, 2016, 개와 고양이용, 1,000칼로리 기준
** 댄 버트너, 《더 블루존(The Blue Zones)》, 워싱턴, DC: 내셔널 지오그래픽, 2008

완두콩 단백질 86%, 활성 글루텐 81%처럼 식물성 단백질이 상위권에 위치하고 있다. 이를 보면 콩이 얼마나 고기와 유제품을 대신할 만한 식품인지를 분명히 알 수 있다. 또한 버섯, 시금치, 아스파라거스가 갈거나 잘게 다진 소고기나 닭고기보다 칼로리 대비 단백질을 더 많이 갖고 있을 것이라고 누가 생각했겠는가?

각 식품별로 공식적인 개, 고양이, 사람(성인과 아직 성장 중인 어린이)의 최소 단백질 요구량을 비교해 보자. 고양이가 칼로리가 많이 낮은 시금치, 단백질이 많이 낮은 핀토빈 식단을 좋아하기 힘든 것은 확실하지만 두부, 단백질 식품, 렌틸콩(또는 단백질이 많은 고기)을 섞는다면 옥수수나 멜론 같은 단백질이 낮은 식품도 즐길 수 있다. 따라서 인간이나 동물 모두 적절한 비율로 리스트의 모든 메뉴를 즐길 수 있다. 비록 고양이는 사과를 좋아하지 않지만 개는 사과를 정말 좋아한다.

영장류 역시 가공되지 않은 온전한 식품으로 충분한 칼로리를 섭취한다면 불충분한 단백질 섭취로 인한 위험은 없다. 세계보건기구는 이를 오래전에 명시했다. 의학박사 가스 데이비스(Garth Davis)는 《단백질 중독 : 고기에 대한 집착이 우리를 죽이는데, 우리는 무엇을 할 수 있을까?(Proteinaholic: How Our Obsession with Meat is Killing Us and What We Can Do about It)》(2015)에서 사람들에게 더 큰 위험은 지나치게 과도한 단백질임을 자세히 다뤘다.

그러나 반려인은 고양이와 개를 위한 단백질과 지방에 대해 올바르게 알아야 한다. 레시피와 가이드라인에서 이를 명시하고 있는 이유이다. 추천한 보충제에는 식물성 식품에서 부족하기 쉬운 아미노산이 소량 첨가되어 있는데, 이는 아미노산 레벨을 훌륭한 수준으로 끌어올린다.

따라서 제시한 레시피와 보충제의 양을 정확히 지키며 요리를 해야 하며, 특히 새끼 고양이에게는 매우 중요하다. 인간이 괜찮다고 해서 개나 고양이도 괜찮다고 생각하거나 개가 괜찮으니 고양이도 괜찮겠지 하는 실수를 범해서는 안 된다.

한편, 100% 육류만으로 구성된 식단이 고양이의 영양 요구량을 충족시킨다고 생각하는 실수도 범해서는 안 된다. 일부 고기(갈거나 잘게 다진 소고기, 생닭의 껍질과 등 부위의 고기)는 기름이 너무 많아 고양이가 지속적으로 먹기에는 단백질 함량이 너무 낮다. 게다가 고양이는 야생에서 뼈, 내장, 털, 인대, 작은 먹잇감의 다양한 부분을 섭취하여 요구량을 충족시키지만 커다란 동물의 근육 덩어리 하나로는 영양분을 충족시킬 수 없다.

동물성 식품은 대부분 칼로리 기준으로 단백질 함량보다 지방의 함량이 높다. 지방은 영양은 적고 요즘 같은 세상에서는 독성만 가득하다. 이는 또한 의사 조엘 푸어먼이 유튜브 강연과 《살기 위해 먹어라(Eat to Live)》에서 말한 것처럼 지방이 적은 식물성 식품이 동물성 식품보다 칼로리 대비 비타민과 미네랄을 더 많이 함유하고 있다고 설명한다.

게다가 식물성 식품에는 암, 염증, 노화와 싸우는 파이토뉴트리언트(phytonutrient)가 가득 차 있다. 농산물의 다량 섭취는 인간의 장수와 건강에 영향을 미친다. 오래 살았던 개일수록 신선한 과일과 채소를 많이 먹었음을 알았는데, 매우 흥미로웠다. 양상추와 브로콜리는 단백질과 섬유질이 풍부하고 지방과 칼로리가 낮아서 포만감을 주기 때문에 체중을 건강하게 줄일 수 있다.

고양이는 대부분 채소가 많이 필요해 보이지 않거나 채소를 원치 않는 것처럼 보이며, 많은 양을 섭취할 경우 소변이 약간 알칼리화될 수 있다. 그래서 버섯, 아스파라거스, 완두콩, 녹색채소를 레시피에 이용한다. 식단이 고양이의 단백질 요구량을 충족한다면 고양이가 원할 때 속대가 포함된 옥수수, 멜론, 오이 등을 갉아먹게 놔둔다.

거의 모든 고양이가 좋아하는 영양효모는 단백질이 53%나 들어 있는 슈퍼푸드이다. 많은 고양이는 단백질 41%, 지방 49%를 함유하고 있는 두부를 사랑한다. 두부를 영양학적으로 완벽한 고양이 보충제와 섞어 주면 야생 고양이의 식단에 근접한 식사를 손쉽게 만들 수 있다(124쪽 '두부로 만든 야생 고양이의 식단' 참조).

칼슘, 비타민 B₁₂, 철분, 아연, 요오드는?

사람들은 채식 식단으로 개와 고양이가 비타민과 미네랄을 충분히 섭취할 수 있을까 하는 의문을 갖는데 보충제를 사용하면 쉽게 해결할 수 있다. 보충제는 식물성 식품에 조금 부족한 영양분이나 칼슘처럼 반려동물에게 많은 양을 섭취할 것을 권장하는 영양소를 공급하기 위해 맞춰졌다. 베지펫은 불균형이 유발되지 않도록 합성 원료의 사용과 함량을 최소화했다.

반려인도 식물성 식품에 더 많은 비중을 둔 채식 위주의 식사를 하려고 한다면 비건 비타민제를 복용하는 것이 좋다. 그러면 비타민 B₁₂, 아연,

요오드와 같이 부족해지기 쉬운 영양소를 완벽하게 보충할 수 있다.

과거에는 동물이 풀을 뜯어먹는 곳에서 인간도 많은 양의 비타민 B₁₂를 얻었다. 비타민 B₁₂는 특정 박테리아가 자연의 토양과 표층수와 접촉하여 만들어진다.

반려동물도 야외에서 뛰놀고 발바닥을 핥는 방식으로 다량의 비타민 B₁₂를 섭취했을 것이다. 그러나 지금은 많은 동물이 토양과 접촉할 기회가 사라졌다.

건강한 채식 위주의 식단은 잡식에 비해 비타민과 미네랄이 풍부하다. 식이 전문가의 통찰력 있는 분석을 보려면 브렌다 데이비스가 제작한 〈팔레오 다이어트 : 신화와 현실(Paleo Diet: Myths and Realities)〉이라는 유튜브 영상을 시청해 보자. 채식을 하고 영양이 풍부한 음식을 섭취하고 있다면 비타민(주로 비타민 B₁₂나 비타민 D)을 조금 적게 섭취해도 괜찮다.

먹지 않거나 소화를 시키지 못하면 어쩌나?

개를 비롯하여 많은 반려동물은 6장에 소개된 식단이나 레시피에 적응하는 데 특별한 문제가 없다. 가끔 일시적으로 조절해야 하거나 고집스러운 고양이는 서서히 바꾸면 된다. 고양이에게 고기 급여를 줄이거나 고기를 아예 먹지 않는 식이로 전환하고 있다면 소변의 pH를 주기적으로 모니터링해야 한다(7장 참조).

개와 고양이에게 권장되는 식품

고단백 농축식품 및 슈퍼푸드	**활성 글루텐** : 밀고기를 만들기 위해 아시아의 승려들이 수세기 동안 사용했던 활성 글루텐은 이제 채식에서 고기 대용품이 되었다. 고양이를 위한 '밀고기 로스트(128쪽)'를 참고한다. 가능한 한 온라인이나 천연식품점에서 유기농 제품을 구매하고 냉장 보관한다. **콩고기(TSP, textured soy protein)** : 쫄깃하고 지방이 적으며 고단백인 고기 조각 같은 식품으로 앞에 소개한 25살까지 살았던 브램블이 먹었다(106쪽 개를 위한 '렌틸콩 스튜'에서 선택 사항 참조). 127쪽에 있는 고양이를 위한 맛있는 '냠냠 버거'와 채식인을 위한 베이컨 맛이 나는 채식 제품인 베이컨 비츠(bacon bits)도 있다. 온라인이나 지역에서 유기농 제품으로 구매하고 냉장 보관한다. **영양효모** : 대부분의 반려동물이 좋아한다. 글루타민산이 높으며, 닭고기 육수나 치즈와 같은 감칠맛과 향이 풍부하다. 열로 안전하게 불활성화시킨 당밀에서 자란다. 단백질, 비타민 B, 미네랄이 풍부하며, 종종 비타민 B_{12}와 다른 비타민 B군이 강화되기도 한다. 개인적으로 레드스타(Red Star) 브랜드를 좋아해서 레시피에도 이 제품을 사용했다. 온라인이나 천연식품점에서 종종 대량으로 판매한다. 고양이의 경우, 소변을 산성화시키는 양조용 효모인 베지효모(VegeYeast)의 사용을 고려한다(온라인으로 구매한다). **김과 덜스플레이크(dulse flake, 식용 홍조류 가루)** : 단백질, 비타민, 미네랄이 풍부한 훌륭한 뿌림용 해초 가루이다. 해조류의 일종인 스피룰리나(spirulina)는 디톡스를 도와주지만 고양이의 경우 소변을 지나치게 알칼리화시켜 비뇨기계 질환을 유발할 수 있다. 다시마는 요오드가 풍부하지만 갑상선기능항진증이 있는 반려동물의 경우에는 사용을 금한다. **크랜베리** : 생것, 말린 것, 가루 형태의 크랜베리 보충제가 있다. 알칼리 식이에서 소변을 산성화시키는 데 도움이 되며, 특히 수고양이나 고양이비뇨기계 증후군(FUS)의 위험성이 있는 경우에 좋다.
콩과 식물	콩과 식물은 단백질, 마그네슘, 칼륨, 구리, 비타민 B_6가 풍부하고, 지방이 적다. 두부나 병아리콩을 제외하고는 반려동물의 요구량(인간보다 높다)을 충족할 만큼의 지방을 보충해 줘야 한다. **두부와 템페** : 유기농만 사용할 것. 사용하기 쉽고 소화가 용이하며, 고기에 비해 단백질과 지방 함량이 높고 다양한 풍미를 첨가할 수 있다. 플레인이나 풍미가 가미된 템페는 맛있는 간식이나 양념으로 사용할 수 있다. **TIP** : 풍부한 단백질을 얻으려면 단단한 콩과 식물을 이용해야 한다. 단단함의 정도에 따라 단백질 밀도도 달라진다. 예를 들어, 매우 단단한 유기농 두부인 와일드우드(wildwood)의 283.5g짜리 고단백 슈퍼 펌 토푸의 밀도는 대다수의 397g짜리 단단한 두부와 같다. **렌틸콩과 쪼개 말린 완두콩(split pea)** : 콩 다음으로 단백질이 풍부한 콩과 식물로, 콩을 제외한 콩과 식재료가 필요할 경우 이용하기 좋으며, 소화도 쉽고 잘 으깨진다. **콩류** : 검정콩, 붉은콩, 흰콩, 점박이콩(spottede bean), 핀토빈, 병아리콩 등이 있으며, 모두 다 개와 사람이 주식으로 먹기에 좋다. **TIP** : 다양한 종류의 콩에서 생기는 가스를 줄이기 위해, 콩을 충분히 불린 다음 세 번 헹구고 물을 버린다. 콩이 부드러워질 때까지 감자나 다시마(다 삶고 나면 버린다)를 넣고 함께 삶는다. 소화가 잘 되도록 손이나 푸드프로세서로 잘 으깨고 장내 세균총이 적응할 때까지 소화효소를 첨가하여 급여한다.

콩과 식물	인스턴트팟(Instant Pot)과 같은 원터치 디지털 압력솥은 시간과 돈을 절약해 준다. 삶은 콩이 남으면 입구가 넓은 병에 넣어 냉동 보관하고(병 윗부분을 다 채우지 않고 조금 남겨둔다) 필요한 만큼만 해동해서 조리에 사용한다. 조리된 콩은 2.5~3배까지 커진다.
고기와 달걀	지역에서 생산되거나 집에서 기르거나 방목한 닭의 달걀이나 가금류, 쇠고기가 좋다. 지속적으로 잡을 수 있다면 수렵육(사슴, 말코손바닥사슴, 토끼)이 가장 좋으며, 반려동물용 생고기 혼합물도 좋다. 유전자 변형 작물을 먹여서 기른 저렴하고 지방이 많은 고기, 돼지고기, 해산물은 피해야 한다. 비건을 위한 대체육(식물성 고기)은 좋은 간식거리이지만 가공된 것을 매일 먹이는 것은 좋지 않다.
통곡물과 전분성 식물	**통곡물 :** 현미, 퀴노아, 아마란스(amaranth, 씨앗은 곡물로, 잎은 채소로 먹는 남미산 풀), 보리, 귀리(특히 절단귀리), 기장, 메밀, 통밀 파스타, 빵 등이 포함된다. 더 곱게 갈수록, 더 많이 조리할수록 소화하기 쉬워진다. 칼슘, 마그네슘, 아연 등의 영양소와 결합하여 체내 흡수를 방해하는 피트산을 제거하기 위해 물에 푹 담가 놓는다. 그러면 소화가 향상된다. 통곡물은 단백질, 마그네슘, 셀레늄이 풍부하며, 지속적인 에너지원으로 매우 중요하다. 흰밀가루나 흰쌀은 피해야 한다. **전분성 식물 :** 구운 얌, 당근, 고구마, 겨울호박, 감자는 곡물에 비해 단백질과 총 칼로리는 낮지만 영양분이 다양하고 풍부하다. 오렌지색을 띤 것은 베타-카로틴이 특히 많아서 개에게 좋다.
다양한 색의 채소	**다양한 색의 채소 :** 최고의 슈퍼푸드이며, 비타민과 미네랄이 풍부하고, 몸에 이로운 무수히 많은 화합물이 들어 있다. 체중을 감량하거나 건강하게 만들기를 원한다면 채소 급여량을 늘린다. 생으로 줘도 좋고, 찌거나 굽기, 퓌레를 만들어 주면 소화가 더 잘 되고 감칠맛이 높아진다. **개와 고양이가 좋아하는 채소 :** 아스파라거스, 주키니 호박, 브로콜리, 오이, 당근, 옥수수(속대가 붙은 것이나 냉동), 케일, 양상추, 토마토, 토마토소스, 비트, 양배추, 새싹, 버섯 **TIP :** 많은 개가 당근이나 브로콜리 줄기, 옥수수 속대를 질겅질겅 씹어 먹는 것을 좋아한다.
과일	**산딸기류, 사과, 수박, 캔털루프, 바나나 :** 모든 동물이 좋아하며, 특히 개가 좋아한다. 항산화물질, 비타민, 마그네슘, 칼륨이 풍부하다. **TIP :** 파파야(씨는 제거해야 한다)는 개의 고창증, 가스, 소화불량에 도움이 되며, 파인애플도 마찬가지이다. **크랜베리**[또는 크랜베리 제품인 크래미널(Cranimals)] **:** 소변이 산성화되도록 도와줘 알칼리 식단에 의해 생길 수 있는 소변의 결정 형성을 막는다. **포도와 건포도 금지 :** 반려동물에게 독성이 있다.

땅콩, 씨앗, 건강한 지방	**아마씨 간 것** : 오메가-3와 비타민 A, C, E, K, B가 매우 풍부하며, 비뇨기계와 다른 문제에 도움이 된다. 아마씨는 일주일에 한 번씩 갈아서(흡수를 위해서 필요하다) 냉장고에 보관하거나 간 것을 구입한다. 따뜻한 물에 푹 불려서 빵을 만들 때 달걀 대신 사용한다. **대마씨, 대마 오일** : 맛이 좋고, 오메가-3, 오메가-6, 리놀렌산, 비타민 A, D, E, B가 풍부하다. **버터** : 땅콩, 아몬드, 참깨(메티오닌이 풍부함), 캐슈, 해바라기씨로 만든 버터이다. 소화만 잘 된다면 땅콩을 통째로 먹어도 된다. 마카다미아나 호두는 금한다. **레시틴**(해바라기 또는 유기농 콩) : 맛이 좋아서 많은 요리에서 버터 대신 이용 가능하고, 콜린이 매우 풍부하다. 콜린은 뇌에서 아세틸콜린으로 전환되는데 이는 기억력에 좋은 영향을 미친다. 식단에서 달걀을 빼면 레시틴이 ⅓까지 줄어들 수 있기 때문에 채식 위주의 식단에서 꼭 보충해 줘야 한다. **코코넛 오일** : 기호성이 좋고, 모질을 향상시킨다. 코코넛 오일을 털에 조금 발라 주면 반려동물이 핥으면서 섭취할 수 있다. **DHA**(docosahexaenoic acid) : 반려동물이 노령인 경우에는 해조류를 기초로 한 DHA가 좋고, 비건인 경우에는 DHA 보충제를 급여하는 것이 좋다. 나이가 들수록 오메가-3를 DHA로 전환하는 능력이 떨어진다. 음식에 오메가-6(식물성 기름이나 가공식품)가 많으면 DHA 보충제를 사용하는 것이 좋다. 오메가-6는 염증을 유발하고, 오메가-3와 경쟁하여 DHA의 생산을 제한한다. 제품 라벨 설명서를 읽고 사람과 동물의 체중에 맞춰 설명서에 적힌 용량대로 정확하게 급여한다.
허브, 시즈닝, 버섯	신선한 민트나 바질을 개의 식사에 첨가해 주면 좋다. 도움이 되는 허브로는 알팔파, 캐롭(carob), 강황, 딜, 마늘, 이탈리안 허브, 파슬리, 양송이버섯(양송이), 표고버섯 등이다. **소금** : 소금은 과하게 넣지 않는다. 칼로리당 나트륨을 1mg 이상 초과하지 않는 것이 이상적이다(소금 1티스푼 = 나트륨 2,336mg, 타마리 간장 1티스푼 = 나트륨 335mg + 아미노산 공급). TIP : 히말라야 검은 소금(black Himalayan salt)은 유황 성분이 매우 풍부하다. 유황은 피부와 모질에 도움이 되지만 오늘날 많은 식이에 매우 부족하다. 따라서 히말라야 검은 소금을 첨가해 주면 두부, 감자, 여러 다른 식품에 풍부한 달걀 맛이 나게 해 준다.
중요한 반려동물 보충제와 대용품	**개** : 베지도그나 베지도그 그로스(Vegedog Growth)를 레시피에서 권장하는 만큼 사용한다. 온라인 사이트 noblepet.kr, compassioncircle.com 또는 다른 사이트에서 구매 가능하다. **대용품** : 만약 보충제 구매가 불가능하다면, 추천한 베지도그 1티스푼당 칼슘 1,000mg과 개 전용 비타민 또는 사람용 멀티 비타민을 개 체중에 대비하여 사용한다. 카르니틴과 타우린(사람용을 개 체중에 대비하여 사용한다)도 도움이 된다. 해조류를 기초로 한 애니멀 에센셜 칼슘(Animal Essential Calcium)은 대용하기에 좋은 가루 보충제이다(1티스푼=1,000mg). 이것도 구매가 어려우면 사람용으로 판매하는 칼슘 캡슐을 구입하여 그 안에 있는 가루를 사용한다. 중금속 문제나 인도적이고 생태적인 이유에서 골분을 더 이상 권장하지 않는다. 골분은 우리가 설계한 레시피의 칼슘과 인의 비율을 변화시키기도 한다.

중요한 반려동물 보충제와 대용품	**고양이** : 고기의 양을 줄이거나 아예 급여하지 않는 경우 레시피에 항상 베지캣이나 베지키트(Vegekit), 베지캣 파이(Vegecat Phi)를 첨가한다. 이 보충제는 비건 캣 레시피에 필요한 모든 영양소를 함유하고 있다. 온라인에서 구매 가능하다. **대용품** : 만약 보충제 구매가 불가능하다면, 일반 상업용 사료를 급여하거나 타우린, 아라키돈산, 비타민 A, 비타민 B12, 요오드, 아연, 구리의 일일 요구량을 만족하는 고양이 비타민에 소량의 고기와 레시피에 들어가는 베지캣 1티스푼당 칼슘 1,000mg을 추가한 생식으로 급여한다.
프로바이오틱스와 소화효소	소화에 문제가 있거나 식이 전환기에 있는 동물에게 도움이 된다. 장내 생물군은 식이변화에 따라 잘 적응하는 경향이 있다. 퓨리나의 포티플로라(FortiFlora)는 고양이가 매우 좋아한다. 프로자임 플러스(Prozyme Plus)는 비건 포뮬라이고, 그린 머시(Green Mush)와 함께 컴패션 서클(Compassion Circle)에서 구매 가능하다. 그린 머시는 스피룰리나, 여러 가지 녹색채소, 프로바이오틱스, 소화효소를 건강하게 섞어 놓은 제품이다. 또 다른 좋은 제품도 이용 가능하다.
상업용 사료	예비용, 간식용, 여행용으로 좋다. 고양이 습식사료는 비뇨기계 결정이나 폐색 예방에 좋다. 개에게 채식사료를 먹이려면 브이도그나 내추럴 밸런스 베지테리안 도그 키블, 네이처스 레시피 헬시 스킨 베지테리언 레시피(Nature's Recipe Healthy Skin Vegetarian Recipe), 에볼루션(Evolution), 비건펫(Veganpet), 아보덤(AvoDerm)이 좋다. 고양이 사료로는 아미 앤드 베네보(Ami and Benevo), 에볼루션, 비건펫이 있다. 일부는 밀, 옥수수, 콩을 배제한 사료이고, 일부는 그렇지 않다. 다양한 종류를 시도해 본다.

얼마나 먹여야 할까?

고양이의 크기는 대략 비슷해서 보통 1일 280~300칼로리가 필요하다. 명확한 가이드라인은 6장에서 제시할 것이다.

개는 크기와 활동량에 따라 다양하고 복잡하다. 보통 일반 상식적인 면에서 보면 개가 좋아하는 만큼의 양이나 20분 내에 먹을 수 있는 양이면 된다. 체중을 주의 깊게 살펴보고 필요에 따라 증감한다. 레시피마다 칼로리 함량의 리스트를 만들었는데 각자 따로 계산하거나 수의사의 지시에 따른다. 일반적으로 개는 체중 0.45kg당 하루에 30칼로리 정도를 먹는다. 만약 왜소하거나 활동적이면 칼로리가 더 필요하고, 크거나 비활동적이면 칼로리가 덜 필요하다. 따라서 1,800칼로리는 체중이 27kg 나가는 개의 1일 필요량으로 적당하며, 체중이 9kg 나가는 개의 3일분 식사가 된다.

94~95쪽 표는 일반적으로 개와 고양이에게 먹여서는 안 되는 식품이다. 또 다른 견해의 정보를

얻으려면 www.drbasko.com/site/tomatoes-toxic-myth/를 참고한다. 이 사이트는 토마토, 아보카도, 버섯 등이 반려동물에게 해로운 것으로 잘못 알고 있는 수의사들의 정보가 틀렸음을 알려 준다. 사이트는 이 문제가 가려움증, 발진, 발바닥 핥기, 열감이 있고, 발적된 귀 등 드문 알레르기 케이스와 함께 식물의 잘못된 부분을 먹거나 독성이 있는 것을 먹음으로써 생기는 문제라고 한다.

개, 고양이에게 먹이는 것을 금지하거나 최소한으로 먹여야 하는 식품

식품	위험성, 증상
사료의 식품첨가물	BHA와 BHT에 의한 암, 간과 신장의 손상 식용색소에 의한 과민증, 알레르기, 행동문제
알코올	구토, 설사, 협응성 저하, 중추신경계 저하, 호흡곤란, 떨림, 비정상적 혈액 산성화, 혼수, 사망 가능성
초콜릿(특히 다크초콜릿)	구토, 설사, 헐떡거림, 과도한 갈증과 소변, 과잉행동, 비정상적인 심박동, 떨림, 발작, 사망 가능성
감귤류(과도한 경우)	구연산, 에센셜 오일은 자극이 되고 중추신경계를 저하시킬 수 있다. 소량의 과일은 괜찮다.
코코넛 과육과 코코넛 밀크(과도한 경우)	위장장애, 묽은 변, 설사. 소량은 문제가 되지 않는다.
커피나 차(과도한 경우 해독제가 없다)	안절부절못함, 호흡과 심박동이 빨라짐, 떨림, 발작, 출혈, 사망 가능성
유제품	일부 성묘나 성견은 우유 안의 유당을 분해하는 효소가 적다. 설사, 위장관장애, 식이 알레르기와 가려움증을 유발할 수 있다.
유전자 변형 옥수수, 콩, 카놀라 제품, 그 외 파생물	비산업계 연구에 따르면 유전자 변형 식품과 글리포세이트가 염증이나 내장 손상, 종양, 불임과 연관이 있다고 한다(3장 참조). 옥수수, 콩, 카놀라, 그 외에 다른 유명한 유전자 변형 식품 대신에 유기농이나 '비유전자 변형 식품'을 이용한다.
포도와 건포도	아직 밝혀지지 않은 어떤 물질이 신부전을 일으킬 수 있다. 급여하지 않는다.
뜨겁고 매운 음식	소화불량, 설사, 장의 염증

곰팡이와 상한 음식	구토, 설사 등. 습기를 차단하기 위해 사료의 봉지를 확실하게 밀봉하고, 저렴한 브랜드는 피해야 한다.
견과류(과도한 경우), 특히 마카다미아와 호두	구토, 설사, 떨림, 체온상승, 고체온, 빠른 심박동, 개에서의 뒷다리 쇠약 등이 섭취 후 보통 12시간 이내에 나타난다.
양파, 마늘(과도한 경우)	위장관장애, 적혈구 파괴 가능성, 특히 고양이에서 많다. **참고** : 마늘에 대한 연구를 살펴보면 개에게 매우 많은 양이 사용되어 왔으며, 일부 반려동물 사료에서 수십 년간 사용되어 왔다. 소량은 문제가 되지 않는다.
날달걀(과도한 경우)	날달걀의 흰자 속에 있는 아비딘은 비오틴의 흡수를 저해하여 피부나 피모에 문제를 유발할 수 있다.
생고기 및 덜 익은 고기	세균에 의한 식중독의 위험성, 생선의 기생충은 2주 안에 치명적인 영향을 줄 수 있다. 초고압살균(HPP, high-pressure pasteurization)이 최상이다.
짠 음식이나 간식(과도한 경우)	과도한 갈증과 소변, 구토, 설사, 우울, 떨림, 체온상승, 발작, 사망
작은 생뼈	가금류나 생선의 작은 뼈는 쪼개져서 질식이나 천공을 유발할 수 있다.
시금치, 근대(과도한 경우)	과도한 옥살레이트는 신장질환이나 방광결석과 연관이 있다. 가볍게 익힌 후 물을 버리면 케일의 고이트로젠(갑상선종 유발물질)을 줄여 주는 효과가 있다.
달콤한 간식	비만, 치과질환, 당뇨
자일리톨(감미료)	인슐린이 분비되어 저혈당이 오고, 구토와 무기력, 협응성 상실, 발작 및 간부전 가능성
발효 중인 밀가루 반죽(날것)	고통스러운 복부팽만, 생명을 위협하는 수준의 위염전 가능성

한국 독자에게 익숙하지 않은 식재료 정리

* 이 책에 소개된 레시피의 재료는 최대한 유기농 재료, 친환경적 재료를 사용할 것을 권한다. 유기농 재료는 제품의 품질도 좋지만 생명을 소중하게 생각하는 재료이기 때문이다.
* 익숙하지 않은 식재료들은 수입 식재료를 판매하는 상점이나 인터넷 사이트에서 구매할 수 있다.

그린빈(green beans) 깍지 속에 들어 있는 강낭콩으로 줄콩, 줄기콩으로 불린다.
나소야(Nasoya) 두부 제품 브랜드명
덜스 플레이크(dulse flake) 식용 홍조류 가루
디종 머스터드(dijon mustard) 껍질을 벗긴 겨자씨를 분쇄한 향신료
딜(dill) 허브의 일종
땅콩호박(butternut squash) 땅콩 모양의 미국산 호박
로메인(romaine) 상추의 일종
롤드오트(rolled oats) 납작귀리, 귀리를 도정하여 찐 다음 납작하게 눌러 가공한 것
리마콩(lima bean) 중앙아메리카 원산지의 동글납작한 콩
리프라이드 빈스(Refried beans) 멕시코 요리에 사용되는 삶아서 튀긴 콩
모리누(Mori–Nu) 두부 제품 브랜드명
미트로프(meat loaf) 다진 고기를 빵 모양으로 만든 요리
통곡물(whole grain) 배아나 껍질 등을 제거하지 않은 곡물
벌거(bulger) 밀의 일종인 통곡물. 귀리, 쌀, 기장, 현미, 메밀, 보리, 통밀 등으로 대체 가능하다.
베이컨 비츠(bacon bits) 베이컨 맛이 나는 채식 제품
베지이스트(VegeYeast) 채식을 하는 개와 고양이를 위한 이스트
병아리콩(chickpea) 병아리 얼굴을 닮은 이집트콩
붉은양배추(red cabbage) 적체라고도 불린다.
브로스(broth) 묽은 채수 또는 육수
슈캐넛(sucanat) 백설탕보다 미네랄이 풍부한 설탕
스틸컷오트(oats, steel cut) 절단귀리
스피룰리나(spirulina) 해조류의 일종
스필릿트피(split pea) 쪼개 말린 완두콩
시트러스(citrus) 감귤류
아마란스(amaranth) 씨앗은 곡물로, 잎은 채소로 먹는 남아메리카산 풀
에다마메(edamame) 덜 익은 콩을 껍질째 딴 것
영양효모(nutritional yeast) 각종 영양소가 풍부하게 들어 있으며 요리에 풍미를 더하는 천연 조미료. 영양이스트, 트래디셔널이스트 등으로 검색해서 구입할 수 있다.
오레가노(oregano) 향신료의 일종

오크라(okra) 아욱의 일종인 채소

와일드우드(wildwood) 두부 제품 브랜드명

웨스트소이(Westsoy) 두부 제품 브랜드명

유장(whey) 우유로 치즈를 만들고 남은 액체

유콘(Yukon) 감자의 종류

캔털루프(cantaloupe) 과육이 오렌지색인 멜론

커민(cumin) 중동 요리에 흔히 쓰이는 향신료

켈프(kelp) 갈조류. 다시마, 김, 미역 등으로 대체해도 영양구성에 큰 차이가 없다.

콩고기(TSP, textured soy protein) 콩 단백질로 만든 채식용 고기

퀴노아(quinoa) 고단백 곡물

퀵오트(quick oat) 바로 오트밀을 해먹을 수 있는 제품

크래니멀(Cranimals) 크랜베리를 이용한 보충제

크레미니버섯(cremini mushroom) 양송이버섯의 일종

크림오브타르타르(cream of tartar) 포도과즙을 발효시켜 추출한 베이킹 재료 중 하나

키드니빈(kidney bean) 덩굴강낭콩

타마리 간장(tamari soy sauce) 일반 간장을 사용해도 된다.

타히니(Tahini) 중동식 참깨 버터

터메릭(turmeric) 강황

템페(tempeh) 인도네시아식 발효 콩

토르티야(tortilla) 멕시코 전통음식으로 야채나 고기를 넣고 싸 먹는 밀가루나 옥수숫가루로 만든 음식

포리지(porridge) 오트밀에 우유나 물을 넣고 끓인 음식

폴렌타(polenat) 옥수숫가루 등 곡물가루로 만드는 죽 형태의 이탈리아 요리

퓌레(puree) 채소류를 갈아서 걸쭉하게 만든 음식

핀토빈(pinto bean) 멕시코 원산의 넝쿨강낭콩의 일종

햄프오일(hemp oil) 대마씨 기름

햄프허츠(hemp hearts) 대마씨

홍화유(safflower oil) 홍화에서 추출되는 기름

후무스(hummus) 병아리콩을 으깨 만든 중동 음식

히말라야 검은 소금(black Himalayan salt) 다른 소금이나 간장으로 대체 가능하다.

* 보충제 베지도그, 베지캣 구입 사이트

noblepet.kr

베지도그, 베지캣 등을 구입할 수 있는 국내 사이트. 비건채식 전문 쇼핑몰이다.

compassioncircle.com

책에 수록된 레시피에 필수적인 보충제를 구입할 수 있는 해외 사이트.

다양한 자연식 레시피

이 장에서는 새로운 레시피와 급여 가이드라인에 대해 알아본다. 소개되는 레시피들은 효과가 좋은 이전의 레시피를 업데이트한 것이다. 여러 전문가, 동료와 협업하여 만든 것으로 반려인과 반려동물이 같은 음식을 맛있게 즐기며 채식에 정착하는 데 영감을 줄 것이다.

이 프로그램을 추천하는 이유와 이 프로그램에 들어가는 식품과 보충제에 대한 더 많은 정보는 5장을 참조한다.

이번 책에서 새로워진 내용

반려인의 선택 : 채식 혹은 육식 : 반려동물을 위한 영양학적으로 균형 잡힌 채식 위주의 레시피와 고기 위주의 레시피를 모두 제공한다. 고기 없는 식이의 선택은 고기와 유제품 알레르기, 동물성 식품 섭취로 인해 세포 내에 유해물질이 축적되는 문제로부터 많은 동물을 편안하게 해 줄 것이다. 그러나 비교적 인도적인 방법으로 얻은 야생동물고기, 집이나 지역의 농장에서 기른 가금류를 이용할 수 있을 때 요리할 수 있는 유동적인 레시피도 있다.

반려동물과 사람이 다 같이 먹을 수 있는 레시피 : 여기에 소개된 레시피는 사람에게도 친숙한 레시피로 온 가족이 함께 즐길 수 있다. 이는 AAFCO가 정한 개와 고양이의 영양 요구량을 충족시키는 보충제와 함께 제공되어야 한다. 주방을 간결하게 해 주고 식사 준비를 즐겁게 해 주며, 반려인과 반려동물이 한 팀이 되어 더욱 건강하고 자비로운 식단을 만들 수 있게 도와줄 것이다.

더욱 종합적인 영양분석 : 비타민, 미네랄, 아미노산의 양을 현대의 영양학 소프트웨어를 이용하여 전체적으로 분석할 수 있다. 이 방법을 통하여 우리가 만든 모든 레시피가 동물의 요구량을 충족시켰다는 확신을 받았다. 세부 내용은 개와 고양이 파트의 마지막 부분에 있는 분석 차트를 참조한다.

레시피와 포괄적 원칙 : '신선하고 다양하게 활용 가능한 레시피(101쪽)'이나 '도그 데이(104쪽)'처럼 처음으로 단순한 레시피가 아닌 포괄적인 가이드라인을 제시해서 독자들로 하여금 재료 선택이나 재료 사용량에 대한 선택권을 주었다(레시피에서 정해진 재료만 넣는 것이 아니라 요리하는 사람이 재량껏 주변에서 구할 수 있는 다양하고 신선한 채소를 넣어 레시피에 변화를 줄 수 있는 유동적인 레시피-옮긴이). 특히 개는 자유 재량권이 있다. 개는 사람과 마찬가지로 자연 그대로의 신선한 식품을 다양하게 먹는 것만으로도 건강해질 수 있다. 특별히 영양학적 수치를 고려하지 않고도 정원에서 나오는 신선한 채소를 충분히 먹이는 것만으로도 건강해질 수 있다. 하지만 고양이는 개에 비해 식이제한이 많기 때문에 주의를 기울여야 하고, 레시피와 가이드라인을 따르는 것이 좋다.

공동 연구와 종합 : 이 레시피는 또 다른 새로운 형태로 다수의 전문가, 레시피 제공자, 신선식품을 먹이는 사람들의 전문 지식과 경험을 바탕으로 만들어졌다. 모든 것은 공유할 가치가 있으며, 모두에게 도움이 된다.

채소를 먹자 : 다양한 종류와 다양한 색깔의 풍성한 채소, 과일, 슈퍼푸드 간식을 강조한다. 특히 개의 경우에는 더욱 그러하다. 채소 급여는 어떤 동물이 다른 동물보다 훨씬 더 건강할 수 있는 주된 요인이며, 이미 오래전에 인간에게서 확인된 사실이다.

새로운 보충제(베지펫) : 초판에서 추천했던 '건강 분말과 칼슘'을 대체하는 베지펫은 더욱 간편해지고 완벽해진 보충제이다. 모든 레시피는 1980년대에 제임스 페덴(James Peden)이 최초로 만든 원조 베지펫 제품의 최신 버전을 이용했다. 새로운 생산자인 컴패션 서클의 애슐리 배스(Ashley

Bass)는 우리와 협업하여 제품을 더욱 향상시킬 수 있는 방법을 찾기 위해 여러모로 노력을 아끼지 않았다. 보통 특정 제품을 추천하지는 않지만, 베지펫은 비건 신선식품 식이와 고기를 포함한 식이 레시피와도 조화를 이루는 독특하고 섬세한 제품이다. 따라서 이 제품을 사용하는 것이 좋으나 그렇지 못할 경우에는 5장 마지막 부분에 있는 '개와 고양이에게 권장되는 식품'(90~91쪽)에서 대용품에 대한 가이드라인을 따르기 바란다.

참고 : 베지도그나 베지캣을 섭취량에 따라 매일 단독으로 급여해도 되고, '개, 고양이와 사람이 함께 먹을 수 있는 레시피'에 섞어 줘도 된다.

베지펫 보충제는 compassioncircle.com, noblepet. kr 등 다양한 온라인 상점에서 구입이 가능하다. 각 제품에는 활용 가능한 레시피도 들어 있다.

중요한 팁

대용품 : 녹색채소나 브로콜리, 토마토, 버섯, 피망, 양념 등 비전분성 식물의 양과 종류를 다양하게 사용하되 주재료는 제시한 그대로 사용하거나 유사한 종류의 곡물, 콩, 고기 등을 같은 양으로 사용한다. 이렇게 해야 동물이 필요로 하는 단백질과 지방의 양을 확실히 충족시킬 수 있다.

지방 : 레시피에 기름이나 다른 지방 재료가 있다면 이는 보통 AAFCO 기준을 충족하는 것이다. 정제된 기름보다는 가공되지 않은 자연 그대로의 식품이 좋다. 이것이 더 안정적이고 이로운 보조인자를 함유하고 있다.

소금 : 소금이나 타마리 간장은 맛을 내기 위해 자유롭게 증감해도 된다. 하지만 너무 많이 넣거나 너무 적게 넣지 않도록 한다. 일부 레시피의 경우 개와 고양이에게 적합한 최소 요구량에 맞춰야 하기 때문이다.

다양성 : 예민하고 까칠한 고양이들도 만족시키고 반려인의 시간과 예산에도 적합한 여러 가지 선택 사항이 있는 다양한 레시피를 제공한다. 가장 좋아하는 레시피가 있다 하더라도 다양한 영양분을 공급하고 알레르기의 발생 가능성을 최소화하기 위해 다양한 레시피를 급여한다.

소화효소와 보조제 : 훌륭한 소화기능은 영양분의 최상의 소화·흡수를 위해 매우 중요하다. 반려동물이 여러 마리일 경우, 반려동물마다 자기만의 개별 식기와 식사공간을 제공하여 먹이경쟁으로 인한 식사시간의 스트레스를 줄여야 한다. 콩류는 대부분 잘 불려서 부드러워질 때까지 조리해야 하며, 잘 으깨 줘야 한다. 콩 조리법은 146쪽을 참고한다.

만약 반려동물의 변에서 소화되지 않은 음식물이 발견된다면 반려동물용 소화효소 제품과 프로바이오틱스를 급여한다. 이는 일부 동물에게 매우 도움이 된다. 제품에 붙어 있는 라벨의 지시사항을 따른다.

물 : 항상 깨끗하게 정수된 물이나 용천수를 충분히 제공한다. 고양이는 어떠한 형태든 건조된 음식은 촉촉하게 적셔 주는 것이 좋다. 고양이의 습성상 식품을 통해서만 물을 섭취하려는 경향이 있으므로 마른 음식을 먹어도 필요한 만큼 물을 먹지 않는 경향이 있다.

📠 개와 고양이를 위한 레시피

신선하고 다양하게 활용 가능한 레시피
fresh & flexible

개, 고양이의 건강 유지용 레시피.

개, 고양이와 사람이 함께 먹을 수 있는 레시피.

제공 : 수의사 얀 알레그레티(Jan Allegretti)

동물 컨설턴트이자 《개를 위한 완전한 홀리스틱 책 : 우리의 동반자인 반려견을 위한 가정에서의 건강관리(*The Complete Holistic Dog Book: Home Health Care for Our Canine Companions*)》의 저자 얀 알레그레티가 공유를 허락해 준, 개와 고양이에게 모두 적용 가능한 레시피로 100% 채식일 수도 있고, 고기를 곁들일 수도 있다.

매일 같은 재료를 반복해서 사용하는 정형화된 레시피보다는 풍부한 양의 신선하고 가공되지 않은 자연 그대로의 유기농 식품을 융통성 있고 탄력적이며 비율에 맞춰 균형 있게 사용하는 것이 좋다. 얀의 설명이다. "이 식단이 중요한 이유는 요리에 사용되는 재료의 다양성 때문이다. 매일 또는 며칠 간격으로 다른 식품을 먹여 동물이 필요로 하는 영양소를 다양한 식품에서 얻게 해야 한다."

얀의 병원에 내원하는 반려동물은 상업용 사료를 먹다가 이 방법으로 바꾼 뒤 피부질환이나 소화기계 질환, 행동문제, 다리 절뚝거림과 같은 다양한 증상이 개선되거나 회복되었다. 얀은 그레이트데인을 구조하여 키우고 있는데 가공하지 않은 자연 그대로의 식품을 이용하여 채식 위주의 건강한 음식을 만들어 급여했더니 나이가 들어도 건강을 잃지 않았다고 한다. 얀의 유튜브 영상 〈개와 고양이도 비건이 될 수 있나요?(Can Dogs and Cats Go Vegan, Too?)〉를 시청해 보자.

이 프로그램의 최대 장점은 반려인이 개, 고양이와 함께 먹을 수 있는 식사를 만들 수 있다는 점이다. 콩이나 쌀을 요리할 때, 샐러드를 만들거나 일부 야채를 찔 때 반려동물을 위한 여분의 음식을 만들면 좋다. 다음의 비율에 맞춰 급여한다.

주재료

- **단백질 30~60%(콩과 식물 또는 육류)** : (고양이와 성장기인 동물은 60%, 대형견 중에서 성견은 30%). 잘 익혀서 으깬 콩과 식물, 특히 붉은렌틸콩, 쪼개 말린 완두콩, 유기농 콩 제품(두부, 템페), 병아리콩, 핀토빈. 익힌 살코기, 밀고기인 세이탄 제품

- **탄수화물 30~60%** : (성견에게만 높은 수준 적용) 잘 익힌 통곡물(현미, 퀴노아, 메밀, 보리, 아마란스, 기장), 통곡물 빵 또는 파스타, 겨울호박, 고구마, 얌, 감자

- **채소와 과일 10~30%** : 생것이나 찐 케일, 시

금치, 근대, 콜라드(collard, 케일의 일종), 브로콜리, 콜리플라워, 주키니 호박, 당근, 덩굴강낭콩, 신선한 베리류, 사과, 바나나, 멜론, 씨를 제거한 핵과(stone fruit, 복숭아 등 중심에 씨가 있는 과일). 포도나 건포도는 줘서는 안 된다. 양파는 고양이에게 줘서 안 되며 개에게는 소량 급여하는 것은 괜찮으나 그 이상 급여해서는 안 된다.

보충제

• **반려견용 보충제** : 사람용 종합 비타민제와 미네랄 보충제(비타민 B$_{12}$, 비타민 D, 요오드, 칼슘이 포함된)를 체중에 맞게 사용한다. 비건 도그의 경우 L-카르니틴과 타우린을 체중에 맞게 섞어 주거나 베지도그를 라벨에 적힌 대로 급여한다.

• **반려묘용 보충제** : 충분한 양의 타우린, 아라키돈산, 비타민 A 전구체, 비타민 B$_{12}$, 칼슘, 콜린, 고양이에게 필요한 다른 영양분을 확실히 충족시키기 위해서는 베지캣의 하루 급여량을 매일 급여해야 한다. 그렇지 않고 육류가 적거나 아예 없는 완전채식을 하게 되면 고양이의 건강에 심각한 문제가 생길 수 있다.

• **지방** : 아마씨유, 올리브 오일, 코코넛 오일, 대마유, 잘 간 아마씨, 대마씨, 땅콩버터를 체중에 따라 매일 ½~3티스푼씩 급여한다.

• **영양 강화제** : 스피룰리나, 남조류, 영양효모와 같은 슈퍼푸드 또는 레시틴과 다양한 프로바이오틱스를 번갈아 급여한다.

• **양념(선택 사항)** : 애호박이나 호박을 이용한 이유식 소스나 김을 뿌린 옥수수 퓌레, 영양효모, 덜스플레이크, 오일을 음식 위에 뿌려서 기호(특히 고양이의 경우)와 영양을 향상시킨다.

• **간식** : 사과, 토마토, 베리류, 감귤류, 복숭아, 캔털루프, 대에 붙은 옥수수, 당근 스틱, 오이 등 좋아하는 것. 사람이랑 반려동물이 함께 먹을 수 있는 홈메이드 간식을 만든다. 단, 초콜릿, 포도, 건포도는 안 된다.

• **소화 보조제** : 변을 관찰한다. 만약 소화되지 않은 음식물이 섞여 나온다면 반려동물 효소를 음식에 뿌려 급여한다. 동물이 식물성 식품을 소화하는 데 도움이 많이 되며, 특히 고양이에게 더욱 도움이 된다. 몸이 새로운 식품에 적응하도록 소화를 향상시킨다. 프로바이오틱스 또한 식이전환을 할 때 도움이 많이 된다.

지금까지의 내용은 일반적인 하루 메뉴이다. 얀이 자신의 반려견 그레이트데인에게 직접 만들어 먹인 식단은 다음과 같다.

아침식사 : 대형견

◇ 익히지 않은 납작귀리 ¾ 컵(탄수화물 40%)
◇ 단단한 두부 ¾ 컵(142g)(단백질 35%)
◇ 신선한 딸기 ½ 컵(과일이나 채소 25%)
◇ 스피룰리나 ½티스푼
◇ 아마씨 간 것 1테이블스푼
◇ 영양 강화 두유 ½컵
◇ 코코넛 오일 1테이블스푼

가벼운 점심식사(가벼운 샐러드나 샌드위치)
◇ 잘게 다진 시금치 ½컵

◇ 현미 ½컵(또는 잘 으깬 병아리콩 ½컵)

◇ 아마씨유 1티스푼

선택 사항 : 땅콩버터 샌드위치는 외출할 때 먹을 수 있는 간단한 메뉴이다(통곡물 빵 2장에 순수 유기농 땅콩버터 2테이블스푼을 바르면 된다).

저녁식사

◇ 익힌 붉은렌틸콩 1½컵, 말린 붉은렌틸콩으로 할 경우에는 ½컵(단백질 45%)

◇ 익힌 퀴노아 1컵, 말린 퀴노아로 할 경우에는 ⅓컵(탄수화물 30%)

◇ 생 혹은 가볍게 찐 브로콜리 ¾컵(채소 25%)

◇ 영양효모 1테이블스푼

◇ 소금 ⅛티스푼

◇ 올리브 오일 ½티스푼

◇ 베지도그 1¾티스푼

계산 : 1,459칼로리(단백질 20%, 지방 25%). 건강한 오메가-3가 풍부하며, 피부질환, 방광질환, 염증성 질환 등 건강상태에 전반적으로 도움이 되는 좋은 레시피이다.

개의 크기를 구분하는 기준

초소형견	약 7kg 이하
소형견	7~14kg
중형견	14~28kg
대형견	28~40kg
초대형견	40kg 이상

🐾 개를 위한 레시피

도그 데이
dog day

개의 건강 유지용 및 성장기용 레시피.
개와 사람이 함께 먹을 수 있는 레시피.
수의사 디 블랑코(Dee Blanco)와 공동 연구.

오직 개를 위한 프로그램으로 생고기, 생뼈, 채식으로 건강이 눈에 띄게 좋아진 케이스를 많이 본 오랜 친구이자 동료 수의사인 디 블랑코와 우리가 공동 연구한 광범위하고 융통성 있으며 탄력적인 레시피이다.

디는 "개들은 사람들이 주는 만큼 많은 양의 고기가 필요하지 않아요."라며 레시피를 만들 때 환경과 인도적인 문제를 많이 고려했다고 했다. 간단하고 쉬운 요리법을 둘로 나눠 제시했는데 따뜻한 시리얼과 과일이 있는 아침식사, 고기와 야채가 있는 저녁식사이다. 반려동물에게 먹일 양질의 육류나 지역에서 생산되는 생고기 혼합물을 구할 수 있는 경우에 이상적이다.

《개·고양이 자연주의 육아백과》 초판에 소개된 육류와 곡물을 이용한 고전적인 레시피를 대신할 수 있다. 영양가는 초판의 레시피와 비슷하지만 이 레시피가 호환 가능성이 더 높고 다양하다. 칼슘과 다른 영양분을 충분히 공급하기 위해 베지도그에 붙어 있는 라벨에 적힌 대로 일일 급여량을 매일 급여한다. 또한 디는 해조류를 기초로 한 애니멀 에센셜 칼슘(Animal Essential Calcium)(라벨에 적힌 체중에 따라 급여)을 사용하기를 제안한다.

중금속 오염으로 인해 골분은 추천하지 않는다.

아침식사 : 영양가가 듬뿍 들어 있는 시리얼

◇ 따뜻한 시리얼(메밀, 퀴노아, 아마란스, 테프, 귀리나 기장 또는 귀리와 기장의 혼합)
◇ 과일(사과, 바나나, 베리류)
◇ 우유(식물성 또는 동물성)
◇ 아마씨 간 것, 햄프허즈, 코코넛 오일
◇ 개의 체중에 따라 베지도그 일일 급여량의 절반

이 레시피는 디가 가장 좋아하는 포리지(porridge, 오트밀에 우유나 물을 넣고 끓인 음식) 중 하나로 개와 사람이 모두 좋아하며, 퀴노아나 아마란스 중 한 가지를 절반 넣고 거기에 메밀을 절반 섞어 넣은 메뉴이다. 나는 절단귀리로 만들기를 좋아한다.

물에 충분히 불린 곡물을 천천히 조리하는 아일랜드의 전통적인 조리 방식을 추천한다. 이런 방식은 곡물 표면을 보호하며, 미네랄 흡수를 저해하는 피트산을 제거한다.

곡물을 최소 7시간 이상 물에 불린 후 물을 따라 버리고 다시 깨끗한 물을 곡물 1컵당 최소 3컵

이상 넣고 아주 약한 불로 밤새도록 조리한다. 필요하면 물을 더 부어도 된다. 아침이 되면 부드럽고 소화하기가 쉬운 포리지가 완성된다. 여기에 다른 재료를 곁들여 먹는다. 디는 개에게 식사의 약 25%를 포리지로 먹이라고 제안한다(고양이는 15%).

저녁식사 : 고기와 채소

◇ 생고기나 조리된 고기 또는 반려동물용 생고기 믹스 50%
◇ 겨울호박, 호박 또는 고구마(원한다면 양상추나 녹색채소를 곁들여서) 50%
◇ 고기 0.45kg당 애니멀 에센셜 해초 칼슘(Animal Essentials Seaweed Calcium) 또는 베지도그 1티스푼(=칼슘 1,000mg)

고기와 채소를 섞은 후 그 위에 보충제를 뿌려 급여한다. 코코넛 오일이나 아마씨유를 살코기에 첨가할 수 있다. 아침식사로 단백질을 적게 공급했기 때문에 저녁에는 고단백 식이를 급여하여 균형을 맞춰야 한다.

고기를 넣지 않는 레시피(선택) : '채소 듬뿍 스튜(110쪽)'나 '개를 위한 두부 미트로프(108쪽)', '채식 버거(109쪽)', '자연식 스크램블(113쪽)'과 같이 단백질이 적어도 22% 이상인 레시피 중 하나를 골라서 개에게 급여해도 된다. 여기에 총 단백질의 양을 맞춰 주기 위해 양상추, 아스파라거스, 주키니 호박, 케일, 브로콜리 등과 같은 저탄수화물 채소를 첨가할 수 있다.

성장기용 레시피(선택, 모견과 자견) : 달걀 1개, 소량의 두부, 약간의 고기를 아침식사에 첨가한다. 베지펍(Vegepup)에 적힌 성장기용 급여량에 따라 급여한다.

이 프로그램에서 가능한 몇 가지 메뉴를 분석해 본 결과, 베지도그나 그에 상응하는 보충제를 사용하는 경우 모든 조합이 AAFCO의 기준을 만족한다. 두 가지 예시 메뉴가 있다.

닭고기와 땅콩호박

아침식사 : 아마란스 1컵, 퀴노아 1컵(조리된 것), 영양 강화 두유 1컵, 바나나 1개, 아마씨 간 것 1테이블스푼, 베지도그 1½티스푼

저녁식사 : 닭고기 등 부분(고기, 껍질)이나 기름기 있는 고기 1컵, 땅콩호박 1컵

계산 : 1,209칼로리, 단백질 22%, 지방 32%

사슴고기와 호박

아침식사 : 아마란스 1컵, 퀴노아 1컵(조리된 것), 영양 강화 두유 1컵, 사과 1개, 코코넛 오일 1테이블스푼, 베지도그 1½티스푼

저녁식사 : 사슴고기(또는 살코기나 두부) 170g, 통조림 호박 1컵

계산 : 1,089칼로리, 단백질 24%, 지방 31%.

렌틸콩 스튜
lentil stew

개의 건강 유지용 레시피.
앤 헤리티지의 레시피에서 영감을 받았다.

이 스튜는 쉽고 건강에 좋고 경제적이고 친환경적이다. 개를 여러 마리 키우거나 대형견을 키울 경우에 이상적인 레시피이다. 렌틸콩(lentil)과 대두(soy)는 단백질이 가장 많은 콩과 식물이다. 앤이 25살까지 살았던 보더콜리 브램블, 건강하게 장수한 여러 개에게 먹인 스튜와 비슷하다. AAFCO의 기준을 충족시키기 위해 몇 가지 건강한 지방, 소금, 베지도그를 충분히 첨가했다. 《브램블 : 영원히 살고 싶은 개(*Bramble: The Dog Who Wanted to Live Forever*)》에서 앤은 종종 정원에서 나는 신선한 민트를 넣어 주었고, 브램블이 나이가 들었을 때는 관절염을 위해 강황을 첨가했다.

◇ 물 5컵
◇ 건조 렌틸콩 2컵
◇ 현미 2컵
◇ 신선한 채소(시금치, 완두콩, 녹색채소, 브로콜리, 양배추, 당근, 근대 등) 1컵 이상
◇ 와일드우드의 스프로토푸 한 덩어리(283g) 또는 웨스트소이(Westsoy) 또는 나소야(Nasoya)의 단단한 유기농 두부 1통(396g)
◇ 영양효모 3테이블스푼
◇ 아마씨 간 것 또는 신선한 아마씨유 1테이블스푼

◇ 참깨 버터 1½테이블스푼
◇ 유기농 타마리 간장 1테이블스푼이나 소금 ½티스푼
◇ 베지도그 보충제 1½테이블스푼(또는 라벨에 적힌 일일 급여량)

큰 소스팬에 물을 넣고 중간 불로 맞춰 끓인다. 렌틸콩, 현미, 채소를 넣고 뚜껑을 덮은 채 45분간 끓인다. 급여하기 좋은 온도로 식힌 후 두부, 영양효모, 아마씨, 참깨 버터, 타마리 간장, 베지도그를 넣는다. 채소를 다양하게 준비하고 창의적으로 요리해도 된다. 스튜와 함께 잘게 썬 양상추를 급여한다.

선택 사항 : 앤은 두부 대신 유기농 콩고기 ¼컵으로 대체해서 만들기도 했다. AAFCO의 최소 지방 요구량을 맞추기 위해 아마씨와 참깨 버터를 각각 3테이블스푼으로 증가시킨다. 콩 알레르기가 있는 경우, 두부를 빼고 영양효모 4테이블스푼, 아마씨 간 것 3테이블스푼, 참깨 버터 3테이블스푼을 넣는다.

계산 : 3,443칼로리(단백질 22%, 지방 13%). 소형견이라서 양이 많으면 일부는 냉동 보관한다.

냄비 요리
skillet supper

개의 건강 유지용 레시피.

개와 사람이 함께 먹을 수 있는 레시피.

빠르고 손쉬운 이 요리는 남은 퀴노아, 현미, 메밀, 기장을 이용하기에 좋다. 잘게 썬 양상추를 곁들이면 더욱 맛있다.

◇ 당근 간 것 1개
◇ 다진 시금치나 다른 녹색채소(파슬리 등) ½컵
◇ 유기농 타마리 간장 1티스푼보다 조금 많이 또는 소금 ⅛티스푼
◇ 익힌 퀴노아, 쌀밥 또는 다른 통곡물 2컵
◇ 푹 익힌 덩굴강낭콩 2컵이나 1캔(425g)
◇ 냉동 옥수수 알갱이나 완두콩 ¼컵
◇ 영양효모 1테이블스푼
◇ 대마씨, 아마씨 간 것, 코코넛 오일, 레시틴, 참깨 버터 또는 땅콩버터 2티스푼
◇ 베지도그 보충제 1½티스푼(또는 라벨에 적힌 일일 급여량)

중간 불로 스튜용 냄비를 달군 후 물이나 채수를 몇 테이블스푼 넣는다. 당근 간 것을 가볍게 볶다가 시금치를 넣고 타마리 간장을 뿌린다. 녹색채소가 숨이 죽으면 퀴노아, 덩굴강낭콩, 옥수수, 영양효모를 넣는다. 급여하기 좋은 온도로 데운다. 개가 먹기 편하도록 콩을 으깨고 그 위에 대마씨와 베지도그를 뿌려서 개도 먹이고 사람도 먹는다. 사람용에는 살사를 뿌리면 맛있다.

선택 사항 : 낮은 칼로리로 포만감을 주고 영양가를 만족시키기 위해 곡물 전체나 일부를 남은 고구마나 겨울호박으로 대체하여 사용한다(체중 감량에 좋다). 덩굴강낭콩을 병아리콩처럼 단백질 함량이 낮은 콩과 식물로 대체할 수 있고, 전분성 식품(퀴노아, 옥수수 등)을 줄여서 요리해도 된다.

계산 : 1,123칼로리, 중형견이 대략 하루 동안 먹을 양(단백질 20%, 지방 15%)이다.

개를 위한 두부 미트로프
tofu meat loaf for dogs

개의 건강 유지용 및 성장기용 레시피.
개와 사람이 함께 먹을 수 있는 레시피.

개를 위한 두부 미트로프(meat loaf, 다진 고기를 빵 모양으로 만든 요리)는 친구들과 음식을 각자 만들어 와서 먹었던 파티에서 발견한 레시피이다. 친구의 반려견인 그레이스가 가장 좋아하는 메뉴라고 했다. 사람은 채소 또는 샐러드, 으깬 감자를 곁들여서 전채 요리로 먹으면 좋다.

◇ 와일드우드의 스프로토푸 한 덩어리(283g) 또는 웨스트소이나 나소야의 단단한 유기농 두부 1통(396g)

◇ 잘게 부순 통곡물 유기농 빵 2장

◇ 퀵오트(quick oat, 바로 오트밀을 해먹을 수 있는 제품) 1⅔컵

◇ 물 1½컵 + 필요시 추가 가능

◇ 유기농 타마리 간장 3테이블스푼이나 소금 1½티스푼(또는 조금 더 적게)

◇ 영양효모 2테이블스푼

◇ 디종 머스터드 2테이블스푼

◇ 이탈리안 허브 1티스푼

◇ 마늘 가루 ¼티스푼(선택 사항)

◇ 검은 후춧가루 ¼티스푼(선택 사항)

◇ 베지도그 보충제 1½티스푼(또는 라벨에 적힌 일일 급여량)

◇ 저염 케첩 ½컵(그레이비 레시피 참조, 선택 사항)

일단 오븐을 177℃로 예열해 놓는다. 큰 그릇에 두부, 빵, 퀵오트, 물, 타마리 간장, 영양효모, 머스터드, 허브, 마늘 가루, 후춧가루(만약 넣는다면)를 넣어서 섞는다. 베지도그를 이 시점에 넣거나 일일 급여량에 맞춰 식사 위에 뿌린다. 모든 재료를 잘 반죽한다. 기름을 약간 바른 23×13cm 크기의 유리 로프 팬에 반죽을 눌러 넣는다. 케첩을 위에 뿌리고 30~40분간 예열된 오븐에서 굽는다. 잘게 썬 로메인(romaine, 상추의 일종) 상추, 데친 아스파라거스, 브로콜리 등 반려견이 좋아하는 녹색채소를 듬뿍 곁들여 급여한다. 겨울호박(굽거나 으깬 것), 다진 케일, 시금치 또는 데친 브로콜리를 반죽에 넣어도 된다.

그레이비 레시피(선택) : 케첩을 뺀다. 굽기 전에 반죽에 잘게 썬 양송이버섯(cremini mushroom)을 1컵 추가하거나 조리된 반죽 위에 '참깨 버터 그레이비 소스(142쪽)'를 뿌린다.

계산 : 1,335칼로리, 체중 20kg 정도 나가는 개가 대략 하루 동안 먹을 양(단백질 24%, 지방 24%)이다.

성장기용 레시피(선택, 모견과 자견) 베지도그 대신 베지펍을 2테이블스푼 조금 안 되게 넣거나 라벨에 적힌 모견과 자견의 일일 급여량을 매일 급여한다.

채식 버거
V-burgers

개의 건강 유지용 및 성장기용 레시피.
개와 사람이 함께 먹을 수 있는 레시피.

반려견과 사람이 같이 즐길 수 있는 맛있고 영양이 풍부한 채식 버거이다. 건강한 녹색채소와 씨앗이 풍부하며, 남은 고구마 또는 얌을 이용하면 버거빵을 붙이는 데 도움이 된다. 2~3회 분을 한꺼번에 만들어서 남는 분량은 냉동 보관했다가 나중에 토스터 오븐에 넣으면 반려견이 꼬리를 치며 반기는 맛있는 식사이자 사람에게도 훌륭한 한 끼 식사가 된다. 고양이를 위한 맛있는 고단백 버거인 '냠냠 버거(127쪽)'는 베지도그를 사용하면 반려견의 메뉴로도 좋으니 참고한다.

◇ 조리된 검정콩 3컵(생것으로 할 경우에는 1컵부터)이나 조리된 렌틸콩 2½컵(생것으로 할 경우에는 1컵)
◇ 잘게 부순 통밀빵 2장
◇ 영양효모 1테이블스푼(더 많은 단백질을 위해 양을 늘릴 수 있음)
◇ 아마씨 간 것 2테이블스푼
◇ 해바라기씨 2테이블스푼
◇ 호박씨나 아몬드 버터 2테이블스푼
◇ 시금치나 케일 2컵
◇ 구운 고구마나 얌 1개
◇ 베지도그 보충제 1⅔티스푼(또는 라벨에 적힌 일일 급여량)

푸드프로세서, 바이타믹스(Vitamix), 블렌더 등의 조리기구로 모든 재료를 혼합한다. 퓌레를 만드는 데 필요한 만큼 물을 넣는다. 패티 모양을 쉽게 만들기 위해 살짝 차갑게 식힌다. 오븐을 190℃로 예열해 놓는다. 패티를 지름 8cm 정도로 만들어 기름종이 위에 올리고 10분간 양쪽 면을 굽는다. 남은 패티는 냉동 보관하거나 보관용기에 담아 냉장 보관한다. 나는 버거를 냄비에 살짝 구워서 구운 통밀 잉글리시 머핀 사이에 끼워 일반적인 양념(마요, 머스터드, 피클, 양파, 토마토, 양상추)을 넣어 먹는 것을 좋아한다. 이 모든 재료에서 피클과 양파만 빼면 반려견이 먹어도 좋다.

계산 : 1,314칼로리(버거 8~9개), 중형견 성견이 대략 하루 동안 먹을 양(단백질 18%, 지방 22%)이다. 렌틸콩으로 만든다면 단백질 22%, 지방 22%.

성장기용 레시피(선택, 모견과 자견) 생 렌틸콩을 1¼컵 사용하고, 베지도그 대신 베지펍을 5티스푼 사용한다. 또는 라벨에 적힌 모견과 자견의 일일 급여량을 매일 급여한다.

채소 듬뿍 스튜
savory stew

개의 건강 유지용 및 성장기용 레시피.
개와 사람이 함께 먹을 수 있는 레시피.

미네스트로네(minestrone, 채소, 파스타를 넣어 끓인 이탈리아 수프)에서 영감을 받은 채소와 단백질이 풍부하고 영양가가 듬뿍 들어 있는 수프로, 만드는 데 10분 정도밖에 걸리지 않는다. 간단한 레시피로 뚝딱 만들 수 있는데 맛있기도 해서 만족스러운 메뉴이다. 토마토를 좋아하지 않는 개는 토마토를 빼고 맛을 내기 위해 약간의 레몬 주스에 미소 된장이나 소금을 첨가한다.

◇ 물 또는 채수 5컵
◇ 건조된 브라운 렌틸콩 2컵
◇ 유기농 콩고기 ½컵[온라인에서 구입할 수 있는 밥스레드밀(Bob's Red Mill)이 좋다]
◇ 토마토 스튜 1캔(425g)(선택 사항)
◇ 다진 케일이나 브로콜리, 주키니 호박, 피망, 콜라드, 양배추 또는 채소 1컵
◇ 잘게 썬 양송이버섯 1컵
◇ 옥수수 알갱이(냉동이 가장 편함) 1컵
◇ 깍둑썰기 한 샐러리 1대
◇ 깍둑썰기 한 중간 크기의 당근 1개
◇ 올리브 오일 또는 코코넛 오일 2테이블스푼(나눠서 사용)
◇ 이탈리안 허브 1티스푼 이상
◇ 소금 ½티스푼(가능하면 히말라야 검은 소금을 사용하면 좋다)
◇ 베지도그 보충제 3½티스푼(또는 라벨에 적힌 일일 급여량)

◇ 영양효모 2테이블스푼
◇ 통밀빵 4장

큰 냄비에 올리브 오일이나 코코넛 오일을 1테이블스푼 넣고, 마지막 세 가지 재료를 제외한 나머지 재료를 넣고 섞는다. 뚜껑을 닫고 끓이다가 불을 줄여 50분간 끓인다. 또는 전기 압력 밥솥의 '콩' 조리 버튼을 눌러 조리한다. 스튜를 약간 식힌 다음 베지도그와 효모를 넣어 휘젓는다(또는 치즈 뿌리듯 베지도그와 효모를 위에 뿌려 줘도 된다). 남은 올리브 오일 1테이블스푼을 빵 위에 발라 스튜와 함께 제공한다(반려견은 빵을 잘게 찢어서 급여한다).

선택 사항 : 빵과 함께 급여하는 대신 굽거나 으깬 감자 2개에 스튜를 소스처럼 부어서 준다. 또는 달군 팬에 토르티야를 넣고 스튜를 부은 후 말아서 먹는다. 잘게 썬 양상추와 함께 먹는다.

계산 : 빵을 포함해서 2,538칼로리, 중형견이 대략 3일 동안 먹을 양(단백질 23%, 지방 15%)이다.

성장기용 레시피(선택, 모견과 자견) 빵을 2장으로 줄이고, 레시틴과 대마씨를 1테이블스푼씩 첨가한다. 베지도그 대신 베지펍을 3테이블스푼 조금 안 되게 넣거나 라벨에 적힌 모견과 자견의 일일 급여량을 매일 급여한다(단백질 23%, 지방 19%).

두부 국수
tofu noodles

개의 건강 유지용 및 성장기용 레시피.
개와 사람이 함께 먹을 수 있는 레시피.

아내인 수전은 할머니가 만들어 주신 닭 요리와 만두 요리에서 영감을 받아 쉽고 빠른 레시피를 만들었다. 통곡물 파스타는 반려견이 소화를 잘 시키고, 갓 만든 신선한 파스타와 단단한 두부는 음식의 맛을 더한다. 버섯은 단백질 함량이 높고 영양가가 매우 풍부하며 반려견에게 안전하다(독이 있는 버섯은 문제를 유발하므로 주의한다).

◇ 통밀 또는 글루텐 프리(gluten-free) 페투치네(fettuccine, 납작하고 긴 파스타의 일종) 1봉지(454g)

◇ 잘게 썬 버섯 1컵

◇ 와일드우드의 스프로토푸 한 덩어리(283g) 또는 웨스트소이나 나소야의 단단한 유기농 두부 1통(396g) 또는 그 이상

◇ 마늘 ¼티스푼(선택 사항)

◇ 유기농 타마리 간장 2테이블스푼 이상

◇ 영양효모 ¼컵(나눠서 사용)

◇ 유기농 콩이나 해바라기 레시틴 과립 1테이블스푼(선택 사항)

◇ 두유나 식물성 우유 1컵

◇ 잘게 썬 주키니 호박 1개

◇ 베지도그 보충제 2¾티스푼(또는 라벨에 적힌 일일 급여량)

포장에 적힌 국수 삶는 법을 참고하여 국수를 삶는다. 삶은 국수는 물기를 빼서 한쪽에 잘 둔다. 그동안 중간 크기의 팬에 약간의 물과 버섯을 넣고 타마리 간장이나 채수를 더해 3~4분간 자주 저어 가며 볶아 준다. 두부를 잘게 부수고 마늘(사용한다면)과 타마리 간장, 대부분의 영양효모를 넣어 준다. 잘 섞어 옅은 갈색이 날 때까지 조리한다. 볶은 버섯과 두부를 국수와 섞은 후 레시틴(사용한다면), 두유, 남아 있는 영양효모(원하는 만큼)를 넣어 준다. 국수와 같이 주키니 호박을 끓이거나 쪄서 곁들임 요리로 준다(또는 국수가 있는 냄비에 같이 넣어서 조리해도 된다).

반려견의 식사에는 베지도그와 주키니 호박을 추가해 급여한다. '건강 스프링클(140쪽)'을 국수 요리 위에 올리면 아주 멋진 식사가 된다. 검은 후춧가루와 비건용 파르메산(parmesan) 치즈를 곁들이면 사람이 먹을 식사로도 훌륭하다.

계산 : 2,268칼로리, 성견이 약 이틀 동안 먹을 양(단백질 23%, 지방 13%)이다.

성장기용 레시피(선택, 모견과 자견) 참깨 버터를 3테이블스푼 넣는다. 베지도그 대신 베지펍을 듬뿍 떠서 2테이블스푼 급여하거나 라벨에 적힌 일일 급여량을 급여한다.

콩과 옥수수의 환상 조합
chef's bean 'n'corn delight

개의 건강 유지용 레시피.
개와 사람이 함께 먹을 수 있는 레시피.

경제적이고 맛있는 이 레시피는 케이터링 대회에서 맛보았던 남서부 요리에서 영감을 얻었다. 개를 위해 양파를 빼고 베지도그를 추가한 것을 제외하고는 요리사가 설명한 그대로이다. 요리사도 풍미를 더하기 위해 영양효모를 흔히 사용한다고 했다. 그는 갓 구운 옥수수 알갱이를 털어 사용했지만 냉동 옥수수 알갱이도 괜찮다.

◇ 조리된 검정콩 2컵이나 1캔(425g)
◇ 조리된 핀토빈 2컵이나 1캔(425g)
◇ 생 옥수수 알갱이나 냉동 옥수수 알갱이 1컵
◇ 불에 구운 피망 1개 깍둑썰기 한 것(병조림으로 판매하는 것)
◇ 라임 주스 2~3테이블스푼
◇ 영양효모 2테이블스푼
◇ 올리브 오일 1테이블스푼
◇ 소금 ½티스푼
◇ 커민(cumin, 중동 요리에 흔히 쓰이는 향신료) 간 것 ½티스푼(선택 사항)

◇ 마늘 1쪽 다진 것(선택 사항)
◇ 베지도그 보충제 1⅔티스푼(라벨에 적힌 일일 급여량의 절반)
◇ 잘게 썬 로메인 상추 1컵

중간 불에 큰 냄비를 얹고 콩, 옥수수, 피망, 라임 주스, 영양효모, 올리브 오일, 소금, 커민, 마늘(사용한다면), 베지도그를 넣고 혼합한다. 따뜻해질 때까지 잘 섞어 준다. 반려견에게 급여할 양은 소화를 돕기 위해 으깨거나 푸드 프로세서로 갈아 준다. 로메인 상추와 함께 급여한다. 이 메뉴를 자주 먹일 거라면 마늘은 주의해서 써야 한다.

선택 사항 : 익혀서 으깬 주키니 호박 1컵을 같이 급여한다. 단백질은 조금 부족하지만 개의 건강 유지용 레시피의 요구량은 충족한다.

계산 : 1,316칼로리, 중형견이 대략 하루 동안 먹을 양(단백질 21%, 지방 13%)이다.

1부 개·고양이를 위한 자연주의 육아법

자연식 스크램블
country scramble

개의 건강 유지용 및 성장기용 레시피.
개와 사람이 함께 먹을 수 있는 레시피.

우리 집에서 일요일 아침식사로 자주 먹는 것으로, 꼭 알려 주고 싶은 레시피이다. 히말라야 검은 소금은 채식 요리에 정말 중요한 재료인데, 채식에서 부족하기 쉬운 유황 성분을 공급해 주고, 영양효모처럼 두부에 달걀의 풍미를 더해 준다.

◇ 깍둑썰기를 하거나 얇게 채 썬 감자 2~3개[붉은감자나 유콘(Yukon, 감자의 종류) 감자가 가장 좋음]
◇ 잘게 다진 딜 1티스푼
◇ 타마리 간장 약간
◇ 올리브 오일이나 채수 1테이블스푼(필요시 조금 더)
◇ 채 썬 버섯 5개(가능하다면 양송이버섯 이용)
◇ 와일드우드의 스프로토푸 한 덩어리(283g) 또는 웨스트소이나 나소야의 단단한 유기농 두부 1통(396g)
◇ 영양효모 3테이블스푼
◇ 마늘 가루 ¼티스푼(선택 사항)
◇ 강황 가루 약간(선택 사항)
◇ 소금 ½티스푼(가능하면 히말라야 검은 소금을 사용하면 좋다)
◇ 시금치나 케일, 주키니 호박 다진 것 1컵
◇ 베지도그 1½티스푼(또는 라벨에 적힌 일일 급여량의 절반)
◇ 잘게 다진 파슬리 1테이블스푼

중간 불에서 달군 팬에 올리브 오일을 약간 둘러 팬을 코팅한다. 감자와 딜을 1~2분간 볶아 준다. 소량의 물이나 채수에 타마리 간장을 조금 넣고 뚜껑을 닫아 약한 불에서 찌듯이 약 8분간 조리한다. 필요하다면 물을 조금 더 넣어도 된다.

그동안 스크램블을 만들 팬을 중간 불에 올려 놓고, 올리브 오일이나 채수를 조금 넣어 버섯을 재빨리 볶아낸다. 으깬 두부에 영양효모와 마늘 가루, 강황(사용한다면), 소금을 뿌려 볶는데, 이때 필요하다면 올리브 오일이나 물을 조금 더 넣는다. 재료가 골고루 익으면 시금치를 넣고 숨이 죽을 때까지 익힌다. 타마리 간장을 추가해도 된다.

반려인이 원한다면 감자와 자연식 스크램블을 혼합한다. 반려견이 먹을 음식에는 베지도그를 뿌려 주고 파슬리나 신선한 허브로 장식한다.

선택 사항 : 두부 대신 방목하여 기른 닭의 달걀을 써도 된다. 주키니 호박, 토마토, 깍둑썰기 한 피망, 고구마를 첨가한다. '두부 사워크림/요거트(141쪽)'나 비건 치즈, 베이컨 비츠(bacon bits), 소시지를 곁들인 토스트와 함께 급여한다.

계산 : 1,238칼로리(단백질 23%, 지방 27%).

성장기용 레시피(선택, 모견과 자견) 베지도그 대신 베지펍을 2¼티스푼 급여한다.

피케른의 말리부 스페셜
Pitcairn's Malibu special

개의 건강 유지용 레시피.

개와 사람이 함께 먹을 수 있는 레시피.

제공 : 말리부 도그 키친(Malibu Dog Kitchen)

색깔이 화려하고 영양이 풍부한 이 요리는 반려견을 위한 신선한 완전채식(vegan, 계란과 우유도 먹지 않는 엄격한 채식) 메뉴와 비완전채식(non-vegan) 메뉴를 판매하는 뉴욕시티에 있는 말리부 도그 키친(Malibu Dog Kitchen)의 주인 시나 드 구치와의 합작품이다. 비건인 시나는 이 메뉴를 1등급 메뉴로 올리며 기뻐했다. 직원들의 반려견 7마리에게 시범적으로 먹여 본 결과 최적의 소화를 위해서는 콩을 잘 으깨야 한다고 했다. 많은 양을 한꺼번에 만들려면 몇 배로 곱해서 하면 된다. 반려견이 식이 알레르기가 있는 경우에는 강낭콩을 빼는 것이 좋다.

◇ 건조 핀토빈 1컵 또는 통조림에 들어 있거나 불린 핀토빈 2컵
◇ 현미 1컵(세 번 씻은 것)
◇ 잘게 다지거나 강판에 간 적양배추나 초록 양배추 ½컵
◇ 잘게 다지거나 강판에 간 당근 큰 것 2개
◇ 잘 다진 베이비케일 1½컵
◇ 단단한 두부 으깬 것 454g
◇ 아마씨 간 것 1테이블스푼
◇ 영양효모 2티스푼
◇ 히말라야 검은 소금 또는 다른 소금 1티스푼
◇ 코코넛 오일 1테이블스푼
◇ 베지도그 보충제 1테이블스푼(또는 라벨에 적힌 일일 급여량)

만약 콩을 사용한다면 밤새도록 불린 다음에 콩을 큰 냄비에 넣고 물을 콩 위로 2.5cm 정도 올라오게 붓는다. 소화를 돕기 위해 감자 한 조각이나 다시마 한 조각을 넣어 익힌다. 끓기 시작하면 위에 뜨는 거품을 숟가락으로 떠서 버린다. 뚜껑을 닫고 콩이 부드러워질 때까지 약한 불에서 한 시간 이상 뭉근히 익힌 후 감자와 다시마는 버린다.

콩이 익는 동안 쌀로 밥을 짓는다.

양배추를 약한 불에서 10분간 찐다. 당근도 따로 약한 불에서 12분간 찐다. 케일을 2분간 데쳐서 물을 꾹 짜낸 다음 찬물로 식혀 다진다.

콩을 깨끗하게 헹궈서 으깬다. 밥과 으깬 콩, 각종 채소, 두부, 간 아마씨, 영양효모, 소금, 코코넛 오일, 베지도그를 잘 섞어 준다. 뜨겁지 않게 따뜻하게 해서 급여한다.

계산 : 2,965칼로리, 중형견이 대략 3일 동안 먹을 양(단백질 21%, 지방 16%)이다.

병아리콩 요리
dog garbanzos

개의 건강 유지용 레시피.

제공 : 컴패션 서클(Compassion Circle)

이 메뉴는 9장, 13장에서 소개할 베지펫의 창시자인 제임스 페덴의 아름답고 활기 넘치는 반려견 보더콜리를 비롯해 수십 년간 수많은 비건 반려견을 유지시켜 온 베지펫의 가장 인기 있는 메뉴 중 하나이다. 신선한 채소와 반려견이 좋아하는 양념을 더하면 간단하고 맛있는 요리가 된다.

◇ 생 병아리콩 4¾컵(조리되거나 통조림으로 된 콩은 10컵을 사용하며, 콩 불리기 단계는 생략한다)
◇ 베지효모(VegeYeast, 개와 고양이를 위한 효모)나 영양효모 3½테이블스푼
◇ 코코넛 오일(또는 햄프허츠, 아마씨, 참깨 버터 등) 2¾티스푼
◇ 소금 1⅓티스푼(히말라야 검은 소금은 병아리콩과 섞으면 아주 맛있다)
◇ 베지도그 보충제 1테이블스푼 + 1티스푼(또는 라벨에 적힌 일일 급여량)

생 병아리콩은 크기가 두 배가 될 때까지 불린 다음 물을 한 번 갈아 주고 발효되게 놔둔다. 발효가 되면 물을 따라 버린다. 큰 냄비를 중간 불에 올리고 병아리콩을 넣는다. 콩 위로 2.5cm 정도 올라오게 물을 붓고 부드러워질 때까지 끓인다. 물을 따라 버리고 감자 으깨는 기구로 콩을 완전히 으깬다. 베지효모나 영양효모, 코코넛 오일과 소금, 베지도그를 넣는다. 바질과 약간의 마늘, 다양한 채소도 적당량 넣는다. 남은 것은 보관 용기에 담아 냉장 보관한다.

계산 : 2,903칼로리, 체중 22kg 정도 나가는 개가 대략 이틀 동안 먹을 양(단백질 19%, 지방 16%)이다.

개를 위한 파에야
pooch paella

개의 건강 유지용 레시피.
개와 사람이 함께 먹을 수 있는 레시피.

오래전에 이국적인 스페인 요리인 파에야(프라이팬에 각종 재료를 넣고 볶다가 물과 쌀을 넣어 익힌 스페인 전통 요리)를 보고 영감을 받았다. 이 메뉴는 파에야보다는 필라프(pilaf, 볶음밥 요리의 일종)에 더 가까울 수도 있다. 비건 고기나 진짜 고깃덩어리가 들어간 풍미 가득한 맛의 쌀 요리로 사람이나 반려견 모두 다양한 재료나 곁들임 요리와 함께 자주 먹을 수 있는 메뉴이다. 굵직한 시판 비건 소시지나 닭고기, 크랩너겟 등 좋아하는 다양한 재료로 시도해도 된다.

◇ 건조 현미 1컵
◇ 물 2½컵
◇ 양송이버섯 6개
◇ 맛을 내기 위해 소금이나 타마리 간장 ½티스푼
◇ 올리브 오일 1테이블스푼
◇ 영양효모 3테이블스푼
◇ 가금류 시즈닝(poultry seasoning) 1티스푼
◇ 냉동 완두콩이나 생 완두콩 1컵
◇ 채 썬 주키니 호박 ½컵

◇ '밀고기 로스트(128쪽)'나 비건 고기 또는 살코기(모든 동물 가능) 142g(버거 패티를 1개 만들 수 있는 양)
◇ 대마씨 1테이블스푼
◇ 베지도그 2¾티스푼(또는 라벨에 적힌 일일 급여량)

큰 팬에 물과 현미를 넣고 끓인다. 양송이버섯, 소금, 올리브 오일, 영양효모, 가금류 시즈닝을 넣는다. 뚜껑을 덮고 35분간 뭉근히 끓인다. 그리고 완두콩, 주키니 호박, '밀고기 로스트(128쪽)'를 넣고 10~15분간 더 조리한다. 대마씨와 베지도그를 위에 뿌려 준다. 구운 고구마나 겨울호박을 같이 급여한다. 체중을 감량하거나 칼로리를 줄이려면 브로콜리나 방울 양배추, 샐러드를 대신 곁들여 급여한다.

계산 : 1,821칼로리, 체중 13.5kg 정도 나가는 개가 대략 이틀 동안 먹을 양(단백질 24%, 지방 22%)이다.

개를 위한 부리토
wolf burrito

개의 건강 유지용 레시피.

개와 사람이 함께 먹을 수 있는 레시피.

중형견을 위해 손쉽고 빠르게 만들 수 있는 맛있는 메뉴이다. 반려견이 게걸스럽게 먹어치우는 모습을 보게 될 것이다. 여분으로 사람이 먹을 부리토도 만들 수 있다.

◇ 리프라이드 빈스(refried beans, 삶아서 튀긴 콩) 1캔(425g)이나 조리된 콩 2컵

◇ 코코넛 오일 1티스푼(또는 샐러드에 대마씨를 더함)

◇ 소금 ⅙티스푼(선택 사항)

◇ 베지도그 보충제 ¾티스푼(또는 라벨에 적힌 일일 급여량의 절반)

◇ 유기농 통밀 토르티야 2장

◇ 순한 살사 약간(선택 사항, 양파는 최소화)

◇ 가늘게 채 썬 로메인 상추 4~5장

◇ 잘게 다진 토마토 슬라이스 1조각

◇ 두부 사워크림/요거트(141쪽) 2~3테이블스푼

중간 불에 팬을 올리고 콩을 데운다. 코코넛 오일, 소금, 베지도그를 넣는다. 2장의 토르티야에 콩과 살사(사용한다면)를 넣어 둥글게 만다. 부리토를 토스트 오븐에 넣고 약간 바삭해질 때까지 굽는다. 양상추와 토마토를 깔고 그 위에 사워크림을 올려서 먹인다. 미리 많은 양을 만들어 알루미늄 포일로 말아(양상추와 토마토는 뺀다) 냉동 보관할 수 있다. 필요할 때 해동해서 굽는다.

계산 : 499칼로리(단백질 20%, 지방 16%).

이 차트는 각각의 레시피가 어떤 영양분을 함유하고 있고, 어떤 특징이 있으며, 어떤 질병을 앓는 개에게 급여하면 좋은지 쉽게 살펴볼 수 있도록 표시해 놓은 것이다. 일부 질병에서는 조절이 필요하며, 수의사라면 영양 리스트를 기초로 하여 조금 더 사용하라고 제안할 수도 있다. 사람과 달리 개는 비타민 C를

개의 건강 유지용 레시피
1,000칼로리당 대략적인 영양성분

아래 영양분 함량은 사용자가 세부적인 사항까지 선택할 수 있는 사용자 지정 방식과 nutritiondata.com의 계산방법을 토대로 계산했다.

1,000칼로리당 영양분	AAFCO의 성견 최소 요구량	도그 데이 중 닭고기와 땅콩호박	렌틸콩 스튜	냄비 요리	개를 위한 두부 미트로프	채식 버거	
코드*		C, G, K, M, P, V	A, C, D, E, K, V, W	A, C, D, K, P, V, W	G, P, V	E, G, P, V	
단백질(g)	45.0	54.6	59.4	55.7	62.9	52.7	
지방(g)	13.8	36.5	15.4	17.3	27.6	26.5	
칼로리의 단백질 %	18	22	22	20	24	18	
칼로리의 지방 %	12.4	32	13	15	24	22	
메싸이오닌+ 시스테인(mg) (1, 2)	1,630	2,065	1,647	1,638	2,164	1,984	
타우린(mg)(1, 2)		376	207	211	210	308	
오메가 6 : 3 비율 (낮을수록 좋음)		2.9	5.4	2.1	4.2	4.0	
비타민							
A(IU)	1,250	10,121	2,131	11,641	2,266	15,866	
D(IU)	125	253	134	542	136	215	
E(IU)	12.5	25.0	16.3	17.5	22.2	21.4	
K(mcg)		7	51	110	17	238	
티아민(mg)	0.56	0.5	7.3	7.8	10.6	6.8	

스스로 만들 수 있으므로 비타민 C는 AAFCO의 필요조건이 아니다. '신선하고 다양하게 활용 가능한 레시피(101쪽)'는 다양한 재료에 따른 영양분의 변수가 많아 리스트에 넣지 않았다.

	채소 듬뿍 스튜	두부 국수	콩과 옥수수의 환상 조합	자연식 스크램블	피케른의 말리부 스페셜	병아리콩 요리	개를 위한 파에야	개를 위한 부리토
	C, D, E, G, K, P, V	C, E, G, P, V	A, E, K, P, V, W	G, P, V	D, K, P, V, W	A, C, D, E, K, V	A, C, D, E, K, M, P, V, W	C, D, E, P, W
	60.3	62.2	59.4	60.7	54.2	54.0	62.0	55.0
	15	14.6	15.4	29.8	17.8	19.2	24.7	18.8
	23	23	21	23	21	19	24	20
	18	13	13	27	16	16	22	16
	1,684	1,996	1,645	1,733	1,547	1,559	1,858	1,792
	218	192	198	213	235	199	243	119
	7.1	8.1	2.6	1.22	3.2	26.2	5.5	1.0
	13,793	2,301	5,942	4,015	13,844	1,319	16,557	7,116
	141	124	128	138	152	129	367	154
	23.6	16.1	17.2	23.1	19.1	14.2	25.9	20.0
	446	8	55	192	441	22	57	84.0
	6.9	12.4	9.84	16.2	3.0	5.3	19.9	1.2

1,000칼로리당 영양분	AAFCO의 성견 최소 요구량	도그 데이 중 닭고기와 땅콩호박	렌틸콩 스튜	냄비 요리	개를 위한 두부 미트로프	채식 버거
코드*		C, G, K, M, P, V	A, C, D, E, K, V, W	A, C, D, K, P, V, W	G, P, V	E, G, P, V
리보플라빈(mg)	1.3	2.8	7.0	8.3	11.3	7.1
니아신(mg)	3.4	8.6	41.0	43.0	63.2	35.8
B_6(mg)	0.38	1.2	7.0	7.5	10.3	5.3
엽산(mcg)	54	192	742	832	370	969
B_{12}(mcg)	7.0	12.0	14.4	16.4	17.9	19.6
판토텐산(mg)	3.0	1.6	5.2	1.8	4.0	4.7
콜린(mg)(1)	340	525	318	366	312	647
미네랄						
칼슘(mg)(1)	1,250	3,343	1,640	1,854	1,840	3,155
칼슘 : 인	1.0~1.8	1.69	1.12	1.14	1.18	1.16
철분(mg)	10.0	24.1	17.2	18.2	17.1	29.7
요오드(mcg)	250	687	733	753	745	703
마그네슘(mg)	150	350	390	384	406	544
인(mg)	1,000	1,983	1,464	1,451	1,564	2,715
칼륨(mg)	1,500	1,637	1,617	2,189	1,352	3,133
나트륨(mg)	200	1,177	336	987	2,805	1,236
아연(mg)	20.0	26.8	21.6	19.7	22.1	27.4
구리(mg)	1.25	2.4	1.6	1.8	1.7	4.3
망가니즈(mg)	1.25	3.5	6.8	3.8	7.2	4.2
셀레늄(mcg)	80	166	99	89	172	130

(1) 일반적으로 가정에서 만든 식사의 경우 보충제를 이용해야 AAFCO의 기준을 충족시킬 수 있다.

(2) 베지도그를 급여함으로써 추가되는 아미노산(메싸이오닌(methionine), 타우린)이 포함된 수치이다.

* 특징 : C=편리함, E=경제적임, M=육식(또는 가능함), P=반려동물과 사람이 다 같이 먹을 수 있는 레시피, V=비건(또는 가능함)

채소 듬뿍 스튜	두부 국수	콩과 옥수수의 환상 조합	자연식 스크램블	피케른의 말리부 스페셜	병아리콩 요리	개를 위한 파에야	개를 위한 부리토
C, D, E, G, K, P, V	C, E, G, P, V	A, E, K, P, V, W	G, P, V	D, K, P, V, W	A, C, D, E, K, V	A, C, D, E, K, M, P, V, W	C, D, E, P, W
6.9	13.1	11.2	17.4	3.1	1.3	21.0	1.8
39.8	78.9	61.5	102.6	14.7	11.8	120.8	5.4
6.6	12.0	10.9	17.0	2.8	3.7	20.0	0.8
986	455	1,190	642	849	968	632	610
14.4	· 19.7	17.4	23.0	12.3	9.3	20.0	11.2
5.4	4.5	2.8	6.2	3.2	5.1	6.1	1.6
381	250	350	368	298	435	609	392
1,746	1,739	1,628	1,939	1,902	1,584	1,902	1,974
1.19	1.25	1.18	1.22	1.39	1.24	1.51	1.44
21.8	15.3	16.7	16.6	16.5	21.6	15.4	21.0
780	677	723.5	752	846	702	1,384	840
333	442	369	370	460	278	295	316
1,473	1,391	1,382	1,583	1,367	1,273	1,600	1,374
2,877	1,165	2,528	3,577	2,642	1,672	1,615	2,654
965	982	1,809	1,078	923	172	956	2,668
21.9	20.9	19.4	22.3	19.0	24.8	25.6	19.6
2.4	1.9	1.6	2.0	2.2	2.6	1.9	2.0
3.8	7.8	2.7	4.1	5.8	5.7	5.2	3.2
108	261	102	164	133	79	175	151

질병이 있는 경우 최상의 선택 : A=알레르기, 위장관장애, 피부질환이 있을 때(소고기, 유제품, 밀, 달걀, 닭고기, 양고기, 콩고기, 돼지고기, 토끼고기, 생선 등의 식품은 제외하고, 유기농 식품만 사용한다), D=당뇨가 있을 때(복합 탄수화물과 식이섬유를 늘린다), G=성장기나 질병 회복기에, '성장기용 레시피(선택)'의 지시를 따른다. K=신장질환이 있을 때(단백질, 인, 소금을 줄이고 칼륨을 늘린다), W=체중감량이 필요할 때(채소와 식이섬유를 늘린다)

🏋️ 고양이를 위한 레시피

고양이 레시피는 고기와 달걀이 포함되거나 포함되지 않은 두 종류로 나뉜다. 걱정스럽다면 동물성 식품을 섞어 사용하면 된다. 그러나 생선과 해산물은 체내에 축적된 독성물질과 과다 포획의 문제가 있으므로 모두 피할 것을 권장한다.

고양이가 절대적인 육식동물로 분류되기는 하지만, 수많은 반려묘는 육류를 통해 얻을 수 있는 특정 영양소인 타우린, 아라키돈산, 비타민 A(레티놀), 비타민 B_{12} 등을 보충제로 급여해 주면 잘 짜여진 고단백, 고지방의 채식식단으로 충분히 건강하다는 보고가 있다. compassioncircle.com에서 베지캣[고양이비뇨기계 증후군(FUS)의 위험이 있는 경우에는 베지캣 파이(Vegecat phi), 어미 고양이나 새끼 고양이의 경우에는 베지키트(Vegekit)]을 구입해서 사용한다. 만약 구할 수 없으면 5장에 있는 '개와 고양이에게 권장되는 식품(90쪽)'을 참고한다. 고양이에게 비건 식이를 시도하기 전에, 반려묘를 안전하게 관리하려면 어떻게 해야 하는지, 특히 수고양이나 고양이비뇨기계 증후군 소인이 있는 고양이의 경우 어떻게 해야 하는지에 대해서는 7장을 읽고 참고한다.

반려인이 어떤 선택을 하든 레시피를 번갈아서 사용하고, 반려묘가 동의한다면 선택의 다양성을 제공하는 것이 가장 좋다. 식이전환은 영양효모와 다른 소스(135쪽, 140~141쪽 참조)를 제공하면서 서서히 진행하고, 고양이들이 단백질과 지방의 비율이 비슷한 식품을 선호한다는 연구결과에 기초하여 만든 레시피에 초점을 맞추도록 한다. 두부와 칠면조고기는 고양이가 좋아하는 식품이다.

항상 신선하고 깨끗하게 정수된 물을 공급하고 사료는 촉촉하게 적셔 주도록 한다.

음식의 영양분 흡수를 증가시키기 위해 프로자임 플러스(Prozyme Plus)와 같은 비건 소화효소 제품을 사용할 수 있다.

캣 데이
cat day

수의사 디 블랑코에게 영감을 받은 '도그 데이 (104쪽)' 메뉴와 비슷하게 캣 데이도 둘로 나뉜다. 이 레시피는 '칠면조 요리(133쪽)'와 같이 육류와 곡물 위주의 고전적인 고양이용 레시피를 크게 바꾼 것이다.

생고기를 넣은 음식을 고양이에게 주는 것은 자연스럽고 매우 쉬우며 친숙한 방법이다. 아침식사로 비건 메뉴나 채식 메뉴를 선택할 수 있고, 두 메뉴를 모두 먹일 수도 있다. 고양이가 잘 따라준다면 다양하게 시도해 본다.

아침식사 : 다음 중 하나를 선택하거나 돌아가며 급여한다

• 육류가 들어 있거나 영양학적으로 완벽하게 균형 잡힌 고품질의 비건용 고양이 사료[1]
• 124~135쪽에 있는 고양이 레시피 중 하나
• 약간의 버터를 바른 토스트와 함께 제공하는 '고양이 오믈렛(130쪽)'[2]
• 저녁식사와 같은 메뉴

저녁식사 : 육류와 채소

혼합하여 영양효모를 뿌려 급여한다.
• 80% 또는 그 이상의 생고기나 익힌 고기[3]
• 20% 또는 그 이하의 구운 애호박이나 고구마, 잘 익힌 통밀 또는 고양이 채소[4]
• 베지캣 일일 급여량의 절반[5]

성장기용 레시피(선택) 어미 고양이와 새끼 고양이의 성장기용 보충제인 베지키트를 라벨에 적힌 일일 급여량에 맞춰 급여한다. 일반 상업용 사료를 이용한다면 연령대에 맞는 사료인지 확인한다.

혼합 레시피(선택) 입맛이 까다로운 고양이는 현재 먹는 음식에 또 다른 선택 음식을 섞어 주면 좋다. 각각의 레시피는 그 안에서 서로 균형을 이룬다. 예를 들어, 저녁식사 메뉴로 비건 레시피 중 하나를 상업용 사료나 오믈렛과 섞어서 급여할 수 있다.

---

[1] 비건 사료[(아미(Ami), 베네보(Benevo), 에볼루션(Evolution)]나 양질의 육류(가급적 유기농)가 포함된 건사료나 통조림 사료. 사료는 물에 적셔서 급여한다. 특히 수고양이고 나이가 많으며, 비뇨기계 질환이 있는 경우라면 더욱 그렇다. 해산물과 유전자 변형 옥수수, 콩 또는 그 파생물은 피한다.
[2] 동물복지 농장에서 생산된 달걀이라면 고양이의 훌륭한 선택 식품이 될 수 있다.
[3] 닭고기, 메추리고기, 토끼고기, 사슴고기, 소고기는 사용 가능하며 해산물은 안 된다. 만약 간 뼈가 들어 있는 혼합 생고기를 사용한다면 베지캣 급여량을 줄일 수 있다. 혼합 생고기에 얼마만큼의 칼슘이 들어 있는지 모르고 베지캣을 주지 않으면 위험할 수 있다.
[4] 호박 통조림, 고구마, 겨울호박, 옥수수 크림, 김, 아스파라거스, 대가 있는 옥수수, 오이, 멜론(고양이가 좋아한다), 밀이나 보리싹
[5] 또는 고양이 종합 비타민 영양제 일일 급여량의 절반 + 칼슘 250mg

두부로 만든 야생 고양이의 식단
wild tofu

고양이의 건강 유지용 및 성장기용 레시피.

이 메뉴는 수의사 타냐 홀론코(Tanya Holonko)의 반려묘가 으깬 두부와 영양효모의 조합을 좋아한다는 데에서 영감을 얻었다. 메뉴가 이보다 더 간단할 수 있을까?

타냐의 메뉴에 베지캣과 약간의 호박을 첨가한 후 계산해 보니 놀랍게도 단백질과 지방의 비율이 야생 고양이가 먹는 식단(단백질 46%, 지방 33%)에 매우 가까웠다. 그래서 이름을 이렇게 지었다! 콩에 들어 있는 단백질이 훌륭한 아미노산을 공급하는데, 이는 베지캣의 '아미노산 부스터' 제품과 흡사하다. 영양효모는 단백질 53%(대부분의 육류보다 더 많은 양이다), 비타민 B군이 풍부하여 어떠한 음식 위에 뿌려 줘도 대부분의 고양이가 좋아한다.

◇ 와일드우드의 스프로토푸 한 덩어리(283g) 또는 나소야나 웨스트소이의 단단한 유기농 두부 1통(396g)

◇ 영양효모나 베지효모 ¼컵

◇ 소금 ⅛티스푼이나 타마리 간장 1티스푼 또는 입맛에 따라 적당한 양

◇ 베지캣 2½티스푼(또는 라벨에 따라 이틀 동안 충분한 양)

◇ 통조림으로 된 호박이나 구운 호박 또는 아스파라거스와 같은 채소 퓌레 2테이블스푼

그릇에 두부를 넣고 으깬다. 효모를 조금만 남긴 양에 소금, 베지캣을 넣고 섞는다. 호박이나 다른 채소를 넣고 남은 효모를 위에 뿌린다. 채소를 같이 섞어도 되고 토핑으로 올리거나 빼도 된다. 어떤 것을 잘 먹는지 실험해 본다.

선택 사항 : 구운 여름호박이나 겨울호박, 퓌레로 만든 옥수수, 덩굴강낭콩, 당근, 토마토 주스와 같은 채소를 돌아가면서 사용하며, 같은 내용물의 아기 이유식도 이용 가능하다. 경우에 따라 멜론, 오이, 아스파라거스, 대가 붙어 있는 옥수수를 곁들여서 제공해도 된다. 고양이는 다 좋아한다. 김 가루도 어떤 조합에나 잘 어울린다.

계산 : 348칼로리, 고양이가 대략 이틀 동안 먹을 양 또는 고양이가 네 번 먹을 양(단백질 40%, 지방 41%)이다.

성장기용 레시피(선택) 베지캣 대신 베지키트를 라벨에 적힌 일일 급여량의 두 배로 하여 사용한다.

해산물을 좋아하는
고양이를 위한 두부 요리
sea tofu

해산물을 좋아하는 고양이가 좋아할 만한 요리로 김과 옥수수가 첨가된 간단한 두부 요리이다. 이 메뉴 역시 단백질과 지방이 완전하게 균형을 이루고, 기호성 테스트에서 입맛이 까다로운 고양이도 좋아하는 것으로 나타났다. 비타민 B군이 풍부하여 노령묘에게도 훌륭한 메뉴이다.

◇ 아주 단단한 유기농 두부(예를 들어 와일드우드의 스프로토푸) 283g
◇ 유기농 콩이나 해바라기 레시틴 과립 1테이블스푼
◇ 영양효모 3테이블스푼
◇ 옥수수 크림(½병)이나 반려묘가 좋아하는 채소 퓌레 ¼컵
◇ 잘게 부순 김 1장
◇ 소금 ⅛티스푼(히말라야 검은 소금은 달걀 맛을 낸다)이나 타마리 간장 1티스푼
◇ 베지캣 2½티스푼(고양이의 이틀 급여량)

그릇에 두부를 넣고 으깬다. 영양효모의 대부분과 레시틴을 넣고 섞는다. 위에 옥수수 크림, 김, 소금, 베지캣을 올리고 남은 효모를 뿌려 급여한다.

선택 사항 : 레시틴 대신 대마씨, 땅콩버터, 아마씨유, 대마씨 오일, 간 아마씨 등 다른 기름을 사용할 수도 있다. 김 대신 덜스플레이크를 사용하거나 아예 김을 빼도 된다. 고양이가 좋아하는 채소나 양념(이 장의 뒷부분 참조)을 함께 급여해도 된다.

계산 : 614칼로리, 고양이가 대략 이틀 동안 먹을 양(단백질 38%, 지방 38%)이다.

성장기용 레시피(선택) 어미 고양이와 새끼 고양이에게 권장되는 베지키트의 일일 급여량을 첨가해서 급여한다.

달걀 없는 샐러드
eggless salad

고양이의 건강 유지용 및 성장기용 레시피.
고양이와 사람이 함께 먹을 수 있는 레시피.

앞의 두 두부 요리와 비슷한 요리로 달걀 샐러드를 변형시킨 것이다. 고양이용 요리에 딜, 피클, 대파, 겨자를 추가하고 양상추, 토마토, 오이를 곁들이면 사람이 맛있게 먹을 수 있는 샌드위치가 된다.

◇ 와일드우드의 스프로토푸 한 덩어리(283g) 또는 웨스트소이나 나소야의 단단한 유기농 두부 1통(396g)

◇ 영양효모 3테이블스푼

◇ 베이컨 비츠 1티스푼(선택 사항)

◇ 마요네즈 1테이블스푼

◇ 소금 ½티스푼(히말라야 검은 소금은 달걀 맛을 낸다)

◇ 잘게 다진 샐러리 줄기 ⅓대

◇ 다진 파슬리 1티스푼

◇ 베지캣 1¼티스푼(또는 라벨에 적힌 한 끼 식사 분량)

과정이 간단한 요리이다. 그릇에 두부를 넣어 으깨고, 영양효모 대부분과 베이컨 비츠(사용한다면), 마요네즈, 소금, 샐러리, 파슬리, 베지캣을 넣고 섞는다. 남은 영양효모를 모두 위에 뿌려서 고양이를 먹인다. 이 메뉴는 많은 양의 단백질을 함유하고 있다. 이 요리에 옥수수 크림, 호박, 아스파라거스와 같은 양념을 추가할 수 있다[두부로 만든 야생 고양이의 식단(124쪽) 참조].

계산 : 587칼로리, 고양이가 대략 이틀 동안 먹을 양(단백질 40%, 지방 41%)이다.

성장기용 레시피(선택) 어미 고양이와 새끼 고양이에게 권장되는 베지키트의 일일 급여량을 첨가해서 급여한다.

냠냠 버거
yum burgers

고양이의 건강 유지용 및 성장기용 레시피.
고양이와 사람이 함께 먹을 수 있는 레시피.

단백질이 풍부한 매우 맛있는 채소 버거로 고양이뿐 아니라 사람도 가장 좋아하는 메뉴가 될 수 있다.

주의 : 사람과 고양이만 먹는다면 개가 삐칠 것이다. 개에게는 베지캣 대신 베지도그를 넣어서 냠냠 버거를 만들어 준다.

◇ 건조 렌틸콩 1컵
◇ 물이나 채수 3컵(나눠서 사용)
◇ 유기농 콩고기 ½컵
◇ 아마씨 간 것 2테이블스푼
◇ 부순 통밀빵 2장
◇ 갈색 양송이버섯(단백질 함량이 높다)이나 흰색 버섯 2개
◇ 영양효모 2테이블스푼
◇ 해바라기씨 2테이블스푼
◇ 호박씨 2테이블스푼
◇ 소금 ⅛티스푼(가능하면 히말라야 검은 소금을 사용한다)
◇ 베지캣 2테이블스푼(또는 베지캣 5일분)

중간 크기의 팬에 물이나 채수를 2컵 넣고 렌틸콩이 익을 때까지 40분 정도 조리한다. 그동안 물이나 채수를 1컵 데워서 콩고기와 간 아마씨를 넣고 한참 휘저은 다음 불 때까지 한쪽에 둔다. 렌틸콩이 부드러워지면 빵, 버섯, 영양효모, 씨, 소금, 베지캣을 함께 넣고 블렌더나 푸드 프로세서를 이용하여 퓌레로 만든다. 이때 필요하면 물을 조금 더 넣어 준다. 그릇에 퓌레와 불린 콩고기, 아마씨를 함께 넣고 포크로 잘 섞어 준다.

약간 되직해지도록 식힌다. 오븐을 177℃로 예열한다. 패티를 10개 정도 만들어 기름종이를 깐 오븐틀에 넣고 20분간 양쪽 면을 굽는다.

식으면 한 끼에 버거 1개를 급여하는데[(하루 2회 식사 기준) 양념(135쪽, 140~142쪽 참조)]을 곁들여 줘도 된다. 사람은 팬에 굽거나 구운 통밀 머핀 사이에 끼워서 먹는다. 남은 건 기름종이를 패티 사이에 끼워 보관 용기에 차곡차곡 담아 냉동하면 된다.

계산 : 버거 10개에 총 1,477칼로리, 아침저녁으로 1개씩 해서 총 5일 동안 먹을 양(단백질 27%, 지방 20%)이다.

성장기용 레시피(선택) 어미 고양이와 새끼 고양이에게 권장되는 베지키트의 일일 급여량을 첨가해서 급여한다.

밀고기 로스트
new day roast

개와 고양이의 건강 유지용 및 성장기용 레시피.
개, 고양이와 사람이 함께 먹을 수 있는 레시피.

이 메뉴는 수년간 베지펫의 고양이 레시피에 포함된 밀고기인 세이탄(seitan)에서 영감을 받아서 만들었다. 시장에서 판매하는 비건용 로스트(roast, 고기를 오븐에 구운 요리)는 맛있기는 하지만 비싸다. 그래서 오랫동안 칠면조고기 같은 느낌의 식물성 고기를 적은 비용으로 만드는 법을 연구해서 알아냈다. 고대 불교인들은 밀로 고기를 대체할 식물성 식품인 세이탄을 만들었는데 중국 음식점에서 '목덕(mock duck, 가짜 오리고기)'으로 팔리는 것이다. 밀에서 나온 단백질이 응축된 밀고기는 세계적으로 가장 많이 소비되는 단백질이다. 만드는 방법이 길지만 재료만 준비되면 금방 만들 수 있다. 세 덩어리쯤 나오는데 재료를 모두 섞은 드라이 믹스를 7컵 정도 충분하게 미리 섞어 놓는 게 중요하다.

힌트 : 밀고기를 직접 만드는 것이 어려우면 고단백의 비건 고기인 필드 로스트(Field Roast's), 비욘드 미트(Beyond Meat's) 등의 제품을 베지캣(라벨에 적힌 일일 급여량)과 함께 먹인다.

대용량 혼합물(세 덩어리 분량)
◇ 활성 글루텐(5장 참조) 1팩(624g) – 4컵
◇ 병아리콩 가루 1컵
◇ 영양효모 1¼컵
◇ 베지캣 약간 적은 ½컵(또는 베지캣 18일분)
◇ 해바라기나 유기농 콩 레시틴 ¼컵
◇ 가금류 시즈닝이나 다목적 허브 시즈닝 1테이블스푼
◇ 마늘 가루 1티스푼
◇ 커민 가루 1티스푼
◇ 파프리카 1티스푼(선택 사항)
◇ 소금 1티스푼(풍미를 위해 히말라야 검은 소금이 좋다)

큰 그릇에 재료를 모두 넣고 포크로 잘 섞는다.

액체 만들기용 재료(한 덩어리 분량)
◇ 물 또는 채수 1½컵
◇ 해바라기 버터나 아몬드 버터 또는 참깨 버터 2테이블스푼
◇ 올리브 오일이나 코코넛 오일 1테이블스푼
◇ 유기농 타마리 간장 1티스푼

한 덩어리를 만들려면 : 대용량 혼합물의 ⅓(2⅓컵)을 계량해 그릇에 담는다. 남은 양은 보관 용기에 담아 밀봉한 후 냉장이나 냉동 보관한다. 다른 그릇에 액체 만들기용 재료인 물 또는 채수, 버터, 오일, 간장을 넣고 거품이 날 때까지 빠르게 휘젓는다.

그릇에 담은 대용량 혼합물 가운데에 구멍을 만든 후 만들어 놓은 액체를 붓고 포크로 빠르게 휘젓는다. 반죽이 마르면 물을 조금 더 넣고 3분간 치댄다. 그러고 난 후 10분 동안 그대로 두고 숙성시킨다.

반죽이 숙성되는 동안 오븐을 177℃로 예열하고, 주방을 정리한 후 고양이가 좋아할 맛있는 속재료를 준비한다. 고양이가 좋아하는 재료라면 무엇이든 사용해도 된다.

◇ 으깬 완두콩[또는 시금치나 옥수수, 호박, 땅콩호박(butternut squash, 땅콩 모양의 미국산 호박)] 2테이블스푼

◇ 잘게 다진 버섯 1개

◇ 레시틴, 대마씨, 기름기 있는 고기 조각을 넣어도 된다.

46cm짜리 기름종이를 깐다. 반죽을 다시 치대고 큰 사각형 모양을 만들어 기름종이 위에 올린다. 반죽 위에 속재료를 한 줄로 올리고 둥글게 말아 속을 채운 덩어리의 끝부분을 손가락으로 꼭꼭 집어 막아 준다. 표면에 오일과 시즈닝을 발라 준다. 기름종이를 둥글게 부리토처럼 만든다. 기름종이의 열린 부분을 밑으로 가게 하여 베이킹판에 올린다. 충분히 단단해지도록 40~50분 정도 굽는다. 너무 단단해지거나 마르면 고기 같지 않고 빵 같아지므로 잘 조절해야 한다.

짜잔! 한 조각 잘라서 잘게 다진 후 옥수수 크림소스, 그레이비, 엑스트라 효모 또는 다른 양념을 곁들여 고양이에게 급여한다. 개가 먹고 싶어 한다면? 그럼 '냄비 요리(107쪽)'나 '개를 위한 파에야(116쪽)'에 소량 넣어 주거나 한 조각 잘라 베지도그와 함께 급여한다. 또한 조금 남겨두었다가 반려인이 먹을 요리를 할 때 닭고기나 칠면조 고기처럼 사용한다.

계산 : 세 덩어리에 5,523칼로리(총 18일분, 한 덩어리당 6일분). (단백질 47%, 지방 30%). 냉동에서는 3개월 동안 보관이 가능하고 냉장에서는 1주일간 보관이 가능하다.

세 덩어리용 레시피(선택) 만드는 과정이 익숙해지면 한 덩어리 분량의 3배로 세 덩어리를 만들고, 바로 사용하지 않을 경우 잘 싸서 냉동 보관한다.

성장기용 레시피(선택) 어미 고양이와 새끼 고양이에게 권장되는 베지키트의 일일 급여량을 첨가해서 급여한다.

고양이 오믈렛
kitty omelet

고양이의 건강 유지용 및 성장기용 레시피.
고양이와 사람이 함께 먹을 수 있는 레시피.

고양이 오믈렛은 아주 간단한 메뉴이다. 고양이는 대부분 달걀을 좋아하고 특히 노른자를 좋아한다. 그래서 영양 균형이 잡히고 소화가 잘 되는 단백질인 달걀로 손쉬운 요리를 만들어 보았다. 방목해서 키운 닭이나 동물복지를 생각해서 인도적으로 키운 닭이 낳은 달걀을 구할 수 있다면 이 메뉴는 일주일에 몇 번을 먹여도 좋다. 물론 다양한 요리를 먹이는 게 가장 좋다. 이 요리법은 고양이 한 마리의 1회 식사량을 기준으로 한 것이니 많이 필요하면 양을 더하면 된다.

◇ 올리브 오일, 코코넛 오일 또는 물 소량
◇ 달걀 작은 것 2개
◇ 베지캣 ¾티스푼
◇ 영양효모 2티스푼

중간 불에 팬을 올리고 기름을 데운다. 그릇에 달걀을 깨서 넣고 가볍게 휘저어 팬에 붓는다. 저어 가며 3~4분간 익히는데 과하게 익히지 않는다. 여기에 베지캣을 섞는다. 효모는 달걀에 직접 섞어서 익히거나 위에 아낌없이 뿌린다. 작은 멜론 조각이나 '구운 한입 간식(143쪽)'을 곁들여도 좋다.

계산 : 143칼로리, 고양이 한 마리의 반일분(단백질 38%, 지방 50%)이다.

성장기용 레시피(선택) 어미 고양이와 새끼 고양이에게 권장되는 베지키트의 일일 급여량을 매일 급여한다.

소고기와 옥수수 요리
beef and corn

고양이의 건강 유지용 및 성장기용 레시피.

고양이는 단백질과 지방이 같은 비율로 함유된 음식을 좋아한다고 알려져 있다. 이 메뉴는 단백질과 지방의 함량이 높아 성장기에 도움이 되는 훌륭한 음식이다. 고양이가 좋아하는 옥수수도 들어 있다. 가능하면 방목한 소고기나 다른 붉은 살코기면 더 좋다.

◇ 기름기 없는 소고기 454g
◇ 생 옥수수나 옥수수 크림 1컵
◇ 영양효모 2테이블스푼
◇ 베지캣 5티스푼

만약 날 옥수수 알갱이를 사용한다면 푸드 프로세서로 생고기와 옥수수를 갈거나 한 입 크기로 다진다. 여기에 효모와 베지캣을 첨가한다.

대용품 : 소고기 대신 사슴고기나 물소고기, 말코손바닥사슴고기, 토끼고기, 양고기, 칠면조고기 또는 냉동 생고기 믹스를 이용해도 된다. 옥수수 대신 구운 겨울호박, 얌, 익힌 아스파라거스나 주키니 호박 등 다른 재료를 이용해도 된다.

계산 : 1,102칼로리, 고양이가 대략 3일간 먹을 양(단백질 39%, 지방 40%)이다.

성장기용 레시피(선택) 베지캣 대신 베지키트 3일분을 사용한다.

고양이를 위한 두부 미트로프
tofu meat loaf for cats

고양이의 건강 유지용 레시피.
고양이와 사람이 함께 먹을 수 있는 레시피.

채소나 샐러드, 으깬 감자, 그레이비[참깨 버터 그레이비 소스(142쪽) 참조]와 함께 곁들여 먹으면 영양이 풍부하고 속도 편안한 음식이다. 이 레시피는 '개를 위한 두부 미트로프(108쪽)'보다 단백질 함량이 높은 버전으로 베지캣을 첨가하면 고양이의 단백질 요구량을 충족시킬 수 있다.

◇ 와일드우드의 스프로토푸 한 덩어리(283g) 또는 웨스트소이나 나소야의 단단한 유기농 두부 1통(396g)
◇ 잘게 부순 유기농 통곡물 빵 1장
◇ 퀵오트 1컵
◇ 유기농 타마리 간장 2~3티스푼이나 맛내기용 히말라야 검은 소금
◇ 영양효모 ¼컵
◇ 아마씨 간 것 2테이블스푼
◇ 디종 머스터드 1~2테이블스푼
◇ 가금류 시즈닝 1티스푼
◇ 말린 오레가노(oregano, 향신료의 일종) 또는 이탈리안 허브 1티스푼(선택 사항)

◇ 옥수수 크림 ½컵
◇ 베지캣 1테이블스푼(또는 라벨에 적힌 4일분)
◇ 물 1½~2컵

오븐을 177℃로 예열한다. 큰 그릇에 재료를 모두 넣고 치댄다. 반죽이 촉촉해지도록 필요에 따라 물을 더 넣는다. 기름을 약간 바른 23×13cm 유리 로프 팬에 반죽을 가볍게 눌러 넣고 30~40분간 오븐에서 굽는다.

선택 사항 : 옥수수 크림을 로프에 넣어 반죽하지 않고 로프 위에 올린 후 영양효모를 뿌려 준다. 또는 '참깨 버터 그레이비 소스'를 위에 뿌려 준다. 다진 버섯이나 완두콩 또는 고양이가 좋아하는 무엇이든 로프에 넣어 섞을 수 있다.

계산 : 1,171칼로리, 고양이가 대략 4일 동안 먹을 양(단백질 28%, 지방 28%)이다.

칠면조 요리
turkey fest

고기와 곡물 위주의 고전적인 레시피와 비슷하며 우리 집 고양이 밍이 몇 년 동안 즐겨 먹던 주요 레시피이다. 칼로리의 반은 단백질에서 나오고 나머지 반은 지방에서 나오는 50 : 50 형태의 레시피로 재구성했다. 고양이를 많이 기르는 가정이라면 매우 유용한 레시피이다. 한두 마리만 기른다면 3일 이내에 사용하지 못할 양은 냉동 보관한다.

◇ 물 5~6컵

◇ 납작귀리 2컵

◇ 간 칠면조고기(날것) 454g

◇ 중간 크기 달걀 2개

◇ 영양효모 1테이블스푼

◇ 소금 ¼티스푼(가능하면 히말라야 검은 소금을 사용하면 좋다)

◇ 베지캣 약간 봉긋하게 2테이블스푼(또는 라벨에 적힌 5일분)

중간 크기의 소스 팬에 중간 불로 물을 끓인다. 납작귀리를 넣고 10분간 끓여 오트밀을 만든다. 팬에 칠면조와 달걀을 넣고 휘저으면서 볶는다. 오트밀이 약간 식으면 칠면조, 달걀, 효모, 소금, 베지캣을 넣고 섞는다. '채식 소스(135쪽)' 또는 '건강 스프링클(140쪽)' 또는 집에 있는 소스를 뿌려서 먹인다.

계산 : 1,518칼로리, 고양이가 대략 5일 동안 먹을 양(단백질 33%, 지방 34%)이다.

성장기용 레시피(선택) 어미 고양이와 새끼 고양이용. 베지키트를 라벨에 적힌 대로 5일분 넣는다.

렌틸콩 요리
lentils plus

고양이의 건강 유지용 레시피.
컴패션 서클(Compassion Circle) 제공.

베지펫 보충제의 창시자인 제임스 페덴이 만든 메뉴로 채식을 하는 고양이에게 수십 년간 급여했던 것이다. 우리는 채식으로 생활하는 개, 고양이들을 위한 보충제를 판매하는 사이트인 컴패션 서클의 애슐리 배스와 베지캣 등 보충제를 업그레이드 하기 위해서 아미노산을 추가하거나 다른 성분을 조절하는 등 긴밀히 협조해 왔다. 더 많은 레시피는 보충제가 배달될 때 동봉된 팸플릿이나 온라인에서 다운받을 수 있다. 이 렌틸콩 요리는 고양이에게 필요한 단백질과 지방이 동등한 수준으로 들어 있는 또 다른 메뉴이며, 애슐리에 따르면 베지캣 구매고객이 고양이가 이 메뉴를 좋아한다는 평을 자주 한다고 한다.

◇ 건조 렌틸콩 ⅔컵
◇ 물 1~1½컵
◇ 템페 ¾컵
◇ 간장 ¾티스푼이나 소금 ⅛티스푼(가능하면 히말라야 검은 소금을 사용하면 좋다)
◇ 베지효모나 영양효모 ¼컵
◇ 오일 1테이블스푼(참고사항 참조)

◇ 베지캣 4티스푼(또는 라벨에 적힌 3일분)

중간 크기의 소스 팬을 중간 불에 올리고 물을 부어 렌틸콩이 완전히 익을 때까지 조리한다. 템페에 간장을 발라 렌틸콩과 섞는다. 여기에 영양효모, 오일, 베지캣을 첨가한다. 양념을 곁들여도 좋다['채식 소스(135쪽)' 레시피 참조].

참고사항 : 컴패션 서클에서는 오일은 올리브 오일, 홍화유(safflower oil), 해바라기씨유, 참기름, 콩기름, 비유전자 변형 옥수수 오일을 추천한다. 가열하지 않는다면 아마씨유를 일주일에 한 번 정도 사용해도 된다. 프로자임 플러스(prozyme plus)와 같은 비건 소화효소제를 라벨에 적힌 용량과 용법대로 사용한다면 조리된 음식에서 일부 영양소의 흡수를 71%까지 향상시킬 수 있어서 좋다.

계산 : 961칼로리, 고양이가 대략 3일 동안 먹을 양(단백질 27%, 지방 28%)이다.

🏋️ 양념, 간식, 특별한 음식

채식 소스
veggie sauces

고양이와 개를 위한 레시피.
개, 고양이와 사람이 함께 먹을 수 있는 레시피.

반려동물도 사람과 마찬가지로 다양하고 맛있는 음식을 좋아한다. 다양하고 맛있는 음식을 공급한다. 건강을 향상시키고 항암효과가 있는 식물영양소(phytonutrients)를 먹이려면 채소를 찌거나 구워서 퓌레로 제공하는 것이 좋다. 반려동물이 좋아하는 채소를 사용할 수도 있지만 채소를 고를 때 다음의 특징을 고려하면 건강에 훨씬 도움이 된다.

1. 아스파라거스, 완두콩, 토마토, 토마토 소스, 브로콜리, 양상추, 녹색채소, 그린빈(green beans, 깍지 속에 들어 있는 강낭콩으로 줄콩, 줄기콩으로 불린다)은 단백질과 식이섬유가 풍부하면서 칼로리는 낮은 놀라운 채소이다. 체중 감량에 탁월하지만, 반려동물이 활동적이거나 성장기 중이거나 저체중일 때에는 좋지 않다. (이러한 경우에는 채소의 양을 최소화하고 단백질과 지방을 늘린다.)

2. 옥수수, 당근은 단백질과 지방이 같은 비율로 들어 있어 고양이가 좋아할 가능성이 높은 채소이다. 대부분의 고양이는 대에 붙은 옥수수나 당근 주스를 좋아한다. 하지만 여기에 들어 있는 단백질 함량이 개나 고양이의 단백질 요구량보다 낮기 때문에 지나치게 많이 사용하지 않도록 한다(136쪽에 나오는 차트를 참고한다).

3. 얌, 고구마, 땅콩호박, 감자, 주키니 호박은 단백질과 지방의 함량이 매우 낮은 반면 다른 채소에 비해 전분 함량이 높다. 고기, 달걀, 두부, 밀고기와 궁합이 잘 맞는다. 따라서 대부분의 레시피에 곡물 대신 이 채소를 사용할 수 있다.

대부분의 경우, 간단히 조리된 채소를 블렌더로 갈아서 퓌레를 만들어 음식에 소스처럼 부어주면 된다. 그리고 '건강 스프링클(140쪽)'을 뿌려준다. 남은 퓌레는 얼면 팽창하기 때문에 병 윗부분을 남기고 여유 있게 담아 냉동 보관하거나 만들고 남은 채소로 매번 조금씩 만들어 사용한다.

계산 : 다양해서 따로 계산하지 않았다.

각각의 레시피가 어떤 영양분을 함유하고 있고, 어떤 특징이 있으며, 어떤 질병을 앓는 고양이에게 급여하면 좋은지 쉽게 살펴볼 수 있도록 코드별로 표시해 놓은 표이다. 일부 질병에서는 조절이 필요하며,

고양이의 건강 유지용 레시피
1,000칼로리당 대략적인 영양성분

아래 영양분 함량은 사용자가 세부적인 사항까지 선택할 수 있는 사용자 지정 방식과 nutritiondata.com의 계산방법을 토대로 계산했다.

1,000칼로리당 영양분	AAFCO의 성묘 최소 요구량	캣 데이 중 닭고기와 호박	두부로 만든 야생 고양이의 식단	해산물을 좋아하는 고양이를 위한 두부 요리	달걀 없는 샐러드	
코드*		A, C, D, F, G, K, M, P, V	C, D, F, G, U, V	C, D, F, G, V	D, F, G, P, U, V	
단백질(g)(2)	65.0	75.0	101.3	95.0	100.0	
지방(g)	22.5	59.2	46.2	42.9	45.8	
칼로리의 단백질 %	26	31	40	38	40	
칼로리의 지방 %	20	51	41	38	41	
타우린(mg)(1)	500	667	565	631	654	
메싸이오닌(1)+ 시스테인(mg)	1,000	3,065	2,767	2,853	2,932	
아라키돈산(mg)(1)	50	73	62	69	72	
오메가 6 : 3 비율 (낮을수록 좋음)		14.4	4.3	7.5	7.2	
비타민						
A(IU)(1)	833	47,701	1,943	1,734	1,938	
D(IU)(1)	70	170	798	161	167	
E(IU)	10.0	30.3	40.2	26.4	30.4	

수의사들은 영양 리스트를 기초로 하여 조금 더 사용하라고 제안할 수도 있다. 사람과 달리 고양이는 비타민 C를 스스로 만들 수 있으므로 비타민 C는 AAFCO의 필요조건이 아니라는 점을 명심한다.

	냠냠 버거	밀고기 로스트	고양이 오믈렛	소고기와 옥수수 요리	고양이를 위한 두부 미트로프	칠면조 요리	렌틸콩 요리
	E, F, G, K, P, V	D, E, F, G, P, U, V	C, D, G, P, U	C, D, F, G, M, U	F, P, V, W	A, F, G, K, M	E, F, K, V, W
	67.5	119.1	95.1	94.3	73.0	79.7	75.6
	24.0	34.2	55.2	44.9	31.5	38.0	33.0
	27	47	38	39	28	33	27
	20	30	50	40	28	34	28
	655	582	811	703	662	650	608
	2,346	4,713	4,739	4,037	2,641	3,870	1,812
	72	64	89	77	72	71	67
	8.0	11.5	15.6	21.5	2.7	17.5	13.2
	1,457	1,472	4,145	1,517	1,583	1,543	1,192
	167	272	393	179	168	186	155
	39.7	27.0	38.4	29.7	35.9	28.7	25.4

1,000칼로리당 영양분	AAFCO의 성묘 최소 요구량	캣 데이 중 닭고기와 호박	두부로 만든 야생 고양이의 식단	해산물을 좋아하는 고양이를 위한 두부 요리	달걀 없는 샐러드	
코드*		A, C, D, F, G, K, M, P, V	C, D, F, G, U, V	C, D, F, G, V	D, F, G, P, U, V	
K(mcg)	25	93	255	62	108	
티아민(mg)	1.4	22.3	37.3	31.7	32.9	
리보플라빈(mg)	1.0	24.1	38.2	32.8	34.0	
니아신(mg)	15.0	148.3	215.0	185.8	192.7	
B_6(mg)(1)	1.0	23.3	37.3	30.9	32.1	
엽산(mcg)	200	795	1,194	1,006	1,051	
B_{12}(mcg)(1)	5.0	34.1	40.8	37.5	38.9	
판토텐산(mg)	1.44	6.5	6.6	6.5	6.5	
콜린(mg)(1)	600	688	698	1,232	730	
미네랄						
칼슘(mg)(1)	1,500	1,909	2,216	2,430	2,459	
칼슘:인		1.23	1.08	1.01	1.15	
철분(mg)	20.0	18.9	20.4	20.9	22.0	
요오드(mcg)(1)	150	1,823	1,590	1,727	1,793	
마그네슘(mg)	100	168	388	434	450	
인(mg)	1,250	1,548	2,055	2,416	2,146	
칼륨(mg)	1,500	2,009	1,624	1,888	1,940	
나트륨(mg)	500	313	646	663	882	
아연(mg)(1)	18.8	21.0	26.7	26.4	27.4	
구리(mg)(1)	1.25	1.4	2.0	2.1	2.2	
망가니즈(mg)	1.9	0.7	4.9	5.2	5.6	
셀레늄(mcg)(1)	75	177	238	243	250	

(1) 이 영양분이 AAFCO의 기준을 충족하기 위해서는 대부분의 레시피에서 베지캣 보충제가 필수이다(빠트려서는 안 된다).

(2) 베지캣을 급여함으로써 추가되는 아미노산(아르기닌, 리신, 메싸이오닌, 타우린, 트레오닌)이 포함된 수치이다.

* 특징 : C=편리함, E=경제적임, M=육식(또는 가능함), P=반려동물과 사람이 다 같이 먹을 수 있는 레시피, V=비건(또는 가능함)

질병이 있는 경우 최상의 선택 : A=알레르기, 위장관장애, 피부질환이 있을 때(소고기, 양고기, 해산물, 옥수수, 콩, 달걀, 유제품, 밀 글루텐이 없거나 이 식품들 없이 조리할 수 있는 레시피. 유기농이 가장 좋다), D=당뇨가 있을 때(고단백, 고지방이다. 식이섬유를

냠냠 버거	밀고기 로스트	고양이 오믈렛	소고기와 옥수수 요리	고양이를 위한 두부 미트로프	칠면조 요리	렌틸콩 요리
E, F, G, K, P, V	D, E, F, G, P, U, V	C, D, G, P, U	C, D, F, G, M, U	F, P, V, W	A, F, G, K, M	E, F, K, V, W
62	43	63	32	54	32	50
10.2	28.2	30.0	12.1	22.8	4.9	19.4
10.4	29.0	33.6	13.8	23.4	6.1	2.0
58.2	164.5	167.8	84.1	132.0	36.4	42.6
9.5	28.2	27.9	13.3	22.4	5.5	12.3
1,103	906	1,111	515	806	287	789
19.1	33.7	46.1	42.9	30.1	17.0	11.1
6.3	4.5	10.5	5.5	5.2	4.5	16.5
712	794	2,160	1,048	729	723	725
1,844	1,922	2,516	1,801	2,176	1,687	1,732
1.00	1.14	1.13	1.13	1.15	1.11	1.13
26.9	18.0	23.1	21.8	22.3	19.7	30.3
1,794	1,592	2,222	1,922	1,841	1,780	1,664
455	194	125	149	419	220	277
1,850	1,692	2,237	1,589	1,899	1,526	1,536
3,040	1,150	1,741	2,460	1,905	1,987	2,790
454	581	867	377	1,693	832	355
21.6	19.9	26.6	42.7	24.3	20.6	39.5
3.3	1.6	1.4	1.4	2.0	1.4	3.6
4.1	1.0	0.7	0.3	6.2	4.0	3.6
136	191	345	242	220	202	90

줄인다), **F**=단백질과 지방의 비율을 50 : 50으로 맞춘 레시피로 입맛이 지나치게 까다로운 고양이도 좋아한다. **G**=성장기나 질병 회복기에 적합하다. **K**=신장질환이 있을 때(단백질, 인, 소금을 줄이고 칼륨을 늘린다). **U**=요도폐색이 있을 때(단백질, 메싸이오닌+시스테인, 비타민 C, 수분을 늘린다). 크래니멀스(Cranimals, 크랜베리를 이용한 보충제), 아마, 대마를 사용한다. 오메가 비율을 낮게 유지한다. **W**=체중감량이 필요할 때(애호박과 채소를 늘리고, 호르몬을 사용한 육류와 유제품은 덜 사용한다)

건강 스프링클
healthy sprinkle

개와 고양이를 위한 레시피.
개, 고양이와 사람이 함께 먹을 수 있는 레시피.

단백질과 지방의 함량이 높고, 비율이 비슷해서 야생에서 먹던 먹잇감과 유사한 아주 맛있는 양념으로, 입맛이 까다로운 고양이들을 위해 만들었다. 달걀을 배제한 식단에서 부족해지기 쉬운 오메가-3, 비타민, 미네랄, 콜린 등이 풍부하다. 히말라야 검은 소금은 많은 메뉴에서 부족해지기 쉬운 유황 성분을 제공하고 달걀의 맛과 견줄 만큼의 풍미를 더한다. 해산물을 좋아하는 고양이는 김가루나 덜스플레이크를 좋아할 수도 있다. 베지캣의 일일 급여량을 두부 위에 뿌려 주기만 하면 되므로 고양이를 위한 가장 손쉬운 양념일 것이다. 그리고 개도 좋아하므로 잊지 말자. 사람도 파스타, 수프, 샐러드, 곡물류 위에 뿌려서 먹을 수 있다.

◇ 영양효모 ⅓컵
◇ 유기농 해바라기나 콩 레시틴 3테이블스푼
◇ 대마씨 2티스푼
◇ 아마씨 간 것 2티스푼
◇ 히말라야 검은 소금 ⅛티스푼(선택 사항)
◇ 구워서 부순 김 1장(선택 사항)

유리병에 영양효모, 레시틴, 대마씨, 아마씨, 소금, 김가루(사용한다면)를 넣고 잘 섞는다. 냉장고에 보관하는데 아마씨는 갈아서 보관한다. 급여할 때 음식 위에 뿌려 내는 것이 음식에 혼합하는 것보다 풍미가 강하다.

선택 사항 : 대마씨나 아마씨의 전부 또는 일부를 같은 양의 호박씨 간 것(아연이 풍부하고 기생충 예방효과가 있다)이나 참깨(메싸이오닌이 다량 함유되어 있으며, 반려동물이 필요로 하는 양이 사람보다 더 많다)로 대체할 수 있다. 실험을 좋아하는 반려인이라면 풍미를 살리기 위해 사용하는 사람용 글루타민이나 아미노산을 음식에 넣은 것과 넣지 않은 것 중 어느 것이 더 맛있는지 비교해 보자. 글루타민은 고양이의 야생 먹잇감인 토끼, 고양이가 좋아하는 일부 식품에 매우 많이 들어 있다. 이것이 고양이가 원하는 맛일지도 모른다.

계산 : 540칼로리, 1티스푼당 약 15칼로리(단백질 34%, 지방 35%)이다.

두부 사워크림/요거트
tofu sour cream/yogurt

개와 고양이를 위한 레시피.
개, 고양이와 사람이 함께 먹을 수 있는 레시피.

일반 사워크림이나 요거트의 식물성 대용품으로 유제품이나 다른 육류보다 단백질이 훨씬 많다. 만들기도 쉽고 맛도 만족스럽다. 개, 고양이, 사람 모두 음식에 뿌리면 맛있는 고단백 디저트가 된다. 베리 위에 요거트처럼 부어서 먹어도 된다. 또한 콩 요리나 부리토, 개가 좋아하는 싸먹는 랩 요리(양파를 제외한 양배추나 다른 재료는 괜찮다) 등에 듬뿍 발라 줘도 된다. 고양이를 유혹하려면 사료 위에 소스로 뿌려 준다. 캠핑 갈 때도 좋다. 감미료를 넣지 않아도 맛있다.

◇ 모리-누(Mori-Nu, 두부 제품 브랜드명)의 아주 단단한 연두부(extra firm silken tofu) 1팩(340g)
◇ 레몬 주스 1티스푼이나 그보다 적게(맛내기용)
◇ 메이플 시럽이나 슈캐넛(Sucanat, 백설탕보다 미네랄이 풍부한 설탕) 또는 아가베 시럽(agave nectar) ½티스푼이나 그보다 적게(맛내기용)
◇ 소금 ⅛티스푼(맛내기용)

블렌더에 두부, 레몬 주스, 메이플 시럽, 소금을 넣는다. 부드러워질 때까지 갈아 준다. 또 다른 방법으로는 그릇에 모든 재료를 넣고 크림처럼 될 때까지 포크로 휘저어 주면 두부 사워크림이 완성된다. 만드는 데 커피 한 잔 마실 시간도 안 걸린다. 유리병에 넣어 보관하고 일주일 안에 소비한다. 프로바이오틱스를 넣으면 요거트 같은 맛이 난다.

선택 사항 : 제철의 신선한 블루베리 2컵에 두부 사워크림을 얹어 주면 개는 반려인을 영원히 사랑할 것이다. 게다가 영양적으로도 햄버거보다 단백질 함량(30%)이 높은 깜짝 놀랄 만한 식사이다.

계산 : 191칼로리(단백질 52%, 지방 30%).

참깨 버터 그레이비 소스
tahini gravy

개와 고양이를 위한 레시피.

개, 고양이와 사람이 함께 먹을 수 있는 레시피.

만들기 간단하고, 동물성 지방이나 정제한 오일로 만든 그레이비보다 건강한 레시피이다.

◇ 양송이버섯 1컵(선택 사항)
◇ 참깨 버터 1컵
◇ 물 ⅔컵 또는 그 이상
◇ 타마리 간장 ¼컵 또는 그보다 적게
◇ 영양효모 2티스푼
◇ 마늘 가루 약간

중간 불에 소스 팬을 올리고 양송이버섯(사용한다면), 참깨 버터, 물, 간장, 효모, 마늘 가루를 넣고 볶는다. '두부 미트로프(108쪽, 132쪽)'에 케첩 대신 사용하거나 사료나 '밀고기 로스트(128쪽)', 칠면조고기나 사슴고기 같은 기름기가 없는 고기 위에 뿌려 준다. 남은 분량은 냉장 또는 냉동 보관한다. 전분이 많거나 저단백 레시피에는 과하게 사용하지 않는다. 과하게 사용할 경우 단백질 함량을 떨어뜨릴 수 있다.

계산 : 1,421칼로리(단백질 12%, 지방 69%).

간단한 건강 간식
simple healthy treats

때로는 땅에서 자란 자연 그대로의 식품만큼 좋은 것이 없다.

고양이용 : 대가 있는 옥수수, 오이, 캔털루프 또는 멜론. 야간에는 치석 제거용 건조식품(특히 치아에 치석이 형성된 경우에). **포도, 초콜릿, 건포도는 안 된다.**

개용 : 당근 스틱, 브로콜리 줄기, 말린 고구마(sweet potato chews, 제품으로 구매해도 된다) 또는 씹을거리. 베리류, 사과, 바나나, 체리 토마토, 멜론, 파파야, 아보카도(껍질 벗긴 것). **포도, 초콜릿, 건포도는 안 된다.**

구운 한입 간식
toasty tidbits

개와 고양이를 위한 레시피.

개, 고양이와 사람이 함께 먹을 수 있는 레시피.

옆집 고양이가 가끔씩 간식을 얻어먹으려고 우리 집에 와서 아는 척 한다. 그 고양이는 입맛이 꽤나 까다로웠는데 어느 날 코코넛 오일을 바른 통밀 토스트 한 조각을 주자 맛있게 날름 먹어 치웠다. 우리는 그 모습을 보고 엄청 감동받았다. 단백질 함량을 높이기 위해 이 간식 위에 영양효모를 뿌려주는데 '크루톤(croutons, 수프나 샐러드에 넣는 굽거나 튀긴 작은 빵조각)'처럼 촉촉한 식사 위에 올려서 급여할 수도 있다. 특히 기름기 없는 고기, '밀고기 로스트(128쪽)' 또는 고단백, 저지방 콩 요리 등에 잘 어울린다.

◇ 유기농 통밀 토스트 ½장
◇ 코코넛 오일, 아마씨유, 대마기름 또는 땅콩버터나 씨앗버터 1티스푼
◇ 영양효모 1티스푼

빵을 살짝 굽는다. 토스트가 따뜻할 때 오일과 영양효모를 뿌려 준다. 고양이가 먹기 좋도록 한입 크기로 부숴 준다.

계산 : 65칼로리(단백질 17%, 지방 39%)

식단
바꾸기

소중한 반려동물과 '채식에 대한 이야기'를 나누었는가? 건강하고 인도주의적이며 지속 가능하고 신선한 유기농 식단으로 바꿀 준비가 되었다면 축하한다! 이 것이 건강한 삶으로 가는 홀리스틱 접근법의 핵심이다.

행복하고 성공적인 변화의 첫 걸음은 나 자신이 새로운 변화의 과정을 잘 따르겠다고 굳게 마음먹는 데 달려 있다. 채식을 하게 된 이유를 명심하고 자신 있게 나아가자. 반려동물은 물론 세상의 모든 동물과 지구, 미래 세대에 대한 사랑이 그 결심을 지지하고 영감을 불어넣어 줄 것이다. 또한 맛있고 건강한 음식으로 사람과 동물 모두 영양 가득하게 만들어 줄 것이다. 채식은 맛있고 재미있을 것이다.

지금까지 주로 패스트푸드나 테이크아웃 음식을 먹어 왔다면 먼저 일상을 재편성하고 주방에서 필요한 몇 가지 기술을 익혀야 한다. 건강과 환경을 위한 아주 좋은 변화가 될 것이다. 사람과 반려동물이 함께 채식을 한다면 더욱 편할 테고.

이미 음식을 직접 만들어 먹고 반려동물에게 직접 만든 음식을 먹이고 있다면 사람과 반려동물이 한 팀이 되어 음식을 나눠 먹는 것은 쉬운 일이다. 이는 함께하는 시간이 훨씬 늘어난다는 것을 의미한다.

신선한 식단을 위한 팁

자신에게 가장 잘 맞는 프로그램이나 접근법을 선택한다. 이미 건강식을 먹고 있고 주방일이 익숙하다면 '신선하고 다양하게 활용 가능한 레시피(101쪽)'와 같은 폭넓은 프로그램을 선호할 것이다. 만약 반려동물의 영양 요구량을 충족시킬 수 있을지 확신이 필요하다면 레시피를 엄격하게 사용하면 된다. 가끔 여행 때나 칭찬용 간식 또는 예비용 음식으로 먹일 수 있는 사료를 원할 수도 있다. 레시피를 이용하여 반려묘를 위한 '두부로 만든 야생 고양이의 식단(124쪽)' '렌틸콩 스튜(106쪽)', '냄비 요리(107쪽)', '개를 위한 파에야(116쪽)'와 같은 가장 손쉽게 할 수 있는 메뉴부터 시작한다. 그러고 난 후 반려동물과 사람이 같이 먹을 수 있는 레시피나 사람이 좋아하는 메뉴를 서너 개 정도 찾는다. 자주 만들어 먹으면서도 다양하게 만들고 비슷한 재료로 대체하여 영양분을 최적화시킨다. 쌀 대신 퀴노아를 이용하거나, 케일 대신 브로콜리를 이용하고, 덩굴강낭콩 대신 핀토빈을, 대마씨 대신 레시틴을, 닭 대신 칠면조를 이용하는 식으로 변화를 시도한다.

만약 유행하는 '생식(육류)'을 먹여 왔고 적어도 어느 정도는 계속 유지하고 싶다면 '도그 데이(104쪽)'나 '캣 데이(123쪽)' 프로그램을 이용하거나 반려묘의 경우 '칠면조 요리(133쪽)' 레시피를 시도한다.

그리고 효율적인 방법을 찾고 정리한다.

• **기본 재료를 미리 구비한다.** 음식을 만들다가 뛰어나가 사오는 일이 없도록 재료를 미리 준비한다. 만약 시장이 근처에 없다면 콩, 곡물, 견과류 등의 건조식품은 온라인으로 미리 구매한다.

• **기본 재료를 정리하는 방법을 찾아본다.** 곡물과 콩류는 병에 담아 종류와 크기별로 분류하여 찬장에 보관한다. 영양효모와 향신료 같은 자주 사용하는 양념은 작은 병에 담아 가스레인지 근처의 찬장에 보관한다. 이래야 찾기 쉽다.

• **콩을 직접 조리하여 비용과 포장재 쓰레기를 줄인다.** 입구가 넓은 유리병의 위를 2.5cm 정도 남기고(콩이 팽창함) 삶은 콩을 넣어 냉동 보관한다. '콩과 곡물 조리법(146쪽)'을 참조한다.

• **한 달에 한두 번 '채식 버거(109쪽)', '냠냠 버거(127쪽)', '밀고기 로스트(128쪽)'를 많이 만들어 둔다.** 사이사이에 종이 포일을 끼워 보관 용기나 비닐봉지에 담아 냉동 보관한다.

• **'무한 샐러드 바'를 냉장고 한쪽에 만들어 둔다.** 냉동 완두콩이나 옥수수, 덩굴강낭콩, 병아리콩, 달걀 없는 샐러드(126쪽), 채 썬 양배추나 당근, 체리 토마토, 채 썬 버섯, 구운 비트, 후무스(hummus, 병아리콩을 으깨 만든 중동 음식)나 고기 덩어리(밀고기 로스트 같은) 등을 유리병이나 밀폐 용기에 넣어 냉장 보관한다. 같은 재료를 이용하

여 사람이 먹을 샐러드도 만들 수 있다. 플라스틱 용기보다 유리 용기를 사용한다. 유리병은 내용물이 잘 보이고, 독성이 없으며, 계속 사용할 수 있다.

- **계획하고 미리 준비한다.** 음식이 데워지는 동안 다른 음식을 만든다. 아침식사를 하고 나서 정리할 때 감자나 퀴노아를 익히거나 샐러드 바를 채워 넣거나, 버거, 콩, 완두콩 등 나중에 사용할 재료를 해동한다. 저녁식사를 한 후에는 다음 날을 위해 콩이나 시리얼을 불린다.
- **레시피를 복사하여 찬장 안에 붙여 둔다.** 조리 공간이 부족한 경우에 유용하다.
- **요리를 편하게 하는 데 도움이 되는 조리기구에 투자한다.** 비타믹스(vitamix, 브랜드명)와 같은 좋은 블렌더나 디지털 압력밥솥(콩, 곡물, 스튜를 만들 때 좋다), 푸드 프로세서 등의 조리기구를 준비한다. 견과류나 씨를 갈 수 있는 그라인더는 반려동물 사료에 첨가해 줄 아마씨나 다른 씨앗을 갈 때 유용하다.

콩과 곡물 조리법

가장 쉽게 조리하고 소화할 수 있는 것은 렌틸 콩이다. 반려동물도 좋아하고, 콩 제품 다음으로 단백질도 높다.

병아리콩, 검정콩, 팥, 핀토빈, 흰강낭콩(white beans)은 몇 시간 또는 밤새도록 불린 다음 맑은 물이 나올 때까지 헹군다. 그래야 소화를 방해하는 물질이 제거된다. 냄비나 디지털 압력밥솥(콩 요리 버튼을 누르면 30분 내에 조리된다)에 콩을 넣고 물이 콩 위로 5cm 정도 올라오게 부은 다음 소화과정에서 생성되는 가스를 없애기 위해 감자 또는 다시마 조각(조리 후에 버린다)을 하나 넣고 익힌다. 콩이 부드러워지면 삶은 물은 버리고 맑은 물이 나올 때까지 여러 차례 헹군다. 콩을 으깨거나 푸드 프로세서에 넣어 반려동물이 소화하기 쉽도록 만들어 놓는다. 남은 것은 냉동 보관한다. 양을 계산하는데 아래 차트가 조리하는 데 도움이 될 것이다.

기본 양	같은 양	같은 양
425g짜리 콩 통조림	건조된 콩 ½컵	조리된 콩 1.5컵
건조된 콩 454g	건조된 콩 2컵	조리된 콩 6컵 (425g짜리 통조림 4캔)
건조된 콩/렌틸콩 1컵	조리된 콩/렌틸콩 3컵	

통곡물 조리하기

건조된 곡물 1컵	물의 양	조리시간	조리 후 산출량	단백질
아마란스	2컵	15~20분	2.5컵	13%
보리	3컵	45~60분	3.5컵	7%
현미	2.5컵	40~45분	3컵	7%
메밀	2컵	20분	4컵	12%
벌거(bulger, 밀의 알 부분을 쪄서 껍질을 벗긴 후 삶아 말린 것)	2컵	10~12분	2컵	13%
옥수숫가루[폴렌타(polenat), 옥수숫가루 등 곡물 가루로 만드는 죽 형태의 이탈리아 요리]	4컵	25~30분	2.5컵	8%
기장	2.5컵	25~35분	4컵	11%
절단귀리	2.5컵	25~30분	2.5컵	15%
퀴노아	2컵	12~15분	3컵	15%

새롭게 생기는 문제

요리를 시작할 모든 것이 갖춰졌고 준비가 되었다. 많은 반려동물은 맛있고 새롭고 신선한 식단을 열정적으로 받아들일 것이고, 특히 반려견은 꿀떡꿀떡 삼키는 수준이 될 것이다. 눈에 띄게 건강이 향상되는 고무적인 일이 일어난다. 그러나 몇 가지 어려움에 직면할 수 있다.

• 기호성과 수용의 문제(고양이가 받아들이지 않을 수 있다)
• 새로운 식품에 적응하는 과정에서 생기는 일시적인 소화불량 문제
• 이전의 식이로부터 동물의 신체 조직을 정화하고 해독하는 과정에서 오는 일시적인 침체
• 고양이비뇨기계 증후군의 악화 가능성

한 보호자가 상업용 사료만 먹던 자신의 고양이가 직접 만든 식단은 거들떠보지도 않는다고 고민을 토로했다. 밥그릇을 밀어내며 새로운 음식에 전혀 관심을 보이지 않으니 당연히 문제가 된다.

"시도는 해보셨나요?"

"네. 여러 종류의 고기, 유제품, 곡물, 채소, 영

양효모 등 선생님이 말씀하신 것을 전부 시도해 보았는데 건드려만 보고 안 먹습니다. 특히 나이 든 고양이는 특정 브랜드의 참치나 닭고기 통조림만 먹거든요."

많이 들어본 이야기 같지 않은가? 많은 고양이는 중독된 것처럼 습관적으로 특정 제품만 먹는다. 반려동물 사료 회사는 이 점을 간파하고는 사료 표면에 도축장의 폐기물(소화물이나 내장)로 만든 매혹적인 냄새와 맛이 나는 물질을 뿌린다. 그러다 보니 고양이들은 다양하고, 건강하며, 균형 잡힌 식단을 찾으려는 본능을 점차 잊었다. 사람이 인스턴트 음식에 중독되는 것과 유사하다.

또 다른 중요한 문제는 반려동물의 몸이 적응하는 과정에서 오는 일시적인 침체이다. 이는 만성질환을 앓는 반려견에게 새로운 식이를 공급하거나 동종요법 약물을 투여한 후에 나타나는 현상과 같다.

"만들어 준 음식을 먹고 처음에는 잘 지내던 헨리가 갑자기 먹지 않고 아픈 것처럼 굴더니 기운 없이 누워만 있네요."

또는 "우리 집 개는 새로운 음식을 좋아해요. 그래서 몇 주를 별 문제없이 먹었죠. 그런데 어제 갑자기 기생충을 한 덩어리 쌌더라구요! 어떻게 해야 하죠?"라고 묻는 고객도 있었다.

미안하지만 나는 이 두 가지 경우의 반응을 듣는 일이 기쁘다. 이는 자연적인 치유과정에서 나타나는 좋은 징후임을 경험상 알기 때문이다. 덜 건강한 상태에 있던 동물은 건강하고 깨끗한 식단으로 바꾼 후에 곧 몸에 쌓여 있던 독성물질을 배출하거나 가벼운 증상의 악화[치유위기 또는 명

현현상(health crisis)이라고 한다]를 보인다. 이런 일은 매우 흔하다. 이러한 명백한 역행은 정상적이며, 필요한 과정이고, 건강한 삶으로 가는 길에 겪을 수 있는 작은 장애물이다. 기생충이 한 무더기 나왔다는 것은 건강이 향상되고 있다는 좋은 징후이다. 반려동물이 최적의 컨디션을 찾으면 기생충은 더 이상 몸에서 살 수 없기 때문이다.

입맛이 까다로운 반려동물을 먹게 만드는 요리법

입맛 까다로운 고양이들을 어찌해야 할까. 일단 왜 고양이가 먹을 음식을 바꿔 주기를 원하는지, 누가 이 음식을 만드는지를 항상 상기해야 한다. 사탕을 달라는 아이의 요구를 들어주지 않는 현명한 부모처럼 입맛 까다로운 녀석들의 습관에 반려인이 휘둘리면 안 된다. 큰 시각으로 보았을 때 무엇이 최선인지 판단하는 데 방해를 받아서는 안 된다.

고양이에게 줄 새로운 음식을 만들 때 가장 중요한 것은 고양이들이 먹고 싶도록 매력적으로 만드는 것이다. 반려인이 주방장 모자를 쓰거나 특급호텔 요리처럼 예쁘게 담을 필요는 없으므로 상식적으로 만들어 보자.

• 먼저 고양이를 사람들이 지나다니는 통로나 화장실 옆이 아닌 편안하고 안전한 식사장소에 앉힌다.

• 냉장고에서 음식을 꺼내 바로 접시에 담지

말고 레스토랑에서 하듯이 더 맛있고 향긋한 냄새가 나도록 살짝 데워 준다.

- 천천히 시작한다. 지금까지 고양이가 먹던 음식 중에서 가장 좋아하는 음식에 새로운 음식을 약간 섞어 준다. 시간이 걸리는 방법이지만 고양이에게는 최고의 방법이다. 끼니 때마다 양을 조금씩 늘려 가면 몇 주 후에 고양이는 어떤 음식이 주식이었는지 잊게 된다.

- 이 과정을 돕기 위해 '건강 스프링클(140쪽)'이나 영양효모와 같은 '양념'과 소스를 추가한다. 《더 내추럴 캣(*The Natural Cat*)》의 저자 애니트라 프레지어(Anitra Frazier)는 거의 모든 고양이가 호박, 겨울호박, 당근, 특히 찐 것보다는 구운 것, 주키니 호박과 당근 주스를 좋아한다고 한다. 고양이는 녹색채소에 열광하지 않는다. 녹색채소가 고양이에게 방광의 슬러지와 결석을 악화시키고, 옥살레이트 성분으로 인한 폐색과 소변의 알칼리화를 유발할 수 있음을 아는 걸지도 모르겠다. 그러니 새로운 메뉴에서 녹색채소를 제외시켜도 된다.

- 만약 새로운 음식에 고양이가 호감을 갖지 않는다면 다른 것을 시도한다. 일부 고양이는 몇 달 동안 특정 식단을 거부하다가도 어떤 식단은 정신없이 달려들어 먹기도 한다.

- 마지막으로 새로운 메뉴를 시도할 때에는 칼로리당 단백질과 지방의 비율이 반반인 레시피를 선택한다.

고양이가 좋아하는 단백질과 지방의 비율이 반반인 식단

얼마 전 우리는 '왜 고양이는 입맛이 까다로운 것일까?'(www.seeker.com/why-cats-are-picky-eaters-1860079554.html)에 대해 흥미로운 토론을 했다. 이는 진화의 역사와 분명 관련이 있다. 음식의 향, 맛, 질감은 고양이에게 중요하다. 학술지 《로열 소사이어티 오픈 사이언스(*Royal Society Open Science*)》에 게재된 고양이의 맛 선호 연구에 따르면 고양이는 단백질과 지방의 비율이 반반인 맛을 원한다. 이것은 야생 고양이의 식이 비율에 가깝다.

이 단서는 왜 고양이가 두부, 옥수수, 심지어 육식과는 거리가 먼 캔털루프 같은 식품을 선호하는지 이유를 설명해 준다. 탄수화물의 양과 상관없이 이 재료들은 5장의 '식품별 단백질과 지방 함량'이라는 제목의 표에서 본처럼 단백질과 지방이 동등한 비율로 들어 있다. 귀리, 퀴노아, 옥수숫가루, 쌀도 비슷하다. 따라서 이 마법의 비율을 염두에 두고 '두부로 만든 야생 고양이의 식단(124쪽)'이나 '건강 스프링클(140쪽)'과 같은 레시피를 만들었다. 꼭 시도해 보기 바란다. 같은 이유로 고양이는 닭고기보다 칠면조고기를 더 좋아한다.

아직 정확히 밝혀지지 않았지만 일부 고양이가 오이, 캔털루프, 옥수수, 아스파라거스 등을 잘 먹는 이유를 설명할 수 있는 무언가가 있을 것이라고 생각한다. 어쩌면 고양이가 자신의 식사에서 부족한 특정 영양분을 그 식품에서 탐지하는 것일지도 모른다. 그중 한 가지가 콜린(choline, 비타민 B 복합체 중 하나)인데 이는 영양에 관한 정보를 제공하는 사이트인 nutritiondata.com의 식품 영양 프로파일에서 두드러지게 나타난다. 콜린은 고양이가 좋아하는 달걀 노른자와 양념으로 사용하기에 좋은 레시틴에 많이 들어 있다. 토끼고기와 닭고기에도 콜린이 많이 들어 있는데 이는 야생에서 고양이의 먹잇감과 상당히 비슷하다. 반면에 사슴고기나 들소고기에는 콜린이 별로 많지 않다.

글루타민산 역시 고양이의 미각에 대한 열쇠가 아닐까 한다. 필수 아미노산인 글루타민산은 음식에 '감칠맛'을 주며, 비율적으로 영양효모, 옥수수, '냠냠 버거(127쪽)', 토끼고기에 많이 들어 있다. 부디 고양이를 만족시키면서 토끼를 살릴 수 있는 방법이 있으면 좋겠다. 사람용으로 판매하는 글루타민 캡슐을 고양이의 식사에 뿌려 주거나 '건강 스프링클(140쪽)' 레시피에 첨가해 주면 어떨까? 이는 사실 맛도 좋고 고양이에게 새로운 미끼가 될 수 있다.

장내 생물군계도 새로운 음식에 적응할 시간이 필요하다

다음은 반려동물이 까다롭지도 않은데 왜 서서히 식이에 변화를 주어야 하는지에 대한 흥미로운 정보이다.

느린 전환의 미덕 : 식이가 바뀌면 위장관계의 미생물군 전체가 어떤 음식을 좋아하느냐에 따라 반응하여 변화한다. 미생물군의 일부는 증가하고, 일부는 감소하며, 심지어 새로운 미생물군이 생기기도 한다.

따라서 반려인이 상업용 사료 브랜드 교체를 포함하여 너무 갑작스럽게 반려동물의 식단에 변화를 주면 일시적으로 설사나 식욕부진이 나타날 수 있는데, 이는 기존의 장내 세균총이 죽고 새로운 세균총으로 교체되기 때문이다. 이것은 일주일 정도 걸릴 수 있지만 일단 변화가 나타나면 모든 것이 원래대로 되돌아온다.

프로바이오틱스 : 장내 세균총이 적응하는 데 도움을 주려면 식이 전환기에 반려동물의 장내에 좋은 균이 자리를 잡을 수 있도록 프로바이오틱스의 사용을 고려한다. 수의학 박사 로렐라이 웨이크필드(Lorelei Wakefield)는 고양이들이 퓨리나의 프로바이오틱스 포티플로라(FortiFlora)의 맛을 사랑한다고 한다. 이를 양념으로 사용해도 되고, 다른 반려동물용이나 사람용 프로바이오틱스를 사용해도 된다.

약간의 절식?

식이전환을 할 때 까다로운 고양이를 구슬리는 방법이 전부 통하지 않는다면 어떻게 해야 할까? 그럴 경우 고양이가 기존 식단에 중독되었다고 볼 수 있으므로 고양이의 안녕을 위해 좀 더 과감한 방법을 시도해야 한다. 새로운 방법은 절식이다.

고양이를 굶어 죽이라는 것이 아니다. 단기간의 절식은 포식자에게는 매우 자연스러운 일이다. 절식은 떨어진 식욕을 자극하고, 몸을 청소하며, 동시에 오랫동안 특정 맛과 음식에 익숙해졌던 습관을 깨뜨린다.

반려동물의 건강한 절식을 위해서는 신선한 공

기, 조용한 장소, 야외로 나갈 수 있는 접근성, 적당한 운동과 같은 세팅이 필요하다. 그러나 밖이 너무 추워 고양이가 실내나 난로 옆에만 앉아 있는 경우 등 계절이 바뀌는 시기에는 시도하지 않아야 한다.

절식과정은 다음과 같다.

- 1~2일 정도 서서히 절식을 시작하는 기간을 가진다. 평상시보다 양을 적게 주면서 새로운 음식을 조금 첨가해 준다.
- 다음 1~2일 동안은 액체류를 포함한 유동식만 먹이는 단계로, 반려동물에게 깨끗한 물이나 야채 주스, 육수(또는 채수), 묽은 수프, 두유만 준다.
- 다음 날에는 절식을 끝내기 위해서 액체류를 포함한 유동식에 약간의 고형식을 첨가해 주는데 이때 새로운 음식을 함께 준다.
- 그다음 날에는 새로운 음식의 양을 일반적으로 먹는 양만큼 늘려 준다. 만약 아직도 먹기를 주저한다면 위에 영양효모를 뿌려 준다(음식과 섞어 주지 않는다). 고양이가 반응을 보일 것이다.

고집 센 녀석의 경우 절식기간을 좀 더 길게 가져도 된다. 한 보호자는 절식을 끝낼 때쯤 고양이가 새로운 음식을 전혀 먹지 않을까 봐 걱정했다. 나는 액체류를 포함해서 유동식만 먹이는 기간을 조금 더 길게 가지라고 조언했다. 그녀는 그렇게 했고, 며칠 후 그녀의 까다롭기로 유명한 고양이가 전에는 거들떠보지도 않던 채소, 곡물, 콩과 같은 자연재료를 모두 다 먹게 되었다는 소식을 알려왔다.

절식의 문제

만약 절식을 시도했는데 반려동물이 먹지 않는다면 반려인은 반려동물을 얼마나 오랫동안 배고프게 놔두어도 될까? 개의 경우는 이틀이면 충분하다. 그러나 고양이는 다르다. 한 보호자의 까다로운 고양이는 절식 5일째까지 진짜로 배고파하지도 않고 새로운 음식을 먹어 보려는 시도도 하지 않았다. 나는 건강한 동물이 그렇게 오랫동안 음식을 먹지 않는 것을 본 적이 없다.

일부 개나 (특히) 고양이는 며칠간 굶어도 배고픔을 쉽게 느끼지 않는다. 식욕이 별로 없다는 것은 보통 만성질환의 증상이다. 어딘가가 아프다거나 병을 진단받았다는 의미가 아니다. 오히려 덜 건강하거나 건강상태가 낮은 수준이라는 뜻이다. 이러한 경우에는 건강상태를 전반적으로 향상시키기 위해 각 개체에 맞는 동종요법 약물(체질처방)을 처방한다. 만약 반려동물이 먹지도 않고 동종요법을 하는 수의사를 찾을 수도 없는데, 그냥 앞으로 나아가기를 원한다면 나는 이런 경우를 '타협'이라고 한다.

타협

점진적인 식이전환을 시도했는데도 반려동물이 새로운 식단으로 바꾸려 하지 않을 때 절식을 결심하는 일은 쉽지 않을 것이다. 반려동물이 배고파하는 모습이 너무 힘들어 보이고, 불안해하는 모습이나 이전의 익숙했던 음식을 달라고 조르는 모습이 안타깝고 차마 보기 힘들기 때문이다. 이런 경우에는 반려동물이 절식을 해도 될 만큼 건강하지 않을 수 있기 때문에 새로운 음식을 이전에 먹던 음식에 섞어 주는 것이 좋다.

깨작거리는 것은 좋지 않다

새로운 음식을 받아들이는 데 있어서 가장 중요한 요소는 동물이 실제로 배가 고파야 한다는 것이다. 새로운 음식을 시도하는데 별로 관심이 없을 때 대부분의 동물은 정말로 배가 고프지 않은 경우가 많다. 특히 자율급식을 하거나 깨작거리는 것을 허용하는 경우에 더더욱 그렇다. 그러면 새로운 음식을 시도할 동기가 부족해진다. 특히 고양이는 포식과 굶주림의 자연적인 사이클에 익숙하기 때문에 상당히 배가 고파지려면 며칠이 걸린다.

반려동물을 주기적으로 관찰하면 전반적인 건강상태를 쉽게 파악할 수 있다. 예를 들어 개한테서 '개 냄새'가 난다거나 고양이한테서 '입 냄새'가 난다는 것은 정상이 아니다. 반려동물에게서 좋지 않은 냄새가 난다는 것은 만성적으로 건강이 좋지 않다는 신호이다. 반려동물의 건강이 좋지 않다면 수의사와 함께 식이 변화를 시도할 수 있다. 담당 수의사에게 무엇을 하려고 하는지, 왜 하려고 하는지에 대해 잘 설명하고 레시피를 공유하며 분석하는 게 좋다. 수의사에게 정기적으로 검진을 받아 건강상의 문제가 없도록 하고, 기대한 만큼 식이에 잘 적응하는지, 체중이 줄지 않는지, 몸이 약해지고 있지는 않은지 등을 살핀다.

만약 수의사가 직접 자연식이나 채식 위주의 식단으로 전환하는 것을 권하지 않는다면 다른 방법을 찾아야 한다. 상담이 가능한 수의사에게 전화 상담을 받는 방법도 있다.

몸의 반응

반려동물의 컨디션이 최고 상태가 아니라면 컨디션이 더 나아지는 식단 혹은 독소가 적은 식단으로 바꾸면 몸의 정화효과를 유발할 수 있다.

수년간 반려동물은 2장에서 언급한 바와 같이 해로운 재료가 가득한 엄청나게 가공 처리된 사료를 먹어 왔다. 반려동물은 환경오염물질뿐 아니라 강한 약물에도 분명 노출되었을 것이다. 그래서 건강한 음식을 먹으면 이상한 일이 벌어지기 시작한다. 바로 몸이 반응하는 것이다.

보통 처음에는 컨디션이 좋다. 에너지와 영양이 반려동물의 세포로 흘러들어가기 때문이다. 혈액의 질과 산소운반 능력이 향상되어 더 활동적으로 되기 시작한다. 여기에 운동까지 해 주면 게으른 세포의 재충전을 도와준다.

2~3주 후면 활동적이 되는데 그러면 몸은 오랫동안 소홀히 했던 내부 청소에 착수한다. 지금까지 반려동물의 몸속에서 편안히 지내 왔던 엄청난 양의 기생충 무리가 깨끗한 장을 뒤로 하고 쓸려 나온다.

종종 청소 결과로 신장, 대장, 피부 등 모든 배설기관에서 다량의 분비물이 나오기도 한다. 소변이 진해지고, 냄새가 강해지며, 배설물도 색이 진해지고, 일시적으로 점액이나 혈흔이 섞이기도 한다. 또한 피부에 종기와 함께 발진이 일어나거나 비듬이 잔뜩 생기기도 한다. 피부가 더욱 활동적이게 되면서 때로는 죽은 털이 무더기로 떨어지고 새 살과 건강한 털이 날 준비를 하기도 한다 (이는 식물이 새 잎을 내기 전에 죽은 잎을 떨어뜨리는 것과 비슷하다).

치유위기

눈에 보이는 것은 속임수에 불과하다. 믿기 어렵겠지만 반려동물의 몸은 점차 깨끗해져 가고 있다. 이 내용이 이해하기 어려울 수 있다. 대부분 신체적 문제가 효과적으로 치료될 때까지 컨디션이 꾸준히 향상되기를 기대하지 더 나빠지는 상태를 기대하지는 않는다!

컨디션의 꾸준한 향상은 항생제를 비롯하여 우리에게 익숙한 약물이 대체로 작용하는 방식이다. 적어도 잠시 동안은 말이다. 하지만 이런 약물은 가끔씩 증상을 단순히 억누를 뿐, 질병을 변화시키지 못하도록 근본적인 문제는 남겨 둔다. 그래서 같은 문제나 그와 연관된 다른 문제가 다시 나타날 수 있다. 병을 통제하려고 약을 장기간 사용하면 우리 몸은 건강을 유지하려는 시도를 게을리 하게 되는 경향이 있다.

예전 사람들은 몸이 치유되는 단계를 확실하게 느꼈다. 그중 하나가 열, 염증, 일시적인 증상의 악화 등을 보이는 위기 단계이다. 이 단계에서 환자는 회복되기 시작하거나 죽었다. 이를 '치유위기'라고 하는데 이는 신체 방어력이 최대한으로 동원된 시점이다. 이 시점은 몸이 사력을 다하는 때이다.

이 과정에서 항생제 또는 코르티손을 주사하여 방해하면 신체방어 시스템은 무용지물이 된다. 이렇게 되면 가장 처음 질병을 일으킨 근본적인

문제를 치료하지 못하게 된다. 사용하지 않는 근육처럼 방어 시스템은 약해지고, 곧 새로운 질병에 대한 저항력도 약해져 몸은 문제를 극복하기 위해 더 많은 약을 필요로 하게 된다. 영양불량은 질병 저항력을 더욱 떨어뜨리고, 이러한 상태는 더 많은 약을 부른다. 감염과 약의 독성 효과로 인해 몸은 더 약해지고, 몸은 이용 가능한 영양소를 더 찾게 되어 공급이 과도해지고, 영양부족은 더해진다. 내용을 알기 전에는 누구나 이 악순환의 고리에 잡혀 있게 된다.

무엇이 이 악순환을 끝낼 수 있을까? 좋은 식이가 그중 하나이다. 최적의 영양소를 공급해 주면 질병에 대한 저항력을 키우고 몸에 있는 약물의 독성 효과를 제거하는 데 도움이 된다.

따라서 반려동물의 식이를 바꿨을 때 이러한 해독증상이 나타난다고 해서 의기소침해지거나 실수를 했다고 생각하지 않기를 바란다. 잘 되어 가는 중이니까 말이다.

치유위기를 극복하도록 도와주는 허브

반려동물이 좋은 재료의 자연식 식단으로 바꾸고 위기가 왔을 때 허브를 이용하면 몸을 정화하고 세포를 재생하여 증상을 완화시키거나 미연에 방지하는 데 도움이 된다.

알팔파(Medicago sativa)는 식욕을 증진시키고 소화를 돕는 훌륭한 강장제로 마른 동물이 살이 찌도록 도와주고 육체적·정신적 활력을 증진시켜 준다. 저체중이거나 불안하고 몹시 예민하며, 근육과 관절의 통증이 있거나, 비뇨기계에 문제가

있는 경우, 특히 결정이 형성되고 방광에 자극이 있는 경우에 적합하다. 개의 경우 체중에 따라 가루나 말린 알팔파를 매일 식사에 1티스푼~3테이블스푼씩 섞어 준다. 또는 물 1컵에 알팔파 3테이블스푼을 넣고 20분간 끓여서 차를 만들어 음식에 섞어 주거나 주사기로 입에 넣어 준다. 고양이의 경우 하루에 말린 알팔파 1티스푼을 준다.

우엉(Arctium lappa)은 혈액을 정화하고 몸의 해독을 도와준다. 특히 피부 문제를 완화시키는 데 좋다. 유리 팬이나 에나멜 팬에 용천수나 증류수 1컵을 넣고 우엉 뿌리 1티스푼을 넣어 5시간 동안 담가 놓는다. 그러고 난 후 푹 끓인 다음 불을 끄고 식힌다. 아래 '몸을 정화시키기 위한 허브 투여량' 표를 참고하여 반려견에게 얼마나 급여할지를 정한다. 고양이의 경우 매일 ½티스푼씩 급여한다.

마늘(Allium sativum)은 기생충 제거에 도움이 되고, 소화를 도우며, 장을 이로운 방향으로 자극한다. 마늘은 장 건강을 증진시키기 위해 사용한다. 또한 육류나 생선을 많이 먹는 동물, 과체중인 동물, 관절염이나 고관절이형성증으로 고관절의 통증을 호소하는 동물에게도 사용한다. 개의 체중에 따라 간 생마늘을 끼니 때마다 반쪽에서 3쪽까지 사용하며('몸을 정화시키기 위한 허브 투여량' 참조), 고양이는 하루에 ¼쪽 급여한다.

귀리(Avena sativa) 역시 강장제로, 특히 간질, 약간의 떨림, 경련, 마비 등 주로 신경계가 약한 경우에 사용할 수 있다. 귀리는 과도한 약물복용과 질병으로 인해 지치고 쇠약해졌을 때 효과가 있다. 몸을 정화하고 새로운 세포에 영양을 공급해 성장을 돕는다. 식단을 짤 때 주요 곡물로 오트밀을 사용한다.

몸을 정화시키기 위한 허브 투여량

반려견의 크기(체중)	알팔파 말린 것	알팔파 끓인 물	우엉 끓인 물	마늘/쪽
초소형(4~7kg)	1티스푼	2테이블스푼(⅛컵)	1티스푼	½
소형(7~16kg)	3티스푼(1테이블스푼)	5테이블스푼(⅓컵)	2티스푼	1
중형(16~27kg)	5티스푼	8테이블스푼(½컵)	3티스푼(1테이블스푼)	2
대형(27~40kg)	7티스푼	12테이블스푼(¾컵)	5티스푼	2½
초대형(40kg 이상)	9티스푼(3테이블스푼)	16테이블스푼(1컵)	6티스푼(2테이블스푼)	3

1테이블스푼 = 3티스푼 , 16테이블스푼 = 1컵

목욕

치료용 목욕에 귀리짚(oat straw)을 사용할 수 있다. 귀리짚 450~900g을 280L의 물에 넣고 30분간 끓인 다음 목욕물에 섞어 주거나 목욕 후 헹굴 때 스펀지에 적셔서 반려동물을 반복해서 닦아 준다. 피부질환, 근육통, 관절의 통증, 마비, 간질환, 신장질환에 유용하다. 개가 고양이보다 목욕을 더 좋아한다.

치유 위기를 극복하게 도와주는 허브와 새로운 식단은 건강으로 가는 길을 평탄하고 짧게 만들어 준다. 1~2개월 후 반려동물을 검사해 보면 차이점을 알 수 있을 거라고 장담한다.

식단 바꾸는 문제에 너무 겁을 먹지 말기를 바란다. 많은 반려동물이 이 장에서 언급한 문제를 겪지 않는다. 대다수는 새로운 식단을 즐기고 소화를 잘 시킨다. 식이전환기를 쉽게 하기 위해서 여기에 나온 조언들을 잘 따른다면 반려동물은 그 어느 때보다 건강하고 행복해질 수 있다.

고양이를 채식으로 전환할 때 특히 주의해야 할 사항

까다로운 고양이증후군(FFS, Finicky feline syndrome)에 이어 고양이 하부 비뇨기계 질환(FLUTD, Feline lower urinary tract disease)이라 불리는 고양이비뇨기계 증후군(FUS, Feline Urinary Syndrome)이 나타날 수 있다. 특히 나이가 많은 수고양이나 건강이 좋지 않거나 방광질환의 병력이 있는 경우에 나타난다. 알칼리성을 띠는 채식은 방광에서 스트루바이트 결석 형성을 증가시키고 이는 요도를 막아 심한 경우 수술을 해야 한다. 소변의 과도한 산성화는 반대로 칼슘 옥살레이트 결정을 유발한다.

고양이는 사료 알갱이를 선호하는데 이는 이빨에는 좋지만, 수분이 촉촉한 음식이 요로계 질환을 예방하는 데에는 최상의 방법이며 요로계 질환으로 인한 스트레스를 줄여 준다. 고양이 하부 비뇨기계 질환은 흔하며, 완전채식으로 전환하려는 고양이의 25~35%가 이 문제나 다른 문제로 고생할 수 있다. 따라서 담당 수의사에게 도움을 요청하거나 이 부분에서 조언을 아끼지 않는 수의사 아르마이티 메이(veganvet.net)나 로렐라이 웨이크필드(vegetariancats.com) 같은 채식을 지지하는 수의사의 사이트를 찾아 상담을 받는 것이 좋다.

이들은 비건 식이를 통해 개의 건강이 확실하게 향상되며, 특히 피부, 모질, 위장관, 알레르기 문제 개선에 도움이 된다고 말한다. 웨이크필드는 고양이의 경우 경험상 완전채식으로 바꾸는 것이 조금 주저되지만 다수의 고양이가 잘 따라온다고 한다. 그래도 걱정스럽다면 비건 식이와 일반 식이를 혼합하는 방법을 제안한다. 하지만 비건 식이를 시도하고자 한다면 기쁘게 지지해 주겠다고 한다.

메이는 자신의 고양이에게 상업용 비건 사료를 먹인다. 함께 사는 고양이의 식이를 비건 식이로 전환하기를 원하는 고객에게는 다음의 프로토콜을 알려 준다. 모든 수고양이와 위험성이 있어 보이는 경우, 식이를 전환하기 전에 소변의 pH를 측정하고(이상적인 범위는 6.0~6.5) 3주 후에 다시 측정한다. 만약 pH가 7.5 이상(알칼리성)이면 수의사의 조언에 따라 음식에 수분과 메싸이오닌(소변을 산성화시켜 준다)을 첨가하거나 아스코르브산(체중 kg당 10~30mg, 1일 3회)을 섞어 주는데 아스코르브산은 효과가 미약하다. 이런 처방을 받은 고객의 고양이는 잘 지낸다고 한다. 또한 소화효소와 프로바이오틱스의 사용을 권장한다.

메싸이오닌은 필수 아미노산으로 개와 고양이의 간 회복, 피부와 모질 상태의 개선, 기타 여러 가지 기능에 중요한 물질이다. 그런데 육류에 비해 식물에는 함량이 적어서 베지캣을 통해 적절한 양을 보충해야 한다. 이렇게 하면 쉽게 채식을 할 수 있다. 이 수치는 AAFCO의 기준치 안에서 안전한 수준이다. 추가로 메싸이오닌을 주는 것은 수의사의 처방이 있어야 하며, 소변의 과도한 산성화는 다른 질환을 유발할 수 있다. 중성화수술을 하지 않은 수고양이는 더 높은 수준의 메싸이오닌이 필요한데, 이는 영역표시를 하는 데 중요한 유황을 함유한 아미노산인 펠리닌(felinine)을 생산하기 때문이다. 펠리닌이 수고양이에게서 pH 상승과 고양이 하부 비뇨기계 질환을 유발하는 역할을 하는 것 같다.

베지펫을 만든 제임스 페덴은 고양이가 비건 식이로 전환할 때 베지캣 파이(vegecat phi)를 이용하는 프로토콜을 만들었다. 베지캣과 마찬가지로 베지캣 파이도 가정에서 준비하는 자연식단에 필수 영양소를 보충제로 공급하는 제품이다. 베지캣 파이는 소변 산성화제인 황산수소나트륨(sodium bisulfate)을 넣어 AAFCO에서 승인을 받았다. 하지만 황산수소나트륨을 단독으로 사용하면 위험하기 때문에 주의해야 한다. 페덴은 온라인에서 구입할 수 있는 크랜베리 가루로 만든 크래니멀스나 비타민 C를 추천한다. 비흡수성 모래와 약국에서 파는 소변검사 스틱으로 집에서도 손쉽게 고양이의 소변 pH를 측정할 수 있으며, 베지캣 파이는 compassioncircle.com에서 구입 가능하다. 베지펫의 한 고객은 소변이 지나치게 산성인지 또는 알칼리성인지를 색깔의 변화로 알 수 있는 모래인 '프리티 리터(Pretty Litter)'를 추천한다.

마지막으로, 수많은 고객에게 비건 반려동물 식품과 보충제를 공급하고 있는 제드 길런(Jed Gillen)은 그의 책《절대적인 육식동물인 개와 고양이, 이들에게 비건은 진정으로 무엇을 의미하는가(*Obligate Carnivore: Cats, Dogs & What It Really Means to Be Vegan*)》에서 모든 고양이가 비건 식단을 좋아하지는 않지만 즐기는 고양이도 있다고 말한다. 고양이 소변의 pH 문제를 해결하려고 노력한 후, 앞에서 알려 준 대로 필요에 따라 조절하면 된다. 2주 간격으로 소변의 pH를 관찰한 후 pH가 너무 높으면 고양이에게 문제가 있다는(일반적으로 수고양이) 것이므로 이때 음식에 고기를 같이 급여한다.

응원의 말

반려동물의 식단을 채식으로 바꾸는 일은 선행을 하는 것과 같다. 물론 채식으로 바꾸려면 배워야 할 것이 많지만 어려운 일은 아니다. 자신감을 가지고 채식을 할 수 있도록 이해하기 쉽게 글을 썼는데 도움이 되었으면 한다. 채식을 시도하기 전에 겁먹지 않기를 바란다.

새끼, 어미, 만성질환이 있는 반려동물을 위한 식단

6장에서 살펴본 새로운 레시피는 정상적이고 건강한 동물에게 권장되는 가이드 라인이다. 그러나 성장 중이거나 임신 중이거나 만성질환이 있는 등 특별한 도움이 필요한 동물은 어떻게 해야 할까? 이번 장에서는 6장에 있는 영양성분 차트(개 118쪽, 고양이 136쪽)를 어떻게 사용하는지 보여 줄 것이다. 때로는 조금만 조절해도 된다.

먼저 정상적이고 건강한 새끼 고양이, 새끼 강아지, 임신 중이거나 수유 중인 개와 고양이를 어떻게 먹일 것인지에 대해 알아보고, 특별한 식이조절이 필요한 동물에 대해서 살펴본다. 질병의 치료에 대해 자세하게 다룬 '2부 질환별 관리법'과 6장의 내용을 바탕으로 설명할 것이다.

어미와 새끼의 식단

[영양성분 분석 차트에 코드 G로 표기되어 있는 레시피나 각각의 레시피 하단부에 '성장기용 레시피(선택)'라고 표기되어 있는 레시피]

새끼 고양이, 새끼 강아지 또는 어미의 뱃속에 있든 태어난 후든 어린 동물이 성장할 때에는 어미와 새끼 모두 영양이 더 많이 필요하다. 특히 단백질, 지방, 칼슘, 인이 더 필요하다. 새로운 세포가 성장하려면 단백질, 탄수화물, 지방이 두 배 정도 더 필요하다. 지방이 탄수화물이나 단백질보다 에너지가 두 배 더 많으므로 그 역할 또한 중요하다.

이 같은 필요량은 임신 마지막 3주 동안 가장 많은 양이 필요하고, 60일이 조금 넘는 개·고양이의 임신기간 내내 필요하다가 새끼가 어느 정도 자라면 요구량이 서서히 줄어드는데 보통 1년에서 1년 반 정도 사이고, 이때가 되면 성장이나 식욕도 서서히 감소한다. 따라서 성장기에는 6장의 개와 고양이의 레시피 중 제목 아래에 '건강 유지용 및 성장기용 레시피'라고 적힌 레시피를 사용하고, 지시에 따라 특별 보충제를 급여하는데 베지펫의 성장기용 제품인 베지펍이나 베지키트를 어미와 새끼 모두에게 급여한다.

수유기가 끝나거나 어린 동물의 성장이 끝나면 6장의 어떤 레시피를 사용해도 된다.

대형 견종 : 여기에 소개된 레시피는 그레이트 데인과 같은 대형 견종의 강아지에게 발생할 수 있는 문제를 보완하기 위해 '전 연령용' 음식에 칼슘과 인의 양을 제한하는 AAFCO의 최신 권장 사항을 따랐다. 대형견의 경우는 빠른 성장으로 나타나는 문제를 피하기 위해서 어미와 새끼 강아지의 필요량보다 약간 적은 20~23%의 단백질을 가진 레시피를 이용한다.

어미를 잃은 새끼

어떤 이유에서든 어미의 젖을 먹을 수 없는 아주 어린 새끼를 돌봐야 하는 난관에 부닥칠 수 있다. 쉽지 않지만 충분히 잘할 수 있다.

🏋 새끼 고양이 유동식

새끼 고양이를 위한 유동식은 고양이 젖의 구성성분(단백질 42.2%, 지방 25%)을 유사하게 복제하여 만든 것이다. 양은 새끼 고양이의 배가 너무 불러오지 않고 약간 불러올 정도까지 충분히 먹인다(보통 약 1½티스푼). 지나치게 먹이지 않는다. 새끼 고양이에게 그만 먹으라고만 하지 말고 적정할 때 먹이는 것을 멈춰야 한다.

어릴수록 자주 먹여야 하는데 처음에는 2시간에 한 번씩 먹여야 한다. 그러다가 서서히 3시간 간격, 4시간 간격으로 먹이고, 마지막 6주차에는 하루에 세 번 먹인다.

유동식을 먹인 후에는 새끼 고양이의 배를 살살 마사지해서 장운동을 촉진시킨다. 따뜻한 물을 적신 휴지로 생식기 부분과 항문 부분을 살살 닦아 대소변을 유도한다. (어미 고양이가 그 부분을 핥아서 대소변이 나오도록 자극하는데 그것을 따라하는 것이다.)

2주차가 되면 유동식에 고단백 베이비 시리얼을 섞어 준다. 3~4주차가 되면 고형식을 먹이기 시작한다(6장에 있는 고양이의 성장기용 레시피나 고품질의 고양이 캔). 묽은 죽처럼 만들기 위해 유동식과 섞어서 먹인다. 4~6주차가 되면 젖병을 떼기 시작한다. 6주차가 되면 그릇에 담긴 모든 음식을 먹을 수 있다.

◇ 우유(염소젖이 좋다) 2컵
◇ 큰 달걀 2개
◇ 단백질 가루[유장이나 달걀에서 추출한] 5티스푼
◇ 베지키트 보충제(라벨에 적힌 일일 급여량 참조)

팬에 우유, 달걀, 단백질 가루, 베지키트를 넣고 잘 섞는다. 체온 정도로 데워 동물용 젖병에 담아 먹인다. 우유는 따뜻하게 먹이는 것이 중요하다. 필요하다면 따뜻한 물이 담긴 소스 팬에 젖병을 담근다. 너무 뜨거우면 안 된다! 체온 정도의 온도임을 명심한다. 손목에 테스트해 보거나 온도계를 사용한다(38.3℃).

🔲 새끼 강아지 유동식

이 유동식은 실제 개의 젖(단백질 33.2%, 지방 44.1%)과 차이가 별로 없다. 컵당 250칼로리 정도 된다.

◇ 하프 앤드 하프(half-and-half, 우유와 생크림을 반반 섞은 크림) ¾컵
◇ 우유(염소젖이 좋다) 1컵
◇ 큰 달걀 2개
◇ 단백질 가루 ½테이블스푼
◇ 베지도그 성장기용 보충제, 라벨에 적힌 일일 급여량

팬에 하프 앤드 하프, 우유, 달걀, 단백질 가루, 베지도그를 넣고 잘 섞는다. 체온 정도의 온도로 데워 동물용 젖병에 담아서 먹인다. 배가 살짝 부르도록 먹이면 충분하며 배가 팽창하지 않도록 한다. 수유량은 품종, 크기, 개월 수에 따라 다양

하다. 확실하지 않다면 일반 시판용 유동식의 급여량을 참고한다. 앞의 새끼 고양이 부분에서 설명한 스케줄대로 먹인다. 수유가 끝나면 새끼 고양이에서 언급한 것처럼 각각의 강아지를 마사지해 주고 생식기와 항문 부분을 닦아 준다. 강아지가 2~3주차가 되면 고형식을 먹이기 시작하고(6장에 있는 성장기용 레시피를 참조하고, 유동식을 섞어 죽처럼 만들어 준다), 4~6주차가 되면 젖병을 뗀다.

여러 마리의 한배 새끼를 돌보는 것은 시간이 많이 필요한데, 강아지가 너무 어려 2시간 간격으로 먹여야 할 때에는 피딩튜브(feeding tube, 우유를 위로 직접 보낼 수 있는 관)로 먹이는 것이 쉽다는 사람도 있다. 갓 태어난 강아지를 돌보는 방법과 기술을 알려 주는 훌륭한 책이 많으니 참조한다.

어미를 잃은 새끼의 문제

새끼 강아지와 새끼 고양이에게 건강상 가장 큰 문제는 유동식 사용과 과식으로 인한 설사이다. 그래서 경험이 어느 정도 쌓일 때까지 유동식을 너무 많이 먹이지 않아야 한다. 설사를 계속하면 설사가 멈출 때까지 유동식 급여를 중지하고 대신에 전해질 용액을 우유병에 담아 먹인다. 전해질 용액은 동물병원에서 구할 수 있다.

설사 치료

캐모마일은 아주 어린 동물의 설사를 치료하는 데 유용한 허브이다. 말린 캐모마일 2티스푼에 끓는 물 2컵을 부어 차를 만든다. 10분간 충분히 우린 다음 체에 거른 차 2컵에 소금을 각각 ½티스푼씩 섞는다. 이 차를 다양한 종류의 설사에 임시로 사용할 수 있다. 1회 분량(몇 분간 빨아먹을 수 있는 양)을 하루 세 번 준다. 중간에 전해질 용액을 입으로 투여한다(만약 수의사가 있다면 주사로). 도움이 필요하면 '질환별 관리법'을 참고하여 동종요법을 포함해 지속적인 설사의 치료법을 찾는다.

변비

또 다른 큰 문제는 변비이다. 유동식의 양이 충분하지 않거나 수유 후 장운동을 위한 적당한 자극인 마사지(반려인의 몫이다)가 부족하기 때문에 생긴다. 변비가 있으면 새끼 강아지나 새끼 고양이의 배가 올챙이배처럼 빵빵하고 동그래진다. 기운도 없어 보인다. 이런 모습이 보이고, 새끼가 잠자리를 벗어나 기어 다니고, 만졌을 때 몸이 차갑다면 아프다는 신호이다. 빨리 따뜻한 물로 관장을 해 줘야 한다(18장 '관장' 참조). 새끼 고양이는 안약 병, 강아지는 그보다 조금 더 큰 플라스틱 주사기를 사용한다.

변비 치료

관장을 했는데도 결과가 만족스럽지 못하면 보통 동종요법 약물 중에서 눅스 보미카(Nux vomica) 6C나 30C를 한 번 주면 충분하다. 알약을 물에 녹여 입 안에 몇 방울 떨어뜨려 주는 것이 가장 쉽다(18장의 '동종요법 약물 사용하기' 참조).

격렬한 신체운동

(영양성분 차트에서 코드 G로 표기되어 있거나 단백질과 지방 함량이 높은 레시피)

신체운동을 격렬하게 한 반려동물에게는 추가적인 영양분이 필요하다. 경주견, 썰매견, 농장이나 목장의 사역견 등의 개이다. 추가적인 단백질 공급이 격렬한 활동으로 손상된 조직(근육과 인대)을 회복시키고, 지방이 추가적인 에너지를 공급해서 신체운동을 가능하게 한다. 6장의 '성장기용 레시피'를 이용하되 표준 유지용 보충제를 급여한다.

특정 질환에 대한 영양학적 조언

6장에 있는 레시피는 반려동물의 건강회복을

위해 이용할 수 있다. 하지만 질환이 있는 경우는 약간 변화를 주거나 추가적인 조치를 해야 한다.

알레르기, 피부질환, 위장관 문제

(영양성분 차트에서 코드 A와 코드 V로 표기되어 있는 레시피)

일반적인 식이 알레르기는 피부발진, 가려움증, 발바닥 핥기, 귀의 염증, 고양이가 갑자기 자기 피부를 물어뜯는 행위, 소화장애 등의 증상으로 나타난다. 알레르기는 특정 음식에 대한 반응으로 시작될 수도 있지만, 반려동물이 새로운 음식물 자체에 알레르기 반응이 있을 수도 있다. 5장에 있는 '개와 고양이의 주요 알레르기 유발식품(82쪽)'과 논의 부분을 참조한다. 영양성분 차트에서 해당 레시피가 코드 A로 표기된 것은 알레르기 유발식품이 없거나 유발하지 않는 메뉴이다.

임상에서 심각한 알레르기를 진료할 때, 다음의 네 가지 조언은 아픈 동물에게 가장 큰 변화를 가져왔다.

• 동물성 식품을 모두 제거하는데, 특히 개, 고양이에게 알레르기를 가장 많이 일으키는 육류나 유제품을 먹이지 말아야 한다. 얼마나 많이 좋아지는지를 보면 놀랄 것이다. 6장의 레시피 분석 차트에서 V로 표기된 레시피를 참조한다.

• 유기농 식품을 이용한다. 비록 좀 더 비싸고 구입이 쉽지 않지만 동물병원에 가고 약을 먹이는 비용에 비하면 노력할 만한 가치가 있다.

• 독성물질의 노출을 최소화한다. 특히 유전자 변형 식품이나 염소가 함유된 물, 항생제는 정상 소화기계 미생물군에 손상을 준다.

• 법적으로 정해지지 않은 추가 접종은 피한다. 백신을 맞으면 이미 과도하게 활성화된 면역체계가 더욱 악화된다.

알레르기에 대한 더 많은 정보와 치료는 5장과 '질환별 관리법'을 참조한다.

관절염

(영양성분 차트에서 코드 A와 코드 W로 표기되어 있는 레시피)

관절염과 관절의 문제는 고양이보다 개에게 흔하게 일어난다. 임상경험을 통해 보면, 신선식품이나 자연식품으로 바꿨을 때 일반적으로 개가 더 호전되는 것을 보았다. 하지만 정상에 가까워지려면 동종요법 치료가 추가적으로 필요하다. 관절염은 예방이 최선이다. 만약 다리가 불편해 보이거나 절룩거린다면 이미 상당히 진행된 것이다. 가장 좋은 계획은 반려견의 식단을 가능한 한 빨리 책에서 추천하는 식이로 바꾸는 것이다. 홀륭한 영양분과 독성의 최소화는 관절 문제를 예방 가능하게 한다. 관절염이 발병해도 더 심해지지 않고, 추가적 치료 효과도 더 좋다. 비만뿐 아니라 과도한 염증을 유발하는 요인이 관절염을 악화시키기 때문에 코드 A나 코드 W로 표기된 레시피가 좋다. 이 레시피들은 염증 요소를 줄이고 식물 영양소를 증가시키며, 체중감소에 도움을 준다. 색이 풍부한 채소인 케일, 브로콜리, 붉은양배추를 추가하면 더 도움이 된다.

사람도 육류와 유제품을 식이에서 배제하면 관

절 류머티즘이 상당히 좋아진다. 식단으로 치료하는 방법은 잘 알려지지 않았지만 실제로 식단을 바꾸고 새로운 삶을 얻은 이야기는 많다. 이 방법은 반려견을 위해 시도해 볼 만한 가치가 있으며, 항염증성 허브, 강황, 커민을 비롯한 여러 가지 향신료를 같이 먹여도 좋다.

당뇨병

(영양성분 차트에서 코드 D로 표기되어 있는 레시피)

당뇨병은 개와 고양이에게서 계속 증가하는 추세이다. 식품의 질과 연관이 있는데, 특히 체내로 유입되는 독성 때문이다. 병의 패턴은 개와 고양이가 다르므로 식이 조언도 다르다. 개는 통곡물, 전분성 식물, 콩과 식물과 같은 고복합 탄수화물과 고식이섬유 식이가 좋다. 반대로 고양이는 두부, 육류, 달걀을 강조한 저탄수화물과 저식이섬유 식이가 좋다.

376쪽 '당뇨병' 편에서 어떤 레시피를 사용하고, 어떻게 변화를 줘야 하는지에 관한 특별한 조언을 참조한다.

위장관장애

(영양성분 차트에서 코드 A로 표기되어 있는 레시피)

속이 좋지 않거나 구토, 설사를 하는 것은 개와 고양이에게 드물지 않다. 일시적인 사건일 뿐이다. 개는 특히 쓰레기나 퇴비와 같은 썩 좋지 않은 식품을 즐기기도 한다. 그러나 증상이 잦다면 장에 문제가 있음을 의미한다.

원인은 다양하지만 나는 유전자 변형 식품에 무게를 두고 있다. 대부분의 반려동물 사료에는 유전자 변형 식품(옥수수, 카놀라, 콩, 사탕무)이 들어 있고, 최근 연구에 따르면 유전자 변형 식품은 동물의 위장을 매우 자극한다. 고품질의 자연식품을 먹는 것만 한 식단은 없다.

또한 염소가 많이 함유된 물도 장기능에 중요한 박테리아에 영향을 미치므로 물의 질도 중요하다.

식이를 포함하여 위장관장에 대한 더 많은 정보는 '설사와 이질(408쪽)' 편을 참조한다.

신장질환

(영양성분 차트에서 코드 K로 표기되어 있는 레시피)

신장은 소변을 통해 원치 않는 물질을 효율적으로 제거하는 일을 하는데, 독성물질이 신장에 쌓이면 위험할 수 있어서 식이를 통해 이를 줄여야 한다. 그리고 신장질환을 줄이거나 예방하는 데 도움이 되는 영양계획을 짜야 한다.

만약 반려동물의 신장질환이 초기 단계라면 특정 레시피를 선택할 필요가 없다. 그러나 이미 신장이 제 기능을 하지 못한다면 일부 영양분을 조절해야 한다. 만약 상태가 진행되어 독성물질이 혈액에 쌓인 경우라면, 코드 K로 표기된 레시피나 '신선하고 다양하게 활용 가능한 레시피(101쪽)' 프로그램에서 단백질이 적게 함유된 레시피(육류와 두부를 줄인다)를 이용하는 것이 도움이 될 것이다. 또한 개와 고양이를 위한 필수 아미노산이 가득 함유된 달걀, 콩 제품, 육류 등의 단백질 음식을 사용하면 섭취한 단백질의 효율이 높아져서 난백질을 제거할 필요가 줄어든다. 인을 줄이고, 칼륨을 늘리며, 나트륨을 줄이는 것도 도움이 된다. 만약 레시피에서 나트륨 함량이 높고, 특히 차트에서 보이는 것처럼 1,000칼로리당 800~1,000mg을 초과하는 것으로 나온다면, 소금이나 타마리 간장, 그 외에 여러 가지 짠맛이 나는 조미료를 줄인다.

진행된 단계의 치료에 도움이 되는 추가적인 레시피는 '신부전(413쪽)' 편을 참조한다.

췌장염

(영양성분 차트에서 코드 W로 표기되어 있는 레시피)

주로 개에게 나타난다. 표준 레시피를 사용하지만 다음의 지시사항을 따른다.

- 오일과 지방을 최소화한다. 췌장이 간과 함께 지방을 소화하는 데 관여하는 장기이기 때문이다. 지방이 적게 들어 있는 레시피를 찾는다.
- 비타민 A가 풍부한 녹색잎채소가 중요하다.
- 꼭 옥수수(생것의 비유전자 변형 옥수수)와 생양배추를 사용한다.
- 과일은 피한다(과당 때문).
- 음식을 조금씩 자주 급여한다.
- 음식을 실온의 온도로 급여한다.

더 많은 정보는 '췌장염(457쪽)' 편을 참조한다.

피부와 털의 문제

(영양성분 차트에서 코드 A, V, W로 표기되어 있는 레시피로 오메가 6 : 3 비율이 낮은 레시피)

빛나고 매끈한 피부와 털은 건강상태가 최상임을 말해 준다. 건강이 조금만 나빠져도 광택이 사라지고, 기름지거나 사람들이 '개 냄새'라고 부르는 냄새가 난다. 이는 문제가 있다는 신호이다.

이 책에 있는 거의 모든 레시피는 알레르기가 없다면 피부와 털에 좋은 레시피이다. 어떤 레시피든 다양한 색의 채소를 늘리고, 아마씨나 대마씨와 같은 고농도의 오메가-3 지방산 보충제를 첨가해 주면 좋다. 이러한 지방산은 매우 취약해서 산소에 의해 쉽게 산화되므로 최대한 신선하게 보관한다. 대마씨는 배달되는 즉시 냉장 보관해야 하고, 아마씨도 바로 갈아서 쓰거나 음식을 급여하기 직전에 첨가하거나 소량만 갈아서 냉장 보관하여 사용한다.

그래도 털이 좋아 보이지 않으면, 달맞이꽃 오일, 보리지 오일, 블랙커런트 오일(black currant oil) 등을 통해 필수지방산을 추가로 공급한다. 하루에 한 번 밥에 소량(티스푼으로 몇 방울) 섞어 준다.

상업용 사료에서 자연식으로 바꾼 다음 새로운 피부와 털이 자라 변화가 나타날 때까지 몇 주가 걸린다. 그동안 먹었던 사료를 통해 몸에 쌓였던 환경 속의 독소와 다른 독소가 몸이 정화되면서 피부로 배출되는 것을 볼 수도 있다. 7장과 18장을 참조한다.

좋은 피부와 건강한 털을 위한 중요한 요소는 신선하고 건강에 좋은 식품을 먹는 것이다. 유기농을 사용한다면 결과가 더 좋을 것이다. 채소나 곡물의 경우 완전히 성숙할 때까지 자연 그대로 기른 것이 비타민과 미네랄이 가장 풍부하다.

다음의 내용을 참고한다.

- 육류나 동물성 식품을 사용하지 않는 레시

피를 사용한다. 내가 진료한 다수의 환자는 이 방법으로 가장 드라마틱한 변화가 있었다. 6장에 코드 V로 표기된 레시피를 참조한다.

- 채소, 곡물, 씨앗(간 것), 견과류는 모두 피부에 필요한 엄청난 영양 공급원이다.
- 노란색과 오렌지색 채소는 비타민 A의 전구체인 베타-카로틴이 풍부하다(고양이는 이를 전환할 수 없기 때문에 비타민 A를 레티놀의 형태로 보충해 줘야 한다).
- 유황 성분이 많은 식품을 먹인다. 채소 중 유황이 가장 많이 들어 있는 것은 풋콩 에다마메(edamame, 가장 높다), 옥수수, 완두콩, 시금치, 브로콜리, 콜리플라워, 양배추, 케일, 아스파라거스, 오크라(okra, 아욱의 일종인 채소), 양상추, 가지이다. 과일 중에서 유황 성분이 많이 들어 있는 것은 키위, 바나나, 파인애플, 딸기, 멜론, 자몽, 오렌지, 복숭아이다. 유황 성분이 함유된 또 다른 식품으로는 통곡물, 참깨, 캐슈, 땅콩, 피스타치오와 여러 견과류(개와 고양이가 소화시키려면 갈거나 부숴서 줘야 함) 등이 있다.

비뇨기계 문제

(영양성분 차트에서 코드 U로 표기되어 있는 레시피)

고양이는 까다로운 고양이증후군과 더불어 고양이 하부 비뇨기계 질환이라 불리는 고양이비뇨기계 증후군을 앓을 수 있다. 특히 어리지 않은 고양이나 방광에 결석이 생긴 적이 있는 경우에 더욱 그렇다. 결석 생성의 경향은 소변의 산성도에 달려 있고, 이는 다시 식이와 연관이 있다.

일반적으로 육류 위주의 식이는 산성화된 소변을 생성하고 채식 위주의 식이는 알칼리성 소변을 생성한다고 한다. 그러나 실제로는 동물 단백질인지 식물 단백질인지는 특별히 관련이 없고 오히려 단백질을 얼마나 많이 섭취했느냐와 관련이 있는 문제이다. 고양이를 위한 레시피는 육식과 동등한 고단백질로 설계되었다.

새로운 식품이 산성을 충분히 생산하는지를 보다 확실하게 하려면 소변검사를 한다.

만약 고양이가 기준치보다 알칼리성 소변을 더 지속적으로 본다면 어떻게 해야 할까?

- 물이나 육수를 첨가하여 식품의 수분 함량을 늘린다. 더 많은 액체가 더 자주 방광을 흘러 내려가도록 한다.
- 하루에 2회 이상 먹이지 않는다.
- 오메가-3 지방산을 음식에 섞어 주면 도움이 된다.
- '캣 데이(123쪽)'나 '칠면조 요리(133쪽)'처럼 식사에 육류를 첨가한다.
- 베지캣 파이나 베지효모, 크래니멀스를 이용하여 식품을 산성화하거나 수의사에게 산성화제를 처방받아 먹이면서 정기적으로 체크를 받는다.

소변의 pH를 테스트하고, 보충제를 사용하며, 도움이 되는 여러 치료법에 대해 자세히 알아보려면 '방광질환(385쪽)' 편을 참조한다.

만약 의문이 있거나, 관리가 어려울 것 같거나, 반려묘가 고양이 하부 비뇨기계 질환을 앓은 적이 있는데 현재는 안정적인 상태라면 잘 유지되고 있는 식이를 변화시킬 필요는 없다.

신선식품이든 독성이 적은 식품(먹이사슬의 하위 단계)이든 더 나은 식단이 필요한 다른 건강 문제가 있을 수 있다. 이런 경우에는 일단 이 과정을 지도해 줄 수 있는 수의사를 찾아 공조관계를 구축하는 것이 좋다.

체중문제

(영양성분 차트에서 코드 W로 표기되어 있는 레시피)

가장 일반적인 체중문제는 과체중이다. 오늘날 많은 동물이 과체중이며, 이러한 경향은 증가하고 있다. 실내에서 활동하고, 하루의 대부분을 누워 지내며, 남은 음식을 깨작거리는 것은 체중관리에 전혀 도움이 되지 않는다. 또한 육류와 유제품에 다량 들어 있는 단백동화 호르몬이 중요한 역할을 한다. '체중문제(454쪽)' 편을 참조한다. 나는 환자에게 호르몬 성분이 없다고 보장된 사료나 가정에서 유기농 재료로 준비한 좋은 식사를 먹이라고 한다.

만약 개와 고양이가 과체중이라면, 코드가 W로 표기된 레시피나 '신선하고 다양하게 활용 가능한 레시피(101쪽)' 또는 지방이 적고 녹색잎채소가 풍부하며 곡물이나 육류에 비해 칼로리가 낮은 겨울호박이나 고구마가 들어 있는 캣 데이(123쪽)/도그 데이(104쪽) 레시피를 선택하도록 한다.

반대로 저체중이라면 지방과 칼로리가 높은 레시피를 선택하도록 한다. 또한 코코넛 오일(대부분의 동물이 좋아한다), 대마씨, 땅콩버터, 씨앗버터, 두부 등을 레시피에 추가하여 지방을 늘릴 수도 있다. 지방이 많이 들어 있지 않은 콩과 식물보다 이런 재료를 많이 사용하는 게 낫다.

종합

모든 레시피는 영양학적으로 완벽해지도록 주의 깊고 세심하게 설계되었다. 가장 현명한 방법은 다양한 레시피를 다양한 재료로 만들어 주는 것이다. 이 장에서 보여 주었듯이 신선한 재료를 이용한 자연식은 특정 질환이 있는 경우에도 특정 영양분의 약간의 가감을 통하여 최적의 식단으로 만들 수 있다. 이런 원칙은 다른 레시피나 제품에도 적용이 가능하다.

특정 질환에 대한 영양학적 이해와 치료를 위해서는 '질환별 관리법'을 참조한다.

건강한 반려동물 입양하기

    건강한 신체를 가진 반려동물을 선택하는 것은 반려동물이 건강하고 행복한 삶을 살 가능성을 향상시키는 가장 중요한 일이다. 현재의 개는 선조에 비해 많이 개량되었고(고양이는 좀 덜하다), 일부 개량된 품종은 관리하기가 어려우며, 변형 때문에 사는 내내 고통에 시달리기도 한다.

    보기에 좋다는 이유로 특정 종이나 동물을 선택하거나 동정심이 발동해 보호소의 상자 속에서 가장 불쌍해 보이는 녀석을 고르고 싶어지는 마음이 생길 수도 있다. 그러나 활기 넘치고 사교적이며 호기심 넘치는 녀석을 고르는 것은 그리 간단한 일이 아니다.

    모든 종류의 개와 고양이는(순종이든 잡종이든 상관없이) 얼굴, 체구, 신체 비율과 같은 신체적인 특징이 있으며, 이는 앞으로 이 반려동물이 어떤 삶을 살게 될지를 예측하게 해 준다. 서로 다른 품종은 행동학적 성향도 다르다.

품종개량, 교배의 윤리성

임상에서는 이런 문제를 자주 접한다. 한 번은 어떤 사람이 길 잃은 미니어처푸들을 데리고 병원으로 왔다. 이 불쌍한 녀석은 길을 잃었을 뿐 아니라 꼬불거리는 털에 머리끝부터 발끝까지 씨앗과 뚝새풀이 잔뜩 붙어 있었다. 한쪽 눈은 감긴 채 고름이 흐르고 있었고, 발가락 사이는 붓고 붉게 변해 있었다. 개는 '뚝새풀 계절'의 희생양이었다.

뚝새풀과 다른 까끄라기 식물의 씨앗은 들판을 걸을 때면 양말에 잘 들러붙는데 개한테도 잘 들러붙는다. 털에만 붙는 것이 아니라 피부, 눈, 귀, 코, 입, 생식기, 항문, 발가락 사이에도 붙는다.

이 작은 씨앗은 털이나 발가락 사이, 귀 깊숙한 곳에 심각하게 들러붙어서 빼내려면 마취를 해야 할 정도였다. 자세히 살펴보니 눈 속에도 있었는데 이는 염증과 분비물을 유발시킨다. 씨앗을 빼면서 사람들과 들판을 잠깐 달렸을 뿐인데 어떻게 개가 이 지경이 되는지에 대해 이야기하기 시작했고, 나는 깎은 엉킨 털을 들어 보이며 말했다.

"이것 때문이군요. 이 털은 그야말로 걸어 다니는 '찍찍이'네요. 씨앗이 한 번 붙으면 안으로 파고드는 것 밖에는 다른 방법이 없어요. 이 문제는 꼬불거리는 털과 펄럭이는 귀를 가진 개를 번식

해서 생긴 겁니다. 야생동물은 이런 씨앗 근처에 가도 아무런 문제가 없다고요."

예를 들어, 늑대는 어릴 때 털이 더 부드럽고 구불거리다가 어른이 되면 '보호용 털'이라고 불리는 굵고 거칠고 매끈한 털로 바뀐다. 사람들은 부드러운 감촉(그래서 동물을 '애완'동물이라 하는 것이다)과 유순한 성격을 좋아해서 다 자라지 않은 늑대를 골라서 품종을 개량했다.

수천 년 동안 선택적 품종개량을 통해, 비정상적인 신체구조를 가진 많은 견종을 만들어 냈는데, 이 때문에 건강 문제도 생겨났다. 예를 들어, 다리가 짤막하거나 단두종이거나 귀가 엄청나게 긴 동물은 사는 내내 불편한 일이나 건강 문제를 겪는다. 따라서 우리가 무엇을 하고 있는지 알아야 한다.

품종개량은 인간을 위한 것이지 개를 위한 것이 아니다

인간이 동물을 길들여 가축화하기 시작한 때부터 개체의 자연 변화과정에 개입해서 먹이를 잘 찾고 새끼를 많이 낳고 혼자 힘으로 잘 살아갈 수 있도록 품종을 개량해 왔다. 그러면서 인간이 지배하는 새로운 종류의 공생관계가 되었다. 사람들은 강하고 건강한 개체를 고르면서 여러 선택을 해왔다. 종종 특이한 모습 또는 동물에게는 필요하지 않지만 인간의 구미에 맞는 어떤 특징을 좋아하고 선택했다. 무거운 짐을 끌기 좋게 다리가 두껍고 근육이 많은 말, 무릎 위에 올려놓기 좋은 토이 품종의 강아지, 꼬리가 없는 신기한 고양이 등을 말이다.

2만~3만 년 전(추정치는 다양하다) 늑대가 처음 인간과 함께 지내기 시작한 그때부터 개는 사람에 의해 어떤 동물보다 품종개량을 많이 겪었다. 수없이 많은 세대를 거치면서 다양한 크기와 목적에 맞게 개량되었다. 개는 사냥개, 목양견, 썰매견, 경비견, 안내견, 종교적 상징, 인간의 동반자 등의 모습으로 사람들에게 온몸을 바쳐 봉사했으며, 심지어 식량 공급원이 되기도 했다.

사람들이 선택한 특징은 대부분 개를 위한 것이 아니라 인간을 위한 것이다. 하지만 어쨌든 이는 공동 진화론적 과정이었다. 사람들이 동물의 자연 서식지를 장악해 감에 따라 가축의 조상은 인간의 주거지와 농작물 등의 새로운 서식지에 적응해야만 했다. 이 과정은 '적자생존'의 형태였다. 인간과 가장 살기 적합한 동물이 가장 잘 살아남았다. 만약 사람들이 이 틈새를 제공하지 않았다면, 개의 유전자 배열은 다시 원래의 형태로 빠르게 되돌아갔을 것이다.

반면 고양이는 독립성 때문에 사람들에 의한 품종개량이 적었다. 고양이는 인간과 집을 공유하는 마지막 동물이 되었다. 고대 이집트에서는 곡물창고에 들끓는 쥐 때문에 고양이를 키우기 시작했고, 이집트 문명에서는 제왕다운 면모 때문에 종교적 상징이 되었다. 또한 쥐를 잡는 동물로서의 천부적인 재능 덕분에 고양이는 전 세계 가정에서 환영받았다. 고양이는 훈련이 쉽지 않아 반려묘 이외의 다른 임무는 거의 없었다.

개의 품종도감을 훑어보면, 개는 크기, 모양, 털의 질감이 고양이에 비해 훨씬 더 다양함을 알 수 있다. 현대의 특정 품종과 조상 사이의 외모 차이는 개에게서 더 두드러진다. 개, 고양이, 소, 말의 선천적 장애 연구에 따르면, 선천적 기형을 가장 많이 가지고 태어나는 종류는 개이고, 고양이가 가장 적다. 이는 자연선택에 대한 인간이 저지른 엄청난 개입의 결과이다. 사실 고양이가 선천적 장애를 유발하는 요인으로 알려진 화학물질이나 다른 요소에 더 민감한데도 말이다.

유형성숙 : 미성숙의 선택

어떻게 선택적 품종개량이 결손이나 기능이상을 만들어 내는 걸까? 늑대의 유전자에서 오늘날 다양한 종류의 개를 만들어 낸 가장 중요한 요인 중 하나는 사람은 작고 깜찍한 개를 선호한다는 것이다. 이는 짧은 다리, 뭉툭한 주둥이, 부드러운 털, 처진 귀, 짖는 경향 등 새끼 강아지나 새끼 고양이에게서 나타나는 흔한 특징으로 종의 존재 초기에 발생했던 원시적이고 덜 발달한 특징을 선택하는 '유형성숙(neotony)'이나 '유년화(juvenilization)'라고 불리는 과정에 의해 가능해졌다.

현재 사람들이 순종에게서 매력적이라고 느끼는 모습이 실제로는 개의 신체적·정신적 성장을 저해해서 나온 것임을 알아야 한다. 그런데 이러한 과정에서 귀여움이나 원하는 다른 특징과 함께 의도치 않은 결함이나 기능의 소실을 만들어 낸다.

예를 들어, 불도그, 복서, 테리어와 같이 주둥이(위턱)가 짧은 개량종은 이 품종만의 문제가 생긴다. 이 문제는 분리된 유전자가 여전히 정상적인 크기의 치아나 연구개(입과 목구멍을 분리해 주는)와 같은 연관된 특징을 결정하기 때문에 발생한다. 이에 따라 치아가 너무 치밀하게 자라서 덧니가 나거나 치아가 옆으로 자라게 된다. 연구개도 목구멍 뒤쪽으로 덜렁거리기 때문에 질식의 위험과 호흡장애를 유발한다.

다리가 짧은 개들(닥스훈트, 바셋하운드)은 척추의 기형이 생기기 쉽다. 꼬리가 없는 고양이(맹크스종)는 비뇨기계와 생식기계의 심각한 기형이 생길 수 있다. 불도그나 치와와와 같이 골반이 작은 종들은 종종 제왕절개를 해야 하는 경우가 있다. 세인트버나드나 그레이트데인과 같은 대형견은 뼈에 문제가 있고 수명이 짧은 것으로 알려져 있다. 일반적으로 너무 크거나 너무 작은 종은 유전적인 취약성으로 고통받는다.

근친교배는 문제를 증가시킨다. 같은 특징을 가진 새끼를 낳게 하려고 형제자매 간에 교배를 시키거나 부모자식 간에 교배를 시킨다. 근친교배는 원하는 특징을 얻을 수는 있지만 이 혈통이 가지고 있는 취약한 특징, 즉 질병에 대한 약한 저항력, 허약 체질, 낮은 지능, 선천적 장애, 혈우병, 귀머거리 등의 유전병을 영원히 지속하게 만든다.

시장의 수요를 충족시키기 위해 행하는 품종개량은 재앙을 불러올 수 있다. 1920년대 당시 미국에서 수입된 샴고양이가 엄청나게 인기를 끌자 교배업자들은 시장의 수요를 맞추기 위해 부모자식 간의 교배뿐 아니라 형제자매 간에도 교배를 시켰다. 이렇게 태어난 새끼 고양이는 허약해서 거의 전체가 죽어 나갔다. 이 경험을 한 후 교배업자들은 근친교배를 피하기 시작했다. 인기가

많은 콜리, 코커스패니얼, 비글, 저먼셰퍼드와 같은 품종도 역시 같은 고통을 겪었다.

교배의 윤리성

유전병 문제는 슬픈 일이다. 동물은 불필요한 고통을 겪게 된다. 이유를 위해서 눌린 얼굴, 긴 얼굴, 구불거리거나 부드러운 털, 털이 없거나, 쭈글쭈글한 피부, 축 처진 귀, 꼬리가 없는 것과 같은 일반적이지 않은 특징은 귀엽다는 이유로 선택된다. 사냥할 때 굴에 접근하기 쉬우라고 짧은 다리가, 싸움이나 경비를 위한 유용성 때문에 거대한 덩치가 선택된다. 이런 상황에서는 건강한 몸을 가진 새끼가 나오지 않는다.

그런데 사람들은 장애가 있는 새끼들이 나오는데 크게 개의치 않는 것 같다. 사람은 1,000명당 1명꼴로 선천적 장애를 가진 사람이 태어난다는 사실에는 경각심을 가지지만, 한배에서 태어난 새끼 중 10~25%가 결함이 있다고 하는 통계는 대수롭지 않게 생각한다. 그러다 보니 사람들이 원하는 외형을 갖지 못하거나 결함이 있는 새끼가 태어나면 죽이는 윤리적인 문제가 발생한다.

이런 문제를 없애려면 순종을 고집하지 않아야 한다. 사람들이 따뜻한 집이 필요한 믹스견을 한 마리 입양하면, 가족이 없는 수백만의 믹스견에게도 집이 생길 수 있는 가능성이 높아지는 것이다. 미국에서 태어난 개와 고양이의 75%는 사고, 굶주림, 안락사로 사망한다. 영원히 함께 살 안정적인 가족을 찾지 못했기 때문이다.

지역의 보호소에서 순종이 아닌 반려동물을 입양했는데 장애가 있는 동물일 수 있다. 종종 입

양 희망자들은 불쌍해 보이거나, 눈 색깔이 오묘하거나, 귀가 축 늘어지거나, 눈이 슬퍼 보이거나, 얼굴이 짧거나 움푹 들어간 어린아이 같은 모습에 반해 동물을 선택한다. 순간적으로 어떤 동물이 마음속에 들어오면 (우리 집에 길 잃은 귀머거리 흰 고양이가 들어온 것처럼) 이를 운명으로 받아들이기 때문이다.

더 많은 새끼가 필요한가?

현재의 방식에 정말이지 의문이 많다. 동물보호소에서 근무할 때 실제 동물의 수가 과도하게 넘쳐나는 현실을 보았다. 원치 않는 동물이 넘쳐나는데 더 많은 동물을 양산하는 것은 정당하지 않다. 수의사 로렐라이 웨이크필드는 교배에 대한 인터뷰에서 다음과 같이 밝혔다.[1]

(중략) 동물이 이렇게 넘쳐나는 상황에서 우리 개와 고양이에게 새끼를 낳게 하지 않는 게 당연한 거죠. 보호소는 자리가 모자라고 매년 수백만 마리가 죽어 나가요. 슬픈 일이죠. 사람들은 특정 품종을 좋아하고 기르고 싶어 합니다. 특정 품종은 정말 사랑스럽고 훌륭하니까요. 그렇다고 교배를 해서 새끼를 낳게 하는 문제가 정당화되지는 않습니다. 세상에는 이미 너무 많은 동물이 있어요. 동물이 끊임없이 태어나는 것을 막는 것이 최상의 대안입니다.

잘못된 교배로 인한 선천성 질병

사람들이 좋아하는 특징을 만들기 위해서는 어느 정도의 기능장애가 생기고, 환경독성과 스트레스 역시 선천적인 결함을 유발한다. 이러한 위험성(돌연변이 유발원)은 유전자 변형을 가져와 미래 자손에게도 대물림된다. 3장에서 언급했던 독성은 오늘날 매우 심각한 문제이다. 인간이 만들어 낸 화학물질은 야생동물에게도 영향을 미쳐 야생동물 새끼의 안구나 흉선(면역계에서 중요한 기능을 함), 심장, 폐에 기형을 유발하고, 간 종양을 일으키기도 한다.[2]

만약 반려인이 특정 품종의 개나 고양이를 교배한다면 이런 문제를 잘 인식하고 유전자나 태아에게 손상을 입힐 것으로 의심되는 위험요소를 최소화하도록 최선을 다해 돌봐야 한다. '가임기이거나 임신 중이거나 수유 중인 암컷을 보호해야 한다(174쪽)'를 참조한다.

개에게 일반적으로 나타나는 선천적 기형

개가 선천적 장애의 영향을 자주 받는 부분은 다음과 같다.

- **중추신경계(CNS)** : 예를 들어, 저먼셰퍼드, 콜리, 비글, 미니어처푸들, 케이스혼드(keeshond)는 유전적으로 간질이 있다. 다른 중추신경계 문제는 앞다리와 뒷다리 마비(아이리시세터), 근육의 협응성(신체 부위를 조절하는 능력) 부전(폭스테리어), 저능(저먼 쇼트헤어드 포인터, 잉글리시세터), 비정상적 뇌부종(치와와, 코커스패니얼, 잉글리시불도그) 등이 있다.
- **안구** : 백내장, 녹내장, 실명을 포함한 선천적 안구기형이 대부분의 품종에서 흔하게 볼 수 있다.

- **근육계 :** 탈장이 대표적인 근육계 문제이다. 바셋하운드, 바센지, 케언테리어, 페키니즈, 라사압소는 서혜부탈장(장이 서혜부로 돌출되어 나오는 질환)의 위험성이 높다. 제대탈장(장이 배꼽 부근에서 돌출되어 나오는 질환)은 코커스패니얼, 불테리어, 콜리, 바센지, 에어데일테리어, 페키니즈, 포인터, 바이마라너 종에서 대부분 나타난다.

만약 특정 품종에 관심이 있다면 이러한 경향이 있는지 먼저 확인한다.

고양이에게 일반적으로 나타나는 선천적 기형

고양이의 선천적 장애에 대한 연구는 적지만 질병은 뇌, 척수, 골격 조직을 포함한 신경계에 가장 흔하게 발생한다(인간을 비롯한 모든 동물은 마찬가지이다). 가나다순으로 정리해 놓은 질병은 고양이에게 흔하게 발생하는 선천적인 문제이다.

- **구개열 :** 몇몇 샴 고양이에서 구개열(cleft palate, 입천장갈림증)이 유전되는 것처럼 보이지만, 이것은 임신 중에 투여한 여러 가지 약물에 의해서도 유발될 수 있다. 수유를 하거나 접시에 담긴 우유를 먹일 때 코에서 우유가 나올 수 있다.
- **귀머거리 :** 눈이 파란 흰색 고양이는 태어날 때부터 귀머거리이며, 종종 질병에 대한 저항력이 약하고 번식력이 떨어지며 야간 시력이 약하다.
- **귀의 암 :** 흰색 고양이에게 흔한 질병으로 재차 반복되는 일광화상으로 인해 중년기 이후에 귀에 암이 발생한다. 만약 고양이가 실외에서 시간을 많이 보낸다면 털색이 흰색이 아닌 고양이를 입양한다. 이런 경우, 이들의 조상에 가장 가까운 태비(tabby cat, 한국에서 흔히 볼 수 있는 고양이인 검정·회색·노란색 줄무늬 고양이, 삼색 고양이, 얼룩고양이 등을 총칭한다)가 가장 좋다.
- **꼬리의 결함 :** 꼬리가 없는 것은 맹크스종의 전형적인 특징으로, 다른 종에서는 드물다. 이와 연관된 결함으로 꼬리가 꺾여 굴곡지거나 항문이 비정상적으로 작으며, 뒷다리에 기형이 있거나 이분척추가 있을 수 있다.
- **뇌와 두개골 질병 :** 소뇌의 크기가 정상보다 작은 고양이는 협응성 불량, 떨림, 다리의 과도한 긴장, 느린 반사 속도 등을 보인다. 샴고양이는 수두증(뇌의 부종)이 유전될 수 있다. 어떤 고양이는 천문이 열려 있어 뇌가 비정상적으로 팽창하기도 하며, 어떤 고양이는 태어나기도 전에 뇌가 퇴화하기도 한다(대개 치명적이다). 만약 어린 고양이가 움직이는 데 문제가 있거나 협응성 불량이 나타나면 대부분 이 같은 이유 때문이다.
- **다리의 결함 :** 새끼 고양이의 발가락이나 다리가 더 적거나 더 많게 태어나기도 한다.
- **단두(短頭) :** 머리가 유별나게 짧고, 폭이 넓게 태어난다. 대표적으로 장모 페르시안의 기형이나 버미즈의 새로운 변종의 경우가 그렇다. 이런 혈통의 고양이는 새끼 네 마리 중 한 마리 꼴로 구개열 발생률이 증가하고 있으며, 눈, 비강조직, 턱에 치명적인 선천적 장애를 가지고 태어난다.
- **신장결손 :** 신장결손은 수고양이에서 더 자주 발생하며, 대개 오른쪽 신장이 없는 경우가 많다. 이런 경우에는 남아 있는 하나의 신장이 보상

작용을 하며 커지기 때문에 문제가 되지 않거나 모르고 지나치는 경우도 있다.

- **심혈관계 결손** : 특히 심장의 대동맥이 좁아지거나 대동맥관이 폐쇄되지 않는 것으로 두 질병은 모두 심장 잡음을 유발한다.

- **안구와 안검 결함** : 페르시안, 앙고라, 일반 잡종 고양이에서 한쪽이나 양쪽 상안검의 바깥쪽 절반이 없는 경우가 있다. 알비노, 다색홍채(가끔 같은 쪽이 귀머거리이거나 눈이 빛에 민감하거나 눈의 협응성 실조와 연관이 있다), 망막변성(특히 샴고양이와 페르시안 고양이에서 보인다), 사시(한쪽 눈이 물체에 고정되었을 때 다른 쪽 눈이 안쪽으로 회전하는 것으로 샴고양이에서 흔하다), 안구진탕(안구가 자기도 모르게 움직인다)이 여기에 속한다.

- **유선기형(mammary gland abnormalities)** : 모유를 공급하는 관에 영향이 있는 결함으로 어미 고양이가 분만 후 수유를 하는데 어려움이 없는 한 잘 모르고 넘어갈 수 있다.

- **이분척추(spina bifida)** : 척추가 척수 주위에서 정상적으로 폐쇄되지 않아 영향을 받은 신경이 공급된 부분에 운동 및 감각의 문제가 유발되는 것을 말한다. 이분척추는 특히 꼬리가 없는 유전자와 연관이 있는 맹크스종에서 가장 흔하게 나타난다. 증상으로는 다리를 절거나 요실금이 있을 수 있다.

- **잠복고환** : 고환이 하나만 음낭으로 내려온 경우로 문제가 될 이유는 없지만 중성화수술을 하기가 어렵다.

- **제대탈장** : 장이나 몸에 축적된 지방의 일부가 결손이 있는 배꼽을 통해 튀어 나오는 상태를 말한다. 수술로 교정이 가능하며, 동종요법으로도 치료가 가능하다. 횡격막탈장도 자주 발생하는데 이는 고치기가 더 어렵다.

- **털 이상** : 어떤 고양이는 털이 없거나 곱슬거리거나 짧거나 보풀 같거나 '렉스(Rex)' 돌연변이종처럼 털이 적거나 비정상적인 보호털을 가지고 태어난다.

- **헤어볼(hairballs)** : 헤어볼을 토하는 것은 어떤 고양이에게는 드문 일이지만 장모종에게는 핥는 동안 털을 삼키기 때문에 흔하고 만성적인 일이다. 장모종은 털이 잘 엉켜서 장 안에서 더 잘 걸린다.

선천성 질병 예방하기

동물의 고통을 줄이고 이러한 문제들이 퍼져나가는 것을 막으려면 특정 품종을 선택하는 것을 피하고, 품종개량을 중지해야 한다. 다음과 같은 경우 번식을 피한다.

- 분명한 선천적 장애나 행동장애가 있는 반려동물

- 가계도에 선천적 장애나 유전적 행동장애, 유전적 신체장애를 가진 동물이 있는 경우. 부모의 내과 병력을 체크하고, 결함이 있는 관련 자견이나 자묘의 비율이 얼마나 되는지 조사한다. 비율이 5% 미만이어야 한다.

- 만성질환이 있는 동물 중 전반적인 신체구조가 건강한 자손을 낳기에 평균 이하인 경우

- 근친교배를 한 동물. 특히 유행하는 품종은 집중적인 근친교배를 통해 약해져 있을 가능성이

높다.

부모, 형제, 자매, 삼촌, 고모, 손주에 해당하는 동물과 교배하지 않아야 한다. 이는 잠재되어 있는 결함을 후손에게 그대로 물려주어 고착시킨다. 인간 문화권에서도 사촌 간의 결혼이 간혹 일어나는데 좋은 일은 아니다.

가장 자연적인 모습에 가까운 동물을 찾아야 한다

동물이 갖는 수많은 건강 문제를 피하는 가장 좋은 방법은 간단하다. 순종이든 잡종이든 개나 고양이의 조상과 가장 닮은 품종을 선택하는 것이다. 늑대, 코요테, 야생 고양이와 가장 가깝게 부합되는 크기, 얼굴, 귀, 색깔, 털의 길이나 감촉, 꼬리 모양, 다리 비율을 살핀다. (이러한 특징 중 최소한 네다섯 개가 일치하는지 확인한다.)

개 : 중간 크기의 개, 잡종견이 가장 건강하다. 잡종의 경우 부모가 서로 끌려 서로를 짝으로 골랐을 가능성이 높기 때문이다. 사역견의 경우 지나치게 인기가 많거나 근친교배가 되지 않았다면 좋은 선택이다. 리트리버, 썰매개 품종, 바센지, 셰퍼드, 포인터, 스피츠를 고려한다. 작은 견종을 선호한다면 선택의 폭은 더 제한적이다. 부드러운 털, 의존적이고, 요란하게 짖어대는 성격, 펄럭이는 귀 등 강아지의 특징을 가진 유형성숙을 선택하여 의도적으로 품종개량을 했기 때문이다. 온라인, 책, 주변 사람을 통해 품종에 대한 공부를 하고 원하는 반려동물을 찾는다.

고양이 : 대부분의 단모종, 특히 얼룩무늬나 은빛과 같이 자연에 가까운 색깔을 띤 고양이, 코라트나 아비시니안과 같이 오래된 품종이 가장 좋다. 곱슬거리는 털에는 가시가 많이 박히고, 얼굴이 눌려 있으면 호흡에 문제가 생기며, 길고 펄럭거리는 귀는 진드기의 서식처가 될 수 있으니 피하는 것이 좋다.

상처 입은 코요테나 여우를 검사하고 치료한 적이 있다. 그런데 그들의 귀나 다른 체표면에 뚝새풀이 있는 것을 단 한 번도 본 적이 없다! 그들의 완벽한 몸은 수백만 년에 걸친 자연적인 진화와 적응의 정보를 반영하고 있었다. 완벽하게 들어맞는 치아, 멋진 털, 괴팍스러울 정도의 깔끔함, 자연적인 우아함, 높은 지능을 보고 매우 감명을 받았다. (그렇다고 실제로 야생동물을 입양하려는 시도는 하지 말아야 한다. 그들이 있어야 할 곳은 야생이며, 결코 착한 반려동물이 될 수 없다.)

가임기이거나 임신 중이거나 수유 중인 암컷을 보호해야 한다

가임기이거나 수유 중인 암컷을 보호해야 한다. 반려동물 중 암컷을 번식시킬 계획이 있다면 자연요법이 실패하거나 내과 치료가 필요한 상황이 아닌 경우를 제외하고는, 동물에게 잠재적으로 손상을 입힐 수 있는 벼룩 방지 파우더, 코르티손, 예방접종, 진정제, 마취제, X-레이 사용을 피해야 한다. 그리고 암컷에게 적절한 음식을 준다. 유기농이 좋다. 혹시 식품첨가물, 곰팡이 핀 음식, 가정용 독성 화학제제를 먹이지는 않았는지, 독성 제초제, 살충제, 살균제 등이 처리된 잔디나 식물에 닿지 않았는지 확인한다. 담배연기나 트럭의 배기가스를 들이마시지 않도록 주의한다. 임신 전, 임신 중, 수유 중에는 집을 깨끗하게 유지해야 한다.

또한 암컷이 열사병에 걸리지 않도록 조심해야 한다. 과도한 열은 태아의 뇌 성장을 저해할 수 있다. 창문이 닫힌 뜨거운 자동차 안에 암컷을 놔둔 채 나가거나 더운 날 운동을 지나치게 시키면 안 된다(다른 동물도 마찬가지이다). 고산지대로 힘든 여행을 가거나 비행기의 수화물 칸에 실어서 수송하면 안 된다. 고지대에서의 산소 결핍은 다양한 태아기형을 유발할 수 있다.

건강한 동물 선별하기 : 건강검진

특정 동물이 건강한지 어떻게 알 수 있을까? 어떤 선천적 장애 유무를 정확하게 집어내기 위해 사용할 수 있는 점검 목록을 소개한다. 이 목록은 만성질환의 발생 가능성을 평가하는 데에도 도움이 된다.

· **털 색깔** : 털이 흰 동물은 아름답기는 하지만 종종 피부암의 희생양이 되고, 흰털에 눈이 파란 고양이의 경우 귀머거리와 같은 질병의 희생양이 된다. (동물의 머리 뒤에서 박수를 쳐서 청력이 살아 있는지 실험해 본다.) 그레이콜리는 간혹 감염에 대한 감수성이 증가함과 동시에 혈액 면역성 질병을 가지고 있다.

· **코와 턱** : 유별나게 길고 뾰족하거나 짧고 함몰되지는 않았는가? 위턱과 아래턱의 크기가 동일한가? 치아가 제대로 교합되는가(특히 개)? 잇몸이 창백하거나 염증이 있는가? 치아에 인접한 잇몸 가장자리에 붉은 라인이 있는가?

· **눈** : 두 눈의 색이 같은가? 눈이 비정상적으로 작거나 큰가? 눈곱은 누관이 막혔다는 신호이다.

· **움직임** : 정상적으로 움직이는가? 걸을 때 엉덩이를 좌우로 흔드는 것은 고관절이형성증의 경고 메시지로 볼 수 있다. 다리 길이가 정상적이고, 앞다리와 뒷다리의 비율이 적절한가?

· **콧등** : 콧등의 색소침착이 정상적이지 않다면 일광화상이나 피부암의 영향을 받기 쉽다.

· **기질** : 지나치게 공격적이고, 집착이 심하며, 질투심이 강하고, 두려움과 의심이 많으며, 지나치게 민감하고, 시끄럽거나 조심성이 없는 것처럼 보이는 동물은 주의 깊게 살펴봐야 한다. 유전이나 병력 때문에 생긴 그런 문제는 교정이 힘들 수 있고 그로 인해 함께 살기 어려울 수 있기 때문에 경계한다. 명랑하거나 애교가 많은 동물을 원한다면, 장난을 걸 때 반응하는 동물이 좋다. 개를 등이 바닥에 닿게 눕혀 놓고 움직이지 못하게 해보면 된다. 만약 개가 일어나려고 발버둥 친다면 훈련을 시키기 어렵고 공격적일 수 있다. 꼬리를 내리거나 유순하게 행동하는 개가 가장 헌신적이며 훈련을 시키기도 쉽다.

· **털** : 털의 외관이 매력적이고 냄새가 건강하고 청결한가? 아니면 약간 지저분하거나 수척한가? 붉은 반점이 있는가? 피부가 밝은 핑크색인가? 아니면 회색빛이 도는 흰색인가? 유연하고 단단한가? 특정 부위가 유별나게 얇거나 두껍거

나 건조하거나 어둡거나 붉거나 각질이 있는가? 피부가 벼룩으로 뒤덮였는가?

- **호흡** : 조용하고 편하게 숨을 쉬는지 살핀다. 특히 잠깐 동안의 격렬한 운동 후에 귀에 거슬리는 거친 숨소리를 낸다면 좋은 증상이 아니다.
- **귀** : 귓속에 염증이 있는지 어두운 색의 귀지가 있는지 체크한다. 만성적인 귀 질환의 경향일 수 있다.
- **배꼽** : 주변에 혹 같은 것이 보이면 탈장의 증상일 수 있다.
- **음낭** : 다 자란 수컷은 양쪽의 고환이 모두 내려왔는지 체크한다.

부적절한 번식으로 인해 현대의 반려동물은 많은 문제를 안고 있다. 하지만 잘 살피면 유전적으로 건강하거나 대수롭지 않은 문제만 가진 동물을 찾을 수 있다. 동물을 번식시킬 계획이 없다면 선택은 더 쉽다. 문제를 가진 동물을 잘 관리할 수 있어도 마찬가지이다. 잠재적인 선천적 문제를 예견하거나 조절할 수 없다 하더라도, 약간의 상식만 있다면 위험성은 상당히 줄일 수 있다. 이는 사람과 동물, 아직 태어나지 않은 동물을 위해서도 좋은 일이다.

내게 가장 적합한 반려동물 선택하기

개나 고양이를 선택할 때에는 자신의 생활습관에 맞거나 선호하는 품종을 선택하는 것이 좋다. 개와 고양이 모두 혈통에 따라 성격과 욕구가 다양하게 변한다. 유기동물 보호소에서는 매일매일 쏟아져 들어오는 건강한 동물을 안락사한다. 생활습관과 맞지 않는 품종을 자기가 선택해 놓고 맞지 않는다고 불만을 토로하며 쉽게 버리기 때문이다.

예를 들어, 온순한 성격의 보호자가 자신보다 우위를 차지하려는 경향이 있는 품종의 대형견을 선택하는 것은 현명하지 못하다. 아장아장 걷는 아기가 있는 가정에서는 아기를 덥석 무는 경향이 있는 품종을 선택해서는 안 된다. 마당이 없는 아파트에 살고 있다면 코라트 고양이(korat cat)처럼 협소하고 한정된 장소에 적합한 동물을 선택하는 것이 좋다.

개를 선택할 때에는 크기도 고려해야 한다. 소형견은 활동적이며 애정을 많이 필요로 한다. 대형견은 조용하며 아이들을 참을성 있게 대한다. 유별나게 크거나 유별나게 작은 개는 대부분 유전적인 질병, 특히 구조적인 질병이 있을 가능성이 있다.

크기가 크고 활발할수록 더 넓은 공간이 필요하고 음식을 더 많이 먹어치운다. 이는 경제적이고 생태적인 고려사항에 포함된다. 예를 들어, 체중이 30~36kg 정도인 개는 매일매일 성인 여성의 칼로리에 맞먹는 칼로리가 필요하다. 이 책에서 추천한 자연식을 먹인다면 작은 개를 선택하는 것이 부담이 적다. 대형견(또는 여러 마리의 개)을 위해 음식을 준비하려면 많은 비용과 시간이 들기 때문이다. 자연식을 먹이다가 부담이 되면 상업용 사료를 먹이게 되고, 그러면 건강이 나빠진다.

살다보면 선택권이 나에게 없는 상황이 닥친다. 어느 날 갑자기 고양이를 구조하거나 가족 중에 누군가 키우던 반려동물을 갑자기 떠안게 되기도 한다. 하지만 반려인에게 선택권이 있다면 충분히 알아볼 시간을 갖는 것이 좋다. 그러면 병원에 가서 쓰는 의료비를 대폭 줄일 수 있고, 건강하고 행복한 반려동물과 오래 함께 사는 기쁨을 느낄 수 있다.

너의 눈

내가 너의 눈을 닦아 줄게.
인간과 오랫동안 사냥을 한 늑대,
지금은 우리 곁에 있지만
빵조각을 얻어먹기 위해
위험을 무릅쓰고 다가왔던
홀로 된 강아지,
헛간을 돌아다니다가
어느 날 아침 일어나 햇살이 비치는 창문턱에
기분 좋게 앉아 있던 털이 곱슬거리는 고양이도.

수전 피케른

건강한 환경 만들기

　우리는 어디에 살든 항상 꽃이 있는 관목과 다년생식물과 식용식물로 가득한 아름다운 정원을 만들었다. 식물을 관리하면서 좀 더 즐거운 주말을 보냈다. 정원을 가꾸는 일은 정말 즐겁다. 즐겁지 않았다면 정원을 만들지 않았을 것이다.

　가끔 가지치기를 하거나 끊임없이 펼쳐진 생명의 신비에 몰두하게 하는 잡초를 뽑는 일로 바쁜 일상을 보낸다. 정원 가꾸기에 열중하다 보면 가만히 앉아서 쳐다보는 고양이에게 휴식을 좀 배워야겠다 싶다.

　그러다가 나도 모르게 고심하는 나를 발견하고는 한다. 이 풀들이 씨를 퍼트리기 전에 뽑아야 할까? 이것이 왕개미인가? 우리 집을 갉아먹기 전에 없애야 하나? 등등.

　심지어 잡초도 울창하고 무성한 숲처럼 자신만의 아름다움을 발산하며 작은 꽃을 이용해 다양하고 이로운 곤충을 유혹한다. 개미도 매우 힘이 넘치게 살 견디며 살아간다. 개미는 인간이 나타나기 이전부터 이 땅에서 지내 왔다. 우리가 걸었던 수많은 싸움에도 여전히 번성하고 있고, 아마 앞으로도 우리와 함께 살아갈 것이다. 그들을 그냥 내버려 두는 것이 옳은 일이다. 우리 행동에 영향을 받으며 살아온 뒤뜰에 있는 수많은 동식물에 대해 그동안 얼마나 모르고 있었는지를 생각하면 내 자신이 초라해진다.

이런 것들을 감상할 시간도 없이 바쁘게 지내다 보면 인간은 자연에서 스스로를 분리하면서 자신이 모르는 사이에 생명의 그물망을 마음대로 간섭해도 된다는 생각을 하게 되는 것 같다. 앞서 언급한 식품, 동물, 지구 심지어 생명의 가장 기본인 DNA마저 변형시킨 일은 생명의 그물망에 대한 인간의 간섭이다. 우리는 놀랍도록 아름답고 복잡한 생명의 그물망에 발을 들여도 될 만큼 똑똑하다고 생각하고, 충분히 알고 있다고 생각한다. 하지만 인간은 문화적 위기에 도달했으며, 한 발짝 물러나 지구에서 우리의 진정한 역할이 무엇인지를 다시 한 번 생각해 봐야 한다.

이 장에서는 우리가 많은 시간을 보내며, 반려동물과 일상을 보내는 공간인 집에 대해 살펴볼 것이다.

중금속 등 생활 속 위험요소

집은 자연이나 자연적인 재료와는 상당히 거리가 있다. 집은 플라스틱, 페인트 같은 다양한 재료로 만들어지는데 이 재료들은 시간이 지나면서 먼지가 되거나 가스가 되어 우리가 숨 쉬는 공기 중으로 들어온다. 이 문제는 특히 바닥과 가까이 사는 개와 고양이에게 중요하다. 반려동물은 바닥에 앉아 있거나 놀거나 잠을 자는 실내에서조차 엄청난 먼지에 노출되어 있다. 방이 6개인 집의 경우 매년 18kg의 먼지가 쌓인다고 한다. 반려동물이 털을 핥을 때 먼지를 먹게 된다. 사실상 반려동물이 먼지를 소비한다고 할 수 있다.

현실이 이러다 보니 엄마가 종종 "죽기 전에 지저분한 것을 꽤나 먹게 될 거야."라고 하셨던 말씀이 상당히 위안이 될 정도이다.

먼지는 오늘날 훨씬 더 더러워졌다. 해로울 가능성이 있는 물질로부터 어린이와 반려동물을 보호하기 위해 예방조치를 취해야 한다. '먼지퇴치(dust busters)'라는 과학 연구팀은 시애틀에서 조사한 29곳의 가정 중 25곳이 지나치게 높은 수치의 독소와 돌연변이 유발물질이 있는 바닥깔개를 사용하고 있다는 사실을 발견했다. 연구팀은 아장아장 걷는 아기가 성인에 비해 두 배 이상 많은 먼지를 먹고 있으며, 오염된 먼지는 아이보다 반려동물에게 더 위험하다는 사실도 알아냈다. 반려동물은 몸을 보호해 줄 옷이나 신발을 착용하고 있지 않으며, 보풀이 일어난 융단처럼 먼지가 잔뜩 묻은 털을 핥을 테니 말이다.

특히 지은 지 오래된 집은 납과 석면이 있을 가능성을 염두에 두어야 한다.

납

납은 토양에 스며들어 축적되며 특히 먼지 중에 있는 위험한 중금속이다. 납은 우리 생활에 가장 널리 퍼져 있는 물질 중 하나이며, 주로 납이 들어간 벗겨진 페인트나 석탄 발전소를 통하여 환경으로 유입된다. 납은 알키드 오일을 사용하는 페인트에 안료나 건조제로 사용되어 왔는데, 1960년대 이전에 지어진 집의 약 ⅔가 이 페인트를 사용했다. (적지만 1960년대 이후에 지어진 집 중에서도 이 페인트를 사용한 집이 있다.) 납 페인트는 실내외 표면에 있을 수 있는데, 특히 목공품, 문, 창문에 많다. 고양이는 소화장애 증상으로 벽을 핥기도 하는데 이때 벗겨진 페인트 조각을 삼키기도 한다.

1978년에 미국 소비자제품안전위원회(Consumer Product Safety Commission)는 대대수의 페인트에 첨가할 수 있는 납의 법적 최고치를 0.06%(미량이라고 생각됨)로 낮췄다. 페인트 가게나 건축자재점에서 파는 검사 키트를 이용하면 납이 집에 얼마나 있는지 테스트할 수 있다(이 키트는 임신한 여성이나 개, 고양이에게 영향을 미칠 만큼의 낮은 수준의 납 수치를 검출해 낼 정도로 민감하지는 않다). 수도관 역시 또 다른 납중독의 원인이 될 수 있으므로 확인해야 한다.

납에 의한 증상은 모호할 수 있지만 종종 기운 없이 나른해지거나, 식욕결핍, 과민함, 무감각, 혼수, 협응성 실조, 구토, 변비, 복부통증 등으로 나타난다. 납중독은 도시에 사는 소형견에게 발작을 일으키기도 한다.

만약 지은 지 오래된 집에 살고 있다면 벽 페인트, 바닥재 페인트, 수돗물 등을 확인해 본다. 명시한 증상 중 어떠한 증상이라도 반려동물에게 나타난다면 확인한다. 확실하게 증명하기는 어렵

지만 개에서 나타나는 간질이 납 때문이라고 생각한다. 우리가 할 수 있는 일은 가정에서 납이 지속적으로 노출되지 않도록 확인하는 것이다(생뼈에도 납이 들어 있다는 사실을 잊지 말자).

집을 리모델링하거나 페인트칠을 다시 할 계획이라면 시애틀 연구를 근거로 다음의 내용을 제안한다.

• 1978년 이전에 지어진 집의 페인트 층을 갈아내거나 자를 때에는 매우 조심해야 한다. 이때의 페인트에는 모두 납이 함유되어 있다.
• 페인트를 칠할 때는 방진 마스크를 착용하고 아이와 반려동물은 멀리 떨어뜨려 놓는다.
• 작업을 한 후에는 깨끗하게 청소한다.
• 오래된 페인트 층이 온전하다면, 새 페인트로 덧칠하거나 건식벽체로 덮어 시공한다. 오래된 목재 문이나 창문은 사용하는 것만으로도 납 먼지가 발생하므로 교체하는 것이 좋다.
• 철물점에서 구입 가능한 제3인산나트륨(trisodium phosphate) 용액으로 작업장을 자주 닦아 준다. 반드시 장갑을 낀다.

석면

도시에 사는 사람을 부검해 보면 거의 대부분 폐에서 도심의 먼지와 같은 구성성분 중 하나인 석면 입자가 발견된다. 미국은 석면 사용을 완전히 금지하지 않은 몇 안 되는 선진국 중 하나이며,[1] 합법적으로 의류, 파이프의 피복, 비닐 바닥 타일, 마분지, 시멘트 파이프, 디스크 제동 패드, 가스켓(gaskets, 접합할 때 가스나 물이 새지 않도

록 끼우는 패킹), 천장의 코팅 물질 등에 널리 사용된다. 가장 쉽게 눈으로 볼 수 있는 석면 제품은 '팝콘 실링'이라 부르는 천장 코팅 물질이다. 또 다른 석면 유발원인은 절연재로 쓰이는 질석(vermiculite)으로 소량의 석면이 포함되어 있다.

석면이 위험한 것은 숨을 들이쉴 때 초소형 섬유가 폐로 들어와 절대로 배출되지 않는다는 점이다. 신체는 이를 제거할 수 없으며, 결국 염증을 일으켜 심각한 폐질환을 유발한다. 또한 오염된 폐는 암으로 발전하기도 한다.

만약 집에 석면이 있을 수 있다는 생각이 든다면 석면의 안전한 제거와 폐기를 위한 프로그램을 찾아서 이용한다. 석면이 있다는 증거가 없더라도, 예방 차원에서 먼지 제거를 위해 공기 청정기를 설치하는 것이 바람직하다. 만약을 위해서 말이다.

실내 공기 오염물질

독성 먼지뿐 아니라 공기도 포름알데히드, 오존, 클로로포름, 라돈과 같은 해로운 가스나 증기를 수반할 수 있다. 이런 가스와 증기는 가정에서 사용하는 공산품이나 가구 또는 수많은 원인물질에서 유출되어 공기 중으로 떠오른다. 뉴저지의 연구팀이 공기 중의 흔한 오염물질 20여 개를 조사한 결과 실제로 실내 수치가 실외 수치에 비해 많이 나쁘다는 결과를 발표했다. 어떤 경우에는 100배 이상 나빴다.

이는 집 안의 공기가 갇혀 있고 자주 순환되지 않아 가구, 카펫, 페인트, 클리너, 다양한 가정용 공산품에서 발생하는 가스가 집 안에 쌓였기 때문이다.

포름알데히드는 수많은 공산품에 사용되며 연소과정에서 생기는 부산물로 매우 흔한 오염물질이다. 포름알데히드는 다양한 형태의 가스 및 등유 히터, 카펫, 가구, 외부 건설 용도로 사용하는 목재(특히 압착목재나 파티클보드, 소프트우드플라이우드, 배향성 스트랜드보드) 등에서 유출될 수 있다.

또 다른 흔한 오염물질인 라돈은 토양이나 우물물 어디에서나 조금씩 발견되며, 저절로 발생하는 무색, 무미, 무취의 방사성 가스이다. 라돈은 토양에서 우라늄 파괴로 인해 저절로 생성되며, 점차 대기 중으로 스며든다. 제한된 공간의 건물에 갇히면 높은 수준으로 축적될 수 있으며, 미국에서는 2차적 폐암 유발원인으로 중요한 쟁점이 되는 흔한 오염물질이다. 라돈은 바닥에 난 작은 틈이나 벽에 설치한 파이프나 배선의 구멍 주위를 통해 집 안으로 유입되는데 이런 구멍은 막을 수 있다.

라돈은 난방과 취사에 사용하는 천연 가스에도 들어 있다. 많은 사람이 가스레인지를 좋아하는데 사용할 때 환기를 시키는 것이 중요하다. (천연 가스를 사용하는 히터나 벽난로의 경우에도 마찬가지이다.)

환경보호국(EPA)에서 소개하는 지하실이 있는 집에서 라돈 레벨을 줄이는 효과적인 방법은 지면을 고밀도 플라스틱판으로 덮는 것이다. 오염물질을 실외로 배출하기 위해 환기 파이프와 팬을 이용하여 플라스틱판 밑의 토양에서 공기를 빨아들이는 방법이다. 이러한 토양 흡입 방식을 하부막 흡입(sub-membrane suction)이라고 하는데

적합하게 적용하면 이 방법으로 지하실에서 라돈을 가장 효과적으로 배출할 수 있다.[2]

이 문제를 이해하는 데 유용한 정보 및 할 수 있는 일에 대해 EPA 웹사이트(https://www3.epa.gov)에 자세히 나와 있다. 또한 웹사이트를 통해서 라돈에 대해서 많은 자료를 찾을 수 있다.

우리가 할 수 있는 일은 무엇일까?

가장 확실한 해결책은 집 안의 공기를 환기시키는 것이다. 물론 날씨가 좋다면 창문만 열면 되니까 쉬운 일이다. 하지만 창문을 여는 것이 최상의 선택이 아닌 경우가 많다. 스모그가 가득한 도시에 살고 있거나 밖이 너무 덥거나 추운 곳에 살고 있다면 더더욱 그렇다. 이러한 경우에는 헤파 필터(HEPA filter)가 장착된 공기 청정기를 사용하는 것이 가장 효과적이다.

집을 짓거나 리모델링을 한다면 집 전체에 팬을 설치하거나 열 회수 환기장치(heat recovery ventilator, 집 안의 열을 잃지 않으면서 외부 공기를 유입시키는 장치)를 설치하는 것이다. 우리도 집을 새로 지을 때 열 회수 환기장치를 설치했는데 효과적이고 성능이 좋다.

실외 오염물질

사람들이 잘 신경 쓰지 않지만 고압 처리된 목재처럼 외부에도 다양한 오염물질이 있다. 땅에 묻혀 있거나 물에 노출되는 목재는 썩거나 벌레가 먹는 것을 방지하기 위해 독성물질로 처리한다. 일반적으로 구리와 비소를 섞어 사용한다. 고압 상태의 액상 방부제 속에 목재를 담가 그 안으로 스며들게 한다. 이런 과정을 통하면 약품을 처리하지 않은 목재에 비해 수명이 10~20배 정도 연장되므로 이점이 있다. 하지만 화학물질이 목재 속뿐 아니라 표면에도 남아 있고, 물에 녹아내릴 수 있어서 목재로 지은 기둥이나 구조 주위의 토양을 오염시킬 수 있다.

고객 중에 그런 목재로 지은 새 울타리 때문에 고양이가 행동학적 문제를 보이고 질병을 앓는 경우가 있었다. 그 이후 고객은 동물이 닿을 만한 곳은 오염물질이 가스 형태로 방출되는 것을 막기 위해 목재를 무독성 막음재(sealer)로 덮었다. 그렇게 한 후에야 고양이가 정상으로 되돌아왔다. 따라서 고양이 사육장이나 개 우리를 지을 때 고압 처리된 목재 기둥은 무독성 막음재로 코팅하는 것이 좋다. 또한 반려동물이 목재를 씹으면 위험하므로 항상 주의해야 한다.

집과 정원에 사용하는 농약

반려동물은 벼룩이나 진드기용 살충제뿐 아니라 높은 수준의 다른 가정용 농약에도 노출되어 있다. 국립과학원(National Academy of Sciences)은 도시의 가정이 농촌보다 1,224평당 화학용 농약을 약 4~8배 더 사용한다고 보고했다. 집과 정원에 사용하는 살충제는 반려동물에게 사용하는 것과 마찬가지이다. 제초제, 살균제, 쥐약에서 추가 위험이 유발된다. 반려동물은 살충제와 땅에서 접촉하므로 잔류물이 몸에 더 달라붙는다. 1991년에 미국 국립암연구소(National Cancer Institute)는 자택 소유자가 흔히 사용하는 활엽수 제초제인 2,4-D를 사용한 집에 사는 개가 그렇지 않은 집에 사는 개에 비해 림프종 발생률이 두 배가량 높다고 보고했다.

설령 살충제를 사용하지 않아도, 살충제가 이웃집 뜰, 공원, 캠퍼스, 송전선 배관, 과수원과 같이 살충제를 많이 살포한 곳에서 집으로 흘러들어올 수 있다. 이웃 사람에게 살충제를 뿌릴 계획이 있다면 창문을 닫아 놓을 수 있도록 미리 알려 달라고 당부하는 것이 좋다. 실내에 살충제가 들어오면 더 오래 남아 있을 수 있다.

흰개미 구제

전에 살던 사람이 뿌린 것이라도 독성 잔류물은 집에 지속적으로 남아 있을 수 있다. 예를 들어, 흰개미 살충제인 클로르데인은 한 번 도포하면 실내 공기에서 14년 동안 검출되며, 토양에서는 30년이 지난 후에도 검출된다. 이렇다 보니 일단 흰개미 살충제를 뿌리고 나면 사람이 할 수 있는 일이 무엇이 있는지 확실하지 않다. 따라서 집을 구입하기 전에 이 문제도 염두에 둬야 한다. 만약 흰개미 구제 계획이 있다면 독성이 가장 약한 제품을 골라야 한다.

자동차 제품

차고에 보관하고 있는 물건 중 동물에게 위험한 물건이 있을 수 있다고 생각하지만, 자동차에서 유출되거나 흘러나오는 것은 간과하기 쉽다. 그중 하나가 부동액이다. 자동차가 과열되면 때때로 부동액이 흘러나온다. 직접 맛본 적은 없지만 부동액이 정말 맛있는지 동물이 부동액을 핥아먹고는 종종 죽음에 이르는 심각한 중독에 빠진다. 그보다 독성이 덜하지만 유해한 유독물질로는 변속기 액체, 사용하고 난 오일, 땅에 버려둔 배터리 등이 있다. 배터리 포스트는 납으로 되어 있으며, 안에는 산이 들어 있다.

이런 것들은 차고의 봉인된 용기나 지면에서 최소한 120cm 정도 떨어진 곳에 있는 자물쇠가 달린 캐비닛에 보관해야 한다. 어린이가 열지 못하도록 캐비닛 문에 잠금장치를 한다.

위험물질이 흘러나왔을 때에는 물로 씻어내서는 안 된다. 톱밥이나 고양이 모래 등을 뿌려 흡수시키는 것이 좋다. 그 후 깨끗이 청소해서 비닐봉지에 담아 위험 폐기물로 처리한다.

우리가 할 수 있는 일은 무엇일까?

부엌, 욕실, 세탁실, 차고 등에 숨겨져 있는 독성 화학물질과 민감성 화학물질을 함유한 모든 가정용 제품에 대해 재고조사를 해야 한다. 구입한 지 몇 년 지났거나 더 이상 사용하지 않는 제품(이미 사용이 금지된 화학물질이 포함되어 있을지도 모른다), 용기가 녹슬거나 새는 제품은 폐기 처분한다. 특히 위험한 가정용 폐기물 수거를 요청하려면 각 지역의 폐기물 수거 서비스 센터에 전화한다. 우리가 사는 지역은 이러한 제품을 쓰레기 매립장에 가지고 갈 수 있는 날이 정해져 있으며, 그렇게 하려면 미리 예약을 해야 한다. 이런 서비스를 이용할 수 없을 경우에는 느슨해진 용기를 단단히 묶고 신문으로 몇 겹 싼 후 견고한 비닐봉지에 봉인하여 폐기물 쓰레기로 내놓는다. 그런 물질을 하수구나 토양에 흘려버리면 안 된다.

계속 가지고 있어야 하는 제품의 경우에는 뚜

껑을 단단히 조이고 색이 바랜 라벨은 갱신한다. 가능하다면 생활공간에서 떨어진 환기가 잘되는 장소에 보관하는 것이 좋다. 잘 봉인된 용기도 때로 가스를 내뿜을 수 있으므로 반려동물을 동일한 공간(예를 들어, 차고와 같은 장소)에 가두어 둬서는 안 된다.

모든 가스, 오일 또는 나무 화로와 가스 기구의 가스와 연기가 적절히 배출되고 환기가 제대로 이뤄지는지 확인해야 한다. 환기는 일산화탄소와 연소에 따른 또 다른 부산물 수치를 줄여 준다. 일산화탄소 감지기를 구입해서 전기를 연결해 두면 일산화탄소가 유출될 경우 경고음이 울린다.

보일러실은 다른 곳과 차단되어 있는 게 좋다. 관련 제품을 교체할 때는 전기제품을 사거나 연소실이 봉인된 가스화로나 자동 조정되는 가스 제품을 고른다.

청소 전략

무독성 제품의 사용을 강력하게 추천한다. 주변에서 구할 수 있는 간단한 물질로 청소도 할 수 있고, 해충도 구제할 수 있으며, 세탁과 목욕이 가능하고, 사용하기 유쾌하며 사람이나 동물 모두에게 무해하다.

화학제품을 사용하지 않고 청소하는 대안적 방법(창문, 세탁물 얼룩제거)에 관한 여러 훌륭한 책이 있다. 식초, 베이킹 소다, 소금 등 일반적인 것을 이용한 방법이다. 우리는 소비자 보고서 《무엇이든 실용적으로 청소하는 방법(How to Clean Practically Anything)》과 《메리 엘렌의 도움이 되는 요령에 관한 자이언트 북(Mary Ellen's Giant Book of Helpful Hints)》을 참고한다.

반려동물이 발을 핥아도 독성 잔류물질이 남지 않는 독성물질 연구센터의 대안적인 청소 방법을 몇 가지 소개한다.

다목적 클리너와 소독제

• 다목적 닦이용 용액 만들기 : 식초, 소금, 물을 혼합하거나 베이킹 소다와 물을 섞어서 사용한다. 스펀지에 이 액체를 묻혀 깨끗이 닦는다.

• 사기 타일 클리너 : 3.8L의 온수에 식초 ¼컵을 넣고 섞는다. 스펀지로 닦는다.

• 소독약 : 뜨거운 물에 붕사(borax) ½컵을 넣고 섞은 후 스펀지로 닦는다. (붕사는 먹어서는 안 되므로 안전한 곳에 보관해야 한다). 옷을 세척할 때에는 일반 세제 대신 탄산나트륨(세탁 소다)을 이용한다.

카펫 얼룩제거제

• 완전히 밴 얼룩제거 : 식초로 가볍게 두드려 닦는다.

• 아직 배지 않은 얼룩제거: 스펀지로 즉시 빨아들이거나 문질러서 얼룩을 지운다. 소다수(탄산수)로 문지른 다음에 찬물로 씻는다.

• 버터, 육즙, 초콜릿, 오줌 착색 : 찬물 약 1L에 식초 1티스푼을 넣고 섞은 다음 천을 푹 적셔서 가볍게 두드린다.

• 기름진 얼룩 : 붕사에 담근 축축한 천으로 얼룩을 문지르거나 옥수수 전분과 물을 반죽하여 발라 준다. 그대로 말린 다음에 털어낸다.

• 잉크 얼룩 : 찬물에 직물을 푹 적신 후 크림

오브타르타르(cream of tartar, 포도과즙을 발효시켜 추출한 베이킹 재료 중 하나)와 레몬 주스를 섞어서 바른 후 한 시간 정도 놓아두었다가 일반적인 방법으로 세척한다.

• 적포도주 얼룩 : 얼룩진 즉시 소다수로 깨끗이 제거한다. 또는 수분을 흡수성이 있는 천으로 두드려 제거한 다음 얼룩진 부분에 소금을 뿌려 7시간 동안 놓아둔다. 브러시로 털어 내거나 진공 청소기로 빨아들인다.

방바닥, 깔개, 덮개 세척

• 바닥 왁스 제거제와 광택제 : 세탁용 녹말과 물을 혼합한 후 끓인다. 끓인 걸쭉한 풀과 거품이 있는 비눗물을 1 : 1로 섞는다. 혼합액을 바닥에 문지른 다음 마른 걸레로 윤기를 낸다. 소량의 소다수를 붓고 잘 문지른 다음 5분 동안 스며들게 놓아뒀다가 닦는다.

• 깔개와 덮개 클리너 : 끓는 물 470mL와 순한 세척용 세제 ½컵을 혼합한다. 혼합액이 식으면 거품기로 걸쭉하게 만들어 축축한 스펀지를 이용해 바른 후 닦는다. 미온수 3.8L에 식초 1컵을 섞어서 만든 식초물로 세척한 후 그대로 건조시킨다. 또 다른 깔개 클리너로는 비누 조각 6테이블스푼과 붕사 2테이블스푼, 끓는 물 470mL를 섞어서 만든 샴푸가 있다. 식혀서 사용한다.

대체용 살충제

• 개미 : 개미가 쉽게 접근할 수 있는 곳에 음식을 두지 않고 물기를 없앤다(수원을 제거하는 것은 쉽지 않다). 개미가 집으로 들어가는 곳에 크림오브타르타르나 칠리 가루를 뿌리면 개미는 그곳을 지나가지 않는다. 우리가 썼던 방법 중 효과가 있었던 방법으로는 작은 전기제품의 코드를 꽂아 개미가 많은 곳에 두는 것이다. 개미는 전기 제품에서 나오는 신호음을 싫어한다. 몇 시간도 되지 않았는데 집 안으로 들어오는 개미의 수가 엄청나게 줄어드는 것을 보고 놀랐다(매년 개미가 집 안으로 들어오는 계절이 있다). 단, 명심해야 할 것은 개미는 밖에서 벼룩을 잡아먹는다는 사실이다. 개미는 공짜로 집의 마당을 뒤지며 벼룩 유충을 잡아먹는다.

• 바퀴벌레 : 음식물을 깨끗이 청소해야 한다. 접근 가능한 모든 틈새를 메우거나 틈새 근처에 월계수 잎을 놓아둔다. 붕산 가루와 극소량의 물을 섞어 끈적거리는 함정을 만드는 것도 좋다. 오트밀과 석고를 같은 양 섞어서 접시에 담아 둔다.

• 벼룩과 진드기 : 반려동물에게 양조용 효모와 마늘을 먹인다(432쪽 '외부기생충' 편 참조). 반려동물의 집을 진공 청소기를 이용해 정기적으로 청소하고, 유칼립투스 씨앗과 잎, 삼나무 조각(고양이는 둘 다 싫어한다)을 아이들 집 가까이에 놓아둔다.

강한 화학물질 대신 일상에서 흔히 사용하는 수많은 물질을 살충제로 이용할 수 있다는 점을 이해하기 바란다.

전자파가 건강에 미치는 영향

주거공간을 통해 전파되는 전자파의 확산은 최근에 더욱 우려되는 문제이다. 휴대전화 송신탑에서 나오는 신호, 무선 인터넷 라우터(router, 네트워크에서 데이터의 전달을 촉진하는 중계 장치), 가전제품, 라디오, 텔레비전, 컴퓨터, 스마트 미터(smart meter, 전기 사용량을 공급자와 소비자에게 알려주는 원격 검침·관리 장치), 무선전화, 군용 및 상업용 레이더는 지난 수십 년간 꾸준히 늘어났다.

몇 년 전부터 전자기기나 가정 내 전선에서 발생하는 전자파의 건강 유해성에 대한 내용을 읽은 후 방출되는 전자파를 찾아내기 위해 몇 종류의 전자기장(EMF, electromagnetic field) 미터를 구입했다. 아내와 나는 여기에 관심이 많아서 지인의 집도 테스트해 주곤 했는데 몇 가지를 발견했다.

• 무선(DECT)전화는 가정에서 전자파를 가장 많이 방출하는 장치로, 특히 기본 베이스인 24/7 신호를 방출하는 무선전화가 많이 방출한다.

• 무선 라우터도 높은 것으로 나타났다. 특히 작업공간이나 잠자는 공간의 3~4.5m 반경에서 높다.

• 휴대전화도 상당히 높은 편이지만 사용할 때만 높은 편인데, 특히 비디오를 다운로드할 때 높다. 휴대전화는 문자를 보내거나 통화를 들을 때보다 통화하며 말하는 동안 더 높은 진동수가 나왔다.

• 무선 마우스와 키보드도 근접전파 때문에 꽤 높은 전자파를 방출하는데 컴퓨터로 장시간 일하는 경우 노출이 크다.

• 전자레인지 역시 꽤 높다. 전자레인지를 집에서 켜자 길 한복판에서도 전자파를 감지할 수 있었다. 전자레인지 전자파는 새어 나가기로 악명이 높다.

• 스마트 미터 중에서 일부는 꽤 높은 전자파를 방출한다.

사람들은 전자레인지의 확산에 대해 신경을 끄고 살지만 일부 공중보건 전문가는 전자레인지의 사용이 건강에 미치는 영향에 대해 경고한다. 무선 주파수는 빠르고 불규칙한 심장박동, 흥분, 기억력 및 집중력 문제, 불임, 세포 노화의 가속화, 신경전달물질과 호르몬의 간섭, 뇌암의 증가 등 다양한 문제를 유발할 수 있다. 과학적 내용을 훌륭하게 요약한 내용을 emfwise.com과 electromagnetichealth.org 사이트에서 찾아볼 수 있다. 앤 루이스 기틀먼(Ann Louise Gittleman)이 쓴《전자파가 내 몸을 망친다. 첨단기기 그 편리한 유혹과 불편한 진실(*Zapped: Why Your Cell Phone Shouldn't Be Your Alarm Clock and 1,268 Ways to Outsmart the Hazards of Electronic Pollution*)》을 읽어 보자.

반려동물은 아직까지는 사람만큼 전자파에 영향을 받지 않는다. 하지만 고양이는 책상이나 선반의 따뜻한 라우터 옆이나 전화기 옆에서 자주 자고는 하는데 이는 아주 위험하다.

이 문제를 살펴본 흥미로운 연구가 있다.[3] 연구자들은 몸의 기능에 대해 알아보겠다. 우리 몸(인간과 동물)은 혈액에서 뇌로 들어오는 물질에 의해 상당한 통제를 받는다. 결국 혈액이 본부인

셈이다! 이를 '혈관-뇌 장벽(blood-brain barrier)' 이라고 한다. 연구에 따르면 방사성 표지를 붙인 단백질(알부민)을 개의 혈액에 주입했더니 5시간 동안 전자레인지의 신호가 개의 머릿속에서 잡혔다고 한다. 연구자들은 11마리 개의 그룹 중 4마리의 혈관-뇌 장벽에서 측정이 가능한 수준의 변화를 발견했다. 혈관-뇌 장벽이 깨져 뇌로 방사성 단백질이 들어가게 된다고 한다. 무선전화 주파수에 쥐를 2시간 동안 노출시킨 실험에서도 이와 비슷한 결과가 나왔다. 쥐에게서 이런 결과가 나왔다면 사람은 물론이고 고양이에게서도 같은 영향을 미칠 것이다. 일반적으로 어리고 크기가 작은 동물이 더 취약하다.

이 주제에 대한 집중적인 연구와 우리가 관찰한 결과를 토대로 보면, 집 근처에 새로운 송신탑이 설치되거나, 무선 인터넷 라우터를 설치하거나, 에너지 회사에서 설치한 스마트 미터가 등장한 이후 반려동물이나 가족 구성원이 행동장애, 면역계 문제, 빈혈을 동반하여 아프다면 전자파 노출이 건강 문제에 영향을 미쳤을 가능성이 있다.

다들 예상한 대로 기업 주체로 진행하는 연구에는 전자파가 문제가 별로 없다고 발표된다. 하지만 독자적인 연구나 대학의 연구는 전자파 문제에 대한 우려를 보이고 있다. 사회적 수준에서 '전자파 스모그'는 강도가 점점 높아져 왔으며 앞으로도 쉽게 줄어들 것 같지 않다. 따라서 가족과 반려동물의 건강을 위해서 할 수 있는 일이 많다. 당장 전자파의 총 노출량을 줄이도록 노력한다.

외부 오염으로부터 반려동물을 완벽하게 보호하는 방법 : 해야 할 일과 하지 말아야 할 일

◆ 해야 할 일

• 털에 묻은 독성 입자를 제거하기 위해 빗질과 목욕을 자주 한다.
• 벼룩 구제는 위험한 살충제 대신 독성이 적은 자연적인 방법을 이용한다.
• 가능한 한 유기농 식품이 주가 된 신선식품을 급여한다.
• 건강에 문제가 있는 경우, 고기 함량이 적은 레시피를 사용하거나 채식 레시피를 이용하여 몸의 해독 시스템이 쉴 시간을 준다.
• 만약 물이 염소나 불소 처리가 된 경우리면 정수기를 사용한다. 물은 매일 갈아 주고, 물그릇은 먼지가 많은 장소에서 멀리 떨어진 곳에 놓아둔다.
• 반려동물이 깔고 엎드려 있는 이부자리는 유기농 면이나 양모, 케이폭(kapok, 동남아시아에서 자라는 케이폭 나무의 열매에서 추출한 소재) 등의 천연섬유를 사용한다.
• 자주 먼지를 털어 내거나 진공 청소기로 빨아들인다.
• 현관에서 신발을 벗는다. 특히 먼지가 많은 공장지대나 교통량이 많은 곳, 농장 지역 근처에 있는 집에서는 특히 그렇다.
• 보풀이 일어나고 깊게 파인 융단은 피한다. 이미 융단 제품을 가지고 있다면 진공 청소기나 스팀 청소기로 자주 청소한다.

- 실내 공기오염을 줄이기 위해 자주 환기하거나 집 전체에 환기장치를 설치한다.
- 반려동물을 실외에 적당 시간 놔두거나 햇빛이 잘 들도록 자주 창문(방충망은 닫은 상태로)을 열어 둔다. 그렇게 하지 못하는 경우에는 동물이 주로 낮에 휴식을 취하는 곳에 전파장 광선 치료기(full-spectrum light)를 설치한다.
- 스모그가 있는 날이나 근처에 살충제를 살포했을 때에는 반려동물을 실내에 들이고 창문을 닫는다. 오염 지역에 살고 있다면 공기 청정기를 사용한다.
- 오래되거나 원치 않는 독성 화학물질은 제거하거나 생활공간에서 멀리 떨어진 환기가 잘 되는 곳에 보관하여 실내 공기오염을 줄인다. 무독성 대체용 제품을 사용한다.
- 필로덴드론, 접란, 알로에베라, 국화, 거베라와 같이 공기를 정화시키는 실내 화분용 화초를 키운다.
- 반려동물이 독성이 있는 풀이나 열매를 씹지 않도록 한다.
- 리모델링을 할 때 나오는 용매, 페인트, 약물과 여러 가지 화학물질, 먼지 등에 접촉하지 않도록 한다.
- 살고 있는 집 안의 중금속 수치를 측정하고, 라돈가스가 위험수준이라면 권장하는 조치를 취한다.
- 중앙난방관이 있는 큰 건물이나 포장도로가 많은 도시, 뜨겁고 건조한 바람이나 스모그에 영향을 받는 지역에 살고 있다면 음이온 발전기의 사용을 고려한다.

◆ **하지 말아야 할 일**

- 지저분한 손으로 반려동물을 만진다.
- 반려동물을 차고, 지하실, 가정용 화학물질을 보관하거나 빛이 들지 않는 창고에서 키운다.
- 번화한 도로 근처에 살면서 반려동물을 실외에 내놓는다.
- 스모그가 있는 날에 반려동물과 산책을 한다.
- 번화한 거리를 따라 반려동물과 산책을 한다.
- 트럭의 화물칸에 반려동물을 싣는다.
- 독성이 있는 오래된 쓰레기 매립지나 산업·상업 지역 근처를 반려동물이 배회하도록 둔다.
- 웅덩이나 오염된 물에서 놀거나 그 물을 마시도록 방치한다.
- 자동차 오일, 페인트와 같이 음식, 물, 공기와 섞이면 안 되는 물질을 가까운 곳에 버린다.
- 집 안에서 담배를 피운다.
- 흰개미를 구제하기 위해 독성물질을 처리한 집의 기초 부분 밑이나 근처에서 반려동물이 자도록 둔다.
- 꼭 필요하지 않은 경우에도 살충제를 사용한다(꼭 필요하다면 무독성을 사용한다).
- 작동 중인 텔레비전, 전자레인지, 컴퓨터 모니터, 전기담요나 전기 히터, 시계가 있는 라디오, 플러그가 꽂힌 전자시계 근처나 위에서 반려동물이 자거나 놀도록 방치한다.
- 불필요한 X-레이 검사를 자주 한다.

우리가 무엇을 할 수 있을까?

우리는 불편함을 감수하고 집에 있는 무선전화를 모두 유선전화로 바꿨다. 마이크로파 테스트 장치를 사용하여(lessemf.com에서 구입 가능) 우리 집의 전자기장(EMF) 수준을 획기적으로 줄였다. 여러 정보와 전문가의 경고를 바탕으로 반려동물

과 사는 집은 다음의 조치를 취하기를 바란다.

- 모든 무선전화를 유선전화로 바꾼다. 만약 책상에서 해야 할 일이 많다면 스피커폰과 헤드셋을 이용해서 무선전화를 줄인다.
- 휴대전화 사용을 최소화하고, 특히 영향을

많이 받는 반려동물이나 어린이 옆에서의 사용을 최소화한다. 사용하지 않는 경우에는 전원을 꺼 두고 필요시에만 확인한다. 휴대전화를 통해 말을 듣거나 문자 메시지를 주고받을 때가 말을 하거나 영상을 다운로드하거나 데이터 집약적인 활동을 할 때보다 전자파 방출이 적다. 차 안이나 수신이 잘 안 되는 지역에서는 휴대전화의 방출 강도가 매우 증가하므로 사용을 피한다.

• 밤에는 무선 인터넷을 끄고(타이머를 사용), 사용하지 않는 경우에는 전원을 끈다. 특히 장치가 침실 근처에 있는 경우라면 꼭 끈다. 가능하다면 무선 라우터, 컴퓨터, 인터넷 TV 대신 랜선 케이블을 사용한다.

• 가능하다면 유선 마우스, 키보드, 프린터를 사용한다. 무선 버전의 신호는 편의성은 적은 반면 확실히 심각하다.

• 만약 무선 스마트 미터가 집에 설치되어 있다면 구형 아날로그 방식으로 교체가 가능한지 알아보자.

어떠한 경우에도 이러한 장치와는 거리를 둬야 한다. 60~90cm만 멀어져도 신호 강도가 확실히 줄어든다. 따라서 방을 건너 라우터를 설치하고 절대로 쉬는 공간이나 작업하는 공간에 설치하지 않는다.

가정 내 다른 위험요소

예측할 수 없는 또 다른 문제는 개와 고양이가 소화가 불가능한 물체를 삼키는 것이다. 고양이 보다는 개에게서 더 많이 일어나지만 모두 조심해야 한다.

개에게 위험한 것

개들은 뭔가 먹을 것 비슷하게 보이기만 해도 먹는다. 나는 행주, 철수세미, 플라스틱 장난감, 냄새가 그럴듯해 보이는 옷을 먹은 개들을 보았다. 최근에는 내 딸이 키우던 개가 밥을 먹지 않고 토하기 시작했는데, 쓰레기통 속에 있던 탐폰 두 개를 삼켜 장폐색이 왔던 것으로 밝혀졌다. 다행히 우리는 이 녀석을 수술 없이 동종요법으로 치료했다. 반려인은 개의 시각을 갖도록 노력해야 한다. 어떠한 물체든 음식 냄새나 신체 분비물 냄새가 난다면 개들에겐 안성맞춤인 대상이다. 따라서 이런 것은 밀폐용기에 넣어야 안전하다. 만약 개들이 무언가를 씹고 싶어 하는 것 같다면 단단한 채소나 나뭇가지 같은 딱딱한 물건을 주는 것이 좋다.

고양이에게 위험한 것

고양이들은 개보다 먹는 것에 더 까다롭다. 그런데도 간혹 음식물 조각에 의한 폐색이 온다. 나는 어린 고양이가 옥수수 대의 끝부분을 삼켜 위의 유문부(위와 샘창자 사이 부분)에 걸린 것을 본 적이 있다. 고양이는 실, 끈, 고무줄과 관련된 사고가 많다. 까끌까끌한 혓바닥은 입 안에 들어온 물체를 뱉어내기 어렵게 만들어서 일단 입 안에 들어오면 삼키는 것을 멈출 수 없게 된다. 사람은 이해하기 어렵지만 그래서 고양이는 털을 핥고 삼키는 것이 당연하다. 그러다 보니 작은 실이나 끈 역시 삼키는 일이 별 일이 아닌 것이다. 조각이 아주 길어 입 안에 걸리지 않는다면 문제가 되지 않을 수 있다. 만약 실이 걸렸다면(실이 사라졌거나 털실 뭉치가 풀려 있다면), 수의사가 마취 상태에서 고양이의 입과 목구멍에 실이 걸려 있는지 확인해야 하는데, 혀 주변에 감긴 실은 정말 찾아내기 어렵다. 바늘이 꽂힌 실을 삼킨 경우에는 목구멍이나 식도에 걸리기도 하는데 이는 X-레이에 나온다. 더 내려가 소장에서 폐색이 일어나기도 하는데(종종 플라스틱 조각에 의해) X-레이를 찍어 보면 장이 뭉쳐 있는 것처럼 보이기도 한다.

기타 우려사항

전깃줄을 씹지 않도록 주의해야 한다. 개나 고양이를 전깃줄이 노출된 방에 가두어 놓지 않는다. 만약 반려동물이 전깃줄을 씹고 있거나 가지고 노는 것을 본다면 야단을 친다.

집에 걸음마를 시작하는 아기가 있다면 반려동물을 거칠게 다루지 못하게 해야 한다. 유아와 반려동물 모두를 위험에 처하게 만드는 일이기 때문이다. 아이들이 의도치 않게 반려동물 귀에 대고 큰 소리를 내기도 하는데, 이는 동물에게 큰 스트레스로 작용한다.

만약 아이가 책임을 지고 반려동물을 돌보고 있다면, 잘 돌보고 있는지 매일 확인해야 한다. 반려동물이 아이 성장의 경험의 대상이나 교육의 희생양이 되게 해서는 안 된다. 아이에게 반려동물에 대한 책임감을 가르쳐야 한다.

만약 2층 이상의 아파트에 살고 있다면, 창문에 방충망을 달아야 한다. 고양이가 민첩함에도 불구하고 창문이나 발코니 밖으로 떨어지곤 한다. 뉴욕에 사는 많은 사람들이 이렇게 고양이를 잃었다.

항상 조심하고 주의 깊게 살피며 숙고하는 태도를 갖는다면 현대의 삶은 반려인과 반려동물에게 지나친 위험이나 스트레스가 되지 않고 삶의 모험과 즐거움을 위한 기회가 될 수 있다.

생활방식의 변화

청소와 건축 자재가 미치는 장기적 영향에 대해 관심을 가지는 일이 변화의 시작이다. 집, 마당, 야생동물이 살고 자라는 열린 공간을 다른 시각으로 바라보기 시작해야 한다. 해로운 영향을 최소화하려면 어떻게 해야 할까? 우리에게 축복과 같은 반려동물, 우리가 사는 집 주변의 야생생물, 사랑스러운 나무, 풀과 꽃을 지켜주려면 어떻게 해야 할까?

우리는 접시를 닦은 개숫물을 식물에게 주거나 작은 관으로 물을 공급받는 세류관개(trickle irrigation) 방법으로 물을 절약하고, 지붕에서 떨어지는 빗물을 받는 탱크를 설치했고, 태양열 집열판과 태양열 온수기를 설치했다. 낡은 세탁기를 테라스 쪽으로 옮겨 세탁기에서 나오는 '생활폐수'를 이용해 나무에 물을 대도록 만들었다.

이는 새로운 관점을 갖게 하고 생활방식까지 바꿔 놓았다. 우리는 반려동물을 돌보고 그들을 보호해야 한다. 그리고 더 확장해서 같은 마음으

로 모든 생명체와 특히 지구를 돌봐야 한다. 모두
에게 즐거운 여행이 되어야 한다.

선물

초록보다 푸르른 신록이여
나는 오늘도 바닥을 청소한다.
더 이상 독을 뿌리지 않을 거야.
너를 빗겨 벼룩을 찾아내고, 먼지를 닦아 줄 거야.
나를 믿어 주기 바라.
나를 핥고, 나를 향해 꼬리치고, 미소 짓고,
기뻐하고, 뛰어오르는 너.
내가 더 기쁘구나.

수전 피케른

운동, 휴식, 털 손질과 놀이

11장

먹는 것만큼 중요한 생활습관

무독성의 건강한 식단과 집안 환경은 반려동물이 장수하고 행복한 삶을 사는 데 꼭 필요한 조건이다. 이 장과 다음의 몇 장에 걸쳐 자연과 서로에 대한 관계와 태도, 매일의 습관과 선택에 관해 이야기할 것이다. 주기적인 놀이, 운동, 자연과 햇빛의 노출, 삶을 음미하는 시간에 관한 이야기가 포함된다. 또한 반려인과 반려동물이 어떻게 건강을 증진시키고, 행복한 삶의 방식을 공유하는지 알아보고 왜 중요한지 살펴본다.

최근 건강 분야에서 가장 계몽적인 책 가운데 하나인 댄 버트너가 쓴 《더 블루존 (*The Blue Zones*)》[1]은 내셔널지오그래픽 팀이 전 세계에 있는 장수하는 그룹 전체의 습관과 실천에 관한 내용을 다룬다. 세계의 수많은 도시를 건강하게 장수하는 블루존으로 바꾸겠다는 목표를 가진 프로그램인 '블루존 프로젝트(Bluezonesproject)'도 참고한다.

이번 발견은 흥미로웠다. 우리가 알고 있는 건강하게 제일 오래산 개, 고양이의 삶과 블루존 사람들의 삶의 요소에 유사한 점이 많았기 때문이다. 25세까지 살았던 보더콜리의 이야기와 앤 헤리티지가 돌보았던 장수한 개가 그렇다.[2] 반려동물은 같이 운동하고, 삶의 많은 순간에 삶의 목적, 존재감, 우정을 함께 나눌 기회를 주었다.

따라서 건강과 장수를 위한 다음 핵심비결을 명심하기 바란다. (메모해서 냉장고 앞에 붙여 두자!)

반려동물과 인간 : 건강과 장수하는 삶을 위한 블루존의 가르침

블루존에서 찾은 건강과 장수에 관한 내용이다. 우리는 이 내용을 얼마나 우선적으로 실천하고 있을까? 이를 실천하면 긍정적인 변화가 있을까?

• 많이 움직인다

블루존 사람들은 소파에 앉아 텔레비전만 보는 사람도 전문 체육인도 아니다. 이들은 일상생활에서 일과 놀이를 통해 많이 움직인다. 개 브램블은 하루에 5회 산책을 나가고 사람 가족과 함께 마당에서 논다. 하루에 20~30분 걷기는 주요 트레이닝을 하는 것과 유사하게 건강에 도움을 준다는 연구결과가 있으며, 이는 반려인과 반려동물 모두에게 이롭다. 가능하면 운전하는 대신 개를 데리고 걷는다. 매시간 또는 2시간에 한 번씩 휴식 시간을 갖는 것이 도움이 되는데, 휴식은 고양이와 놀 때도 동일하게 적용되어 한참 놀다가도 한두 시간마다 휴식 시간을 갖는 것이 좋다. 196쪽 '운동의 중요성'을 참조한다.

• 목적을 갖는다

사람은 누구나 삶의 목적이 있다. 의미 있는 일을 하거나, 취미생활을 하거나, 자원봉사를 하거나, 가족이나 반려동물을 돌보는 일 등이다. 그런 목적이 사람을 매일 침대 밖으로 나오게 만든다. 반려동물도 마찬가지이다. 어떤 일이 개와 고양이에게 동기 부여를 할까? 세계 탐험? 게임하기? 사회활동? 반려인을 기쁘게 하기? 사랑과 교감? 반려인이 출근하고 반려동물을 집에 혼자 두고 온다면, 반려동물의 삶을 풍족하게 할 것들을 만들어 주어야 한다. 외출이 가능한 출입구를 만들거나 함께 있을 반려동물을 만들어 주거나, 도그워커(dog walker, 개를 대신 산책시켜 주는 사람)에게 산책을 맡기거나 아파트에 사는 고양이라면 햇볕이 드는 창턱에 새 모이통을 놓아두어서 고양이가 새를 바라보는 일을 할 수 있도록 해 준다.

• 명상하거나 아무 생각 없이 있는다

매일 약간의 정지시간을 갖는다. 일을 위해서 급하게 옮겨 다니거나, 여러 가지 일을 한꺼번에 처리하거나, 새벽부터 해질녘까지 바쁘게 일하지 말라는 뜻이다. 나는 음악을 듣거나, 명상을 하거나, 석양을 감상하거나, 장미꽃의 향을 맡는다. 이 부분에 있어서 반려동물은 이미 고수이며 우리의 스승이다. 매일 그들과 함께하는 시간을 즐기고 눈을 마주보며 둘만의 시간을 갖는다. 반려동물을 깊은 관심과 감사의 마음으로 안고 쓰다듬고 마사지한다. 그들과 뜨는 해를 같이 바라보고, 갸르릉거리는 고양이와 함께 명상을 한다. 사람과 동물 모두에게 유익한 일이다.

• 가볍게 먹는다

장수하는 소수민족의 경우 가볍게 먹는 풍습이 있다. 배고픔을 면할 정도면 충분하고, 배부르지 않게 먹는다. 다수의 블루존 사람들은 아침에 많이 먹고 저녁에는 아주 조금 먹거나 아예 먹지 않는다. 과학 역시 칼로리 제한이 장수의 가장 큰 예견 지표임을 명확히 밝혔다. 따라서 반려동물의 체중을 모니터하여 딱 알맞은 양만 먹여 너무 깡마르거나 통통하지 않고 살짝 마른 체형이 되도록 한다.

반려동물이 충분히 먹은 다음에는 음식을 치운다. 개와 고양이의 지루함을 달래려고 많이 먹이지 않는다. 사람도 이를 염두에 두면서, 천천히 의식적으로 먹어야 한다.

• 채식 위주의 식사를 한다

블루존 사람들은 주식으로 집에서 기른 과일, 채소와 고구마, 옥수수, 콩류, 곡류 등 전통적인 채식 기반의 식사를 한다. 동물성 식품은 전체 섭취 칼로리의 5% 정도일 뿐이다. 육류는 양념으로만 곁들이거나 축제 때나 먹는 특별한 음식이다. 캘리포니아의 블루존 사람인 의사 엘스워스 판햄(Ellsworth Farnham)은 50년 넘게 비건으로 살았다. 그가 100세를 맞이했을 때 CNN과의 인터뷰에서 하루에 두 끼만 먹는다고 밝혔다. 그는 활기 넘쳤고, 압정처럼 날카로웠다.[3] 이 내용이 개와 고양이에게도 적용이 될까? 조이나 브램블(5장) 같은 케이스와 다수의 케이스를 보면 적어도 개들에게는 적용이 가능하다. 적은 독성을 소비하는 것은 비건 개들이 장수하는 이유를 설명해 준다. 보고서에는 비건 식이를 하는 고양이도 포함되어 있다. 다수의 고양이는 비건으로 사는 것이 가능하지만 더 나은 건강을 갖게 되는지는 확실하지 않다.

• 소속감을 갖는다

장수하는 사람들은 종교 단체를 포함하여

같은 생각을 가진 친구나 가족 등 밀접한 관계가 있는 그룹을 가지고 있다. 반려동물도 인간과 동물 종족의 조화로운 가족의 일원이 되기를 원한다. 만약 반려인과 반려동물 단 둘뿐이라면, 둘은 서로에게 최고의 친구가 될 수 있다. 애견 놀이터를 가거나 반려동물과 사는 친구, 룸메이트, 이웃과의 모임이나 각자 요리를 만들어 와서 먹는 모임 등 반려인이 속한 그룹을 확장시키거나 마음이 맞는 사람과의 관계를 만들어 간다.

반려동물의 시각에서 본 일생

개와 고양이의 삶은 어떨까. 어느 날 덩치 크고 힘센 외계인이 납치해서 가족과 영원히 이별하고 같은 종족과 다시는 같이 살 수 없게 된다. 목에 줄을 채우고 케이지나 집, 울타리가 쳐진 마당에 가둔다. 밥은 주고, 가끔 안고서 다정하게 쓰다듬어 준다. 때로는 내가 못 알아듣는 말로 야단을 치기도 한다. 그리고 종종 꽤 긴 시간 동안 나를 남겨두고 떠나거나 손에 든 작은 물체(휴대전화)나 빛으로 가득한 상자(컴퓨터와 텔레비전)를 들여다보느라 몇 시간 동안이나 나를 무시한다.

덜 안전하지만 주도적인 삶을 산 그들의 조상이나 야생의 사촌과 비교해 보자. 인간과 사는 개와 고양이는 배곯을 걱정은 하지 않아도 되지만 맑고 화창한 날에 하천을 살피는 데 시간을 보내는 즐거움과 향기 나는 숲을 뛰어다니거나 자신의 사냥 기술을 시험하는 일은 하지 못한다. 대부분의 삶을 비닐 바닥이나 벼룩이 우글거리는 인조 카펫이 깔린 집 안을 돌아다니거나 잠을 자면서 보내고, 외부에서 보내는 시간은 매우 제한적이며, 척박한 마당에서 보내거나 사람들이 일을 하는 동안 차가 가득한 주차장에서 보낼 수도 있다.

반려동물은 일주일에 한 번이나 격주에 한 번 정도 그들에게 가장 큰 기쁨 중 하나인 들판을 산책할 수 있는 기회를 갖는다. 그러나 그런 즐거움은 비정상적으로 길고 곱슬곱슬한 털에 쉽게 박히는 고통스러운 뚝새풀 때문에 망치기 일쑤이다. 집에 돌아오면 염소 냄새가 나는 수돗물로 갈증을 해소한다. 이런 이유로 반려동물은 때때로 조금 예민해지거나 화를 내거나 의기소침해지기도 한다. 그러나 반려동물은 본성이 선하기 때문에 대개 주어진 그대로 하루하루를 보내며 산다.

이 모든 상황에도 불구하고 개와 고양이는 용서하고, 받아들이고, 충성하고, 믿고, 다정다감하다. 이 점이 우리가 그들을 사랑하고 존경하는 이유이다. 따라서 때로는 같고 때로는 다른 필요와 욕구를 가진 서로 다른 두 종이 같이 살기 위해서, 더 풍족하고 더 충만한 삶을 살게 해 주기 위해서 우리가 할 수 있는 일을 해야 한다.

이 장에서는 개와 고양이의 운동, 휴식, 털 손질, 벼룩 구제에 관한 특별한 신체적 요구사항에 대해 다룬다. 12장에서는 다른 종과 잘 사는 방법에 대해 논의하고 서로에게 유익한 훈련과 통제 방법에 대해 알아본다. 13장에서는 사람의 감정과 정신이 가정에 있는 반려동물에게 미치는 영향과 그와 반대로 반려동물의 감정과 정신이 사람에게 미치는 영향에 대해 알아본다. 14장에서는 여행과 휴가 보내기에 대해서 알아본다. 15장에서는 사람보다 먼저 떠나는 반려동물과 마음을 열고 작별하는 방법에 대해 알아본다. 그다음에 다양한 건강상태에 따른 치료법에 대해서 세부적으로 알아볼 것이다.

반려동물과 함께 사는 사람은 다음의 두 가지를 잊지 말아야 한다.

- 인간은 동물의 자연스러운 삶의 과정에 어느 정도 개입할 수 있을까?
- 내가 동물이라면 어떤 대접을 받고 싶을까?

운동의 중요성

건강을 최상으로 유지하려면 규칙적인 운동이 필수이다. 근육을 지속적으로 격렬하게 사용함으로써 모든 조직이 자극을 받고 순환기능이 증대된다. 또한 혈관이 확장되고 혈압이 상승한다. 그로 인해 조직은 산화되고, 독성이 있는 세포를 깨끗하게 하는 데 도움을 준다. 소화샘에서는 소화액을 더 잘 분비하고 장운동은 더욱 원활해진다.

개의 운동 : 가능한 한 많이 시킨다

개는 먹이를 찾아 끊임없이 움직여야 하므로 육상선수처럼 잘 달린다. 늑대나 코요테는 하루

에 160km 이상 여행할 수 있으며 도시의 떠돌이 개도 하루 평균 26km 정도를 돌아다니는 것으로 관찰된다.

개가 매일 30분 이상 격렬한 운동을 하면 건강에 많은 도움이 된다. 하지만 주기적으로 야외에서 자유롭게 뛰놀 수 있는 공간이 없어서 밥그릇으로 걸어가는 것이 유일한 운동인 개도 많다.

따라서 조깅을 하든, 산책을 하든, 공을 가지고 놀든, 막대기 던지기를 하든, 프리스비를 하든 사람과 개가 매일 함께 운동할 수 있는 방법을 생각해야 한다. 물론 모두가 전설적인 보더콜리 브램블처럼 하루에 적어도 4~5차례 산책하는 운동 스케줄을 갖지는 못할 것이다. 하지만 운동을 더 자주 시킬 수 있는 방법을 생각해 내야 한다. 가족 구성원이 돌아가며 운동을 시키거나, 개를 산책시키는 사람을 고용하거나, 애견놀이터를 방문한다. 가게에 갈 때에 개와 함께 갈 수도 있다. 물건을 구입하는 동안 개는 밖에서 기다리면 된다. 막대기 던지기 놀이를 할 수 있는 공간을 찾아본다.

개가 나이가 많거나 쇠약하거나 심장이 좋지 않다면 동네를 천천히 걸어 다니는 것만으로도 좋다. 개가 발이 아프거나 부분마비가 와서 일시적으로 걷지 못하는 경우라면 욕조, 큰 통, 수영장, 시냇물, 강 등에서 수영을 하는 것도 좋다. 브램블은 심각한 부상을 입어 걸을 수 없을 때 노견임에도 불구하고 수영장 치료로 건강을 회복했다.

수영은 뛰는 것과 마찬가지로 몸을 강화시켜준다. 만약 개가 물에 가라앉는다면 수건이나 천

을 배에 걸어서 몸을 지지한다. 이 운동은 특히 척추에 문제가 있는 개에게 좋다.

개는 치아와 턱 운동이 중요하다. 어떤 개는 막대기 씹는 것을 좋아하고, 어떤 개는 생가죽 껌, 말린 고구마 껌, 당근이나 브로콜리 줄기 스틱을 질근거리는 것을 좋아한다. 뼈의 경우 주의를 기울여야 하는데, 특히 닭뼈 같은 작은 뼈를 조심해야 한다. 만약 뼈가 신선하고 생것이라면 개와 고양이에게 안전한 편이지만, 오래된 뼈나 조리되거나 냉동된 뼈는 위험하다. 아미 브랜드(Ami Brand)의 본케어(Bone Care)라는 비유전자 변형 식물로 만든 뼈 모양의 간식은 날카롭게 쪼개지거나 찌를 위험이 없다.

고양이 : 놀이와 탐색

고양이의 운동은 개와 다르다. 고양이는 공을 쫓거나 조깅하는 것을 좋아하지 않지만 일정 시간 밖에 나갈 수 있게 허락하거나 '스크래치'를 할 만한 적당한 장소가 있다면 그것만으로도 운동이 된다.

간혹 먹이를 뒤쫓거나 잡기 위해 빛의 속도로 전력 질주하는 경우를 제외하고 고양이는 스크래치 하기를 좋아한다. 발톱을 제거하는 수술(반려인의 손가락의 마지막 관절을 절단하는 것과 같다)은 잔인하고 고통스러울 뿐 아니라 앞다리, 척추, 어깨근육 강화에 이로운 고양이의 중요한 운동방식인 발톱을 사용하여 무언가를 짓이기거나 긁는 행동을 못하게 만드는 행위이다. 이런 행동을 할 수 없게 된 고양이는 약해져서 병에 쉽게 걸리고 신체 일부가 쉽게 퇴화되기도 한다.

따라서 고양이가 집 안 가구를 긁어서 못 쓰게 만들지 않도록 통나무나 스크래처 등 긁을 수 있는 장난감이 잘 설치되어 있는지 확인한다.

고양이는 한쪽 끝에 장난감 쥐가 달려 있거나 고리가 달린 줄을 치고 쫓아다니는 놀이를 좋아한다. 장난감은 플라스틱 제품보다 자연적인 제품을 구입한다. 우리 집의 고양이 밍이가 가장 좋아하는 놀이는 레이저 포인터를 쫓아가는 놀이이다. 밍은 낚아채고 껑충 뛰어오르거나 원을 그리며 뛰는 등 5~10분간 정신없이 날아다녔다. (이 게임을 할 때에는 레이저로 누군가의 눈을 조준해서는 안 된다.)

고양이와 놀이를 할 때에는 맨손을 '미끼'로 사용해서는 안 된다. 그러면 고양이는 사람의 손을 물거나 할퀴어도 되는 것으로 인식할 수 있다. 습관이 되면 버릇을 고치기가 힘들어진다.

정신적 운동

동물도 정신적인 운동이나 퍼즐과 같은 자극을 즐긴다. 유튜브에서 '고양이 셸 게임(cat plays shell game)'을 검색해 보면 고양이가 여러 물체 중 움직이는 물건을 얼마나 빨리 쫓아갈 수 있는지 알 수 있다. 모든 동물은 영리하고, 놀이를 즐긴다. 사람은 돼지를 친구가 아니라 식품으로 생각하지만 돼지는 대부분의 개와 고양이보다 영리하며 비디오 게임도 잘한다. '돼지가 비디오 게임을 한다(pigs playing video games)'를 유튜브에서 검색해 보자. 닭도 게임을 할 수 있다!

개는 야외에서 물어오기 게임을 하는 것을 가장 좋아한다. 프리스비나 막대기가 떨어질 장소

(다양하지만)를 예측하고 질주하는 놀이를 즐긴다. 스케이트보드를 타는 것과 같은 좀 더 고급기술을 연마할 수도 있다(유튜브를 검색해 보자).

고양이를 즐겁게 할 다양하고 흥미로운 게임을 찾으려면 인터넷이나 반려동물 용품점을 찾아보자. 10장에서 논의했듯 플라스틱 장난감은 피한다. 인터넷을 활용하여 무독성, 유기농, 자연적인 개와 고양이 장난감을 찾아서 상세설명과 사용후기를 참고한다.

게임을 할 때에는 그들을 동등한 개체로 대우해 줘야 한다. 따라서 반려동물이 피곤해한다거나 다른 것에 흥미를 느낄 때에는 계속 놀자고 강요해서는 안 된다. 기대한 것만큼 게임을 잘하지 못한다고 야단 쳐서도 안 된다. 놀이는 업무가 아니라 즐거움이다. 가볍고 재미있게 놀도록 하고 잘하면 칭찬한다. 충분히 놀았다면 놀이를 중지한다. 반려동물이 보내는 신호를 듣는 법을 배우고 '물어올래?'와 같이 간단한 언어로 의사소통을 한다.

마사지 : 수동적인 운동

마사지는 반려인과 반려동물 모두 즐길 수 있는 도움이 되는 온건한 운동이다(혈액순환 자극, 림프액 배출, 독소의 제거, 스트레스 완화 등). 마사지는 긴장을 풀고 유대감을 결속시킨다. 한가한 저녁에 벽난로 앞이나 텔레비전 앞에서도 가능하다. 마사지는 특히 몸의 경직이나 부상이 있을 때 도움이 된다.

직관이 가장 좋은 방법이다. 마사지의 기본은 마음을 가라앉힌 후 마사지하는 동물에게 집중하는 것이다. 정성을 다하여 마사지하면 사람의 몸도 휴식이 된다. 중요한 점은 사람이 정신을 다른 데 팔거나 자동적으로 하거나 형식적으로 해서는 안 된다는 것이다.

시작하기 전에 먼저 '허락을 받는다.' 동물이 마사지받을 준비가 되었는지 허락을 받는 건 당연하다. 반려인의 손이 따뜻해지고 에너지가 생길 때까지 양손을 열심히 문지른다. 그러고 난 후 반려동물의 머리나 목 뒤에 손을 살포시 얹는다. 눈을 감고 앞에 있는 반려동물의 몸을 상상하는데 빛나거나 어두워 보이는 부분이 있다면 그 부분부터 시작한다.

손을 천천히 부드럽게 탐색하듯이 움직이되 자신감을 가지고 마사지한다. 몸에 작은 결절이나 뭉친 것이 있다면 그 부분을 중점적으로 빵 반죽하듯 부드럽게 주무른다. 그다음 척추를 따라 내려오면서 가볍게 두드려 주고, 손가락을 이용하여 작은 원을 그리면서 척추골을 둥글게 마사지하고 다리의 여러 근육도 풀어 준다.

진정시키듯이 쓰다듬는다. 반려동물이 지나치게 긴장해 있다면, 오랫동안 서서히 반복적으로 어루만지듯이 쓰다듬어 준다.

원을 그리면서 자극한다. 만약 동물이 처져 있거나 피곤해한다면 혈액순환에 도움이 되도록 보다 부드럽게 원을 그리며 마사지한다.

반려동물이 원하는 부분을 잘 긁어 준다. 특히 고양이는 엉덩이나 목의 뒷부분, 머리 윗부분을 마사지해 주면 좋아하는데, 이 부분이 고양이가 스스로 닿기에 어려운 부분이고 신경이 많이 모여 있는 곳이기 때문이다. 고양이는 반려인의 손으로 파고들며 좋아함을 표현할 것이다.

항상 피드백에 귀를 기울인다. 이완이나 즐거움의 신호(하품, 눈감기, 손에 기대기)를 주의 깊게 보고, 그 부분을 더 오래 마사지해 준다. 반면 반려동물이 움츠려들거나 도망가려고 한다면 마사지를 멈추거나 다른 부분을 마사지해 주는 등 어떠한 순간에도 마사지를 그만둘 준비가 되어 있어야 한다. 이것은 통증을 느낀다는 신호이거나 낮잠을 자거나 다른 곳을 탐색하러 갈 준비가 되었음을 의미하기 때문이다.

다리를 움직여 준다. 마사지하는 사람의 손에 신뢰를 느끼고 애정을 느낄 정도로 아이들이 완전히 이완되었을 때 하는 마사지이다. 아이들이 허락하는 선에서 다리를 움직여 준다. 다리를 부드럽게 쭉 뻗었다 구부렸다를 반복하는 식으로 스트레칭을 하고 움직일 때마다 관절 부분을 가볍게 눌러 준다.

근막과 근육이 늘어나도록 반대방향으로 잡아당긴다. 아프고 쑤시는 근육에 좋은 마사지 방법이다. 예를 들어 한 손으로는 밀고 한 손으로는 잡아당기면서 허리나 엉덩이 부분을 늘여 준다. 이는 새끼 고양이가 젖을 먹을 때 엄마를 발바닥으로 꾹꾹 누르는 것과 같다. 앞뒤로 움직이며 밀기와 당기기를 교대로 반복한다. 이 물리치료 법을 피드백이 가능한 사람에게 먼저 시도해도 된다. 이 마사지를 할 때 몸의 크기와 예민도에 따라 압력을 조절하고 주의한다.

림프절을 마사지한다. 림프절 마사지는 동물이 지쳐 있을 때 하면 좋다. 반려인도 감기 초기 증상이 있을 때 하면 좋은 마사지이다. 가볍고 지속적이며 천천히 쓸어내리는 동작으로 (심부의 근육이나 관절을 마사지하지 않고) 피하에 있는 림프의 흐름을 자극한다. 위에서 아래로 마사지하면서 내려온다. 얼굴의 양쪽을 쓰다듬으면서 목으로 내려와 심장 방향으로 흐르게 하는 마사지를 몇 회 반복한다. 그러고 난 후 겨드랑이에서 배 쪽으로 쓸어내리고, 이 에너지를 배 주위에서 시계방향으로 원을 그리며 마사지하면서 '모은다.' 다음에는 같은 방식으로 허벅지 안쪽에서 배 쪽으로 쓸어 올린다. 배 주위에서 시계방향으로 돌리는 마사지로 마무리한다. 에너지를 끌어와서 배 쪽으로 내보낸다는 기분으로 한다.

마사지는 사랑을 표현하고, 경직과 통증을 줄이며, 혈액순환을 돕고, 건강을 향상시키는 데 도움이 된다. 만약 마사지를 하는 것이 익숙하지 않다면 다른 사람과 마사지를 주고받으면서 연습한다. 연습해 보면 어떻게 압박을 가하는 것이 편안하며 근육을 어떻게 다뤄야 하는지도 알 수 있다. 만약 한 번도 훌륭한 마사지를 받아 본 적이 없다면 전문 마사지를 한 번 받아 보는 것도 좋다. 훌륭한 마사지를 받는 것은 훌륭한 마사지를 하기 위한 최상의 훈련이다. 사람들과 마사지를 연습할 때, 특히 마사지를 배우는 중이라면 피드백을 받도록 한다. 동물 전문 마사지사가 될 수 있는 기회일 수도 있다.

휴식

모든 생명체에게는 겨울에는 따뜻하고 여름에

는 시원하며, 잠을 자고 휴식을 취할 때에는 깨끗하고 조용하며 사적이고 안전한 공간이 필요하다. 미디어나 전기로 만든 빛으로 과도하게 자극되고, 정기적 수면이나 휴식을 취하지 못하는 현대의 바쁜 삶을 살다보면 밤에 잠을 자면서 하는 몸의 회복과 치유 과정은 매우 중요하다.

반려동물이 가끔 침대에서 같이 잠을 잔다고 해도, 이들에게 적당한 장소를 따로 제공하는 것이 좋다. 많은 반려동물이 아늑한 굴을 찾아 숨는 야생동물과 달리 자기만의 영역을 무시당한 채, 현관의 처마 밑 외풍이 심한 곳이나 소음이 심한 길가의 더러운 판자를 임시방편으로 삼아 살고 있다. 이 차이는 중요하다. 만약 동물이 잠시라도 실외에서 생활한다면, 개집, 방석이 깔린 바구니, 테라스에 쿠션이 있는 의자를 마련해 준다.

고양이와 소형견은 의자 위나 구석에 깔린 수건이나 담요, 안이 푹신하게 채워진 바구니를 좋아한다. 대형견은 바구니 같은 침대가 필요하지는 않지만 방이나 개집의 구석, 조용한 곳에 있는 자기만의 특별한 깔개나 낡은 의자처럼 항상 편안하고 안전하며 깨끗한 공간이 필요하다.

잠자는 공간은 가급적이면 유기농이나 염색을 하지 않은 세탁이 가능한 면이나 양모 재질의 베개, 담요, 수건으로 씌운다. 그래야 해로운 화재예방물질, 살충제 잔류물, 합성섬유에서 나오는 화학물질의 접촉을 최소화할 수 있다. 개나 고양이는 섬유의 보풀이나 먼지를 핥아 먹을 수 있으므로 특히 취약하고, 사람보다 자는 시간이 길어서 이러한 물질에 더 많이 노출된다.

반려동물이 좋아하는 것을 연구하고, 집 안의 분위기와 실내온도 등을 고려하여 잠자기에 아늑한 장소를 몇 군데 만들어 줘야 한다. 반려동물은 조용하고 구석지고 활동의 중심부에서 가깝고 무언가를 감시하기에 용이한 곳을 좋아한다. 어떤 아이는 사람과 같이 자는 것을 좋아하지만 어떤 아이는 떨어져서 자는 것을 좋아한다. 고양이는 본능적으로 약간 높은 곳에 있는 좁고 한정된 공간에 끌리며, 그런 곳이 더 안전하다고 느낀다. 시중에서 판매하는 캣해먹, 캣베드처럼 창문에 고정한 고양이 자리를 좋아한다. 이는 마치 고양이가 좋아하는 쇼를 무대 제일 앞줄에 앉혀 보여주는 것과 같다. 카펫이 깔린 캣타워도 좋다. 자는 장소에는 세탁이 가능한 수건을 깐다.

잠을 너무 많이 자서 걱정이 된다?

하루를 대부분 혼자 지내는 반려동물은 많은 시간을 잠을 자면서 보낸다. 그러나 퇴근하고 집에 왔는데도 불구하고 반려동물이 반기지 않고 잠깐 아는 척하고는 곧바로 잠을 자러 간다면, 그것은 활력이 떨어졌음을 의미하는 것일 수 있다. 개는 특히 그렇다. 고양이는 원래 개보다 잠을 더 많이 자며, 밤낮을 가리지 않고 하루 종일 잠을 잔다. 고양이가 잠을 지나치게 많이 자는지 알아보려면 하루 중 활동하는 시간이 얼마나 되는지, 하루에 몇 번이나 그루밍을 하는지 파악하면 된다. 건강한 고양이는 창문 밖을 쳐다보고, 밖에 나갔다 오고, 탐험하고, 그루밍을 하는 등 활동과 수면을 번갈아 가며 한다. 만약 좀처럼 이런 활동을 하지 않는다면 문제가 있을 수 있으니 수의사에게 진료를 받는다.

청결은 건강에 중요하다

깨끗한 동물은 아름다운 동물이며, 더 중요한 것은 건강한 동물이라는 점이다. 모든 살아 있는 유기체는 끊임없이 자연적인 대사산물과 나이 든 세포를 분해하여 제거한다. 보통 몸을 이루고 있는 세포의 약 ⅓이 한꺼번에 죽어 나간다. 인간의 경우 1초당 100만 개의 세포가 교체된다. 게다가 환경오염은 우리 삶의 현실이다. 따라서 반려동물이 이 문제에 최대한 잘 대처할 수 있도록 도와야 한다. 반려동물의 체내에 있는 대사성 독소 및 합성 독소를 제거하기 위해 일하는 장기인 피부, 간, 신장, 소화기계, 폐를 돕는 자연적인 방법 네 가지를 소개한다.

- **매일 운동을 시킨다.** 운동은 대사와 순환을 증가시켜 노폐물 제거가 촉진된다.
- **하루 동안 절식한다.** 하루 동안의 절식은 일상적인 소화기계의 부담을 줄이고, 간이나 지방 또는 다른 조직에 저장된 독소를 분해해 장기를 자유롭게 한다. 절식하는 동안 장기는 낭종, 반흔, 병적 증식과 같은 과도한 부담을 덜 수 있다. 절식과정과 치료를 위한 적용방법은 〈18장 아픈 반려동물을 간호하는 방법〉에서 더 자세히 설명한다.
- **가볍게 먹여 동물이 살짝 마른 체형이 되게 한다.** (삐쩍 마른 상태는 아니다). 이렇게 하면 독소가 지방에 축적되지 않고 몸에서 더 쉽게 배출된다. 이는 또한 소화를 촉진하고 덜 건강한 세포를 교체하도록 자극한다.
- **정기적으로 빗질을 한다.** 정기적으로 빗어 주는 것은 먼지나 분비물을 직접적으로 제거해 줄 뿐 아니라 피부의 자연적인 제거과정도 촉진한다.

자연적인 털 손질과 피부관리

야생의 늑대나 살쾡이는 누구도 목욕을 시켜 주지 않지만 매우 말끔하다. 그런데 왜 반려동물은 손질하고 다듬어 줘야 하는가? 그 이유는 다음과 같다.

- 야생동물은 이곳저곳을 이동하기 때문에 벼룩과 같은 기생충으로부터 벗어날 수 있다. 반면 반려동물은 벼룩이 떨어뜨려 놓은 알에 의해 재감염된다.
- 많은 반려동물은 털이 비정상적으로 길거나 곱슬거리고 매우 가느다랗게 개량되어 혀, 발, 치아 등 제한된 그루밍 도구만으로 털을 감당하기에 벅차다.
- 먼지는 환경오염물질을 함유하고 있다. 반려동물이 스스로 털에 있는 오염물질의 잔해를 핥아서 삼키는 것보다 반려인이 직접 제거해 주면 반려동물의 건강에 더할 나위 없이 좋다.

사람이 동물의 자연 질서에 개입하여 그들의 신체구조와 환경에 변화를 가져왔으므로 당연히 그들의 털 손질과 피부 관리에 도움을 줘야 한다.

빗질 : 털이 긴 반려동물은 털을 긁어모을 수 있도록 고안된 '슬리커(slicker)' 브러시로 매일 빗질을 해 주어야 한다. 단모종은 조금 덜 해 줘도 되고, 정기적으로 참빗을 이용하기도 한다. 빗질

을 자주 하면 털과 피부의 건강을 촉진하고, 피부에 있는 피지선에서 기름이 정상적으로 분비될 수 있도록 자극해서 벼룩이 살기 어려워진다. 또한 털이 엉키는 것을 막고, 이물질이나 다른 풀 부스러기를 제거하는 데에도 도움이 된다.

특히 바깥 활동을 한 이후에는, 뚝새풀이나 식물 까끄라기가 피부 표면을 뚫고 들어가 동물병원에서 제거해야 하는 일이 없도록 발, 귀, 눈, 외음부나 음경 부위를 정기적으로 체크해야 한다. 만약 날씨가 더운 지역에 산다면 동물병원에 가서 털을 짧게 깎아 주는 것도 좋다.

목욕 : 목욕은 벼룩을 구제하는 가장 안전하고 효과적인 방법 중 하나로 비누와 물로 벼룩을 죽일 수 있다. 그러나 주의사항도 있다. 목욕을 지나치게 자주 시키면 피부가 건조해질 수 있으므로 너무 자주 시키지 않는다. 성견의 경우 지나치게 지저분하지 않으면 한두 달에 한 번씩만 목욕을 시켜도 충분하다. 그러나 벼룩의 감염이 심하고 피부질환이나 분비물이 있는 경우에는 매주 목욕을 시켜야 할 수도 있다. 매주 목욕을 시켜야 한다면 털에 있는 천연기름이 모두 제거되지 않는 순한 샴푸를 사용한다.

고양이는 대개 혼자 그루밍도 잘하고 목욕에 대한 저항감도 심하기 때문에 특별히 목욕을 자주 시킬 필요는 없다. 하지만 고양이가 피부질환이나 벼룩에 심하게 감염되었다면 매달 목욕을 시켜야 할 수도 있다. 그렇지 않으면 보통 일 년에 한두 번이면 적당하다.

샴푸 : 천연 고체 샴푸로 샴푸를 하면 거품도 잘 일고 세정 효과도 좋다. 고체 샴푸를 사용하면 액체 샴푸에 박테리아와 곰팡이의 증식을 막기 위해 첨가된 보존제와 플라스틱으로부터 반려동물과 지구를 지킬 수 있다('무독성'이나 '유기농' 샴푸 바를 검색해 보자). 이미 유기농 샴푸가 있다면 사용해도 상관없다. 하지만 헤어 컨디셔너나 황 타르 성분 샴푸, 비듬 억제제나 다른 화학약물이 들어 있는 샴푸를 사용해서는 안 된다. 코가 예민한 반려동물이 털을 핥는다는 사실을 염두에 둬야 한다.

만약 벼룩이 문제라면, 먼저 벼룩이나 벌레 퇴치용 허브가 함유된 천연 샴푸를 구한다. 부작용이 적으면서 벼룩을 죽이고 개에게 사용하기에 적합한 디-리모넨(d-limonene)이라는 감귤류 과일에서 추출한 천연 추출물이 함유되어 있는 샴푸도 있다(고양이에게는 독성이 있으므로 사용하면 안 된다). 그렇지 않으면 직접 천연 샴푸나 캐스틸 비누(castile, 올리브와 수산화나트륨이 주원료인 고형 비누)에 박하의 일종인 페니로열(pennyroyal)이나 유칼립투스 에센스 오일을 몇 방울 첨가하여 벌레 퇴치용 샴푸를 만들 수도 있다. (이 오일은 자극이 심하므로 피부에 직접 사용해서는 안 된다.)

합성 살충제가 들어 있는 샴푸는 아래에 소개하는 자연적인 벼룩 구제 프로그램에 실패하여 반려동물과 가족이 고통을 받는 경우에만 사용한다.

목욕시키기 : 목욕을 하지 않으려고 발버둥치는 반려동물도 있다. 이런 경우는 부드럽고 노련하게 다루면서 안심시키는 목소리로 말을 하는 것이 좋다. 미지근한 물이 욕조에 채워질 때쯤 반려동물을 그 안에 넣고 목걸이를 뺀다. 벼룩은 반려

동물의 머리 쪽을 향해 탈출을 시도하므로 벼룩을 잡으려면 먼저 반려동물의 목까지 물을 끼얹어서 털을 적신 후에 비누칠을 한다.

온몸에 샴푸를 하고 나서 미지근한 물이 담긴 욕조에 넣거나 샤워기를 이용하여 가볍게 헹군다. 그러고 난 후 두 번째 샴푸를 하고 비눗물이 피부에 잘 스며들게 한 상태로 최소 5분 이상, 반려동물이 허락한다면 오랫동안 그대로 놔둔다. 이 방법이 가장 완벽한 벼룩 치료법이다. 그동안 빗질로 인해 도망가는 벼룩을 잡아서 제거한다.

그런 다음 깨끗하게 헹군다. 그다음 식초 물(따뜻한 물 0.47L + 식초 1테이블스푼)로 다시 헹군다. 식초 물은 남아 있는 비눗물을 제거하고, 비듬 예방에도 도움이 된다. 식초 물을 부으면서 털을 문질러 준다. 그런 다음 다시 물로 헹군다.

이때 《더 뉴 내추럴 캣(*The New Natural Cat*)》의 저자인 애니트라 프레지어가 제안한 로즈마리 린스로 헹구는 방법을 시도하면 좋다.[4] 훌륭한 컨디셔너로 털의 윤기를 더해 주고 벼룩을 예방한다.

말린 로즈마리 1티스푼(생 로즈마리의 경우 1테이블스푼)을 0.47L의 끓는 물에 넣는다. 잘 섞은 후 뚜껑을 덮고 10분간 우려낸다. 로즈마리를 거르고 남은 용액을 체온 정도로 식힌다. 이 물을 마지막 헹굼을 마친 반려동물의 몸에 붓는다. 잘 문지른 다음 헹구지 않고 수건으로 말린다.

이런 다음, 떨어지는 물은 여러 장의 수건으로 닦아내고 반려동물이 알아서 처리하도록 둔다. 개는 남은 물기를 흔들어 털고 핥을 것이다. 반드시 반려동물이 몸을 말리는 장소가 따뜻한지 확인한다.

반려동물이 물에 들어가려고 하지 않는다면 다음에 나오는 간단한 건식 샴푸로 시도한다.

½~1컵 정도의 밀기울, 오트밀, 옥수숫가루를 제빵용 판에 넓게 편다. 오븐을 저온(93℃)에 놓고 5분간 곡물을 데운다. 한 번에 조금씩 덜어서 수건을 이용해 털을 문지른다. 나머지는 따뜻하게 보관하되 너무 뜨겁지 않게 한다. 몸의 기름지고 더러운 부분을 집중적으로 닦는다. 그런 다음 꼼꼼히 빗질하여 곡물을 모두 털어 낸다.

마지막으로, 목욕 중에 반려동물의 털에 묻은 기름얼룩을 지우는 기름 제거제 머피 오일 비누(Murphy oil soap)를 소개한다. 이는 특히 차 밑을 돌아다니는 고양이의 머리에 생긴 얼룩을 제거하는 데 효과적이다.

머피 오일 비누 몇 방울과 소량의 따뜻한 물을 고양이 머리의 얼룩진 부분에 부은 다음 문지르고, 따뜻한 물로 깨끗하게 헹군다.

벼룩 구제 : 독성 화학약품을 뛰어넘어

벼룩 때문에 많은 반려동물이 괴롭힘을 당하고 있다. 이런 성가신 작은 생물을 제거하는 독성 화학약품은 많다. 벼룩에 물린 반려동물에게 정기적으로 뿌려 주는 벼룩퇴치용 액체, 스프레이, 파우더, 벼룩 퇴치 칼라, 샴푸 등에는 독성이 있다. 하지만 이런 나쁜 환경오염물질은 반려동물을 위협하므로 안전한 대용품이 필요하다.

벼룩 구제 제품에는 대부분 '사람 피부와의 접

촉을 피하세요.'와 같은 이상한 주의사항이 적힌 라벨이 붙어 있다. (사람에게 묻으면 너무 위험해서 만지지도 못하게 하고, 혹시나 묻으면 나중에 깨끗이 씻으라고 하면서 반려동물에게는 흠뻑 젖게 해도 괜찮은 이유를 이해할 수 없다. 사람의 피부나 동물의 피부나 똑같은 피부인데 말이다.) 어떤 경우에는 살충제 도포로 동물과 수의사 모두 독소에 자주 노출되며, 심지어 피부를 통해서나 흡입을 통해서 흡수되는 벼룩 구제제의 '비활성' 성분에 의해서도 중독된다.

더군다나 반려동물은 그루밍을 하다가 화합물을 핥을 수도 있고, 사람은 동물을 쓰다듬다가 손에 묻을 수도 있다. 벼룩 칼라와 파우더는 너무 강력해서 반려동물에게 매우 심한 피부염과 영구적인 탈모를 유발하기도 한다.

이런 모든 중독의 효과로 벼룩은 더 강해지고 사람은 더 약해진다. 벼룩은 아주 빠르게 번식하기 때문에 벼룩 구제제를 사용함에도 불구하고 살충제에 대한 저항성이 높다. 특히 캘리포니아나 플로리다처럼 겨울이 따뜻해서 일 년 내내 벼룩이 번식하기 쉬운 지역에서는 더 문제가 된다.

수의사들은 약한 동물일수록 벼룩에 더 쉽게 감염된다고 한다. 따라서 문제는 벼룩이 존재한다는 사실이 아니라 반려동물이 벼룩에 감염될 정도로 약하다는 데 있다. 결국 약한 동물에게 벼룩이 들끓는 자연의 순리대로 가는 것이다.

벼룩 문제의 가장 큰 어려움은 백신, 항생제, 코르티손과 같은 약물을 과도하게 사용하면 이러한 약물은 면역계에 스트레스를 줘 알레르기 단계로 옮겨가게 한다. 벼룩에게 물린 것도 괴로운

데 알레르기가 되는 것은 엄청 끔찍하다. 어떤 동물은 벼룩이 전혀 없어 보이거나 아주 조금 있거나 전혀 괴로워 보이지 않는 반면 어떤 동물은 과도한 알레르기 반응 때문에 벼룩 한 마리에도 견디지 못한다.

벼룩 구제제 안에는 어떤 성분이 들어 있는 것일까? 이 성분은 기본적으로 반려동물보다는 벼룩에게 더 해로운 독성물질이다. 대부분의 동물은 벼룩 구제제에 잘 견딘다. 하지만 몸에 독성물질이 쌓이면 부담이 증가하게 된다. 또 어떤 동물은 벼룩 구제제에 매우 예민하게 반응하기도 하는데 이는 건강 문제의 신호일 수 있다. 따라서 벼룩 구제제를 사용해야 한다면, 보다 안전하고 자연적인 방법을 시도해 본다.

안전하고 효과적인 벼룩 구제

벼룩을 구제하는 가장 좋은 방법은 독성이 가장 적고 자연적인 방법으로 시작한 후 구제가 적절하게 이뤄지지 않을 경우에만 더 강한 방법으로 시도하는 것이다. 벼룩 구제 프로그램의 필수 조건은 건강에 유익한 음식과 생활양식을 통해 반려동물을 가능한 한 건강하게 만들고 저항성을 키워 주는 것이다. 이와 함께 위생과 청결을 생활화하는 일이 중요하다. 벼룩의 생활사를 이해하면 청결이 왜 중요한지 알 수 있다.

벼룩의 생활사 이해하기

• 벼룩의 성충은 3~4개월 정도 산다. 이 기간 동안 벼룩은 반려동물의 몸에 비듬이나 소금 결정처럼 보이는 작은 흰색 알을 꾸준히 낳는다.

이 알이 몸에서 떨어지면서 개, 고양이가 자거나 쉬면서 시간을 보내는 곳에 정착한다. 생물학자는 이런 종을 '둥지 기생충(nest parasite)'이라고 부른다.

• 알은 애벌레로 부화한 후 카펫, 가구, 담요, 마루, 모래, 토양 등의 갈라진 틈에서 산다. 애벌레는 멀리 이동하지 못하기 때문에(2.5cm 이내에서만 움직임) 반려동물이 그루밍을 하거나 피부를 긁는 동안 알과 함께 떨어진 '벼룩 똥(flea dirt)'이라 부르는 거무튀튀한 마른 피딱지를 먹고 산다.

• 1~2주 후에 애벌레는 누에고치 단계(번데기)로 들어간다.

• 그다음 1~2주 후에 번데기에서 작은 벼룩이 나오는데 가장 가까이 지나가는 온혈동물(대개 반려동물, 간혹 사람)에게 껑충 뛰어올라 혈액을 빨아먹는다.

• 그러고 난 후 전 과정을 되풀이하는데 이 기간은 집 안이나 환경의 온도에 따라 2~20주 정도 걸린다. 벼룩이 유행하는 계절인 여름에는 전체 주기가 2주 정도 된다. 벼룩이 빠르게 증가하는 이유이다.

나쁜 소식은 그루밍이나 목욕을 통해 아무리 많은 벼룩 성충을 죽여도 계속 성장하는 수십 마리의 다른 벼룩을 또 보게 된다는 점이다. 좋은 소식은 진공 청소기로 벼룩의 알, 애벌레, 번데기, 이들이 먹고 사는 '벼룩 똥'을 모두 빨아들일 수 있으며 세탁으로 제거할 수 있다는 사실이다. 그리고 번데기를 깨고 나올 때까지 성장 중인 벼룩은 그렇게 많이 움직일 수 없어서 주로 반려동물이 잠을 자는 곳에 집중되어 있으므로 어느 곳을 집중적으로 공략해야 하는지 쉽게 알 수 있다.

벼룩과의 전쟁에서는 반려동물과 집, 특히 반려동물이 잠자는 곳이 청결해야 한다. 정기적인 청소는 벼룩의 생활사를 방해하고, 벼룩의 개체 수를 크게 줄인다. 특히 벼룩이 유행하는 계절이 오기 전에 청소를 깨끗이 하면 효과가 더 좋다.

실내 벼룩 구제

• **카펫을 청소한다.** 벼룩이 유행하는 계절 초기에 카펫을 스팀 청소하는 것이 좋다. 비용이 많이 들기는 하지만 스팀 청소가 벼룩의 알을 죽이는 데 효과적이며 카펫에 먼지나 독성물질이 쌓이는 것을 줄인다. 청소를 하는 날이면 항상 아래 과정을 병행한다. 일주일에 한 번 정도면 된다.

• **타일이나 비닐, 목재로 된 바닥을 걸레질한다.** 아주 뜨거운 물로 바닥을 걸레질한다. 이는 벼룩을 모두 잡을 수는 없지만 애벌레를 죽이는 데에는 도움이 된다.

• **진공 청소기를 사용한다.** 알, 애벌레, 번데기를 잡기 위해 최소한 일주일에 한 번은 방바닥과 가구를 진공 청소기로 청소한다. 반려동물이 잠을 자는 곳, 특히 그 주위에 있는 무거운 가구 밑이나 모서리, 갈라진 틈 등을 집중 공략한다. 청소기 먼지 주머니는 통째로 버리거나 쓰레기봉투에 넣어 잘 밀봉하여 버린다. 그렇지 않으면 진공백이 성장하는 알과 애벌레에게 따뜻하고 습하며 음식물이 가득한 환경을 제공할 수 있다. 만약 감염이 심하다면 진공 청소기에 빨려 들어왔다가 빠져나가려는 벼룩 성충을 죽이기 위해

진공백에 살충제 성분의 벼룩 칼라를 장착하는 것이 좋다. 또는 벼룩이 규조토를 빨아들여 말라 죽도록 한다.

- **개, 고양이의 침구류를 세탁한다.** 반려동물의 침구류를 최소한 일주일에 한 번 뜨거운 비눗물에 세탁한 후 최대한 뜨거운 열로 건조시킨다. 열은 알을 포함한 모든 생활사 단계에 있는 벼룩을 죽인다. 벼룩의 알은 미끄러워서 침구류나 담요에서 쉽게 떨어지므로 세탁기로 가는 길에 벼룩의 알이 바닥에 떨어지지 않도록 침구류를 조심히 둥글게 만다.

- **참빗을 사용한다.** 반려동물에게 붙어 있는 벼룩을 잡아 죽이기 위해 벼룩 빗을 사용한다. 감염의 정도와 계절에 따라 매일(벼룩이 유행하는 계절의 초) 또는 일주일이나 한 달에 한 번씩 빗질을 해야 한다. 무릎 위에 낡은 수건을 깔고 빗질을 하며, 털 뭉치나 '벼룩 똥'을 끄집어 낸 후에는 수건으로 빗을 닦는다. 반려동물이 허락하는 한 많은 부분, 특히 머리, 목, 등, 뒷다리 주변을 부드럽고 꼼꼼하게 빗질한다. 자그마한 놈을 잡으면 빗에서 떼어내 뜨거운 비눗물이 담긴 용기에 넣는다. 아니면 비눗물이 담긴 용기에 빗을 담근 상태에서 벼룩을 떼어낸다. 작업을 마치면 물을 변기에 버리고 레버를 내려 벼룩이 쓸려 내려가게 한다. 수건은 물에 담가 두거나 세탁한다.

- **반려동물을 목욕시킨다.** 202쪽에서 소개한 천연 벼룩 구제 샴푸로 목욕시킨다. 디-리모넨이 함유된 샴푸는 개에게만 사용한다(고양이에게는 독성이 있으므로 사용하면 안 된다).

- **벼룩 구제용 제품을 설치한다.** 동물이 자는 방에 설치한다. 매우 간편한 제품으로 벼룩 퇴치의 성공과 실패를 좌우할 수 있다. 전기 콘센트에 꽂기만 하면 되는데 벼룩이 열망하는 동물의 온기를 흉내 내어 따뜻함을 발산한다. 갓 부화한 벼룩은 방을 건너 이 덫에 뛰어들게 되는데 끈적이는 막에 들러붙거나 액체 용액이 담긴 통에 빠져 죽는다.

실외 벼룩 구제 방법

반려동물이 실외에서 일정 시간을 보낸다면 다음의 과정을 따른다.

- **정기적으로 잔디를 베고 물을 준다.** 풀이 짧으면 햇빛이 투과하여 토양을 따뜻하게 해 주므로 애벌레를 죽일 수 있다. 물은 성장 중인 벼룩을 익사시킬 수 있다.

- **개미가 많이 서식하게 한다.** '개미를 죽이지 말라.'는 말과 같은 말이다. 개미는 벼룩의 알과 애벌레를 좋아한다. 그러므로 실외에 살충제 사용을 피한다.

- **동물이 잠을 자는 벌거숭이 땅을 '소독'한다.** 만약 반려동물이 벌거숭이 땅이나 모래가 있는 땅에서 잠을 자거나 엎드려 있기를 좋아한다면 햇볕이 쨍쨍한 뜨거운 날에 무거운 검은색 플라스틱 장판이나 쓰레기봉투로 그곳을 덮는다. 플라스틱 아래 축적된 열은 벼룩, 알, 애벌레를 죽이는 데 효과가 뛰어나다.

- **농업용 석회를 뿌린다.** 풀이 우거지고 습한 장소에 뿌린다. 석회는 벼룩을 말리는 데 효과적이다. 낙엽이나 풀 부스러기를 먼저 긁어모은다.

벼룩 방지제

앞의 방법(지금쯤 다 시도해 보셨나요?)과 함께 반려동물의 등에 뛰어오르려는 벼룩, 특히 뒤뜰에 사는 더욱 죽이기 어려운 벼룩을 내쫓으려면 다음과 같은 방법을 시도해 볼 수 있다.

• **허브 벼룩 파우더를 사용한다.** 동물병원이나 반려동물 용품점, 천연식품점에서 구입할 수 있으며, 직접 만들어서 쓸 수도 있다. 유칼립투스, 로즈마리, 회향, 소리쟁이, 쑥, 루(운향) 등 구할 수 있는 많은 종류의 가루로 된 허브를 모두 동일한 양만큼 섞는다. 윗부분이 뿌릴 수 있게 되어 있는 조미료통에 혼합물을 넣는다. 손이나 빗으로 반려동물의 털을 빗겨 줄 때 털 아랫부분, 특히 목, 등, 복부 쪽에 벼룩 파우더를 뿌린 다음 골고루 빗긴다. 감염이 심한 경우에는 일주일에 몇 번씩 한다. 그 후에 반려동물을 욕실이나 쉽게 청소할 수 있는 곳에 한 시간 정도 수건과 함께 둔다. 이렇게 하면 몸에서 뛰어 내린 벼룩을 청소기로 쉽게 빨아들이고, 뜨거운 걸레질과 세탁으로 없앨 수 있다.

어떤 허브 벼룩 파우더는 단순한 퇴치제가 아니라 벼룩을 죽이는 천연 피레드린을 함유하고 있어 비록 벼룩을 강력하게 죽이지는 못하더라도 활동성이나 수를 줄일 수 있다.

• **허브 벼룩 칼라를 사용한다.** 칼라에 벌레 퇴치용 허브 오일이 스며들어 있다. 천연식품점이나 온라인에서 구입할 수 있으며, 오일을 재충전하는 재활용 제품도 있다.

• **천연 피부 강장제를 사용한다.** 한방 수의사인 줄리에트 드 바이라클리 레비(Juliette de Bairacli Levy)는 레몬 스킨 토닉을 추천한다. 많은 사람이 레몬 스킨 토닉을 반려동물의 일반적인 피부 화장수로 성공적으로 사용하고 있으며 기생충 퇴치제나 옴 치료제로도 작용한다. 껍질을 포함해서 레몬을 통째로 얇게 썬다. 그것을 0.47L의 끓는 물에 넣고 밤새도록 우린다. 다음 날 이 용액을 스펀지에 적셔서 동물의 피부에 묻히고 그대로 말린다. 벼룩을 포함한 심한 피부질환에 레몬 스킨 토닉을 매일 사용할 수 있다. 천연 벼룩 구제물질인 디-리모넨이나 다른 치료 성분의 원료이다.

벼룩 퇴치 보조제

벼룩이 얼마나 배가 고픈가에 따라 효과가 다르지만 벼룩을 쫓을 수 있는 몇 가지 보충제가 있다. 경험상 드라마틱한 효과는 아니지만 어느 정도 효과가 있다. 특히 마늘의 효과에 대한 합의점은 찾지 못했는데 벼룩의 문제가 심각하다면 시도해 보라고 말하고 싶다.

• **영양효모나 양조용 효모** : 반려동물에게 유익하고 벼룩이 싫어하는 체취를 생성하는 비타민 B를 함유하고 있다. 고양이는 특히 효모를 좋아한다. 고양이의 경우 1티스푼, 큰 개의 경우 2테이블스푼까지 음식에 첨가해 준다. 만약 부분적인 효과를 원한다면 동물의 털에 문질러 줘도 된다.

• **마늘** : 전통적인 벼룩 퇴치 보충제로, 펫가드사에서 판매하는 제품처럼 효모와 섞어 정제로 나온다. 지난 20년간의 임상 경험을 통해 모든 책에서 마늘을 추천해 왔다. 나는 반려동물에게 마

늘을 사용하여 문제가 되는 경우를 보지 못했는데 많은 수의사가 마늘이 개에게 해롭다고 말한다. 이는 복음이 되어 버렸고, 어떤 독성학자는 마늘 한 조각이 개에게 독성을 일으킬 수 있다고 주장했지만 증거는 없었다.

내가 조사해 본 결과, 개에 대한 마늘 연구는 2000년에 단 한 건 있었다. 개 8마리의 위에 튜브를 연결하여 엄청난 양의 마늘을 먹인 실험이었는데 일주일 동안 매일 먹였다(체중이 13.6kg인 개 8마리에게 마늘을 23쪽씩 먹임). 이 연구에서 일부 혈액의 변화가 있었지만 많은 양을 먹인 것에 비해 다른 증상은 없었다. 이는 사실상 확정적이다.

마늘을 첨가한 제품을 만드는 펫가드사에 제품과 관련하여 문제가 있었는지 직접 확인해 보았는데 대답은 다음과 같다.

'펫가드 효모와 갈릭 파우더', '효모와 갈릭 와퍼스'에 대한 어떠한 문의 전화도 받은 적이 없으며 사용금지 처분을 받은 적도 없다고 말씀드립니다. 펫가드사의 이 두 제품은 1979년부터 판매되어 왔습니다. 다양한 세대의 고객이 반려동물에게 이 보충제를 먹이고 있습니다.

모든 내용을 종합해 보면, 벼룩 구제 프로그램의 일환으로(또는 풍미를 돋우기 위해서) 소량의 생마늘을 반려동물의 음식에 첨가하는 정도는 괜찮은 것 같다. 더 자세한 내용은 '외부기생충(432쪽)' 편을 참조한다.

지금까지 마늘을 사용해도 된다고 했지만, 만약 마늘을 사용하는 것이 걱정이 되거나 책에서 권장한 양이 실제로 위험하다는 것을 입증하는 연구를 찾아낸다면 마늘을 사용하지 않도록 한다.

다른 방법

만약 앞에서 소개한 방법으로도 벼룩을 충분히 구제하지 못했거나 이 방법에 알레르기가 있는 경우에는 독성이 덜한 다음의 방법으로 해본다.

• **플리버스터스 아르엑스 제품**(Fleabusters Rx products) : 이 회사는 안전한 벼룩 구제 제품을 개발하고 있다. 내 고객들은 이 회사의 벼룩 제거 서비스를 이용하거나 무독성 카펫용 파우더인 플리버스터스를 사용하면 효과가 좋다고 한다. 이 회사는 몇 주에 걸쳐 안전하게 벼룩을 죽이며 1년까지도 효과가 있다고 한다. 마당의 선충 구제 작업도 해 준다.

• **규조토** : 아래의 주의사항을 참고하여, 진공청소기로 청소할 수 없는 갈라진 틈이나 가구 밑, 벽 등에 정제되지 않은 천연 규조토를 일 년에 한두 번 뿌려 준다. 백악질 암석을 닮은 이 제품은 실제로 단세포 조류의 화석으로 만든다. 이것은 지구 지층의 ¼을 구성하고 있는 이산화규소를 함유하고 있다. 피부에 직접 닿아도 반려동물과 사람에게는 해롭지 않지만 벼룩을 포함한 많은 벌레와 그들의 애벌레에게는 매우 해롭다. 규조토의 미세한 입자는 벼룩의 외부 골격을 덮고 있는 왁스 코팅을 공격하여 벌레를 말려서 죽인다.

반려동물에게 규조토를 자주 사용하면 자극이 되는 먼지를 지나치게 자주 흡입할 수 있어서 사람과 반려동물 모두에게 좋지 않다. 또 너무 지저분하다. 규조토를 사용할 때에는 조심해서 숨을 쉬거나 마스크를 착용한다. 독성은 없지만 정제되지 않은 형태의 천연 먼지를 흡입하면 콧속이 자극을 받을 수 있다.

주의사항 : 수영장 필터 용도로 판매하는 규조토를 사용해서는 안 된다. 이 규조토는 너무 곱게 갈아져 있어서 숨을 쉴 때 자그마한 입자가 폐로 들어가 만성염증을 일으킬 수 있다.

전반적인 피부질환뿐 아니라 내·외부 기생충에 대한 더 많은 정보를 얻으려면 '질환별 관리법'을 읽도록 한다. '내부기생충(369쪽)', '외부기생충(432쪽)', '피부질환(465쪽)' 편을 참조한다.

함께하는 삶 : 책임 있는 반려동물 관리

12장

개, 고양이는 죄가 없다

동물과 함께 사는 것은 놀라운 경험이다. 동물로부터 열정, 품위, 지혜, 애정, 관용을 배울 수 있다. 동물에게 상냥한 사람이 사람에게도 상냥하기에 상냥한 사람들도 많이 만날 수 있다. 그러나 사람에 따라 동물의 본성을 받아들이는 시각에 큰 차이가 있다. 반려동물이 집 안을 어지럽히거나 소음을 유발하는 것은 그들과 살면서 느끼는 즐거움에 비하면 그저 작은 일일 뿐이다. 그러나 옆집 개와 고양이가 자신의 자동차에 진흙투성이의 발자국을 남기고, 이른 아침에 시끄럽게 짖고, 화단을 파헤치거나 관목에 오줌을 누는 것을 보고도 관대한 이웃은 많지 않다. 반려인이 가져야 할 의무 중 하나는 개와 고양이가 이웃에 끼치는 영향에 반려인이 책임을 져야 한다는 것이다.

교육이 제대로 안 되었거나 통제가 안 되는 동물을 마주치는 것은 이웃이 반려인이든 아니든 불쾌한 일이다. 실제 전국적으로 실시한 통계조사를 보면 시 정부에 가장 많이 접수된 민원이 '개, 고양이 등 반려동물의 통제에 관한 문제'였다.

우리 집 앞마당에 뛰어들어 와 대소변을 본 후 창문으로 뛰어올라 거실을 향해 성나게 짖던 이웃집 도베르만이 생각난다. 큰 개가 갑자기 열린 자동차 창문으로 머리를 들이밀더니 큰 턱을 벌리면서 사납게 짖은 경우가 얼마나 많았던지. 나역시 이런 경험이 몇 번 있었다. 심장이 멎지 않은 것이 다행이다!

공격적인 개에게 물려 손이 고통스럽게 찢긴 수의사 친구도 있었다. 동네에서 조깅하는 사람이나 자전거 타는 사람을 먹잇감이라도 되는 양 쫓아가던 떠돌이개도 있었다. 나는 조깅할 때마다 막대기를 들고 개가 튀어나올 만한 '매복' 장소에서는 조심했다.

몇 년 전 이사를 했는데 옆집의 테라스가 우리집 뜰과 가까이 붙어 있었다. 우리가 화단을 일구거나 잔디밭에서 풀을 베고 있을 때면 종종 개 몇 마리가 흥분해서 짖거나 심술궂게 으르렁거렸다. 그런데 이런 상황에서 개 주인이 이 일에 전혀 신경 쓰지 않는다는 사실이 나를 더욱 놀라게 했다. 우리가 이런 상황을 즐긴다고 생각하는 것일까?

사람 사이의 마찰을 잘 처리한다

마당에 새 모이통을 설치했는데 이웃집 고양이가 와서 그곳에서 새를 잡아먹는다면 어떨까. 심지어 고양이가 새를 잡아먹고는 화단에 소변까지 보고 간다면 더욱 화날 것이다.

이런 문제 때문에 이웃 간에 마찰이 생긴다. 물론 동물이 말을 할 수만 있다면 할 말이 많을 것이다. 마당에 묶어두고, 하루 종일 집에 가두는 사람, 스피커 음량을 최고로 틀어놓는 사람, 교통사고를 당한 동물은 위험하게 차를 모는 사람에 대해서 불평을 할 것이다. 함께 살던 사람에게 버려져서 보호소에서 안락사를 당한 수백만 마리의 동물은 버려진 느낌이 어떤지 사람들에게 말하고 싶을 것이다. (절반 이상은 행동문제를 해결하지 못해서 버려졌다.)

우리가 동물을 키우고 책임지기를 원한다면 동물과 사람 사이에 발생하는 피할 수 없는 마찰을 잘 처리해야 한다. 반려동물의 문제는 종종 동물에 대한 상반된 견해에서 비롯된다. 예를 들어, 반려인은 자기 개가 본능에 따라 길거리를 자유롭게 배회하는 것이 가장 좋다고 생각한다. 그러나 이웃은 그렇게 했을 때 문제가 생기므로 개를 가둬야 한다고 생각한다. 어떤 사람은 반려동물의 행동에 대해 명확한 생각을 가질 수도 있지만 동물의 생각은 다를 수도 있고 어쩌면 인간이 생각한 것이 그들의 본성과 다를 수도 있다.

반려동물이 인간 사회에 잘 적응할 수 있는 방법에 대해서는 다양한 견해가 있다. 기본적인 기준을 명확히 하면 사람과 사람, 사람과 반려동물 사이의 의견 차이를 극복할 수 있다.

인간 사회에서 문제없이 살도록
반려동물을 관리해야 하는 책임

다음에 나오는 반려동물의 행동은 논란의 여지가 없는 문제 행동이다. 그리고 이는 사람에게도 마찬가지로 문제가 된다. 다음과 같은 동물의 행동은 용납이 되지 않는다.

• 사람에게 덤벼들거나, 물거나, 할퀴거나, 뒤를 쫓거나, 공격하거나, 이외 여러 가지 공격적인 행동(실질적인 위협에 대한 방어 차원은 제외)
• 지나친 소음
• 난장판 만들기나 파괴(특히 다른 사람의 소유물에 대해서 또는 집 안에서의 파괴)
• 다른 사람의 사유지에 침입하는 행위

이런 내용을 열거하는 이유는 이웃집 잔디밭에 대소변을 보거나 낯선 사람에게 반려견이 험악하게 짖는데도 아무런 제재 없이 옆에서 그저 가만히 서 있는 사람을 종종 보았기 때문이다. "왜요. 그냥 개일 뿐이잖아요."라면서 그런 행동을 너그러이 봐주어서는 안 된다. 물론 개가 사람과 똑같아지기를 기대할 수는 없지만 반려인이 책임감은 가져야 한다. 적어도 반려견이 남의 잔디밭에 대소변을 누는 것을 보았으면 깨끗하게 치워야 한다. 사람이 동물 사이에서 살고 있는 것이 아니라 동물이 사람 사이에서 사는 것이다.

많은 도시에는 반려견과 산책을 할 때 사유지가 아니면 반드시 개 목줄을 매야 한다는 법이 있다. 그러나 많은 사람이 반려동물의 자유를 간섭한다는 이유로 그런 제도에 분개하기도 한다. 이런 자세는 자연 서식지와는 전혀 다른 생활환경 내에 방임된 다수의 개와 고양이에 의해 유발될 수 있는 실질적인 문제를 간과하는 것이다. 현재 지역사회에 살고 있는 반려동물은 자연 생태계가 지탱할 수 있는 수보다 훨씬 많다. 그래서 관리되지 않은 동물은 지역사회와 동물 자신을 위험에 빠트린다.

• 미국에서는 매년 100만 마리 이상의 개와 고양이가 자동차에 치여 죽는다. 또한 사람이 자유롭게 풀어서 키우는 반려동물을 치지 않으려고 커브를 틀거나 브레이크를 밟아서 매년 수천 건의 교통사고가 발생한다.
• 미국에서는 매년 최소한 100만 명의 사람이 개한테 물리며, 개에 의한 교상이 공중보건 문제 중 두 번째로 흔하다. 또한 피츠버그의 어떤 지역에서는 사람들이 길거리를 배회하는 개에게 물리는 일을 강도를 당하는 것만큼이나 두려워하는 것으로 조사되었다. 개는 도시락 가방을 든 어린아이뿐 아니라 식료품을 들고 가는 나이 지긋한 사람을 쉴 새 없이 공격하며 괴롭힌다.
• 자유롭게 길거리를 배회하는 개는 야생동물, 가축, 다른 반려동물에게 상해를 입히거나 심한 경우 죽이기도 한다. 나는 개에게 물려서 엉망이 된 작은 개나 고양이를 치료해 왔다. 공격성이 있는 개를 책임져야 할 보호자들은 자기네 개가 실제로 사고를 얼마나 많이 치고 다니는지 모른다. 이웃집을 어슬렁거리는 수많은 고양이도 새나 작은 야생생물뿐 아니라 서로를 위협할 수 있다.

• 반려동물은 엄청난 양의 배설물을 배출하는데, 이 배설물이 공공장소나 이웃집의 잔디밭에 쌓인다. 배설물은 아이들의 모래놀이나 정원 손질 때 사람들에게 유해한 미생물을 옮길 수 있으며, 잔디밭을 폐허로 만들 수도 있다.

• 간혹 배회하던 개가 독극물에 노출되기도 한다. 사람이 사는 세상은 독극물이 여기저기 있을 수 있는데 개들은 쓰레기통을 뒤지고 다니기 때문에 위험하다. 부동액이나 살충제를 먹거나, 교통사고로 죽어 차도에 방치된 부패한 사체를 먹거나, 야생동물 구제를 위해 뿌려 놓은 미끼를 먹고 죽기도 한다.

• 자유롭게 돌아다니다가 유괴를 당하기도 한다. 미국에서는 매년 수십만 마리의 개와 고양이가 유괴되어 연구소로 팔려가 고통스런 실험대상이 되거나 불법 투견판의 훈련용 미끼가 되기도 한다. 또 다른 수백만 마리의 길 잃은 반려동물은 동물단체에 의해 포획되어 주인이 찾아오기를 기다린다. 보호소에서 안락사를 당할 때까지 반려동물이 사라진 사실(특히 고양이)조차 모를 수 있으니 반려동물이 길거리를 배회하도록 놔두면 안 된다.

• 중성화수술이 되지 않은 반려동물이 줄이 풀리거나 열린 문틈으로 집을 나갔다면 본능에 따라 자연스럽게 교미를 하게 된다. 경쟁적인 수컷은 간혹 피로 얼룩진 치명적인 싸움을 벌이기도 한다. 이런 식의 번식으로 미국에서는 매년 수백만 마리의 개와 고양이가 태어나고 있으며, 이렇게 태어난 동물 중에서 가정에 입양되는 비율은 여섯 마리 중 한 마리 정도 밖에 되지 않는다.

동물관리 문제를 해결하기 위해 정부에서는 공적 자금을 상당히 많이 들여야 하고, 매년 납세자들의 수백만 달러의 세금이 지출되며, 상해나 사유물 손상, 예방수단을 위해 지출한 개인 자금까지 포함하면 어마어마하다.

반려동물이 인간사회에서 성공적으로 살아갈 수 있는 기본적인 행동양식에 대해 이해해야 한다. 개냐 고양이냐에 따라 문제점과 해결책이 조금씩 다르다. 고양이보다 이웃에 더 많은 문제를 일으키는 개에 대해 먼저 살펴본다.

왜 우리는 개의 문화를 넓은 시각으로 살펴야 할까?

동물도 사람처럼 흥미, 감정상태, 기억, 욕구가 있다. 하지만 사람이 시각에 의존해서 세상을 보는 것에 비해 개는 후각에 의존한다. 그래서 사람은 냄새를 통해 세상을 경험하는 일을 상상하기가 어렵다.

개처럼 냄새를 맡을 수 있는 남자

개처럼 냄새를 맡게 되면 어떻게 될까? 신경학자인 올리버 색스(Oliver Sacks)가 기술한 실제 사례를 통해서 이런 일이 벌어졌을 때 일어날 흥미로운 점을 살펴보자. 이 이야기는 스티븐이라는 젊은 의대생이 재미로 환각제에 몇 번 취했다가 이후 자연스럽게 개의 시력과 후각을 갖게 되었다는 내용이다.[1]

색스 박사는 이렇게 기술했다. "어느 날 생생한 꿈을 꿨는데 그는 꿈속에서 개였고 꿈속 세상은 상상할 수 없이 풍부하고 심오한 냄새로 가득

했다. ("물의 행복한 냄새, 바위의 용감한 냄새.") 잠에서 깼을 때 자신이 이러한 냄새의 세상에 있다는 사실을 깨달았다. "마치 이전에는 색을 전혀 보지 못했는데, 어느 날 갑자기 내가 색으로 가득 찬 세상에 있는 것을 발견한 것처럼 말이죠." 실제로 그는 색 시력의 증가가 있었다. ("예전에는 그냥 갈색으로만 보였는데 이제는 다양한 종류의 갈색을 구별할 수 있어요. 내 가죽 양장본 책은 이전과 비슷해 보이지만, 이제는 매우 뚜렷하고 구별되는 색들이 있어요.")

가장 놀라운 변화는 후각이었는데 이제는 비범할 정도로 예민해져 개의 후각과 같아졌다.

사람들은 개에게 가장 중요한 감각이 후각임을 알고 있지만 개의 후각을 경험해 본 적은 없다. 그러나 스티븐은 후각이 지배적인 감각기관이 되었다. 스티븐은 "다른 감각기능도 향상되었지만 후각보다는 못해요."라고 말한다. 예를 들면, 그는 공기 중의 냄새를 맡고 건물 안에 있는 사람을 알아맞힐 수 있었다. "클리닉에 갔을 때 개처럼 냄새를 맡았는데 눈으로 보기 전에 거기에 있는 20명의 환자를 알 수 있었어요."

그는 후각으로 인지하는 것이 시력으로 얼굴을 보는 것보다 더 생생하고 사실적임을 알게 되었다. 한 번 냄새를 맡으면 그들의 성별뿐 아니라 감정상태도 알 수 있었다. 색스 박사는 "그는 개처럼 상대방의 공포, 만족도, 성적 취향과 같은 감정을 냄새로 알아맞혔어요."라고 덧붙였다.

또 다른 흥미로운 내용도 있다. 스티븐은 모든 사물을 건드려 보고 냄새 맡아 보고 싶은 충동을 경험했는데("내가 느끼고 냄새 맡기 전에는 진정한

것이 아니다."), 다른 사람과 있을 때에는 부적절해 보여서 그 충동을 억눌렀다고 한다. 냄새의 기쁨은 강렬하다. 냄새의 불쾌감 역시 마찬가지였지만 미학적인 것들, 전체적인 판단, 새롭게 얻은 의미에 비해서는 참을 만했다. "특히 매우 구체적인 세상이었으며, 직접적이고 즉각적인 의미에서 압도적인 세상이었다."라고 말했다.

스티븐의 글을 읽으며 사람이 개의 시각을 가진다면 어떨지도 생각해 보았다. 그런 후 스티븐의 입장에서 개에게 중요한 것이 무엇인지 정리해 보았다.

• 시력이 더욱 뚜렷하고 더 뛰어난 식별력을 가질 수 있게 되었다. 그는 예전에 본 적이 없던 그림자의 색을 알게 되었다.

• 시력과 기억력은 인간에 비해 더 자세하며 매우 뚜렷하고 생생하다.

• 후각이 주된 감각기관이며 다른 감각은 그에 비해 약한 편이다.

• 자신이 알고 있는 사람(친구와 환자)을 냄새로 알아맞혔다. 그냥 문을 열고 냄새를 킁킁 한 번 맡으면 빌딩 안에 있는 모든 사람을 즉시 파악할 수 있었다.

• 냄새로 신원을 파악하는 것은 "직접 얼굴을 보는 것보다 더욱 생생하고, 좋은 생각을 떠올리게 하고, 향기로운 방법이었다(강력한 의사소통 방법)."

• 뉴욕과 같은 도시에서도 냄새만 맡고도 길을 찾을 수 있고, 모든 길과 상점을 냄새로 구별할 수 있었다.

214

• 사물이나 사람을 맞닥뜨리면, 건드려 보고 냄새를 맡고 싶은 강한 충동을 느꼈다.

• 즉각적인 세상의 경험이었다. 현재의 순간이 진짜이며 의미 있는 것이었다.

개는 현재의 동물이며, 어떤 일이 일어나든 즉각적으로 반응할 수 있다. 이는 인간이 기억을 곱씹고 미래의 일을 계획하거나 말하는 사람을 평가하고 비난하는 등 절반만 현재에 있는 것과 대조적이다. 개는 지금, 여기에 산다.

이 시대의 선각자 중 한 명인 에크하르트 톨레(Eckhart Tolle)도 《지금 이 순간을 살아라(*The Power of Now*)》[2]에서 지금 이 순간을 완벽하게 사는 일이 얼마나 중요한지 강조한다.

인간은 동물과 무엇이 다를까? 인간은 동물보다 발달하고 진화했으며 정신적인 상징을 사용한다. 인간은 자기가 인식하거나 기억하는 무언가를 상징하는 단어를 사용하고 정신적인 시간의 개념을 구성한다. 이 때문에 인간은 과거와 미래에 대해 많이 생각한다. 인간은 과거를 기억하고, 그 기억이 현재에 영향을 미치며, 미래에 대한 야망, 욕망, 공포, 기대를 만든다. 개와 고양이는 이런 일을 하지 않는다. 개와 고양이는 기억은 있지만 사람들이 생각하는 것처럼 미래를 생각하지는 않으며 단순하게 그리고 꽉 찬 경험을 하며 현재에 존재한다. 이는 사람들이 이해하기 힘든 차이점이다.

개는 우리가 인지하지 못하는 색의 섬세한 부분을 느낀다(아미도 일반적으로 생각하는 색상은 아니고 좀 더 회색 톤일 것이다). 냄새 하나로 누가 집 안에 있는지, 누가 마당에 있는지, 누가 오는지 알 것이다. 그리고 사람이 무엇을 두려워하고 있는지 등 감정상태뿐 아니라 신체상태까지 파악할 수 있다.

개가 후각으로 사람이나 사물과 접촉하고 냄새 맡고자 하는 욕구는 매우 강력하다.

이 정도면 개가 어떻게 세상을 알아가는지 감이 오는가? 개가 자신이 직면한 현실에 얼마나 완전하게 엮여 있는지 알겠는가? 사람이 개처럼 후각을 이용해서 산책을 하고 특정 장소에 가고, 거기에 있는 모든 사람이 어떤 기분인지, 무엇을 먹었는지 알 수 있는 능력을 가지고 있다면 어떨까?

스스로를 개라고 상상해 보자. 경험할 수 있는 가장 중요하고 흥미롭고 만족스러운 일은 무엇일까? 분명하게도 그것은 길을 걷다가 우연히 만나는 나무, 풀, 동물, 곤충, 다른 개나 고양이, 사람 등 새롭게 접하게 되는 모든 것이 될 것이다.

이러한 강렬하고 즉각적인 경험이 개의 삶에 활력을 준다.

집 안에서 기르는 개는 이와 반대이다. "오늘은 뭐 새로운 것이 없나? 아… 아무것도 없네, 오늘도 그냥 누워서 잠이나 자야겠다."

개에게 진짜 삶을 알게 하는 것은 하나의 모험이며 도전이다. 인간은 종종 동료애나 우정의 감정, 다른 누군가를 돌본다는 돌봄의 즐거움 등을 느끼기 위해 개를 키우려고 한다. 하지만 이런 식이라면 사람들은 엄청난 행복감을 얻겠지만 개는 즐겁게 돌아다니는 행복을 빼앗긴 채 누워만 있게 될 것이다.

사람들이 이를 이해한다면, 개들의 문제 행동이 어디서 나오는지 이해할 수 있을 것이다. 솔직하게 말해서 개의 문제 행동은 절대적인 지루함에서 온다. 개가 왜 지나가는 사람을 보고 미친 듯이 짖을까? 사람도 관심도 없는 일을 하라고 하면 짜증나고 충동적이 되는 것과 마찬가지이다.

제대로 된 산책을 하는 개가 많지 않다

그래서 반려견을 통제하자는 것일까?

부모님 집의 이웃은 일 년 내내 개를 뒤뜰에 있는 기둥에 묶어 놓아서 개는 날마다 목청껏 짖거나 울부짖는 일로 시간을 보낸다. 가엾은 개이다. 아버지는 그 개를 불쌍히 여겼지만 이웃사람에게 말하는 것은 좋은 방법이 아니라 여겨 자주 음식만 던져 주었다. 이런 상황에서도 아무것도 할 수 없다는 것은 정말이지 힘든 일이다. 현재로서는 이웃은 법을 위반한 것이 아니다. 개는 사유재산이기 때문이다. 따라서 이웃주민이 개를 이렇게 다뤄도 처벌받지 않는다. 이런 법은 바뀌어야 한다.

앞에서 개가 세상을 어떻게 보는지 알았다면 감금된 개가 어떤 고통을 겪는지 알 수 있을 것이다. 반려견에게 가치가 있는 삶을 제공해 주려면 그들의 세상을 흥미롭게 만들어 주어야 한다. 할 수 있는 가장 좋은 일은 우선 개와 함께 산책하는 것이다. 개가 만족할 때까지 참을성 있게 산책해야 한다.

나는 개가 무언가에 흥미 있어 하는데 사람들이 개 목줄을 잡아 끌어당기거나 때로는 꾸짖으며 "이리와 어서 가자." 하며 서두르는 모습을 자주 본다. 이 사람들은 아마도 '산책'이란 개가 다리를 움직이는 일이라고 생각하나 보다. 하지만 개에게 다리란 다음 모험으로 자신을 데려다줄 때 사용하는 도구일 뿐이다! 개가 사물을 충분히 탐색할 수 있는 기회를 줘야 한다. 특히 새로운 냄새를 맡을 수 있는 기회는 중요하다.

만약 반려견이 애견 놀이터나 교외에서 개 목줄을 풀고 뛰놀 수 있다면 그보다 좋을 수는 없다. 자주 이런 기회를 주라고 권하고 싶다. 그러나 많은 사람이 산책 시에 개에게 목줄을 해야 하는 법령이 있는 곳에 살고 있다. 사람에게 다가가 겁을 주거나(모든 사람이 개가 다가오는 것을 원하는 것은 아니다) 차에 뛰어들 수도 있기 때문이다.

몇 년 전, 공원을 관통하는 자전거 전용도로에서 자전거를 타고 있을 때 큰 개가 자전거 앞으로 뛰어들었다. 나는 개를 치지 않으려고 갑자기 멈춰 섰고, 그 순간 몸이 획 넘어가 버렸다. 개 주인이 내게 오기에 나는 점잖게 말했다. "목줄을 해야 하는 걸 알고 계시나요?" 그러자 개 주인은 오히려 내게 육두문자를 날리고는 사라졌다. 내가 으르렁거렸어야 했나 보다.

나 역시 개가 자유롭게 뛰노는 것을 좋아하지만 사람과 아이가 있고 자전거를 타는 사람이 있는 공원 같은 곳에서는 너무 위험하다.

개가 불쌍하다. 도시에서 그들이 목줄을 풀고 맘껏 산책하기란 쉽지 않다.

개가 집에만 있다는 것의 의미

마당이 있는 집이라면 개는 주어진 공간에서 마음껏 뛰놀 수 있다. 마당에서 뛰노는 것이 숲에서 자유롭게 뛰노는 일에 비할 수는 없지만 적어도 마당을 돌아다니며 운동을 할 수는 있다. 개가 밖을 내다볼 수 있는 울타리가 있는 마당이 가장 좋다. 하지만 울타리 너머의 이웃에게는 개의 짖는 행동이 불쾌한 경험이 될 수 있으며, 이로써 또다시 인간과 개의 욕구 사이에 갈등이 생긴다. 이런 상황에서 개를 기르는 사람이 이 사안을 민감하게 받아들이고 개가 짖도록 내버려 두면 안 된다.

어떤 사람은 개가 자기 집 경계선 안에만 머물도록 훈련시키기 위해 철조망이 없는, 눈에 보이지 않는 전기 울타리를 설치하기도 한다. 그러나 공격적인 개는 강한 유혹에 사로잡혀 경계선을 뛰어넘기도 한다. 물리적인 울타리와는 달리 눈에 보이지 않는 전기 울타리는 개를 도난당할 수도 있고 다른 개에게 공격당할 위험도 있다.

전기 울타리는 개가 전선을 지나가려고 하면 특수 목걸이에 약한 전기충격이 가해진다. 이 전기충격이 개한테 심하게 해롭지는 않다. 다만 개가 전선을 넘으면 안 된다는 사실을 알게 할 만큼 불편함을 안겨 주기는 한다.

나는 전기 울타리를 너무나도 빠져 나가고 싶어서 결국 그런 불편함을 참고 견딘 개를 알고 있다. 전력 질주해서 그곳을 벗어나려는 개를 전기 울타리는 막지 못했다. 개는 전기충격이 발생한다는 사실을 알면서도 울타리를 뛰어넘으려고 결심하고 전기 울타리를 향해 뛰기 시작했고, 경계선에 도달했을 때 울부짖었으며, 마지막 비명소리와 함께 마당을 벗어나 자유를 얻었다. 그후 전기 목걸이를 두 개나 채워 보았지만 소용

없었다.

전기 울타리는 좋은 방법이 아니다. 동물에게 전기충격을 주는 일은 옳지 않다고 생각한다. 하지만 부모님의 이웃 개처럼 항상 기둥에 묶인 채 사는 것보다는 나을 것이다.

마당이 있든, 울타리가 있든, 집 안에서 키우든, 아파트에서 키우든, 어떤 상황에 있든 간에 개는 산책을 해야 한다. 명심하자. 개에게 필요한 것은 모험, 새로운 만남, 냄새, 교류이다. 이를 제공한다면 개의 행동을 개선할 수 있으며, 반려견은 행복하고, 문제 행동 없는 반려견이 될 수 있다.

문제 행동을 하는 개 교육법

앉아, 기다려 등의 기본 훈련이 필요해

개를 교육시키는 방법에 대한 많은 방법론이 있지만 내가 잘 모르기 때문에 친구이자 동물행동 전문가인 리사 멜링(Lisa Melling) 박사에게 도움을 받았다.

피케른 박사 : 개가 시끄럽게 짖거나 땅을 파는 등 문제 행동을 할 때 가장 좋은 방법이 뭐지?

멜링 박사 : 일단 다시 주의를 끌어 보고 집중을 하면 바람직하지 않은 행동을 멈춘 것에 대해 보상을 해 줘야 해. 그것이 가능하려면 개가 이미 기초적인 명령을 따르도록 훈련이 되어 있어야 하지. 그렇지 않다면, 먼저 긍정적 강화행동 훈련 코스에 등록하여 기본적인 훈련을 받아야 해. 이

런 종류의 훈련을 받으면 개가 그만두도록 명령하고 그에 대한 보상을 하고, 바람직한 행동을 하도록 요구하는 일이 가능해져.

예를 들어 볼게. 개가 마당에 구멍을 파고 있다고 해봐. 보호자가 휘파람을 불거나 박수를 치거나 개의 이름을 불러서 일단 주의를 끌고 개가 쳐다보았을 때 "안 돼(또는 개가 알아들을 수 있도록 훈련된 다른 명령어)."라고 말해. 이때 개가 구멍 파기를 그만두고 보호자에게 오면 언어적 칭찬이나 간식 또는 다른 값진 보상을 해야지. 그리고 공 던지기라든가 산책 등 다른 일을 함께하는 거지. (이런 교육을 할 때 마당에 구멍을 파거나 다른 개를 보고 짖는 것이 사람 입장에서는 못마땅한 일이지만 개의 세계에서는 개다운 행동이라는 사실을 명심하는 것이 중요해.)

멜링 박사의 답변은 앞에서 논의한 내용을 상기시킨다. 보호자가 박수를 치거나 부르는 것은 개의 주의를 더욱 흥미로운 상황으로 끌기 위함이다. 주의를 끌었다면 개를 원하는 방향으로 이끌어야 한다. 분명한 점은 기본적인 명령어가 확립되어 있어야 한다는 것이다. 앞서 논의한 것처럼 이것은 개와 사람의 안전을 위해 필요하다.

피케른 박사 : 개가 알아들어야 할 기본적인 명령어(합의라고 해야 하나?)에는 어떤 것이 있을까?

멜링 박사 : 나는 훈련이 잘된 개를 좋아해. 개한테 명령어를 많이 가르치는 방법을 알기는 하지만 새로운 개를 입양할 때에는 여전히 기본적인 복종훈련만 시켜. 복종훈련을 통해 개는 사람과 의사소통을 하는 방법이나 다른 개와 사람 사이에서 바르게 행동하는 법을 배워. 이 훈련에서 개가 익혀야 할 기본적인 명령어는 '앉아', '이리와', '엎드려', '기다려', 목줄 매고 따라오기야. 고급 단계의 훈련에서는 개가 보호자가 괜찮다고 할 때까지 음식물을 먹지 않고 기다리는 '기다려'라는 명령어를 배워. 개는 새로운 사람이 다가와 쓰다듬을 때 어떻게 이쁨 받는지, 어떻게 앉는지 등의 필수적인 인사법도 배우지. 더불어 다른 개와 상호작용하는 훌륭한 사교기법도 배워. 가장 좋은 훈련은 긍정적인 훈련기법을 사용하는 거야. 절대로 지배적이거나 체벌을 하는 훈련을 해서는 안 돼.

몇 가지 특별한 문제
짖기, 뛰어오르기, 목줄

피케른 박사 : (사람이나 기타 사물을 보고) 마당에서 미친 듯이 짖는 개를 위해 조언해 줄 게 있을까?

멜링 박사 : 그 문제는 개보다는 보호자의 문제라고 생각해. 개에게는 자신의 마당을 지키는 것이 당연한 일이지. 개의 종과 성격에 따라 다르고 울타리 밖으로 나가서 하루에 몇 번이나 산책을 하는지에 따라 다르기도 하고. 개에게 짖는 일을 멈추게 하는 명령어를 가르칠 수는 있지만, 보호자가 항상 곁에 있다가 즉시 행동을 바로잡아 주어야만 가능해. 경험상 마당에서 과하게 짖는 개를 다루는 가장 좋은 방법은 보호자가 그 행동을 허락하지 않는 거야. 전기충격 목걸이와 같은 체벌도구는 너무 비인간적인 방법이라서 사용해서

는 안 된다고 생각해.

피케른 박사 : 어떻게 하면 개가 손님한테 뛰어들지 않게 할 수 있을까?

멜링 박사 : 세 가지 방법이 있어. 첫째, 개가 사람한테 뛰어들 때 무시하고 조용해지면 상을 주는 거야. 둘째, 개 목줄을 사용하는 건데, 손님이 접근할 때 통제하고 행동을 교정하면 뛰어오르는 것을 제지할 수 있지. 셋째, 내가 가장 좋아하는 방법인데, 개에게 사람에게 인사하는 다른 방법을 가르치는 거야. 이는 긍정적인 훈련과정에서 배우는 가장 좋은 방법으로 기본 개념은 손님이 앉아 있을 때 개가 뛰어오르면 안 된다는 것을 가르치는 거지. 개한테 앉아서 기다리는 것을 가르친 후 음식으로 보상해 줘. 꾸준히 훈련시키면 개는 손님이 있을 때 조용히 앉아 있으면 음식을 상으로 받게 된다는 사실을 배우게 돼.

피케른 박사 : 목줄을 맨 개와 목줄이 풀린 개의 행동의 차이점을 설명해 줄 수 있을까?

멜링 박사 : 개는 목줄을 매고 있을 때 더 반발하는 경향이 있어. 이는 새로운 개나 사람을 만났을 때 더 그래. 때로 이 문제는 간단히 말해 다른 개를 보고 흥분하기 때문이야. 목줄을 맨 개가 신경질적으로 짖을 때 이 행동변화의 이면을 보면 다른 개가 접근했을 때 도망치거나 피할 수 없기 때문에 더 신경질적으로 짖고 행동하는 경향이 있다는 거지. 또한 대부분의 개가 다른 개에게 곧장 다가가는 것은 공격적인 행동으로 해석돼. 그런데 목줄을 매고 가는 개에겐 이게 일반적이니

이런 부자연스러운 인사 행동이 개를 불안하게 만드는 거지.

지금까지의 논의는 정상적이고 건강한 개를 다룬다는 전제하에서 이뤄진 것이다. 개는 인간사회에서 살면서 배우지 않으면 문제가 되는 일이 많다. 때문에 사람을 위험하게 만들거나 성가시게 하지 않으면서 즐겁게 살 수 있는 생활방식을 찾아주어야 한다.

물기

개의 무는 행동은 심각한 문제이다. 매년 소수의 미국인이 반려동물이나 이웃이 키우는 개에게 물려서 죽는다(대부분 어린아이이다). 미국의 의사는 발목을 가볍게 물린 경우부터 봉합이나 재건 수술을 해야 하는 경우까지 해마다 개에게 물린 엄청나게 많은 환자를 치료하고 있다. 잔인하게 물린 경우는 주로 경비견이나 길거리를 배회하는 개에 의해서이다. 그러나 교상은 대부분 희생자들이 착하다고 알고 있는 개에 의해 일어난다. 아이가 무는 개의 희생양이 될 수도 있으며, 반려견이 무는 개가 될 수도 있다.

내가 임상을 시작한 첫 해에 진료를 보았던 개 중 두 마리가 아이를 물어 죽였다. 이 개는 누가 자기를 잡으려고만 해도 물었는데, 보호자는 개를 통제하려고 하지 않았다. 우리는 병원 내에서의 개의 행동을 보고 문제가 있음을 알았다. 그녀는 베이비시터여서 그날 누군가의 아이를 돌보고 있었다. 뒤뜰에서 자신의 개가 땅을 파고 있어서 못하게 하려고 밖으로 나갔다. 더 자세하게 설명

하지 않겠지만 불행히도 그녀가 뒤뜰로 나갈 때 팔에 아기를 안고 있었다. 그 사건은 우리 모두를 충격의 도가니로 빠뜨렸으며 공격성이 통제되지 않는 동물의 위험성을 절실히 깨닫게 했다.

나는 이 문제를 멜링 박사에게 문의했다.

피케른 박사 : 최근에도 반려견이 태어난 지 3일 된 신생아를 물어 죽인 일이 있었는데 아이와 개가 한 침대에 있었다는군. 새로 태어난 아이가 있는 가정에 해 줄 수 있는 조언이 있을까?

멜링 박사 : 아기나 어린이 옆에 있는 개는 절대로 믿어서는 안 돼. 아주 착한 개라고 해도 아이의 곁에서 밀착 감시해야 해. 개에게 사전에 아기의 존재가 익숙해지도록 하고 아기의 울음소리에 적응하도록 하는 탈감작 훈련법이 많이 있어. 안전문이나 개집을 이용해서 보호자가 없을 때에는 아이와 개가 상호작용하지 않도록 하는 것이 좋아.

개의 공격성에는 많은 원인이 있다. 그중 하나로 일관되지 않은 리더십이나 지나치게 감정적인 집안 분위기를 들었다. 개가 물 수 있는 또 다른 원인으로는 지나치게 적은 운동량, 통증이 심한 치료, 짓궂게 괴롭히고 귀찮게 하는 행동, 장난할 때 사람을 덥석 무는 개의 행동교정에 실패한 경우, 지나치게 자주 감금하는 경우, 나이가 들거나 상처를 입어서 생기는 육체적인 불편함, 불량한 사육환경, 새끼였을 때 사람과의 접촉이 극도로 적은 경우('개 농장'이나 강아지공장에서 온 개의 경우 가능성이 높다) 등이 있다.

공격성 예방하기

반려견이 공격성이 있다면 사람을 위협하지 못하도록 실내에 두든가, 울타리를 치든가, 목줄을 해 통제가 가능하도록 해야 한다. 울타리가 쳐진 마당에 개를 혼자 둔다면 근처의 부모들에게 자녀를 조심시키라고 말해야 한다. (필요하다면 '개 조심' 팻말을 걸어 둔다.)

개에게 공격성이 있는 것처럼 보이는 사소한 경고 신호도 주의 깊게 보고 심각하게 받아들여야 한다. 많은 사람들은 반려견이 잠재적 위험성이 있다는 사실을 부정한다. 반려견이나 반려인에 대한 모욕으로 받아들이거나 문제를 어떻게 해결해야 할지 모르기 때문이다. 반려견이 실제로 으르렁거리거나 물려고 시도했을 때도 반려인은 사람이 개를 놀라게 했다거나 꼬리를 밟았다든가 하는 식으로 생각한다. 공격성은 점차 악화될 가능성이 높은데, 특히 반려동물이 나이가 들었다면 더욱 그렇다. 바로 행동을 고치지 않으면 나중에 진짜 위협이 될 수 있다.

안전이 최선이다. 다음의 가이드라인을 따른다면 위험성을 줄일 수 있다. 개를 자극하지 않는 법이다.

• 개가 자거나 먹는 동안 성가시게 하지 않는다. 반려견이 이를 허락할 만큼 너그럽다는 사실을 알고 있는 경우라면 괜찮지만 그렇지 않다면 괜찮을 것이라고 짐작해서는 안 된다.
• 묶이거나 갇혀 있는 개의 영역에 침입해서는 안 된다. 반면 공원과 같은 중립지역은 일반적으로 안전하다.

1부 개·고양이를 위한 자연주의 육아법

• 개의 눈앞에서 음식을 흔들거나 장난감을 들고 약 올려서는 안 된다. 장난으로 덥석 무는 행동이 커질 수 있다.

• 벗어나려는 개를 끌어안거나 붙잡지 않는다. 개는 벗어나기 위해 싸워야 한다고 느낄 수 있다.

• 아이들에게 떠도는 개를 피하라고 가르친다. 개가 물지 않는지 보호자에게 확인하지 않는 한 줄에 묶인 낯선 개를 쓰다듬는 행동도 위험하다. 공격하는 방법을 훈련받은 경비견이거나 묶여서 기분이 나쁜 상태일 수도 있다.

• 개 주변에서 소리를 지르거나 손을 흔들지 않는다. 아이들은 무섭거나 흥분했을 때 이런 행동을 하는데, 공격적인 개를 부추기는 행동일 수 있다.

일단 개를 선동하지 않는 법을 알면 위협적으로 다가오는 개를 어떻게 달랠 것인지 알게 된다. 개의 몸짓언어를 통해 개가 진정 공격적으로 나올지 아니면 거친 몸 장난을 원하는지 알 수 있다.

사교적인 개는 눈을 똑바로 응시하지 않고 옆을 보며, 목구멍을 보이고, 심지어 활짝 웃기도 한다. 이들은 귀를 납작하게 하고 꼬리는 말아 넣고 몸은 낮춘다. 만약 개의 머리가 꼬리보다 낮으나(인사하는 것처럼) 몸을 움츠리거나 갑자기 덤벼들거나 밀치는 행동을 한다면 노는 것으로 위협적인 행동이 아니다.

하지만 다음과 같은 몸짓을 하는 개는 위험할 수 있으므로 잘 살펴봐야 한다. 귀가 앞으로 서 있고, 으르렁거리며, 이를 드러내고, 이깨와 엉덩이의 털이 곤두서 있는 경우이다. 더 위협적인 개의 신호는 다리가 뻣뻣해지고, 앞다리를 들어올리며, 오줌을 싸고, 으르렁거리며, 눈을 똑바로 쳐다보고, 꼬리를 높게 쳐들고 활처럼 휜 상태에서 서서히 흔든다. 공포심 때문에 물려고 하는 동물은 여러 가지를 섞은 메시지를 보내는데 동물의 전체를 조심스럽게 파악하여 경계하는 개의 위협으로부터 벗어나야 한다. 불행히도 일부 개는 이러한 경고 없이 바로 공격한다.

만약 개가 사람을 향해 뛰어온다면 어떻게 해야 할까? 가만히 있어라. 그리고 살짝 옆으로 비켜서서 부드러운 목소리로 말한다. 머리를 살짝 낮추고 손을 내린다. 이는 평화적인 의도를 보이는 것이다. 머리를 들고 개를 직시하거나 눈을 똑바로 쳐다봐서는 안 된다. 완벽하게 안전한 곳으로 갈 수 없다면 뒤를 돌아보거나 뛰지 않는다. 개는 뛰는 물체를 달아나는 먹잇감으로 보는 경향이 있다. 일부 수의사 등 전문가는 부드럽게 휘파람을 불거나 친근한 톤으로 이름을 불러 위협적인 동물을 어리둥절하게 만들기도 한다.

만약 개가 자전거를 쫓아온다면 속도를 줄이고 부드럽게 말한다. 가능하다면 개의 반대편으로 내려 개를 돌아보지 말고 서두르지도 말고 천천히 걷는다.

개가 문다면 침착하게 가만히 있어야 한다. 비명을 지르면 더 공격하라고 부추기는 것이나 마찬가지이다. 개가 지갑, 신문, 책, 재킷 같은 물건을 물도록 입 근처에 갖다 준다. 상처를 비누와 물로 깨끗이 씻고 병원에 가서 의사와 상담한다. 보건당국에 바로 신고하고 가능하다면 개의 신원을 확보한다.

만약 개 두 마리가 싸우고 있다면 멀리 떨어져 있어야 한다. 나는 개싸움을 말리려다 크게 다친 보호자를 여럿 보았다. 안전한 거리를 확보했다면 가장 좋은 방법은 싸우고 있는 개에게 호스로 물을 뿌리는 것이다.

예방접종 요인

만성뇌염은 공격성을 포함한 개의 행동장애의 원인인 경우가 있다. 이 질병은 예방접종에 의한 반응이거나 자가면역질환에 의해 유발된 뇌와 중추신경계의 염증이다(16장 참조). 지난 수년간, 특히 이런 몇몇 공격적인 행동이 광견병 예방접종의 나쁜 결과와 연관이 있다고 생각해 왔다. 전에는 쾌활했던 개가 의심이 많아지고 공격적이며 충동적이고 파괴적으로 변한다. 종종 대문을 부수고 나가서 길을 배회하기도 한다. 한마디로 위험한 동물이 된다. 이러한 행동은 광견병 증상이며, 광견병에 걸리지 않았다 해도 예방접종이 질병과 동일한 몇몇 행동을 유발했다고 보인다. 이런 개를 키우는 사람에게 다시는 광견병 예방접종을 하지 말라고 주의를 주지만 법규 때문에 광견병 예방접종을 하지 않는 데 어려움이 있다. 요즘에는 많은 수의사가 광견병에 대한 면역성(광견병 역가) 검사를 위해 혈액 샘플 채취를 제안하지만, 모든 지역에서 이 검사를 합법적으로 인정하고 있지 않다.

이 내용을 언급하는 이유는 경험상 광견병 예방접종으로 인한 행동변화가 가장 위험하기 때문이다. 이러한 개는 충동적이고, 두려워하며, 공격적이고, 무엇을 할지 예측이 안 된다. 만약 광견병 예방접종을 하고 나서 몇 주 후에 공격적이고 두려워하며 사회적 상호작용을 하지 않는 일이 발생한다면 도움을 청해야 한다. 나는 이런 케이스를 동종요법으로 치료해 왔으며, 경험상 동종요법 치료로 교정될 수 있다. 물론 효과가 뛰어난 다른 방법도 있을 수 있지만 약물을 사용하여 뇌를 멍하게 만드는 방법은 추천하지 않는다. 문제는 주원인부터 교정해야 한다.

고양이는 어떻게 관리해야 해?

고양이의 사회성과 외출하는 고양이

고양이는 개와 사뭇 다르다. 나는 이 농담을 좋아한다. "최근 연구결과에 따르면 고양이가 '야옹(meow)' 하지 않는다고 밝혀졌어. 사실은 '나라옹(me now, 나부터 봐달라는 뜻)'이라고!" 사실 나는 고양이의 정신세계를 잘 몰라서 친구이자 고양이 전문가인 안드레아 타시(Andrea Tasi) 박사에게 몇 가지 질문을 했다.

피케른 박사 : 나는 항상 고양이가 고독을 즐기는 동물이라고 생각해서 여러 마리를 한 집 안에서 키우면 함께 지내는 것을 이상해할 것 같다는 생각을 했는데 맞아?

타시 박사 : 음식만 충분하다면 실제로 그렇지 않아. 고양이 전문가들이 농장의 고양이 왕국을 관찰한 결과 다수의 고양이가 같이 놀고 쉬고 서로 털을 그루밍해 주면서 '동료를 선호하는(preferred associates)'(행동 전문가의 언어로는 친구라

고 해!) 것으로 나타났어. 암고양이는 종종 새끼 고양이를 공동으로 양육하고, 때로는 앞배에서 태어난 수고양이가 엄마가 새로 낳은 새끼를 돌봐 주는 현상까지 나타난다고 해.

고양이는 우리 생각보다 더 사교적인 동물인 것 같아. 하지만 어미 고양이가 새끼 고양이에게 사냥을 가르칠 때를 제외하고는 항상 독자적으로 행동하지.

그리고 외부 개체에 대한 거부감이 심해서 낯선 고양이를 받아들이지 않고 종종 내쳐. 사회성은 유전적인 요소가 있다고 보이는데, 특히 수고양이에게 더욱 그래. 야생생활을 하는 길고양이에게서 태어난 새끼 고양이가 집에서 태어난 새끼 고양이에 비해 덜 사교적이야. 만약 고양이를 여러 마리 키우려면 어미와 새끼 고양이를 같이 입양하는 것이 조화롭게 살 확률이 높아.

피케른 박사 : 우리가 사는 지역에는 코요테도 많고 가끔 퓨마도 출몰해. 그래서 대부분의 사람들이 위험하니까 밤에는 고양이를 실내에 두는데 이에 대해서는 어떻게 생각해?

타시 박사 : 고양이를 위한 울타리를 만드는 회사들이 있으니 안전하고 효과적인 제품을 고른다. 만약 안전하다고 판단되는 지역에서 고양이가 밖에 돌아다니도록 두려고 한다면 몇 가지 지침을 지켜야 해.

고양이가 밖에 다니게 두려면 다음의 내용을 지켜야 한다.

• 중성화수술을 시킨다. 중성화는 싸움이나 스

프레이 행위를 줄이고 개체수가 지나치게 늘지 않게 한다.

• 질병이 유행할 조짐이 있다면 고양이를 밖에 나가지 못하게 한다. 특히 전염병이 있을 경우에는 격리시켜 다른 고양이와 만나지 못하게 한다.

• 부르면 고양이가 올 수 있도록 훈련시킨다. 고양이와 놀아 주거나 먹이를 줄 때 이름을 반복적으로 부르고, 저녁식사를 주기 전에 종을 치거나 휘파람을 분다. 고양이를 자주 불러서 맛있는 음식을 준다. 그리고 고양이가 대답하면 칭찬과 애정을 보여 준다. 머지않아 고양이는 대답하면서 반려인에게 가는 일을 즐거움과 연관시킬 것이며, 음식 먹는 시간을 종소리나 휘파람 소리와 연관시키기 시작할 것이다.

• 반려인의 이름과 전화번호가 적힌 인식표나 목걸이를 착용시킨다. 부드러운 가죽이나 나일론 목걸이가 가장 편하다. 고양이의 목걸이가 어딘가에 걸릴 위험을 피하기 위해 목걸이에 충분한 압력이 가해지면 자동으로 신속하게 이탈하는 형태의 특수 목걸이를 채워 주는 것이 좋다(고양이 목걸이가 어딘가에 걸려 질식하거나 탈출하지 못하여 죽는 경우가 종종 있다). 새들에게 경고하기 위해 목걸이에 방울을 달아 준다. 새들이 고마워할 것이다!

• 저녁식사 이후에는 집에 있도록 한다. 밤에 더 많이 싸우고 차에 치이는 경향이 있다.

• 이웃 사람에게 고양이가 무슨 문제를 일으키지는 않는지 알려 달라고 정중하게 부탁한다. 만약 그런 신고가 들어오면 고양이의 행동에 대해 반려인이 책임을 지고 상황을 조정하는 데 필요

한 조치를 취해야 한다.

• 가끔씩 일어나는 고양이 싸움을 중단시킬 준비를 하고 있어야 한다. 고양이 두 마리가 서로 기분 나쁘게 노려보고 있는 모습을 발견하면 손바닥으로 시끄럽게 박수를 치면 된다. 대개 하나나 두 마리의 고양이가 모두 뒤로 물러설 것이다. 이미 털을 휘날리며 싸우고 있는 상태라면 물을 뿌린다.

반려묘가 나가서 놀든 그렇지 않든 간에 일정 시간 같이 놀아 주는 것이 좋다. 줄 끝에 무언가를 매달아 휙 잡아당기는 놀이나 막대기에 끈이 달린 장난감 놀이, 장난감 쥐돌이 놀이 등을 할 수 있다. 요즘에는 사람들이 만들어 낸 기발한 장난감이 많다. 매일 시간을 정해서 고양이와 놀아 준다.

많은 고양이가 기둥 긁기를 좋아하고, 선반 오르는 것을 즐긴다. 기어 올라가는 것은 이들의 본능이다(226쪽 '가구를 긁을 때' 참조).

화장실 문제

고양이에 의해 생기는 몇몇 성가신 문제는 고양이 입장에서 생각해 보면 해결할 수 있다. 예를 들어, 고양이가 고양이 화장실 밖에 대소변을 본다면 환경에 대해 불만이 있음을 의미한다. 이는 반려인에게 보내는 메시지가 아니라 심적으로 동요하고 있음을 나타내는 고양이만의 표현방식이다. 부적절한 배설 문제는 화장실이 청결하지 않거나 사용하고 있는 모래, 깔짚 등이 마음에 들지 않음을 의미할 수 있다. 장모 고양이는 더러운 모래가 털에 묻어서 당황하기도 한다. 간혹 화장실 위치를 바꾸기만 해도 반응한다. 하지만 화장실을 옮기고 싶다면 서서히 변화를 주는 것이 좋다. 어떤 고양이는 화장실 한쪽이 수직으로 막혀 있기를 원하기도 한다. 이것은 한쪽에 두 번째 화장실을 비스듬히 걸쳐 놓으면 해결할 수 있다.

고객 중 한 명은 한쪽 면에 플라스틱판을 세워 이 문제를 해결했다(세척이 가능한 재질이면 어떤 것이든 가능하다). 그리고 난 후 거기에 테리 직물로 만든 자그마한 수건을 덮어 주었다.

타시 박사 : 고양이가 소변을 볼 때 서서 보려는 습성에 맞춰 한쪽 벽이 높은 화장실을 만드는 회사도 있어. 이런 화장실은 플라스틱 수납통의 한쪽 면을 잘라내면 되니까 만들기도 쉬워.

화장실 밖에서 대소변을 보는 또 다른 주된 원인은 몸이 좋지 않아서일 수 있다.

타시 박사 : 고양이는 소변을 볼 때 서서 보지만 관절염과 관련된 통증이 있는 경우나 뒷다리의 약화와 같은 문제가 있는 경우에는 화장실을 사용하지 않아.

고양이는 몸이 좋지 않음을 느낄 수 있으며, 다른 고양이가 냄새를 맡고 자기가 건강하지 않다는 사실을 알아챌 수 있는 곳에서는 대소변을 보려고 하지 않는다. 고양이는 야생에서 대소변으로 영역표시를 하는데 몸이 좋지 않은 경우에 대소변으로 영역표시를 하면 경쟁자가 자신이 약해졌음을 알아채기 때문에 몸이 아플 때 대소변을 숨어서 보는 것과 같다.

일단 문제가 교정되면 행동은 정상으로 되돌아온다. 고양이가 소변을 본 후 그 안에 소량의 혈액이나 모래나 자잘한 돌 같은 물질이 들어 있는지 확인해야 할 때에는 가까이에서 관찰하는 것이 좋다. 그러려면 소변을 직접 손가락으로 만져서 확인해야 한다. 먼저 화장실을 비우고 깨끗이 씻어서 말린 다음에 종이를 갈기갈기 찢어서 넣어둔다. 이렇게 하면 고양이가 소변을 보았을 때 이를 흡수할 리터가 없기 때문에 소변이 바닥에 고인다. 이 소변을 병에 담아 가라앉힌 다음, 바닥에 결정이나 침전물이 있는지 관찰하면 된다 (만약 잘 보이지 않는다면 손가락으로 만져 본다).

소변에 혈액이 섞여 있는지 확인하려면 화장실 바닥에 흰 종이를 깔고 그 위에 소량의 리터를 깔아 준다. 고양이가 소변을 본 후 리터를 살짝 걷어내면 흰 종이와 대조되는 핑크색 얼룩을 볼 수 있다. 부적절한 배설은 알레르기와 같은 만성질환을 의미할 수도 있다.

만약 화장실 밖에서 대변을 본다면 변이 정상인지 아니면 점액이나 혈액이 섞여 있는지 확인해야 한다. 어떤 변은 처음에는 단단하다가 끝으로 가면서 물러지기도 하는데 이러한 변도 정상은 아니므로 장염, 기생충, 변비, 알레르기, 감염, 면역계 질환 등을 의미할 수 있다.

만약 고양이가 스프레이 행위를 한다면(고양이가 영역표시를 하는 방법), 이것은 최근 집에 새로운 사람이 들어왔거나, 반려인이 스트레스를 받은 모습을 보고 불안해졌거나, 새집으로 이사하는 경우 등과 같이 주변 생활에 변화가 생겨 심적으로 혼란스러움을 의미할 수 있다. 또한 가장 흔한 동요 원인으로 새로운 고양이의 입양을 들 수 있는데, 심지어 이웃집에서 고양이를 입양해도 심적 동요를 일으킬 수 있다.

일단 고양이가 한 번 특정 장소에 스프레이 행위를 하면 이를 계속 유지하고자 하는 경향이 있다. 그 장소를 깨끗하게 청소하면 도움이 되지만 고양이는 아무리 열심히 문지르고 닦아도 조금씩 남는 오줌 냄새를 맡을 수 있다. 여기에 고양이가 싫어하는 민트향이 나는 물질이나 민트차를 뿌려 두면 오줌 냄새를 완전히 없애는 데 도움이 된다. 또 다른 방법으로는 그 장소에 잠시 동안 알루미늄 포일을 붙여 두는 것이다. 이렇게 하면 오래된 오줌 냄새가 나는 것을 막아 주고, 그 장소에 스프레이를 할 경우에 오줌이 고양이에게 다시 튀어서 거기에 다시 하지 않게 해 준다.

고양이 훈련시키기

고양이의 행동 중에는 이해하지 못할 행동도 있어서 이러한 행동을 하지 않도록 훈련시켜야 하는데 개와 달리 고양이는 인간의 칭찬에 별로 관심이 없다. 오히려 칭찬은 고양이에게 훈련놀이에 흥미를 훨씬 덜 느끼게 할 뿐이다.

고양이와 개 둘 다 도박꾼임을 명심해야 한다. 한 연구에 따르면, 고양이는 어떤 행동을 했을 때 스무 번 중 한 번꼴로 아주 작지만 긍정적인 보상을 받으면 그 행동을 계속한다고 한다. 확률이 낮은데도 불구하고 고양이들은 이 보상 때문에 기꺼이 도박을 한다. 이러한 특성은 고양이의 행동을 변화시키려고 시도할 때 알아두면 유용하다. 고양이가 조리대에 올라가는 것을 원치 않는데, 이따금 조리대에 올라갔다가 음식물을 발견하면 이 뜻밖의 횡재 때문에 고양이는 최소 15~20번 정도 조리대에 더 올라갈 것이다. 반면에 고양이를 길들이려면 개보다 부정적인 결과(밀어젖혀지거나 '안 돼'라는 말을 듣고, 먹을 것을 찾지 못하는 등)를 더욱더 끊임없이 반복적으로 경험하게 해 줘야 한다.

때문에 훈련은 반려동물이 원치 않는 행동을 했을 때 결코 보상을 받지 못한다는 사실을 알도록 더 많은 시간과 노력을 들여야 한다. 조리대에서 내려오게 할 때 고양이를 들어올리거나 웃으면서 훈계하거나 몸을 긁어 줘서는 안 된다. 이때는 '괜찮아'라고 말하고 싶은 유혹을 피하고 정말 단호하게 '안 돼'라고 말해야 한다.

또 다른 효과적인 방법은 반려동물이 자신의 행동을 무언가 보상받을 수 있는 방향으로 바꾸게 하는 것이다. 보상을 받을 만한 행동을 할 때마다 간식을 준다. 또는 반려인이 저녁에 안락의자에 몸을 쭉 펴고 누워 있는 경우와 같이 적절한 때와 장소를 가려 고양이가 무릎에 뛰어올라 왔을 때 애정 표현을 해 주면 좋다. 고양이를 유혹할 수 있는 스크래치 기둥(다음 내용 참조)이나 낚아챌 만한 장난감을 제공해 준다. 고양이의 에너지를 발산시킬 수 있는 적절한 배출구를 만들어 주면 고양이는 대부분 바른 행동을 더 잘한다.

타시 박사 : 야생 고양이는 칼로리 요구량을 맞추기 위해 하루에 9마리 정도의 쥐를 잡아먹어야 해. 쥐를 성공적으로 잡으려면 실패하는 추적과 정이 2~3번 정도 되풀이되지. 포식자의 두뇌에는 이러한 하드웨어가 내장되어 있어서 모든 고양이는 하루에 27번 정도의 추격전이 필요해. 모든 고양이의 놀이는 사냥 행동의 변형된 형태이고, 대안적인 가이드라인으로 우리의 목표는 고양이가 정신적/육체적으로 이와 유사한 활동량을 갖게 하는 거야. 나는 보호자들에게 10분 정도의 놀이를 하루에 두 번 해 주면 이와 유사한 추격전을 벌일 수 있다고 얘기해 줘. 놀이는 집고양이의 삶에서 가장 간과되는 부분이야.

가구를 긁을 때

고양이를 훈련시켜야 하는 흔한 문제는 카펫, 천, 가구 등을 긁지 못하도록 가르치기 위함이다. 고양이가 긁는 행동을 정상적이라고 생각한다고 하더라도 가구를 고양이로부터 안전하게 보호할 수 있는 방법을 찾아야 한다.

타시 박사 : 방마다 고양이들이 좋아하는 스크래처를 놔두는 것이 좋아. 거실에 훌륭한 스크래치 기둥이 있다고 해도 위층 침실에서 무언가를 긁고 싶을 때 거실로 내려오지 않거든. "이봐! 잽싸게 계단으로 내려가서 거실에 있는 스크래치 기둥이나 긁지."라고 사람은 생각하지만 고양이는 그렇지 않아. 고양이는 신상 고급 침대 매트리스나 이불을 덮칠 거야.

스크래처에는 수직과 수평의 다양한 형태와 크기의 제품이 있지만 일반적으로 가장 사랑받는 제품은 종이 재질이야. 종이 재질은 경제적이기도 하지. 종이 스크래처를 검색하면 다양한 제품을 찾을 수 있어.

스크래처를 직접 만들려면 가로 세로 41cm 정도 되고, 두께는 1.3cm 정도 되는 합판에 높이가 61~91cm 정도 되는 약품 처리가 되지 않은 목재를 박는다. 그러고 난 후 로프나 거친 면이 밖으로 보이게 안팎을 뒤집은 카펫 조각으로 기둥을 감싼다(부드러운 커버로 감싼 기둥은 고양이의 흥미를 끌지 못한다). 기둥이 방의 한쪽 귀퉁이 쪽으로 기울어지도록 최대한 안전하게 설치하는 게 좋다. 기둥이 안전한지 다시 한 번 확인한다. 기둥이 넘어져서 고양이를 한 번이라도 놀라게 하면 다시는 기둥 근처에 가지 않을 수 있다.

만약 고양이가 스크래치 기둥을 사용하는 데 있어서 훈련이 필요하다면 스크래처를 옆으로 비스듬하게 눕혀 놓은 다음 고양이를 기둥 꼭대기에 올려놓는다. 반려인이 직접 한 손으로는 기둥을 긁고 다른 한 손으로는 고양이의 목과 등을 쓰다듬어 준다(이렇게 하면 스크래치 기둥을 긁으려는 충동을 자극할 수 있다). 고양이는 강요에 저항하는 성질이 있으므로 고양이의 발을 억지로 기둥에 가져다 대려고 해서는 안 된다. 그래도 고양이가 가끔씩 가구나 천을 할퀸다면 천이나 의자를 다른 곳으로 살짝 옮겨놓고 그 자리에 기둥을 가져다 놓는다. 기둥을 점차 옮기면서 고양이가 실제로 가구 대신 기둥을 사용할 때쯤 가구를 다시 원위치에 가져다 놓는다. 고양이가 습관을 완전히 바꿀 때까지 일시적으로라도 천을 감아 놓거나 소파의 모서리를 감싸 놓아야 한다. 왜냐하면 많은 고양이가 낮잠에서 깨어났을 때 기지개를 펴고 무언가 할퀴기를 좋아하므로 고양이가 자는 곳 가까이에 스크래치 기둥을 두면 좋다.

발톱제거술? 안돼요!

고양이의 발톱을 제거하는 수술은 스크래치 문제를 해소하기 위한 적절한 해결책이 아니다. 이 수술은 고통스럽고 어려운 수술이어서 수의사들도 기피한다. 비유하자면 이 수술은 사람의 손가락 첫 번째 관절을 제거하는 것과 같다. 이 수술은 고양이의 균형 감각을 해치며, 근육을 사용하지 않게 함으로써 근육을 약화시키고, 고양이를 신경질적이고 무방비한 상태로 만들 수 있다. 그 결과 생기는 스트레스는 질병에 대한 면역력을 떨어뜨리고 더 많이 물어뜯게 만들 수 있다. 나는 이 수술을 반대한다.

대안으로, 고양이 발톱을 손질하면 도움이 된다. 고양이의 발톱은 큰 낫처럼 생겨서 끝부분이 대부분 손상된다. 고양이는 구부러진 발톱을 소파천의 뒤쪽으로 미끄러뜨려 넣고 난 후 발을 다시 원위치로 빼내는데 고리로 낚아채는 방식과 같다. 만약 고양이가 이런 행동을 계속하면 반려인의 소파는 곧 만신창이가 될 것이다.

또한 발톱 끝은 사람의 피부에 아주 쉽게 상처를 낸다. 고양이 발톱은 고양이 발톱깎이로 제거할 수 있다. (반드시 끝부분만 제거한다. 3mm 정도만 제거해야 하며, 더 제거할 경우 고양이가 다칠 수 있다). 고양이가 무릎에서 잠들어 편안해질 때까지 기다려야 한다. 발톱을 깎으려면 엄지손가락으로 발등에서 발톱의 뿌리 시작 부분 뒤쪽을 누르고, 집게손가락으로 발바닥 방향에서 지그시 누른다.

이렇게 하면 발톱이 안에서 밀려 나와 반대편 손에 들고 있는 발톱깎이로 쉽게 자를 수 있다. 보통 한 번에 두세 개 정도 자를 수 있으며, 다음 기회에 또 시도한다.

또한 성묘나 자묘가 절대로 맨손을 할퀴게 놔둬서는 안 된다. 놀이를 할 때에도 마찬가지이다. 만약 그런 행동을 묵인한다면 사람을 할퀴거나 물어도 괜찮다고 생각하고 자기가 상처를 입힐 수 있다는 사실을 인지하지 못한다. 따라서 '먹잇감에 달려들어 낚아채기'와 같은 놀이를 할 때는 장난감이나 끈을 이용하고 반려인의 손을 때리거나 움켜쥐지 못하도록 해야 한다.

만약 고양이에게 할퀴거나 무는 습관이 생겼다면 애니트라 프레지어가 저술한《더 뉴 내추럴 캣(The New Natural Cat)》[3]에서 소개한 방법을 지속적으로 적용하면 그런 습관을 꽤 쉽게 고칠 수 있다. 만약 고양이의 발톱이 박힌 경우에는 긴장을 풀고 차분하게 고양이의 발을 약간 앞쪽으로 밀어서 떼어내야 한다. 또한 반려인을 물어서 움켜쥐었을 때에는 긴장을 풀고 팔이나 손을 고양이의 이빨 쪽으로 밀어내야 한다(이렇게 하면 고양이가 약간 어리둥절해한다). 그러고 난 후 다시는 이런 짓을 해서는 안 된다고 단호한 메시지를 주고 고양이를 지그시 떼어낸다. 반려인의 의도를 강조하기 위해 몇 분 동안 무시한다. 이때 절대로 고양이를 쳐다봐서도 안 된다. 고양이에게 함께 놀고 싶으면 물거나 할퀴는 행동을 해서는 안 된다는 것을 가르치는 이런 훈련은 몇 번 반복해야 한다. 그 후부터는 반려인의 명령을 중요하게 생각할 것이다.

동물병원에 데리고 가기 전에 해야 할 일

고양이가 실외에 살든 실내에 살든 상관없이 동물용 이동장에 익숙해지도록 가르쳐야 한다. 고양이를 처음 동물병원에 데려가기 며칠 전부터 집에서 이동장을 미리 열어놓는다. 고양이가 이동장을 무언가 찾기에 즐거운 장소로 인식할 수 있도록 만든다. 고양이를 한층 더 유혹하기 위해 이동장 안에 맛있는 음식을 넣어 둔다. 이런 친밀감 없이 동물병원에 데려가기 위해 저항하는 고양이를 이동장 안으로 밀어 넣으려다가는 손에 심한 상처만 입을 것이다.

고양이의 날카로운 발톱과 이빨에 의한 심각한 손상을 피하려면(고양이를 다루는 법을 제대로 훈련받은 경우가 아니라면) 고양이가 도망가려고 할 때 절대 붙잡으려고 해서는 안 된다. 아이들에게도 이 점을 가르친다. 만약 약을 먹이기 위해 고양이를 잡아야 한다면 수건이나 담요로 단단히 감싸야 한다. 이동할 때에는 반드시 이동장을 사용한다(나는 움직이는 차 안에서 느슨하게 묶인 고양이가 놀라 발생한 심각한 사고를 몇 건 알고 있다).

고양이의 공격성

일부 고양이는 고질적인 공격성의 문제가 있다. 다른 고양이를 완벽할 정도로 심하게 거부하는 고양이이다. 심지어 자기 새끼도 용납하지 않는 고양이도 있다. 이따금 반려인에게도 난폭하게 구는 고양이가 있다. 수년 동안의 임상을 거쳐 나는 이런 많은 문제가 특정 상황이 아닌 고양이의 타고난 성질에 뿌리를 두고 있다는 결론을 내렸다.

만성질환 역시 이러한 행동장애를 유발하는 역할을 할 수 있다. 개별적으로 주의 깊게 적용하는 동종요법 치료가 도움이 된다. 특별한 이유 없이 유별나게 겁이 많거나 쌀쌀맞은 고양이 또한 동종요법 치료에 반응을 보였다.

위생은 매우 중요하다

개의 대소변 가리기와 고양이 화장실

위생은 사람과 동물 모두에게 중요한 문제이다. 강아지가 집 안을 어지럽히는 데 대처하는 가장 쉬운 방법은 타고난 청결함과 규칙적인 장 운동(대변) 두 가지를 이용하는 것이다. 사회화가 잘된 강아지는 대소변을 보려고 집 밖으로 나간다. 하지만 온 집 안이 자신의 소굴이라고 이해하고 있는 어린 강아지에게 이를 기대하는 것은 무리이다.

집에서 실수했을 때 강아지는 집 밖이라고 생각하는 다른 방으로 도망을 간다. 그래서 강아지를 제대로 훈련시켜야 한다.

시간표에 따라 규칙적으로 음식을 주고, 끼니 때마다 식사를 하거나 낮잠을 잔 후에는 몇 분 동안 철장 밖에 꺼내 놓는다. 강아지를 밖에 꺼내 놓았을 때에는 어디를 가는지 항상 따라다니며 확인해야 한다. 그리고 대소변을 볼 때 칭찬해 준다. 나중에는 강아지가 실내에서 조금씩 돌아다닐 수 있도록 해 준다. 처음 몇 주 동안은 강아지를 카펫이 깔리지 않은 바닥이 있는 제한된 장소에서 돌아다니게 해야 만약의 경우 청소하기가 쉽다.

만약 반려인이 하루 종일 일을 해야 한다면, 누군가가 집에 와서 잠깐씩 철장 밖으로 꺼내 주거나 신문지를 이용해서 훈련시킨다. 그러고 난 후 강아지가 더 오랫동안 변을 참을 수 있게 되면 철장 밖으로 장소를 옮긴다. 어린 강아지가 중간에 변을 보지 않고 4~6시간 이상 참을 수 있기를 기대해서는 안 된다. 사람이 없는 동안에는 철장에 가둬 둔다. 어린 강아지에게 이 공간은 최소한 대형견의 켄넬 크기 정도면 된다.

동물은 본능적으로 자기의 생활공간에서 어느 정도 떨어진 곳에 변을 보려고 한다. 이 행동습성이 바로 이웃집 마당을 종종 화장실로 이용하는 이유이다. 개의 이런 습관은 고칠 수 있으며, 차고 뒤쪽이나 특정 관목 근처와 같이 안뜰의 특정 부분만 사용하도록 가르치면 잔디밭도 지킬 수 있다. 개의 변을 미리 특정 장소에 가져다 놓고 변을 보고자 하는 반응을 보일 때 그곳에 데려다 놓는다. 개가 변을 볼 때 그곳을 이용하면 열광적으로 칭찬해 준다. 그곳 주변에 낮은 꽃밭을 조성해 놓으면 개에게나 친구, 가족들에게 경계를 명확하게 해 주는 데 도움이 된다.

폭풍우가 몰아치거나 추운 날에 개를 산책시킬 때면 볼일을 되도록 빨리 보기를 원할 것이다. 어떤 사람은 개가 대소변을 볼 때 '빨리빨리!'와 같은 명령을 하기도 한다. 이 명령이 우스갯소리처럼 들릴 수 있지만, 실제로 매우 효과가 있다. 춥거나 비가 오는 날에는 이 명령이 실제로 개로 하여금 대소변을 빨리 보게 한다.

안뜰이나 마당의 특정 장소에 변을 보는 행위

를 고치려면 원치 않는 곳에 변을 보았을 때 최대한 빨리 치워야 한다. 개가 싫어하는 시트론, 레몬 오일, 유칼립투스, 제라늄 오일, 고추, 라벤더 오일과 같은 천연성분으로 만든 탈취제를 그곳에 뿌려 놓는 것도 좋은 방법이다.

많은 개가 이웃집을 지나갈 때 볼일을 본다. 양심 있는 사람이라면 대변을 비닐봉지에 담아 버린다. 그런데 불행하게도 쓰레기통으로 들어간 비닐봉지는 매립지에서 고고학자가 그 지역을 연구할 때쯤인 200년 후까지 있을 것이다.

개의 변을 퇴비화하는 좋은 해결책이 있다. 개와 고양이의 변을 처리하기 위해 특별히 고안된 도기 둘리(Doggie Dooley)를 사용할 것을 추천한다. 이 장치는 땅에 묻으면 작은 분뇨 정화조처럼 작용하여 변을 안전한 액체 상태로 바꿔 주는데, 이는 좋은 비료가 된다. 매우 생태적인 방법이다. 비닐에 담아 온 변을 기계에 넣고 비닐봉지는 물로 잘 씻어 말린 다음 다시 사용한다. 이렇게 수고할 만한 가치가 있는 일일까? 나는 그렇다고 본다.

고양이에게 화장실은 매우 단순한 문제이다. 단지 모래를 가득 채운 깨끗한 박스만 제공하면 된다. 고양이는 모래 같은, 과립 형태를 좋아한다. 고양이 화장실을 항상 깨끗하게 유지하고, 같은 장소에 배치해 놓는다. 모래 냄새가 너무 강하면 고양이가 사용하지 않을 수도 있다. 집 안뿐 아니라 마당에도 깨끗한 화장실을 가져다 놓는 것이 좋다. 그러면 고양이는 이웃의 화단이 아니라 화장실을 사용할 것이다. 화장실을 아이의 손이 닿지 않는 장소에 놓아두고 정기적으로 청소한다. 청소한 후에는 고양이의 배설물이 해로운 미생물을 옮길 수 있으므로 손을 깨끗이 씻어야 한다. (손씻기는 개의 배설물을 치우고 난 후에도 해야 한다.)

개, 고양이에게서 옮는 질병

동물과 사람이 함께 살려면 질병의 전파와 같은 유쾌하지 않은 주제도 고려해야 한다. 사람들은 대부분 동물의 감염성·전염성 질병에 민감하지 않아 다행이지만 예외도 있다. 내 고객 중 아주 극소수만이 이와 같은 문제를 겪었기에 다음의 질병이 흔한 문제라고 생각하지 않기를 바란다. 하지만 알아두기는 해야 한다.

고양이와 개에게서 옮는 질병은 전파 수단에 따라 세 가지 그룹으로 분류된다. 이 세 가지 그룹은 대소변, 피부나 털의 접촉, 물리거나 할큄이다.

배설물로 전파되는 질병

회충(roundworm, Toxocara canis, Toxocara cati) : 회충은 알의 형태로 전염되며, 회충 알은 동물이 변을 본 흙 속에 수 주 동안 살아 있다. 아이들이 그곳에서 논 후 더러운 손을 입에 넣으면 알을 삼켜서 감염될 수 있다. 회충은 아장아장 걸어 다니는 아기에게서 가장 자주 보인다. 회충은 치명적이지 않은 질병으로 흔하지만 경미하고 성인에게서는 거의 발생하지 않는다. 아이들이 더 많이 감염되며 감염되었을 때 성인보다 훨씬 심각하다. 아이들이 개나 고양이에게서 옮으면 기생충은 체조직을 통해 움직여 간비대, 발열과 같은 손상을 유발한다. 이런 증상이 일 년 정도 지속되기도 한다. 종종 유충이 눈에 들어가 염증을 일으키기도 한다. 이 안과 병변을 외과의사들이 초기 암으로 오진하여 안구를 제거하기도 해 심각한 문제가 되고 있다. 몇몇 연구에 따르면 아이들에게서 기생충에 의한 알레르기 반응이 나타나 상태가 더욱 악화된다고도 알려져 있다.

십이지장충(hookworm, Cutaneous larva migrans) : 십이지장충은 회충과 유사하지만 회충과는 다르게 피부를 통해 침입한다. 배설물에 오염된 흙이나 모래와 접촉했을 때 유충이 직접 피부를 관통한다. 대개 맨발일 때 일어난다. 십이지장충은 사람의 체내에서 살기에 적합하지 않기 때문에 피하로 몇 센티미터 이동한 후에 결국 죽는다. 염증은 '잠행성 발진'이라 불리며 결국 수 주나 수개월 후에 사라진다.

렙토스피라증(leptospirosis) : 대개 동물의 오줌에 오염된 물과 접촉하거나 그 안에서 수영을 하면 이 심각한 세균성 질병에 옮을 수 있다. 많은 동물에게 나타날 수 있는데, 특히 쥐에게 많이 나타난다. 반려동물은 오염된 물을 마시거나(털에 묻은 오염된 물을 핥거나) 쥐의 오줌이 묻은 음식을 먹었을 때 감염될 수 있다. 사람에게 발열, 두통, 오한, 피로, 구토, 근육통 등을 유발해 인플루엔자와 유사한 증상을 일으킨다. 뇌와 척수를 덮고 있는 막과 눈이 충혈되고 염증이 있을 수 있다. 어떤 경우에는 간과 신장이 손상된다. 드물게 이 병으로 죽기도 하지만 대개는 2~3주 동안 심하게 아프다가 낫는다.

촌충(tapeworm, Dipylidium caninum) : 사람은 알에 직접 감염되지 않는다. 오히려 다른 동물에게 먼저 들어가서 마지막으로 근육조직에 도달하며, 그 후 사람이 이 동물을 먹었을 때 사람의 장에 감염을 일으킨다. 반려동물은 흔히 전염성 형태의 촌충을 운반할 수 있는 벼룩을 삼키거나 쥐를 잡아먹어 촌충에 감염된다. 아이들은 반려동물의 털에 코를 비비거나 반려동물이 입을 핥을 때 혀에 있던 벼룩이 옮겨 촌충에 감염된다. 그러나 이러한 경로를 통한 인체 감염보다는 감염된 돼지고기나 소고기를 덜 익힌 채 먹어서 감염되는 경우가 더 많다. 개, 고양이를 통하여 사람이 촌충에 감염되는 경우는 지난 20년간 단 16건에 불과하다고 보고되어 있으며, 이는 유럽, 중국, 일본, 인도, 수단, 라틴 아메리카, 미국을 포함한 수치이다. 거의 모든 감염은 어린이에게서 발견되었고 대부분 증상이 없었다.[4]

톡소플라스마증(toxoplasmosis) : 많은 사람이 일상생활을 통해 톡소플라스마증에 노출되며, 이에 대한 자연적인 저항력이 발달한다. 그러나 매우 드물게 성인을 죽음에 이르게 한다. 이보다 더 자주 발생하는 경우는 톡소플라스마에 대한 면역성이 없는 여성이 임신 중에 감염되어 태아에게 기형을 유발하는 경우이다. 감염된 고양이 배설물이나 오염된 흙과 접촉하거나 생고기나 덜 익은 고기를 먹어서 감염될 수 있다. 태아는 매우 공격받기 쉬운 존재이므로 이 문제는 '톡소플라스마증(463쪽)' 편에서 자세히 다룬다.

배설물로 전파되는 질병의 예방

반려동물의 배설물을 깨끗이 치워야 한다. 이는 반드시 지켜야 하고 아이들에게도 가르쳐야 하는 몇 가지 주의사항이 있다.

• 동물이 변을 본 흙과 접촉한 후에는 **손을 깨끗이 씻는다.**

• 동물이 변을 본 장소에 **맨발로 가서는 안 된다.** 십이지장충이 매우 많으므로 특히 날씨가 따뜻할 때에는 더욱 조심해야 한다.

• 아이들이 반려동물과 놀거나 오염 가능성이 있는 흙에서 노는 동안 입에 손을 넣지 말아야 한다. 음식을 먹기 전에는 반드시 손을 깨끗이 씻으라고 **아이들에게 가르친다.** 아이들에게 다른 주의사항도 모두 가르쳐야 한다.

• 만약 반려견이 렙토스피라증에 감염될 수 있는 연못이나 개울을 건너거나 거기서 수영을 했다면 **깨끗하게 목욕시킨다.**

피부나 털에 접촉해서 생기는 질병

벼룩(flea) : 벼룩은 반려동물의 몸에 붙어서 각질이나 혈액을 먹는다. 하지만 기회가 되면 사람에게 옮겨 온다. 벼룩 감염은 동물이 살았던 비어 있는 집에서 종종 최악의 상황에 이른다. 최근에 부화한 수많은 어린 벼룩은 식욕이 매우 왕성하여 부화 후 먹잇감이 없으면 사람의 피를 빨아먹는다.

백선(ringworm, Microsporum canis) : 피부나 털을 먹는 곰팡이에 의해 유발되는 백선은 종종 사람에서 피부를 벗겨 붉은 부분이 드러나도록 한다. 미생물이 자라나면서 붉은 부분은 연못에 돌을 던졌을 때 이는 잔물결처럼 원을 그리며 밖으로 퍼져 나간다. 개에게서 감염된 부분은 털이 빠지고, 피부가 비후해지며, 우둘투둘하고, 염증이 생기는 경향이 있다. 전형적인 원반 모양이며 지름이 2.5cm 이상이다. 그러나 반려동물에 의해 전염된 백선은 대부분 고양이로부터 유발되며, 고양이는 눈에 띄는 증상이 거의 없다(개도 눈에 띄는 증상 없이 포자를 나를 수 있다). 감염된 고양이는 염증이나 딱지 없이 털이 없는 회색 부분이 생긴다. 대개 가려워하지도 않는다. 사람들은 어떤 연령층을 막론하고 백선에 감염될 수 있지만 아이들이 성인보다 백선에 훨씬 더 잘 걸린다.

로키산 홍반열(Rocky Mountain spotted fever, Rickettsia rickettsii) : 로키산 홍반열은 대개 사람에게 치명적이지 않지만(항생제로 치료됨) 감염되면 심하게 아플 수 있다. 갑작스런 발열, 두통, 오한, 안구충혈로 시작되며, 수 주 동안 지속된다. 미국 동부와 중부에서는 개진드기(Dermacentor variabilis)에 의해 옮겨지고, 서부에서는 목재진드기(Dermacentor andersoni)에 의해 옮겨진다. 질병 발생률이 최근 북아메리카에서 가파르게 상승하고 있다.

로키산 홍반열의 가장 흔한 전파 수단은 감염된 진드기에 의해 발생하는 직접적인 교상이다. 반려동물이 감염된 진드기를 집이나 뜰로 운반할 수 있으며, 나중에 사람이 물릴 수 있다. (어린 진드기도 감염을 일으킨다.) 또한 반려동물에게서 진드기를 떼어낼 때 진드기의 몸이 찌부러지거나 배설물이 나오면 감염될 수 있다. 따라서 반려동물에게서 진드기를 제거할 때에는 장갑을 끼는 것이 안전하다.

개선충(scabies, sarcoptic mange) : 개에서 이런 형태의 옴은 모낭충('붉은')에 비해서는 흔하지 않다. 그러나 개와 고양이 모두 발생하며, 가려움증, 자극, 피부비후를 유발한다. 내가 직접 다룬 적은 없었지만, 살았던 지역에는 있었다. 사람들은 감염된 동물을 안거나 접촉함으로써 감염될 수 있다. 그 결과 엄청난 가려움증이 나타난다. 특히 밤에 심하며 동물과 가장 많이 접촉한 부위(팔, 허리, 가슴, 손, 손목의 안쪽과 같이)에서 더 심하다. 동물의 옴 진드기는 사람의 피부에서 살 수 있지만 거기서 번식할 수는 없다. 따라서 기껏해야 몇 주 정도 지속되고 나면 끝이 난다. 만약 재감염된다면 계속 발생할 수 있다. 사람도 사람만의 옴 진드기가 있으며 이로 인해 지속적으로 악화될 수 있고, 개옴과 달리 몇 주가 지나도 끝나지 않는다.

피부나 털에 접촉하여 생기는 질병의 예방

건강한 동물에게서는 벼룩, 백선, 옴 진드기와 같은 기생충이 번성하지 못한다. 자연적인 조건에서, 자연 속에서 사는 동물은 기생충이 있지만, 믿거나 말거나, 대부분의 경우 문제를 일으키지 않는다. 기생충 문제가 심각해지는 경우는 건강상태가 나쁠 때뿐이다. 건강이 나빠지면 기생충이 번성하기 시작한다.

자연에서 기생충의 역할은 병들거나 죽어 가는 동물을 먹는 것이다. 따라서 적절한 영양 공급과 관리가 중요한 예방수단이다. 여기에 허브 퇴치제를 뿌려 주면서 관리와 점검을 자주 하면 대부분 조기에 잡을 수 있다. 특히 반려동물이 다른 동물과 접촉했거나, 어떤 질병에 걸렸거나, 감정적인 혼란이나 하우스에 오래 갇혀 있으면서 그로 인해 스트레스를 받았을 때에는 더욱 영양에 관심을 가져야 한다.

개와 고양이가 건강하다면, 이 문제에 대해 너무 걱정하지 않아도 되지만 밀접한 접촉 후에는 손을 깨끗이 씻어야 한다. 빠진 털 또한 활성화된 백선 포자를 운반할 수 있으므로 반려동물이 감염되었다면 집 안의 털을 깨끗하게 치워야 한다(아니면 질병이 치유될 때까지 반려동물을 집 밖의 우리나 울타리가 쳐진 뜰에 가둔다). 옴을 앓고 있는 동물과의 신체 접촉을 피하거나 최소화해야 한다. 그리고 반려인의 침대, 옷, 수건 위에서 자도록 내버려 둬서는 안 된다.

물리거나 할퀴어서 생기는 질병

고양이발톱병(cat scratch fever) : 고양이한테 할퀸 후에 열이 나고, 신체적인 불쾌감이 오며, 할퀴거나 물린 부위 주변의 림프절이 커지기도 한다. 이런 증상은 대개 상해가 있은 지 1~2주 후에 나타난다. 이 질병은 심각하거나 치명적이지는 않지만 기분이 언짢거나 합병증이 따르기도 한다. 원인은 밝혀지지 않았다. 파스테우렐라 물토시다(Pasteurella multocida)라는 세균에 의해 감염된 고양이 교상은 고양이발톱병과 유사하므로 반드시 전문의의 진단이 필요하다.

광견병(rabies) : 모든 사람이 광견병과 높은 치사율(일단 임상 증상이 나타나면 거의 100%에 가깝다)에 대해 익히 들어 왔다. 다행히 미국에서는 흔한 병이 아니다. 연간 1~3건 정도 보고되고 있다. 2003년에 미국에서 34건의 인간 광견병(공수병) 감염진단 사례가 있었는데 10건은 미국 영토 밖의 지역에서 접촉 감염된 것이다.[5]

동물이 물 때 타액을 통해 전염되는 바이러스에 의해 유발되는 이 질병은 수 일 내지 수 주 만에 바이러스가 물린 부위에서 뇌로 이동한다. 이 바이러스는 경련, 히스테리, 입 주위에 거품을 내는 등의 증상과 함께 뇌에 심각한 염증을 유발한다. 이론상으로는 모든 온혈동물이 이 질병을 앓거나 전파할 수 있지만 가장 흔한 인체 노출원은 스컹크, 여우, 미국너구리, 박쥐, 개 등이다.

광견병 임상 증상이 있는 동물은 이상하고 특이한 행동을 보인다. 예를 들어, 야생동물이 평소와 달리 어슬렁거리며 사람에게 다가오거나 몸이 느려서 빠른 속도로 다가오는 차를 피하지 못한다. 개는 성격의 변화도 보인다. 평소보다 더 우호적으로 행동하거나 어두운 곳에 숨는 행동을 보인다. 결국 몸을 비틀거리고, 눈에 생기가 없으며, 공격적인 성향이 발달하기도 한다. 이 증상은 광견병에 걸린 개의 전형적인 모습이다.

물리거나 할퀴어서 생기는 질병의 예방

고양이발톱병을 예방하는 가장 좋은 방법은 앞에서 언급했듯이 고양이를 다룰 때 주의하는 것

이다. 그러나 고양이는 예측 불가하므로 소스라치게 놀라거나 아플 때 사람에게 갑자기 달려들기도 한다. 고양이에게 물리거나 할퀸 경우에는 상처 부위에서 1~2분 동안 피가 나게 한다. 그러고 난 후 상처를 비누와 물로 깨끗이 씻고 뜨거운 황산마그네슘(epsom salt) 용액에 상처 부위를 담근다.

혈류를 자극하고 면역반응을 촉진시키는 뜨거운 황산마그네슘 용액과 차가운(얼음처럼 차가운 정도가 아닌) 수돗물에 상처 부위를 교대로 담갔다가 마지막에는 차가운 물에 담근다.

특별히 훈련을 받았거나 안전장비를 갖추고 있지 않은 한 길거리를 배회하는 개나 야생동물을 절대 건드려서는 안 된다. 만약 광견병과 유사한 증상을 앓고 있는 개나 야생동물을 본다면 자리를 피하고 가능한 한 빨리 동물단체나 경찰에 알리는 것이 좋다. 한 가지 곤란한 문제는 광견병 임상 증상이 개에게 물리거나 타액에 오염된 발톱에 할퀴고 난 후 광견병 바이러스가 전파된 지 3일이 지난 뒤에야 나타난다는 사실이다. 따라서 만약 길거리를 배회하는 동물이나 야생동물에게 물렸다면 도움을 청하고 포획하여 검사할 수 있도록 어디에 살고 있는지 알아내야 한다. 광견병이 의심되는 개는 10일 동안 격리시키고, 그동안 수의사가 관찰하는 것으로 검사를 시작한다. 만약 광견병 증상이 나타난다면 검사를 위해 동물을 죽여서 뇌를 실험실로 보내야 한다. 필요하다면 박쥐나 스컹크와 같은 작은 동물을 직접 양동이, 함지박, 이동장을 이용하여 잡아야 할지도 모른다. 만약 그 동물을 죽여야 한다면 절대로 머리

를 손상시켜서는 안 된다.

낯선 동물이나 광견병이 의심되는 동물에게 물렸을 때에는 고양이에게 할퀴거나 물렸을 때에 조치했던 것과 동일한 절차를 따른다. 또한 가능한 한 빨리 의사에게 말해야 한다. 실제로 광견병에 걸릴 확률은 매우 낮다. 광견병의 경우(북아메리카) 개 교상에 의한 것은 5% 미만으로 집계되고 있다.

반려동물의 개체수 문제

중성화수술을 꺼리는 이유

마지막으로 책임감 있는 반려인이 되는 가장 중요한 요소 중 하나는 우리 집의 개, 고양이가 전체 반려동물 개체수 과잉 문제에 일조하지 않도록 주의를 기울이는 것이다.

암컷을 중성화수술 시키면 발정이 올 때마다 집에 수컷이 침입하는 문제를 막아 주고, 수컷을 중성화수술 시키면 길거리를 배회하거나 싸우고자 하는 욕망을 줄여 준다. 이웃도 감사할 것이다. 더군다나 고양이에게 이런 수술을 해 주면 수고양이의 오줌 때문에 집에 배어 있는 불쾌한 악취를 없애는 데 수 년 동안 고생하지 않아도 된다.

사람들은 왜 이미 많은 개체가 태어났는데도 불구하고 반려동물을 번식시키려고 할까? 다음과 같은 이유 때문일 것이다.

• 생명의 출산, 육아 과정을 지켜보는 일이 자녀에게 교육적으로 좋다.

• 한배에 태어난 새끼를 모두 좋은 집으로 입양 보낼 수 있다고 믿거나 지역사회가 그 일을 해 줄 것이라고 생각한다.

• 중성화수술은 비용이 많이 든다.

* 중성화수술은 통증이 심하며, 수술 후 건강상의 부작용이 있을 수 있다고 생각한다.

• 중성화수술이 자연법칙에 어긋나며, 동물의 진정한 자아를 없애는 일이라고 생각한다.

• 순종 새끼 강아지나 새끼 고양이를 판매하는 일로 쉽게 돈을 벌 수 있다고 생각한다.

집이 없는 개와 고양이에게 일어날 엄청난 고통을 생각하면 앞에서 설명한 이유의 장점은 별로 없다. 예를 들어, 아이를 위한 '경험'의 일환이라면 세상에 지나치게 넘쳐나는 반려동물을 낳게 하기보다는 아이에게 반려동물에 대한 책임감을 가르치는 일이 더 중요하다. 또한 지역사회에서 집이 없는 동물에게 입양 갈 집을 찾아주기란 정말 어렵다. 설령 반려인이 번식시킨 동물을 입양할 가정을 직접 다 찾아줄 수 있다고 해도 얼마나 많은 반려동물을 계속 그렇게 입양할 수 있을까? 그리고 개, 고양이는 얼마나 많은 새끼를 낳을까? 암컷 어미와 새끼가 자유롭게 번식할 수 있도록 허락한다면, 한 마리의 암캐는 불과 5~6년 내에 수천 마리의 자손을 번식시키는 결과를 낳을 수 있다. 고양이는 새끼를 더 많이 낳는다.

강아지와 고양이를 잘 돌봐 줄 책임감 있는 좋은 사람을 다 찾아줄 수 있다고 생각하는가. 입양을 할 수 있는 사람들이 집 없이 버려진 수많은 유기동물을 입양하는 게 더 좋은 일이다.

중성화수술의 장점은 아주 많다

중성화수술을 해 주는 것이 좋고, 여러 지역에는 저렴한 동물병원이 많다. 동물단체에 문의한다. 수술은 마취하에 숙련된 수의사가 하므로 위험이 적고 통증도 없다. 이 수술은 원치 않는 분만을 예방하고 동물 사이에 발생하는 싸움이나 미아 발생을 예방할 뿐 아니라 생식기계 종양과 같은 질병과 번식에 따르는 스트레스, 합병증, 교미에 따르는 농양이나 상해를 예방해 준다. 사람들이 일반적으로 알고 있는 사실과 달리 중성화수술을 한 반려동물이라고 해서 무조건 살이 찌는 것은 아니다. 활동량이 줄어들어 에너지가 덜 연소될 뿐이다. 음식을 덜 주면 된다.

중성화수술이 마음에 들지 않는다면 동물의 임신 조절을 위해 구시대적인 방법으로 문단속을 잘하고 개를 줄에 매어 두는 것이 암캐를 위한 일이다. 암캐가 발정기 때에는 2~3주 동안 집 안에 안전하게 가둬 두는 것이 좋다. 몇 킬로미터 근처에 사는 수캐들이 집 가까이로 모여들 가능성이 있으므로 항상 대비해야 한다.

그러나 고양이는 가둬 두는 것만이 능사가 아니다. 고양이는 개보다 발정기가 더 자주 오고, 매우 시끄럽게 울 수 있으며, 끊임없이 밖으로 나가려고 시도한다. 그리고 어떤 시점에서 반드시 탈출에 성공한다. 교미도 하지 않고 중성화수술도 하지 않은 고양이는 합병증으로 인한 호르몬 불균형이나 난소낭종, 불완전한 생식주기로 인해 자궁질환이 생길 수 있다는 점을 알아야 한다.

'자연적인 것'이므로 반려동물에게 중성화수술을 시키지 않아야 한다는 것은 매우 근시안적인 생각이다. 우리는 모두 원래 그대로의 자연적인 세상에 살고 있지 않다. 반려동물은 먹이를 얻기 위해 사냥을 하거나 사냥을 당하는 숲속의 야생동물도 아니고, 질병과 고난의 희생양도 아니며, 균형 잡힌 생태계의 필수적인 부분으로 살아가는 야생동물도 아니고, 번식을 규제하는 세력과 사회체제, 호르몬의 복잡한 상호작용에 의해 지배당하는 존재도 아니다.

반려동물은 개체수가 과잉된 수천 종의 다른 동물과 함께 비자연적인 환경 속에서 사람과 가까이 살아가는 야생동물의 후손이다. 야생에 사는 수컷 늑대는 일 년 중 단 몇 주 동안만 발정기에 있는 암컷의 냄새에 노출된다. 그러나 현대사회에서 반려동물로 사는 중성화수술이 안 된 수캐는 동일한 냄새에 더 자주 노출된다. 따라서 자연 그대로의 존재와는 거리가 있다.

반려동물을 번식시켜 생기는 이익에 관해 생각해 보면 재정적인 보상이 아주 작을 뿐 아니라 반복되는 번식으로 인해 암캐의 건강이 망가져서 오히려 엄청난 비용이 들 수 있다. 미국만 해도 새끼 강아지가 해마다 250만 마리씩 태어나서 개체수가 엄청나게 늘어나고 있다. 이는 실제로 번식에 무지하고 부주의한 아마추어에 의해 자행되는 소규모 번식사업의 일환이다. 수많은 품종의 선천적인 질병이 많이 발생하게 하는 직접적인 원인이 된다. 돈을 벌려면 더 나은 방법이 얼마든지 있다.

나는 사람들이 반려동물이 새끼를 낳는 모습을 보고 싶어 하는 마음을 이해한다. 그러나 반려동물의 과잉으로 인한 사회 문제를 생각해야 한다.

나는 동물단체와 연계된 지역사회의 동물병원에서 몇 년간 일했고, 거기서 통제되지 않은 번식의 비극적인 결말을 경험했다. 안락사당한 동물의 사체가 가득 보관된 냉동고에 들어가 보면 동물의 무분별한 분만이나 생산이 얼마나 불필요한 고통을 생산하는지 알 수 있을 것이다.

반려동물 안락사에 대한 수는 상상을 초월한다. 미국의 동물보호소에서는 어림잡아 매년 500만~1200만 마리의 동물이 안락사당하는 것으로 추정되고 있다. 단지 추상적인 숫자의 문제가 아니라 피와 살의 문제이다. 버려진 동물은 가족이 되어 줄 사람을 기다리고, 안락사를 앞둔 동물에게는 모두 많은 사랑과 잠재력이 있다. 그러나 대부분 살아서 보호소를 나가지 못한다.

모든 사람이 반려동물의 과잉 문제에 대해 책임감을 가질 때에야 비로소 이 고통을 끝낼 수 있다. 반려동물의 과잉 문제에 대한 책임감만이 우리 사회를 사람과 동물이 더불어 사는 사회로 가기 위한 최선의 방책일 것이다.

감정적인 교감과 반려동물의 건강

관심 소홀, 관계 소홀 등으로 생기는 질환

재스민 로즈 페덴은 강가에서 즐겁게 뛰놀다가 사랑하는 반려인 제임스를 방긋 웃으며 쳐다보는 전형적으로 행복하고 건강한 개였다. 제임스는 재스민을 상냥하게 대하며 존중해 주었고, 자연에서 많은 시간을 보낼 수 있도록 해 주었다. 재스민은 훈련이 잘되어서 어디를 가든 환영받았고, 심지어 상점에서도 환영받는 개였다.

하지만 모든 동물이 재스민처럼 이상적인 삶을 사는 것은 아니다. 풀리지 않는 감정의 복잡한 상호작용으로 인해 발생하는 만성질환이 있는 동물은 종종 수의사가 치료해야 한다. 내가 초짜 수의사였을 때 문제가 심각한 엄청나게 덩치 큰 개와 마주한 적이 있다. 개가 의심스러운 눈초리로 나를 쳐다보는 동안에 나는 등, 배, 다리, 주둥이에서 혈액성 분비물이 나오고 털이 빠져 악취가 심하게 나는 반점을 조심스럽게 검사하기 시작했다. 자신의 상태가 얼마나 심한지 설명하기라도 하듯 당황해하며 꼬리 끝을 격렬하게 씹어댔다.

"밴디, 그만해!" 남자 보호자가 날카롭게 소리쳤다. "깨물고 씹는 행동이 점점 더 심해져서 항상 얘를 꾸짖게 돼요."라고 설명했다.

아내는 꼬리를 가리키면서 "밴디의 꼬리 아래쪽에 심한 반점이 몇 개 있어요."라고 말했다. 나는 반점을 보려고 개의 꼬리를 살며시 들어올렸다.

개가 화가 나 몸을 세차게 돌리더니 나를 물려고 해 재빨리 손을 뺐다. 검사를 마친 뒤 이 질환이 어떻게 시작되었는지 알아보려고 심란해하는 부부와 함께 자리에 앉았다.

아내가 말을 꺼내기 시작했다. "상당히 일찍부터 시작되었어요. 3년 전 강아지였을 때 밴디를 입양했는데 그때 얼굴에 경미한 옴을 앓고 있었거든요. 그래도 별문제는 없었어요. 그런데 최근에 갑자기 온몸을 핥고 씹기 시작하더니 6개월 정도 지속되는 거예요. 동물병원에서는 벼룩 알레르기라고 했는데 아무 치료도 해 주지 않았어요. 다른 동물병원을 몇 곳을 더 찾아갔는데 거기서는 '열점(hot spots)'이라고 했어요."

수의사가 병변 부위의 털을 밀고 항생제와 코르티손을 처방해 주었는데 실제로는 어떠한 치료도 도움이 되지 않았다고 했다. 결국 그 수의사는 부부에게 밴디를 안락사시키거나 아직 써보지 않은 고가의 치료를 해보는 것이 어떻겠냐고 했다.

"왜 6개월 전에 그런 문제가 생겼다고 생각하시나요? 그 즈음에 무슨 특별한 사건이라도 있었나요?" 내가 물었다.

"글쎄요. 제가 생각할 수 있는 건 문제가 발생하기 두 달 전에 우리에게 아기가 생겼다는 거예요. 저는 밴디가 아기 주변에 얼씬도 하지 못하게 했어요. 기생충이나 이런 게 문제가 되잖아요. 밴디는 더 이상 '넘버 1'이 아니어서 질투심을 느끼기 시작했고, 그래서 밴디를 하루 종일 밖에서 키우기 시작했어요. 그게 문제가 됐을까요? 잘 모르겠어요. 더군다나 저도 몇 년간 피부가 가려웠는데 도저히 그 이유를 알 수 없었거든요."

개의 사나운 성격에 대해 이야기를 나누었는데 아내는 공격적인 개를 좋아한다고 했다. 그래야 이 나라에서 안전하게 살 수 있다고 생각했다. 대화 중에 남편이 불쑥불쑥 한 마디씩 던졌는데 그럴 때마다 나는 부부 사이에 팽팽한 긴장감이 있음을 느꼈다.

이를 계기로 아픈 동물의 감정적인 요소에 더 관심을 갖게 되었다. 수년간 밴디와 유사한 패턴을 보이는 경우를 여러 차례 보았다. 그 패턴을 요약하면 다음과 같다.

• 반려동물은 대개 관심 소홀이나 관계 소홀, 자신의 영역을 잃어버리는 문제 등 가정에 어떤 나쁜 변화가 있은 후부터 질병이 발생하기 시작한다.

• 반려동물의 건강은 반복적으로 발생하는 가정 내의 긴장감, 불안감, 우울, 노여움 등 여러 가지 감정적인 혼란에 의해 영향을 받을 수 있다.

• 질병에 대한 태도, 예측, 마음의 동요가 치료 결과에 현저한 영향을 미칠 수 있다.

• 반려동물의 질병은 반려동물이 끈끈한 유대

를 맺고 있는 사람의 질병을 반영한다.

감정의 문제와 행동의 문제가 있는 반려동물에게 특히 이러한 연관성에 주목했다. 이런 패턴은 만성 신체적 질환을 가진 반려동물에게서도 보인다. 집안의 감정적인 문제에 주목하고 긍정적이고 밝은 집안 분위기를 만드는 것이 반려동물이 건강을 회복하고 유지하는 데 도움이 된다.

상실감이나 박탈감으로 인해 발생하는 문제

많은 동물은 집에 아기가 태어나거나 새로운 반려동물을 입양하여 자기가 관심 밖으로 밀려나거나 자신의 영역을 빼앗기면 고통스러워한다. 이사를 갈 때도 똑같은 문제가 일어날 수 있다(더 작은 아파트로 이사를 가거나 반려동물을 싫어하는 이웃이 있는 집으로 이사를 갈 경우). 또한 누군가가 죽거나 집을 떠날 때, 가족 중 누군가가 일 때문에 집을 떠나거나 장기간 휴가를 갔을 때에도 발생할 수 있다. 자신에게 더 이상 관심을 보이지 않거나 집을 리모델링해서 동물을 더 이상 실내에 들어오지 못하게 할 때도 발생할 수 있다.

이러한 문제는 곧 반려동물의 건강쇠약으로 이어진다. 밴디처럼 아기가 태어난 후 실외로 쫓겨난 경우처럼 지루함과 좌절감이 이전에 앓았던 피부염의 경향과 복합적으로 얽혀서 과도하게 핥고 긁고 깨물게 된다. 이 행동은 내적으로 약했던 부분을 악화시켜서 더 심한 염증과 자극을 유발

한다. 머지않아 피부의 염증과 가려움증이 심해지고 악성주기가 진행된다.

온순한 동물은 더 무기력하고 무관심한 상태가 될 수 있다. 이런 비활동성과 무관심은 면역력을 내적으로 약화시키고 동물을 전염성 질병에 걸리기 쉽게 만든다.

어떤 동물은 집에 새로 입양한 동물이나 이웃에 사는 동물과의 영역다툼으로 스트레스를 받는다. 만약 분쟁이 해결되지 않으면 기존에 있던 동물의 혼란이 가중되며 새로운 질병이 싹틀 수 있는 원인이 되기도 한다.

이러한 문제는 때로 사람들의 의도치 않은 반응 때문에 강화되기도 한다. 개는 반려인이 일하러 밖으로 나가면 그만큼의 시간을 혼자 지내기 때문에 외로움을 느낀다. 개는 머지않아 반려인이 걱정할 만한 기침과 같은 사소한 증상을 보일 것이다. 그런데 반려인이 기침할 때마다 달려가서는 안고 위로의 말을 속삭인다. (개가 무슨 훈련을 받은 것처럼 들리지 않는가?) 얼마 지나지 않아 개는 자기가 기침을 할 때마다 애정 어린 관심 등 자기가 원하는 것을 얻을 수 있다고 생각하게 된다. 어떻게 그의 병을 낫게 하고 기침을 멎게 할 수 있을까? 비록 반려인이 개를 꾸짖는다 해도 (밴디가 몸을 긁을 때 보호자가 그랬던 것처럼) 개는 그 꾸짖음을 일종의 강화로 받아들일 수 있다. 보호자가 야단을 쳐도 개는 무관심보다 낫다고 여기게 된다.

또 다른 무의식적인 강화행동을 떠올리면 저절로 웃음이 나온다. 가끔 산책할 때 보면 이웃의 개가 사납게 짖으면 보호자가 밖으로 나와 개에

게 소리를 지른다. 이를테면 이런 식이다.

개 : "멍멍."

사람 : "그만 짖어."

개 : "멍멍."

사람 : "그만 짖어."

이런 경우 개는 보호자가 자기처럼 자신의 영역을 지키기 위해 짖는다고 생각할 수도 있다. 어떠한 경우에도 이렇게 대처하면 효과가 없다.

관심을 끌기 위한 시나리오는 행동을 포함하여 기침, 절룩거림, 긁는 행위 등의 증상으로 발전하는 경향이 있다. 《반려동물은 아픈 것이 아니라 당신이 그렇게 생각하기를 원할 뿐이다(*Your Pet Isn't Sick. He Just Wants You to Think So*)》의 저자인 수의사 허버트 탠저(Herbert Tanzer)는 특별한 신체적 원인이 없어 보이는 수많은 답답한 케이스를 해결해 온 경험을 토대로 반려동물을 버릇없이 키우면서 증상이 보일 때마다 반려동물의 응석을 받아 주는 행동을 멈추라고 보호자에게 가르친다.

반려인이 명심해야 할 일

• 가족이 늘어나거나 집안에 위기가 있을 때 **반려동물이 어떤 심리적 변화를 보이는지 관찰해야 한다.** 동물도 사람처럼 하나의 개체로 존재한다. 동물은 더 많은 관심과 사회적인 유대감, 자신의 영역, 일상을 원한다.

• 집안의 변화된 상황을 동물의 관점에서 바라보려고 노력하고, **상황을 조정하려고 노력한**

다. 아마 개개의 동물과 일대일로 함께하는 특별한 시간을 보내야 할 수도 있다. 또는 이웃집 개가 들어오지 못하도록 견고한 울타리를 쳐야 할 수도 있다. 저먼셰퍼드는 매일매일 산책을 해야 할 수도 있지만 샴 같은 경우에는 안아 주고 사랑스럽게 쓰다듬어 주는 것이 방법의 전부일 수도 있다.

• 때때로 '나이 든' 반려동물이 새로 입양한 동물을 받아들일 때까지 **새로 입양한 동물을 제한된 공간에 가둬 두는 방법**이 해결책이기도 하다. 특히 다른 동물에게 적대적이거나 영역다툼을 하는 동물(특히 고양이)인 경우에는 그냥 한 마리만 키우는 편이 나을 수 있다. 그러나 매우 사교적인 동물, 특히 얼마 전에 같이 지내던 동료를 하늘나라로 보낸 개에게는 새로운 반려동물(특히 우호적인 태도를 보이는 이성)을 입양해 주는 것이 좋다.

• **때로는 어쩔 수 없는 상황이라면 반려동물에게 적합한 가정을 찾아주는 일이 최선일 수도 있다.** 아니라면 문제가 되는 비싼 실내장식 용품을 천으로 덮어 보호한 다음에 반려동물이 이용하도록 한다.

• 반려동물이 다리를 절룩거리거나 기침을 하거나 몸을 긁을 때마다 **아이처럼 달래 주면서 호들갑을 떨고 싶은 유혹을 견뎌야 한다.** 대신에 정상적인 행동을 할 때마다 더 많은 시간을 함께 놀아 주고 쓰다듬어 준다.

• 물론 문제가 있는 경우에는 동물병원에서 **전문적인 치료를 받아야 한다.**

사람의 감정과 동물의 심리

반려동물은 특정 상황을 제외하고는 심리적으로 가장 가깝게 연결된 반려인의 지속적인 감정이나 기분상태에 영향을 받는다. 개와 고양이는 대부분 음식, 집, 안전, 애정을 위해 자기들이 의지하는 사람과 강한 유대를 맺는다. 때문에 반려동물은 반려인의 감정적인 기분에 맞추려고 노력한다.

말 그대로 단순히 명령을 하거나 이름을 부르는 경우를 제외하고 반려동물은 반려인이 취하는 자세, 목소리 톤, 얼굴 표정, 그리고 감정상태가 맑은지, 흐린지, 온화한지, 극단적인지 등의 분위기를 통해 전해지는 감정적인 메시지에 의존한다. 간단히 말하면 오늘의 '인간의 기분 날씨' 같은 것이다.

후각은 개와 고양이의 가장 기본적인 감각이다. 비가 내리기 직전에 사람들이 공기의 미묘한 냄새를 감지해 내는 것처럼 동물은 반려인이 기분이 나쁠 때 발산하는 스트레스 물질을 쉽게 감지한다. 동물은 이유는 잘 모르지만 뭔가 잘못되었다고 생각한다. 반려인이 불안함을 느끼고 일정 수준의 공포감을 발산한다면 동물은 두려워할 만한 무슨 일이 있다고 느끼지만 무엇인지는 모른다.

상상해 보자. 어린 시절 부모님이 불안해하며 이렇게 말씀하신 걸 들었다고 생각해 보자. "조심해, 뭔가 좋지 않은 일이 일어나고 있어!" 우리라도 좋지 않은 일이 무엇인지 계속 찾아보면서 안절부절못하게 될 것이다.

이런 일이 반려동물에게도 일어난다. 동물은 반려인이 페이스북 친구에게 차단당했는지 전혀 모른다. 반려인이 화가 나면 밖에 포식자나 침입자가 있다고 상상할지도 모른다. 따라서 불특정 보행자가 지나가면 이들은 뛰어나와 머리를 밖으로 내밀고 짖어댈 것이다. 현재 위험한 상황이 진행 중이니 자신의 임무는 집을 지키는 일이라고 생각한다.

이러한 관계 때문에 반려동물은 자신과 하등 관계가 없는 문제에 대해 논쟁을 벌이며 팽팽한 긴장감을 보이는 가족들의 감정을 그대로 흡수한다. 가족의 잦은 말다툼은 실제로 반려동물에게 스트레스를 주어 반려동물이 과민해지거나 두려움을 느끼게 한다. 특히 감정적인 긴장감은 증가된 공격성, 파괴성, 과도한 안절부절못하는 것 같은 행동 요소나 신경 요소에 영향을 줘 피부, 귀, 방광 등에 염증과 같은 질병을 유발한다.

예를 들어, 반려동물이 상실감에 힘들어하는 것처럼 피부질환이나 방광질환의 소인이 있는 동물은 감정적인 스트레스를 받으면 피부를 더 자주 긁거나 오줌을 더 자주 누기도 하며, 조직에 더 심한 염증을 일으켜 악순환이 계속된다. 동물이 이미 갖고 있던 불안감은 감정적 정점이 높아질수록 더 악화되고 동물을 더 괴롭힌다.

동물은 반려인의 불안감을 감지한다

사람이 내뿜는 불안감이 때로는 동물에 대한 불안감일 수 있다. 개나 고양이가 어디가 아픈 것 같거나 어디가 불편해 보이면 당황스러울 수 있다. 행동의 변화든 신체 증상이든 마음속에서 끔찍한 병의 진단, 비효율적인 치료, 안락사, 반려동물과의 이별 같은 시나리오를 만들어 상상의 나래를 펼치게 된다.

반려동물은 이 불안감을 감지하는데, 특히 불안감이 반려동물을 향해 있으면 더욱 그렇다. '무언가가 잘못된 게 틀림없다!'라고 생각한다. 반려인의 공포심이 이미 어떤 병의 진행으로 불편감이 있는 반려동물의 불안감을 증폭시킨다. 반려동물은 이럴 때 숨으려고 할 수도 있다.

반려인의 불안감은 반려동물에게 위험하다는 신호를 보낼 뿐 아니라 동물의 치유능력을 떨어뜨리고 효율적인 치료에도 나쁜 영향을 미친다. 자신들의 절박감이나 두려움 때문에 취한 행동을 나중에 후회한다고 말하는 고객을 여러 명 보았다. 보호자들은 반려동물에게 종양이나 암이 생겼을 때 마치 매시간이 고비처럼 느껴져 암의 병적 증식을 즉시 제거해야 하는 것처럼 생각하고 엄청난 압박감을 받는다. 그러나 그런 절박감은 근거가 없다. 사실 갑작스러운 수술로 인해 받는 스트레스는 동물로 하여금 덜 극단적이고 자연적인 방법으로 치료하는 일을 더욱 어렵게 만들 수도 있다.

유사한 경우로 간혹 피부 알레르기가 있을 때 동반되는 격렬한 가려움증 때문에 보호자들이 코르티코스테로이드를 사용하는 경우가 있다. 그러나 이 약물의 사용은 몇 주 동안 해온 영양요법과 동종요법 치료의 결과를 망칠 수 있다.

만성질환의 진정한 치유에는 인내심이 필요하다. 증상을 즉시 완화시키고자 하는 바람은 유혹적이다. 이 때문에 증상을 억제하는 강력한 약물을 사용하게 된다. 그러나 강력한 약물의 사용은 실제로 내재질환을 근본적으로 치유하지 못해 질병이 재발하고 시간이 갈수록 점차 악화되거나 다른 형태나 더 어려운 형태의 질병으로 바뀐다.

보호자들은 과도한 불안감 때문에 동물병원을 옮겨 다니며 치료를 받고 또는 현대의학과 홀리스틱 의학 사이를 오가면서 치료를 받기도 한다. 그래서 어떤 치료법이 신체에 작용하여 치료될 기회도 주지 않고 몸만 혼란에 빠뜨린다. 어떤 사람들은 낙심하여 노력도 해보지 않은 채 치료를 포기하기도 한다.

물론 힘든 일이다. 효과가 없어 보이는 치료법을 지속하고 싶지 않을 테니까. 하지만 제대로 된 기회조차 주지 않은 채 성급하게 판단하고 싶지도 않을 것이다. 하지만 진정한 몸의 치유에는 시간이 걸린다. 치료가 되고 손상을 회복하는 데에는 시간이 걸린다.

반려동물과 병 공유하기?

이해가 되지는 않지만 보호자의 질병 역시 반려동물의 건강에 영향을 미친다. 우연의 일치라고 보기엔 잦은 빈도로 수의사들은 반려동물이 같이 살고 있는 보호자와 동일한 질병을 갖는 경우를 본다.

왜 이런 일이 일어날까? 이는 물론 가정환경 내에 공통적인 독소나 다른 요소 때문일 수 있다. 또한 동물과 사람 사이의 강한 연대감으로 마치 '전염성이 있는' 하품이나 옆 사람이 가려워하면 나도 가려워지는 것과 비슷한 어떤 종류의 교감 반향을 유발할 가능성도 있다. 동물과 사람 사이의 미스터리하고 겉으로 보기에 초감각적인 연관성을 증명해 주는 수많은 실험과 일화가 있다. 사람과 동물이 동일한 질병을 가진 것처럼 보일 때 초감각적인 연관성이 요인일 수 있다. 따라서 사람과 동물이 같은 건강상의 문제를 공유하는 것은 놀라운 일이 아니다. 만약 반려인과 반려동물에게 이러한 문제가 있다면 이는 심리적 믿음이나 감정이 질병을 유발하지 않았는지 찾아봐야 한다. 이는 사람의 건강에도 도움이 되며 반려동물을 치료하는 데에도 도움이 된다.

여전히 배워야 하는 것이 많다. 그러나 많은 부분이 이해되었고, 자연, 생명, 우주, 신의 치유능력에 대한 믿음과 함께 건강해지려는 의지가 있다면 이것이 바로 치유로 가는 핵심이다.

긍정적으로 반응하기

반대로 반려동물에게 나타난 첫 증상을 보고 차분하게 행동하고 긍정적인 반응을 보인다면 동물은 긴장을 풀고 안심하며 면역력이 높아질 것이다. 차분하게 행동하고 긍정적인 마음을 가진 보호자와 함께 살고 있는 동물이 만성 난치성 질병으로부터 회복될 가능성이 높은 경우를 자주 보았다. 반려동물이 고통스러워하는 모습을 보면서 마음을 차분하게 가라앉히기 어렵겠지만 그래도 이것이 반려동물을 위해 반려인이 할 수 있는 최선의 방법이다.

어떻게 그렇게 할 수 있을까? 답은 한 가지뿐이다. 불안감을 인지하고 그것을 인정하는 것이다. 동물과 같이 앉아서 최대한 긴장을 풀고 무엇이든 받아들일 준비를 하라고 제안하고 싶다.

두려움이 있다면, 두려움을 이성적으로 생각해 보기 바란다. 이것이 진실일까? 피할 수 없는 것일까? 다른 방법은 없을까? 현실을 바라보면서 이해하고 무엇을 고민해야 하는지 살피면서 많은 감정을 제거한다. 아픈 동물과 함께 앉아 평정심을 찾을 수 있다면 바람직한 단계에 도달한 것이다.

내면의 평정심

평정심을 찾으려면 명상이 매우 도움이 된다. '명상'의 의미는 시간을 할애하여 고요함 속에 앉아서 현재 속에 깨어 있는 상태이다. 어수선한 마음을 가라앉히는 다른 방법도 있지만 경험상 명상의 본질은 자신이 무엇인가라는 실체와 마주하는 것이다. 완전한 의식을 유지하고 아직 해결되지 않은 생각을 내려놓는 것이다. 수전과 나는 매일 조용히 앉아 있는 시간을 가진다. 동물들은 정적과 평온함을 느끼고, 그들만의 명상 방법을 갖게 된다. 고양이는 누군가가 명상에 잠길 때 무릎 위에 앉는 것을 즐긴다.

격려

나는 때로 보호자에게 자신의 느낌과 생각을 동물과 차분하게 나눠 보라고 권한다. 개나 고양이가 사람들이 하는 말을 전부 이해할 것이라고 생각하지는 않는다. 하지만 의사소통이 가능하다고 믿는다. 동물들에게 잘될 것이라고 격려하고 나으면 상을 주겠다고 약속하라고 한다. 하루에 두 번 하는 산책을 세 번으로 늘리겠다거나, 애견 놀이터에 더 자주 데려가겠다거나, 더 많이 놀아

주겠다거나 하는 등 아이들이 좋아할 만한 상을 생각해 낸다.

반려동물을 가족으로 맞아들일 때, 반려동물을 '그저 동물'로 치부하지 말고 분명한 성격을 가진 존재로 받아들인다. 반려견 찰리는 코너에 있는 오래된 의자를 좋아하고, 항상 사람을 정확히 판단하며, 아이들을 좋아하고, 집배원을 싫어한다. 반려동물을 대하는 반려인의 태도를 바꾸면 그들은 더 이상 멍청한 짐승이 아니라 똑똑하고 특별한 존재가 된다. 반려인이 반려동물을 높이 존중할 때라야 그들의 관점에서 삶이 보이고 놀라운 의사소통이 가능해질 수 있다.

반려동물과 사람의 심리적 연결성

동물과 인간은 종종 서로 심리적 또는 텔레파시적인 감각을 발전시키는 것 같다. 자신의 반려동물이 이러한 능력이 있다고 확신하는 사람을 몇몇 만났고, 일부 작가는 이러한 의사소통의 세부 내용을 묘사하곤 했다. 이들이 묘사한 예민함은 오감으로 골라낼 수 있는 단서뿐 아니라 보이지 않는 것까지 포함하고 있다.

생물학자 루퍼트 셸드레이크(Rupert Sheldrake)는 이 현상을 조심스럽게 실험했고,《개들은 주인이 집에 오는 때를 알고 있다(Dogs That Know When Their Owners Are Coming Home)》에서 이를 묘사했다. 집과 직장에 각각 카메라를 설치한 후 관찰했는데 반려인이 집에 가려고 준비를 하자 개가 갑자기 흥분하며 창가로 달려가 기대를 담은 눈빛으로 창밖을 내다봤다. 이는 매우 놀라운 실험이며 개만 그러한 것이 아니라 고양이, 토끼, 기니피그,

앵무새 등도 마찬가지였다. 이들은 한결같았다. 〈루퍼트 셸드레이크-개들은 주인이 집에 오는 때를 알고 있다(Dogs That Know When Their Owners Are Coming Home)〉의 유튜브를 시청해 보자.

일생 동안 인간과 동물의 의사소통을 연구한 J. 앨런 분(J. Allen Boone)의 책을 읽은 후 정신적 연결에 흥미를 갖게 되었다. 그는《모든 생명과의 연결성(Kinship with All Life)》에서 동물의 심리적 감수성에 대해 처음 알게 된 것은 배우로 활동한 개 스트롱하트(Strongheart)를 돌보면서부터라고 했다. 스트롱하트는 부정직한 사람을 감지할 수 있었으며, 산책을 가거나 다른 방으로 가야겠다는 저자의 생각과 계획을 예측하고 다양한 방법으로 의사를 전달하고 받아들였다.

앨런 분은 세심한 연구와 시도를 통해 그가 다양한 동물과 양방향 대화가 가능한 채널을 만들 수 있다는 사실을 발견했다. 연구가 진행됨에 따라 그는 동물들이 종종 사람들이 기대하는 대로 행동한다고 결론지었다.

파리는 해충일 뿐이라고 생각한다면 집파리는 해충으로 행동한다. 그런데 집파리를 사람과 동등한 존재로 예우한다고 가정해 보자. 집파리의 날 수 있는 능력이나 몸의 우아함 등을 보고 감탄하면서 훌륭한 존재라고 생각하면 집파리는 어떻게 행동하게 될까? 저자의 집파리는 '프레디'가 되었고, 조용히 부르면 다가왔으며, 요청하면 그의 맨살 위를 걷는 일을 그만두었다.

어느 날 아들과 함께 아이스크림을 먹고 있었는데 아내가 테이블 위를 기어가고 있는 작은 거미 앞에 아이스크림을 조금 흘렸다. 아내는 앨런

분에게 영감을 얻어, "여기 있다." 하고 거미가 손님인 듯 환영하며 말했다. "너도 좀 먹을래?" 놀랍게도 거미는 아이스크림을 다 핥아 먹었다. 우리는 흥미진진하여 거미 앞에 물 한 방울을 떨어뜨리고는 "좀 씻을래?"라고 말했다. 놀랍게도 거미는 그렇게 했고 작은 다리를 흔들어 깨끗하게 만들었다. 마지막으로 그녀는 거미에게 냅킨을 주며 닦아서 말리라고 했다. 그러자 거미는 자신의 다리를 닦았다. 우리는 모두 말문이 막혔다. 이때부터 나는 손으로 거미를 들어 올려 집 밖으로 내보내는 습관을 갖게 되었다. 그리고 이때부터 수도 계량기함에 수년간 살고 있는 타란툴라(독거미의 일종)에게 항상 "안녕 피티."라고 인사하는 일을 즐기게 되었는데 그때마다 피티는 몸을 한쪽으로 움직여 내가 수도 밸브를 열 수 있게 해 주었다.

한번은 땅다람쥐가 마당의 브로콜리 작물을 뽑으려고 하자 아내가 쥐에게 물을 잔뜩 뿌려 도망가게 만들었다. 잠시 후, 마당과 숲의 경계 부분에서 바스락거리는 소리가 들렸다.

"너 거기 있는 거 다 알아." 아내가 사과하듯이 말했다. "너 이리 나와서 나랑 이야기 좀 할래?" 물에 젖어 후줄근한 땅다람쥐가 그늘에서 나와 앉아 아내를 바라보았다. "네?" 쥐는 이렇게 묻는 듯했다. 아내는 앨런 분이 부엌의 개미와 대화했던 이야기를 따라서 왜 이렇게 할 수밖에 없었는지를 설명했다. "너 옆의 숲속에서 살면 안 되겠니?" 그녀는 존중하며 요청했다. "그럼 내가 다시는 안 그럴게." 이날 이후 더 이상 땅다람쥐로 인한 피해는 없었다.

코요테, 멧돼지, 다른 덩치 큰 동물이 가까이 있는 마을의 끝자락에 살다보니 우리는 간간히 이들을 본다. 그런데 이 동물들에 대한 이야기를 나눌 때면 가끔 이들이 마법처럼 우리 앞에 나타날 때가 있다. 한번은 이웃이 천국 보험계획(공식적인 보험이 아니라 우주를 믿는다는 뜻이다)에 대해 이야기하고 있었는데 뜨거운 정오에 느닷없이 코요테 한 마리가 나타나서는 그녀의 선택이 맞다고 말하는 듯 보였다.

이처럼 인터넷을 검색해 보면 고양이와 새의 우정 등 전혀 생각지도 못한 방법으로 서로를 돕고 친구가 되는 동물의 놀라운 이야기가 가득하다. 나는 이런 이야기를 좋아한다. 내가 가장 좋아하는 최신 이야기는 캐나다 거위가 신시내티의 순찰 중인 경찰에게 용감하게 다가가 그의 차를 쪼아대며 자기를 따라오라고 했다는 이야기이다. 거위를 따라 근처 공원에 가보니 거위 새끼 중 한 마리가 풍선 줄에 걸려 있었고 다른 거위가 조심스럽게 줄을 풀고 있었다고 했다.

이 일화들이 우리에게 가르쳐 주는 것은 어떤 종이든 사람과 연결되어 있고 우리는 이를 가슴 깊이 의식해야 한다는 사실이다.

몸이 가진 치유력을 믿어라

마지막으로 치유력에 대해 믿음을 가지는 것이 좋다고 조언하고 싶다. 생명은 항상 스스로 올바른 방향을 추구하기 때문에 상처를 아물게 하고 정신을 고양시킨다. 내가 수의사로서 지금까지 이룬 일을 통해 배운 중요한 사실 중 하나는 몸이 가진 엄청난 치유력에 대해 확신을 가져도 된다는 점이다. 타고난 힘에 내가 약간의 도움을 주었을 뿐인데 동물이 회복된 경우를 보면서 매번 정말 놀랐다.

여행과 이사,  반려동물을 잃어버렸을 때

14장

가끔 반려동물의 놀랄 만한 실제 이야기를 접한다. 대륙을 횡단하는 수하물 배달 트럭에 우연히 갇혀 한 달 동안 음식이나 물도 없이 살아남은 고양이에 관한 이야기도 있고, 이사 중에 잃어버린 반려견이 전국을 횡단하여 수백 킬로미터 떨어진 집까지 찾아온 이야기도 있다. 끈질긴 생명력과 강한 애착에 관한 이런 이야기는 놀랍고도 고무적이다.

인간 세계에서 사는 동물에게 매일의 삶은 특별한 도전이다.

248

휴가와 여행

많은 사람에게 여행은 일상의 한 부분이다. 때때로 하룻밤 다녀오는 출장일 수도 있고, 일주일 동안의 즐거운 여행일 수도, 때로는 한 달 동안 떠나는 긴 휴가일 수도 있다. 반려동물과 함께 여행을 가든 아니면 집에 놔두고 혼자 가든 간에 그럴 때면 반려동물의 특별한 욕구를 위해 무언가가 필요하다.

두 가지 경우가 있다. 하나는 반려동물을 자동차나 비행기를 이용해 데려가는 것이고, 또는 집에 놔두고 누군가가 반려동물을 돌봐 주는 것이다.

만약 반려동물과의 유대감이 밀접하다면 동물은 언제 돌아올지 모를 반려인을 그리며 며칠 이상 지속되는 빈자리에 슬퍼할 수도 있다. 오랫동안 자리를 비우면 때때로 감정적인 혼란을 유발할 수 있으며 이는 반려동물에게 스트레스가 될 수 있다.

이런 문제에 대해 심각하게 걱정하던 여성이 내게 편지를 보냈다.

반려견 래시는 곧 열여덟 살이 됩니다. 저희는 지난 2년 동안 가족 중 몇 명이 죽는 불행한 일을 겪었고, 지금 저와 남편은 열흘 동안 머리를 좀 식히기 위해 크루즈 여행을 가기로 계획하고 있습니다. 문제는 래시를 반려견 호텔에 위탁해야 한다는 것입니다. 노령견인 래시가 우리의 보살핌에 익숙해져 있어서 어딘가에 맡길 경우, 여행을 마치고 우리가 돌아올 때까지 살아 있지 못할 수도 있다고 책에서 읽었습니다. 매우 두렵습니다. 우리가 여행을 가 있는 동안 이 멋진 개를 보살필 만한 다른 방법이 없을까요?

그들의 어려운 상황에 공감이 갔다. 래시는 맡겨져 있는 동안 가족을 그리워할 뿐 아니라 낯선 곳에서 케이지에 갇혀 뛰지도 못하고, 다른 동물의 짖는 소리와 흐느끼는 소리에 둘러싸여 편안히 쉬지도 못하며 불안해할 것이다. 익숙하지 않은 음식을 먹지 않으려고 할지도 모른다. 스트레스를 받고 약해진 상태로 지내는 동안 전염성 호흡기계 질병인 켄넬코프(개를 집단 사육하는 곳에서 흔하다)와 같은 질병에 걸릴 수도 있다. 어린 동물은 위탁되는 동안 건강이 나빠지기도 한다. 하지만 사람은 가끔 여행을 가야 하며, 그때마다 반려동물을 데리고 다닐 수도 없다.

반려견 호텔에 맡기기

최선의 선택은 아니지만 책임 있게 운영되는 곳이고 장기간이 아니라면 반려견 호텔에 위탁할 수 있다. 반려동물을 맡기기 전에 반드시 그곳의 시설을 직접 확인해야 한다. 개개의 동물이 조용하게 쉴 수 있는 곳이 따로 마련되어 있는지, 위생 상태나 소음 정도는 어떤지, 햇빛은 잘 드는지, 운동할 수 있는 공간은 충분한지, 신선한 공기를 마실 수 있는지, 물이 충분하고 식사가 적절하게 제공되는지, 아플 때 치료를 받을 수 있는지 등을 꼼꼼히 살펴야 한다.

호텔에 위탁할 때 결점 중 하나는 위탁 전에 예방접종을 해야 한다는 것이다. 예방접종이 지나치게 남용되는 면이 있고, 잦은 예방접종은 질병을 지속적으로 유발할 수 있으며, 특히 나이 든 동물에게는 더욱 그렇다. 만약 반려견이 어렸을 때 예방접종을 맞았다면 추가접종을 다시 할 필요는 없다(한 가지 예외가 있는데 광견병 예방접종이다. 광견병 예방접종도 자주 할 필요는 없지만 동물이 아니라 사람을 보호하기 위해 법으로 정해져 있으므로 접종해야 한다). 위탁하기 전에 예방접종을 해야 하는 과학적 정당성이 없고, 예방접종을 한 개들이 켄넬코프에 걸릴 위험이 더 높다는 사실을 몇몇 연구에서 찾을 수 있는데도 불구하고 많은 호텔 운영자들은 예방접종을 요구한다. 이런 문제에 대한 결정권을 수의사에게 넘기고, 모든 동물에게 똑같이 적용해서는 안 된다고 생각한다. 예방접종 문제는 여러 상황에서 반려인이 종종 직면하는 일이다.

과도한 접종 때문에 건강상태가 나빠질 수 있으므로(16장 참조) 켄넬에서 접종하라고 요구해도 접종하지 말라고 조언하고 싶다. 만약 반려동물이 쇠약하고 병들고 나이가 들었다면 더더욱 예방접종을 피해야 한다. 운이 좋다면, 과도한 예방접종을 피하고 싶다고 피력했을 때 호텔 운영자가 이를 존중해 줄 수 있다. 접종을 피하는 또 다른 방법은 담당 수의사에게서 건강상의 이유로 백신을 맞지 말아야 한다는 내용의 편지를 받는 것이다. 수의사가 구입하는 백신 제제에는 건강한 동물에게만 접종되어야 한다는 설명서가 함께 온다. 그런데 이런 사실이 종종 간과된다. 이상하게도 알레르기나 갑상선 문제, 관절염과 같은 만성질환을 앓고 있는 일부 동물을 건강하다고 판정하는 수의사들이 있다.

집에서 돌보기

반려동물을 집에 놔두고 다른 사람에게 맡기는 방법이 있다. 장기간 집을 비울 때나 호텔에 있는 것보다 더 좋은 환경을 조성해 줄 수 있다면 훌륭한 선택이다. 친구나 친척 또는 머물 곳이 필요한 사람에게 집을 사용하게 해 주는 대신에 반려동물과 식물을 맡길 수 있다면 큰 행운이다. 만약 그럴 만한 사람이 없다면 하루에 한두 번씩 집에 들러 반려동물에게 먹을 것을 주고, 빗질도 해 주고, 예뻐해 주고, 운동도 시켜 주고, 우편물도 가져다 놓고, 식물에게 물도 주는 전문적인 펫시터를 찾아볼 수 있다. 하루에 두 번이면 반려동물에게 더 좋겠지만 한 번에 비해서 비용이 올라간다. 집에 오는 것이므로 펫시터의 신원이 확실한지 확인해야 한다. 나는 펫시터의 도움을 많이 받았다.

아르바이트를 구하는 학생이나 동물 건강 테크니션 프로그램을 이수한 학생, 지역사회 지원자 중에서 구한다. 가까운 친구나 이웃, 동물을 좋아하고 안면이 있는 일가친척도 여행을 간 사이에 반려동물을 돌봐줄 수 있다. 개가 다정하고 훈련이 잘되어 있다면 돌봐주는 사람의 집에서 지내는 방법도 있다. 개와는 반대로 고양이는 대개 혼자 남겨지는 것에 스트레스를 덜 받는다.

집에서 돌보는 방법을 택한다면 다음의 몇 가지 조언을 참고한다.

여행을 떠나기 전에 반려동물에게 펫시터를 소개한다. 전문 펫시터는 여행을 떠나기 전에 반려동물을 만나는 것을 좋아한다. 그리고 반려동물의 일과를 이해하는지 확인해야 한다. 반려동물과 펫시터가 친해질 수 있도록 산책이나 놀이를 함께하거나 반려동물을 잠시 안아볼 수 있는 기회를 주는 등 펫시터가 반려동물과 함께하는 시간을 만든다. 이를 통해 반려인의 스트레스와 걱정을 많이 줄일 수 있다. 또한 나이 든 동물이나 쉽게 흥분하는 동물에게도 좋다.

펫시터가 반려동물에게 적당량의 음식과 물을 주고, 적당량의 운동을 시키며, 관심을 가져줄 것을 확실히 해야 한다. 만약 반려인이 집에서 직접 만든 음식을 먹일 경우에는 일정량을 미리 만들어 놓고, 장기간 여행을 갈 경우에는 녹여서 사용할 수 있도록 편리한 용기에 넣어 냉동시킨다. 펫시터에게 직접 만든 음식을 먹이는 방법을 잘 설명해 놓는 일 또한 매우 중요하다. 가장 흔한 불만은 펫시터가 음식에 대한 지시사항을 제대로 이행하지 않아서 여행을 마치고 집에 돌아왔을 때 만들어 놓은 음식이 아직도 냉동된 채 그대로 남아 있다는 것이다. 그래서 자연식을 한다면 반려인의 요구사항을 명확하게 알려야 한다.

집에 약간의 돈을 놔두고 반려동물이 아프거나 응급상황이 발생했을 때 동물병원에 데리고 가서 진료를 받을 수 있도록 반드시 이야기한다. 반려인이나 가까운 친척의 연락처를 남긴다.

만약 이 기간에 동물이 심적으로 혼란스러울 것 같으면 바흐의 레스큐레미디(Bach's Rescue Remedy)를 사용하라고 한다(17장 참조). 펫시터에게 물그릇을 새로 채울 때마다 물그릇에 레스큐레미디를 4방울씩 섞어 주라고 부탁한다.

반려동물에게 작별인사를 할 때에는 차분한 태도와 흐트러지지 않은 마음자세로 한다. 동물은 사람의 감정을 읽을 수 있기 때문에 여행을 떠날 때 반려인이 불안해하거나 당황해하면 그들도 혼란에 빠진다. 동물의 눈을 똑바로 쳐다보고 다시

만나는 행복한 장면을 떠올리면 동물들에게 도움이 된다. 일단 출발하고 나면 쓸데없는 근심과 걱정을 버려야 한다. 이미 반려인이 할 수 있는 일은 다한 것이다.

반려동물과 함께 여행하기

휴가를 갈 때 반려동물을 데리고 가는 것은 어떨까?

많은 개와 일부 고양이(주로 샴이나 샴과 연관이 있는 종)가 점잖고, 정신적·육체적으로 건강하다면 반려인과 함께 즐겁게 여행할 수 있다. 몇 가지 주의사항은 지켜야 한다.

인식표를 확인한다. 동물을 잃어버렸을 때 반려인에게 연락할 수 있도록 조치를 취해야 한다. 가장 좋은 방법은 "이 동물을 발견하신 분은 저에게 연락 주세요."라고 적힌 종이를 넣을 수 있는 내수성이 강한 작은 '통(barrel)' 모양의 인식표(산악구조견이 목에 거는 나무통의 작은 버전이라고 생각하면 된다)를 단다. 그곳에 반려인의 휴대전화번호, 지인의 전화번호, 숙소 전화번호를 기입한다. 이런 인식표는 여행 시에 매우 실용적이다.

마이크로칩을 이용한다. 일반화된 마이크로칩은 전자 장치로(쌀알 두 배 정도의 크기) 주사기를 이용해서 목 뒤의 피하층에 삽입한다. 한 번 삽입하면 피하에 정착되어 스캐너로 저장된 정보를 읽을 수 있다. 마이크로칩은 방사선이나 자체 신호에 영향을 받지 않는다. 많은 사람이 마이크로칩이 건강에 미치는 영향에 대해 물어보는데 선택하는 데 걸림돌이 될 만큼은 아니다. 내가 칩을

심었던 동물 중 문제가 된 경우는 단 한 번도 없었다. 재료 자체가 세포에 자극을 주지 않는 한 문제가 될 이유는 없다. 물론 선택은 반려인이 하는 것이다. 목에 거는 인식표가 마이크로칩보다 반려동물을 찾을 확률이 더 높다고도 하지만 시대에 따라 많은 것이 변한다.

자동차 여행

장기간 여행을 할 때는 매일 운동을 시킨다. 개와 함께 여행을 할 경우에 뭔가를 물어오게 하거나 달리게 하는 격렬한 게임을 적어도 30분씩 시켜야 한다. 안전하고 적당한 장소에서는 목줄을 하지 않은 채 달리도록 한다. 설령 안전한 장소라 해도 부르는 소리에 즉각 되돌아오는 훈련이 잘 된 개만 가능하다.

고양이는 줄이 연결된 옷을 입혀야 한다. 차에 태워서 이동하거나 낯선 곳에 가면 개보다 고양이가 더 당황할 수 있고, 고양이는 당황하면 도망칠 수도 있다. 고양이는 작은 화장실을 넣은 상자에서도 잘 지낸다. 차가 움직일 때에는 샐 수 있으니 화장실 밑에 일회용 패드를 깐다.

무더운 날 차에 반려동물 혼자 두고 내리지 않는다. 밀폐된 차는 내부의 열이 쉽게 올라가 찜통처럼 작용하고 동물이 열사병에 걸릴 수 있다. 열사병은 심한 뇌손상을 유발할 수 있으며, 사망에 이를 수도 있다. 있어서는 안 될 일이지만 혹시 이런 문제가 발생했다면 '응급처치(477쪽)' 편을 참조한다.

익숙한 물건을 가지고 간다. 집에 있는 바구니나 침대를 가지고 가면 동물의 마음을 더욱 편안하게 만들 수 있다. 반려동물이 좋아하는 장난감을 가지고 가도 된다.

편의를 위해 사료를 준다. 여행을 순조롭게 하려면 여행을 떠나기 며칠 전부터 사료 먹이기를 시도하여 적응시킨다.

생리 욕구를 예상한다. 자동차 여행을 할 때 고양이에게 화장실은 필수 준비물이다. 동물병원이나 펫숍에서 일회용 화장실을 구입한다. 개는 줄을 짧게 매고 하루에 두 번 산책시킨다. 공원이나 시내, 모텔, 해변에서 사용할 일회용 봉투와 휴지를 준비한다.

흔한 질병에 대비한다. 여행 중인 반려동물에게 변비는 성가신 문제이다. 변비는 운동량 부족, 수분량 부족, 좀처럼 정차하지 않는 차, 낯설고 새로운 지역에 대한 불안감 등으로 유발될 수 있다. 일시적인 변비는 심각한 문제가 되지 않으며 대개 머지않아 해결된다. 개에게 효과가 좋은 예방제로 제철과일이나 신선한 딸기, 무화과, 마른 자두 등을 준비하면 좋다. 밀기울이나 질경이씨 껍질(차전자피) 역시 유용하다. 반려동물에게 변비가 생겼을 경우에는 동종요법 약물인 눅스 보미카(Nux vomica) 6C가 아주 유용하다. 일반적으로 한 번 먹으면 충분하다. '변비(394쪽)' 편을 참조한다.

자동차나 비행기를 탈 때 구역질을 하는 동물도 있고, 심지어 구토를 하거나 과도하게 침을 흘리는 유연 증상을 보이는 동물도 있다. 멀미 증상은 고양이보다 개에게 더 흔하게 나타난다. 반려동물이 차 안에서 풀려 있다면, 멀미를 예방하기 위해 동물을 차 바닥에 엎드려 있게 한다. 만약 차멀미를 한다면 위를 진정시키기 위해 개에게 소량의 페퍼민트 차나 페퍼민트 캡슐을 주는 것이 좋다(고양이는 페퍼민트를 좋아하지 않는다).

또 다른 유용한 허브로는 생강이 있는데 바로 사용 가능한 제품이 출시되어 있다. 여행을 시작하기 전에(만약 자동차 여행이라면) 생강 날것을 잘게 채 썰어 1테이블스푼 정도를 물에 넣고 하룻밤 동안 우려 차를 만든다. 여행하는 중간에 반려동물이 구토를 하려고 할 경우 줄 수 있다. 효과가 좋다. 급여량은 고양이의 경우 ½티스푼 정도이고(주사기를 사용한다면 2~3mL), 개의 경우 체중에 따라 1티스푼에서 1테이블스푼 정도 먹일 수 있다.

세 번째 방법으로, 에드워드 바흐 박사가 개발한 38가지 플라워 요법(flower remedy preparation)으로 만든 조합도 있다(17장 참조). 아스펜(aspen), 엘름(elm), 스클레란투스(Scleranthus), 버베인(vervain)을 함께 섞고, 감정적인 혼란과 그로 인해 유발되는 구역질을 완화시키기 위해 이 조합을 2시간마다 2방울씩 먹인다.

금식을 시킨다. 구역질을 하는 경향이 있는 동물은 여행 첫날이나 출발 전날에 금식시키는 편이 현명하다. 이동장에 넣어 이동하는 동물은 여행 전 12~24시간 정도 금식시키면 대개 여행 중에 구역질을 하지 않는다.

불안감을 줄인다. 만약 반려동물과 여행을 해본 적이 있고, 반려동물이 두려움과 혼란을 느낀다는 것을 알고 있다면 동종요법 약물인 아코니툼 나펠루스(Aconitum napellus) 30C가 매우 유용하다. 이 약물은 공포심을 확실히 줄여 준다. 확실

한 차이를 느낄 수 있다. 집을 나서기 한 시간 전에 한 알 투여한다. 그리고 집을 나서기 몇 분 전에 한 알 더 투여한다. 대부분 여행에서 이 정도면 충분하다. 또다시 불안감을 느끼기 시작하면 여행 중에 한 알 투여한다. 이 약물을 서너 번 이상 투여해야 하는 경우는 거의 없다. 실제로 동물은 대부분 집을 나서기 전에 단 두 번 약물을 투여하는 것만으로도 여행을 잘한다. 이 약물은 매우 안전하며, 종종 신경안정제보다 더 효과적이다.

눈에 염증이 생겼을 때. 자동차가 달릴 때 창문 밖으로 머리를 내밀고 스쳐가는 광경을 쳐다보길 좋아하는 개는 눈에 염증이 생기기도 한다. 간혹 먼지나 부스러기가 눈으로 들어가 각막을 긁고 염증을 일으키기도 한다. 염증이 경미한 경우에는 눈물과 매우 흡사한 순한 소금용액(생리식염수)으로 눈을 세척하면 된다. 깨끗한 물 한 컵에 바다소금 ¼티스푼을 넣고 섞은 용액을 실온에 보관한다. 컵이나 접시에 소량의 용액을 부은 후 솜에 적셔 눈에 똑똑 떨어뜨리거나 점적기를 이용하여 용액을 떨어뜨린다. 자극을 유발하는 물질이 눈에서 제거될 때까지 용액을 계속 떨어뜨린다.

염증이 심한 경우에는 생리식염수 한 컵에 허브 아이브라이트(eyebright, Euphrasia officinalis) 팅크(알코올 추출액) 5방울을 섞어서 사용한다. 이 용액을 하루에 4번 눈에 넣어 준다.

만약 각막손상이 심하다면 계속 눈을 감고 있게 된다. 그런 경우에는 동물병원에서 진료를 받아야 한다. '안과질환(423쪽)' 편을 참조한다.

모텔이나 야영지를 깔끔하게 사용한다. 다음의 방

침만 잘 준수한다면 반려인과 반려동물뿐 아니라 나중에 오는 다른 사람도 매우 환영받을 것이다. 이런 지침은 다른 사람의 집을 방문할 때에도 적용된다.

• 장시간 외출할 경우에는 모텔에 개를 혼자 남겨 둬서는 안 된다(개가 짖거나 무언가를 물어뜯을 수 있다).

• 배설물 처리를 위해 봉지와 집게를 가지고 다니고, 실내외에 어질러 놓은 것을 깨끗하게 정리한다.

• 중성화수술을 한 동물만 데리고 다닌다. 그래야 길을 잃거나 영역표시를 하는 등의 문제가 발생하지 않는다.

• 반려동물에게 항상 목줄을 한다. 그래야 남의 화단을 망가뜨려 배상하는 일이나 다른 손님에게 폐를 끼치는 일이 발생하지 않는다.

비행기 여행

건강하지 않은 반려동물은 비행기에 태우면 안 된다. 만약 반려동물을 비행기에 태운다면 화물칸에 탑승해 있는 동안 질식 위험이나 매우 높은 온도에 노출되지 않는지 확인해야 한다. 잠깐의 비행은 대개 그리 큰 문제가 되지 않는다.

많은 항공사가 소형견의 기내 동승을 허락한다. 물론 이륙이나 착륙할 때에는 반려동물을 이동장에 넣어 자리 밑에 넣어야 하지만 비행 중에는 이동장을 무릎 위에 올릴 수 있다. 이동장 밖으로 꺼낼 수는 없지만 일부 이동장은 구멍 사이로 반려동물을 쓰다듬어 줄 수 있다. 한 비행기에 개가 몇 마리 탑승할 수 있는지에 대한 제한이 있으므

로 예약할 때, 몇 마리의 동물이 탑승수속을 마쳤는지 확인해야 한다. 이렇게 해야 반려인과 반려동물이 마지막 순간에 탑승을 거부당하는 일을 막을 수 있다. 온라인 사이트에 이에 대한 자세한 정보가 나와 있다.[1]

대형견의 비행기 탑승 규정을 잘 알아봐야 한다. 대형견을 화물칸에 태우려면 단단한 플라스틱이나 철제 이동장을 준비해야 하며, 최소한 3면이 환기가 잘 돼야 한다. 대부분의 항공사는 화물칸에 대형견을 두 마리까지 태운다. 항공권을 예매할 때 반드시 개를 동반할 수 있는지 확인해야 한다. 연락처 정보와 신원을 확인하기 위해 상자에 라벨을 붙이는 것이 좋은데 연락이 안 될 경우를 대비해 다른 연락처도 남긴다. 여행 중에 짐이 종종 분실되는 것처럼 개도 그럴 수 있으므로 이동장에 인식표를 붙이고, 개를 되찾는 데 시간이 걸릴 수 있으므로 급식 방법에 대한 지시 사항과 의료 행위에 대한 요구사항을 덧붙인다.

탑승 전에 병원에서 발급한 건강증명서를 보여 준다. 반려동물의 건강증명서는 공공 교통수단, 해외여행, 배를 이용한 주와 주 사이 수송 시에 요구된다. 만약 검역 시간이 오래 걸리는 나라거나 특정한 건강상의 위험이 있다면 그 나라에는 반려동물을 데리고 가지 않는 편이 좋다. 여행을 계획하기 전에 여행 갈 나라의 요구사항을 면밀히 검토해야 한다.

환승 노선을 피하고 직항 비행기를 이용한다. 반려동물에게는 비행기를 타는 것만으로도 충분히 겁나는 일인데 하물며 환승으로 인해 컨테이너를 내렸다가 다시 싣는 북새통을 견디는 건 힘들

다. 환승을 하게 되면 화물칸의 온도가 일정하게 유지되지 않아서 반려동물이 스트레스를 더 많이 받는다. 일부 항공사는 화물칸의 온도가 지나치게 높이 올라가서 특정 계절에는 화물칸에 반려동물을 태우지 않으므로 확인해야 한다. 행선지에 도착하면 바로 물을 준다.

나의 고객 중 한 명은 비행기로 여행할 때에도 반려동물에게 동종요법 약물인 아코니툼 나펠루스(Aconitum napellus) 30C를 준다. 이 방법은 매우 유용하다. 집에서 출발할 때 한 번 먹이고, 비행기에 탑승할 때 또 한 번, 필요하다면 환승 시에 또 먹인다(17장 참조).

새집으로 이사 가는 반려동물

이사는 반려동물이 자신의 근거지를 송두리째 빼앗기는 큰일이다. 새로운 이웃의 항의를 받는다면 습관을 고쳐야 하고, 새로운 영역에 익숙해져야 하는 스트레스를 받아야 한다.

이사 중에 길을 잃거나 집을 나갈 수도 있다. 그래서 이사하는 동안에는 반려동물이 반려인의 시야 안에 있는지 항상 확인해야 한다. 짐을 싸고 풀면서 북새통인 동안 동물을 조용한 방, 욕실, 세탁실, 안전하게 울타리가 쳐 있는 마당(마당은 개에게만 해당한다)에 가둔다.

침대, 장난감, 좋아하는 매트 등 익숙한 물건을 줘서 안심시킨다. 이사할 때에는 사람들이 들락날락거리고 문을 열어두기 때문에 소음에 놀란 반려동물이 밖으로 나가 잃어버릴 위험이 있으니 조심해야 한다. 고양이는 옮겨지는 가구나 상자 안에 숨으려고 한다. 내가 아는 사람의 고양이는 이

사하면서 사라졌다가 두 달 만에 발견되었다. 알고 보니 침대 겸용 소파 안에서 두 달을 보낸 것이었다. 다행히 피골이 상접했지만 살아 있었다.

이사할 때 반려동물을 버리고 가는 사람도 많다. 버려진 반려동물은 서서히 굶어죽거나 병에 걸리기도 하며 누군가의 신고로 유기동물 보호소로 보내져 안락사를 당하기도 한다. 또는 마지못해 새로운 보호자에게 떠맡겨지기도 한다. 실제로 내 친구는 한 여성이 프랑스로 이사 가면서 판 집으로 이사를 갔는데 고양이 두 마리와 고양이를 돌보지 않으면 저주를 퍼붓겠다는 편지가 함께 있었다. 남에게 책임을 떠넘기는 방법도 가지가지이다.

보호자가 여러 번 바뀐 반려동물은 불안한 심리상태와 행동문제가 생길 수 있다. 또한 이혼, 결혼, 출산, 사망, 자녀의 독립 등 가족 구성원에 변화가 생기면 반려동물은 불안한 마음이 생기면서 스트레스를 받는다. 가정에 어떤 변화가 생기면 그들에게 더 많은 관심과 애정을 보내야 한다.

집의 리모델링

집을 리모델링할 때면 반려인도 정신이 없지만 개나 고양이도 마찬가지이다. 게다가 이유를 모르니 어리둥절하게 된다. 그러다 보니 인부들이 작업을 하기 위해 문을 열어놓은 틈을 타 가출을 하거나 구조물 안에 갇히기도 한다. 워싱턴에 사는 펫시터인 패티 하워드가 들려준 이야기이다. 집을 리모델링하는 3주 동안 가족들은 하와이로 여행을 떠나면서 패티에게 고양이를 맡겼다. 그런데 그가 집에 갔을 때 고양이를 찾을 수 없었

다. 욕실 시공업자가 고양이가 벽 뒤에 숨은 사실을 모르고 욕실에 타일벽을 쳤기 때문이다. 패티가 욕실 벽 뒤에서 약하게 '야옹' 하고 우는 소리를 들어서 고양이는 겨우 목숨을 건졌다. 드라이버와 해머로 타일 벽을 뚫고서야 고양이를 구조할 수 있었다. 어떤 다른 고양이는 리모델링할 때 임시로 뚫어 놓은 구멍을 타고 지붕으로 올라가는 바람에 갇히기도 했다.

새로운 집으로 입양 보내기

불행하게도 동물을 사랑하는 사람조차 때로는 집안 문제, 알레르기, 동물과의 불화 등 동물과 함께 사는 게 더 이상 불가능하게 되는 상황에 놓여질 때가 있다. 그래서는 안 되겠지만 만약 그런 상황에 처한다면 반려동물에게 좋은 가정을 찾아주는 데 최선을 다해야 한다. 다음에 나오는 동물보호단체인 휴메인소사이어티(Humane Society)의 지침을 따르면 좋다. 이 지침은 강아지나 새끼 고양이의 새 보금자리를 알아보는 데에도 적용된다.

지역신문에 광고를 내거나 동네에 전단지를 배포해서 동물을 입양할 좋은 가정을 찾는다. 많은 사람이 볼 수 있도록 여러 곳에 입양 글을 노출한다. 아이를 좋아하고, 건강하고, 조용하고, 훈련이 잘되어 있으며, 애정이 많다는 등의 동물에 대한 정보와 새 보금자리가 필요해진 상황을 간략하게 적는다. 많은 사람이 볼 수 있도록 동네 파출소, 동물병원, 지자체 건물, 교회, 노인정 등에 전단지를 붙인다.

새로운 가족을 찾아주는 사이트, 앱에 동물의 정보를 등록한다. 집을 찾는 동물과 반려동물을 찾는 이들에게 도움을 주는 사이트, 앱이 많으니 그런 곳을 이용한다. 또한 특정 종을 구조해서 새 보금자리를 찾아주는 단체도 있으니 그런 곳도 이용한다.

동물을 '무료'로 분양하지 않는다. 무료로 분양을 한다고 하면 실험실에 팔아넘기거나 방치하거나 학대하는 사람들의 눈길을 끌 수 있다.

관심을 보이는 사람이 있다면 반려동물을 데리고 집에 찾아간다. 반려동물 데려갈 집에 가서 집안 분위기를 직접 확인한다. 이렇게 하면 반려동물이 새로운 집에 적응하는 데도 도움이 된다. 다음 사항도 확인한다.

- 울타리가 쳐진 안전한 마당이 있나?
- 고속도로가 가까이 있지 않은가?
- 반려동물이 지나치게 많은 시간을 혼자 보내야 하나?
- 관심을 보이는 당사자가 반려동물을 관리하는 데 있어서 기본적인 사항을 숙지하고 있나?
- 가족 중에 입양에 반대하는 사람이 있나?
- 가족 중에 동물에 대한 알레르기가 있는 사람이 있나?
- 반려동물을 주로 담당할 사람이 자주 거처를 옮기는 경향이 있나?
- 전에 키웠던 반려동물에 대해서 알아본다. 반려동물을 잃어버렸거나 교통사고를 당했거나 남에게 주지 않았는지 확인한다. 같은 일이 반복될 수도 있기 때문이다.

이런 질문을 하는 일이 쉽지 않지만 반려동물을 책임감 있게 키울 사람이라면 이런 걱정을 충분히 이해할 것이다.

오랜 친구를 새로운 보금자리에 보내는 일은 어렵고 슬프지만 시간을 들여 좋은 가정을 찾아줄 수 있다면 괜찮다. 시간이 지난 후 입양을 보낸 사람과 입양을 한 사람이 모두 만족할 수 있다면 함께 살 수 없는 상황인데 끌어안고 있다가 모두 불행해지는 것보다는 나을 수 있다.

반려동물을 잃어버렸을 때

이사와 휴가 외에도 언제라도 반려동물을 잃어버릴 수 있다. 반려동물을 등록하고 인식 칩을 하고, 목걸이에 이름표가 있다면 잃어버리거나 누가 훔쳐갈 기회를 최대한 줄일 수 있다. 그러나 많은 주의를 기울여도 동물을 잃어버릴 수 있다. 반려동물을 잃어버렸을 때 어떻게 대처해야 하는지에 대해 알아본다.

지역의 유기동물 보호소에 찾아간다. 동물을 잃어버렸다면 지역 유기동물 보호소에 매일 찾아간다. 보호소에 전화하는 것만으로는 개를 찾지 못한다. 왜냐하면 반려동물을 확실히 아는 사람은 반려인 밖에 없기 때문이다. 많은 보호소가 유기동물로 붐비며 직원들은 일거리가 많아서 초과근무를 하는 실정이므로 보호소에 있는 모든 동물을 기억하기란 불가능하다. 어떤 경우에도 모든 책임은 반려인에게 있다. 모든 켄넬을 방문하여 격리, 분리, 구류, 접수 공간을 모두 직접 확인한다. 켄넬에 갔을 때 반려동물의 이름을 큰 소리로 불러본다. 인식표가 없으면 다시 만나는 일은 거의 불가능하다.

유기동물 보호소에 방문해서 동물의 신상을 기록하고, 독특한 특징을 알려 주고 사진을 제출한다. 또한 보호소에 있는 동물의 기록도 체크한다. 길을 잃은 동물을 발견한 사람은 안락사를 막기 위해 자기 집으로 데리고 가는 일이 있다. 보호소나 지역공동체에는 유기동물에 대한 신상 자료만 제출하기도 한다. 나도 독립기념일 불꽃놀이에 깜짝 놀라 다른 트럭에 잘못 올라타는 바람에 가족과 떨어질 뻔한 개를 찾아준 적이 있다.

유기동물 관련 사이트, 앱을 검색한다. 요즘은 유기동물을 구조한 개인이나 단체, 보호소가 보호하고 있는 유기동물을 올리는 사이트와 앱이 잘 되어 있다. 그곳에 우리 집 개가 올라와 있는지 찾아본다.

경찰서에 간다. 특히 누가 훔쳐갔다는 의심이 든다면 경찰서를 방문하는 게 중요하다.

지역신문에 광고를 낸다. 동물의 특징과 마지막으로 보았던 장소를 적고, 가능한 한 어느 정도의 사례금을 지불하겠다는 말을 넣는다.

반려동물을 잃어버린 지역에 전단지를 붙인다. 동네 동물병원, 동사무소, 편의점, 파출소, 동네 게시판 등에 전단지를 붙이고 주변 사람에게 물어본다.

집배원이나 이웃사람에게 물어본다. 집 나간 우리 애를 봤는지 이웃에게 물어본다. 어른은 물론 아이에게도 물어본다. 아이들이 길 잃은 동물을 본 경우가 종종 있다. 놀랍게도 고양이는 이웃의 차고나 창고에 들어가 있기도 한다. 우리 고양이도 가끔 그랬다.

이별 : 반려동물의  죽음에 대처하는 자세

15장

수의사 친구인 메리베스는 점잖고 충직하며 장난기 가득하고 생명력이 충만한 특별한 반려견 레이시와 함께 살았고, 마침내 레이시가 이곳에서의 생명을 다하는 날이 왔다. 이별하기 전 며칠 동안 메리베스는 레이시와 시간을 보냈다. 메리베스에게 레이시는 최고의 동반자였다.

나와 수전도 고양이 밍의 마지막 순간이 왔을 때 눈물이 가득한 상태로 밍을 안고 우리가 할 수 있는 마지막 순간까지 그를 위로했다. 나는 안락사를 통해 밍의 고통을 덜어 주었다. 우리는 밍을 잘 싸서 그가 걸터앉기 좋아했던 자리에서 멀지 않은 곳에 묻어 주었다.

나이 든 동물과 함께하면, 이런 이별의 순간은 항상 슬프지만 죽음이 임박한 게 확실한 경우에는 안락사가 최선인 경우도 있다. 하지만 어린 동물이나 죽음의 문턱에서 구조된 동물의 경우에는 어떤 기적이 일어날지 모르므로 동물에게 가능한 한 모든 기회를 줘야 한다.

나와 수전이 처음 키운 작고 검은 고양이 미라클은 며칠 동안 지켜본 결과 죽음을 향해 가고 있었다. 우리는 그 녀석을 겨우 일주일 전에 유기동물 보호소에 있는 병원에서 데려왔다. 그곳에서 나는 이 녀석을 두 번 살렸다. 처음에는 기생충 감염으로부터 살렸고, 그다음에는 안락사를 시켜야 하는 제도적인 과정으로부터 살렸다. 그런데 이제는 더 이상의 생명 연장이 불가능해 보였다. 나는 미라클에게 할 수 있는 치료를 모두 해 주었지만 미라클은 점차 시들어 가고 있었다.

증상은 분명했다. 작은 몸은 계속 약해져 갔고 다리에는 마비가 오기 시작했다. 눈은 무언가를 응시하고 있었고, 동공은 확장되어 있었으며, 움직임이 없었다. 엄청난 영원의 세계에 고정되어 있는 것 같았다. 약한 경련 때문에 간혹 머리를 흔들었으며, 힘없이 혀를 날름거렸다.

우리는 여러 가능성에 대해 의견을 나눴다. 주삿바늘, 튜브, 약물로 죽을 때까지 모든 수단을 동원해서 살리기 위해 싸울 수 있었다. 하지만 그렇게 하면 미라클의 품위를 지켜줄 수 없었다. 다른 한편으로는 길게 이어지는 죽음의 과정을 바라볼 수도 있고, 안락사 주사를 통해서 통증 없이 저세상으로 빠르게 보낼 수도 있었다. 그러나 이 상황에서는 자연스럽게 가도록 해 주는 게 옳은 것 같았다. 미라클은 불편해 보이거나 고통스러워 보이지 않았기 때문이다.

우리는 옆에서 죽음에 이를 때까지 미라클을 지켜주었다. 미라클을 바라보면서 우리는 삶과 죽음에 대한 미스터리에 대해 우리가 얼마나 모르고 있는지를 새삼 깨달았다. 우리는 고양이가 누구이고 무엇인지 정말 모르고 있었다. 어디서 왔고, 어디로 가는지도 몰랐다. 인간과 고양이는 표면으로는 다르지만 모든 살아 있는 생명체를 연결해 주는 끈인 일체감 안에서 하나였다.

우리는 몸은 자그마하지만 완벽한 눈을 가진, 이렇게 우아하고 매우 진화한 몸이 곧 땅으로 되돌아갈 것임을 알았다. 그 순수함과 천진난만한 우아함과 용기를 어떻게 잊을 수 있을까 생각하면서 슬픔의 눈물을 흘렸다. 하지만 이 역시 인생의 한 부분이다.

우리는 상자 안에 천을 깔고 따뜻한 물병을 넣은 다음 미라클을 넣어 쉬도록 하고 우리의 침대 옆에 상자를 놓아뒀다. 침묵의 시간이 흐르면서 어찌 보면 신음소리 같기도 하고 어찌 보면 야옹하고 우는 소리 같기도 한, 말로 표현할 수 없는 길고 낮은 소리가 약하게 들려왔다. 우리는 미라클 곁으로 다가가 체온을 느껴 보았다. 체온이 떨어지고 있었다. 그러다가 한밤중에 깼는데 낯선 소리가 들렸다. 그것은 미라클이 쉰 깊고 긴 마지막 숨이었다.

아침에 깼을 때 우리가 살아 있음을 깨닫게 해 주는 햇빛이 창문을 통해 새어 들어오고 있었다. 우리는 자리에서 일어나 미라클을 넣어 둔 상자를 들여다보았다. 미라클은 정말로 하늘나라로 갔다. 몸이 차갑게 굳어 있었다. 마치 자기를 관통한 어떤 엄청난 힘에 굴복한 것처럼 눈과 입을 벌린 채 굳어 있었다.

우리는 미라클을 묻을 적당한 장소를 찾다가 근처 숲 가장자리에 우뚝 솟은 아메리카삼나무 밑에 묻기로 결정했다. 나무 기슭에 자그마한 구멍을 판 다음 조용히 앉았다.

아메리카삼나무는 웅장했으며 아침햇살에 반짝거리고 살랑살랑 춤을 췄으며 땅에서 하늘로 솟구쳐 올랐다. 우리의 자그마한 친구가 이 웅장한 나무의 일부가 될 것이다. 어떤 모습에서 다른 모습으로 생명은 지속된다. 파놓은 구멍 속에 미라클의 몸을 눕히고, 나무의 뿌리와 달콤한 냄새가 나는 숲의 흙으로 미라클을 덮어 주었다. 우리가 미라클의 마지막 가는 길을 위해 땅을 다질 때쯤 관목 숲에서 바스락거리는 작은 소리가 났다.

그곳에 우리를 쳐다보고 있는 고양이가 있었다.

죽음에 임하는 자세

우리는 종종 죽음을 잊어야 할 두려운 존재로, 어떻게 해서라도 피해야 하는 것으로 여겨왔다. 하지만 결국 모든 생물에게 일어나는 일이다. 반려동물에게도 일어나고, 언젠가는 분명히 나와 아내에게도 일어날 일이다.

미라클이나 다른 생명체의 죽음을 통해 우리는 죽음을 두려워하지 않아도 된다는 사실을 알게 되었다. 그들을 통해 죽음을 충분히 경험하고, 죽음의 의미를 스스로에게 이야기할 수 있게 되었다. 죽음은 생명이 얼마나 신비롭고 경이로운 것인지 상기시켜 준다.

그래서 반려동물의 죽음을 예감하거나 반려동물의 죽음에 대한 기억을 안고서 혼란에 빠져 괴로워하는 사람을 보면 함께 슬퍼진다. 반려동물을 잃은 슬픔은 정말이지 어마어마하다. 때로는 친구나 가족의 죽음만큼 슬프고 크며, 때로는 그보다 더 크다.

사람들은 슬픈 감정을 쌓아두기만 하고 그 슬픔을 진정으로 겪어 내거나 이해할 수 있는 반응을 보이지 않는다. 자신의 슬픈 감정을 마주하는 것이 두렵거나 내키지 않아서 죽음과 슬픔으로부터 아무것도 배우지 못한다. 그것은 죽음의 고통뿐 아니라 삶의 아름다움과 의미로부터도 스스로를 차단하는 것이다. 그러나 감정을 직시하면 배움과 성숙을 위한 진정한 기회를 얻을 수 있다. 이는 직장, 건강, 가정, 삶의 목적 또는 오랫동안 간직했던 신념과 같은 다른 의미 있는 일의 상실을 경험했을 때에도 동일하게 적용된다.

반려동물이 죽으면 반응은 복잡하게 나타난다. 슬픔, 노여움, 우울, 실망, 두려움 등을 포함한 모든 감정이 일어날 수 있다. 독신자나 아이가 없는 부부, 동물을 최고의 친구로 생각하는 자녀를 둔 가정과 같이, 특히 관계를 중요시하는 사람들에게는 슬픔이 더욱 크게 작용할 수 있다. 또한 갑작스런 죽음, 전혀 예상치 못한 죽음, 충분히 예방할 수 있었던 사고를 피하지 못한 죽음의 경우에 상실감과 죄책감이 특히 강하게 나타난다.

심리적인 상처와 함께 반려동물의 죽음은 자기 자신에 대한 도전이 되기도 하는데 그중 하나가 안락사라는 어려운 결정이다. 안락사 결정은 반려동물을 떠난 보낸 후 반려인에게 힘든 짐으로 남을 수 있다. 또 다른 문제는 반려동물을 잃은 슬픔이 가족을 잃은 것만큼 대단하지만 사회적으로 받아들여지지 않다 보니 애도의 시간을 제대로 보내지 못한다는 점이다. 내 슬픔을 충분히 이해해 줄 수 있는 지인을 찾기가 어려웠던 경험이 있을 것이다. 공감력이 있는 상사라도 개, 고양이가 떠났다고 결근하는 부하를 이해하는 경우는 많지 않다.

실제로 함께 살아온 반려동물이 죽은 후에 곧바로 새로운 반려동물을 입양하는 일이 사회적으로 통용되고 있다. 하지만 여성이 남편의 장례식을 치른 다음 날 재혼한다면 사람들의 비난을 받을 것이다. 반려동물의 빈자리를 단순히 새로운 반려동물을 입양하여 채운다고 해서 반려인이 느끼는 슬픔이 치유되지 않는다. 오직 시간과 통찰력만이 슬픔을 치유할 수 있다. 또한 반려동물의 죽음을 접한 자녀에게 부모가 취하는 행동도 중요하다. 떠난 반려동물에게 진정한 이별을 고하기도 전에 자녀를 위한다며 새로운 반려동물을 사주려고 분주히 뛰어다니는 부모도 있다. 그런 부모 밑의 아이들은 입 밖에 내지는 않지만 '생명이란 참 저렴한 것이구나!', '가족 관계도 마음대로 끊고 교환할 수도 있는 거구나.'라고 생각할 것이다.

슬픔에 대처하기

반려동물이 죽기 전이나 죽어 가는 동안, 죽은 후에 나타나는 슬픔이나 다른 감정 등 펫로스(pet loss)에 대처하는 방법에 대해 알아봐야 한다. 그게 어떤 선택이나 행동을 가능하게 할 수 있다.

죽음이란 주제에 대해 가르치고 상담하며 저술을 하는 내 친구, 린 드 스펠더(Lynne De Spelder)는 반려동물의 죽음에 대처하는 방법은 친구를 잃었을 때 대처하는 방법과 같다고 강조한다. "슬픔에 대처하는 일은 정말로 중요하다. 연구결과 슬픔에 제대로 대처하지 못하면, 남아 있는 이들에게 병이 나타나는 것과 같은 엄청난 결과가 일어날 수 있다. 슬픔을 감추는 것은 슬픔을 더욱 악화시킬 뿐이다."

어떻게 하면 슬픔에 대처할 수 있을까? 가장 중요한 것은 스스로에게 매우 슬퍼해도 된다고 허락하는 것이다. 린은 말한다. "여자는 스스로 울도록 허락하기 때문에 종종 남자에 비해 슬픔에 더 잘 대처한다. 또 이야기를 들어줄 사람을 찾는 것이 좋다. 만약 배우자가 들어주려고 하지 않는다면 다른 사람을 찾아야 한다. 반려동물을 떠나보낸 사람의 슬픔을 가벼이 여기는 사람이 있다면 아마도 그건 자신의 감정에 대한 두려움 때문일 것이다."

반려인의 슬픔과 울부짖음이 지나치게 오래 지속되는 것 같다면 그것은 반려인이 자기 자신의 생각과 기억 안에서 지나치게 오래 살고 있다는 신호이다. 슬픔을 상담해 주는 카운슬러는 반려동물을 잃은 슬픔으로 고통받는 사람에게 과거의 끈을 놓고 현재의 장점을 볼 수 있도록 해야 한다. 요가, 하이킹, 음악감상, 스포츠 등과 같은 활동을 시작해 보라고 권한다.

내 경험에 따르면, 생각의 끈을 놓는 일이 사람들이 해야 할 가장 유익한 방법이기는 하지만 실제로 생각의 끈을 놓는 데에는 저항이 있을 수 있다. 반려동물과의 관계가 밀접했던 경우에는 그에 대한 생각을 중단하는 것이 배신처럼 느껴질 수 있기 때문이다. 사람들은 감정과 기억의 끈을 놓지 않는 것이 애정과 믿음의 표현이라고 생각한다. 하지만 생명이 우리에게 틀림없이 가져다 줄 상실감을 극복하지 못한다면 나 자신의 삶도 거기서 끝날지도 모른다는 사실을 깨달아야 한다. 나는 많은 사람을 사랑했고 반려동물을 사랑했다는 사실을 기억한다. 이것은 결코 변하지 않는 사실이다. 지금 우리가 자신의 삶을 위해 해야 할 일을 한다고 해서 절대 그들을 배신하는 것은 아니다.

어린 아이 돕기

반려동물이 떠나고 부모가 느끼는 상실감을 아이가 똑같이 느끼고 있다면 아이를 도와야 한다. 가장 먼저 일어난 사건과 자신의 감정을 숨김없이 모두 아이에게 이야기해야 한다. 그렇지 않고 아이들에게 다른 동물을 입양해서 안겨 주거나 "윌리는 떠났어." 또는 "윌리는 개가 사는 하늘나라로 갔어."와 같은 지나치게 압축된 표현을 해서 위로하려고 해서는 안 된다. 만약 죽은 반려동물을 땅에 묻기 전에 아이가 사체를 보길 원한다면, 자연스런 호기심이므로 당연히 허락해야 한다. 반려인 스스로도 감정적으로 동요되지 않아야 한다.

아이와 이야기를 나누고 아이가 오해하고 있는 부분이 있는지 확인해야 한다. 반려동물의 죽음을 부모나 자녀 등 사람의 탓으로 돌려서는 안 된다. 만약 동물이 고통스럽게 죽어 갈 것이 분명해 보여서 안락사를 결정했다면 아이에게 솔직히 말하고 이해할 수 있는 기회를 줘야 한다. 이렇게

하면 '그때 무엇을 어떻게 더 해 줘야 하는지 몰랐다.'라는 딜레마를 풀어내는 데 도움이 된다. 이는 불확실성에 직면했을 때 사람들이 일반적으로 행동하는 상황으로 부끄러워할 일이 아니다.

인간의 심리연구를 살펴보면 어린 아이는 반려동물의 죽음을 이해하는 놀라운 능력이 있다고 한다. 만약 이 시간을 삶의 교육과정의 일부라고 보면, 아이들은 단지 고통을 얻기보다는 배움의 기회를 갖게 되는 것이다.

죄의식

나는 반려동물을 잃은 수많은 사람의 이야기를 들었다. 지인들에게는 어땠는지 자세히 묻기도 한다. "반려동물을 잃고 무엇을 느꼈나?", "반려동물이 떠나는 모습을 보고 어떻게 느꼈나?" 등. 관례적인 질문보다는 대체의학적인 형태로 그들의 선택에 대해 어떻게 생각하는지를 물었다.

실제로 나는 사람들의 대답에 놀랐다. 내가 가장 많이 들은 대답은 "더 잘해 주었어야 했다."이다. 물론 사람들이 더 잘해 주었어야 했다라고 느끼는 것은 당연하겠지만, 반려동물에게 매우 헌신적이었던 사람들도 마찬가지였다. 그들은 걸을 수 없거나 배변 조절이 불가능해진 반려동물을 실내외로 나르고, 변을 본 후에는 항문을 깨끗이 닦아 주면서 정성스레 보살폈던 사람들이다. 반려동물을 돌보는 데 있어서 어떤 노력도 아끼지 않았다. 이상했다. 어떻게 그들은 자기가 반려동물에게 최선을 다하지 않았다고 느끼는 것일까?

이 부분이 인간과 동물 사이의 관계에서 알려지지 않은, 적어도 나는 이해할 수 없는 무언가가

있음을 보여 준다. 어떤 사람에게는 동물을 보살
피는 일이 엄청나게 중요하다. 돌봄이란 자기의
존재를 표현하는 매우 기본적인 순수함이다. 그
래서 보살피는 일에 실패했을 때 그들이 느끼는
책임감이 너무 엄청나서 그 밖의 모든 것을 지배
해 버린다.

나는 이런 고통에 대한 해답을 모른다. 하지만
이렇게 생각한다. 나 아닌 다른 이에 대한 책임감
은 인간의 숭고한 감정이다. 세상에는 이런 고유
한 책임감이 더 필요하다. 그럼에도 불구하고 우
리는 우리의 한계를 깨달아야 한다. 우리가 할 수
있는 일을 전부 한다고 해도 모든 생명체는 결국
수많은 질병으로 죽어 갈 것이라는 단순한 진리
말이다. 그래서 반려인이 깨달아야 할 단 한 가지
는 최선을 다했다면 그것이 반려인이 할 수 있는
전부였다는 사실이다. 이론적으로 놓친 것이나
선택하지 않은 길이 있겠지만 어떤 경우에도 그
랬을 것이다. 나중에 생각해 보면 그때는 왜 몰랐
을까라고 생각할 수 있다. 따라서 "나는 그때 최
선을 다했다."라고 생각하는 것이 도움이 된다.

많은 반려인에게 묻고 싶다. 자신이 거기에 없
었다면 어찌되었을까? 자신이 그때 그곳에 없었
다면 무슨 일이 일어났을까? 이와 같은 질문은
넓은 시야로 문제를 해결하는 데 도움이 된다. 그
자리에 내가 있었다는 사실 자체가 의미가 있는
것이다. 물론 그때 다른 판단을 했어야 한다고 생
각할 수 있겠지만 중요한 것은 내가 그곳에 있었
다는 것이다. 반려동물을 위해 반려인이 한 일은
다른 사람이 할 수 없는 일이다. 반려인이 곁에
있었다는 사실 그 자체가 선물이다.

선택

반려동물이 고통을 받고 있고 반려인이 안락
사를 심각하게 고려하고 있다면 안락사의 과정과
다른 대안에 대해 알아두는 것이 반려인과 반려
동물 모두에게 도움이 된다.

안락사

사람에게는 거의 적용되지 않지만 '고통스러워
하는 동물을 편안하게 보내 준다.'라는 생각은 오
래전부터 인도적인 선택으로 받아들여졌다.

수의사들은 자신의 병원이나 가끔 왕진을 가서
정맥이나 심장으로 바르비투르산염(barbiturate)
계열의 마취제를 과용량 주사하여 동물을 안락사
한다. 동물은 몇 초 내에 의식을 잃고 곧 생체기
능이 멈춘다. 이 방법은 고통이 없다고 여겨진다.
그러나 가족이 당황해서 동물이 동요하면, 의사
가 적절한 처치를 하는 데 차질을 빚을 수 있다.
불안과 고통이 있는 상황에서는 마지막으로 안락
사 제제를 주사하기 전에 먼저 진정제를 투여하
면 도움이 된다. 그러면 몸이 먼저 이완된다.

개인적으로 나는 안락사의 모든 과정이 마음
편치 않은데 다른 수의사들도 대부분 나와 같을
것이다. 동물을 치료하고자 수의사가 되었기에
안락사를 시키는 것은 힘든 일이다. 그러나 안락
사는 동물이 오랫동안 엄청난 고통을 겪고 있고
죽음이 서서히 다가오지만 피할 수 없는 경우에
큰 의미가 있다.

물론 동물의 생존 기회와 또 다른 대안적 가능
성을 분명하고 합리적으로 이해하기 전에 안락사
를 성급하게 결정하는 일은 현명하지 못하다. 성

급한 안락사 결정은 만약 치료를 해 주었다면 살았을지도 모른다는 회의와 후회를 영원히 남긴다. 나는 이러한 성급한 결정이 진단명이 무엇인지에 달려 있음을 알게 되었다. 피부 가려움증을 앓고 있는 동물은 불편함을 많이 겪을 수는 있지만 결코 피부병 때문에 안락사를 생각하지는 않는다. 그러나 암이라고 하면 그 후 나타나는 가벼운 증상도 성급하게 안락사를 결정하게 하는 구실로 해석된다. 나는 작은 불편함은 있지만 병이 호전되기도 하면서 상당히 잘 지내는 암을 앓는 동물을 봤다. 그런데 많은 반려인들은 암에 걸린 동물의 증상이 갑자기 심해지면 성급하게 안락사를 결정한다.

안락사 결정은 반려동물의 상태를 직접 보고 병력을 살펴보는 일이 가장 중요하다. 고통에서 자유로운가? 신체기능은 괜찮은가? 만약 그렇다면, 절대 성급하게 결정을 내려서는 안 된다. 17장에서 다룰 여러 가지 방법 중 한 가지를 고려해 볼 수 있다. 이 방법이 죽어 가는 수많은 동물을 일정 기간이라도 정상적인 삶을 충분히 영위할 수 있도록 회복시키는 데 도움이 될 수 있다면 이는 큰 축복이라고 생각한다.

입원 치료

반려동물이 너무 아파서 입원을 고려할 때에는 수의사에게 반려동물의 회복 가능성에 대한 현실적인 의견을 구해야 한다. 심각한 고비에 있는 동물이 전문가의 집중치료를 통해 병을 이겨내서 수년간 더 살기도 한다. 그러나 어떤 병은 회복 가능성이 적다. 반려동물의 생명을 연장시키는 데에는 엄청난 노력이 들어갈 뿐 아니라 결국 동물의 고통만 질질 끌고 엄청난 치료와 비용만 들기도 한다. 이런 결정을 내리는 데 있어서 고려해야 할 몇 가지 사항이 있다.

병에 걸린 동물의 응급치료 비용은 아주 많이 들 수 있다. 보통 단 며칠 동안의 집중치료만으로도 많은 진료비가 청구된다. 특히 이런 집중치료를 받은 후에 그다지 호전되지 않기도 하므로 치료비는 가장 먼저 고려해야 한다.

분명히 어떤 상황에서는 집중치료가 적용된다. 그러나 동물이 살아날 수 없다면, 집중치료가 적합하지 않을 수 있다. 따라서 혼자서 판단하는 데 어려움이 따를 때는 두려워하지 말고 수의사의 의견을 물어보는 편이 좋다. 수의사에게 솔직하게 물어보고, 만약 반려동물이 살아날 수 없다고 판단되면 힘든 과정을 겪게 하지 말고 편안하게 보내 준다. 수의사는 죽음이 임박했음이 분명해지면 반려인의 동의를 얻어서 동물을 안락사로 평온하게 잠들게 할 수 있다.

자가 치료

죽음이 예상되고 병원 치료를 계속하지 않겠다고 결정한 상황이라면 반려동물이 집에서 떠날 수 있도록 해 주는 것도 하나의 방법이다.

아픈 반려동물에게 병원은 차에 태워지고 이상한 장소에서 낯선 소음과 소리를 들으며 불안에 떨게 되는 곳이다. 반면 집은 가장 익숙하고 편안한 장소이다. 죽어 가는 동물이라면 생의 마지막 몇 시간을 이러한 불안감을 겪지 않는 편이 낫다. 수의사 중에는 이런 불안감을 줄여 주려고 왕진

1부 개·고양이를 위한 자연주의 육아법

을 가서 안락사를 도와주는 이들도 있다.

집에서 돌보는 또 다른 이유는 마지막 시간을 함께 보내며 돌봐줄 수 있기 때문이다. 이때 고통이 최소화되고 있는지 확인해야 한다. 가망이 없는 많은 말기 질병은 비교적 고통이 없다. 동물이 고통에서 완전히 자유롭다는 의미가 아니라 생각보다는 고통이 적다는 뜻이다. 동물은 보통 점차 약해지고 몸이 차가워지며 결국에는 자는 것처럼 보인다.

나는 수년간 많은 반려인이 반려동물의 죽음을 집에서 맞이하도록 해 주었다. 대부분 이 선택을 감사하게 생각한다. 나는 다양한 동종요법 약물을 사용하는데 이 약물은 죽어 가는 과정을 고통스럽지 않고 편안하게 해 준다. 곧 동종요법 약물의 사용방법에 대해 설명하겠다. (내가 만약 미라클이 죽어 가고 있을 때 동종요법을 알았더라면 미라클을 돕기 위해 동종요법 치료를 했을 것이다.)

그러나 이런 노력에도 불구하고 편안하지 않게 죽어 가는 몇 가지 형태가 있다. 이런 고통은 동물이 겪지 않는 편이 좋다고 생각한다. 가슴에 흉수가 차서 질식을 일으키는 고양이나 지속적인 발작을 보이는 개를 들 수 있다. 만약 반려동물이 매우 동요하고 고통에 울부짖으며 안절부절못하거나 숨을 쉬기 위해 몸부림친다면 안락사를 고려하는 편이 낫다.

만약 병원에서 안락사를 하는 경우에도 마지막까지 반려동물을 위해 할 수 있는 게 있다. 안락사할 때 반려동물을 안고 있겠다고 수의사에게 부탁할 수 있다. 수의사들은 대개 허락하며, 격려해 주기도 한다. 수의사와 미리 상담을 하는 게

좋다. 내가 일했던 병원에서는 안락사 후에 반려인이 반려동물과 단둘이 있으면서 마지막 이별을 할 수 있도록 수의사가 자리를 비켜 주었다.

죽음이 임박했을 때 해 줄 수 있는 것

육체적인 관점에서 보면, 죽어 가는 동물에게 음식을 줘서는 안 된다. 물이나 야채 주스만 주는 것이 좋다. 따뜻하고 편안하며 조용한 장소에서 쉴 수 있도록 한다. 간혹 반려동물이 대소변을 보려고 밖에 나가려 하거나 리터박스에 가려고 도움을 청할 수도 있다. 죽어 가는 동물은 사랑하는 사람의 부드럽고 차분한 태도를 좋아한다. 지나치게 시끄럽거나 야단법석을 떠는 것은 동요를 일으키기 때문에 피해야 한다.

죽음이 임박해 있을 때 동물은 무척 쇠약해진다. 체온은 정상 이하로 떨어지고(개와 고양이는 37.8℃ 이하), 호흡은 정상보다 빨라진다. 죽는 순간에는 종종 경련성 호흡을 하거나 숨을 헐떡거린다. 동공이 커지고, 몸을 길게 뻗으며, 소변을 지리기도 한다. 이 마지막 죽어 가는 과정은 1분 정도 지속된다.

죽어 가는 동물을 위한 동종요법 약물

17장에서 설명할 동종요법은 건강이 회복되기를 기대하면서 하는 치료법이지만 죽어 가는 동물을 도울 때 사용되기도 한다. 회복을 기대해서가 아니라 고통, 불안감, 마음의 동요를 줄여 주고, 과정이 가능한 한 순조롭게 진행되게 하려는 목적에서 사용한다.

차후에 발생할 혼란을 막기 위해서, 동종요법

약물은 다른 질병을 치료하는 데에도 사용되며, 죽음을 유발하는 약이 아님을 분명히 밝힌다. 상식적으로 동종요법 약물은 빠른 죽음을 유도하는 안락사 도구가 아니다. 안락사는 그리스어로 '편안하고 행복한 죽음'을 의미한다. 동종요법 약물은 이미 동물이 죽어 가고 있는 경우가 아니라면 죽음을 유발하지 않는다. 이 약물은 죽음으로 가는 길을 편안하게 해 줄 뿐이다. 어떻게 보면 고통과 통증을 줄여서 죽어 가는 상태를 치료하고 있는 것이다. 만약 동물이 죽음에 임박해 있다면 죽음은 곧 올 것이다. 만약 아직 죽을 때가 되지 않았다면 동종요법 약물은 전혀 효과가 없으며, 실제로 일시적으로 호전되기도 한다.

가장 효과가 좋은 동종요법 약물을 소개한다(동종요법 약물을 사용하는 데 있어서 이해를 돕기 위해 17장 참조). 각각의 약물에는 동물이 어떻게 보이거나 어떻게 행동하는지에 대한 간단한 설명을 덧붙였다. 동종요법 약물을 사용할 때 다음의 설명을 길잡이로 삼으면 된다. 어떤 증상은 완화되는데 다른 증상이 생길 수도 있다. 그런 경우에는 다른 약물로 바꾸면 된다. 여기서 기대하는 것은 고통의 경감이므로 치료제 투여 후에 원치 않는 증상이 발생하면 어떤 약물도 투여하지 않는 것이 좋다. 대개 만족스러운 효과를 보려면 한 가지 동종요법 약물을 한 번 투여하는 것으로 충분하다.

동종요법 약물을 사용하고 효과는 수 분 이내로 매우 빠르게 나타난다. 만약 30분이 지났는데도 효과가 없다면 다른 약물을 선택한다. 여기에서 말하는 효과란 죽는 시간을 단축시키는 것이 아니라 관찰되는 안절부절못하거나 불편함이 줄어드는 것이다. 동종요법 약물은 반려동물을 죽음에 이르게 만드는 직접적인 약물은 아니라는 점을 강조하고 싶다. 약물 적용 후 동물이 편안해 보이고 죽음이 임박한 신호가 보인다면 투여한 약물이 하룻밤 동안 작용하도록 놔둔다.

1. 아르세니쿰 알붐(Arsenicum album) 30C : 가장 효과가 좋고, 가장 자주(아픈 동물의 95%) 사용하는 약물이다. 동물은 불안해서 안절부절못하고 극도로 쇠약해지며(제대로 서 있을 수조차 없다), 갈증이 심해지고 몸이 차가워지며, 체온이 정상 이하(37.8℃ 이하)로 나타난다. 이 증상이 동시에 모두 나타나야 이 약물을 쓸 수 있는 것은 아니다. 저체온증과 함께 안절부절못하거나 쇠약해지는 일이 자주 발생하면 이때는 알약 한두 알을 약간의 물에 녹여 주사기나 점적기를 이용하여 한 번 투여한다.

2. 타렌툴라 히스파니카(Tarentula hispanica) 30C : 엄청난 불안감과 안절부절못하는 상황에서 아르세니쿰 알붐과 유사한 증상이 있을 때 사용하는 약물이다. 차이가 있다면 동물이 앞뒤나 좌우로 데굴데굴 구른다는 점이다. 오른쪽 앞다리, 뒷다리에 신경계성 움직임도 나타난다. 전형적으로 동물은 끊임없이 움직인다. 이럴 때 달래는 듯한 음악을 들려주면 신기하게도 간혹 불안감이 줄어든다. 나는 아르세니쿰 알붐이 효과가 없을 때 이 약물을 사용하곤 한다. 아르세니쿰 알붐에서 설명한 방법으로 한 번 투여한다.

3. 타렌툴라 쿠벤시스(Tarentula cubensis) 30C : 가정에서는 자주 사용하지 않는 약물이다. 이 약물은 중증 감염으로 죽어 가는 동물에게 적합하다. 아픈 동물은 매우 쇠약해지고, 불가항력적인 바이러스 감염(개에서의 파보바이러스와 같이)과 같은 질병이나 혈액중독과 같은 세균감염으로 인해 의식을 완전히 잃을 수도 있다. 암을 앓고 있는 동물에게 발생하는 것처럼 괴사되고 있는 몸의 일부에서 괴저가 일어날 수도 있다. 감염된 부분은 자줏빛을 띠는 경향이 있다. 이 약물은 특히 가장 말기의 사망 단계에 도움이 된다. 동종요법 약물학에 보면 "최후의 몸부림을 누그러뜨림(soothes the last struggles)"이라고 나온다. 이 약물을 아르세니쿰 알붐에서 설명한 방법으로 한 번 투여한다.

4. 풀사틸라(Pulsatilla) 30C : 흐느껴 울고 칭얼거리며 안아 주거나 안고서 이리저리 다녀 주기를 원하는 동물에게 적합하다. 이 약물은 숨쉬기가 힘들고 숨 쉬는 소리가 시끄러운 죽기 일보 직전 단계에 유용하다(대개 이 시점에서 동물은 의식이 없다). 아르세니쿰 알붐에서 설명한 방법으로 한 번 투여한다.

앞에서 설명한 동종요법 약물을 사용하면 고통이 사라지고 조용해지며 눈에 띄게 편안해진다. 종종 죽음은 알아채지 못하게 온다. 이것은 동물에게는 쉬운 일이다. 약물을 먹이면 죽음의 순간은 종종 한밤중에 일어난다. 낮에 약을 주고 약의 효과가 나타나서 아마도 동물이 회복될 것 같다는 희망을 가질 수도 있지만 다음 날 아침에 이미 떠난 경우가 많다.

이 장의 초반에 설명했듯이, 보호자의 요청으로 동종요법을 사용하면 결과가 좋았다. 이 방법은 모든 죽음의 과정을 편안하게 만들어 주었다. 그러나 약물을 한두 번 투여했는데도 변화가 일어나지 않는다면 수의사를 부르는 것이 좋다.

그다음에는 어떤 일이 일어날까?

"동물이 죽으면 어떤 일이 일어나나요?" 많은 사람들이 하는 질문이다. 이 질문의 뜻을 생각해 보면 육신의 형태를 넘어 동물이 영혼이 있는지에 대한 궁금증 같다. 나 역시 답을 모르지만 이에 관한 아주 흥미로운 책인《동물과 사후세계 : 가장 친한 친구들의 사후의 여정에 관한 이야기 (*Animals and the Afterlife: True Stories of Our Best Friends' Journey Beyond Death*)》를 소개하고자 한다. 저자 킴 셰리딘(Kim Sheridan)은 육체적인 것을 넘어 동물과의 경험과 교감에 대해 기술하고 있다. 그녀는 다른 사람도 이와 비슷한 경험이 있다고 묘사했다. 내가 아는 보호자들도 이와 비슷한 이야기를 하곤 한다.

나는 특히 그녀가 수의사인 제임스 헤리엇 (James Herriot)의 글을 인용한 것을 좋아한다. "만약 영혼이 있다는 것이 사랑과 믿음, 고마움을 느낄 줄 아는 것이라면 동물이 수많은 인간보다 훨씬 낫다."

생각 나누기

나는 수십 년간 사랑스런 반려동물을 잃은 사

람들을 많이 봤다. 반려동물이 죽었다는 상실감에 엄청나게 충격을 받는 사람들을 보며 안타까웠다. 상실은 슬프지만 슬픔이란 단어는 이를 표현하기에는 너무 작은 말이다. 나는 종종 내게 "왜 어떤 사람들에게는 이 문제가 극복하기 어려운 일일까?"라고 묻는다. 나도 이 질문에 대한 답을 안다고 할 수는 없다.

동물과의 관계는 뭐가 다를까? 동물과의 관계에서는 감정적인 교감뿐 아니라 다른 관계 속에서는 불가능한 만지고 안고 쓰다듬기 등의 행동이 가능하다.

"이 아이는 내 목숨과도 같다"거나 "무조건적인 사랑"이라는 말도 자주 들었다. 동물은 단순하여 현재에 매우 즉각적이며 비판적이지 않다. 동물은 비평을 늘어놓지도 유감을 갖지도 않는다. 그러니 비판하지 않고 바라보는 것만으로도 기쁜 관계를 잃는 것이 얼마나 큰 상실감이겠는가.

내가 아이를 떠나보내고 힘든 사람들에게 하고 싶은 말은 동물 친구가 우리에게 줄 수 있는 가장 훌륭한 선물 중 하나가 이런 관계를 다시 갖는 것이 가능하다는 가르침이다. 이러한 관계는 다양한 형태로 가능하다. 반려동물을 통해서 얻은 경험과 가르침은 그런 관계가 다른 동물과 자연을 통해서도 가능하다는 것이다. 지구는 그런 모든 것을 포용한다.

그립다

내 아이는 떠났고 빈자리로 가득하다.
사랑이 떠날 수 있을까? 그럴 수 없다.
꽃의 아름다움처럼 사랑도 왔다가지만 향기는 여전히 남는다.
과거에 나는 사랑이 어딘가에 보관되어 있다고 생각했다.
지금의 나는 사랑이 모든 곳에 있음을 안다.
아이의 목줄을 서랍에 넣는다.
밥그릇은 선반 위에 올려놓는다.
그리고 눈물을 닦는다.

리처드 피케른

1부 개·고양이를 위한 자연주의 육아법

백신의 사용에 대해서는 논란이 많다. 백신을 접종하는 쪽과 접종하지 않는 쪽 모두 백신에 대한 의견은 확고하다. 이 장에서 나는 내가 왜 백신 사용에 의문을 갖기 시작했는지에 대해 이야기하고 면역계가 어떻게 작용하는지에 대한 설명을 간단하게 할 것이다. 백신 문제에 대한 결정은 반려인이 하는 것이다. 백신은 복잡한 주제이지만 반려인이 함께한다면 이해가 불가능한 주제는 아니다.

내가 처음 만난 백신

1965년 수의대를 졸업했을 때, 나는 캘리포니아에서 2년간의 실습기간을 마치고 워싱턴 주립대 수의과대학 미생물학과에 취업했다. 여기서 근무하는 동안 박사학위 과정에 들어갈 수 있는 기회가 생겼고, 이때 면역체계에 대한 연구를 집중적으로 했다. 면역체계는 매혹적인 주제로 매우 독창적이고 복잡하여 박사학위를 마치는 5년 동안 나를 사로잡았다.

이때 백신에 대해 면밀히 연구했는데, 나는 백신을 주사하여 면역성을 만들어 내는 일이 아주 복잡한 과정임을 배우게 되었다. 예를 들어, 많은 사람은 백신이 100% 효과가 있다고 생각한다. 이러한 믿음은 매우 강해서 수의사들조차 "당신의 개는 홍역 백신을 맞았으니 홍역(또는 파보, 간염 등등)에 걸리지 않아요. 이 질병은 분명히 다른 종류의 병일 거예요."라고 말한다. 그러나 내가 면역학 박사과정에서 배운 사실은 백신이 100% 효과가 있다는 믿음은 현실과 거리가 먼 이야기라는 것이다. 예방접종은 면역력을 주입해 주는 주사가 아니다. 백신은 각 동물의 반응이 중요하며 그게 필수적인 요소이다.

몇 가지 요인이 항체와 면역성을 생산하는 이상적인 반응을 방해한다. 다음과 같은 이유 때문이다. 동물이 너무 어렸을 때 예방접종을 하는 것, 아프거나 약하거나 영양불량 상태일 때 예방접종을 하는 것, 잘못된 방식이나 접종주기로 예방접종을 하는 것, 가장 중요한 사항으로 이전의 질병이나 약물치료로 면역체계가 억압된 동물에게 예방접종을 하는 것 등이다.

일반적으로 반려동물이 수술을 받을 때(예를 들어, 중성화수술)에도 백신을 주사하는데, 이렇게 하면 마취와 수술로 몇 주간 면역체계가 억압된 상태일 때 백신 유기체를 몸에 들여보내게 된다. 코르티코스테로이드(예를 들어, 피부 가려움증을 치료하기 위한)를 백신과 함께 사용하는 것도 현명한 일이 아니다. 스테로이드는 면역반응과 질병 저항력을 억압하는 작용을 하고, 백신은 새로 주입된 유기체에 강하게 반응하도록 몸을 자극하기 때문이다.

반려동물이 백신에 잘 반응하여 항체가 형성되었다 해도 질병이 절대 발생하지 않을 거라고 장담할 수는 없다. 왜냐하면 원래의 질병보다는 백신의 유기체에 대해 면역이 형성될 수도 있고, 몸에 들어온 돌연변이 균이 이미 형성된 항체에 대해 감수성이 없을 수도 있기 때문이다. 또는 이후 무엇인가가 동물의 면역체계를 약화시켜서 면역체계가 완벽하게 반응할 능력이 부족해지는 경우 원래의 질병이 자리를 잡을 수도 있다. 이 책 전체를 통해 논의했던 면역체계를 약화시키는 요인에는 스트레스, 영양불량, 비타민 부족, 독성, 약물의 영향 등이 있다. 사람들은 예방접종의 효율성이 전체적인 생활방식에 의해 결정되는 전반적인 건강 수준이 아니라 수많은 요인에 의해 영향을 받는 복잡한 현상이라는 점을 알고 있다.

내가 박사과정에서 배운 모든 정보는 기본적으로 백신이 왜 항상 효과적이지 않느냐에 관한 것이었는데, 이는 개와 고양이가 제대로 반응할 수 없었기 때문이다. 백신이 건강상에 문제를 일으킨다는 말은 없었고 나 역시 백신의 효용성에 관한 확신과 의료 시스템의 자부심 속에서 공부했기에 일부 백신 사용에 제약이 있었을 것이라고 결론지었다. 내가 반려인들에게 예방접종이 해롭다거나 병을 유발한다고 생각하게끔 만들려는 게 아니라는 사실을 알아주기를 바란다. 나는 가끔 백신에 문제가 있다는 이야기를 들었지만 모르고 하는 소리라고 무시했다.

그러나 시간이 지나면서 점차 생각이 바뀌기 시작했다.

임상에서 알게 된 백신 이야기

대학원 시절 나는 영양에 대해 관심을 갖게 되었고 면역체계에 대해 더 많은 지식을 쌓게 되었지만 면역체계를 더 효과적으로 만드는 방법에 대해서는 배우지 못했다. 내가 배운 내용은 주로 어떻게 해서 면역체계에 문제가 생기는지와 어떻게 해서 면역체계의 효율성이 손상을 입는지에 관한 것이었다. 도서관에서 자료를 검색하던 중 아프리카의 어린이들을 진료한 의사들이 쓴 논문을 읽게 되었다. 여기에서 특정 영양소를 사용하면 면역체계의 반응에 놀라운 차이가 있다는 사실을 알게 되었다. 그때까지만 해도 영양과 면역성의 관계에 대해 단 한 번도 생각해 본 적이 없었는데, 그때 비로소 영양의 중요성을 깨닫기 시작했다.

나는 영양에 대해 더 많이 읽고 나 스스로에게 실험하며 내가 할 수 있는 범위 내에서 반려동물에게 실험을 했다. 그러다가 임상으로 다시 돌아갔을 때 동물병원에서 제대로 실험을 해볼 수 있었다. 긍정적인 결과를 보자 (1장에서 언급했듯이) 연구를 더 해봐야겠다는 생각이 들었다. 또 다른 치료 분야로 영양학을 공부했고 이는 동종요법을 공부하는 계기가 되었다. 이 모든 경험이 오로지 영양요법과 동종요법만 하는 병원을 운영하게 만들었고, 20년 이상 병원을 그렇게 운영하게 되었다.

나는 백신이 좋지 않다고 확신하는 수의사가 아니었다.

나는 임상에서 '대체의학'을 사용하여 다수의 어려운 케이스를 치료해 왔고 이전에 매우 아팠던 동물이 건강한 상태로 회복되는 과정을 지켜보면서 대체의학에 대한 열정을 갖게 되었다. 더 분명하게 말하면 이 케이스들은 현대의학에서는 불치병이라고 생각되는 질병이었다. 이는 새로운 지평을 여는 것 같았고 흥분되는 일이었다.

시간이 흐를수록 내가 알게 된 사실은 치료가 순조롭게 진행되던 동물들이 백신을 맞으면 상태가 악화된다는 점이었다. 때로는 향상되고 있던 이전의 단계로 되돌릴 수 없었고, 치료에 실패했음을 인정해야 하는 상태가 되었다. 나도 이 문제를 묵살하고 다른 원인 때문이거나 우연이라고 설명할 수 있었을 것이다. 그러나 결국 나는 백신이 일부 동물에게 문제를 일으켰다는 사실을 인정해야만 했다. 하지만 왜 그런지는 몰랐.

일부 동물에게서 백신이 실제로 질병을 유발할 수도 있다는 가능성을 받아들이자 더 많은 것들이 보이기 시작했다. 나는 홍역이나 광견병과 같은 예방접종을 한 후에 어떤 증상이 나타나는지 기록하기 시작했고, 접종 이후 나타나는 문제점의 패턴에 대해 점차 알게 되었다.

예방접종 부작용에 관한 이야기

예방접종 부작용은 예방접종 후 나타나는 질병

에 사용하는 용어이다. 나타나는 증상은 다양하지만 일반적인 형태는 쉽게 구별이 가능하다. 하지만 예방접종 부작용인 백시노시스(baccinosis)라는 용어는 일반적으로 백신 사용 후 나타나는 모든 종류의 건강상의 문제를 이르는 말이다.

어디로 보나 건강해 보이는 생후 8주령의 강아지를 입양한 가족의 이야기가 대표적이다.[1] 월간지《도그스 먼슬리(Dogs Monthly)》의 루스 다우닝(Ruth Downing)의 이야기에 따르면 강아지는 "빨리 배우고 매우 밝은 성격이었다."라고 가족들이 전했다. 강아지는 집에서 3일간 대소변 훈련도 받았다.

생후 8주와 10주 때 검진과 접종을 위해서 강아지를 동물병원에 데려갔다. 그런데 생후 10주의 2차 접종 후에 변화가 생겼다. 며칠 후부터 강아지는 안절부절못하고 루스가 쓰다듬으려고 손을 뻗으면 그녀의 손을 물려고 했다. 이 행동은 다른 변화의 시작이자 매우 놀라운, 불행한 변화였다. 6개월이 되어 갈 때쯤엔 갑자기 마구 짖기 시작했고 과잉행동을 보이며 길게 집중하지 못하는 것 같아 보였다고 루스는 말했다. 이 개를 평생 동안 괴롭힌 귀 염증이 이때 시작되었다(여기서 말하는 '귀 염증'이란 단순한 염증이 아니라 자가면역성 상태로 백신 사용에 기인한다. '귀질환(364쪽)'편을 참조).

이러한 행동은 두 번째 접종을 했을 때부터 생긴 것으로 '행동문제'로 적어둘 뿐 다른 설명이 없었다. 개의 행동을 온화하게 만들기 위해 중성화수술을 받았지만 이는 어떤 영향도 미치지 못했다. 그리고 일 년 후 추가접종을 받았는데 "개

가 더 심하게 과잉행동을 했어요. 소매를 잡고 사람들의 팔을 물고 사람들이 집에 왔을 때 가만히 앉아 있으려 하지 않았어요."라고 했다.

가족들은 동물행동 치료사와 훈련사를 찾아갔다. "대부분의 의견은 우리 개가 지배적인 성향의 개이기 때문에 개를 하우스 훈련 등을 통해 가둘 필요가 있다고 했어요." 문제행동 전문가들의 조언에 따라 가족들은 개를 복종시켜 보려 했으나 상황은 더욱 악화되었다. "개는 가족들이 왜 자신을 적대시하고 힘으로 제압하려는지 이해하지 못했어요." 개는 더욱 악화되었고 "불신이 생기고 장난감이나 침대 혹은 차 안의 자신의 공간 등에서 자신의 것이라고 생각하는 물건에 대한 소유욕이 생기고 누구든 가까이 오면 불안하게 두리번거리며 으르렁대기 시작했어요. 이러한 경고는 우리를 무시하는 행동과 맞물렸고 소리를 질러야만 멈췄어요. 그 결과 으르렁거릴 때마다 문제가 생길 것이라는 것을 알게 되어서 금방 으르렁거리는 행동을 멈췄지만 위협을 느낄 때면 자기 방어용으로 또다시 으르렁대기 시작했는데 이는 물기 위해서였죠."

이때쯤 가족들은 개의 행동이 무서워졌고 수의사에게 데려가는 일을 미루게 되었으며, 개를 데리고 밖으로 나갈 용기를 잃었다. 수의사는 "예방접종 기한이 지나 예방접종 프로그램을 다시 시작해야 합니다. 이 프로그램은 7가지의 백신 바이러스로 구성되어 있고 2주 간격으로 2회 접종하는데 때를 맞춰 접종해야 합니다."라고 했다.

이후 2년간 강아지의 행동문제는 더욱 심각해졌고 "가족 중 두 명이 개집 근처에 가까이 갔다

가 물렸어요." 이들은 이 문제를 어떻게 극복해야 할지 모르고 있었다. 다행히 또 다른 동물행동 전문가를 찾아갔을 때 그는 다른 접근방법을 제시했다. 몇 달 동안 새롭고 더 온건한 방법으로 접근하여 놀라운 진전을 보았다. 개는 편안해지고 진정되었으며 수신호나 장난 등에도 반응했다. 이 개는 추가접종을 위해 수의사를 찾아갈 수 있을 만큼 좋아졌다. 추가접종을 반드시 해야 하는지 물었을 때 수의사는 또다시 "접종 기한이 지났으니 추가접종을 해야 합니다."라고 했다.

백신을 맞고 며칠 후, 이 불쌍한 개는 "피부 가려움증이 너무 심해 예전에 바닥에 부딪친 적이 있던 뒷다리 무릎관절 부위를 피가 나도록 긁었어요. 귀는 선홍색이 되었고 몸 전체가 예민해졌어요. 내가 쓰다듬으려고 하자 내 손을 물려고 했고 심하게 불안해 보였어요."

가족들은 이때 모든 문제의 원인이 백신임을 알게 되었다. 이들은 조사를 하며 예방접종 부작용에 대한 정보를 찾았으며, 지금까지 어떤 일이 일어났는지 알게 되었다. 가족들은 홀리스틱 접근법을 하고 있는 수의사를 찾아가서 도움을 받았지만 충분하지 않았고 정말 어쩔 수 없이 개를 안락사시켰다.

이 이야기는 드문 이야기가 아니다. 이런 이야기를 읽다 보면 이들의 감정적 의무와 시간과 돈, 절망감을 떠올릴 수밖에 없다. 슬픈 일이다. 일어난 일을 보면 화를 참기가 어려운 지경이다. 매우 자주 발생하는 예방접종 후의 문제는 여기서 기술했듯이 '공격적 행동' 같은 행동적인 것도 있지만 일부 동물에게서는 극단적인 공포감이 나타

나기도 한다. 일반적으로는 피부질환이 나타나는데, 특히 가려움증이 그렇다. 반려인 중에 개에게 흔히 나타나는 귀질환이나 과도하게 발을 핥는 행동이 예방접종 후에 나타난다는 것을 알아챈 사람이 있을 수도 있다.

왜 이런 일이 생길까?

간단히 말해서, 예방접종과 관련된 문제는 백신의 비정상적인 제조방법이나 사용과 연관이 있다. 심각한 질병으로부터 보호하기 위해 약한 질병을 사용하겠다는 생각은 사람들이 받아들이기에 설득력이 있어 보이고 이해할 만하다. 하지만 그렇기 때문에 백신의 재평가가 필요없는 것은 아니다.

아름다운 면역체계

백신으로 인한 문제가 어디에서 왔는지 이해하려면 면역체계에 대한 이해가 필수이다. 개, 고양이, 사람의 면역체계는 유사한데, 진화가 진행되면서 매우 유사한 패턴을 갖게 되었다고 볼 수 있다. 면역체계는 왜 변하는 것일까? 면역체계는 매우 훌륭하여 함께 살펴볼 필요가 있다. 면역체계의 네 가지 주요 부분을 살펴보자.

• **완전한 체계(complement system)** : 모든 동물이나 사람에게 발견되는 자연스럽게 발생하는 물질인 약 30가지의 단백질이 혈액 내에서 항상 순환하고 있다. 이는 혈액 내에 있는 모든 단백질

중 10% 정도를 차지한다.

• **수호자(guardian) :** 몸의 출입구에 존재하는 세포로 조직 안에서 침입자를 인식하고 파괴하는 활동을 한다. 대식세포, 비만세포, 가지세포, 호산구 등의 세포가 여기에 포함된다.

• **여행자(traveler) :** 여행자는 혈액 안을 순환하면서 어디든 필요로 하는 곳으로 갈 준비를 하고 있는 세포이다. 호중구, 단핵구, 호산구, 호염기구 등 몇 가지 형태가 여기에 포함된다.

• **학습자(learner) :** 이 세포는 침입자에게 붙어서 파괴를 위한 표시를 하는 특정 항체 분자를 생산한다. 이러한 세포를 B-세포와 T-세포라고 한다(여기에도 몇 가지 하위 유형이 있다).

완전한 체계, 수호자, 여행자, 이 세 가지를 선천적인 면역체계라고 한다. 수호자, 여행자, 학습자, 이 세 가지를 백혈구라고 한다. 이들은 골수에서 생성되며 혈액을 타고 다양한 기능을 하며 목적지로 여행한다. 우리 몸에서는 매일 수억 개의 백혈구가 만들어진다.

각각의 카테고리를 좀 더 자세히 살펴보자.

완전한 체계

동물과 사람의 면역체계가 아주 오랫동안 진화해 왔다는 사실을 알아야 한다. 최초의 면역체계는 혈액을 타고 우리 몸을 순환하고 있는 30여 종의 단백질 그룹이다. 이 물질이 얼마나 오래되었는가 하면 약 7억 만 년 전(공룡이 출현하기 약 4억 5000만 년 전)에 살았던 성게도 이 방어체계를 가지고 있다. 그래서 면역학자들은 이를 완전한 체계라고 한다.

이 단백질은 침입자를 다루는 초기 수단으로 외부물질에 달라붙어 이를 파괴한다. 이 단백질은 박테리아나 기생충의 구성물질을 인식하고 상호작용할 수 있는 단백질로 진화해 왔다.

이 체계의 가장 큰 장점은 반응 속도이다. 이미 혈액 안에 단백질이 있기 때문에 박테리아나 다른 유기체가 혈액이나 세포 안에 침입하는 즉시 이 시스템이 대응하기 시작하며 충분히 스스로 문제를 해결할 수 있다. 또 다른 놀라운 점은 면역체계의 세포들에게 주의해야 한다는 화학적 신호를 방출한다는 것이다.

수호자

면역체계의 발달은 병소의 침입이 가능한 곳을 지키는 일을 하는 세포를 특화시킨다. 사람들은 우리 몸의 표면을 세상과 상호작용하는 곳이라고 생각하는 경향이 있지만 더 큰 부분(테니스장 두 배 크기)은 점막층으로 구성된 눈, 입, 목구멍, 나머지 부분인 소화기계(위, 소장, 대장), 호흡기계(코, 기관, 기관지, 폐), 비뇨기계(요도, 방광), 생식기계(질)이다. 면역체계의 약 ¾이 이 부분에 존재한다. 앞에서 설명했듯이 이 조직에는 한 타입 이상의 세포가 존재한다. 이 세포들은 경계조직의 표면 아래에 있으며 문맥을 지키는 기본 임무를 하며 어떤 나쁜 물질이 들어오면 이를 파괴한다. 다음은 이들의 근무내용을 간단히 나열한 것이다.

• 낯선 물질은 뭐든지 먹어치우며, 작은 조각으로 분해한다.

• 수호자들은 분해한 작은 조각의 일부를 임무 수행을 기다리고 있는 다른 형태의 세포들(림프절)에 가져다 보여 주며 "봐봐 이게 우리가 찾은 거야."라고 말해 준다.

• 수호자들은 신호를 보내 나머지 면역체계에 있는 세포들에게 문제가 있음을 알리고 혈액 속으로 다른 군대를 동원하여 전쟁을 돕는다.

이러한 수호자들(대식세포들)은 면역활동을 담당하며, 모두에게 신호를 보내고, 도움을 요청하며, 신원 확인을 위해 침입자의 조각을 보여 주고, 학습자들에게 알려 줘(아래 내용 참조) 항체를 만들게 한다. 이는 선천적인 면역 시스템의 일환으로 매우 빠르게 반응하며 몇 초에서 몇 분 안에 일어난다.

여행자

혈액을 타고 다니는 면역체계의 또 다른 세포로 주변을 살피고 수집한다. 여행자들은 경계를 하며 완전한 체계의 활동에 의해 활동을 시작하거나 수호자가 신호를 보내면 활동을 시작한다. 한 번 관심을 가지면 전쟁터로 뛰어들어 혈관을 통해 분비되며 싸움에 필요한 유용한 무기를 공급한다. (문제에 대한 반응으로 이동하는 이 그룹의 활동은 동물의 혈액검사에서 백혈구 수치의 상승으로 나타난다.) 여행자들이 목적지(박테리아, 바이러스, 파편이 있는 곳)에 도착하면 이들은 몸에 들어온 침입자나 독성물질을 먹거나 죽이기 시작한다. 이 과정을 여러 번 되풀이하면서 여행자들은 지치거나 기력을 소진하며 죽는다. 박테리아나

독소가 작용하지 못하도록 훌륭하게 임무를 수행하고 나면 이 세포들은 약해져서 죽은 후 몸 안에 쌓인다. 이를 고름(이는 좋은 것이고 면역체계가 작동한다는 뜻이다)이라고 한다.

학습자

가장 최근에 발달한 면역체계를 적응면역체계(adaptive system)라고 한다. 이는 2억 만 년 전 어류에 처음 나타났는데, 우리가 '면역체계'라는 단어를 들으면 생각하게 되는 바로 그런 체계이다. 차이점은 이 면역체계는 침입자에게 어떻게 대응해야 하는지를 학습한다는 점이다. 우리가 지금까지 면역체계라고 생각해 왔던 시스템은 그 구성이 매우 고정적인 반면, 학습자들은 침입자의 세부사항을 찾고 침입자에 맞춰 반응하도록 자신을 적응시키는데, 특히 침입자가 새로운 것인 경우 더욱 그러하다. 이것이 항체가 만들어지는 방식이다. 이 능력은 아주 놀라워 어떤 새로운 물질에도 반응할 만큼 유연하다.

면역체계에서 이 부분은 오래된 부분과 서로 협조하며 일한다. 앞에서 침입자의 분해된 조각을 다른 세포(학습자)에게 '보여 주면' 학습자는 침입자가 무엇으로 구성되어 있는지 인식할 수 있다고 언급했던 내용을 기억할 것이다. 여기서 '보여 준다'라는 것은 적응면역체계에 중요한 부분인데, 침입자에 대해 배우는 방식이다.

항체

항체는 적응면역체계(학습자)에 의해 만들어진 단백질로 혈액 속에 다량 방출된다. 항체가 인식

해야 하는 물질(박테리아, 바이러스)을 만나면 그 물질과 결합하는데, 이는 수호자나 여행자 세포에게 잡아가라는 표시가 된다. 면역체계의 오래된 부분은 미생물이나 독성을 만난 적이 없어 어떻게 인지해야 하는지 모른다. 따라서 학습자들이 이를 발견하고 신호를 보내 침입자를 낯선 물질로 표시하는 것이다.

흥미로운 부분은, 잠재적인 병원체를 제압하기 위해 항체 중에는 음식물이 있는 소장으로 가는 부류가 있다는 것이다. 이 항체는 산과 효소에 저항해야 하는 열악한 환경에서도 주어진 임무를 완수할 수 있다. 예를 들어, 음식물과 함께 들어온 박테리아를 무력화시키는 것이다.

알아둬야 할 또 다른 중요한 사실은 만약 오래된 선천적 면역체계(완전한 체계, 수호자, 여행자)가 문제를 해결할 수 있다면 적응면역체계는 활동 요청을 받지 않는다는 점이다. 필요 없기 때문이다. 적응면역체계는 마지막 수단과 같은 것이다. 명심하자. 이 내용은 백신 문제를 다룰 때 중요한 문제이다.

비록 매우 간단하게 설명했지만 면역체계가 얼마나 복잡하고 조화로운 활동을 하는지 어렴풋이 알 수 있었기를 바란다.

이 모든 일은 누가 담당하나?

조직 안의 수호자(대식세포라고 불리는 세포)가 이 모든 방어활동을 지휘한다는 것을 꼭 알아야 한다. 바로 앞서 말한 내용과 같이 수호자들은 침입자를 공격하고 먹어치우며 분해해서 다른 세포가 작용할 수 있도록 침입자의 조각을 제시한

다. 이들은 지원군을 부르기 위해 신호를 보내고 조직으로 체액을 더 끌어들이기 위해(이리하여 부종과 발적이 유발된다) 혈류의 속도를 높이라고 몸에 말하며 적응면역체계에게 알려서 항체를 만들도록 한다. 이 세포들은 조직 안에 있다가 위협이 있을 때 즉각적으로 반응한다. 하지만 학습자들은 자체로 중요한 역할을 하기에 일을 천천히 수행하며 작업 결과물이 나올 때까지 일주일에서 10일 정도 소요된다.

감염순서

면역체계에서 백신이 문제를 어떻게 일으키는지 알아보기 전에 알아야 할 내용이 하나 더 있다. 자연적인 감염이 어떻게 일어나는지 살펴보는 것이다. 여기에서는 개의 홍역, 파보, 범백혈구 감소증과 같은 바이러스 감염을 예로 들 것이다.

전염성 바이러스는 눈, 코, 입(삼킨 경우 목구멍, 위, 장으로 이동한다)을 통해 들어온다. 모기로 인한 전염(황열)이나 교상(광견병)에 의해 전염되는 경우와 같은 몇 가지 예외가 있지만 대부분의 바이러스 감염은 숨을 들이마시거나 무언가를 삼켰을 때 체내에 들어온다. 바이러스는 다음과 같은 장애물을 만난다.

• 먼저 눈, 코, 입, 목구멍, 소장의 점막층을 지나게 되는데 이 부분은 점액으로 덮여 있어 바이러스가 침입하려고 하면 이들을 잡는다.
• 여기를 통과하게 되면, 반대편에서 기다리고 있던 세포들이 이들을 먹어치운다(수호자).
• 여전히 살아남은 바이러스가 있다면 이는 림

프절(신체 어느 부분의 체액을 배출시킨다)을 찾아 가는데, 여기는 면역세포가 일거리를 찾아 모여 드는 곳이다.

• 만약 바이러스가 림프관을 여행하고 혈액까지 도달하게 되면 혈액 안에 있는 세포에게 잡아 먹히거나 간이나 비장(혈액을 걸러내 나쁜 물질을 제거한다)을 통과할 때 제거되거나 완전한 체계에 의해 제압당한다.

바이러스는 자신을 복제할 수 있는 신체 부위를 선호한다. 바이러스는 본능적으로 그곳으로 향한다. 물론 앞에서 설명했듯이 건강하고 활기찬 개체는 바이러스가 이동하기 힘들게 만든다. 만약 바이러스가 그들의 표적세포에 도달하게 되면 우리는 감염된 상태를 발견하게 된다(아픈 개나 고양이).

이 과정을 간단히 설명했지만, 핵심은 몸에는 감염을 막는 많은 장벽이 있다는 것이다. 병원체들이 이 장벽을 넘으려는 것은 자연적인 과정이며, 몸은 엄청나게 저항하며 학습자(적응면역 체계)를 끌어들여 감염에 대항할 수 있는 항체와 '킬러 세포'를 만들어 바이러스에 감염된 세포를 공격하게 만든다. 이 과정은 우리로 하여금 백신을 주사했을 때 일어나는 현상을 예상할 수 있게 한다.

왜 백신은 일반적인 감염과 다른가?

지금까지 면역체계의 작용기전과 침입자를 효율적으로 다루기 위해 면역체계가 수백 년 넘게 어떻게 진화해 왔는지에 대해 알아보았다. 그런데 백신 사용의 몇 가지 측면은 비자연적인 과정을 만들어 낸다. 이를 통해 백신이 어떻게 이 과정을 어지럽히는지를 알 수 있다.

다수의 바이러스

오늘날의 백신은 몇 가지 바이러스 병원체를 혼합하여 만든 것이다. 여기에는 홍역, 간염, 렙토스피라증, 파보바이러스, 파라인플루엔자, 보르데텔라, 광견병, 라임병, 브루셀라 등(이 바이러스들은 개에게 한 번에 전부 주사될 수 있다)이나 범백혈구감소증, 비기관염, 칼리시바이러스, 고양이백혈병, 광견병, 클라미디아, 고양이전염성 복막염 등(종종 고양이에게 동시에 접종된다)이 포함된다.

한 번에 한 가지 이상의 바이러스가 몸에 침입하는 것은 자연 속에서는 매우 흔치 않은 일이다. 물론 전염병이 창궐할 수는 있지만 한 번에 한 가지 병만 창궐한다. 하지만 사람들은 다음과 같은 생각을 했다. 몇 가지 바이러스를 함께 섞어서 주사하면 시간을 절약할 수 있을 것이라는 상식적인 생각을! 하지만 이 방법은 비자연적이며 몸은 이를 잘 따라가지 못한다. 면역체계는 한꺼번에 너무 많은 정보를 던져 주었을 때 혼란을 유발할 수 있다.

백신의 경로

백신은 일반적인 바이러스와 달리 다른 경로를 통해 몸에 들어온다. 백신은 대개 팔이나 다리의 근육이나 피하를 통해 주입된다. 자연적인 감염에 비해서 약간의 바이러스 조각만 들어오는데 이는 유기체의 뒷문으로 꽤 많은 양의 일이 들어오는 것과 같다. 앞에서 설명한 연속적 장벽을 거치는 대신에, 이 과정을 무시하고 한꺼번에 모두 들어오는 것이다.

면역체계는 상상도 할 수 없을 정도로 오랜 시간 동안 감염이 이루어지는 방식에 대비하여 진화해 왔으며, 이 방식이 장기적인 면역성을 설립하는 메커니즘의 작용원리이다. 모든 과정을 진두지휘하는 조직 내의 수호자 세포가 있다. 일단 경보가 울리면 수호자 세포뿐 아니라 심지어 항체를 만드는 면역체계의 부분조차 조화롭게 움직인다. 백신은 분명히 이러한 세포를 끌어들이지만 비정상적인 주입(주사)은 이러한 정상적인 진화과정을 완벽하게 거치지 않고 몇 분 이내에 바이러스가 혈액을 타고 빠르게 들어갈 수 있도록 해 준다. 이것이 말이 되는가? 나는 이 문제가 면역체계에 엄청나게 큰 충격을 주며 예방접종 후에 혼란이 생길 수 있다는 내용을 어떻게 전달해야 하나 생각했다. 그리고 이해하는 데 도움을 주려고 다음과 같은 비유를 찾아냈다.

최대한 완벽하고 안전한 집을 갖고 싶어 하는 혼자 사는 젊은 여성이 있다고 가정해 보자. 그녀는 보안장치를 최대한 설치했다. 넘어 들어오기 힘든 튼튼하고 높은 담장을 설치하고, 대문은 안쪽에서 잠갔으며, 마당에는 집을 지키는 경비견

을 몇 마리 두었다. 이미 상당한 보안 수준이어서 침입하기가 어려울 것이다. 집의 현관문도 잠갔고, 문과 창문에는 경보기도 달았으며, 집 안에는 작지만 침입 방어에 효과가 있는 소형견도 뛰어다닌다. 확실하게 하기 위해서 여성은 잠을 자러 가기 전에 침실 문을 잠그고 침대에 들어간다. 잠시 자다가 뒤척이는데 그녀 앞에 '안녕~' 하고 말하는 한 남자를 발견한다.

얼마나 충격적이고 광란의 상태일지 상상해 보자. 어떻게 그 많은 보안장치와 경보기를 거치지 않고 누군가가 내 집 안에 들어올 수 있지? 이는 상상도 할 수 없는 일이다.

이 상황이 바로 백신이 주사되었을 때 면역체계가 느끼는 방식이다. 장벽을 모두 건너뛰고, 바이러스가 갑자기 나타나 몸의 여기저기를 돌아다니는 것이다. 바이러스는 어디에서 나타났을까? 왜 이전에는 아무런 반응이 없었을까? 면역체계는 깜짝 놀라고 흔들리며 혼란 속에서 이를 극복하려고 노력하다가 실수를 하게 된다.

보조제

사람들은 백신을 개발하다가 단지 바이러스 자체만 주사한다고 해서 충분한 면역력을 이끌어내지 못한다는 사실을 알게 되었다. 어떤 사람은 실험을 통해 예방주사에 수은이나 알루미늄과 같은 특정물질을 첨가해 보니 더욱 위협적으로 느껴져 항체 형성이 증가된다고 밝혔다. 이러한 추가적인 물질을 보조제(adjuvant)라고 하는데 라틴어에서 유래한 이 단어의 뜻은 '도움을 주는'이다. 면역학자들은 보조제의 사용이 왜 이러한 차

278

이를 만들어 내는지 알지 못하지만 어쨌든 현실은 그렇다. 일부 학자들은 금속이 체내의 정상적인 단백질을 경계하게 만들어 면역체계가 이에 대해 반응하게 되는 것(그리하여 알레르기를 유발하는)이라고 주장한다. 몇몇 연구를 보면 보조제는 백신 후유증의 가장 주된 원인이다. 일례로 사람 백신에서 수은을 제거하자는 운동에 대해 들어보았을 것이다. 수은을 제거하는 것이 도움이 될지는 모르지만, 내가 여기서 말하고 싶은 내용은 문제가 그보다 더 복잡하다는 것이다.

오염물질

이제 대략적인 그림은 그려졌다. 백신을 접종하면 백신 바이러스만 주입된다고 생각했는데, 이는 너무나 단순한 생각이었다. 바이러스만 주입되는 일은 자연적인 감염에서나 있을 수 있는 일이다. 바이러스가 들어오면 앞에서 말했던 과정을 거치게 되고 가능하다면 장벽을 뚫으려고 할 것이다. 하지만 자연적인 감염은 바이러스만 침투할 뿐 다른 쓰레기는 들어오지 않는다.

그러나 백신 바이러스는 신장이나 다른 신체조직을 이용하여 실험실에서 배양된다는 점을 명심해야 한다. 배양지에서 바이러스는 세포를 감염시키고, 이는 수백만의 더 많은 바이러스를 만들어 용액에 넣어 생산된다. 이것이 백신의 수많은 바이러스가 만들어지는 방식이다. 백신 용액이 준비되면, 바이러스만 추출하기란 불가능하다. 용액에는 세포 조각과 DNA, 세포의 먹이가 되는 동물 단백질을 포함한 성장 수단의 다양한 성분도 들어 있다. 이 혼합액이 동물의 몸에 주입

되면, 이는 모두 위험물질로 인식된다. 가장 까다로운 부분은 면역체계가 세포 조각에 반응하는 문제로 항체는 만들어질 수 있지만 이는 자기 몸의 정상세포 역시 공격한다. 이는 정상 신체 세포에 대한 면역성이며 이를 자가 면역성이라고 한다.

이 현상에 대한 몇 가지 연구가 퍼듀 대학교의 수의과대학에서 백신을 접종한 개와 접종하지 않은 개의 비교실험을 통해 이루어졌다. 여기에서 백신을 접종한 개들은 자가항체를 만들었는데, 이 항체는 DNA와 몸의 조직이나 관절을 연결하는 콜라겐과 같이 자기 몸이 정상으로 기능하는 데 있어서 중요한 구성성분에 대항하는 것이었다.[2]

이와 같은 현상은 고양이에서도 발견되었다. 고양이의 신장세포에서 배양된 백신은 자신의 신장조직에 대항하는 항체를 만드는 결과를 초래했다.[3]

그래서 어떤 일이 일어나는가?

다양한 외부물질이 혼합되어 비정상적인 경로로 주입되면 면역체계가 어떻게 망가지는지 자세히 알아볼 수 있다. 하지만 여기에서는 알고자 하는 내용을 이해하는 데 세부 사항까지 필요하지는 않으므로 중요한 점만 살펴본다.

• 하나 이상의 바이러스나 미생물이 동시에 주입되면 면역체계의 인식기능에 혼란을 일으키고 압도하여 오류가 발생한다.
• 백신에 혼합된 수은이나 알루미늄과 같은 독성물질은 비정상적인 단백질을 형성하는 원인이

되고, 금속물질 자체는 심지어 몸의 나머지 부분에 영향을 미친다(뇌에 축적되는 것처럼).

• 백신 혼합액은 바이러스가 자라온 다양한 세포 구성성분을 포함하고 있으며, 면역체계는 자신의 정상 체조직과 그들을 혼동하게 된다. 그 결과로 만성 면역장애와 알레르기를 일으키기도 한다.

• 백신 안에 있어서는 안 되는 바이러스가 종종 나타나곤 한다. 이 바이러스는 백신 바이러스가 자랐던 세포 안에 있던 바이러스로 제조사들도 눈치 채지 못했다(이는 폴리오 백신에서 발생했는데 암을 유발하는 SV40이라는 원숭이 바이러스가 발견되었다).[4] 이 바이러스는 그 자체로 향후 질병을 유발할 수 있다.

• 임상에서 접종 후의 동물을 관찰해 보면 한동안 면역체계가 약화되고 질병에 더 잘 걸린다. 사람들은 왜 이런 일이 일어나는지에 대해 잘 이해하지 못한다. 이 문제는 비자연적인 과정 자체 때문에 일어난 일이다.

우리는 무엇을 해야 할까?

이것이 문제이다. 반려인에게 어떤 선택권이 있느냐에 따라 어떤 방법이 합리적인지 정해질 듯하다. 경험에 따라 나는 20년 넘게 백신접종을 해 주지 않았다. 내가 접종을 해 주지 않는 이유는 백신에 대한 확신이 있기 때문이며, 환자들이 질병에 걸렸을 때 동종요법으로 치료할 수 있기 때문이다. 나는 질병을 예방하기 위해 노소드라고 하는 동종요법 약물을 사용하는데 노소드(nosode)는 자연 질병의 산물로 만들어진 약물이다.

동종요법 노소드

디스템페리눔(Distemperinum)을 예로 들면 이 노소드는 홍역에 걸린 개의 분비물로 만든 약물이다. 이는 허가받은 제약사가 멸균하고 희석하여 조심스럽게 제조한 약이다. 적절하게 사용하면, 개가 홍역에 걸리지 않게 백신보다 더 훌륭하게 보호해 준다. 사실 이러한 질병 보호 방법은 1920년대 수의사에 의해 개발되었는데[5] 백신이 개발되기 전 놀라운 결과를 보여 주었지만 전문가들에 의해 채택되지 않았다.

노소드는 켄넬 코프나 파보바이러스, 범백혈구감소증, 그 외에도 여러 가지 일반적인 개와 고양이의 질병에 이용 가능하다. 동종요법 수의사들은 이 보호방법을 오랜 기간 사용해 왔으며, 결과는 매우 만족스럽고, 백신 사용의 부작용이나 백신 사용 이후 나타나는 연관 질병도 없다.

그렇다면 동종요법 노소드가 백신의 대체제인가? 그렇지 않다. 백신과 노소드는 같은 것이 아니다. 동종요법 노소드는 노출 가능성이 있는 시기에 단지 일시적으로만 사용하는 약물이다. 예를 들어, 나는 파보가 발병할 가능성이 있는 개 브리더의 강아지들에게 일주일 동안 노소드를 사용하여 개 파보바이러스의 전파를 막은 적이 있다. 이 방법을 통해 강아지들은 무사했고 모두 건강하게 자랐다. 이 노소드를 정확하게 사용하려면 동종요법 수의사의 진료가 필요하다.

예방접종 스케줄의 조정

만약 동종요법 수의사를 찾을 수 없거나 백신을 접종하지 않는 것이 두렵다면 어떻게 해야 할까? 백신 문제의 가능성을 최소화할 수 있는 변형된 예방접종 스케줄을 제안한다.

- 복합백신보다는 단독 바이러스 백신을 사용한다. 한 번에 한 질병의 백신만 접종하는 것이 이상적이다. 개의 홍역 백신이나 고양이의 범백혈구감소증 백신은 단독백신이 가능하다. 그러나 대부분의 수의사들은 이런 요청을 꺼릴 것이다. 그 이유는 한 고객의 요청에 따라 각 질병마다 다량의 백신(박스 단위로)을 구입해 둬야 하기 때문이다. 이는 경제적으로도 부담이 되며 사용하지 않는 백신은 폐기해야 하는 문제도 생긴다. 반려인이 차액을 지불하거나 이 방법에 함께 동참하고자 하는 친구들과 같이 간다면 아마도 이에 응할 것이다. 그렇지 않고 복합 바이러스 백신을 접종해야 한다면 바이러스가 가장 적게 들어 있는 백신을 선택해야 한다. 예를 들어, 개의 경우에는 DH(홍역-간염), 고양이의 경우에는 '3종 종합(범백혈구감소증, 비기관염, 칼리시바이러스)' 백신이다.
- 너무 어릴 때 접종하지 않는다. 생후 16주령 이전에는 예방접종을 하지 않는다. 일찍 접종할수록 면역체계에 미치는 해악이 크며, 많이 할수록 백신 관련 질병이 발생할 가능성이 크다. 어린 나이에는 면역체계가 성숙 중이고, 자신의 몸의 어떤 것이 정상인지 결정하는 시기이다.
- 어린 동물에게는 축소된 예방접종 스케줄을 적용한다. 모두 예방하기 위해 엄청나게 많은 접종을 할 필요는 없다. 강아지와 고양이의 예방접종은 대부분의 경우, 몇 년 동안 질병으로부터 보호해 주거나 평생 보호해 주기도 한다.

새끼 강아지

가장 안전하게 하려면, 새로운 강아지나 다른 개와의 접촉을 피해 격리하고 백신은 생후 22주 또는 그 이후에 한 번만 한다. 가장 필요한 백신은 홍역과 파보이다.

내가 제안하는 첫 번째 예방접종 스케줄은 홍역 백신은 22주에 접종하고, 파보는 한 달 후에 접종하는 것이다. (하지만 앞에서 언급했듯이 홍역과 간염을 같이 접종하게 될지도 모른다.) 만약 강아지가 이 기간 동안 다른 아픈 동물에게 노출되지 않는다면 이는 매우 안전하다.

위의 예방접종 스케줄에 따라 백신을 한 번만 맞출 경우 너무 위험하다며 주변에서 일반적인 접종 스케줄을 따르라고 엄청난 압박을 가할 것이다. 그럴 때 반려인과 수의사가 모두 만족할 만한 절충안이 있다.

내가 제안하는 두 번째 예방접종 스케줄은 다음과 같다. 아래의 예방접종 스케줄을 생후 16주부터 따른다. 각 질병마다 두 번씩 접종하는 스케줄이다.

홍역(간염) 1차: 생후 16주
파보 1차: 생후 20주
홍역(간염) 2차: 생후 24주
파보 2차: 생후 28주

나는 면역체계가 더욱 성숙해지는 시기까지 기다리는 첫 번째 예방접종 스케줄을 선호하지만, 두 번째 스케줄도 괜찮다. 이전 책에서도 이 방법을 소개했으나 문제가 된 경우는 없었다.

새끼 고양이

새끼 강아지와 동일한 스케줄로 한다. 22주차에 고양이 홍역(범백혈구감소증) 백신을 한 번 접종하면 이 접종만으로 고양이는 평생 충분하다. 비기관염과 칼리시바이러스는 추천하지 않는다. 효과가 없기 때문이다.

고양이 역시 너무 늦다며 주변인이나 수의사의 압박을 받게 된다면 생후 16주에 고양이 홍역(범백혈구감소증) 백신을 한 번 접종하면 적당하다. 절반 이상의 동물들, 약 ¾의 동물들이 이때쯤이면 성숙한 면역체계를 갖게 되기 때문이다.

백신 중 고양이백혈병 백신은 주의해야 한다. 모든 고양이 백신 중에서 가장 해롭다. 이 백신을 맞고 고양이 전염성 복막염에 걸린 고양이들을 많이 보았는데 이는 백혈병 백신이 면역체계를 억압하기 때문이다. 이 백신은 아주 조심해야 한다.

매년 돌아오는 추가접종도 피해야 한다. 수의사들이 추천하는 연간 추가접종은 일반적으로 행해지고 있지만 이에 대한 과학적 정당성은 없다. 나는 앞에서 명시한 접종 스케줄 이외의 접종은 필요가 없기에 반대한다.

가장 최근의 수의학계의 공식적인 의견도 연간 추가접종은 필요하지도 않고 효과도 없다는 것이다. 고양이의 주치의가 이 사실을 모르거나 동의하지 않을 수도 있다. 그러나 수의 면역학 전문가들은 추가접종은 필요 없고, 매년 추가접종을 하지 않아도 된다는 의견을 지지한다. 이 내용은 새로운 정보가 아닌데 그동안 무시되었다.

그러나 예외가 하나 있다. 이전의 예방접종 기록이 전혀 없는 성견이나 성묘를 입양했을 경우이다. 여기에는 다음의 두 가지 선택사항이 있다.

- 역가를 측정한다. 혈액 중에 이미 항체가 형성되어 있는지 알아보는 항체검사가 있다. 만약 항체가 있다면 백신은 필요하지 않다.
- 백신을 한 대만 접종하되 더 이상은 하지 않는다. 한 번의 백신(가능하다면 단독 바이러스 백신을 선호함)만으로도 평생 충분하다.

광견병 문제

광견병 백신은 어떻게 할까? 많은 이들이 직면하는 어려운 문제이다. 개인적인 경험에 비춰 볼 때, 일부 동물은 광견병 백신 때문에 질병이 생긴다고 확신한다. 하지만 광견병 백신은 법적으로 접종해야 한다(일부 주에서는 고양이도 해당된다). 이 요구사항은 반려동물에게 이익이 되는지 해가 되는지의 여부와 상관없이 사람을 보호하기 위해 필요한 것이어서 예외가 거의 없다.

나는 광견병의 경우에는 백신 대신 동종요법 노소드의 사용을 제안하지 않는다. 노소드가 광견병에 얼마나 효과가 있는지에 대한 임상적인 증거가 없으므로 노소드로 광견병 백신을 대체하는 일은 반려인을 법적으로 위험에 처하게 할 수 있다.

개

광견병 예방접종 후 나타나는 가장 흔한 문제는 공격적이고, 의심이 많아지며, 비우호적이고, 신경질적이며, 파괴적이고(수건이나 담요를 물어뜯는), 혼자 있는 것을 무서워하며, 하울링을 하거나 허공을 보고 짖는 행동을 하는 것이다. 이는 동종 요법으로 치료가 가능하지만 때로는 어려움이 있을 수 있다. 임상에서 보는 가장 슬픈 일은 개가 건강을 회복한 후에(때로는 오랜 기간 정성을 다해 치료하여) 다시 반복되는 추가접종으로 인해 건강이 쇠퇴하고 고통받는 모습을 보는 것이다. 이런 동물에게는 광견병 예방접종을 하지 않는 것이 좋지만 현재 법적 요구사항이라 그러기가 쉽지 않다.

동종요법 수의사들이 할 수 있는 가장 좋은 방법은 이러한 증상을 치료해 주는 것이다. 나는 반려인에게 예방접종 후 한 달 동안 개를 유심히 관찰하고 성격의 변화나 다른 신체 증상이 나타나면 해당 동종요법 약물을 사용하여 치료하자고 한다. 약물을 사용해 치료하는 것은 매우 실용적이다. 대략 35가지 약물을 사용하는데 상태에 따라 사용하는 약물을 결정한다(물론 이 약물은 동종요법 수의사가 찾아야 한다). 이것이 가장 안전한 방법이다.

만약 이 방법을 사용할 수 없다면 '광견병(362쪽)' 편을 참조한다.

다른 방법

• 개가 이전의 백신에 좋지 않은 반응을 보인 경우, 개가 노쇠하고 접종 경력이 있는 경우에 담당 수의사가 광견병 접종을 하기에 건강하지 않다는 편지를 써 주면 받아들여질 것이다.

• 또 다른 방법은 혈액을 채취하여 광견병에 대한 항체가 있는지 검사하는 것이다. 이 문제는 앞에서도 논의했는데 이를 '광견병 역가'를 측정한다고 말한다. 일부 국가에서는 이를 추가접종 대신 받아들이고 있다. 단, 첫 번째 접종은 예외이다. 이 내용을 담당 수의사에게 확인하도록 한다. 지역의 보건담당 부서에 직접 문의해 봐야 하며 이 문제에 대해 지속적으로 문의해야 할 수도 있다.

현재로써는 광견병 접종에 대한 법적 대체제가 없다. 많은 주들이 4개월에 접종해야 하는 것으로 명시하고 있다(각 주별 특별 요구사항을 확인해 본다).

그렇다면 광견병 접종을 접종 스케줄 중 어디에 끼워 넣을 수 있을까? 가장 좋은 방법은 광견병 접종을 가장 마지막에 하는 것이다. 적어도 다른 접종을 모두 한 다음 한 달 후에 접종한다. 그러나 광견병 접종을 하기엔 너무 늦어서 이런 방법이 법적인 문제 때문에 불가능하다면, 광견병 백신을 생후 4개월(16주)에 먼저 맞추고, 22주까지 기다렸다가 나머지 백신을 스케줄대로 맞추면 된다.

고양이

고양이도 개와 마찬가지이다. 고양이의 경우 개들에 비해 행동변화를 보이는 경우가 많지는 않다. 하지만 고양이들도 백신의 영향을 받을 수 있다. 추가접종을 해야 한다면 앞의 개 부분에서 언급했던 것처럼 항체가 검사를 실시하도록 한다. 항체가 검사가 받아들여지는 곳은 나라마다, 지역마다 다르므로 확인해야 한다.

만약 반드시 접종해야 한다면 가장 좋은 시점

은 홍역 백신을 접종하고(5개월령이나 그 이후) 나서 한 달 후이다.

실험적인 백신 대체방법

일선에서 일하는 수의사들은 예방접종에 대한 사회적 요구를 받아들인다. 하지만 한편으로는 백신 후유증으로 아픈 개와 고양이를 치료해야 하기 때문에 더 자연적인 방법으로 반려동물을 질병으로부터 보호할 수 있는 대안적인 방법을 찾게 된다. 자연에서 갓 태어난 동물은 어미의 보호를 받는다. 이들이 자궁 안에서 자라는 동안에는 어미의 항체가 저절로 태아에게 전달되고, 출생 후에는 며칠간 모유를 통해 새끼들에게 전달된다. 이러한 항체는 장을 코팅하여 일반적인 질병으로부터 그들을 보호하고, 필요시 항체는 혈액을 타고 순환한다. 이 과정을 '수동면역(passive immunity)'이라고 한다. 얼마나 많은 항체를 갖느냐에 따라 얼마나 지속되는지가 결정되지만, 많은 강아지의 경우 이 면역성은 약 18주간 지속된다.

이렇듯 어미의 보호를 받는 동안, 어린 동물은 주변의 바이러스에 노출될 수 있지만 충분히 보호된다. 시간이 흐르고 면역성이 점차 약해짐에 따라 부분적으로만 보호될 때도, 질병과 반응하면서 스스로 면역성을 키워 나간다. 이것이 야생에서 일어나는 방식이며, 야생동물은 예방접종을 하지 않지만 건강하게 살아간다.

동종요법 수의사들의 연례 모임에서 이 문제에 대해 논의한 적이 있다. 자세한 기록을 수집했던 수의사가 발표했는데, 그는 강아지들이 파보 예방접종을 하면 접종하지 않은 강아지보다 파보에 걸렸을 때 살아남을 가능성이 더 적다고 했다. 이 이야기를 들은 뉴저지의 동종요법 수의사인 로즈메리 만지아노(Rosemary Manziano)가 '자연적인 면역(natural immunization)'에 대한 자신의 경험에 대해 이야기했다. 그녀가 사는 곳은 교외 지역으로 홍역이 너구리에게 흔하게 발생하는 지역이다. 그녀는 고객 중 자원한 사람들을 모아 강아지들을 교외 지역으로 데려가 5분 동안 놀게 한 다음 집에 데려왔다. 그리고 강아지들을 두 번 더 그곳으로 데려갔다. 일주일 후 이 강아지들의 항체를 검사했는데, 홍역에 대한 항체가 있는 것으로 나타났다. 예방접종을 하지 않고도 면역성이 생긴 것이다. 그녀는 11년간 수백 마리의 강아지에게 계속 이렇게 했다.[6]

이는 매우 흥미로운 아이디어로 자연의 속성을 따라하는 것이다. 나는 이 방법이 매우 매력적이라고 생각하지만 이 방법을 백신의 대안으로 얼마나 신뢰할 수 있는지에 대해서는 더 많은 경험이 필요하다고 생각한다.

미래에 대한 공포

만약 대부분의 동물이 예방접종을 하지 않는다면 질병이 만연한 세상이 될까? 당연히 할 수 있는 우려이다. 만약 우리가 아무것도 하지 않고 예방접종을 멈춘다면 이는 위험한 일이다. 나는 무조건 예방을 멈추자고 주장하는 것이 아니다.

이 장에서 내가 전달하고자 하는 내용은, 비록 예방접종이 질병의 잦은 출현을 막아 주는 장점이 있지만 백신 자체는 문제점이 있다는 것이다.

앞에서 내가 백신의 부작용을 알게 된 과정을 기술한 것처럼 전체 인구에 무분별하게 사용되는 백신은 다양한 질병을 유발한다. 백신은 100% 안전하지 않으며, 100% 효과가 있는 것도 아니다. 만약 이 문제를 심각하게 고려한다면, 백신 사용이 많은 동물을 아프게 만드는 하나의 요인이라는 점을 고려해야 하지 않을까? 우리는 전염병의 발병률을 줄여야 하지만 개의 입장에서 보면 매일 발작하는 가엾은 개가 되니 차라리 병에 걸리는 편이 나을 수도 있다.

내가 전하고자 하는 내용은 병에 대한 자연적인 저항능력을 통해 높은 건강상태를 만드는 일이 더 중요하다는 것이다. 건강한 개체는 전염성 질병이 나타나도 거의 영향을 받지 않는다. 만약 여기에 동종요법 노소드 사용이나 어린 동물의 자연적인 면역력 획득하기(앞에서 언급한), 심지어 전염병이 창궐했을 때에만 백신 사용하기 등과 같이 질병을 치료할 수 있는 대체적인 방법을 접목시킨다면 훨씬 더 잘 해낼 수 있을 것이다.

백신이 효과적으로 작용하여 '최종적인 해결책'이 되었으면 하는 수의사들의 관점을 잘 알고 있다. 하지만 사실은 그렇지 않다. 우리가 더 나은 방법을 찾는 데 있어서 가장 먼저 해야 할 일은 현행 백신 프로그램이 최종적인 해결책이 아니라는 사실을 인식하고 인정하는 것이다.

결론

백신은 개발될 당시에는 매우 좋은 아이디어였으나 비정상적인 방식으로 면역성을 형성시킨다. 백신은 진화에 의해 연마된 우아한 면역체계를 건너뛰고 독성물질을 체내로 들여보내며 자신의 몸에 반대되는 반응(알레르기)을 일으킨다. 때로는 백신 접종을 한 동물이 해당 질병에 더 쉽게 걸리게 만들기도 한다.

백신을 최소한으로 사용하고, 생명의 위협이 있는 경우에만 사용하며, 주기적으로 접종하지 않기를 권장한다. 대안도 있다. 동종요법, 아직은 실험적이라고 느끼겠지만 자연 노출 방법도 있다. 과도한 백신을 사용하는 오늘날의 세상을 경계하기로 했다면, 반려인에게 선택권을 주고 조언하며 과정을 감독할 수 있는 수의사와 함께하는 것이 최선의 방법이다.

홀리스틱 요법과
대체요법

"개가 관절염을 앓아요. 비타민이나 미네랄이 도움이 되지 않을까요?"

내가 받는 가장 흔한 질문 유형이다. 나는 이 질문 뒤에 숨겨진 의미를 안다. 보호자들은 답이 그렇게 단순하지 않다는 사실을 알지 못하고 기적의 약물처럼 많은 효과를 보이는 영양제가 실제로 존재하는지를 묻는 것이다. 그런 영양제가 있다면 더 이상 이런 문제로 골머리를 앓지 않을 텐데 말이다.

앞에서 알아보았듯이 건강상의 문제가 단 하나의 요인에 의해서만 발생하는 경우는 매우 드물다. 세균이나 바이러스에 의한 감염처럼 하나의 요인에 의해 질환이 발생하는 것 같지만, 사실 병원체가 얼마나 유해한지를 알게 되면 동물의 건강상태에 숨겨진 요인이 얼마나 더 중요한지를 깨닫게 될 것이다. 전염병에 노출된 모든 동물이 아픈 것은 아니다. 이 사실이 어떻게 하면 반려동물을 질병으로부터 보호할 수 있는가를 이해하는 핵심이다. 저항력이 일정 수준 이하로 떨어져야 동물이 아프다. 이는 중요한 포인트이다. 결코 한 가지 요인에 의해 건강이 위협받는 것은 아니다. 다시 말하면 나쁜 병원균, 더러운 바이러스, 독성 화학물질 등 두 가지 이상의 요인이 작용해야 건강이 위협을 당한다. 동물의 건강상태가 병원균이 자랄 수 있는 최적의 환경을 제공한다면 병원균은 이러한 상황을 이용한다. 또한 토양이 병원균이 살기에 적합하지 않다면 병원균이 아무리 원해도 토양에서는 자랄 수 없다. 다시 말해 독소를 다루는 수단이 손상되지 않는다면 노출에 대한 영향은 그리 크지 않을 수 있다.

이 내용을 다른 방식으로 이야기해 보자. 우리가 앞에서 음식의 질이 건강에 미치는 영향에 대해 알아보았듯이, 최적의 건강상태를 유지하려면 좋은 음식이 필수적이며, 좋은 음식이 감염과 독소에 대한 저항력을 최고로 끌어올려 줄 수 있다. 이 장에서는 저항력의 또 다른 측면을 다룬다. 각각의 동물은 감염이나 독소에 어떻게 대처하는가? 음식이 부족할 수도 있고, 오염되었을 수도 있으며, 영양가가 낮을 수도 있다고 가정해 보자. 결과는 다양하게 나타날 것이다. 어떤 동물은 매우 건강해서 이러한 상황에 잘 대응하겠지만, 어떤 동물은 그다지 건강하지 않아서 최소한의 스트레스에도 큰 영향을 받는 것처럼 보일 수 있다.

예를 들어, 어떤 반려인은 이 책에 실린 레시피가 반려견과 매우 잘 맞는 것 같다고 말할 수 있고, 또 어떤 반려인은 반려견이 레시피와 맞지 않아서 설사를 한다고 말할 수 있다. 여기서의 차이

점은 동물의 건강상태이다. 예민하거나 알레르기성이거나 쉽게 아픈 것처럼 보이는 아이들은 건강상태가 취약한 반면에 다른 아이들은 매우 뛰어난 반응을 보인다.

만약 반려인이 옥수수, 콩, 채소 등으로 만든 새로운 음식을 반려동물에게 급여하려고 시도했는데 반려동물한테 잘 맞지 않는 것처럼 보인다면 이런 음식을 이용하기가 꺼려질 것이다. 음식이 모든 개나 고양이에게 좋지 않은 것처럼 일반화할 수도 있다. 하지만 이는 올바른 가정이 아니다. 새로운 음식의 부적응과 같은 어려움이 발생해도 올바르게 교정할 수 있다. 이런 일이 발생했다는 것은 현재 반려동물의 건강상태가 취약하다는 사실을 알았다는 것에 의미가 있다.

임상에서 반려동물에게 어떤 레시피를 요리해 먹였는데 흔치 않은 어떤 문제가 발생했을 때 내 경우에는 대체요법, 특히 동종요법으로 그러한 증상을 치료할 수 있다는 이점이 있다. 동종요법은 문제점을 바로잡아 줄 수 있으며, 건강상태를 최상의 수준으로 끌어올려서 반려동물의 상태를 좋게 할 수 있다.

그래서 이 장에서는 대체요법 치료 방법을 제안할 것이다.

반려동물의 저항력을 떨어트릴 수 있는 것은 앞서 살펴본 식이문제뿐 아니라 다음과 같은 여러 이유가 있으므로 다 살펴봐야 한다.

• 가정이나 생활환경에서 노출되는 벼룩, 옴, 진드기 등을 구제하기 위해 뿌리는 스프레이나 목걸이 제품, 심장사상충이나 내부기생충 등을

구제하기 위해 자주 투여하는 약물
- 감정적인 스트레스
- 치료는 했지만 완벽하게 제거하지 못한 전염병
- 예방접종 부작용 이후에 취약해진 건강상태
- 면역계 질환(알레르기, 갑상선질환, 관절염, 만성 귀질환)

내재질환

우리 병원을 찾은 반려동물은 여러 원인으로 고통받고 있었고, 이미 아픈 상태로 내원했다. 이들은 현대의학으로 열심히 치료받았으나 이전의 건강한 상태로 되돌아가지 못하고 질병은 오히려 악화되었다. 영양을 최상으로 공급하고 생활환경을 개선하는 등 모든 것을 다 했지만 여전히 상태가 좋지 않기도 하다.

질병으로 인한 불편함과 통증으로 인한 고통은 에너지를 완전히 소모시킨다. 만약 관절염, 위통, 요통과 같은 질병을 앓고 있다면 시간이 지남에 따라 쇠약해진 부위가 더 쇠약해질 것이다. 반려동물을 괴롭히는 매우 어렵고 오래된 많은 질병이 이런 형태를 띤다. 항생제와 예방접종 덕분에 전염병은 조금 줄었지만 만성질환은 더 늘었다. 오늘날에 흔한 고양이의 갑상선기능항진증, 염증성 장질환, 만성 방광염, 개의 고관절이형성증, 당뇨병 등과 같은 질병은 내가 처음 임상에 입문했을 때만 해도 극히 드물었다.

분명한 것은 오늘날 흔한 만성질환은 대부분 최근 30년 동안 나타났으며, 면역계의 이상으로 생겨났다는 점이다. 나는 이런 질병을 '자가면역질환(autoimmune diseasea)'이라고 부른다. 자가면역질환은 외부로부터 자신을 보호하기 위한 방어 시스템이 몸의 특정 부분을 공격하는 상태를 의미한다. 또 다른 흔한 질병은 대부분 조직 내에 독성 화학물질이 축적된 결과로, 부적절한 치료로 인해 더 복잡해진 경우이다.

이런 상황에 처하게 되면 음식의 질이나 생활환경을 개선시키는 것만으로는 부족하다. 몸이 건강한 상태로 되돌아가는 데에는 많은 도움이 필요하다. 더 많은 치료가 필요한데 이럴 때 나는 반려인에게 '홀리스틱'이나 '대체요법'이라 불리는 치료 시스템을 추천한다.

요즘 사람들은 '홀리스틱'이나 '대체요법'이라는 용어를 대부분 잘 안다. 하지만 의미를 정확하게 이해하지는 못하는 것 같다. 내가 가장 자주 듣는 말은 "제가 다니는 병원의 수의사는 홀리스틱 치료를 합니다. 제 고양이한테 비타민을 처방해 줬어요."라는 말이다. 다시 말하면 많은 사람이 홀리스틱이나 대체요법이라는 용어를 약물 이외에 다른 방법을 이용한다는 의미로 이해하고 있는 것 같다. 따라서 이 용어가 의미하는 바를 내 경험을 통해 명확히 이해해 보자.

부분적인 접근법의 한계

모든 수의사가 그랬듯이 나도 학교에서 진단과 치료에 대한 현대 수의학적 접근법을 배웠으며 수년간 임상에 적용해 왔다. 현대 수의학은 분명히 뛰어난 효과를 보였으며, 특히 급성 감염이나 외상에 좋았다. 하지만 증상을 중심으로 한 관점으로 건강 문제에 접근하다 보니 거대한 생물학적 패턴과 과정을 보지 못하고 있다. 약물의 사용과 수술에 의존하며 종종 건강을 증진하고 예방하기 위한 폭넓은 프로그램을 배제하는 경향이 있다.

그 결과 현대의학은 일반적으로 나타나는 증상과 장애를 조정하고 방해하는 쪽으로 나아가고 있다. 이는 사실 신체의 타고난 자체 치유능력을 무시하는 것이다.

불행히 우리는 빠르고 쉬운 해결책에 열광하여 이 장의 처음에 나왔던 질문자처럼 약물이나 비타민을 무분별하게 사용하는 쪽으로 변해 가고 있다. 그 결과 근본 원인을 다루지 않고 증상을 덮는 방식에 점점 더 익숙해졌다. 불행하게도 어떤 약물은 실제로 이런 억제효과가 매우 좋다. 예를 들어, 여러 가지 형태의 합성 코르티손은 매우 강력해서 다양하게 변해 가는 여러 증상을 멈출 수 있다. 하지만 이런 방법은 몸을 지속적으로 교란시켜 결국에는 증상이 눈에 보이지 않는 곳으로 숨게 된다.

나는 병력 청취를 할 때 그런 약물로 분명히 성공적으로 치료했던 동물이 몇 주 또는 몇 달 지나지 않아 또 다른 상태로 발전하는 것을 자주 보았다. 대개 질환은 더 심각해진다. 예를 들어, 코르티손과 같은 약물로 지속적으로 억제해 온 피부병을 앓던 개는 나중에 척추의 석회화, 췌장염, 관절 문제로 발전하기도 한다. 그리고 약물로 치료가 된 만성 방광염을 앓던 고양이가 종종 나중에는 신부전, 당뇨병, 갑상선기능항진증과 같은 심원성 문제를 보이기도 한다.

사람들은 새로운 상태를 이전의 상태와 전혀 연관이 없다고 여기는 경향이 있지만 나는 그렇지 않다고 생각한다. 억제된 병은 우리 몸 안으로 더 심하게 잠식해 들어오며, 더 중요한 내부 장기에까지 영향을 미칠 것이다. 그래서 명심해야 한다. 모든 증상에는 저마다 이유가 있으며, 이는 신체 방어기전의 일부이고 증상을 지속적으로 억제하면 동물은 더욱더 쇠약해진다는 것을 말이다.

약물에 의해 유발된 문제

강력한 약물에 의존해서 생긴 문제는 부작용을 일으킬 뿐 아니라 의인성 질병(iatrogenic, 치료에 의해 유발되는 질병)까지 유발한다. 의인성 질병은 인체 의학에서는 심각한 문제로 여겨지고 있지만, 수의학에서는 그에 대한 연구를 소홀히 하고 있다. 개인적인 견해와 경험에 비춰 볼 때 의인성 질병은 수의학에서도 흔하다. 나는 장기화된 약물치료를 중단하는 것만으로도 반려동물의 상태가 상당히 향상되는 것을 많이 봤다.

약물과 연관된 흔한 합병증으로는 진정제나 항생제 투여로 인한 피부발진, 경련, 청력소실, 적혈구 수의 감소가 있으며, 대부분 항생제에 의한 생명을 위협할 정도의 심각한 빈혈이 있다. 또한 정신과 약물의 사용으로 인해 화를 내거나 공격성을 나타내지만 때때로 소음, 천둥, 이방인, 심지어 낯선 물건에 대한 두려움을 나타내는 행동학적 변화, 경구 항생제 투여로 인한 식욕부진이나 설사 등도 있다.

만약 이러한 증상이 치료를 시작한 지 얼마 지나지 않아 나타난다면 약물과 관련이 있을 가능성이 높다. 약물이 독성이 있는 것은 아니지만 이러한 억제 약물을 사용하다 보면 동물의 에너지가 전반적으로 고갈되는 결과를 초래한다. 장기간의 약물 사용으로 인해 가장 흔히 나타나는 문제는 동물이 활발하지 못하고 기능이 떨어지는 것이다.

약물이 필요 없는 경우도 많은데 종종 반려인의 마음을 안정시키고 병원에 내원한 고객에게 진료비 청구를 정당화하기 위해 처방하기도 한다. 예를 들어, 바이러스성 질병을 치료하기 위해 종종 항생제를 처방하는 경우와 같다. 항생제는 바이러스가 아닌 세균에만 효과가 있다. 내가 비난하는 대상은 비단 수의사만이 아니다. 많은 반려인이 백신과 알약을 처방해 달라고 조르고 수의사가 응하지 않으면 다른 병원을 찾아간다. 그러다 보니 불행하게도 꼭 필요한 경우가 아니더라도 약물을 처방하게 된다.

내가 치료했던 성공적인 케이스와 신체 치유 능력이 작용하는 자연적인 방법을 사용하는 많은 성공 케이스를 보면 이런 의문이 생긴다. 약물을 사용하는 것 외에 질병을 치유하는 다른 방법이 있을 거라는 생각을 하기가 그렇게 어려운 것일까? 왜 우리는 약물치료와 수술에 그렇게 심하게 의존하는 것일까?

의학을 바라보는 서로 다른 관점

서양의학의 발전사는 복잡한 주제이며 이 주제의 많은 내용이 의사나 환자 모두의 사고방식에 녹아들어 있다. 그중 하나가 임시방편의 빠른 해결책이다. 사람들은 자신의 삶이나 습관이 그렇게 많이 바뀌길 원하지 않는다. 그냥 살던 방식대로 살고자 한다. 우리는 종종 문제를 안고 살아가면서도 스스로 바꿀 수 없다고 생각하고 그냥 적응하며 만족하고 산다.

예를 들어, 우리는 알레르기 반응을 유발하는 음식을 피하라고 배웠다. 하지만 시간을 충분히 가지고 조금만 더 질병을 이해하고 치료하려고 한다면 알레르기 상태에서 완전히 벗어날 수 있다. 나는 환자가 영양요법과 동종요법으로 치료하면서 식이 알레르기와 같은 문제로부터 완전히 벗어나기를 기대한다.

생명력

더욱 근본적인 장애물은 오랫동안 서구 과학을 지배하며 현대의 사고와 문화에 상당한 영향을 미친 유물론적 관점에서 나온다. 과학자들은 의식, 사고, 감정, 생명력, 전반적인 시스템과 같은 불안정한 현상을 보거나 측정할 수 없기 때문에, 대부분 생명체의 육체적이고 물질적인 측면만 연구해 왔다. 따라서 현대과학, 의학, 문화는 마치 몸을 화학적이고 기계적인 과정의 집합체인 단순한 '고기 주머니(meat bag)'로 축소시켰다.

그 결과, 세계의 역사에서 모든 문화와 치유 시스템은 통합된 생명력의 존재를 언급하고 있는 반면 과학자들은 대부분 더 이상 생명력을 다루지 않는다.

중국인들은 이런 생명력을 '기(氣)'라고 한다. 폴리네시아인들은 마나(mana, 우주의 초자연적이

290

고 신비로운 힘)라고 하며, 북아메리카 인디언의 수(Sioux)족은 와콘다(wakonda)라고 한다. 이집트인들은 카(ka, 영 또는 혼. 고대 이집트인들이 믿었던 사후의 부활을 위한 영적 부분)라고 하며, 힌두교도들은 프라나(prana, 생명의 원리, 생명의 본원, 생기)라고 한다. 중동에서는 바라카(baraka)라고 하며, 아프리카의 부시맨들은 엔/움(n/um)이라고 한다. 지구상에서 가장 오래된 고대문화인 오스트레일리아 원주민들은 아룽킬타(arungquiltha)라고 한다.

서양의 의학과 철학의 역사에서는 이를 '생명력(vital force)'이라고 한다. 이런 용어를 사용할 때 이 용어가 의미하는 것은 무엇일까? 사실 단어 자체는 중요하지 않다. 그냥 '기' 또는 '우리를 살게 해 주는 에너지'로 받아들이면 된다. 그리고 육체적·정신적 질병의 징후 뒤에 몸을 조절하고 지시하는 숨겨진 에너지장(정보의 장)이 있다는 개념으로 이해하면 문제될 것이 없다. 생명력은 몸을 매우 바르게 성장시키고 재생시켜 주며 손상된 부분을 회복시켜 준다. 생명력에 대해 더 자세히 알아보고 싶지만 이에 관한 책이 많으므로 그저 생명력의 놀라운 유기적 능력에 대한 작은 예만 하나 들겠다.

바다의 해면동물은 제한된 수의 세포를 가지고 있다는 점에서 상당히 단순한 생명체이지만 사람의 뼈가 몸의 형태를 만들어 주는 것처럼 그런 제한된 수의 세포로도 해면동물의 형태를 유지하기 때문에 지지골격의 최고봉에 서 있다고 할 수 있다. 해면동물은 형태가 제각각이지만 그들은 각각 형태와 특징이 상당히 일정하여 서로 다른 종

으로 보며, 사람들은 그들을 서로 다른 이름으로 인식한다. 반려인이 이런 해면동물 중 하나를 잘게 자른 후에 실크 천을 통해 걸러내면 모든 작은 세포가 서로 분리되어 처음에 시작했던 물체와는 전혀 다른 알아차릴 수 없는 모양의 '포리지(porridge, 오트밀에 우유 또는 물을 넣어 만든 죽)'처럼 된다. 재미있는 점이 여기에 있다. 만약 반려인이 잠시 기다리면 이 오트밀 죽은 모여서 스스로 재조합되어 지금까지 아무 일도 없었다는 듯이 분리되기 전과 완전히 동일한 정상적인 모습의 해면동물이 된다는 것이다.

이것만으로도 충분히 놀랍다. 또 한 실험에서는 서로 연관이 없는 빨간색 종과 노란색 종의 두 가지 해면동물을 가지고 위와 같은 과정을 거쳐서 함께 섞었다. 그럼에도 불구하고 24시간이 지나자 빨간색과 노란색 해면동물은 서로 분리되어 원래의 해면동물로 복원되었다. 이 실험을 소개한 라이올 왓슨(Lyall Watson)은《초자연(Supernature)》에서 "이런 능력은 생명체의 가장 중요하고 특이한 특징이다."라고 했다.

현대과학이 모양을 갖춰 감에 따라 육체적인 유기체를 다스리고 생명을 불어넣는 그런 힘의 존재를 역설하는 생기론자(vitalist)와 생기론자의 주장을 부정하고 모든 생명은 화학적이고 물리적인 과정의 용어로 설명될 수 있다고 말하는 유물론자(materialist, 물질주의자) 사이에 철학적인 분열이 생겨났다. 결국 유물론자가 우세하여, 이들의 견해는 현대과학, 의학, 문화의 초석이 되었다. 이 유물론적 관점은 대부분 유기체를 지배하는 지성을 무시한다. 그렇기 때문에 주류 의학은 증

상을 억제하고 눌러야만 하는 해로운 상태로 보고 치료하는 것이다.

따라서 과학의 역사에서 이런 전환기는 오늘날 사람들이 질병에 걸렸을 때 오로지 육체적인 설명에만 치중하는 이유를 뒷받침해 준다. 우리는 반려동물을 볼 때 가장 먼저 나이에서 오는 명백한 손상이나 세균, 기생충, 유전적 결함 등을 찾아본다. 게다가 우리의 선입견은 환경을 깨끗이 하거나 음식이나 생활방식의 변화를 요구하기보다는 오히려 신약과 같은 잘 팔리는 솔루션이나 관련 상품 등과 같은 물질적인 요소에 초점을 맞추고 있다. 오늘날까지 지구상에 새로 생긴 화학물질이 8만 2,000개 정도 되는데 이 화학물질이 독성과 발암성이 얼마나 강한지, 그런 화학물질이 생겨나는 것을 막거나 제거하기 위한 관심이 얼마나 부족했는지 생각해 보아야 한다.

감정적 스트레스

상식과 현대의학의 관점 사이에 있는 또 다른 괴리는 질병을 유발하는 감정과 관련이 있다. 아무리 의사가 환자에게 감정적인 스트레스를 피하라고 하고 정신적인 충격을 받은 후에 얼마나 아팠겠냐며 립서비스를 남발하더라도 결국 몸이 아파서 병원에 갔을 때 통상적으로 적용하는 치료법은 약물이나 수술이다. 개인적으로는 사고, 감정, 우리를 살게 하는 통합된 지성의 중요성을 인정하지만, 학회에서는 질병의 예방과 질병을 유발하는 감정에 대한 관점을 심각하게 받아들이지 않는다.

홀리스틱 요법의 재출현

최근 들어 의사뿐 아니라 의학 지식이 없는 일반인들도 이러한 현대의학 접근법에 한계가 있음을 느끼고 의학과 수의학 두 분야 모두에서 홀리스틱 요법을 활발히 탐구하고 부흥시키기 시작했다. '홀리스틱'이란 단어의 의미는 뭘까? 나는 '홀리스틱'이라는 단어의 정의를 우연히 접하고 웃지 않을 수 없었다. 앞에서 이야기한 것처럼 많은 사람이 병원에서 비타민을 처방해 주는 것을 홀리스틱 의학을 하는 것으로 혼동하고 있는 것 같다. 지금까지 우리가 이 장에서 논의했던 내용을 생각해 보면 '홀리스틱'이라는 단어가 건강에 관한 다른 관점을 함축하고 있다고 해도 놀랄 일은 아니다. 먼저 우리에게 익숙하고 일반적인 치료 방법부터 살핀 후 이를 홀리스틱 관점이라고 말하는 치료법과 비교해 보자.

대증요법

사람들이 현재 흔히 경험하고 있는 의학을 현대의학이라고 한다. 이런 현대의학은 또한 대증요법(對症要法)이라고도 하는데, 이는 겉으로 나타나는 질병의 증상을 억제하거나 멈추게 하고 통제하는 방식의 치료법을 의미한다. 대증요법이 바로 지금까지 우리가 익숙하게 사용해 왔던 접근법이다. 대부분의 의사들과 수의사들이 하는 항생제 처방, 알레르기 주사, 예방접종, 수술 등이 여기에 포함된다. 약물이나 수술의 가장 기본적인 원리는 질병의 증상으로 보이는 것을 통제하거나 차단하는 것이다. 예를 들어, 항염제(아스피린, 스테로이드)는 염증의 표현을 멈추게 하기 위한 대중요법식 접근법에서 사용한다.

반려인은 종종 염증이란 '나쁜 것'으로 제거해야 한다고 들었을 것이다. 하지만 아직까지 알려지지 않았지만, 염증은 몸이 스스로를 자체적으로 치유하고 회복하는 과정이다. 염증이 지나치게 오랫동안 만성으로 지속된다면 몸이 스스로를 바로잡으려고 노력하는 내재질환이 있다는 의미이다. 따라서 염증을 억제하면 질병은 변화하지 않고 환자는 전반적으로 점점 더 쇠약해진다.

또 다른 예로는 뇌기능을 억제하여 간질성 발작을 멈추게 하는 약이다. 많은 반려인이 발작을 멈추게 하려고 이런 약을 사용한다. 약물이 뇌를 진정시켜 주는데 그 약을 쓰지 않을 이유가 있겠는가? 하지만 완벽하게 성공적이었다면 이런 글을 쓸 이유가 없다. 반려인은 이런 나의 글에 관심을 가지지 않을 것이다.

나는 이런 접근법의 한계를 봐 왔기 때문에 또 다른 치유방법을 찾는 연구를 시작했고 지금도 하고 있다. 솔직히 약이 증상을 잠시 동안 멈추게 할 수는 있었다. 하지만 증상을 억누른다고 진정으로 치유된 것은 아니다. 몸 상태가 진짜 좋아진다는 느낌도 없고, 이전보다 더 악화되어 증상이 만성으로 진행되는 등 다른 문제로 발전한다는 느낌을 받는 환자들이 있다.

분과적(分科的) 접근법

대증요법의 또 다른 특징에는 환자를 '조각조각'으로 보는 기법이다. 베니는 쉽게 흥분하는 귀엽고 자그마한 폭스테리어 강아지이다. 베니가 처음 발작을 일으켰을 때 다들 독극물에 중독되었을 거라고 생각했다. 발작이 재발했을 때 그의 담당 수의사는 베니에게 항경련제를 주사했다. 발작은 주사로 사라졌지만 베니는 대부분의 시간을 엎드려 있거나 잠을 자면서 보냈다. 한 달쯤 지나자 털이 군데군데 빠지고 기름지기 시작했다. 그러자 갑상선이 제 기능을 하지 못한다는 갑상선기능저하증이라는 또 다른 진단을 받았다. 그래서 갑상선호르몬을 보충하는 약을 투여하기 시작했고 그 후 많이 활발해지고 모질도 좋아졌다. 현재 베니는 항경련제와 갑상선호르몬제 두 가지 약을 처방받고 있으며, 아마 평생 처방받아야 할지도 모른다.

그 후 2년 동안 베니는 별일 없이 잘 지내는 듯했다. 하지만 어느 순간 계단을 오를 때 활발히 오르지 못하고 느리고 조심스럽게 올라갔다. 분명히 뻣뻣해 보였다. X-레이 촬영 결과 척추의 관절염 상태를 의미하는 척추염 진단이 나왔다. 그래서 항염증제와 진통제를 처방받았다. 현재 베니는 약을 네 가지나 먹고 있으며, 반려인인 낸시는 앞으로 남은 일생 동안 베니가 네 가지 약을 계속 처방받을 것이라고 예상하고 있다.

이 짧은 이야기에서 두 가지 점을 도출해 낼 수 있다. 그중 하나는 건강상의 문제가 마치 서로 연관이 없는 듯 하나씩 다루어졌다는 것이다. 뇌질환(발작)이 어떻게 갑상선과 연관이 있을 수 있을까? 어떻게 갑상선이 척추관절염과 연관이 있을 수 있을까? 대부분의 수의사들은 반려인에게 이 질환들이 전혀 연관성이 없는 문제라고 대수롭지 않게 말한다.

이것이 환자를 조각조각으로 나눠서 보는 예이

며 대증요법의 한 부분이다. 만약 이 질병을 동시에 한 조각으로 보고 다룰 수 있다면 이 질병들을 훨씬 쉽게 다룰 수 있을 것이다.

다른 하나는 의학에서의 이런 관점으로 인해 오랜 시간 동안 사용되는 약물의 수가 증가하고 있다는 사실이다. 새로운 증상이 생겨날 때마다 새로운 진단이 더해지고 그 결과로 생겨난 '적절한' 약물이 치료 프로그램에 더해지는데, 이로써 질병이 점점 더 복잡해진다.

홀리스틱 관점

베니와 같은 경우를 홀리스틱 접근법에서는 어떻게 다룰까? 예를 들어, 한의학에서는 맥박이나 혀의 상태를 강조하지만 진료에 이용하는 홀리스틱 의학의 형태에 따라 설명방식이 달라질 수 있다. 하지만 내 경우에는 주로 동종요법을 하기 때문에 베니의 상태를 동종요법식으로 설명할 수 있다. 내가 알고자 하는 것은 맨 처음에 나타난 질병의 구체적인 양상이다. 가장 중요한 것은 발작이 어떻게 시작되었는지, 발작을 처음 일으켰을 때와 치료를 하기 전의 발작 양상이 어떻게 보였는지이다. 다음은 내가 보호자에게 주로 던지는 질문 양식이다.

• 발작을 언제 처음 일으켰나요? 낮이었나요? 밤이었나요? 아니면 잠자는 도중이었나요?
• 발작을 일으켰을 때 어떤 자세를 취했나요? 몸부림을 쳤나요? 몸이 구부러졌나요? 아니면 몸이 경직되어 그냥 뻣뻣하게 서 있었나요?
• 발작을 하는 동안 의식은 있었나요?

• 발작이 얼마나 지속되었나요?
• 발작이 있은 후에는 어떤 행동을 했나요? 배고파했나요? 목말라했나요? 방향감각을 잃었나요? 공격적으로 변했나요?
• 시간이 흐름에 따라 발작이 얼마나 자주 일어났나요? 그리고 발작 형태에 변화가 있었나요? 아니면 거의 똑같았나요?
• 발작을 유발하는 무언가가 있는 것처럼 보였나요? 스트레스인가요? 감정의 혼란인가요? 화들짝 놀라서였나요? 음식을 먹어서였나요?

우리는 베니의 발작 형태가 무엇을 닮았는지, 발작 형태가 어땠는지 알고 싶다. 왜일까? 치료 후에는 형태가 달라지기 때문에 진료를 시작할 때 처음에 발생한 질병 상태를 보고 그 형태를 이해해야 한다. 어떤 치료를 했든 간에 치유되지 않으면 계속되는 발작의 형태가 치료에 의해 변형되어 처음 발생했던 질병과 약물의 영향이 혼합된 새로운 형태가 된다. 이렇게 새롭게 만들어진 혼합된 형태는 혼동을 일으켜 질병 상태를 이해하고 치료하는 것을 더 어렵게 만든다. 동종요법식 접근법에서는 개에게 나타나는 모든 형태의 발작에 같은 약물을 사용하지 않는다. 잠자는 도중에 발생하는 발작에 사용하는 약물이 있고, 오줌을 쌀 때 발생하는 발작에 사용하는 약물이 있는 등 발작 형태에 따라 적용하는 약물이 다르다.

그러나 이런 홀리스틱 접근법에 추가되는 내용이 있다. 발작이 있기 전에 건강상태가 어땠는지도 알아야 한다. 또한 강아지의 건강 문제로 나타나는 질병 상태에는 또 다른 진단명이 있을 수도

1부 개·고양이를 위한 자연주의 육아법

있으므로 이에 대해서도 알아야 한다. 치료계획을 수립하는 데 있어서 강아지였을 때부터 현재에 이르기까지 순차적으로 일어난 모든 병력을 청취하고 이를 전체적으로 종합하여 약물을 찾는다.

베니의 경우로 되돌아가서, 일단 발작에 대한 정보를 얻었다면 그다음은 거기에 시간의 흐름에 따라 병이 어떻게 변화했는지를 파악해야 한다. 베니는 갑상선에 문제가 생겨서 피부와 털이 변하기 시작했고 결국 척추에도 관절염이 생겼다. 만약 내가 베니를 맡았다면 발작뿐 아니라 다른 질병에 관한 자세한 정보도 얻으려고 했을 것이다. 결국 내가 수립한 치료법은 전체적인 형태인 발작, 탈모, 기름진 털, 갑상선기능장애, 척추관절염 등 모든 증상을 다루는 것이다. 처방하는 동종요법 약물도 이 문제를 모두 다룰 것이다. 여기에서의 관점은 문제를 각각 별개의 질환으로 보지 않고 오랜 시간 생겨난 베니의 병 그 자체로 본다는 점이다. 이 병은 몇 가지 다른 방식으로 질환과 기능장애를 불러왔다.

이제 동물의 전체를 본다는 관점에서 왜 홀리스틱이라는 단어를 사용하는지 이유를 알 수 있을 것이다. 홀리스틱 관점에서는 연속되는 건강상의 문제가 서로 연관이 있다는 전제가 깔려 있다. 동물은 모든 면에서 긴밀하게 연결되어 있는 하나의 개체이며, 여느 복잡한 과정이 그렇듯이 하나가 균형을 잃으면 겉보기에는 연관이 없는 것처럼 보이는 또 다른 부분이 균형을 잃을 수 있다.

그래서 나는 베니의 경우, 발작으로 시작된 문제가 뇌를 느리게 만드는 졸리는 약을 사용한다

해도 치유되지 않는 심부질환이 있었다는 사실을 알게 되었다. 시간이 흐름에 따라 갑상선 문제와 같은 이 질환의 또 다른 표현이 나타나기 시작했으며, 이 또한 다른 약으로 바꿔서 처방해도 치유되지 않았다. 단지 합성 형태의 천연 호르몬을 공급한다고 해서 갑상선 문제가 고쳐지지 않는 것이다. 이후 특정 형태의 관절염으로 진행된 이 질병은 베니의 질병이 더욱 깊게 발전된 형태였다.

발작, 갑상선기능저하, 군데군데 발생하는 탈모, 기름진 털, 척추관절염은 모두 시작부터 끝까지 동일한 병이다. 홀리스틱 관점은 이 증상을 서로 독립된 다른 진단 카테고리로 나누지 않는다. 이는 우리가 '홀리스틱(holistic)' 대신에 '홀리스틱(wholistic)'이라는 철자를 붙여도 될 정도로 분명하다.

그래도 사람들은 "내가 다니는 동물병원의 수의사는 홀리스틱 치료를 하지만 선생님이 설명했던 것처럼 각각의 건강상의 문제에 대해 각기 다른 진단명을 알려 줘요."라고 말한다. 맞다. 이것은 흔한 일이다. 홀리스틱 관점을 가지고 있는 많은 수의사도 분과적인 방법으로 설명한다. 보호자들이 그런 종류의 대화를 기대하기 때문이다. 그래도 홀리스틱 수의사들은 이런 질병 사이의 연관성을 우리가 여기에서 논하고 있는 연계방식으로 이해하고 있을 것이다. 질병 간의 연관성이 중요하다는 사실은 우리가 홀리스틱 치료에 대해 논할 때 더욱 분명해진다.

증상의 의미

나를 포함해서 홀리스틱 관점을 가진 대부분의

의사들은 '증상'을 몸을 유지하는 에너지인 개체가 가지고 있는 생명력의 작용이라는 견해를 갖고 있다. 증상이 생겼을 때 우리 몸의 생명력은 설사, 구토, 기침, 재채기, 고름을 통해 이런 장애를 없애기 위해 최선을 다한다. 모든 증상에는 저마다의 이유가 있는데 이것은 몸이 균형을 회복하기 위한 메커니즘이다. 설사는 장에서 독성물질을 제거하기 위한 방식이고, 구토는 위에서 독성물질을 제거하기 위한 방식이다. 기침과 재채기는 농양에서 고름이 흘러나오는 것과 같은 배출방식이다. 따라서 홀리스틱 의사로서 조화를 되찾기 위한 몸의 시도를 돕고 증상들의 작용을 연구하기 위해 노력한다. 다시 말하면 증상을 억제하려는 시도를 하지 않고, 오히려 몸이 하려는 일을 끝마치도록 돕는다. 또한 우리는 건강에 대한 감정적·정신적 요소를 고려하여 이 수준에서 끊임없는 변동을 주의 깊게 관찰하고 더 큰 내부의 조화를 촉진하기 위한 변화에 대해 조언한다.

그렇다고 우리가 육체적인 요소의 중요성을 부정하는 것은 아니다. 분명한 점은 모든 종류의 치명적인 미생물과 환경적인 공격을 고려해야 한다는 것이다. 그러나 여러 개체가 이 요소들에 동일하게 노출된다 하더라도 저항력에 따라 각양각색의 변화를 보인다.

이렇게 정리해 보자. 개개의 동물은 부분이 모인 것이 아니라 그 자체가 하나의 전체적인 유기체이다. 건강하고 균형이 잡혔을 때에는 모든 것이 부드럽게 움직여 나가고 증상이 나타나지 않는다. 그러나 전염성 유기체에 노출되거나 손상을 입었을 때에는 모든 환자가 반응하며 이런 반응에는 증상의 발현이 포함된다. 이런 증상(심지어 염증이나 통증까지도)은 몸이 겪고 있는 치유과정의 표현이다.

이해가 됐는지 모르겠다. 나는 수년 전에 이 내용을 이해했고 이는 건강과 질병에 관한 내 사고를 모두 바꿔 놓았으며 이전보다 반려동물의 건강을 회복시키는 데 더욱 효과적으로 만들어 주었다.

병이 낫는 것일까? 나빠지는 것일까?

증상에 대해 이해하는 두 가지 의학적 관점의 차이점을 명확하게 해 줄 예가 여기 있다. 반려인의 팔에 상처가 나서 잠시 출혈이 있다고 가정해 보자. 상처가 치유될 것이라는 기대를 하고, 치유에는 시간이 걸린다는 것을 알 것이다.

상처 치유의 일반적인 단계는 다음과 같다. ① 출혈, ② 응고, ③ 상처 부위의 수축, ④ 딱지 형성, ⑤ 딱지 아랫부분에 새로운 피부 생성, ⑥ 딱지 탈락, 그 아래에 있는 새롭고 더욱 무른 치유된 피부가 나타남, ⑦ 새로운 피부가 신체 다른 부분의 피부처럼 더욱 단단해짐. 전반적인 과정은 수일 내지 2주 정도 걸린다. 이런 모든 단계가 상처 치유에 필수적이지 않겠는가?

이제는 다르게 생각해 보자. 앞의 예에서와 같이 상처가 났는데 약을 투약하여 몇 시간 안에 완벽하게 새것처럼 상처가 치유된다고 해보자. 가능한 일인가? 물론 불가능하다. 물론 맞는 부분도 있다. 출혈을 멈추게 하고 통증을 사라지게 하며 감염을 예방해 주는 약은 있지만 진정으로 완전히 치유해 주는 약은 없으며, 신체조직은 여전히 모든 치유단계를 겪어야 한다. 만약 항생제 연고를 도포하고 딱지를 제거하며 진통제를 투여하는 등 상처에 더 많은 손상을 입힌다면 이러한 방법은 자연적인 치유과정을 간섭하는 것으로써 실제로 치유를 지연시킨다.

우리는 건강한 개체에서 생긴 지 얼마 되지 않은 상처의 치유에 대해 논하고 있다. 이 내용을 심한 만성 상태와 비교해 보자. 반려견이 뒷다리에 관절염을 앓고 있으며 염증과 통증을 줄여 주는 약을 처방받았다고 가정해 보자. 놀랍게도 단 몇 시간 내에 이 개는 강아지였을 때처럼 주위를 뛰어다니는 등 눈에 띄게 호전될 것이다. 사람들은 대부분 이런 놀라운 치료에 대해 말한다. 그러나 생각해 보자. 관절염은 상처보다 더 느리고 더 점진적인 과정을 거친다. 이 과정은 수개월에서 수년이 걸릴 수도 있으며 관절 주위의 조직이 비후되고 관절액이 변화하며, 심지어 연골과 뼈가 뒤틀리는 등 몸에 상당한 변화를 불러온다. 그런데 이와 같은 상태가 단 몇 시간 내에 치유된다는 것이 가능한 일인가? 그게 아니더라도 심지어 2주 이내에 치유된다는 것이 가능한 일인가? 불가능하다. 이와 같은 관절염이 거의 정상에 가깝게 자연치유 되려면 상당히 오랜 시간이 걸리며 말 그대로 수개월에서 수년이 걸릴 수도 있다.

그렇다면 약물에 의해 기적처럼 보이는 빠른 반응이 생겼을 때 이로 인해 발생할 수 있는 일은 무엇일까? 그것은 바로 약물이 신체가 질병을 치유하기 위한 시도에서 만들어 낸 증상을 억압한다는 점이다. 이는 인위적인 결과이다. 과정을 차단하여 모든 증상이 좋아진 듯 보이지만 실제로는 아무것도 치유되지 않았다. 우리는 현대 대중요법의 기적 중 하나로 이런 종류의 빠른 반응을 기대해 왔으며, 기적인 것처럼 봐 왔다. 문제는 상태가 치유되는 방법을 제공하지 않은 채 증상을 차단한 결과 시간이 흐르면서 표면적인 결과가 더 어려운 질환으로 바뀐다는 사실이다. 시간이 흐르면 흐를수록 반려동물이 좋아지기보다는 오히려 더 악화되는 경험을 했을 텐데 바로 그 이유 때문이다.

이런 관점이 참신한가? 아마도 내가 전부 꾸며 낸 이야기라며 의아해할지도 모른다. 하지만 실제로 과학계에서 현재 이런 접근을 뒷받침해 주는 많은 개념이 수면 위로 떠오르고 있다.

현대물리학으로부터의 지지

흥미롭게도 현대물리학의 발달은 생명력이 존재한다는 생기론자와 홀리스틱의 관점을 뒷받침해 주고 있다. 유물론자의 원칙이 우세한 관점이 되었을 때 물리학자들은 궁극적으로 세상이 전자, 광자, 중성자와 같은 물질의 분리된 기본입자인 미립자로 구성되어 있다는 진부한 뉴턴 학설 신봉자의 개념에 손을 들어주었다. 그러나 현대물리학자들은 밝혀진 미립자 이외의 나머지 기본입자를 찾기 위해 더욱더 작은 입자를 찾아왔지만 아직 그것을 발견하지는 못했다. 대신에 물리학자들은 완전히 다른 관점을 발견했다. 실제로 물질은 그다지 고체가 아니라는 것이다. 실제로 프리초프 카프라(Fritjof Capra)의 《물리학의 도(道)(*The Tao of Physics*)》에 따르면, "미립자는 단지 장(場)의 국소응축에 불과하다. 오고 가고 하는 에너지가 농축되어 미립자의 개별적인 특징을 잃어버리고 근원적인 장(the underlying field)으로 용해된다." 달리 말하면 분리된 전체나 부분으로 미립자를 분석하는 것은 착각이며, 모든 현상은 전체 에너지장의 징후이고, 마치 그것을 실체나 부분으로 분리되었던 것처럼 사물을 분석하려는 시도는 착각이라는 것이다.

물리학을 이해하는 데 있어 가장 중요하고 기초적인 타개책 중 하나는 대부분의 과학을 상징하는 지식에 대한 단편화되고 분화된 미립자의 접근이 뿌리에서부터 잘못되었다는 것이다. 우리는 문제를 전체와 연관시켜 보는 법을 배워야 하며, 거짓표시와 정의를 구분하는 법을 잊어서는 안 된다.

이런 새로운 이해법을 서서히 발전시켜 나가는 일이 결코 쉬운 일은 아니다. 내 경우를 보면 현재의 내가 있기까지 수년이 걸렸다. 하지만 나는 거의 40년 동안 동종요법으로 진료를 해왔으며, 성공적인 임상에서의 치료법으로 영양학 이외에 동종요법을 함께 사용해 왔다. 나는 실용적인 측면에서 이 이해와 접근법이 매우 정확하다고 확신한다.

실전에 적용하는 방법

반려동물에게 도움이 될 수 있는 치료법을 완벽하게 설명해 놓은 전문서적을 많이 보는 것이 좋다. 여기서는 동물을 치료하기 위해 사용해 왔던 더 공통적인 홀리스틱 치료법과 일반적인 이론도 살펴볼 것이다. 그다음 내가 선호하는 접근법인 동종요법을 더 자세하게 설명할 것이다. 동종요법은 내가 가장 잘 이해하고 가장 최고로 경험해 온 치료 시스템이기 때문이다.

소개할 치료법들은 서로 구분된, 완벽하게 다른 치료법이 아니라는 사실을 명심해야 한다. 이 치료법들은 내가 말한 기본적인 철학을 공유하고 있으며 한 가지 이상의 대체요법을 포함하고 있다. 예를 들어, 허브요법과 식이요법은 종종 침술과 동반되어 사용된다. 이 방법을 함께 사용해야 효과가 극대화될 수 있다.

자연요법

의학사전을 보면 자연요법은 약을 쓰지 않고 공기, 빛, 물, 열, 마사지 등과 같은 자연의 힘을 이용하여 병을 치료하는 치료법이라고 정의되어 있다. 병을 제거하기 위한 몸 전체의 자연적인 시도를 강조하는 포괄적인 접근법이다. 다시 말하면 질병 산물의 배출을 돕는 것이다.

자연요법 의사들은 종종 부적절한 식습관과 운동 부족으로 인한 독성물질의 과도한 축적이 질병의 가장 주된 육체적 원인이라고 보고 있다. 이들은 이런 질병이 몸이 행하는 통상적인 폐기물 처리방법이라고 말한다.

자연요법 의사들은 역사적으로 다양한 문화에서 사용되어 왔던 몸을 정화시키기 위한 수많은 기법을 치료에 이용한다. 그중 하나가 절식이며, 절식은 소화기계를 쉬게 해 신체가 내부 청소를 하게 도와준다. 절식을 하는 환자는 종종 신장을 깨끗하게 하거나 하부 소화기계를 깨끗하게 하기 위한 관장이나 결장 세척을 위해 많은 양의 깨끗한 물이나 주스를 마실 것을 권고받는다.

또한 사람에게 많이 이용하는 방법으로 순환을 자극하거나 발한을 촉진시키기 위해 온치료와 냉치료를 이용하기도 한다. 거기에는 목욕, 사우나, 팩, 압박, 습포, 찜질, 김 쐬기 등과 같은 다양한 방법이 포함된다. 다른 자연요법에는 운동, 일광욕, 위생관리, 피부와 털의 다양한 마사지 기술과 빗질이 포함된다. 몸을 정화하는 과정 외에도 환자는 훌륭한 영양[종종 가공하지 않은 날 식품(생식)이나 유기농 음식과 주스를 강조함] 프로그램이나 소화를 돕는 적절한 음식 배합, 특정한 음식의 공급과 비타민, 미네랄, 허브를 적절히 사용하게 된다.

이런 방법 중 일부는 동물에게 적용하기가 어렵고 힘들 수 있지만 절식이나 운동, 훌륭한 영양 공급, 일광욕, 미용(마사지 형태) 등의 나머지 방법은 오히려 쉬울 수 있다. 나는 많은 경우에 이런 방법의 사용을 권장한다.

수의학계에서 수년 동안 자연요법을 광범위하게 성공적으로 사용한 수의사 도널드 오그던(Donald Ogden)은 피부병의 경우 90%가 단 2주 내에 호전되었다고 기록했다. 그는 동물을 깨끗이 목욕시키고 난 후 일주일 동안 절식을 시키면서 야채로 만든 맑은 국물인 채수만 급여했으며, 그다음 일주일은 야채 수프와 건더기를 혼합한 식사를 급여했다. 절식을 중단할 때에는 생고기와 생야채 또는 잎이 많은 야채를 쪄서 급여하고, 그다음에는 이 책에서 설명한 것과 같은 균형 잡힌 자연식을 급여하라고 조언했다.

오그던은 또한 반려동물의 체온이 정상으로 돌아오고 모든 증상이 사라질 때까지 3일 내지 일주일 동안의 완벽한 휴식과 절식이 비만, 류머티스, 관절염, 변비, 만성 심부전, 기관지질환, 심장사상충, 신장결석, 방광결석, 위염, 신장질환, 농루증(膿漏症, pyorrhea), 당뇨병, 간질환(간경변으로 발전하지 않는 한), 개방성 염증, 발열 단계의 홍역 등 많은 염증성 질환에 매우 이롭다고 했다.

하지만 암이나 진행성 요독증, 결핵, 장기화된 영양실조, 십이지장충 질병, 홍역과 같은 소모성 질병을 앓는 동물은 절식시키지 말라고 했다.

자연요법은 허브요법, 카이로프랙틱, 수치료, 침술, 한의학, 동종요법 등 다른 홀리스틱 접근법과 병행할 때 효과가 뛰어나다. 나는 진료를 볼 때 절식도 시키고 종종 관장도 이용하지만 영양에 더 의존하는 편이며, 자연요법은 내 치료에 도움을 주기 위한 위생이나 미용 관리적 측면으로 사용한다.

허브요법

허브요법은 동물들이 야생에서 건강이 좋지 않을 때 특정 풀을 찾아먹는다는 사실을 관찰하여 만든 것이다. 동물은 특정 풀이 자신에게 도움이 된다는 사실을 안다. 사람들은 목장에서 소와 말이 이와 동일한 행동을 하는 것을 보기도 한다. 기생충에 감염되거나 소화기능에 문제가 생기면 평소에는 먹지 않던 특정 식물을 먹는다. 나는 개나 고양이도 이런 이유로 풀이나 특정 식물을 걸신 들린 듯이 먹어치우는 모습을 보았다.

한의사들은 더 나아가 치유를 자극하기 위한

방법으로 잎, 뿌리, 열매, 씨, 꽃 등 식물의 여러 부위를 치료 시스템에 적용했다. 고대부터 지금까지 모든 문화에서 보면 기초의학에서 민간요법에 이르기까지 허브의 사용은 치료에 식물을 이용하는 가장 중요한 치료 시스템이다.

실제로 우리가 이용하고 있는 많은 조제약도 원래 허브 치료법의 원리를 고려하여 허브에서 추출하여 합성한 것이다. 예를 들어, 심장 치료를 위해 사용하는 디기탈리스(digitalis) 제제는 디기탈리스 식물(foxglove)에서 추출했으며, 중독뿐 아니라 여러 가지 다른 질병도 치료하는 아트로핀(atropine)은 벨라도나(belladonna, 가짓과의 유독식물)에서, 카페인(caffeine)은 커피에서, 폐질환이 있을 때 호흡을 편안하게 해 주는 테오필린(theophylline, 근육이완제·혈관확장제)은 차나무에서 추출한 알칼로이드이며, 레세핀(reserpine, 진통제·진정제·혈압강하제)은 인도사목(Rauwolfia serpentina)의 말린 뿌리에서 추출했다.

그러나 한의사들은 약물 유도체와 이 약이 추출된 식물은 동일한 것이 아니라고 주장하고 있으며, 경험상 나도 이 말에 동의한다. 허브의 힘은 실제로 수백 개 이상의 물질이 함유되어 있는 원래 천연식물의 유일무이하고 복합적인 특성에 있다. 앞에서 홀리스틱 관점으로 설명했듯이 완전하게 하나인 전체는 각 부분의 합보다 더 완벽하다.

허브는 허브의 약물학적 상대와 비교해 보았을 때 일반적으로 느리고 깊게 작용한다. 몸에서 독소를 제거하고 해독시켜서 치유과정을 돕고 증상이 보여 주는 문제를 돌본다. 예를 들어, 허브는 배뇨나 배변과 같은 생리과정을 자극한다. 게다가 몸의 특정 부분에 있는 조직을 강화시켜 주는 강장제 및 증진제로 작용할 수 있으며, 허브에 따라 몸 전체에 걸쳐 강화될 수도 있다. 또한 허브는 많은 양의 다양한 비타민, 미네랄, 다른 영양소를 함유하고 있기 때문에 영양분이 매우 높을 수 있다. 일부 한의사는 특정 지역에서 발견된 식물이 사용자에게 환경치유 에너지를 가져다 준다고 믿는다.

허브요법은 수세기 동안 동물의 질병을 치료하는 데 성공적으로 사용되어 왔다. 줄리에트 드 바이라클리 레비도 자신의 책을 통해 동물을 치료하는 데 있어 허브의 사용을 대중화시켰다(이 책은 자연식과 절식의 중요성도 강조한다). 기생충, 벼룩, 피부질환, 옴, 홍역, 신장질환, 방광질환, 관절염, 빈혈, 당뇨병, 렙토스피라증, 비만, 외상, 골절, 변비, 설사, 황달, 심장질환, 사마귀, 백내장을 앓는 개를 허브를 이용해 성공적으로 치료한 경험을 보고했다. 드 바이라클리 레비는 가능하면 갓 딴 허브를 사용하고 1년 단위로 마른 허브를 교체하라고 권한다. 나도 이 말에 동의한다. 18장에서 나는 허브를 우려내고 달여 팅크를 만드는 표준방법을 설명하고, '질환별 관리법'에서는 다양한 질병에 효능이 있는 허브를 알려 줄 것이다.

반려동물에게 허브요법을 적용하는 데 있어 한 가지 불편한 점은 갓 딴 신선한 허브를 구하기 어려울 뿐 아니라 짧게는 몇 주에서 길게는 몇 달 이상 오랫동안 자주 많은 양을 투여해야 한다는 점이다. 반려동물은 좀처럼 잘 먹지 않기 때문에 캡슐에 넣어서 먹이거나 음식에 섞어서 몰래 주어야 한다. 모든 반려인이 알다시피 반려동물에게 오랫동안 약을 먹인다는 것은 결코 쉬운 일이 아니다.

이런저런 이유로 나는 맛이 좋고 투여 횟수가 적은 동종요법 약물을 사용한다. 동종요법 약물 중 많은 약이 식물에서 추출된다. 나는 허브를 투여해 본 경험이 부족하기는 하지만 같은 식물로 제조한 동종요법 약물이 허브보다 확실히 효과가 더 좋다고 생각한다.

나는 허브가 동물의 피부치료(벼룩 파우더와 린스, 진드기 구제제, 피부질환, 외상 등)나 장기간의 치료가 필요 없는 가벼운 탈(설사, 소화불량 등)이 났을 때 가장 유용함을 발견했다.

요약하면 허브요법은 정상적인 기능을 증진시키는 물질이나 영양소를 공급하여 몸에 작용하도록 하는 것이다. 또한 몸의 자연적인 치유과정을 자극할 수 있다. 이런 면에서 허브는 동종요법이나 바흐 플라워 에센스의 미묘한 효과와 약물 사용 사이에 다리 역할을 한다.

허브요법은 자연요법, 카이로프랙틱, 수기요법, 침술, 한의학, 동종요법과 병행하거나 동시에 자극이 적은 허브를 피부에 국소 도포할 때 효과가 좋다.

카이로프랙틱과 여러 가지 수기요법

손으로 환부를 다루는 치료법은 히포크라테스 시대 이후 전 세계적으로 사용되어 왔다. 19세기에 발견된 카이로프랙틱(chiropractic)과 정골요법(osteopathy) 같은 수기요법은 질병을 정상적인 생명력의 흐름이나 신경자극, 혈액순환을 방해하는 비정상적인 신체 구조(특히 척추)의 결과로 보았다. 카이로프랙틱과 정골요법은 기원이 다르지만 신체 구조의 조작을 치료방법의 중요한 부분으로 강조한다는 점에서 상당히 유사하다. 그중에서 카이로프랙틱은 미국에서 약을 가장 적게 쓰고 질병을 치유하는 직종이 되었다. 내가 처음 카이로프랙틱에 관심이 생긴 것은 간질을 포함한 반려동물 치료에 카이로프랙틱이 도움이 된다는 척추지압요법사의 이야기를 듣고 나서부터이다. 신기하게도 내 자녀 셋이 카이로프랙틱 의사가 되었다.

카이로프랙틱의 기본원리는 척추가 제대로 연결되어 있지 않고 살짝이라도 틀어지면 척추를 지나가는 신경 에너지의 흐름이 차단될 수 있다는 것이다. 아탈구(subluxation)로 알려진 이런 불규칙성은 척추신경을 과도하게 압박하여 몸의 다양한 기능을 방해한다. 나는 몇몇 척추지압요법사가 이 에너지를 동종요법에서 말하는 생명력의 개념과 같은 비물리적인 힘이 있는 것 같다고 쓴 글을 보았다.

카이로프랙틱 치료는 손으로 척추를 조심스럽게 다루어 올바르게 배열되도록 함으로써 정상적인 작동이 가능하도록 만드는 것이다. 이 전문적인 기술을 습득하기 위해 의사는 적어도 4년간의 트레이닝을 받는다.

수기요법이 어떻게 작용하는지 이해하는 가장 좋은 방법은 몸과 마음 전체를 하나로 보는 것이다. 몸의 각 부분은 몸 전체의 시스템을 반영하기도 하고 거기에 영향을 미치기도 한다. 몸의 국소적인 한 부분에 장애가 발생하면 전체 시스템을 통해 느껴지고 광범위한 방향으로 문제가 될 것이다. 몸의 한 부분에 문제가 지속적으로 발생하면 몸은 장애를 알아차리지 못하고 이를 보상하기 위해 적응해 버린다.

몸의 특정 부분이 전체 유기체를 반영하거나 대변하는 것으로 이해하고, 여기에 초점을 맞춘 진단 치료법과 수기요법을 옹호하는 사람이 많다. 예를 들어, 홍채진단학자(iridologist)는 눈의 홍채를 주의 깊게 검사하여 다양한 장기의 장애를 읽어낸다. 반사학(reflexology) 전문가들은 손과 발의 특정 부분을 손으로 눌러 몸에 장애가 있는 곳을 정확하게 짚어내고 치료한다. 침을 놓는 한의사들은 귀의 어떤 지점을 가지고 문제를 진단하고 치료한다. 바로 귀가 몸 전체를 반영하기 때문이다. 나는 말의 건강 문제(다리를 저는 등)를 성공적으로 치료하기 위해 오로지 귀만 이용해 침을 놓는 한방수의사를 만난 적이 있다. 음양의 대립이라는 개념을 신체 좌우의 음양 에너지 개념으로 바꾼 극성요법(polarity therapy) 또한 반려동물에게 사용되어 왔으며, 홀리스틱 접근법과 유사하게 질병을 읽고 치료하는 방법으로 사용된다.

이와 같은 측면에서 몸과 마음의 장애는 척추에 반영되어 불규칙한 근육의 긴장과 척추의 변위를 유발한다. 만약 그렇다면 이 장애는 교정성 척추수기에 반응해야 한다.

카이로프랙틱 수기가 어떻게 작용하고 왜 효과가 있는지와는 상관없이 많은 아픈 동물에게 실제로 효과가 있음이 입증되었다. 예를 들어, 잡지 《프리벤션(Prevention)》에 실린 우리의 칼럼을 읽은 독자가 자신의 18살 된 고양이가 카이로프랙틱 치료에 놀라운 효과를 보였다며 내게 편지를 보냈다. 반려묘는 12년 전 심각한 구토와 식욕부진이 있었고 안면부와 어깨를 심하게 가려워하기 시작했다. 고양이는 가엽게도 피가 날 때까지 피부를 핥고 긁었다. 반려인은 몇몇 수의사에게 진료를 받았지만 약물치료는 일시적인 효과밖에 없었다.

우연히 자신의 척추지압요법사에게 상황을 설명했고, 그는 고양이를 한 번 치료해 보자고 했다. 그런데 단 한 번의 치료로 깜짝 놀랄 만한 결과가 나타났다. 고양이는 구토를 멈추고 음식을 잘 먹기 시작했으며 네 번의 치료를 받고는 그 후 2년 동안 증상이 재발하지 않았다.

수의 간행물에 발표된 또 다른 케이스는 심한 통증과 기능소실을 호소하는 추간판탈출증으로 진단된 실키테리어에 관한 것이다. X-레이상에는 그 부분에 칼슘이 침착되어 있었으며, 척추관절이 제대로 정렬되어 있지 않았다. 그런데 고가의 비용 때문에 수술이 힘든 상황이었다. 2주 동안 약물치료와 운동 제한을 했지만 효과가 없었고 그 후 카이로프랙틱 치료를 제안받았다. 치료실 안으로 들어갈 때에는 누군가가 강아지를 옮겨 줘야 했지만 치료를 받은 지 2~3분 후에는 통증 없이 걸어 나왔다. 그러고 나서 상태는 지속적으로 호전되었다.

지난 10년간 수의사가 카이로프랙틱을 적용하는 경우는 급속도로 늘어났으며, 요즘에는 카이로프랙틱 치료를 하는 수의사를 찾기가 쉬워졌다. 미국수의카이로프랙틱협회(AVCA, The American Veterinary Chiropractic Association)는 수의사들을 교육시키고 있으며, 카이로프랙틱 치료법을 적용하는 수의사를 안내해 준다.

카이로프랙틱은 허브요법, 자연요법, 침술, 한의학, 동종요법과 병행하면 효과가 더 좋다.

침술요법과 동양의학

현대 수의학계에 상당히 깊게 들어온 또 하나의 홀리스틱 접근법은 침술요법과 동양의학이다. 한방수의학에 관한 전문서적도 많아졌고, 수의사를 교육하는 국제수의침구학회(IVAS, International Veterinary Acupuncture Society), 미국수의침구 아카데미(American Academy of Veterinary Acupuncture), 플로리다 대학교의 수의한방 교육원(Chi Institute of Traditional Veterinary Medicine) 등의 기관도 생겨났다. 학생 사이에 관심이 고조됨에 따라 몇몇 수의과대학에서는 침술과 중의학(Chinese Medicine)을 선택과목으로 개설하기도 했다.

이런 오래되고 포괄적인 시스템에 숨겨진 이론을 보면 모든 우주와 몸을 구성하는 기본적인 에너지장인 기는 음과 양 두 극으로 분명하게 나타난다는 것이다. 이것은 물리학으로 설명되는 음과 양의 전하(electrical charge)를 연상시킨다. 음양은 두 가지의 반대되는 표현방식을 가진 한 개의 에너지라고 생각된다. 훌륭한 건강상태를 유지하려면 두 가지 극성인 음과 양이 적절하게 균형을 이루어야 한다. 숙련된 한의사는 에너지가 흐르는 통로인 몸의 경락을 따라 있는 중요한 혈자리를 다루어 에너지가 부족하거나 넘치는 것을 교정할 수 있다. 에너지가 한 곳에 지나치게 많이 축적되어 있으면 에너지의 흐름을 다른 새로운 방향으로 바꿀 수 있다. 이것은 혈자리에 침을 놓거나 지압을 하거나 쑥뜸을 떠서 하기도 하지만 요즘에는 전침을 놓아 전기자극(electroacupuncture)을 유발하기도 하고, 다양한 용액을 주사(aquapuncture)하기도 하며, 초음파 레이저(sonapuncture) 치료를 하기도 하고, 조그마한 금구슬을 피하에 이식하기도 한다.

미국수의사협회(AVMA, American Veterinary Medical Association)는 침술에 관심을 두고 있으며 결과에 대한 과학적인 파일을 제출하도록 장려해 왔다. 뉴욕의 유명한 동물의학센터(AMC, Animal Medical Center)에 침술을 소개한 사람이자 홀리스틱 의학 분야의 개척자 중 한 사람인 수의사 앨런 숀(Allen Schoen)에 따르면 침술을 통해 뛰어난 효과를 볼 수 있는 질병은 다음과 같다.

- 근골격계 질환 : 관절염, 추간판탈출증, 고관절이형성증(고관절의 기형/탈구)
- 피부질환과 알레르기성 피부염
- 만성 위장관질환 : 만성 설사 또는 만성 구토, 말의 산통, 직장탈출증
- 기타 : 만성 통증증후군, 출혈성 질환, 호흡마비, 혼수상태

앨런 숀은 침술도 다른 대체 치유요법처럼 결과를 보려면 시간을 가지고 지속적으로 반복해야 한다고 말한다. 그는 새로운 고객에게 만성의 경우 최소한 8번은 치료를 받아야 한다고 말한다. "만약 침술치료를 6번 받았는데 효과가 없다고 생각하여 치료를 중단하더라도, 침술이 효과

가 없다는 의미로 받아들여서는 안 된다. 이는 신체가 스스로 치유를 자극하기 위한 시간을 가지는 것일 수도 있기 때문이다."라고 강조했다. 나는 동종요법도 이처럼 기대했던 치유과정이 일어나는 데 더 오랜 시간이 걸리는 경우를 많이 봐왔다. 특히 만성질환의 경우 더욱 그랬다.

여느 다른 치료의학 시스템과 같이 침술에도 '기적'이 있다. 수의침술가이자 작가며 교사인 캘리포니아 버뱅크의 수의사 셸던 앨트먼(Sheldon Altman)은 범골염(panosteitis, 통증이 심한 골질환)을 앓는 도베르만을 진료했다. 개는 6개월 동안 다리를 절룩거렸는데 침 치료를 단 한 번 받고 나서 통증 없이 걸어 다녔으며 통증이 다시 재발하지도 않았다. 누구나 반려동물에게 이런 결과가 나타나기를 간절히 바라고 있지 않은가?

홀리스틱 시스템에서 가장 놀라운 것 가운데 하나는 희망이 없어 보이는 경우에 분명히 도움이 될 수 있다는 사실이다. 앨런 숀은 지난 1년 반 동안 하루에 약 16번씩 구토를 하고 식도마비를 앓았던 골든리트리버를 진료했다. 그동안 우리가 익히 알고 있던 모든 치료법이 실패했으며 보호자는 음식을 먹이기 위해 특별한 방법을 써야 할 지경이었다. 그러나 침술치료를 네 번 받은 후에 구토가 멈췄다. 그 후 치료 횟수를 서서히 줄여 나갔으며 골든리트리버는 재발하지 않고 건강하게 살고 있다.

이러한 접근법은 몸에 갑자기 나타날 수 있는 수많은 질병을 예방하기 위해서도 사용할 수 있다. 실제로 수천 년 이상 임상에서 침술을 발전시켜 온 고대 중국인은 무엇보다도 예방을 강조한다. 명상, 운동, 마사지를 선호했고 예방법이 만족스럽지 못했을 때에만 침술이나 허브에 의존했다. 그러나 현대의 침을 놓는 침술사들은 여기에 식이요법이나 허브요법의 적용, 생활습관의 개선 등을 더해 건강을 위한 전체적인 접근법을 강조하고 있다.

동종요법과 마찬가지로 침술과 중의학도 그 자체로 하나의 완벽한 치료 시스템이다. 그러한 이유 때문에 침술이나 중의학을 동종요법과 병행하는 것은 좋지 않다. 경험상 이 두 가지는 서로의 작용을 방해할 수 있다. 어떤 의사들은 침술이나 한의학을 자연요법이나 수기요법과 병행해서 사용하기도 하는데, 경험이 많은 숙련된 의사라면 이 방법의 적합성 여부를 바르게 결정할 수 있을 것이다.

플라워 에센스

플라워 에센스는 식물의 '영향력'을 이용한다는 점에서, 허브요법과 조금 닮은 듯하고, 동종요법도 조금 닮은 듯하다. 원래 바흐의 플라워 에센스 또는 바흐의 플라워 레미디라고 불리는 이 치료법은 영국의 에드워드 바흐가 개발했고, 감정상태를 치료하기 위해 사용했다. 약물 제조방식에서 허브요법과는 차이가 있다. 플라워 에센스는 식물을 물그릇에 푹 담근 상태로 한 시간 동안 햇빛에 내놓아 나무의 싹과 꽃망울의 희석액을 만든다. 여기에 브랜디를 첨가하여 희석액을 보존한 다음 더 희석시켜 치료에 사용할 농축액을 만든다. 이 농축액을 보통 몇 주 동안 하루에 수차례씩 경구 투여한다. 플라워 에센스는 가장 먼저 정신상태와 감정상태에 작용한다. 보통 심리적 개선이 육체적 개선을 불러온다고는 하지만 어찌 놀라지 않을 수 있을까? 이 치료법은 동종요법과 똑같지는 않지만 다른 방식에서 동종요법처럼 작용한다. 나도 초기 몇 년 동안은 이 치료법을 많이 사용했다. 하지만 시간이 지나면서 점점 덜 사용하게 되었다. 동종요법을 더 선호하게 되었기 때문이다.

나는 다양한 증상으로 고통받는 반려견 제이미에게 플라워 에센스를 사용한 적이 있다. 제이미는 식욕부진과 원기소실, 움츠려들고 소스라치게 놀라는 행동, 구토, 허탈, 발열, 끈적끈적한 털, 복부팽만, 비장종대를 보였다. 게다가 혈액검사에서는 빈혈이 있었고 적혈구 모양이 비정상적이었으며 백혈구 수치가 정상을 조금 상회하고 있었다. 간 손상을 의미하는 간효소 수치가 상승했으며, 콜레스테롤과 담즙 수치의 상승, 혈당 상승 등이 있었다. X-레이상으로는 문제가 없었다.

가족들이 스트레스를 받고 있다는 사실을 알고 있었기 때문에 감정적인 불안이 중요한 역할을 하고 있을 것이라고 생각했다. 그래서 바흐의 플라워 에센스 중 하나인 낙엽송(Larch)을 일주일 동안 하루에 네 번씩 투여하라고 했다. 치료를 시작한 지 처음 몇 시간 동안에는 제이미의 증상이 악화되었지만 다음 날에는 뚜렷한 호전을 보였다. 일주일 후에는 증상이 사라지더니 1년 이상 재발하지 않았다. 게다가 제이미는 성격도 변했다. 단 일주일 밖에 치료하지 않았는데, 같이 살고 있는 다른 동물들과도 더 잘 지내게 되었고, 이러한 변화는 계속되었다.

또한 나는 혼란스러운 사건이나 잊을 수 없을 만큼 충격이 큰 사건을 경험한 후에 빠르게 진행된 질병에 플라워 에센스가 매우 효과가 있다는 사실을 발견했다. 한 여성이 대형견에게 심하게 물린 고양이 한 마리를 사건이 발생한 지 2주 후에 병원에 데리고 왔다. 고양이는 예민하고, 불안해했으며, 발열, 체중감소, 심한 복통과 변비를 동반했고, 폐에 액체도 축적되었다. 가장 심한 손상은 허리 부분의 척추가 변위되었다는 것이었으며, 척추가 틀어졌다는 것을 쉽게 알 수 있었다. 허리를 만지자 고양이는 매우 고통스러워했다.

나는 바흐의 플라워 에센스 중 외상 후 놀랐을 때 사용하는 베들레헴의 별(Star of Bethlehem)을 2시간마다 2방울씩 투여하라고 했다. 그리고 3일 후에 반려인에게 고양이가 회복되었다는 전화를 받았다. 그 액체가 고양이를 확실하게 이완시킨 것이다. 치료를 시작하고 이틀 후 고양이는 스트레칭을 하기 시작했고 놀기 시작했다. 스트레칭이 허리 문제를 교정해 준 것이 분명했다. 그러고 난 후에는 높은 곳을 너무 빠르게 뛰어올라 다녀서 더 이상 약물을 투여하기가 어려울 정도였다.

바흐 박사가 발견한 38가지 플라워 에센스는 다른 치료 시스템과 병행해도 효과가 좋다. 플라워 요법은 감정적인 혼란, 상해, 엄청난 공포와 두려움이 있을 때에도 매우 유용하다. 또한 효과를 나타내는 데 있어서 자극이 덜하고 과용량을 투여했을 때에도 부작용이 유발되지 않는다. 나는 한 번에 한 가지 치료법만 사용하는 것을 선호하여 일반적으로 플라워 에센스를 사용할 때에는 동종요법을 병행하지 않는다. 이렇게 해야 치료가 어떻게 진행되는지 헷갈리지 않는다. 사람도 흔히 받는 특정 스트레스가 있다면 그때 가장 쉽고 편리하게 적용할 수 있는 치료제가 바로 레스큐 레미디(Rescue Remedy) 포뮬라이다. 이름이 참 멋지지 않은가? 누가 구조되기를 원치 않겠는가? 몇 가지 플라워 에센스를 조합하여 만든 약물로 흔히 받는 감정적인 혼란 상태, 두려움, 공포, 스트레스를 치료해 준다. 이것은 플라워 에센스를 판매하는 상점에서 제조된 상태로 쉽게 구할 수 있다.

바흐가 원래 만들었던 38가지 플라워 에센스 외에 다른 여러 가지 식물을 채집하여 바흐가 만들었던 것과 동일한 방식으로 플라워 에센스를 만드는 사람도 있다. 하지만 나는 바흐가 원래 만들었던 약 이외에 다른 약을 사용해 본 적이 없어서 반려인이 그러한 약을 사용한다고 했을 때는 조언을 해 주지 못하고 있다.

동종요법

나는 동종요법에 관심이 많다. 효과적인 홀리스틱 치료법에 대해 연구하다가 영양요법과 허브요법을 사용하기 시작했다. 아직도 자연요법을 일부 병행하고 있다. 그러나 이 방법은 단독으로는 모든 문제를 처리하지 못한다. 영양적 접근법이 효과적이기는 하지만 그것도 특정 성분을 제한한 특수 처방식만 먹이고 그외에 다른 식품은 일체 먹이지 않았을 때에만 가능하다. 또한 세균 감염이나 바이러스 감염과 같은 몇몇 심각한 질병은 진행속도가 너무 빨라서 영양요법으로 효과를 보기에는 어려운 점이 있다. 사람들은 이러한

상황에서 식욕을 회복시켜 주고, 감염에 대한 저항성을 높여 주며, 신체의 치유과정을 촉진시켜 줄 결정적인 치료법을 원한다.

따라서 나는 더 효과적인 치료 시스템을 찾기 위해 촉각을 곤두세우던 중 동종요법에 대한 호평을 듣게 되었다. 결국 혼자서 동종요법을 시험하기로 결정했다. 이 결정은 우아하고 체계적이며 효과적인 의학적 접근법인 동종요법을 받아들이기 위해 내 시야를 넓히는 계기가 되었다.

동종요법은 역사가 200년 이상 되었으며 전 세계에서 사람과 동물 모두에게 적용하고 있다. 이 치료법은 효과가 매우 뛰어나 현재 미국에서 받고 있는 관심보다 더 많은 관심을 받을 만한 가치가 있다. 사람의 건강과 질병을 전반적으로 이해하는 데 동종요법이 기여한 바가 실로 엄청나다. 수많은 장점 때문에 나는 동종요법이 미래에 중요한 의학 분야가 되기를 바란다.

이런 목표를 위해 1992년에 수의사들을 위한 전문가 과정을 열었고, 그 후 해마다 계속하고 있다. 그리고 1995년에는 나를 포함하여 수의동종요법을 실천하고 있는 몇 사람이 모여 전문기관인 수의동종요법 아카데미를 설립하고, 트레이닝 프로그램으로 인가를 받았으며, 해마다 컨퍼런스를 열고 저널을 출간하며 연수를 받은 수의사들에게 증명서를 발급하고 있다. 이런 트레이닝 프로그램을 이수하고 실제 임상에 동종요법을 적용하고 있는 수의사는 2015년까지 500명 정도 된다.

동종요법 시스템의 진정한 매력은 동종요법의 간단한 기본원리와 환자에게 가장 적합한 약물을 찾을 때 임상가들에게 가이드 역할을 해 주는 지

금까지 연구된 방대한 양의 세부정보에 있다. 조지 비툴카스(George Vithoulkas)가 쓴 《동종요법의 과학(*The Science of Homeopathy*)》은 이 원리에 관한 중요한 현대 논문으로 홀리스틱 치료에 관심이 있는 사람에게는 헤아릴 수 없을 만큼의 가치가 있다.

동종요법은 '유사한 것이 유사한 것을 치유한다(Similia similibus curentur).'라는 한 가지 기본적인 통합원리인 '유사성의 법칙(the Law of Similars)'에서 발견되었으며, 역사적으로 히포크라테스를 비롯하여 많은 사람들이 인지했다. 이 원리는 독일 출신의 의사였던 사무엘 하네만(Samuel Hahnemann)이 처음 주장한 1800년대 초반 이후로 줄곧 동종요법의 토대가 되었다.

'유사한 것이 유사한 것을 치유한다.'라는 문구가 의미하는 것은 무엇일까? 이 장의 초반부에서 '증상에 반대되는' 대증요법에 대해 이야기했던 것을 기억하는가? 동종요법은 대증요법과 반대되는 접근법이다. 동종요법 약물은 몸의 유사한 증상을 자극한다. 반려인은 아마 이렇게 생각할 것이다. "이건 말도 안 돼. 우리 고양이가 이렇게 아픈데 더 아프면 어쩌라는 거야. 우리 아이한테 이런 약은 더 이상 필요 없어."

하지만 이런 생각을 하기 전에 설명을 잘 들어보기 바란다.

사무엘 하네만은 어떤 질병을 치유하는 데 매우 효과적인 허브를 건강한 사람에게 투여하면 질병과 유사하지만 그보다는 조금 경미한 증상을 유발한다고 했다. 다시 말하면 이 과정이 환자를 치료하기 위한 것이기는 하지만 그 허브가 환자의 몸에서 실제로 어떻게 작용한다는 것일까? 그는 어떤 변화가 일어나는지 알아보기 위해 건강한 사람에게 허브를 사용하여 이 이론을 시험했다. 그는 치료하고 있는 질병 상태와 비슷하지만 그보다는 경미한 증상을 유발하는 허브가 신체의 치유 메커니즘을 자극하는 작용을 한다는 사실을 발견했다. 그는 실제로 자발적인 몸의 과정을 통해 질병으로부터 회복을 증진시키는 방법을 발견했다.

어떻게 작용하는 것일까? 예를 들어보자. 이 메커니즘을 설명하기 전에 동종요법 약물이 극소량 사용되었음을 분명히 해둬야 한다. 하네만이 우연히 발견한 사실 중 하나는 약효를 보는 데에 매우 극소량의 약물이 사용되었다는 것이다. 앞으로 살펴볼 예를 설명할 때 명심해야 한다.

알레르기가 있는데, 어떤 음식이 피부에 통증이 심한 붉은 발진을 일으키고 가렵고 쿡쿡 쑤시는 두드러기를 유발한다고 가정해 보자. 두드러기는 나른하고 졸린 듯한 느낌과 기분 나쁜 두통을 동반하며 몸 전체에 나타난다. 이때 고통을 없애는 유일한 방법은 악화된 부위에 차가운 것을 대는 것뿐이다. 그리고 손으로 머리를 누르고 있으면 두통이 조금 나아진다. 얼마나 끔찍한 상태인가!

이때 이 상태를 동종요법 식으로 치료하기 위해 같은 증상을 일으킬 만한 다른 물질(이 질병을 유발시킨 음식이 아니라 다른 물질이라는 사실이 중요하다)을 사용할 수 있다. 그런 동종요법 약물이 있는가? 있다. 꿀벌 독으로 만든 동종요법 약물이 있다. 이 약물은 꿀벌 독에 대해 연구하다가 발견한 것으로 차가운 것을 대주면 완화되는 두드러기와 같은 피부발진을 일으킬 수 있다. 뿐만 아니라 압력에 의해 완화되는 두통과 졸리고 기분이 좋지 않은 듯한 느낌도 있다.

이 증상을 치료하기 위해 사람들은 입에 약간의 꿀벌 독을 넣는다. 얼마나 적게 넣어야 할까? 한 방울보다 더 작은 아마 한 방울의 100만분의 일 정도일 것이다. 이것이 바로 기적이 발생하는 시점이다. 입에 동종요법 알약을 넣자마자 증상이 사라지기 시작하는데 이는 종종 단 몇 분 이내에 일어난다. 정말 기적과 같은 일이며, 사람이 실제로 고통을 겪고 있다면 정말이지 대단하다고 생각할 것이다.

더 익숙한 예로 지나치게 활동적이고 산만한 자녀에게 리탈린(Ritalin)이라는 약을 사용했다. 리탈린은 정상적인 아이에게 먹이면 불안하고 초조해하며 흥분하기 쉬운 활동 상태를 유발한다. 그런데 이미 그 상태에 있는 아이에게 투여하면 음식 알레르기에 꿀벌 독이 작용하는 것처럼 반대되는 효과가 있다. 아이가 이 약물을 꾸준히 복용하면 더 차분해지고 정상적이 된다. 이 약물은 '지나치게 활동적이고 산만한' 행동을 유발하는 능력이 있으므로 유사한 증상이 있는 환자를 치료하는 데 유용하다.

기본적인 원리는 이렇다. 사용되는 약물은 이미 투여 용량별 효능에 대한 연구가 이루어졌고, 치료되지 않은 질병의 증상과 유사한 증상을 유발한다는 사실 또한 밝혀졌다. 동종요법에서 보통 '레미디'라고 하는 이 약물은 그 양이 매우 적으며, 물리적·화학적 효과가 나타나지 않을 만큼

소량 투여해야 몸이 자체적으로 치유할 수 있는 반응을 유발한다. 나는 이 점을 강조하고 싶다. 동종요법 치료는 결코 증상을 방해하거나 차단하는 것이 아니라 몸이 이미 겪고 있는 자연치유 메커니즘과 함께 작용한다는 사실 말이다.

훌륭한 의사는 질병에 의해 유발되는 전체적인 신호 세트를 읽을 수 있다. 동종요법 의사는 두통에 A라는 약을, 복통에 B라는 약을, 우울증에 C라는 약을 처방하기보다는 오히려 환자에게 나타나는 전체적인 증상을 세트로 보고 한 가지 약물을 처방한다.

동종요법에서 사용하는 특별히 제조된 약물은 꿀벌 독이나 오징어 먹물과 같은 동물 부산물이나 식물, 광물을 소량 함유하고 있다. 이런 물질은 희석과 진탕(震盪)을 반복하면서 실제로는 아주 적은 양만 남게 된다. 때때로 너무 지나치게 희석하면 물질이 분자 수준에서 작용할 수 있는 시점을 지나치게 된다. 그런 희석된 물질이 어떻게 작용할 수 있느냐에 대한 논쟁이 많지만 나를 포함한 많은 동종요법 의사들은 "특별히 제조된 약물은 원래 물질에서 유래된 역가(potency)라고 불리는 치유 에너지를 지니고 있다."라고 말한 닥터 하네만의 말을 믿는다. 이 물질을 사용하는 데 있어서 놀라운 점 하나는 양이 너무 적어서 검출도 되지 않을 뿐 아니라 부작용에 대해서도 전혀 걱정할 필요가 없다는 것이다.

동종요법으로 치료한 몇 케이스를 살펴보자.

급성 케이스

처음 동종요법을 배울 때 난소자궁적출 수술

후에 드물게 나타나는 패혈증을 앓게 된 고양이 미스티를 알게 되었다. 미스티는 혈류에 세균이 퍼지고 혈액응고 메커니즘이 망가져 있는 상태였다. 지속적인 고열과 구토로 매우 허약했으며, 등, 배, 다리, 발, 입, 외음부에 출혈이 있었고, 피하출혈도 발견되었다(눈꺼풀과 귀 아래에 검푸른 빛의 종창이 있었다). 이런 때는 항생제가 도움이 된다. 하지만 항생제가 이런 위기상황에 그렇게 빠르게 작용할 수 있을지 확신할 수 없었다. 상태가 이렇게까지 진행되었을 때에는 보통 항생제가 효과적이지 않다. 미스티는 검사를 받고 있는 동안에도 계속 악화되고 있는 것처럼 보였다.

나는 임시방편으로 미스티의 탈수를 막기 위해 피하에 수액을 넣기로 결심했다. 수액을 넣는 동안 미스티가 예상했던 것보다 통증에 더 민감하다는 사실을 알아차렸다. 미스티는 접촉하는 것을 참을 수 없어 했다. 나는 이 점이 미스티의 상태와 동종요법 약물인 아르니카 몬타나(Arnica montana, 허브 leopard's bane에서 추출함)의 효능 사이에 유사성이 있음을 알아냈다. 아르니카 몬타나를 건강한 사람에게 투여하면 발열, 출혈, 출혈로 인한 피하의 검푸른 반점, 패혈증 상태, 통증에 대한 과민증, 접촉을 싫어하는 양상이 나타난다.

그래서 나는 미스티에게 아르니카 몬타나를 몇 시간 간격으로 계속 먹였다. 미스티는 얼마 지나지 않아 많이 호전되었고 다음 날 아침에는 체온이 떨어지고 더 이상의 출혈도 없었다. 미스티는 평온을 되찾았으며 아픈 이후 처음으로 밥도 먹었다. 생명까지 위협을 받을 정도로 아팠었다는 증거는 출혈이 있었던 부위에 있는 소량의 마른 딱지가 전부였다. 미스티는 매우 건강해 보였다. 나는 항생제나 다른 약물을 전혀 사용하지 않고 그런 결과가 나타난 사실에 대해 깊은 감명을 받았다.

종종 동종요법 약물의 매우 빠른 효과에 놀란다. 동종요법 약물은 보통 급성 질병에서 일반 현대의학 약물보다 더 빠르게 건강을 되찾아 준다. 그래서 이 약물을 파보바이러스 감염이나 홍역과 같은 중증 감염에서부터 교상, 천공, 농양, 심지어 총상에 이르기까지 급성 질병을 치료하는 데 사용한다. 나는 어깨에 총상을 입고 엄청난 통증을 호소했던 강아지 한 마리를 기억하고 있다. 그는 동종요법 약물인 히페리쿰(Hypericum)을 한 번 먹고 다음 날 어떠한 불편한 느낌도 없이 다리를 절지도 않고 정상적으로 걸어 나갔다. 이와 같은 경우가 바로 반려인을 동종요법의 신봉자로 만들게 한다.

동종요법은 만성질환을 치료하기도 하는데 그중 대표적인 것이 알레르기, 자가면역질환, 갑상선기능항진증, 비뇨기계 질환, 식욕문제, 행동학적 이상, 마비, 피부질환, 치은질환 등이다. 간단히 말하면 동종요법은 동물의 모든 질병을 치료한다.

심각한 척추관절염 케이스

래브라도리트리버 월키는 최근에 만성 중증 척추관절염 치료를 받았다. 척추관절염을 앓고 있으며 뒷다리가 약해지고 근육이 점점 쇠약해지고 있었다. 이런 상태에서 종종 월키는 위험한 상황에 놓이기도 했는데 다음 날 아침에는 발을 들어 올릴 수조차 없었다. 약해진 척추는 쉽게 손상을 입거나 뼈 주위에 칼슘이 침착되어 작은 골절이 일어나기도 한다. 어떤 경우에는 마비와 극심한 통증 때문에 다리를 더 이상 사용할 수 없다. 그런데 월키는 동종요법 치료를 받고 꽤 장거리를 걸어 다닐 수 있을 만큼 호전되었으며 때로는 뛰기도 했다. 만성 진행성이 급성과 다른 점은 진행이 느리다는 것이며, 이런 경우 회복되는 데 몇 주가 걸리기도 한다.

만성 전염성 질병 케이스

동종요법은 영양요법과 병행하면 효과가 매우 좋다. 검사결과 말기의 고양이전염성 복막염으로 확진되어 현대의학 약물로 치료가 불가능했던 나이 든 고양이 토비의 경우가 그러했다. 토비는 반복적으로 구토와 설사를 했으며, 식욕부진을 호소했고, 복강에는 복수가 차올라 배가 불룩했다. 며칠 동안 나와 토비의 보호자는 이 책에 나와 있는 자연식으로 식단에 변화를 주었고, 비타민과 영양 보충제를 공급하여 토비의 생기를 되찾아 주었다. 그리고 난 후 토비의 상태에 적합한 동종요법 약물이 아르세니쿰 알붐(Arsenicum album, 백색 비소화합물)이라는 사실을 알게 되었다. (동종요법 약물에 있는 비소의 양은 사람이 먹는 음식에서 발견되는 미량의 미네랄 중 비소보다 훨씬 더 적다.)

토비에게 아르세니쿰 알붐을 한 번 투여했을 때 이틀 동안 잠시 악화되더니 그 후로는 증상이 지속적으로 호전되었다. 두 달 후에 구토가 재발하기 시작하여 또 한 번 약물을 투여했다. 그러자 토비의 건강이 정상상태로 빠르게 회복되었으며,

그 후로는 안정적인 삶을 살았다. 토비의 상태는 장기적으로 호전되었으며 현재 상당히 차분해지고 평온해졌다. 체중은 2.7kg에서 5kg으로 늘었다.

감정적인 문제 치료하기

성격이 우호적으로 변하면 종종 육체적 치료도 성공한다. 실제로 동종요법 약물은 행동문제를 치료하는 데도 사용할 수 있다. 한 고양이가 몸 상태가 나빠지면서 심한 성격 변화를 보였다. 한 때 자기가 좋아했던 장소도 싫어하게 되고 반항이 심해졌으며 전반적으로 냉담해졌다. 이 고양이에게 동종요법 약물인 눅스 보미카(Nux vomica, 인도와 중국에서 자라는 식물의 씨인 마전자로 만든 약물)를 투여했더니 원래 애정이 많은 고양이로 돌아왔다.

감정의 문제나 성격의 문제를 개선시키는 동종요법 효과는 가장 흥분되는 측면 중 하나이다. 동종요법에 대해 알기 전에는 동물의 행동문제를 다루는 데 있어서 희망이 보이지 않았을 뿐 아니라 좌절도 많았다. 보통 내가 할 수 있는 최상의 조언은 진정제와 같은 약물을 사용하거나 시간이 많이 드는 훈련을 시키라는 것이었지만 효과가 별로 없었다. 그러나 동종요법에 대해 알수록 전체적인 변화를 가져올 수 있었다.

또 다른 케이스는 광견병 예방접종을 한 지 얼마 되지 않아 이중성격이 나타났던 개였다. 행복하고 다정했던 개가 예방접종 후에 의심이 많아지고 짖어대며 공격적으로 변했다. 심지어 상태가 악화되더니 사람을 물기 시작했다. 나는 스트라모니움(Stramonium, 가시독말풀, 흰독말풀이라 불

리는 식물로 만든 약물)을 1회 투여했다. 그러자 정상적이고 행복했던 원래의 상태로 돌아왔다. 스트라모니움은 의심, 공격적인 행동, 무는 행동 등의 뇌장애가 있을 때 사용하는 약물이다(믿기 힘들겠지만 정신적으로 장애가 있는 사람이나 이와 같은 행동을 하는 사람에게도 사용된다). 불행하게도 광견병 예방접종을 한 후 이런 행동학적 이상이 오는 경우를 자주 본다. 분명한 사실은 광견병 예방접종이 몇몇 동물의 뇌에 경미한 염증을 일으킨다는 것이다.

고양이와 뱀에 관한 이야기

내 고양이 밍에 관한 이야기를 하려고 한다. 가슴에 가장 와 닿는 이야기이기도 하다. 밍이 목숨이 경각에 달린 위험한 상황에서 살아난 후에 이 드라마틱한 이야기를 하기로 결심했다.

밍과 다른 고양이와의 싸움은 개나리 덤불 아래에서 시작되었다. 낮게 뻗은 가지 덕분에 탈출할 수 있었고 다리를 절면서도 집까지 빠르게 도망칠 수 있었다. 아마도 덤불이 밍의 생명을 지켜준 것 같다.

최근에도 그런 일이 몇 차례 더 있었다. 밍은 옆집에 이사 온 새로운 고양이 블랙키가 지난 2년 동안 자기의 영역으로 자꾸 들어온다는 것을 이미 눈치 채고 있었다. 새로운 고양이가 떠나지 않으리라는 사실이 분명해지자 밍은 그 고양이에게 자신의 입장을 표명할 때가 되었다고 느낀 것이다.

이른 새벽녘에 밍은 마당의 경계에 있는 개나리 덤불 앞에 자리를 잡았다. 허리를 꼿꼿이 한 채 똑바로 앉아 이웃집 마당을 응시하면서 새로 이사 온 고양이에게 도전장을 내밀었다. 이웃집 고양이 블랙키가 반응하는 데에는 시간이 오래 걸리지 않았고, 이내 둘은 서로를 강렬하게 응시한 채 대결을 시작했다. 20분 정도 자세를 잡고 큰 소리로 울부짖는 등 분위기를 고조시키더니 이윽고 서로 엉겨 붙어서 엄청난 싸움을 벌였다. 서로 비틀고 구르는 등 움직임이 너무 빨랐다. 그러더니 어느 순간 날카로운 비명과 함께 엄청 빠른 공격이 종지부를 찍었다. 순간적으로 일어난 일이라서 깜짝 놀라 쳐다보는 일 외에 내가 할 수 있는 건 없었다.

그들 사이에 무슨 일이 벌어졌는지 아는 것은 불가능했다. 경마나 물방울이 떨어지는 모습을 보여 주는 슬로모션 필름과 같이 고양이들 싸움을 슬로모션으로 볼 수 있다면 흥미로웠겠지만 우리에게 고양이가 싸우는 장면은 흐릿한 영상일 뿐이었다. 하지만 빠른 신경계를 가진 고양이들에게는 강력한 타격과 반격의 연속이었다.

밍에게 실제로 심각한 타격을 입힌 것은 첫 번째 싸움이었다. 밍은 날카롭게 비틀고 피하면서 블랙키의 목을 물기 위해 돌아섰다. 그 공격은 심각한 손상을 입힐 수 있는 훌륭하고 날카로운 일격이 될 수 있었다. 하지만 불행하게도 선천적으로 청각에 장애가 있던 밍은 블랙키가 움직이는 순간에 낸 소리를 듣지 못했다. 밍의 물기 공격은 전략적으로는 매우 훌륭한 움직임이었으나 적에게는 아무런 소용이 없었다. 오히려 블랙키가 밍의 팔꿈치를 물어서 날카로운 이빨이 관절을 둘러싼 근육과 힘줄을 파고들었다.

엄청나게 타는 듯한 통증이 밍의 팔에 전해졌고 통증이 너무 강렬해서 팔을 거의 움직일 수 없게 되었다. 밍은 개나리 덤불에서 멀리 도망치기 위해 온힘을 다했다. 몹시 흥분한 상태여서 심각한 상처를 입었는데도 자리를 피하기 위해 아픈 다리로 가지를 뚫고 나아갈 수 있었다.

고양이는 대부분의 경우 교상을 입어도 심각한 문제로 발전하지 않는다. 고양이가 건강하고 강하면 보통 2~3일 이내에 감염 없이 회복된다. 종종 세균이나 다른 이물질이 상처 안으로 유입되기는 하지만 몸이 건강하면 이를 중화시키거나 한 부분에 국한시켜 농양을 만들어 밖으로 배출시킬 수 있다.

그러나 불행하게도 밍은 상처가 너무 심해서 감당하지 못했다. 어디론가 홀쩍 떠나 이틀 동안 몸을 숨겨 밍을 찾을 수 없었다. 마침내 밍이 나타났을 때에는 물린 부위에서 악취가 심한 고름이 나왔으며 주변 조직은 죽고 어둡게 변해서 썩어 있었다. 고양이가 입을 수 있는 가장 심각한 종류의 손상을 입은 상태였다.

고양이가 싸움이 한창일 때 화가 나서 해를 입히려고 무는 교상과 우연히 또는 성가실 때 살짝 무는 교상에는 분명한 차이가 있다. 고양이가 화가 나면 침에 시안화물이 함유되어 독성이 더 강해진다. 더욱 심각한 교상을 입히려는 의도 뒤에는 그에 상응하는 감정적인 상태가 있다. 화가 난 고양이가 무는 것은 독이 있는 동물이 무는 것과 비슷해서 단지 물린 부위에만 국한되지 않고 그 동물 전체에 매우 심각한 해를 입힐 수 있다. 수의사들은 그 사실을 안다. 개가 무는 것은 즉각적인 파괴를 일으킬 수 있고, 고양이가 무는 것은 더 심각할 수 있다. 많은 수의사들은 고양이가 문 상처를 심각하게 생각하지 않지만 그것 때문에 병원 신세를 지는 경우가 많다.

밍은 불행하게도 화가 난 고양이에게 물린 희생자였으며 그로 인해 극심한 고통에 시달렸다. 상처 부위를 확인한 나는 어떻게 치료해야 좋을지 결정해야 했다. 수의사로서의 경험을 돌이켜 보면 이러한 손상이 있을 때 항생제 치료를 하면 부분적으로만 효과가 있음을 잘 알고 있었기 때문에 동종요법 치료를 하려고 마음먹었다. 나는 보이는 것보다 상처가 더 심각하다는 사실을 알았다. 그 이유는 첫째 보통 방어수단(종창과 발열)으로 사용하는 강한 염증반응의 증거가 없었으며, 둘째 실제로 무언가가 썩는 것처럼 고름에서 악취가 심하게 났고, 셋째 상처를 둘러싼 조직과 피부가 죽고 어둡고 딱딱하게 변했으며 털이 빠지고 문제가 되는 부분 전체가 노출되어 있었기 때문이다. 전체적으로 보았을 때 아마 앞다리의 25% 정도가 영향을 받았을 것이다.

현대 수의학에서는 이 정도면 생명이 위협받는 상황이라 여겨서 공격적인 항생제 치료를 하고, 그럼에도 개선되지 않으면 다리를 절단해야 한다고 했을 것이다. 대신 나는 남아메리카에 서식하는 무타독사(bushmaster)의 독으로 만든 동종요법 약물인 라케시스 무타(Lachesis muta)를 한 번 먹였다.

"뭐라고요? 이게 어떤 종류의 주술인가요? 제가 보기엔 아픈 고양이한테 뱀독을 먹이는 것은 적절한 치료법이 아닌 것 같은데요."라고 생각할

1부 개·고양이를 위한 자연주의 육아법

사람이 많을 것이다. 하지만 설명을 들으면 이 방법이 매우 좋은 치료법이라는 사실을 알 수 있다.

이 장의 초반부에서 유사한 증상을 유발하는 어떤 물질을 사용하는 것에 대해 이야기했다. 어떤 의미에서 밍은 블랙키에 의해 중독되었으며 우리는 그와 유사한 증상을 유발시킬 만한 어떤 약물이 필요했다. 일반인은 뱀 교상에 대해서 그것이 바람직하지 않다는 사실 이외에는 아는 것이 거의 없을 것이다. 무타독사에게 물리면 매우 유해하며 독성이 강하다. 뱀은 쉿 소리를 내면서 그들의 먹잇감을 매우 빠르게 공격한 후 독이빨을 박고 독성물질을 주입한다. 이제는 좀 비슷하게 들리는가? 화가 난 고양이가 쉿 소리를 내면서 송곳니로 빠르게 공격하는 모습이 머릿속에 그려지는가? 뱀이 주입한 독으로 인해 상처 주변의 조직은 죽어서 썩고 있고 결국 상처에서 혈액이나 부패한 피부조직이 배출되게 된다. 그뿐 아니라 동물은 병이 들어 식욕이 떨어지거나 음식을 먹을 수 없게 되고 독의 영향으로 몸을 웅크리듯 구부리고 비참하게 앉아 있게 된다. 독사에게 물린 사람들은 이 상태를 '매우 독성이 강하거나 중독된(being very toxic or poisoned)'이라고 감정으로 묘사한다.

고양이 교상으로 병을 얻은 고양이가 있었다면 바로 이런 양상과 연관을 짓고 고양이 교상의 영향과 뱀 교상의 영향이 얼마나 유사한지 알 수 있을 것이다. 그래서 밍의 치료제로 동종요법 약물인 라케시스 무타가 사용되었다.

그렇다면 독사가 밍을 물었을 때도 치료효과가 있을까? 물론 독사가 현재 상태의 밍을 물었다면 상태만 악화시킬 뿐 치료효과는 없다. 실제로 동종요법에서는 독을 화학적인 면에서 해롭지 않은 상태로 만드는 조제과정을 거친다. 다시 말하면 약물 자체에 남아 있는 직접적인 독성효과가 없어진다는 말이다. 독을 가공하고 멸균한 뒤 희석과정을 거쳐서 환자의 입에 극소량만 투여해도 환자의 몸을 자극하기에 충분하여 상처가 반응하고 치유할 수 있다.

그런 치유과정이 밍에게 일어났다. 동종요법 약물을 먹이자마자 고름이 줄어들고 악취가 사라졌으며 조직이 치유되기 시작했다. 다음 날에는 다리를 쓸 수 있었고 얼마 후에는 털이 자라 상처 부위에 새로 난 피부를 덮었다. 아무도 그 다리가 전에 다쳤던 곳이라는 것조차 알 수 없게 되었다. 실로 주목할 만한 반응이다.

동종요법의 이점

이러한 케이스를 통해 동종요법 치료의 유용성을 알 수 있을 것이다. 동종요법 약물을 입에 한 번만 넣어 주면 되니 참 쉽다. 항생제의 부작용이나 마취제와 수술에 대한 스트레스도 피할 수 있으니 참 좋은 방법이다. 몸이 질병을 해결하기 위한 자체 치유능력을 사용하니 이 또한 훌륭하다. 뱀독과 같이 매우 해로운 물질도 사용할 수 있는데 이러한 물질을 동종요법 형태로 만들면 완벽하게 안전하고 효과적이다.

사무엘 하네만의 발견은 의학에 엄청난 혁명을 불러왔다. 오늘날 그에 대해 단 한 번도 들어본 적 없는 사람도 많지만 그의 치료법이 너무나 성공적이어서 관심 있는 사람들은 그에게 엄청난 경의를 표하기도 한다. 1900년 6월 21일 워싱턴 D.C.의 스콧 서클(Scott Circle)에서는 윌리엄 매킨리 대통령이 참석한 가운데 하네만의 동상이 설치되어 제막되었다. 이 기념비는 여전히 그 자리에 서 있다.

수의사는 수의동종요법 피케른연구소(the Pitcairn Institute of Veterinary Homeopathy)에서 주최하는 전문가 과정에 등록하면 동물에 대한 전통적인 동종요법(classical homeopathy)을 적용하는 방법을 배울 수 있다. 전문가 과정에 대한 정보와 현재 일정은 피케른연구소(the Pitcairn Institute)의 웹사이트인 pivh.org에서 확인할 수 있다.

홀리스틱적 대안

전체적인 몸과 마음에 대한 새로운 관점을 갖고 이를 통해 질병을 치료한다면 눈에 띄는 효과를 얻을 수 있다. 이 장에서 설명한 홀리스틱 치료의 성공 여부는 의사의 숙련된 기술, 환자의 기력과 의지, 환경의 뒷받침, 선택한 치료법의 적절성 여부, 반려인과 반려동물 그리고 같이 사는 다른 반려동물의 협조에 달려 있다.

지금까지 간단하게 살펴보았지만 반려동물의 고통을 줄여 주는 여러 가지 흥미로운 접근법을 소개했다는 사실만으로도 내게는 큰 의미가 있다. 앞으로도 식견을 더 넓히려는 의지만 있다면 그 가능성은 활짝 열려 있을 것이다.

사랑으로 치료하면 마법 같은 일이 일어난다

아이는 찢어진 귀를 보려고 몸을 살짝 돌렸다.
고통스러워 울부짖지만 여전히 꼬리를 흔든다.
심장은 약하고 혀는 창백한 아이.
나는 껍데기의 안을 들여다본다.
마침내 우리의 사랑이 아이를 치유한다.

리처드 & 수전 피케른

아픈 반려동물을 간호하는 방법

반려동물이 아플 때 집에서 치료하면 몇 가지 좋은 점이 있다. 첫째, 집은 익숙한 공간으로 아늑하고 안전하며 낯선 동물과 사람들로 어수선한 동물병원에서 회복해야 하는 스트레스가 없다. 둘째, 집이 병원보다 더 효과적으로 간호할 수 있는 부분이 있다. 병원에서는 절식이나 특별한 영양공급, 청결관리 등을 집에서만큼 세심하게 신경 써 주기가 어렵다. 시간이 너무 많이 들고 병원에 따라 질병치료의 철학이 다르기 때문이다. 셋째, 집에서는 반려인이 책임자이다. 다시 말해 대체요법을 택하든 자연요법을 택하든 간에 아무런 갈등 없이 적용할 수 있다.

반면에 수의사는 숙련된 전문가이다. 다년간의 수련과 경험을 통해 상태의 심각성을 평가하고 적절한 진단기법을 사용한다. 심한 구토와 설사로 관리가 까다로운 동물이나 교통사고나 중증 감염과 같은 생명을 위협하는 매우 힘든 상황에서도 동물병원에서는 항쇼크요법, 수액요법, 수술 등 집에서는 불가능한 치료를 해 준다.

이 책에 나오는 전반적인 건강관리 원칙과 이 장에서 소개하는 간호관리 방법을 이용한다면 반려동물은 집에서나 동물병원에서나 더 빠르고 더 완벽하게 건강을 회복할 수 있을 것이다. 그러나 다른 수의사가 처방한 동종요법 약물을 반려동물에게 투여하고 있다면 〈2부 질환별 관리법〉에서 열거한 동종요법 약물을 함께 사용해서는 안 된다. 또 다른 약물의 사용은 약물의 작용을 서로 방해하여 개나 고양이에게 좋지 않을 수 있다. 그러나 외부 도포용이나 원래 목적이 조직재생을 돕는 용도로 나온 몇 가지 허브 제품은 함께 사용해도 괜찮다.

많이 아픈 동물은 기본적으로 필요한 것이 있다. 야생동물은 아프거나 상처를 입으면 안전하고 편안한 장소로 가서 휴식을 취하고 자연이 자신의 상태를 치유하도록 한다. 반려동물에게도 이와 유사한 기회를 만들어 줘야 한다. 아픈 동물은 대부분 신선한 공기와 햇빛이 있는 조용하고 안전하며 따뜻한 장소를 원한다. 또한 본능적으로 종종 절식을 한다. 급성 전염성 질병과 같은 많은 질병에서 보이는 식욕부진은 강제로 억눌러야 하는 증상으로 보기보다는 오히려 치유반응의 일부라고 봐야 한다.

그렇기 때문에 반려동물에게 외풍이나 소음이 없고 어떤 외부의 방해도 없는 아늑하고 편안한 장소를 만들어 주는 것이 좋다. 개와 고양이는 그곳에서 평화롭게 휴식을 취할 수도 있고 보호받는 느낌을 받을 수도 있다. 또한 항상 보금자리를 깨끗하게 해 주고, 필요에 따라 담요나 타월을 수시로 교체해 주는 것도 좋다. 반려동물이 원한다면 신선한 공기와 햇빛을 받을 수 있도록 해 주는 것도 좋지만 그렇다고 해서 강요해서는 안 된다.

해독

반려동물이 아플 때 가장 먼저 떠오르는 것은 몸의 해독에 관한 것이다. 무언가 제거되어야 할 필요성이 있는 물질이 몸 안에 들어오면 반드시 해독 메커니즘이 뒤따르게 되어 있다.

간의 주요 기능

개와 고양이의 수치를 모르기 때문에 사람을 예로 들어보면 인체에서는 1분에 약 2L의 혈액이 간을 지나간다. 음식에서 영양소로 사용되지 않은 물질뿐 아니라 세균, 세균의 내독소, 심지어는 항원-항체 복합체 등 장에서 들어온 모든 물질이 간을 지나간다. 간은 원치 않는 물질을 중화시키거나 제거하는 기능을 하는 주요 장기이다.

간에서는 두 가지 방식으로 해독작용이 이루어진다. 첫째, 효소를 이용한 화학적 처리이다. 효소는 독소를 중화시켜 구조를 변화시키거나 독소를 망가뜨린 다음 일부분을 중화시켜 변형시킨다. 다양한 세균이나 식물, 동물의 독소에 노출되었을 때 작용하는 매우 효율적인 기능으로 수천 년에 걸쳐 진화했다. 간은 원치 않는 물질을 인식해서 처리할 준비가 되어 있다.

둘째, 소화에 사용하기 위해 만들어진 담즙에

독소를 넣어 해독시킨다. 담즙은 간에서 만들어 담낭에 저장하고 있다가 음식을 먹은 후에 장에 지방이 유입되면 분비되기 시작한다. 이렇게 장으로 유입된 담즙은 몸에 흡수되어 이용될 수 있도록 지방을 더 작게 부순다. 간은 최종적으로 몸에서 배출될 담즙에 독소를 넣어서 해독의 기회로 이용한다. 담즙을 이용한 두 번째 과정은 음식에 섬유소가 적절하게 있을 때 최상의 효과를 낸다. 섬유소가 독소를 흡수하는 역할을 하기 때문이다.

그러나 여기에도 맹점이 있다. 비록 간이 독성 물질을 인식하고 처리한 경험이 많다고는 하지만 현대는 간이 인식할 수 없는 새로운 물질이 많다. 사람들은 이전에 결코 지구상에 존재하지 않았던 수많은 합성 화학물질을 계속해서 만들어 내고 있다. 그렇다면 간은 무슨 일을 해야 할까? 반려인은 무슨 일을 해야 할까? 내가 해야 할 일은 그동안 처리할 수 없었던 물건을 벽장 선반에 넣는 것이다. 눈에 보이지 않으면 마음도 멀어지니까. 간은 이와 같은 무언가를 한다. 만약 독소를 처리할 효소가 없거나 담즙에 들어가는 데 다른 분자로 독소를 붙잡을 수 없으면 간은 독소를 지방조직과 같은 다른 조직에 저장하게 된다.

이것이 바로 사람과 반려동물의 화학물질 중독이 중요한 이슈가 되는 이유이다. 사람은 지금도 사용하고 있는 독성물질이 매우 많다. 살충용 미끼를 놓거나 무언가를 분사하면 그것이 어디로 가겠는가? 그냥 사라지겠는가? 천만의 말씀이다.

어떻게 하면 도울 수 있을까?

이런 가정을 해보자. 많은 독소가 몸 안에 들어왔고 간이 처리할 수 있다. 그러나 앞서 설명한 것처럼 모든 물질이 처리되는 것은 아니다. 일부는 저장될 것이다. 그러나 우리는 간을 건강하게 하여 간의 해독작용을 도울 수 있다. 그런데 어떻게? 대답은 단순하지 않다. 한 가지 영양소나 한 가지 허브로 해낼 수 없는 매우 복잡한 문제이다. 각각의 간세포는 단백질을 백만 개 함유하고 있는데, 단지 약간의 음식이나 허브로 간의 요구를 수용할 수 있는 방법은 없다.

간의 해독능력을 도울 수 있는 가장 좋은 방법은 매우 건강하고 영양가가 높은 음식을 공급하는 것이다. 그러면 간에 필요한 모든 것을 공급하는 것이 된다. 여건이 된다면 정원이나 뜰에서 개밀, 새싹, 신선한 야채를 재배하고 끼니 때마다 음식에 갓 딴 야채를 섞어 준다. 믿을 수 없을 정도로 영양가가 풍부하다.

그리고 정원에 다양한 종류의 허브를 심어 개나 고양이가 기호에 따라 먹을 수 있도록 한다. 동물은 어떤 허브가 자기에게 좋은지 본능적으로 안다. 그들은 기분이 좋지 않을 때에도 특정 식물을 찾아서 게걸스럽게 먹는다. 사람은 반려동물이 다양한 식물을 이용하게 함으로써 자연스러운 반응을 증진시킬 수 있다.

상당한 양의 허브를 다루는 《완벽한 홀리스틱 도그 북(*The Complete Holistic Dog Book*)》의 저자 얀 알레그레티는 해독기능에 대해 다음과 같은 조언을 한다. 민들레 뿌리(dandelion root)는 간의 해독 기능을 돕는 뛰어난 친구이다. 민들레 뿌리는 순하며 소화를 돕는 귀중한 미네랄과 다른 영양소를 공급해 주고 신장기능을 유지하는 데 도움을 준다. 마른 허브를 이용하거나 강한 탕제를 만들어 식사에 첨가한다. 개와 고양이는 대부분 흙냄새를 좋아한다. 우엉뿌리(burdock root)와 밀크시슬(milk thistle)도 간 기능을 강화시키는 데 도움을 주며, 마른 허브나 탕제로 투여할 수 있다.

절식

절식은 가장 역사가 깊고 자연적인 치유방법 중 하나로 간과 지방 조직에 쌓인 오래된 찌꺼기를 파괴해서 내보내야 하는 신체의 일상적인 소화 및 제거에 대한 부담을 상당히 줄여 준다. 절식을 통해 신체는 염증산물, 종양, 농양을 제거할 기회도 얻을 수 있다. 신체가 스스로 정화되면 그동안 혹사당했던 분비선이나 장기, 세포는 스스로 회복할 기회를 갖게 된다.

절식을 시키면 안 되는 상태와 절식으로 이익이 되는 상태를 알아보려면 17장의 자연요법(298쪽)을 참조한다.

절식에 대한 우려

어떤 사람들은 반려동물을 절식시키라고 하면 깜짝 놀란다. 어찌된 영문인지 사람들은 개나 고양이가 하루 이틀 굶으면 죽을 수도 있다고 생각한다. 하지만 이는 사실이 아니다.

수의사는 고양이가 매일 음식을 먹어야 하며, 그렇지 않을 경우 간질환과 황달의 위험성이 높

아진다고 할 것이다. 맞는 말이다. 그러나 이는 건강이 좋지 않은 고양이에게만 해당되는 말이다. 나는 한 번도 그런 케이스를 본 적이 없다. 간 질환의 위험성이 있는 동물은 보통 체중이 많이 나가고 식성이 까다로우며 다른 병력이 있다.

육식동물인 고양이는 사실 28시간 식사주기를 좋아한다. 실제로 이삿짐 트럭에 갇혔던 건강한 고양이가 물이나 음식이 하나도 없는 상황에서 6주 동안 생존했던 유명한 일화가 있다. 고양이는 사람과 함께 살기 때문에 실제로 하루에 두세 번 음식을 먹는 일에 익숙해져 있다. 그러나 이러한 식사 횟수는 고양이들에게 자연스럽지도 바람직하지도 않다.

반려묘가 정상체중에 젊고 활발하다면 잠시 절식을 시키는 것이 좋다. 비만인 개들은 아무런 부작용 없이 단지 물과 비타민만으로도 6~8주 정도 절식을 시킬 수 있는 것으로 알려져 있다. 야생의 육식동물은 먹잇감을 잡지 못해서 며칠 동안 저절로 절식을 하기도 한다.

따라서 반려동물을 며칠 동안 절식시킨다고 해도 걱정하지 않아도 된다. 그러나 절식이 너무 걱정되고 고양이가 나이가 많거나 병력이 있으면 절식을 시키기 전에 수의사의 진료를 받는다. 홀리스틱 마인드를 가지고 있는 많은 수의사는 반려동물을 절식시켜 본 경험이 있기 때문에 적절한 조언을 해 줄 것이다.

절식으로 해독 돕기

병에 걸렸을 때에는 처음 하루 이틀 절식을 시키는 것이 좋을 수 있다. 특히 열이 날 때에는 더

욱 그렇다. 경험에서 나온 법칙에 따르면 체온이 정상으로 돌아올 때까지 하루나 이틀, 동물이 절식을 시작하기에 알맞은 건강상태라면 4~5일 정도 절식시키면 좋다. 개와 고양이의 정상체온은 38.6℃보다 낮다는 사실을 명심해야 한다.

다음에 나오는 절식 단계는 반려동물을 절식시키는 훌륭한 가이드라인이다. 이 방법은 반려동물이 아플 때에도 사용할 수 있지만 오랫동안 익숙했던 식이를 자연식으로 바꿀 때에도 도움이 된다.

절식을 시킬 때에는 전문가의 도움을 받는 것이 현명하다. 특히 처음 하는 것이라면 더욱 그렇다. 수의사는 반려동물의 기본적인 기능을 모니터할 수 있으며 스트레스도 받지 않게 할 수 있다.

절식을 시작하는 단계

처음 하루 이틀은 조금 가볍게 시작한다. 몇 가지 야채와 조리한 오트밀, 적당량이나 소량의 살코기 또는 두부(영양효모로 맛을 낸 으깬 두부)[1]를 넣어서 간단한 식사를 제공한다. (물론 반려동물이 갑자기 아프거나 식욕을 잃은 상태에는 이런 단계는 의미가 없다.)

절식하는 동안 가장 큰 역할을 담당할 장기인 신장과 간에 이로운 야채를 사용한다. 브로콜리, 케일, 콜리플라워, 양배추, 사탕무, 순무, 민들레, 호박, 시금치, 옥수수, 감자, 오이, 파슬리, 당근, 토마토 등의 생것을 강판에 갈아서 주거나 살짝 쪄서 준다. 고양이는 특히 맛을 좋게 하는 영양효모를 뿌려 주면 좋아한다.

유동식 단계

절식의 주요 단계로 유동식을 급여하는 단계이다. 급성 질병의 경우에는 동물이 회복되고 체온이 정상으로 돌아올 때까지 절식을 계속해야 한다. 그러나 만성이나 퇴행성 질병의 경우에는 몸이 상당히 호전되거나 식욕이 정상으로 돌아올 때까지 3~7일 정도 절식기간을 다양하게 유지한다. 만약 다시 고형식으로 바꿔 주었는데도 반려동물이 별로 먹고 싶어 하지 않는 것 같으면 유동식을 조금 더 오랫동안 급여한다.

이 기간에는 다음과 같은 유동식이 좋다.

• **물** : 용천수, 여과수, 증류수와 같이 불순물이 섞이지 않은 깨끗한 물을 사용한다. 수돗물을 사용해서는 안 된다. 거기에는 건강에 해로운 화학물질이 함유되어 있을 수 있다.

• **야채 주스** : 오직 신선한 주스만 급여한다. 냉장보관 48시간이 지난 주스는 급여하지 않는다. 만약 반려동물에게 신선한 주스를 급여할 수 없다면 잘게 썰거나 강판에 간 생야채(특히 녹색의 즙이 많은 야채)를 깨끗한 물과 섞은 다음 체에 거른 즙을 주도록 한다. 이것도 불가능하다면 물과 함께 다음의 채수를 급여한다.

• **채수** : '절식을 시작하는 단계'에서 열거한 야채를 잘게 썰어서 20~30분 정도 끓여 채수를 만든다. 반려동물에게는 채수를 주고 건더기는 잘 보관했다가 반려인이 먹을 수프나 찜 요리를 만들 때 사용한다. 만약 반려동물이 어리거나 지치거나 에너지가 많이 필요한 경우라면 채수가 부족한 비타민과 미네랄을 보충하는 데 큰 도움

이 될 것이다.

만약 반려동물이 유동식 단계를 시작한 지 얼마 되지 않은 시점에 변을 볼 때 힘을 주거나 변비가 있다면 관장액을 1~2분에 걸쳐 서서히 투여해 쉽게 변을 볼 수 있도록 도와준다(321쪽 '특별관리'에서 설명한 방법을 참조). 반려동물의 상태가 상당히 좋은 경우에는 절식기간이 짧으면 관장이 필요 없겠지만 급성 감염이나 만성질환을 앓는 동물이라면 장기간의 절식기간 동안 관장을 수차례 해야 할 수도 있다.

절식을 끝내는 단계

절식기간이 끝나 가면 며칠 동안은 간단한 음식을 준다. 만약 반려동물이 일주일 동안 유동식을 먹었다면 2~3일은 식이요법에 변화를 준다. 물, 주스, 채수, 적당량의 생야채나 찐 야채(전에 사용했던 것과 동일한 그룹)를 급여한다. 이 기간이 지나면 오트밀이나 조리가 된 보리 시리얼, 두유, 무화과나 자두로 시작해서 다른 천연식품을 첨가하기 시작한다. 하루나 이틀 후에 이 책에 실린 레시피 중에서 반려인이 해 주고 있는 음식을 제공한다. 질병에서 갓 회복한 많은 개와 고양이는 처음에는 많이 먹지 않을 것이다. 첫날에는 절반 정도 남기기도 한다.

절식은 점차적으로 중단하는 것이 중요하며, 이 시기에는 일반 상업용 사료나 가공처리를 많이 한 인스턴트 식품을 먹여서는 안 된다. 그렇지 않으면 절식의 이로운 효과를 전혀 보지 못하고 소화를 돕는 수축작용인 연동운동이 다시 원활해

지기 전에 과부하가 걸려서 심각한 소화기장애를 유발할 수 있다.

또한 고기, 유제품, 치즈, 달걀과 같은 동물성 식품은 소화가 더욱 어렵고 더 많은 독소를 생산하므로 식욕이 정상으로 돌아오고 장운동도 원활해져서 독소를 정상적으로 배출할 수 있을 때까지 피하는 것이 좋다.

절식 프로그램을 적절히 수행하면 반려동물의 건강에 큰 도움이 된다. 나는 반려인이 절식방법을 정확히 이해하고 이를 곡해하지 않기를 바란다. 다시 말하면 음식을 전혀 주지 않고 물만 소량 주면서 베란다에 아픈 개를 방치하라는 의미가 아니다. 무슨 일이 있어도 아픈 동물을 소홀히 하지 않고 적절한 시기에 적절한 것을 해 줌으로써 그들을 도와야 한다. 겉보기에는 두 가지 접근법이 유사해 보이지만 보호자의 목적과 관심에 따라 차이가 있다. 만약 무엇을 해야 할지 모르고 얼마나 오랫동안 절식을 시켜야 할지 확실하지 않다면 절식을 하기 전에 홀리스틱 쪽으로 유명한 수의사에게 상담을 받는 것이 좋다.

반려동물이 먹으려고 하지 않으면

동물(보통 고양이)은 때때로 자신의 방법대로 절식을 하는데 나중에는 식욕이 정상적으로 돌아오지 않는 문제가 생기기도 한다. 이러한 문제는 위장관장애나 소화기계의 염증 또는 몸이나 환경의 독성 화학물질에 대한 반응(예를 들어, 오염이나 신부전으로 인한)으로 나타날 수 있다. 고양이에게 이는 매우 흔한 만성 질병의 증상이다.

체중이 급격히 감소하거나 치유에 필요한 체내

에너지를 빼앗겨 허약해지면 절식은 문제가 된다. 따라서 동물이 다시 자발적으로 음식을 먹어 생명을 유지하려면 강제로 급여해야 할 수도 있다. 강제급여가 유쾌한 일은 아니어서 적극적으로 권장하지는 않지만 오랜 시간 동안 강제급여를 한 후 동종요법이나 다른 치료법이 효과를 낸 고양이를 종종 본 적이 있어서 경우에 따라 필요할 수도 있다.

특별관리

동물의 증상이나 상태에 따라 간호방법이 달라질 수 있다.

관장

동물은 절식, 변비, 뼛조각이나 독성물질(쓰레기나 상한 음식과 같은)에 의한 장질환, 탈수, 심한 구토가 있을 때 관장을 해 주면 도움이 된다.

손으로 만져 봐서 뜨겁지 않은 따뜻하고 깨끗한 물을 고양이에게는 약 2테이블스푼, 대형견에게는 약 0.5L를 사용한다. (소량의 액체라도 장을 비우는 데에는 충분한 자극을 줄 수 있다.) 갓 짠 레몬즙 몇 방울을 물에 섞은 다음 소형견은 주사기로, 대형견은 관장백이나 노즐을 이용해서 2~3분에 걸쳐 항문으로 서서히 주입한다.

방법 : 주사기 끝을 식물성 오일로 깨끗이 닦고 한 사람이 동물을 잡고 있는 동안 다른 한 사람이 노즐을 직장 속으로 조심스럽게 삽입한다. 항문에 압력을 부드럽고 일정하고 지속적으로 주면

서 결장을 관장액으로 서서히 채운다. 그래야 액체가 새어 나오지 않는다. 만약 주사기 끝이 변에 닿아 있으면 액체가 잘 들어가지 않는다. 그럴 경우에는 노즐이나 주사기를 뒤로 살짝 뺀 다음에 각도를 조금 조정해야 한다. 대개 몇 분 이내에 장운동이 자극을 받을 것이다.

이런 방식으로 하루에 한두 번씩 이틀 동안 관장액을 주입한다.

탈수가 심한 경우에는 액체가 장내에 머무를 수 있다. 나는 이런 경우를 종종 보았다. 탈수가 심한 상태이므로 결장에서는 몸에 필요한 액체를 흡수하게 된다. 따라서 관장은 가정에서 자체적으로 할 수 있는 훌륭한 수액요법이다. 이런 상태에서는 약 4시간 간격이나 또는 그 이상 수분정체가 없을 때까지 관장액을 주입한다.

구토를 심하게 하여 위 내에 더 이상 수분이 없다면 관장을 통해 구토로 손실된 소금뿐 아니라 수분도 보충할 수 있다. 관장액에 바다소금 ¼티스푼과 염화칼륨(KCl, 식품점에서 파는 저나트륨 식이를 하는 사람을 위한 소금 대용품) ¼티스푼을 첨가한다. 이러한 소금 보상 수액요법은 장기간 설사를 한 개나 고양이에게 도움이 된다. 다시 말하지만 4시간 간격이나 그 이상 수분정체가 없을 때까지 관장액을 주입한다.

목욕과 청결관리

구토, 설사, 피부 분비물에 의해 악취가 심한 동물은 깨끗하게 목욕을 시켜 주어야 한다. 하지만 반드시 동물이 회복기에 접어들고 체온이 정상으로 돌아오는 질병의 끝 무렵에 한다. 그렇지

않은 경우에는 다음의 체공관리에서 설명한 방법으로 세정해 주는 것이 좋다.

괜찮아져서 목욕을 시켰다 하더라도 동물이 추위하지 않는지 확인해야 한다. 타월로 빠르게 닦아 준 후 일광욕을 시키거나 온풍기를 저단에 놓고 털에 너무 가깝지 않게 하여 빠르게 말린다. 보통은 병이 다 나아갈 무렵까지 목욕을 시키지 않지만 예외가 하나 있다. 개나 고양이, 특히 어린 개나 고양이가 벼룩이나 이에 심하게 감염되어 체력이 저하된 경우인데, 샴푸로 목욕을 시키고 난 후 익사한 외부 기생충을 제거한다. 유기농 제품인 닥터브로너스(Dr. Bronner's) 비누가 여기에 매우 좋은데, 특히 라벤더 허브로 만든 포뮬라 중 하나가 벼룩과 이에 효과적이다.

체공관리

질병에 걸리면 몸에 있는 체공(body openings), 특히 코, 눈, 귀, 항문에서 분비물이 자주 생긴다. 고양이를 비롯하여 아픈 동물은 분비물을 제대로 처리하지 못하면 계속 쌓여서 주변 조직을 자극하기 때문에 엉망이 될 수 있다. 다음은 아픈 반려동물을 편안하게 해 주는 몇 가지 관리방법이다.

코 : 분비물이 형성되면 부드러운 헝겊이나 거즈에 따뜻한 물을 적셔 코를 조심스럽게 닦아 준다. 때때로 이런 분비물을 부드럽게 해서 점차적으로 제거하는 데 많은 인내심이 요구되기도 하지만 한 번에 오랫동안 제거하기보다는 짧게 두세 번씩 여러 번에 걸쳐서 해 주는 것이 훨씬 좋다.

일단 코를 닦은 후 마르면 동종요법 약국에서 구입한 비타민 E와 혼합된 아몬드 오일이나 칼렌둘라 오일(calendulated oil)로 하루에 두세 번씩 발라 준다.

눈 : 눈이나 눈썹에서 각질이나 분비물을 닦기 위해 증류수나 여과수 한 컵에 바다소금 ¼티스푼을 넣어서 부드럽고 자극이 없는 소금 용액을 만든다. 혼합액을 잘 섞은 다음 앞의 코 부분에서 설명했던 것과 같은 방법으로 눈을 닦아 준다. 그러고 난 후 다음에 나오는 치료제 중 한 가지를 눈에 한 방울씩 떨어뜨려 준다[아몬드 오일(눈에 경미한 자극이나 염증이 있을 때), 피마자유(castor oil, 눈에 더 심한 자극과 염증이 있을 때)].

또는 앞에서 설명한 치료제 대신 다음에 설명하는 허브를 우려낸 물로 눈을 자주 닦아 준다.

아이브라이트(Euphrasia officinalis)를 우려낸 물은 눈의 손상이나 자극, 염증이 있을 때 유용하다. 이 물을 만들 때에는 끓는 물 한 컵에 허브 1티스푼을 넣고 뚜껑을 닫은 채 15분 동안 푹 우려낸 후 무명천이나 체에 허브 조각을 거르고 액체만 따라낸다. 허브를 우려낸 물 한 컵에 바다소금 ¼티스푼을 첨가한다. 바다소금이 용액을 천연 눈물처럼 순하고 부드럽게 만들어 준다.

히드라스티스 뿌리(Goldenseal root)는 눈이 감염되었거나 눈에서 진한 노란색 분비물이 나올 때 도움이 된다. 이 치료 용액을 만들 때에는 끓는 물 한 컵에 히드라스티스 가루 ¼티스푼을 넣고 15분 동안 우려낸 후 액체만 걸러내서 바다소금 ¼티스푼을 첨가한다.

준비한 용액이 차가워지면 하루에 세 번 또는 필요할 때 눈을 조심스럽게 닦아 치료해 준다. 이

용액은 실온에서 이틀 동안 보관할 수 있다. 오염을 피하려면 항상 치료에 필요한 양만큼만 접시나 컵에 소량씩 담아서 사용하며 남은 용액은 뚜껑을 닫아 보관한다. 치료에 한 번 사용하고 난 용액은 버리는 것이 좋다.

귀 : 귀에 기름진 귀지 형태의 분비물이 많을 때에는 점적기나 플라스틱 병을 이용해서 귓속에 아몬드 오일 ½티스푼을 똑똑 떨어트린다. 먼저 오일을 담은 컵이나 유리잔을 뜨거운 물이 담긴 그릇이나 세면대에 아랫부분만 담가서 따뜻하게 데운다. 귓바퀴나 귀 끝을 잡고 들어올린다. 이때 반려동물의 머리를 잡아줄 사람이 필요할 수도 있다. 세척이 끝나기 전에 동물이 머리를 흔들어서 오일을 털어 버릴 수도 있기 때문이다. 몇 초 동안 귓속으로 아몬드 오일이 흘러 들어갈 수 있도록 유지한다.

그러고 난 후 귀를 잡은 상태에서 다른 손으로 귓구멍의 바닥에서 이도를 마사지해 준다. 아마 이도가 견고한 플라스틱 튜브처럼 느껴질 것이다. 마사지를 제대로 했다면 질펀한 소리를 들을 수 있다. 이 치료는 귓속에 있는 귀지를 녹여서 풀어 주는 것으로, 귀 밖으로 흘러나온 오일이나 분비물은 티슈로 닦아 준다. 귓구멍 주변을 제외하고는 절대 면봉으로 파서는 안 된다. 반려인이 귀를 놓아 주면 반려동물이 필사적으로 털 것이므로 만반의 준비를 해야 한다.

나는 귀지를 녹이는 데 아몬드 오일이나 올리브 오일을 사용하는 얀 알레그레티는 다른 제안을 했다.

나는 귀를 세정하고 염증을 관리하는 데 코코넛 오일을 사용해서 많은 효과를 보았다. 코코넛 오일은 천연 항균 및 항진균 효과가 있어서 뛰어난 작용을 한다. 또한 고체 형태로도 쉽게 투여할 수 있다는 장점이 있다. 이 오일은 체온에서는 액체가 되지만 온도가 24℃(76℉) 이하로 떨어지면 고체로 변한다. 그러므로 이 오일을 시원한 약장에 고체로 두었다가 필요할 때 고형의 오일을 귀에 소량 넣고 마사지를 하면 금방 녹아서 귀를 가득 채운다.

귀가 빨갛고 염증이 심하면 칼렌둘라 오일이나 알로에 베라 즙을 사용한다. 알로에 베라 즙은 식물에서 직접 즙을 짜서 얻거나 건강식품점에서 구할 수 있다. 보통 하루나 이틀에 한 번씩 이런 방법으로 귀를 치료해 주면 적당하다.

염증이 심한 귀에 사용할 수 있는 또 다른 치료제로는 녹차를 우려낸 물이 있다. 컵에 녹차 티백 1개나 허브 1티스푼을 넣고 끓는 물을 붓는다. 10분 동안 우려낸 후 티백을 버리거나 체에 걸러낸 다음 용액이 차가워지면 귀를 세척하는 데 사용한다.

반면 귀를 마사지할 때 분비물이 보이지 않는데도 불구하고 통증이 심하다면 식물의 까끄라기나 진드기와 같은 이물질이 귓속에 있을 수 있다. 이때는 수의사에게 검사를 받는 것이 좋다.

통증에 대한 분명한 원인이 없을 때에는 건강식품점이나 동종요법 약국에서 구입 가능한 아르니카 오일(arnica montana oil)이 도움이 될 것이다. 불편해하지 않을 때까지 하루에 한 번씩 앞에서 설명했던 대로 조심스럽게 귀를 치료해 준다.

항문 : 항문은 종종 심한 설사 때문에 주변 조

직이 자극을 받고 세균에 감염되어 염증이 생길 수 있는 부위이다. 설사를 할 때 이 부위를 청결하게 유지하려면 축축한 헝겊으로 조심스럽게 두드려 주는 것이 좋다(문지르면 자극이 더 심해질 수 있다). 그러고 난 후 가볍게 톡톡 두드려서(절대 문질러서는 안 된다) 건조시키고 하루에 두세 번 또는 필요할 때 칼렌둘라 연고를 발라 준다.

허브 치료

허브는 수많은 질병을 치료하는 데 도움이 된다. 분비물의 분비를 돕고 소화를 촉진시키며 혈액을 정화시키는 등 여러 면에서 몸을 도와준다.

내가 경험한 가장 유용한 허브 몇 가지를 소개한다. 여러 종류를 조합하지 말고 한 종류만 사용해야 한다. 설명한 문제와 가장 적합한 허브를 한 가지 골라서 154쪽에 있는 차트에 적힌 용량대로 사용한다.

• **알팔파(자주개자리, Medicago sativa)** : 소화를 촉진시키고 식욕을 자극하며 마른 동물이 체중이 늘게 도와주고 정신적·육체적으로 활력을 증진시켜 주는 뛰어난 강장제이다. 근육통, 관절통, 비뇨기계 질환이 있으며, 특히 결정이 많고 방광염이 있으며 체중 미달인 매우 신경질적이고 불안해하는 동물에게 적합하다. 개는 크기에 따라 음식에 매일 잘게 간 것과 마른 것이 혼합된 알팔파를 1티스푼에서 3테이블스푼씩 첨가해 준다. 아니면 물 한 컵에 허브 3테이블스푼을 20분 동안 담가서 차를 만든다. 이 차를 음식에 섞어 주거나 주사기로 경구 투여한다. 고양이한테

는 하루에 건조 알팔파를 1티스푼 준다.

• **우엉(Arctium lappa)** : 혈액을 정화시키고 몸의 해독작용을 도와준다. 특히 피부질환을 완화시키는 데 좋다. 용천수나 증류수 한 컵을 유리잔이나 법랑 냄비에 넣고 뿌리 1티스푼을 넣어서 5시간 동안 담가 놓는다. 그러고 난 후 푹 끓여서 식힌 다음에 154쪽에 있는 표를 참조하여 개에게 급여한다. 고양이는 하루에 ½티스푼 급여할 수 있다.

• **귀리(Avena sativa)** : 간질이나 떨림, 경련, 마비처럼 주로 신경계가 쇠약한 동물에게 특히 뛰어난 강장제이다. 오랫동안 중병을 앓았거나 오랫동안 약을 투약했을 때 생길 수 있는 쇠약함이나 고갈효과도 막아 주며, 몸을 정화시켜 주고 새로운 조직이 성장할 수 있도록 영양분을 공급해 준다. 따라서 식이요법에 들어가는 주요 곡물로 오트밀을 사용한다.

목욕

가끔씩 귀리 지푸라기 목욕이 피부에서 분비물을 배출시키는 데 도움이 된다. 물 약 3L에 지푸라기 450~900g을 넣고 30분 동안 끓인다. 끓인 물을 목욕물로 쓰거나 목욕 후에 욕조에 동물을 세워 놓고 반복적으로 헹구는 용도로 사용한다. 이 치료는 피부질환이나 근육통, 관절통, 마비, 간질환, 신장질환에 좋으며 보통 개가 고양이보다 더 좋아한다.

허브와 동종요법의
약물 제조와 투여 방법

허브요법과 동종요법을 적용하는 것은 아직 많은 사람에게 익숙하지 않다. 따라서 약물을 구하고 제조하고 투여하는 방법에 대해서 자세히 알아본다.

허브 조제약 사용하기

허브로 치료제를 조제할 때에는 갓 딴 신선한 상태, 건조시킨 상태, 팅크의 세 가지 기본 형태를 이용할 수 있다.

갓 딴 신선한 허브

가능하면 사용하기 직전에 채취한 신선한 허브를 사용한다. 허브에 대한 지식이 있고 허브를 식별할 수 있다면 공터나 길가(교통량이 많은 곳은 자동차 배기가스 오염이 심하므로 피한다), 들판이나 숲, 자신의 허브 정원에서 허브를 채취하는 일이 즐거울 것이다.

최적의 효과를 내려면 가장 효과가 있는 성분인 에센셜 오일(essential oil, 식물에서 추출한 특유의 향과 살균, 진정, 이완 등 치유효능을 가진 고농도의 천연 식물성 오일)이 정점에 있을 때 허브를 채취해야 한다. 즉, 이슬이 마르고 뜨거운 태양열에 오일이 증발하기 전인 오전에 수확해야 한다는 것을 의미한다. 잎은 식물이 꽃을 막 피우기 직전에 채취하는 것이 가장 이상적이고, 꽃은 만개하기 직전에 따는 것이 가장 이상적이다. 이 두 가지 모두 이때가 지나면 가치가 떨어진다.

잎이나 줄기 등 땅에 묻히지 않은 부분 전체를 따려면 꽃이 피기 직전에 따야 한다. 그리고 뿌리와 뿌리줄기를 채취하려면 수액이 다시 땅속으로 들어가고, 잎이 그 색깔을 막 바꾸려고 하며, 열매와 씨앗이 성숙하는 시기인 가을이 좋다.

많은 사람이 갓 딴 신선한 허브를 사용하는 데 익숙하지 않으므로 여기에서는 주로 건조시킨 허브에 대해 언급할 것이다. 그러나 갓 채취한 신선한 허브를 구할 수 있다면 건조시킨 허브의 3배 용량을 사용하면 된다.

건조시킨 허브

대부분의 경우 듬성듬성 자른 형태나 가루로 만들어 젤라틴 캡슐에 포장한 형태의 건조시킨 허브를 구입할 수 있다. 건조시킨 허브는 캡슐로 투여할 수도 있고 물에 섞어서 우려낸 물이나 탕제, 현탁액으로도 투여할 수 있다. 약국에서 빈 캡슐을 구입하여 직접 포장하면 캡슐로 된 허브를 사는 것보다 비용을 절감할 수 있다. 사이즈 '00'인 공캡슐 1개에는 가루로 된 허브가 약 ½티스푼 들어간다. 나는 소의 발굽 등으로 만든 캡슐보다는 '베지캡스(veggie caps나 vege-caps)'라고 불리는 식물 성분의 셀룰로오스 캡슐을 좋아한다. 이 캡슐이 소화가 더 잘되고 건강에 좋다고 생각한다. 허브 가루로 직접 만들려면 커피 그라인더나 막자와 막자사발을 이용하면 된다.

만약에 직접 허브를 수확하거나 기른다면 나중에 사용할 것에 대비해 말릴 수 있다. 잎에 맺힌 아침이슬이 마른 후에 허브를 채취하여 한 묶음씩 묶어 환기가 잘되고 건조하며 그늘진 곳에 거꾸로 매달아 놓는다. 아마도 다락방이 이런 용도로 좋을 것이다. 만약 뿌리와 나무껍질을 모은다면 잘 씻어서 잘게 잘라 직사광선을 피해서 말린다. 바짝 마르면 불투명하거나 뚜껑이 있는 갈색 단지에 담아서 차갑고 어두운 곳에 보관한다. 알맞게 처리하여 저장한 허브는 대부분 얼마간 약효를 함유하고 있다. 그러나 이런 특성은 열, 햇빛, 공기에 노출되면 파괴되므로 1년 이상 보관하지 않는 것이 좋다.

허브 팅크

허브를 얻고 사용하는 또 다른 방법으로는 알코올과 물에 추출한 팅크(tincture) 형태가 있다. 팅크를 구하는 가장 쉬운 방법은 허브 가게나 동종요법 약국에서 구입하는 것이다. 그러나 갓 딴 신선한 식물을 구할 수 있다면 유기농 재배로 키운 갓 딴 신선한 허브로 만든 것이 가장 좋은 형태의 팅크가 된다.

자신만의 팅크를 만들려면 갓 딴 신선한 허브를 부드럽게 갈거나 믹서기를 이용해서 갈아야 한다. 표준도수가 최소 80도가 넘는 브랜디나 보드카 ½컵에 허브를 1테이블스푼 섞는다. 깨끗하고 뚜껑이 잘 맞는 단지에 넣은 다음 직사광선에 노출되지 않는 곳에 2주 이상 저장하면서 하루에 한두 번씩 흔들어 준다. 그러고 난 후 고운 천이나 여과지에 걸러내면 액체가 모아지는데 이것이 바로 팅크이다. 이 팅크는 유리병에 담아 밀봉해서 차갑고 어두운 장소에 보관한다. (만약 갓 딴 신선한 허브 대신 건조시킨 허브를 사용한다면 알코올 ½컵에 듬성듬성 자르거나 가루로 된 허브를 1티스푼 넣

으면 된다.)

허브 팅크는 매우 강한 형태의 약물이므로 '질환별 관리법'에 나온 투여방법에 따라 저용량으로 조심스럽게 사용한다. 밀봉이 잘 되어 있다면 3년 동안 보존이 가능하다.

허브 약물 만들기

갓 딴 신선한 허브나 건조시킨 허브 둘 다 차를 만들듯이 끓는 물에 푹 담가 우려낸 물을 만들 수 있다. 강한 맛이 조금 덜나게 하고 맛을 더 좋게 하려면 허브 양을 두 배로 해서 차가운 물에 밤새도록 담가 두면 된다. 이를 차가운 추출물이라고 한다. 만약 뿌리나 나무껍질 형태의 허브라면 15~20분 정도 서서히 끓이면 된다. 이것은 탕제(decoction. 생약을 달여서 추출한 진액)라고 한다.

우려낸 물이나 차가운 추출물은 휘발성 물질을 보존하기 위해 무연의 도자기나 유리잔과 같은 뚜껑이 있는 비금속성 용기를 사용해야 한다. 반면 탕제는 물질을 농축시키기 위해서 뚜껑이 없는 비금속성 냄비에 끓여야 한다. 조제할 때에는 증류수나 여과수처럼 항상 깨끗한 물만 사용해야 하며 조제에 사용되는 양은 '허브요법 스케줄(487~489쪽)'에 명시해 놓았다.

팅크는 항상 투여 직전에 물 1티스푼당 3방울씩 희석해야 한다.

약물 투여

가끔 허브나 식물을 접시에 담아놓거나 바닥에 두면 개가 게걸스럽게 먹기도 한다. 이처럼 투여가 간단할 수도 있지만 대부분은 그리 쉽지 않기

때문에 몇 가지 조언이 필요하다.

액상 약물을 투여하는 방법

동물에게 현대의학 약물이나 희석한 팅크, 탕제, 우려낸 물, 차가운 추출물과 같은 액상 형태의 모든 약물을 먹이는 방법 두 가지를 소개한다.

먼저 입을 벌린다. 한 손으로 동물의 위턱을 가볍게 쥐고 엄지손가락과 다른 손가락들을 송곳니 뒤쪽의 틈새에 넣는다. (고양이나 작은 강아지에게 먹일 때에는 엄지손가락과 다른 손가락 하나만 있어도 된다.) 그러면 동물 대부분은 입을 살짝 벌리는데 이때 스푼이나 점적기를 이용하여 앞니 사이로 약물을 먹일 수 있다. 머리를 뒤로 젖히면 약물이 자연스럽게 목구멍으로 흘러 들어간다.

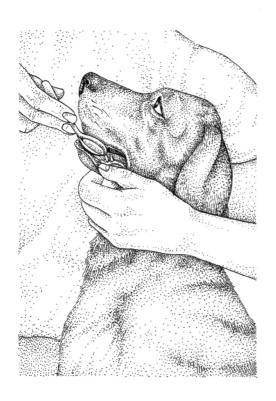

또 다른 방법으로는 동물의 이빨과 입술 사이에 작은 주머니를 만드는 것이다. 동물의 머리를 뒤로 젖힌 상태에서 아랫입술의 가장자리를 한 손으로 잡아당겨 작은 주머니 같은 공간이 생기면 그곳에 약물을 흘려 넣어서 먹인다.

어떤 방법이든 약물 투약이 제대로 되지 않으면 그 이유는 이를 너무 꽉 물고 있어서이다. 그때는 손가락으로 입을 다시 한 번 가볍게 벌린다. 만약 동물이 자꾸 뒤로 물러서려고 하면 구석에 몰아넣고 하거나 다른 사람의 도움을 받는 것이 좋다. 또 다른 방법으로는 바닥에 앉은 상태에서 동물을 반려인의 다리 사이에 끼우고 같은 방향을 바라보며 약물을 먹이는 것이다. 동물이 뒤로 물러나거나 머리를 뒤로 젖히면 약물을 투약하기에 더욱 쉬운 자세가 된다.

고양이에게 약물을 먹일 때에는 앞발을 부드럽게 꽉 잡아 줄 수 있는 사람이 있어야 한다. 하지만 혼자 먹여야 한다면 타월로 편안하게 감싼 후에 먹인다. 부드럽고 호의적으로 대하면 두려움을 느끼지 않기 때문에 저항하지 않는다. 그리고 절대 입을 크게 벌리려고 하지 않는다. 그냥 입을 벌리고 이빨이 약간 벌어질 때까지 이와 이 사이에 손가락만 지속적으로 밀어 넣는다.

약물을 넣은 후에는 입이 거의 다물어지도록 부드럽게 잡고 목을 마사지하면 약물을 삼킨다. 약물을 삼켰는지의 여부는 앞니 사이로 혀를 내미는 것을 보면 알 수 있다. 또 다른 방법으로는 콧구멍을 엄지손가락으로 막는 방법이 있다. 이렇게 하면 약을 간단하게 먹일 수 있다.

알약이나 캡슐을 투여하는 방법

허브 캡슐이나 비타민 알약과 같은 고형 제제를 먹이려면 '액상 약물을 투여하는 방법'에서 설명한 것처럼 위턱을 잡고 입을 벌린다. 엄지손가락과 검지손가락 또는 검지손가락과 가운뎃손가락으로 캡슐이나 알약을 잡고 나머지 손가락으로는 아래턱의 앞니를 내려서 입을 벌린다.

가능한 한 목구멍의 가장 뒤쪽까지 약을 밀어 넣어야 한다. 그리고 난 후 앞에서 설명했던 것처럼 약을 삼키도록 유도한다. 처음에는 어렵겠지만 몇 번 시도해 보면 쉽다는 것을 알 수 있다.

맛있는 음식에 캡슐이나 알약을 넣어서 주는 방법도 있다. 예를 들어, 개는 땅콩버터를 좋아한다. 만약 약이 그렇게 맛이 나쁘지 않다면 캡슐을

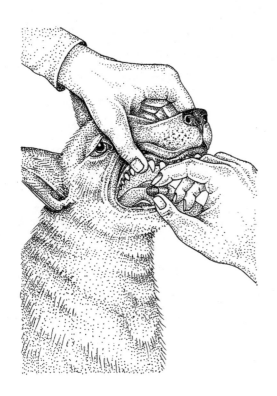

열거나 알약을 갈아서 그들이 좋아하는 액상 음식과 섞어 줄 수 있다. 고양이는 우유에 약을 섞어 주면 잘 먹는다.

플라워 에센스를 조제하는 방법

바흐의 38가지 플라워 에센스는 각각 병으로 따로 구입할 수 있다. 어떤 특정 조제약은 에센스를 조합하고 희석해서 포뮬라로 만든다. 포뮬라를 만드는 방법은 다음과 같다. 만약 치커리, 헤더(heather), 클레마티스(clematis)(38가지 플라워 에센스 중 세 가지) 포뮬라를 만들기를 원한다면 깨끗한 1온스 점적기병에 각각의 플라워 에센스를 두 방울씩 떨어뜨린다. 그리고 난 후 희석액을 만들기 위해 증류수가 아닌 용천수로 병을 채운다. 이것이 '치료제'가 된다. 표준용량은 하루에 네 번 두 방울씩 먹이는 것이다. 방울은 입술 안쪽 혀에 떨어뜨리거나 물이나 음식과 함께 먹인다. 필요에 따라 수일에서 수 주 동안 먹인다.

동종요법 약물 사용하기

동종요법 약물을 먹이는 방법은 네 가지가 있다.

1. 정제나 알약을 그대로 투여한다. 이런 약을 먹일 때에는 깨끗한 숟가락이나 물약 병뚜껑에 약을 담아서 직접 입에 털어 넣는다. 약을 손으로 만지지 않는 것이 좋다. 개는 동종요법 약물을 먹는 것을 좋아하기 때문에 깨끗한 그릇이나 접시에 담아 주면 잘 먹는다.

2. 알약을 세 알 정도 부숴 가루로 만든다. 알약을 부수기 위해 딱딱한 종이를 반으로 접는다. 알

약을 종이 위에 붓고 종이를 반으로 접어서 알약이 접힌 부분 안쪽에 위치하게 한 다음 단단한 조리대 위에 올려놓고 유리잔 같은 단단한 물건으로 가볍게 내리친다. 너무 세게 칠 필요는 없다. 가볍게 툭툭 치기만 해도 잘 깨진다. 단단한 알약도 있으므로 나무탁자 위에서 부수지 않는다.

동물이 종이 위에 있는 가루를 핥아 먹도록 칭찬하면서 유도한다. 이 약은 단맛이 난다. 전혀 관심을 보이지 않으면 손톱으로 종이의 가장자리까지 가루를 밀어놓은 다음 '알약이나 캡슐을 투여하는 방법'에서 설명했던 것과 같이 턱을 잡고 입을 벌린 후 종이를 튕겨서 가루를 입 안에 털어넣는다.

3. 앞에서처럼 가루로 만들어서 소량의 물에 녹여 숟가락이나 주사기로 먹일 수도 있다. 여기에서 중요한 것은 반려동물이 맛만 보면 되지 녹인 물 전체를 다 먹을 필요는 없다. 간혹 고양이한테는 코나 앞발에 액체를 묻혀 놓기도 한다. 그러면 잘 핥아먹는다.

4. 알약이나 가루를 입에 넣어 주는 것도 어렵다면 소량의 우유에 레미디를 타서 먹인다.

동종요법 진료의 장점 중 하나는 약물을 장기간 처방할 필요가 없다는 점이다. 때로는 한 번만 사용해도 되어서 치료가 훨씬 용이하다. (급성 질환인 경우 대부분 한두 번의 약물 투여로도 질병이 치유될 수 있지만, 오랫동안 진행된 심각한 만성질환인 경우에는 장기간의 약물처방이 필요하기도 하다. 이런 경우에는 동종요법 치료를 하는 수의사와 상담한다.-옮긴이)

'질환별 관리법'에서 언급할 동종요법 약물은 온라인으로 주문하거나 천연식품점에서 구입할 수 있다.

가정 상비용 레미디 키트

반려동물이 치료제를 필요로 할 때까지 기다리지 않는다. 이 말은 보이스카우트처럼 항상 준비되어 있어야 한다는 말이다. '응급처치(477쪽)' 부분에 다쳤을 때 사용할 수 있는 가장 유용한 약물을 몇 가지 열거해 놓았다. 이 약물은 유용하다. 하지만 약물이 필요한 상황에 놓이기 전에 미리 준비되어 있어야만 유용하다.

2부

질환별

관리법

'질환별 관리법'을 활용하는 방법

책에서는 건강한 음식, 건강한 생활방식, 즐거운 생활 등 가능한 한 많은 예방법을 강조하고 있지만 아직도 추가적인 조언이 필요한 건강상의 특정 문제가 있다. 2부에서는 이 문제에 대해 다룰 것이다. 여기에 소개된 내용은 경험상 효과가 있었던 치료법이다. 물론 앞 장에서 설명했던 대체요법(나는 특히 동종요법을 강조하고 있지만) 중 숙련되고 영양학에 정통한 홀리스틱 요법을 하는 수의사와 함께 치료하면 훨씬 효과가 좋다. 그러나 근처에 홀리스틱 수의사가 없다며 도움을 달라는 요청을 종종 받는다. 수의동종요법 피케른 연구소에서 트레이닝을 받은 수의사 목록을 웹사이트(http://pivh.org)에 올려놓았으니 확인해 보기 바란다.

2부는 동물병원에 가기 전에 혼자서 치료할 수 있도록 안내할 목적으로 쓴 것이다. 명확하게 설명하고 안전한 방법을 소개하려고 노력했다. 하지만 혼자서 치료한다는 것이 조금이라도 망설여지거나 확실하지 않다면 수의사를 찾아야 한다. 가끔 전통적인 현대 수의학을 공부한 수의사가 반려동물이 건강하다는 사실을 확인해 줌으로써 반려인이 잘하고 있는지 판단하는 데 도움을 줄 수 있다.

가능한 한 반려동물의 특정 상황과 반려인이 인식하고 있는 반려동물의 문제에 가장 정확하게 일치하고 잘 맞는 치료법을 선택해야 한다. 그러려면 세심한 관찰이 요구된다. 이 책은 동종요법을 많이 강조하고 있는데, 내가 임상에서 가장 경험을 많이 한 치료법이기 때문이다.

필요하다면 여러 가지 치료법을 현대 수의학과 병행해서 사용할 수도 있다. 그렇지만 동종요법 약물은 현대의학 약물이나 침술, 한의학과 같은 다른 치료법과 같이 사용해서는 안 된다. 따라서 지시사항을 주의 깊게 읽어 보아야 한다.

식생활과 생활방식

1부에서 최상의 건강상태를 위해서는 전체적인 접근법이 요구된다고 설명했다. 처음에는 생활방식, 환경, 식이요법에서 어떤 원인이 되거나 도움이 되는 요소를 생각해서 반려동물의 회복에 외적인 방해물이 없도록 하는 것이 중요하다. 이 책에서는 식생활의 중요성을 강조하고 있으니 건강 프로그램을 시작할 때 이 책에서 제시한 영양지침을 포함하기를 바란다.

《개·고양이 자연주의 육아백과》 초판에서는 치료의 한 부분으로 특정 비타민 보충제를 언급했지만 보충제를 계속 급여하면 영양의 총 균형이 깨질 수도 있고 품질을 믿을 수 없는 제품에 대한 연구보고도 계속 나오고 있어서 이 치료법은 모호해지고 불확실해졌다. 또한 영양소가 분리된 음식보다는 유기농으로 생산된 음식 전체를 사용해야 한다. 이것이 바로 이번 책에서 우리가 취하는 태도이다.

이 책은 허브요법, 자연요법, 동종요법을 이용한 치료에 초점을 맞추고 있다. 〈6장 다양한 자연식 레시피〉에 있는 개의 건강 유지용 레시피 차트(118쪽), 고양이의 건강 유지용 레시피 차트(136쪽)를 보면 각 차트의 상단에 특정 질병에 가장 좋은 레시피를 찾을 수 있는 코드가 있다.

예를 들어, 코드 A는 알레르기와 위장관계 질환이 있는 동물에게 좋으며, 코드 D는 당뇨병이 있는 동물에게 좋다.

특정 질병을 찾는 방법

정의하기 어려운 주제를 찾을 때에는 더 큰 범주 안에서 찾아야 한다. 예를 들어, 개 홍역과 홍역의 흔한 후유증인 무도병에 대해서는 '개 홍역과 무도병(346쪽)'에 열거되어 있다. 그리고 많은 질병은 질병이 영향을 미치는 신체 부분이나 장기에 따라 분류되어 있다. 예를 들어, '위질환', '피부질환', '귀질환' 이런 식이다.

반려인이 예상할 수 있는 것

빠르게 치유할 수 있는 급성 질병을 제외하고는 대부분 치유하는 데 시간이 오래 걸린다. 다시 말해 몸이 균형을 잃는 것은 한 순간이지만 회복하는 데에는 시간이 오래 걸린다는 말이다. 물론 코르티손 같은 면역억제제나 진통제를 먹는다면 증상이 신속하게 완화되겠지만 진정한 의미의 치료가 아니다. 약물복용을 중단하면 언젠가는 증상이 재발할 가능성이 크며 이전보다 더 악화되는 경우도 있기 때문이다.

우리의 목표는 질환의 원인을 규명하고 건강한 삶을 영구적으로 회복하는 것이므로, 치유과정의 진행단계를 알고 증상의 양상이 점진적으로 변한다는 점을 이해하는 것이 중요하다. 그렇게 하면 현재 진행되고 있는 치료가 실제로 도움이 되는지 아니면 또 다른 치료를 시도해야 하는지를 분명하게 알 수 있다.

치료가 효과가 있으면 급성 질병은 보통 몇 분 이내로 빠르게 반응하며 가끔 몇 시간 이내에 반응하는 경우도 있다. 반면에 만성질환은 변화가 서서히 나타나기 때문에 보통 호전되는 증상의 변화를 보려면 며칠이 걸리고 확실하게는 2주 이상 걸린다. 병이 진행된 경우라면 완벽하게 회복하는 데에는 수개월 또는 일 년이 걸리기도 하며 때에 따라서는 그보다 더 오래 걸릴 수도 있다.

완벽히 회복할 수 있느냐의 여부는 반려동물의 나이나 활력 수준, 질병의 진행 정도 등 몇 가지 중요한 요소에 달려 있다. 몸에 막대한 손상을 입힐 정도로 병이 진행되었다면 완벽하게 치유될 수는 없지만 때때로 상당 수준 정도 완화될 수 있다. 물론 장기나 조직이 손상이 전혀 없던 상태로 되돌아가는 것을 기대하기는 어렵지만 만성질환으로 계속 진행되는 것을 멈추게 하고 신체능력의 한계에 치유력을 강화시켜 줄 수는 있다.

예를 들어, 신부전을 앓는 나이 든 고양이를 쇠약해진 상태에서 꽤 정상적인 상태로 되돌릴 수 있다. 하지만 남은 생애 동안 치료를 계속해야 할 수도 있으며, 경우에 따라서는 동종요법 약물을 사용하면서 단백질 섭취를 제한하고 수액요법을 할 수도 있다. 막대한 손상을 입힐 정도로 병이 진행된 경우라면 우리가 하는 치료로 25% 수준인 신장기능을 35% 수준으로 밖에 향상시킬 수 없지만, 이 10%만으로도 상당한 차이를 만들어 낼 수 있다.

반면 반려동물이 어리고 짧은 기간 동안(수년이 아닌) 질병을 앓아 장기나 조직이 거의 손상되지 않은 상태라면 원래의 건강한 상태로 회복할 수 있는 기회를 얻을 수 있다. 보호자들은 자연적인 방법을 사용하고 나서 반려동물의 건강 수준이 이전보다 훨씬 나아진 것을 자주 보게 된다.

또 다른 영향을 주는 요소는 약물치료 병력이나 수술의 심각성 정도이다. 예를 들어, 코르티손과 같이 장기간 작용하는 약물은 동물의 분비선

이나 장기를 손상시키기 때문에 치유반응이 잘 나타나지 않을 수 있으며 또한 나타난다 하더라도 바로 나타나지는 않는다(다시 말해 치유반응이 나타나는 시점이 상당히 지연되며 경우에 따라서는 수 주 만에 나타나기도 한다).

수술은 모든 치료법 중 가장 돌이킬 수 없는 치료법이다. 장기를 제거했다면 더욱더 치유될 수 없다. 흔한 예가 갑상선기능항진증을 앓는 고양이의 갑상선을 제거한 경우이다. 보호자가 이런 동물을 데리고 병원을 찾으면 나는 처음부터 치유가 불가능하다고 말한다. 이 동물이 진정한 의미로 건강을 회복하려면 갑상선 기능을 정상적으로 되돌려 주어야 하는데 갑상선이 없으니 가능한 방법이 없다.

분명하게 말할 수 있는 것은 동종요법, 허브요법, 영양요법과 같은 치유방법을 적용하고 영양상태를 개선하면 반려동물의 삶의 질이 눈에 띄게 향상된다는 것이다.

명현반응

많은 자연요법에는 환자가 실제로 회복되기 직전에 증상이 잠시 악화되는 '명현반응'의 개념이 있다. 이 개념을 이해하는 것은 매우 중요하다. 그렇지 않으면 상태가 더욱 악화되고 있다고 결론 내리고 치유에 방해가 될 수 있는 다른 강력한 약물을 사용할 수 있기 때문이다.

반려동물이 치유과정을 겪고 있는지 실제로 악화되고 있는지 어떻게 알 수 있을까? 알 수 있는 일반적인 법칙이 있다. 반려동물의 증상이 보통 한 가지(예를 들어, 설사)는 심해지고 있는데 동시

에 다른 증상이 전반적으로 호전되고 있는 것처럼 보인다면 좋은 변화이다. 일시적으로 악화되는 증상은 거의 항상 빠르게 사라진다. 내가 동종요법 치료를 할 때 관찰한 바로는 효과가 있는 경우 대개 1~2시간 이내에 증상이 사라지며 12시간까지 지속되는 경우도 있다. 그래서 나는 병원에서 처방한 약물이 반려동물에게 효과가 있는지를 알아보려면 다음 날 다시 잡은 진료예약 때까지 명현반응이 개선되었는지를 알아본다.

따라서 효과가 있는 치료법은 일부 증상이 일시적으로 악화되더라도 그 기간이 짧고 뚜렷한 증상의 개선이 뒤따른다. 그러나 반려동물의 증상이 며칠 동안 악화되고 계속 아픈 것 같다면 명현반응이 아니라 재진료를 받아야 하는 상황일 것이다. 동물이 전반적으로 악화되고 있거나 여러 증상이 나타나고 있다면 질병이 악화되고 있다고 이해해야 한다. 반면에 한두 가지의 증상이 짧은 기간 동안 조금 심해지지만 그 기간 동안 반려동물의 기분이 좋아지고 정상적으로 활동한다면 이것은 치유과정으로 보아야 한다. (이 주제에 대해 더 알아보려면 18장을 참조한다.)

많은 의사는 건강의 불균형에 대처하기 위해 몸이 자체적으로 일정한 패턴을 나타낸다는 사실을 발견했다. 동종요법 의사들은 이러한 패턴을 미국의 유명한 동종요법 의사인 콘스탄틴 헤링(Constantine Hering)의 이름을 따서 '헤링의 치유법칙(Hering's Law of Cure)'이라고 공식화했다. 이 과정을 이해하는 방법은 다음과 같다.

몸에는 건강을 유지하고 회복시키는 일을 담당하는 어떠한 정보가 내재되어 있는데 이것을 동종요법에서는 생명력이라고 한다. 신체는 건강을 유지하고 회복시키는 일을 하기 위해서 가장 중요하고 필수적인 기능을 보호하며 질병을 제한하기 위한 몇 가지 기본적인 방법을 이용한다. 특히 다음과 같은 시도로 나타난다.

- 어떤 장애가 몸 전체로 퍼지는 것을 막으려는 시도(예를 들어, 감염이 몸 전체로 퍼지지 않고 농양이 국부적으로 생기게 하는 것)
- 병이 생명유지에 필요한 장기에까지 퍼지지 않고 신체 표면에만 머물게 하려는 시도
- 몸의 주요 부분인 몸통보다는 다리 주위의 병에만 초점을 맞추려고 하는 시도
- 병을 머리에서 멀어지게 하고 몸의 아래쪽 끝에 국한시켜 뇌와 감각기관에서 멀어지게 하려는 시도
- 병을 개체의 전반적인 기능을 심각하게 저해할 수 있는 감정적·정신적 수준에 머물게 하기보다는 신체적 수준에 머물게 하려는 시도

그러므로 증상이 몸 전체로 퍼지기 시작하거나 심부 장기에까지 퍼지기 시작한다면 환자의 건강은 나쁜 방향으로 흘러가는 것이다. 상식적으로 볼 때 질병이 생명과 통제능력에 중대한 영향을 미치는 부분의 신체기능을 방해하면 할수록 상태가 더욱 악화되고 있다는 것이다.

헤링의 치유법칙은 몸이 올바른 방향, 더 건강한 방향으로 변화하고 있다는 사실을 반려인이 알아차릴 수 있도록 도와준다. 그런데 그러려면 처음에 더욱 미묘한 징후를 읽어낼 수 있는 세심

한 관찰력이 필요하다. 예를 들어, 생명유지에 필요한 장기에 영향을 미치는 만성 퇴행성 질병을 앓고 있는 동물에서 피부발진이나 분비물이 나타나기 시작하고 증상이 장기에서 멀어지고 표면을 향한다면 이는 좋은 징후이다. 이러한 진행과정 중에 증상이 전반적으로 개선되고 내부질환이 치유되면 표면의 질병도 점차적으로 줄어든다. 몸의 생명력은 신체기능에 대한 방해 자체를 없애는 방편으로 표면의 병변에 초점을 맞춘다.

어떤 경우는 해석이 좀 더 어려울 수 있다. 특히 실제로 치유된 것이 아닌데 잠시 억제되어서 치료가 된 줄 알았던 예전의 증상이 그 과정에 다시 나타난다면 해석하기가 정말 어려워진다. 그런 상황에서는 경험 많은 홀리스틱 수의사에게 조언을 구하는 것이 가장 좋다.

그러나 위의 원칙을 알아두면 반려동물이 실제로 호전되고 있는지 아니면 악화되고 있는지를 알아보는 중요한 판단능력을 가질 수 있다. 이런 일들은 실제로 흔히 볼 수 있다.

몇 가지 예를 살펴보자. 강아지의 다리와 발 주변이 곰팡이에 감염되었다고 가정해 보자. 몇 달간의 지속적인 약물치료로 발은 깨끗해졌는데 최근에 복부, 흉부, 머리 주변의 피부에 털이 조금 빠지고 가려움증이 나타나기 시작했다. 이 새로운 질병에 다른 진단이 내려지더라도 이것은 실제로 치유되지 않고 억제되었던 원래 질병이 단지 또 다른 방식으로 표현된 것일 뿐이다. 동일한 질병이지만 단지 형태와 위치만 변한 것이며, 조금 덜 중요한 말단 부위(발)에서 조금 더 중요한 부위(머리)로 진행된 것이다.

상태가 악화되는 경우를 보여 주는 더 미묘한 예도 있다. 반복되는 양의학적 치료와 수술을 받은 후에 강아지가 고질적으로 앓아 왔던 귀 염증이 말끔히 사라졌다. 그러나 몇 주가 지나자 강아지가 예전처럼 애교가 많거나 상냥하지 않고, 혼자 있는 것을 좋아하고 심지어 으르렁거리며 물기도 한다. 혼란의 위치가 신체적인 수준에서 더 안쪽인 감정적인 수준으로 이동한 것이다. 성격의 변화를 통제하기 위해 여러 가지 약물을 투여해도 전반적으로 더 악화될 뿐이다. 진정제를 투여하면 순종적이 되어 함께 살기에 편해진다. 그러나 약효가 떨어지면 악화되어 기능이 둔해지고 감각에 혼란이 와 어리둥절해질 것이다. 그리고 정신착란이나 발작을 일으킬 것이다. 이 시점이 되면 방향을 잡고 정보를 제공하는 기본적인 정신과정이 혼란스러워진다. (나는 이런 식의 치료를 통해 발작으로 발전한 개를 많이 보았다.)

억지처럼 들리겠지만 억지가 아니다. 이런 경우는 매우 자주 발생한다. 만약 문제가 감정적인 수준에 머물러 있던 시점에 치유력을 키우는 방법으로 위의 개를 치료했다면 감정도 호전되고 신체적 증상도 초기 단계로 되돌아갔을 것이다. 하지만 귀 염증이 다시 나타날 것이다. 그러면 귀나 표면적인 문제는 이 책에서 논한 방법으로 치유하면 된다. 치유력 있는 방향으로 신체가 이동하도록 자극을 받게 되면 귀의 상태는 더 이상 치료하지 않아도 스스로 나아진다.

또 다른 예로 반려묘가 농양을 앓는다고 생각해 보자. 고양이는 우울증이나 무기력과 같은 다른 감정적인 증상도 보인다. 그러나 치료 후에 막

뛰어다니고 경쾌한 행동을 보인다면 여전히 농양에서 분비물이 나오고 있다 해도 심리적으로는 매우 좋은 징후이며 그 후로는 신체 증상도 치유될 것이다. 이는 실제로 진행 중인 치유과정의 첫 번째 증상이다.

치료 중에 다음과 같은 증상이 나타났다면 진행 과정이 바람직하다는 의미이다.

- 전반적으로 장난기와 활력이 증가한다.
- 차분하고 온순한 성격으로 되돌아온다.
- 스스로 그루밍(특히 고양이의 경우)을 한다.
- 식욕이 정상으로 되돌아온다.
- 장운동과 배뇨활동이 정상으로 되돌아온다.
- 정상적이고 편안한 수면을 취한다.

치유성 배출

신체가 스스로 몸을 치유하는 데 사용하는 몇 가지 방법을 주의 깊게 살펴보자. 일반적으로 질병이 제거되고 있을 때 분비물이 나오는 것을 보게 될 것이다. 이는 축적된 독성물질이 몸에서 제거되고 있음을 의미한다. 분비물을 제거하는 가장 흔한 방법은 다음과 같다.

- 고름 주머니가 만들어지고 몸에서 배액이 이루어진다.
- 피부발진이 형성(매우 흔한 방법)된다.
- 일시적으로 몸에서 심한 악취('개 냄새')가 난다.
- 오줌이 거무스름해시거나 심한 악취가 난다.
- 거무스름하고 악취가 심한 변이나 설사를

한다.
- 구토(특히 급성 질병 중에)를 한다.
- 발톱이 빠지거나 발바닥에서 허물이 벗겨진다.

이 책에서 설명한 홀리스틱 방법을 사용하면 하나 또는 그 이상의 위와 같은 형태의 치유성 배출을 목격하게 된다. 이는 특히 몸에서 문제가 안정화될 때 발생한다.

배출은 때때로 꽤 드라마틱하게 나타날 수 있다. 예를 들어, 심한 홍역에 감염된 개를 성공적으로 치료하기 위해서 절식을 하거나 허브를 사용하면 개는 곧 분명한 배출현상으로 피부에서 끈적거리는 액체가 스며 나오고 피부가 빨갛게 부어오르며 가려울 것이다. 하지만 그러고 난 후 며칠 동안의 보조치료를 통해 완전하게 회복될 것이다. 이렇게 완전히 회복되고 나면 동물은 더 강해져서 앞으로 생기는 질병에 더 잘 견딜 수 있다.

진행과정을 평가하는 방법을 요약해 보자. 보조적인 비억제성 치료는 두 가지 과정을 보인다. 첫째, 올바른 방향으로의 증상 이동(머리에서 발쪽으로 사라짐. 생명유지에 필요한 장기에서 표면조직 쪽으로 사라짐. 정신적이고 감정적인 쪽에서 육체적인 쪽으로 사라짐). 둘째, 몇 가지 배출 형태. 만약 이런 증상을 보인다면 어떤 치료법을 적용하든 동물은 더 좋아질 것이다.

그러나 몇 가지 약물치료, 특히 코르티손과 같은 약물로 치료를 하다가 중단했을 때 사라지는 거짓으로 좋아지는 느낌을 경계해야 한다. 그러려면 항상 치료를 하면서 동물의 자연적인 진행 과정에서 나타나는 반응을 주의 깊게 살펴야 한다. 이러한 반응은 약물에 대한 의존이 아닌 회복과 영구적인 치유로 이끌어 준다.

'질환별 관리법'에서는 식이요법이나 치료법의 종류와 관련하여 소형견에서부터 대형견에 이르기까지 개의 크기를 여러 차례 언급한다. 동물의 크기를 구분하는 기준은 다음과 같다.

개의 크기를 구분하는 기준

초소형견	약 7kg 이하
소형견	7~14kg
중형견	14~28kg
대형견	28~40kg
초대형견	40kg 이상

개, 고양이에게 흔히 발생하는 질병과 치료제

각막궤양 corneal ulcer

423쪽 '안과질환' 편을 참조한다.

간염 hepatitis

341쪽 '간질환' 편을 참조한다.

간질 epilepsy

간질은 고양이에게는 드물지만 개에게는 꽤 흔한 편이다. 집중적인 근친교배 등에 의한 유전적인 경향이 있는 것처럼 보이기도 한다. 그러나 무엇보다 해마다 하는 추가 예방접종이 가장 큰 요인이 아닌가 싶다. 해마나 예방접종 후 몇 주 지나지 않아 간질 발작을 처음 일으킨 개를 많이 보았다. 분명한 사실은 간질이 백신에 들어 있는 단백질과 미생물 반응에 의해 유발되는 경미한 알레르기성 뇌염이 진행되어 발생한다는 점이다. 뇌염을 일으키는 백신 반응에 대해서는 수년 전에 발견되었으며, 동물실험을 통해 논문으로도 충분히 입증되었다. 또한 백신은 개의 문제행동의 한 원인으로 꼽히기도 했다. 다행히 요즘은 매년 추가접종을 반드시 하지 않아도 된다는 사실을 아는 반려인이 많아졌다(16장 참조).

일반적으로 신경계와 뇌의 건강상태는 유전, 임신 중 모체의 영양상태, 일생 동안의 영양상태, 뇌에 도달하는 독소나 자극성 물질에 의해 영향을 받는다. 또한 어떤 뇌질환(예를 들어 홍역)이나 심각한 두부손상이 간질을 일으킬 수 있다.

그러나 대부분 명확한 원인을 찾기란 매우 어렵다. 경련은 예고 없이 시작되며 빈도가 증가하면서 지속된다. 간질을 앓는 동물은 나이가 매우 어리거나 많을 때 최초 발작을 일으킨다. 간질의 진단은 대개 기생충, 저혈당증, 종양, 독성물질 등 여러 가지 가능성을 배제한 후에만 내려진다. 이러한 방법을 배제진단법이라고 한다. 간질은 실제로 여러 가지가 뒤범벅되어 유발되곤 한다.

발작은 다양한 모습으로 나타날 수 있다. 얼어붙은 것처럼 몇 분 동안 움직이지 않고 가만히 있는 가벼운 경우도 있다. 눈은 움직일 수 있어서 자기를 도와달라고 가엾은 눈빛으로 쳐다보게 된다. 심각한 형태는 바닥에 쿵 쓰러져서 몇 분 동안 경련을 일으키는 경우이다.

동물은 발작을 일으킨 후에 정상으로 되돌아올 수 있다. 정상으로 되돌아온 후에 종종 멍해지고 살짝 비정상적으로 배고파할 수도 있는데 아마 혈당이 필요해서일 것이다.

치료

나는 임상에서 좋은 영양을 공급하고 환경내독소에 대한 노출을 피하는 데 많은 관심을 기울인다. 이미 강조했던 것처럼 음식의 질에 세심한 관심을 기울인다. 가능한 한 동물성 원료가 들어 있지 않은 채식 위주의 음식을 급여하라고 한다. 왜냐하면 동물성 식품은 뇌를 자극하고 염증을 일으키는 물질의 주요 원천이기 때문이다. 만약 채식 위주의 음식을 급여하기가 어렵다면 최소한 처음 3개월 동안만이라도 시도해 보기 바란다. 3개월이 지나면 반려동물에게 매우 이득임을 깨닫게 되어 채식을 계속하기 위한 시간 외 노동을 기꺼이 할 수 있을 것이다.

특정 보충제를 사용한다. 비타민 B는 신경조직에 매우 중요하기 때문에 동물의 체중에 따라 천연 복합 비타민 B를 10~50mg씩 투여한다. 니아신(niacin)이나 니아시나마이드(niacinamide)는 최소한 5~25mg 투여한다. 또한 레시틴 ¼~2티스푼과 아연(킬레이트 형태가 가장 좋다) 10~30mg을 투여한다. 해독을 돕기 위해 비타민 C를 매일 250~1,000mg씩 투여한다. 반려동물의 체중에 맞춰 가장 적합한 용량을 투여한다.

반려동물의 생활환경을 보호한다. 간질을 앓고 있는 반려동물이 담배연기나 자동차 배기가스(픽업트럭 뒤에 반려동물을 태우는 일은 특히 해롭다), 화학물질(특히, 벼룩 구제 스프레이, 바르는 외부기생충약, 칼라는 신경계에 영향을 미친다), 과도한 스트레스나 지나친 운동(단, 적당하고 규칙적인 운동은 몸에 좋다)에 노출되지 않도록 한다. 또한 켜진 텔레비전이나 사용 중인 전자레인지 근처에 엎드려 있지 않게 한다.

신경계를 강화시키는 치료제를 사용한다. 특히 귀리, 마편초, 골무꽃에 관심을 가지고, '행동문제' 편에서 언급한 허브도 참조한다.

허브요법 외에도 도움이 되는 특별한 동종요법 약물도 있다.

동종요법 – 벨라도나(Belladonna) 30C : 이 약물로 치료를 시작하고 한 달 동안 관찰한다. '동종요법 스케줄 4'를 이용하고 질병이 호전되지 않으면 다른 약물을 투여한다. 호전된다면 약물을 더 이상 투여하지 말고 앞에서 설명한 영양요법과 다른 보조요법을 계속해야 한다. 간질이 몇 달 후에 다시 발생하면 상태가 호전되는지 확인하기 위해 벨라도나 30C를 한 번 더 투여한다.

동종요법 - 칼카레아 카르보니카(Calcarea carbonica) 30C : 앞에서 언급한 벨라도나로 발작의 빈도는 조금 줄었지만 그래도 여전히 계속된다면 이 약을 이어서 사용한다. '동종요법 스케줄 4'를 이용한다. 이 약물이 문제를 해결할 가능성이 매우 높다.

동종요법 - 튜자 옥시덴탈리스(Thuja occidentalis) 30C : 많은 개가 예방접종을 한 후에 간질이 발생한다. 특히 홍역이나 광견병 예방접종을 한 후에 그러는데, 그 이유는 이 질병이 뇌에 영향을 미치는 경향이 있기 때문이다. 만약 앞에서 설명한 약물이 문제를 해결하지 못한다면 '동종요법 스케줄 4'에 따라 튜자 옥시덴탈리스 30C를 한 번 투여하고 한 달을 지켜본다. 그래도 문제가 완벽하게 해결되지 않으면 '동종요법 스케줄 4'에 따라 실리케아(Silicea) 30C를 한 번 투여한다. 튜자 옥시덴탈리스나 실리케아가 문제를 해결했는지 확인해야 한다. 문제가 완벽히 해결된 후에도 또다시 예방접종을 하면 간질이 재발할 가능성이 있다.

동종요법 - 아르니카 몬타나(Arnica montana) 30C : 이 약물은 두부손상 후에 발작이 일어나는 경우에 사용한다. 아르니카는 앞에서 설명한 약물 대신 사용할 수 있는데 발작의 원인이 단지 두부손상일 때에만 적합하다. 약물을 한 번 투여하고 나서 발작이 멈추는지 일주일 동안 관찰한다. 발작이 지속되면 나트룸 술푸리쿰(Natrum sulphuricum) 30C를 한 번 투여한다. 이 치료 프로토콜은 뇌진탕으로 인해 발생한 수많은 발작을 해결해 줄 것이다. 그러나 문제가 여전히 지속된다면 이런 부분에 사용할 수 있는 다른 약물이 있으므로 동종요법 수의사와 상담한다.

동종요법 - 아코니툼 나펠루스(Aconitum napellus) 30C : 좀처럼 멈추지 않고 오랫동안 지속되는 발작에 매우 특징적으로 사용한다. 이러한 발작은 '간질지속증(status epilepticus)'이라 불리며 치료가 매우 어렵다. 가능하다면 이 약물을 5분 간격으로 2~3회 투여한다. 대부분 발작을 멈출 것이다. 발작하는 동물에게 약을 먹일 때는 매우 조심해야 한다. 왜냐하면 입 안에 약을 넣다가 물리거나 다칠 수 있기 때문이다. 가장 안전한 방법은 약을 소량의 물에 녹여서 입에 부어 주는 것이다. 그러면 입 안에 물이 일부 들어가게 된다. 또 다른 방법은 바늘이 긴 주사기를 이용해서 멀리서 입이나 입술 사이에 약을 녹인 물을 쏴 주는 것이다. 이 치료는 최종적인 치유가 아니므로 언젠가 재발할 수 있는 발작을 막을 가능성은 적다. 하지만 응급상황에서는 해볼 만한 방법이다.

간질환 liver problem

간은 몸에서 가장 중요한 장기로 셀 수 없이 많은 일을 한다. 혈액 내 단백질과 지방 생성, 혈액 응고를 담당하는 단백질 생성, 몸에서 필요로 하는 혈당을 생산하기 위해 글리코겐 형태로 에너지를 저장, 지용성 비타민과 철분 저장, 약물이나 화학물질 및 기타 쓸모없는 물질의 해독, 더 이상 필요하지 않은 호르몬의 불활성화, 적절한 소화를 돕기 위해 필수적인 담즙과 다른 요소의 분비 등의 일을 한다. 이렇게 많은 일을 하느라 엄청 바쁜데 거기에다 몸의 다른 부분에 잠재적으로 해로운 세균이 도달하지 못하도록 소화기계에서 오는 혈액도 정화한다. 간에서 만들어진 독성물질과 노폐물은 신장에서 걸러진다(18장 참조).

따라서 간염과 이외의 간의 장애는 매우 심각한 결과를 가져온다. 간질환의 증상에는 구역질, 구토, 식욕부진, 황달(조직이 노랗게 변함, 눈의 흰자나 귀의 안쪽에서 가장 잘 관찰됨), 연한 색깔이나 기름기가 있어 보이는 배변(부족한 담즙과 불량한 소화상태로 인한), 복수로 인한 복부팽만이 포함된다.

간의 기능 부전을 유발하는 것은 다양하다. 바이러스 감염이나 독성물질을 삼킨 것이 중요한 요인이지만 대부분의 경우 무엇이 문제를 일으켰는지 단정 짓기 어렵다.

치료

간은 음식을 분해하고 이용하는 전 과정의 중심에 있으므로 치료는 잠깐 절식시키거나 소화가 잘 되는 음식을 조금씩 자주 먹여서 간이 해야 하는 일을 최소한으로 줄여 주는 방향으로 이루어져야 한다. 간염의 초기 급성 단계에는 절식이 가장 좋은데, 특히 열이 날 때는 더욱 그렇다. 18장에서 설명한 절식의 지침을 따른다. 체온이 정상으로 떨어지거나 상태가 호전될 때까지 며칠 동안 개나 고양이에게 '유동식 단계'의 절식을 유지한다. 이 기간에는 다음과 같은 치료제를 투여하여 치료한다.

비타민 C : 반려동물의 체중에 따라 하루에 네 번 500~2,000mg을 투여하는데 소량의 물에 잘 녹는 아스코르브산나트륨 가루를 이용하는 것이 가장 쉽다(¼티스푼은 약 1,000mg이다).

또한 다음 동종요법 약물 중 한 가지가 도움이 된다.

동종요법 – 벨라도나(Belladonna) 30C : 열이 나고 안절부절못하며 흥분하고 머리가 뜨겁고 동공이 커지는 단계에 가장 유용하며 대개 가장 먼저 사용할 수 있는 약물이다. '동종요법 스케줄 2'를 이용한다.

동종요법 – 눅스 보미카(Nux vomica) 6C : '동종요법 스케줄 6(a)'를 이용하고 며칠 내로 도움이 되지 않으면 다음 약물을 시도한다.

동종요법 – 포스포러스(Phosphorus) 6C : 이 동물은 대개 갈증이 심하고 쉽게 구토를 하며 설사를 하거나 또는 매우 가늘고 단단한 변을 본다. '동종요법 스케줄 6(a)'를 이용한다.

상태가 호전되고 증상이 점차 완화되면 일시적으로 지방의 양을 줄여서 지방을 최소화한다. 이를 제외하고는 권장되는 레시피를 사용하는 것이 좋다. 이 시점에서 간은 지방을 소화할 만큼 충분한 양의 담즙을 생산하지 못할 수 있다. 곡물은 주로 탄수화물이므로 보통 소화가 잘 된다. 한두 달 회복한 후에 점차 조심스럽게 표준 레시피를 사용하는 쪽으로 옮겨갈 수 있을 것이다.

치유 시기 동안에는 가능한 한 신선한 자연식

품(홀푸드)을 중점적으로 급여한다. 곡물이나 콩 같은 일부 식품은 소화를 위해 잘 조리해야 한다. 조리된 재료를 완전히 식힌 후에 음식에 섞는다. 이 방법은 빠른 회복에 필요한 영양소를 적정량 공급할 것이다. 만약 이 음식을 잘 먹는다면 간 자극제로 매일 생 비트를 갈아서 약 1~3테이블스푼씩 급여한다. 잘게 썬 신선한 파슬리도 1~2테이블스푼씩 주면 도움이 된다.

비타민 C의 경우 나중에 점차 용량을 줄이는 한이 있더라도 회복기간 중에는 계속 급여한다. 호전된 후에 다시 병세가 악화되면 가장 도움이 되었던 마지막 동종요법 약물을 다시 사용한다. 대개 비타민 C는 모든 증상이 사라진 후에 중단한다.

갑상선질환 thyroid disorder

갑상선은 체내 음식물의 이용이나 체중, 체온, 심박수, 털의 성장, 개체의 활동수준(갑상선기능저하증을 앓는 개체는 기능이 둔해지는 경향이 있다), 이외 미묘한 몸의 여러 가지 기능을 조절하는 중요한 선(gland)이다. 갑상선은 뇌하수체(뇌와 직접적으로 연결되어 다른 선을 조절하고, 체중이나 체형, 분만 후 모유생산 조절, 피부색이나 여러 가지 다른 기능 등을 조절한다), 췌장(인슐린 생산을 담당하는 세포), 부신['부신피질기능저하증'(397쪽) 편과 '부신피질기능항진증(쿠싱)'(398쪽) 편을 참조], 부갑상선(칼슘을 조절함), 생식선, 정소, 난소를 포함해서 몸을 조절하는 내분비선 중 하나이다. 내분비선은 몸

의 대부분의 기능을 조절한다. 내분비선에 문제가 생기는 이유는 거의 항상 기능항진이나 기능저하 때문이다.

갑상선기능저하증 hypothyroidism

갑상선기능저하증은 개에게 영향을 미치며 실제로 매우 흔하게 발생한다(고양이에게는 매우 드물다). 대부분의 개에게 이 병은 면역질환의 일종이다. 알레르기가 피부에 영향을 미치는 것과 마찬가지로 면역계가 갑상선에 영향을 미쳐 갑상선의 정상적인 기능을 차단하기 때문에 기능저하가 온다. 실제로 면역질환을 앓는 동물이 동시에 영향을 받는 신체 부위가 바로 피부, 귀, 갑상선, 장이다.

갑상선기능저하증은 부적절한 요오드에 의해 드물게 발생할 수도 있지만 어떤 약물의 사용으로 인해 더 흔하게 발생하기도 한다. 예를 들어, 피부 알레르기가 있을 때 흔히 사용하는 코르티코스테로이드제(항염제)는 갑상선호르몬의 생산을 방해한다. 어린 강아지의 경우 피부질환부터 나타날 수 있는데 이에 대한 약물치료로 인해 2차적으로 갑상선기능장애가 나타나기도 한다. 개의 간질을 관리하기 위해 사용하는 페노바비탈도 갑상선호르몬의 생산을 차단한다.

증상은 다양하게 나타나며, 종종 다른 질환의 증상과 꼭 닮아 있기도 하다. 종종 기면, 정신적인 우둔함, 느린 심박동, 비만으로 이어지는 체중 증가, 재발성 감염, 추위를 견디지 못한(따뜻한 곳이나 햇빛이 드는 곳을 찾아다님) 등의 증상을 볼 수 있다.

피부의 변화는 대개 무언가가 잘못되고 있다는 경고 메시지이다. 털이 건조해지고 흐릿해지며 쉽게 빠진다. 바깥층 털은 빠지고 매우 두꺼운 양털 같은 속털만 남는다(털이 적절하게 교체되지 못해서 자꾸 쌓이므로). 털이 빠진 곳에는 반점이 남고(양쪽에 대칭을 이루는데 이 반점은 가려운 부분을 긁어서 털이 빠지는 형태와 구별된다. 가려운 부분을 긁는다고 해서 대칭을 이루는 경향은 없기 때문이다), 개를 만지면 손가락에서 개 냄새가 나며, 털에 기름진 느낌이 있지만 여전히 피부는 건조하다. 부신피질기능항진증(쿠싱, 부신의 기능장애)과 마찬가지로 피부가 정상보다 더 어둡고 쉽게 감염되는 경향이 있으며, 결국에는 가려움증을 유발한다.

현대의학에서의 대증요법은 평생 개에게 매일 인공 호르몬을 투여하는 것이다. 이 방법은 근본적인 원인(면역매개성 질병이나 사용되는 약물)을 다루지 못하는 것이 단점이다. 게다가 인공 갑상선호르몬 투여는 부작용으로 갑상선을 위축시켜 천연 갑상선호르몬을 이전보다 덜 생산하게 만든다. 장기간 지속되면 기능이 약해진 갑상선은 결코 다시는 정상적으로 작동하지 못한다.

나는 이를 동종요법과 영양요법으로 잘 치료해 왔으며, 인공 호르몬제 사용으로 인해 문제가 더 복잡해지기 전에 대체요법을 시도해 보라고 조언한다. 만약 개가 아직 어리고 호르몬 치료를 장기간 받지 않았다면 갑상선 기능을 정상으로 회복할 수 있으며 건강도 되찾을 수 있다. 그러나 호르몬제를 장기간 투여해 온 개는 약물의 효과 때문에 완전히 치유되지는 못해도 대개 건강 수준이 이전보다는 상당히 향상될 수 있으며 호르몬

용량도 상당히 줄일 수 있다.

예방

다른 상태를 억제하는 치료를 받은 후에 이 질환이 발달하는 개를 자주 보았다. 내가 추천할 수 있는 예방법은 영양요법과 대체요법으로 전환하는 것이다. 억제제를 사용하지 않고 건강을 회복하면 이러한 문제가 발생하는 것을 예방할 수 있다.

치료

모든 내분비계 질환은 면역체계 장애인 경우가 많고 이 책에서 다룬 수많은 어떠한 질병보다도 관리하기 어렵다. 영양상태를 개선시키는 것이 도움이 될 수 있지만 나는 호전을 위해서 영양요법뿐 아니라 동종요법 치료도 이용했다. 갑상선기능저하증은 동종요법에 숙련된 수의사의 체질처방이 필요하지만 여기서는 몇 가지 동종요법 약물을 소개하겠다.

동종요법 – 칼카레아 카르보니카(Calcarea carbonica) 30C : 이 질병을 치료하는 데 가장 흔하게 이용되는 약물이다. 몸이 작고 단단하며 체중이 많이 나가는 경향이 있고 잦은 피부 가려움증이나 귀질환의 병력이 있는 개는 이 약물이 필요하다. '동종요법 스케줄 4'를 이용한다.

동종요법 – 아이오디움(Iodium) 30C : 개의 식욕이 엄청난데도 불구하고 체중이 지속적으로 빠진다. 엄청난 양을 자주 먹는데도 불구하고 매우 마를 수 있다. 안절부절못하는 경향이 있고 때때

로 관절염을 앓기도 한다. '동종요법 스케줄 4'를 이용한다.

동종요법 – 리코포디움(Lycopodium) 30C : 개가 음식을 소량만 먹고 자리를 뜨거나 배가 부른 것처럼 행동하고 정상적인 갈증 양상도 보이지 않는다. 몸에서 나는 강한 냄새와 관계 있는 피부 발진뿐 아니라 벼룩이 꼬이는 경향도 있으며 병력에 설사 문제도 있을 수 있다. '동종요법 스케줄 4'를 이용한다.

갑상선기능항진증 hyperthyroidism

갑상선기능항진증은 갑상선이 호르몬을 지나치게 많이 생산하는 것으로 고양이를 파멸시키는 병으로 앞에서 설명했던 개에게 발생하는 문제와 반대된다. 이 질병은 갑상선을 공격하는 면역체계에 의해 유발되지만 고양이의 경우에는 개와 달리 갑상선을 지나치게 활성화시킨다. 개와 고양이에게 이러한 차이점이 생기는 이유는 아직 밝혀지지 않았다.

갑상선기능항진증은 다 성장한 고양이에게 많이 나타나며 나이가 들수록 더 자주 보인다. 1965년에 임상에 첫발을 들여놓았을 때만 해도 이 질병에 대해 잘 알지 못했다. 요즘에는 매우 흔해져서 무엇인가 드라마틱한 발생률 증가를 조장하고 있다고 생각한다. 예방접종이 자가면역질환을 일으키는 하나의 요인이 아닌가 하는 의견도 있다. 또한 수은과 같은 중금속에 의한 음식물의 오염도 원인이 될 수 있다. 왜냐하면 수은중독이 갑상선에 영향을 미친다는 사실은 잘 알려져 있기 때문이다.

과도한 호르몬 분비 때문에 개와는 반대되는 증상을 보이므로 식욕이 좋고 엄청난데도 고양이가 체중이 늘어나기보다는 오히려 점차 마르고 쇠약해진다. 어떤 고양이는 식욕을 잃고 곡기를 끊기도 한다. 종종 큰 덩어리의 변을 보지만 일부 고양이는 설사를 하기도 한다. 이러한 모순은 혼란스럽지만 다양한 발현을 보일 수 있는 복잡한 내분비계 질환의 전형적인 양상이다.

가장 흔한 증상으로는 과도한 식욕, 과다활동, 빠르고 더욱 강력해진 심박수(때때로 가슴에서 볼 수 있음), 과도한 갈증(소변량의 증가), 많은 양의 대변이나 설사, 헐떡거림, 발열 등이다.

갑상선에 혹이 생기거나 커지는 것은 드문 일이 아니다. 어떤 수의사는 이것을 악성종양이라고 결론 내리기도 하지만, 이 종양은 오히려 갑상선이 과다하게 활동하여 생겨난 것이다.

예방

과도한 예방접종을 피하고(16장 참조) 건강에 좋은 음식을 공급하며, 특히 고양이에게는 수은 함량이 높은 생선을 급여하는 것을 피해야 한다.

치료

현대의학의 치료는 갑상선 기능을 차단하는 것이다. 갑상선의 활동을 멈추게 하는 약물 사용, 갑상선 조직을 파괴하는 방사성 요오드 주사, 갑상선의 수술적 제거의 세 가지 방법이다. 그러나 증상을 없애는 동안 근본적인 문제를 치유할 방법이 없다는 단점 때문에 심각한 부작용이 나타날 수 있다. 갑상선은 면역체계가 정상적이지 않으므로 그 방향으로 작용하는 것이다. 따라서 갑상선을 제거하는 일이 문제를 근본적으로 해결하는 것은 아니며 현대의학 치료 후에도 질병의 다른 증상이 종종 계속된다.

나는 오직 영양요법과 동종요법만 이용하여 상당히 성공적으로 치료해 왔다. 이 방법이 건강을 되찾는 데 수개월이 걸릴 수도 있지만 전반적인 건강상태가 이전에 비해 훨씬 향상될 수 있다는 이점이 있다. 나는 항상 보호자들에게 가장 먼저 이런 접근법을 시도해 보라고 권한다. 일단 갑상선이 파괴되거나 제거되면 갑상선을 정상적으로 되돌릴 수 없으며, 다른 방법으로 갑상선 기능을 복구하기도 어렵기 때문이다.

다시 말해 갑상선기능항진증은 경험 많은 동종요법 수의사의 숙련된 기술을 필요로 하는 복잡한 질병 중 하나이다.

동종요법 – 아이오디움(Iodium) 30C : 개처럼 고양이도 식욕이 정말 엄청나지만 체중은 지속적으로 빠진다. 음식을 자주 많이 먹는데도 체형이 매우 마를 수 있으며 안절부절못하고 흠칫 놀라서 뛰어오르고 신경과민 경향이 있다. 신장질환이나 만성설사가 나타나는 경우가 흔하다. '동종요법 스케줄 4'를 이용한다.

동종요법 – 리코포디움(Lycopodium) 30C : 고양이는 음식을 많이 먹기를 거부하기도 하고 포만감을 빠르게 느끼기도 한다. 방광질환이 자주 나타나는 경향이 있으며, 특히 방광결석이나 방광 내 크리스탈이 많이 생긴다. 아침에 쇠약하고, 마르고 건조하며 머리카락이 곤두서고 따뜻

하게 해 주기를 원한다. '동종요법 스케줄 4'를 이용한다.

동종요법 – 포스포러스(Phosphorus) 30C : 고양이는 질병이 나타나기 전에 이미 몸이 마르고 불안해하는 경향이 있는데 아프면 느긋해지거나 냉담해지고 잠이 많아지며 다른 일에 별로 관심을 보이지 않는다. 또한 구토를 하는 경향도 있다. 무언가에 깜짝 놀라서 뛰어오르거나 신경이 매우 과민해진다. 간혹 청력을 잃기도 한다. '동종요법 스케줄 4'를 이용한다.

개 홍역과 무도병
canine distemper and chorea

이 두 가지 질병은 서로 연관이 있기 때문에 한꺼번에 묶어서 설명할 것이다. 무도병(억제할 수 없는 단일수축이나 경련)은 홍역을 겪은 후에 나타날 수 있는 증상이다.

개 홍역 distemper

예전에는 홍역이 흔했지만 요즘에는 예방접종 덕분에 자연 형태에서 그렇게 많이 보이지 않는다. 임상 초창기에는 홍역 케이스를 종종 볼 수 있었는데, 한배에서 난 새끼들이나 켄넬에서 홍역이 발생하여 치료를 요청하는 경우가 더 많았다.

홍역은 단계별로 진행한다. 6~9일의 잠복기(대개 알아차릴 수 없음)를 거친 후에 개들은 초기 발열과 함께 권태감에 빠진다. 그리고 난 후 며칠 내지 일주일 동안 정상이었다가 그 이후에 발열,

식욕부진, 원기소실, 묽은 장액성 콧물 등 전형적인 홍역 증상을 보인다. 그리고 잠깐 사이에 병이 진행되어 다음과 같은 여러 가지 증상이 추가로 나타난다. 상안검과 하안검을 붙게 만드는 찐득찐득한 분비물을 동반한 심한 결막염(안염), 코에서 나오는 진한 점액성 분비물이나 누런 분비물, 악취가 매우 심한 설사, 복부나 뒷다리 사이의 피부발진 등.

임상 초기에는 현대의학 접근법에 따라 항생제와 수액, 여러 가지 약물로 홍역을 치료했지만 예후가 좋지 않았다. 실제로 회복이나 명백한 호전 뒤에 나타나는 뇌염 가능성도 간혹 증가하는 듯했다. 이 시점이 되면 약물치료가 거의 효과가 없기 때문에 개를 안락사 시킨다. 나는 이런 약물의 사용이 뇌염의 발생 가능성을 높이는 반면에 자연적인 방법은 뇌염의 발생 가능성을 줄여 준다고 확신한다. 동종요법과 영양요법으로 홍역을 치료하여 성공적으로 회복한 경우를 많이 보았다. 다음에 설명하는 치료법은 내 경험을 모아놓은 것이다.

치료

열이 나는 홍역의 급성기에는 뇌염과 같은 합병증을 예방하기 위해 고형식을 주지 않는 것이 중요하다. 정상 직장 체온은 38~38.6℃이다. 동물병원에 오면 흥분하기 때문에 체온이 조금 더 올라간다. 체온이 정상으로 되돌아오면 적어도 하루 정도는 야채 브로스와 깨끗한 물만 주고 전식시켜야 한다. 만약 열이 다시 오르면 또다시 절식시킨다. 열은 저녁에 오르는 경향이 있으므로 아침과 밤에 체온을 체크한다.

개가 고형식 없이 얼마나 오랫동안 지낼 수 있을까? 정상적이고 건강한 동물은 대부분 몇 주 동안 건강하게 지낼 수 있다. 홍역을 앓고 있는 개는 일주일 동안 절식을 하는 것이 이득일 수 있다. 그러나 이런 장기간의 절식이 필요치 않은 경우도 있다. 언제든지 신선하고 깨끗한 물을 공급해 준다.

비타민 C도 중요하다. 수많은 홍역의 경우 절식을 하면서 비타민 C를 공급하면 아무런 부작용 없이 회복할 수 있다. (그러나 나는 항상 임상에서 동종요법 치료도 병행한다.) 다음과 같은 용량으로 투여한다. 강아지나 소형견은 2시간마다 250mg씩, 중형견은 2시간마다 500mg씩, 대형견이나 초대형견은 3시간마다 1,000mg씩 투여한다. 쉬는 것도 중요하므로 밤새도록 계속 투여해서는 안 된다. 일단 급성기가 지나고 열이 내리면 복용시간 사이의 간격을 두 배로 늘린다. 완전히 회복될 때까지 비타민 C를 계속 투여한다.

안검에 심한 염증이 있을 수 있으므로 안과치료가 필요할 수 있다. 이럴 때는 생리식염수로 눈을 세척해 준다(18장 참조). 그리고 난 후 치유를 돕고 눈을 보호하기 위해 아몬드 오일이나 올리브 오일을 눈에 떨어뜨려 주면 좋다. 특히 궤양이 있을 때에는 오일을 사용하면 더 좋다.

홍역 초기에 다음 동종요법 약물 중 하나를 사용하면 상당히 도움이 된다.

동종요법 – 디스템페리눔(Distemperinum) 30C : 홍역에 걸린 동물을 위하여 특별히 만든 약물로 초기 단계에 가장 효과가 있다. 이 약물을 통해 하루나 이틀 만에 홍역에서 회복하는 동물을 보았다. 열이 나고 콧물이 나며 감기와 같은 증상을 보이고 몇 시간 동안 짧게 앓는 개들에게 필요한 약물이다. 증상이 분명히 호전되고 열이 정상으로 되돌아올 때까지 아침, 저녁으로 한 알씩 투여한다. 그러고 난 후에는 증상이 재발하는 경우에만 투여한다.

참고사항 : 어떤 약국에서는 수의사에게만 이 약물을 판매하므로 여러 군데의 약국을 알아본다.

동종요법 – 나트륨 무리아티쿰(Natrum muriaticum) 30C : 심한 재채기를 동반한 초기 단계에 사용한다. '동종요법 스케줄 2'를 이용한다.

동종요법 – 풀사틸라(Pulsatilla) 30C : 걸쭉하고 노랗거나 녹색의 눈곱이 있는 결막염 단계에 적합하다. '동종요법 스케줄 2'를 따른다.

동종요법 – 아르세니쿰 알붐(Arsenicum album) 30C : 급속한 체중감소, 식욕감퇴, 쇠약, 안절부절못함, 갈증, 안검과 주위 조직을 자극하는 약간 투명한 눈곱이 눈에서 나오는 등 증상이 매우 심한 개에게 사용한다. '동종요법 스케줄 2'를 이용한다.

앞에서 소개한 약물이 효과가 없다면 동종요법 수의사에게 상담을 받아야 한다. 이외에도 시도해 볼 만한 가치가 있는 약물이 많다.

증세가 악화된 경우

기관지염과 기침을 동반한 홍역 말기에는 다음 약물 중 한 가지를 적용한다(초기에 치료를 하지 않았거나 치료를 했음에도 불구하고 증세가 악화된 경우).

동종요법 – 히드라스티스 카나덴시스(Hydrastis canadensis) 6C : 인후부 뒤쪽이나 코에서 걸쭉하고 누런 점액성 분비물이 나오는 등 홍역이 많이 진행된 경우에 사용한다. 동물은 종종 식욕이 감소하고 쇠약해진다. '동종요법 스케줄 6(c)'를 이용한다.

동종요법 – 소리눔(Psorinum) 30C : 홍역에 걸렸다가 살아났지만 완벽히 회복할 수 없는 개에게 가장 효과가 좋다. 종종 식욕이 불량하고 피부가 민감하거나 발진이 있으며 몸에서 악취가 난다. '동종요법 스케줄 4'를 따른다.

회복

적절히 치료하면 홍역이 심해지지 않고 일주일 이내에 회복할 수 있다. 동물이 태어났을 때의 건강상태와 어미에게서 후천적으로 받은 면역력의 정도가 각 개체별로 홍역이 얼마나 심하게 나타나는지를 결정하는 중요한 요소로 작용한다.

만약 회복이 쉽지 않거나 완벽하지 않고 쇠약해진 상태라면 다음과 같은 방법이 도움이 된다.

건강식에서 귀리의 사용에 중점을 둔다. 귀리는 신경계를 강화시킨다. 또한 비타민 B를 공급하는 것이 좋다. 일주일 동안 천연 복합 비타민 B 제제를 하루에 한 번 5~10mg씩 급여한다. 사람이 쓰는 포뮬라를 이용할 수도 있는데 용량을 적절히 조절해야 한다.

홍역으로 쇠약해진 개에게는 허브 판매점이나

천연식품점 또는 동종요법 약국에서 신경강장제인 귀리(Avena sativa) 팅크를 구입해서 투여한다. 강아지와 소형견에게는 2~4방울, 중형견에게는 4~8방울, 대형견에게는 8~12방울을 하루에 두 번씩 투여한다.

만약 소화기계가 약해져서 설사를 하거나 흉부 합병증이 있다면 강판에 갓 간 신선한 마늘을 하루에 세 번 급여한다. 강아지와 소형견에게는 작은 마늘 ½쪽, 중형견에게는 큰 마늘 ½쪽, 대형견에게는 1쪽을 사용한다. 강판에 간 마늘을 음식에 첨가하거나 꿀이나 밀가루를 넣어서 알약을 만든다.

독성 여부 때문에 개한테 마늘을 사용하는 것에 대한 의견이 아직 분분하다. 나는 지금까지 개에게 마늘을 사용해서 문제가 된 적이 없었다. 하지만 이 점이 걱정된다면 사용하지 않는다. 하지만 내가 읽었던 논문에 따르면 개한테 지나치게 많은 양의 마늘을 투여했을 때 혈액에 변화가 일어난다고 했으므로 마늘이 문제를 일으키려면 일정량 이상 투여해야 한다. (마늘의 사용에 관한 더 자세한 정보는 11장을 참조한다.)

무도병 chorea

무도병은 대개 홍역 바이러스 감염의 후유증으로 생긴다. 몇 초마다 몸의 근육(보통 다리, 엉덩이, 어깨)에 경련이 일어나는 상태를 말하며, 심지어 잠을 자는 동안에도 발생한다. 이 질환은 척수나 뇌의 일부가 손상되어 생기는 것이다. 무도병을 앓고 있으면 대부분 치료될 수 없다고 생각하기 때문에 안락사를 시킨다. 그러나 드물지만 가끔씩 자연적으로 회복된다. 대체요법으로 증상이 호전될 수 있으므로 시도해 볼 만한 가치가 있다고 생각한다. 다음과 같은 약물을 사용할 수 있다.

동종요법 – 눅스 보미카(Nux vomica) 30C : 약물을 투여한 후에 일주일 동안 기다리면서 관찰한다. 만약 호전될 기미가 보이지 않는다면 다음 약물을 사용한다.

동종요법 – 벨라돈나(Belladonna) 30C : 약물을 투여하고 일주일 동안 관찰한다. 크게 도움이 되었지만 무도병을 완전하게 치유하지 못했다면 다음 약물을 사용한다.

동종요법 – 칼카레아 카르보니카(Calcarea carbonica) 30C : '동종요법 스케줄 4'를 이용한다.

동종요법 – 앞에서 설명한 약물이 전혀 효과가 없을 때 다음으로 고려해야 할 약물은 실리케아(Silicea) 30C이다. 이 약물을 한 번 투여하고 나서 몇 주 동안 증상을 관찰한다.

이것으로도 문제가 해결되지 않는다면 사용할 수 있는 또 다른 약물이 있지만 동종요법 수의사의 조언이 필요하다.

결석 stone

385쪽 '방광질환' 편을 참조한다.

고관절이형성증 hip dysplasia

고관절이형성증은 고관절이 불완전하게 형성된 상태이다. 수의사는 대개 고관절이형성증을 환경적 영향에 의해 뒤얽힌 유전적 질환으로 여기지만 원인에 대해서는 만족스럽게 설명하지 못하고 있다. 그런데 불행하게도 개에게 흔한 질환이다.

고관절이형성증은 태어날 때부터 존재하는 질병이 아니다. 이 질환은 고관절에서 대퇴골이 지나치게 많이 움직이도록 느슨해지거나 조잡한 방식으로 고관절이 형성되기 때문에 강아지일 때 점차 발달한다. 인대가 약하고 주위의 관절조직이 관절을 적절하게 안정시킬 수 없으므로 자극이 되고 상처가 생긴다. 게다가 다리와 엉덩이의 결합조직이나 근육에 염증과 통증이 유발되는 류머티즘 경향이 있다. 그래서 치료가 되지 않으면 점차 기능을 상실하는 결과를 초래한다. 나이 든 개의 경우 뒷다리를 사용하지 못하기도 한다.

예방

예방이 최선이다. 여러 세대에 걸친 불량한 식습관이 고관절 발달에 큰 영향을 미친다. 따라서 새끼일 때부터 훌륭한 영양을 공급해 주어야 한다. 지나치게 많은 칼슘이 고관절이형성증의 발달을 증가시킨다는 증거가 있다. 따라서 칼슘을 권장량 이상으로 공급하지 않는 것이 좋다. 우리가 조언하는 것처럼 영양가가 높은 음식을 급여하면 된다.

또 다른 이유로는 성장이 지나치게 빠른 개에게 고관절이형성증이 유발된다. 그래서 강아지가 정상적으로 성장하는 것을 예방하기 위해 음식이나 단백질을 제한해야 한다고 주장하는 사람도 있다. 그들은 어쨌든 강아지를 작게 키워야 이 질병이 예방된다고 생각한다. 이것도 잘못된 생각이다.

고관절이형성증은 만성 무증상 괴혈병(비타민 C의 부족)에 의해 유발된다는 증거가 있다. 이러한 관점에서 고관절은 관절을 둘러싼 인대나 근육이 약해지기 때문에 부정확하게 형성된다. 비타민 C는 이러한 조직에 필수적이다.

수의사 웬델 벨필드(Wendell Belfield)는 많은 양의 비타민 C를 공급했더니 고관절이형성증 소인이 있는 부모 개나 고관절이형성증에 걸린 새끼를 낳은 경험이 있는 부모 개에게서 태어난 저먼 셰퍼드 새끼 8마리가 모두 고관절이형성증이 예방되었다고 수의소동물임상협회에 보고했다.

그는 다음과 같은 프로그램을 적용했다.

• 임신한 암캐에게는 아스코르브산나트륨 결정을 매일 2~4g씩 투여한다(가루 ½~1티스푼 또는 아스코르브산)

• 새끼가 태어났을 때에는 자견에게 비타민 C를 매일 경구로 50~100mg씩 투여한다(액상 형태로).

• 생후 3주령 때부터 4개월령이 될 때까지는 아스코르브산나트륨을 매일 500mg까지 늘려서 음식에 섞어 투여한다.

• 4개월령 때부터는 하루에 1~2g까지 늘린다. 자견이 18개월에서 2년령이 될 때까지 유지한다.

예방접종

고관절이형성증을 예방하는 또 다른 중요한 요소는 예방접종에 관한 것이다. 고관절이 느슨해지는 문제는 성장하는 어린 동물에게 예방접종을 해서 생길 수 있는 결과 중 하나이다. 따라서 고관절이형성증을 예방하려면 가능한 한 가장 적은 수의 백신만 사용하고(16장 참조), 접종횟수를 줄여서 영향을 최소화한다. 많은 브리더들이 건강에 도움이 되지 않거나 반드시 필요하지도 않은 백신까지 새끼에게 지나치게 많이 접종한다. 만약 브리더에게 자견을 분양받는다면 책에서 추천하는 예방접종 스케줄을 적용하기 위해 브리더와 미리 합의한다. 이는 매우 중요하다. 왜냐하면 고관절이형성증은 곧바로 나타나는 질환이 아니므로 증상이 나타날 때까지 기다리면 너무 늦어서 예방책을 적용할 수 없다.

예방 차원의 동종요법 치료

이 프로그램은 예방접종과 열등한 유전형질의 영향을 없애기 위해 새끼들에게 적용하면 매우 도움이 된다. 새끼를 입양하자마자 곧바로 이 예방차원의 동종요법을 시작할 수 있으며 나이 든 동물에게도 사용할 수 있다. 몸이 형성되고 있는 어린 새끼들이 가장 좋은 반응을 보인다.

동종요법 – 튜자 옥시덴탈리스(Thuja occiden-talis) 30C : 프로그램을 시작하기 위해 '동종요법 스케줄 4'에 따라 한 알 투여한다. 그리고 나서 한 달 후에 다음 동종요법 약물을 투여한다.

동종요법 – 칼카레아 카르보니카(Calcarea car-bonica) 30C : '동종요법 스케줄 4'를 이용한다.

비타민 C에 관련해서는 앞에서 권장하는 대로 사용하고 가능한 한 빨리 시작하면 전체적인 문제를 예방하는 데 매우 도움이 된다.

치료

질환이 이미 분명하게 나타난 경우, 현대 수의학에서는 근육을 자르고 관절을 원위치로 되돌린 다음 대퇴골두를 제거하거나 고관절을 인공관절로 대체하는 수술적 과정에 초점을 맞춘다. 만약 반려인이 이와 다른 방향으로 치료를 하고 싶다면 다음의 동종요법 약물을 사용해 보길 바란다.

동종요법 – 루스 톡시코덴드론(Rhus toxicoden-dron) 30C : 처음 움직이기 시작할 때 불편해 보이다가 움직이기 시작한 후에는 점차 완화되는 것처럼 보이는 개에게 특히 도움이 된다.

동종요법 – 칼카레아 카르보니카(Calcarea car-bonica) 30C : 만약 앞에서 언급한 루스 톡시코덴드론 30C가 잠깐 동안 현저하게 도움이 되었다면 완벽한 효과를 위해 한 달 동안 기다린 다음 이어서 이 약물을 투여한다. 그러면 효과가 더욱 깊어지고 오랫동안 지속된다. '동종요법 스케줄 4'를 이용한다.

또 다른 옵션은 반려동물의 체질에 맞는 약물을 찾기 위해 동종요법 수의사에게 진료를 받는 방법이다. 이 질병을 앓는 대부분의 개에게 엄청나게 도움이 될 것이다. 따라서 수술이 필수적이지는 않다.

또한 앞에서 소개한 카이로프랙틱 치료도 매우 도움이 되며, 얼마 동안 상황을 완화시켜 준다.

고양이면역부전 바이러스
Feline Immunodeficiency Virus, FIV

고양이면역부전 바이러스(FIV)는 1986년에 캘리포니아에서 처음 발견되었고, 지금은 전 세계에 광범위하게 퍼져 있다. 이 질병은 바이러스가 면역체계에 영향을 미쳐서 여러 가지 질병이나 기생충 감염에 대한 저항력을 떨어뜨리기 때문에 이런 이름이 붙여졌다. 고양이면역부전 바이러스는 고양이가 감염이 되더라도 몇 년 동안 전혀 증상이 나타나지 않을 수도 있다는 점에서 다소 특이한 질병이다. 이러한 특징은 동물의 전반적인 건강상태가 실제로 질병의 발현 여부에 중요한 역할을 한다는 사실을 보여 준다. 다시 말하면 건강한 고양이는 바이러스를 억제하여 질병이 유발되지 않도록 할 수 있다는 말이다. 임상에서 나는 이 질병에 감염되어 양성판정을 받았지만 병에 걸렸다고 할 만한 외적 증상을 전혀 발견하지 못한 고양이를 많이 보았다.

초기 감염 증상은 보통 열이 나고 림프절이 커지며 무기력해지고 나태해진다. 또한 빈혈이나 체중감소, 식욕부진(건강에 문제가 있는 고양이에게는 흔한 증상) 등이 나타날 수 있다. 진단을 내릴 때 생길 수 있는 문제는 발달할 수 있는 증상이 매우 광범위하다는 점이다. 면역력이 전반적으로 떨어지면 어떤 스트레스가 고양이를 눈에 띄게 쇠약하게 만든다.

보통 이 질병이 많이 진행된 고양이에게 결막염과 같은 안과질환과 치은염이나 구내염과 같은 구강질환을 보이는 경향이 있다고 말한다. 그러나 이 질병과 반드시 연관되어 있지 않은 다른 많은 변화가 문제로 나타날 수도 있다. 다른 문제에는 혈액장애, 빈혈, 세균감염, 피부발진과 감염, 지속적인 옴(외부기생충), 만성 설사와 쇠약, 안내염, 발열, 림프절 종대, 만성 농양, 재발성 비뇨기계 감염(방광염), 식욕부진, 체중감소 등이 있을 수 있다. 또한 곰팡이성 질병이나 톡소플라스마 감염['톡소플라스마증'(463쪽) 편 참조]과 같은 다른 지속적인 감염도 있을 수 있다. 가장 심각한 질병 양상 중 하나는 뇌에 영향을 미치는 경우이다. 이런 경우에는 고양이가 정신이 이상한 것처럼 행동하고 경련을 보이며 사람이나 동물을 공격하기도 한다.

고양이면역부전 바이러스에 걸린 고양이는 다양한 방식으로 병이 발현된다. 따라서 기본적인 증상만 보고 이 병을 진단하기는 몹시 어렵다. 보통 혈액검사를 통해 바이러스에 대한 항체가 있는지 살펴본다. 그리고 검사결과를 기초로 하여 바이러스의 감염 여부를 추정한다. 진단과정이 복잡한 이유는 바이러스에 대한 항체가 있다는 점이 면역을 의미하기 때문이다. 특별한 경우에는 감염이 존재하고 활성화될 가능성을 확실히 하기 위해 고양이를 세심하게 검사하고 평가해야 한다.

예방

최상의 예방책은 건강한 식이요법이다. 면역체계가 강하게 유지될 수 있다면 바이러스에 노출되어도 반드시 문제를 유발하지는 않는다. 면역체계가 바이러스가 자리를 잡는 것을 방해하기 때문이다. 그리고 고양이가 길거리를 배회하거나 싸우는 것만 막아도 감염 기회가 상당히 줄어든다. 하지만 고양이들은 자기가 원하는 것을 하는 경향이 있으므로 이를 막기란 쉽지 않다.

새로운 고양이를 입양한다면 적어도 3주 정도는 다른 고양이와 격리시키는 것이 좋다. 이 기간 동안에 고양이면역부전 바이러스와 고양이백혈병에 대한 검사를 실시한다. 그러려면 동물병원에서 채혈을 해야 한다. 이 검사는 새로 입양한 고양이가 바이러스 보균자인지의 여부를 판단하는 데 매우 중요하다. 검사결과가 양성이라면 질병을 퍼뜨리지 않도록 격리시켜야 한다.

또 한 가지 중요한 점은 고양이면역부전 바이러스(또는 고양이백혈병이나 다른 만성 바이러스)가 의심되는 고양이는 예방접종을 해서는 안 된다. 접종하면 백신 바이러스가 몸에 스트레스를 주어 잠복기 상태에 있는 바이러스를 활성화시켜 다시 활동하게 하거나 고양이의 면역체계를 저하시키기 때문이다. 원칙적으로 면역체계를 어지럽히거나 약화시키는 모든 일을 피해야 한다. 물론 이런 조치가 예방접종을 권장하는 수의사들의 조언과 상충됨을 잘 알고 있다. 하지만 임상경험과 면역학에 대한 배경지식에 비춰 볼 때 바이러스가 의심되는 상황에서의 예방접종은 해서는 안 되는 행위이다.

치료

다음의 치료법은 이 질병을 앓는 고양이에게 큰 도움이 될 것이다. 단, 성공률은 고양이의 나이와 손상 정도에 따라 달라진다. 어떤 고양이는 여생 동안 계속 치료를 받아야 하고 다시는 건강을 되찾지 못할 수도 있다. 반면에 아직 어리거나 질병이 진행되지 않았다면 적어도 질병이 완화되어 정상적이고 건강한 삶을 영위할 수 있을 만큼 회복될 것이다.

이 질병은 증상이 매우 다양하므로 여기에서 특정 치료법을 제시할 수는 없다. 대신 고양이의 증상과 일치하는 부분을 '질환별 관리법'의 다른 부분에서 찾아 그 치료법을 적용할 수 있을 것이다. 대체요법을 하는 수의사와 함께 치료를 한다.

만약 반려인이 할 수 있는 것이 아무것도 없다면 다음의 동종요법 약물이 때로는 도움이 된다.

동종요법 – 설퍼(Sulphur) 30C : '동종요법 스케줄 5'를 이용한다. 한 달 후에 이 약물이 도움이 되었다고 결론 내릴 수 있다면 나중에 전반적인 상태가 쇠약해지는 것처럼 보일 때 또다시 사용할 수 있다. 이 약물은 1회 투여로 한 달 정도 효과가 지속되므로 자주 투여해서는 안 된다.

고양이백혈병
Feline Leukemia, FeLV

고양이백혈병(FeLV)은 고양이면역부전 바이러스(FIV)와 유사한 바이러스성 질병으로 전 세계적으로 발생하며 미국의 발병률은 전 세계의 약 2~3%를 차지한다. 바이러스는 체액(타액, 오줌, 혈액, 배설물)을 통해 전파되기 때문에 어미 고양이는 임신이나 수유 기간 중에 새끼에게 바이러스를 전파할 수 있다. 그러나 다행히 바이러스가 퍼지려면 아주 밀접하거나 장기간의 접촉이 있어야 가능하다. 전염은 대부분 교상, 그루밍, 물그릇이나 밥그릇을 함께 사용하여 발생한다. 공기나 사람의 손에 의해서는 전염되지 않는다.

많은 고양이는 고양이백혈병 바이러스와 접촉할 것이다. 하지만 다행히 대부분 증상을 거의 보이지 않거나 전혀 보이지 않고 자연스럽게 회복된다. 그러나 몸이 약한 고양이는 심하게 영향을 받는다. 또한 심각한 질환의 발생률은 고양이를 많이 키우는 가정에서 더 높게 나타난다. 바이러스가 몸 안에 계속 남아 있다가 고양이가 다른 원인에 의해 쇠약해지면 더 활동적으로 변해서 노출 후 수년이 지난 후에 증상이 나타날 수도 있다.

고양이백혈병 바이러스에는 여러 가지 타입이 있어서 조금씩 다른 증상을 유발한다. 특히 초기에 가장 흔한 증상으로는 체중감소, 발열, 탈수가 나타난다. 또 다른 증상으로는 림프절종대, 창백한 잇몸, 설사, 구강과 치은의 염증 등이 나타난다.

전형적인 만성 바이러스 감염이기 때문에 증상은 다양한 형태로 나타날 수 있다. 때때로 지속적인 방광염 증상을 보일 수도 있다. 또 다른 특이한 증상으로는 한쪽 동공이 다른 쪽 동공에 비해 더 작아지거나 더 커지기도 한다. 이 바이러스에 감염된 많은 고양이는 적절한 생식능력을 가질 수 없어서 자연유산이나 사산하게 되고 새끼

를 잘 돌봤는데도 쇠약해지는 현상이 나타나기도 한다. 또한 많은 고양이가 암으로 발전하기도 한다. 고양이가 가지고 있는 모든 종양의 약 30%가 이 바이러스에 의한 것이라는 평가를 받고 있다.

감염은 바이러스와의 접촉으로 인해 입과 인후두에서 시작되며 건강하다면 더 이상 진행되지 않을 것이다. 더 진행되는 경우에는 몸 여기저기에 퍼지고, 특히 눈물샘이나 침샘, 방광 등에 정착한다. 이 단계에서는 감염된 고양이가 바이러스를 배설하며 다른 고양이에게 전염시킬 수 있다.

예방

가정에 새로 입양한 고양이를 검사하고 격리하는 등 고양이면역부전 바이러스에서 설명한 예방 지침을 따라야 한다.

치료

이 질병의 증상이 왕성하게 나타나는 고양이에게는 비타민 C가 매우 도움이 된다. 체중에 따라 하루에 두 번 약 100~250mg을 투여한다. 비타민 C는 항바이러스 효과가 있으며 비타민 C가 감염을 이겨내지는 못하더라도 다음의 치료제와 함께 사용하면 도움이 된다. 보통 비타민 C의 소금 형태인 아스코르브산나트륨이 가장 좋다. 음식에 가루로 뿌려 주거나 필요하다면 물이나 브로스에 녹여 주사기로 투여한다.

도움이 되는 또 다른 약물은 다음과 같다.

동종요법 – 눅스 보미카(Nux vomica) 30C : 특히 예민하고 화를 잘 내며 집이나 아파트의 조용

한 곳으로 숨는 고양이에게 적합하다. '동종요법 스케줄 2'를 이용한다.

동종요법 – 풀사틸라(Pulsatilla) 30C : 보호자에게 매달리고 많은 관심을 받기를 원하며 안아주기를 원하는 고양이에게 유용하다. 이 고양이는 과식한 경우 쉽게 토하며 활기 없이 느릿느릿 행동한다. 욕조나 다른 차가운 바닥에 누워 있는 경향이 있다. '동종요법 스케줄 2'를 이용한다.

동종요법 – 포스포러스(Phosphorus) 30C : 들어올렸을 때 젖은 수건처럼 축 처지는 극도로 무기력한 고양이에게 적합하다. 또한 물을 먹은 지 10~20분 이내에 구토를 하는 고양이에게도 적합하다. 그러나 음식을 먹고 난 후에는 구토를 하지 않는다. '동종요법 스케줄 2'를 이용한다.

동종요법 – 아르세니쿰 알붐(Arsenicum album) 30C : 추위를 많이 타고 안절부절못하며 갈증이 심한 고양이에게 적합하다. 가장 눈에 띄는 특징은 고양이가 허약해서 거의 걸을 수 없으며 걷더라도 좌우로 비틀거린다. 체온이 37.8℃ 이하로 낮고 털이 매우 건조하며 곤두서 있다. '동종요법 스케줄 3'을 이용한다.

동종요법 – 니트리쿰 악시둠(Nitricum acidum) 30C : 입 안에 염증이 있고 통증이 심한 고양이에게 매우 좋다. 이 고양이들은 아플 때 매우 예민해지고 화를 잘 낸다. 또한 이 약물은 입술, 항문, 안검의 병변에 사용하기에 적합하다. 병변은 궤양이 있거나 통증이 심하고 살갗이 벗겨진 것처럼 보인다. '동종요법 스케줄 4'를 이용한다.

동종요법 – 벨라도나(Belladonna) 30C : 입 안의 통증이 극도로 심하고 통증으로 인해 고양이가

히스테릭해지며 동공이 확장되고 열이 난다면 이 약물을 사용해야 한다. '동종요법 스케줄 2'를 이용한다. 이 약물이 도움이 된다면 5일 정도 기다린 후에 칼카레아 카르보니카(Calcarea carbonica) 30C를 한 번 투여한다('동종요법 스케줄 4'에 따라 단 한 번만).

이외에도 사용할 수 있는 동종요법 약물이 매우 많다. 여기에서 언급한 약물에 어느 정도 효과를 보고 치료를 계속하기를 원한다면 숙련된 동종요법 수의사와 상담하는 것이 좋다.

예방접종

어느 정도만 효과가 있다. 내 경험상 예방접종은 고양이전염성 복막염과 같은 질병을 더욱 악화시키는 것 같다. 따라서 그다지 추천하지 않는다.

고양이범백혈구감소증
feline panleukopenia
(feline distemper, infectious enteritis)

이 질병은 뚜렷한 경고 없이 갑자기 중증으로 나타나며 보통 24~48시간 이내에 새끼 고양이가 죽는 무서운 질병이다. 이 질병의 바이러스는 감염된 고양이의 오줌, 분변, 타액, 토사물 등을 통해 전염되며 전염성이 매우 강하다.

2~9일의 잠복기(대개 6일)를 거친 후 처음으로 나타나는 증상은 고열(40.6℃ 이하), 의기소침, 심각한 탈수이다. 그러고 난 후 종종 바로 구토가

뒤따른다. 토사물은 처음에는 맑다가 나중에는 담즙으로 인해 노란색이 섞이기도 한다. 고양이는 대체로 구토를 하거나 물을 핥아먹는 경우를 제외하고는 움직이지 않으며 물그릇의 가장자리에 머리를 얹어놓은 상태로 엎드려 있게 된다.

이렇게 심각한 증상을 유발하는 것은 단지 범백혈구감소증 바이러스에 의한 것만이 아니라 감염으로부터 몸을 보호하는 백혈구를 비롯해 여러 조직이 파괴된 데 따른 2차 감염에 의한 것이 분명하다. 수많은 케이스에서 백혈구를 비롯한 여러 조직이 거의 사라지며, 이런 현상이 다른 세균이나 바이러스가 증식할 수 있는 기회를 제공한다. 여러 가지 면에서 이 질병은 개의 파보바이러스 감염증과 매우 유사하다.

치료

치료의 성공 여부에 가장 결정적인 영향을 미치는 요소는 얼마나 빨리 질병을 진단했느냐이다. 어린 동물은 매우 빨리 죽을 수 있으므로 병이 진행 중일 때에는 자가치료를 할 정도로 시간이 충분하지 않다. 만약 초기 단계에 전문가에 의해 전혈 수혈이나 수액요법, 항생제 처치와 같은 치료가 이루어진다면 아픈 고양이를 성공적으로 치료할 수 있다.

그러나 전문가에게 즉시 치료를 받을 수 없는 상황이라면 어떻게 해야 하는가? 치료를 받을 수 없는 상황에서는 반려인이 준비만 되어 있다면 나의 치료 프로토콜이 도움이 될 것이다. 고양이가 열이 나고 구토를 한다면 유동식을 이용해서 절식을 시킨다[18장 '절식'(318쪽)의 '유동식 단

계' 참조]. 비타민 C를 고용량 투여하되 매우 작은 새끼 고양이에게는 시간당 약 100mg씩을, 어린 고양이와 성묘에게는 시간당 약 250mg씩을 투여한다. 아스코르브산나트륨 가루가 투여하기 쉽다. 100mg 용액을 만들려면 이 가루를 조금만, 250mg 용액을 만들려면 1/16티스푼을 사용한다. 아스코르브산나트륨 가루를 물에 녹여서 경구 투여한다.

구토로 인해 반려인이 투여한 비타민 C와 체액이 둘 다 소실된다면(털이 거칠어지고 눈이 건조해지며 피부를 잡아당겼을 때 경직된 것이 특징이다) 증상이 호전될 때까지 다음 동종요법 약물을 단독으로 사용하는 데 초점을 맞춘다. 그러고 난 후 동종요법 치료와 함께 비타민 C를 다시 투여한다.

동종요법 – 베라트룸 알붐(Veratrum album) 6C : 고양이가 구토(물을 마시면 악화됨), 설사와 함께 약해지고 축 처지며 감기에 걸려 있을 때 사용한다. '동종요법 스케줄 1'을 참조한다. 만약 호전된다면 며칠 후부터 투여횟수를 점차 줄여 나간다. 구역질이나 무기력이 다시 나타나면 한 번에 한 알씩 투여한다.

동종요법 – 포스포러스(Phosphorus) 6C : 지나치게 무기력하고 무관심하며 축 처진 고양이에게 가장 좋은 약물이다. 고양이를 들어올리면 축축한 넝마처럼 반려인의 손 위에 널브러질 것이다. 또한 찬물에 대한 갈증을 느끼며 물을 마신 지 10~20분 이내에 구토를 한다. 포스포러스로 치료를 해야 하는 고양이는 베라트룸 알붐으로 치료해야 하는 고양이보다 덜 차갑지만 더 무기력

해 보인다. '동종요법 스케줄 1'을 이용한다.

만약 두 가지 약물을 모두 투여했는데도 불구하고 여전히 구토가 매우 심하고 생명을 위협하는 상황이라면 '구토'(363쪽)를 참조한다.

허브요법 – 깨끗한 물 ½컵에 자주루드베키아(Purple coneflower, Echinacea angustifolia)의 팅크나 탕제 1티스푼과 등골나물(Boneset, Eupatorium perfoliatum)의 팅크나 탕제 1티스푼을 같이 섞는다. 증상이 호전될 때까지 혼합물을 한 시간마다 한 방울씩 투여하고 그다음부터는 회복될 때까지 2시간마다 한 방울씩 투여한다.

고양이의 증세가 이미 너무 심해져서 죽음에 임박해 있다면 다른 접근법이 필요하다. 이런 경우라면 거의 움직이지도 못하는 혼수상태일 것이다. 귀와 발을 만지면 매우 차갑고 코는 푸르스름한 빛을 띨 것이다. 응급조치로 장뇌(camphor)를 투여한다. 타이거 밤(Tiger Balm)과 같은 장뇌가 함유된 연고를 사용한다. 고양이의 코끝에 살짝만 찍어 놓으면 숨을 쉴 때마다 조금씩 냄새를 들이마시게 될 것이다. 반응이 나타날 때까지 15분마다 반복해야 한다.

일단 증상이 호전되면 앞에서 언급한 다른 치료제 중 한 가지를 투여할 수 있다. 동종요법 약물이나 허브요법 약물을 사용할 때에는 장뇌의 투여를 중단하고 주변에서 장뇌를 없애야 한다. 그렇지 않으면 장뇌가 동종요법이나 허브요법의 효과를 방해한다.

회복

일단 고양이가 뚜렷한 회복을 보이고 열이 38.6℃ 이하로 내려가면 다시 한 번 고형식을 급여한다. 소량씩 더 자주 급여하는 것이 좋다. 복합 비타민 B 포퓰라를 2.5~5mg씩 일주일 정도 첨가해 주면 질병으로 인해 소실된 수용성 비타민을 보충하는 데 도움이 된다. 병이 재발할 수 있으므로 초기 회복 후 며칠 동안은 감기에 걸리지 않도록 조심하고 스트레스를 최소화한다.

고양이비뇨기계 증후군
feline urological syndrome

385쪽 '방광질환' 편을 참조한다.

고양이전염성 복막염
Feline Infectious Peritonitis, FIP

심각한 전염병인 고양이전염성 복막염(FIP)은 증상이 심해지는 고양이에게는 치명적일 수 있다. 이 질병은 무엇인가가 면역체계를 저하시킨 후에 발생하는 것 같다. 예를 들어, 고양이백혈병 예방접종을 하고 몇 주 이내에 발병하는 경우를 많이 보았다. 아마 백신의 일시적인 면역억제 때문일 것이다(면역억제는 몇몇 예방접종에 의해 발생하는 것으로 알려져 있다). 예방접종이 질병을 직접적으로 유발하는 것이 아니라 고양이가 고양이전염성 복막염 보균자여서 질병이 덩치를 키울 기회를 주는 것이다.

고양이전염성 복막염은 돼지, 개, 사람에서도 질병을 유발하는 바이러스인 코로나바이러스에 의해 유발된다. 그러나 지금까지 알려진 바에 따르면 고양이전염성 복막염 바이러스는 사람이나 다른 동물에게는 전염되지 않는다.

고양이들은 구강이나 인후두, 상부 호흡기계, 소화기계를 통해 이 질병에 감염되는 것으로 보인다. 고양이전염성 복막염은 걸려도 특별한 증상이 없거나 미열과 함께 며칠 동안 기분이 좋지 않은 것처럼만 보여서 초기에는 병에 걸렸는지조차 알아차리지 못한다. 이 기간에(초기 감염이 있은 지 1~10일 이내) 바이러스는 인후두, 폐, 위, 장을 통해 배설되어 다른 고양이에게로 전파될 수 있다. 그다음에는 증상이 나타나기 전까지 수 주에서 수년 동안 바이러스가 어딘가에 잠복해 있게 된다.

일단 증상이 나타나고 질병이 진행되면 고양이는 점차 식욕을 잃고 체중이 감소하며 지속적인 발열과 함께 침울해진다. 바이러스는 그동안 체조직, 특히 혈관에 영향을 미치는 체조직을 통해 퍼진다. 이 시기까지는(증상이 분명히 나타날 때까지) 고양이가 더 이상 바이러스를 배설하지 않고 전염성도 없다.

이 사실로 질병을 컨트롤하는 데 있어 실질적인 문제 중 하나가 두드러진다. 고양이가 가장 전염성이 강할 때 반려인은 무엇이 잘못되었는지 깨닫지 못하기 때문이다. 일단 증상이 나타난 후에 고양이를 격리시키는 것은 좋지 않다. 그러나 위생관리는 바이러스가 방바닥이나 밥그릇, 물그릇이 지저분한 환경에서 오랫동안 생존할 수 있

으므로, 이 고양이에게서 다른 고양이에게로 질병이 전파되는 것을 막는 데 도움이 된다. 일반 가정환경에서는 바이러스가 3주까지 생존할 수 있다. 이 질병은 고양이를 많이 키우는 가정이나 고양이 사육장에는 큰 영향을 미치지만 고양이가 서로 격리된 곳에서는 영향이 없다.

앞에서 언급한 흔한 증상과 함께 어떤 고양이는 흉강이나 복강에 체액(흉수, 복수)이 축적될 수 있다. 체액의 축적은 호흡기능과 소화기능을 방해하기 때문에 심각하다.

초기 증상은 재채기를 하고 눈과 코에서 맑은 수양성 분비물이 나오기 때문에 일반적인 감기와 유사할 수 있다. 고양이를 많이 키우는 가정에서의 몇몇 만성 상부 호흡기계 질환은 이 바이러스에 의해 유발될 수 있다. 그리고 어떤 고양이에게는 첫 번째 증상으로 구토나 설사와 같은 위장관계 증상이 나타날 수 있다. 이러한 양상은 고양이를 급사하게 할 수 있는 심각한 경우이다.

고양이전염성 복막염은 눈에도 영향을 미칠 수 있는데 한쪽 동공이 다른 쪽 동공보다 커질 수 있고 안구에 체액이나 혈액을 축적시킬 수 있다. '2부 질환별 관리법'에서 소개된 다른 심각한 고양이 바이러스성 질병처럼 때때로 뇌에 영향을 미치거나 번식을 방해할 수 있다.

예방

'고양이면역부전 바이러스' 편에서 설명한 예방법을 참조한다.

불행하게도 고양이가 바이러스 보균자인지 아닌지를 확인하는 검사법은 매우 부정확하다. 실

험결과를 위양성으로 나타나게 할 수 있는 연관된 다른 바이러스가 너무 많기 때문이다. 그래서 바이러스 검사를 하지 않으려는 수의사도 많다.

치료

고양이전염성 복막염은 형태가 다양하기 때문에 여기에서는 가장 흔히 나타나는 징후에 대한 일반적인 지침만 제시한다. 심각한 경우는 수의사의 관리하에 매우 세심하고 지속적인 치료가 요구된다. 그러나 나는 항생제와 코르티코스테로이드를 사용하지 말 것을 강하게 주장한다. 이 약물은 허약해진 고양이에게 전혀 도움이 되지 않으며, 오히려 쇠약하게 만들어 결국 죽음에 이르게 하기 때문이다.

질병이 심각하기는 하지만 동종요법과 영양요법으로 치료한 경우 대부분 결과가 매우 만족스러웠다. 그러나 고양이가 완전히 치유되었는지, 바이러스가 완전히 제거되었는지에 대한 질문에는 대답하기 어렵다. 임상증상을 통해서 또는 겉으로 보기에는 많은 고양이가 정상이 된 것처럼 보인다. 하지만 검사나 다른 실험을 통해 몸에서 바이러스가 제거되었는지의 여부를 확인할 방법이 없기 때문에 이 질문에는 정확하게 대답할 수 없다. 그러나 사람들은 대부분 고양이가 정상적으로 활동하기 시작하고 건강해 보이는 것에 만족해한다.

여기서 치료를 위한 몇 가지 지침을 제시한다.

발열과 식욕부진이 특징인 초기 단계의 고양이전염성 복막염에는 고양이백혈병 치료를 실시한다. '고양이백혈병'(353쪽) 편을 참조한다.

최초 증상이 상부 호흡기계 증상으로 나타난다면 '상부 호흡기계 감염(감기)(401쪽)' 편을 참조하여 치료한다.

증상이 구토와 설사 등 위장관계 형태로 나타나는 경우에는 '구토'(363쪽) 편과 '설사와 이질'(408쪽) 편의 치료법을 참조한다.

만약 흉강과 복강에 체액이 축적되는 매우 심한 경우의 고양이전염성 복막염에 걸렸다면(흉강에는 흉수나 흉막 삼출액이 차고, 복강에는 복수가 차오르는 상태) 다음 동종요법 약물이 도움이 된다.

동종요법 – 아르세니쿰 알붐(Arsenicum album) 6C : 불안하고 오한이 들며 갈증이 심하고 안절부절못하는 고양이에게 사용한다. 아르세니쿰이 가장 도움이 되는 약물인 것 같다. '동종요법 스케줄 6(a)'를 이용한다.

동종요법 – 메르쿠리우스 술푸리쿠스(Mercurius sulphuricus) 6C : 심한 호흡곤란. 고양이는 흉수 때문에 항상 앞발을 세운 채 앉아 있는 경우 사용한다. '동종요법 스케줄 6(a)'를 이용한다.

동종요법 – 아피스 멜리피카(Apis mellifica) 6C : 앞에서 설명한 것처럼 호흡곤란이 심하지만 뜨거운 것을 싫어하고 차가운 장소를 찾아서 앉으려고 하며(타일 바닥, 욕조, 화장실 근처), 가끔 울부짖기도 하고 때때로 잠을 자고 있는 도중에도 우는 경우에 사용한다. '동종요법 스케줄 6(a)'를 이용한다.

이 동종요법 약물은 모두 이와 같은 상태를 치료하는 데 유용하다. 우선 한 가지 약물을 선정해서 투여해 보고 며칠이 지났는데도 효과가 없으면 다른 약물 중 한 가지를 투여해 보는 것이 좋다.

예방접종

이 질병에 대한 백신이 있기는 하지만 연구에 따르면 백신이 효과가 없기도 하고 고양이가 이미 체내에 바이러스를 가지고 있는 경우 오히려 해로울 수 있다고 한다. 그래서 권장하지 않는다.

공격성 aggression

472쪽 '행동문제' 편과 12장을 참조한다.

관절염 arthritis

관절염과 골질환은 고양이보다 개에게 흔하며, 일반적으로 여러 가지 유형을 보인다.

고관절이형성증 : 관절을 과도하게 움직여 생긴 만성 염증, 칼슘침착, 더 나아가 파손까지 일으키는 관골구의 기형으로 처음에는 체중 때문에 대형견에게 두드러지게 나타났지만 현재는 모든 크기의 개에게서 볼 수 있다. 반복되는 예방접종의 영향이 크다. 더 자세한 정보는 350쪽 '고관절이형성증' 편을 참조한다.

슬개골탈구 : 슬개골이 정상 위치에서 반복적으로 빠지고 전후로 어긋나며 경미한 정도의 지속적인 염증을 유발하는 뒷다리 기형이다. 대부분

소형견에서 나타나며 불량한 번식 관행과 저급한 사료를 급여하여 발생한다.

무릎관절 구조의 악화 : 무릎관절을 잡아 주는 인대가 점차 약해지다가 결국에는 파열되어 무릎이 비정상적으로 움직이는 상태가 되는데, 이것을 전십자인대파열이라고 한다.

견관절퇴행 : 어깨연골이 파손되어 염증과 더불어 움직일 때 통증을 유발한다. 대부분 중대형견에서 발견되며 항상 신체의 다른 부위에 손상을 유발하는 전반적인 만성질환의 양상을 보인다.

주관절염(팔꿈치관절염) : 주관절은 사람의 팔꿈치에 해당하는 앞다리관절로 염증과 통증이 있다. 견관절질환처럼 심각한 만성질환의 한 부분이다.

예방

오늘날 다양한 사이즈와 다양한 체형의 개들에게서 이런 질병의 유전적 소인이 발달되지만 대부분 임신 중에 암캐가 영양분을 적절하게 섭취하면 예방할 수 있다. 자궁의 성장기간은 필수 구조조직의 형성에 매우 중요하다. 따라서 이 시기에 영양을 충분히 공급하지 못하면 가장 해로운 영향을 미친다(448쪽 '임신, 분만, 새끼의 관리' 편 참조). 일반 상업용 사료를 피하고 건강에 유익한 자연식을 공급하는 것이 예방 프로그램에서 매우 중요하다.

그리고 임신 중에 동종요법으로 치료를 하면 다음 세대에 같은 질환이 발생할 가능성을 최소화할 수 있는 데 큰 의미가 있다. 물론 어미는 임신 중에 예방접종을 해서는 안 된다. 불행하게도 어린 동물의 과도한 예방접종 또한 특히 뼈와 관

절 질환의 원인이 될 수 있다(16장 참조). 관절은 한 번 뒤틀리면 손상이 계속 진행되므로 관절질환은 예방이 가장 중요하다.

치료

관절질환이 이미 생겼다 하더라도 고통을 줄여주는 몇 가지 방법이 있다.

영양요법 – 글루코사민(glucosamine)은 몸에서 당(포도당)으로부터 만들어지며 관절연골에서 고농도로 발견된다. 글루코사민은 관절을 움직이게 할 수 있는 윤활액을 만드는 데 도움을 주며 유리기(free radical)를 제거하여 조직의 손상을 줄인다. 관절에 손상이 있으면 보충제를 추가로 첨가하여 도움을 줄 수 있다. 글루코사민은 게, 바닷가재, 가재, 새우, 크릴새우, 만각류(蔓脚類, 조개삿갓, 따개비 등)와 같은 갑각류의 껍데기나 상어의 연골에서 얻을 수 있다. 갑각류와 상어는 오늘날 매우 심각하게 오염된 상태여서 이것을 식품이나 영양제로 이용하는 것을 권장하지 않는다. 대신 콩이나 야채와 같은 식물성 원료로 만든 비건용을 찾는다. 체중 0.45kg당 10mg을 한 번 투여하고 난 후 효과가 있는지 관찰한다. 실제로 과용량을 투여해도 문제가 되지는 않으므로 필요하다면 용량을 늘릴 수 있다. 몇 주 후에 뚜렷한 효과를 보인다면 용량을 줄인다. 이때 용량을 줄이고 나서도 잘 유지되는지 관찰한다. 혹은 다른 치료가 관절염의 안정적인 개선을 가져왔을 수도 있다.

6장에 있는 '개의 건강 유지용 레시피 차트(118쪽), 고양이의 건강 유지용 레시피 차트(136쪽)'에서 두 번째 열에 있는 코드 G를 참조한다. 이 코드는 관절염 질환에 가장 추천되는 레시피이다.

허브요법 – 알팔파(alfalfa, Medicago sativa) : 관절염뿐 아니라 소화기계 질환의 경향이 있는 마르고 신경질적인 동물에게 사용한다. 음식에 가루 형태나 건조 형태의 알팔파를 동물의 사이즈에 따라 1티스푼에서 3테이블스푼씩 매일 첨가해 준다. '허브요법 스케줄 3'에 따라 알팔파를 우려낸 물로 투여할 수도 있다. 세 번째 방법으로는 반려동물에게 하루에 2~6개의 알팔파 정제를 먹인다. 터메릭(강황)도 음식에 첨가할 수 있으며 뛰어난 항염효과가 있다.

동종요법 – 루스 톡시코덴드론(Rhus toxicodendron) 6C : 오랫동안 앉아 있거나 밤새도록 누워 있다가 자리에서 일어날 때 확연하게 나타나는 만성 관절염이나 뻣뻣함, 통증을 호소하는 개나 고양이에게 사용한다. 처음 움직이기 시작할 때에는 불편하거나 뻣뻣해 보이지만 몇 분 후부터는 조금씩 편안해지면서 좋아지는 것처럼 보인다. 또한 피부가 발적되고 부어오르며 가려움증이 있을 때에도 잘 듣는다('피부질환'(465쪽) 편 참조). '동종요법 스케줄 6(a)'를 이용한다.

동종요법 – 브리오니아(Bryonia) 6C : 움직이면 관절염이 악화되는 동물에게 사용하면 좋다. 이들은 가만히 누워 있으면 몸이 편하기 때문에 움직이려고 하지 않는다. '동종요법 스케줄 6(a)'를 이용한다.

동종요법 – 벨라도나(Belladonna) 6C : 상당히 적은 염증이 있을 때 유용하다. 체온이 38.6℃를 웃돌 정도로 열이 나고 손상된 관절을 만져도 열이 느껴질 때 사용하면 좋다. '동종요법 스케줄 6(a)'를 이용한다.

동종요법 – 눅스 보미카(Nux vomica) 6C : 통증이 심한 질병이 갑자기 발생했을 때 예민해지고 다른 동물로부터 멀리 떨어져 있으며 통증이 사그라질 때까지 혼자 구석에 틀어박혀 있는 동물에게 사용하면 좋다. '동종요법 스케줄 6(a)'를 이용한다.

동종요법 – 풀사틸라(Pulsatilla) 6C : 평소보다 관심을 더 받길 원하고 가까이 있거나 안아 주길 원하는 동물에게 적합하다. 애정을 원하며 때때로 차가운 장소를 찾아 눕는다. '동종요법 스케줄 6(a)'를 이용한다.

광견병 rabies

광견병은 격렬하고 공격적인 증상을 유발하며 모든 동물을 죽게 만드는 매우 무시무시한 질병이다. 실제로 사람뿐 아니라 다른 많은 동물에게도 영향을 미치는 심각한 질병이다. 동물이 매우 공격적으로 변하고 무는 행동을 보이는데, 이때 타액을 통해 다른 동물에게 전파된다. 그러나 놀랍게도 광견병에 걸린 동물에게 물린 많은 사람이나 동물이 치료를 받지 않아도 모두 광견병 증상으로 발전하지는 않는다. 나는 몇 년 전에 증상이 나타나지 않고 스스로 회복할 수 있는 광견병의 형태를 보이는 아프리카에 사는 개를 알고 놀라움을 금치 못했다. 우리에게 익숙한 광견병은 효과적인 치료제가 없어 결국 죽는 것이었기 때문이다. 마취제를 투여하여 면역체계가 광견병 바이러스를 잡을 때까지 뇌를 보존하여 광견병에 걸린 소녀를 살렸다는 놀라운 이야기도 들었다. 그러나 안타깝게도 나는 아직까지 혼자서 광견병을 치료해 본 적이 없다. 다만 동종요법을 포함한 다양한 대체요법으로 광견병에서 회복된 케이스에 대한 보고를 들었다.

가장 흥분되고 장래성 있는 새로운 치료제 중 하나는 비타민 C이다. 믿기 어렵겠지만 36년 전의 연구논문에 따르면 광견병에 감염된 기니피그에 비타민 C를 주사했더니 치사율이 50%까지 줄었다.[1] 광견병에 걸렸을 때 사용할 수 있는 치료제가 얼마나 적은지 안다면 정말이지 놀라운 발견일 수밖에 없다. 이것이 그런 연구를 계속 진행하게 해 주는 유일한 희망이다.

사람에게 위험한 것은 실제로 개나 고양이가 아니라 반려동물로 스컹크나 라쿤(미국너구리)과 같은 야생동물을 키우거나 판매하려고 포획하는 것이다. 불행히도 개나 고양이를 위해 개발한 광견병 백신이 이런 종에게 완벽하게 안전하거나 효과적이지 않기도 하다. (예를 들어, 늑대 교잡종은 예방접종으로 인한 감염의 위험성이 있어서 광견병 예방접종을 권장하지 않는다.) 야생동물 입양은 윤리적이고 생태학적인 문제가 있을 뿐 아니라 야생에서 생활하기 때문에 광견병에 걸릴 기회가 매우 많으므로 야생동물을 반려동물로 키우는 것은 현명하지 않다.

광견병 예방접종

악명 높은 치사율 때문에 지방자치단체에서는

사전 예방조치로 개에게 주기적으로 광견병 예방 접종을 실시하라고 법으로 정했다(고양이는 임의적으로 선택하고 있으며, 모든 주에서 시행하고 있지는 않다). 그런데 대부분 백신 사용을 통해 문제가 생긴다.

개

나는 개에게 예방접종을 실시한 후 행동의 변화가 나타나는 것을 여러 번 보았다. 자연에서 발생하는 광견병은 주로 뇌에 영향을 미치며 예방접종도 이와 동일한 부위에 영향을 미치는 것으로 보인다. 예방접종이 광견병을 유발하지는 않지만 개를 의심이 많고 안절부절못하며 물거나 공격적으로 변하게 하는 것이다. 이런 개들은 끊임없이 무리를 탈출할 방법을 찾고, 계속해서 땅을 파는 데 시간을 허비하기 때문에, 영원히 가두는 것이 불가능할지도 모른다. 만약 이런 행동변화가 보인다면 이때 사용할 수 있는 효과적인 치료제 중 하나는 다음 동종요법 약물이다.

동종요법 − 라케시스(Lachesis) 30C : '동종요법 스케줄 4'를 이용하여 투여한다. 한 달 동안 지켜본 후 재평가한다. 만약 행동에 어떤 호전양상이 보이지 않는다면 이때 적용할 수 있는 또 다른 동종요법 약물이 있으므로 이를 결정하기 위해서는 동종요법 수의사에게 진료를 받는 것이 좋다.

고양이

고양이는 개만큼 광견병 예방접종을 자주 하지는 않는다. 하지만 감염이 되기 쉬워서 우려스럽

다. 나는 임상에서 예방접종을 한 후에 행동의 변화가 나타나는 경우는 많이 보지 못했지만 신체 증상이 종종 나타나는 것을 보았다. 여기에 도움이 되는 동종요법 약물은 설퍼 30C이다.

동종요법 − 설퍼(Sulphur) 30C : '동종요법 스케줄 4'를 이용하여 투여하고 한 달을 지켜본 후 재평가한다. 만약 어떤 호전양상도 보이지 않는다면 이때 적용할 수 있는 또 다른 동종요법 약물이 있으나 이는 동종요법 수의사에게 진료를 받는 것이 좋다.

구토 vomiting

구토는 혼자서 저절로 발생하는 일이 거의 없는 내재질환의 증상 중 하나이다. 가장 흔하게는 위장관장애와 연관이 있지만 중독, 신부전, 약물 부작용, 여러 부위(복막, 췌장, 뇌와 같은)의 통증이나 염증, 수술, 심각한 변비, 그 외에도 많은 질병에서 발생할 수 있다. 따라서 구토 자체만 보기보다는 내재질환이 무엇인지 이해하고 그 질환을 치료하는 일이 필수적이다. 구토는 고양이에서 더 쉽게 볼 수 있지만 개와 고양이 둘 다 매우 흔하다. 따라서 구토가 항상 심각한 질병을 의미하는 것은 아니지만 구토가 오랫동안 지속되는 경우에는 근본원인이 무엇인지 파악해야 하므로 반드시 수의사의 도움을 받아야 한다. 만약 장기간 지속되는 구토가 조절되지 않으면 염화나트륨이나 염화칼륨과 같은 생명유지에 필요한 염분의

소실과 심각한 탈수를 유발할 수 있다.

치료

잘못된 것이 아무것도 없는 것처럼 보일 때 다음 동종요법 약물이 종종 구토를 해결해 준다.

동종요법 – 이페칵(Ipecac) 6C : 지속적인 구역질에도 효과적이며, 구역질로 인해 지나치게 많은 양의 침이 나오는 지속적인 구토에도 효과적이다. '동종요법 스케줄 1'을 이용한다.

동종요법 – 눅스 보미카(Nux vomica) 6C : 여러 가지 음식을 먹은 후에나 과식을 한 후 또는 쓰레기통을 뒤진 후에 발생하는 구토의 경우에 적합하다. '동종요법 스케줄 1'을 이용하여 투여한다.

이것과 함께 구토를 할 때에는 음식과 물을 모두 금식하고 경우에 따라 얼음을 핥아먹을 수 있도록 해 준다. 탈수가 심한 경우에는 체액과 염분을 보충하기 위해서 18장에서 설명한 것처럼 2시간에 한 번씩 관장액을 소량 주입해 준다. 관장액 473mL에 바다소금(또는 대용품으로 식탁용 소금) ¼ 티스푼과 염화칼륨(마트에서 파는 소금 대용품) ¼ 티스푼을 첨가한다. 관장액으로 주입된 이 액체는 탈수된 동물의 장 속에 남아 있다가 흡수된다.

귀진드기 ear mite

364쪽 '귀질환' 편을 참조한다.

귀질환 ear problem

귀의 염증이나 자극, 통증, 부종은 개에게는 매우 흔한 질병이지만 고양이는 조금 덜하다. 귀질환은 몸의 다른 부분에서 분명히 나타나는 알레르기나 피부질환을 반영하는 큰 그림 중 한 부분이다. 그런 알레르기는 꽃가루가 날리는 계절처럼 연중 특정 시기 중에 피부의 갑작스런 홍반이나 홍조로 주기적으로 나타난다. 귀질환을 앓는 개가 앞발을 지나치게 깨물고 엉덩이를 끌고 다니면 알레르기가 있을 가능성이 높다.

고양이도 귀에 거무스름한 귀지나 기름진 물질이 쌓여 가려움증이나 머리를 흔드는 유사한 질환으로 발전할 수 있다. 귀진드기는 고양이 귀질환의 또 다른 원인으로 알레르기를 더 자주 유발한다.

이러한 귀질환은 사라지지도 않고 재발하며 매우 지속적으로 나타나기 때문에 치료하는 데 있어 매우 힘든 문제가 된다. 이렇게 되면 귀에 거무스름한 물질(대부분 귀지)이 쌓이고 귀를 발로 긁거나 머리를 흔드는 모습을 자주 보게 된다. 또한 귀에서 냄새가 나고 다소 붓거나 발적될 수 있으며, 심한 경우에는 외이가 종창되고 딱딱해지며 이도는 매우 좁아진다.

수의사들은 이 문제를 주로 '효모균 감염' 탓으로 돌리지만 꼭 그렇지만은 않다. 모든 개의 귀에는 효모균이 존재한다. 하지만 알레르기 상태가 되면 체액이나 귀지가 과도하게 분비되어 효모균을 위한 만찬이 차려져 효모균은 성대한 잔치를 벌일 수 있고 급속도로 증식할 수 있다. 효모균은 진정한 원인이 아니며 실제로 감염도 아니다. 그러므로 귀약을 넣어서 효모균을 죽이려는 것은 시간낭비일 뿐이다. 만약 수의사가 어떤 치료를 하는지 관심을 가진다면 대부분 코르티코스테로이드(프레드니손과 같은)가 함유된 귀연고를 처방한다는 사실을 알 수 있을 것이다. 이 연고는 면역 염증반응을 없애 준다.

알레르기 문제가 대개 귀질환의 원인이라는 것을 이해해야 한다. 그렇지 않으면 평소처럼 나머지 상황은 무시하고 귀에만 초점을 맞춰서 귀 치료만 하고 증상을 억제하여 상황을 더 악화시킬 수 있다. 근본적인 문제에 대한 더 자세한 정보는 '알레르기'(426쪽) 편을 참조한다.

귀 분비물을 깨끗이 닦아내면 자극을 줄이는 데 도움이 된다. 귀를 세정하는 데 쓸 수 있는 허브는 다음과 같다.

허브요법 – 칼렌둘라(Calendula) : 분비물이 수양성이고 악취가 나며 묽다면 깨끗한 물(증류수, 용천수, 여과수) 한 컵에 금잔화(Calendula officinalis) 꽃망울의 글리세린 추출액이나 팅크 1티스푼과 바다소금 ¼티스푼을 섞어서 하루에 한두 번 귓속에 넣고 마사지해 준다(귀 치료에 대한 더 많은 정보는 18장을 참조한다).

허브요법 – 알로에 베라(Aloe vera) : 귀 분비물은 적지만 통증이 심하고 예민하며 외이도가 헌 것처럼 보일 때 알로에 베라 잎으로 제조한 신선한 액이나 액상 젤을 이용해서 하루에 한두 번 귓속에 넣고 마사지해 준다.

허브요법 – 아몬드 오일(Almond oil, Sweet almond oil) : 거무스름하고 기름진 귀 분비물을 녹여서 부드럽게 하려면 아몬드 오일을 귓속에 넣고 마사지한다. 이 오일은 피부를 치유하고 진정시키는 효과도 있다. 만약 귀에 통증이 심하다면 알로에 베라와 하루씩 번갈아 가며 치료한다(오일과 물은 잘 섞이지 않는다).

허브요법 – 녹차(Green tea) : 주로 거무스름하고 악취가 나는 물질을 생산하는 귀에 사용한다. 먼저 아몬드 오일로 분비물을 닦아내고 다음 날 녹차로 치료를 시작한다. 컵에 녹차 티백 2포(또는 2티스푼)를 넣고 끓는 물을 넣은 후 15분 동안 우려낸다. 녹차 찌꺼기를 걸러낸 다음에 따뜻하게 해서 하루에 두 번씩 귀를 세정해 준다.

귀 세정과 함께 다음 동종요법 약물을 사용하면 효과가 더 좋다.

동종요법 – 풀사틸라(Pulsatilla) 6C : 귀가 많이 붓고 발적되었으며 통증이 심할 때 사용한다. 개와 고양이가 순종적이고 연민을 불러일으키며 안아주고 위로받기를 원하는 상태이다. '동종요법 스케줄 2'를 이용한다.

동종요법 – 실리케아(Silicea) 30C : 풀사틸라가 크게 도움이 되지만 문제를 완벽하게 해결하지 못한다면 이 약물을 한 번 투여하고 치료를 종결한다.

동종요법 – 벨라도나(Belladonna) 6C : 귀에서 갑자기 열이 나고 발적되면서 문제가 발생할 때 사용한다. 개와 고양이가 쉽게 동요하고 흥분하며 종종 경미한 발열이 있고 밝은 방에서도 동공이 커진다. '동종요법 스케줄 2'를 이용한다.

동종요법 – 칼카레아 카르보니카(Calcarea car-bonica) 30C : 벨라도나로 치료했을 때 두드러진 효과가 있다면 그 치료를 종결하고 2~3일 기다린 후 나중에 문제가 재발하는 것을 막기 위해 이 약물을 한 번 투여한다.

동종요법 – 헤파르 술푸리스 칼카레움(Hepar sulphuris calcareum) 30C : 귀의 통증이 지나치게 심해서 누군가가 만지는 것을 원치 않으며 계속 만지려고 하면 문다. '동종요법 스케줄 2'를 이용한다.

동종요법 – 그래파이트(Graphites) 30C : 다른 약물에도 전혀 치료효과가 없고 귀가 여전히 민감하고 가려움증이 지속된다면 이 약물로 치료를 시도해 본다. '동종요법 스케줄 4'를 이용한다.

여러 가지 또 다른 요인이 귀질환이나 알레르기와 연관된 귀질환 혹은 선천적인 귀 문제를 악화시킬 수 있다. 많은 품종의 개에게 주된 요인은 귀의 모양과 관련이 있다. 또 다른 원인으로는 귓속에 유입된 물에 의한 감염, 뚝새풀이나 다른 식물의 까끄라기가 귀에 박히는 문제, 귀진드기(고양이에게서 더 흔하게 발견된다)가 있다. 이 문제들을 하나씩 살펴보자.

해부학적 문제

사실 개의 귀는 머리 옆에 똑바로 서도록 진화했다. 이것이 청력과 귀 건강 두 가지 조건을 가장 만족시킬 수 있는 모양이다. 늑대나 코요테처럼 똑바로 선 귀는 소리가 귓속으로 잘 들어가게 한다. 또한 귓속과 외부 사이의 공기와 습기를 적절하게 교환한다. 귀에 물이 들어가더라도 머리를 흔들고 공기가 들어오면서 습도를 곧 적절한 수준으로 줄인다. 그러나 인간은 수천 년 동안 개를 기르면서 귀가 아래로 축 처지거나 접히고, 무거우며 귀에 털이 많은 개를 선택했다(강아지의 기본적인 특징이다). 이러한 형태의 귀는 개가 귀엽게 보이거나 사람이 원하는 여러 특징을 따르다가 자연스럽게 생겨났을 것이다. 어쨌든 이 늘어진 귀 때문에 개는 불필요한 고통을 겪으며, 사람은 예상치 못한 많은 지출을 해야 한다. 축 늘어진 귀는 많은 문제를 유발한다. 늘어진 귀는 귓속에서 공기와 습기가 자유롭게 상호 교환하는 것을 막고, 가시나 이물 조각 등이 내부에 쉽게 들어붙게 된다. 푸들처럼 귓속에 털이 자라는 견종은 문제가 더 심각하다. 이 점을 염두에 두고 지금부터 귀질환을 일으키는 세 가지 요인을 살펴본다. 어떤 개든 이 세 가지 요인에 영향을 받을 수 있지만 귀가 축 늘어져 있는 개에게는 피할 수 없는 문제이다.

귓속에 물이 들어간 경우

많은 개가 헤엄치기를 좋아하는데 이때 귀에 물(종종 깨끗하지 않은)이 들어간다. 그렇게 유입된 많은 양의 물은 수영하는 사람의 귀와 똑같은 상태를 유발한다(경우에 따라 더 심각한 감염으로 발전할 수 있는 약간 경미한 자극).

개가 이런 경향을 보인다면 헤엄을 친 다음 따뜻한 물과 레몬 주스[물 한 컵에 신선한 작은 레몬 절반을 바로 짜내거나 물 한 컵에 백식초(white vinegar)나 사과식초 1테이블스푼을 섞어서 사용한다]를 섞은 약산성 용액으로 귀를 세정해 준다. 이렇게 하면 세균이나 곰팡이의 감염을 줄이고 귀 조직을 치유한다. 만약 이 조제액이 화끈거릴까 봐 걱정이 된다면 따뜻한 물로 더 많이 희석한다. 점적기나 작은 컵을 이용하여 귀에 용액을 떨어뜨리고 밖에서 외이도를 마사지해 준다[18장 '체공관리'(322쪽) 편 참조]. 그리고 난 후 동물이 머리를 흔들게 놔둔다(머리를 흔들지 못하게 막기는 어렵다). 귀 안에 있는 조직과 과도한 수분을 모두 제거하고 면봉으로 귀 안을 조심스럽게 닦아낸다. 이때 단지 수분만 흡수시킨다. 면봉을 피부에 대고 문질러서는 절대 안 된다.

예방 차원에서 추가적으로 귓속을 건조시키기 위해 귀를 머리 위로 묶거나 빨래집게 등으로 고정시킬 수 있다. 절대 귀 자체를 묶거나 핀으로 고정시켜서는 안 되고 귀 끝의 털만 이용한다. 귓속에 털이 자라고 있다면 환기를 원활하게 하기 위해 수의사나 미용사에게 털을 제거하는 방법을 배운다.

뚝새풀

귀가 축 늘어지면 뚝새풀이나 다른 식물의 가시가 더 많이 들어오는 경향이 있다. 늘어진 귀는 가시가 귓속으로 곧장 들어오게 하는 경첩 달린 출입문 같다. 잡초를 제거하고 반려동물이 뛰어다니는 곳을 통제하는 일 이외에 가시가 유입되는 것을 막을 수 있는 방법은 없다. 그래도 가시가 개의 귀에 들어왔을 때 처리하는 방법에 대해서 간단하게 알아보자.

개가 들판에 나갔다 온 후에는 즉시 귀와 발가락 사이를 훑어보아야 한다. 뚝새풀을 발견한다면 떼어낸다. 만약 눈에 보이지는 않지만 귓속 깊숙이 무언가가 있다는 생각이 든다면 혼자서 제거하려고 하지 않는다. 귀가 손상될 수도 있고, 뚝새풀이 고막을 관통할 수도 있다. 외이도를 조심스럽게 눌러 보면 귀 아래에 조그마한 플라스틱 관 같은 것이 들어 있는 느낌이 들 것이다. 만약 개가 통증 때문에 울부짖는다면 뚝새풀이 안에 있다는 의미이다.

수의사에게 바로 치료받을 수 없다면 일단 가시를 부드럽게 해서 자극을 줄이는 방법으로 귀 안에 따뜻한 오일(아몬드 또는 올리브)을 넣는다. 그리고 난 후 개가 머리를 흔들면 뚝새풀이 밖으로 나올 수도 있지만 기대하지 않는 것이 좋다. 가능한 한 빨리 동물병원에 가야 한다. 수의사가 적절한 기구를 이용하여 이물질을 제거해 줄 것이다. 간혹 마취를 해야 하는 경우도 있다. 바로 제거하지 않으면 뚝새풀이 고막을 관통해서 더 심각한 손상을 입을 수도 있다.

귀진드기

귀진드기는 새끼 고양이에서 매우 흔하며 개가 이 병에 걸렸을 때에는 대개 고양이한테서 전염된 것이다. 만약 귀진드기가 있는 고양이와 같은 증상을 보이는 개를 키운다면 그 개도 귀진드기에 감염되었을 가능성이 높다. 그러나 나는 임상에서 개가 감염되는 경우를 자주 보지는 못했다.

육안으로 진드기를 보는 것이 불가능하기는 하지만 귀 안에 분비물이 형성되는 것을 확인할 수는 있다. 분비물은 귓속 깊숙이 마른 커피 찌꺼기가 침전되어 있는 것처럼 보인다. 감염된 고양이의 귀를 문지르면 그때마다 고양이는 자기 귀를 미친 듯이 긁을 것이다. 개도 머리를 흔들고 귀를 자주 긁는다. 일반적으로 개는 고양이에서와 같은 분비물이나 악취는 없지만 수의사가 검이경으로 들여다보았을 때 외이도가 매우 벌겋고 염증이 있는 것처럼 보인다.

대개 활력이 떨어질 경우 기생충에 감염되므로 간접적으로나마 질 좋은 식단이 예방과 회복에 도움이 된다.

아몬드 오일이나 올리브 오일 14g과 비타민 E 400IU를 혼합해서 주면 자극 없이 치유를 도울 수 있다. 이 오일을 점적기병에 넣고 섞은 후 뜨거운 물에 담가 체온과 온도를 똑같게 만든다. 귀를 들어올리고 귓속에 점적기 용액의 약 ½을 넣은 후 외이도를 마사지한다. 잘 되면 액체 소리가 난다. 이렇게 1분 동안 마사지한 후 동물이 머리를 흔들도록 내버려둔다. 그러고 난 후 찌꺼기와 오일을 면봉으로 닦아서 귀의 입구(귓속 깊숙한 곳이 아닌)를 깨끗이 청소한다. 오일 혼합물은 귀진드기에게 쾌적하지 않은 귓속 환경을 조성하여 진드기들을 질식시키고 치유과정을 시작할 것이다. 6일 동안 격일 단위로 오일을 사용한다(총 3회). 치료를 하지 않는 동안에는 혼합액을 뚜껑으로 꽉 막아서 실온에 보관한다. 마지막으로 오일 치료를 한 후에는 3일 동안 귀를 쉬게 한다. 쉬는 동안 귀진드기를 직접 죽이고 억제하는 데 사용하는 다음과 같은 허브 추출물을 준비한다.

허브요법 – 귀 세정을 하고 난 후에 귀진드기를 죽이는 가장 간단한 방법 중 하나는 소리쟁이(Yellow dock, Rumex crispus)를 사용하는 것이다. '허브요법 스케줄 1'에서 설명한 것처럼 소리쟁이를 준비해서 앞의 오일과 같은 방법으로 적용하여 치료한다. 3~4주 동안 3일에 한 번씩 귀를 치료한다. 대개 이 방법만으로 문제가 해결된다. 만약 치료 중에 염증을 발견한다면 '알레르기'(426쪽) 편에서 소개한 귀 치료제를 사용한다.

치료가 매우 힘든 경우에는 머리와 귀를 철저하게 샴푸해야 할 수도 있다. 귀진드기는 귀 바깥쪽 주변에 매달려 있다가 나중에 등에서 기어 다닐 수도 있다. 꼬리 끝도 샴푸를 해야 한다. 개가 웅크리고 있을 때 머리 근처에 있던 소수의 귀진드기가 꼬리로 이동할 수도 있기 때문이다. 마지막 헹굴 때에는 소리쟁이 우린 물을 사용한다. 또한 고질적인 귀진드기 질환을 앓는 반려동물에게는 영양식을 통해 피부에 활력을 강화시켜 주는 일이 반드시 필요하다.

만약 증상이 호전되지 않는다면 이 문제는 절대 귀진드기에 의한 것이 아니며 우리가 앞에서 논의했던 것처럼 알레르기 양상일 가능성이 크다. 여기에서 차이점을 설명하면 진드기가 있는 귀는 건조하고 푸석푸석하며 귓속에 커피를 빻아 놓은 듯한 분비물이 있고, 알레르기성 귀에서는 암갈색의 기름진 귀지가 액상 분비물처럼 귓속에서 나오며 귀 바깥쪽 주변에서도 볼 수 있다.

기관지염 bronchitis

401쪽 '상부 호흡기계 감염(감기)' 편을 참조한다.

내부기생충 worm

내부기생충은 동물의 장내에 살고 있으며 대부분의 동물(특히 동물이 어릴 때)에서 흔히 발견된다. 대개 심각한 문제를 일으키지는 않는다.

자연 상태에서 내부기생충은 상당히 일반적인 것이라는 견해가 많다. 우리와 삶을 공유하는 유기체는 상당히 많다. 예를 들어, 사람의 몸 안에는 평균적으로 0.9~1.8kg의 미생물이 있으며 실제 숫자는 몸 안에 있는 세포의 수보다 많다. 사람의 장에 미생물이 몇 kg씩 들어 있다고 설명하는 것은 그래서 모든 사람이 아프다는 뜻이 아니라 장내 미생물에 대한 이해를 돕기 위함이다. 인간, 동물과 살고 있는 유기체는 질병을 유발하지 않으며 실제로 장에서처럼 이롭게 한다. 소가 풀을 먹을 수 있는 이유는 엄청나게 큰 발효 통인 거대한 위에서 세균과 곰팡이가 풀을 분해하여 영양소로 만들기 때문이다. 소는 세균과 공생하며 세균 없이는 살 수 없다.

자연에서 기생충은 매우 적은 숫자로 대부분의 동물에 존재하고, 몸에서 기생충의 수가 더 늘어나지 않도록 면역력을 생산하는 엄청나게 중요한 역할을 한다. 기생충은 아주 조금만 먹고 아무런 문제도 일으키지 않으며 실제로 다른 기생충이 더

많은 것을 빼앗아 가는 것을 막도록 동물의 장을 보호한다. 이러한 종류의 면역력은 기생충의 존재에 달려 있으며, 만약 기생충이 제거되면 면역력을 잃고 동물은 다른 기생충에 감염될 수 있다.

실제는 이렇지만 사람들은 대부분 기생충이 주변에 존재하는 것을 원치 않는다. 그러니 조금 더 알아보자.

회충 roundworm

아주 어린 동물은 태어나기 이전에 이미 어미로부터 회충에 감염될 수 있다. 어미가 건강하지 못하면 기생충은 이러한 상황을 이용하여 정상보다 더 많은 수가 태아에게로 이동한다. 이렇게 약한 어미에게서 태어난 자견이나 자묘는 기생충에 심하게 감염되어 무럭무럭 자라날 수 없다. 그러나 이러한 심한 기생충 감염이 흔히 일어나지는 않는다. 대개 심각한 문제를 유발하지 않으며, 자견이나 자묘가 앞에서 언급한 방식으로 면역력이 발달하기 때문에 기생충은 점차 줄어든다. 보통 생후 수개월이 되면 동물은 분변 검사에서 어떤 기생충도 나오지 않는다. 치료를 하지 않아도 저절로 이렇게 된다.

기생충 감염문제는 보통 증상을 보이지 않아 육안으로 알 수 없고, 동물병원에서 분변검사를 통해 기생충의 충란을 발견함으로써 진단이 이루어진다. 만약 이러한 진단을 받는다면 감염이 경미한지 심한지 묻는 것이 좋다.

감염이 심하다면 대개 배가 불러오거나 체중이 늘지 않거나 구토나 설사를 하는 양상을 보일 것이다. 간혹 기생충이 구토를 할 때 나오거나 변을

통해 나오기도 한다. 회충은 흰색 스파게티를 닮았으며 길이가 10cm 정도 되고 종종 변을 보았을 때 그 안에서 꿈틀거린다. 대개 태어난 지 수 주에서 수개월밖에 안 된 어린 동물만 회충을 토한다.

고양이는 일단 최초의 이런 기생충 감염에서 회복되고 나면 평생 면역력을 획득하게 되고 결코 재감염되지 않는다. 개와 고양이에게 있는 소수의 최초 기생충은 임신이 될 때까지(그리하여 다음 세대로 전파됨) 잠복상태로 지속되지만 어떠한 문제도 유발하지 않으며 분변검사에서도 발견되지 않는다.

다 성장한 동물이 회충에 지속적으로 저항하는 데 가장 중요한 요소는 비타민 A를 충분히 섭취하는 것이다. 비타민 A가 장기간 결핍되면 또다시 기생충에 감염되고, 동물이 저항하지 못하게 되는 경우 기생충이 성장한다.

회충의 치료

만약 어린 동물을 치료해야 한다면 어떤 방법이 좋을까? 다음의 치료법을 권한다. 가능하면 이 방법을 모두 이용한다.

동종요법 – 시나(Cina) 3C : '동종요법 스케줄 6(c)'를 이용한다. 기생충이 다 제거되었는지 확인하기 위해 동물병원에서 분변검사를 한다.

영양요법 – 매일 음식에 귀리나 밀기울을 동물의 체중에 따라 ½~2티스푼씩 첨가한다. 이런 거친 음식이 기생충을 제거하는 데 도움이 된다. 또한 강판에 간 당근이나 순무, 비트와 같은 야채 중 한 가지를 같은 양으로 급여한다.

허브요법 – 마늘(Garlic, Allium sativum) : 동물의 체중에 따라 방금 강판에 간 신선한 마늘 ¼~1쪽을 음식에 섞어 준다(개와 고양이에게 마늘을 먹이는 문제에 대한 논쟁은 11장을 참조한다).

미네랄 요법 – 규조토(Diatomaceous earth) : 천연식품점이나 펫숍에서 구입할 수 있다. 간혹 벼룩 구제를 위해 사용하는데 회충에도 효과적이다. 규조의 겉껍데기는 기생충의 외피에 자극을 가하고(벼룩일 때), 장을 물고 있는 힘을 약하게 해서 밖으로 나오게 한다. 끼니마다 천연 규조토를 ¼~1티스푼씩 첨가해 준다. 수영장 필터용으로 만든 제품은 사용해서는 안 된다. 허브 판매점이나 화원에서 구입할 수 있는 정제되지 않은 천연 제품을 사용해야 한다.

위와 같은 치료법 대신 허브 구충제도 치료에 도움이 된다. 건강식품점에서 구입해서 라벨에 표시된 용법대로 투여한다.

3주 동안 이런 무독성 치료제를 투여하고 나서 다시 한 번 기생충 검사를 한다. 그래도 여전히 기생충이 상당히 많이 남아 있다면 그때는 현대의학 약물로 치료를 받는 것이 좋다. 만약 어린 동물에게 앞의 프로그램을 적용했다면 비록 프로그램이 완전히 효과적이지는 않아도 동물이 약물 치료에 더 잘 견딜 수 있을 것이다.

촌충 tapeworm

촌충은 보통 벼룩을 삼키거나 땅다람쥐를 잡아먹어 감염될 수 있다. 반려동물은 변으로 나온 작은 체절에 의해 촌충에 감염되지는 않는다. 촌충의 충란을 가지고 있는 체절이 감염상태로 발달하려면 먼저 다른 동물의 몸속으로 들어간 다음 마지막으로 그 동물의 근육으로 가야 한다. 기생충에 감염된 땅다람쥐와 같은 동물을 다른 동물(개, 고양이)이 잡아먹었을 때에야 기생충이 전파된다. 일단 어린 촌충이 개나 고양이의 몸속으로 들어오면 소장에서 자란다. 각각의 촌충은 장에 달라붙어 있는 '머리'와 때가 되었을 때 변으로 나오는 충란이 가득한 매우 많은 체절로 이루어져 있다. 변을 통하여 나온 체절은 길이가 0.6~1.3cm 정도인 크림색의 구더기처럼 보이며 항문 주위나 방금 본 변 속에서 볼 수 있다. 촌충은 기어 다니지 않지만 한쪽 끝에 일종의 포인트를 형성하여 움직인다. 체절이 완전히 마르면 항문 주위의 털에 흰쌀이 박혀 있는 것처럼 보인다.

촌충은 대개 어린 동물에게는 문제가 되지 않고 사냥을 나갈 만큼 나이가 든 후에 더 많이 나타나는 경향이 있다.

화학적 구충제로 촌충을 죽일 수 있지만 종종 머리는 그대로 장에 부착되어 있고 체절만 배출하기도 한다. 불행하게도 남아 있던 머리에서 곧 새로운 몸이 자라나 또다시 변으로 체절이 나오기 시작한다.

촌충은 보기에는 역겨워도 대개 눈에 띌 만한 건강상의 문제를 유발하지 않으며, 그리 심각한 문제도 아니다. 따라서 즉시 박멸해야 한다고 생각하거나 두려워할 필요가 없다. 만약 이 책에서 소개한 천연 건강 프로그램을 따른다면 반려동물의 전반적인 건강상태가 향상되어 기생충성 질환이 줄어드는 것을 알게 될 것이다. 또한 반려동물의 몸이 해독되고 원기가 왕성해지면 많은 기생충이 저절로 배출된다.

촌충의 치료

촌충을 치료하는 주된 개념은 촌충을 자극하고 성가시게 하는 물질을 장기간 사용하는 것이다. 결국 촌충이 포기하게 되면 장을 물고 있던 힘이 약해져서 변으로 배출된다.

허브요법 – 호박씨(Pumpkin seed, Cucurbita pepo) : 촌충에 매우 놀라운 효과가 있는 안전한 치료제이다. 가공하지 않은 씨 전체를 생것으로 구해서 밀봉된 용기에 담아 실온에 보관하고 끼니 때마다 씨를 갈아 음식물에 섞어 곧바로 먹인다. 만약 끼니 전에 바로 씨를 갈아야 한다면 밀봉된 용기에 담아서 냉장 보관한다. 매일 필요한 양만큼만 신속하게 꺼내서 사용하고 수분이 많이 유입되기 전에 용기를 다시 밀봉한다. 그러나 사용하기 직전에 바로 씨앗을 가는 것이 가장 좋다. 전기 그라인더나 푸드 프로세서를 이용하면 편리하다. 동물의 체중에 따라 끼니 때마다 ¼~1티스푼씩 첨가한다.

영양요법 – 맥아 오일(Wheat germ oil) : 건강식품점에서 질이 매우 좋은 맥아 오일을 구입한다. 이 오일은 훌륭한 천연 촌충 억제제일 뿐 아니라 훌륭한 보조 치료제로도 사용할 수 있다. 맥아 오일을 동물의 체중에 따라 끼니마다 ¼~1티스푼씩 첨가한다. 소량의 음식을 급여하면 효소가 더 잘 작용한다.

영양요법 – 식물성 효소(Vegetable enzymes) : 무

화과나 파파야 등으로 만든 수많은 식물성 효소는 기생충의 외피를 먹어치운다. 말린 무화과를 잘게 썰고 갈아서 음식에 첨가해 줄 수 있다. 이것은 고양이보다 개가 더 잘 먹는다. 동물의 체중에 따라 끼니 때마다 ¼~1티스푼씩 첨가한다. 소량의 음식을 급여하면 효소가 더 잘 작용한다.

영양요법 – 파파야(Papaya) : 우수한 효소 공급원이지만 어디서나 쉽게 구하기는 어렵다. 파파인(파파야 효소)과 다른 소화효소가 함유된 효소 보충제를 사용할 수도 있다. 라벨에 표시된 용법대로 사용한다.

동종요법 – 필릭스 마스(Filix mas) 3C : 예로부터 촌충 감염에 사용해 온 전통적인 허브이다. 2~3주 동안 하루에 세 번 한 알씩 투여한다. 체절이 변으로 나와서 금방 없어진다면 그보다는 조금 단기간 사용할 수도 있다. 만약 이 약물을 구할 수 없다면 '회충의 치료'에서 소개한 동종요법 약물인 시나 3C를 사용할 수 있다.

일주일에 하루는 절식시키고 야채 브로스만 먹이면 효소에 의해 보통 뛰어난 효과가 나타난다. 절식은 기생충을 약하게 만들어 치료제에 대한 저항력이 약해지므로 특히 효과가 좋다. 기생충은 동물이 섭취한 음식으로부터 영양분을 얻기 때문에 이렇게 하면 기생충은 아무런 영양분도 섭취하지 못하게 된다.

만약 어떠한 형태의 장내 기생충을 제거하는 데 좀처럼 낫지 않는다면 간간히 피마자유를 한 번씩 먹인다. 절식을 한 지 하루 후에 피마자유를 투여하면 쇠약해진 모든 기생충이 변으로 나

올 것이다. 모든 어린 고양이와 3개월령 이하의 자견에게는 ½티스푼씩 투여하고, 생후 3~6개월이 된 자견이나 다 자란 고양이에게는 1티스푼을, 중형견에게는 1½테이블스푼을, 대형견에게는 2테이블스푼을 투여한다.

편충 whipworm

편충은 개에게 꽤 흔하지만 고양이보다는 드물다. 편충은 잠복기가 길고, 눈에 띄는 증상을 유발하지 않으며 인체에도 특별히 위협을 가한다고 생각되지 않는다. 대개 지속적인 수양성 설사를 보이는 경우 동물의 면역체계에 어떤 문제가 있다고 생각한다.

나는 임상에서 편충을 거의 접해 보지 못했다. 내가 운이 좋았을 수도 있고, 큰 문제가 없어서 그럴 수도 있다. 개가 아파 보이고 그 이유가 편충 때문이라고 생각한다면 혹시 다른 질병이 진행 중이지 않은지 찾아보는 게 좋다.

편충의 치료

앞에서 언급했듯이 나는 이 질병을 거의 접해 보지 못했다. 그러나 '회충의 치료'에서 소개했던 치료제가 편충에도 효과가 있을 것이다.

십이지장충(구충) hookworm

내가 사는 지역에서 십이지장충은 촌충이나 회충보다는 덜 흔하다. 그러나 십이지장충은 기생충 감염 중에서 가장 심각하므로 중요하다. 십이지장충은 미국의 남부 지역이나 사람들이 많이 붐비고 위생상태가 좋지 않은 지역에서 더 흔하

다. 피부를 통해서도 감염되고 삼켜서도 감염되며 가끔 모유를 통해서도 감염된다. 단지 장에서 음식물만 공유하는 다른 기생충과는 달리 십이지장충은 혈액을 빨기 때문에 반려동물에게 심각한 손상을 입힐 수 있다. 어떤 종은 사람도 감염될 수 있으므로 반려동물이 십이지장충에 감염되었다면 제거해야 한다.

어린 동물이 심하게 감염되었다면 장내로 유출된 혈액에 의해 변이 검거나 타르처럼 보이기도 하고 액체일 수도 있으며 악취가 날 수도 있다. 빈혈이 진행되어 잇몸이 창백해질 수도 있고 어린 동물은 야위고 쇠약해진다.

십이지장충의 치료

십이지장충 감염은 건강상의 위험이 크기 때문에 동물병원에서 치료받는 것이 좋다. '회충의 치료'에서 소개한 치료제도 효과가 있겠지만 개인적으로는 직접 사용해 보지 않아서 확실하지 않다. 하지만 다른 옵션이 없다면 그 치료제를 사용해 보도록 한다. 아무것도 하지 않는 것보다는 확실히 좋을 것이다.

주의사항 : 기생충에 감염된 동물은 다른 동물이나 아이에게 질병을 옮길 수 있다. 특히 오염된 흙과 접촉한 사람은 회충과 십이지장충에 노출될 수 있다. 회충과 십이지장충은 사람의 몸에서 잘 증식하지 않고 대개 심각한 문제를 일으키지 않지만 성가시고 귀찮을 수 있다. 몸에서 좋아하는 장소로 이동하면서 주로 피부자극을 유발한다. 문제가 해결될 때까지 특별히 관리하는 것이 좋

다. 환경오염을 예방하기 위해 모든 배설물을 모아서 한곳에 깊게 묻거나 화장실 변기에 넣고 내리거나 잘 싸서 처리하는 것이 좋다.

농양 abscess

농양은 싸우다가 생긴 상처에 흔히 나타나는 합병증이다. 고양이의 바늘과 같은 이빨과 날카롭게 관통하는 발톱이 좁고 깊은 외상을 만들기 때문에 개보다 고양이에게 더 많이 나타난다. 상처 난 고양이의 피부는 세균, 털, 다른 오염원으로 빠르게 뒤덮인다. 때때로 부러진 발톱이나 이빨이 피부 속에 박힌 채 남아 있는 경우도 있다.

고양이의 농양은 보통 머리와 앞다리 주위 또는 꼬리 시작 부분에 발생한다. 머리 주위에 생긴 상처는 고양이가 영역 침범을 했거나 적에 대항하여 용감하게 싸웠음을 의미한다. 그리고 뒷다리나 꼬리 부위에 생긴 상처는 고양이가 도망가려고 했음을 의미한다.

개에게 나타난 농양은 보통 뚝새풀이나 식물의 까끄라기에 의해 피부 전체에(특히 발가락 사이, 귀 주위, 귓속, 뒷다리 사이) 발생한다. 농양이 잘 치유되지 않고 진물이 계속 흐른다는 것은 조직 내에 이물질이 남아 있음을 의미한다.

치료 : 고양이

나는 상해를 입은 후에도 좀처럼 농양으로 발전하지 않은 매우 건강하고 영양상태가 훌륭한 고양이 몇 마리를 키운 적이 있다. 경험상 훌륭한

영양 공급은 농양의 형성 없이 교상을 초기에 치료할 수 있다는 점에서 최상의 예방책이다.

중성화수술도 이런 문제를 크게 줄여 준다. 중성화수술을 하지 않은 여러 마리의 수고양이를 좁은 공간에서 함께 키우면 영역다툼과 암컷을 차지하려는 경쟁으로 자주 싸운다. 그런 상황에서는 농양이 계속 발생할 수밖에 없다.

온습포

최근에 상해를 입었다면 혈액 공급을 촉진시키기 위해 그 부분에 온습포를 대 주는 것이 좋다. 온찜질을 할 수 있다면 작은 수건에 따뜻한 물을 적셔서 편안하게 댄다. 물이 너무 많으면 꼭 짠 다음에 접어서 손상 부위에 댄다. 수건은 몇 분마다 다시 데워서 쓴다. 가능한 한 한 번에 15분씩 하루에 두 번 해 준다.

약물치료

싸운 후 몇 시간 이내에 동종요법 약물인 레듐(Ledum) 30C를 투약하면 감염이나 농양을 예방할 수 있다. '동종요법 스케줄 2'를 이용한다. 이 약물을 자주 투여하면 농양이 형성되지 않고 교상을 매우 빠르게 치유할 수 있다.

그러나 초기에 빨리 치료하지 못하거나 이미 감염되거나 농양이 생겼다면 보통 종창, 통증, 발열(국소적 또는 전신적으로)과 같은 다른 증상이 더 나타날 것이다. 이런 경우에는 고양이를 24시간 절식시키고 수분만 공급한다. 절식시키는 방법에 대해서는 18장을 참조한다.

앞에서 추천한 레듐 30C 대신 다음 약물 중 반려동물의 상태에 가장 알맞은 약물 한 가지를 선택하여 사용한다.

동종요법 – 헤파르 술푸리스 칼카레움(Hepar Sulphuris Calcareum) 30C : 농양은 형성되었지만 아직 터지거나 흐르지 않은 상태이고, 만지면 고양이가 극심한 통증을 느끼며 성질을 자주 내고 물거나 할퀴려고 할 때(다친 부위를 만지면 좋아하지 않는 것은 정상적인 반응이다. 하지만 이 반응이 지나치게 나타난다) 이 약물을 사용하면 농양 부위가 열려서 배농이 되고 치유가 되기 시작한다. '동종요법 스케줄 2'를 이용한다.

동종요법 – 실리케아(Silicea) 30C : 이미 농양 부위가 열려 있고 고름이 흐르는 진행성 외상의 경우에 적용하면 효과적이다. 헤파르 술푸리스 칼카레움에서와 같은 극심한 통증은 없는 경우에 사용한다. '동종요법 스케줄 2'를 이용한다.

동종요법 – 라케시스 무타(Lachesis muta) 30C : 농양의 주변 조직이 파랗거나 거무스름하게 변하고 피부가 괴사되어 가며(피부가 매우 딱딱해져서 떨어지기 시작한다), 고름에서 고약한 냄새가 날 경우에 사용하는 약물이다. 이러한 상태는 보통 물린 지 며칠이 지난 마지막 단계이다. '동종요법 스케줄 2'를 이용한다.

허브요법 – 자주루드베키아(Purple coneflower, Echinacea angustifolia) : 건강상태가 좋지 않고 야위었으며, 매우 허약하고 농양이 재발하는 동물에게 적합하다. 주로 시스템을 정화시키는 기능을 하며, 특히 혈액을 정화하고 피부를 건강하게 한다. '허브요법 스케줄 1'을 이용한다.

농양이 실제로 열려서 배농이 되면 조기에 농양 입구가 막히지 않도록 과산화수소나 허브 자주루드베키아('허브요법 스케줄 4'나 '허브요법 스케줄 6'에 따라)를 이용하여 1일 1~2회 농이나 딱지를 제거한다.

이후 농양이 치유되고 농이 더 이상 흐르지 않으면 자주루드베키아를 사용했던 것과 같은 방법('허브요법 스케줄 4'나 '허브요법 스케줄 6'에 따라)으로 허브 칼렌둘라(금잔화)를 이용해서 피부를 치료한다. 마지막 치유단계가 되기 전에는 절대로 이 약물을 사용하지 않는다. 그렇지 않으면 농이 모두 배출되기 전에 너무 일찍 피부가 치유되도록 자극할 수 있다.

농양이 오랫동안 진행되어 수 주 동안 계속해서 고름이 나오면 '동종요법 스케줄 3'을 이용하여 동종요법 약물인 실리케아 30C를 투여한다. 1주일 후에도 증상이 호전되지 않으면 '동종요법 스케줄 3'을 이용하여 설퍼(Sulphur) 30C를 투여한다.

치료 : 개

농양이 교상에 의해 발생한 것이라면 고양이와 같은 방법으로 치료한다. 고양이에서 설명했던 것처럼 온습포를 대는 것이 도움이 되며 개를 편하게 한다.

그러나 농양이 식물이나 고슴도치의 가시털, 쪼개진 나무파편, 피부 깊숙이 박힌 다른 이물질에 의해 발생했다면 이물질을 제거하지 않는 한 계속 고름이 흐르기 때문에 외과적으로 제거해야 한다.

'동종요법 스케줄 5'에 따라 동종요법 약물인

실리케아 30C를 사용하면 이물질이 자연적으로 빠져나오는 데 도움이 될 수 있다. 반드시 필요한 것은 아니지만 귀리짚(Oat straw, Avena sativa)으로 만든 용액으로 온찜질을 해도 도움이 된다. '허브요법 스케줄 4'를 이용한다. 감염된 부위가 발이라면 앞에서 만든 뜨거운 용액이 든 항아리에 발 전체를 담근다. '허브요법 스케줄 6'을 이용한다.

자연치유 과정에서 중력에 따라 이물질보다 아래 지점에서 고름이나 체액이 배출되는 경향이 있다. 그러므로 농양 개구부뿐 아니라 몇 센티미터 윗부분까지 찜질약이나 습포제를 붙인다. 그래야만 이물질이 있는 부위 전체를 덮을 수 있다. 뜨거운 용액으로 찜질하면 손상받은 부위로의 혈류가 증가하여 치유과정이 진행될 것이다. 이물질 주위로 고름이 많이 형성되었을 때에는 고름을 배출해야 한다. 이 시점부터 고름은 더 이상 흐르지 않을 것이다.

주의사항 : 뚝새풀이나 까끄라기는 구조 때문에 조직 내로 깊숙이 파고드는 경향이 있다. 따라서 짧은 시간 내에 좋은 결과가 나타나지 않으면 동물병원에서 수술을 해서 이물질을 제거해야 한다. 그러나 처음에는 앞에서 기술한 여러 가지 방법을 시도해 볼 만하다. 수술로 이렇게 작은 이물질을 찾아내기가 어려울 수 있기 때문이다['뚝새풀' 편(379쪽) 참조].

뇌염 encephalitis

346쪽 '개 홍역과 무도병' 편을 참조한다.

당뇨병 diabetes

개와 고양이에게 나타나는 당뇨병은 사람에게 나타나는 당뇨병과 여러모로 유사하다. 개는 제1형(연소자형, 인슐린 의존성) 당뇨병이 발달하는 반면 고양이는 압도적으로(⅔ 이상) 제2형(인슐린 비의존성) 당뇨병이 많다.[2] 당뇨병의 이러한 형태의 차이 때문에 종에 따라 차별화된 영양에 관한 조언을 할 것이다. 6장에 있는 개의 건강 유지용 레시피 차트(118쪽), 고양이의 건강 유지용 레시피 차트(136쪽)에서 두 번째 열에 있는 코드 D를 참조한다. 당뇨병에 가장 추천되는 레시피를 찾을 수 있다.

먼저 반려동물에게 당뇨병을 유발할 수 있는 원인에 대해 살펴보자. 여러 가지 요인이 작용할 수 있다. 비만이 반드시 당뇨병을 유발하는 요인이 아니라 해도 사람에서는 당뇨병이 비만과 연관이 있다. 비만은 건강 문제 그 자체의 또 다른 표현일 수 있다.

나는 개와 고양이에게 나타나는 당뇨병의 매우 중요한 요인이 바로 체내에 존재하는 환경내독소라고 생각한다. 예를 들어, 1999년에서 2002년까지 2,000명 이상을 대상으로 가장 만연한 오염물질 6가지를 조사한 바에 따르면, 이 오염물질이 80% 이상의 참가자들에게서 발견되었다.[3] 연구자들은 많은 독소와 당뇨병 발생률 사이에서 강한 상관관계를 발견했다. 독소 함유량이 많으면 많을수록 사람에서의 당뇨병 발생 가능성이 일반 발생률에 비해 38배나 높았다. 당연하게도 독소 수준은 매년 상승했으며 시간이 흐를수록 점점

더 높아져 나이가 많은 사람일수록 훨씬 더 높았다. 이는 당뇨병이 어린 동물에게는 많이 관찰되지 않지만 나이 든 동물에게는 독소가 축적되기 때문에 많이 관찰된다는 임상정보와 부합되며, 전체 인구에서 꾸준히 증가한다는 임상정보와도 부합된다. 개에게서 그 비율은 지난 30년 전에 비해 3배가 되었다.

동물에서 또 다른 원인은 면역체계의 이상이나 무질서 때문일 수 있다. 최근에 사람의 당뇨병은 인슐린을 만드는 췌장세포를 신체가 공격하는 면역체계의 이상일 수 있다는 결론이 나왔다. 반려동물, 특히 개에서 나타나는 당뇨병도 인슐린을 생산하는 능력을 파괴하는 동일한 과정을 밟을 가능성이 크다. 우리가 접하는 대부분의 이러한 면역체계 문제는 예방접종에 의해 악화되거나 예방접종을 한 후에 발생할 수 있으므로 이러한 연관성을 알고 질병을 앓는 동물에게 예방접종을 할 때에는 주의를 기울여야 한다(16장 참조).

개의 당뇨병

제1형 당뇨병이라 불리는 개의 당뇨병은 인슐린을 만드는 췌장세포가 점차 줄어드는 질환이다. 이 세포들이 사라짐에 따라 혈액 내에서 이용할 수 있는 인슐린도 줄어든다. 그렇다면 인슐린이 하는 일은 무엇일까? 인슐린은 에너지원인 혈당을 세포 내로 운송하는 일을 돕는다. 몸에서 이용하는 거의 모든 에너지는 혈당에서 오므로 매우 중요하다. 그런데 이상하게도 당뇨병에 걸리면 몸 안에 순환하는 혈당이 충분하다 못해 너무 많은데도 혈당이 필요한 곳으로 갈 수 없다. 그

래서 혈중에 남아 있는 여분의 혈당은 결국 소변으로 나온다. 이 훌륭한 영양분을 모두 그냥 흙에 뿌리게 되는 꼴이니 얼마나 안타까운가! 그러니 당뇨병으로 개는 에너지를 충분히 가지지 못한다. 개들은 많이 먹지만 여전히 점점 더 마르고 쇠약해진다. 또한 소변에 계속 당이 남아 있어서 체액이 소실되는데 이는 당을 제거하려면 물에 용해되어야 하기 때문이다. 그 결과 비정상적으로 갈증이 심해지고 많은 양의 소변을 보게 된다.

우리는 여기에서 그림을 단순화했다. 왜냐하면 당뇨병이 단지 인슐린 부족 이상의 문제이기 때문이다. 비록 인슐린 요구량이 호르몬 주사로 조심스럽게 충족된다 하더라도 점차 진행되는 변화와 쇠약은 여전히 계속될 수 있다. 따라서 때때로 췌장염의 재발, 백내장, 감염에 대한 감수성 증가(특히 비뇨기계에 대한 감수성 증가) 등이 나타난다.

고양이의 당뇨병

고양이는 사람에서 가장 흔한 제2형 당뇨병을 가진다. 차이점은 췌장에서 인슐린을 만드는 세포도 여전히 있고 활동하지만 혈액에 의해 인슐린이 보내진 몸의 표적세포가 인슐린에 적절하게 반응하지 못한다는 것이다. '개의 당뇨병' 부분에서 혈당이 세포 내로 이동하기 위해서는 인슐린이 필요하지만 인슐린의 양이 엄청나게 줄어들고 있다고 앞에서 설명했다. 이와는 달리 고양이는 인슐린이 많다. 심지어는 정상적으로 생산되는 양보다 더 많기도 하다. 하지만 몸의 표적세포가 인슐린에 반응하지 못해서 혈당을 받아들이지 못한다. 왜 인슐린에 반응하지 못하는지 이해가 되

지는 않지만 연구에 따르면 인슐린 저항이라 불리는 대사변화가 급성 질병 중에 보이는 정상적인 대사조절의 한 부분이라고 말하고 있다. 분명한 점은 이러한 대사조절이 심각한 감염 중에 뇌의 활동을 위해 필수적인 혈당의 양을 유지하기 위한 방식이라는 것이다. 물론 이 방식이 왜 당뇨병이 고양이에게(그리고 사람에게) 만성 형태로 발달하는지 설명하지는 못하지만 몸이 급성 질병에서와 같은 방식으로 반응하는 무언가가 있음이 틀림없다고 말하고 있다.

사람의 제2형 당뇨병 발생률은 꾸준히 증가하여 1985년에는 약 3000만 명이었다가 2013년에는 3억 6800만 명으로 늘었다. 유전을 원인으로 보기에는 시간이 너무 짧다. 이 문제는 앞에서 설명한 환경내독소, 특히 PGBs와 다이옥신의 축적과 연관이 있는 것으로 나타났다.[4]

개의 당뇨병 치료

추천되는 치료는 섬유소와 복합 탄수화물(상업 포뮬라)이 많은 음식을 급여하고 매일 (다른 동물의 선에서 추출한) 인슐린을 주사하는 것이다. 따라서 개들은 다음 레시피를 먹으면 가장 좋다. 피케른의 말리부 스페셜(114쪽), 개를 위한 파에야(116쪽), 냄비 요리(107쪽), 채소 듬뿍 스튜(110쪽), 렌틸콩 스튜(106쪽).

지금까지 내려왔던 기존 방식은 인슐린을 주사한 지 약 12시간 후(활동을 가장 많이 하는 시간)에 하루에 한 번 캔 사료를 급여하는 것이었다. 하지만 내가 치료했던 당뇨병을 앓던 개들은 하루에 한 번 잔뜩 먹기보다는 오히려 두세 번에

걸쳐 자주 잘 먹었다. 이 개들의 인슐린 요구량은 나날이 변덕스럽게 오르락내리락 하기보다는 오히려 상당히 안정된 것처럼 보였다. 얼마나 자주 음식을 급여하는 것이 좋은지 알려면 담당 수의사의 조언을 참작하여 반려동물과 함께 실험해 봐야 한다.

무엇보다 냉장 보관하지 않아도 되고 셀로판 봉지에 들어 있는 파우치 사료 유의 부드럽고 촉촉한 일반 상업용 사료를 피해야 한다. 이런 제품에는 인공색소뿐 아니라 방부제로 사용되는 당이 매우 많이 들어 있다. 곡물이나 콩, 야채에서 발견되는 당과 같은 복합 탄수화물 제품을 먹여야 한다.

당뇨병에 특히 도움이 되는 음식이 있다. 따라서 음식을 선정할 때에는 이러한 식품에 역점을 두어야 한다. 특히 기장, 쌀, 귀리, 옥수숫가루, 호밀로 만든 흑빵 등이 좋다. 당뇨병에 좋은 야채로는 그린빈(이 콩의 꼬투리에는 인슐린과 밀접한 관련이 있는 호르몬 물질이 함유되어 있다), 겨울호박(winter squash), 민들레 잎, 알팔파의 싹, 옥수수, 파슬리, 양파, 뚱딴지(Jerusalem artichoke) 등이 있다.

도움이 되는 보충제는 효모에서 발견되는 천연 크롬이 함유된 물질인 내당성 인자(glucose tolerance factor)이다. 이 물질은 몸이 혈당을 더욱 효과적으로 사용할 수 있도록 도와준다. 나는 항상 자연식에 이 요소를 보충할 것을 권장한다. 소변으로 빠져나간 비타민 B를 대체하기 위해 끼니 때마다 양조용 효모나 영양효모를 1~3티스푼 첨가해 준다.

운동을 충분히 시켜 주는 것도 중요하다. 운동은 인슐린 요구량을 줄여 주는 효과가 있다. 불규칙한 운동은 인슐린 요구량을 불안정하게 할 수 있다. 따라서 규칙적이고 지속적인 운동 프로그램이 가장 좋다. 운동은 또한 정상체중을 유지하는 것도 중요하다. 비만인 경우 이 질병으로 더욱 힘든 시간을 보낼 수 있다.

고양이의 당뇨병 치료

제2형 당뇨병을 가진 고양이는 단백질과 지방이 매우 많고 탄수화물이 적은(레시피의 10~20%) 음식에 가장 반응이 좋다. 탄수화물이 많은 음식(대부분의 일반 상업용 사료)을 주면 고양이들이 당뇨병에 걸리기 쉬울 수 있다고 생각되지만 실제로는 그렇지 않다는 사실이 밝혀졌다.[5] 하지만 일단 병이 진행되면 설명했던 것과 같은 식이변화가 당뇨병을 줄이는 데 도움이 되었으며, 종종 당뇨병이 사라지기도 했다.[6]

고양이에게 탄수화물이 적은 음식을 주려면 앞에서 소개된 레시피를 이용해서 다음 네 가지 식단으로 바꾼다. 고양이 오믈렛(130쪽), 두부로 만든 야생 고양이의 식단(124쪽)(타마리 간장을 소금 ⅛티스푼으로 대체하고 효모는 1½테이블스푼이나 그 이하로 줄인다), 해산물을 좋아하는 고양이를 위한 두부 요리(125쪽), 캣 데이(123쪽)의 육류와 채소가 들어간 저녁식사. 각각의 레시피를 만들 때 겨울호박이나 덩이줄기(tuber)와 같은 녹말이 들어 있는 야채가 아닌 오직 칼로리가 낮은 채소(아스파라거스, 푸른 채소나 상추, 오이)만을 사용한다. 고기는 칠면조고기나 사슴고기와 같은 기름기 없는 살코기가 좋다. 식이에 변화만 줘도 좋아질 것이다. 특히 일찍 시작하면 당뇨 문제를 바로잡을 수 있지만 가끔 상황을 조절하는 데 도움을 주기 위해 (오랫동안 지속되는) 인슐린의 사용이 필요하기도 하다. 스케줄과 용량이 결정되어야 하므로 이 문제에 관해서는 담당 수의사와 상의하여 치료해야 한다.

'개의 당뇨병 치료' 부분에서 언급했던 내당성 인자를 사용하면 도움이 된다. 고양이는 대체로 양조용 효모나 영양효모를 좋아하므로 음식에 첨가해 주는 것이 좋다. 끼니 때마다 음식과 섞지 말고 음식 맨 위에 1티스푼 뿌려 준다.

당뇨병의 동종요법 치료

동종요법 치료는 식이변화와 병행했을 때 매우 효과가 있었다. 당뇨병을 오랫동안 앓지 않았다면 정상이 될 수 있고, 인슐린도 필요하지 않을 수 있다. 반면 몇 년 동안 인슐린을 투여했던 동물은 당뇨병을 없애지는 못하지만 용량을 줄이는 데 도움이 된다.

동종요법 - 튜자 옥시덴탈리스(Thuja occiden-talis) 30C : 처음에 진단했을 때 한 번 투여한다. '동종요법 스케줄 4'를 이용하며, 만약 한 달 후에도 당뇨병이 지속된다면 다음에 소개하는 약물을 참조한다. 이렇게 해도 문제가 해결되지 않으면 동종요법 치료가 더 이상 필요하지 않다.

동종요법 - 나트륨 무리아티쿰(Natrum muriati-cum) 6C : 이 약물은 식욕에 문제(보통 과식)가 있고 체중이 현저하게 감소했을 때 적합하다. 소변에서 당이 검출되며, 근심과 불안, 걱정을 하는

경향이 있고, 더위를 잘 견디지 못하는 동물에게 적용한다. '동종요법 스케줄 6(b)'를 이용한다.

동종요법 - 포스포러스(Phosphorus) 6C : 당뇨병에 걸린 동물은 체형이 항상 마르고 외향적이며 사교적이고 관심 받기를 좋아한다. 그리고 쉽게 토하는데도 불구하고 게걸스러운 식욕을 보이며 찬물 마시기를 좋아한다. 이들은 종종 췌장염 병력이 있다. '동종요법 스케줄 6(b)'를 이용한다.

동종요법 - 포스포릭 엑시드(Phosphoric acid) 6C : 다른 약이 아무것도 효과가 없을 때 도움이 될 수 있다. 당뇨병을 완치시키지는 못하지만 상태를 많이 완화시켜 주며 관리를 더욱 쉽게 하도록 해 준다. '동종요법 스케줄 6(a)'로 시작한다. 약물을 투여하고 나서 일주일 정도 지켜보았는데 도움이 되었다면 나중에 필요할 때 이 약물을 가끔씩 사용할 수 있다. 예를 들어 3~4일에 한 번씩 투여한다.

뚝새풀 foxtail

364쪽 '귀질환' 편을 참조한다.

개와 고양이의 가장 큰 적은 몸의 틈새나 털 사이에 박히는 수많은 뚝새풀과 식물의 까끄라기, 야생귀리의 씨이다. 모양 때문에 쉽게 제거되지 않으며 오히려 피부, 눈, 귀, 코, 구강, 항문, 질 안쪽으로 점점 들어가는 경향이 있다. 뚝새풀은 엄청난 문제를 야기하며 만약 뚝새풀이 피부를 뚫고 들어가면 몸은 소화시키지 못하기 때문에 몇 년이 지난 후에 제거해도 신선해 보일 정도이다.

이 가시가 몸에 한 번 박히면 사람들이 아무리 기를 써도 끈질기게 매달리기 때문에 제거하기가 어렵다. 그 결과 고름이 나오고 완전하게 치유되지도 않는다. 식물의 까끄라기가 발이나 체내로 점점 더 파고들어 가면 찾기가 엄청나게 어려워진다. 발가락은 귀나 눈처럼 식물의 까끄라기가 들어가기에 좋은 장소이며 제3안검 뒤쪽에 들어가서 많은 자극을 유발하기도 한다.

예방

들판, 공터, 잡초가 많은 곳을 다녀온 후에는 항상 동물의 상태를 점검하는 것이 좋다. 몸에 있는 틈새와 발가락 사이를 모두 확인하고 브러시로 털을 빗긴다. 뚝새풀이 한창일 때에는 발가락 사이의 털을 밀어 주는 것이 좋다. 또한 털을 짧게 밀고 귓바퀴나 귓바퀴 안쪽의 털도 깨끗하게 민다. 가시는 귀가 축 늘어진 개에게 더 잘 들어가는 경향이 있다. 귀에 들어간 뚝새풀을 치료하려면 '귀질환'(364쪽) 편과 '농양'(373쪽) 편을 참조한다.

치료

피부를 뚫고 들어온 뚝새풀로 인해 몸에 있는 작은 틈새에서 만성 분비물이 나오지만 수의사가 찾아내 제거하기가 힘든 경우 다음의 동종요법 약물이 도움이 된다.

동종요법 – 실리케아(Silicea) 6C : 이 약물은 피부 틈새에 박힌 뚝새풀을 빠지게 할 수 있다. 뚝새풀이 빠지는 것을 보면 문제가 해결되었음을

알 수 있다. 또한 분비물이 나오는 구멍 위에 핫팩을 대는 것도 좋다. 핫팩을 댄 부위의 체온이 올라가면 더 많은 양의 혈액이 그 부위에 몰려 더욱 많은 세포가 치유과정에 참여하게 된다. '동종요법 스케줄 6(b)'를 이용하도록 한다.

만약 이 방법으로도 가시가 빠지지 않으면 수의사가 수술로 제거하는 시도를 해야 한다. 뚝새풀은 예방이 최선임을 항상 명심한다.

라임병 Lyme disease

라임병은 1900년대 초반 유럽에서 처음 발견되었으며 그 후 유럽 전역, 오스트레일리아, 러시아, 중국, 일본, 아프리카에서 발견되었다. 라임병은 1975년 코네티컷 주 올드 라임에 사는 어린이들한테 관절염이 유발되었다고 처음 보고된 후 라임병이라고 명명했다. 상당수의 연구조사에서 이 질병은 스피로헤타(spirochete, 성교에 의해 전파되지 않더라도 매독과 관련 있는 미생물)에 의해 유발되고 진드기에게 물려서 전파되는 것으로 드러났다.

라임병은 사람에게 피부발진, 피로감, 발열과 오한, 두통, 요통, 관절염 등 여러 가지 증상을 유발한다.

그러나 동물은 많은 차이가 있다. 이제부터 내가 하는 말은 어디서도 들어보지 못했을 것이다. 간단히 말하면, 라임병은 실제로 다른 전염성 질병(예를 들어 홍역, 파보)처럼 개에게만 한정된 질

병이 아니다. 간단한 배경지식을 가지고 설명해 보겠다.

세균은 질병을 유발하는가? 사람이 정체를 모르는 어떤 새로운 것 때문에 아프다고 가정해 보자. 이때 혈액 내에서 어떤 종류의 세균을 발견한다면 병을 유발하는 원인이 무엇인지 알 수 있을 것이다. 그렇다면 그게 맞는지 틀린지 어떻게 알 수 있을까? 우리 몸에는 수백 종류의 세균, 바이러스, 곰팡이가 정상적으로 살고 있으면서도 어떠한 질병도 일으키지 않는다. 수적인 측면에서 보면 건강한 몸에는 세포보다 더 많은 미생물이 존재한다.

실험을 분명하게 하려면 누군가에게 '새로운' 세균을 주입하고 난 후 그들이 아픈지 아프지 않은지와 전에 보였던 것과 동일한 증상이 나오는지 나오지 않는지를 확인해야 한다. (안타깝게도 사람의 질병이라면 이 문제를 가여운 동물에게 실험했을 것이다.) 논리적이지 않은가? 이 방법은 지금까지 미생물이 질병의 원인인지를 알아내는 방식으로 채택되어 왔다. 이처럼 전혀 해롭지 않은 것으로 밝혀진 질병 추정원인으로 인해 의학의 역사가 어지럽혀졌음을 명심해야 한다.

이제 개의 라임병에 대해서 이야기해 보자. 과학자들이 수차례에 걸쳐 개에게 미생물을 주입했는데도 개에게서 라임병을 유발할 수 없었다. 개에게 세균을 주입해도 라임병을 유발시킬 수 없었다는 말이다. 어떤 경미한 증상으로 개를 아프게 할 수 있는 한 가지 방법은 면역체계를 억압하는 코르티손과 같은 약물을 먼저 투여하는 것이다. 일반적인 결론은 진드기를 통해서 개들이 라임병에 노출되기는 하지만 대부분 이 병을 이겨내며 면역계가 교란된 매우 소수의 개체만이 경미한 증상을 보인다는 것이다. 이 내용은 이미 건강에 문제가 있던 소수의 개만이 알레르기와 같은 과도한 반응을 더 많이 나타낸다는 맥락과 같다.

이것이 수의사가 반려인한테 말하지 않는 내용이다. 그들은 라임병에 관한 무시무시한 경고나 항생제의 필요성, 예방접종을 어떻게 해야 하는지에 관한 내용만 말한다. 그렇지 않던가? 그렇다면 어떻게 하면 이 문제를 중재할 수 있을까? 나는 이 질병으로 진단된 개를 오랫동안 수도 없이 많이 치료해 보았으며, 그런 경험에 비춰 보았을 때 대수롭지 않은 질병이었다. 그러면 반려인은 이렇게 말한다. "잠깐만요 선생님. 실제로 개한테 증상이 나타나고 있고 수의사들이 라임병이라고 말해요. 그런데 선생님은 크게 걱정하지 말라니 어떻게 말이 이렇게 다를 수 있죠?"

수의사들이 개에서 라임병이라고 부르는 상태는 주로 관절염이나 통증이 심한 관절, 다리를 저는 증상이 있는 경우를 두고 하는 말이다. 간혹 열이 나기도 하지만 항상 그런 것은 아니다. 어떤 지역에 사는 개는 피부에 붉은 반점을 남기는 진드기에게 자주 물린다. 이 개는 다리를 절고 진드기에게 물린 증거도 있으므로 라임병임에 틀림없으니 대개 항생제를 처방하며 개들은 대부분 호전된다. 그런데 이해가 되지 않는 점은 이 개를 치료하지 않고 그냥 두어도 자연스럽게 호전된다는 것이다. 이런 증상을 보이는 개를 대상으로 한 연구에 따르면 항생제 처치를 전혀 하지 않고

85%가 회복되었다고 한다. 나머지 15%는 항생제를 사용하든 사용하지 않든 간에 계속해서 증상을 앓는다.

진드기에 노출된 개는 얼마나 자주 증상을 보이는 것일까? 펜실베이니아 대학의 메릴 리트먼(Meryl Littman) 박사에 따르면, 이 질병은 너무 흔해서 개들의 90%가 이 유기체에 노출된 지역에서조차 단 4%만 다리를 절고 식욕이 떨어지며 열이 나는 등의 증상을 보인다고 한다. 그리고 그들은 자연 면역력을 획득한 것으로 나타났다. 반려인은 이렇게 말할 것이다. "흠… 이 4%가 질병의 증거는 아니겠지요?" 사람들은 이러한 논쟁을 할 수 있다. 연구에 따르면 일부 증상을 보이는 소수의 개는 어떠한 이유 때문에 면역체계가 약해졌다고 말하고 있다. 이것은 일반적인 의미에서 전염병이 아니다.

이 모든 것을 어떻게 해석해야 할까? 나는 델라웨어주 윌밍턴의 셸리 엡스타인(Shelly Epstein) 박사가 관찰한 내용을 보고 어느 정도 통찰력을 얻었다. 그녀는 임상에서 백신을 사용하는 횟수를 엄청나게 줄인 이후(혼합백신이 아닌 단독백신을 사용하여 총 서너 차례까지) 임상에서 라임병과 같은 증상을 앓는 개를 1년에 한두 마리밖에 보지 못했다고 한다. 이것은 매주 라임병 케이스를 보고 있는 (개들에게 30~40차례 예방접종을 하는) 그녀가 살고 있는 지역의 다른 임상가의 경험과 반대되며 그녀의 이전 경험과도 반대되는 것이다. 백신의 오남용은 라임 유기체에 대한 저항력을 가질 수 있는 동물의 면역반응을 교란시키는 듯하다.

만약 반려견이나 드물지만 반려묘가 이런 증상을 보인다면 동종요법으로 매우 쉽게 치료할 수 있다. 반려인이 사용할 수 있는 동종요법 약물을 소개한다.

치료

동종요법 – 아코니툼 나펠루스(Aconitum napellus) 30C : 종종 고열이 동반된 매우 초기 단계의 질환에 적합하다. 특히 안절부절못하는 불안감이 동반된 경우라면 더욱 그렇다. '동종요법 스케줄 1'을 이용하여 투여한다. 아코니툼은 초기에 처음으로 적용할 수 있는 약물이다. 다음에 소개하는 약물은 이 약물로 제거되지 않고 남아 있는 증상에 적합하다.

동종요법 – 브리오니아 알바(Bryonia alba) 30C : 종종 매우 조용히 누워 있으며 사소한 움직임에도 비명을 지르는 개에게 적합하다. 통증 때문에 움직이기를 꺼려하는 개에게 '동종요법 스케줄 1'을 이용하여 약물을 투여한다.

동종요법 – 루스 톡시코덴드론(Rhus toxicodendron) 30C : 잠깐 누워 있다가 움직이기 시작할 때, 특히 아프고 뻣뻣한 것처럼 느껴지는 개에게 적합하다. 그러나 점차 이리저리 돌아다니다 보면 관절도 유연해지고 뻣뻣했던 증상도 눈에 잘 띄지 않는 것처럼 보인다. '동종요법 스케줄 1'을 이용한다.

동종요법 – 풀사틸라(Pulsatilla) 30C : 몸이 아플 때 유순해지고 순종적이 되며 보호자에게 매달리고 물을 먹고 싶어 하지 않는 개에게 적합하다. '동종요법 스케줄 1'을 이용한다.

동종요법 – 메르쿠리우스 비부스(Mercurius vivus) 또는 메르쿠리우스 솔루빌리스(Mercurius solubilis) 30C : 잇몸이 붉고 염증이 있으며 구취가 심하고 침을 흘리는 경향이 있는 아픈 개에게 도움이 된다. '동종요법 스케줄 1'을 이용하여 투여한다.

발열이 동반된 급성 질환이 있는 경우에는 며칠 동안 절식시키면 도움이 된다(18장 참조).

앞에서 소개한 동종요법 약물이 효과가 없는 경우에는 숙련된 동종요법 수의사에게 진료를 받는 것이 좋다.

예방접종

현재 개한테 맞추는 백신의 종류에는 여러 가지가 있으며 수의사들은 보호자에게 백신을 열심히 맞추라고 공격적으로 말한다. 리트먼 박사는 병에 걸리기 쉬운 개들은(라임병 증상을 보일 수 있는 4%) 예방접종으로 보호받을 수 없다고 말한다. 실제 개들이 이미 진드기에 감염된 경우 예방접종이 병에 걸리기 쉬운 개들을 더욱 심각한 질병에 걸리도록 한다는 우려도 있다.

마비 paralysis

마비의 원인은 척추가 손상되는 사고에서부터 뇌동맥에 형성되는 혈액응괴나 추간판질환(추간판허니아), 그외에 여러 가지 질병에 이르기까지 다양하게 나타날 수 있다. 여기서는 가장 흔하게 나타나는 두 가지 원인인 추간판질환과 척추염(관절염으로 척추에 칼슘이 침착되는 질환)에 대해 살펴보겠다. 이 두 가지 상태는 어느 정도 유사한 질환으로 생각할 수 있다. 왜냐하면 둘 다 척추에서 진행되는 퇴행성 변화이기 때문이다.

추간판질환은 척추 사이에 존재하는 부드러운 젤라틴 물질을 담고 있는 섬유소성 피막이 파열되어 젤이 유출되는 것이다. 분명한 원인은 이 물질을 제자리에 있게 해 주는 인대가 파열되어 척수에 압박이 가해지는 것이다. 닥스훈트처럼 다리에 비해 허리가 긴 품종에서 가장 심하다.

척추염(spondylitis)은 저먼셰퍼드 같은 대형견에서 더욱 눈에 띈다. 이 질환은 장기간 지속되는 척추의 염증으로 나타나며, 몸은 관절염의 형태처럼 칼슘침착으로 인해 척추를 움직이지 못함으로써 고통을 경감시키려는 시도를 한다. 결국 이 침착은 척수에서 뻗어 나오는 신경을 침식시키며 그 기능을 방해한다. 경험이 별로 없는 사람들에게는 증상이 분명하게 보이지 않는다. 척추의 강직이나 자리에서 일어날 때 어려움이나 통증이 있는지 주시해야 한다. 이 질환이 진행됨에 따라 계단을 올라가거나 미끄러운 계단에서 뒷다리를 사용하는 것이 어려울 뿐 아니라 뒷다리가 눈에 띄게 쇠약해지고 등이 수척해진다. 진단은 대개 X-레이 촬영으로 이루어진다. 척추염은 종종 고관절이형성증과 관계가 있으므로 '고관절이형성증'(350쪽) 편을 참조한다.

예방

내 생각에 추간판질환과 척추염은 둘 다 수년

간의 불량한 영양공급과 부적절한 운동, 스트레스로 인해 척추가 퇴화되는 문제가 동일하게 표현된 질환이다. 이 질환은 치료보다 예방이 더 중요하다. 가장 좋은 것은 앞에서 말한 대로 권장하는 자연식을 급여하는 것이다. 또한 개를 입양할 때 척추가 길어서 추간판질환에 잘 걸리는 경향이 있는 품종이나 저먼셰퍼드처럼 고관절이형성증에 잘 걸리는 경향이 있는 품종은 피하는 것이 좋다.

치료

일단 추간판질환이 진행되었을 때 다음 프로그램을 적용하면 고통을 줄일 수 있다.

훌륭한 영양공급이 특히 도움이 된다. 일반 상업용 사료와 간식을 피하고 이 책에서 권장한 자연식과 보충제만 사용한다. 가능하다면 1일분 식사량에 레시틴 과립을 ¼~1티스푼 첨가해 준다. 또한 추간판질환과 연관된 결합조직을 강화하고 스트레스를 없애기 위해 비타민 C를 하루에 두 번 250~500mg 투여한다.

치료가 필요한 경우에는 다음 동종요법 약물을 사용한다.

동종요법 – 눅스 보미카(Nux vomica) 30C : 최근 척추의 통증과 함께 요추를 따라 근긴장이나 경련이 있고 뒷다리에 쇠약이나 마비가 있는 동물에게 효과가 좋다. '동종요법 스케줄 2'를 이용하여 투여한다.

눅스 보미카는 급성 단계의 질환에 더 적합하

지만 관절염을 근본적으로 치료하려면 다른 약물이 더 필요하다. 여기에는 동종요법에서 체질처방이라 불리는 치료방법이 필요하다. 이 처방은 동물이 일생에 걸쳐 어떤 식으로 쇠약해졌는지 패턴을 알아야 처방이 가능하다. 치료는 동종요법 수의사에게 진료를 받아야 한다.

마비를 보이는 동물은 척추와 다리를 마사지해 주고 근육이 수축하는 것을 막기 위해 다리를 수동적으로 움직여 주면 도움이 된다. 만약 자발적으로 조금이라도 다리를 움직일 수 있다면 욕조나 풀장에서 수영 같은 운동을 시킨다. 침술요법이나 카이로프랙틱도 추간판질환에 도움이 된다.

반면에 척추염은 일단 진행되면 치료가 더 어렵다. 단지 쇠약해지기만 한 게 아니라 이미 마비가 진행된 개는 호전될 가능성이 더 낮다. 초기 단계에서는 단기간의 절식(18장 참조)이 적합하다. 그 이후에는 이 책에서 설명한 기본적인 자연식 프로그램을 적용하여 급여한다. '관절염'(360쪽) 편에서 설명한 더 많은 지침이 도움이 될 것이다.

운동을 시키고 마사지를 해 주며 다음 동종요법 약물을 병행해서 투여한다.

동종요법 – 벨라도나(Belladonna) 30C : '동종요법 스케줄 2'를 이용하고 얼마나 호전되는지 관찰한다. 사용하고 나서 효과가 분명하다면 일주일 후에 칼카레아 카르보니카(Calcarea carbonica) 30C를 한 번 투여한다.

동종요법 – 포스포러스(Phosphorus) 30C : 만약 벨라도나가 효과가 없다면 이 약물을 사용해

보도록 한다. 종종 도움이 된다. 3~4주가 지나도록 어떻게 할지 결정하지 못해도 너무 조급하게 생각하지 않는다. '동종요법 스케줄 4'를 이용하여 투여한다.

다른 동종요법 약물로 바꾸거나 이 시기를 지나서도 약물을 계속 투여하려면 체질처방을 위해 동종요법 수의사에게 진료를 받아야 한다.

모낭충 demodectic mange

432쪽 '외부기생충' 편을 참조한다.

무도병 chorea

346쪽 '개 홍역과 무도병' 편을 참조한다.

방광염 cystitis

385쪽 '방광질환' 편을 참조한다.

방광질환 bladder problem

방광염이나 요도염, 비뇨기계의 광물질 침착이나 결석의 형성은 반려동물이 자주 겪는 질환 중 하나이며, 특히 고양이에서 많이 나타난다. 증상으로는 배뇨횟수의 증가와 혈뇨가 보이고, 심각한 경우에는 방광 내부의 부종과 점액질의 축적으로 인해 방광의 부분폐색이나 완전폐색이 일어나며 계속 힘을 주게 되고 극도로 불안해지고 불편해질 수 있다.

가능한 원인

방광질환은 고양이에게 흔한 문제이긴 하지만 아직도 원인이 확실하게 밝혀지지 않았다. 여러 가지 복합적인 요인이 있을 수 있으므로 하나씩 살펴보자.

현대 수의학에서는 치료할 때 대부분 항생제를 사용하지만 연구에 따르면 고양이의 방광질환은 세균에 의해 유발되는 것이 아니다(개는 가끔씩 세균이 원인일 때가 있다). 나는 35년이 넘는 임상경험을 통해 이 질환이 있을 때마다 반드시 항생제를 사용할 필요가 없음을 알게 되었다.

또 다른 원인으로 방광 안에 모래와 같은 물질이 축적되기 때문에 음식에 함유된 회분(미네랄)이 비뇨기계 질환을 일으킨다는 견해도 있다. 그러나 연구에 따르면 회분(미네랄)이 질환을 유발하지는 않는 것으로 나타났다. 오히려 오줌이 지나치게 알칼리화되기 때문에 모래와 같은 물질이 형성된다고 한다. 만약 단백질 함량이 충분히 높지 않은 먹이를 먹는다면 고양이에게 이런 문제가 발생할 수 있다. 이럴 경우 밥을 먹은 후 몇 시간 이내에 소변은 pH 7 이상으로 알칼리화된다. 소변검사 스틱을 이용하면 집에서 pH를 측정할 수 있다. 고양이가 방금 오줌을 싸서 축축해진 모래뭉치나 펄프에 요스틱을 푹 찔러서 pH를 잰다.

고양이의 정상 소변 pH는 6.2에서 6.6이다. 오차가 있을 수 있지만 지나치게 높아서는 안 된다.

소변을 더 쉽게 모니터링하는 방법은 소변이 얼마나 산성인지 알칼리성인지 알기 위해 특별히 고안된 모래인 프리티 리터(Pretty Litter)를 사용하는 것이다. 이 제품은 pH를 수치화해 주지는 않지만 오줌이 지나치게 산성인지 또는 지나치게 알칼리성인지를 색깔로 보여 준다.

또 다른 원인으로는 다른 질환에서도 여러 번 언급했던 수은중독이다. 수은중독은 특히 고양이에게 많이 발생하는데 그 이유는 고양이들이 생선을 자주 먹기 때문이다. 실제 고양이가 사람에 비해 체중 0.45kg당 30배가 넘는 양의 생선을 먹는다. 수은은 해양생물에 매우 높은 수준으로 축적되어 있다. 그래서 한 달에 한 번 이상 생선을 먹이지 말라고 경고한다. 고양이가 생선을 정기적으로 먹으면 매우 많은 양의 수은이 축적되어 방광염이 생기거나 방광 안에 모래나 결석이 형성되는 경향이 증가하게 된다.

마지막으로 예방접종이 방광질환을 조장하지는 않는지 생각해 보아야 한다. 예방접종 후에 생기는 질병이 비뇨기계와 생식기계에 집중되는 경향이 있다. 따라서 이러한 가능성도 염두에 두어야 한다. [예방접종과 신장질환에 대한 더 자세한 정보는 '신부전' 편(413쪽)을 참조한다.]

다행히 방광질환은 식이변화와 자연요법에 매우 잘 반응하고, 일시적인 완화가 아니고 안정적으로 치유된다.

치료

사료를 계속 먹이면 방광질환이 악화되고 오랫동안 지속되기 때문에 실제로는 절식이 도움이 된다. 그러므로 이 질환의 급성 단계에서 절식의 '유동식 단계'를 취하고 맑은 수프인 브로스를 급여한다.

상태가 어느 정도 호전되거나 회복된 후에는 치료 프로그램의 연장으로 식단을 개선한다. 6장에 있는 개의 건강 유지용 레시피 차트(118쪽), 고양이의 건강 유지용 레시피 차트(136쪽)에서 두 번째 열에 있는 코드 U를 참조한다. 이 코드로 방광질환에 추천되는 레시피를 찾을 수 있다.

이 식단은 또한 하루에 두 번 아침, 저녁에만 급여하는 것이 좋다. 30분 이상 음식을 실온에 방치해서는 안 된다. 만약 이때 음식을 먹고 싶어하지 않는다면 다음 끼니 때까지 그냥 굶긴다. 이 점이 매우 중요한데, 음식을 자주 급여하면 오히려 오줌이 알칼리화되어 모래와 돌을 만들기 때문이다. 보브캣이나 퓨마(쿠거)와 같은 야생 고양잇과 동물은 음식을 자주 먹지 않으며 때로는 며칠씩 굶는다. 쥐나 다른 설치류를 잡아먹었던 집고양이의 조상은 그보다는 더 자주 먹었을 수 있지만 그렇다고 끊임없이 음식을 입에 달고 살지는 않았다. 고양이는 매 끼니 사이에 소변을 정상적인 산성 상태로 되돌리기 위해 절식하는 시간을 가졌다.

1년 동안 고양이를 연구한 결과, 방광질환에 도움이 되는 영양 보충제는 오메가-3 지방산이다.[7] 밥에 오메가-3 지방산을 첨가해 주면 방광질환의 재발률을 크게 낮출 수 있다. 오메가-3를 가장 쉽게 얻을 수 있는 식품으로는 곱게 간 아마씨와 대마씨이다. 그라인더가 있다면 배아나 껍질 등을 제거하지 않은 아마씨를 구입한다. 아마씨는 실온에 보관할 수 있지만, 일단 한 번 갈면 보관이 어려우므로 일주일 정도 사용할 수 있는 양만 갈아서 보관한다. 아마씨유를 사용할 수도 있는데, 산소에 의해 쉽게 변질되므로 소량씩 구입해서 뚜껑을 잘 막아 냉장 보관한다.

곱게 간 아마씨와 대마씨를 사용할 때는 ½~1티스푼을 음식에 첨가하여 잘 섞어 주면 된다. 만약 고양이가 고형 가루를 잘 먹지 않거나 더 쉽게 하고 싶으면 아마씨유를 끼니 때마다 몇 방울씩 첨가하여 잘 섞어 준다.

베지펫의 설립자인 제임스 페덴은 베지캣과 동일한 보충제인 베지캣 파이를 이용한 프로토콜을 개발했다. 베지캣 파이는 단독으로 사용하면 위험하여 다른 성분과 결합하여 조심스럽게 사용해야 하는 소변 산화제인 황산수소나트륨(AAFCO 승인)을 첨가한 제품이다. 또한 보조제 크래니멀스(cranimals), 크랜베리 가루, 비타민 C의 급여를 권장한다.

메싸이오닌은 개와 고양이의 간 기능을 회복시키고 피부질환과 모질상태를 개선시켜 주며 기타 여러 기능에 중요한 역할을 하는 필수 아미노산이다. 메티오닌은 식물성 식품의 함량이 동물성 식품보다 낮아서 베지펫사는 최근 베지캣에 적당량의 메싸이오닌을 첨가했다. AAFCO의 기준 내에서 안전한 수준이며, 첨가하는 양은 수의사가 처방해야 한다. 메싸이오닌은 소변을 지나치게 산성화시켜 다른 문제를 유발시킬 수 있기 때문이다. 중성화수술을 하지 않은 수고양이의 경우 영역표시를 하는 분비물인 펠리닌(felinine, 황이 함유된 아미노산)을 생산할 때 메싸이오닌이 필요하기 때문에 메싸이오닌 요구량이 더 높다.

급성 케이스

요도가 완전히 막히면 고양이는 소변을 배출할 수 없고, 방광은 소변이 차서 점점 더 커지며 단단해진다. 그렇게 되면 방광은 복부 뒷부분에서 커다란 돌처럼 느껴진다. 특히 수고양이에게 문제가 되는데, 수고양이의 요도가 좁고 길기 때문이다. (암고양이도 방광질환이 있기는 하지만 잘 막히지는 않는다.) 요도가 막히면 오줌과 독성 노폐물이 혈류로 역류하기 때문에 매우 심각한 상태가 된다. 이렇게 되면 빨리 수의사의 진료를 받아 요도의 폐색을 완화시켜 오줌을 배설하게 해 주는 카테터나 플라스틱 튜브를 삽입해야 한다. 그러나 동물병원이 가까운 곳에 없거나 곧바로 갈 수 없다면 진료를 받기 전에 다음 약물 중 한 가지를 먹여 볼 수 있다.

동종요법 – 눅스 보미카(Nux vomica) 30C : 이 약물은 방광질환이 심해지기 전에 이미 민감해져 있고 누가 만지는 것을 싫어하며 다른 고양이와 떨어져서 혼자 있기를 좋아하는 고양이에게 가장 좋다. '동종요법 스케줄 2'를 이용한다.

동종요법 – 풀사틸라(Pulsatilla) 30C : 이 약물은 얌전하고 유달리 애정이 많으며 몸이 아플 때 안아주기를 원하는 고양이에게 가장 좋다. '동종요법 스케줄 2'를 이용한다.

동종요법 - 칸타리스(Cantharis) 30C : 오줌을 누려고 끊임없이 시도하면서 계속 힘을 주고 으르렁거리며 매우 사나워지는 고양이에게 투여하면 좋다. 또한 염증이 생긴 음경을 격렬하게 핥으면서 자신의 음경에 대고 혼자 으르렁거리고 화를 내기도 한다. '동종요법 스케줄 2'를 따른다.

동종요법 - 코쿠스 칵티(Coccus cacti) 30C : 앞에서 열거한 약물 중 한 개나 그 이상이 효과가 없을 때 사용한다. 결석이 요도를 막고 있거나 점액으로 요도가 완전히 폐색되어 오줌이 전혀 배출되지 못할 때 이 약물을 사용한다. '동종요법 스케줄 2'를 이용한다.

동종요법 - 튜자 옥시덴탈리스(Thuja occiden-talis) 30C : 일단 고비를 넘긴 후에 사용할 수 있는 약물이다. 예방접종을 지나치게 자주 한 후에 발생하는 경향이 있는 방광질환에 사용한다. '동종요법 스케줄 4'를 이용한다.

이 치료로 고양이는 소변 양이 갑자기 늘어 상당히 편안함을 느낄 것이다. 그리고 몸이 편안해져서 더 많은 양의 물을 먹고 처음으로 혼자 그루밍을 하기도 할 것이다. 이렇게 되면 위험한 순간을 넘기게 되고 카테터 삽입도 필요 없어진다. 며칠 동안 배뇨가 원활하게 이루어지고 있는지 자세히 관찰하고, 앞에서 설명한 대로 영양학적 변화를 병행한다.

만약 고양이에게 카테터를 삽입해야 한다면 회복에 도움을 줄 수 있는 또 다른 약물을 투여한다. 도움이 되는 약물은 다음과 같다.

동종요법 - 스태피사그리아(Staphysagria) 30C : 요도에 플라스틱 카테터를 삽입할 때 슬러지 때문에 방광까지 가는 길이 좁아져서 저항감이 심할 때 통증을 완화시켜 준다. 폐색된 요도를 뚫을 때 카테터가 염증이 있는 예민한 조직을 자꾸 건드려 마찰이 생기므로 요도에 염증이 더 생길 것이라는 점도 염두에 두어야 한다. '동종요법 스케줄 2'를 이용한다.

아급성 케이스

요도가 폐색되지 않고 염증만 생긴 단계이다. 고양이는 오줌이 자주 마려운 느낌을 받지만 조금밖에 누지 못하거나 혈액이 섞여 있다. 이러한 고통은 항생제를 투여하면 일시적으로 호전될 수 있다. 그러나 이 질환은 꾸준히 지속되거나 몇 주마다 재발한다. 동종요법 약물이 방광 질환의 이러한 단계에 종종 유용하다. 다음 네 가지 약물 중에서 상태에 가장 적합한 약물을 하나 골라 사용하면 된다. 단, 약물을 서로 병행하여 사용해서는 안 된다.

동종요법 - 벨라도나(Belladonna) 30C : 극심한 통증과 감정적인 동요를 보이며 자주 오줌을 누려고 하고 오줌에 혈액이 섞여 있다면 이 약물이 적합하다. 고양이는 빛이 밝게 비치는 곳에서도 동공이 매우 확장되며 잘 흥분하고 신경질적으로 변한다. '동종요법 스케줄 2'를 이용한다.

동종요법 - 풀사틸라(Pulsatilla) 30C : 어떤 상황에서든 뜨거운 것을 좋아하지 않는 고양이에게 매우 유용하다. 다음과 같이 테스트해 볼 수 있다. 뜨거운 물을 채운 병이나 타월로 감싼 따뜻한 전기방석을 내놓는다. 고양이가 그 옆에 있기를 싫어하거나 시멘트나 타일, 리놀륨, 욕조나 세면대와 같은 차가운 곳에 있기를 좋아한다면 고양이가 뜨거운 것보다 차가운 것을 좋아한다는 것을 알 수 있다. 보통 오줌이 소량씩 나오며 혈액이 섞여 있는 고양이에게 적합하다. '동종요법 스케줄 2'를 따른다.

동종요법 – 칸타리스(Cantharis) 30C : 이 약물은 앞에서 말했던 것과 동일한 상황, 특히 매우 사납고 으르렁거릴 때 적용한다. 증상은 심하다. '동종요법 스케줄 2'를 이용한다.

동종요법 – 메르쿠리우스 비부스(Mercurius vivus) 또는 메르쿠리우스 솔루빌리스(Mercurius solubilis) 30C : 이 약물을 필요로 하는 고양이는 엉덩이 쪽으로 자꾸 화를 내는 행동을 하고 오줌을 눈 후에 생식기를 핥으며 꼬리 주변을 잘근잘근 깨물고 오줌을 누기 위해 엄청나게 힘을 준다. 때때로 힘을 주는 행동은 변을 보는 것과 연관이 있기도 하며 변을 보고 난 후에도 계속 힘을 주기도 한다. 이런 고양이는 잇몸에 빨갛게 염증이 있거나 이가 흔들리는 등 이전에 구강질환이 있었거나 현재 있을 수 있다. 만약 고양이가 발병 전에 갈증을 유별나게 느낀다면 이 약물을 사용하는 것이 좋다. '동종요법 스케줄 2'를 이용한다.

주의사항 : 만약 이 동종요법 약물 중 한 가지를 사용하고 나서 24시간이 지났는데도 호전양상이 전혀 없다면 치료를 중단하고 상황을 재평가해야 한다. 항생제나 다른 약물을 사용했다면 이 약물이 증상의 양상을 변화시켰을 수 있다. 치료를 시작하기 전에 나타났던 증상을 돌이켜 생각해 보고 동종요법 약물을 선정할 때 지침으로 이용한다.

만성 케이스

만약 앞에서 언급한 약물 중 한 가지를 사용해서 성공적이었거나 카테터 삽입 처치를 한 이후 회복되었다면 앞으로 모래나 슬러지가 만들어져 방광에 차오르는 경향을 막기 위한 동종요법 치료를 고려해 보아야 한다. 불행하게도 방광질환은 재발하는 경향이 있으며, 몇 차례 재발하면 이는 만성질환이 된다. 다시 말하면 오랫동안 지속되는 재발성 질병이 된다.

방광질환 역시 우리가 이 주제의 초반부에서 논의했던 것처럼 식생활과도 연관이 있을 수 있다. 따라서 서로 다른 음식이나 레시피를 시도한 후에 정기적으로 오줌의 pH를 측정하면 도움이 된다.

만성 경향의 방광질환을 제거하는 데 효과가 있는 동종요법 약물을 몇 가지 소개한다.

동종요법 – 포스포러스(Phosphorus) 30C : 스트루바이트 결석으로 발전한 고양이에게 적합하다. 이 결정은 흰색 모래처럼 보이는 경향이 있으며 방광 안에서 만들어져 염증을 동반하고 요도를 막아서 카테터를 삽입해야 한다. '동종요법 스케줄 4'를 따른다.

동종요법 – 리코포디움(Lycopodium) 30C : 모든 음식을 먹지 않고 체중이 감소하며 식욕에 문제가 있는 동물에게 적합하다. 비뇨기계 문제가 발생하면 동물은 오줌을 누기 전에 큰 소리로 울부짖을 것이다. 결정 침전물은 덩어리가 더 크게 만들어지는 경향이 있다. '동종요법 스케줄 4'를 이용한다.

동종요법 – 튜자 옥시덴탈리스(Thuja occiden-talis) 30C : 특히 다른 약물을 시도했는데 완벽하게 성공적이지 못했을 때 효과가 있다. '동종요법 스케줄 4'를 이용한다.

지속적인 치료

당장은 아니지만 몇 달 이내에 더 치료해야 할 수도 있다. 오줌에 미네랄이 침전되어 있는지를 어떻게 알 수 있을까? 가장 쉬운 방법은 손가락으로 만져 보는 것이다. 우웩! 맞다. 기분이 좋지 않을 것이다. 하지만 그 방법만큼 침전물을 쉽게 알아낼 수 있는 방법이 없다는 것은 사실이다. 고양이 화장실을 준비한 후 먼저 깨끗이 씻어 말린다. 여기에 모래 대신 종이를 가로 1.2cm, 세로는 가로보다 조금 더 길게 해서 갈기갈기 찢어서 넣는다. 고양이는 화장실 안에 무언가가 들어 있는 것을 보고 모래에서 하는 것처럼 한참 종이를 긁고 오줌을 눌 것이다. 한참 기다렸다가 오줌에 침전물이 생기면 모래와 같은 느낌이 나는지 만져본다. 결정이 있다면 작은 모래 알갱이 같은 것이 느껴질 것이다. 또 다른 방법으로는 오줌을 유리병에 넣어서 한 시간 동안 놔두는 것으로, 그러면 모래와 같은 물질이 바닥에 가라앉아서 볼 수 있다.

만약 이 방법을 원치 않는다면 깨끗한 용기에 오줌을 받아서 곧바로 수의사에게 가져간다. 아니면 동물병원에 가져가기 전까지 냉장 보관한다. 병원에 가져가면 현미경으로 소변을 보고 문제가 있는지 알려 줄 것이다.

주의사항 : 반려인이 병에 오줌을 받아서 동물병원에 가면 수의사가 병이 멸균되지 않아 분석하기에 좋지 않다고 말할 수도 있다. 왜냐하면 수의사는 세균도 관찰하려고 하기 때문이다. 그래도 신경 쓰지 말고 검사를 해달라고 요청한다. 어쨌든 세균은 원인이 아니며, 우리가 원하는 건 세균의 평가가 아니라 결정이 형성되었는지를 보기 위한 것이기 때문이다.

적응증이 너무 모호해서 앞에서 열거한 동종요법 약물 중에서 꼭 맞는 것을 찾기가 어려울 때에는 다음에 소개할 허브요법을 시도해 본다. 심각한 방광질환이 없고, 너무 자주 누거나 화장실 밖에 오줌을 싸는 경향이 있는 고양이에게 도움이 될 것이다.

허브요법 – 쇠뜨기(속새, shavegrass, horsetail grass, scouring rush, Equisetum)를 '허브요법 스케줄 2'에 따라서 2~3주 사용한다.

개

방광질환이 고양이에게 더 흔한 것은 사실이지만 개도 앓는다. 개에게 가장 흔한 방광질환은 고양이와 같은 방광염이나 결석이다.

만약 개가 앞에서 설명한 고양이의 증상(배뇨 횟수 증가, 불편함, 혈뇨)과 닮은 급성 방광염이라면 앞의 고양이 치료 프로그램과 같은 프로그램을 적용할 수 있다. 나는 보통 '동종요법 스케줄

2'에 따라 눅스 보미카 30C나 풀사틸라 30C로 치료를 시작한다.

결석이 있다면 어떻게 해야 할까? 방광질환은 두 가지 형태로 나타난다. 첫 번째는 방광에서 형성되어 하부 비뇨기계를 통해 하강하다가 요도를 막는 알약 크기의 작은 결석이고, 두 번째는 방광을 채우는 매우 큰 결석이다.

작은 결석은 수캐에게 문제가 되는데 요도로 하강하다가 음경의 뼈가 있는 부분에 걸리기 때문이다. 이렇게 되면 배뇨 시도는 자주 하지만 시원하게 누지 못하거나 소량의 오줌을 내뿜듯이 배출하기도 한다. 이런 경우에는 즉시 다음과 같은 약물을 사용한다.

동종요법 – 풀사틸라(Pulsatilla) 30C : 종종 결석이 걸려 있는 요도의 근경련을 완화시켜 결석이 배출될 수 있도록 도와준다. 개는 반려인이 옆에서 자신을 위로해 주기를 원할 것이다. '동종요법 스케줄 2'에 따라 한 번만 시도한다.

동종요법 – 눅스 보미카(Nux vomica) 30C : 예민하고 화를 잘 내며 다른 개나 사람들로부터 떨어져서 혼자 있고 싶어 하고 누가 만지는 것을 싫어하는 개에게 도움이 된다. '동종요법 스케줄 2'를 이용한다.

동종요법 – 코쿠스 칵티(Coccus cacti) 30C : 특히 결석에 의한 요도폐색이 있을 때 사용한다. 오줌을 누려고는 하는데 항상 성공적이지 않거나 오줌이 나오는데 매우 느리다. 오줌을 눌 때 상당히 힘을 주고 분명히 통증이 심한 경련이 있다. 어떤 개들은 요도 입구를 많이 핥기도 한다. '동

종요법 스케줄 2'를 따른다.

동종요법 – 우르티카 우렌스(Urtica urens) 6C : 방광 안에 커다란 결석이 있고 방광벽이 자극을 받아 출혈이 생길 때 도움이 된다. 결석을 제거하기 위해 수술을 할 때까지 사용할 수 있다. '동종요법 스케줄 6(a)'를 이용한다.

허브요법 – 냉이(Shepherd's purse, Thlaspi bursa pastoris, Capsella) : 코쿠스 칵티처럼 이 허브도 결석이 있을 때 사용하는 치료제이다. '허브요법 스케줄 1'을 따른다.

허브요법 – 매자나무(Barberry, Berberis vulgaris) : 방광이나 신장에 결석이 있고 근육과 관절이 아픈 관절염이나 류머티즘 경향이 있는 동물에게 좋다. '허브요법 스케줄 1'에 따라 한 달 동안 사용한다.

허브요법 – 청미래덩굴(Sarsaparilla, Smilax officinalis) : 방광에 염증과 통증이 동반되며 요도에 작은 결석이 있는 경우에 유용하다. 오줌을 눌 때 통증이 있으며 혈액이 섞여 나오기도 한다. 이 허브에 적합한 동물은 종종 봄에 가장 심하게 확 일어나는 건조하고 가려운 피부를 가진 동물이다. '허브요법 스케줄 1'에 따라 한 달 동안 사용한다.

예후

이런 치료를 거치면 종종 결석이 배출된다. 물론 동종요법 약물이 결석을 용해시키는 것은 아니지만 결석으로 인해 생기는 염증과 경련을 상당 부분 줄여줄 것이다. 만약 결석이 아주 작다면 배출될 수도 있다.

커다란 결석은 또 다른 문제가 있다. 다수의 커

다란 결석이 자라나서 방광을 가득 채우면 결국에는 방광벽을 자극하여 출혈과 재발성 세균감염을 일으킬 수 있다. 이런 형태의 커다란 결석은 고양이보다 개에서 더 흔하며 수술로 제거해야 한다. 하지만 몸이 좋지 않아 수술을 하지 못했던 개들에게서 이런 치료 이후 시간이 지나면서 결석이 작아지는 경우를 종종 보았다.

내가 진료했던 동물은 모두 적절한 동종요법 치료와 자연식 프로그램을 성공적으로 병행했다.

음식에 칼슘을 제한하지 않는다. 사람들은 간혹 칼슘을 제한하면 결석이 덜 생길 것이라는 생각에 칼슘 함량을 낮춘 식생활을 하라고 권하기도 한다. 그러나 칼슘 제한이 효과적이라는 증거는 없다. 실제로는 부족한 칼슘이 오줌에 옥살레이트(방광결석과 신장결석의 흔한 성분)의 양을 증가시켜 문제를 유발한다.

그러나 많은 임상질환과 형성할 수 있는 많은 종류의 결석을 생각해 보면 어떤 형태의 결석에도 일반적인 조언만 해 줄 수 있다. 지속적으로 자꾸 재발하는 문제를 예방하려면 더 특이적이고 더 개별화된 치료가 필요하다.

경향성 정정하기

동종요법 - 내 경험상 가장 효과적인 치료법은 다음과 같은 순차적인 동종요법 치료이다. 먼저 '동종요법 스케줄 4'에 따라 튜자 옥시덴탈리스 30C를 투여한다. 그리고 한 달을 기다린 후에 같은 '동종요법 스케줄 4'에 따라 실리케아 30C를 투여한다. 이 치료 프로그램이 모든 경우에 해당되지는 않지만 그래도 많은 경우에 효과적이며

시도해 볼 만한 가치가 있다. 그리고 여기에서는 한 번 이상 약물을 투여하지 않는 것이 중요하다.

수술 후

만약 반려견이 방광결석을 제거하는 수술을 받았다면 통증을 완화시키고 회복을 돕기 위해 다음과 같은 약물로 치료한다. 가능한 한 수술 전날이 아닌 수술 다음 날 시작해야 한다.

동종요법 - 스태피사그리아(Staphysagria) 30C : '동종요법 스케줄 2'를 이용한다.

방사선중독 radiation toxicity

동물이 방사선에 노출되는 가장 흔한 원인은 진단 X-레이나 CT 촬영 그리고 방사선 치료이다(나는 방사선 치료는 추천하지 않는다). 분명하지는 않지만 원자력발전소나 저장소에서의 유출과 같은 문제가 또 다른 가능성이 될 수 있다. 간혹 물을 통해서도 노출될 수 있다. 이상하게 들릴지 모르겠지만 식수가 저장 컨테이너에서 유출된 방사선에 의해 오염된 지역이 있다. 내가 사는 곳 근처인 워싱턴의 핸포드(Hanford) 핵시설에서 수년 동안 방사선이 유출되었다는 보고가 있었으며, 거기에서 유출된 방사선이 인근에 있는 콜롬비아강에 유입되어 오리건주의 포틀랜드에서 사용하는 식수를 오염시켰다.

불행하게도 일본 후쿠시마 원전사고는 전 세계의 방사선 노출량을 엄청나게 늘려 놓았다. 이

때 엄청난 양의 방사성 폐수가 바다로 흘러들어 갔으며 2015년 현재 태평양의 방사능이 미국의 웨스트코스트에 도달했다. 태평양에서 건져 올린 해산물에는 방사성 물질인 세슘-137과 스트론튬-90이 많이 함유되어 있다. 생선의 방사능은 엄청나서 자연산 알래스카 연어, 태평양 청어, 캐나다 송어에서 온몸에 출혈과 악성종양이 발견되었다. 이 때문에 임상적인 측면에서 개나 고양이에게 생선이 들어 있는 어떠한 음식도 급여해서는 안 되며, 수백 년은 아니더라도 수십 년 동안은 이 방식을 고수해야 한다.

치료

만약 반려동물이 방사선에 노출되었다면 손상 회복을 위해 해 줄 수 있는 것들이 있다.

영양소 공급이 가장 주된 방법이다. 곡물을 선택할 때 몇 주 동안 납작귀리를 중점적으로 급여한다. 납작귀리는 구역질과 다른 부작용을 중화시키는 데 도움이 된다. 영양효모와 냉압시킨 불포화 유기농 식물성 오일(비타민 F를 위해)이 포함되었는지 항상 확인한다. 여기에 방사선에 노출된 동물의 치사율을 800%까지 줄이는 루틴(바이오플라보노이드)을 공급한다. 루틴과 함께 순환계를 강화시키고 스트레스를 중화시켜 주는 비타민 C도 먹인다. 그리고 방사선에 의한 손상을 막는 데 도움을 주고, 방사선에 노출된 동물의 생존율을 200%까지 끌어올리는 판토텐산을 급여한다. 동물의 체중에 따라 매일 루틴은 100~400mg, 비타민 C는 250~2,000mg, 판토텐산은 5~20mg을 투여한다.

방사선의 효과를 최소한 어느 정도라도 중화시키기 위해 사람에서 사용해 온 수많은 동종요법 약물이 있다. 효과가 좋은 두 가지 동종요법 약물이다.

동종요법 – 라듐 브로마툼(Radium bromatum) 30C : 자연에서 발생한 방사성 물질인 라듐으로 만든 약물이다. 하지만 매우 많이 희석된 약물이므로 여기에서는 방사선이 나오지 않는다. 이 약물은 방사선에 노출되어 생길 수 있는 영향에 전반적으로 도움이 된다. 이 약물이 치료하는 주요 증상은 백혈구의 증가(백혈병이 발생하기 때문에)와 전반적인 쇠약이다. 동물은 항상 사람과 함께 있고 싶어 하는 행동변화를 보인다. '동종요법 스케줄 5'를 이용하여 치료한다.

동종요법 – 포스포러스(Phosphorus) 30C : 주로 신체 어디서나 엄청난 출혈이 있을 때 도움이 된다. '동종요법 스케줄 5'를 이용한다.

제시한 이러한 동종요법 약물 이외에도 증상의 변화에 따라 연속된 약물처방이 필요할 수 있으므로 특별한 약물을 적용할 수 있는 동종요법 수의사에게 진료를 받는 것이 좋다. 모든 방사선의 영향이 곧바로 사라지는 것이 아니므로 수개월 이상 치료하면서 모니터링을 한다.

백내장 cataract

423쪽 '안과질환' 편을 참조한다.

백선(링웜) ringworm

432쪽 '외부기생충' 편을 참조한다.

벼룩 flea

432쪽 '외부기생충' 편을 참조한다.

변비 constipation

변비는 음식물을 충분히 섭취하지 못하거나 운동을 충분히 하지 못한 경우에 발생한다. 만약 개나 고양이가 변을 보고 싶은데 사람들이 막으면 배설하지 않고 참는 습관을 들인다. 종종 산책을 충분히 하지 못한 개나 지저분한 화장실 때문에 두문불출하는 고양이에게 이런 습관이 굳어지는 경향이 있다. 이처럼 원인이 단순한 경우에는 다음과 같은 치료만으로도 충분하다.

치료
적절한 양의 신선한 야채가 들어 있는 자연식을 급여하는 것이 실제로 도움이 된다. 만약 변이 물기가 없이 건조하다면 체중에 따라 겨(밀기울)를 끼니 때마다 ½티스푼~1테이블스푼씩 첨가한다. 변이 수분을 촉촉하게 유지할 수 있도록 도와준다. 유사한 치료법으로는 건강식품점에서 쉽게 구할 수 있는 질경이씨(psyllium seed, 차전자와 같은 말) 가루를 ¼~2티스푼 사용한다.

많은 고양이는 밥에 호박을 섞어도 먹는다. 호박은 변의 크기를 크게 하고 변에 수분 함유량이 늘어날 수 있도록 돕는다.

장에 단단한 변이 많이 쌓인 경우에는 일시적으로 미네랄 오일을 사용할 수 있다. 배변을 정상적으로 볼 때까지 동물의 체중에 따라 하루에 한 번 음식에 ½~2티스푼씩 첨가한다. 그러나 일주일 이상 사용해서는 안 된다. 오일을 지속적으로 사용하면 동물의 체내에서 비타민 A가 빠져나가고, 또한 정상적인 배변운동을 오일에 의존하게 될 수도 있다. 올리브 오일과 같은 식물성 오일도 사용 가능하다. 미네랄 오일은 장을 통과할 때 소화가 되지 않은 채 남아 있는 이점이 있는 반면 식물성 오일은 체내에서 흡수되어 직장까지 가지 못한다.

동물 스스로 고통을 줄일 수 있도록 기회를 제공하는 것이 좋다. 고양이의 화장실이 깨끗하고 접근이 쉬운지 확인한다. 고양이 한 마리당 화장실을 하나씩 구비하고 여분으로 하나를 더 비치하는 것이 좋다. 그리고 개가 뛰놀면서 운동할 수 있도록 하루에도 여러 번 산책을 나가야 한다. 운동은 내부 장기를 마사지해 주고 몸의 혈액순환을 증가시켜 종종 활발하지 못한 대사를 자극해 주기 때문에 매우 중요하다. 오랫동안 걷거나 뛰고 물건을 던지면 물어오는 게임 등이 좋다. 고양이에게는 쥐 낚싯대 장난감과 같이 와락 달려들어 움켜쥐는 놀이가 좋다.

개
만약 개가 변비를 앓고 있다면 앞의 조언과 더

붙어 다음 동종요법 약물 중 하나를 투여한다. 반려동물의 상태와 가장 적합한 약물을 한 가지 선택한다.

동종요법 – 눅스 보미카(Nux vomica) 6C : 질이 낮은 음식을 먹이거나 지나치게 뼈를 많이 먹이거나 감정적인 혼란(좌절, 슬픔, 꾸중에 의한 반응)에 의해 생기는 변비에 효과가 뛰어나다. 반복해서 과도하게 힘을 주지만 변이 나오지 않아 짜증을 내고 통증을 보이며 숨거나 혼자 있는 경향이 있는 개에게 적합하다. '동종요법 스케줄 6(a)'를 이용한다.

동종요법 – 실리케아(Silicea) 6C : 직장이 약해 보이는 동물의 변비에 가장 좋다. 직장이 약해서 변이 조금 밖으로 나왔다가 다시 안으로 쏙 들어가는 경우에 좋고, 영양상태가 좋지 않은 동물과 배변활동에 전체적으로 문제가 있는 개에게 좋다. '동종요법 스케줄 6(a)'를 이용한다.

동종요법 – 나트륨 무리아티쿰(Natrum muriaticum) 6C : 변비가 지속적으로 문제가 되기는 하지만 변을 보려고 하지 않거나 변을 보는 것에 관심이 없는 경우에 좋다. '동종요법 스케줄 6(a)'를 따른다.

동종요법 – 설퍼(Sulphur) 6C : 가끔 밤중이나 이른 아침에 변을 보고 싶어 하기는 하지만 변비가 재발하는 경향이 있다. 그리고 변이 대체로 단단하다. 자주 변을 보려고 하기는 하지만 변이 나오지도 않고 항문 주위가 빨갛게 발적될 수 있다. '동종요법 스케줄 6(a)'를 이용한다.

동종요법 – 칼카레아 카르보니카(Calcarea car-bonica) 30C : 변이 나오지 않아서 기구를 이용해 파내거나 관장을 해야 한다. 가끔 아무런 도움 없이 스스로 무른 변을 누기도 하는데 이렇게 자발적인 무른 변과 변비가 교대로 나타나기도 하는 경우에 적용한다. '동종요법 스케줄 4'를 이용한다.

직장이 약한 경우에는 알루미늄 중독 가능성도 의심해 보아야 한다. 알루미늄 중독의 증상은 변이 단단하기보다는 오히려 끈적거리고 지저분하며 힘을 많이 주는 심한 만성 변비를 보인다. 변이 부드럽더라도 직장근육이 약하면 변을 보기가 어렵다. 변비가 자꾸 재발하면 증상이 앞에서 설명한 내용과 다르더라도 알루미늄 중독의 가능성을 의심해 보아야 한다. 만약 알루미늄 중독이 의심되면 반려동물에게 줄 음식을 조리할 때 알루미늄 조리 기구나 접시를 사용하지 않도록 한다. 그리고 알루미늄 캔에 들어 있는 상업용 사료를 구입하지 않는다. 또한 가공 처리한 치즈(유화제로 알루미늄인산나트륨을 첨가할 수 있다), 소금(종종 뭉치는 것을 방지하기 위해 실리코알루민산나트륨이나 규산알루미늄칼슘을 첨가한다), 흰 밀가루(알루미늄 화합물인 칼륨명반으로 표백할 수 있다), 수돗물(물에 함유되어 있는 불순물을 제거하기 위해 침전제로 황산알루미늄을 사용할 수 있다)을 급여하지 않도록 한다.

모든 동물이 알루미늄에 의해 좋지 않은 영향을 받는 것은 아니지만 알루미늄에 매우 민감한 개체가 있기도 하다는 점을 명심한다.

고양이

만성 변비를 앓고 있는 고양이에게 앞에서 설명한 기본적인 약물로 치료를 시작하고 추가적으로 고양이의 상태와 적합한 동종요법 약물을 아래에서 한 가지 선택하여 투여한다.

동종요법 – 눅스 보미카(Nux vomica) 6C : 변을 보기 위해 힘을 엄청 주는데 효과가 전혀 없거나 고통스럽게 약간의 변만 보는 고양이에게 사용한다. 이런 고양이는 매우 예민하고 다른 방에 혼자 틀어 박혀 있으며 반려인의 손길을 피할 수도 있다. 변비는 감정적인 혼란이나 스트레스, 지나치게 많은 음식을 먹은 후에 나타날 수 있다. 이 고양이들은 구역질이나 구토의 병력이 있을 수도 있다. '동종요법 스케줄 6(a)'를 이용한다.

동종요법 – 칼카레아 카르보니카(Calcarea carbonica) 30C : 더욱 심각하고 지속적인 형태의 변비에 사용하며 이러한 형태를 종종 심한 변비(obstipation)라고 한다. 어떤 고양이는 부적절한 장운동 때문에 2~3일 동안 결코 장을 충분히 비우지 못한다. '동종요법 스케줄 4'를 이용하는데 이 약물을 반복해서 투여해서는 안 된다.

동종요법 – 포스포러스(Phosphorus) 30C : 2주마다 재발하는 경향이 있는 변비에 적합하다. 변은 정상적인 사이즈에 비해 가늘다. '동종요법 스케줄 4'를 이용한다.

동종요법 – 리코포디움(Lycopodium) 30C : 앞에서 소개한 칼카레아 카르보니카처럼 매우 심각하고 지속적인 변비가 있을 때 사용한다. 대개 자꾸 변이 마려운 느낌을 받고 갑자기 쥐가 난 것처럼 몸을 구부리며 여러 차례 변을 보려는 시도를 하지만 변이 잘 나오지 않는다. 지나치게 예민하고 누군가가 자기를 만지거나 다루는 것을 원치 않는다. 걸신들린 것처럼 음식을 먹는데도 불구하고 이상하게 체중이 빠진다. '동종요법 스케줄 4'를 따른다.

허브요법 – 마늘(Garlic, Allium sativum) : 변비 기운이 있고 고기를 매우 좋아하는 왕성한 식욕의 고양이에게 매일 갓 간 생마늘 ½쪽을 음식에 첨가해 준다. 많은 동물이 마늘 맛을 좋아한다.

허브요법 – 올리브 오일(Olive oil, Olea europaea) : 이 오일은 장관계에 강장제로 작용하며 간 담즙의 흐름과 장근육의 수축을 자극한다. 오일은 변에 윤활유 역할을 하며 장과 직장의 점막을 부드럽게 한다. 장운동이 규칙적으로 될 때까지 음식에 섞어서 하루에 두 번 ½~1티스푼씩 급여한다. (헤어볼 방지나 강장제의 용도로 일주일에 한 번씩 투여할 수도 있다.)

주의사항 : 개 부분에서 설명했던 것처럼 알루미늄 중독의 가능성도 고려해야 한다.

부비동염 sinusitis

401쪽 '상부 호흡기계 감염(감기)' 편을 참조한다.

부신피질기능저하증
Addison's disease

부신피질기능저하증은 몸 안의 염분을 조절하는 호르몬뿐 아니라 천연 코르티손(코르티솔)을 분비하는 부신에 발생하는 질병이다. 부신은 양쪽 신장의 위쪽에 하나씩 있는 작은 샘이다. 이 질병은 고양이보다는 개에게 더 많이 발생하지만 흔하지는 않다. 이 질병에 걸리면 부신이 몸이 변화에 적응하는 데 있어서 중요한 스테로이드 호르몬을 더 이상 생산하지 못한다. 이 기능이 망가지면 동물은 더 이상 살지 못한다.

부신피질기능저하증은 피부 알레르기와 같은 다른 질병의 증상을 치료하기 위해 종종 코르티손과 같은 약물(흔히 프레드니손)을 장기간 사용한 결과로 나타나기도 하지만 첫 번째 원인은 부신을 공격하여 손상을 입히는 자가면역질환의 한 유형이다. 합성 약물이 천연 호르몬에 비해 몇 배나 더 강력하기 때문에 부신이 더 이상 작동할 필요가 없다는 메시지를 받게 되고 그 후 작동을 멈추게 된다.

이것을 어떻게 알 수 있을까? 증상이 모호해서 심지어는 수의사조차 확진이 어렵다. 반려동물에게 오랫동안 스테로이드제를 사용해 왔고 그 후 아프다면 분명한 실마리가 될 수 있기는 하지만 그래도 확진하려면 여러 가지 검사를 해야 한다. 부신이 손상된 동물은(보통 개) 식욕부진, 구토, 설사, 쇠약 등의 증상을 보인다. 하지만 이 증상은 특이적인 증상이 아니다. 심각한 경우에는 생명을 위협할 만한 쇠약이나 저체온증과 함께 구토와 설사가 동반되어 나타날 수도 있다.

내가 치료했던 부신피질기능저하증의 경우는 나트륨과 칼륨을 조절하는 데 도움이 되는 약물뿐 아니라 코르티손 유형의 약물 등 부신호르몬을 대체하는 약물치료를 받고 있는 경우였다. 치유하는 것이 가능하기는 하지만 그러려면 사용하고 있는 약물의 용량을 점차 줄여 나가는 체계적인 계획을 세우고, 치료를 꾸준히 받아야 하므로 보호자들의 끈기도 필요하다. 약물의 용량을 줄일지를 결정하고 이를 시도해 볼 만큼 건강이 호전되었는지를 주기적으로 평가하려면 반드시 수의사의 진료를 받아야 한다.

추천한 음식으로 식이요법을 시작한다. 그리고 증가된 칼륨을 보상하기 위해 몇 주 동안 소금을 첨가한 자연식을 급여한 후 혈액검사를 하여 식이요법에 변화가 필요한지 재평가한다. 판토텐산(비타민 B_5)은 특히 부신 기능에 중요한 물질로 알려져 있다. 고기, 배아나 껍질 등을 제거하지 않은 통곡물(whole grain), 콩과 식물(legume), 고구마, 브로콜리, 콜리플라워, 오렌지, 딸기에 많이 들어 있다.

동종요법 치료로 부신 기능을 원래대로 되돌리는 것이 가능하기는 하지만 워낙 생명을 위협하는 심각한 질병 중 하나이므로 반려인 혼자서 이 치료를 할 수 없다. 치료를 맡은 수의사에게 제시할 수 있는 치료계획과 내 경험을 공유한다.

동종요법 – 튜자 옥시덴탈리스(Thuja occidentalis) 30C로 치료를 시작하고 '동종요법 스케줄 4'를 이용해서 단 한 번만 투여한다.

동종요법 – 한 달 후에 포스포러스(Phosphorus) 30C를 투여한다. '동종요법 스케줄 4'를 이용하도록 한다.

마지막으로 포스포러스 30C를 투여한 지 한 달 후에 반려동물을 재평가한다. 이때는 반려인의 관찰 결과와 혈액검사 결과를 통해 호전 여부를 평가한 후 약물을 점차 줄일 것인지를 판단해야 한다.

이것으로 치료를 종결하기에는 충분하지 않지만 상태가 호전된다면 동종요법 수의사와 치료를 계속하도록 한다.

부신피질기능항진증(쿠싱)
Cushing's disease

이 질환은 부신피질기능저하증과 같이 부신의 기능장애가 나타난다. 부신피질기능저하증에서는 부신이 충분한 양의 호르몬을 생산하지 못하지만 부신피질기능항진증에서는 그 반대로 부신이 지나치게 많은 양의 코르티코스테로이드(주로 코티솔)를 생산한다. 필요한 것은 '지나치게 많은 양이 아닌 적당량'이므로 부신의 과도한 생산은 문제가 될 수 있다.

왜 이런 일이 일어나는 것일까? 이 과정이 모두 밝혀진 것은 아니지만 흔히 '뇌하수체'가 그렇게 하도록 부신을 조종하기 때문에 많은 개와 고양이들이 부신피질기능항진증으로 발전한다고 알려져 있다. 부신피질기능항진증의 경우 약

85~90%가 여기에 속한다. 뇌하수체가 뇌의 영향을 받기 때문에 상황은 더욱 복잡해지고 주요 요인인 정신적·육체적 스트레스 때문에 질병의 연쇄반응이 생겨난다. 만약 반려동물이 부신피질기능항진증 진단을 받는다면 아마도 뇌하수체 기능 장애가 있을 것이고, 부신에도 문제가 있음을 의미한다.

나머지 10~15%는 부신에 종양이 있어서 코르티코스테로이드가 과도하게 생산되는 경우이다. 뇌하수체에는 문제가 없다. 항상 그렇지는 않지만 이런 종양은 주로 양성이다.

그 결과 무슨 일이 일어날까? 가장 흔한 증상으로는 수 주 또는 수개월 동안 과도하게 물을 마시거나 다뇨 증상을 보인다. 근육이 약해지고 복부지방이 지나치게 많아지며 간종대로 인해 복부가 팽창한다. 양측성으로 탈모가 진행되며 아주 쉽게 빠진다. 탈모는 피부가 얇아지고 색이 암갈색이나 검정색으로 변하는 증상과 관계가 있다(대부분 아래쪽에 발생함). 이런 증상이 가장 흔하기는 하지만 생식주기의 변화나 당뇨 증상, 지나친 체중증가(비만) 등 다른 많은 변화도 나타날 수 있다. 이 질환은 매우 복잡하고 다른 질환과 비슷한 점이 많으므로 진단하는 데 상당한 실력이 필요하다.

더 복잡한 문제는 부신피질기능항진증이 마치 건강이 악화된 것처럼 다른 만성질환과 함께 발병한다는 점이다. 예를 들어, 반려견이 수년 동안 피부 알레르기, 고관절이형성증에 의한 관절염, 전십자인대 파열(무릎관절 악화)을 앓아 왔는데, 갑자기 부신피질기능항진증이 나타났다고 가정

해 보자. 이 상태는 조직의 회복과 염증을 조절하는 신체능력이 근본적으로 망가진 것이라고 봐야 한다. 물론 부신도 망가졌다고 봐야 한다.

이 질병을 진단하고 치료하려면 숙련된 수의사여야 한다. 진단과 치료에는 호르몬 수치를 측정하고 부신의 기능을 검사하는 등 여러 가지 형태의 혈액검사가 진행된다. 나는 수년 동안 이런 경우를 많이 치료해 왔다. 수술이나 약물치료와 같은 현대 의학적인 접근법도 있지만 우선 동종요법과 영양요법을 사용한다. 치료하는 데 여러 가지 다양한 문제가 있을 수 있으므로 치료법에는 개체마다 차이가 크다. 그러므로 자신의 반려동물이 앓고 있는 모든 질환을 아우르는 치료계획을 세울 수 있는 동종요법 수의사와 함께 치료에 임하는 것이 좋다. 이때 반려인이 해야 할 일은 훌륭한 영양공급이며, 스트레스를 줄여야 한다.

치료

명확하게 한정된 증상 패턴이 있는 것이 아니어서 치료방법을 제안하기가 어렵다. 실제로 치료는 현재의 증상뿐 아니라 과거 병력에 기초하여 개체마다 다르게 이루어져야 한다. 이 질병에 쓸 수 있는 약물이 매우 많지만 내가 자주 쓰는 동종요법 약물은 한 가지이다.

동종요법 – 칼카레아 카르보니카(Calcarea carbonica) 30C : 많은 개들이 이 약물에 반응을 보인다. 따라서 시도할 만한 가치가 있다. '동종요법 스케줄 4'를 이용한다.

분만 birth

448쪽 '임신, 분만, 새끼의 관리' 편을 참조한다.

비만 obesity

454쪽 '체중문제' 편을 참조한다.

빈혈 anemia

빈혈은 외상이나 내외부 기생충, 특히 벼룩이나 십이지장충과 같은 기생충에 의한 혈액손실로 인해 자주 발생한다. 잇몸이 창백해지고 몸이 쇠약해지며 맥박이 빨리 뛰는 특징적인 증상을 보인다. 간혹 약물에 노출되어 발생하는 중독이나 고양이백혈병과 같은 더 심각한 질병에 의해서도 발생한다. 그러나 여기서는 적혈구 증가에 주안점을 둔 혈액손실에 의해 유발되는 흔하고 단순한 빈혈에 대해 다룰 것이다.

치료

실제로 혈액이 새어 나가거나 기생충이 빨아먹는 등 몸에서 혈액이 손실되면 철분을 많이 함유한 음식을 급여하는 것이 좋다. 철분은 특히 콩, 녹색잎채소, 밀 맥아, 배아나 껍질 등을 제거하지 않은 통곡물, 두부에 많이 들어 있다. 고기 중에서도 내장기관이 철분을 많이 함유하고 있지만 원치 않는 다른 많은 물질이 따라오는 단점이 있다. 놀랍게도 고기가 아닌 음식이 동물의 조직보다 더 많은 철분을 함유하고 있다. 예를 들어, 두부 반 컵(3.5mg)은 소고기 살코기 85g(3.2mg)보다 철분을 더 많이 함유하고 있다. 또한 양조용 효모, 밀기울, 호박씨, 밀 맥아, 당밀에도 많이 들어 있다. 비타민 B_{12} 또한 새로운 적혈구 형성에 매우 중요하다. 철분은 많은 동물성 식품에 존재하며 음식에 첨가할 수 있도록 액상 스프레이 제품으로도 구입할 수 있다.

6장에 있는 개의 건강 유지용 레시피 차트(118쪽), 고양이의 건강 유지용 레시피 차트(136쪽)에서 두 번째 열에 있는 코드 G를 참조한다. 이 코드로 빈혈에 추천되는 레시피를 찾을 수 있다.

영양보조요법에 추가로 다음 동종요법 약물 중 적합한 약물 한 가지를 10일 동안 투여한다.

동종요법 – 차이나 오피시날리스(China officinalis) 6C : 혈액손실에 의해 현저하게 쇠약해지고 원기가 소실되는 동물에게 특히 좋다. '동종요법 스케줄 6(a)'를 이용한다.

동종요법 – 눅스 보미카(Nux vomica) 6C : 혈액손실 후에 동물이 움츠려들고 예민해질 때 적합하다. '동종요법 스케줄 6(a)'를 이용하도록 한다.

빈혈이 기생충에 의해 생긴 것이라면 기생충을 구제해야 한다['내부기생충'(369쪽) 편과 '외부기생충'(432쪽) 편 참조]. 벼룩에 감염되었을 때에는 무독성 비누(개에게는 사용 가능하지만 고양이에게는 사용할 수 없는 감귤에 들어 있는 디-리모넨이 함유된 허브 제품)로 자주 목욕시키고 주변 환경에서 벼룩을 구제하며 11장에서 설명한 레몬 스킨 토닉을 사용하는 등 여러 가지 방법을 조합하면 벼룩을 가장 안전하게 구제할 수 있다. 동물의 건강상태가 아주 좋을 때에는 필요에 따라 더 강한 벼룩 구제 방법을 사용할 수 있다. 그러나 독성이 있는 화학물질을 사용하는 것에 반대한다. 왜냐하면 이런 제품은 장기적인 측면에서 효과적이지 않고 사람과 동물 모두에게 독성이 매우 강하기 때문이다.

때때로 매우 어린 고양이와 강아지는 피를 빨아먹는 벼룩에게 시달리는 경우가 있는데 그런 경우에도 벼룩 구제용 파우더나 스프레이 제품을 사용해서는 안 된다. 이런 제품을 사용하고 싶은 충동을 강하게 느끼더라도 어린 동물은 작고 약하므로 절대 사용해서는 안 된다. 대신 목욕을 자주 시키고 레몬 스킨 토닉을 사용한다. 감기에 걸리지 않도록 목욕을 시킨 후에 철저하게 말린다. 일단 타월로 물기를 닦아낸 후에 따뜻한 햇살이 비치는 장소에서 헤어드라이어로 말린다. 몸을 따뜻하게 해 주고 날씨가 좋으면 신선한 공기와 햇볕을 쬐도록 한다. 또한 목욕으로 죽지 않은 벼룩을 제거하기 위해 벼룩 빗을 사용한다. 자연식만 먹이고 여기에서 제시한 치료 프로그램을 따른다. 그러면 작은 생명체가 놀랄 만큼 빨리 반응하는 것을 보게 될 것이다.

사고 accident

477쪽 '응급처치' 편을 참조한다.

사마귀 wart

개나 나이 든 동물에게는 사마귀가 발생할 가능성이 매우 높으며 간혹 가렵고 피가 나기도 한다. 대개 이러한 사마귀(그리고 유사한 종양)는 예방접종 부작용의 표현이다(16장 참조). 만약 이 시점에서 치료가 되지 않는다면 나중에 더욱 심각한 형태의 종양으로 발달하는 경향이 있다.

사마귀를 치료하는 데는 단순한 치료방법이 존재하지 않는다. 체질을 다루는 근본적인 체질처방이 필수적인데 도움이 많이 되는 몇 가지 동종요법 약물이 있다.

동종요법 - 튜자 옥시덴탈리스(Thuja occidentalis) 30C : 사마귀가 잘 생기는 경향이 있을 때 사용할 수 있는 매우 효과적인 약물이다. '동종요법 스케줄 4'에 따라 이 약물을 가장 먼저 투여한다. 비록 다음에 설명할 국소치료제를 함께 사용하더라도 한 달 동안은 이 약물을 적용한다. 만약 사마귀가 사라지거나 작아지지 않는다면 다음 두 가지 동종요법 약물 중 한 가지를 사용하도록 한다.

동종요법 - 카우스티쿰(Causticum) 30C : 쉽게 피가 나는 경향이 있는 사마귀에 적합하다. '동종요법 스케줄 4'를 이용한다.

동종요법 - 실리케아(Silicea) 30C : 사마귀가 매우 큰 경우에 도움이 된다. 특히 이전에 예방접종을 맞은 부위에 사마귀가 발생한 경우라면 더욱 그렇다. '동종요법 스케줄 4'를 이용한다.

동종요법 약물을 사용하는 동안 다음의 국소 피부치료제 중 한 가지를 같이 사용할 수 있다.

영양요법 - 비타민 E(Vitamin E) : 비타민 E 캡슐에 구멍을 내서 정기적으로 짜서 바르면 종종 사마귀의 크기가 엄청나게 줄어든다. 이 방법이 효과를 보려면 몇 주 동안 계속해야 한다.

허브요법 - 피마자유(Castor oil) : 이 오일을 사마귀나 종양에 직접 도포해 주면 부드러워지고 자극이나 염증이 줄어드는 데 매우 도움이 된다. 사마귀가 가렵거나 성가실 때 이 기름을 사용한다. 피마자유는 대부분 약국에서 구입할 수 있다.

상부 호흡기계 감염(감기)
upper respiratory infection(cold)

코, 목구멍, 후두, 기관을 포함하는 상부 호흡기계는 세균이 체내로 이동하는 데 있어서 가장 선호하는 통로 중 하나이다. 미생물과 바이러스는 먼지로 가장한다. 또 다른 경로는 마른 분비물이나 딱지 등에 붙어서 작은 입자로 분해되어 공기를 들이마실 때 유입되기도 한다.

동물에서 이런 감기와 같은 질병이 시작되면 종종 상부 호흡기계에 남아서 콧물이나 눈물이 나게 하고 재채기와 기침을 유발하며 목구멍을 아프게 하고 때때로 구강에 염증을 일으킨다. 이런 감염은 여러 가지 면에서 사람의 감기와 닮았지만 반려동물에서만 특이적으로 나타나는 양상이 있다.

반려동물에서 발견되는 가장 흔한 세 가지 상부 호흡기계 질병은 켄넬코프라고 하는 개의 전염성 기관기관지염(canine infectious tracheobronchitis), 고양이의 바이러스성 비기관염(feline viral rhinotracheitis, FVR, 고양이의 눈과 상부 호흡기계에 대한 바이러스 공격), 고양이의 칼리시바이러스(feline calicivirus, FVR와 유사하지만 일반적으로 눈과 코의 증상이 덜 나타난다)가 있다. [홍역은 '개 홍역과 무도병'(346쪽) 편에 따로 분류해 놓았다.]

켄넬코프 Kennel cough

켄넬코프 또는 개의 호흡기감염증, 개의 전염성 기관지염은 다양한 바이러스에 의해 유발되며, 때때로 세균에 의해서도 복합 감염된다. 이 질병은 한정된 공간 안에 많은 개가 밀집되어 있어 스트레스를 받는 경우에 흔하며, 특히 자견의 경우에 더욱 그렇다. 켄넬코프는 개 번식장이나 유기동물 보호소, 미용실, 동물병원, 도그쇼, 펫숍 등에서 자주 나타난다.

대개 노출된 지 8~10일 이내에 나타나는 증상은 전형적으로 헛구역질로 끝나는 무시무시한 소리의 마른기침과 눈과 코에서 나오는 맑은 수양성 분비물, 부분적인 식욕부진이다. 증상이 끔찍하게 들릴 수도 있겠지만 그리 심각한 상태는 아니다. 소수의 개들이 쇠약한 면역체계 때문에 합병증에 걸릴 수 있다.

치료

이 질병은 바이러스성이기 때문에 나는 대부분 항생제를 사용하지 않는다. 종종 기침 억제제를 사용하기는 하지만 크게 도움이 되지 않으며 원치 않는 부작용이 발생할 수 있다. 가장 효과적인 방법은 감염된 개를 수증기가 가득한 방(뜨거운 물이 가득 담긴 욕조가 있는 욕실이나 뜨거운 물로 샤워를 한 후의 욕실과 같은 곳)에 넣어 두거나 차가운 수증기를 내뿜는 가습기가 있는 방에 두면 좋다. 수의사들은 켄넬코프를 단지 2~3주 정도 지나면 '자연히 회복되는' 질병 정도로 생각한다. 몇몇 바이러스는 사람이나 고양이에게도 영향을 미칠 수 있기 때문에 가능하면 개를 격리시키는 것이 좋다.

경험상 다음의 치료를 통해 병을 앓는 기간을 많이 단축시킬 수 있었다.

증상이 처음 나타났을 때에는 유동식 단계의 절식이 효과적일 수 있으며 3일 동안 계속해야 한다. 18장에서 설명한 절식방법을 따르고 고형식을 서서히 주기 시작할 때에는 주의를 기울인다.

비타민은 몇 가지 측면에서 도움이 된다. 비타민 C는 훌륭한 항바이러스 제제이며 개의 체중에 따라 하루에 세 번 500~1,000mg을 투여한다. 비타민 E는 면역반응을 자극하는데 캡슐에서 디-알파 토코페롤(d-alpha tocopherol)을 바로 뽑아서 하루에 세 번 50~100IU를 투여한다. 캡슐에 구멍을 내서 개의 입에 오일을 직접 짜 넣는다. 회복이 되면 투여횟수를 점차 줄인다. 비타민 A도 면역력을 증진시키고 스트레스를 중화시켜 주며 호흡기계의 점막을 강화시켜 준다. 비타민 A 10,000IU가 들어 있는 젤라틴 캡슐을 구멍을 내서 그 내용물을 두세 방울씩 하루에 세 번 투여한다.

가장 편한 방법은 이 모든 비타민제를 음식에 섞어 주는 것이다.

허브 기침 치료제도 종종 도움이 된다.

허브요법 – 페퍼민트(Peppermint, Mentha piperita) : 목이 쉬고 짖으며 기침이 악화되는 개에게 가장 적합하다. 목을 만지면 자극이 되어 기침이 유발될 수도 있다. '허브요법 스케줄 1'을 이용한다.

허브요법 – 멀렌(Mullein, Verbascum thapsus) : 특히 가슴 깊은 곳에서 나오는 기침을 하고 목이 쉬며 이러한 증상이 밤에 악화될 때 이 허브가 적합하다. 목을 만지면 아픈 것처럼 보이고 삼키는데 문제가 있을 때에도 도움이 된다. '허브요법 스케줄 1'을 이용한다.

이 질병에 도움이 되는 동종요법 약물이 두 가지 있다.

동종요법 – 라케시스(Lachesis) 30C : 목을 만지거나 목줄에 의한 압력으로 기침이 유발될 때 사용한다. '동종요법 스케줄 2'를 이용한다.

동종요법 – 풀사틸라(Pulsatilla) 30C : 관심을 받고 싶어 하고 안아주기를 원하며 차가운 곳을 찾고 갈증 양상이 없는 개에게 적용한다. '동종요법 스케줄 2'를 이용한다.

회복된 후에도 얼마 동안은(아마 1~2년 동안) 상당한 면역력을 지녀야 한다. 서로 다르지만 유사한 바이러스가 동일한 상태를 다시 유발할 수 있다. 스트레스는 바이러스가 정착하는 데 필수 요소임을 명심해야 한다.

고양이의 바이러스성 비기관염
Feline Viral Rhinotracheitis, FVR

고양이의 바이러스성 비기관염은 주로 고양이의 눈과 상부 호흡기계에 영향을 미친다. 증상으로는 재채기와 기침을 하고 걸쭉한 침을 흘리며 열이 나고 눈에서 수양성 눈곱이 나온다. 상태는 경미하고 눈에 잘 띄지 않는 상태에서부터 심각하고 지속적인 상태에 이르기까지 다양하다. 후자의 경우 코가 걸쭉한 콧물로 막혀 있으며, 안구표면(각막)에 궤양이 있고, 눈꺼풀이 다량의 눈곱에 의해 서로 붙어 있다. 고양이는 매우 비참하고 몸이 불편해 보이며 음식을 거부하고 스스로를 돌볼 수 없게 된다.

질병기간을 단축시키는 대증요법은 없지만 대개 항생제와 수액요법, 강제급여, 안연고 등 기타 여러 방법을 병든 몸을 지탱하는 보조요법으로 사용한다. 이 질병에 노출된 고양이는 기운이 없지만 핸들링하거나 치료를 할 때 종종 저항하고는 한다. 이는 적절한 관리를 하는 데 있어서 큰 걸림돌이 될 수 있다.

치료

만약 초기에 질병을 진단하여 적절한 치료를 한다면 심각한 단계로 진행되는 것을 막을 수 있다. 처음 2~3일이나 체온이 정상(38.6℃)으로 되돌아올 때까지는 고형식을 주지 않아야 한다. 어차피 고양이는 먹지 않을 것이다. 대신 18장의 절식에 관한 부분에서 설명한 것과 같은 유동식을 준다.

아무것도 먹지 않는 아픈 고양이에게 영양보충제를 주는 것은 더욱 어렵다. 하지만 할 수 있다면 소량의 깨끗한 물에 아스코르브산나트륨 파우더(일반적인 비타민 C보다 쓴맛이 덜하다)를 ⅛티스푼 녹여서 비타민 C를 준비하여 하루에 세 번 먹인다.

동종요법 – 아코니툼 나펠루스(Aconitum napellus) 30C : 열이 나고 건강상태가 전반적으로 좋지 않다는 느낌이 뚜렷한 질병의 초기 단계에 적합하다. 만약 이러한 증상이 처음 나타났을 때 약물을 투여한다면 질병이 더 진행되는 것을 막을 수 있다. '동종요법 스케줄 2'를 이용한다.

만약 이미 감기에 걸렸다면 다음 동종요법 약물 중 한 가지가 도움이 될 것이다.

동종요법 – 눅스 보미카(Nux vomica) 30C : 이 질병에 어울리는 약물인 눅스 보미카는 만지거나 안아 주는 것을 싫어하고 기분이 좋지 않은 성난 고양이에게 좋다. 종종 방해받지 않기 위해 조용한 방으로 들어가 버리기도 한다. '동종요법 스케줄 2'를 이용한다.

동종요법 – 나트륨 무리아티쿰(Natrum muriaticum) 6C : 심한 재채기를 동반한 감기가 시작되었을 때 가장 도움이 된다. 질병이 진행됨에 따라 갈증이 심해지고 코에서 투명한 콧물이 나온다. '동종요법 스케줄 1'을 이용한다.

동종요법 – 풀사틸라(Pulsatilla) 30C : 활기가 없고 졸린 듯하며 움직임이 느리고 걸쭉한 눈물이나 콧물이 나오는 고양이에게 이 약물이 필요하다. 눈물이나 콧물은 종종 노란색이나 녹색을 띤다. 이 고양이는 안아 주거나 위로받기를 원한다. '동종요법 스케줄 2'를 이용한다.

일반적으로 이 단계에서는 눈물과 유사한 생리식염수로 눈과 코를 세척해 주면 도움이 된다. 염소가 없는 깨끗한 물 한 컵에 바다소금 ¼티스푼을 넣고 젓는다. 이 용액을 체온에 가깝게 데운 다음에 코를 세척하고 재채기를 자극하기 위해 양쪽 콧구멍에 몇 방울씩 떨어뜨린다. 또한 양쪽 눈에 몇 방울씩 떨어뜨리고 난 후 휴지를 이용해서 조심스럽게 분비물을 닦아 낸다.

만약 치료를 시작할 때 이미 질병이 많이 진행된 상태라면 반려인의 역할에 더욱 집중해야 한다.

앞에서 설명한 것처럼 따뜻한 생리식염수로 눈과 코를 세척해 주어야 한다. 필요하다면 건조해진 콧물을 촉촉하고 부드럽게 하기 위해 따뜻한 생리식염수에 헝겊을 푹 담갔다가 빼서 콧구멍에 댄다. 그리고 난 후 콧물을 조심스럽게 제거하고 생리식염수로 코를 계속해서 세척한다. 각각의 눈에 아몬드 오일을 한 방울씩 떨어뜨린다. 코에도 하루에 몇 방울씩 두 번 떨어뜨린다.

고양이가 많이 아프면 종종 탈수가 오기도 한다. 이럴 때에는 수액을 공급하면 매우 도움이 된다. 수액은 동물병원에서 주사로 맞거나 주사기나 점적기로 입에 넣어 줄 수 있다. 만약 반려인이 점적기를 가지고 있다면 피하에 주사하는 수액과 동일한 수액이나 깨끗한 물을 사용한다.

이 상태에 도움이 되는 치료방법에는 다음과 같은 것이 있다.

동종요법 - 풀사틸라(Pulsatilla) 6C : 걸쭉한 녹색이나 노란색 콧물을 흘리고 코가 막히며, 식욕부진과 구취를 보이고 활기가 없고 거동이 느린 고양이에게 유용하다. 이 고양이들은 종종 몸이 아플 때 같이 사는 다른 고양이에게 공격을 받을 정도로 다른 고양이는 이 고양이가 쇠약하다는 사실을 알고 있다. '동종요법 스케줄 6(c)'를 이용한다.

동종요법 - 실리케아(Silicea) 30C : 종종 풀사틸라를 사용하고 난 후에 치료를 완전히 끝낼 목적으로 투여한다. 이 고양이들은 오한이 들고(따뜻한 곳을 찾아다님) 식욕이 사라진다(그러나 평소보다 물을 더 많이 먹는다). 눈에는 염증이 매우 심하고 눈곱 때문에 눈꺼풀이 서로 붙고 각막궤양이 생기기도 한다. '동종요법 스케줄 2'를 이용한다.

동종요법 - 튜자 옥시덴탈리스(Thuja occidentalis) 30C : 때때로 다른 치료제에 반응이 없거나 예방접종을 맞은 지 3~4주 이내에 감기 증상이 나타났을 때 유용하다. 풀사틸라에서 설명한 것처럼 콧물이 많이 나온다. '동종요법 스케줄 3'을 이용한다.

동종요법 - 설퍼(Sulphur) 30C : 그 밖의 어떤 약물도 도움이 되지 않는 경우에 투여한다. '동종요법 스케줄 3'을 이용한다.

허브요법 - 히드라스티스(Goldenseal, Hydrastis canadensis) : 콧물(또는 인후 뒤쪽에 있는 분비물)이 샛노랗고 끈적끈적한 점액질일 때 매우 효과적이다. 비록 고양이가 음식을 충분히 먹는다 하더라도 상당한 체중감소가 있을 수 있다. '허브요법 스케줄 2'를 이용한다.

일단 고양이가 음식을 먹기 시작하면 이 책에서 권장한 것처럼 가공하지 않은 신선한 날 음식을 급여한다. 고양이가 대체로 좋아하며 크게 도움이 되는 영양소는 영양효모나 양조용 효모인데 식욕을 돋우기 위해 음식에 뿌려 준다.

고양이의 칼리시바이러스
feline calicivirus, FCV

때때로 고양이의 칼리시바이러스는 다른 고양이의 바이러스성 비기관염과 구별하기가 힘들지만 대개 눈과 코가 증상에 포함되지 않는다는 차이점이 있다. 전형적인 증상으로는 폐렴이 있고, 혀와 경구개 그리고 코끝(입술 위쪽)에 궤양이 있다. 이런 경우에는 입이 너무 아파서 고양이가 입안에 무언가가 들어오는 것을 거부하므로 치료가 매우 어렵다. 고양이를 치료할 때는 할큄을 방지하기 위해 타월로 고양이를 감싸야 한다.

치료

'고양이의 바이러스성 비기관염'(403쪽) 편에서 설명했던 것과 동일한 초기 치료법을 적용한다. 이 단계에서는 고양이가 어떤 바이러스에 노출되었는지 실제로 알 수 없다. 하지만 이 두 질병을 구별하는 일에 대해 너무 걱정하지 않아도 된다. 다음의 치료법이 두 질병에 모두 적합하기 때문이다.

만약 고양이의 칼리시바이러스와 관계 있는 폐렴이나 궤양이 있다면 다음 동종요법 약물이 더욱 적합하다.

동종요법 – 포스포러스(Phosphorus) 30C : 폐렴(발열, 빠른 호흡, 헐떡거림, 기침)이 있는 경우에 사용한다. 이 약물은 특히 찬물을 먹고 싶어 하고 물을 먹은 지 약 15분이 지난 후 구토를 하며, 폐렴이 있고 오른쪽으로 누워 있기를 좋아하는 고양이에게 적합하다. '동종요법 스케줄 2'를 이용하여 투여한다.

동종요법 – 니트리쿰 악시둠(Nitricum acidum) 30C : 질환의 초점이 구강궤양일 때 적용한다. 구취가 매우 심하고 침에 혈액이 섞여 있으며, 혀에 설태가 심하게 끼지 않고 빨갛고 깨끗해 보인다. 이 고양이는 대개 성미가 매우 까다로워서 다루거나 약을 먹이기가 매우 어렵다. '동종요법 스케줄 3'을 이용한다.

동종요법 – 메르쿠리우스 비부스(Mercurius vivus) 또는 메르쿠리우스 솔루빌리스(Mercurius solubilis) 30C : 고양이의 상태가 앞의 니트리쿰 악시둠에서 설명한 것과 매우 유사할 때 이 약물이 필요하다. 차이점이라고 하면 그다지 성미가 까다롭지 않고 침을 많이 흘리며, 혀에 노란 설태가 끼고 부어 있어서 가장자리에서 이빨자국을 확인할 수 있다. '동종요법 스케줄 3'을 이용한다.

일단 이 질병에서 회복된 고양이는 식욕이 되돌아와서 다시 음식을 잘 먹게 된다. 이것이 주요 전환점이다.

상해 injury

477쪽 '응급처치' 편을 참조한다.

생식기계 질환
reproductive organ problem

암컷에 영향을 미치는 가장 흔한 두 가지 생식기계 질환은 자궁축농증과 자궁염이다. 둘 다 자궁에서 질환이 발생하며, 상태가 너무 많이 진행되기 전에 신속하게 치료해야 한다. 이 두 가지 질환과 또 다른 생식기계 질환인 유선염에 대해 차례대로 살펴보자.

자궁축농증 pyometra
수 주에서 수개월에 걸쳐 자궁축농증이 서서히 진행되면 가장 먼저 발정주기가 불규칙해지며 발정과 발정 사이에 외음부에서 붉은 점액성 분비물이 나온다. 만약 미처 발견하지 못해서 치료받지 못하면 서서히 진행되어 심한 의기소침과 식욕부진, 구토, 설사, 외음부의 변색된 분비물(항상 나타나는 것은 아님), 다음다뇨 등이 나타난다. 과도한 물 섭취는 신부전과 똑같지만 구별되는 다른 증상도 있다. 특히, 외음부에서 분비물이 나오고, 수차례의 발정을 거치면서도 교미를 하지 않은, 나이가 많고 중성화수술을 안 한 개나 고양이라면 자궁축농증일 가능성이 더 높다. 또 다른 가능한 원인은 호르몬이 많이 함유된 식이섭취를 하는 경우이다(소를 살찌우기 위해 사용했던 호르몬이 함유된 고기나 이러한 고기가 들어 있는 사료). 고기 위주의 식사나 고기가 많이 함유된 일반 상업용 사료, 호르몬은 자궁에 기능부전을 유발하는 경향이 있다.

치료

자궁축농증을 앓고 있는 개(그리고 간혹 고양이)는 수술을 해야 할 정도로 갑자기 심각한 상태로 진행될 수 있다. 자궁은 종종 액체가 차서 아주 커다랗게 팽창된다. 수술과정은 기본적으로 중성화 수술과 동일하지만 그보다 조금 더 어렵다.

그리 심하지 않은 동물은 다음과 같은 동종요법 약물이 도움이 된다.

동종요법 – 풀사틸라(Pulsatilla) 30C : 갈증이 매우 없으며(보기 드문 증상임) 쓰다듬어 주거나 안아주는 등 위로받기를 원하는 동물에게 가장 좋다. 외음부에서 분비물이 나오는 경우에 대개 걸쭉하고 노란색이나 녹색을 띤다. 이 약물은 내가 치료했던 대부분의 개에서 자궁축농증 문제를 해결해 주었다. '동종요법 스케줄 2'를 이용하도록 한다.

동종요법 – 세피아(Sepia) 30C : 앞의 풀사틸라로 치료를 마친 지 5일이 지난 후에도 호전이 보이지 않을 경우에 사용한다. 이 약물로 종종 충분한 효과가 있다. '동종요법 스케줄 2'를 이용하도록 한다.

자궁염 metritis

분만 직후와 교미 직후에 자궁은 세균에 감염되기 쉽다. 감염이 되면 발열, 의기소침, 악취가 나는 외음부 분비물, 새끼를 돌보지 않는 행동 등 심각한 증상이 나타난다.

합병증을 수반하지 않은 분만 직후의 정상적인 외음부 분비물은 암녹색에서 암갈색을 띠며 냄새가 나지 않는다. 만약 태아와 태반이 모두 적절히 배출되었다면 12시간 이내에 분비물은 더욱 깨끗한 점액처럼 된다(혈액이 섞여 있다 하더라도). 그러나 암녹색에서 적갈색을 띠고 악취가 나는 걸쭉한 외음부 분비물이 분만 후 12~24시간 동안 계속 나온다면 아마도 자궁이 감염되어 있을 확률이 높다.

치료

일단 자궁염이 진행되면 심각해질 수 있으므로 수의사의 도움을 받아야 한다. 그러나 다음 동종요법 약물 또한 도움이 될 것이다.

동종요법 – 아코니툼 나펠루스(Aconitum na-pellus) 30C : 열이 나고 매우 소스라치게 놀라는 행동을 보이거나 불안한 행동을 보이는 동물에게 적합하다. 이들은 쉽게 깜짝 놀라며 매우 흥분한다. '동종요법 스케줄 2'를 이용하여 투여한다.

동종요법 – 벨라도나(Belladonna) 30C : 이 약물은 아코니툼 나펠루스 대신 사용할 수 있는 약물이며, 열이 나고 몸이 뜨거우며(특히 머리) 동공이 커지는 동물에게 필요하다. 공격적인 행동이나 무는 경향과 함께 때때로 섬망(광란)과 유사한 홍분성을 보인다. '동종요법 스케줄 2'를 이용하여 투여한다.

태반정체로 인한 감염에 관한 더 자세한 정보는 '임신, 분만, 새끼의 관리'(448쪽) 편을 참조한다.

유선염 mastitis

유선은 유즙이 활발히 분비되는 시기에 가장 감염되기 쉽다. 감염된 유선은 단단하고 예민하며 통증과 함께 색이 변한다(불그레한 자줏빛). 또한 농양이 있으며 농이 배출되기도 한다. 유선염을 앓으면 수의사들은 대개 항생제를 처방한다. 그러나 나는 성공적으로 사용해 왔던 동종요법 약물을 몇 가지 소개하겠다.

동종요법 − 아코니툼 나펠루스(Aconitum napellus) 30C : 열이 나고 안절부절못하며 불안해하는 등 초기 감염 증상이 있을 때 적합하다. '동종요법 스케줄 2'를 이용한다.

동종요법 − 벨라도나(Belladonna) 30C : 열이 나고 동공이 커지며 흥분하기 쉬운 동물에게 적합하다. '동종요법 스케줄 2'를 이용한다.

동종요법 − 피토라카(Phytolacca) 30C : 유선을 만졌을 때 매우 단단하고 통증이 극심한 유선염에 적합하다. '동종요법 스케줄 2'를 이용한다.

동종요법 − 라케시스 무타(Lachesis muta) 30C : 왼쪽 유선이 영향을 받았을 때 사용하며 특히 그 부위의 피부가 푸르스름하거나 검은빛을 띨 때 적합하다. '동종요법 스케줄 2'를 이용한다.

동종요법 − 풀사틸라(Pulsatilla) 30C : 흐느껴 울고 갈증이 없으며 위로받기를 원하는 개에게 적합하다. '동종요법 스케줄 2'를 이용한다.

설사와 이질 diarrhea and dysentery

설사는 흔하지만 특이한 질병은 아니다. 기생충이나 세균, 바이러스, 상하거나 독소가 있는 음식, 음식과민증['알레르기'(426쪽) 편 참조], 뼛조각, 털, 옷, 플라스틱과 같은 소화가 안 되는 물질 등 많은 것이 설사를 유발할 수 있으며, 무른 변이나 수양성 변을 보는 등의 유사한 임상증상을 자주 보인다.

소화를 돕고 음식을 분해하며 심지어 유용한 영양소를 생산하기도 하는 중요한 장내 미생물에 영향을 미치는 문제가 출현하여 최근 설사나 위장장애가 더욱 흔해졌다. 이 조그마한 장내 미생물들은 장벽과 장벽의 기능과 조화로운 균형을 이루며 정상적으로 살아가고 있다. 그러나 여러 가지 미생물이 변화하거나 차례차례 죽거나 수가 점차 줄어들면 다른 물질이 들어와서 문제를 유발할 수 있다. '새는장증후군'은 장벽의 삼투성이 더 증가하면서 적절하게 분해되지 못한 단백질이나 당처럼 새어 나가서는 안 되는 물질이 빠져나가는 결과를 초래한다. 위장관계는 구토나 설사를 통해 이 문제를 회복하려고 하기 때문에 특정 이상증세가 나타난다.

동물 연구에 따르면 식품에 들어간 원료를 생산할 때 사용된 제초제뿐 아니라 유전자가 조작된 식품을 섭취하면 소화기계 질환을 유발할 수 있다고 지적한다. 놀랍게도 소, 돼지, 닭과 같이 주로 곡물을 먹는 동물에게 선택할 수 있는 기회를 주면 GMO(Genetically Modified Organism) 곡물을 전혀 먹지 않는 모습이 관찰된다. GMO 옥수수를 먹은 돼지를 부검한 결과 GMO가 아닌 옥수수를 먹은 돼지에 비해 위염이 상당히 심했다. 미국과 같은 나라에서는 식료품 진열대에 있는 옥수수를 함유한 제품의 약 97%가 유전자 변형 옥수수를 사용하므로 간장, 카놀라 오일, 그 외 옥수수가 들어간 파생상품뿐 아니라 옥수수가 들어 있는 사료에서도 이와 동일한 일이 벌어지고 있음을 알 수 있다.

위장관장애가 일어나면 몸은 첫 번째 반응으로 이런 유해물질을 위장관계에서 내보내기 위해 연동운동이라 불리는 장의 수축횟수를 늘린다. 그러면 장 내용물이 매우 빠르게 이동하므로 결장은 평소만큼 충분한 양의 수분을 흡수하지 못하고, 변에 비정상적으로 많은 양의 수분이 들어간다.

위장관계의 어느 부분이 자극을 받았느냐에 따라 여러 가지 추가 증상도 나타난다. 만약 위에 인접한 소장 상부에 염증과 출혈이 있으면 소화된 혈액으로 인해 변이 매우 어둡거나 검은색을 띠게 된다. 또한 가스가 축적되어 트림이나 고창증, 복부팽만과 같은 증상이 나타나며, 이러한 패턴의 동물은 보통 변을 볼 때 특별히 힘을 주지 않는 것을 볼 수 있다.

결장 하부에 염증이 있을 때에는 다른 양상이 나타난다. 일반적으로 가스가 축적되는 문제는 없으며 힘을 엄청나게 주어야 직장에서 설사가 분출되는 경향이 있다. 만약 결장에 출혈이 있다면 혈액은 변과 섞여 산뜻한 붉은색을 띤다. 소장에 문제가 있을 때보다 변을 더 자주 보며, 종종 투명한 젤리처럼 보이는 엄청난 양의 점액질을 볼 수도 있다.

설사는 다른 많은 질병이나 원인과도 연관이 있을 수 있기 때문에 항상 이러한 증상을 유발하는 다른 질병의 가능성도 염두에 두어야 한다. 그러나 설사는 대부분 잘못된 음식이나 상한 음식을 먹거나 과식, 기생충(특히 어린 동물에서), 바이러스 감염에 의해 유발된다.

다음의 치료법은 위의 목록에 속하는 단순하거나 경미한 상태를 치료하는 데 도움이 된다. 만약 설사가 해결되지 않거나 증상이 더욱 심해지거나 다른 원인이 있는 것 같다면 가능한 한 빨리 수의사의 도움을 받아야 한다.

치료

가장 중요한 것은 설사를 시작하고 24~48시간 내에는 고형식을 주어서는 안 된다. 유동식은 장관계가 쉴 수 있는 기회를 제공하고 자극원을 배출하는 일을 하게 한다. 설사가 수분섭취를 촉진하므로 많은 양의 깨끗한 물을 항상 마실 수 있도록 해 주는 것이 좋다. 심한 설사는 수분이나 나트륨, 칼륨의 손실로 인해 탈수를 조장하므로 매우 위험하다. 이런 경우 소량의 영양효모가 가미된 야채 브로스를 급여한다. 또한 쉽게 흡수되는 아미노산과 나트륨을 공급하고, 풍미를 높이기 위해 소량의 천연 양조간장을 첨가해 줄 수 있다. 절식기간에는 하루에 몇 번씩 수프의 액체 부분

(건더기 제외)만 실온으로 맞춰서 준다.

만약 증상이 경미하거나 상한 음식을 먹은 후에 갑작스럽게 나타났다면 이런 치료만으로도 충분하다. 그러나 증상이 심한 경우에는 다음과 같은 처방도 함께하는 것이 현명하다. 일반적으로 도움이 되는 치료제는 다음과 같다.

느릅나무 가루(slippery elm powder) : 건강식품점에서 구할 수 있다. 느릅나무의 속껍질로 만든 물질로 어떠한 원인에 의해 발생하는 설사에도 모두 뛰어난 치료효과가 있다. 나 역시 동물을 치료할 때 자주 사용한다. 찬물 한 컵에 느릅나무 가루 1티스푼을 넣고 완전히 섞은 다음 지속적으로 휘저어 주면서 끓인다. 그러고 난 후 불을 약간 줄이고 서서히 끓이면서 혼합물이 조금 걸쭉해질 때까지 2~3분 간격으로 계속 휘젓는다. 불을 끄고 꿀 1테이블스푼을 넣어서 잘 섞어 준다(고양이는 단것을 좋아하지 않으므로 꿀을 섞지 말고 개한테만 사용한다). 이것을 실온에서 식혀서 고양이와 소형견에게는 ½~1티스푼씩, 중형견에게는 2티스푼~2테이블스푼씩, 대형견에게는 3~4테이블스푼씩 준다. 하루에 네 번 주거나 4시간마다 준다. 남은 것은 뚜껑을 덮어서 실온에 보관한다. 이틀 정도 보관할 수 있다. 가루 형태로 된 허브를 대량으로 사는 것이 가장 쉽다. 캡슐로도 이용할 수 있지만 효과가 조금 떨어지며 더 비싸다. 천연식품점에서 대량으로 주문할 수 있다.

활성탄(activated charcoal) : 가루나 정제 형태로 약국에서 구입할 수 있으며, 식물로 만든 이런 형태의 활성탄은 독소, 약물, 독극물, 다른 자극성 물질을 흡수하는 능력이 있다. 활성탄은 특히 상한 음식을 먹거나 독성물질에 의해 유발된 설사를 치료하는 데 유용하다. 활성탄을 물과 섞어서 잠자는 시간을 제외하고 3~4시간마다 경구로 투여한다. 활성탄을 지나치게 많이 사용하면 소화효소 기능을 방해할 수 있으므로 단기간만 사용한다. 동물의 체중에 따라 가루는 ½~1티스푼, 정제는 1~3알을 사용한다.

구운 캐롭 가루(roasted carob powder) : 건강식품점에서 구입할 수 있다. 흔히 초콜릿 대용으로 사용하며 인기가 매우 좋은데 설사를 진정시키는 데도 효과가 있다. 3일 동안 하루에 세 번 ½~2티스푼씩 투여하는데 물과 소량의 꿀을 넣고 섞어서 경구로 투여한다.

설사에 특히 유용한 동종요법 약물을 몇 가지 소개한다.

동종요법 – 포도필룸(Podophyllum) 6C : 악취가 심하고 종종 강력하고 세차게 흘러나오는 형태의 설사에 효과적이다. '동종요법 스케줄 2'를 이용한다.

동종요법 – 메르쿠리우스 비부스(Mercurius vivus) 또는 메르쿠리우스 솔루빌리스(Mercurius solubilis) 6C : 변을 본 후에도 계속 힘을 많이 주어서 혈액이 섞인 변이 자주 나오는 심한 설사에 적합하다. 이러한 형태의 설사는 독성물질을 먹은 후나 바이러스 감염에 의해 발생할 수 있다.

동종요법 – 아르세니쿰 알붐(Arsenicum album) 6C : 상한 음식(특히, 상한 고기)을 먹은 후에 발생하는 설사에 사용한다. 대개 변을 자주 보고, 양은 오히려 적은 편이다. 쇠약하고 갈증이 심하며 오한을 느끼는 동물에게 사용한다. 개에서 이런 종류의 설사는 쓰레기통이나 퇴비더미를 뒤져서 발생할 수 있다. '동종요법 스케줄 2'를 이용한다.

동종요법 – 풀사틸라(Pulsatilla) 6C : 과식을 하거나 지나치게 기름진 음식을 많이 먹은 개와 고양이에게 좋은 약물이다. 위장에 탈이 나서 설사를 하고 소심하며 잘 복종하는 동물에게 사용한다. 특이하게도 설사를 하는데도 불구하고 갈증이 거의 없는 경우에 사용한다. '동종요법 스케줄 2'를 이용한다.

동종요법 – 포스포러스(Phosphorus) 30C : 장기간 지속적으로 설사하는 개나 고양이, 특히 앞에서 소개한 약물이 전혀 효과가 없는 개나 고양이에게 적합하다.

일반적인 지침

치료를 하고 있는 도중에는 새로운 벼룩 칼라의 사용이나 식이변화, 쓰레기통에 들어 있는 상한 음식이나 퇴비더미를 뒤지는 등 증상을 유발할 가능성이 있는 요인을 항상 염두에 두어야 한다. 때때로 그러한 요인에 지속적으로 노출되면 치료에 대한 반응이 나타나지 않을 수도 있다. 기생충과 전염성 질병을 염두에 두고 수의사에게 치료를 받는 것이 중요하다['내부기생충'(369쪽) 편 참조].

이틀간의 절식을 끝낸 후에는 야채 브로스를 준다. 24시간 후에는 다시 규칙적인 식사를 시작할 수 있는데, 특히 처음 며칠 동안은 백미를 사용하고 그다음에는 현미를 사용하는 것이 좋다. 대체로 백미가 설사를 서서히 완화시키는 데 좋다.

끼니 때마다 소화효소와 프로바이오틱스를 첨가해 주는 문제에 대해 담당 수의사와 상의한다.

회복 후

설사를 예방하는 장기적인 계획의 일부로 유전자 변형이 되지 않은 식품원료를 사용하거나 가능한 한 유기농을 사용한다.

6장에 있는 개의 건강 유지용 레시피 차트(118쪽), 고양이의 건강 유지용 레시피 차트(136쪽)에서 두 번째 열에 있는 코드 A를 참조한다. 이 코드로 설사에 가장 추천되는 레시피를 찾을 수 있다.

만약 반려인이 여기에 소개한 레시피로 음식을 만든다면 어떤 레시피로 음식을 만들지 신중하게 결정해야 한다. 어떤 음식에 GMO 제품이 함유되어 있는지 확인하기 위해 쇼핑 가이드인 Institute for Responsible Technology에서 도움이 되는 자료를 다운로드받는다. http://responsibletechnology.org/take-action/action-tool-kit/에 들어가 확인한다. 만약 GMO 제품이 함유되지 않은 일반 상업용 사료 리스트를 확인하고 싶다면 이 사이트에 링크되어 있는 'Pets and GMOs'를 클릭하고, 직접 들어가려면 http://petsandgmos.com을 클릭한다.

또한 '알레르기'(426쪽) 편과 '위질환'(440쪽) 편을 참조한다.

습진 eczema

465쪽 '피부질환' 편을 참조한다.

식욕부진 appetite problem

고양이

질병의 양상으로 종종 정상적인 식욕에 변화가 생긴다. 영양학적으로 고양이가 개에 비해 엄격한 요구량이 요구되므로 식욕부진은 개보다는 고양이에게 더욱 흔한 문제이다. 고양이가 점차적으로 식욕이 얼마나 없어지는지를 보면 이해할 수 있다. 까다로운 고양이는 대개 처음에는 많은 음식을 거부하고 한두 개의 브랜드만 선호한다. 사람들은 대부분 고양이의 이러한 요구에 순응할 뿐 대수롭지 않게 여긴다. 그러나 정상적인 수분 섭취량의 2배 이상을 먹고 있다면 심각한 질환이 시작되었음을 알아채야 한다.

다음 단계는 선호하는 음식이 자꾸 변한다는 것이다. 아마도 한 번 먹었던 것을 더 이상 좋아하지 않을 것이다. 아니면 끼니 때마다 다른 브랜드의 음식을 주고 있을 수도 있다. 그럼에도 불구하고 주는 음식은 먹지 않으면서 다른 음식을 달라고 조르기도 한다. 결국 고양이에게 오로지 참치나 간만 먹이는 사람도 있는데, 전혀 놀랄 만한 일이 아니다.

이런 상태가 지속되면 체중이 점차 줄어들면서 음식을 충분히 먹지 않는 단계로 들어선다. 생명만 간신히 유지할 정도로만 음식을 먹는 뼈가 앙상한 고양이를 보게 될 것이다. 이런 고양이는 음식을 먹는 데 열의가 없다. 단지 음식을 핥거나 가장자리만 먹을 뿐이다. 그렇게 시간이 흐르면 매우 수척해져서 기나긴 쇠약의 최종 결과인 어떤 진단을 받을 것이다.

어떻게 하면 고양이가 이런 패턴을 보이기 시작했는지 알 수 있을까? 다음과 같은 질문을 던져 본다. 고양이가 특정 브랜드의 음식에만 집착하는가? 건사료만 먹는가? 끼니 때마다 새로운 캔의 음식을 주어야만 하는가? 좋아하는 참치나 간을 음식에 첨가하고 있는 자신을 발견한 적이 있는가? 음식을 먹는 동안 음식을 남기지 않도록 자리를 지키면서 식사시간 내내 고양이의 몸을 쓰다듬어 주고 있는가? 이 질문에 '예'라고 대답한다면 문제가 있는 것이다. 다른 검사법으로는 음식에 부분적으로 변화를 주는 것이다. 이 책에서 제시한 영양학적 조언을 참고하여 평소에 먹던 음식에 새로운 레시피를 소량 곁들여 제공해 본다. 새로운 음식을 받아들이는 데 며칠이 걸릴 수도 있다. 하지만 일단 받아들이고 나면 새로운 음식을 점점 더 많이 첨가할 수 있다(7장 '식단 바꾸기' 참조). 그런데 식단 바꾸기에 성공하지 못하거나 며칠 동안 음식을 전혀 먹지 않는다면 분명히 문제가 있는 것이다.

식욕부진은 다루기 어려운 문제로 겉으로 보이는 맛이나 냄새와는 관련이 없는 것 같아 보인다. 어쨌든 음식이 마음을 사로잡지 못한다면 고양이는 절대로 음식을 먹지 않을 것이다. 나는 마음을 사로잡지 못하는 큰 이유가 음식이 고양이에게 매우 부자연스럽고 억지스럽기 때문이라고 생각한다. 그들은 야생에서 방금 죽은 동물만 먹는다. 어제 죽은 동물을 먹거나 개처럼 쓰레기통을 뒤지거나 남이 먹다 남긴 것을 뒤처리하지 않는다. 고양이는 반려동물의 생활방식에 많은 부분 적응해 왔지만 아직도 먹는 문제는 일부 고양이에게 큰 문제가 되는 것 같다. 사람은 "그래도 나는 신선한 고기를 주는데…"라고 생각할 수도 있지만 마트에서 온 고기는 고양이가 원하는 방금 잡은 신선한 고기가 아니다. 마트에서 구입한 고기는 사람이 좋아하는 형태로 숙성(조금씩 부패시키는 것을 의미한다)시키기 위해 냉장고에 2주 이상 걸어둔 것이다. 고양이는 이런 숙성된 고기를 좋아하지 않는다.

나는 동종요법으로 식욕부진 고양이 치료에 성공한 적이 있다. 만약 내재질환이 교정될 수 있다면 식욕도 정상으로 돌아오고 이 책에서 추천하는 더 좋은 식이요법도 가능해진다. 다음 약물 중 하나를 투여할 수 있다.

동종요법 – 포스포러스(Phosphorus) 30C : 고양이가 음식을 보고 냄새를 킁킁 맡다가 외면하고 먹지 않을 때 이용한다. '동종요법 스케줄 4'를 이용한다.

동종요법 – 리코포디움(Lycopodium) 30C : 처음에는 음식에 관심을 가지는 것처럼 보인다. 고양이가 몇 차례 씹어 먹기도 하지만 그 후 마치 만족한 것처럼 음식을 외면한다. 이는 제공한 음식에 상관없이 매번 보이는 패턴이다. '동종요법 스케줄 4'를 이용한다.

동종요법 – 설퍼(Sulphur) 30C : 식욕은 줄지만 갈증이 심해진다. 보통 고양이들이 물을 많이 먹지 않는데 눈에 띄게 물을 많이 먹기 시작하면 이 약물을 사용한다. '동종요법 스케줄 4'를 이용한다.

개

개는 고양이와 상황이 다르다. 개의 식욕부진은 대부분 위와 관련이 있다. 개는 음식이 위의 통증을 유발하면 먹으려고 하지 않는다. 대신 풀을 먹으려고 한다. 만약 풀이 없으면 집에 있는 천 조각이나 다른 물체를 먹으려고 한다. 소화가 잘 되지 않는 물체를 먹어서 소화불량을 일으키면 개는 이렇게 무엇이든 상관없이 밀어 내려고 한다. 이 문제가 자꾸 재발하는 만성질환이 아니라 처음 일어난 일이라면 다음 동종요법 약물이 해결해 줄 것이다.

동종요법 – 눅스 보미카(Nux vomica) 30C : '동종요법 스케줄 2'를 이용한다.

더 자세한 정보는 위질환(440쪽)을 참조한다.

신부전 kidney failure

신장은 혈액을 여과하고 조직 안에서 불필요하거나 건강하지 못한 모든 물질을 제거하는 기능을 한다. 수은, 비소, 납, 카드뮴과 같은 중금속을 비롯하여 우리가 지금까지 발견해 왔던 음식에 축적된 수많은 화학물질을 생각해 보면 신장의 악화가 나이 든 개와 고양이에서 흔한 질병이라는 사실은 놀라운 일이 아니다.

대부분의 고양이에게 신장의 악화는 어렸을 때 갈증이 심해지고 재발성 방광염을 앓는 것으로 시작된다. 이렇게 수년이 지나고 보통 중년이 되면 고양이들은 신장에 분명한 이상이 나타난다. 다시 말하면 신부전을 앓게 될 고양이는 어릴 때 먼저 방광질환을 앓는다는 것이다.

종종 방광질환을 앓고 있는 고양이에게 산이 첨가된 특별식을 공급하여 오줌을 산성으로 만들어 방광염의 증상을 예방하기도 하는데, 이렇게 할 경우 신장이 쥐도 새도 모르게 서서히 악화되는 문제가 발생할 수 있다.

실제로 많은 사람이 이 질병을 앓고 있는 고양이에 대해 잘못 이해하고 있다. 내게 진료를 받으러 온 수많은 신부전 환자가 때때로 그 원인을 세균감염에 의한 것으로 잘못 알고 항생제 치료를 받고 있었다. 하지만 거의 대부분 세균감염에 의한 것이 아니므로 항생제가 도움이 되지 않으며 오히려 고양이를 더욱 병들게 할 수 있다.

나는 경험을 통해 독성이 매우 중요함을 알았다. 한 가지 예로, 수십 년 동안 우리가 사는 환경에 축적되어 온 수은이 바다에 사는 물고기에 가장 많이 함유되어 있으며, 이 물고기가 들어 있는 음식을 고양이들이 먹고 있다고 생각해 보자. 이것이 바로 원인이 될 수 있다. 수은중독은 신장에 직접적으로 영향을 미쳐 고양이를 불행하게 만든다.

또한 예방접종이 큰 역할을 한다고 생각한다. 왜냐하면 백신이 자기의 정상조직에 대해 면역반응을 일으킨다는 사실이 밝혀졌기 때문이다. 백신 바이러스들이 신장세포에서 자라고 신장세포 물질이 백신 안에 들어 있을 것이라고 생각해 보면 비정상적인 면역반응을 일으킬 가능성이 충분히 있는 것처럼 보인다. 이 사실은 콜로라도 수의과대학의 연구에서 입증되었다.[8] 범백혈구감소증이나 칼리시바이러스, 허피스바이러스 등 신장세포에서 자란 백신 바이러스를 접종한 고양이는 자기 자신의 신장에 대한 항체를 형성한다. 이 항체는 자연적으로 질병이 발생하는 것과 동일한 방식으로 신장에 염증을 일으킨다(간질성 신염). 바로 이 점 때문에 예방접종을 너무 자주 하는 것에 대해 주의를 기울여야 한다(16장 참조).

신장의 정화기능은 또 다른 중요한 배설기관인 피부의 정화기능과 연관이 있다. 종종 나이 든 동물에게서 언젠가는 발생할 신부전에 선행하여 피부염이나 피부발진이 나타난다. 이 과정은 피부 분비물이 코르티코스테로이드에 의해 반복적으로 억제되는 경우 더욱 가속화된다.

문제의 징후

손실된 조직을 보상하기 위한 신장의 놀라운 능력 때문에 신장질환이 일어나고 있는지 알아채는 것은 매우 어렵다. 신장조직의 ⅓이 제 기능을 하고 있는 한 아픈 증상이 분명하게 나타나지 않는다. 그러나 이 시점을 지나면 질병이 서서히 진행된다. 그래서 신장의 15~20%만 제 기능을 하고 있을 때 독소의 축적과 탈수로 인해 서서히 죽음이 다가오게 된다.

초기 증상

신부전의 초기 증상은 전형적으로 갈증이 심해지고 창백한 색깔의 소변을 많이 자주 누며, 밤새도록 소변을 참지 못하고, 가끔 기운이 없고 식욕부진이 나타난다.

지나치게 심한 갈증이란 얼마나 심한 갈증을 말하는 것일까? 개의 경우 뜨거운 날씨나 운동을 하지도 않았는데, 음수량의 섭취가 눈에 띄게 증가하는 것을 말한다.

고양이의 경우 비록 2~3살의 어린 고양이라 해도 매일매일 물을 얼마나 마시는지 알기가 어렵다. 고양이는 건조한 지역에서 진화했기 때문에 건강하다면 원래 물을 소량만 먹거나 잘 마시지 않는다. 이 법칙에 대한 유일한 예외는 고양이가 건사료만 먹는 경우이다(추천하고 싶지 않은 방식이다). 건사료는 수분 함량이 매우 낮아서(자연식에는 수분 함량이 80~85%인 반면에 건사료는 10% 정도) 원래 물을 많이 마시지 않는데도 어떤 고양이는 물을 많이 마신다. 그러나 만약 고양이가 캔사료나 홈메이드 음식을 먹는데도 불구하고 여전히 물을 많이 마신다면 어딘가에 문제가 있다는 징후이다.

주의 깊게 관찰한다면 신부전 증상을 초기에 감지할 수 있다. 이렇게 되면 응급상황이 될 때까지 기다리기보다 최상의 음식과 다른 자연치료를 통해 반려동물의 수명을 연장할 수 있는 매우 좋은 기회를 얻게 되는 것이다. 분명한 사실은 고양이의 방광염이 자주 재발한다면 신장 건강이 회복되어야 한다는 암시이다.

말기 증상

신부전이 진행되면 한 번에 며칠씩 지속적으로 구토나 구역질을 하기도 한다. 심지어 숨을 쉴 때 악취가 나거나 궤양이 생기는 등 구강에 변화가 생기기도 한다.

이 시점에서는 생명을 보전하기 위해 응급으로 많은 양의 수액을 정맥으로 맞아야 한다. 나중에 정상적인 상태로 되돌아 오긴 하지만 정상상태가 매우 취약해서 많은 경우 신장조직의 60~70%가 파괴되어 다시는 회복하지 못할 수도 있다.

신장은 기능이 떨어진 자신의 상태를 극복하려고 모든 것을 더욱 빠르게 흘려보낸다. 물은 보통 20배까지 더 빠르게 지나가서 필수 염분, 수분, 또 다른 영양소의 소실을 유발한다. 이 문제를 이렇게 생각해 보자. 만약 주요 고속도로가 통제되어 모든 사람이 우회하려고 일반도로로 운전해야 한다면 소통을 원활하게 하는 방법으로 교차로 지점에서 경찰이 모든 사람에게 정상속도보다 더 빠르게 지나가라고 신호를 보내야 한다. "빨리 가요. 앞차를 따라 빨리 이동하란 말이에요. 우리는 해내지 않으면 안 돼요!"라고 소리 지르는 상황을 상상해 보자. 이것은 신장이 자신의 망가진 상태를 보상하기 위해 하는 일이다.

이런 고속화가 점차 증가하면 지나치게 많은 양의 수분이 소실되어 몸은 건조해지고 탈수가 오게 된다. 부족한 수분(체액)은 순환과 소화를 방해하기 때문에 문제를 가중시킨다. 따라서 이때쯤 되면 대부분의 동물은 여생 동안 매일매일 주사로 수액을 공급받아야 한다.

신부전과 요독증 uremia

만약 신장질환이 진행되어 요독증 단계(단백질 노폐물이 배설되지 못하고 쌓임)라면 식이에 변화를 주는 것이 도움이 된다. 식이변화는 초기 단계에는 필수적이지 않다. 왜냐하면 문제가 더 발전하는 것을 예방하지 못하기 때문이다. 식이변화는 오히려 단백질의 노폐물을 덜 만들어서 독성이 축적되는 것에 대비하는 방식이다.

영양문제에서 탄수화물이나 지방과 비교했을 때 단백질은 깨끗한 음식이 아니다. 단백질의 소화과정에서 추출되어 버려진 질소는 혈액을 통해 신장으로 운반되어 제거된다. 신장이 더 이상 완전한 기능을 하지 못하면 질소는 혈액에 쌓여 요독증이라는 증상을 유발한다. 따라서 단백질을 덜 급여하고 탄수화물과 지방을 더 많이 급여한다. 이상적인 레시피는 단백질은 충분하되 필요한 최소량으로 제공하고 단백질의 소화로 인한 질소 노폐물을 함유하지 않은 영양소를 강조하는 식단으로 바꿔야 한다. 6장에 있는 개의 건강 유지용 레시피 차트(118쪽), 고양이의 건강 유지용 레시피 차트(136쪽)에서 두 번째 열에 있는 코드 K를 참조한다. 이 코드로 신부전과 요독증에 가장 추천되는 레시피를 찾을 수 있다.

앞에서 언급했던 대로 식이변화는 독소가 축적되는 말기 단계를 제외하고는 필요하지 않다. 체중이나 갈증 정도 등 전반적인 상태를 모니터링하면서 한 달 정도 식이변화를 시도해 본다. 한 달 후에 혈액검사를 해서 수치가 떨어졌는지 확인해 본다. 중요한 것은 BUN(blood urea nitrogen, 혈액 요소성 질소)과 크레아티닌(creatinine) 수치이다. 만약

음식이 도움이 된다면 혈액검사에서 이 두 가지 수치가 정상범위에 가깝게 내려갈 것이다.

할 수 있다면 몸에서 쉽게 빠져나갈 수 있는 수용성 비타민, 특히 비타민 B와 C를 보충하고 신장에 유익한 비타민 A도 많이 공급한다. 동물용 비타민이나 사람용 비타민 모두 사용 가능한데 사람용 비타민의 경우 체중에 맞게 잘라서 준다(사람의 평균체중은 63kg이다).

신장질환을 가진 많은 고양이는 체내 칼륨수치가 낮아진다. 이러한 상태는 상황을 복잡하게 해서 신장의 상태를 더욱 악화시킨다. 고양이가 여기에서 언급한 치료제에 적절하게 반응하지 않는다면 음식에 글루콘산칼륨을 첨가하는 문제에 대해 수의사와 상담한다. 칼륨이 필요한 경우라면, 칼륨 공급은 고양이의 상태에 큰 차이를 만들어 낸다. 고양이의 일반적인 칼륨 유지용량은 하루에 80~160mg이며 보통 평생 먹어야 한다.

같은 측면에서 인 수치가 너무 높아져서 문제를 가중시킬 수 있다. 수의사는 인 수치가 문제가 되는지 혈액검사를 통해 확인한 후 소화기계에서 인이 흡수되지 못하도록 저해하는 약물을 처방할 것이다.

치료

치료 과정에 일찍 개입하면 할수록 상황은 좋아진다. 신장의 부담을 줄여 주기를 원한다면 최대한 오염이 덜 된 음식을 이용하고 환경내독소에 대한 노출을 최소화한다. 10장에 일반적인 가정에서 조심해야 할 것에 대해 자세하게 설명되어 있으므로 다시 읽어보기를 권한다.

또 다른 관리사항

털과 피부를 정기적으로 빗질해 주고 순한 천연샴푸로 일주일에 한 번씩 목욕을 시켜 준다. 규칙적으로 밖에 나가서 가볍게 운동을 시키고 신선한 공기와 햇빛을 쐬게 해 준다. 배뇨·배변 장소에 쉽게 접근할 수 있도록 한다. 신선한 물을 마음껏 먹을 수 있도록 하고, 하루의 식사량을 한 번이 아니라 두 번으로 나눠 준다.

약물치료

반려동물의 신장조직을 강화시켜 줄 수 있는 허브와 동종요법 약물이다. 이중 하나를 선택해서 치료를 시도해 본다.

허브요법 – 알팔파(Alfalfa, 자주개자리, Medicago sativa) : 팅크를 사용하여 하루에 세 번 투여하되 고양이나 소형견에게는 1~2방울(이 팅크는 희석할 수 있다), 중형견에게는 2~4방울, 대형견에게는 4~6방울을 투여한다. 호전될 때까지 계속 투여하고 그다음부터는 하루에 한 번이나 필요한 만큼만 투여한다. 또 다른 방법으로 알팔파 정제를 사용할 수 있다. 정제는 동물의 체중에 따라 하루에 1~4번 투여한다. 알팔파를 부숴서 음식에 섞어 준다.

허브요법 – 서양접시꽃(Marsh mallow, Althaea officinalis) : 끓는 물 한 컵에 꽃이나 잎을 2테이블스푼 넣고 5분 동안 우려낸다. 또는 끓는 물 한 컵에 뿌리 1티스푼을 넣고 20~30분 동안 보글보글 끓여서 탕제를 만든다(탕제가 더욱 강력하다). 이것을 고양이나 소형견에게는 ½티스푼, 중형견에게는 1티스푼, 대형견에게는 1테이블스푼을 하루에 두 번 투여하거나 음식에 섞어 준다. 몇 주 동안 계속 투여하고 다음부터는 일주일에 두 번까지로 횟수를 점차 줄인다.

동종요법 – 눅스 보미카(Nux vomica) 30C : 때때로 요독증을 치료할 때 도움이 된다. 종종 구역질, 구토, 전반적으로 아픈 느낌이 있을 때와 같은 독성 증상이 있을 때에도 도움이 된다. '동종요법 스케줄 4'를 이용하여 치료한다.

동종요법 – 나트륨 무리아티쿰(Natrum muriaticum) 6C : 몸이 수분을 이용하는 데 도움을 주며 갈증이 매우 심하고 차가운 바닥에 누워 있기를 좋아하는 개나 고양이에게 적합하다. '동종요법 스케줄 6(a)'를 이용한다.

동종요법 – 포스포러스(Phosphorus) 6C : 찬물에 대한 심한 갈증을 보이고 물을 먹거나 음식을 먹은 후에 자주 토하는 고양이나 개에게 도움이 된다. 대개 체중감소와 식욕부진이 나타난다. '동종요법 스케줄 6(a)'를 이용한다.

동종요법 – 메르쿠리우스 비부스(Mercurius vivus) 또는 메르쿠리우스 솔루빌리스(Mercurius solubilis) 6C : 구강이나 혀에 궤양이 진행될 때 사용한다. 구취가 매우 심하고 침을 많이 흘리며 종종 끈적거린다. 요독증의 증상이며 이 약물을 사용하면 도움이 된다. 호전된 상태를 유지하려면 단백질을 줄이는 식단조절이 필수적이다. 그렇지 않으면 다시 재발한다. '동종요법 스케줄 4'를 이용한다.

위기상황에서의 치료법

신장이 약하거나 신부전이 있어서 동물이 심각한 상황에 처하면 수의사에게 치료를 받는 것이 가장 좋다. 경구로 무엇인가를 투여하면 바로 토하기 때문에 정맥 내로 수액을 주사하는 것이 생명을 살리는 데 있어서 매우 중요하다. 또한 수의사가 매일 피하로 수액을 주사하는 방법을 알려줄 수도 있다. 이렇게 하면 많은 고양이가 수개월에서 수 년 동안 수명을 연장하는 데 도움이 되며 비슷한 치료를 받은 개보다 더 오래 살 수도 있다.

그외의 보조치료 방법은 한방 수의사인 줄리에트 드 바이라클리 레비에 의해 도입되었다. 그녀는 심각한 상황이 다 지나갈 때까지 모든 고형음식을 중단하고 대신에 다음과 같은 약초를 급여하라고 조언한다.

차가운 파슬리 차(cool parsley tea) : 뜨거운 물 한 컵에 신선한 파슬리 1테이블스푼을 넣고 20분 동안 푹 우린다. 이 차를 하루에 1티스푼~2테이블스푼씩 세 번 투여한다.

보리차(barley water) : 통보리 한 컵에 끓는 물 3컵을 부어 뚜껑을 덮고 밤새 우려낸 다음에 아침에 모슬린이나 헝겊으로 짜내 액체만 걸러낸다. 꿀과 신선한 레몬 주스를 각각 2티스푼씩 첨가한 후 하루에 두 번 ¼~2컵씩 먹인다. (필요하다면 크게 한 주전자 만들어 놓는다.)

파스닙 볼(parsnip ball) : 강판에 간 가공하지 않은 파스닙(신장 해독을 도움)을 진한 꿀(에너지원)을 혼합한 후 굴려서 공처럼 만들어 원하는 만큼 급여한다. 고양이보다 개가 더 좋아하는 것 같다. 고양이에게 경구로 무엇인가를 투여한다는 것은 매우 어려운 일이다.

관장(enemas) : 항상 깨끗한 물을 마음껏 먹을 수 있도록 한다. 반려동물이 구토 때문에 액체를 삼키는 데 문제가 있다면 구토가 멈출 때까지 관장액을 하루에 1~3번 투여한다. 체중 9kg을 기준으로 바다소금 ½티스푼과 염화칼륨(식품점에서 구할 수 있는 소금 대용품) ½티스푼, 레몬 주스 1티스푼, 비타민 C 500mg, 미지근한 물 0.5L를 잘 섞어서 용액을 만든다. 18장의 관장하는 방법을 참조한다. 탈수가 되면 관장액이 배출되기보다 오히려 정체될 것이라서 혈액을 보충하는 데 도움이 된다.

조직에 물을 공급하여 수화(水和)되고 신장이 깨끗하게 세척되려면 많은 양의 수액을 투여해야 한다는 점을 명심한다. 매우 중요하다. 적당량의 수액처치가 없으면 치료는 성공할 수 없다. 만약 심각한 구토가 계속된다면 '구토'(363쪽) 편에서 소개한 방법을 이용한다. 특히 그 부분에서 소개했던 동종요법 약물인 이페칵(Ipecac)을 투여해 본다.

심장사상충 heartworm

심장사상충은 실제로 개의 심장에 살면서(드물지만 고양이도 있음) 28cm까지 자랄 수 있고, 소수에 감염되어도 지속적인 기침과 호흡곤란, 쇠약, 실신, 때때로 심부전까지 유발할 수 있다. 심장사상충의 성충은 미크로필라리아(microfilaria)라고 하는 자충을 생산하는데, 엄청나게 많은 수의 자충은 배고픈 모기가 가장 극성을 부리는 시기(특히, 여름철 저녁)에 개의 혈류를 타고 온몸을 돌아다닌다. 모기가 개를 물어 이 미크로필라리아를 빨아들인 후 나중에 다른 개를 물었을 때 그 개에게도 감염시킬 수 있다.

모기가 새로운 개에게 미크로필라리아를 옮기면 이 자충은 피하에서 두 단계 더 성장한 다음 가까운 정맥을 통해 혈류로 들어간다. 심장에 도달한 후 새로운 보금자리를 만들고 거기서 성장하여 번식하며, 모기에 처음 물린 후 약 6개월 동안의 주기를 다시 시작한다.

심장사상충의 진단은 질병의 증상을 보고 진단하는 것이 아니라 수의사가 혈액 내의 미크로필라리아를 발견해야 내려진다. 심장사상충에 감염된 개가 눈에 띄게 병치레를 하려면 상당수의 심장사상충에 감염되어 있어야 하는데, 면역력이 좋으면 증상이 나타날 만큼 심장사상충이 많이 증식하지 않아 치료가 필요하지 않을 수도 있다. 그러나 일단 임상증상을 보이면 반드시 치료해야 하며, 대부분 입원치료를 한다. 치료에 사용되는 약물은 독성이 매우 강해서 동물을 힘들게 한다. 심장사상충이 극성을 부리는 지역에서는 개에게 정기적으로 약물을 투여하여 예방하는데 충분히 이해할 만하다.

심장사상충 예방약

심장사상충 예방약은 한 달에 한 번 먹거나 등에 바르면 한 달 동안 피하에 있던 미크로필라리아를 죽일 수 있다. 약물투여는 대개 모기가 활동을 시작하기 전부터 시작하여 모기가 활동을 끝낸 후 한두 달 더 지속한다. 이렇게 하면 어떤 지역에서는 일 년 내내 투여하게 되기도 한다.

부작용은 없는가? 물론 이것도 약이기 때문에 부작용이 있다. 구토, 설사, 발작, 마비, 황달, 간질환, 기침, 코피, 고열, 쇠약, 현기증, 신경손상, 출혈장애, 식욕부진, 호흡곤란, 폐렴, 우울증, 기면, 갑작스런 공격적인 행동, 피부발진, 약간의 떨림, 급사 등이 포함된다.

이런 반응을 보이는 개가 많지는 않지만 그래도 많은 품종에서 나타난다. 수의사들은 또한 많은 개가 위장관장애와 과민증상을 보이고 뻣뻣해지며 매달 심장사상충 예방약을 투여한 후 1~2주 동안 썩은 냄새가 나는 듯한 느낌을 받는 것 같다고 보고한다.

약물 부작용에 대해서도 미국수의사협회는 모든 약물 부작용이 나타난 동물의 65%, 약물 부작용에 의해 죽은 것으로 보고된 동물의 48%가 심장사상충 예방약에 의한 것이라고 한다.

그럼에도 불구하고 개가 심장사상충에 감염되지 않으리라고 보장할 수 없기 때문에 심장사상충 예방약의 투여를 멈추라고 말하지 못한다. 특히, 감염발생률이 높은 지역에 사는 동물에게는 더욱 그렇다. 하지만 솔직히 나는 예방약을 투여하는 것이 싫고 약물투여가 사람들이 생각하는 것보다 더 많은 질환을 일으킨다고 생각한다.

우리가 할 수 있는 다른 방법은 없을까? 불행하게도 거의 모든 심장사상충 연구는 미크로필라리아를 죽이는 신약을 개발하는 쪽에 집중되어 있다. 극히 소수의 사람들만이 심장사상충에 대한 개의 자연저항력을 증대시키는 데 관심이 있다. 우리는 몇 가지 사실에 근거하여 이 전도유망한 방향을 추구하고 있다. 야생동물은 심장사상충에 대한 저항력이 아주 강하다. 다시 말해서 야생동물은 심장사상충에 대한 감염 정도가 매우 약하며 감염된 후에는 면역력을 획득한다. 또 다른 사실은 심장사상충 발생률이 높은 지역에 사는 개의 25~50%가 감염된 후 미크로필라리아에 대한 면역력을 획득했으며, 모기를 매개로 다른 개에게 심장사상충을 옮길 수 없게 된다는 사실이다. 마지막으로 일단 적은 수의 심장사상충에 감염된 후에는 대부분의 개가 심장사상충을 운반하는 모기에게 지속적으로 물려도 좀처럼 감염되지 않는다는 사실이다. 다시 말해서 감염의 정도를 제한할 수 있다는 것이다.

이런 모든 건강과 저항의 중요성은 개에게 달려 있다. 생물학 연구에 따르면 자연에서 기생충의 역할은 건강하지 못하고 쇠약한 동물에게서 많이 증가한다. 이는 우리를 이 책의 중심명제로 돌아가게 한다. 만약 반려동물의 건강상태를 최상이 되도록 관리한다면 심장사상충이나 기타 질병에 대한 이들의 저항력은 높아질 것이다. 약물로 지속적으로 해롭게 하기보다는 이것이 더 매력적인 방법이 아닐까? 우리는 이에 대해 더욱 진지하게 연구해야 한다.

지난 30년 동안 미국 전역에서 개에게 심장사상충 감염이 광범위하게 발생했던 이유를 물었을 때 우리가 간과하고 있었던 한 가지 요인이 수면 위로 떠올랐다. 자연의 균형이 파괴될 때마다 모기의 개체수가 늘고 심장사상충 발생률이 증가한다는 전문가의 주장이 설득력이 있다. 예를 들어, 오늘날에는 지구온난화와 같은 기후변화로 인해 예전에는 지나치게 추웠던 지역이 모기가 번식하기에 적당한 지역으로 새롭게 급부상하는 것이 현실이다.

기생충의 기괴한 급증을 유발하는 살충제와 약물중독, 몇 세대 동안 일반 상업용 사료를 먹어서 개의 건강상태가 지속적으로 악화됨과 동시에 환경이 파괴되면서 이런 결과가 나타나는 것 같다. 일부 지역에서는 수년 동안 예방약을 지속적으로 투여했음에도 불구하고 심장사상충 발생률이 1982년과 동일하다는 최근의 연구결과를 보면 좌절하지 않을 수 없다. 지속적인 약물사용이 이제 막다른 골목에 다다랐다는 사실을 깨닫는 데 그리 오래 걸리지 않을 것이다.

나를 비롯한 홀리스틱 의학을 하는 몇몇 수의사는 미크로필라리아에 감염된 혈액으로 만든 동종요법 예방약인 심장사상충 노소드(nosode)를 가지고 몇 가지 실험을 해왔다. 이 스터디 그룹의 규모는 하찮은 임상연구를 할 수 있을 정도로 아주 작았지만 초기 실험결과는 엄청났다. 이것은 궁극적으로는 약물사용을 대체할 수 있는 방법을 제공해 줄 수 있지만 연구가 더 필요한 상황이다.

예방

자연적이고 비화학적인 방법을 적용하고자 하는 사람을 위해서 심장사상충을 예방하는 데 도움이 되는 몇 가지 방법을 소개한다. 첫째, 이 책에서 권장하는 최적의 영양지침을 따른다. 음식에 양조용 효모나 영양효모를 첨가하면 개와 고양이의 입맛을 돋워서 피부에서 모기를 퇴치하는 데 도움을 줄 수 있다. 둘째, 모기에 노출을 최소화하기 위해 저녁부터 밤까지 개를 실내에 둔다. 셋째, 개를 밖에 데리고 나갈 때에는 천연 방충제를 사용한다. 따뜻한 물 한 컵에 유칼립투스 오일을 한 방울 섞어서 항문과 생식기 사이, 주둥이 부위(모기가 가장 잘 무는 부위)에 발라준다. 눈이나 점막과 같이 민감한 조직에는 오일이 닿지 않도록 주의한다.

치료

심장사상충 한두 마리 정도에 감염된 것은 그 자체로 심각하지 않다는 점을 명심한다. 수의사들이 혈액검사를 통해 양성판정을 내릴 수도 있지만 나 같은 경우에는 겉으로 나타난 증상이 없으면 보호자들에게 약물치료를 권하기보다는 양질의 영양공급을 해 주라고 말한다. 그러면 상태가 많이 좋아진다.

만약 반려인의 개가 심장사상충 검사에서 양성이고 부드러운 마른기침을 하며 운동능력이 떨어지는 등의 증상이 나타나면 일반적인 약물치료를 하기 전에 다음의 동종요법 약물치료를 시도해 볼 수 있다. 만약 반려견이 좋은 반응을 보인다면 그다음부터는 훌륭한 영양공급만 강조해도 충분할 수 있다.

동종요법 – 설퍼(Sulphur) 30C : 전반적으로 기생충에 대한 저항력을 강화시켜 준다. '동종요법 스케줄 5'를 이용한다.

심장질환 heart problem

심장질환은 나이 든 개와 고양이에서 상당히 흔하게 발생한다. 그러나 사람에서 문제가 되는 동맥경화나 여러 가지 형태의 심장마비 등은 발생하지 않는다. 오히려 약해진 심근 때문에 한쪽이나 양쪽 심장이 커지는 일이 가장 많다. 때때로 심장판막의 기능이 부적절하거나 심박동이 너무 빠르거나 너무 느리게 뛰는 일이 발생하기도 한다.

전형적인 심장질환의 증상은 다음과 같다. 운동 중에 쉽게 지치고 운동을 하면 혀나 잇몸이 창백하게 변한다. 갑작스런 허탈이나 극도의 쇠약, 호흡곤란이나 쌕쌕거림, 소량의 객담을 유발하는 지속적인 마른기침, 다리나 복부에 체액이 축적된다(올챙이배처럼 보임).

치료

현대 수의학 치료에서는 디기탈리스 제제나 이뇨제를 사용하고 저나트륨 식이요법을 처방한다. 치료는 상태가 계속 진행된다는 가정하에 치료라기보다는 오히려 증상을 관리하는 데 목표를 두고 있다.

나는 영양요법, 동종요법, 허브요법을 강조한 대체요법식 접근법을 선호한다. 완전히 회복하는 것은 불가능하더라도 단지 증상을 억제하는 것보다는 이러한 방법이 훨씬 좋다. 이 방법들은 실제로 영향을 받는 조직을 강화시켜 줄 수 있다. 물론 치료로 인한 효과의 정도는 조직손상의 정도나 아픈 동물의 나이에 따라 차이가 있다.

가장 좋은 방법은 예방이다. 건강한 생활습관,

영양가 있는 음식, 규칙적인 운동이 중요하다. 그러나 증상이 이미 진행되었다면 다음에 소개하는 약물을 사용하면 좋다.

염소처리나 불소처리가 되지 않은 물이나 용천수를 음용수로 이용한다. 만약 체중이 많이 나가면 다이어트를 시켜야 한다. 체중이 많이 나가면 혈액을 펌프질하고 전신순환을 시키는 데 있어 심장의 부담을 가중시키기 때문에 체중감소는 중요하다.

고양이에게는 아미노산의 한 종류인 타우린을 적정량 공급한다. 타우린은 건강식품점에서 보충제로 구입할 수 있다. 타우린 결핍은 심장질환을 유발할 수 있으며 타우린을 보충하면 체중이 줄기 때문에 체중이 많이 나가는 개나 고양이에게 도움이 된다. 고양이에게는 하루에 약 200mg씩 급여한다.[9]

코엔자임 Q10은 심장으로 유입되는 산소의 흐름을 증가시키므로 매우 도움이 된다. 개에게는 하루에 30~40mg, 고양이에게는 하루에 10mg을 투여한다. 영양효모가 음식에 첨가되어 있다면 코엔자임 Q10을 더 잘 흡수한다.

담배연기를 피하고 동물이 지나치게 격렬해지거나 흥분되지 않게 매일 규칙적으로 산책을 시킨다. 예민한 동물의 경우 심장질환의 많은 증상이 간접흡연에 노출되어 발생할 수 있으며 불규칙한 심박동과 심장부의 통증, 호흡곤란, 기침, 현기증, 극도의 쇠약으로 나타날 수 있다.

특정 동종요법 약물이 도움이 될 수 있다. 만약 심장질환이 그리 많이 진행되지 않은 상태이고 최근에 진단이 내려졌다면 다음과 같은 약물을 투여하는 것이 좋다.

동종요법 – 칼카레아 카르보니카(Calcarea carbonica) 30C : 심근을 강화하는 데 도움이 된다. 특히 심비대가 있거나 심기능이 약한 경우에 더욱 그렇다. 과거에 음식을 게걸스럽게 먹었고(심장질환이 있은 후부터는 변화가 있을 수도 있지만), 체중이 많이 나가는 경향이 있으며 라디에이터나 히터 근처 등 따뜻한 곳에 있기를 좋아하는 개와 고양이에게 이 약물이 필요하다. '동종요법 스케줄 4'를 이용한다. 전문가의 감독 없이 이 약물을 반복 투여해서는 안 된다.

동종요법 – 나트륨 무리아티쿰(Natrum muriaticum) 30C : 식욕은 엄청나지만 체중이 계속 감소하는 동물에게 도움이 된다. 이들은 갈증이 심하고 더운 것을 싫어해서 따뜻한 방을 피하며 따뜻한 날씨를 좋아하지 않는 경향이 있다. 또한 맥박이 불규칙한 경향이 있다. 아플 때는 지나친 관심을 원하지 않고 위로를 하거나 기분을 좋게 해주려고 노력하면 오히려 더 예민해진다. '동종요법 스케줄 4'를 이용한다.

동종요법 – 포스포러스(Phosphorus) 30C : 쉽게 토하고 매우 차가운 물(수도꼭지에서 나오는 물처럼)을 먹고 싶어 하지만 물을 마신 지 10~20분 이내에 구토를 하는 경향이 있는 동물들에게 이 약물이 필요하다. 소음과 냄새에 매우 예민하며 특히 천둥, 번개나 불꽃놀이와 같은 시끄러운 소리에 쉽게 화들짝 놀란다. '동종요법 스케줄 4'를 이용한다.

질병이 많이 진행되어 증상이 더욱 심각하고 지속적으로 나타나는데 영양요법이나 앞에서 소개한 다른 약물로 관리가 되지 않는 경우에는 다음 동종요법 약물 중 반려동물의 상태와 가장 적합한 약물을 한 가지 선정하여 투여한다. (그러나 앞에서 소개한 약물을 무시하고 이 약물부터 사용하거나 지나치게 뛰어난 효과를 기대하지 말아야 한다.)

동종요법 – 크라타이구스 옥시칸타(Crataegus oxycantha) 3C : 심근이 약하고 심비대, 호흡곤란, 체액정체가 있으며 신경질적이거나 예민한 성격의 동물에게 사용한다. '동종요법 스케줄 6(c)'를 이용한다.

동종요법 – 스트로판투스 히스피두스(Stro-phanthus hispidus) 3C : 판막질환과 함께 심장이 약한 동물에게 사용한다. 맥박이 약하고 자주 뛰며 불규칙하고 호흡곤란 증상이 있다. 또한 체액정체, 식욕부진, 구토 증상이 나타날 수도 있다. 비만과 만성 피부 가려움증도 이 약물을 선정하는 데 중요한 양상이 된다. '동종요법 스케줄 6(c)'를 이용한다.

동종요법 – 디기탈리스 푸르푸레아(Digitalis purpurea) 6C : 격한 운동을 한 후에 혀가 창백해지면서 갑자기 실신하거나 허탈에 빠지는 심장마비의 경우 한 알씩 투여한다. 종종 맥박이나 심박동이 비정상적으로 느리게 뛰며 심비대와 체액정체가 있을 수 있다. 희고 반죽 같은 변은 간에 이상이 있음을 의미하기도 한다. 만약 이 약물이 도움이 된다면 심장마비의 발생빈도가 조금 줄어들 것이다.

동종요법 – 스폰지아 토스타(Spongia tosta) 6C : 맥박이 빠르고 호흡곤란과 함께 걱정과 두려움이 많은 위기상황의 동물에게 적합하다. 이 동물은 엎드려 있기가 어렵고 앞다리를 세운 채 앉아 있어야 숨쉬기가 더욱 편해진다. 또한 지속적으로 마른기침을 할 때 이 약물이 적합하다. '동종요법 스케줄 6(b)'를 이용한다.

동종요법 약물의 일반적인 용법은 상황에 가장 적합한 것처럼 보이는 약물을 사용하는 것이다. 만약 약물이 조금이라도 효과가 있다면 상황이 허락하는 한 오랫동안 사용한다. 만약 효과가 없어지거나 증상이 변하면 상황을 재평가하여 다른 약물을 사용해야 한다. 심장질환을 앓고 있다면 지속적으로 치료해야 하며, 특히 나이가 아주 많은 동물은 더욱더 그렇다. 어떤 동물은 점차 상태가 호전되어 치료를 중단할 수도 있다. 반려인이 여기에서 소개한 약물을 사용한다 하더라도 심장질환을 앓는 경우에는 수의사의 도움을 받을 것을 권장한다. 심장질환은 복잡한 질환이며 동물의 상태를 계속해서 재평가해야 하기 때문이다.

안과질환 eye problem

동물의 눈에 발생할 수 있는 다섯 가지 주요 질병이 있다. 백내장, 각막궤양, 염증(감염), 안검내번증(눈썹이 안쪽으로 자라는 질병), 상해가 그것이다. 하나씩 차례대로 살펴보자.

백내장 cataract

백내장의 증상은 사람에게 일어나는 상태와 유사하다. 빛을 전달하고 초점을 맞추는 눈 안쪽(동공 뒤쪽)의 둥글고 투명한 수정체가 혼탁해지거나 흰색(우윳빛)으로 변하는 것이다. 백내장은 종종 안구손상의 결과로 발생하며, 흔하지는 않지만 가끔씩 개의 만성질환과 면역질환이 동반되어 나타나기도 한다. 만성 피부 알레르기나 고관절이형성증, 귀질환을 앓는 개들 중 일부가 나이 들면서 백내장이 진행되기도 한다. 백내장은 당뇨병에 걸린 동물에서 흔하며 인슐린 치료를 해도 마찬가지이다.

가끔 수의사들이 수정체를 제거하는 수술을 하는데 수술이 도움이 되기도 한다. 하지만 원인이 되는 내과질환이 분명히 밝혀지지 않는다면 진정한 의미에서 눈은 결코 건강해질 수 없다. 그러므로 만성질환을 치료하여 이 질병을 예방하는 것이 유일하게 효과적인 방법이다.

치료

눈을 직접 다루지는 않지만 치료는 '알레르기'(426쪽) 편과 '피부질환'(465쪽) 편을 참조한다. 내·외부의 치료법을 모두 터득해야 한다. 백내장이 안구손상에 따른 것이라면 다음 약물을 사용한다.

동종요법 – 코니움 마쿨라툼(Conium maculatum) 6C : 눈에 통증이 심하고 염증이 있을 때 사용하며 '동종요법 스케줄 4'를 이용한다.

동종요법 – 심피툼(Symphytum) 30C : 단단한

물체에 눈을 맞아 타박상을 입었을 때 가장 유용하다. 염증이 많이 보이지 않을 수도 있지만 통증이 매우 심하다. '동종요법 스케줄 4'를 참조한다.

상해에 의한 안과질환에 사용할 수 있는 다른 약물이 많으므로 이 약물이 효과가 없다면 동종요법 수의사와 상담한다.

각막궤양 corneal ulcer

각막궤양은 대개 고양이가 할퀴는 등의 손상에 의해 일어난다. 안구 표면이 상처를 입으면 각막이 손상되고 눈물이 흐른다. 손상 부위 자체가 매우 작아서 옆에서 빛을 비추거나 특수염색을 하지 않는 한 식별하기가 어렵다. 할퀸 부위가 세균에 감염되기도 하지만 건강한 동물은 대부분 합병증 없이 보통 하루 내에 빠르게 회복된다.

치료

손상 부위가 깊거나 파편이나 조각이 눈을 찔렀다면 동물병원에서 수의사가 마취를 하고 조심스럽게 제거해야 한다. 표층부의 손상은 출혈이 없다. 만약 출혈이 있다면 천공이나 미묘한 내부 구조의 손상을 의심해 보아야 한다. 이런 종류의 손상은 매우 심각할 수 있다. 다음 치료제는 가벼운 염증이나 가벼운 궤양, 감염 없이 할퀴기만 한 경우에 추천된다.

점안요법 – 아몬드 오일(Almond oil) : 한두 방울씩 하루에 두세 번 눈에 넣어 준다. 오일을 사용하기 전에 살짝 데우면 넣어 주기가 더 쉽다.

아몬드 오일은 각막을 보호해 줄 뿐 아니라 치유를 돕는다. 원한다면 액상 비타민 A를 한두 방울 첨가할 수 있다. 눈은 비타민 A를 좋아한다.

영양요법 – 비타민 A(Vitamin A) : 비타민 A는 눈에 도움이 된다. 일반적으로 사람들이 먹는 10,000IU 비타민 A를 사용한다. 캡슐에 구멍을 뚫어서 끼니 때마다 두세 방울씩 짜 준다. 비타민 A는 2~3일 동안 사용해야 한다.

허브요법 – 아이브라이트(Eyebright, Euphrasia officinalis) : 깨끗한 물 한 컵에 아이브라이트 추출액(틴크나 글리세린) 5방울과 바다소금 ¼티스푼을 넣고 잘 섞어서 실온에 보관한다. 치유를 자극하기 위해 하루에 세 번 2~3방울씩 아픈 눈에 넣어 준다.

통증이나 염증이 있을 때 즉시 도움이 되는 동종요법 약물은 다음과 같다.

동종요법 – 아코니툼 나펠루스(Aconitum napellus) 30C : 상해를 입은 후에 눈에 통증이나 염증이 있을 때 사용하기에 적합한 약물이다. 종종 증상을 상당히 완화시켜 준다. '동종요법 스케줄 2'를 이용한다.

염증 inflammation

염증은 종종 바이러스나 세균감염의 한 부분이다. 〈18장 아픈 반려동물을 간호하는 방법〉에서 '체공관리' 편의 눈 세정 치료법을 이용한다(생리식염수 세척과 함께).

안검내번증 ingrowing eyelids(entropion)

안검내번증은 안검이 눈 쪽을 향하고 있어서 속눈썹이 각막 표면에 압력을 가하는 상태를 말한다. 때문에 눈썹이 계속 각막을 자극하면 커다랗고 때때로 장기간 지속되는 하얀 궤양을 유발한다. 이 질환은 생각만큼 관찰하기가 쉽지 않다. 안검을 눈에서 조심스럽게 잡아당겼다가 다시 놔주는 행동을 몇 차례 반복해 본다. 만약 안검내번증이 있다면 안검을 놓았을 때 안검이 안쪽으로 향하는 것을 볼 수 있다. 어떤 개들은 선천적으로 안검내번증을 가지고 태어나므로 아주 어릴 때에도 이 질환을 볼 수 있다. 어떤 개들은 경미한 결막염을 오랫동안 앓은 후에 안검내번증으로 발전하기도 한다. 반복되는 염증과 수축이 안검을 안쪽으로 향하게 하기 때문이다. 안검내번증은 고양이보다 개에게서 흔하다.

치료

안검내번증은 수술로 교정하며, 수술은 상당히 쉬운 편으로 대개 성공적이다. 이 질환을 앓고 있는 어린 동물에게 다음의 약물을 사용하면 결과가 매우 좋게 나오기도 했다.

동종요법 – 칼카레아 카르보니카(Calcarea carbonica) 30C : 특히 성장기인 어린 동물에게 유용하다. '동종요법 스케줄 5'를 이용하도록 한다.

동종요법 – 실리케아(Silicea) 30C : 눈에 염증이 있을 때, 특히 안검이 딱딱해지거나 흉터가 있는 경우에 더 도움이 된다. 코 옆으로 눈물이 흐르는 경향이 있을 때 사용하며 '동종요법 스케줄

5'를 따른다. 염증이 가라앉을 수도 있지만 안검이 교정되지 않으면 수술이 필요할 수도 있다.

허브요법 – 아몬드 오일(Almond oil) : 하루에 세 번 아픈 눈에 넣어 주면 일시적으로라도 도움이 된다.

만성 염증이 근본원인이라면 염증을 먼저 치료해야 한다. 도움이 되는 치료제는 다음과 같다.

허브요법 – 히드라스티스(Goldenseal, Hydrastis canadensis) : 깨끗한 물 한 컵에 히드라스티스 추출액(틴크나 글리세린) 5방울과 바다소금 ¼티스푼을 넣고 잘 섞은 다음 실온에 보관한다. 치유를 자극하기 위해 하루에 세 번 2~3방울씩 아픈 눈에 넣어 준다.

상해 injury

또 다른 안구손상으로는 할퀴거나 찰과상, 타박상이 있다. 다음의 동종요법 약물 중 한 가지를 사용한다.

동종요법 – 유프라시아 오피시날리스(Euphrasia officinalis, Eyebright) 30C : 각막 이외의 다른 부분이 할퀴거나 찰과상을 입었을 때 특히 유용하다. '동종요법 스케줄 2'를 이용한다.

동종요법 – 심피툼(Symphytum) 30C : 눈을 맞았거나 타박상을 입었을 때 사용한다(제일 앞쪽에 있는 각막뿐 아니라 눈 전체가 바위나 자동차 등에 부딪히거나 골프채 등에 맞았을 때). '동종요법 스케줄 2'를 이용한다.

알레르기 allergy

알레르기란 실제로는 몸에 해롭지 않은 어떤 물질(예를 들어 식물의 꽃가루)에 대한 비정상적인 면역반응이다. 요즘은 피부, 췌장(이자), 갑상선과 같은 신체의 일부분에 대한 비정상적인 알레르기 반응도 흔한 질병이 되었다. 이것을 자가면역질환이라고 하며 '자가'라는 말은 알레르기 반응이 아무 문제가 없는 정상조직에 직접 나타나는 것을 의미한다.

면역체계는 몸으로 들어오는 이물질이나 감염에 대항하여 몸을 보호한다. 이는 건강한 동물에서 작용하는 방식이다. 그런데 오늘날의 상황, 특히 백신의 남용은 면역체계를 혼란시켰다(16장 참조). 면역체계의 혼란은 부신, 갑상선, 귀와 같은 몸의 정상적인 부분을 자기 자신에게 반발하고 위협하는 존재로 간주하고 생각하게 할 수 있다.

또 다른 원인은 음식에 남아 있는 제초제, 살충제, 농약 성분과 같은 화학물질에 의해 나타나는 '새는장증후군'이다. 새는장증후군은 비정상적인 장 상태를 유발하는 것으로, 새는 부분을 통해 들어오면 안 되는 어떤 물질이 혈액 안으로 들어와서 문제를 일으키고, 면역체계는 이 물질을 제거해야 하는 침입자로 간주하면서 오류가 발생한다. 이 문제는 내가 50년 전에 임상에 처음 발을 들여놓은 이후 엄청나게 증가했다. 현재 이 면역질환은 관절염, 방광염, 개의 귀질환인 '효모균 감염', 갑상선질환, 간질, 피부 가려움증 등을 포함하여 치료가 필요한 가장 흔한 질병 중 하나가 되었다.

알레르기는 고양이보다 개에게 더 다양하게 나타난다. 개는 보통 피부 가려움증과 발진을 보이기 시작하며, 특히 꼬리 시작 부분 근처 허리 부근에 자주 나타난다. 그러나 발진은 몸의 어느 부위에나 나타날 수 있다. 흔하게 나타나는 다른 증상으로는 귀의 염증, 앞발을 과도하게 핥는 행위, 소화기계 장애(배에서 꾸르륵 소리가 나거나 가스가 차거나 설사를 하는 경향이 있음), 발가락 염증, 항문과 생식기 등을 핥으면서 바닥에 질질 끌고 다니는 행위 등이 있다. 다른 증상도 발생할 수 있지만 위의 증상이 전형적인 증상이다.

개와 마찬가지로 고양이도 종종 속립성 피부염(miliary dermatitis, 좁쌀피부염)이라는 피부발진이 나타날 수 있다. 고양이는 방광염과 소화기계 질환이 더 잘 발생한다. 고양이는 때때로 피부가 벗겨지고 궤양이 생길 때까지 갑자기 피부를 공격하고 핥고 깨무는 상태에 빠질 수 있다. 때때로 피부발진이 나타나지는 않지만 피부가 얼얼하고 찌르는 듯한 느낌 때문에 매우 성가셔서 점프를 하고 미친 듯이 핥아대며 털을 한 움큼씩 뽑기도 한다. 고양이는 벼룩이 문제를 유발하는 것처럼 행동한다(물론 벼룩이 문제를 유발하는 경우도 있을 수 있다.). 수의사들은 이를 고양이지각과민증후군(feline hyperesthesia syndrome)이라고 한다.

두 가지 유사한 면역질환(갑상선기능항진증과 염증성 장질환)은 주의 깊게 치료해야 하는 심각한 만성질환이다. 과도한 예방접종이나 건강에 나쁜 음식 등 지금까지 우리가 논의해 온 내용의 영향이 몇 세대에 걸쳐 축적되어 면역질환이 유발되는 경향이 있는 동물이 태어날 수 있다. 이 질병을 치료하고 개선시키려면 반려인이 할 일이 많고 인내심이 필요하다.

임상에서 내가 했던 가장 중요한 일 중 하나는 개에게 (그리고 가능하다면 고양이에게) 동물성 재료를 사용하지 않은 음식만 급여하는 것이었다. 이후 증상이 얼마나 개선되었는지를 보면 놀라울 정도였다. 예를 들어, 개한테 고기는 면역반응을 보이는 주요 음식이다. 이것이 많은 수의사들이 음식을 소고기나 닭고기에서 양고기나 오리고기 또는 이외의 '새로운' 고기로 바꿔 주라고 조언하는 이유이다. 이렇게 조언하는 이유는 면역체계가 새로운 고기류에는 반응하지 않기 때문이다. 하지만 불행하게도 얼마 지나지 않아 또 다른 고기로 바꿔 주는 것에 익숙해진다. 다른 고기로 바꿔 주는 레시피는 지속적인 해결책이 되지 못했다. 5장과 8장의 알레르기 문제에 대해 더 읽어보고, 반려인이 실천할 수 있는 것으로는 어떤 것들이 있는지 알아본다.

치료
영양요법

많은 개와 고양이가 보충제 케르세틴(quercetin)의 도움을 받는다. 이 물질은 자연적으로 발생한 식물색소인 바이오플라보노이드(bioflavonoid)로 식물의 수분 매개체로 중요한 역할을 한다. 케르세틴은 매우 도움이 되는 항알레르기 효과가 있는데 투여할 수 있는 양을 조심스럽게 결정하는 것이 중요하다. 따라서 용량을 결정할 때에는 수의사와 상담해야 한다. 또한 신장질환이 있는 개나 고양이에게는 사용해서는 안 된다.

글루타민(glutamine)과 함께 먹으면 특히 '새는 장증후군'이라 불리는 장관계 손상을 회복하는 데 도움이 된다. 사람에 실시한 연구에 따르면 프로바이오틱스와 함께 이 두 가지 보충제를 사용하면 이런 질병을 치유하는 데 매우 효과가 있다고 보고되고 있다.

6장에 있는 개의 건강 유지용 레시피 차트(118쪽), 고양이의 건강 유지용 레시피 차트(136쪽)에서 두 번째 열에 있는 코드 A를 참조한다. 이 코드로 알레르기 질환에 가장 추천되는 레시피를 찾을 수 있다.

동종요법

나는 식이요법에 변화를 주는 동안 증상을 완화시키기 위해 동종요법 약물을 사용했다. 주로 사용한 약물을 소개한다.

루스 톡시코덴드론(Rhus toxicodendron) 30C : 대부분의 시간을 가려워하고 따뜻하게 해 주면 호전되는 개에게 특히 유용하다. 가려움증이 매우 심하고 피부가 붉고 비후되어 있으며, 개는 불안하고 불편해서 안절부절못하며 들떠 있다. '동종요법 스케줄 5'를 이용한다.

칼카레아 카르보니카(Calcarea carbonica) 30C : 만약 앞에서 나온 루스 톡시코덴드론이라는 약물을 쓰고 나서 최소한 2주 이상 호전 여부를 지켜보았는데 어느 정도 도움은 되었지만 말끔히 나아지지 않았다면 그다음에 이 약물을 사용하면 종종 증상이 더 많이 개선된다. '동종요법 스케줄 4'를 이용한다.

포스포러스(Phosphorus) 30C : 식욕에 문제가 있는 고양이 또는 음식이나 물 특히 물을 마신 지 몇 분 이내에 토하는 경향이 있는 고양이에게 도움이 된다. '동종요법 스케줄 4'를 이용한다.

설퍼(Sulphur) 30C : 악취가 나고 지저분하며 스스로 그루밍을 하지 않아서 초라하고 보잘것없어 보이는 털을 가진 개나 고양이에게 도움이 된다. '동종요법 스케줄 4'를 이용한다.

튜자 옥시덴탈리스(Thuja occidentalis) 30C : 앞에서 언급한 어떠한 약물에도 반응하지 않는 개나 고양이에게 도움이 된다. '동종요법 스케줄 4'를 이용하고 아픈 반려동물을 같이 치료할 동종요법 수의사를 찾는다.

<u>암</u> cancer

암은 우리가 논의할 가장 무서운 질병이다. 사람들은 이 단어만 들어도 엄청난 두려움과 절망감을 느낀다. 나는 반려인이 자연적인 방법으로 많은 것을 이루어 낼 수 있다는 자신감을 가지기를 희망한다. 나는 임상을 하면서 음식과 동종요법 치료로 매우 많은 것을 이루어 낼 수 있음을 몸소 체험하고 실로 놀라움을 금치 못했다. 이런 노하우를 반려인과 공유하고 싶다.

암 치료를 할 때 우리가 낙담하는 가장 큰 이유는 익히 사용하고 있는 전통 현대의학적인 방법이 실제로는 질병을 치유하는 것이 아니었다는 사실을 마음속으로 이미 알고 있기 때문이다. 현재까지 오랫동안 많은 의사들은 암 치료가 실제로는 효과가 없다는 결론을 내렸다. 한 예가 《뉴잉글랜드 의학저널(*New England Journal of Medicine*)》의 통계학 컨설턴트이자 맥길 대학의 생명통계학과와 역학과 교수인 존 바일라(John C. Bailar Ⅲ) 박사와의 대화 내용이다. 그는 20년 넘게 미국 국립암연구소(National Cancer Institute)의 직원으로 일했다. 그는 암 관리 프로그램(Cancer Control Program)의 관리자였고, 《국립암연구소 저널(*Journal of the National Cancer Institute*)》의 편집자였다.

바일라 박사는 1986년에 유방암 치료와 치사율에 관한 통계분석을 통해 35년이 넘는 기간 동안 치료효과 면에서 상당한 개선이 보이지 않았다는 결과를 발표했다. 이 결과는 의료계에서는 환영받지 못했지만 많은 데이터와 환자기록이 그 결론을 뒷받침해 주었다. 그는 첫 번째 발표 이후 몇 년이 지난 후에 또다시 유방암 치료와 치사율에 상당한 진척이 없었다고 발표했다.

왜 이렇게 되었는지 살펴보자. 전통적인 대중요법적 관점에서 암은 필사적으로 공격받는 환자의 몸과는 별개의 대상이었다. 육체적으로 종양을 제거하기 위한 수술이 이루어지고 난 후 남아 있는 암세포를 죽이기 위해 약물을 사용한다. 이것으로 문제는 두 배가 되었다. 의사는 종양이 제거되었을 때 이것이 바로 그 위치나 다른 위치에 있는 종양의 성장을 자극한다는 것을 안다. 또한 실제로 항상 그런 것이 아닌데도 암세포가 빠르게 성장하고 있으며, 성장하는 암세포가 약물에 의해 사멸될 것이라는 생각으로 화학물질을 사용한다. 하지만 어떤 세포는 혈액을 만들고 어떤 세포는 장으로 이어지며 어떤 세포는 털이나 피부를 자라나게 하는 등 실제로 세포는 모두 중요한 면역체계의 한 부분인데 화학물질을 사용하면 몸에서 성장하고 있는 다른 많은 정상적인 세포 또한 손상을 입는다. 인간은 매일 500억에서 700억 개의 새로운 세포를 만들어 낸다. 항암제를 사용하면 이러한 새로운 세포는 그들의 주어진 기능을 하지 못하고 죽는다. 그래서 암은 죽고 나머지 신체 부위만 회복할 수 있을 것이라는 희망을 안고 잠깐 동안만 항암제를 사용하는 전략을 쓴다. 물론 엄밀하게 말해서 여기에도 문제가 있다. 치료는 매우 오랫동안 지속되며 손상을 입힌다. 때때로 손상은 회복되지 않는다.

방사선요법은 종양이 위치한 해부학적 위치에 방사선을 집중적으로 투과하여 암세포를 사멸시키는 것과 유사하다. 그러나 이렇게 하면 종양 주변에 있는 다른 정상조직 또한 죽는다. 그리고 방사선을 사용하면 추후 암이 더 잘 발생할 기회를 만들어 주는 것이다.

우리가 생각하는 자연적인 접근법은 관점이 다르다. 몸을 뒷받침만 적절히 하면 암을 처리할 수 있는 능력이 있는 매우 지적인 대상으로 보는 것이다.

먼저 암을 활성화시키는 데 영향을 미치는 요인을 제거해야 한다. 여기에는 담배연기에 지속적으로 노출되는 일, 트럭 뒤에 타서 배기가스를 흡입하는 일, TV를 가까이에서 보거나 그 옆에 누워 있는 일, 길가의 웅덩이에서 물을 먹는 일(여기에는 브레이크에서 나온 탄화수소와 석면먼지가 함유되어 있을 수 있다), X-레이 촬영을 자주 하는 일(모든 방사선의 영향은 몸에 축적된다), 장기간에 걸쳐 강한 독성 화학물질을 사용하는 일(벼룩이나 진드기를 구제할 때처럼), 동물의 장기 부위와 육분(소를 살찌우기 위해 사용하는 성장호르몬과 살충제의 농도가 높아서 암의 성장을 촉진할 수 있다)이 많이 함유된 사료를 섭취하는 일, 실험동물에서 암을 유발하는 것으로 알려진 방부제와 인공색소 등이 포함된다. 나는 임상에서 암에 걸린 개를 만나면 동물성 원료가 전혀 들어 있지 않은 음식을 급여하라고 한다. 하지만 고양이라면 동물성 원료가 들어 있는 음식을 최소한으로만 먹이고, 유기농 제품으로만 먹이라고 한다. 세포회복 메커니즘을 향상시키기 때문에 영양소가 풍부한 음식을 먹이는 것이 매우 도움이 된다.[10] 그리고 난 후 동물이 보이는 패턴에 맞춰서 동종요법 치료를 한다.

내가 설명하는 동종요법 치료는 자연치유 기능과 면역체계의 활성, 내재된 독소를 제거하는 방식, 건강이 회복되는 데 필요한 방식 등 이미 몸이 가지고 있는 신체 메커니즘을 도우면서 작용한다.

이 치료방법에서 무엇을 기대할 수 있을까? 세 가지 가능성이 있다. 남은 여생 동안 최상의 삶의 질을 유지하는 것, 예상보다 생명을 연장하는 것, 종양의 크기를 줄이거나 사라지게 해서 질병을 치유하는 것이다.

내가 치료한 동물은 대부분 처음 두 그룹에 해당한다. 왜냐하면 대부분 나이가 들고 특히 건강하지 못한 상태에서 내게 오기 때문이다. 그러나 그렇게 나이가 들고 좋지 않은 상태에서 와도 보통 영양요법과 동종요법으로 치료하면 동물의 삶의 질은 예상했던 것보다 훨씬 좋아진다. 그러나 기대수명은 진단했을 때 예상했던 것보다 그리 늘어나지 않을 수 있다. 실제 내게 온 암 환자의 약 ⅓이 이에 해당한다. 그래도 이러한 치료로 얻을 수 있는 매우 긍정적인 면은 이 시기 동안 동물의 몸이 꽤 좋아지며 매우 활발해지고 통증에서 많이 자유로워진다는 사실이다.

또 다른 ⅓은 예상했던 것보다 수명이 늘어나며 때때로 상당히 오래 살기도 한다. 특히 어리고 수술이나 화학요법, 방사선요법을 하지 않은 경우에는 더욱 그렇다. 이것은 물론 일부 형태의 암 환자에게서 더욱 그런 경향이 있다. 물론 결국 이 동물도 병으로 죽는다.

나머지 ⅓은 이보다 더 좋다. 종양이 더 이상 자라지 않고 오히려 예전 상태로 돌아가거나 사라지기도 한다. 물론 이런 호전은 활력이 넘치는 어린 동물에게서 더 많이 나타나는 것 같다. 이런 결과는 이전에 코르티코스테로이드를 사용하지 않았거나 수술을 하지 않았던 요인이 매우 중요하게 작용한 것이라 할 수 있다.

그럼 치료로 들어가 보자. 몸을 돕는 많은 자연적인 방법이 있지만 내 경험에서 나온 유용한 방법을 더 자주 언급할 것이다. 이러한 치료 진행과정에 대해 조언할 수 있는 홀리스틱 수의사를 찾아보기를 권한다.

치료

동종요법 – 튜자 옥시덴탈리스(Thuja occiden-talis) 30C : 모든 암 환자는 치료를 시작할 때 이 약물을 사용해야 한다. 왜냐하면 종양의 성장을 자극할 수 있는 이전 예방접종의 영향을 제거해 주기 때문이다. '동종요법 스케줄 4'를 이용해서 이 약물이 한 달 동안 작용하도록 기다린 후에 다음에 나오는 동종요법 약물 중 한 가지를 사용한다.

동종요법 – 아르세니쿰 알붐(Arsenicum album) 6C : 암에 걸린 동물은 체중이 빠르게 줄어든다. 체중감소는 잘 먹지 못해서일 수도 있지만 음식을 충분히 섭취한 것처럼 보이는 경우에도 나타날 수 있다. 이들은 근심 걱정이 많고 불안해하며 갈증이 심하고 안절부절못하고 시간이 지나면서 점차 쇠약해지며 따뜻한 곳을 찾는다. 체표면의 궤양이 진행되는 경향이 있으며 궤양부에서 악취가 나고 쉽게 피가 난다. 밤에 통증을 느끼며 특히 자정 이후에 심하다. '동종요법 스케줄 6(a)'를 이용한다.

동종요법 – 카르보 애니멀리스(Carbo animalis) 6C : 목, 겨드랑이, 사타구니, 유선 등 몸에 있는 몇 군데의 샘이 영향을 받아서 딱딱하게 부어 오른 경우에 적합한데, 통증이 심하다. 질병이 진행되면서 영향을 받은 부위에서 악취가 심한 분비물이 나올 수도 있다. 이들은 점점 쇠약해지고 혼자 있고 싶어 한다. '동종요법 스케줄 6(a)'를 따른다.

동종요법 – 코니움(Conium) 6C : 종양이 돌처럼 매우 딱딱하고 만지면 아파하며 밤에 잠을 잘 못 잔다. 유선종양이나 복강내종양이 있는 경향이 있다. 또한 암이 샘에 전이될 때도 유용하다. 이 타입의 종양은 신체 일부가 상해를 입은 후에 더 잘 발생하는 것 같다. '동종요법 스케줄 6(a)'를 이용한다.

동종요법 – 리코포디움(Lycopodium) 6C : 체형이 마르고 배에 가스가 많이 차는 경향이 있으며 아침에 악화되고 몸 오른쪽에 종양이 생기는 경우에 적합하다. 종종 비뇨기계 질환의 병력이 있을 수도 있으며 종양에 혈관이 많이 분포해 있다. '동종요법 스케줄 6(a)'를 이용한다.

동종요법 – 니트릭 엑시드(Nitric acid) 6C : 주로 영향을 받는 부위는 입과 항문, 뼈이다. 사마귀가 나는 경향이 있다. 배변을 한 후에 통증이 있으며 통증이 오래 간다. '동종요법 스케줄 6(a)'를 따른다.

동종요법 – 포스포러스(Phosphorus) 6C : 구토나 설사를 하는 경향이 있는 동물에게 적합하다. 종종 쉽게 흥분하고 소음(예를 들어 천둥)에 대한 공포가 있을 수 있으며 이에 빠르게 반응한다. 발달한 종양은 출혈 경향이 있으며 암의 위치는 골수나 비장에서처럼 혈액에 영향을 미칠 수 있다. '동종요법 스케줄 6(a)'를 이용한다.

동종요법 – 피토라카(Phytolacca) 6C : 특히 유선이나 고환에 영향을 미친다. 또한 지방종에도 유용하다. '동종요법 스케줄 6(a)'를 이용한다.

동종요법 – 실리케아(Silicea) 6C : 얼굴이나 입술, 뼈에 영향을 미치는 딱딱한 종양에 적합하다. 또한 고름이 형성되는 경향이 있다. '동종요법 스케줄 6(a)'를 따른다.

허브요법 – 히드라스티스(goldenseal, Hydrastis canadensis) : 일반적으로 모든 종류의 암을 치료하는 데 유용하며, 특히 체중감소와 연관이 있는 암에 유용하다. 커다란 욕창이나 궤양과 같이 체표면에 어떤 종양이 있는 경우에 적합한 약물이다. '허브요법 스케줄 1'에 따라 효과가 있어 보이는 기간만큼만 사용한다. 히드라스티스는 몸에서 복합 비타민 B를 고갈시키는 경향이 있으므로 장기간 사용할 경우 음식에 비타민 제제를 첨가해야 한다.

지금까지 언급했던 것들이 상당히 유용한 목록이기는 하지만 그 외에도 적용할 수 있는 동종요법 약물이 30가지는 더 있다. 만약 이 약물 중 하나로 상당한 호전을 보았고 반려동물의 양상이 약물이 지속적으로 필요한 상황이라면 계속 사용할 수 있다. 하지만 반응을 해석하려면 수의사와 같이 치료하는 것이 가장 좋다.

영양요법 – 커큐민(강황에 주로 들어 있는 성분. Curcumin, Turmeric) : 생강과에 속하는 허브로 효과적인 항산화제로 알려져 있으며, 염증이 있는 많은 질병에 유용하다. 또한 암 치료제로도 효과적이라고 보고되고 있어서 치료 프로그램에서 유용하게 쓰이고 있다. 권장용량은 개는 체중 0.45kg당 15~20mg, 고양이는 개체당 150~200mg이다. 더 간단한 방법은 개의 체중 4.5kg당 일일 ⅛~¼티스푼이다.[11]

예방접종 vaccination

질병을 유발하는 병원균을 '약화시킨' 형태로 주입해서 전염병을 예방하는 방법은 널리 알려져 있고 매우 강력한 지지를 받는 질병예방의 수단이다. 생독백신을 몸에 주사하면 유기체가 조직

내에서 증식하여 면역반응을 자극해서 일종의 소규모 질병을 유발한다. 이 반응은 수개월에서 수년 동안 실제 병원균에 대해 몸을 보호해 주는 역할을 한다. 참으로 놀랍지 않은가?

그러나 홀리스틱 접근법에 관심을 가지고 있는 사람이라면 예방접종으로 인해 생길 수 있는 몇 가지 중요한 문제점을 알아야 한다. 예방접종이 항상 효과가 있는 것만은 아니며 간혹 장기간 지속되는 건강상의 장애를 유발할 수도 있다는 점이다.

백신의 사용에 대한 의문이 논쟁이 되고 있으므로 이에 대해 설명하는 것은 그만한 가치가 있다. 16장에 이 문제에 대해서 논의할 장을 따로 마련했으니 참조한다.

옴 mange

432쪽 '외부기생충' 편을 참조한다.

외부기생충 skin parasite

귀진드기에 관한 부분은 '귀질환'(364쪽) 편을 참조한다.

진드기나 벼룩과 같은 외부기생충은 건강상태가 좋지 않은 동물에게 더 잘 붙는 경향이 있다. 나는 겉은 벼룩에 감염되어 있고, 속은 기생충에 감염되어 있으며, 만성 피부질환과 같은 여러 다른 질병에 걸린 반려동물을 많이 보았다. 권장하

는 자연식으로 대체하고 생활방식에 변화를 주자 특별한 치료를 하지 않았는데도 벼룩과 다른 기생충이 현저하게 줄어드는 사례를 많이 목격했다. 기생충이 완전히 사라지지 않았지만 더 이상 문제를 일으키지는 않았다.

동물의 전반적인 건강상태는 피부에 있는 기생충의 심각성 정도를 판단하는 데 도움이 된다는 사실을 알았다. 덜 심각한 것에서부터 가장 심각한 것에 이르기까지 순서대로 열거해 보면 진드기, 벼룩, 이, 옴이나 백선 순이다. 이 기준에 따르면 이에 감염된 고양이가 벼룩에 감염된 고양이보다 상태가 더 심각하고, 벼룩에 감염된 개가 진드기에 감염된 개보다 상태가 더 심각하다고 간주한다.

이제부터 각각의 기생충에 대해 논하고, 독성이 있는 화학물질을 사용하지 않고 구제하는 방법에 대해서도 설명할 것이다. 중요한 점은 반려인 스스로 화학물질로 만든 살충제가 더 이상 효과적이지 않다는 사실을 깨달아야 한다는 것이다. 이 책에서 계속 이야기하는 것처럼 반려동물에게 자연식을 먹이고 좋은 환경에 거주하며 충분한 햇빛을 받게 해 주고 정기적으로 운동과 그루밍을 시켜 주었을 때 가장 좋은 결과가 나타난다(11장 참조).

진드기 tick

진드기는 영구히 거주하는 기생충이 아니다. 진드기는 동물에게 붙어서 피를 빨아먹고 알을 낳은 후에 떨어져 나간다. 부화한 어린 진드기는 가지 끝과 풀에 기어올라 참을성 있게 기다리다

가(필요하다면 수 주 동안) 온혈동물과 같은 맛있는 먹잇감이 가시거리에 나타나서 초목에 부딪힐 때 풀에서 떨어져 나와 달라붙는다.

예방을 위해서 진드기가 있을 만한 나무가 있는 들판에서 산책하기 전에 반려동물을 꼼꼼하게 빗질한다. 묵은 털이나 엉킨 털을 없애 약물이 피부에 더 쉽게 닿을 수 있도록 해 주고 허브로 만든 벼룩 방충제를 털에 뿌리거나 바른다(유칼립투스나 라벤더가 함유된 시판용 제품이 특히 도움이 된다). 벼룩 방충제가 털 사이로 들어가서 피부로 흡수되어 작용할 수 있게 하면 이 제품은 매우 효과적이다.

예방을 했어도 산책을 다녀온 후에는 진드기가 반려동물의 몸에 붙었는지 확인해야 한다. 촘촘한 벼룩빗을 사용하면 진드기를 잘 솎아낼 수 있다. 뚝새풀을 제거하는 데도 도움이 된다. 특히 목, 머리, 귀밑을 면밀하게 살펴본다.

진드기가 붙어 있는 것을 발견했다면 다음과 같은 방법으로 진드기를 제거한다. 엄지손가락과 집게손가락의 손톱을 이용하거나 족집게를 사용하여 진드기를 잡아낸다. 물지 않으니 걱정하지 않아도 된다. 진드기 전체를 떼어내고 싶겠지만 갑자기 확 잡아당기면 진드기 몸통만 떨어지고 머리 부분은 살에 그대로 박혀 있게 된다. 따라서 10~20초간 천천히 느리게 진드기를 잡아당겨야 한다. 그러면 진드기 전체를 떼어낼 수 있다. 다시 말하면 강한 힘으로 서서히 잡아당겨야 한다. 그리고 난 후 진드기의 자그마한 머리가 몸통에 붙어 있는지 떼어낸 진드기를 천천히 살펴보아야 한다. 조그마한 살 조각이 붙어 있을 수도 있다.

진드기를 제거한 후에는 손을 깨끗하게 씻는다.

주의를 기울였는데도 진드기의 머리가 반려동물의 피부에 남아 있으면 파편이 박힌 것처럼 그 부위의 피부가 잠깐 곪을 수 있다. 그러나 이는 아주 경미하며 '농양'(373쪽) 편에서 설명한 것처럼 에키나세아나 칼렌둘라 허브로 치료할 수 있다.

간혹 작은 진드기가 귓속으로 기어들어가기도 한다. 진드기가 많은 지역을 여행한 후에 개가 머리를 심하게 흔들면 외이도에 진드기나 뚝새풀이 있는지 동물병원에서 검사를 받는다. 병원에 갈 수 없는 상황이라면 귀에 아몬드 오일을 넣고 마사지한다. 그러면 개가 머리를 흔들게 되고 이때 진드기가 밖으로 나온다.

감염이 심한 경우에는 어떻게 해야 할까? 나는 거짓말을 하나도 보태지 않고 정말 수백, 수천 마리의 진드기로 뒤덮인 개를 본 적이 있다. 그렇게 많은 경우에는 진드기를 구제하기 위해 화학약품을 이용할 수도 있다. 하지만 어느 정도 진정이 되고 난 후에 다시 치료를 시작할 때에는 허브 방충제를 사용한다.

벼룩 flea

개와 고양이의 골칫거리는 다 비슷하다. 다시 한 번 강조하지만 건강한 생활방식이 최선의 예방책이다. 다음은 도움이 될 만한 몇 가지 특별한 방법이다.

끼니 때마다 영양효모를 1~2테이블스푼씩 충분히 급여한다.

신선한 생마늘 ¼~1쪽을 으깨거나 갈아서 끼니 때마다 섞어 먹인다. 나는 임상에서 이 방법을 수십 년 동안 적용해 왔는데 개, 고양이에게 건강상의 문제가 나타난 경우를 한 번도 본 적이 없다. 최근에는 많은 수의사가 개와 고양이한테 마늘을 먹이는 것에 대해 경고하고, 논쟁이 많다. 그러나 나는 여전히 마늘을 먹이기를 권장한다. 〈11장 운동, 휴식, 털 손질과 놀이〉의 자세한 내용을 참조한다.

필요하다면 매일 레몬 린스로 피부를 씻겨 준다(11장 참조). 레몬 린스는 벼룩을 덜 붙게 한다.

벼룩의 개체수를 드라마틱하게 줄여줄 수 있는 붕사 가루를 카펫에 뿌린다(11장 참조).

벼룩은 반려동물의 집이나 잠자리에서 많이 발견되므로 동물이 주로 생활하는 카펫, 소파, 집안의 특정 장소를 진공 청소기로 구석구석 자주 청소한다. 그렇게 하면 충란과 어린 벼룩을 빨아들여서 벼룩의 생활사를 파괴할 수 있다.

이런 엄청난 노력에도 불구하고 벼룩이 있다면 마지막으로 벼룩 덫을 사용해 볼 수 있다. 벼룩 덫은 빛과 온기를 이용해서 벼룩을 유인하는 장치로 전기 콘센트에 연결하여 사용한다. 벼룩이 맛있는 만찬을 먹을 수 있을 것이라는 생각으로 점프를 해서 그 장치에 뛰어들면 장치에 있는 끈적거리는 종이에 들러붙어서 잡힌다.

건강상태가 좋지 않으면 벼룩이 많이 꼬이므로 개나 고양이의 전반적인 건강상태가 매우 중요하다는 점을 명심한다. 내부기생충이 있다면 이 문제도 치료가 되어야 한다.

몸을 튼튼하게 하는 데 도움이 되는 특별한 동종요법 약물을 사용할 수도 있다. 이 약물은 벼룩을 덜 꼬이게 한다. 일반적으로 가장 효과가 좋은 동종요법 약물은 다음과 같다.

동종요법 – 설퍼(Sulphur) 30C : 벼룩이 있을 때 가장 먼저 사용하는 약물이다. 하지만 반려인은 〈11장 운동, 휴식, 털 손질과 놀이〉에서 설명한 모든 벼룩 구제 방법을 여전히 계속해서 사용해야 한다. 이 약물이 벼룩을 직접적으로 죽이는 것은 아니다. 단지 반려동물이 벼룩의 감염에 더 잘 저항할 수 있도록 한다. '동종요법 스케줄 4'를 이용한다. 만약 한 달이 지났는데도 상황이 호전되지 않는다면 다음 동종요법 약물을 사용한다.

동종요법 – 메르쿠리우스 비부스(Mercurius vivus) 또는 메르쿠리우스 솔루빌리스(Mercurius solubilis) 30C : '동종요법 스케줄 4'를 이용한다.

벼룩칼라

벼룩칼라의 효과는 그렇게 좋지 않다. 게다가 이 제품은 독성이 있다. 고양이는 칼라가 어딘가에 걸려서 대롱대롱 매달리거나 턱 사이에 칼라가 끼여서 심각한 상해를 입기도 한다. 어떤 고양이는 알레르기 반응으로 목 주위의 털이 영구적으로 빠지기도 한다. 특히 칼라를 너무 꽉 조여 놓은 경우에는 더욱 그렇다.

이 lice

흔하지는 않지만 병들거나 지친 개와 고양이가 종종 이에 감염된다. 피부나 털에 이의 성충이나 충란이 붙어 있는지 주의 깊게 살펴보아야 한다. 이는 벼룩보다 조금 작고, 암갈색이라기보다는 오히려 햇볕에 좀 더 그을린 듯한 밝은 색깔이나 베이지색을 띤다. 이는 벼룩처럼 점프를 하지 못한다. 다행히도 개와 고양이의 이가 사람에게 감염되지 않는다.

여러 가지 이유로 임상에서 이 문제를 많이 접해 보지 못해서 이를 치료해 본 경험이 많지 않다. 나는 이의 감염에 라벤더 오일을 사용했다는 허브 관련 서적을 읽었으며, 어린 아이들의 머릿니를 성공적으로 치료했다는 보고서도 읽었다. 임상에서 나는 개의 천연 샴푸에 라벤더 오일을 몇 방울 첨가하라고 추천한다. 라벤더 오일은 효과가 좋다. 고양이는 라벤더를 싫어한다고 하니 라벤더를 조금 약하게 해 주고 그 후에 신선한 공기를 많이 쐬어 준다.

샴푸는 치료효과가 있다. 따라서 가능한 한 10분 동안 거품을 낸 상태로 기다렸다가 헹군다. 그러고 난 후 11장의 '벼룩 구제'에서 설명한 레몬 스킨 토닉을 사용한다. 이 토닉은 성충만 죽일 뿐 충란은 죽이지 못한다. 충란은 시간이 어느 정도 지나면 계속 부화하므로 모든 충란이 사라질 때까지 계속해서 목욕을 시켜야 한다.

이를 구제하는 데 가장 어려운 부분은 털에 붙어 있는 충란인 서캐를 제거하는 일이다. 서캐는 털 한 올 한 올에 달라붙어서 떨어지지 않기 때문에 털을 짧게 잘라서 없애야 한다. 지저분하긴 하지만 독성이 가장 적은 방법은 마요네즈를 사용하는 것이다. 마요네즈를 털에 정성스럽게 바르고 나서 씻겨 내면 효과가 있다.

또 다른 방법은 없을까? 지체하지 말고 자연식으로 동물의 건강을 향상시킨다. 집에서 손수 준비한 음식을 급여하고 앞의 '벼룩'(434쪽) 편에서 설명했던 것과 같은 영양효모와 마늘을 첨가해 준다.

이가 부화할 때 어린 이를 제거하기 위해 11장의 벼룩 프로그램에서 설명했던 내용(그루밍을 포함해서)과 동일한 기본적인 과정을 적용한다. 반려동물의 건강을 향상시키면 이가 없는 바람직한 피부가 만들어질 것이다.

동종요법 – 설퍼(Sulphur) 30C : 대개 저항력을 향상시키는 데 도움이 되며, 특히 기생충의 경우에 더욱 그렇다. '동종요법 스케줄 4'를 이용한다.

주의사항 : 많은 사람들은 화학물질을 사용해서 즉시 이를 죽이는 빠른 결과를 내는 방식에 매우 익숙하다. 그러나 이런 방법은 쇠약해진 동물의 건강에 어떠한 도움도 되지 않으며 오히려 질병을 더 악화시킨다. 실제로 독성효과는 동물을 더욱 약화시키기도 한다. 이를 친환경적인 방법으로 퇴치하려면 인내심이 필요하다.

옴 mange

모낭충은 가장 흔한 형태의 옴으로 주로 개에게서 발생한다. 피부 소파검사(진피층까지 칼로 긁어서 현미경으로 물질 표면의 진드기를 찾는 검사)를 통해서 진단할 수 있다. 또한 개선충이라 불리는 형태의 옴도 있으며 피부에 굴을 파고 사는 천공개선충(scabies mite)에 의해 유발되고 매우 가렵다.

모낭충 demodectic mange

모낭충과 연관이 있는 진드기는 매우 광범위하게 퍼져 있으며 특별한 증상이 없는데도 실제로 매우 건강한 개에게서도 발견되며 사람의 얼굴(눈썹과 코 주변)에서도 발견된다. 모낭충이 개에게 문제가 된다면 면역체계에 장애가 생겨 진드기 통제능력에 변화가 생겼음을 의미한다. 피부가 진드기에게 살기 좋은 곳이며 좋은 자양분이 되어 진드기를 자라게 해 주는 곳이 될 수 있다. 어떤 경우에는 진드기의 개체수가 엄청나게 증가하기도 한다. 모낭충은 대개 눈이나 턱 부근에 털이 없는 작은 반점으로 먼저 나타난다. 그리 가렵지 않아서 대개 잘 모르고 지나간다.

모낭충은 강아지에게 사소한 문제를 일으키지만 대개 생후 12~14개월 때까지는 특별한 치료 없이 자연스럽게 사라진다. 그러나 영향을 받은 개 중에 소수는 진드기가 계속해서 퍼져 운이 나쁜 경우 결국 온몸을 덮고 탈모와 피부염 및 비후를 유발할 수 있다. 또한 이차적으로 포도상구균과 같은 세균이 증식하여 특히 발 주변에 뾰루지나 농포성 분비물과 같은 더 심한 합병증을 유발할 수 있다. 이러한 형태의 질병을 전신성 모낭충증이라고 한다.

전신성 모낭충증을 앓는 동물은 또 다른 심각한 질병에 걸리기 쉬우며 건강을 회복하기 위해 매우 조심스럽게 치료해야 한다. 이들은 예방접종을 하지 않는 것이 매우 중요하다. 이런 상태에서는 면역체계가 예방접종에 적절하게 반응할 수 없으며, 오히려 몸을 더 혼란에 빠뜨릴 수 있기 때문이다.

이 기생충성 질환은 약해진 면역체계에 기인하여 유발되며, 불행하게도 우리가 하는 치료법은 가장 좋지 않은 방법이다. 현대의학의 치료법은 가혹하고 유해하며 일반적으로 효과가 없다. (경미한 경우는 어쨌든 저절로 치료가 된다.) 먼저 온몸에 털을 깎은 후 강한 살충제를 바르거나 개를 그 안에 담가 흠뻑 젖게 한다. 때때로 살충제는 독성이 너무 강해서 몸에 적용할 때 한 번에 몸의 한 부분씩만 담가야 한다. 게다가 불행하게도 이런 치료를 하면서 항독성 영양제나 비타민 보충제를 권장하지 않기 때문에 개의 기본적인 건강상태가 점점 더 악화될 수 있다. 수 주에서 수개월 동안 이러한 방법으로 치료하면 완전히 회복된 개도 또다시 재발할 수 있으며, 이전과 전혀 관계없는 또 다른 더욱 심각한 질병이 유발될 수도 있다. 코르티손 형태의 약물은 어떠한 상황에서도 사용해서는 안 된다. 이 약물은 면역체계를 더욱 억압하여 나중에는 어떠한 수단과 방법으로도 진정한 의미의 회복에 이르지 못하게 만든다.

대신에 나는 개체에 따라 치료제가 달라질 수도 있고 진행과정에 엄청난 관심을 기울여야 하기는 하지만 효과가 좋은 영양요법과 동종요법 약물로 좋은 결과를 이루어 왔다. 여기에서는 자연적인 접근법에 대한 일반적인 지침을 소개한다.

• 만약 체중과 건강상태가 양호하다면 18장에 설명한 것처럼 5~7일 동안 개를 절식시킨다. 그러고 난 후 이 책에서 조언한 대로 자연식을 급여한다.

• 매일 신선한 레몬 주스로 감염된 부위를 문지르거나 11장에서 설명한 레몬 린스 레시피를 이용한다.

영양요법은 특히 중요하다. 우리가 앞에서 논의했던 것처럼 독성물질이 축적되면 조직의 변화를 따라가려 최선을 다하는 면역체계에 스트레스를 유발할 수 있다. 따라서 자연식을 강조하고 환경 내 화학물질의 노출을 피할수록 개는 더 빠르게 치유될 수 있다.

수많은 모낭충 케이스에 적합한 동종요법 약물은 다음과 같다.

동종요법 – 설퍼(Sulphur) 6C : '동종요법 스케줄 6(b)'를 이용하고 상태가 눈에 띄게 깨끗해지면 횟수를 점차적으로 줄여가면서 사용한다.

모낭충과 함께 피부에 포도상구균 감염을 앓고 있는 개는 다음과 같은 허브제제를 사용하면 좋다.

허브요법 – 자주루드베키아(Purple coneflower, Echinacea angustifolia) : 모낭충과 포도상구균을 동시에 치료하는데 내부는 '허브요법 스케줄 1'을 이용하고 피부는 '허브요법 스케줄 4'를 이용하여 치료한다. 동종요법과 허브요법을 둘 다 한꺼번에 사용할 수도 있으며, 필요하다면 동종요법 약물인 설퍼를 허브제제인 자주루드베키아를 투여하기 약 10분 전에 투여한다.

개선충 sarcoptic mange

개선충(다른 종류의 옴보다 자극이 더 심함)에 감염된 개와 고양이는 다음 허브제제를 사용했을 때 치료효과가 가장 좋았다.

허브요법 – 라벤더(Lavender, Lavendula vera 또는 L.officinalis) : 라벤더 오일과 아몬드 오일을 1 : 10 이하로 희석하여 영향을 받은 부위의 피부에 발라 주면 개선충을 죽이고 유충을 파괴하는 데 효과가 뛰어난 것으로 알려져 있다. 이 조합은 개에게 적합하다. 고양이는 라벤더를 좋아하지 않기 때문에 라벤더 오일을 조금만 넣어서 사용하고 만약 저항이 너무 심하면 그냥 아몬드 오일만 발라 준다.

이 오일을 하루에 한 번씩 필요한 만큼 발라 준다.

백선, 링웜 ringworm

백선이라고 하면 곱슬곱슬한 기생충에 의해 유발되는 것처럼 들리지만 실제로는 무좀과 유사한 곰팡이에 의해 생긴다. 백선은 중앙부에서부터 자라나기 시작하며 연못에 돌을 던졌을 때 생기는 잔물결처럼 원 모양으로 퍼져 나간다. 곰팡이는 피부세포와 털에서 성장하기 때문에 피부에 염증이 생기고 비후되며 홍반이 나타난다. 그리고 털이 끊어져서 나중에는 거친 그루터기만 남는다.

고양이가 더 자주 영향을 받으며 가려움증이나 염증은 없고 짧게 끊어진 가느다란 털이 종종 원형의 회색반점처럼 보인다. 백선은 사람(특히 어린이)이나 다른 동물에게도 전염성이 있다. 12장의 예방대책을 참조한다. 심하게 감염된 동물은 스트레스를 많이 받거나 아프거나 허약한 경우가 대부분이므로 옴처럼 백선이 광범위하게 퍼져 있다는 것은 동물의 건강상태가 좋지 않음을 의미한다. 전신 옴 감염처럼 온몸을 뒤덮은 백선은 면역체계가 심하게 손상되었음을 의미하는 매우 심각한 질병이다.

영양요법

처음 2~3일 동안 절식시킨다(18장 참조). 그리고 난 후 책에서 소개한 기본적인 자연식 프로그램을 적용한다. 필수지방산은 피부와 털의 건강에 매우 중요하다. 만약 씨를 갈 수 있는 그라인더가 있다면 매일 신선한 아마씨를 갈아 음식에 ½~1티스푼씩 섞어 준다(만약 아마씨유가 유기농이고 신선한 것이라면 사용해도 좋다. 하지만 빠르게 변질되므로 한 번에 소량씩 구매해서 뚜껑을 잘 막아 냉장 보관해야 한다. 씨를 직접 갈아서 쓰는 것이 가장 좋다.).

직접적인 치료

먼저 탈모가 진행된 부위의 주변으로 약 1.3cm까지 털을 밀어야 하는데 이때 피부가 손상되지 않도록 주의한다. 털을 깎으면 백선이 잘 퍼지지 않으며 치료제를 국소도포하기가 쉬워진다. 깎아 낸 털에 접촉하면 백선에 전염될 수 있으므로 불에 태우거나 조심스럽게 폐기한다. (백선에 감염된 반려동물을 키우는 경우에는 빠진 털을 진공 청소기로 자주 빨아들이고 침구류나 반려용품을 뜨거운 물과 비누로 자주 세척한다.) 항상 손을 깨끗하게 씻었는지 확인한다.

아픈 부위를 치료하면 치유속도가 빨라지고 다른 동물이 백선에 감염되는 것을 막는 데 도움이 된다. 다음 두 가지 허브제제 중 한 가지와 동종요법 약물을 병행하여 치료한다.

허브요법 – 질경이(Plantain, Plantago major) : 에나멜 용기나 유리컵에 용천수나 증류수 한 컵을 붓고 질경이를 통째로 약 ¼컵 넣어서 탕제를 만든다. 5분 정도 끓인 후에 뚜껑을 덮고 3분간 우려낸 후 찌꺼기를 걸려내 식힌다. 증상이 사라질 때까지 하루에 한두 번 피부에 도포하고 마사지해 준다.

허브요법 – 히드라스티스(Goldenseal, Hydrastis canadensis) : 끓는 물 한 컵에 대목(rootstock, 접붙이기를 할 때 밑에 위치한 뿌리를 가진 바탕나무) 분말 1티스푼을 넣고 혼합물을 우려낸다. 혼합물이 식을 때까지 기다린 후 찌꺼기를 걸려내고 이 용액을 하루에 한두 번 피부에 도포하고 마사지한다.

동종요법 – 설퍼(Sulphur) 6C : 외부기생충에 대한 저항력을 높이는 데 매우 도움이 된다. '동종요법 스케줄 6(a)'를 이용하여 치료한다.

요독증 uremia

413쪽 '신부전' 편을 참조한다.

웨스트 나일 바이러스
West Nile virus

웨스트 나일 바이러스는 모기에 의해 전염되며 주로 사람과 말에게 영향을 미친다. 사람은 5명 중 한 명 정도가 독감과 같은 경미한 증상을 앓는다. 간혹 어떤 사람(감염된 모기에게 물린 사람 중 1% 미만)은 심각한 증상을 보이는 뇌염으로 진행되거나 경련을 보이기도 하며, 사망에 이르기도 한다. 다른 동물도 감염될 수 있다고 알려져 있지만 말이 가장 많이 감염되며 간혹 심각한 병을 앓을 수도 있다. 바이러스가 사람에서 사람으로 또는 말에서 사람으로 전파된다는 증거는 없다. 이 질병은 감염된 모기에게 물려야 전염되는 것으로 보인다.

개와 고양이는 어떠한가? 연구에 따르면 감염될 수는 있지만 증상이 없어서 기본적으로 '병이 아닌 것'으로 생각하고 있다. 이 바이러스에 감염된 소수의 고양이가 경미한 식욕부진이나 기면(더욱 조용해지거나 졸리는 듯함), 잠깐 동안의 발열 등 경미한 증상을 보이지만 대부분 알아차리지 못하고 넘어간다.

그래도 반려동물이 바이러스에 노출되는 것을 막고 싶다면 모기가 활동하는 시기에 산책을 할 경우 꼭 모기 기피제를 사용한다. 시중에 반려인이 사용할 수 있는 허브로 만든 안전한 모기 기피제가 몇 가지 있다.

위질환 stomach problem

대개 상하거나 썩거나 소화되지 않는 잘못된 음식을 먹거나 지나치게 과식을 하는 경우 위에 장애가 발생한다(음식 욕심이 많은 동물은 조심해야 한다!). 그러나 위질환은 전염성 질병, 신부전, 간염, 췌장염, 결장염, 이물질(장난감, 끈, 털을 삼킴), 기생충 등 다른 여러 질환을 의미할 수도 있다.

몸의 다른 부분에서 생긴 질병도 구토, 구역질, 식욕부진 등을 유발할 수 있으며 이런 증상이 오직 위하고만 연관된다는 것은 어리석은 생각이다. 특히 구토가 오랫동안 지속되거나 심한 경우에는 생명을 위협하기도 하는 심각한 문제가 있음을 의미할 수도 있다. 특히 개에서 더 그렇다. 이럴 때에는 반드시 수의사에게 진단을 받아야 한다.

여기서는 위 자체에만 초점을 맞춘 세 가지 흔한 질병인 급성위염(갑작스런 위의 이상이나 배탈), 만성위염(경미하고 지속적인 위의 이상이나 배탈), 위확장(가스에 의한 팽대, 때때로 위가 꼬여서 폐쇄가 유발됨)에 대해 다룰 것이다. 여기에 제시한 질병은 이 질병을 앓는 것으로 새롭게 진단받은 동물이나 지속적으로 재발했던 동물에 대한 대체요법에 대한 설명이므로 보편적인 약물 치료법보다는 질병에 대해 다룬다.

급성위염 acute gastritis

위염은 위의 감염이 아닌 염증을 의미하는 용어이다. 급성이란 수 분 내지 수 시간 이내에 갑작스럽게 발병하여 나타나는 상태를 의미한다.

가장 흔한 사례는 길이나 숲에서 발견된 동물 사체를 먹거나 쓰레기통을 뒤지기를 좋아하는 개에게서 발견된다(고양이는 까다롭기 때문에 좀처럼 이런 일이 발생하지 않는다). 퇴비더미는 주로 상한 음식이 있는 곳이다. 이것저것 주워 먹는 동물인 개는 종종 쓰레기통을 찾아다니고, 잘 소화되지 않는 이상한 것이 섞여 있거나 상한 음식물을 먹어 치운다.

그리고 난 후 나타나는 구토(와 대개 설사)는 유해한 물질을 제거해 잘못된 상태를 바로잡으려는 몸의 시도이다. 어떤 개는 본능적으로 구토를 유발하는 풀을 뜯어먹는다. 이러한 행동은 위에 경미한 염증이 있는 동물에게서도 발생한다.

급성위염의 또 다른 원인은 커다란 뼛조각과 같은 소화가 잘 안 되는 물질을 섭취해서인데 개에게 가장 흔하게 나타나는 문제이다. 평소에 잘 조리된 뼈(생뼈보다 더 잘 쪼개진다), 옷, 플라스틱, 금속, 고무 장난감, 골프공 등 먹을 수 없는 것을 먹어서 생긴 결과일 가능성도 크다. 만약 뼈가 문제를 유발한다면 커다란 생뼈만 공급하고, 적절한 위산 분비를 위해 비타민 B를 추가로 급여한다. 그리고 주의 깊게 관찰한다. 반려견이 커다란 뼛조각을 삼키려고 할 수도 있기 때문에 뼈를 물어뜯고 있을 때만큼은 개를 믿지 않는 것이 좋다.

위에서 소화가 잘 안 되는 이물질을 섭취한 경우에는 간혹 튜브를 삽입해서 꺼낼 수도 있지만 대개 수술적인 제거가 필요하다.

고양이는 실을 삼키기도 한다. 만약 실에 바늘이 꿰어져 있다면 실이 장으로 내려가는 동안에 바늘이 입이나 혀에 걸릴 수도 있다. 이때 실을 따라 장이 위로 올라오는 좋지 않은 결과가 나올 수도 있는데 이때 빠르게 처치하지 않으면 종종 생명이 위험해진다.

증상이 특이적이지 않더라도 이런 문제를 가지고 있는 고양이는 음식을 먹지 못하거나 구토를 하기도 한다. 혀 주위에 걸려 있는 실은 관찰하기 어려워서 단순히 입을 벌리는 것만으로는 확인하지 못할 수도 있다. 목구멍이나 식도 어딘가에 걸려 있는 바늘은 장과 하나가 되어 있을 수도 있으므로 X-레이 촬영을 해야만 확인이 가능하다(더 자세한 정보는 10장을 참조한다).

반려동물이 물체를 삼키는 것을 예방하려면 문제를 유발할 수 있는 장난감이나 물체를 혼자 가지고 놀게 해서는 안 된다.

치료

만약 반려동물이 위험한 물체를 삼킨 것 같다면 가능한 한 빨리 수의사에게 진료를 받아야 한다. 그렇지 않으면 심각한 합병증이 유발될 수 있다. 만약 삼킨 물체가 무엇인지 확실하지 않다면 구토를 유발시켜서는 안 된다. 만약 물체가 날카롭거나 뾰족하거나 매우 크다면 구토를 유발시키는 일이 위험을 초래하거나 반려동물에게 손상을 입힐 수도 있기 때문이다. 따라서 불규칙하거나 뾰족한 물체는 보통 수술로 제거해야 한다.

만약 반려인이 반려동물이 삼킨 물체가 무엇인지 알고 크기가 작으며, 날카롭거나 불규칙하지 않다면 구토를 통해 배출시킬 수 있으므로 수의사에게 진료를 받기 전까지 직접 구토를 유발시킬 수도 있다.

수술하기 전에 종종 이물을 배출시켜 이 문제를 해결해 주는 가장 효과가 좋은 동종요법 약물은 다음과 같다.

동종요법 – 포스포러스(Phosphorus) 30C : 만약 물을 먹은 지 10~15분 후에 구토가 발생한다면 이 약물을 투여한다. (놀랍게도 이런 일이 자주 일어나서) 만약 물체가 통과될 가능성이 있다면 보통 다음 날 배출된다. 무엇이 섞여 있는지 보려면 변을 볼 때마다 주의 깊게 살펴보아야 한다.

다음에 설명하는 치료법은 이물질에 의한 위염이 아니라 단순 급성위염에 도움이 되는 것이다. 증상은 복부통증(위에 압력을 가하면 반려동물은 통증 때문에 몸을 구부리거나 등을 구부리고 앉아 의기소침하게 행동한다), 구토나 구토 시도, 음식을 먹거나 물을 먹은 후에 유발되는 구토, 유연, 과도한 음수 섭취, 풀 뜯어먹는 행위 등으로 나타난다.

먼저 최소한 24시간 동안 모든 음식을 금식한 후 소량씩 서서히 다시 급여한다. 18장에서 설명한 절식기법을 참조한다. 항상 신선하고 깨끗한 물을 공급하고 만약 구토가 계속된다면 2시간마다 핥아먹을 수 있도록 얼음을 준다. (지나치게 많은 물을 먹어서 구토와 위의 자극이 악화되는 것을 원치 않을 것이다.)

많은 개와 고양이가 복통, 소화불량, 위에 이상이 있을 때 구토를 하려고 스스로 풀을 뜯어먹는다. 이것은 복통 초기에 보이는 본능적이고 적절한 행동이다. 그러나 문제가 빠르게 해결되지 않으면 풀을 먹은 것이 오히려 상황을 악화시킬 수 있다.

보조치료로 캐모마일 차를 끓여 준다. 이 차는 경미한 복통에 효과가 있다. 캐모마일 1테이블스푼에 뜨거운 물 한 컵을 부어 15분 동안 우려낸 후 찌꺼기를 걸러내고 동량의 물로 희석한다. 만약 반려동물이 차를 먹으려고 하지 않는다면 얼음으로 만들어 준다.

더욱 심각한 복통이나 위에 이상이 있을 때에는 다음 약물 중 한 가지가 도움이 된다.

허브요법 – 페퍼민트(Peppermint, Mentha piperira) : 개에게 좋은 허브 치료제로(고양이는 민트를 좋아하지 않음) 쉽게 구할 수 있다. '허브요법 스케줄 1'을 이용하여 투여한다.

허브요법 – 히드라스티스(Goldenseal, Hydrastis canadensis) : 노란색의 걸쭉하고 끈적거리는(예를 들어, 걸쭉한 가래) 구토를 할 때 매우 도움이 되는 허브이다. '허브요법 스케줄 1'을 이용한다.

동종요법 – 눅스 보미카(Nux vomica) 6C : 특히 구토를 할 때 누군가를 찾기보다는 오히려 멀리 떨어져서 혼자 있기를 원하는 개나 고양이에게 적합하다. 또한 과식을 하거나 쓰레기와 찌꺼기를 먹고 아픈 동물에게 적합하다. '동종요법 스케줄 1'을 이용한다.

동종요법 – 풀사틸라(Pulsatilla) 6C : 관심과 위로를 받길 원하는 개나 고양이에게 적합하며, 특히 물 먹는 일에 관심이 없는 경우에 더욱 좋다. 종종 이 약물을 필요로 하는 동물은 과식을 하거나 기름기가 많은 음식을 먹고 난 후에 아프다. '동종요법 스케줄 1'을 이용한다.

동종요법 – 이페칵(Ipecac) 6C : 지속적인 구역질이나 구토에 유용하며, 특히 소화가 잘 안 되는 음식으로 인해 문제가 발생하거나 토사물에 혈액이 섞여 있을 때 적용하면 좋다. '동종요법 스케줄 1'을 이용한다.

동종요법 – 아르세니쿰 알붐(Arsenicum album) 6C : 대개 상한 고기나 상한 음식에 의해 발생한 위염에 효과가 뛰어나다. '동종요법 스케줄 2'를 이용한다.

동종요법 – 벨라도나(Belladonna) 6C : 주로 열이 나고 동공이 커지며 쉽게 흥분하는 동물에게 좋다. '동종요법 스케줄 1'을 이용한다.

만성위염 chronic gastritis

어떤 동물은 종종 음식을 먹은 후나 며칠에 한 번씩 주기적으로 배탈이 나는 경향이 있다. 이전에 심각한 급성위염이 발병했다가 부적절하게 회복된 후나 정신적인 스트레스나 저급한 사료, 비위에 거슬리는 음식, 약물중독, 고양이전염성 복막염과 같은 전염병이나 간염에 의해서도 발생할 수 있다. 또한 알레르기성 질환의 일환일 수도 있으며, 피부발진을 앓는 많은 개와 고양이도 위장관의 염증이 있을 수 있다. 그러나 때때로 분명한 원인이 없는 경우도 있다.

증상은 소화기능 저하, 구토, 통증, 의기소침, 숨는 행위(음식을 먹은 후 즉시 또는 한 시간 후에 또는 그 이후에), 식욕부진, 가스배출 등으로 나타난다. 만성위염을 앓는 많은 동물은 구토를 해서 위를 깨끗하게 하기 위해 풀을 뜯어먹는다.

치료

권장하는 첫 번째 치료법은 동물에게 자연식을 먹이는 것이다. 훌륭한 음식의 중요성은 아무리 강조해도 지나치지 않다. 반려동물이 섭취하는 음식물에 의해서도 질병이 나타날 수 있기 때문이다. GMO 음식을 먹인 동물을 연구한 바에 따르면 가장 흔한 결과로 위염이 발생했다. 위염을 일으키는 GMO 옥수수, 콩, 카놀라 오일, 그 외에 다른 물질은 오늘날 일반 상업용 사료에 흔히 들어 있다. 6장에 있는 개의 건강 유지용 레시피 차트(118쪽), 고양이의 건강 유지용 레시피 차트(136쪽)에서 두 번째 열에 있는 코드 A를 참조한다. 이 코드로 만성위염에 가장 추천되는 레시피를 찾을 수 있다.

다음 치료제 중 하나로 치료를 시도해 볼 수 있다.

허브요법 – 히드라스티스(Goldenseal, Hydrastis canadensis) : 소화기능이 약하고 식욕이 부진하며 체중감소가 있는 경우에 좋다. '허브요법 스케줄 2'를 이용한다.

허브요법 – 느릅나무 껍질(Slippery elm) : 찬물 1컵에 느릅나무 껍질 가루 1티스푼을 넣고 완전히 섞이도록 끓이면서 계속 젓는다. 그리고 난 후 불을 서서히 줄여서 끓이다가 2~3분 정도 계속 저어서 혼합용액이 조금 걸쭉해지도록 만든다. 불을 완전히 끈 다음에 꿀을 1테이블스푼 섞어서 개에게 준다. 고양이의 경우 단맛을 좋아하지 않기 때문에 꿀을 타지 말고 그냥 준다. 이 용액을 실온에서 식힌 다음에 고양이와 소형견에게는 ½~1티스푼, 중형견에게는 2티스푼~2테이블스푼, 대형견에게는 3~4테이블스푼을 준다. 이 허브 용액이 속을 편안하게 해 줄 것이다. 필요에 따라 하루에 한두 번 사용할 수 있다.

동종요법 치료

만성위염에도 도움이 되고 앞에서 설명한 급성위염에도 도움이 되는 동종요법 약물이 몇 가지 있다. 때때로 급성위염은 장기간 지속되는 질병의 초기 증상으로 나타날 수 있는데 물론 초기에 발병 여부를 알아차릴 수 없다. 동물이 급성위염에서 설명한 것과 동일한 적응증이 있는 경우 일부 약물이 효과가 있을 수 있으므로 급성위염에서 설명한 동종요법 약물을 살펴본다.

만성위염과 급성위염을 이해하는 데 있어서 주된 차이점은 만성 형태의 질병은 약물의 적응증이 동일하게 나타나더라도 증상이 종종 급성 단계에서처럼 뚜렷하거나 강렬하게 나타나지 않는다는 것이다. 예를 들어, 자주 쓰이는 약물인 풀사틸라(Pulsatilla)를 살펴보자. 급성질환에서도 그렇듯이 반려동물이 더욱더 매달리고 관심을 받길 원한다는 것을 알 수 있다. 물도 더 적게 먹을 것이다. 그러나 이런 증상이 급성 형태에서 보았던 것처럼 그렇게 눈에 띄게 강하게 나타나지는 않는다.

앞에서 언급하지 않았던 약물로 다음과 같은 동종요법 약물이 있다.

동종요법 – 나트륨 무리아티쿰(Natrum muriati-cum) 30C : 지나치게 배고파하고 갈증을 느끼며 음식을 먹은 후에 불편해하는 고양이에게 유용하다. 또한 기생충과 관련된 위질환에도 좋다. '동종 요법 스케줄 4'를 이용한다.

위확장(고창증) gastric dilation(bloat)

심각한 질병인 위확장은 그레이트데인, 세인트 버나드, 보르조이 등 대부분의 대형견 종에서 보인다. 수의사들이 종종 다량의 건사료를 급여하는 것과 연관이 있다고 밝혀내기는 했지만 여전히 정확한 원인은 알려져 있지 않다. 주로 2~10살에 발생하며 대부분 밤에 발생한다.

증상은 음식을 먹은 지 약 2~6시간 이내에 발생하며, 위(상복부)에 액체와 가스가 차서 확장되고 때로는 팽팽한 북처럼 느껴지기도 한다. 종종 과도한 침흘림과 구토 시도 및 실패, 엄청난 불안감, 풀이나 카펫을 먹기 위한 필사적인 시도를 보이다가 결국에는 극도로 쇠약해진다.

위확장은 위벽에 가해지는 압력이 상승하여 혈액에서 체액이 유출되고 결국에는 탈수와 쇼크로 이어지다가 수 시간 이내에 목숨을 잃을 수도 있는 응급상황이다. 또 다른 합병증은 위가 제 위치에서 회전하는 질병인 염전(volvulus)이다. 위가 꼬이면 장기에서의 음식물 유출입이 완전히 차단될 수 있다. 이런 경우에는 빨리 수술을 해야 한다.

예방

집에서 손수 준비한 자연식을 급여하는 것이 이러한 문제를 피하는 최선책이다. 만약 이런 문제가 이전에도 발생했거나 발생 조짐을 보인 적이 있다면 식사를 하루에 한 번 다량으로 급여하기보다는 두세 번에 걸쳐 소량씩 급여해야 한다.

특히 위에 들어간 후 수분을 흡수하게 될 건사료나 농축사료의 급여를 피하는 것이 좋다. 개는 자신의 수용능력보다 더 많은 양을 먹게 되며, 사료가 수분을 흡수해서 팽창하면 사료의 총 무게가 엄청나게 증가하게 된다. 이렇게 되면 위가 자연적으로 음식물을 비우는 과정을 방해할 수 있으며, 위가 꼬여서 음식물의 반출이 차단될 가능성이 높아진다.

규칙적인 운동은 근육을 강화시켜 주고, 위와 장을 마사지해 주기 때문에 매우 중요하다.

치료

일단 위확장이 생기면 갑작스럽고 충격적일 수 있다. 때때로 이 문제를 알아차릴 수 있게 해 주는 유일한 단서는 개가 불안해하고 필사적으로 풀을 뜯어먹는다는 것이다. 자세히 관찰해 보면 동물의 배가 정상보다 더 커지고 가스가 차서 팽창되었음을 알 수 있다.

이런 경우 가능한 한 빨리 동물병원에 데리고 가야 한다. 만약 증상이 단순한 위확장의 일환이라면 동물병원에서 위에 튜브를 삽입하여 완화시킬 수 있다. 그러나 증상이 재발하는 경향이 있으며 그때마다 문제가 더 빠르고 더 심각하게 나타난다. 결국 비싼 병원비와 절망적인 상황이 반복되어 동물은 안락사에 처하게 된다.

염전(volvulus, 장관이 꼬이거나 매듭이 된 상태)이 동반되었다면 꼬인 위를 똑바로 해 주고 음식물의 유출입 통로를 개방하는 수술을 해야 한다. 또한 위가 차후에 재차 꼬이는 것을 방지하기 위해 복벽의 내측 면에 위를 봉합하여 고정한다.

반려동물을 즉시 동물병원에 데리고 간다 하더라도 몇 가지 치료제를 알아두는 것이 좋다. 동물병원에 데려가도 바로 진료를 받을 수 없는 경우가 생길 수 있기 때문이다. 더군다나 증상이 재발하는 경향이 있기 때문에 초기 증상을 알고 있다면 치료제를 최대한 빨리 투여해서 발병을 막는 것이 가능하다.

가장 쉽게 이용할 수 있는 허브제제 중 하나는 뉴햄프셔주의 애머스트에 사는 내 고객 중 한 명인 베티 루이스가 발견한 것이다. 그녀는 그레이트데인을 키우는데 바로 갈아 만든 신선한 양배추 주스가 초기 단계 위확장에 효과가 좋은 치료제라는 사실을 발견해 수차례에 걸쳐 성공적으로 사용했다.

허브요법 – 양배추(Cabbage, Brassica oleracea) : 이 식물은 겨잣과에 속한다. 과즙기로 신선한 양배추의 즙을 짜낸다. 이때 물을 넣어서는 안 된다. 이 즙을 대형견에게는 28~57g 급여하고, 소형견에게는 그에 비해 소량 급여한다. 나중에 증상이 재발하면 반복해서 치료한다.

위의 통로를 막는 압력과 구토 때문에 나는 먼저 동종요법 약물을 처방한다. 알약이나 정제를 부숴서 혀 밑에 놓아 주면 동물이 삼키지 않아도 빠르게 작용할 것이다.

이 약물이 급하게 필요할 수 있으므로 미리 계획해서 주문해 두면 좋다.

동종요법 – 풀사틸라(Pulsatilla) 30C : 이러한 경우에 내가 가장 먼저 사용하는 약물로 대부분의 문제를 해결해 준다. 세 알씩 가루를 내 30분 간격으로 총 세 번 투여한다.

동종요법 – 벨라도나(Belladonna) 30C : 문제가 심각하고 증상이 매우 갑작스럽게 강렬하게 나타났을 때 적합하다. 여기에는 풀이나 헝겊, 심지어 카펫에 이르기까지 무엇인가 먹으려는 필사적인 시도, 불안, 흥분, 동요가 나타난다. 동공이 커지고 머리가 뜨거워진다. 세 알씩 가루로 만들어서 30분 간격으로 총 세 번 투여한다.

동종요법 – 눅스 보미카(Nux vomica) 30C : 구석에 혼자 떨어져 있고 예민하며 오한이 드는 개에게 가장 좋은 약물로 위가 꼬였을 때 사용할 수 있는 가장 좋은 치료제이다. 가루를 내 세 알씩 30분 간격으로 총 세 번 투여한다.

동종요법 – 콜키쿰 아우툼날레(Colchicum autumnale) 30C : 배에 가스가 차서 무시무시하게 팽창되어 있을 것이다. 트림이 동반될 수도 있다. 이 약물은 장폐색이 있을 때 사용할 수 있는 약물 중 하나이다. 가루를 내 세 알씩 30분 간격으로 총 세 번 투여한다.

동종요법 – 카르보 베게타빌리스(Carbo vegetabilis) 30C : 이 약물이 필요한 개는 가스로 배가 매우 팽창하여 아파 보이고 다리와 귀가 차가우며 혀와 잇몸이 푸르스름한 빛을 띤다. 이 약은 이 상태가 동반된 쇼크 상태에 적합하다. 세 알씩 가루를 내 15분 간격으로 총 세 번 투여한다. 만약 이 치료로 상태가 전반적으로 개선된다면 완전한 치료를 위해 다른 약물 중 한 가지가 필요할 수도 있다. 회복되는지 조금만 기다려 보고 만약 회복이 되지 않는다면 앞에서 언급한 약물 중 한 가지를 시도해야 한다.

과거에 이 질병을 앓았던 개 중에서 완벽하게 회복되지 않아 심각한 문제에 빠졌을 때 동종요법으로 치료해서 차후에 재발하는 것도 막을 수 있었다. 위가 주기적으로 팽창하고 소화불량과 가스가 재발하면서 호흡곤란이 유발되는 이러한 만성질환은 진행성 쇠약과 원기소실을 유발하고 몸을 차갑게 만든다.

위기상황이 아닐 때에는 다음 동종요법 약물을 투여한다.

동종요법 - 헤파르 술푸리스 칼카레움(Hepar sulphuris calcareum) 30C : 차후 재발을 예방하는 개념으로 위험한 고비 사이에 사용할 수 있는데 가렵고 불편하며 피부나 귀의 발진 병력이 있는 개에게 적합하다. 이러한 병력은 때때로 원래 있던 피부질환이 과거에 억제되어 더 이상 나타나지 않을 수 있어서 모호하다. 만약 이 치료가 성공적이라면 위가 호전되고 피부발진이 잠시 다시 나타날 것이다. 그리고 난 후 이 상태를 치료하기 위해 추가적인 치료가 반드시 필요할 수 있다['피부질환'(465쪽) 편 참조]. '동종요법 스케줄 4'를 이용한다.

동종요법 - 그래파이트(Graphites) 30C : 이 약물을 필요로 하는 개는 과거에도 피부질환과 귀질환을 앓았을 것이다. 전형적으로 발진은 꼬리의 시작 부분에서 악화되는 경향이 있다. 이들은 과체중에 오한이 들고(따뜻한 것을 좋아함) 변비에 잘 걸리는 경향이 있다. '동종요법 스케줄 4'를 이용한다.

동종요법 - 실리케아(Silicea) 30C : 음식을 먹은 후에 불편해하거나 소화불량과 같은 증상의 위질환이 재발하는데 음식물을 자주 토하거나 구역질이 유발될 수 있다. 이 개들은 종종 고관절이형성증이나 척추염, 척추증, 퇴행성 척추병증(동일한 질환이 모두 다른 발현을 보임)으로 진단되는 뻣뻣하고 약하며 통증이 있는 뒷다리의 문제를 동반한다. '동종요법 스케줄 4'를 이용한다.

주의사항 : 만약 이 약물 중 한 가지로 긍정적인 치료반응을 보고 난 후 곧바로 신경안정제, 항생제, 각성제, 진정제와 같은 약물을 사용하면 좋은 반응은 곧바로 무효가 되고 원래의 상태로 되돌아간다. 이러한 이유로 만약 동종요법 약물을 사용하고 있다면 그런 치료를 최소화하거나 아예 하지 않는 편이 낫다.

유선종양 breast tumor

1960년대 내가 임상을 시작했을 때보다 현재 개와 고양이에서 종양이 더 많이 발생하는 경향이 있다. 암의 성장이나 종양 등의 문제에도 불필요한 예방접종을 피하고 순수한 식품을 강조하는 것이 가장 좋다. 특히 암의 성장을 자극하는 호르몬이 종종 육류 제품에 많이 함유되어 있기 때문에 순수한 식품이 더욱 중요하다. 가축을 기르는 사람은 가축을 더욱 빠르게 키우고 더 살찌우기 위해 일상적으로 호르몬을 투여한다. 그리고 이렇게 투여한 호르몬은 고기에 남는다. 이와 같은 문제 때문에 임상에서 나는 동물성 원료(식품)가 전혀 들어 있지 않은 음식을 먹이라고 강력히 권고한다.

치료

유선종양은 종종 악성이며 연관된 림프절을 포함하여 전체 유선을 제거하는 과격한 수술이 보통 권장된다. 그러나 경험상 수술이 항상 최선의 해결책은 아니다. 수술을 하면 면역체계를 약화시켜 건강을 악화시킬 수 있다. 특히 최상의 건강 상태에서 수술을 하지 않았던 동물은 더 더욱 그렇다. 나는 자연적이고 덜 침습적인 접근법으로 시작하는 것을 선호한다. 이런 방법은 동물이 얼마나 많은 것을 해낼 수 있는지 알아볼 수 있는데 사람들은 이런 접근법과 음식으로 매우 많은 발전을 이루어 내는 것에 종종 놀란다. 이런 방법의 장점은 함께 작동할 수 있는 기능상의 면역체계를 갖고 있다는 것이다. 만약 수술이나 화학요법, 방사선요법 등 다른 방법을 시도한다면 여기에서 설명한 접근법은 큰 효과를 발휘하지 못할 것이다. 왜냐하면 다른 치료법에 의해 면역체계가 손상되면 평소에는 작동했을 조치에 반응할 수 없기 때문이다.

물론 반려인은 결정이 어려울 것이다. 이 진행 과정에서는 조언해 줄 수의사가 분명히 있어야 한다.

내가 주로 사용했던 치료제를 몇 가지 소개한다.

동종요법 – 가장 먼저 '동종요법 스케줄 4'에 따라 튜자 옥시덴탈리스(Thuja occidentalis) 30C를 투여한다. 만약 종양도 자라지 않고 나빠지지 않는다면 한 달을 기다렸다가 다른 약물 중 한 가지를 선정해서 투여한다. 물론 종양이 사라지면 이 튜자 옥시덴탈리스 단독으로도 충분하기 때문에 그냥 두면 된다.

동종요법 – 아르세니쿰 알붐(Arsenicum album) 30C : 체중이 빠르게 감소하고 갈증이 심하며(물을 조금씩 자주 먹음) 안절부절못하는 동물에게 적합하다. '동종요법 스케줄 4'를 이용한다.

동종요법 – 코니움(Conium) 30C : 종양이 매우 단단하고 만지면 통증이 심하며 밤에 잠을 잘 이루지 못한다(낮에 꾸벅꾸벅 졸고 자정 이후에 잠이 들며 잠을 잘 때 악몽을 꾼다-옮긴이). '동종요법 스케줄 4'를 이용한다.

동종요법 – 포스포러스(Phosphorus) 30C : 종양에서 쉽게 출혈이 나는 경향이 있다면 이 약물이 적합하다. '동종요법 스케줄 4'를 이용한다.

동종요법 – 라케시스 무타(Lachesis muta) 30C : 왼쪽 유선에 종양이 있고 종양을 덮고 있는 피부가 어둡고 푸르스름하거나 거무튀튀할 때 적합하다.

동종요법 – 실리케아(Silicea) 30C : 만약 종양에 궤양이 있거나 고름이 발전하는 경향이 있다면 이 약물이 적합하다. '동종요법 스케줄 4'를 이용한다.

허브요법 – 피토라카(Poke root, Phytolacca) : 유선의 염증과 감염, 배농을 치료하는 데 매우 중요한 허브이다. 이 허브는 고름이나 악취가 심한 액체가 나오면서 종양조직이 단단할 때 처방된다. '허브요법 스케줄 3(내부)'과 '허브요법 스케줄 4(외부)'에 따라 필요한 기간만큼만 사용한다.

허브요법 – 히드라스티스(Goldenseal, Hydrastis canadensis) : 일반적으로 모든 종류의 암을 치료하는 데 유용하며, 특히 체중감소와 연관이 있는 암에 유용하다. 이 약물은 커다란 욕창이나 궤양과 같이 체표면에 어떤 종양이 있는 경우에 적합하다. '허브요법 스케줄 1'에 따라 효과가 있어 보이는 기간만큼만 사용한다. 히드라스티스는 몸에서 복합 비타민 B를 고갈시키는 경향이 있기 때문에 이 허브를 장기간 사용할 경우에는 음식에 비타민 제제를 첨가해야 한다.

영양요법 – 커큐민(주로 강황에 들어 있는 성분. Curcumin, Turmeric) : 생강과에 속하는 허브로 효과적인 항산화제로 알려져 있으며 지나치게 염증이 있는 많은 질병에 유용하다. 또한 암 치료제로도 효과적이라고 보고되고 있어서 유용한 치료법이다. '암'(428쪽) 편의 영양요법에 있는 용량 스케줄을 참조한다.

응급상황 emergency

477쪽 '응급처치' 편을 참조한다.

이질 dysentery

408쪽 '설사와 이질' 편을 참조한다.

임신, 분만, 새끼의 관리
pregnancy, birth, and care of newborn

'생식기계 질환'(406쪽) 편을 참조한다.

임신과 분만을 성공적으로 하려면 영양상태가 좋아야 한다. 임신 중에는(고양이는 약 63~65일, 개는 약 58~63일) 새 생명을 키우는 데 필요한 모든 영양분을 공급하기 위해 모체의 조직에는 많은 것이 필요하다. 임신 중에는 일반적으로 어미보다 자궁 내에 있는 태아가 우선이다. 다시 말하면, 새끼가 이용 가능한 영양분을 먼저 다 이용하고 어미는 그 후에 남겨진 것을 흡수한다는 뜻이다. 어미는 영양분을 충분히 섭취하지 못해도 태아가 필요로 하는 모든 것을 내준다.

임신 중에 음식을 충분히 섭취하지 못하거나 임신과 출산을 여러 번 반복한 어미는 임신으로 인해 매번 엄청난 영양학적 결핍이 누적된다. 그러면 결국 어미가 질병에 걸리거나 새끼가 평생 허약해져 질병에 잘 걸리게 된다. 따라서 가능하다면 임신을 목적으로 교미를 하기 전에 이 책에서 소개한 영양 프로그램을 적용하여 어미의 몸을 만들어 주어야 한다. 3개월이면 충분하다.

가장 흔한 두 가지 질환인 자간증과 난산에 대해 살펴보자.

자간증 eclampsia

자간증은 임신 말기, 분만 직후, 수유기간 중에 가장 흔하게 나타나는 심각한 질병으로 칼슘의 고갈에 의해 유발된다. 태아의 골격이 형성되고 모유가 생산됨에 따라 모체의 칼슘 요구량이 엄청나게 늘어난다. 증상은 식욕부진, 고열(때로 매우 위험함), 빠른 헐떡거림, 경련으로 나타난다. 경련 중에는 근육이 뻣뻣해지고 머리가 자꾸 뒤로 젖혀진다. 전형적인 증상으로는 통제할 수 없는 몸의 흔들림처럼 보이는 연속적으로 나타나는 근육의 빠른 수축과 이완을 볼 수도 있다.

체온이 지나치게 높은 경우 체온을 떨어뜨리기 위해 얼음물에 목욕을 시키거나 동물병원에서 정맥으로 칼슘제를 투여하는 등 적극적인 치료가 필수적이다. 치료는 대개 성공적이지만 수유를 계속하면 재발할 수 있다.

위험한 고비에 가장 도움이 되는 동종요법 약물은 다음과 같다.

동종요법 – 벨라도나(Belladonna) 30C : 증상이 완화될 때까지 15분 간격으로 약물을 투여한다. 그리고 난 후 상태가 모두 좋아질 때까지 '동종요법 스케줄 1'을 이용한다. 이 약물은 증상이 재발할 때마다 사용할 수 있다.

일단 개가 회복하면(주로 고양이보다 개에서 많이 보인다) 음식에 탄산칼슘을 첨가해 주고 양이 적당한지 꼭 확인해야 한다. 예를 들어, 체중이 14kg 정도 되는 개가 고기 함량이 많은 음식을 먹는다면 탄산칼슘을 하루에 ⅔티스푼(칼슘 함량 약 3,500mg) 사용할 수 있다. 그러나 고기 함량이 적은 음식을 먹거나 채식 위주의 음식을 먹는다면 칼슘 요구량이 줄어들어 탄산칼슘을 ¼티스푼으로 줄일 수 있다.

난산 dystocia

정상적인 해부학적 구조를 가진 개와 고양이는 분만하는 데 있어 좀처럼 문제가 생기지 않는다. 특히 임신 중에 적절하게 영양분을 섭취한 경우라면 더욱 그렇다. 많은 태아가 자궁 안에서 새로운 생명으로 성장하고 있기 때문에 당연히 이 시기에는 영양이 매우 중요하다.

분만 중 가장 심각한 문제는 해부학적 구조가 비정상적인 개에게 발생하며 대개 태아의 크기에 비해 골반이 지나치게 작은 경향이 있는 품종에서 많이 나타난다. 이 경우에는 제왕절개를 제외하고는 방법이 없다. 이러한 동물은 교미를 피하고 입양하지 않는 것이 좋다.

먼저 모든 것이 정상일 때 분만이 어떻게 이루어지는지 살펴보자. 분만 2~3일 전부터 어미는 식욕이 감소하고 보금자리를 만드는 행동(특정 장소에 장난감이나 어떤 물건을 옮기고 보금자리를 만들기 위해 종이를 찢는 행동)을 보인다. 외음부의 종창과 소량의 분비물도 보인다. 분만하기 24~48시간 전에는 체온이 갑자기 정상(대개 38.3℃ 이하) 이하로 떨어지지만 개체에 따라 다양하므로 분만하기 며칠 전부터 하루에 두 번씩 체온을 체크한다.

다음 단계는 분만을 시작하는 과정이다.

1단계는 안절부절못하고 숨을 헐떡거리며 몸을 떤다(구토를 하기도 한다). 이 단계는 6~12시간 정도 지속된다(초산일 경우 더 길어질 수 있다).

2단계는 눈에 띄는 현저한 수축과 함께 태아를 분만한다. 어떤 어미는 소변을 보고 싶어서 밖에 나가려고 할 때 이 단계가 시작되기도 한다. 수축이 더 강해지면서 한쪽으로 엎드려서 힘을 주고 생식기를 핥기도 한다. 어떤 개는 신음을 하거나 비명을 지른다. 자궁이 수축되는 사이사이에 빠르게 헐떡거린다. 이 단계는 15분~1시간 정도 지속된다.

3단계는 태반이 나오는 단계로 태반은 대개 어미가 신속하게 먹어치운다. 태반이 모두 빠져나오는 것을 확인하는 것이 중요하므로 정확한 숫자를 파악해야 한다(새끼 한 마리당 태반이 하나이다).

문제는 자궁이 수축해도 태아가 산도를 빠져나오지 못하는 2단계에서 발생할 수 있다. 이때 어미가 지나치게 오랫동안 힘을 주기 때문에 금방 난산임을 알아차릴 수 있다. 만약 어미가 첫 번째 새끼를 4~5시간 이상 걸려서 분만하거나 그다음 새끼를 3시간 이상 걸려서 분만한다면 지나치게 오래 걸린 것이다. 그러한 경우에는 다음과 같은 동종요법 약물을 사용한다.

동종요법 – 풀사틸라(Pulsatilla) 30C : 30분에 한 번씩 투여한다. 한두 번 투여했는데 분만이 진행되면 곧바로 중단한다. 어미가 분만 사이사이에 휴식을 취하기도 하고 한두 시간씩 잠을 청하기도 한다는 사실을 명심한다. 따라서 약물을 서둘러 또 투여해서는 안 된다. 만약 한 시간 동안 약물을 두 번 투여했는데도 불구하고 분만이 이루어지지 않는다면 이 약물이 도움이 되지 않는 것이다. 그런 경우에는 다음 동종요법 약물로 바꿔서 투여한다.

동종요법 – 카울로필룸(Caulophyllum) 30C : 앞에서 설명한 것과 동일한 스케줄을 적용한다. 보통 이 두 가지 약물 중 한 가지는 효과가 있다.

만약 새끼가 산도를 빠져 나오다가 낀 것 같으면 매우 조심스럽게 잡아당기면 된다. 다리나 머리를 잡지 말고 몸통을 잡아야 한다. 손길은 매우 부드러워야 한다. 강한 압력을 가하면 어미나 태아에게 손상을 입힐 수 있다. 만약 태아가 30분 이상 산도에 끼어 있다면 수의사의 도움을 받아야 한다. 그 정도 시간이면 태아가 이미 죽었을 것이다. 이런 상황에서는 제왕절개가 필요할 수도 있다. 제왕절개는 반려동물에게 다시는 이런 일이 발생하지 않도록 중성화수술을 해 줄 수 있는 절호의 기회이다. 이 수술에 대해서는 수의사와 상의한다.

만약 가정에서 모든 분만과정이 잘 이루어졌다면 다음 동종요법 약물을 사용한다.

동종요법 – 아르니카 몬타나(Arnica montana) 30C : 어미를 튼튼하게 만들어서 감염을 예방하는 데 도움이 된다. '동종요법 스케줄 2'를 이용하여 투여한다.

만약 태반정체가 있다면 발열이나 감염과 같은 심각한 문제가 발생할 수 있다. 수의사가 처방해 주는 약물과 다음 동종요법 약물을 함께 투여한다.

동종요법 – 세칼레 코르누툼(Secale cornutum) 30C : 이 약물은 종종 태반정체에 의해 발생하는 감염을 예방하거나 성공적으로 치료하며 태반의 배출을 돕는다. '동종요법 스케줄 2'를 이용하도록 한다.

새끼의 관리

다행히 갓 태어난 새끼를 관리하는 데 있어 필요한 모든 일을 어미가 손수하므로 문제가 발생하지 않는 한 방해하지 않는 것이 좋다. 출산 직후에 어미는 오랫동안 새끼가 누는 오줌과 변을 모두 핥아 먹는다. 이는 보금자리를 깨끗하게 유지하기 위한 자연의 섭리이다. 이 행동은 반려인에게는 편하지만 그로 인해 혹시 새끼가 설사를 해도 알아차리기 어려운 단점이 있다.

설사는 이 시기에 발생할 수 있는 가장 흔한 질병이며, 대개 모유를 지나치게 많이 먹었거나 어미의 자궁이나 유선에 감염(어미의 체온이 38.9℃가 넘는지 확인해야 한다)이 있거나 어미에게 항생제를 투여(항생제가 모유에까지 유입될 수 있다)한 경우에 유발될 수 있다.

설사를 하는 새끼는 몸이 차가워지고 탈수가 일어난다(피부가 주름지고 몸에 비해 지나치게 크게 보일 것이다). 보금자리에서 떨어져 멀리 기어가고 어미에게 되돌아갈 때조차 운다.

만약 모유에 문제가 있다면 젖병으로 새끼에게 직접 우유를 먹여야 한다. 8장에서 설명한 수유용 조제분유나 시판용 자견·자묘 분유를 사용한다. 설사가 멎을 때까지 분유와 깨끗한 물을 반반씩 섞어 희석해서 먹인다. 분유를 몇 번 먹인 후에는 저절로 설사 문제가 해결되어야 한다. 만약 그렇지 않으면 다음 두 가지 치료제 중 한 가지를 시도해 본다.

허브요법 – 분유(일정한 농도)와 따뜻한 캐모마일 차(끓는 물 한 컵에 허브 1티스푼)를 반반씩 섞은 혼합물을 먹인다. 문제가 해결될 때까지 규칙적인 스케줄에 따라 급여한다. 대개 2~3번 정도 급여한다.

동종요법 – 분유와 물을 반반씩 섞은 혼합물에 동종요법 약물인 포도필룸(Podophyllum) 6C를 부숴서 잘 섞어 준다. 이런 치료학적 급여는 한 번으로 충분하지만 필요하면 4시간 간격으로 반복 투여한다.

어미의 유선에 딱딱한 덩어리(혹)나 뜨거운 부분이 있는지, 눌렀을 때 통증이 심한 부분이 있는지 검사한다. 만약 감염(유선염)이 있다면 수유 전에 치료를 한다. 그래야 새끼에게 먹이기 안전하다['생식기계 질환'(406쪽) 편 참조].

설사가 해결되고 어미에게도 더 이상 문제가 없다면 새끼를 보금자리로 돌려보낼 수 있지만 설사가 재발하는 경우가 있으므로 주의한다.

간혹 어미가 새끼를 돌보지 않고 울어도 신경 쓰지 않으며 접촉을 피하고 수유를 하지 않는 경우가 있다. 새끼는 모유를 먹지 못하면 오랫동안 버틸 수 없으므로 심각한 문제이다. 이런 경우는 감염이 있거나 자궁 내에 태아가 남아 있는 등 어미의 몸에 문제가 있을 가능성이 있으므로 신속하게 동물병원에 가야 한다. 그러나 감정적인 원인에 의한 문제라면 다음 동종요법 약물이 도움이 된다.

동종요법 – 세피아(Sepia) 30C : 만약 어미가 분만 후 몇 시간이 지났는데도 계속 새끼를 거부한다면 반려인이 직접 젖병으로 키워야 한다. 8장을 참조한다. '동종요법 스케줄 2'를 이용한다.

자간증 eclampsia

448쪽 '임신, 분만, 새끼의 관리' 편을 참조한다.

전염성 복막염 infectious peritonitis

357쪽 '고양이전염성 복막염' 편을 참조한다.

중독 poisoning

477쪽 '응급처치' 편을 참조한다.

중성화수술 spaying and neutering

암컷의 중성화수술은 발정이 오지 않게 하고 임신을 막기 위해서 난소와 자궁을 제거하는 수술이다. 수컷의 중성화수술은 번식을 막고 공격성이나 배회하는 행위, 영역표시 행동 등을 줄이기 위해 음낭은 남기고 고환만 제거하는 수술이다. 이 수술은 둘 다 마취상태에서 통증 없이 이루어지며 대개 회복이 빠르고 별 탈 없이 쉽게 잘

끝난다. 천연약물이 이 과정을 더욱 쉽게 하는 데 도움이 된다.

만약 수술 후에 늦게 깨어나거나 비틀거리거나 구역질을 하면 다음 동종요법 약물을 투여한다.

동종요법 – 포스포러스(Phosphorus) 30C : 보통 반응이 몇 분 내지 한 시간 이내 빠르게 나타난다. 분명한 호전양상이 보이면 바로 치료를 중단한다. '동종요법 스케줄 2'를 이용한다.

만약 반려동물이 집에 돌아갈 때 불편해하거나 통증이 있거나 안절부절못하는 행동을 보인다면 다음 동종요법 약물을 투여한다.

동종요법 – 아르니카(Arnica) 30C : 피부절개로 인해서 생긴 조직의 통증을 완화시켜 준다. 보통 심한 통증은 없지만 동물이 불편해하거나 특히 수술 부위를 만지는 것에 대해 매우 예민해한다면 '동종요법 스케줄 2'를 이용하여 약물을 투여한다.

피부봉합(또는 클립봉합) 주위로 고름이나 삼출물이 나오고 붉은 염증이 있는 경우에는 다음 동종요법 약물을 투여한다.

동종요법 – 아피스 멜리피카(Apis mellifica) 6C : 또한 칼렌둘라 팅크 10방울과 바다소금 ¼티스푼, 깨끗한 물 1컵을 섞은 혼합액으로 절개 부위를 세척한다. 따뜻한 수건을 용액에 푹 적셔서 하루에 서너 번씩 몇 분 동안 절개 부위에 댄다. '동

종요법 스케줄 1'을 이용한다.

플라워 에센스 – 반려인이 무엇을 해 주어야 할지 모른다면 바흐의 레스큐 레미디 포뮬라를 2~3일 동안 하루에 네 번 두 방울씩 먹인다. 사용하기도 쉽고 도움이 많이 된다.

이외에 비타민 A, E, C도 수술 후 마취제와 약물해독에 도움이 된다. 내 표준처방은 체중에 상관없이 비타민 A는 10,000IU, 비타민 E는 100IU, 비타민 C는 250mg을 수술 전후 3일 동안 모두 하루에 한 번씩 먹이는 것이다.

중성화수술은 반려동물에게 해로운가?

어떤 사람은 이런 큰 수술로 인한 몸의 변화로 건강에 영향이 있지 않을까 걱정한다. 물론 나와 다른 생각을 가진 사람도 있겠지만 분명한 것은 수컷의 중성화수술이 어떤 건강상의 문제를 유발하거나 피부 알레르기나 방광염과 같은 흔한 질병의 발병률을 증가시키는 것으로 보이지 않는다는 사실이다. 중성화수술을 한 개와 고양이는 대부분 수술을 하지 않은 동물보다 더 오래 살고 더 건강한 삶을 누린다. 일부 개와 고양이의 경우 활동량이 줄고 공격성이 줄며(장점) 체중이 늘어나는 경향이 있으나, 비만은 대개 음식을 마음껏 먹고 규칙적으로 운동을 하지 않아서 나타난다.

반면 오랫동안 지속되는 발정이나 낭포성 난소, 불임, 자연유산, 질염, 감염 등에 대한 의학적 치료 중 하나로 중성화수술을 했을 때 더 위험한 결과가 초래되는 경우를 많이 봤다. 이러한 생식기계 질환은 만성으로 건강이 나빠진 결과이다.

병에 걸린 장기를 제거한다고 해서 근본적인 질병상태가 치유되는 것은 아니다. 때문에 이런 치료를 받은 동물은 나중에 다른 증상으로 발전할 수 있다.

반려동물이 생식기계 질환을 앓는 경우 아직 응급상황이 아니고 시간적인 여유가 있다면 가장 먼저 영양요법과 동종요법을 권한다. 만약 효과가 있다면 종종 그랬던 것처럼 만성질환이 치유되고 난 후 질병 때문이 아니라 일반적인 이유로 중성화수술을 시킬 수 있다. 만약 영양요법과 동종요법이 효과가 없다면 수술이 치료방법이 될 수 있다.

건강한 동물을 중성화수술 시키는 이유는 무엇일까? 암캐나 암고양이는 일 년에 두 번 또는 그 이상 발정이 온다. 따라서 중성화수술을 시키면 번식을 막고 건강상 문제의 잠재적인 원인을 제거할 수 있다['생식기계 질환'(406쪽) 편의 '자궁축농증' 참조]. 번식을 막지 않으면 엄청난 개체과잉의 문제가 유발되며, 반복적인 교미는 동물의 건강을 약화시켜 기진맥진하게 만든다.

수컷의 중성화수술은 소유물에 손상을 가하고 싸우거나 냄새를 맡고 영역표시를 하는 행위, 차도를 배회할 때 발생하는 교통사고, 다른 동물이나 심지어 사람을 공격하거나 위협하는 행위 등 수술을 하지 않은 수컷에 의해 발생하는 엄청난 혼란을 줄여 준다. 그리고 중성화수술을 한 수컷은 전형적으로 더욱 애정 어리고 온순해져서 더 좋은 반려동물이 된다.

수술의 시기는 신경내분비계에 영향을 최소화하고 정상적인 성견/성묘의 체형으로 충분히 발달할 수 있도록 둔 다음이 좋다. 반려동물이 성 성숙에 도달하고 난 후인 대부분의 암컷은 생후 6~8개월, 수컷은 생후 9~12개월이 좋다.

그러나 일부 동물은 성성숙이 뒤늦게 오기도 하므로 증상이 분명해질 때까지 기다려야 한다. 암컷에서 이 시점은 첫 발정 후를 의미한다(이때 원치 않는 임신이 되지 않도록 주의한다).

수고양이는 성성숙에 도달하면 오줌 냄새가 심 해지고 스프레이 행위(영역표시)를 보이기 시작 한다. 수캐는 소변을 볼 때 한쪽 다리를 들기 시 작하고(영역표시) 다른 개에게 마운팅을 하며 싸 우거나 길을 배회하거나 공격적으로 변하기도 한 다. 그러나 성성숙이 오기를 기다리다 보면 간혹 원치 않는 임신을 통해 자견이나 자묘가 넘쳐날 위험성이 있다. 따라서 대부분의 경우에 암컷은 생후 6~7개월, 수컷은 생후 9~10개월에 중성화 수술을 시킬 계획을 세운다.

실제로 중성화수술을 대신할 안전한 대안은 없 다. 수년간 암컷에게 발정이 오는 것을 막기 위해 서 혹은 필요에 따라 유산시키려고 다양한 호르몬 제와 약물을 사용하기도 했지만 이 약물은 항상 부작용을 유발하므로 곧 시장에서 사라질 것이다. 언젠가 중성화수술을 대신할 안전한 대안이 발견 되겠지만 현재까지는 추천할 만한 방법이 없다.

어떤 사람은 최근에 '관을 묶는' 수술로 생식기 관을 제거하지 않고 동물을 불임으로 만들기도 한다. 나는 이 수술법이 얼마나 효과가 있는지 확 신하지 못한다. 여전히 수술을 하기 전과 같은 행 동을 하기 때문에 특별한 이점이 없기 때문이다. 이러한 접근법을 평가하려면 더 많은 경험이 필

요할 것이다.

만약 반려인이 경제적인 이유로 고민하고 있다 면 저렴한 비용으로 수술을 할 수 있는 근처 중성 화수술 센터를 찾거나 동물보호단체에 전화해서 지역 수의사와 연계하여 비용을 저렴하게 하는 프로그램이 있는지 문의한다.

진드기 mite

364쪽 '귀질환' 편과 432쪽 '외부기생충' 편을 참조한다.

진드기 tick

432쪽 '외부기생충' 편을 참조한다.

체중문제 weight problem

체중문제가 사람들의 관심사가 될 것이라고 어 느 누가 예상했을까? 어른뿐 아니라 어린 아이도 비만이 문제인 것처럼 개와 고양이에게도 체중이 문제가 되고 있다.

비만

나는 잘 움직이지 않고 많은 고기와 지방을 섭 취하는 생활방식이 비만의 주요 요인이라고 생각 한다. 야생에서 늑대 종류의 동물은 지방이 많은

음식을 먹고 활발한 생활방식을 통해 몸에서 지방을 다 태워 없앤다. 하지만 실내에서만 사는 가엾은 반려동물은 가끔 줄을 매고 일주일에 한두 번 정도밖에 산책을 하지 못하므로 이 정도의 활동량으로는 늑대와 견줄 수 없다. 나는 이 모습이 TV 앞 소파에 앉아 리모컨을 손에 들고 매일 스포츠선수가 먹는 정도의 식단으로 진수성찬을 펼치는 사람의 일상과 다를 바 없다고 생각한다.

체중문제는 매우 다루기 힘든 거의 억제할 수 없는 공복감의 결과일 수도 있다. 나는 알레르기나 다양한 피부병을 가지고 있는 매우 소수의 개에게서 이런 공복감을 자주 보았다. 따라서 공복감은 이런 내재질환에 따른 문제가 아닌가라고 생각된다.

내가 생각하는 가장 큰 요인은 가축을 키우기 위해 사용하는 성장호르몬의 영향이라고 본다. 소, 양, 돼지, 이외의 여러 동물을 키우는 사람들은 가축이 가능한 한 빨리 자라기를 원한다. 도축용으로 팔 때 무게가 많이 나가서 돈을 더 많이 벌기를 원하기 때문이다. 운동선수가 근육을 키우기 위해 불법으로 호르몬제를 사용하는 것처럼 동물에게 호르몬제를 사용하는 것이 관행처럼 되어 버렸다. 예를 들어 육우에게는 여섯 가지의 단백동화 스테로이드(anabolic steroid, 단백질의 흡수를 촉진시키는 합성 스테로이드)제가 사용된다. 스테로이드제를 사용한 소의 장기나 고기를 측정한 결과 고기에도 호르몬이 남아 있는 것으로 나타났으며 우리가 먹는 음식에서도 호르몬이 검출되었다. 육우의 체중을 늘리기 위해 사용했던 호르몬이 사람들의 체중을 늘리는 꼴이다. 참으로 놀

랍지 않은가.

일단 반려동물이 체중이 많이 나가면 다른 합병증이 생길 수 있다. 만약 고관절이형성증이나 십자인대파열과 같은 관절질환을 앓고 있다면 초과한 체중이 불편을 악화시키고 관절을 더 힘들게 만들 것이다.

과체중 문제를 해결하기 위해 몇 가지 제안을 하겠다.

6장에 있는 개의 건강 유지용 레시피 차트(118쪽), 고양이의 건강 유지용 레시피 차트(136쪽)에서 두 번째 열에 있는 코드 W를 참조한다. 이 레시피가 체중감소에 가장 도움이 될 것이다. 영양소원으로 곡물, 콩, 야채에 중점을 둔 레시피이다. 종종 탄수화물을 먹이면(보통 곡물을 의미함) 체중이 증가한다는 말을 들어왔으나 내 환자에게서는 한 번도 본 적이 없다. 동물성 식품에 많이 함유된 지방이 곡물이 가진 칼로리의 2.5배 정도 되므로 이 지방이 체중증가에 기여하는 분명한 요인으로 보인다.

유기농 고기나 호르몬이 없는 고기를 사용해야 한다. 반려동물의 식단에 고기를 포함할 거라면 고기 선택에 신중을 기한다.

활동량을 늘린다. 개가 매일 걷거나 뛰고 고양이가 놀이를 많이 할 수 있도록 노력한다. 활동량을 늘리면 대사율이 증가하여 칼로리가 더욱 빠르게 소모된다(11장과 12장 참조).

앞에서 제시한 것들로 충분하지 않다면 건강상의 불균형이 생긴 것이므로 치료가 필요할 수 있다. 개가 산책 중에 땅바닥을 훑는다면 그에 대한 지표가 될 것이다. 문제가 있는 개들은 누군가가

씹다 뱉은 길가에 있는 껌이나 먹다 버린 음식물 쓰레기와 같은 것들을 닥치는 대로 먹을 것이다. 이런 경우 갑상선기능저하증이라는 갑상선이 제대로 작동하지 않는 내재질환이 있을 수도 있다 ['갑상선질환'(343쪽) 편 참조].

동종요법 – 칼카레아 카르보니카(Calcarea carbonica) 30C : 비만을 치료하는 중요한 동종요법 약물 중 하나로, 특히 호르몬 불균형에 의한 비만인 경우에 아주 좋다. 비만이 있을 때 이 약물로 먼저 치료를 시도해 볼 만하다. 그러나 이 약으로 충분하지 않다면 문제를 해결하기 위해 홀리스틱 수의사에게 진료를 받아야 한다. '동종요법 스케줄 4'를 이용한다.

저체중

반려동물이 저체중이라면 분명히 다른 접근방식이 필요하다. 갑자기 체중이 감소했다면 감염이나 몇 가지 다른 문제가 원인일 수 있다. 따라서 이런 가능성에 대해 먼저 진료를 받아야 한다. 식욕이나 건강상태에 어떤 문제가 없는 한 몸이 비쩍 마르기는 어렵다.

앞에서 논의했던 것처럼 저체중은 몸에 축적된 독소의 영향일 수 있다. 따라서 먹이사슬에서 하위에 있는 음식을 사용하면 이러한 문제를 점차적으로 해결할 수 있다(2장과 3장 참조).

다른 문제가 발견되지 않는다면 다음의 방법이 도움이 될 것이다.

허브요법 – 알팔파(Alfalfa, Medicago sativa) : '허

브요법 스케줄 3'을 이용한다. 식욕이 증가하고 체중이 늘어나는 등의 바람직한 효과가 나타날 때까지 치료를 계속한다.

나이가 들고 지친 동물에게는 다음의 동종요법 약물이 적합하다.

동종요법 – 칼카레아 포스포리카(Calcarea phosphorica) 6C : 소화상태가 불량하고 영양소 이용률이 떨어져서 훌륭한 영양공급과 적절한 식욕에도 불구하고 체중이 증가하지 않는 경우에 특히 좋다. '동종요법 스케줄 6(a)'를 이용한다.

동종요법 – 올레움 제코리스 아셀리(Oleum Jecoris Aselli) 6C : 대구간유로 만든 이 약물은 쇠약하고 수척한 상태를 치료하는 데 놀라운 효과가 있다. 이 상태는 원인이 분명하지 않을 수도 있으며 얼마간에 걸친 불량한 영양상태로 인해 나타날 수도 있다. 이 약물을 2주 동안 하루에 한 번씩 투여한다. 눈에 띄는 향상이 있다면 더 오랫동안 투여할 수도 있다. 그러나 무기한으로 계속해서 치료하지는 않아야 한다.

추간판질환
intervertebral disk disease

383쪽 '마비' 편을 참조한다.

췌장염 pancreatitis

췌장염은 대개 체중이 지나치게 많이 나가는 중년의 개에서 볼 수 있는데 종종 갑자기 심각한 질환으로 나타난다. 증상으로는 식욕을 완전히 상실하고 심한 구토를 자주 하며, 혈액이 섞인 설사를 하고, 걷기를 꺼려하며, 몸이 쇠약해지고, 복부통증(비명을 지르고 안절부절못함) 등이 있다. 발병의 심각성 정도는 경미해서 거의 알아차릴 수 없는 상태에서부터 죽을 수도 있는 심각한 쇼크와 같은 허탈상태에 이르기까지 다양하게 나타난다.

췌장염은 췌장을 비롯한 소화기계에 초점을 맞춘다. 근본원인은 알려져 있지 않지만 나는 췌장염도 분명히 일종의 면역질환(고양이의 갑상선기능항진증처럼)이라고 생각한다. 직접적인 유발요인으로 과식을 하거나 기름기가 많은 음식을 먹은 후에 갑작스럽게 발병할 수 있으며, 특히 쓰레기통이나 퇴비더미를 급습한 후에 더 자주 나타난다. 췌장염이 자주 발병하면 결국 당뇨병을 유발하는 인슐린 부족을 일으킬 수 있다['당뇨병'(376쪽) 편을 참조].

예방

이 병을 예방하려면 적절하게 균형을 맞춘 자연식을 공급하고 적당한 운동을 규칙적으로 시켜야 한다. 운동을 하면 소화기능과 장관계의 연동운동이 향상되어 변을 규칙적으로 보고 췌장이 더욱 건강하게 유지되며 체중 증가도 막는다.

음식을 지나치게 많이 먹이지 않는다. 왜냐하면 비만은 췌장염의 선행요인이기 때문이다(하지만 원인은 아무도 모른다). 많은 사람들이 동물이 음식을 실컷 먹는 모습을 보면서 즐거워하다가 결국에는 뚱뚱하게 만든다. 더 자세한 정보는 '체중문제'(454쪽) 편을 참조한다.

이 질병은 교정이 되지 않으면 수개월에서 수년 동안 경증의 형태로 지속되면서 만성화될 수 있음을 명심해야 한다. 만약 반려견에게 췌장염의 소인이 있다면 식단에 변화를 줘 발병에 주의를 기울여야 한다. 나는 이런 동물에게 가능하면 예방접종을 최대한 줄이라고 말한다. 왜냐하면 예방접종 후에 면역체계가 더욱 활성화되어 면역 매개성 위기에 빠질 수 있기 때문이다.

치료

구토와 설사가 심한 경우에는 병원에 입원하여 수액처치를 받아야 한다. 상태가 경미하지만 자꾸 재발하면 다음과 같은 방법이 건강에 균형을 되찾아주는 데 도움이 된다.

췌장을 자극할 수 있는 기름기 많은 음식, 식물성 오일, 버터는 줄이고 기본적으로 자연식을 급여한다. 푸른잎채소는 비타민 A가 풍부하므로 특히 도움이 되며, 췌장에 상처가 나는 것을 예방하기 위해 비타민 E를 동물의 체중에 따라 50~200IU 사용한다. 채소는 옥수수(유전자 변형이 되지 않고 알맹이가 잘 갈아지거나 빻아진 생 옥수수가 좋다)나 강판에 간 생 양배추가 좋지만, 이외에도 다양한 야채를 사용할 수 있다. 과일은 피한다.

6장에 있는 개의 건강 유지용 레시피 차트(118쪽), 고양이의 건강 유지용 레시피 차트(136쪽)에서 두 번째 열에 있는 코드 A를 참조한다. 이 코드로 췌장염에 가장 추천되는 레시피를 찾을 수 있다.

음식을 한 번에 많이 주기보다는 조금씩 자주 주고, 소화를 돕기 위해 모든 음식을 실온에 맞춰서 먹인다. 때때로 끼니 때마다 췌장효소를 첨가해 주면 소화과정에 도움이 된다. 췌장효소는 건강식품점에서 구할 수 있다. 사람용 제품을 구입한 경우에는 소형견에게는 ½캡슐, 대형견에게는 최대 2캡슐까지 투여할 수 있다.

비타민 C와 바이오플라보노이드(비타민 P)를 정기적으로 투여한다. 비타민 C를 개의 체중에 따라 가능한 한 하루에 세 번 250~1,000mg 투여하는데 아스코르브산나트륨 가루가 아스코르브산보다 더 좋을 수 있다. (아스코르브산나트륨 가루 1티스푼에는 비타민 C가 약 4,000mg 들어 있다.) 아스코르브산의 작용을 향상시키기 위해 바이오플라보노이드를 25~50mg 투여한다.

위장관에 장애를 일으키거나 증상을 악화시키는 것처럼 보이는 음식이나 보충제를 뺀다. 예를 들어, 영양효모 대신 복합 비타민 B를 사용하는 것처럼 보충제 중에서 중단해야 할 것이 있으면 그에 대한 대용품을 찾아야 한다.

이러한 영양조치와 함께 지지요법으로 다음 동종요법 약물 중 하나를 선정하여 치료를 시도하며 치료를 시작할 때에는 다음 두 가지 동종요법 약물 중 하나로 시작한다.

동종요법 – 눅스 보미카(Nux vomica) 30C : 사람이나 동물에게서 멀리 떨어져 다른 곳에 혼자 있고 매우 예민하고 화를 잘 내며 추위를 많이 타

는 개에게 적합하다. '동종요법 스케줄 2'를 이용하여 투여한다.

동종요법 – 벨라도나(Belladonna) 30C : 질병이 매우 갑작스럽게 발병했을 때 사용한다. 특히 열이 상당히 많이 나 몸을 만지면 뜨거운 느낌이 나며, 소리와 접촉에 매우 예민하고, 동공이 커지며, 눈에 띄게 흥분하고 불안해할 때 더욱 적합하다. '동종요법 스케줄 2'를 이용한다.

만약 앞의 두 가지 약물을 사용했는데도 불구하고 만족스러운 결과를 얻지 못한다면 다음 약물을 사용한다.

동종요법 – 아이리스 버지칼라(Iris versicolor) 6C : 특히 췌장에 어울리며 개가 침을 많이 흘리고 자꾸 반복해서 구토를 하는 경우에 매우 효과적이다. '동종요법 스케줄 1'을 이용한다.

동종요법 – 스폰지아 토스타(Spongia tosta) 6C : 췌장염이 기침이나 호흡곤란과 연관이 있는 경우에 적합하다. '동종요법 스케줄 1'을 이용한다.

동종요법 – 풀사틸라(Pulsatilla) 30C : 개가 갈증 양상을 보이지 않고 차가운 바닥을 찾아 엎드려 있으려고 하며, 반려인에게 매달리고 항상 가까이 있기를 원하며 낑낑거릴 때 도움이 된다. '동종요법 스케줄 2'를 이용한다.

허브요법 – 서양가새풀(Yarrow, Achillea millefolium) : 서양가새풀은 췌장을 강화시키고 내부 출혈을 억제하는 데 도움을 준다. 만약 악취가 나는 어두운 초콜릿색이나 검은색 설사(아마 혈액이 섞인)를 한다면 이 허브가 적합하다. '허브요법 스

케줄 1'을 이용한다.

췌장염이 진정된 후에도 여전히 재발할 수 있다는 점을 상기하고 다음과 같은 사항에 특히 유의한다.

- 간소하고 지방함량이 낮은 음식을 급여한다.
- 칼로리는 높으나 영양가가 낮은 인스턴트 식품 등을 마음껏 먹이지 않는다.
- 가능한 한 많은 예방접종은 피한다.
- 체중을 정상범위 내로 유지한다.

치과질환 dental problem

구강과 구강 구조는 동물이 음식을 먹을 때뿐 아니라 그루밍을 하고 무언가를 다룰 때 매우 중요하다. 몸에서 입 부분은 신경과 혈관이 많이 분포되어 있기 때문에 치과질환은 일반적으로 예상하는 것보다 더 심각한 결과를 낳는다. 구강에 통증이 있으면 동물은 음식을 충분히 먹지 못하거나 적절하게 그루밍을 하지 못할 수 있다.

치과질환에서는 치아나 치은(잇몸)에 손상을 입히는 사고, 선천성 또는 발육상 질환, 치주염(치석 그리고 그와 연관된 잇몸질환), 충치의 네 가지 문제가 가장 흔하게 나타난다. 하나씩 살펴보자.

사고 accident

반려동물이 교통사고를 당하면 치아가 부러지거나 망가지는 일이 비일비재하다. 하지만 대부분 초기 염증이 가라앉고 나면 크게 불편을 느끼지 못한다. 부러진 치아는 일반적으로 현대의학적인 방법으로 마취하여 발치하는데 잘 붙어 있다면 제자리에 남겨두는 것이 좋다. 그러나 치근에 농양이 생기면 제거해야 한다.

치은이 손상되었을 때 출혈을 즉시 멈추게 하고 빠르게 치유할 수 있는 훌륭한 치료법은 다음과 같다.

허브요법 – 칼렌듈라 팅크(Calendula officinalis) : 푹 적신 면봉을 출혈이 있는 잇몸에 직접 대거나 팅크를 물로 10배 희석하여 주사기를 이용해서 입을 헹군다.

손상에 의한 구강통증에 훌륭한 치료법은 다음과 같다.

동종요법 – 아르니카(Arnica) 30C를 투여하고 난 후 다음 날 히페리쿰(Hypericum) 30C를 투여한다. '동종요법 스케줄 2'를 따른다.

선천성 또는 발육상의 질환
congenital or developmental disorder

이런 종류의 구강질환은 특정 품종의 개에게 매우 흔하게 나타난다. 하지만 개와 달리 고양이는 선천적인 구강질환이 매우 적다. 아마도 고양이는 의도적인 번식에 의한 종 개량이 덜 되었기 때문일 것이다.

소형견을 비롯해서 어떤 개들은 치아가 지나치게 밀집해 있어서 종종 치아의 위치가 겹치기도 한다. 또한 턱이 너무 길거나 너무 짧다. 가장 나쁜 것은 불도그나 보스턴테리어와 같은 견종이다. 이들은 매우 짧은 턱에 치아가 밀집해 있어서 이리저리 옆으로 돌아 있으며 제자리에서 완전히 벗어나 있기도 한다. 이 개들은 입 안 전체가 문제 덩어리이다.

이런 경우 어떻게 해야 할까? 나는 개가 어릴 때 영구치 몇 개를 뽑으라고 조언한다. 치료도 하지 않은 채 몰려 있는 무질서한 치열은 치은질환과 함께 치아를 느슨하게 하기 때문이다.

치아가 꽤 똑바로 나고 몰려 있지 않지만 턱이 다른 견종보다 길거나 짧은 개가 있다. 그러면 치아가 적절하게 만나지 못하므로 치아와 치은이 일찍 망가지고 불편해진다. 아래턱과 위턱의 길이 차이가 0.6cm 이하일 때에는 영구치가 나기 전에 유치를 몇 개 빼야 치열이 적절하게 자리를 잡는다. 턱 길이의 차이가 그보다 훨씬 크면 예방 차원에서 해 줄 수 있는 것이 거의 없다. 정상적인 구강의 모양을 유지하면서 할 수 있는 훌륭한 치료법은 다음과 같다.

동종요법 – 칼카레아 카르보니카(Calcarea carbonica) 30C : 치아의 성장이 늦거나 불완전한 것처럼 보일 때 도움이 된다. 이 약물을 사용하면 치아가 잘 발달하는 것을 볼 수 있다. '동종요법 스케줄 5'를 이용한다.

정상적으로 있어야 할 개수보다 치아가 더 많은 경우도 있다. 이런 경우에는 음식물이나 찌꺼기가 끼지 않도록 하고, 남아 있는 유치로 인해

영구치가 비스듬히 자라거나 유치 안쪽으로 자라나는 것(결과적으로 찌꺼기가 끼거나 턱이 뒤틀림)을 예방하기 위해 제거해야 한다. 수의사가 발치해야 한다.

치주질환 periodontal disease

치주질환은 치아와 잇몸의 가장 흔한 질환이다. 잇몸에 염증이 생기고 발적되고 부어오르는 경향이 있으며, 타액의 변화로 인해 치아에 칼슘염, 음식, 털, 세균 등이 축적된다. 이런 것들이 쌓이면 잇몸에 압력이 가중되어 염증과 부종이 유발되고 잇몸이 먹혀 들어가게 된다. 치아와 잇몸 사이가 벌어지면 점점 더 많은 찌꺼기가 축적되어 상태를 더욱 악화시키고, 결국 치아가 느슨해져서 빠질 수 있다. 그리고 치근을 파괴하는 농양이 형성되는 심각한 합병증이 올 수 있다.

개의 어금니와 잇몸이 만나는 아랫부분에 갈색 침전물이 있는지를 검사하면 치근 주위 농양의 가능성을 알아낼 수 있다. 고양이는 초기 증상으로 치아와 잇몸이 만나는 부분을 따라 빨간색 선이 나타나고 시간이 지나면서 잇몸까지 퍼진다. 또한 음식을 먹는 동안이나 음식물을 한쪽으로만 먹으려고 머리를 돌릴 때 음식물을 떨어뜨리는 것을 볼 수도 있다.

이또한 영양공급이 중요하다. 특히 고양이는 생선을 먹어서 수은 중독이 많으므로 음식물이 상당히 중요한 요소임을 명심해야 한다. 많은 고양이 사료(그리고 일부 개 사료)에는 몇몇 형태의 생선(어분)이 포함되는데, 수은 함유량이 지나치게 높다. 수은 중독의 첫 번째 증상은 구강과 잇몸에 염

증이 생기고 치아가 느슨해지며 충치가 생기기도 한다. 내가 처음 임상을 시작했을 때인 1965년에는 고양이의 구강질환이 매우 드물었다. 칫솔질조차 필요 없었다. 그러나 요즘에는 대다수의 고양이에게 치주질환이 영향을 미친다. 탄광에 데리고 들어가는 카나리아처럼(산소측정기가 없던 시절에는 광부들이 카나리아를 탄광에 데리고 들어가 카나리아가 죽으면 산소가 부족함을 알고 대피했다는 이야기로 위험수치를 측정하는 도구였다-옮긴이) 늘어나는 고양이 잇몸질환을 통해 우리가 사는 환경에 수은이 얼마나 많이 축적되어 있는지를 알 수 있다.

치료는 일반적으로 마취를 하고 스켈링을 하거나 발치를 하는 것이며 이 치료법은 잠깐 동안은 도움이 된다. 믿을지 모르지만 나는 수의사들이 치과질환을 예방하기 위해 치아를 모두 발치해야 한다는 말을 들었다.

좋은 방법은 더 깨끗한 음식을 공급하는 것이다. 적절한 영양공급 없이 잇몸 스스로 좋아지거나 필수적인 회복력을 유지할 수 없다. 녹색잎채소, 브로콜리, 아스파라거스, 리마콩(lima bean), 감자, 양상추 등 니아신(니코틴산), 엽산, 미네랄 등이 풍부한 야채를 중점적으로 급여한다. 일반 땅콩도 훌륭한 엽산 공급원이며 소금기 없는 유기농 땅콩버터도 좋다.

또한 개에게는 당근, 고양이에게는 오이와 같은 단단한 생야채와 뼈 등은 천연칫솔과 같다. 이것을 적어도 일주일에 한 번 주고, 뼈나 야채가 들어 있는 식사를 제공한다. 만약 뼈를 준다면 유기농인지 다시 한 번 확인하고 신선한 생뼈를 준다. 닭뼈나 칠면조뼈 중에서 작고 쉽게 잘 쪼개지는 뼈, 조리한 뼈(뼛조각) 등은 피한다. 이런 종류의 뼈는 위험할 수 있다. 얼렸다가 녹인 뼈도 위험할 수 있다.

개에서 처음 몇 주 동안은 하루에 30분 이내로만 뼈를 씹도록 제한하고 큰 뼈를 삼키지 않도록 주의 깊게 관찰한다.

고양이에게도 조그마한 생뼈를 줄 수 있지만 어렸을 때 생뼈 먹기를 시작하지 않았다면 어떻게 해야 하는지 잘 이해하지 못한다. 끼니 때마다 주는 것보다 일주일에 한 번 생닭의 일부를 주면 조금 더 잘 받아들인다. 그러나 타고난 본능을 잃어버린 나이 든 고양이는 이것도 잘 적응하지 못하는 경우가 있다.

치과치료를 받은 후에는 잇몸이 매우 아프고 염증이 있을 것이다. 이럴 때에는 빠른 치유를 위해 다음과 같이 관리할 수 있다. 특정 허브가 매우 도움이 되는데 다음 중에서 상태에 가장 적합한 약물을 하나 선정하여 사용한다(또는 히드라스티스와 몰약을 각각 ½티스푼씩 사용할 수 있다).

허브요법 – 자주루드베키아(Purple coneflower, Echinacea angustifolia) : 치아에 감염이 있고 동물이 마르고 건강이 쇠약해져 있을 때 좋다. 물 한 컵에 신선한 냄새가 나는 뿌리줄기 1티스푼을 넣고 10분 동안 끓인다. 뚜껑을 덮은 채로 식히면서 한 시간 동안 우려낸 후 건더기는 짜서 버리고 나머지 탕제로 입을 헹구거나 면봉을 이용해서 잇몸에 직접 도포한다. 이 허브차는 침 분비를 촉진한다. 그러니 반려동물이 혹시나 침을 흘리는 증세를 보여도 걱정하지 않아도 된다.

허브요법 – 히드라스티스(Goldenseal, Hydrastis canadensis) : 살균력이 강하고 새로운 치은조직의 성장을 돕는다. 끓는 물 0.5L에 가루로 된 뿌리줄기 1티스푼을 넣고 차가워질 때까지 우려낸 다음 깨끗한 용액만 따라내서 구강과 치은을 세척하는 데 사용한다.

허브요법 – 몰약(Myrrh, Commiphora myrrha) : 치아가 흔들릴 때 사용한다. 끓는 물 0.5L에 몰약 1티스푼을 넣고 몇 분 동안 우려낸 다음 건더기는 짜서 버리고 나머지 우려낸 물을 잇몸에 바르거나 주사기를 이용해서 입과 치아를 세척한다.

허브요법 – 질경이(Plantain, Plantago major) : 스켈링을 요구할 정도로 상태가 심각하지 않지만 치아에 치석이 조금씩 끼기 시작하고 잇몸에 염증이 있을 때 도움이 된다. 물 한 컵을 끓인 후 불을 끄고 잎 1테이블스푼을 넣어서 5분 동안 우려낸다. 우려낸 잎은 짜서 버리고 용액을 구강 세척용으로 사용한다.

일반적인 허브의 사용법 : 어떠한 허브를 선정하든 10~14일 동안 하루에 두 번씩 사용한다. 아니면 아침에는 허브를 사용하고 밤에는 손가락에 비타민 E(캡슐에서 금방 짜낸 것)를 묻혀서 잇몸에 도포한다. (진정효과가 매우 좋다.)

허브요법 대신 동종요법 치료를 할 경우 다음 약물을 사용한다.

동종요법 – 메르쿠리우스 비부스(Mercurius vivus) 30C나 메르쿠리우스 솔루빌리스(Mercurius solubilis) 30C를 한 번 투여하고 나서 한 달 후에 설퍼(Sulphur) 30C를 한 번 투여하면 개와 고양이 둘 다 구강건강이 향상되면서 도움이 된다.

충치 tooth decay

충치는 치아의 뿌리나 잇몸의 가장자리를 따라 가장 자주 발생한다. 일단 충치가 발생하면 발치하는 것을 제외하고는 원래대로 되돌리기 위해 할 수 있는 일이 거의 없다. 그러나 식이를 개선해 주고 나서 종종 충치의 진행이 멈추는 경우를 보았다. 그렇기 때문에 예방이 필수적이며 영양 공급에 대해 이 책에서 언급한 내용을 따르는 것이 가장 중요하다.

동종요법 – 튜자 옥시덴탈리스(Thuja occidentalis) 30C : 이 약물을 한 달에 한 번씩 세 달만 주면 잇몸 가장자리에서 충치가 진행하는 것을 멈추게 하거나 되돌릴 수 있다.

치과치료 후

동물병원이나 집에서 치과치료를 한 후에 개나 고양이를 회복시키기 위해 적용할 치료 프로그램 중 가장 좋은 것은 아르니카(Arnica) 30C를 투여하는 것이다(이 약물은 필요한 마취제의 양을 늘리므로 치과치료 전에 투여해서는 안 된다). 아르니카는 잇몸의 부종과 통증, 발치된 부분의 통증을 감소시켜 준다. 특히 발치 후 다음 날에는 남아 있는 통증을 없애기 위해 히페리쿰(Hypericum) 30C를 한 번 투여한다.

한 가지 더 : 만약 반려동물을 새로 입양하려면

치아와 턱이 적절하게 형성되어 있는지 확인한다 (부모의 치아 건강도 확인한다). 건강한 동물을 선택하는 방법에 대한 정보는 9장을 참조한다.

치아 teeth

459쪽 '치과질환' 편을 참조한다.

켄넬코프 kennel cough

401쪽 '상부 호흡기계 감염(감기)' 편을 참조한다.

코질환 nose problem

379쪽 '뚝새풀' 편과 401쪽 '상부 호흡기계 감염(감기)' 편을 참조한다.

탈모, 털빠짐 hair loss

465쪽 '피부질환' 편을 참조한다.

종종 피부 알레르기나 이빨로 지나치게 털을 핥고 깨무는 경우에 탈모가 생길 수 있다. 때로는 피부자극 증상이 없는데도 불구하고 탈모가 진행된다. 단백질 섭취량이 부족하거나 식욕이 좋은데도 불구하고 단백질이 제대로 소화되지 않아

생기는 것으로 단백질 흡수가 충분하지 않음을 의미한다. 또한 미량 미네랄의 결핍으로 인해 털의 성장이 느려질 수도 있다.

다른 증상이 동반되지 않은 단순한 탈모에는 다음 두 가지 동종요법 약물이 특히 유용하다.

동종요법 – 칼카레아 카르보니카(Calcarea carbonica) 30C : 이 약물치료가 성공적이면 한 달 이내에 털이 자라나는 것을 볼 수 있을 것이다. 전문가의 감독 없이 이 약물을 반복 투여해서는 안 된다. '동종요법 스케줄 4'를 이용한다.

동종요법 – 튜자 옥시덴탈리스(Thuja occiden-talis) 30C : 털의 성장속도가 엄청나게 느릴 때 사용한다. 수술이나 치료를 위해서 털을 밀었을 때 자주 볼 수 있다. 이런 경우 원래대로 털이 자라나는 데 오랜 시간이 걸리며 한 달 정도 걸리기도 한다. '동종요법 스케줄 4'를 이용한다.

톡소플라스마증 toxoplasmosis

톡소플라스마는 고양이에게 미치는 영향의 중요성 때문이 아니라 인간의 뱃속 아기 건강에 대한 중요성 때문에 자세히 논할 만한 가치가 있다. 고양이는 특별한 치료를 하지 않아도 어떤 증상도 없이 톡소플라스마증으로부터 회복되는 일이 매우 흔하다. 하지만 여성이 임신 중에 처음 감염되었다면 태아가 너무 일찍 태어날 수도 있고 뇌나 눈 또는 신체의 다른 부분에 심각한 손상을 입은 채 태어나거나 사산될 수도 있다.

이 질병을 먼저 차근차근 살펴보자. 이 세상에 있는 거의 모든 종의 포유류와 조류에서는 톡소플라스마 원충이 발견된다. 지리학적 조건에 따라 모든 가축의 20~80%에서 이 원충이 발견되며, 미국에서는 전 국민의 50% 정도가 이 원충에 노출되어 있다. 그러나 이러한 자그마한 기생충의 광범위한 발생에도 불구하고 실제로는 감염된 개체 중에서 소수만이 병을 앓는다. 톡소플라스마로 병이 난 사람들은 장기이식을 위해 사용하는 약물이나 암 화학요법이나 방사선요법 등에 사용하는 약물에 대한 반응으로 면역체계가 억제된 사람들이다. 또한 에이즈와 같은 면역억압성 질병을 앓는 사람도 톡소플라스마증으로 인한 임상 증상으로 병이 난다.

고양이는 기생충의 유일한 자연숙주이다. 톡소플라스마 원충은 다른 동물보다 고양이에게서 더 잘 자란다. 증상은 점액이나 혈액이 섞인 설사, 발열, 간염, 폐렴(호흡곤란) 등으로 나타난다. 고양이는 대개 더 많은 감염을 예방하는 강한 면역력을 형성하여 혼자 힘으로 이 질병을 극복한다.

흔히 고양이와 사람 둘 다 기생충에 감염되어도 증상이 나타나지 않을 수 있다. 그런데 위험한 문제가 있다. 감염되고 1~3주 후에 고양이는 알과 같은 구조의 접합자를 배설하기 시작하는데 다음 날부터 다른 개체를 감염시키거나 따뜻한 배설물이나 토양에서 잘 자랄 수 있게 된다. 고양이는 면역력이 발달할 때까지 2주 정도 이 접합자를 배설한다(만약 고양이의 면역체계가 코르티손과 같은 약물로 억압된다면 그 과정은 갑자기 다시 나타날 수도 있다). 그리고 난 후 이 알들은 이미 자

신의 면역력을 향상시킬 기회를 갖지 못한 산모에게 들어갈 수 있다. 그리하여 질병이 태아에게 전파되고 앞에서 언급한 심각한 문제를 일으킬 수 있다.

산모가 고양이화장실을 청소(고양이 변 속 톡소플라스마에 노출)하거나 요리를 위해서 고기를 손질하는 것(이는 고양이와 관련이 없다. 톡소플라스마가 고기에서 종종 발견되기 때문이다)은 위험하다. 이런 정보를 알려주는 것은 겁주기 위한 것이 아니다. 여성을 포함해서 톡소플라스마에 감염된 거의 모든 사람이 병이 나는 것은 아니며 질병에 대한 면역력을 얻게 된다. 면역력을 얻은 여성은 임신했을 때 감염에 대한 위험성이 없다. 의사는 반려인이 이 그룹에 속해 있는지 확인하기 위해 혈청검사를 하자고 할 수 있다. 반려인이 항체가 있는지 확실하지 않다면 그냥 고양이화장실을 조심하면 된다(부인이 임신했다면 고양이화장실은 남편이 치우는 것이 당연한 것 아닌가!).

나는 임상을 하면서 고양이의 톡소플라스마증을 한 번도 본 적이 없다. 그래서 치료경험도 전혀 없다. 만약 그런 경우를 보았다면 고양이가 보이는 증상에 따라 치료했을 것이다. 따라서 반려인은 고양이의 증상에 대해 논의하는 '질환별 관리법'을 참조[예를 들어 '설사와 이질'(408쪽)]하고 거기에서 제시하는 처방을 따르면 된다.

피부염 dermatitis

465쪽 '피부질환' 편을 참조한다.

피부질환 skin problem

옴과 백선은 '외부기생충'(432쪽) 편을 참조한다.

피부는 양방향으로부터 많은 부담을 받는다. 몸은 독성물질을 제거하기 위한 통로로 피부를 이용하는데, 특히 신장이 그 일을 할 수 없는 경우에 더욱 그렇다. 동시에 외부의 환경오염물질이나 몸에 도포한 화학제품이 피부를 공격할 때에도 부담을 받는다. 한 가지 확실한 사실은 피부질환이 개와 고양이에게 가장 문제가 많이 된다는 것이다.

긍정적인 면으로 반려동물의 건강상의 문제가 피부질환뿐이라면 행운이라고 생각해야 한다. 반면 피부질환과 같은 표면상의 문제가 반복되는 약물투여로 지속적으로 억압된다면 좋지 않다. 그런 경우에 더욱 심각한 상태가 유발될 수 있다. 만약 피부질환이 반려동물이 가지고 있는 유일한 문제라면 더욱 치유력 있는 방법으로 다루어야 심부의 더욱 깊은 질환을 예방하는 데 도움을 줄 수 있다. [억압의 문제는 17장의 '부분적인 접근법의 한계'(288쪽) 부분에서 다루고 있다.]

피부질환의 증상은 가장 발견하기 쉬운 것 중 하나이다. 증상은 대개 다음 중 한 가지 이상을 포함한다. 매우 건조한 피부, 비듬과 흡사한 얇게 벗겨지는 흰 비늘, 커다란 갈색의 얇은 조각과 홍반 및 염증, 경미한 상태부터 피가 나는 심각한 상태까지 매우 다양하게 나타나는 가려움증, 많은 사람이 정상이라고 오해하거나 단순히 '개 냄새'라고 웃어넘기는 기름진 털과 악취가 나는 피부 및 분비물, 혈액이나 고름 그리고 발가락 사이에 형성된 뾰루지나 수포, 갈색이나 검정색 또는 회색으로 변색된 피부, 딱지나 부스럼 그리고 털 빠짐 등이다. 나는 여기에 외이도나 귓바퀴 아래쪽의 만성 염증, 항문낭질환, 피부질환과 연관된 갑상선기능저하증도 포함한다.

현대의학은 이런 수많은 증상을 조각조각으로 나누고 각각의 증상을 별개의 질병으로 여기는 경향이 있다. 하지만 이런 경향이 질병의 양상을 더욱 혼란스럽게 만들어 질병을 전체로 이해하지 못하게 한다고 생각한다. 더 넓은 관점에서 보면 이러한 증상은 유전이나 환경, 영양상태, 기생충 등에 따라 개개의 동물에게 약간의 차이는 있지만 하나의 기본적인 문제로 나타난다. 그래서 어떤 개는 꼬리 시작 부분이 가렵고 습하며 심한 염증이 있는 반면에 어떤 개는 등을 따라 피부가 비후되고 가려우며 기름지고 악취가 심한 분비물이 나온다. 그러나 실제로 둘은 같은 건강상의 문제를 앓고 있는 것이다.

이런 전반적인 질환의 원인은 무엇일까?

• **독성**: 피부병에서 보이는 다양한 증상의 원인은 몸에 축적된 음식과 환경에 존재하는 수많은 오염물질 때문이라고 생각한다. 우리가 이 책에서 여러 번 논의했던 것처럼 오늘날에는 수많은 독소가 새로 생겨나서 많은 동물이 이 독소를 제거하려고 신장과 피부를 최대한 이용한다. 수많은 독소는 이들에게 버거운 짐이 되고 있다.

• **영양결핍**: 때때로 피부는 특정 영양소나 필수지방산 등 어떤 영양소의 결핍을 반영할 수 있다. 반려인이 영양결핍을 의심한다면 8장 '피부와

털의 문제'(164쪽)에서 음식에 관한 조언을 여러 번 다시 읽도록 한다.

- **예방접종** : 16장에서 논했던 것처럼 예방접종은 취약한 동물에서 면역장애를 유발할 수 있다. 이런 장애들의 가장 흔한 형태가 피부 알레르기이다.

- **억제된 질병** : 진정으로 질병을 치유하거나 건강을 회복하지 않고 단지 증상을 사라지게 하는, 질병을 치료하기 이전의 건강상태를 말한다. 이러한 억제된 질병은 몰래 숨어 있다가 가끔씩 분비물이 나오거나 가려움증이 있는 염증성 피부로 나타난다.

- **심리적인 요인** : 권태감, 좌절감, 노여움, 흥분 등의 심리적 요인이 있지만 이미 존재하는 문제를 단순히 악화시키는 이차적인 문제이다.

치료

이 책에서 언급한 전반적인 건강계획과 적절한 영양공급을 이용하면 피부질환을 완화시키거나 제거하는 것이 가능하다. 종종 나를 놀라게 했던 것은 동물성 식품을 식단에서 제외시켰을 때 피부가 엄청나게 향상되는 것이다. 고기나 유제품이 가장 흔한 알레르기 유발요인이라고 알려져 있으니 아마 이것이 요인일 것이다. 음식 조절로 분명한 호전양상을 보려면 몇 주가 걸릴 수도 있기 때문에 인내심이 필요하다. 그러나 호전양상은 꽤 빠르게 나타나는 편이다. 반려동물의 건강상태를 최적의 수준으로 되돌리고 가능한 한 몸을 정화시키며 다시 몸이 오염되지 않도록 잘 유지해야 한다.

6장에 있는 개의 건강 유지용 레시피 차트(118쪽), 고양이의 건강 유지용 레시피 차트(136쪽)에서 두 번째 열에 있는 코드 A를 참조한다. 이 코드로 알레르기에 추천되는 레시피를 찾을 수 있다.

내가 했던 추가적인 치료는 주로 동종요법 치료이다. 아래에 열거한 약물은 치유를 위한 진정한 상승효과를 제공한다. 그러나 심각한 경우는 종종 이 논의의 영역을 넘어서는 개별화된 치료가 필요하다. 동종요법이나 침술, 또 다른 대체요법에 숙련된 수의사를 찾아야 한다.

최고의 장애물

치료가 가장 어려운 상태는 이전에 코르티손이나 코르티손의 합성형태(azium, depo, flucort, prednisone, 또는 prednisolone)를 다량으로 투여한 경우이다. 코르티코스테로이드가 염증이나 가려움증과 같은 증상을 억제하기는 하지만 결코 치료를 해 주지는 않는다. 때로 반려인은 반려동물이 이전에 코르티손을 처방받았는지 전혀 모른다. 왜냐하면 수의사들이 단지 가려움증을 없애는 주사라고 하거나 벼룩 알레르기를 없애는 약이라고 했을 수 있기 때문이다. 이 약물은 대개 투명하거나 유백색이 나는 주사제로 보이거나 약간 핑크색이나 흰색의 정제로 보이기도 한다. 만약 수의사와 소통이 잘된다면 반려동물에게 스테로이드제를 처방했는지 물어본다. 지속적으로 코르티손 치료를 받는다면 자연요법은 효과가 별로 없을 것이다.

또 다른 전형적인 치료법은 알레르기 유발물질로 의심되는 벼룩이나 여러 가지 물질로 만든 용액을 이용하여 알레르기 탈감작 주사를 연속적으로 맞는 것이다. 이 방법이 가끔 도움이 되기는 하지만 증상을 부분적으로만 완화시킬 뿐 문제를 완전히 해결할 정도로 만족스럽지는 않다.

갑자기 격렬하게 나타난 피부병의 치료

평소에는 상태가 좋은 편이나 어느 순간 갑자기 염증과 자극이 심하게 일어나는 피부라면 절식을 시작해야 한다. 18장에서 설명한 방법을 사용하고 개에게는 5~7일 후에, 고양이에게는 3~5일 후에 음식을 다시 급여한다. 이 절식방법은 야생에서 육식동물이 한 번 사냥을 하고 난 후에 다음번 사냥을 하기 전까지의 남은 기간 동안 몸을 정화시키는 자연상태의 시스템을 본뜬 것이다. 또한 음식을 소화시키는 동시에 질병을 처리하는 시스템의 부담을 없애 준다.

그 후에 조언했던 자연식 프로그램을 조심스럽게 시도해 본다. 앞에서 언급했던 것처럼 임상을 통해 개와 고양이의 피부를 상당히 개선하려면 동물성 식품을 완전히 제거하는 것이 필수적이라는 사실을 발견했다. 최적의 음식은 실제로 개와 고양이를 건강한 상태로 되돌리는 데 필수적인 요소이다.

염증이 심한 부분은 털을 밀고 벼룩 구제용 약용비누가 아닌 11장에서 설명한 천연 유기농 비누와 같은 자극이 없는 비누로 목욕을 시킨다. 피부를 말린 후에 홍차나 녹차 제품으로 자주 습포를 대거나 씻긴다. 이 방법은 습한 부분을 건조시키는 데 도움이 되는 탄닌산을 공급한다. 또한 비타민 E 오일이나 신선한 알로에 베라 젤(살아 있는 식물에서 추출하거나 건강식품점에서 구할 수 있는 액상제제)을 하루에 2~3회 또는 필요에 따라 자주 도포한다.

다음 동종요법 약물은 증상이 갑자기 나타났을 때 도움이 된다. (피부병의 경향을 완벽하게 치유하기 위해서는 또 다른 약물이 필요하다. 숙련된 수의사에게 치료를 받아도 몇 개월 걸린다.)

동종요법 – 눅스 보미카(Nux vomica) 6C : 이 약물은 흔하게 쓰인다. 피부가 자주 가렵고 전신에 걸쳐 피부병이 있으며 심지어 머리 부분이 포함되기도 한다. 저녁에 증상이 악화되며 종종 구토, 식욕부진, 소화불량과 같은 위장장애와 연관이 있다. '동종요법 스케줄 2'를 이용한다.

동종요법 – 풀사틸라(Pulsatilla) 6C : 전신이 가려우며 따뜻하게 해 주면 더 악화된다. 긁으면 실제로 악화되며, 밤에 동물이 긁는 소리에 종종 사람이 잠에서 깨기도 한다. 이 약물은 특히 고기를 먹고 나서 피부질환이 발생했을 때 사용한다. '동종요법 스케줄 2'를 이용한다.

동종요법 – 루스 톡시코덴드론(Rhus toxicodendron) 6C : 가려움증이 갑자기 매우 강렬하게 발생했을 때 일시적으로 사용하기에 적합하다. 피부에 종창이 있는데 온습포를 대주면 완화되는 경향이 있다. 어떤 동물은 다리가 뻣뻣하고 움직이는 데 문제가 있어 보이기도 한다. '동종요법 스케줄 2'를 이용한다.

동종요법 – 그래파이트(Graphites) 6C : 염증과 자극이 심하게 일어나는 피부에서 꿀처럼 끈적거리고 걸쭉한 분비물이 흘러나올 때 사용하기에 적합하다. '동종요법 스케줄 2'를 이용한다.

동종요법 – 메르쿠리우스 비부스(Mercurius vivus) 또는 메르쿠리우스 솔루빌리스(Mercurius solubilis) 6C : 고름처럼 노랗거나 녹색 분비물이 나올 때 이 약물을 사용하는데, 발진이 있는 곳 주변으로 털이 빠지고 피부가 벗겨지며 그 부위에 출혈이 생기는 경향이 있다. 상태는 대개 더운 날씨나 매우 따뜻한 실내에서 악화된다. 잇몸이 자주 발적되고 치아에 문제가 생기며 구취가 매우 심한 동물에게 적용한다. '동종요법 스케줄 2'를 이용한다.

동종요법 – 아르세니쿰 알붐(Arsenicum album) 6C : 피부발진으로 인해 상당히 불안해하고 안절부절못하는 개에게 적합하다. 이들은 끊임없이 깨물고 핥고 긁어서 거의 제정신이 아닌 것처럼 보인다. 피부병변은 벌겋게 일어난 상처가 있고 피부가 좀먹고 털이 빠짐과 동시에 매우 붉고 건조하다. 특히 개가 갈증이 매우 심하고(물을 조금씩 자주 먹음) 오한이 있다면 더욱 적합하다. '동종요법 스케줄 2'를 이용한다.

오랫동안 지속된 만성 상태

가려움증을 오랫동안 호소하고 기름지거나 건조하고 비늘이 벗겨지는, 상태가 좋지 않은 피부(또한 갑상선기능저하증을 앓고 있을 수도 있는)를 가진 동물은 일주일에 한 번씩 브로스만 급여하고 절식을 시킨다(18장 참조). 나머지 시간 동안은 우리가 권장하는 자연식만 급여한다. 변화가 몇 주에 걸쳐 서서히 나타나기 때문에 인내심이 필요하다.

만약 피부가 기름지고 악취가 난다면 11장에서 설명했던 것처럼 일주일에 한 번씩 목욕을 시킨다. 만약 피부가 건조하다면 목욕횟수를 조금 줄인다. 11장에서 설명한 레몬 스킨 린스를 사용하여 벼룩을 반드시 구제해야 한다['외부기생충'(432쪽) 편 참조].

변비나 기능이 둔해진 장운동도 피부질환을 유발하는 원인일 수 있다. 만약 이러한 증상이 있다면 이 문제를 먼저 해결한다. 그리고 난 후 다음에 설명한 두 가지 약물 중에서 하나를 사용한다.

허브요법 – 마늘(Garlic, Allium sativum) : 마늘을 매일 ¼~1쪽씩 바로 갈거나 잘게 다져서 급여하거나 자그마한 마늘 캡슐을 동물의 체중에 따라 1~3개씩 투여한다. 또한 마늘은 벼룩을 무기력하게 만드는 이점이 있다(11장 참조).

동종요법 – 눅스 보미카(Nux vomica) 6C : 장운동이 규칙적으로 될 때까지 필요한 기간 동안 끼니 전에 한 번씩 약물을 투여한다['변비'(394쪽) 편 참조]. 만약 이 약물이 도움이 된다면 며칠 내로 상태가 호전될 수 있다.

만약 현재 변비나 피부의 염증과 자극이 없다면 다음 약물 중 하나로 치료를 시도해 본다.

동종요법 – 설퍼(Sulphur) 6C : 피부가 건조하고 가려운 경우에 도움이 된다. 특히 마르고 게으르며 눈, 코, 입술이 붉게 보이고 전체적으로 지저분한 경향을 보이는 개에게 적합하다. 이 동물은 전체적으로 매우 뜨거운 열을 좋아하지 않지

468

만 추운 날씨에는 가끔씩 따뜻한 난로 곁을 찾는다. '동종요법 스케줄 6(a)'를 이용한다.

동종요법 – 풀사틸라(Pulsatilla) 6C : 이 약물을 필요로 하는 동물은 느긋하고 천성이 착하며 애정이 많다. 이들은 과식을 하거나 기름진 음식을 먹었을 때 악화되는 경향이 있으며 좀처럼 물을 잘 먹지 않는다. 차가운 바닥에 누워 있기를 좋아한다. '동종요법 스케줄 6(a)'를 이용한다.

동종요법 – 그래파이트(Graphites) 6C : 체중이 많이 나가고 변비가 있으며 쉽게 흥분하는 경향이 있는 개에게 적합하다. 발진에서는 끈적거리는 액체가 흘러나온다. 피부는 생채기와 같은 가벼운 상처에도 염증이 생기며 쉽게 낫지 않는다. 귀는 염증이 있고 악취가 나는 분비물로 차 있을 수 있다. '동종요법 스케줄 6(a)'를 이용한다.

동종요법 – 튜자 옥시덴탈리스(Thuja occiden-talis) 30C : 예방접종 후에 생긴 질환의 해독제로 사용한다. 내가 치료했던 많은 동물이 예방접종을 하고 나서 수 주 이내에 피부질환이 진행되었는데 치료 중 가끔씩 이 약물을 투여하면 회복하는 데 도움이 되었다. 또한 다른 약물이 커다란 효과가 없을 때에도 튜자 옥시덴탈리스를 고려할 수 있다. 이 약물을 투여하고 난 후 앞에서 설명한 약물 중 한 가지를 다시 사용하면 간혹 엄청난 호전이 있다. '동종요법 스케줄 4'를 이용한다.

동종요법 – 실리케아(Silicea) 30C : 앞에서 설명한 약물로 치료했는데도 불구하고 지금까지 피부질환이 지속되고, 특히 과체중을 유발할 정도로 식욕이 엄청나며 음식을 훔쳐 먹고 나서도 또 먹을 것을 찾아 헤맨다면 이 약물이 효과가 있을

것이다. '동종요법 스케줄 4'를 이용한다. 이 약물을 반복해서 투여해서는 안 된다.

주의사항 : 대개 이렇게 뿌리가 깊은 피부질환은 인내심과 끈기를 필요로 한다. 이 프로그램을 사용하게 되면 보통 6~8주 이내에 분명한 효과를 볼 수 있다.

예방접종은 상태를 악화시키는 경향이 있으므로 치료기간 중에는 피하는 것이 좋다. 간혹 심장사상충 예방약과 같은 약물이 질병을 발현시키기도 한다. 이러한 경우에는 심장사상충 약물을 6주 간격으로 투여하는 것이 가장 좋다(또한 상태가 심각한 경우에는 약물투여를 일시적으로 중단하는 것도 좋다. 이 문제는 수의사와 상의한다).

좀처럼 고치기 어려운 난치성 피부병은 오랫동안 치료해야 호전된다. 하지만 완벽하게 회복되지는 않는다. 이런 경우에는 동종요법 약물을 체질 처방하거나 17장에서 설명한 홀리스틱 치료법 중 하나로 치료를 해야 할 수도 있다. 가능한 도움을 줄 수 있는 숙련된 수의사를 찾는다.

단순 탈모, 단순 털빠짐

탈모로 고생하는 동물에게는 조금 다른 방식의 프로그램을 적용해야 한다. 반려동물은 때때로 분명한 이유 없이 단순히 털이 빠지기도 한다. 또한 의도된 것은 아니지만 오히려 민감한 개체에 영향을 줄 수 있는 독성물질의 축적과 같은 중독의 결과로도 탈모가 일어난다. 우리가 생각할 수 있는 흔한 물질로는 음용수나 일반 상업용 사료에 함유된 불소, 식기나 조리기구의 원료가 되

는 알루미늄을 들 수 있다. 알루미늄에 대한 감수성은 다양하게 나타나서 모든 동물이 이런 반응을 보이는 것은 아니다. 알루미늄에 중독된 동물은 변비 증상을 보이는 경향이 있다.

탈모는 내분비선 장애(특히, 갑상선기능저하증)나 특정 영양소 결핍을 반영하는 경우도 있다. 만약 수의사가 이 문제 중 한 가지로 진단을 내렸다면 반려동물에게 켈프 가루를 첨가한 자연식만 급여한다. 켈프 가루에 들어 있는 요오드가 갑상선을 자극하는 데 도움을 주므로 중요하다.

알루미늄 기구의 사용과 불소 처리된 수돗물의 공급을 중단해야 한다(집에 공급되는 수돗물이 불소 처리되었는지 수도회사에 확인해 본다. 만약 불소 처리가 되었다면 다른 음용수를 찾아야 한다).

만약 영양소 결핍이나 중독, 음용수 오염 등 모든 원인을 해결했는데도 여전히 긁거나 깨물어서 생긴 것이 아닌 탈모가 있다면 다음 동종요법 약물 중 하나로 치료를 시도한다.

동종요법 - 튜자 옥시덴탈리스(Thuja occiden-talis) 30C : 예방접종의 부작용을 해독해 주기 때문에 가장 먼저 사용한다. 예방접종은 모질을 지속적으로 빈약하게 하고 털의 성장을 불량하게 하는 첫 번째 원인이다. '동종요법 스케줄 4'를 이용한다. (간혹 정상적인 수준으로 탈모가 발생하지만 빠진 털을 대체할 새로운 털이 자라지 않는 것이 문제가 되는 경우가 있다. 그런 경우에 특히 이 약물이 적합하다.)

동종요법 - 셀레늄(Selenium) 30C : 탈모가 지나치게 심한데다가 털까지 새로 자라지 않는 경우, 특히 다른 질환의 증상이 전혀 없는 경우에 지시된다. 만약 튜자 옥시덴탈리스를 사용했는데도 문제가 충분히 해결되지 않는다면 튜자 옥시덴탈리스를 사용한 후에 이 약물을 사용한다. '동종요법 스케줄 4'를 이용한다.

만약 반려동물이 분만한 후 얼마 지나지 않아 탈모가 진행된다면 다음 동종요법 약물을 사용한다.

동종요법 - 세피아(Sepia) 30C : 탈모가 임신이나 분만, 수유의 경험과 연관이 있는 경우에 적합하다. '동종요법 스케줄 4'를 이용한다.

항문낭질환 anal gland problem

항문낭질환은 주로 개에서 발생한다. 개는 꼬리 아래쪽 항문 양옆으로 4시와 8시 방향에 냄새를 분비하는 한 쌍의 작은 샘이 있다. 개의 항문낭은 스컹크가 냄새를 분비하는 선과 구조가 유사하며, 영역표시를 할 때 사용하는 강한 냄새가 나는 물질이 들어 있다. 항문낭은 변을 볼 때 비워지며 개가 변을 보았다는 것을 알리는 증거를 남긴다. 또한 극도의 공포심이 있을 때에도 분비될 수 있다.

항문낭에 문제가 생기면 일반적으로 샘의 기능이 떨어져서 항문낭 속의 분비물을 비우지 못하고 가득 차거나 항문낭 자체에 농양이 발생하는 질환을 일으킨다. 항문낭이 가득 찬 경우에는 정상적인 능력을 초과했기 때문에 엉덩이를 바닥에 대고 스키 타듯이 질질 끄는 행동을 한다. 이 질병이 발생하는 데 영향을 미치는 요인은 다음과 같다.

• 운동과 탐구를 하기에 공간이 부족하거나 함께 사는 다른 동물이 너무 많아서 영역 표시를 하려는 시도가 좌절되었을 때
• 실내에 사는 많은 동물이 반려인이 싫어한다는 이유로 집 안에서 배뇨나 배변 활동을 하지 못하는데 자주 밖에 나가지도 못해서 배변활동을 제때 하지 못하거나 변비 경향이 있을 때
• 조악한 음식과 부족한 운동량 때문에 발생하는 독성. 이런 경우에는 피부병이나 귓병이 자주 발생한다['알레르기'(426쪽) 편 참조].

예방

반려동물의 운동량이 적당한지, 밖에 나갈 기회가 충분한지, 배변활동(항문낭을 비우는 시기임)이 원활한지, 심리적인 '공간'이 충분한지 꼭 체크한다.

항문낭질환이 만성으로 자꾸 재발한다면 음식의 질이 문제를 지속시키는 원인일 수 있으므로 관심을 가져야 한다. 변을 볼 때 항문을 긴장시킬 만큼 변이 크면 항문낭이 비워진다. 우리가 권장한 레시피처럼 음식에 섬유질을 늘리는 것이 도움이 된다. 그러면 변이 더욱 커져서 항문낭을 비우는 데 더 효과적이다.

치료
항문낭 농양

동종요법 – 맨 처음에는 '동종요법 스케줄 2'에 따라서 벨라도나(Belladonna) 6C를 투여한다. 다음 날 상태가 호전되었는지 살펴본다. 분명한 치료효과가 나타나지 않으면 '동종요법 스케줄 3'에 따라서 실리케아(Silicea) 30C를 투여한다. 벨라도나는 초기 염증에 도움이 되며 실리케아는 농을 배출하고 치유를 촉진시킨다. 또한 따뜻하거나 뜨거운 칼렌둘라(Calendula) 용액을 하루에 두 번 최소한 5분씩 항문낭 부위에 발라 준다. 칼렌둘라 치료는 오랫동안 해도 되지만 필요하다면 다음에 설명한 방법대로 3일간만 사용한다.

가득 찬 항문낭

이 문제는 조직의 기능저하와 관련이 있으므로 격렬한 운동을 규칙적으로 하는 것이 치료의 중요한 부분이다. 또한 항문을 통과하는 변의 양이 많아지도록 섬유소(야채)가 많이 함유된 음식을 먹이는 것이 도움이 된다. 배변횟수가 많아지면 자연스레 항문낭을 비우게 하는 자극이 될 수 있다.

게다가 칼렌둘라(Calendula) 용액이나 붉은토끼풀(Red clover, Trifolium pratense) 꽃을 이용한 온습포를 사용하면 샘을 자극해서 항문낭 속 내용물이 부드러워진다. 이 허브에 끓는 물을 부어서 차를 만든다. 허브 1테이블스푼을 수북하게 뜨고 끓는 물 1L를 넣는 것이 가장 좋은 비율이다. 15분 정도 놔두거나 사용하기에 적당한 온도로 식히고 난 후 접시에 용액을 부어서 수건이나 작은 타월을 적신 다음 짜서 항문낭 부위에 댄다. 그리고

필요에 따라 2분에 한 번씩 수건을 따뜻한 용액에 적신 다음 짜서 항문낭 부위에 대는 처치를 반복한다.

이는 영향을 받은 부위를 따뜻하게 해서 혈류량을 증가시키고 조직을 부드럽게 해 주기 위한 것이다. 또한 허브 팅크를 사용하여 만들 수도 있는데 따뜻한 물 1L에 팅크 1티스푼을 넣어서 사용하면 된다.

온습포 처치 후에 곧바로 우유를 짜듯이 샘을 부드럽게 압박하여 항문낭을 비운다(항문 양옆에 손가락을 대고 전방의 중심부를 향해 45도 각도로 올라가면서 항문낭을 짠다). 항문낭 짜기는 정기적으로 하는 것이 아니라 어쩌다가 한 번씩 하는 일임을 명심한다. 항문낭은 자연적으로 비워지는 것이 가장 좋다.

동종요법 – 앞의 방법에 추가로 '동종요법 스케줄 3'을 이용하여 설퍼(Sulphur) 30C를 한 번 투여하면 도움이 된다.

행동문제 behavior problem

행동이상을 교정하는 것은 복잡하고 어려운 일일 수 있지만 종종 상당히 도움이 될 수 있다. 특히 순종 개의 불량번식 관행으로 인해 사나움, 간질, 반복되는 습관, 다른 신경계 불안정 증상 등 많은 장애가 유발된다. 또한 다음의 내용도 행동학적 문제의 한 원인이라고 본다. 불량한 식생활이나 영양공급, 그로 인한 중독, 예방접종 후 생긴 만성 뇌염, 운동부족, 정신적인 자극과 관심 부족, 보호자의 성격이나 기대치 혹은 훈련에 의한 영향 등등. 예를 들어, 가족 간의 갈등, 외로움을 떨치기 위해 반려동물에게 애정을 지나치게 쏟는 행위, 안전을 도모하기 위해 공격적인 동물을 소유하고자 하는 바람 등, 이 모든 것이 동물의 성격에 부정적인 영향을 미칠 수 있다.

치료

원인이 되는 환경적 요인을 이해하고 제거하여 장애를 충분히 치료하는 일반적인 방법에 초점을 맞출 것이다. 근본원인이 지속되는 한 행동문제를 해결하려고 시도한다는 것은 말이 되지 않는다.

먼저 식생활부터 시작해 보자. 계속 강조해 왔던 것처럼 우리 몸에 축적된 수많은 화학물질은 확실히 현대에 우리가 앓는 모든 병의 원인이 될 수 있다. 예를 들어, 수은과 알루미늄은 뇌로 들어가서 틀림없이 어떤 영향을 미치는 것으로 알려져 있다. 실제 사람은 수은의 영향으로 누군가를 갑자기 죽이고 싶은 살인충동을 느끼기도 한다.

개는 동물성 원료가 없는 식생활을 하면 몸이 많이 개선된다. 반려동물의 건강이 실제로 눈에 띄게 좋아질 수 있다.

또한 독성물질에 대한 노출을 최소화해야 한다. 그리고 반려동물이 가정 내의 수많은 화학물질에 의한 중독으로부터 안전한지 확인하고 담배 연기나 자동차 배기가스, 벼룩 구제용 화학제제와 같은 오염물질에 대한 노출도 최소화한다. 이런 물질은 신경계에 영향을 미친다.

이런 방법과 함께 다음 약물 중 한 가지가 도움

이 된다.

동종요법 – 벨라도나(Belladonna) 30C : 지나치게 활동적이고 과민하며 쉽게 화를 내고 특히 무는 경향이 있는 동물에게 적합하다. 경련과 발작을 일으키고 허공에 파리가 날아다니거나 카펫에 벌레가 기어 다니는 등 실제로 없는 것을 보는 경향이 있다(환각). '동종요법 스케줄 5'를 이용한다. 만약 이 약물이 효과가 있다면 이어서 쓸 수 있는 더 좋은 효과를 내는 약이 있으므로 그런 약물로 계속 치료를 받을 수 있도록 동종요법 수의사에게 진료를 받는다.

허브요법 – 귀리(Common oat, Avena sativa) : 일반적으로 사용하는 신경강장제로 매우 적절하며, 특히 스트레스가 심한 질병을 앓은 후에 나타나는 신경쇠약이나 신경과민에 유용하다. 이 허브는 약물을 많이 복용한 동물이나 나이가 많은 동물, 간질 경향이 있는 동물에게 좋다. 또한 다리가 약하고 근경련이 있거나 쇠약과 관련된 떨림을 보이는 동물에게도 도움이 된다. 앞의 내용은 어떤 특정 행동문제에 추가적으로 나타나는 증상이다. (다음에 소개되는 모든 허브에도 각 허브에 해당하는 다른 신체적 증상이 추가적으로 나타나므로 증상에 따라 허브를 선택한다.)

납작귀리로 조리한 음식을 먹이는 것도 도움이 되지만 더 강력한 조제약은 팅크이다. '허브요법 스케줄 1'을 이용한다.

허브요법 – 마편초(Blue vervain, Verbena) : 마편초는 신경계가 약하고 우울증이 있는 동물에게 적합하다. 또한 신경염과 근경련이 있고, 특히 간

질과 연관된 비정상적인 행동을 보이는 동물에게 적합하다. 이런 경우에 마편초는 뇌기능을 강화시킨다. '허브요법 스케줄 1'을 이용한다.

허브요법 – 골무꽃(Skullcap, Scutellaria lateriflora) : 신경성 두려움을 보이는 행동문제에 유용하다. 또한 장내 가스, 복통, 설사, 근경련, 불면증 가운데 한 가지 이상의 증상을 보이기도 한다. '허브요법 스케줄 1'을 이용한다.

허브요법 – 쥐오줌풀(Valerian, Valeriana officinalis) : 과민성과 연관된 히스테릭한 경향의 동물에게 적합하다. 변덕스럽고 화를 잘 내는 기질을 보인다. 골무꽃처럼 쥐오줌풀은 복강 장기에 공급되는 신경이 지나치게 활동하여 생기는 가스나 설사 등 소화기계 장애를 일으키거나 다리의 통증, 관절염의 병력이 있는 동물에게 가장 성공적으로 사용된다.

쥐오줌풀은 장기간 과량 투여할 경우 독성반응을 유발할 수 있는 허브 중 하나이므로 '허브요법 스케줄 1'을 이용해서 일주일 내로만 사용한다. 만약 그때까지 효과가 없다면 사용을 중단하고 귀리 팅크와 같은 다른 약물을 사용해 본다.

허브요법 – 저먼 캐모마일(German chamomile, Matricaria) : 반려동물이 시끄럽고 투덜대며 신음을 하고 끙끙댈 때 도움이 된다. 이들은 이런 식으로 통증이나 불편을 호소한다. 예민하고 사나우며 갈증이 심하고 사람을 물려고 하거나 덥석 물 수도 있다. 뜨거운 것을 싫어하며 지속적으로 안고 있거나 끊임없이 쓰다듬어 줄 때에만 종종 감정이 누그러지거나 조용해진다. '허브요법 스케줄 1'을 이용한다.

허브요법에 대한 일반적인 조언

선택한 허브를 제시한 스케줄에 따라 2~3주 동안 사용한다(단, 쥐오줌풀은 일주일 이상 사용해서는 안 된다). 치료 중에 조금이라도 호전이 있다면 호전양상이 지속되는 한 최대 6주까지 치료를 계속한다. 그리고 난 후에는 사용을 중단해야 한다. 그러나 증상이 재발하거나 악화될 때에는 또다시 소량씩 투여한다.

또한 허브는 예방차원으로도 사용할 수 있다. 어떤 문제행동을 유발할 만한 사건이 일어날 예정이라면 사건이 일어나기 전에 반려동물에게 허브를 투여한다. 예를 들어, 반려동물을 장시간 혼자 집에 두고 나갈 때 허브를 주면 좋다. 이런 식으로 필요에 따라 수 주 또는 수개월 이상 사용할 수 있다.

오랫동안 투여해도 효과가 없다면 어떻게 해야 할까? 그런 경우에는 선택한 허브의 투여를 중단하고 양질의 식이공급을 하다가 몇 주 후에 다시 시도해 보거나 다른 허브 중 하나를 사용해 본다.

바흐의 플라워 에센스

더 알고 싶어 하는 사람들을 위해 다른 치료방법도 소개한다. 바흐 박사가 발견한 38가지 플라워 요법은 심리학적인 면에 뿌리를 둔 행동문제에 사용할 수 있는 허브 시스템이다. 1930년대 영국의 바흐 박사가 사람들에게 적용하기 위해 독자적으로 개발한 요법이다. 〈17장 홀리스틱 요법과 대체요법〉에서 '플라워 에센스'(304쪽) 편을 참조한다.

나는 바흐의 플라워 요법이 동물에게도 효과가 있다는 사실을 발견했다. 선택한 꽃의 추출물을 희석하여 수 주에서 수개월 동안 장기간 경구 투여하면 종종 눈에 띄게 호전된다.

38가지 플라워 레미디는 작은 병으로 판매하므로 치료할 때 희석해서 사용한다.

• 치커리(chicory) : 지나치게 매달리고 소유욕이 강한 동물에게 사용한다.

• 홀리(holly) : 사납고 공격적이며 의심과 질투심이 많은 동물에게 사용한다.

• 임페이션스(impatiens) : 불안하고 초조하고 신경질적이며 화를 잘 내고 짜증을 잘 내는 동물에게 사용한다.

• 미물루스(mimulus) : 사람이나 천둥소리를 무서워하는 개와 같이 특정 사물을 두려워하는 동물에게 사용한다.

• 락로즈(rock rose) : 공포나 두려움의 엄습이 불안의 한 부분인 경우에 사용한다.

• 스타 오브 베들레헴(Star of Bethlehem): 육체적이거나 감정적인 쇼크가 불안정을 유발시키는 것처럼 보이는 경우에 사용한다.

• 월넛(walnut) : 사람이나 동물이나 지나치게 강한 성격에 의해 영향을 받았거나 유전적으로 나쁜 영향을 받은 동물에게 사용한다.

가장 적당한 에센스 중에서 최대 4개까지 선택한다. 더 이상은 안 된다. 그리고 깨끗한 1온스(28g)짜리 점적기병에 각각의 에센스를 두 방울씩 넣은 후 증류수가 아닌 용천수로 가득 채운 다음 실온에 보관한다. 며칠 동안 사용하다가 용액이 뿌옇게 변하면 용액을 새로 만들어야 한다.

반려동물의 체중에 상관없이 희석한 약물을 바람직한 결과를 얻을 때까지 하루에 네 번 두 방울씩 경구 투여하는데, 가능한 한 입 안으로 곧바로 떨어뜨리는 것이 좋다. 이 방법이 불가능하다면 소량의 음식이나 우유와 섞어 먹인다. 부작용이나 독성은 없다.

예방접종 요인

경험상 예방접종 후에 행동문제가 발생한다는 것은 놀라운 일이 아니다. 예를 들어, 광견병이나 홍역 예방접종은 둘 다 뇌에 영향을 미친다. 물론 이런 백신이 전체 질병을 유발하지는 않지만 뇌에 영향을 미쳐서 행동에 변화를 유발할 수 있다. 어떤 개들은 예방접종 후에 발작을 일으키기도 한다. 우리는 발작을 행동의 변화로 보고 있다.

행동문제가 발생하면 사람들은 금세 알아차릴 것이다. 전에는 행복했던 강아지가 예방접종을 하고 몇 시간 후에 움츠려들고 짜증을 내며 공격적으로 변하고 불안해한다. 사교성을 잃는 경우는 흔하지만 동물이 공격적으로 변해서 물기 시작하면 무서운 일이다. (자세한 예는 16장을 참조한다.) 물론 몇 가지 가능한 패턴이 있지만 여기에서는 가장 흔한 패턴 중 몇 가지를 소개하고, 이 문제를 동종요법으로 어떻게 치료하는지 소개할 것이다.

동종요법 – 벨라도나(Belladonna) 30C : 화가 나거나 심지어 가끔 만지기만 해도 공격적으로 변해서 무는 개나 고양이에게 적합하다. 특히 동공이 지나치게 커지는 경향이 있는 동물에게 처방된다. '동종요법 스케줄 4'를 이용한다.

동종요법 – 라케시스(Lachesis) 30C : 이 약물의 패턴은 벨라도나와 유사해 보이지만 광견병 예방접종 후에 나타났던 행동이나 벨라도나에는 반응하지 않는 동물에게 적용한다. '동종요법 스케줄 4'를 이용한다.

동종요법 – 스트라모니움(Stramonium) 30C : 만약에 갑자기 난폭해지거나 물거나 흐느껴 울거나 하울링을 하는 등 어떤 행동을 예측할 수 없고, 특히 끊임없이 탈출하고 달아나고자 한다면 이 약물이 적합하다. '동종요법 스케줄 4'를 이용한다.

참고사항 : 행동문제는 매우 심각한 것으로, 만약 동물이 공격적이라면 더 위험할 수 있다. 이러한 상황에서 사람들에게 부상을 입힌 경우를 종종 보았기 때문에 이 문제가 완벽하게 해결될 때까지는 공격적인 개나 고양이를 아이 가까이 두지 말아야 한다. 이런 행동문제는 어떤 도움이라도 받아서 해결해야 한다. 훈련이 도움이 될 수 있지만 그 자체로 충분하지 않다. 앞의 가이드라인은 다른 대안이 없을 때 반려인이 시도해 볼 수 있는 방법이다. 하지만 항상 조심해야 한다.

황달 jaundice

황달은 수많은 요인에 의해 유발될 수 있으며, 눈에 띌 정도로 조직을 노랗게 만든다. 대개 그것을 간질환이라고 생각하지만, 다른 원인에 의해 발생하기도 한다. 만약 적혈구가 급속도로 파괴되면(예를 들어, 혈액 내 기생충, 화학물질이나 약물, 다양한 감염, 독사의 교상에 의해 유발) 간은 방출된 모든 헤모글로빈을 충분히 빠르게 처리할 수 없게 된다. 그 결과 분비된 노란 색소(헤모글로빈의 일부분을 구성함)가 조직을 노랗게 염색시킨다.

수의사는 그러한 요인에 의한 황달과 간질환과 연관된 황달을 구별해야 한다. 만약 간이 병들어 있다면 종종 변의 색깔이 창백할 것이다. 그러나 적혈구의 파괴에 의해 황달이 유발되었다면 담즙이 추가로 분비되어 변 색깔이 전형적으로 매우 어두울 것이다.

적혈구의 갑작스런 손실로 유발되는 형태의 황달은 비록 눈에 띌 정도로 혈액이 손실되지 않더라도 빈혈을 유발한다. 몸이 새로운 적혈구를 형성하는 데 도움을 주려면 '빈혈'(399쪽) 편에서 설명한 지침을 따른다. 적혈구 파괴의 근본원인을 다루는 치료와는 별개로 반려동물을 며칠 동안 하루에 몇 시간씩 단지 직사광선에 노출(햇빛이 너무 뜨겁다면 간접적으로)만 시켜 줘도 비염증성 황달을 치료할 수 있다. 햇빛은 황달을 일으키는 색소를 제거하는 데 자극을 준다. 여기에 다음 동종요법 약물을 사용하면 더욱 도움이 된다.

동종요법 – 눅스 보미카(Nux vomica) 30C : 이 약물은 담즙분비를 향상시키고 간에 축적된 독성 물질의 제거를 돕는다. 특히 화학물질이나 독사에 의한 교상과 같이 독성물질에 의해 유발된 문제인 것처럼 보이는 경우 더욱 효과가 좋다. '동종요법 스케줄 5'를 이용한다.

동종요법 – 차이나 오피시날리스(China offi-cinalis) 30C : 엄청난 혈액손실에 의해 황달이 발생하고 동물이 매우 쇠약해진 것처럼 보인다면 이 약물이 매우 효과적이다. '동종요법 스케줄 5'를 이용한다.

건강을 위해!

우리는 이 책에서 수의학의 많은 분야를 다루었다. 그중에서도 주로 임상에서 자주 접하는 질환 위주로 다루려고 노력했다. 만약 발생할 가능성이 적은 모든 질병을 다루었다면 책이 너무 무거워서 들고 다닐 수조차 없을 것이다. 내가 바라는 것은 어떤 질병에 걸렸을 때 사용할 수 있는 접근법을 이 책을 통해서 독자가 알 수 있었으면 하는 것이다. 이 접근법을 다음과 같이 요약할 수 있다. 건강을 얻으려면 훌륭한 식생활을 하도록 노력해야 한다. 그러고 난 후 기초를 튼튼하게 하기 위해 이 책에서 설명한 방법을 이용한다. 여기서 소개한 여러 가지 방법은 내가 임상에서 30년 넘게 존중과 신뢰를 바탕으로 반려동물의 몸과 마음을 진료하면서 배우고 알게 된 것이다. 반려동물의 건강은 우리가 지켜야 할 의무이며, 우리가 개입하지 않을 때 비로소 얻을 수 있다. 인간과 반려동물이 건강하고 빛과 사랑으로 가득 찬 삶을 누리기를 바란다.

응급처치

응급처치는 매우 중요하므로 가장 먼저 숙지해야 한다. 응급상황이 발생하고 처음 몇 분 이내에 하는 응급처치가 동물의 생사를 가를 수 있다. 소개하는 응급처치에 사용하는 동종요법 약물은 응급상황이 발생한 후 동물병원에 도착할 때까지의 시간 동안 많은 도움이 될 것이다. 그러나 이는 동물병원으로의 이송을 준비하는 동안 동물의 생명을 구하기 위해 잠깐 동안 할 수 있는 처치를 의미한다. 이 처치만 믿고 수의사를 찾아가는 걸 늦춰서는 안 된다. 여건이 안 돼서 도저히 병원에 갈 수 없는 경우에만 이 치료법을 장기간 적용할 수 있다.

응급처치를 위해서 평소에 응급처치 책자와 응급처치에 필요한 약물을 손이 닿는 곳에 보관하고, 응급상황에서의 행동 계획을 미리 세운다. 응급상황이 발생하면 책을 읽을 만한 시간적인 여유가 없다. 필요할 때 원하는 정보를 바로 찾기 위해 자모순으로 간단하게 정리해 놓아야 한다.

모든 카테고리를 미리 숙지하고 있으면 응급상황에서 빠르고 정확하게 제목을 찾을 수 있을 것이다.

응급처치를 위해서 평소에 가지고 있어야 할 준비물 리스트를 소개한다. 스트레스를 완화시켜 주는 바흐의 레스큐 포뮬라는 천연식품점에서 구할 수 있으며, 또 다른 준비물은 일반 약국에서 구할 수 있다. 동종요법 약물은 천연식품점이나 동종요법 취급 약국에서 구할 수 있다.

동종요법 약물

동종요법 약물을 취급하는 약국에서 지름이 1mm 정도 되는 #10 알약(모래알만큼 매우 작아서 먹이기가 가장 쉽다)을 2드램(dram)씩 주문할 수 있는데 한 번 먹일 때마다 물약병(vial) 뚜껑으로 10알 정도씩 먹인다.

- 아코니툼(aconitum napellus) 30C
- 아르니카(arnica montana) 30C
- 아르세니쿰 알붐(Arsenicum album) 30C
- 벨라도나(Belladonna) 30C
- 칼렌둘라(Calendula) 30C
- 칼렌둘라(Calendula) 팅크 : 1온스(28g) 점적기병
- 칼렌둘라(Calendula) 연고 : 동종요법 약물을 취급하는 약국에서 구입
- 카르보 베게타빌리스(Carbo vegetabilis) 30C
- 글로노인(Glonoine) 30C
- 히페리쿰(Hypericum) 30C
- 레듐(Ledum) 30C
- 눅스 보미카(Nux vomica) 30C
- 포스포러스(Phosphorus) 30C
- 루타(Ruta) 30C
- 심피툼(Symphytum) 30C
- 우르티카 우렌스(Urtica urens) 팅크 : 1온스(28g) 점적기병

또 다른 치료제

- 활성탄 과립
- 암모니아수
- 카페인을 함유한 신선하고 따뜻한 커피
- 생 양파
- 스트레스를 완화시켜 주는 바흐의 레스큐 포뮬라 : 다음 방법으로 10.5mL 스톡 점적기병에 용액을 만들어 놓고 치료가 필요할 때 사용한다. 보존제로 브랜디가 ⅓ 채워진 1온스(28g) 점적기병에 스톡 4방울을 첨가한다. 용천수를 병에 충분히 채우고 잘 흔든다. 직사광선이나 열이 있는 곳을 피하면 최소 1년간 보관할 수 있다.

준비물

- 담요 2개 : 두껍고 튼튼한 것
- 반창고 : 폭이 2.5cm인 롤 반창고
- 탄력붕대 : 폭이 7.6cm인 것
- 관장백
- 거즈패드 : 1통
- 천연비누 : 닥터 브로너스의 제품이 좋다
- 플라스틱 그릇 : 희석액을 만들 때 사용
- 바다소금 : 생리식염수를 만들 때 사용(물 1컵에 바다소금 ¼티스푼)
- 물 : 희석할 때 사용(용천수나 증류수가 가장 좋다. 수돗물도 괜찮다)
- 빈 플라스틱 주사기 : 약물을 투여할 때 사용
- 빈 점적기병 : 약물을 만들 때 사용

응급상황 시 해야 할 일

갑작스런 의식상실

(예고 없이 갑자기 의식을 잃음, 기절)

다음 단계를 순서대로 따라한다.

1. 호흡이나 심장이 멈추었는지 가장 먼저 확인해야 한다. 만약 그렇다면 '호흡이 멈췄을 때'(485쪽) 편이나 '호흡과 심박동이 둘 다 멈췄을 때'(485쪽) 편에서 설명한 치료제를 사용한다.

2. 바흐의 레스큐 포뮬라를 반응이 보일 때까지 5분 간격으로 2방울씩 투여한다. 그러고 난 후 30분 간격으로 투여한다.

3. 카페인이 함유된 따뜻한 커피로 관장을 실시한다(커피 관장법). 소형견에게는 ¼컵, 중형견에게는 ½컵, 대형견에게는 1컵을 투여한다. 관장액이 흘러나오는 것을 막기 위해 거즈로 15분 동안 항문에 압박을 가한다.

4. 가능하다면 왼쪽 아래편 흉부(왼쪽 팔꿈치가 흉부와 닿는 곳 근처)에 귀를 대고 1분 동안 심박수를 측정한다. 비정상적인 심박수(지나친 빈맥이나 서맥)는 기절의 빈번한 원인이 되므로 이 사실을 수의사에게 말하면 유용한 정보가 될 것이다.

만약 이 방법 중 어떠한 방법도 도움이 되지 않는다면 아르세니쿰 알붐(Arsenicum album) 30C를 한 번 투여하고 행운을 빌어야 한다.

경련

(근육이 뻣뻣해지거나 수축과 이완이 빠르게 교대로 나타나는 현상, 몸부림치는 현상, 입에 거품을 무는 현상)

1. 동물이 경련을 하는 동안 제지하거나 방해하지 않는다. 제지하는 것은 너무 위험하고 동물을 도울 수도 없는 행위이다.

2. 경련이 있은 후에 호흡이 멈춘다면 인공호흡을 실시한다['호흡이 멈췄을 때'(485쪽) 편 참조]. 만약 심장도 같이 멈춘다면 심폐소생술을 실시한다['호흡과 심박동이 둘 다 멈췄을 때'(485쪽) 편

참조].

3. 아코니툼(aconitum napellus) 30C를 투여하는데 가능하다면 혀 위에 얹어 준다['교통사고'(480쪽) 편에서 교상(물림)에 대해 경고한 부분을 참조].

4. 경련이 지속되면 5분 후에 벨라도나(Belladonna) 30C를 투여한다.

5. 5분이 더 경과한 후에 바흐의 레스큐 포뮬라를 투여한다. 동물이 소스라치게 놀라거나 혼란에 빠져 있다면 15분 간격으로 총 세 번 또는 15분 간격으로 증상이 확연히 경감될 때까지 혀에 2방울씩 떨어뜨린다.

6. 경련의 원인으로 중독도 고려해 보아야 한다['중독'(482쪽) 편 참조].

골절

(다리가 심하게 구부러짐, 다리를 사용하지 못함)

다음 단계를 순서대로 따라한다.

• 다리가 부러지면 깨끗한 신문이나 잡지로 다리 주위를 매우 조심스럽게 감싸고 풀어지지 않도록 테이핑한다. 힘으로 다리를 맞추려고 하지 말고 다리가 앞뒤로 흔들리지 않도록만 조치한다.

• 만약 골절 부위에 상처가 있다면 '열상'(482쪽) 편에서 설명한 것과 같이 임시로 부목을 대기 전에 깨끗한 거즈로 상처 부위를 덮는다.

• 만약 골절이 분명하지 않거나 골절 부위가 높으면 부목을 대지 말고 그냥 동물이 가장 편안한 자세를 취하도록 놔둔다. 안쪽이 푹신한 상자는 작은 동물을 동물병원으로 이송하기에 가장

좋다. 대형견은 세 다리로 걷게 하는 것이 가장 좋다.

1. 아르니카(Arnica) 30C를 투여한다. 대개 한 번이면 충분하지만 통증이 여전히 심하면 4시간 간격으로 반복해서 투여한다.

2. 다음날에는 루타(Ruta) 30C를 투여한다. 루타는 뼈를 덮고 있는 막이 찢어져서 생기는 통증을 없애 준다(또한 수술 후에 통증을 줄여 주기 위해서도 투여한다).

3. 3일 동안 기다린 후에 뼈의 치유를 촉진시키기 위해 심피툼(Symphytum) 30C를 투여한다.

교통사고

(너무 두드러진 손상, 기름으로 더럽혀지거나 매우 지저분해진 털)

다음 단계를 순서대로 따라한다.

1. 가장 먼저 동물을 안전한 장소로 옮긴다. 만약 도로에서 교통사고를 당했는데 스스로 척추를 구부리지도 못하고 자세를 바꾸지도 못한다면 판자나 팽팽한 담요를 이용해서 안전한 장소로 옮긴다. 무는 것을 방지하기 위해 머리를 담요로 덮거나 압박붕대로 입 주위를 일시적으로 감싸거나 천으로 묶는 것이 좋다.

2. 아르니카 몬타나(Arnica montana) 30C를 한 번 투여한다. 혀 위에 15분 간격으로 총 세 번 알약을 얹어 준다. 이 방법은 안전한 경우에만 한다. 상해를 입은 동물이 제지할 틈도 없이 물면

매우 심각한 손상을 유발할 수 있다. 약물을 투여하는 것이 안전하지 않은 것처럼 보이면 소량의 물에 알약 2알을 녹여서 안전한 거리를 두고 입술에 똑똑 떨어뜨려 준다. 바늘이 달린 주사기가 있다면 희석한 약물을 입술과 구강 사이로 정확하게 뿜어 준다.

3. 동물을 따뜻하게 해 주고 쇼크가 오는지 관찰해야 한다['쇼크'(481쪽) 편 참조].

벌레에 물렸을 때

(꿀벌, 호박벌, 말벌에게 쏘였을 때, 지네나 전갈, 거미에게 물렸을 때, 홍반이나 통증을 동반한 부종이 있을 때)

다음 단계를 순서대로 따라한다.

1. 국소적용 : 꿀벌, 호박벌, 말벌에 쏘였을 때에는 쏘인 곳에 방금 얇게 썬 신선한 양파를 댄다. 또는 암모니아수(바닥이나 창문을 깨끗하게 닦기 위해 구입한 것이나 암모니아 세제 또는 암모니아 창문 클리너를 사용할 수도 있다)를 한 방울 떨어뜨린 후 문지른다.

2. 효과적인 허브 치료는 벌에 쏘인 부위에 직접 쐐기풀(Urtica urens) 추출액이나 글리세린 추출액을 한 방울 떨어뜨려 문지르는 것이다.

3. 벌에 쏘인 부분에 무딘 칼을 수직으로 대고 십자 형태로 상처를 몇 번 낸다. 이렇게 하면 벌침을 잡아서 통증 없이 제거할 수 있다. 이런 과정 없이 벌침을 손가락이나 족집게로 바로 집으려고 하면 안 된다. 오히려 상처 안에 더 많은 독

소를 짜 넣는 셈이 된다.

4. 모든 벌레에 쏘였을 때는 레듐(Ledum) 30C를 15분 간격으로 총 세 번 투여한다.

쇼크

(심각한 손상이 동반된다. 증상은 잇몸이 하얗게 되고 호흡이 빨라지며 의식을 잃는다)

만약 타박상이나 외상이 눈에 띄게 심하거나 내부출혈이 의심되면 효과가 보일 때까지 아르니카(Arnica) 30C를 10분 간격으로 투여한다. 그러고 난 후 잇몸이 핑크색으로 되돌아오고 정상으로 되돌아온 것처럼 보일 때까지 2시간 간격으로 투여한다.

• 만약 의식이 없다면 의식이 되돌아올 때까지 아코니툼(Aconitum) 30C를 10분 간격으로 투여한다. 만약 네 번을 투여했는데도 반응이 없다면 아르니카 30C로 바꿔서 다시 10분 간격으로 투여한다.
• 만약 반려동물이 죽어 가고 있는 것처럼 보인다면(몸이 차갑고 창백하며 활기가 없음) 카르보 베게타빌리스(Carbo vegetabilis) 30C를 5분 간격으로 총 세 번 투여한다. 만약 동물이 의식을 회복하면 1단계에서 설명한 것처럼 아르니카 30C를 투여한다.

주의사항 : 동물을 평평한 곳에 똑바로 눕히고 담요를 덮어서 따뜻하게 해 준다.

심박동이 멈췄을 때

(심박동이 느껴지지 않거나 흉부에서 심음이 들리지 않을 때)

다음 단계를 순서대로 따라한다.

1. 심장 마사지를 실시한다. 동물의 오른쪽이 딱딱한 바닥에 닿도록 눕힌다. 팔꿈치 바로 뒤쪽의 아래쪽 흉부에 동물의 크기에 따라 한 손이나 두 손을 올려놓고 1초에 한 번씩 눌렀다 뗀다.

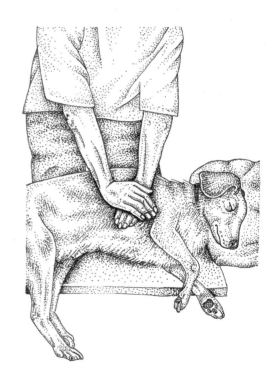

주의사항 : 지나친 압력은 갈비뼈를 부러뜨릴 수 있다.

2. 카르보 베게타빌리스(Carbo vegetabilis) 30C를 한 번 투여한다. 가능한 한 빨리 혀 위에 알약

을 올리고 입에서 알약을 녹이기 위해 소량의 물을 똑똑 떨어뜨린다.

3. 바흐의 레스큐 포뮬라를 투여한다. 입 안에 2방울을 떨어뜨리고 반응이 나타날 때까지 5분 간격으로 반복해서 투여한다. 수의사의 도움을 받을 수 없는 상황이라면 30분 간격으로 네 번 더 투여한다.

4. 1분 이내에 심장이 뛰지 않으면 인공호흡을 실시한다['호흡이 멈췄을 때'(485쪽) 편 참조].

5. 심장 마사지(와 인공호흡)의 성공 여부는 잇몸이 정상적인 '핑크'색으로 되돌아오는지를 보면 알 수 있다.

심폐소생술

'호흡과 심박동이 둘 다 멈췄을 때'(485쪽) 편을 참조한다.

열사병

(뜨거운 자동차 안에서 의식을 잃은 채 발견되었을 때)

다음 단계를 순서대로 따라한다.

1. 동물을 즉시 차갑고 그늘진 곳으로 옮긴다. 필요하면 자동차의 그늘을 이용한다.

2. 몸을 가능한 한 많은 물로 계속 적셔서 차갑게 한다. 동물병원으로 옮기는 동안 머리와 몸에 아이스팩이나 차갑고 축축한 타월을 댄다.

3. 벨라도나(Belladonna) 30C를 한 번 투여한다.

4. 30분 이내에 증상이 호전되지 않으면 글로노인(Glonoine) 30C를 한 번 투여한다.

5. 바흐의 레스큐 포뮬라를 투여한다. 동물병원에 도착할 때까지 10분 간격으로 입 안에 두 방울씩 떨어뜨린다.

6. 만약 호흡이 멈춘다면 '호흡이 멈췄을 때'(485쪽) 편에 나오는 지시사항을 따른다.

열상

(찢긴 상처)

다음 단계를 순서대로 따라한다.

1. 상처 부위를 깨끗한 물로 세척한다. 나뭇가지, 털, 자갈과 같은 이물질을 제거한다.

2. 칼렌둘라(Calendula)를 적용한다. 물 28g(2테이블스푼)에 칼렌둘라 팅크 6방울을 첨가하여 만든 용액에 거즈 패드를 푹 적신 후 상처 부위에 댄다. 만약 이 방법이 자극이 될 것 같으면 생리식염수로 세척하고 마른 패드로 붕대를 한다.

3. 전문가의 처치가 필요 없는 작은 상처는 비누와 물로 세척하고 깨끗하게 말린다. 상처 가장자리의 털을 깎고 치유될 때까지 칼렌둘라 연고를 하루에 두 번 바른다. 가능하다면 붕대를 하지 않고 놔두는 것이 좋다.

또한 칼렌둘라 30C를 한 번 투여한다.

중독

(증상은 주로 세 가지 형태로 나타난다. ① 과도한 침흘림, 눈물, 잦은 배뇨와 배변, ② 근육의 꼬임, 떨림, 경련, ③ 심한 구토)

다음 단계를 순서대로 따라한다.

1. 활성탄 과립을 투여한다. 물 한 컵에 과립을 5티스푼 가득 넣어서 섞는다. 동물의 체중에 따라 경구로 ¼~1컵을 투여한다. 만약 활성탄 과립을 먹이는데 지나치게 저항하거나 증상이 악화된다면 투여를 중단한다. 수의사는 진정이나 마취를 한 후에 치료제를 투여할 것이다.

2. 눅스 보미카(Nux vomica) 30C를 15분 간격으로 총 세 번 투여한다. 증상이 악화되면 치료를 중단한다.

3. 가능한 한 빨리 동물을 따뜻하게 한다. 이때 스트레스는 좋지 않은 영향을 미친다.

독극물을 확인하기 위해 토사물뿐 아니라 의심되는 독극물이나 확실하게 아는 경우 독극물이 들어 있던 용기(병)를 의사에게 가지고 간다.

천공
(치아나 발톱, 날카로운 물체에 의해 구멍이 뚫렸을 때)

다음 단계를 순서대로 따라한다.

1. 비누와 물로 상처 부위를 깨끗이 씻는다. 강력한 세제가 아닌 천연비누를 사용한다.

2. 구멍에 박힌 털을 제거한다.

3. 출혈이 지나치게 많을 경우에만 상처 부위에 거즈를 대고 직접 압박을 한다['압박붕대기법'(484쪽) 편 참조]. 적절한 출혈은 상처 부위를 세척하는 데 좋다.

4. 레듐(Ledum) 30C를 2시간 간격으로 총 세 번 투여한다.

총상
(몸의 서로 반대편에 구멍이 두 개 나 있는지 확인한다. 동물은 엄청난 통증과 불안감을 호소할 것이다.)

1. 아르니카(Arnica) 30C를 15분 간격으로 세 번 투여한다.

2. 출혈이 멈출 때까지 상처 부위에 마른 거즈를 대고 손으로 압박하거나 임시로 압박붕대를 적용한다['압박붕대기법'(484쪽) 편 참조].

3. 아르니카 30C를 세 번 투여했는데도 통증이 완화되지 않으면 히페리쿰(Hypericum) 30C를 15분 간격으로 세 번 투여한다.

4. 아르니카 30C와 히페리쿰 30C 중 가장 효과가 좋은 약물로 치료를 계속해야 한다. 통증을 완화시킬 필요가 있다고 보이는 한 4시간에 한 번씩 계속 약물을 투여한다. 대개 이 약물을 세 번 투여하면 약물이 낼 수 있는 최상의 효과를 볼 수 있다.

5. 통증이 여전히 남아 있다면 칼렌둘라(Calendula) 30C를 한 번 투여한다.

출혈
(상처나 체공에서 피가 날 때)

피부에 상처가 있는 때는 다음과 같은 치료제를 적용한다.

1. 아르니카(Arnica) 30C를 한 번 투여하고 나서 30분간 기다린다. 만약 출혈이 멈추지 않으면 다음 동종요법 약물을 투여한다.

2. 포스포러스(Phosphorus) 30C를 한 번 투여한다.

3. 물 28g에 칼렌둘라(Calendula) 팅크 6방울을 넣어 만든 용액을 국소 도포한다.

4. 필요하다면 압박붕대를 사용한다[아래 나오는 '압박붕대기법' 참조].

내부출혈이 있을 때(혀와 잇몸, 안검내측이 창백하고 쇠약함)에는 다음과 같은 치료제를 사용해야 한다.

1. 아르니카(Arnica) 30C를 한 번 투여하고 난 후 30분 간격으로 총 세 번 반복해서 투여한다.

2. 아르니카 30C로 충분하지 않을 때에는 포스포러스(Phosphorus) 30C를 30분 간격으로 총 세 번 반복해서 투여한다.

3. 동물을 진정시킨다. 히스테리(정신신경증)가 문제라면 입 안에 바흐의 레스큐 포뮬라를 5분 간격으로 두 방울씩 총 세 번 넣는다. 그리고 난 후 1번에서 설명한 대로 아르니카 30C를 투여한다.

압박붕대기법
(과도한 출혈을 억제하기 위해 출혈이 있는 부위에 거즈를 대거나 약물치료를 하는 행위)

다음 단계를 순서대로 따라한다.

1. 마른 거즈나 약물처리(칼렌둘라 연고가 좋다)가 된 거즈를 상처 부위에 대고 탄력붕대로 감는다. 지나치게 세게 감으면 지혈대처럼 혈류의 흐름을 차단할 수 있으므로 장력을 조금만 준다(특히, 다리). 만약 상처가 다리 아래쪽 중간 지점에 있다면 부종을 막기 위해 발을 포함해서 다리를 위에서부터 아래까지 전체적으로 다 감아 준다.

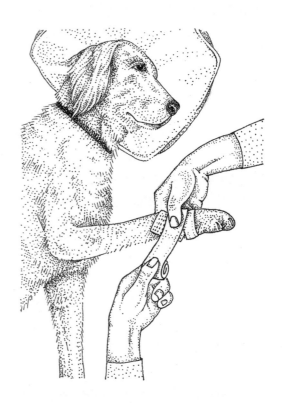

2. 붕대가 풀리는 것을 막기 위해 반창고로 붕대의 끝을 단단히 고정한다.

3. 붕대 아래쪽으로 부종이 발생하면 즉시 붕대를 제거해야 한다(특히, 다리). 만약 발바닥의 패드를 만질 수 있다면 그 부분에 온기가 있는지 주기적으로 체크한다. 만약 패드가 차가우면 붕

내가 지나치게 꽉 조인다는 의미이다. 붕대는 임시방편임을 항상 명심한다. 출혈이 멈추거나 동물병원에 도착할 때까지만 사용한다.

호흡과 심박동이 둘 다 멈췄을 때
(심박동을 들어본다.)

다음 단계를 순서대로 한다.

1. 카르보 베게타빌리스(Carbo vegetabilis) 30C를 사용하여 인공호흡['호흡이 멈췄을 때'(485쪽) 편 참조]을 하고, 동시에 외부 심장 마사지['심박동이 멈췄을 때'(481쪽) 편 참조]를 한다. 이 응급처치는 두 사람이 있을 때 더 쉽게 할 수 있다.

2. 지압을 한다. 아래 그림에서처럼 엄지손톱 끝이나 볼펜의 뾰족한 끝을 이용하여 양쪽 뒷발에 있는 커다란 패드의 중앙부를 강하게 눌러 준

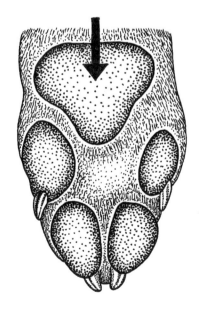

다. 처음에 반응이 없으면 패드의 뒤쪽 가장자리에서부터 중앙부로 들어오면서 동일한 지점을 누른다. 몇 초 후에는 아래 그림에서처럼 코 부분을 누른다. 지압과 심폐소생술을 교대로 한다. 만약 두 사람이 함께한다면 한 사람은 지압을 계속하고 다른 사람은 심폐소생술을 계속한다.

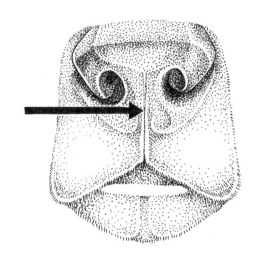

3. 5분 후에 아르니카 몬타나(Arnica montana) 30C를 한 번 투여한다. 혀 위에 알약을 얹는다.

4. 5분이 더 경과한 후에 바흐의 레스큐 포뮬라를 투여한다. 잇몸이나 혀에 2방울을 떨어뜨리고 호흡이 되돌아올 때까지 5분 간격으로 계속한다. 수의사의 도움을 받을 수 없는 상황이라면 30분 간격으로 치료를 네 번 더 한다.

호흡이 멈췄을 때

인공호흡을 하려면 다음 단계를 순서대로 한다.

1. 입을 벌리고 혀를 잡아당긴 다음에 인후부

가 폐쇄되었는지 목구멍 뒤쪽을 확인하고 필요하면 점액과 혈액을 깨끗이 제거하고 혀를 원위치시킨다.

2. 카르보 베게타빌리스(Carbo vegetabilis) 30C를 한 번 투여한다. 혀 위에 알약을 얹어 준다. 알약을 녹이기 위해 혀에 물을 똑똑 떨어뜨린다.

3. 입을 다물게 한 후 콧구멍에 반려인의 입을 갖다 대고는 숨을 내쉬어 동물의 폐를 가득 채운다. 그러고 난 후 동물이 숨을 내쉴 수 있게 해 준다. 이 인공호흡은 개에게는 1분에 6번, 고양이에게는 1분에 12번 실시한다. 흉곽이 팽창하는 것을 볼 수 있을 때까지 흉곽을 부풀게 해 주어야 한다.

4. 5분 후에 바흐의 레스큐 포뮬라를 투여한다. 잇몸이나 혀에 2방울을 떨어뜨리고, 호흡이 다시 되돌아올 때까지 5분 간격으로 계속한다. 수의사의 도움을 받을 수 없는 상황이라면 30분 간격으로 치료를 네 번 더 한다.

화상
(화상으로 인해 하얗게 변한 피부나 그을린 털)

한 가지 방법을 사용한다.

1. 우르티카 우렌스(Urtica urens) 팅크를 사용한다. 물 28g(2테이블스푼)에 팅크 6방울을 첨가하여 만든 용액에 거즈를 푹 적신 후 화상 부위에 댄다. 거즈를 제거하지 말고 용액을 더 부어서 촉촉하게 유지시키고 필요하다면 붕대를 감는다.

2. 아르세니쿰 알붐(Arsenicum album) 30C를 한 번 투여한다.

3. 5분 후에 바흐의 레스큐 포뮬라를 투여하는데 30분 간격으로 총 세 번 혀에 2방울씩 떨어뜨려 준다. 증상이 확연히 경감될 때까지 4시간 간격으로 반복한다.

허브요법 스케줄

일반적인 사용법 : 가능한 한 최근에 수확한 마른 허브를 사용한다. 되도록이면 그 해에 수확한 허브가 좋다. 몇 년이 지나면 허브는 공기에 노출되어 역가를 잃는다. 팅크라 불리는 알코올에 담근 허브 추출액은 최소한 2년 이상 역가가 유지되므로 매우 안정적이다. 팅크는 1온스(28g) 점적기병으로 판매하는데 물에 섞어서 쉽게 희석할 수 있다. 또 다른 형태인 젤라틴 캡슐은 가루로 된 허브를 처방할 때 유용하다. 캡슐은 허브의 역가를 떨어뜨리는 산소를 차단하여 신선도를 유지하는 데 도움이 된다.

스케줄 1 : 경구투여

이 스케줄에서는 더 이상의 증상이 없을 때까지 또는 최대 일주일 동안 하루에 세 번 허브를 투여한다. 사용하는 허브의 형태에 따라 조제방법이 결정된다(반려동물에게 약물을 투여하는 방법과 허브에 대해 더 많은 정보를 얻으려면 18장을 참조한다). 다양한 조제방법을 소개한다.

(a) 우려낸 물(infusion)

먼저 깨끗한 물(여과수나 증류수) 1컵을 끓여서 마른 허브 1티스푼이나 방금 채취한 신선한 허브 1테이블스푼이 담긴 용기에 붓는다. 뚜껑을 덮고 15분 동안 우려낸 다음에 무명이나 채를 이용해서 찌꺼기를 걸러내고 액체만 추출한다.

반려동물에게 하루에 세 번(아침, 오후 중반, 잠들기 전 밤) 먹이되 고양이나 소형견(14kg 미만)은 ½티스푼, 중형견(14~28kg)은 1티스푼, 대형견(28kg 이상)은 1테이블스푼을 먹인다.

(b) 차가운 추출액(cold extracts)

깨끗한 찬물 1컵에 마른 허브 1티스푼이나 방금 채취한 신선한 허브 2테이블스푼을 넣고 뚜껑을 덮은 상태로 12시간 동안 우려낸다. 찌꺼기를 걸러낸 후 '(a) 우려낸 물'에서 설명한 것과 동일한 양으로 하루에 세 번 추출액을 먹인다.

(c) 탕제(decoction)

방법이 구체적으로 명시된 경우에는 마른 뿌리나 뿌리줄기, 나무껍질 등으로 탕제를 조제한다. 깨끗한 물 1컵에 허브 1티스푼을 넣고 뚜껑을 연 채 15~20분 동안 보글보글 끓인다. 찌꺼기를 걸러내고 '(a) 우려낸 물'에서 설명한 것과 동일한 양으로 하루에 세 번 탕제를 먹인다.

(d) 팅크(tincture)

만약 반려인이 허브 팅크(제조방법을 알려면 18장을 참조하거나 천연식품점에서 구입한다)를 가지고 있다면 깨끗한 물 1티스푼에 팅크 세 방울(물 1테이블스푼에 팅크 9방울)을 떨어뜨려서 희석한다. '(a) 우려낸 물'에서 설명한 것과 동일한 양으로 하루에 세 번 희석한 용액을 투여한다.

(e) 젤라틴 캡슐(gelatin capsule)

사람의 경구투약용으로 제조한 허브 캡슐도 동물에게 투여할 수 있지만 더 소량 투여해야 한다. 1회 용량으로 소형견과 고양이는 ½캡슐, 중형견은 1캡슐, 대형견은 2캡슐을 투여한다. 이 용량을 하루에 세 번 투여한다.

스케줄 2 : 경구투여

허브를 대략 12시간 간격으로 하루에 두 번 투여한다. '스케줄 1'에서 설명했던 것과 동일한 과정과 동일한 양을 사용한다. 마찬가지로 증상이 완전히 사라질 때까지 또는 최대 일주일 동안 치료를 계속한다.

스케줄 3 : 경구투여

이 프로그램에서는 허브를 하루에 한 번, 즉 24시간에 한 번씩 투여한다. 증상이 완전히 사라질 때까지 또는 최대 일주일 동안 치료하며, '스케줄 1'에서 설명했던 것과 동일한 과정과 동일한 양을 사용한다.

스케줄 4 : 외부치료

이 프로그램은 허브 습포(herbal compress)를 필요로 한다. 먼저 스케줄 1에서처럼 허브로 뜨겁게 우려낸 물, 탕제, 팅크 희석액을 만든다. 이 용액을 화상을 입히거나 불편해할 정도로 너무 뜨겁지 않고 따뜻해할 정도로 식힌다. 만약 사람이 기분이 좋다고 느낄 정도라면 반려동물도 그렇게 느낄 것이다. 그런 다음에 작은 수건을 용액에 푹 적셔서 짠 후 반려동물의 아픈 부위에 댄다. 열이 식는 것을 막기 위해 습포 위에 마른 수건을 올린다. 그리고 5분이 지나면 수건을 다시 뜨거운 용액에 담갔다가 짠 후 아픈 부위에 또다시 댄다.

반려동물이 5분 정도밖에 참지 못하더라도 가능한 한 15분 동안 치료를 한다. 이 허브 습포는 하루에 두 번 최대 2주까지 적용할 수 있다.

스케줄 5 : 외부치료

스케줄 4에서처럼 온습포를 준비하여 냉습포(수돗물에 담근 또 다른 수건)와 교대로 두 번 적용한다. 이 방법은 손상 부위에 혈액공급이 더 잘되도록 자극한다. 먼저 5분 동안 허브 온습포를 대고 난 후 냉습포를 2분 동안 댄다. 같은 순서로 한 번 더 반복한다. 총 치료시간은 약 15분이다.

이 방법은 하루에 두 번 최대 2주까지 적용할 수 있다.

스케줄 6 : 외부치료

'스케줄 1'에서 설명했던 것처럼 우려낸 물, 탕제, 팅크 희석액을 조금 따뜻하게 만든다. 온도가 적절할 때 반려동물의 발이나 다리, 꼬리 등 아픈 부위를 용액에 직접 담근다. 반려동물이 잘 견딘다면 최소한 5분 동안 그 부위를 담갔다가 수건으로 깨끗하게 닦는다. 필요에 따라 하루에 두 번 최대 2주까지 적용한다.

동종요법 스케줄

일반적인 사용법 : 바이알 캡이나 깨끗한 스푼에 알약 1~2개를 넣거나 조그맣게 접힌 종이에 알약 세 개를 넣고 부숴서 약물을 준비한다. [알약의 사이즈는 여러 가지이다. 우리는 알약의 표준 사이즈를 줄을 잡아당기는 체인에 연결된 자그마한 금속 구슬(열쇠고리 체인이나 군인 인식표 줄에 달린 금속 구슬-옮긴이) 정도의 사이즈로 잡고 있다. 만약 알약이 양귀비 씨처럼 더 작다면 알약을 더 많이 먹여야 한다. 이것은 아마 #10 정도 되는 사이즈일 것이다.] 동물 환자에게 약을 먹인다는 것은 이 알약을 맛보게 하고 적어도 하나를 삼키게 하는 것이다. 따라서 알약을 동물의 입이나 목구멍에 직접 넣는다. 절대 동종요법 약물을 손으로 만져서는 안 된다(약을 먹일 때 이용할 수 있는 여러 가지 수단과 더욱 자세한 방법을 알려면 18장을 참조한다).

동종요법 약물은 음식과 함께 주면 효과적으로 작용하지 않을 수도 있다. 다음에 나오는 각각의 스케줄은 약물을 투여하기 전후로 얼마나 오랫동안 음식을 급여해서는 안 되는지를 알려 준다. 하지만 개의 밥을 훔쳐 먹으러 온 너구리가 다쳤다면 다루기 힘든 동물이므로 소량의 음식에 동종요법 약물을 섞어 줄 수 있다. 야생동물의 입 안에 동종요법 약물을 직접 넣을 수는 없기 때문이다. 나도 음식에 약물을 섞어서 먹인 적이 있는데 효과가 있는 것처럼 보였으며 실제로 여러 차례 좋은 반응을 보았다. 그래도 반려동물에게는 가능한 한 방해요소를 피하고 잠깐이라도 음식을 먹지 못하게 하는 것이 더 안전하며 약효를 더 높이는 방법이다.

물은 크게 문제가 되지는 않지만 그래도 약물 투여 전후로 반려동물이 5분 동안씩 물을 먹지 않는 것이 좋다.

490

스케줄 1 : 급성질환 치료

증상이 사라질 때까지 4시간 간격으로 알약을 먹인다. 약물투여 전후로 10분 동안은 음식을 주지 않는다.

만약 호전양상을 보이면 약물투여를 중단할 수 있다. 하지만 열이 있다면 체온이 38.6℃ 이하로 떨어질 때까지 약물투여를 계속한다.

24시간 이내에 호전양상이 보이지 않는다면 다른 약물 중 하나로 치료를 시도한다.

스케줄 2 : 급성질환 치료

4시간 간격으로 알약을 한 알이나 두 알씩 총 세 번 투여한다. 그리고 약물투여 전후로 10분 동안 음식을 먹이지 않는다. 그다음 24시간 동안은 더 이상 동종요법 치료가 필요치 않다. 만약 반려동물이 그때까지 눈에 띄는 호전양상이 보이지 않는다면 다른 동종요법 약물이나 다른 치료제로 바꿔서 치료한다.

스케줄 3 : 급성질환 치료

이 스케줄에서는 약물을 오직 한 번만 투여한다. 그리고 약물투여 전후로 30분 동안 음식을 먹이지 않는다. 만약 24시간 이내에 호전양상이 보이지 않는다면 다른 동종요법 약물로 치료를 시도한다. 만약 호전양상이 명확하게 보인다면 더

이상 동종요법 치료는 필요하지 않다.

스케줄 4 : 만성질환 치료

이 스케줄에서는 약물을 오직 한 번만 투여한다. 그리고 약물투여 전후로 30분 동안 음식을 먹이지 않는다. 추가로 약물투여를 하려면 한 달을 기다려야 한다. 며칠 내로 약물을 반복 투여하면 치료를 그르칠 수 있다. 만약 한 달이 다 되어 가는데도 불구하고 호전양상이 보이지 않으면 새로운 약물을 선정해야 한다.

스케줄 5 : 만성질환 치료

이 스케줄에서는 24시간 간격으로 약물을 오직 세 번만 투여하고 난 후 한 달을 기다린다. 약물투여를 세 번 할 때 알약 두 알을 먹이거나 알약 세 알을 가루로 부숴서 먹인다. 약을 혀 위에 올려놓는다. 그리고 약물투여 전후로 30분 동안 음식을 먹이지 않는다. 한 달 동안 더 이상 약물을 투여하지 않아야 한다. 만약 그때까지도 호전양상이 보이지 않는다면 새로운 약물을 선정해야 한다.

스케줄 6 : 만성질환 치료

이 스케줄에서는 약물투여를 장기간 반복하는

데, 반려인은 권장하는 옵션에 따라 다음과 같이 약물을 투여한다. (a) 하루에 한 번, (b) 12시간 간격으로 하루에 두 번, (c) 하루에 세 번(아침, 정오, 잠들기 전 밤). 그리고 약물투여 전후로 5분 동안 음식을 먹이지 않는다.

약물투여 기간은 대개 일주일이나 열흘이다. 만약 효과는 있는데 충분하지 않다면 더 좋은 약물을 사용해야 한다. 회복속도를 더디게 하는 무언가가 있음을 의미하는 것일 수도 있다. 이 시점에서는 홀리스틱 수의사에게 조언을 구하는 것이 좋다.

약물에 대한 반응 평가

지금까지 투여한 약물이 효과가 있는지 결정하는 것은 동종요법 치료를 하는 데 있어서 전반적인 성공 여부를 판단하는 데 중요하다. 이는 기존의 약물을 계속 투여할지, 중단할지, 다른 약물로 바꿀지에 대한 치료방향을 결정해 준다.

치료가 도움이 된다는 증거로 가장 좋은 첫 번째 증상은 힘, 원기, 활기, 기분 등이 향상되어 동물의 컨디션이 전반적으로 좋아진 것처럼 보이는 것이다. 두 번째 증상은 더디게 나타나기는 하지만 동물의 몸 상태에 뚜렷한 호전양상이 보이는 것이다.

반려인이 쉽게 오인할 수 있는 또 다른 좋은 증상은 치유과정의 한 부분으로 몸이 일시적으로 분비물을 배출하는 것이다. 질병에 따라 잠깐 동안의 설사(하루), 구토(한 번), 피부의 발진, 분비물의 형태로 나타날 수 있다. 또한 바이러스 감염의 경우처럼 몸의 방어기전이 작용하여 며칠 동안 열이 날 수도 있다. 그러나 이러한 반응이 심하거나 장기간 지속되어서는 안 된다. 그리고 다시 한 번 말하지만 치료가 제대로 진행되고 있다면 반려동물이 전체적으로 더욱 좋아지는 것을 느끼게 될 것이다.

치료반응을 평가하는 데 있어서 더 자세한 내용을 알려면 '질환별 관리법'의 서문을 읽어본다.

찾아보기

ㄱ

가려움증 427
가스배출 442
각막궤양 339, 424
간 316
간식 102
간염 339, 342, 442
간종대 398
간질 339
간질환 341, 476
갈증 345, 377, 414, 415
감기 401
감염 377
감자 64, 135
감정의 문제 240
갑상선 343
갑상선기능저하증 343
갑상선기능항진증 345
갑상선질환 343
개 냄새 465
개선충 233, 438
개의 전염성 기관기관지염 402
개체과잉 453
개체수 235
개 홍역 346
객담 421
건강검진 175
건조한 피부 465
겨 394
견관절퇴행 360
결막염 352
결석 349, 391, 392
결장에 출혈 409
경련 349, 479
고관절이형성증 350, 360, 383
고구마 135
고름 375
고양이면역부전 바이러스 352
고양이 바이러스성 질병 358
고양이발톱병 233
고양이백혈병 353
고양이범백혈구감소증 355

고양이비뇨기계 증후군 155, 357
고양이의 바이러스성 비기관염 402, 403
고양이의 칼리시바이러스 402, 405
고양이전염성 복막염 357, 442
고양이지각과민증후군 427
고양이 하부 비뇨기계 질환 155
고양이 화장실 229
고양이 훈련 225
고열 355
고창증 409
곡물 80
골절 479
골질환 360
공격성 220, 228, 360
공격적 362
과다활동 345
과도한 물 마시기 398
과도하게 핥는 행위 427
과도한 식욕 345
과식 409
관장 321, 418
관절 381
관절염 162, 360, 381
광견병 234, 282, 362
광견병 백신 282
광견병 예방접종 362
괴혈병 350
교배 170
교통사고 480
구강 변화 415
구강 염증 401
구강질환 352, 459
구개열 172
구내염 352
구역질 415, 440
구토 355, 363, 369, 397, 406, 415, 418, 440, 442, 444, 457
궤양 405, 415
귀 323
귀리 154, 324, 348
귀머거리 172
귀의 암 172
귀의 염증 427

귀지 364
귀진드기 364, 367
귀질환 364
귓속에 물이 들어간 경우 366
그루밍 459
그린빈 135
글루코사민 361
글루타민 428
글루타민산 150
글루텐 85
글리포세이트 50
급성위염 440
기관지염 369
기면 439
기생충 399, 400, 409, 464
기절 478
기침 401, 403
기후변화 420
꼬리 172

ㄴ

난산 449
납 179
납작귀리 393
내부기생충 369
내부출혈 484
내재질환 288
농양 373, 408
뇌염 375
눈 322
눈물 401

ㄷ

다뇨 398
다리 마사지 384
다리 절기 381
다음다뇨 406
단두 172
단백질 요구량 81, 88
달걀 66, 91
당 378
당근 135
당뇨병 163, 376
대마씨 387
대소변 가리기 229

대형견 444
독성 465
독성 수치 47
독소 41
동물성 식품 60
동종요법 306, 490
두개골 질병 172
두부 90
땅콩 92
땅콩호박 135
뚝새풀 367, 379
뛰어오르기 218

ㄹ

라임병 380
레몬 린스 434
렌더링 28
렙토스피라증 231
림프절종대 354
링웜 394

ㅁ

마늘 154, 349, 434
마른기침 402, 421
마비 383
마사지 198
마이크로칩 251
만성뇌염 222
만성 변비 396
만성 상부 호흡기계 질환 358
만성위염 442
많은 양의 소변 377
빨리 뛰는 맥박 399
메싸이오닌 156, 387
면역질환 343, 457
면역체계의 이상 376
명현반응 334
모기 439
모낭충 385, 436
모유 451
목구멍 통증 401
목욕 155, 202, 324
무기력 352
무는 행동 362
무도병 349, 385

개 · 고양이 자연주의 육아백과

무른 변 408
무릎관절 360
문제 행동 217
물기 219
미네랄 오일 394
미생물 380
밀 82

ㅂ

바이러스 352, 355, 358, 402
바이러스 감염 409
바이러스성 질병 353
바흐의 레스큐 포뮬라 478
바흐의 플라워 에센스 474
박탈감 240
발열 346, 354, 358, 407
발진 427
발톱제거술 227
방광 385
방광염 354, 385
방광질환 385
방부제 378
방사선요법 429
방사선중독 392
배뇨횟수 385, 390
배탈 442
백내장 377, 393, 424
백선, 링웜 232, 394, 438
백신 269, 277
벌레에 물렸을 때 480
베지도그 74
베지캣 74
베지펫 74
벼룩 203, 232, 394, 434
벼룩칼라 435
변비 161, 363, 394
보조제 100
보충제 92, 458
복부 팽창 398
복부통증 457
복부팽만 409
복수 358
부비동염 396
부신 397
부신 종양 398
부신피질기능저하증 397

부신피질기능항진증 398
분만 399, 449
분변검사 369
불안감 444
불편함 390
붕사 가루 434
브로콜리 135
비건 66
비뇨기계 문제 165
비만 376, 399, 454
비소 49
비타민 C 347, 350, 362, 402
비타민 A 370
Bt 옥수수 51
비후 438
빈혈 352, 373, 399, 476
빗질 201

ㅅ

사고 400
사마귀 401
사회성 222
산란계 66
산책 216
상부 호흡기계 감염(감기) 401
상실감 240
상업용 사료 26, 93
상처 482
상해 406, 426
새끼 451
새는장증후군 52, 408
생리식염수 404
생뼈 461
생선 393
생식기계 질환 406
샴푸 202, 435
서캐 435
석면 180
선천성 질병 171, 173
설사 161, 354, 369, 397, 406, 408, 451, 457
성성숙 454
성장호르몬 38, 455
세균 402
세균감염 414
소금 100
소변 386, 415

소화기능 저하 442
소화 보조제 102
소화효소 100
속립성 피부염 427
쇠고기 64
쇠약 377, 397, 399, 421, 457
쇼크 457, 481
수기요법 301
수술 363
수액처치 457
수양성 눈곱 403
수양성 변 408
수양성 분비물 402
수양성 설사 372
수은 48
수은중독 386, 460
수호자 274
수화 418
숨기 442
쉽게 지침 421
스켈링 461
스테로이드 호르몬 397
스트레스 442
스프레이 454
슬개골탈구 360
슬러지 388
습진 412
식욕 345, 358
식욕부진 347, 352, 397, 402, 406, 412, 415, 439, 440, 442
식욕 상실 457
식품별 단백질과 지방 함량 86
신부전 363, 413, 416, 418
신장결손 172
신장질환 163
심박동 485
심박동이 멈췄을 때 481
심박수 345
심장 마사지 481
심장사상충 418
심장질환 421
심폐소생술 482
심혈관계 결손 173
십이지장충(구충) 231, 372
씨앗 92

ㅇ

아마씨 387
아몬드 오일 434
아스코르브산나트륨 404
아스파라거스 135
악취 407, 415
안검 173, 347
안검내번증 425
안과질환 423
안구 173
안락사 263
알레르기 84, 162, 364, 426
알레르기 탈감작 주사 467
알루미늄 중독 395
알팔파 153, 324
암 428
압박붕대기법 484
야채 361, 394
약물 부작용 363
약물중독 442
얌 135
양상추 135
억제된 질병 466
여행 249
여행자 275
열 352
열사병 482
열상 482
염증 363, 425
엽산 461
영양결핍 465
영양효모 89, 90, 409, 434
영역표시 454
예방접종 222, 339, 414, 432, 466, 475
예방접종 부작용 271
예방접종 스케줄 280
오메가-3 386
오줌 390
옥수수 82, 135
온습포 374
옴 432, 436
완두콩 135
외부기생충 432
외음부 분비물 406
외출 고양이 222

요독증 416, 439
우엉 154, 324
우유 67
운동 196
원기소실 347
웨스트 나일 바이러스 439
위장관장애 163, 363
위질환 440
위확장(고창증) 444
유선기형 173
유선염 408, 451
유선종양 446
유전 360
유전자 변형 식품 50
유전자 변형 작물 37
유칼립투스 오일 421
유형성숙 169
육류 부산물 28
육분 28
육식동물 81
응급상황 448
응급처치 477
의기소침 406, 407, 442
의식상실 478
이 435
이물질 섭취 440
이분척추 173
이질 408, 448
인 416
인공 호르몬 344
인공호흡 485
인슐린 376
인식표 251
임신 448
임신, 분만, 새끼의 관리 448
잇몸 염증 460
잇몸 창백 399

ㅈ

자가면역질환 397, 426
자간증 448, 452
자궁염 407
자궁축농증 406
잠 200
잠복고환 173

장수 193
재발 377
재발성 방광염 414
재채기 401, 403
저체중 456
적혈구 476
전신성 모낭충증 436
전염성 복막염 452
전자파 186
절식 150, 318, 347, 467
점액질 409
제대탈장 173
제왕절개 450
주관절염 360
주키니 호박 135
중금속 43, 48, 179
중독 363, 452, 482
중성화수술 235, 450, 452
지압 485
진드기mite 454
진드기tick 433, 454
짖기 218

ㅊ

척추관절염 309
척추염 383
천공 483
철분 399
첨가제 30
체공관리 322
체절 370
체중감소 352, 354
체중문제 166, 454
체중증가(비만) 398
촌충 231, 370
총상 483
추간판질환 383, 456
출혈 483
충치 462
췌장염 164, 377, 457
치과질환 459
치근 농양 460
치아 463
치유성 배출 337
치유위기 153

치은염 352
치은질환 460
치주질환 460
침 403
침술요법 303
침울 358
침흘림 444

ㅋ

카이로프랙틱 301
칼륨 416
칼슘 392, 448
커큐민 432
케르세틴 427
켄넬코프 402, 463
코 322
코르티코스테로이드 466
코엔자임 Q10 422
코질환 463
콜린 149
콧물 347, 401
콩 64, 82, 90, 146, 361
콩고기 90
크랜베리 90

ㅌ

타우린 422
탈모 398, 438, 463, 469
탈수 354, 355, 404, 409
털 164, 173
털빠짐 463, 469
토마토 135
톡소플라스마증 231, 463
통곡물 91
통증 408, 442
트림 409

ㅍ

파보바이러스 감염증 356
파우치 사료 류 378
파이토뉴트리언트 88
판토텐산 397
팔꿈치관절염 360
펫로스 261
편충 372

폐렴 405
폐색 385
포도상구균 436
포름알데히드 181
품종개량 168
프로바이오틱스 93, 150, 428
플라워 에센스 304, 328
피마자유 372
피부 164, 344
피부병 18
피부 알레르기 463
피부염 464
피부질환 343, 364, 465

ㅎ

학습자 275
항문낭질환 470
항바이러스 제제 402
해독 316
행동문제 272, 472
허브 92
허브 약물 326
허브요법 299, 487
허브 치료 324
허브 팅크 326
허탈 421
헤링의 치유법칙 335
헤어볼 173
혀나 잇몸이 창백 421
혈뇨 385, 390
혈당 376
호르몬 주사 377
호박 394
호흡 485
호흡곤란 421
홍반 364, 438
홍역 402
홍조 364
화상 486
화장실 문제 224
환경내독소 376
황달 475
회충 230, 369
효모균 감염 364
흉수 358

참고문헌

2장

1 Ann Martin, *Protect Your Pet* (Troutdale, OR: NewSage Press, 2001), 11.

2 Donald Strombeck, *Home-Prepared Diets for Dogs and Cats* (Ames, IA: Iowa State Press, 2010), Appendix section on commercial pet food contamination. Dr. Strombeck, DVM, PhD, is professor emeritus, University of California, Davis, School of Veterinary Medicine.

3 Martin, *Protect Your Pet,* 21.

4 Ibid., 12.

5 Ibid., 22.

6 www.organic-center.org.

7 Marc Gunther, "I'm Sorry to Inform You That Your Pet is Bad for the Planet," blog post, July 31, 2015. http://www.marcgunther.com/im-sorry-to-inform-you-that-your-pet-is-bad-for-the-planet/. Gunther cites sources stating that the average cat eat about 30 pounds of fish a year, twice what Americans eat. So, if a 10-pound cat eats 30 pounds of seafood a year, that's 3 pounds per pound of cat. If a 150-pound person eats 15 pounds, that's 1/10 pound of fish eaten per pound of person—thus, cats are actually eating more like 30 times the amount of seafood per pound of body weight as humans.

8 Poisoned Pets (website). http://poisonedpets.com/toxic-metals-found-in-pet-food/. Also see Mike Adams, "Pet Treats Found Contaminated with Heavy Metals," *Natural News,* April 21, 2014. http://www.naturalnews.com/.

9 Patrick Mahaney, DVM, "Pet Food: The Good, the Bad, and the Healthy," The Paw Print Blog. http://www.petsafe.net/learn/pet-food-the-good-the-bad-and-the-healthy.

10 Martin, 41.

11 Ibid., 42.

12 FDA, "Subchapter E—Animal Drugs, Feeds, and Related Products; §582. 1666. Propylene Glycol," Code of Federal Regulations, 21 C.F.R. 582. 1666.

13 Banfield Veterinary Hospital, *State of Pet Health™ 2015 Report.* www.banfield.com/state-of-pet-health.

14 According to Susan Wynn, DVM, in an interview by Sandy Eckstein, WebMD Pet Health Feature. http://pets.webmd.com/dogs/guide/caring-for-a-dog-that-has-food-allergies.

15 Joel Fuhrman, MD, *Eat to Live* (New York: Little, Brown and Co., 2011), describes various studies indicating that the vast majority of the major chronic disease are preventable via healthy diet and weight, exercise, and not smoking.

3장

1 Bruce Ames, cited in "The Declining Nutrient Value of Food," *Mother Earth News,* January 23, 2012.

2 Ibid.

3 Virginia Worthington, "Nutritional Quality of Organic versus Conventional Fruits, Vegetables and Grains," *Journals of Alternative and Complementary Medicine* 7 (July 2004): 161-173.

4 "Organic Foods vs. Supermarket Foods: Element Levels," *Journal of Applied Nutrition* 45 (1993): 35-39. Cited in John Robbins, *The Food Revolution* (San Francisco: Conari Press, 2011), 370.

5 Joseph Mercola, "Analysis Identifies Shocking Problems with Monsanto's Genetically Engineered Corn." http://articles.mercola.com/sites/articles/

archive/2013/04/30/monsanto-GM-corn.aspx, April 30, 2013.

6 Claire Robinson of GM Watch, United Kingdom, and author of *GM Myths and Truths*, in an interview with Jeffrey Smith in John Robbins's GMO MiniSummit, http://gmosummit.org/empowerment, 2015.

7 Michael Greger, "Why Do Vegan Women Have 5x Fewer Twins?" *Nutrition Facts* 22 (December 26, 2014). http://nutritionfacts.org/video/why-do-vegan-women-have-5x-fewer-twins/.

8 Brenda Davis, "Paleo Diet: Myths and Realities," YouTube talk, May 1, 2014: https://www.youtube.com/watch?v=QUXTzbjGakg.

9 Joel Fuhrman, *Eat to live: The Amazing Nutrient-Rich Program for Fast and Sustained Weight Loss* (New York: Little, Brown and Company, 2011); T. Colin Campbell with Howard Jacobson, *Whole: Rethinking the Science of Nutrition* (Dallas: BenBella Books, 2013).

10 Ibid., 75

11 Banfield Veterinary Hospital, *State of Pet Health™ 2015 Report*. www.banfield.com/state-of-pet-health.

12 Fuhrman, 75.

13 Garth Davis with Howard Jacobson, *Proteinaholic: How Our Obsession with Meat Is Killing Us and What We Can Do about It* (New York: Harper One, 2015).

14 Randall Fitzgerald, *The Hundred-Year Lie* (New York: Dutton/penguin, 2006), 5.

15 US Centers for Disease Control and Prevention, "CDC's Third National Report on Human Exposure to Environmental Chemicals," July 2005. www.npr.org/documents/2005/jul/factsheet.pdf.

16 John McDougall, "Parkinson's Disease and Other Diet-Induced Tremors," *McDougall Newsletter*, November 2010. https://www.drmcdougall.com/misc/2010nl/nov/parkinson.htm.

17 "Toxic Cats and Dogs" *New York Times,* April 18, 2008. http://well.blogs.nytimes.com/2008/04/18/toxic-cats-and-dogs/?_r=1.

18 Mike Adams, "Pet Treats Found Contaminated with Heavy Metals," *Natural News,* April 21, 2014. http://www.naturalnews.com/044795_pet_treats_toxic_heavy_metals_Made_in_China.html.

19 "The Dirty Dozen," United Nations Industrial Development Organization. Retrieved March 27, 2014.

20 L. Ritter, K. R. Solomon, J. Forget, M. Stemeroff, and C. O'Leary, "Persistent Organic Pollutants: An Assessment Report on: DDT, Aldrin, Dieldrin, Endrin, Chlordane, Heptachlor, Hexachlorobenzene, Mirex, Toxaphene, Polychlorinated Biphenyls, Dioxins and Furans." Prepared for The International Programme on Chemical Safety (IPCS), within the framework of the Inter-Organization Programme for the Sound Management of Chemicals (IOMC). Retrieved on September 16, 2007.

21 John Robbins, *Diet for a New America,* from excerpts online at http://michaelbluejay.com/veg/books/dietamerica.html.

22 Robbins, *The Food Revolution,* Conari Press, 2011, 42, citing "FDA Launches Study on Dioxin Levels in Fish, Dairy Foods," *Food Chemical News,* February 27, 1995.

23 Michael Greger, "Dioxins in the Food Supply," *Nutrition Fact* 4 (November 26, 2010). http://nutritionfacts.org/video/dioxins-in-the-food-supply, citing several scientific studies.

24 "Analysis of Toxic Trace Metals in Pet Foods Using Cryogenic Grinding and Quantitation by ICP-MS," Part 1, *Spectroscopy* (January 2011). Cited at

http://truthaboutpetfood.com/heavy-metal-pet-food-testing-paper-published/.

25 Deva Khalsa, *Animal Wellness Magazine.* http://animalwellnessmagazine.com/mercury-in-fish/.

26 Keeve E. Nachman et al., "Roxarsone, Inorganic Arsenic, and Other Arsenic Species in Chicken: A U.S.-based Market Basket Sample," *Environmental Health Perspectives* 121 (July 2013). Available at http://dx.doi.org/10.1289/ehp.1206245.

27 Kushik Jaga and Chanddrabhan Dharmani, "Global Surveillance of DDT and DDE Levels in Human Tissues," *International Journal of Occupational Medicine and Environmental Health* 16 (1) (2003): 7-20. www.imp.lodz.pl/upload/oficyna/artykuly/pdf/full/jaga1-01-03.pdf.

28 Jeffrey Smith, director of the Institute for Responsible Technology, citing studies discovered via the Freedom of Information Act, bonus lecture with the DVD, *Genetic Roulette.*

29 Nancy Swanson et al., "Genetically Engineered Crops, Glyphosate and the Deterioration of Health in the United States of America," *Journal of Organic Systems* 9 (2) (2014). http://www.organic-systems.org/journal/92/JOS_Volume-9_Number-2_Nov_2014-Swanson-et-al.pdf.

30 Joseph Mercola, "Monsanto Decimates Their Credibility." http://articles.mercola.com/sites/articles/archive/2013/09/10/monsanto-bt-corn.aspx, September 10, 2013.

31 Judy A. Carman et al., "A Long-Term Toxicology Study on Pigs Fed a Combined Genetically Modified (GM) Soy and GM Maize Diet," *Journal of Organic Systems* 8 (1) (2013).

32 Anthony Samsell and Stephanie Seneff, "Glyphosate, Pathways to Modern Diseases II: Celiac Sprue and Gluten Intolerance," *Interdisciplinary Toxicology* 6 (4) (December 2013): 159-184. http://www.ncbi.nlm.nih.gov/pmc/articles/PMC3945755/.

33 Leah Zerbe, "The Crazy New Research on Roundup," *Rodale's Organic Life,* April 23, 2014: http://www.rodalesorganiclife.com/food/glyphosate-research.

34 http://www.nongmoproject.org/learn-more/gmos-and-your-family/.

35 Smith, Lecture on GMOs, Unity of Sedona, December 1, 2015.

4장

1 Statistics drawn from many sources online and also *Cowspiracy: The Sustainability Secret* (AUM Films, 2014) and the companion book by Keegan Kuhn and Kip Andersen, *The Sustainability Secret: Rethinking Our Diet to Transform the World* (San Rafael, CA: Earth Aware Edition, 2015).

2 Hal Herzog, *Some We Love, Some We Hate, Some We Eat* (New York: Harper Collins, 2010), 6.

3 Our calculations are based on "Crop Yields and Calorie Density," *Mother Earth News.* news.com, http://www.motherearthnews.com/organic-gardening/garden-planning/~/media/295A54F778854C39B455F7B7DB4F4C82.ashx. Information on grain-fed versus grass-fed beef yields and calories from quick Google searches and USDA figures on ground beef, using fattiest choices.

4 United Nations General Assembly Session 60, Resolution 191. International Year of the Potato, 2008 A/RES/60/191, page 1. December 22, 2005.

5 Kuhn and Andersen, *The Sustainability Secret.*

6 Michael Pollan interview in *Cowspiracy.*

7 Oliver Milman and Stuart Leavenworth, "China's Plan to Cut Meat Consumption by 50% Cheered by Climate Campaigners," *The Guardian,* June 20,

2016. http://www.theguardian.com/world/2016/jun/20/chinas-meat-consumption-climate-change.

8 Johnny Braz, *Saving Mookie (and Penny!),* Indraloka Animal Sanctuary, YouTube, https://www.youtube.com/watch?v=Fb0-iZ1XgkY.

9 Gail Eisnitz, *Slaughterhouse: The Shocking Story of Greed, Neglect, and Inhumane Treatment inside the U.S. Meat Industry* (Amherst, NY: Prometheus, 2006). Excerpts available online.

5장

1 Anne Heritage, *Bramble: The Dog Who Wanted to Live Forever: The Somerset Notes* (CreateSpace Independent Publishing, April 24, 2013). Also see Wikipedia, "List of oldest dogs."

2 Dan Buettner, *The Blue Zones: Lessons for Living Longer from the People Who've Lived the Longest* (Washington, DC: National Geographic, 2008).

3 Erik Axelsson, Abhirami Ratnakumar, et al., "The Genomic Signature of Dog Domestication Reveals Adaptation to a Starch-Rich Diet," *Nature 495* (march 21, 2013), 360-364.

4 Debra L. Zoran, "The Carnivore Connection to Nutrition in Cats," Vet Med Today: Timely Topics in Nutrition, *Journal of the American Veterinary Medical Association* 221, no. 11 (December 1, 2002).

5 "Nutrient Requirements of Domestic Animals: Nutrient Requirements of Cats," revised edition, 1986, Subcommittee on Cat Nutrition. Committee on Animal Nutriton. Board on Agriculture, National Research Council (Washington, DC: National Academy Press, 1986)

6 Dottie P. Laflamme, "Cats and Carbohydrates: Implications for Health and Disease," Nestlé Purina PetCare Company, Floyd, Virginia, Vetlearn.

com, January 2010. Compendium: Continuing Education for Veterinarians.

7 Lorie Huston, "What Is Grain-Free Pet Food, Really?" http://www.petmd.com/dog/centers/nutrition/evr_multi_what_is_grain_free_pet_food_really.

8 Donna Soloman, "Grain-Free Pet Food Trend a Hoax? http://www.huffingtonpost.com/donna-solomon-dvm/grainfree-pet-food-trend-_b_5429538.html.

9장

1 Lorelei Wakefield, "Vegetarian Diets for Companion Animals," April 7, 2015, http://responsibleeatingandliving.com/lorelei-wakefield/.

2 Judy Hoy, Nancy Swanson, and Stephanie Seneff, "The High Cost of Pesticides: Human and Animal Diseases," *Poultry, Fisheries and Wildlife Sciences* 3(1), 2015, http://dx.doi.org/10.4172/2375-446X.1000132.

10장

1 Ben Leer, "Why Isn't Asbestos Banned in the United States?," September 2013. http://www.asbestos.com/blog/2012/09/17/why-isn't-asbestos-banned-in-the-united-states/.

2 EPA402/K-10/005 |March2013|www.epa.gov/radon. Adownloadable PDF with excellent information on constructing or remodeling your home to minimize this problem.

3 Barbara K. Chang, Andrew T. Huang, William T. Joines, and Richard S. Kramer, "The Effect of Microwave Radiation (1.0 GHz) on the Blood-Brain Barrier in Dogs," *Radio Science* 17 (5S), published online December 2012.

11장

1 Dan Buettner, *The Blue Zones: Lessons for Living Longer from the People Who've Lived the longest* (Washington, DC: National Geographic, 2008), 233.

2 Anne Heritage, *Bramble: The Dog Who Wanted to Live Forever: The Somerset Notes,* November 20, 2012.

3 CNN, "100-Year-Old Shares Secrets to a Long Life," http://www.cnn.com/videos/health/2015/04/08/exp-human-factor-dr-ellsworth-wareham.cnn.

4 Anitra Frazier with Norma Eckroate, *The New Natural Cat,* revised, update edition (New York: Plume, 2008).

12장

1 Oliver Sacks, *The Man Who Mistook His Wife for a Hat* (New York: Harper and Row, 1985), 156-158.

2 Eckhart Tolle, *The Power of Now* (Novato, CA: New World Library, 1999).

3 Anitra Frazier, with Normal Eckroate, *The New Natural Cat* (New York: Penguin, 2008).

4 Lidia García-Agudo, Pedro García-Martos, and Manuel Rodríguez-Iglesias, "Dipylidium caninum Infection in an Infant: A Rare Case Report and Literature Review," *Asian Pacific Journal of Tropical Biomedicine* 4 (July 2014).

5 Centers for Disease Control, "Human Rabies." http://www.cdc.gov/rabies/location/usa/surveillance/index.html.

14장

1 "Airline Pet Policies," http://www.pettravel.com/airline_rules.cfm.

16장

1 Ruth Downing, "We Thought We Were Protecting Him," *Dogs Monthly,* November 2013, 18-20. www.dogsmonthly.co.uk.

2 Purdue University, "Effects of Vaccination on the Endocrine and Immune Systems of Dogs, Phase Ⅱ," November 1, 1999, http://www.homestead.com/vonhapsburg/.

3 Michael R. Lappin, Randall J. Basaraba, and Wayne A. Jensen, "Interstitial Nephritis in Cats Inoculated with Crandell Rees Feline Kidney Cell Lysates," *Journal of Feline Medicine and Surgery* 8 (2006), 353-356.

4 Michael E. Horwin, "Simian Virus 40 (SV40): A Cancer Causing Monkey Virus from FDA-Approved Vaccines," *Albany Law Journal of Science & Technology* 13 (3) (2003): 721.

5 Horace B. F. Jervis, "Treatment of Canine Distemper with the Potentized Virus," *Journal of the American Veterinary Medical Association* LXXV (1929): 778.

6 Will Falconer, "Prevent Parvo and Distemper without Vaccination," March 17, 2014, http://vitalanimal.com/prevent-parvo-distemper/.

18장

1 나는 일부 반려인들로부터 영양효모를 구하는 데 어려움이 있다는 편지를 종종 받았다. 따라서 양조용 효모를 구할 수 있다면 양조용 효모도 효과가 좋기 때문에 영양효모 대신 사용할 수 있다.

질환별 관리법

1 S. Banic, "Prevention of Rabies by Vitamin C," *Nature Journal* (November 13, 1975): 53.

2 Debra L. Zoran, "The Carnivore Connection to Nutrition in Cats," *Journal of the American Veterinary Medical Association* 221(11) (December 1, 2002).

3 Duk-Hee Lee, In-kyu Lee, et al., "A Strong Dose-Response Relation between Serum Concentrations of Persistent Organic Pollutants and Diabetes," Results from the National Health and Examination

Survey 1999-2002, *Diabetes Care* 29 (2006): 1638-1644.

4 Shu-Li Wang, Pei-Chien Tsal, et al., "Increased Risk of Diabetes and Polychlorinated Biphenyls and Dioxins," A 24-Year Follow-up Study of the Yucheng Cohort, *Diabetes Care* 31 (2008): 1574-1579.

5 Dottie P. Laflamme, "Cats and Carbohydrates: Implications for Health and Disease," Vetlearn. com, January 2010, Compendium: Continuing Education for Veterinarians.

6 Zoran, "The Carnivore Connection to Nutrition in Cats."

7 J. M. Kruger, J. P. Lulich, J. Merrills, et al., "Comparison of Foods with Differing Nutritional Profiles for Long-Term Management of Acute Nonobstructive Idiopathic Cystitis in Cats." *Journal of the American Veterinary Medical Association* 247(5) (2015): 508-517.

8 Michael R. Lappin, Randall J. Basaraba, and Wayne A. Jensen, "Interstitial Nephritis in Cats Inoculated with Crandell Rees Feline Kidney Cell Lysates," *Journal of Feline Medicine and Surgery* 8 (2006): 353-356.

9 N. Tsuboyama-Kasaoka, C. Shozawa, K. Sano, et al., "Taurine (2-Aminoethanesulfonic Acid) Deficiency Creates a Vicious Circle Promoting Obesity," *Endocrinology* 147(7) (July 2006): 3276-3284.

10 Joel Fuhrman, *Eat to Live* (New York: Little, Brown and Company, 2011), 121-122.

11 Rodney habib, "Turmeric for Dogs," *Dogs Naturally* magazine, http://www.dogsnaturallymagazine.com/turmeric-dogs/.

추천 책

Jan Allegretti, DVetHom, *The Complete Holistic Dog Book: Home Health Care for Our Canine Companions* (2nd ed. in process, 2017).

Don Hamilton, DVM, *Homeopathic Care for Cats and Dogs: Small Doses for Small Animals* (Berkeley, CA: North Atlantic Books, rev. ed., 2010).

Wendy Jensen, DVM, *Practical Handbook of Veterinary Homeopathy* (Castroville, TX: Black Rose Writing, 2015).

Ann N. Martin, *Food Pets Die For* (Troutdale, OR: New Sage Press, 1997).

Allen Schoen, DVM, *Kindred Spirits: How the Remarkable Bond Between Humans and Animals Can Change the Way We Live* (New York: Broadway Books, 2002).

추천 비디오

"Conspiracy: The Sustainability Secret" (AUM Films, 2014).

"vshvideo" on YouTube, dozens of expert lectures on plant based nutrition and related eco and humane issues.

"Food Inc." (Dogwoof Pictures et. al, 2009).

옮긴이의 글
자연주의적인 삶의 방식은
사람과 동물 모두에게 건강과 행복을 선물한다

벚꽃이 흐드러지게 필 무렵 시작한 우리 부부의 번역작업은 무더웠던 여름을 지나 가을 단풍이 붉게 물들고 찬바람이 불 때까지 계속되었다. 2017년은 번역으로 기억되는 한 해였다. 하지만 번역으로 한 해를 보낸 것이 하나도 아쉽지 않게 기존의 《개·고양이 자연주의 육아백과》와 다른 새로운 내용으로 우리를 놀라게 한 피케른 박사의 이번 책은 우리에게 깊은 깨우침과 지식을 주었다.

이번 책을 통해 알게 된 식품의 오염 문제와 지구환경 파괴의 현실은 충격 그 이상이었다. 우리의 어린 딸이 내 나이가 되어 갈 때쯤 지구는 과연 어떤 모습일지 걱정이 앞서게 만드는 내용이었다. 더불어 인간의 욕심에 고통받는 동물들의 이야기는 끔찍하기 이를 데가 없었다. 지금까지 마트에서 아무렇지 않게 공산품처럼 사오던 고기와 우유, 달걀이 동물의 고통과 희생으로 우리의 식탁에 오르게 되었음을 자세히 알고 나니 마음이 아팠다.

책을 번역하면서 우리 가족은 삶의 많은 부분을 바꿨었다. 문제점을 알고 나니 더 이상 간과하기 어려운 부분들이 생활 속에 너무나 많았다. 일단 동물성 식품을 멀리하고 콩, 채소와 과일, 통곡물을 많이 먹는 방향으로 식생활을 바꿨었다. 동물성 식품과 가공식품을 줄이고 채식 위주의 식사를 하니 확실히 몸이 건강해지는 것이 느껴졌다. 피부가 좋아지고 알레르기와 위장장애가 줄어들었으며 감기에 걸려도 빨리 나았다. 딸도 채소와 과일을 예전보다 더 많이 먹으면서 감기나 잔병으로 소아과에 가는 일이 줄었다. 신기하게도 우리 집의 고양이 6남매도 채식을 좋아하게 되었는데 특히 영양효모를 사랑하게 되었다. 몸에 좋은 것은 누구나 좋아하게 마련인가 보다. 더불어 각종 화학약품의 사용을 줄이고 자연주의 살림법을 실천하면서 화장품도 자연적인 재료로 바꾸었다. 아몬드 오일을 로션 대신 바르고 있는 데 훨씬 좋다. 무엇보다 딸에게 어릴 적부터 해로운 것들을 줄이고 좋은 것들로 건강한 식이와 환경을 제공하고 있다는 점이 다행스러웠다.

진료를 하다보면 알레르기와 암 케이스를 많이 접한다. 그 원인을 막연히 식품과 환경오염 때문일 거라고 생각했지 확신하지 못하다가, 책을 번역하면서 문제의 해답이 식품과 환경에 축적된 독성 때문이라는 사실을 명확히 알게 된 후에는 질병을 치료하고 예방하는 일이 예전에 비해 훨씬 더 수월해졌다.

내가 동종요법을 알게 된 지는 15년 정도 되어 간다. 하지만 우리나라에서는 아직도 동종요법이 생소하며, 홀리스틱이나 대체의학이 민간요법 정도로 치부되는 것이 현실이다. 현대수의학과 전혀 다른 접근으로 질병을 치료하니 일반인이 이해하고 받아들이기 어려운 것도 사실이다. 동종요법을 처음 시작했을 때 솔직히 우리 부부도 '이렇게 해도 치료가 되나?' 하는 의구심이 있었다. 하지만 정확한 약물을 제때 사용하기만 하면 동종요법은 놀라운 치료효과를 보였다. 각종 전염성 질병이나 간, 신장, 췌장, 심장 등 만성질환, 암, 외상, 심지어 수술을 요하는 일부 케이스까지도 동종요법을 통해 완전히 치료되거나 개, 고양이가 일상생활이 가능하도록 고통을 줄여 주고 회복시키는 일이 가능했다. 동종요법은 부작용 없이 치료가 가능한 자연친화적인 치료법이다. 이 책을 통해 동종요법에 대한 대중의 이해의 폭이 좀 더 넓어져 다수의 사람과 반려동물이 동종요법의 수혜자가 되기를 바란다.

이번 책이 《개·고양이 자연주의 육아백과》의 최종판이라고 설명한 피케른 박사는 책 속에서 자신의 경험과 지식을 진솔하고 아낌없이 전달하고 있다. 또한 아픈 반려동물뿐만 아니라 이 세상에 살고 있는 모든 동물과 지구 그리고 미래의 세대에 대한 걱정과 사랑이 책 곳곳에 묻어 있다. 훌륭한 책을 써준 피케른 박사 부부에게 감사의 말을 전하고, 이 책의 번역을 통해 우리 가족의 삶이 건강하게 바뀐 것도 큰 행운이라고 생각한다. 이 책을 통해 많은 반려인도 건강한 자연주의 삶의 방식으로 전환하고 지구와 생명을 구하는 일에 동참하여 반려동물과 함께 건강하고 행복하기를 바란다.

모두의 마음에 따뜻한 사랑과 평화가 가득하기를 바라며.

양창윤, 장희경

초판에 실린 자연식·생식 레시피 37

칼슘보조제

칼슘 보조제는 모든 반려동물 레시피에서 필수 요소이다. 개를 위한 레시피에서는 칼슘이 인에 비해 조금 더 많은 것이 좋고, 고양이는 칼슘과 인의 비율이 일대일인 것이 이상적이다. 하지만 여기서는 융통성이 필요해서 칼슘 : 인의 비율이 2 : 1이 되어도 무방하다.

사실 음식에 함유된 실제 칼슘의 양을 정확하게 판단하기는 어렵다. 일반적으로 뼈 등 칼슘 공급원으로부터 나온 칼슘은 몸에 쉽사리 흡수되는 반면에 채소에 함유된 칼슘은 소화율이 떨어진다. 예를 들어 곡물에 함유된 인은 30%만 흡수된다.

여기서 몇 가지 칼슘 보조제를 살펴보자.

골분

반려동물에게 필요한 칼슘을 보충하기 위해 분말로 된 골분을 구입한다. 사람용 골분을 사용해도 되지만 사용이 불편하고 가격이 더 비싸다. 물론 동물용이나 사람용이나 둘 다 미국 가축에게서 추출하지 않았다는 점은 동일하지만 동물용 제품은 음식에 첨가하기 쉽게 분말로 되어 있다는 장점이 있다.

골분은 육식동물을 위한 가장 자연적인 칼슘 공급원이며 수많은 미네랄을 공급한다. 또한 칼슘이 농축된 형태여서 사용하기에도 편리하고, 칼슘뿐만 아니라 인도 함유되어 있다. 골분은 대형견, 특히 골질환이 있거나 고관절이형성증 증상을 보이는 대형견에게 꼭 필요한 보조제이다. 골분은 브랜드에 따라 칼슘 농도에 다소 차이가 있다. 다음 페이지의 '칼슘 보조제 목록'을 참고한다.

해초

애니멀 에센셜(Animal Essentials) 브랜드의 칼슘 보조제는 아일랜드 해안에서 자라는 해초에서 추출한 칼슘을 공급한다. 해초(seaweed) 칼슘 보조제는 매우 순수한 형태의 칼슘이며, 동물성이 아니라는 이점이 있고, 수많은 우수 미네랄을 함께 공급한다는 장점이 있다.

칼슘 보조제 목록

Group Ⅰ

제품명	칼슘과 인 (티스푼당)
KAL, Inc. Bone Meal	칼슘=1,620mg 인=540mg
Solid Gold	칼슘=1,368mg 인=684mg
Solgar	칼슘=1,000mg 인=600mg
Group Ⅰ 평균 총량	칼슘=1,329mg 인=608mg

Group Ⅱ*

제품명	칼슘과 인 (티스푼당)
NaturVet Bone Meal	칼슘=860mg 인=430mg
Now Bone Meal Powder	칼슘=500mg 인=250mg
Solgar Bone-All	칼슘=714mg 인=336mg
Group Ⅱ 평균 총량	칼슘=691mg 인=339mg

Group Ⅲ**

제품명	칼슘과 인 (티스푼당)
Animal Essentials Calcium	칼슘=1,000mg 인=2mg
Eggshells (dried & powdered)	칼슘=1,800mg 인=6mg
Calcium carbonate powder***	칼슘=1,775mg 인=0mg
Calcium gluconate***	칼슘=188mg 인=0mg
Calcium lactate***	칼슘=317mg 인=0mg

*Group Ⅱ의 양이 Group Ⅰ 양의 약 1/2에 해당하므로 만약 Group Ⅱ를 사용한다면 양을 2배로 늘려야 한다.

**이 제품은 대부분 칼슘으로 구성되어 인은 매우 극소량 들어 있다. 그러므로 레시피에서 골분 계산은 대체로 Group Ⅰ을 기준으로 하는 게 좋다.

***이 보조제는 미국의 경우 건강식품점이나 동물병원에서 구할 수 있다. 모든 제품의 칼슘 함량이 동일하지 않으므로 구입 후 반드시 라벨을 확인해야 한다.

칼슘 보조제 제조업체 연락처

KAL, Inc. Bone Meal	웹사이트에서 'KAL bone meal'을 검색
Solid Gold	www.solidgoldhealth.com
NaturVet Bone Meal	www.naturvet.com
Now Bone Meal Powder	www.nowcatalog.com
Solgar Bone Meal Powder with Vitamin B12	www.solgar.com
Animal Essentials Calcium	www.animalessentials.com

건강 분말 만들기

◇ 양조용 효모brewers yeast 2컵

◇ 레시틴 과립 1컵

◇ 켈프 분말 ¼컵

◇ Group I 골분* 2테이블스푼 + 1티스푼

◇ 갈아서 만든 비타민 C 1,000mg이나 아스코르브산나트륨 ¼티스푼(선택 가능)

*브랜드에 따라 칼슘과 인 함유량은 다르다. 509쪽에 있는 '칼슘 보조제 목록'을 참고하면 좋다. 또한 골분 제품을 Group I, Group II, Group III으로 구분하고 기본적으로는 Group I 골분 공급원을 사용하는 것을 전제로 하고 있기 때문에 만약 다른 브랜드의 제품을 사용하고 있다면 양을 조절해야 한다. 만약 이 레시피에 Group II 브랜드 제품을 사용한다면 지시된 골분을 두 배로 사용해야 한다. 만약 골분이 아닌 다른 공급원(달걀껍데기 가루나 애니멀 에센셜 칼슘)을 사용한다면 애니멀 에센셜 칼슘은 3테이블스푼, 달걀껍데기 가루는 2테이블스푼을 사용한다. 단, 칼슘 함유량에서는 Group I 이 가장 이상적이다. 완성되면 용기에 모든 재료를 함께 섞어서 냉동한 다음 조리 때마다 꺼내 식단에 첨가한다. 상업용 사료에도 고양이나 소형견에게는 하루에 1~2티스푼, 중형견에게는 하루에 2~3티스푼, 대형견에게는 하루에 1~2테이블스푼 첨가해 주면 좋다.

대체법

이스트 : 이스트는 선택사항이다. 사용하는 것을 원치 않는다면 건강 분말을 만들 때 칼슘을 3,200mg으로 줄이거나 달걀껍데기 가루를 1¾티스푼으로 줄이면 된다. 그리고 건강 분말을 평소 양의 절반만 준다. 대신에 손실된 영양소를 대체하기 위해 끼니마다 동물용 멀티(비타민) 미네랄 보조제를 권장량대로 첨가하면 된다. 그리고 펫 비타민을 통해 충분히 공급되므로 분말을 만들 때 비타민 A, C, E를 첨가하지 않는다.

켈프 : 반려동물이 켈프를 좋아하지 않거나 구하기 어렵다면 대신 알팔파 가루 ¼컵을 사용해도 된다. 켈프는 훌륭한 미네랄 공급원인데 알팔파도 비슷하다. 만약 둘 다 마음에 들지 않는다면 사람용 미네랄 보조제를 구입해서 사용해도 된다. 사람의 체중 대비 권장량을 반려동물의 체중에 맞추어서 계산하면 된다. 단, 지나치게 많이 먹이면 안 되므로 정확하게 계산해야 한다. 미량의 미네랄을 먹이기 위해 사람용 천연식품 공급원을 이용하는 것은 나만의 방식이다.

개 · 고양이 자연주의 육아백과

질 좋은 사료에 수제 보조제 첨가하기

아직 음식을 직접 만들어 줄 자신이 없는 반려인이라면 전 단계로 질 좋은 사료에 몇 가지 수제 보조제를 첨가하는 것만으로도 만족할 만한 성과를 거둘 수 있다. 또한 대형견을 여러 마리 키우는 사람이라면 자연식 재료를 준비하는 일이 어마어마하기 때문에 마음먹기가 쉽지 않으므로 이런 방법을 생각해 볼 수 있다.

일단 품질이 좋은 사료를 구입한 다음 수제 보조제를 만든다. 여기서는 고기, 코티지 치즈, 달걀 보조제 등 신선한 자연 식품 보조제 3가지를 만들 것이다. 이 수제 보조제를 냉동시켰다가 식사 때마다 꺼내 해동하여 사료에 얹어 주면 된다.

이런 방법은 자연식을 직접 만들어 먹이는 것에 부담을 느끼는 반려인들에게 편리함과 함께 영양학적 균형도 유지할 수 있게 해 준다. 신선한 고기, 유제품, 식물성 오일, 보조제를 첨가하는 것만으로도 피부와 피모 질환에 도움이 되고 질 좋은 단백질과 지방산, 레시틴, 비타민 B, 미네랄 섭취량을 증가시키게 된다.

이 책에 나온 레시피를 따르지 않고 단지 사료에 고깃조각이나 오일 정도 넣어 주려고 한다면 당장 그 유혹을 떨쳐 버려야 한다. 고기는 함유한 인 함량에 비해 칼슘 함량이 많이 떨어지기 때문에 사료에 고기만 넣어 준다면 칼슘 결핍을 일으킬 수 있다. 그래서 레시피에 칼슘 보조제를 첨가하는 것이다.

마찬가지로 몸에 좋은 오일을 사료에 첨가했다가는 오히려 역효과가 날 수도 있다. 사료가 이미 최저량의 필수지방산을 함유하고 있는 상태에서 오일만 추가 공급하면 사료 내 단백질과 다른 모든 영양소의 비율이 상대적으로 낮아지기 때문이다.

수제 보조제는 냉동했다가 필요할 때 해동해 사용한다. 사료는 대부분 단백질 18%, 지방 9%, 탄수화물 67% 정도로 구성된다. 좋은 제품일수록 총량이 늘어나지만 사료는 대부분 단백질과 지방 함량이 그다지 높지 않다. 그래서 신선한 고기나 식물성 오일, 비타민 등을 첨가해야 한다.

고기 보조제 직접 만들기(개)

◇ 잘게 썰거나 잘 간 칠면조고기* 또는 닭고기, 기름기 없는 햄버그스테이크용 고기, 기름기 없는 목정살 또는 기름기 없는 소 심장 1,360g (6컵) 중 택일

◇ 식물성 오일(냉압축 된 유기농) ¼컵

◇ 건강 분말 1테이블스푼(510쪽 참조)

◇ Group I ** 골분1 티스푼

◇ 애니멀 에센셜 칼슘 1테이블스푼(또는 칼슘 3,000mg에 해당하는 Group III***)

◇ 비타민 E 50~200IU

◇ 비타민 A 5,000IU + 비타민 D 100~200IU (또는 달걀 보조제로 정기적으로 대체 가능, 514쪽 참조)

오일과 건강 분말, 골분, 비타민을 섞은 후 고기와 함께 잘 버무린다.

이 수제 보조제를 식사 시간마다 사료 컵당 6테이블스푼씩 넣어서 먹인다. 사료와 고기 보조제를 혼합해서 먹여도 되고, 따로 먹여도 된다.

• 산출량 : 6컵 정도

*이 레시피는 칠면조고기 사용을 기본으로 했다. 여러 가지 고기의 단백질 함량이 얼마나 되는지 비교하기 위해 541쪽에 있는 '여러 가지 고기의 단백질, 지방, 탄수화물 함량'을 참조한다. 칠면조고기의 단백질 함량은 기름기 없는 햄버그스테이크용 고기의 단백질 함량에 비해 절반임을 알 수 있다. 굳이 칠면조고기만 사용할 필요는 없고 구하기 쉬운 다른 고기로 대체해도 된다.

**칼슘과 인의 함량은 브랜드에 따라 다양하므로 509쪽에 있는 '칼슘 보조제 목록'을 참고한다. 골분 제품을 Group I, Group II, Group III으로 분류했는데 만약 이 레시피에서 Group II 브랜드의 제품을 사용한다면 지시된 골분량의 2배를 사용하면 된다.

***만약 골분 대신 애니멀 에센셜 칼슘을 사용한다면 애니멀 에센셜 칼슘 2티스푼을 사용하고 레시피에 양조용 이스트를 2테이블스푼 첨가한다. 만약 Group III의 제품을 사용한다면 그에 따라 양을 조절하면 된다. 만약 여기 목록에 올라와 있는 것 이외에 또 다른 칼슘을 사용한다면 이 레시피에 첨가된 칼슘의 총량은 5.5g이므로 이를 기준으로 하면 된다.

코티지 치즈 보조제 직접 만들기(개)

코티지 치즈는 사료의 영양학적 가치를 올릴 수 있는 저렴하고 편리하며 맛이 좋은 단백질원이다.

◇ 식물성 오일 2티스푼
◇ 건강 분말 1½티스푼(510쪽 참조)
◇ Group I * 골분 1티스푼
◇ 비타민 A 5,000IU + 비타민 D 200IU
◇ 크림 코티지 치즈 2컵
◇ 야채 ½컵(선택 가능)

*509쪽에 있는 '칼슘 보조제 목록'을 참고한다. 만약 이 레시피에서 Group II 제품을 사용한다면 지시된 골분량의 2배를 사용하면 된다. 골분을 생략하는 대신 애니멀 에센셜 칼슘 1티스푼을 사용할 수도 있다. 만약 여기 목록에 올라와 있는 것 이외에 또 다른 칼슘을 사용한다면 이 레시피에 첨가한 칼슘의 총량은 2g이므로 용량만 맞추면 된다.

사료에 오일을 혼합한 후 건강 분말과 골분을 버무려서 사료에 섞는다. 거기에 비타민 A를 첨가한다. 사료 한쪽에 코티지 치즈와 야채를 따로 놓아 주어도 되고 사료와 섞어 주어도 된다. 사료 컵당 약 4테이블스푼씩 보조제를 첨가한다.

• 산출량 : 2¾컵 정도

코티지 치즈 보조제는 단백질 20%, 지방 10%, 탄수화물 60%를 함유하고 있다. 앞의 고기 보조제보다 단백질과 지방 함량이 상당히 낮다. 따라서 저단백 식단이 필요하거나 고기 보조제를 좋아하지 않는 반려동물에게 적합하다.

달걀 보조제 직접 만들기(개)

◇ 식물성 오일 1티스푼

◇ 건강 분말 1티스푼(510쪽 참조)

◇ Group I * 골분 1½티스푼

◇ 비타민 E 50~200IU

◇ 큰 달걀 4개

*509쪽에 있는 '칼슘 보조제 목록'을 참고한다. 만약 이 레시피에서 Group II 제품을 사용한다면 지시된 골분량의 2배를 사용한다. 골분을 사용하고 싶지 않다면 생략하는 대신에 애니멀 에센셜 칼슘 1티스푼을 첨가한다. 만약 다른 칼슘을 사용한다면(Group III 칼슘 보조제에서) 이 레시피에 첨가된 칼슘의 총량이 2.5g이므로 총량만 맞춰주면 된다.

모든 재료를 함께 혼합한 후 혼합물을 식사 시간에 사료 컵당 약 2테이블스푼씩 첨가해서 먹인다. 달걀은 날것을 사용한다.

산출량 : 1½컵 정도

달걀 보조제를 사료에 혼합해서 주면 단백질 20%, 지방 10%, 탄수화물 70%가 된다.

개를 위한 기본 레시피

이제 본격적으로 반려동물 식사를 위한 레시피를 소개하겠다. 이곳에 소개된 레시피는 영양학적으로 우수한 식사를 직접 만들어 먹인다는 데 의의가 있다. 각 레시피의 영양학적 정보는 522쪽의 '개를 위한 레시피의 영양학적 구성'을 참조한다.

급여량은 활동량 등에 따라 차이가 나지만 개의 식욕과 체중을 기본으로 했다. 우리 개는 체중에 따라 어떤 그룹에 속하는지 알아본다.

개의 크기를 구분하는 기준

초소형견	약 7kg 이하
소형견	7~14kg
중형견	14~28kg
대형견	28~40kg
초대형견	40kg 이상

귀리 레시피(개)

귀리는 반려동물에게 좋은 곡물이다. 조리시간이 적게 들 뿐만 아니라 다른 곡물에 비해 칼로리 당 단백질 함량이 높기 때문이다. 하지만 각각의 곡물은 아미노산 구성이나 비타민과 미네랄 함량이 다르므로 가끔씩 다른 곡물로 대체해 변화를 주는 것이 좋다. 이 레시피는 단백질 33%, 지방 30%를 공급해 준다. 칠면조고기 대신 두부를 사용하면 단백질과 지방 함량이 낮아진다.

◇ 납작귀리 5컵(조리된 귀리면 11컵)
◇ 칠면조고기 간 것 또는 잘게 썬 것 1.4kg(6컵)
◇ 식물성 오일 ¼컵
◇ 익힌 야채 1컵(간 상태라면 양을 조금 적게 한다. 경우에 따라 생략 가능)
◇ 건강 분말 6테이블스푼
◇ G roup I * 골분 4티스푼
◇ 비타민 A 10,000IU(당근을 사용할지 선택 가능)
◇ 비타민 E 400IU
◇ 타마리 소이 소스(tamari soy sauce) 1티스푼 또는 요오드 처리된 소금 ¼티스푼(선택 가능)
◇ 잘게 다진 마늘 1~2쪽(선택 가능)

*509쪽에 있는 '칼슘 보조제 목록'을 참고한다. 만약 이 레시피에서 Group Ⅱ 제품을 사용한다면 지시된 골분량의 2배를 사용한다. 골분이 사용된 이 레시피의 칼슘 총량은 5.6g이다.

10컵 정도의 물을 넣은 뒤 끓으면 귀리를 넣고 뚜껑을 닫은 후 불을 끈다. 10~15분 정도 놔두면 귀리가 부드러워지는데 이때 귀리를 휘저어서는 안 된다. 휘저으면 죽처럼 걸쭉해진다. 여기에 나머지 재료를 섞어서 먹인다.

• 산출량 : 약 18~19컵이 생산되며 컵당 약 230kcal이다.
• 일일 급여량(컵) : 초소형견은 1~2컵, 소형견은 4컵, 중형견은 6~7컵, 대형견은 8컵, 초대형견은 9컵 이상

이 레시피에 쓰인 곡물이나 고기는 다른 것으로 대체 가능하다. 어떤 것으로 대체할지 모르겠다면 521쪽 '재료 대용물'을 참고한다.

귀리나 벌거를 이용해 요리할 때 가끔 고기 450g 대신 '코티지 치즈 0.5L+ 달걀 4개' 또는 '두부 450g + 달걀 4개'(곡물이 뜨거울 때 달걀을 넣는다)를 대용으로 사용해도 되는데 이 요리는 씹는 느낌이 좋아 개들이 좋아한다.

소형견을 위한 귀리 레시피

앞에서 설명한 귀리 레시피 양을 약 ¼로 축소
하면 된다.

◇ 납작귀리 1¼컵
◇ 칠면조고기 간 것 또는 잘게 썬 것 359g(1½컵)
◇ 식물성 오일 1테이블스푼
◇ 익힌 야채 ¼컵(간 상태라면 양을 조금 적게 한다.
　 경우에 따라 생략 가능)
◇ 건강 분말 1½테이블스푼(510쪽 참조)
◇ Group I 골분 1티스푼

◇ 비타민 A 2,500IU(당근을 사용할지 선택 가능)
◇ 비타민 E 100IU
◇ 타마리 소이 소스 ¼티스푼 또는 소량의 요오드
　 처리된 소금 소량(선택 가능)
◇ 잘게 다진 마늘 ½쪽(선택 가능)

• 산출량 : 약 5컵이 생산되며 컵당 약 230kcal
이다.
• 일일 급여량(컵) : 515쪽 '귀리 레시피'와
동일하다.

미트 로프 레시피

이 레시피는 날것으로 그냥 먹여도 좋고 미트 로프(다진 고기·달걀·야채를 섞어서 덩어리로 오븐에서 구운 것)처럼 구워서 먹여도 좋다. 이 레시피에는 단백질 30%, 지방 25%, 탄수화물 42%가 함유되어 있다. 달걀은 적당량의 비타민 A를 공급해 주며, 야채에도 비타민 A가 함유되어 있다.

◇ 살코기 위주의 소 목정살(지방이 적다) 225g (1컵)
◇ 통밀빵 6조각을 가루 낸 것(약 3컵)
◇ 우유(저지방이 아닌 보통 우유) 1컵
◇ 큰 달걀 2개
◇ 익힌 옥수수 또는 익힌 야채 ¼컵(생략 가능)
◇ 건강 분말 1테이블스푼
◇ 애니멀 에센셜 칼슘 1티스푼*(또는 달걀껍데기 가루 ½티스푼)
◇ 식물성 오일 1테이블스푼
◇ 비타민 E 100IU
◇ 타마리 소이 소스 ¼티스푼이나 요오드 처리된 소금 소량(선택 가능)
◇ 잘게 다진 작은 마늘 1쪽(선택 가능)

*애니멀 에센셜 칼슘 1티스푼은 칼슘 1,000mg을 공급한다.

날것으로 먹이는 게 싫다면 두께를 4~5센티미터 정도로 해서 오븐이나 프라이팬에 구운 다음 먹이면 된다. 생으로 먹일 때에는 우유를 뺀 모든 재료를 섞은 후에 물을 조금 넣고 섞은 후 먹이면 씹는 감촉이 좋아진다. 우유는 따로 먹이는 게 좋다. 또는 우유 대신 분유를 ¼컵 섞어도 좋다.

• 산출량 : 약 5½컵이 만들어지며 컵당 200kcal 정도이다.
• 일일 급여량(컵) : 515쪽 '귀리 레시피'와 거의 같다.
• 소고기 대용물 : 소고기 대신 닭고기나 칠면조고기, 햄버그스테이크용 고기를 갈거나 잘게 썰어서 사용해도 된다. 소간이나 닭간은 자주 사용하지 말고 가끔씩 대용물로 사용하는 것이 좋다.

초보자를 위한 레시피

지금 소개할 레시피는 조리도 쉽고 대체하기도 쉬워 쉽게 따라할 수 있다. 주재료인 콩은 경제적인 단백질 공급원이며 환경을 생각할 때 고기보다 훨씬 더 진보적이다. 이 레시피는 단백질 32%, 지방 17%, 탄수화물 47%를 함유하고 있다. 총량은 어떤 고기를 사용하느냐에 따라 조금 다른데 칠면조고기나 닭고기를 사용하면 단백질이 15% 정도 낮아지고, 지방도 70% 정도 낮아지므로 라드(lard, 식용 돼지기름)나 버터, 식물성 오일을 추가하여 부족한 지방을 메운다.

이 레시피가 특히 편리한 이유는 많은 양의 콩을 미리 조리해 놓을 수 있기 때문이다. 조리한 콩은 냉동시켰다가 먹일 때마다 해동하면 된다. 주재료로는 현미 등 쌀도 좋고 단백질 함량이 높고 조리시간이 짧은 다른 곡물도 좋다.

◇ 현미 1컵(또는 조리된 현미 2¼컵)
◇ 기름기 없는 햄버그스테이크용 고기(또는 칠면조고기, 닭고기, 기름기 없는 심장, 기름기 없는 목정살) 1컵
◇ 익힌 강낭콩 1컵(425g짜리 통조림의 약 절반)
◇ 건강 분말 1테이블스푼
◇ 식물성 오일 1테이블스푼
◇ Group I* 골분 1티스푼(또는 Group II 골분 2티스푼)
◇ 10,000IU짜리 비타민 A와 비타민 D 1캡슐
◇ 400~800IU짜리 비타민 E 1캡슐
◇ 타마리 소이 소스 1티스푼이나 소량의 요오드 처리된 소금(선택 가능)
◇ 잘게 다진 작은 마늘 1쪽(선택 가능)

*칼슘 보조제에 대한 정보를 얻으려면 509쪽에 있는 '칼슘 보조제 목록'을 참조한다. 골분 공급원으로부터 첨가된 칼슘의 총량은 1.5g이다.

물 2컵에 쌀을 넣고 35~45분 동안 부글부글 끓인 다음 다른 재료와 섞어서 먹인다.

• 산출량 : 약 4½컵이 생산되며 칼로리는 컵당 약 250kcal이다.
• 일일 급여량(컵) : 초소형견은 2컵 이하, 소형견은 약 4컵, 중형견은 6~7컵, 대형견은 약 8컵, 초대형견은 9~10컵

단백질 함량을 늘리려면 달걀 1개나 영양 이스트 1테이블스푼을 첨가한다.
• 곡물 대용물 : 쌀 대신 납작귀리 2컵(납작귀리에는 물을 4컵 넣고 끓인다), 벌거 1컵(물 2컵), 기장 1컵(물 3컵), 옥수수가루 1컵(물 4컵), 보리 1컵(물 2~3컵) 등으로 대체할 수 있다.
• 콩 대용물 : 강낭콩 대신 익힌 대두나 핀토(pinto), 검정콩(black bean), 흰 강낭콩 등을 사용할 수 있다. 특히 대두는 단백질 함량이 높다.

빠르고 영양만점의 초간단 레시피

앞에 소개한 레시피가 기본적인 레시피라면 지금부터 소개할 세 가지 레시피는 손쉽게 빨리 만들 수 있으면서도 영양도 만점인 초간단 레시피이다. 밥을 먹었는데도 자꾸 먹을 것을 달라고 조르는 식성 좋은 반려견과 살거나 사료는 물론 만들어 놓은 밥도 떨어져 버린 난감한 상황에 응용하기 좋은 레시피이다.

이 레시피는 정기적으로 급여하기에는 조금 부족하지만 있는 재료를 이용해 만들기 좋은 레시피로 꽤 완벽한 식사를 제공한다. 일주일에 두세 번 정도 만들어 주면 좋다.

> **주의사항** 급할 때는 고양이를 위한 기본 레시피(524~529쪽) 중 어느 것이라도 개에게 먹일 수 있다. 고양이 식단이 개가 필요로 하는 것보다 더 많은 단백질을 함유하고 있지만 개가 신장이 나빠 저단백식이를 해야 하는 경우가 아니라면 아무런 문제가 되지 않는다.

귀리와 달걀을 이용한 초간단 레시피

◇ 가공하지 않은 납작귀리 1컵(또는 익힌 오트밀 2컵)
◇ 건강 분말 2테이블스푼
◇ 애니멀 에센셜 칼슘 1티스푼(또는 달걀껍데기 가루 ½티스푼이나 Group Ⅲ 칼슘 보조제*로부터 칼슘1,000mg)

*칼슘 보조제에 대한 정보를 얻으려면 509쪽에 있는 '칼슘 보조제 목록'을 참조한다.

물 2컵을 넣고 끓으면 귀리를 넣고 뚜껑을 덮은 다음 불을 끈다. 약 10분 동안 두면 귀리가 부드러워진다. 여기에 달걀과 건강 분말, 애니멀 에센셜 칼슘을 넣고 휘저은 다음 달걀이 살짝 익을 정도로 익히면 완성. 이때 개의 밥을 만들면서 반려인도 오트밀을 식사로 때우면 일석이조이다.

• 산출량 : 약 3컵이 만들어지며 칼로리는 컵당 약 230kcal이다.
• 일일 급여량(컵) : 급여량은 515쪽 '귀리 레시피'와 같다.
• 곡물 대용물 : 귀리 대신 벌거 ½컵(벌거에는 물을 1컵 넣는다)이나 통밀 쿠스쿠스 ½컵(통밀 쿠스쿠스에는 물을 ¾컵 넣는다)을 사용할 수 있다.

오트밀을 이용한 초간단 레시피

오직 달걀 2개만을 이용하는 간단한 레시피이다. 바쁜 아침시간, 반려견의 밥을 준비하며 반려인도 같은 재료로 아침을 해결하기에 좋다.

◇ 가공하지 않은 납작귀리 2컵(또는 익힌 오트밀 약 4½컵)
◇ 우유 2컵
◇ 큰 달걀 2개
◇ 건강 분말 1테이블스푼
◇ 애니멀 에센셜 칼슘 1티스푼(또는 달걀껍데기 가루 ½티스푼이나 또는 Group III 칼슘보조제*로부터 칼슘 1,000mg)

* 칼슘 보조제에 대한 정보를 얻으려면 509쪽에 있는 '칼슘 보조제 목록'을 참조한다.

물 4컵을 넣고 끓으면 귀리를 넣고 뚜껑을 덮은 다음 불을 끈다. 그 상태로 약 10분 동안 두어 오트밀이 만들어지면 반려동물의 식기에 담는다.
여기에 건강 분말과 칼슘을 넣고 섞은 다음 그 위에 우유를 붓는다. 여기에 흰자와 노른자가 잘 섞이도록 휘저은 달걀을 얹어서 주어도 좋고, 달걀만 따로 주어도 좋다.

• 산출량 : 7컵이 조금 안 되며 칼로리는 컵당 약 160kcal이다.
• 일일 급여량(컵) : 초소형견 2~3컵, 소형견 6컵, 중형견 9~10컵, 대형견 11~12컵, 초대형견 14컵 이상

다진 고기를 이용한 초간단 레시피

◇ 벌거나 통밀 쿠스쿠스 1컵

◇ 다진 목정살이나 햄버그스테이크용 고기, 칠면
조고기, 닭고기 1컵

◇ 식물성 오일 1테이블스푼

◇ 건강 분말 또는 영양 효모(nutritional yeast, 영
양 이스트라고도 한다) 2테이블스푼

◇ 비타민 A 5,000IU

◇ 애니멀 에센셜 칼슘 1½티스푼(또는 달걀껍데기
가루 1티스푼 또는 Group III 칼슘 보조제*로부터
칼슘 1,500mg)

*칼슘 보조제에 대한 정보를 얻으려면 509쪽
에 있는 '칼슘 보조제 목록'을 참고한다.

물 4컵을 넣고 끓으면 벌거를 넣고 뚜껑을 덮은
다음 10~20분 동안 부글부글 끓인다. 벌거 대신
통밀 쿠스쿠스를 이용하면 물을 3컵 넣고 3~5분
동안 끓인다. 어느 정도 식으면 여기에 다진 고기
와 건강 분말, 칼슘을 넣어 먹인다.

이 레시피가 간편하지만 다른 영양소가 부족할
수도 있으므로 골분이 포함된 다른 레시피와 교
대로 만들어 먹여야 한다.

• 산출량 : 약 3¾컵이 만들어지며 컵당 칼로
리는 약 310kcal이다.

• 일일 급여량(컵) : 초소형견 1½컵, 소형견
3~3½컵, 중형견 5컵, 대형견 6~6½컵, 초대형견
7~8컵

• 곡물 대용물 : 벌거나 통밀 쿠스쿠스 대신 귀
리 1½컵을 사용해도 된다.

재료 대용물

각 레시피에서 사용하는 재료는 상황에 따라 다른 것으로 대체할 수 있다. 단백질, 지방, 탄수화물의 양이나 총 칼로
리에 변화를 주기는 하지만 결정적인 영향을 끼치지는 않는다.

곡물 대용물 : '납작귀리 1컵 = 벌거, 기장, 옥수수가루', 보리 ½컵, 쌀 1/2컵 안 되게, 감자 2½컵
고기 대용물: 칠면조고기, 닭고기, 햄버그스테이크용 고기, 목정살, 소 심장은 같은 용량으로 대체할 수 있다.
고기 450g = '코티지 치즈 473mL+ 달걀 4개' 또는 '두부 450g + 달걀 4개'

개를 위한 레시피의 영양학적 구성

레시피	총 칼로리(kcal)	건조중량(g)	단백질(%)	지방(%)	탄수화물(%)
수제 보조제					
고기 보조제	8,296	1,725	30	20	50
코티지 치즈 보조제	6,188	1,425	20	10	60
달걀 보조제	5,983	1,376	20	10	70
기본 레시피					
귀리 레시피	4,426	820	33	30	36
미트 로프 레시피	1,091	224	29	25	42
초보자를 위한 레시피	1,114	236	32	17	47
초간단 레시피					
귀리와 달걀을 이용한 초간단 레시피	698	140	29	23	44
오트밀을 이용한 초간단 레시피	1,100	244	23	15	58
다진 고기를 이용한 초간단 레시피	1,163	252	29	17	50
치료식					
개 알레르기 식단 1	5,648	1,092	27	24	47
개 알레르기 식단 2	5,898	1,273	23	18	57
신장에 문제가 있는 개의 식단	1,343	256	17***	25	55
개 다이어트 식단 1	1,559	367	31	12	53
개 다이어트 식단 2	1,683	400	26	15	56
표준 권장량#	531쪽 표 참조	–	≥18	≥5	≤67
야생동물이 자연에서 섭취하는 음식☆	–	–	54	42	1

*이런 항목은 '0'으로 표시하지만 정확하게 말하자면 계산상에 이런 성분이 매우 극소량 있음을 의미한다. 반올림하거나 반내림하여 소수점 이하를 없앴으며, 양이 0.5% 이하일 경우에는 '0'으로 표시했다.

**비타민 보조제가 모든 식단에 비타민 A를 10,000IU 공급한다고 가정하고 계산했다.

*** '신장에 문제가 있는 개의 식단'에서 신장에 무리가 가지 않도록 일부러 단백질 총량을 낮췄다. 또한 인이 혈액에 축적되는 경향이 있어 인 함량도 낮게 유지했다. 따라서 이 식단에서 칼슘 : 인의 비율은 현저하게 높다.

****다른 식단과 비교할 때 이 식단의 비타민 A의 양이 높게 나타나는 이유는 당근 때문이다. 당근은 필요한 경우 체내에서 비타민 A로 전달될 수 있는 β–카로틴을 다량 함유하고 있기 때문이다. β–카로틴이 많은 것은 문제가 되지 않는다.

#표준 권장량은 사료의 제조방침을 기초로 했다. 이 책에 소개되는 식단의 양은 대부분의 카테고리에서 표준 권장량의 최소량을 초과한다.

섬유소(%)	회분(%)	칼슘(%)	인(%)	칼슘 : 인의 비율	비타민 A(IU/kg)
0*	0	0.80	0.60	1.5 : 1	~3,000
0	0	0.80	0.70	1 : 1	~4,000
0	0	0.80	0.70	1.2 : 1	~2,000
1	1.6	0.96	0.76	1.3 : 1	~13,000
1	4	0.82	0.59	1.4 : 1	~7,500
2	4	0.81	0.83	1 : 1	~21,000
1	4	1.30	0.95	1.4 : 1	~17,000
1	4	0.89	0.69	1.3 : 1	~6,000
1	4	0.90	0.68	1.3 : 1	~20,000
1	2	1.02	0.83	1.2 : 1	~9,000**
2	2	0.86	0.66	1.3 : 1	~8,000**
0	4	0.93	0.31	3 : 1	~20,000
3	3	0.84	0.62	1.3 : 1	~149,000****
4	4	0.68	0.48	1.4 : 1	~25,000**
–	–	≥0.60	≥0.50	1 : 1~2 : 1	5,000~50,000
–	–	–	–	–	–

☆비교 목적으로 야생동물이 자연에서 섭취하는 음식에 들어 있는 영양소 유형의 성분 퍼센트를 포함시켰다. 모든 카테고리가 알려진 것은 아니라서 어떤 항목은 공백으로 남겨 두었다.

들개에게 지시되는 경우를 제외하고, 표준 권장량은 총 건조중량 비율이며, 정상상태의 성견의 유지를 위한 것이다.

출처 : *AAFCO Nutrient Profiles for Dog Foods—Report of the Canine Nutrition Expert Subcommittee*, 1992 ; *the Merck Veterinary Manual*, 6th Edition, 1986 ; the Committee on Animal Nutrition, Board on Agriculture, National Research Counci revised 1985 edition of *Nutrient Requirements of Dogs*.

부호 '≥'는 '표에 기록된 양보다 많거나 같은 양'으로 해석한다. 그리하여 '≥5,000IU'로 표시된 것은 '5,000IU보다 많거나 같은 양이 되어야 한다.'는 것으로 해석한다. 부호 '≤'는 반대이며 '같거나 그보다 적은'으로 해석한다.

고양이를 위한 기본 레시피

고양이를 위한 기본 레시피를 알아보기 전에 먼저 고양이의 일일 급여량을 알아보자.

일일 급여량은 체중이 1.5~3kg인 소형묘, 3~5kg인 중형묘, 5~7kg인 대형묘가 각각 다르다. 또한 활동량이 많은 고양이는 더 많이 먹어야 한다. 많은 요인이 급여량에 영향을 미치므로 함께 사는 고양이의 식욕, 고양이의 정상체중을 유지해 주는 데 필요한 양 등을 반려인이 정확히 알고 있어야 한다.

처음으로 소개하는 다음의 두 가지 레시피는 가장 경제적이고 고양이의 건강에 좋은 레시피로 상업용 사료로는 얻을 수 없는 영양소로 가득하다. 다음의 레시피는 단백질 40%, 지방 28%, 탄수화물 29%를 공급한다.

소고기와 귀리 레시피

◇ 납작귀리 3컵(또는 익힌 오트밀 4½컵)

◇ 큰 달걀 2개

◇ 기름기 없는 소 심장(또는 기름기 없는 목정살이나 햄버그스테이크용 고기, 간, 신장, 기름기 없는 붉은 고기) 간 것 900g(4컵)

◇ 건강 분말 4테이블스푼

◇ 애니멀 에센셜 칼슘 1테이블스푼(또는 달걀껍데기 가루 1½티스푼 또는 Group III 칼슘보조제*로부터 칼슘 3,000mg)

◇ 식물성 오일이나 버터 2테이블스푼(또는 각각 1테이블스푼씩)

◇ 비타민 A 10,000IU

◇ 비타민 E 100~200IU

◇ 신선한 야채 1테이블스푼 또는 익혀서 간 야채(선택 가능)

◇ 타우린 보조제 500mg(선택 가능)

*칼슘 보조제에 대한 정보를 얻으려면 509쪽에 있는 '칼슘 보조제 목록'을 참조한다.

물 6컵이 끓으면 귀리를 넣고 뚜껑을 덮은 다음 불을 끈다. 그 상태로 약 10분 동안 둔다. 여기에 달걀을 넣고 잘 섞이도록 휘저은 다음 달걀이 익도록 몇 분 동안 다시 눠둔다. 남아 있는 재료를 다 혼합해서 먹인다.

• 산출량 : 약 9~10컵이 나오며 칼로리는 컵당 약 337kcal이다. 2~3일 이내에 먹을 양을 제외한 양은 냉동 보관한다.

• 일일 급여량(컵) : 소형묘 ½컵, 중형묘 1컵, 대형묘 1⅓컵

• 곡물 대용물 : 기장 1½컵(기장으로 조리할 때에는 물을 3컵 넣고 끓인다)이나 벌거 1½컵(물 3컵을 넣고 끓인다)을 사용해도 된다.

개 · 고양이 자연주의 육아백과

고양이를 위한 만찬

옥수수는 고양이 건강을 위한 훌륭한 요리재료이다. 여기에 영양 효모를 첨가하면 맛도 좋고 영양가도 높은 고단백 음식이 된다. 임신 또는 수유 중인 고양이, 성장 중인 새끼 고양이에게 좋다.

이 레시피는 고기의 비율이 높으므로 재료를 곡물과 고기로 대체해 원하는 고단백 또는 저단백 요리로 만들 수 있다. '쌀이나 감자+기름기 없는 소 심장'을 사용했을 때의 단백질 함량은 41%, '귀리+칠면조고기'는 52%, '쌀이나 감자+기름기 많은 소 심장'은 30%, '귀리+햄버그스테이크용 고기'는 40%이다. '기름기 없는 소 목정살+옥수수가루'를 사용한다면 단백질 50%, 지방 36%, 탄수화물 11%를 공급해 준다.

◇ 옥수수가루 1컵

◇ 큰 달걀 2개

◇ 식물성 오일이나 버터 2테이블스푼(또는 각각 1테이블스푼씩)

◇ 칠면조고기나 닭고기(또는 기름기 없는 목정살, 기름기 없는 심장, 기름기 없는 햄버그스테이크용 고기, 간, 내장, 생선, 기름기 없는 다른 고기) 잘 간 것 900g(4컵)

◇ 건강 분말 4테이블스푼(509쪽)

◇ 애니멀 에센셜 칼슘 2티스푼(또는 달걀껍데기 가루 1티스푼 또는 Group Ⅲ 칼슘 보조제*로부

터 칼슘 2,000mg)

◇ 비타민 A 10,000IU

◇ 비타민 E 100~200IU

◇ 끼니마다 신선한 야채 1테이블스푼(선택 가능)

◇ 타우린 보조제 500mg(선택 가능)

물 4컵이 끓으면 옥수수가루를 넣고 덩어리지지 않게 휘젓는다. 옥수수가루가 잘 풀어졌으면 뚜껑을 덮고 약한 불에서 10~15분 동안 끓인다. 크림처럼 말랑말랑해지면 달걀, 오일이나 버터를 넣고 휘저은 다음 남은 재료를 모두 넣고 섞는다.

• 산출량 : 약 9컵이 나오며 칼로리는 컵당 약 268kcal이다. 2~3일 내에 먹을 수 없는 양은 즉시 냉동 보관한다.

• 일일 급여량(컵) : 소형묘 약 ¾컵, 중형묘 1컵보다 조금 많게, 대형묘 1½~2컵

• 고기 대용물 : 가끔은 기름기 많은 고기로 대체하는 것도 좋다. 기름기 있는 소 심장이나 햄버그스테이크용 고기, 껍질을 포함한 닭고기나 칠면조, 오리고기 등으로 대체 가능하다. 단, 이럴 때에는 레시피에서 오일이나 버터를 생략한다.

• 곡물 대용물 : 납작귀리 2컵, 통밀빵 10조각, 익혀서 으깬 감자 4컵 또는 벌거, 기장, 메밀, 보리, 현미, 통밀 쿠스쿠스, 스펠트(spelt), 퀴노아 1컵

닭고기와 기장 레시피

닭고기와 기장은 궁합이 잘 맞는 음식재료이다. 왜냐하면 닭고기는 붉은 고기에 비해 철분 함량이 낮지만 기장은 다른 곡물에 비해 철분 함량이 높고, 닭고기가 단백질 함량이 높은 데 비해 기장의 단백질 함량은 낮아 서로 보완이 되기 때문이다.

만약 껍질을 제거한 닭고기나 칠면조고기 등을 재료로 사용한다면 이 레시피는 단백질 48%, 지방 21%, 탄수화물 27%로 구성된다. 반면 소고기로 대체할 경우에는 지방 함량이 높아져 30%에 이른다.

◇ 기장 1컵
◇ 큰 달걀 2개
◇ 닭고기나 칠면조고기(또는 기름기 없는 목정살, 기름기 없는 심장, 기름기 없는 햄버그스테이크용 고기, 간, 내장, 물고기, 기름기 없는 다른 고기) 잘 간 것 900g(4컵)
◇ 건강 분말 1테이블스푼
◇ 애니멀 에센셜 칼슘 1테이블스푼(또는 달걀껍데기 가루 1½티스푼 또는 Group Ⅲ 칼슘보조제*로부터 칼슘 3,000mg)
◇ 식물성 오일이나 버터 2테이블스푼(또는 각각 1테이블스푼씩)

◇ 비타민 A 10,000IU
◇ 비타민 E 100~200IU
◇ 끼니마다 신선한 야채 1테이블스푼(선택 가능)
◇ 타우린 보조제 500mg(선택 가능)

*칼슘 보조제에 대한 정보를 얻으려면 509쪽에 있는 '칼슘 보조제 목록'을 참조한다.

물 2컵이 끓으면 기장을 넣고 뚜껑을 덮어 20~30분 동안 부글부글 끓인다. 기장이 충분히 부드러워졌을 때 달걀을 넣고 살짝 익도록 휘젓는다. 다음에 남아 있는 재료를 다 혼합하면 완성된다. 조리 중간에 물이 부족하면 물을 조금씩 넣으며 조리한다.

• 산출량 : 약 8컵이 나오며 칼로리는 컵당 약 280kcal이다. 2~3일 이내에 먹을 수 없는 양은 즉시 냉동 보관한다.
• 일일 급여량(컵) : 소형묘 약 1½컵, 중형묘 1컵, 대형묘 1⅔컵
• 곡물 대용물 : 납작귀리 2컵(귀리를 사용하면 물이 4컵 필요하다)이나 벌거 1컵을 사용해도 된다.

고등어 레시피

고등어 통조림을 이용한 요리는 고양이를 위해 가끔 해 줄 수 있는 레시피이다. 통조림 고등어는 경제적인 단백질 공급원이 될 뿐만 아니라 심해에서 잡히기 때문에 연안 가까이에서 잡히는 물고기에 비해 오염이 덜되어 있다. 해산물을 좋아하는 고양이가 많은데 그렇다면 다양한 해산물을 이용한 요리를 만들어 줄 필요가 있다. 이 레시피는 단백질 43%, 지방 30%, 탄수화물 21%를 함유하고 있다.

◇ 큰 달걀 4개
◇ 우유 3컵
◇ 건강 분말 3테이블스푼
◇ 애니멀 에센셜 칼슘 1½티스푼(또는 달걀껍데기 가루 1티스푼 또는 Group Ⅲ 칼슘 보조제*로부터 칼슘 1,500mg)
◇ 비타민 E 100~200IU
◇ 끼니마다 신선한 야채 1테이블스푼(선택 가능)
◇ 타우린 보조제 500mg(선택 가능)
◇ 식물성 오일(또는 식물성 오일과 생선기름의 혼합액) 2테이블스푼
◇ 425g짜리 고등어 통조림 2개(또는 179g짜리 참치 통조림 3개 또는 익힌 대구 230g)
◇ 통밀빵 6조각을 가루로 만든 것

*칼슘 보조제에 대한 정보를 얻으려면 509쪽에 있는 '칼슘 보조제 목록'을 참조한다.

달걀과 우유, 보조제, 야채, 오일을 모두 버무린 다음 고등어와 빵을 넣어서 잘 섞는다. 이 상태로 날 것으로 먹여도 되고 오븐에 굽거나 익혀서 먹여도 된다.

• 산출량 : 11컵이 나오며 칼로리는 컵당 275kcal이다. 2~3일 이내에 먹을 수 없는 양은 냉동 보관한다.
• 일일 급여량(컵) : '닭고기와 기장 레시피'(526쪽)와 같다.
• 곡물대용물 : 귀리 1½컵, 옥수수가루 1컵, 벌거 1컵

지방이 풍부한 레시피

동물성 지방이 풍부한 레시피로 만약 정육점 주인과 친하다면 기름기 있는 소 심장을 갈아 달라고 부탁해서 고기 대신 사용하면 더 훌륭한 고양이 레시피가 완성된다. 이 레시피에서는 단백질과 인, 칼슘의 원활한 공급을 위해 칼슘 공급원으로 골분만 사용한다.

◇ 기장 1컵

◇ 큰 달걀 1개

◇ 소 목정살 900g(4컵) 또는 소의 신장, 햄버그스테이크용 다진 고기, 껍질을 벗기지 않은 닭고기

◇ 건강 분말 2테이블스푼

◇ Group I 골분 1테이블스푼*

◇ 비타민 A 10,000IU

◇ 비타민 E 100~200IU

◇ 매 끼니마다 신선한 야채 1테이블스푼(선택 가능)

◇ 타우린 보조제 500mg(선택 가능)

*칼슘 보조제에 대한 정보를 얻으려면 509쪽에 있는 '칼슘 보조제 목록'을 참조한다. Group II 골분을 사용한다면 양을 2배로 늘린다.

물 3컵이 끓으면 기장을 넣고 뚜껑을 덮은 다음 20~30분 동안 부글부글 끓인다. 끓는 동안 물을 조금 더 넣는다. 여기에 달걀을 넣고 열에 살짝 익도록 휘젓는다. 여기에 나머지 재료를 다 넣고 섞는다.

• 산출량 : 약 7½컵이 나오며 칼로리는 컵당 457kcal이다. 2~3일 이내에 먹을 수 없는 양은 냉동 보관한다.

• 일일 급여량(컵) : 소형묘 ⅓~½컵, 중형묘 ½~⅔컵, 대형묘 1컵 이상

• 곡물 대용물 : 납작귀리 2컵, 벌거 1컵

빠르고 영양만점의 초간단 레시피

먹일 음식이 다 떨어졌거나 해동시키는 것을 깜빡 잊었는데 고양이는 배가 고프다고 보채는 경우가 종종 있다. 이런 경우 가끔 먹이면 좋은 빠르고 영양만점인 초간단 레시피를 소개한다. 이 레시피를 응용한다면 아마 있는 재료만으로도 꽤 완벽한 식사를 만들 수 있을 것이다. 또한 앞에서 언급했듯이 저단백 식단을 지켜야 하는 개가 아니라면 개에게도 가끔 이 레시피를 적용해도 된다. 이 레시피는 개나 고양이에게 요구되는 것보다 단백질 함량이 높지만 매일 먹이는 것이 아니므로 문제가 되지 않는다.

달걀 초간단 레시피

간단한 자연식 레시피 가운데 하나로, 비타민 B뿐만 아니라 단백질과 비타민 A, 철분 함량도 높다. 단백질 48%, 지방 44%, 탄수화물 4%를 함유하고 있다.

◇ 큰 달걀 2개
◇ 애니멀 에센셜 칼슘 ¼티스푼[또는 달걀껍데기 가루 조금이나 칼슘 200mg(Group Ⅲ에 속하는 칼슘 보조제*를 이용한다)]
◇ 영양 이스트 조금(조미를 위해서 선택 가능)

*칼슘 보조제에 대한 정보를 얻으려면 509쪽에 있는 '칼슘 보조제 목록'을 참조한다.

달걀에 칼슘 보조제를 넣은 후 노른자와 흰자가 잘 섞이도록 휘젓는다. 여기에 이스트를 살짝 뿌려서 익히지 않고 준다. 지나치게 끈적거려 고양이가 싫어하면 프라이팬에 약하게 부쳐서 먹여도 된다.

• 산출량 : 4.5kg 정도 나가는 고양이나 개의 한 끼 식사나 반나절 분량 정도 된다. 더 작은 고양이는 매 끼니에 달걀 한 개 정도면 된다.

이 레시피에서 말하는 '조금'이란 엄지손가락과 집게손가락을 이용해 집을 수 있는 양을 말한다. 달걀껍데기 가루 '조금'으로 얻게 되는 칼슘의 양이 약 1/9티스푼에 해당하니 어느 정도인지 예상할 수 있을 것이다.

고기 초간단 레시피

이 레시피는 고양이에게 고깃덩어리를 씹게 하여 이빨과 잇몸의 건강을 유지시켜 줄 뿐 아니라 조리도 쉽고 칼슘 함유량도 균형이 잡혀 있는 레시피이다. 만약 곡물과 고깃덩어리를 섞어 준다면 고양이는 고깃덩어리만 골라먹고 곡물은 남기겠지만 이 레시피라면 그런 문제는 걱정하지 않아도 된다. 단백질 58%, 지방 38%, 탄수화물 1%를 함유하고 있다.

◇ 껍질을 벗기지 않은 닭고기나 칠면조고기(또는 목정살, 햄버그스테이크용 고기, 심장) 날것이나 조리된 것 1컵
◇ 건강 분말 1티스푼
◇ 애니멀 에센셜 칼슘 ½티스푼[또는 달걀껍데기 가루 ¼티스푼 또는 칼슘 500mg(Group Ⅲ에 속하는 칼슘 보조제*를 이용한다)]

*칼슘 보조제에 대한 정보를 얻으려면 509쪽에 있는 '칼슘 보조제 목록'을 참조한다.

고기를 적당한 크기로 썰어서 건강 분말, 칼슘과 잘 섞기만 하면 된다.

• 산출량 : 칼로리는 1컵당 약 450kcal이다.
• 일일 급여량(컵) : 소형묘 ¼~½컵, 중형묘 ½~⅔컵, 대형묘 약 1컵

이 레시피를 개에게 줄 경우, 위의 분량은 체중이 18kg인 개에게는 하루 식사량의 반, 체중이 36kg인 개에게는 하루 식사량의 ⅓ 정도에 해당한다.

고양이가 이 레시피에 첨가된 건강 분말을 좋아하지 않는다면 빼도 된다.

성견을 위한 칼로리 표준 권장량

체중(kg)	kcal/일
4.5	410
6.8	550
11.3	840
18.1	1,150
22.7	1,380
27.2	1,555
31.8	1,690
36.3	1,890
45.4	2,270

Tip 날씨가 추울 때나 사역견은 칼로리 요구량이 더 높다.

성묘를 위한 칼로리 표준 권장량

체중(kg)	kcal/일 (활동량이 많은 고양이)	kcal/일 (활동량이 적은 고양이)
2.7	218	191
3.2	254	223
3.6	290	255
4.1	327	286
4.5	363	319
5.4	463	383

고양이를 위한 레시피의 영양학적 구성

레시피	총 칼로리(kcal)	건조중량(g)	단백질(%)	지방(%)	탄수화물(%)
기본 레시피					
소고기와 귀리 레시피	3,203	603	40	28	29
고양이를 위한 만찬	2,412	417	50	36	11
닭고기와 기장 레시피	2,228	458	48	21	27
고등어 레시피	3,031	574	43	30	21
지방이 풍부한 레시피	3,434	570	32	43	22
초간단 레시피					
달걀 초간단 레시피	163	27	48	44	4
고기 초간단 레시피	453	79	58	38	1
고기 초간단 레시피(건강 분말을 뺀)	443	76	59	38	0
치료식					
고양이 알레르기 식단	3,492	646	30	30	40
신장에 문제가 있는 고양이 식단	2,268	435	25*	24	46
고양이 다이어트 식단	1,026	200	39	28	32
표준 권장량# (531쪽 표 참조)	~350	–	≥26	≥9	–
야생동물이 자연에서 섭취하는 음식☆	–	–	46	33	16

*신장에 문제가 있는 고양이 식단에서 신장에 무리가 가지 않도록 하기 위해 단백질 총량을 일부러 낮추었다. 그리고 인은 혈류에 축적되는 경향이 있으므로 인 함량을 낮게 유지했다. 그래서 이 레시피에서 칼슘 : 인의 비율은 현저히 높다.

**칼슘 : 인이 1 : 1이면 고양이에게는 이상적인 비율이다. 그러나 고양이의 몸은 수치가 낮은 영양소는 선택해서 보존하고, 수치가 지나치게 높은 영양소는 제거할 수 있는 능력이 있으므로 허용할 수 있는 범위가 상당히 넓다. 최적의 비율은 0.9 : 1~1.1 : 1이라고 생각된다.

***음식 kg당 비타민 A 5,000IU는 최소 기준치이다. 레시피는 건강 유지를 위해 상당히 많은 양의 비타민 A를 함유하도록 설계된다.

#표준 권장량은 사료의 제조 방침을 기초로 했다. 이 책에 소개되는 식단의 양은 대부분의 카테고리에서 표준 권장량의 최소량을 초과한다.

섬유소(%)	회분(%)	칼슘(%)	인(%)	칼슘 : 인의 비율	비타민 A(IU/kg)
1	3	0.77	0.68	1 : 1	~18,000
>1	3	0.84	0.76	1.1 : 1	~27,000
1	3	0.77	0.65	1.2 : 1	~26,000
1	6	0.83	0.83	1 : 1	~15,000
1	2	0.90	0.85	1 : 1	~19,000
0	4	0.94	0.76	1.2 : 1	~7,000
0	3	0.81	0.67	1.2 : 1	~2,000
0	3	0.69	0.57	1.2 : 1	~2,000
0	0	0.70	0.70	1 : 1	~18,000
0	4	0.74	0.30	2.5 : 1	~20,000
3	2	0.74	0.61	1.2 : 1	~10,000
—	—	≥0.80	≥0.60	1 : 1**	≥5,000***
—	3	—	—	—	—

☆비교 목적으로 야생동물이 자연에서 섭취하는 음식에 들어 있는 영양소 유형의 성분 퍼센트를 포함시켰다. 모든 카테고리가 알려진 것은 아니라서 공백으로 남겨 두었다.

들고양이에게 지시되는 경우를 제외하고, 표준 권장량은 총 건조 중량 비율이며, 정상상태의 고양이의 유지를 위한 것이다.

출처 : *AAFCO Nutrient Profiles for Cat Foods—Report of the Feline Nutrition Expert Subcommittee*, 1992 ; *the Merck Veterinary Manual*, 6th Edition, 1986 ; the Committee on Animal Nutrition, Board on Agriculture, National Research Council revised 1986 edition of *Nutrient Requirements of Cats*.

부호 '≥'는 '표에 기록된 양보다 많거나 같은 양'으로 해석한다. 그리하여 '≥5,000IU'로 표시된 것은 '5,000IU보다 많거나 같은 양이 되어야 한다.'는 것으로 해석한다. 부호 '≤'는 반대이며 '같거나 그보다 적은'으로 해석한다.

자묘용 우유 만들기

이 레시피는 단백질 44%, 지방 25%, 탄수화물 26%, 회분 4%를 함유하고 있다. 칼슘과 인의 비율은 1.2 : 1이 이상적이다. 에너지 밀도가 5라는 것은 농축된 음식이라는 의미이다.

◇ 우유 2컵(염소젖 선호)

◇ 큰 달걀 2개

◇ 단백질 분말 5티스푼(동물성 단백질로 만들어진 것으로)

◇ Group I *의 골분 ¼티스푼(또는 Group II의 골분 ½티스푼 또는 Group III의 칼슘 약 350mg 또는 달걀껍데기 가루 ⅛티스푼)

◇ 고양이 비타민 1~2일치(성묘 용량)

◇ 타우린 보조제 100mg(고양이 비타민에 들어 있지 않을 경우에)

*칼슘 보조제에 대한 정보를 얻으려면 509쪽에 있는 '칼슘 보조제 목록'을 참조한다.

위 재료를 잘 섞은 다음 체온 정도로 데워서 아기 동물용 젖병이나 주사기를 이용해서 먹이면 된다. 먹는 동안 우유가 식을 경우에는 중탕으로 다시 데워서 먹인다. 우유의 온도를 가늠하려면 손목에 한 두 방울 떨어뜨려 보면 된다.

• 산출량 : 약 3컵의 우유가 만들어지며 1컵당 약 190kcal가 나온다.

매 끼니마다 충분히 먹이되, 배가 너무 빵빵해지지 않게 먹인다. 급여량은 8cc 정도면 적당하고, 이것은 ½티스푼 정도이다. 다시 말하지만 지나치게 많이 먹이면 안 된다. 새끼 고양이의 배가 빵빵해지기 전에 급여를 중단한다. 535쪽에 있는 '새끼 고양이의 음식 급여 스케줄'에 따라 주면 된다.

우유를 다 먹이고 나면 장운동을 촉진시키기 위해 새끼 고양이의 복부를 부드럽게 마사지하고, 배뇨와 배변을 유도하기 위해 따뜻한 물로 적신 부드러운 티슈로 새끼 고양이의 생식기와 항문 부위를 닦아 준다. 이는 어미 고양이가 배뇨와 배변을 유도하기 위해 새끼의 항문 부위를 핥아주는 행동을 대신하는 것이다.

생후 2주령 이후에는 유아용 시리얼(baby cereal)이나 귀리와 같은 고단백 시리얼, 분말로 된 간이나 신장을 레시피에 첨가하기 시작한다.

새끼 고양이가 생후 3~4주가 되었을 때에는 고형 음식(위에서 언급한 고양이 레시피나 질이 좋은 캔사료)을 주기 시작하라. 묽은 죽을 만들려면 이것을 포뮬러와 혼합하라.

새끼 고양이가 생후 4~6주가 되면 젖을 떼기 시작하라. 이렇게 하면 생후 6주가 되었을 때에 그릇에 담긴 모든 음식을 혼자 먹을 수 있게 될 것이다.

새끼 고양이의 음식 급여 스케줄

연령(주)	체중(g)	급여 간격	하루 총량(테이블스푼)
0~2	113~227	2시간마다	2~4
3	227~284	3시간마다	4~6
4~5	284~680	4시간마다	6~10
6	900 이상	하루 세 번	8~12

자견용 우유 만들기

개의 모유에는 단백질 33.2%, 지방 44.1%, 탄수화물 15.8%, 회분 6.9%가 함유되어 있고, 이 레시피는 단백질 33%, 지방 43%, 탄수화물 21%, 회분 3%를 함유하고 있다. 칼슘과 인의 비율은 1.3 : 1이며, 한 컵당 약 250kcal를 공급하고 있다.

◇ 우유와 크림을 1 대 1로 섞은 것 ¾컵
◇ 우유 1컵(염소젖 선호)
◇ 큰 달걀 2개
◇ 단백질 분말 ½테이블스푼
◇ Group I* 골분 ½티스푼(또는 Group II 골분 1티스푼 또는 Group III의 칼슘 약 700mg 또는 달걀 껍데기 가루 ⅓티스푼)
◇ 개 비타민 1~2일치(성견 용량)

*칼슘 보조제에 대한 정보를 얻으려면 509쪽에 있는 '칼슘 보조제 목록'을 참조한다.

재료를 잘 섞은 다음 체온 정도로 데워서 젖병이나 주사기를 이용해 먹인다. 단, 배가 지나치게 빵빵해지지 않도록 먹인다. (나이와 품종에 따라 급여량이 달라지는데, 어느 정도 먹여야 할지 확실히 모르겠다면 상업용 분유의 권장량을 참조한다.) 급여 스케줄은 고양이와 동일하다. 다 먹인 후에는 강아지를 깨끗하게 닦아 준다. 강아지가 생후 2~3주가 되면 고형식(오트밀을 만들기 위해 포뮬러와 혼합한)과 가루로 만든 간을 줄 수 있다. 생후 4~5주가 되면 젖병을 뗀다.

고양이를 위한 옥수수죽

고기가 없는 동물성 공급원에서 유래한 단백질로 만든 이 레시피는 여전히 단백질 32%, 지방 24%, 탄수화물 39%, 5.2의 높은 에너지 밀도를 공급하고 있다.

이 레시피는 고기의 양이 적기 때문에 부족한 부분을 보충하기 위해 반드시 타우린을 첨가해야 한다.

◇ 옥수수가루나 옥수수죽 ½컵(조리된 것 약 2컵)
◇ 잘 섞은 큰 달걀 4개
◇ 스위스 치즈나 체더 치즈와 같이 잘 갈아서 만든 가공하지 않은 치즈 ½컵
◇ 건강 분말 ½테이블스푼(510쪽)
◇ 양조용 이스트(또는 영양 이스트) ½테이블스푼
◇ 애니멀 에센셜 칼슘 ½티스푼(또는 달걀껍데기 가루 ¼티스푼이나 Group Ⅲ 칼슘 보조제*로 칼슘 500mg)
◇ 비타민 E 50~100IU
◇ 타우린 보조제 200mg(수많은 고양이용 비타민이나 베지캣으로부터)
◇ 단백질 분말 2티스푼(락트알부민이나 난백알부민으로부터)

◇ 끼니마다 채소 1테이블스푼(조리되거나 잘게 간 호박 등)(선택 가능)

*칼슘 보조제에 대한 정보를 얻으려면 509쪽에 있는 '칼슘 보조제 목록'을 참조한다.

물 2컵을 끓인다. 여기에 옥수수가루나 옥수수죽을 넣고 힘껏 젓는다. (또는 먼저 찬물 ½컵에 옥수수가루를 넣고 섞은 후 끓는 물 1 컵을 더 넣는다.) 골고루 잘 섞이면 뚜껑을 닫고 약 10분 동안 또는 옥수수가루가 부드러운 옥수수죽이 될 때까지 약한 불에서 끓인다. 불을 끄고 따뜻한 상태에서 달걀과 치즈를 넣고 잘 섞는다. 식힌 후 나머지 재료를 넣고 다시 골고루 섞는다.

• 산출량 : 이렇게 하면 약 3 컵이 만들어지며, 한 컵당 열량은 약 240kcal이다. 하루에 1~1½컵씩 주며, 고양이가 매우 활동적이라면 더 많은 양을 준다.

• 곡물 대용물 : 기장 ½컵에 물 1½컵을 넣고 끓인다. 통밀 쿠스쿠스 ½컵에 물 ¾컵을 넣고 끓인다. 생 귀리 1컵에 물 2컵을 넣고 끓인다.

개를 위한 옥수수죽

이 레시피는 채식 위주의 식사를 하는 개에게 적합하며 이어서 개를 위한 채식 레시피를 세 가지 더 소개할 것이다. 이런 식단에는 철분 보조제를 첨가하는 것이 좋다. 철분이 고기보다 덜 함유되어 있으므로 곡물은 철분 함유량이 높은 기장을 사용하는 것도 좋다. 달걀은 미네랄 공급원이다.

◇ 분유 ½컵 + 물 4컵(또는 저지방우유 4컵)

◇ 옥수수가루 1컵(조리 안 된 것)

◇ 잘 섞은 큰 달걀 2개

◇ 갈아 만든 치즈 ½컵

◇ 애니멀 에센셜 칼슘 ½티스푼(또는 달걀껍데기 가루 ¼티스푼이나 Group III 칼슘 보충제*로 칼슘 500mg)

◇ 건강 분말 ½테이블스푼(510쪽)

◇ 식물성 오일 1티스푼

◇ 비타민 E 100~200IU

◇ 철분 보조제 15mg

◇ 채소 ½컵(잘게 갈거나 조리된 것)(선택 가능)

*칼슘 보조제에 대한 정보를 얻으려면 509쪽에 있는 '칼슘 보조제 목록'을 참조한다.

분유와 물을 끓인다. (우유를 사용할 경우에는 타지 않도록 주의한다. 팔팔 끓으면 탈 수 있으므로 타지 않도록 계속 저어 주어야 한다.) 여기에 옥수수가루를 빨리 넣고 부드러워질 때까지 잘 섞는다. 옥수수가루가 부드러운 죽 상태가 될 때까지 뚜껑을 덮고 약한 불에서 약 10분간 끓인다. 불을 끄고 따뜻한 상태에서 달걀과 치즈를 넣고 잘 섞는다. 식힌 후 나머지 재료를 넣고 다시 골고루 섞는다. 단백질 23%, 지방 14%, 탄수화물 59%를 함유하고 있다.

• 산출량 : 이렇게 하면 약 5½컵이 만들어지며, 한 컵당 열량은 약 230kcal이다.

• 일일 급여량(컵) : 초소형견 1½~2컵, 소형견 3½~4½컵, 중형견 6~7컵, 대형견 약 8컵, 초대형견 약 10컵

• 곡물 대용물 : 기장 1컵에 물 3컵을 넣고 끓인다. 통밀 쿠스쿠스 1컵에 물 1컵을 넣고 끓인다. 생 귀리 1컵에 물 4컵을 넣고 끓인다.

반려견을 위한 콩찜

이 레시피는 멕시칸 스타일의 콩요리를 응용한 것으로 옥수수가루와 치즈로 토핑을 한다. 양이 매우 넉넉하므로 반려인도 함께 즐길 수 있다. (보조제를 빼고 먹으면 된다.)

◇ 핀토콩(pinto bean, 얼룩배기강낭콩의 일종) 4컵
  (또는 조리되거나 통조림에 든 것 10컵)
◇ 지방을 빼지 않은 전유(지방함량 3.2~4%) 3컵
◇ 옥수수가루 1컵
◇ 간 체다 치즈 2컵
◇ 큰 달걀 4개
◇ 식물성 오일 2테이블스푼
◇ 건강 분말 ¼컵(510쪽)
◇ 애니멀 에센셜 칼슘 5티스푼, 약 1½테이블스푼
  (또는 달걀껍데기 가루 2¾티스푼이나 Group Ⅲ
  칼슘 보조제*로 칼슘 5,000mg)
◇ 비타민 A 10,000IU
◇ 비타민 E 100~200IU
◇ 철분 보조제 20mg
◇ 채소 1~2컵(선택 가능)

*칼슘 보조제에 대한 정보를 얻으려면 509쪽에 있는 '칼슘 보조제 목록'을 참조한다.

가장 먼저 할 일은 밤새 물에 콩을 불리는 것이다. 잘 불린 콩을 건져 헹군 다음에 깨지거나 손상된 콩은 골라 낸다. 이렇게 준비된 콩에 물을 8~10컵 정도 넣고 끓인다. 1시간 동안 또는 콩껍질이 불어서 날릴 때까지 뚜껑을 덮고 약한 불에서 끓인다. (장에서 가스가 생기는 것을 막기 위해 처음 30분 후에 조리된 물은 버리고, 깨끗한 물을 다시 붓고 1시간 동안 끓인다.)

콩이 익는 동안 옥수수가루로 토핑을 만든다. 분유를 끓이고, 여기에 옥수수가루를 조금씩 넣으면서 잘 섞어 준다. 뚜껑을 덮은 다음 부드러워질 때까지 약 10분간 찐다. 불을 끄고 따뜻한 상태에서 치즈와 달걀을 넣는다. 식힌 후 남은 재료를 넣어서 개에게 먹이면 된다. 3일 이내에 먹일 수 없는 양은 냉동 보관한다. 단백질 24%, 지방 11%, 탄수화물 61%를 공급해 준다.

• 산출량 : 이렇게 하면 약 17~18컵이 만들어지며, 칼로리는 한 컵당 약 387kcal이다.
• 일일 급여량(컵) : 초소형견 약 ½~1¼컵, 소형견 약 2½컵, 중형견 약 4컵, 대형견 약 5~6컵, 초대형견 6컵 이상
• 콩 대용물 : 핀토콩 대신 강낭콩이나 흰콩, 검정콩을 사용할 수 있다.
• 응용 레시피 : 콩을 빼고, 옥수수 토핑만 할 수 있다. 그렇게 하면 재료 양은 다음과 같이 조절된다. 애니멀 에센셜 칼슘은 1티스푼으로 줄이고, 달걀껍데기 가루는 ½티스푼으로, 칼슘 공급원은 1,000mg으로 줄인다. 이 응용 레시피(5.2kcal/kg)는 활동적인 개에게 좋다.

개 · 고양이 자연주의 육아백과

초간단 달걀요리

만들기가 매우 간단하고 쉬운 이 레시피는 주 단백질원을 달걀에 의존한다. 달걀은 신경기능에 필요한 단백질을 제공하고, 지방과 레시틴이 풍부하다. 락트알부민이나 난백알부민에서 유래한 단백질이 포함된 맛을 가미하지 않은 분말을 구하기 위해 천연식품점을 둘러본다.

◇ 벌거 1컵(조리되지 않은 것)
◇ 달걀 4개
◇ 잘게 다진 파슬리나 새싹채소 1테이블스푼 또는 조리된 채소 ½컵
◇ 단백질 분말 3테이블스푼
◇ 건강 분말 2테이블스푼(510쪽)
◇ 식물성 오일 3테이블스푼(아마씨유가 매우 좋음)
◇ 애니멀 에센셜 칼슘 1½티스푼(또는 조금 부족하게 1티스푼 또는 Group Ⅲ 칼슘 보조제*로 칼슘 1,500mg)
◇ 비타민 E 100~200IU
◇ 철분 보조제 5mg(선택 가능)
◇ 잘게 다진 마늘 1쪽(선택 가능)

◇ 타마리 소이 소스 ½티스푼(또는 소량의 소금)

*칼슘 보충제에 대한 정보를 얻으려면 509쪽에 있는 '칼슘 보조제 목록'에서 참조한다.

물 2컵을 끓인다. 여기에 벌거를 넣고 뚜껑을 닫은 다음 곡물이 부드러워질 때까지 약 10~20분간 약한 불에서 끓인다. 불을 끄고 따뜻한 상태에서 달걀을 넣고 잘 섞는다. 식힌 후 남은 재료를 모두 넣고 골고루 섞어서 반려견에게 먹이면 된다. 이것은 단백질 28%, 지방 21%, 탄수화물 47%를 공급해 준다.

• 산출량 : 이렇게 하면 약 5컵이 만들어지며, 칼로리는 한 컵당 약 320kcal이다.
• 일일 급여량(컵) : 538쪽 '반려견을 위한 콩찜'과 거의 동일하다.
• 곡물 대용물 : 기장 1컵에 물 3컵을 넣고 끓인다. 통밀 쿠스쿠스 1컵에 물 1½컵을 넣고 끓인다. 생 귀리 2컵에 물 4컵을 넣고 끓인다.

콩과 기장 레시피

이 음식은 단백질 함량이 매우 높고 경제적인 식품으로 콩과 코티지 치즈로 구성된 반려견을 위한 균형 잡힌 음식으로 고기가 전혀 들어 있지 않다.

◇ 강낭콩 2컵(또는 조리된 것 2컵이나 통조림에 든 것 약 56g)

◇ 기장 2컵(조리된 것 6컵)

◇ 저지방 코티지 치즈 4컵

◇ 식물성 오일 6테이블스푼(⅓컵보다 약간 많은 양)

◇ 건강 분말 4테이블스푼(510쪽)

◇ 애니멀 에센셜 칼슘 5티스푼(2테이블스푼보다 약간 적게)(또는 달걀껍데기 가루를 약간 부족하게 3티스푼이나 Group Ⅲ 칼슘 보조제*로 칼슘 5,000mg)

◇ 조리한 당근이나 브로콜리 또는 완두콩 ½컵 (선택 가능)

◇ 타마리 소이 소스 2티스푼(또는 소금 ½티스푼)

◇ 으깨거나 잘게 다진 마늘 1~2쪽(선택 가능)

◇ 비타민 A 5,000IU

◇ 비타민 E 50~200IU

◇ 철분 보조제 10mg(기장과 함께 선택 가능. 다른 곡물과 함께 추천됨)

*칼슘 보충제에 대한 정보를 읽으려면 509쪽에 있는 '칼슘 보조제 목록'을 참조한다.

밤새도록 콩을 물에 불린다. 물을 따라내고 행군 후 깨지거나 손상된 콩은 골라낸다. 콩에 물을 6~8컵 정도 붓고 끓인다. 뚜껑을 덮고 1시간 30분 동안 또는 콩 껍질이 불어서 날릴 수 있을 때까지 뚜껑을 덮고 약한 불에 끓인다. (장에서 가스가 생기는 것을 막기 위해 처음 30분 후에 조리된 물은 버리고, 깨끗한 물을 다시 붓고 1시간 동안 끓인다.) 콩이 익는 동안 기장을 준비한다. 기장에 물 6컵을 넣고 뚜껑을 덮은 후 20~30분간 기장이 부드러워질 때까지 약한 불에서 끓인다. 콩과 기장이 다 준비되면 이 두 가지를 섞는다. 마지막으로 남아 있는 재료를 넣어서 반려견에게 먹이면 된다.

• 산출량 : 이렇게 하면 약 14컵이 만들어지며, 칼로리는 한 컵당 약 337kcal이다.

• 일일 급여량(컵) : 초소형견 약 ½~1컵, 소형견 3컵, 중형견 4~5컵, 대형견 5½~6컵, 초대형견 약 7컵 이상

• 곡물 대용물 : 벌거, 현미나 보리 2컵(조리하기 전 용량)을 사용할 수 있다.

• 콩 대용물 : 강낭콩 대신 렌즈콩이나 핀토콩, 대두, 흰콩이나 검정콩을 동량(조리하기 전 용량) 사용할 수 있다. 또는 조리시간을 줄이기 위해 두부 28g을 사용할 수 있다. 두부를 사용할 경우에는 저지방 코티지 치즈 대신 크림 코티지 치즈를 사용하는 것이 좋다.

여러 가지 고기의 단백질, 지방, 탄수화물 함량

고기(450g)	단백질(g)*	지방(g)	탄수화물(g)
기름기 없는 햄버그스테이크용 고기(익힌 것)	125	51	0
살코기와 껍질이 있는 구이용 닭고기(익힌 것)	123	67	0
기름기 적당한 햄버그스테이크용 고기(익힌 것)	110	92	0
기름기 없는 사슴고기(날것)	95	2	0
잘 간 칠면조고기(날것)	95	20	0
닭가슴살(날것)	94	11	0
기름기 없는 소 목정살(날것)	92	53	0
고기와 껍질이 적은 닭고기(날것)	90	18	0
소간(날것)	90	17	24
닭간(날것)	89	17	13
구이용 소 목정살(날것)	85	89	0
닭 심장(날것)	84	27	0.5
잘 간 닭고기(날것)	82	17	0
양고기의 다릿살(날것)	81	74	0
기름기 많은 소 목정살(날것)	79	115	0
기름기 없는 소 심장(날것)	78	16	3
지방이 어느 정도 있는 소 심장(날것)	70	94	0.5
양고기 어깻살(날것)	69	109	0
칠면조고기의 식용 가능한 것 전체(날것)	67	49	0

*고기 450g당 단백질(g) 함량이 높은 것에서 낮은 것 순으로 정리

갓 태어난 자견·자묘의 식단과 채식 위주의 식단을 위해 설계된 레시피의 영양학적 구성

레시피	총 칼로리(kcal)	건조중량(g)	단백질(%)	지방(%)	탄수화물(%)
갓 태어난 새끼를 위한 식단					
자견용 우유	588	102	33	43	21
자묘용 우유	565	114	44	25	26
채식 위주의 레시피					
고양이를 위한 옥수수죽	903	75	32	24	39
개를 위한 옥수수죽	1,260	274	23	14	59
반려견을 위한 콩찜	6,771	1,558	24	11	61
반려견을 위한 콩찜(콩을 뺀)	3,141	601	23	26	47
초간단 달걀요리	1,598	333	28	21	47
콩과 기장 레시피	4,718	1,077	26	14	57
표준 권장량(고양이)#	~350	–	≥26	≥9	–
표준 권장량(개)#	531쪽 표 참조	–	≥18	≥5	≤67
야생동물이 자연에서 섭취하는 음식(고양이)☆	–	–	46	33	16
야생동물이 자연에서 섭취하는 음식(개)☆	–	–	54	42	1

*이런 항목은 '0'으로 표시하지만 정확하게 말하자면 계산상에 이런 성분이 매우 극소량 있음을 의미한다. 반올림하거나 반내림하여 소수점 이하를 없앴으며, 양이 0.5% 이하일 경우에는 '0'으로 표시했다.

**많은 양의 비타민 A는 난황에서 유래한다.

***음식 kg당 비타민 A의 최소 기준치는 5,000IU이다. 여기에 소개한 레시피는 건강 유지를 위해 상당히 많은 양의 비타민 A를 함유하고 있다.

#표준 권장량은 사료의 제조 방침을 기초로 했다. 이 책에 소개된 식단의 양은 대부분의 카테고리에서 표준 권장량의 최소량을 초과한다.

☆비교 목적으로 야생동물이 자연에서 섭취하는 음식에 들어 있는 영양소 유형의 성분 퍼센트를 포함시켰다. 모든 카테고리가 알려진 것은 아니라서 어떤 항목은 공백으로 남겨 두었다.

섬유소(%)	회분(%)	칼슘(%)	인(%)	칼슘 : 인의 비율	비타민 A(IU/kg)
0*	3	1.2	0.91	1.3 : 1	~24,000**
0	5	0.93	0.76	1.2 : 1	~25,000**
0	5	0.69	0.57	1.2 : 1	~20,000
0	4	0.73	0.53	1.4 : 1	~10,000
3	4	0.67	0.54	1.2 : 1	~12,000
1	3	0.84	0.61	1.4 : 1	~30,000
1	4	0.71	0.55	1.3 : 1	~8,000
3	4	0.73	0.53	1.4 : 1	~12,000
–	–	≥0.80	≥0.60	1 : 1**	≥5,000***
–	–	≥0.60	≥0.50	1 : 1~2 : 1	5,000~50,000
–	3	–	–	–	–
–	–	–	–	–	–

들개나 들고양이에게 지시되는 경우를 제외하고, 표준 권장량은 총 건조 중량 비율이며, 정상 상태의 성견과 성묘의 유지를 위한 것이다.

출처 : AAFCO Nutrient Profiles–Report of the Canine Nutrition Expert Subcommittee, 1992 ; Report of the Feline Nutrition Expert Subcommittee, 1992 ; the Merck Veterinary Manual, 6th Edition, 1986 ; the Committee on Animal Nutrition, Board on Agriculture, National Research Council revised 1986 edition of Nutrient Requirements of Cats ; the Committee on Animal Nutrition, Board on Agriculture, National Research Council revised 1985 edition of Nutrient Requirements of Dogs.

부호 '≥' 는 '표에 기록된 양보다 많거나 같은 양'으로 해석한다. 그리하여 '≥5,000IU'로 표시된 것은 '5,000IU보다 많거나 같은 양이 되어야 한다.'는 것으로 해석한다. 부호 '≤'는 반대이며 '같거나 그보다 적은'으로 해석한다.

신장에 문제가 있는 개의 식단

◇ 기름기가 적당한 햄버그스테이크용 고기 113g

◇ 조리한 백미 2¾컵

◇ 큰 달걀 2개

◇ 조리한 당근 ¼컵

◇ 냉압축시킨 홍화, 콩, 옥수수기름 2테이블스푼

◇ 애니멀 에센셜 칼슘 2티스푼(또는 달걀껍데기 가루 1티스푼)*

◇ 요오드 처리한 소금 ⅛티스푼

◇ 파슬리 2테이블스푼(천연 이뇨제이므로 자유롭게 선택)

◇ 잘게 다진 마늘 ½~1쪽(향을 더하기 위해 자유롭게 선택)

◇ 복합 비타민 B 20mg

◇ 비타민 A 5,000IU

◇ 비타민 C 1,000mg

*이 보조제는 509쪽의 Group Ⅲ '칼슘 보조제 목록'에서 고른 것이다.

모든 재료를 함께 섞어서 개가 먹는다면 날것으로 준다. 그렇지 않다면, 비타민을 제외한 모든 재료를 함께 섞은 후 적당한 온도의 오븐에서 약 20분간 구운 다음에 비타민을 섞기 위해 식을 때까지 기다린다. 경우에 따라 고기 약간을 1~3티스푼 정도의 간(liver)으로 대체한다. 항상 신선하고 깨끗한 물(생수나 병에 든 물)을 사용한다.

레시피는 양질의 단백질 17%, 지방 25%, 탄수화물 55%를 공급해 준다. 전반적으로 그것은 인(이것은 이러한 상태에서 축적되는 경향이 있다)이 보통의 레시피에 비해 낮지만, 공급되는 칼슘량은 적당하다(총2,400mg).

• 산출량 : 일반적으로 개가 먹을 수 있는 한 충분히 많이 급여한다. 레시피는 4.5kg 정도 나가는 소형견에게는 3일 동안, 18kg 정도 나가는 개에게는 하루 동안 줄 수 있다. 레시피를 3배로 늘리면 27kg 정도 나가는 개에게 이틀 동안 줄 수 있다. 편의를 위해 필요에 따라 레시피를 많이 만들어 두면 좋다.

> **주의사항** 만약 반려견이 이 레시피를 잘 먹지 않는다면 비타민을 매일매일 다음과 같은 양만큼 따로 강제 급여한다. 초소형견과 소형견은 복합 비타민 B 10mg과 비타민 C 250mg, 중형견은 레시피에서 언급했던 것만큼, 대형견과 초대형견은 복합 비타민 B 50mg과 비타민 C 2,000mg을 준다.

만약 충분히 잘 먹었는데도 불구하고 체중이 감소한다면 레시피에 기름진 고기의 양을 늘린다. 체중은 꾸준히 유지되어야 한다.

신장에 문제가 있는 고양이의 식단

◇ 닭고기나 칠면조고기 340g(1½컵)

◇ 조리한 백미 4컵

◇ 달걀 4개

◇ 냉압축시킨 홍화, 콩, 옥수수기름 2테이블스푼

◇ 애니멀 에센셜 칼슘 3티스푼(또는 달걀껍데기 가루 약간 부족하게 2티스푼)*

◇ 요오드 처리된 소금 ¼티스푼

◇ 파슬리 1티스푼(천연 이뇨제이므로 자유롭게 선택)

◇ 비타민 A 5,000IU

◇ 비타민 C 2,000mg(아스코르브산나트륨 ½티스푼)

◇ 타우린과 또 다른 고양이 비타민(약 5일치, 우리는 이 만큼의 레시피에 적어도 250mg의 타우린을 첨가한다)

◇ 복합 비타민 B 50mg(또는 5~10mg/일)

*이 보조제는 509쪽의 Group Ⅲ '칼슘 보조제 목록'에서 고른 것이다.

큰 그릇에 모든 재료를 넣고 섞는다. 고양이가 먹는다면 날것으로 준다. 그렇지 않다면 비타민을 제외한 모든 재료를 함께 섞은 후 적당한 온도의 오븐에서 약 20분간 구운 다음에 비타민을 섞기 위해 식을 때까지 기다린다. 고양이는 식욕이 없기 때문에 비위를 맞출 필요가 있다. 경우에 따라 고기 약간을 1~3티스푼 정도의 간(liver)으로 대체할 수 있다. 항상 신선하고 깨끗한 물(생수나 병에 든 물)을 사용하고 고기나 생선의 (따뜻한) 육즙을 하루에 한두 번 급여해 물을 많이 마시도록 하는 게 좋다.

• 산출량 : 먹을 수 있는 한 충분히 많이 준다. 이 레시피로 평균 체중의 고양이에게 약 5~6일분의 식사량을 만들 수 있다.

> **주의사항** 만약 고양이가 이 레시피를 잘 먹지 않는다면 고양이 비타민 제제에 적힌 용법에 따라 비타민을 따로 강제 급여한다. 복합 비타민 B는 5~10mg/일, 비타민 C(아스코르브산나트륨 1/16티스푼)는 하루에 두 번 250mg 급여한다.

신장질환을 앓는 많은 고양이들이 체내 칼륨수치가 낮은 상태로 진행할 것이다. 이것은 상태를 더욱 악화시키고 독특한 증상을 야기한다. 만약 고양이가 여기서 제시하는 치료에 별다른 반응을 보이지 않는다면 이러한 식단에 글루콘산칼륨 보조제를 첨가하는 것에 대해 수의사와 상의해 보는 게 좋다.

고양이 알레르기 식단

◇ 현미 2컵

◇ 양고기 907g(4컵)

◇ Group I 골분 1테이블스푼*

◇ 식물성 오일 2테이블스푼

◇ 대구간유 1티스푼

◇ 이스트를 넣지 않고 만든 고양이를 위한 비타민·미네랄 보조제 10일분

비타민 C는 아스코르브산나트륨 가루 형태로 매일 500mg씩 먹인다.

*509쪽 '칼슘 보조제 목록'을 참조한다.

여과수나 생수 4컵을 준비한다. 여기에 쌀을 넣고 뚜껑을 덮은 다음 40분간 끓인다. 그동안 고기를 잘게 썰거나 간다. 밥이 다 되면 비타민 C를 제외한 모든 재료를 잘 섞는다. 매일 신선한 비타민 C를 제공한다(아스코르브산나트륨 가루를 추천한다. 왜냐하면 맛이 시큼하거나 톡쏘지 않기 때문이다).

만약 Group II 골분 중 하나를 사용한다면 레시피에 그 원료를 2배로 넣는다(골분이 더해진 레시피의 칼슘 총량은 4,300mg).

레시피에는 식물성 오일을 지정했지만 그 외에 다양한 오일을 사용할 수 있으며, 심지어 동물성 지방도 가능하다. 음식에는 필수지방산이 반드시 들어가야 하며, 옥수수유(특히 고양이가 좋아함), 홍화유, 해바라기유, 달맞이꽃 종자유, 지치 오일(borage oil) 등과 같은 식물성 오일과 대구간유(또는 다른 피어유)를 첨가하면 된다.

가금류나 돼지와 같은 동물성 지방에도 필수지방산이 들어 있다. 그러나 불행하게도 고양이들은 소고기향을 좋아하지 않으므로 소고기와 버터로는 충분한 양의 필수지방산을 공급하지 못한다.

레시피는 대략 단백질 30%, 지방 30%, 탄수화물 40%로 구성되어 있다.

• 산출량 : 앞에 설명한 레시피를 성묘에게 8~10일가량 먹인다. 부패를 막기 위해 레시피의 약 ⅔는 냉동 보관한다.

• 대용물 : 쌀 대신 기장 2컵에 물 6컵을 넣고 기장이 부드러워질 때까지 20~30분 동안 조리해서 사용하거나 건조한 귀리 4컵에 물 8컵을 넣고 걸쭉하고 부드러워질 때까지 10분 동안 조리해서 사용해도 된다. 또한 칠면조고기나 닭고기를 사용해도 된다. 칠면조고기는 지방이 매우 적으므로 라드(돼지비계를 녹여 정제한 반고체 상태의 기름)나 소의 지방을 여분으로 첨가해야 한다.

개 알레르기 식단 1

◇ 현미 4컵

◇ 양고기 1.4kg(6컵)

◇ Group I 골분 2½테이블스푼*

◇ 식물성 오일 2테이블스푼(옥수수, 홍화, 해바라기, 달맞이꽃, 지치 오일 등)

◇ 이스트를 넣지 않고 만든 개를 위한 비타민·미네랄 첨가제

비타민 C는 아스코르브산나트륨 가루 형태로 매일 500mg씩 먹인다.

*골분 그룹에 대한 자세한 정보는 509쪽을 참조한다. Group II 골분은 용량을 2배로 넣어야 한다.

여과수나 생수 8컵을 준비한다. 여기에 쌀을 넣고 뚜껑을 덮은 다음 40분간 끓인다. (만약 저지방 식이를 먹이고 싶다면) 밥을 하는 동안 양고기에 붙어 있는 지방을 제거한다. 고기를 잘게 썰거나 간다. 밥이 다 되면 비타민 C와 매일 먹일 보조제를 제외한 모든 재료를 잘 섞는다. 음식을 먹일 때마다 비타민 C와 보조제를 첨가한다.

레시피는 대략 단백질 27%, 지방 24%, 탄수화물 47%로 구성되어 있다. 골분에 의해 제공되는 칼슘량은 1g이 조금 넘는다(1,100mg).

• 산출량 : 이 레시피는 약 5,600cal를 생산하며, 소형견 7~9일간, 중형견 3~4일간, 대형견 2일간 먹기에 충분한 양이다. 3일 이내에 먹이지 않을 음식은 냉동 보관한다.

• 대용물 : 쌀 대신에 기장 4컵에 물 12컵을 넣고 기장이 부드러워질 때까지 20~30분 동안 조리하거나 건조한 귀리 8컵에 물 14~16컵을 넣고 걸쭉하고 부드러워질 때까지 10분 동안 조리해서 사용해도 된다. 조리한 곡류는 부드럽고 걸쭉해야 한다. 좀 더 고단백 식이를 먹이려면 건조한 쌀이나 기장을 3컵(또는 귀리 6컵)으로 줄인다.

개 알레르기 식단 2

◇ 기장 6컵
◇ 칠면조고기 1.4kg(6컵)
◇ Group I 골분 2½테이블스푼*
◇ 식물성 오일 ¼컵
◇ 이스트를 넣지 않고 만든 개를 위한 비타민·미네랄 첨가제

비타민 C는 아스코르브산나트륨 가루 형태로 매일 500mg씩 먹인다.

*509쪽 '칼슘 보조제 목록'을 참조한다. Group II 골분은 용량을 2배로 넣어야 한다.

여과수나 생수 12~18컵을 준비한다. 여기에 쌀을 넣고 뚜껑을 덮은 다음 20~30분간 끓이거나 부드럽고 보슬보슬해질 때까지 끓인다. 물을 18컵 이상 넣어도 된다. 비타민 C와 매일 먹일 보조제를 제외하고 나머지 재료를 잘 섞는다. 앞의 레시피에서 한 것처럼 음식을 먹일 때마다 비타민 C와 보조제를 첨가한다. 알레르기 식단 1에서 예로 든 필수지방산을 제공할 식물성 오일을 사용한다.

이 레시피는 대략 단백질 23%, 지방 18%, 탄수화물 57%로 구성되어 있다. 골분에 의해 제공되는 칼슘량은 1g이 조금 넘는다(1,100mg).

• 산출량 : 위에 설명한 레시피는 약 5,900cal이며, 소형견 7~9일간, 중형견 3~4일간, 대형견 2일간 먹기에 충분한 양이다. 3일 이내에 먹이지 않을 음식은 냉동 보관한다.

• 대용물 : 기장 대신 현미 5컵에 물 10컵을 넣고 부드러워질 때까지 40분간 조리하거나 건조한 귀리 10컵에 물 18~20컵을 넣고 부드럽고 걸쭉해질 때까지 10분간 조리한 것을 사용해도 된다.

개 다이어트 식단 1

◇ 조리한 야채 4컵(당근, 완두콩, 깍지콩, 옥수수 등. 편의를 위해 냉동된 것이나 통조림을 사용해도 된다)

◇ 귀리나 밀기울 1컵

◇ 납작귀리 2컵

◇ 저지방 코티지 치즈 1컵

◇ 잘 갈거나 덩어리로 된 칠면조고기나 닭고기(껍질 제외), 기름기 없는 소고기, 심장, 간, 또는 기름기 없는 햄버그스테이크용 다진 고기 227g(1컵)

◇ 애니멀 에센셜 칼슘 2½티스푼(또는 달걀껍데기 가루 1½티스푼 조금 안 되게)*

◇ 식물성 오일 1티스푼

◇ 영양 이스트 2테이블스푼

◇ 개 전용 비타민

*이 보조제는 509쪽 Group Ⅲ 칼슘 보조제 목록에서 고른 것이다.

물 3~4컵을 이용하여 야채를 조리하다가 부드러워지면 밀기울이나 귀리를 첨가한다. 뚜껑을 덮고 10분 동안 기다리거나 귀리가 부드러워질 때까지 기다린다. 비타민을 제외한 나머지 재료를 첨가한다. 남은 양은 냉동시켜 두었다가 식사를 제공할 때 라벨에 표시된 추천량만큼 최소 하루분의 개 전용 비타민을 첨가한다. (소량의 건

강 분말을 첨가할 수도 있다.) 이 레시피는 단백질 30%, 지방 12%, 탄수화물 53%를 함유하고 있다. 애니멀 에센셜 보조제로 첨가된 칼슘은 2,500mg이다.

저지방 함량의 이런 식단은 체중 감량을 도울 것이다. 필요로 하는 양을 엄격하게 제한하는 것이 가장 좋다. 반려견의 체중이 이상적으로 얼마나 나가야 하는지 결정하고, 다음 표에서 보여 주는 적정량을 산정하여 하루에 두 끼로 나눠 급여한다. 만약 개가 활동적이지 않다면 조금 적게, 활동적이라면 조금 더 준다. 당근 스틱과 같은 저칼로리 스낵을 제외하고는 일체 다른 음식물을 섭취하지 못하도록 하라. 한 컵당 평균 140kcal가 나온다.

• 대용물 : 귀리 대신 조리한현미 2½컵(현미 1컵+물 2컵)이나 조리한 벌거(벌거 1½컵+물 2½컵) 3컵으로 대체할 수도 있다. 귀리와 같이 곡물을 야채와 함께 조리하지 말고 따로 조리한다.

이상적인 체중(kg)	급여량(컵)
4.5	1½
11	4
18	5
27	7
38	9

개 다이어트 식단 2

소형견에게 적합하다.

◇ 잘 갈거나 덩어리로 된 칠면조고기나 닭고기(껍질 제외), 기름기 없는 소고기, 심장, 간, 또는 기름기 없는 햄버그스테이크용 다진 고기 454g(2컵)
◇ 삶거나 구운 감자 5컵(또는 조리된 벌거나 쌀 3½컵)
◇ 귀리나 밀기울 2컵(또는 완두콩, 깍지콩, 당근, 옥수수와 같은 야채)
◇ 식물성 오일 1티스푼
◇ 애니멀 에센셜 칼슘 2½티스푼(또는 달걀껍데기 가루 1½티스푼 조금 안 되게)*
◇ 개 전용 비타민

비타민을 제외한 모든 재료를 혼합한다. 식사를 제공할 때 최소 하루 분의 개 비타민을 첨가한다. (소량의 건강 분말을 첨가할 수도 있다.) 개 다이어트 식단 1과 거의 같은 양을 급여하고 나머지는 즉시 냉동한다.

이 레시피에는 단백질 26%, 지방 15%, 탄수화물 56%가 함유되어 있다. 애니멀 에센셜 보조제로 첨가된 칼슘은 2,500mg이다.

고양이 다이어트 식단

◇ 잘 갈거나 덩어리로 된 칠면조고기나 닭고기(껍질 제외), 기름기 없는 소고기, 심장, 간, 또는 기름기 없는 햄버그스테이크용 다진 고기 454g(2컵)
◇ 껍질째 삶거나 구운 감자 1½컵(또는 조리된 벌거나 쌀 1½컵)
◇ 귀리나 밀기울 ½컵(또는 완두콩, 깍지콩, 당근, 옥수수와 같은 야채)
◇ 식물성 오일 1티스푼
◇ Group Ⅰ 골분 1티스푼*
◇ 비타민 A가 포함된 고양이 전용 비타민(이 레시피에 비타민 A 10,000IU를 첨가하기 위해 비타민 포뮬러를 충분히 사용해야 한다.)

*Group Ⅱ 골분을 사용한다면 양을 2배로 늘린다.

비타민을 제외한 모든 재료를 혼합한다. 라벨에 표시된 권장량만큼 고양이 비타민을 첨가한다. [소량의 건강 분말을 첨가해도 된다.]

한 컵당 평균 250kcal가 나오게 한다. 급여량은 다음과 같다.

이상적인 체중(kg)	급여량(컵)
2.7	⅔
3.6	¾
4.5	1컵보디 조금 적게
5.5	1

밀이나 호밀을 이용한 간식(개)

《건강한 개와 고양이를 위한 요리책(*The Healthy Cat and Dog Cookbook*)》의 저자, 조앤 하퍼(Joan Harper)가 개발한 개 비스킷을 만드는 방법 중 가장 간단한 레시피를 한 가지 소개하겠다. (대개 상업용 개 비스킷에는 가끔 사료뿐만 아니라 몸에 좋지 않은 많은 것이 포함되어 있다.) 상업용 개 비스킷은 이와 잇몸을 운동시키거나 상이나 간식으로 가끔씩 주는 것은 괜찮지만 균형 잡힌 식사로 주기에는 단백질과 다른 영양소가 턱없이 부족하다. 이 레시피에는 단백질 15%, 지방 28%, 탄수화물 56%가 함유되어 있다.

◇ 통밀가루나 호밀가루 1컵
◇ 콩가루 ¼컵
◇ 라드, 베이컨, 지방 또는 기름 3테이블스푼
◇ Group Ⅰ 골분 1티스푼(만약 Group Ⅱ를 사용한다면 용량을 두 배로 하거나 다른 재료로 약 1,400mg의 칼슘을 사용한다)*
◇ 간 마늘 1쪽이나 마늘가루 ¼티스푼(선택 가능)
◇ 물이나 육수 ⅓컵
◇ 영양 이스트 1〜2티스푼(선택 가능)

*509쪽의 '칼슘 보조제 목록'에 나오는 칼슘 보조제에 대한 정보를 참조한다.

마른 재료를 혼합하고 물이나 맑은 육수를 넣고 잘 반죽한다. 반죽을 얇게 펴서 176.6℃에서 황금색이 될 때까지 굽는다. 쿠키를 한 입에 먹을 수 있는 크기로 자른다. 반려견이 영양 이스트를 좋아하면 쿠키 위에 뿌려 준다.

크런치(개, 고양이)

조앤 하퍼가 개발한 이 레시피는 일반적으로 상업용 과자를 먹는 것에 익숙해진 입맛을 집에서 손수 만든 과자로 옮기는 데 도움을 주거나 가끔씩 간식으로 주기에 좋다. 여기에는 단백질 36%, 지방 17%, 칼슘과 인의 비율이 1.3 : 1로 함유되어 있어 영양학적으로 개와 고양이 둘 다에게 완벽하다.

◇ 닭을 포함한 땅에 사는 가금류의 목이나 모래주머니 454g
◇ 잘게 썬 고등어 통조림 1캔(454g)
◇ 콩가루 2컵
◇ 밀배아 1컵
◇ 탈지분유 1컵
◇ 건조된 옥수수가루 1컵
◇ 통밀기루 2컵
◇ 호밀가루 1컵(또는 다른 밀가루 1컵)
◇ 동물용 필수 칼슘 2테이블스푼(또는 Group III 재료에서 6,000mg의 칼슘)*
◇ 요오드 처리한 소금 ½티스푼 또는 켈프 분말 3테이블스푼
◇ 식물성 오일 4테이블스푼(절반은 고기 육즙이나 버터로 대체할 수 있다)
◇ 대구간유 ½테이블스푼(1½티스푼)(또는 비타민 A 최대 20,000IU)
◇ 알팔파 가루 또는 미량 미네랄 가루 ¼컵
◇ 잘게 다진 마늘 3쪽
◇ 비타민 E 400IU
◇ 물 0.9L
◇ 양조용 이스트 ½컵

*509쪽의 '칼슘 보조제 목록'에 나오는 칼슘 보조제에 대한 정보를 참조하라.

이스트를 제외한 모든 재료를 섞고 반죽한다. 반죽을 약 0.6~1.3cm 두께로 얇게 편다. (가루 반죽을 굵는 기계로 선을 그어 놓는다.) 반죽을 176.6℃에서 30~45분 동안 구워 쿠키를 식힌 후 한 입에 먹을 수 있는 크기로 자른다. 이스트를 뿌려서 밀폐된 용기에 보관한다. 3일 이내에 다 먹지 못할 쿠키는 냉동 보관하는 것이 좋다.

> 주의사항 닭의 목에 대한 정확한 영양학적 정보를 찾을 수 없어서 닭의 모래주머니 절반과 닭고기(통닭)의 절반을 가지고 이 레시피를 계산했다. 만약 가격이 저렴한 닭의 목이나 척추, 날개를 사용한다면 조리에 포함된 뼈에서 추가로 칼슘을 얻을 수 있다. 이런 경우라면 레시피에서 칼슘 보조제를 1티스푼가량 줄여야 한다. 만약 뼈 없는 닭을 사용한다면 레시피에는 칼슘이 덜 함유될 것이다. 또한 알팔파 가루(미량 미네랄을 공급해 주는 놀라운 재료임)에 대한 영양학적 프로필을 구할 수 없어서 계산에 포함시키지 않았다.

비스킷(개)

◇ 통밀가루 2컵
◇ 콩가루 ½컵
◇ 옥수수가루 ¼컵
◇ Group Ⅰ 골분 1티스푼(또는Group Ⅱ 골분 2티스푼)*
◇ 동물용 필수 칼슘 1테이블스푼(또는 Group Ⅲ 재료에서 3,000mg의 칼슘)*
◇ 해바라기씨나 호박씨 ½컵
◇ 잘게 다진 마늘 1~2쪽 또는 마늘가루 ½티스푼(선택 가능)
◇ 양조용 이스트 1테이블스푼(선택 가능)
◇ 녹인 버터, 지방 또는 기름 2테이블스푼
◇ 식용 당밀 ¼컵
◇ 소금 1티스푼
◇ 우유 ¼컵과 달걀 2개를 혼합한 것

*509쪽의 '칼슘 보조제 목록'에 나오는 칼슘 보조제에 대한 정보를 참조한다.

밀가루와 옥수수가루, 골분, 씨를 함께 혼합한다. 원한다면 마늘과 이스트도 첨가할 수 있다. 버터나 지방 또는 기름과 당밀, 소금, 달걀 혼합물을 섞는다. 이 액상 혼합물을 1테이블스푼 따로 떠놓고, 나머지를 마른 재료와 혼합한다. 필요하다면 반죽을 잘 만들기 위해 우유를 조금 더 넣는다. 반죽을 몇분 더 한 후 30분 이상 놔둔다. 반죽을 1.3cm 두께로 얇게 편다. 따로 떠놓은 달걀 액상 혼합물을 섞어 초승달, 동그라미, 막대기, 칫솔 모양으로 자른다. 이것을 176.6℃에서 30분 동안 또는 살짝 노릇노릇해질 때까지 굽는다. 비스킷이 더 단단해지도록 전원을 끈 오븐에 한 시간 이상 놔둔다. 만약 버터 대신 오일을 사용한다면 비스킷을 만드는 데 더 오랜 시간이 걸린다.

이 비스킷에는 단백질 20%, 지방 18%, 탄수화물 57%가 함유되어 있다.

캣닙 쿠키(고양이)

◇ 통밀가루 1컵

◇ 밀배아 2테이블스푼

◇ 콩가루 ¼컵

◇ 탈지분유 ⅓컵

◇ 켈프 분말 1테이블스푼

◇ Group Ⅰ 골분 ½티스푼(만약 Group Ⅱ를 사용
한다면 용량을 두 배로 하거나 Group Ⅲ 재료로
약 700mg의 칼슘을 사용한다)*

◇ 가루로 부순 마른 캣닙(catnip) 1티스푼

◇ 식용 당밀 1테이블스푼

◇ 달걀 1개

◇ 기름, 버터 또는 지방 2테이블스푼

◇ 우유나 물 ⅓컵

*509쪽의 '칼슘 보조제 목록'에 나오는 칼슘 보
조제에 대한 정보를 참조한다.

마른 재료를 모두 섞고, 여기에 기름, 버터 또
는 지방, 당밀, 달걀, 우유나 물을 첨가하여 반죽
한다. 기름을 바른 반죽을 얇게 펴고, 가느다란
막대기나 리본 모양으로 자른다. 이것을 176.6℃
에서 20분 동안 또는 살짝 노릇노릇해질 때까지
굽는다. 고양이에게 적당한 완두콩 크기로 쪼갠
다. 잇몸 운동이나 치아를 깨끗이 하기 위해, 즐
거움을 위해 제공하면 좋다.

간 브라우니(개, 고양이)

이 훌륭한 레시피는 위스콘신 메릴에 있는 록우드동물병원의 캐시 기브슨-앤클람(Kathy Gibson-Anklam)이 개발했다. 브라우니는 고객에게 매우 인기가 많으며 동물도 좋아한다. 이 레시피에는 단백질 30%, 지방 21%, 탄수화물 45%가 함유되어 있다.

◇ 큰 달걀 6개
◇ 식물성 오일 ⅓컵
◇ 비타민 E 800IU
◇ 방금 잘게 썬 신선한 마늘 1테이블스푼
◇ 생간(소 또는 닭) 907g
◇ 통밀가루 3컵
◇ 옥수수가루 1컵
◇ 귀리 1컵
◇ 레시틴 과립 ½컵
◇ 켈프 가루 ¼컵
◇ 동물용 필수 칼슘 8티스푼(또는 Group Ⅲ 재료에서 8,000mg의 칼슘)*
◇ 양조용 이스트 1테이블스푼
◇ 물 ½컵(반죽하기에 충분한 양)

*509쪽의 '칼슘 보조제 목록'에 나오는 칼슘 보조제에 대한 정보를 참조한다.

달걀과 기름을 세게 휘젓는다. 달걀 혼합물에 비타민 E 캡슐의 내용물을 짜넣고 마늘을 첨가한다. 믹서기나 푸드 프로세서에 들어 있는 반죽에 간을 넣어 잘 혼합하고, 여기에 달걀 혼합물을 첨가한다. 간 혼합물에 마른 재료와 물을 넣어서 잘 휘젓는다. 브라우니를 구울 때 반죽이 걸쭉해야 한다. 넓은 팬에 반죽을 두껍게 편다. 만졌을 때 단단하고 노릇노릇해질 때까지 176.6℃에서 35~45분 동안 굽는다. 완전히 식힌 후 한 입에 먹을 수 있을 만한 크기로 자른다. 남은 것은 냉장이나 냉동 보관하고, 냉장 보관한 브라우니는 4~5일 이내에 먹인다.

> **주의사항** 이 간식은 간이 많이 함유되어 있기 때문에 개와 고양이가 좋아할 것이다. 그러나 간에 함유된 비타민 A의 함량이 매우 높기 때문에 가끔씩만 간식으로 이용하는 것이 좋다. 매일 주어서는 안 된다.

간식 레시피의 영양학적 구성

레시피	총 칼로리(kcal)	건조중량(g)	단백질(%)	지방(%)	탄수화물(%)
밀이나 호밀을 이용한 간식(개)	870	171	15	28	56
크런치(개, 고양이)	5,213	1145	36	17	43
비스킷(개)	3,121	650	19	25	52
캣닙 쿠키(고양이)	1,113	244	20	18	57
간 브라우니(개, 고양이)	4,632	973	30	21	45
표준 권장량(고양이)#	~350	–	≥26	≥9	–
표준 권장량(개)#	531쪽 표 참조	–	≥18	≥5	≥67
야생동물이 자연에서 섭취하는 음식(고양이)☆	–	–	46	33	16
야생동물이 자연에서 섭취하는 음식(개)☆	–	–	54	42	1

*많은 양의 비타민 A는 거의 전부 간에서 얻어진다. 이 간식을 지나치게 많이 급여하지 않기 위해 레시피의 마지막 부분에 있는 주의사항을 참조한다.

**음식 kg당 비타민의 최저 기준치는 5,000IU이다. 레시피는 건강유지를 위해 상당히 많은 양의 비타민 A를 공급하도록 되어 있다.

#표준 권장량은 사료의 제조 방침을 기초로 했다. 이 책에 소개된 식단의 양은 대부분의 카테고리에서 표준 권장량의 최소량을 초과한다.

☆비교 목적으로 야생동물이 자연에서 섭취하는 음식에 들어 있는 영양소 유형의 성분 퍼센트를 포함시켰다. 모든 카테고리가 알려진 것은 아니라서 어떤 항목은 공백으로 남겨 두었다.

섬유소(%)	회분(%)	칼슘(%)	인(%)	칼슘 : 인의 비율	비타민 A(IU/kg)
2	2	0.89	0.81	1.1 : 1	~10,000
2	5	0.88	0.67	1.3 : 1	~17,000
2	5	0.86	0.66	1.3 : 1	~10,000
2	5	0.72	0.67	1.1 : 1	~3,000
1	4	0.98	0.79	1.2 : 1	~400,000*
–	–	≥0.8	≥0.6	1 : 1**	≥5,000**
–	–	≥0.6	≥0.5	1 : 1 ~ 2 : 1	5,000~50,000
–	3	–	–	–	–
–	–	–	–	–	–

들개나 들고양이에게 지시되는 경우를 제외하고, 표준 권장량은 총 건조중량 비율이며, 정상상태의 성견과 성묘의 유지를 위한 것이다.

출처 : *AAFCO Nutrient Profiles–Report of the Canine Nutrition Expert Subcommittee*, 1992 ; *Report of the Feline Nutrition Expert Subcommittee*, 1992 ; *the Merck Veterinary Manual*, 6th Edition, 1986 ; the Committee on Animal Nutrition, Board on Agriculture, National Research Council revised 1986 edition of *Nutrient Requirements of Cats* ; the Committee on Animal Nutrition, Board on Agriculture, National Research Council revised 1985 edition of *Nutrient Requirements of Dogs*.

부호 '≥'는 '표에 기록된 양보다 많거나 같은 양'으로 해석한다. 그리하여 '≥5,000IU'로 표시된 것은 '5,000IU보다 많거나 같은 양이 되어야 한다.'는 것으로 해석한다. 부호 '≤'는 '같거나 그보다 적은'으로 해석한다.

책공장더불어의 책

개, 고양이 사료의 진실
미국에서 스테디셀러를 기록하고 있는 책으로 반려동물 사료에 대한 알려지지 않은 진실을 폭로한다. 2007년도 멜라민 사료 파동 취재까지 포함된 최신판이다.

고양이 질병의 모든 것
40년간 3번의 개정판을 낸 고양이 질병 책의 바이블로 고양이가 건강할 때, 이상 증상을 보일 때, 아플 때 등 모든 순간에 곁에 두고 봐야 할 책이다. 질병의 예방과 관리, 증상과 징후, 치료법에 대한 모든 해답을 완벽하게 찾을 수 있다.

고양이 안전사고 예방 안내서
고양이는 여러 안전사고에 노출되며 이물질 섭취도 많다. 고양이의 생명을 위협하는 식품, 식물, 물건을 총정리했다.

우리 아이가 아파요 개, 고양이 필수 건강 백과
새로운 예방접종 스케줄부터 나이대별 흔한 질병의 증상·예방·치료·관리법, 나이 든 개, 고양이 돌보기까지 반려동물을 건강하게 키우는 데 꼭 필요한 건강백서.

순종 개, 품종 고양이가 좋아요?
사람들은 예쁘고 귀여운 외모의 품종 개, 고양이를 좋아하지만 많은 품종 동물이 질병에 시달리다가 일찍 죽는다. 동물복지 수의사가 반려동물과 함께 건강하게 사는 법을 알려준다.

동물과 이야기하는 여자
SBS <TV동물농장>에 출연해 화제가 되었던 애니멀 커뮤니케이터 리디아 히비가 20년간 동물들과 나눈 감동의 이야기. 병으로 고통받는 개, 안락사를 원하는 고양이 등과 대화를 통해 문제를 해결한다.

개 피부병의 모든 것
홀리스틱 수의사이자 반려동물 통합의학 전문가인 숀 메소니에가 쓴 피부병으로 고통받는 개들을 위한 책. 저자는 피부병의 주요 원인을 과도한 약물사용과 열악한 영양으로 보고 제대로 된 예방법과 치료법을 제시한다.

대단한 돼지 에스더
(환경부 선정 우수환경도서, 학교도서관저널 추천도서)
인간과 동물 사이의 사랑이 얼마나 많은 것을 변화시킬 수 있는지 알려 주는 놀라운 이야기. 300킬로그램의 돼지 덕분에 파티를 좋아하던 두 남자가 채식을 하고, 동물보호 활동가가 되는 놀랍고도 행복한 이야기.

채식하는 사자 리틀타이크
(아침독서 추천도서, 교육방송 EBS <지식채널e> 방영)
육식동물인 사자 리틀타이크는 평생 피 냄새와 고기를 거부하고 채식 사자로 살며 개, 고양이, 양 등과 평화롭게 살았다. 종의 본능을 거부한 채식 사자의 9년간의 아름다운 삶의 기록.

인간과 동물, 유대와 배신의 탄생
(환경부 선정 우수환경도서)
미국 최대의 동물보호단체 휴메인소사이어티 대표가 쓴 21세기 동물해방의 새로운 지침서. 농장동물, 산업화된 반려동물 산업, 실험동물, 야생동물 복원에 대한 허위 등 현대의 모든 동물학대에 대해 다루고 있다.

동물을 만나고 좋은 사람이 되었다
(한국출판문화산업진흥원 출판 콘텐츠 창작자금지원 선정)
개, 고양이와 살게 되면서 반려인은 동물의 눈으로, 약자의 눈으로 세상을 보는 법을 배운다. 동물을 통해서 알게 된 세상 덕분에 조금 불편해졌지만 더 좋은 사람이 되어 가는 개·고양이에 포섭된 인간의 성장기.

동물을 위해 책을 읽습니다
(한국출판문화산업진흥원 출판 콘텐츠 창작자금지원 선정, 국립중앙도서관 사서 추천도서)
우리는 동물이 인간을 위해 사용되기 위해서만 존재하는 것처럼 살고 있다. 우리는 우리가 사랑하고, 입고, 먹고, 즐기는 동물과 어떤 관계를 맺어야 할까? 100여 편의 책 속에서 길을 찾는다.

다정한 사신
세계적인 일러스트레이터 제니 진야가 고통 받은 동물들을 새로운 삶의 공간으로 안내하는 그래픽노블.

동물에 대한 예의가 필요해

일러스트레이터가 냅킨에 쓱쓱 그린 동물들의 삶. 반려동물, 유기동물, 길고양이, 전시동물, 농장동물 등을 대하는 인간의 태도에 대한 그림 에세이.

개에게 인간은 친구일까?

과연 인간은 개에게 좋은 친구일까? 인간에 의해 버려지고 착취당하고 고통받는 우리가 몰랐던 개의 이야기와 다양한 방법으로 개를 구조하고 보살피는 가슴 따뜻한 사람의 이야기가 펼쳐진다.

펫로스 반려동물의 죽음

(아마존닷컴 올해의 책)

동물 호스피스 활동가 리타 레이놀즈가 들려 주는 반려동물의 죽음과 무지개 다리 너머의 이야기. 펫로스(pet loss)란 반려동물을 잃은 반려인의 깊은 슬픔을 말한다.

노견은 영원히 산다

퓰리처상을 수상한 글 작가와 사진 작가의 사진 에세이. 저마다 생애 최고의 마지막 나날을 보내는 노견들에게 보내는 찬사.

고양이 그림일기

(한국출판문화산업진흥원 이달의 읽을 만한 책)

장군이와 흰둥이, 두 고양이와 그림 그리는 한 인간의 일 년 치 그림일기. 종이 다른 개체가 서로의 삶의 방법을 존중하며 사는 잔잔하고 소소한 이야기.

고양이 임보일기

《고양이 그림일기》의 이새벽 작가가 새끼 고양이 다섯 마리를 구조해서 입양 보내기까지의 시끌벅적한 임보 이야기를 그림으로 그려냈다.

유기동물에 관한 슬픈 보고서

(환경부 선정 우수환경도서, 어린이도서연구회에서 뽑은 어린이·청소년 책, 한국간행물윤리위원회 좋은 책, 어린이문화진흥회 좋은 어린이책)

동물보호소에서 안락사를 기다리는 유기견, 유기묘의 모습을 사진으로 담았다. 인간에게 버려져 죽임을 당하는 그들의 모습을 통해 인간이 애써 외면하는 불편한 진실을 고발한다.

유기견 입양 교과서

보호소에 입소한 유기견은 안락사와 입양이라는 생사의 갈림길 앞에 선다. 이들에게 입양이라는 선물을 주기 위해 활동가, 봉사자, 임보자가 어떻게 교육하고 어떤 노력을 해야 하는지 차근차근 알려 준다.

버려진 개들의 언덕

(학교도서관저널 추천도서)

인간에 의해 버려져서 동네 언덕에서 살게 된 개들의 이야기. 새끼를 낳아 키우고, 사람들에게 학대를 당하고, 유기견 추격대에 쫓기면서도 치열하게 살아가는 생명들의 2년간의 관찰기.

개.똥.승.

(세종도서 문학 부문)

어린이집의 교사이면서 백구 세 마리와 사는 스님이 지구에서 다른 생명체와 더불어 좋은 삶을 사는 방법, 모든 생명이 똑같이 소중하다는 진리를 유쾌하게 들려 준다.

암 전문 수의사는 어떻게 암을 이겼나

암에 걸린 암 수술 전문 수의사가 동물 환자들을 통해 배운 질병과 삶의 기쁨에 관한 이야기가 유쾌하고 따뜻하게 펼쳐진다.

나비가 없는 세상

(어린이도서연구회에서 뽑은 어린이·청소년 책)

고양이 만화가 김은희 작가가 그려내는 한국 최고의 고양이 만화. 신디, 페르캉, 추새. 개성 강한 세 마리 고양이와 만화가의 달콤쌉싸래한 동거 이야기.

강아지 천국

반려견과 이별한 이들을 위한 그림책. 들판을 뛰놀다가 맛있는 것을 먹고 잠들 수 있는 곳에서 행복하게 지내다가 천국의 문 앞에서 사람 가족이 오기를 기다리는 무지개 다리 너머 반려견의 이야기.

고양이 천국

(어린이도서연구회에서 뽑은 어린이·청소년 책)

고양이와 이별한 이들을 위한 그림책. 실컷 놀고 먹고 자고 싶은 곳에서 잘 수 있는 곳. 그러다가 함께 살던 가족이 그리울 때면 잠시 다녀가는 고양이 천국의 모습을 그려냈다.

깃털, 떠난 고양이에게 쓰는 편지

프랑스 작가 클로드 앙스가리가 먼저 떠난 고양이에게 보내는 편지. 한 마리 고양이의 삶과 죽음, 상실과 부재의 고통, 동물의 영혼에 대해서 써 내려간다.

우주식당에서 만나

(한국어린이교육문화연구원 으뜸책)

2010년 볼로냐 어린이도서전에서 올해의 일러스트레이터로 선정되었던 신현아 작가가 반려동물과 함께 사는 이야기를 네 편의 작품으로 묶었다.

고양이는 언제나 고양이였다

고양이를 사랑하는 나라 터키의, 고양이를 사랑하는 글 작가와 그림 작가가 고양이에게 보내는 러브레터. 고양이를 통해 세상을 보는 사람들을 위한 아름다운 고양이 그림책이다.

치료견 치로리

(어린이문화진흥회 좋은 어린이책)

비 오는 날 쓰레기장에 버려진 잡종개 치로리. 죽음 직전 구조된 치로리는 치료견이 되어 전신마비 환자를 일으키고, 은둔형 외톨이 소년을 치료하는 등 기적을 일으킨다.

개가 행복해지는 긍정교육

개의 심리와 행동학을 바탕으로 한 긍정 교육법으로 50만 부 이상 판매된 반려인의 필독서이다. 짖기, 물기, 대소변 가리기, 분리불안 등의 문제를 평화롭게 해결한다.

임신하면 왜 개, 고양이를 버릴까?

임신, 출산으로 반려동물을 버리는 나라는 한국이 유일하다. 세대 간 문화충돌, 무책임한 언론 등 임신, 육아로 반려동물을 버리는 사회현상에 대한 분석과 안전하게 임신, 육아 기간을 보내는 생활법을 소개한다.

사람을 돕는 개

(한국어린이교육문화연구원 으뜸책, 학교도서관저널 추천도서)

안내견, 청각장애인 도우미견 등 장애인을 돕는 도우미견과 인명구조견, 흰개미탐지견, 검역견 등 사람과 함께 맡은 역할을 해내는 특수견을 만나본다.

인간과 개, 고양이의 관계심리학

함께 살면 개, 고양이는 닮을까? 동물학대는 인간학대로 이어질까? 248가지 심리실험을 통해 알아보는 인간과 동물이 서로에게 미치는 영향에 관한 심리 해설서.

용산 개 방실이

(어린이도서연구회에서 뽑은 어린이·청소년 책, 평화박물관 평화책)

용산에도 반려견을 키우며 일상을 살아가던 이웃이 살고 있었다. 용산 참사로 갑자기 아빠가 떠난 뒤 24일간 음식을 거부하고 스스로 아빠를 따라간 반려견 방실이 이야기.

실험 쥐 구름과 별

동물실험 후 안락사 직전의 실험 쥐 20마리가 구조되었다. 일반인에게 입양된 후 평범하고 행복한 시간을 보낸 그들의 삶을 기록했다.

수술 실습견 쿵쿵따

수술 경험이 필요한 수의사들을 위해 수술대에 올랐던 쿵쿵따. 8년을 병원에서, 10년을 행복한 반려견으로 산 이야기.

황금 털 늑대

(학교도서관저널 추천도서)

공장에 가두고 황금빛 털을 빼앗는 인간의 탐욕에 맞서 늑대들이 마침내 해방을 향해 달려간다. 생명을 숫자가 아니라 이름으로 부르라는 소중함을 알려주는 그림책.

적색목록

인간에 의해 사라져가는 동물들의 이야기를 그린 그래픽 노블. 동물 멸종은 인간 멸종으로 이어질까?

묻다

(환경부 선정 우수환경도서, 환경정의 올해의 환경책)

구제역, 조류독감으로 거의 매년 동물의 살처분이 이뤄진다. 저자는 4,800곳의 매몰지 중 100여 곳을 수년에 걸쳐 찾아다니며 기록한 유일한 사람이다. 그가 우리에게 묻는다. 우리는 동물을 죽일 권한이 있는가.

숲에서 태어나 길 위에 서다
(환경부 환경도서 출판 지원사업 선정)
한 해에 로드킬로 죽는 야생동물은 200만 마리다. 인간과 야생동물이 공존할 수 있는 방법을 찾는 현장 과학자의 야생동물 로드킬에 대한 기록.

동물복지 수의사의 동물 따라 세계 여행
(한국출판문화산업진흥원 중소출판사 우수콘텐츠 제작지원 선정, 학교도서관저널 추천도서)
동물원에서 일하던 수의사가 동물원을 나와 세계 19개국 178곳의 동물원, 동물보호구역을 다니며 동물원의 존재 이유에 대해 묻는다. 동물에게 윤리적인 여행이란 어떤 것일까?

동물원 동물은 행복할까?
(학교도서관저널 추천도서, 환경부 선정 우수환경도서)
동물원 북극곰은 야생에서 필요한 공간보다 100만 배, 코끼리는 1,000배 작은 공간에 갇혀 있다. 야생동물보호운동 활동가인 저자가 기록한 동물원에 갇힌 야생동물의 참혹한 삶.

야생동물병원 24시
(어린이도서연구회에서 뽑은 어린이·청소년책)
로드킬 당한 삶, 밀렵꾼의 총에 맞은 독수리, 건강을 되찾아 자연으로 돌아가는 너구리 등 대한민국 야생동물이 사람과 부대끼며 살아가는 슬프고도 아름다운 이야기.

동물 쇼의 웃음 쇼 동물의 눈물
(한국출판문화산업진흥원 선정 청소년 권장도서)
쇼에 이용되는 동물에 대해서 처음으로 질문을 던지는 책. 동물 서커스와 전시, TV와 영화 속 동물 연기자, 투우, 투견, 경마 등 동물을 이용해서 돈을 버는 오락산업 속 고통받는 동물의 숨겨진 진실을 밝힌다.

고통받은 동물들의 평생 안식처 동물보호구역
(환경부 선정 우수환경도서, 환경정의 올해의 어린이 환경책, 한국어린이교육문화연구원 으뜸책)
고통 받다가 구조되었지만 오갈 데 없었던 야생동물들의 평생 보금자리. 저자와 함께 전 세계 동물보호구역을 다니면서 행복하게 살고 있는 동물들을 만난다.

동물은 전쟁에 어떻게 사용되나?
전쟁은 인간만의 고통일까? 자살폭탄 테러범이 된 개 등 고대부터 현대 최첨단 무기까지, 우리가 몰랐던 동물 착취의 역사.

개 고양이 대량 안락사
1939년, 전쟁 중인 영국에서 40만 마리의 개와 고양이가 대량 안락사 됐다. 정부도 동물단체도 반대했는데 보호자에 의해 벌어진 자발적인 비극. 전쟁 시 반려동물은 인간에게 무엇일까?

동물학대의 사회학
(학교도서관저널 올해의 책)
동물학대와 인간 폭력 사이의 관계를 설명한다. 페미니즘 이론 등 여러 이론적 관점을 소개하면서 앞으로 동물학대 연구가 나아갈 방향을 제시한다.

동물주의 선언
(환경부 선정 우수환경도서)
현재 가장 영향력 있는 정치철학자가 쓴 인간과 동물이 공존하는 사회로 가기 위한 철학적·실천적 지침서.

동물노동
인간이 농장동물, 실험동물 등 거의 모든 동물을 착취하면서 사는 세상에서 동물노동에 대해 묻는 책. 동물을 노동자로 인정하면 그들의 지위가 향상될까?

똥으로 종이를 만드는 코끼리 아저씨
(환경부 선정 우수환경도서, 한국출판문화산업진흥원 청소년 권장도서, 서울시교육청 어린이도서관 여름방학 권장도서, 한국출판문화산업진흥원 청소년 북토큰 도서)
코끼리 똥으로 만든 재생종이 책. 책에 코를 대고 킁킁 냄새를 맡아보자. 똥 냄새가 날까? 코끼리 똥으로 종이와 책을 만들면서 사람과 코끼리가 평화롭게 살게 된 이야기를 코끼리 똥 종이에 그려냈다.

고등학생의 국내 동물원 평가 보고서
(환경부 선정 우수환경도서)
인간이 만든 '도시의 야생동물 서식지' 동물원에서는 무슨 일이 일어나고 있나? 국내 9개 주요 동물원이 종보전, 동물복지 등 현대 동물원의 역할을 제대로 하고 있는지 평가했다.

후쿠시마에 남겨진 동물들

(미래과학창조부 선정 우수과학도서, 환경정의 청소년 환경책 권장도서, 환경부 선정 우수환경도서)

2011년 3월 11일, 대지진에 이은 원전 폭발로 사람들이 떠난 일본 후쿠시마. 다큐멘터리 사진 작가가 담은 '죽음의 땅'에 남겨진 동물들의 슬픈 기록.

후쿠시마의 고양이

(한국어린이교육문화연구원 으뜸책)

2011년 동일본 대지진 이후 5년. 사람이 사라진 후쿠시마에서 살처분 명령이 내려진 동물들을 죽이지 않고 돌보고 있는 사람과 함께 사는 두 고양이의 모습을 담은 평화롭지만 슬픈 사진집.

사향고양이의 눈물을 마시다

(한국출판문화산업진흥원 우수출판 콘텐츠 제작지원 선정, 환경부 선정 우수환경도서, 학교도서관저널 추천도서, 국립중앙도서관 사서가 추천하는 휴가철에 읽기 좋은 책, 환경정의 올해의 환경책)

내가 마신 커피 때문에 인도네시아 사향고양이가 고통받는다고? 나의 선택이 세계 동물에게 미치는 영향, 동물을 죽이는 것이 아니라 살리는 선택에 대해 알아본다.

동물들의 인간 심판

(대한출판문화협회 올해의 청소년 교양도서, 세종도서 교양 부문, 환경정의 청소년 환경책, 아침독서 청소년 추천도서, 학교도서관저널 추천도서)

동물을 학대하고, 학살하는 범죄를 저지른 인간이 동물 법정에 선다. 고양이, 돼지, 소 등은 인간의 범죄를 증언하고 개는 인간을 변호한다. 이 기묘한 재판의 결과는?

물범 사냥

(노르웨이국제문학협회 번역 지원 선정)

북극해로 떠나는 물범 사냥 어선에 감독관으로 승선한 마리는 낯선 남자들과 6주를 보내야 한다. 남성과 여성, 인간과 동물, 세상이 평등하다고 믿는 사람들에게 펼쳐 보이는 세상.

햄스터

햄스터를 사랑한 수의사가 쓴 햄스터 행복·건강 교과서. 습성, 건강관리, 건강식단 등 햄스터 돌보기 완벽 가이드.

토끼

토끼를 건강하고 행복하게 오래 키울 수 있도록 돕는 육아 지침서. 습성·식단·행동·감정·놀이·질병 등 모든 것을 담았다.

토끼 질병의 모든 것

토끼의 건강과 질병에 관한 모든 것, 질병의 예방과 관리, 증상, 치료법, 홈 케어까지 완벽한 해답을 담았다.

개·고양이 자연주의 육아백과(개정판)

초 판 1쇄 2010년 4월 28일
초 판 11쇄 2018년 8월 8일
개정판 1쇄 2020년 6월 5일
개정판 3쇄 2023년 10월 28일

지은이 리처드 H. 피케른, 수전 허블 피케른
옮긴이 양창윤, 장희경

펴낸이 김보경
펴낸곳 책공장더불어

편 집 김보경, 김수미
디자인 나디하 스튜디오(khj9490@naver.com)
인 쇄 정원문화인쇄

책공장더불어

주 소 서울시 종로구 혜화동 5-23
대표전화 (02)766-8406
팩 스 (02)766-8407
이메일 animalbook@naver.com
블로그 http://blog.naver.com/animalbook
페이스북 @animalbook4
인스타그램 @animalbook.modoo
출판등록 2004년 8월 26일 제300-2004-143호

ISBN 978-89-97137-40-4 (03520)